工业和信息化部"十二五"规划教材

卡尔曼滤波与组合导航原理

(第4版)

秦永元　张洪钺　汪叔华　编著

西北工业大学出版社

西　安

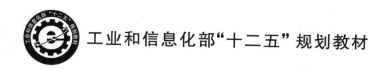

【内容简介】 本书是《卡尔曼滤波与组合导航原理》的第4版，改写和增写了部分内容。书中着重阐述了卡尔曼滤波基本理论，以及近10年发展起来的有关卡尔曼滤波的新理论和新方法，以及容错组合导航设计理论和方法，另外，也有作者的部分科研成果。内容安排上力求循序渐进，由浅入深，确保知识连贯性。为便于读者理解概念内涵，公式和定理一般都附有详细推导和证明。

本书是高等学校控制、导航专业研究生通用教科书，也可供相关专业高年级学生及研究工作者阅读参考书。

图书在版编目（CIP）数据

卡尔曼滤波与组合导航原理 / 秦永元，张洪钺，汪叔华编著．— 4版．— 西安：西北工业大学出版社，2021.11

ISBN 978-7-5612-7664-8

Ⅰ.①卡… Ⅱ.①秦… ②张… ③汪… Ⅲ.①卡尔曼滤波 ②组合导航 Ⅳ.①O211.64 ②TN967.2

中国版本图书馆CIP数据核字(2021)第047758号

KAERMAN LUBO YU ZUHE DAOHANG YUANLI

卡尔曼滤波与组合导航原理

责任编辑： 杨 军　　**策划编辑：** 杨 军
责任校对： 朱晓娟 董珊珊　　**装帧设计：** 李 飞
出版发行： 西北工业大学出版社
通信地址： 西安市友谊西路127号　　邮编：710072
电　　话： (029)88491757，88493844
网　　址： www.nwpup.com
印 刷 者： 兴平市博闻印务有限公司
开　　本： 787 mm×1 092 mm　1/16
印　　张： 25.75
字　　数： 676千字
版　　次： 1998年11月第1版　2021年11月第4版　2021年11月第1次印刷
定　　价： 78.00元

如有印装问题请与出版社联系调换

第 4 版前言

根据广大读者对《卡尔曼滤波与组合导航原理》第 3 版提出的修改意见，进行了修订工作，本次修订内容如下：

（1）改写了 7.4.3 节“惯性器件软故障检测——广义似然比法”。详细介绍了用奇偶向量构造 χ^2 分布统计量和定位软故障陀螺的方法，分析了软故障漏检和虚警间的关系，提高了可读性。

（2）增写了附录 C。介绍了卡尔曼滤波理论提出和发展的全过程；卡尔曼在最优估计理论上的贡献等。

（3）增加了部分习题。

同时，对发现的错误和不妥之处进行了勘误。

《卡尔曼滤波与组合导航原理》第 4 版旨在使教材内容更加严密和完善，为读者提供阅读和使用上的方便，在教学和科研中发挥作用。

《卡尔曼滤波与组合导航原理》第 4 版修订工作由秦永元完成。

由于笔者水平有限，书中难免有不足之处，敬请同行、专家批评指正。

编著者

2020 年 11 月

第 3 版前言

利用再次列入出版计划的机会,《卡尔曼滤波与组合导航原理》第 3 版做了如下修订:

3.11 节中,增写了 H_∞ 滤波驻点方程(3.11.10a)式的详细推导;6.2 节中增加了二阶广义卡尔曼滤波(二阶 EKF)的介绍和推导,并以雷达测距系统确定空气中自由落体的运动参数为例说明该型滤波器的设计方法;6.4 节中细化了粒子滤波二次采样的介绍和分析;增写了附录 B,详细推导了矩阵反演公式。

同时,《卡尔曼滤波与组合导航原理》更正了第 2 版中的印刷错误。

《卡尔曼滤波与组合导航原理》第 3 版工作由秦永元完成。

希望经过本次修订淘洗提高本书的含金量,获得更多读者的接受,更好地为教学和科研服务。

编著者

2014 年 12 月

第 2 版前言

自 1998 年本书第 1 版出版以来的 13 年间，大量的最优估计新理论和新方法涌现了出来。为适应工程应用需要，更好地为国民经济和国防建设服务，笔者在第 1 版基础上做了修改和增添，完成了本书的编写。本次修订的主要内容如下：

(1)校正了第 1 版中的印刷错误。对固定滞后平滑、固定区间平滑、信息滤波、$\alpha-\beta-\gamma$ 滤波和传递对准中姿态信息匹配量构造方法等做了改写。

(2)增加了 H_∞ 滤波、UKF 非线性滤波、粒子滤波、估计均方误差阵及最佳增益阵同解形式的介绍和推导。

本书再版工作由秦永元完成。

由于水平和时间有限，再版后还会存在不尽如人意之处，敬请广大读者批评指正。

编著者

2011 年 12 月

第1版前言

卡尔曼滤波是对随机信号做估计的算法之一。与最小二乘、维纳滤波等诸多估计算法相比,卡尔曼滤波具有显著的优点:采用状态空间法在时域内设计滤波器,用状态方程描述任何复杂多维信号的动力学特性,避开了在频域内对信号功率谱作分解带来的麻烦,滤波器设计简单易行;采用递推算法,实时量测信息经提炼被浓缩在估计值中,而不必存储时间过程中的量测量。所以,卡尔曼滤波能适用于白噪声激励的任何平稳或非平稳随机向量过程的估计,所得估计在线性估计中精度最佳。正由于其独特的优点,卡尔曼滤波在20世纪60年代初一经提出,立即受到工程界,特别是空间技术和航空界的高度重视。阿波罗登月计划中的导航系统设计和C-5A飞机的多模式导航系统的设计是卡尔曼滤波早期应用中最为成功的实例。随着计算机技术的发展,目前卡尔曼滤波的应用几乎涉及通讯、导航、遥感、地震测量、石油勘探、经济和社会学研究等众多领域。

本书是航空工业总公司组织编写的研究生用统编教材。全书着重阐述卡尔曼滤波基本理论,近十年发展起来的有关卡尔曼滤波的新理论和新方法。此外,还专门介绍了与组合导航系统设计理论和方法有关的内容以及作者的部分研究成果。本书的内容既使读者能全面、系统地了解卡尔曼滤波理论,又为组合导航系统的设计提供了完整的设计理论和方法,也为卡尔曼滤波理论在其他领域中的应用提供了研究方法上的参考和借鉴。

本书共分八章。第一章至第七章系统介绍卡尔曼滤波的基本理论,包括滤波基本方程,滤波中的技术处理,滤波稳定性介绍,广义滤波理论,滤波器的容错设计理论等;第八章介绍滤波理论在组合导航系统设计中的应用,包括各种常用导航子系统的介绍,卡尔曼滤波在惯性导航系统对准和容错组合导航系统设计中的应用。在内容阐述上注意到知识的连贯性,力求做到循序渐进,由浅入深。为了使读者能从本质上理解概念的内涵,公式和定理的提出一般都经过详细的推导和证明。

本书是在西北工业大学俞济祥教授主编的《卡尔曼滤波及其在惯性导航中的应用》[1]一书的基础上撰写的,由秦永元主编。各章编写分工:第一章至第五章、第八章由西北工业大学秦永元编写,第六章由南京航空航天大学汪叔华编写,第七章由北京航空航天大学张洪钺编写。

本书承蒙空军工程学院张宗麟教授详细审阅并提出了许多宝贵意见。在此谨致深切谢意。

编著者

1998年2月

目　　录

第一章　绪　　论

1.1　卡尔曼滤波所要解决的问题

所谓滤波就是从混合在一起的诸多信号中提取出所需要的信号。

信号是传递和运载信息的时间或空间函数。有一类信号的变化规律是既定的，如调幅广播中的载波信号、阶跃信号和脉宽固定的矩形脉冲信号等，它们都具有确定的频谱，这类信号称为确定性信号。另一类信号没有既定的变化规律，在相同的初始条件和环境条件下，信号的每次实现都不一样，如陀螺漂移、海浪、水平飞行的飞机飞越山区时无线电高度表的输出信号、惯性导航系统（简称惯导系统，INS）的导航输出误差、GPS 的 SA 误差等，它们没有确定的频谱，这类信号称为随机信号。

由于确定性信号具有确定的频谱，所以可根据各信号频带的不同，设置具有相应频率特性的滤波器，如低通、高通、带通、带阻滤波器，使有用信号无衰减地通过，使干扰信号受到抑制。这类滤波器可用物理方法实现，此即模拟滤波器，也可用计算机通过算法实现，此即数字滤波器。对确定性信号的滤波处理也称常规滤波。

随机信号没有确定的频谱，无法用常规滤波提取或抑制信号，但随机信号具有确定的功率谱，所以可根据有用信号和干扰信号的功率谱设计滤波器。维纳滤波（Wiener Filtering）是解决此类问题的方法之一。但设计维纳滤波器须做功率谱分解，只有当被处理信号为平稳的，干扰信号和有用信号均为一维，且功率谱为有理分式时，维纳滤波器的传递函数才可用伯特-香农设计法较容易地求解出，否则设计维纳滤波器存在着诸多困难。维纳滤波除设计思想与常规滤波不同外，对信号做抑制和选通这一点是相似的。

卡尔曼滤波从与被提取信号有关的量测量中通过算法估计出所需信号。其中，被估计信号是由白噪声激励引起的随机响应，激励源与响应之间的传递结构（系统方程）已知，量测量与被估计量之间的函数关系（量测方程）也已知。估计过程中利用了系统方程、量测方程、白噪声激励的统计特性、量测误差的统计特性等信息。由于所用信息都是时域内的量，所以卡尔曼滤波器是在时域内设计的，且适用于多维情况。卡尔曼滤波完全避免了维纳滤波器在频域内设计遇到的限制和障碍，适用范围远比维纳滤波器广。

从以上简述中可看出卡尔曼滤波具有如下特点：

（1）卡尔曼滤波处理的对象是随机信号；

（2）被处理信号无有用和干扰之分，滤波的目的是要估计出所有被处理信号；

（3）系统的白噪声激励和量测噪声并不是需要滤除的对象，它们的统计特性正是估计过程中需要利用的信息。

所以确切地说，卡尔曼滤波应称作最优估计理论，此处称谓的滤波与常规滤波具有完全不同的概念和含义。

就实现形式而言，卡尔曼滤波器实质上是一套由数字计算机实现的递推算法，每个递推周期中包含对被估计量的时间更新和量测更新两个过程。时间更新由上一步的量测更新结果和设计卡尔曼滤波器时的先验信息确定，量测更新则在时间更新的基础上根据实时获得的量测值确定。因此，量测量可看做卡尔曼滤波器的输入，估计值可看做输出。输入与输出之间由时间更新和量测更新算法联系，这与数字信号处理概念是类似的，所以有些书上称卡尔曼滤波为广义数字信号处理似有一定道理。

1.2　卡尔曼滤波理论的发展和工程应用

随机信号没有既定的变化规律，对它们的估计也不可能完全准确，所谓最优估计也仅仅是指在某一准则下的最优。根据不同的最优准则，可获得随机信号的不同最优估计，使贝叶斯风险达到最小的估计为贝叶斯估计；使关于条件概率密度的似然函数达到极大的估计为极大似然估计；使验后概率密度达到极大的估计为极大验后估计；使估计误差的均方误差达到最小的估计为最小方差估计，若估计具有线性形式，则估计为线性最小方差估计，卡尔曼滤波即属于此类估计。

卡尔曼滤波理论的创立是科学技术和社会需要发展到一定程度的必然结果。早在 1795 年，高斯（Karl Gauss）为测定行星运动轨道而提出了最小二乘估计法。20 世纪 40 年代，为了解决火力控制系统精确跟踪问题，维纳（Weaner N.）于 1942 年提出了维纳滤波理论[2]。维纳根据有用信号和干扰信号的功率谱确定出线性滤波器的频率特性，首次将数理统计理论与线性系统理论有机地联系在一起，形成了对随机信号作平滑、估计或预测的最优估计新理论。比维纳稍早，苏联科学家戈尔莫克洛夫（Kolmogorov A.N.）于 1941 年也曾提出过类似理论[3]。维纳给出了由功率谱求解维纳滤波器频率特性闭合解的一般方法，包括对功率谱的上、下平面分解及傅里叶变换和反变换，运算繁杂，解析求解十分困难。1950 年，伯特和香农给出了在功率谱为有理谱这一特殊条件下，由功率谱直接求取维纳滤波器传递函数的设计方法[4]，这一方法简单易行，具有一定的工程实用价值。维纳滤波的最大缺点是适用范围极其有限，它要求被处理信号必须是平稳的，且是一维的。人们试图将维纳滤波推广到非平稳和多维的情况[5-6]，都因无法突破计算上的困难而难以推广和应用。

采用频域设计法是造成维纳滤波器设计不理想的根本原因。因此人们逐渐转向寻求在时域内直接设计最优滤波器的新方法[7-12]，其中卡尔曼的研究最具有代表性，他提出的递推最优估计理论也因此而被称为卡尔曼滤波。由于采用了状态空间法描述系统，算法采用递推形式，所以卡尔曼滤波能处理多维和非平稳的随机过程。

卡尔曼滤波理论一经提出，立即受到了工程界的重视，而工程应用中遇到的实际问题又使卡尔曼滤波的研究更深入、更完善。1959 年起美国太空署即 NASA（National Aeronautics and Space Administration）开始研究载人太空船登月方案，当时提出了两个主要问题：① 中途导航和制导；② 液体燃料助推器大挠度条件下的自动驾驶问题。因这两项研究的工作量都很庞大，无力同时进行，所以选择前者作为重点，即宇宙飞船的测轨问题。导航问题中主要解决对太空船运动状态的估计。量测信息来自三个子系统：飞船装备的惯性测量装置和天文观测仪，地面测轨系统，测轨数据经数据链传送至太空船。估计方法曾试图采用递推加权最小二乘和维纳滤波，均因精度满足不了要求和计算过于繁杂而不得不放弃。1960 年秋，卡尔曼访问了

NASA,提出了卡尔曼滤波算法,立即引起重视并投入研究。由于最初提出的卡尔曼滤波仅适用于线性系统,而实际系统是非线性系统,滤波初值应如何取才合理,这些都迫使卡尔曼做进一步的思考,广义卡尔曼滤波就是在此情况下提出来的。阿波罗计划中的导航系统后由麻省理工学院研制完成[13]。卡尔曼滤波早期应用中的另一成功实例为 C-5A 飞机的多模式导航系统[14]。

卡尔曼滤波比维纳滤波的应用范围广,设计方法也简单易行得多,但它必须在计算机上执行,而 20 世纪 60 年代初,在速度、字长、容量等方面,计算机还处于低水平阶段。为了适应当时的技术水平,避免由于字长不够产生的舍入误差引起卡尔曼滤波的计算发散,Bierman,Carlson 和 Schmidt 等人提出了平方根滤波算法和 $\boldsymbol{UDU}^{\mathrm{T}}$ 分解滤波算法,以确保卡尔曼滤波增益回路中的滤波方差阵始终正定[15-23]。

卡尔曼最初提出的滤波基本理论只适用于线性系统,并且要求量测也必须是线性的。在之后的 10 多年时间内,Bucy,Sunahara 等人致力于研究卡尔曼滤波理论在非线性系统和非线性量测情况下的推广[24-33],拓宽了卡尔曼滤波理论的适用范围。

卡尔曼滤波最成功的工程应用是设计运载体的高精度组合导航系统。20 世纪 80 年代起,可供运载体装备的导航系统越来越多,非相似导航子系统的增加使量测信息增多,这对提高组合导航系统的精度十分有利。但是,如果采用集中式卡尔曼滤波器实现组合,则存在两个致命问题:① 滤波器计算量以状态维数的三次方剧增,无法满足导航的实时性要求;② 导航子系统的增加使故障率也随之增加,只要有一个子系统发生故障又没有及时检测出并隔离掉,则整个导航系统都会被污染。为了解决这一矛盾,1979—1985 年间,Speyer,Bierman 和 Kerr 等人先后提出了分散滤波思想[34-40],并行计算技术的成熟为分散滤波的发展创造了有利条件。Carlson 提出了联邦滤波理论(Federated Filtering)[41-46],旨在为容错组合导航系统提供设计理论。Carlson 在装备运载体的诸多非相似导航子系统中选择导航信息全面、输出速率高、可靠性绝对保证的子系统作为公共参考系统,与其余子系统两两组合,形成若干个子滤波器。各子滤波器并行运行,获得建立在子滤波器局部量测基础上的局部最优估计,这些局部最优估计在第二级滤波器即主滤波器内按融合算法合成,获得建立在所有量测基础上的全局估计。全局估计再按信息守恒原则反馈给各子滤波器。实际设计的联邦滤波器是全局次优的,但是对于自主性要求特别高的重要运载体来说,导航系统的可靠性比精度更为重要。采用联邦滤波结构设计组合导航系统,虽然相对最优损失了少许精度,但换来的却是组合导航系统的高容错能力。目前美国空军已将联邦滤波器确定为新一代导航系统的通用滤波器[42,46]。

1.3 组合导航简介

将运载体从起始点引导到目的地的技术或方法称为导航。导航系统测量并解算出运载体的瞬时运动状态和位置,提供给驾驶员或自动驾驶仪实现对运载体的正确操纵或控制。随着科学技术的发展,可资利用的导航信息源越来越多,导航系统的种类也越来越多。以航空导航为例,目前可供装备的机载导航系统有惯性导航系统、GPS 导航系统、多普勒导航系统和罗兰 C 导航系统等,这些导航系统各有特色,优缺点并存。比如,惯性导航系统的优点是不需要任何外来信息也不向外辐射任何信息,可在任何介质和任何环境条件下实现导航,且能输出飞机的位置、速度、方位和姿态等多种导航参数,系统的频带宽,能跟踪运载体的任何机动运动,导航输出数据平稳，短期稳定性好。但惯导系统具有固有的缺点：导航精度随时间而发散，即长期稳定性差。GPS 导航系统导航精度高，在美国国防部加入 SA(Selective Availability) 误差后，使用 C/A 码信号的水平和垂直定位精度仍分别可达 100 m 和157 m(2σ)，且不随时间发散，这种高精度和长期稳定性是惯导系统望尘莫及的。但 GPS 导航系统也有其致命弱点：频带窄，当运载体做较高机动运动时，接收机的码环和载波环极易失锁而丢失信号，从而完全丧失导航能力；完全依赖于 GPS 卫星发射的导航信息，受制于他人，且易受人为干扰和电子欺骗。其余导航系统也有各自的优缺点。

各种导航系统单独使用时是很难满足导航性能要求的，提高导航系统整体性能的有效途径是采用组合导航技术，即用两种或两种以上的非相似导航系统对同一导航信息做测量并解算以形成量测量，从这些量测量中计算出各导航系统的误差并校正之。采用组合导航技术的系统称组合导航系统，参与组合的各导航系统称子系统。

实现组合导航有两种基本方法：

(1) 回路反馈法，即采用经典的回路控制方法，抑制系统误差，并使各子系统间实现性能互补。第二次世界大战期间，英国为解决海上巡逻机长时间连续飞行的导航精度问题，率先进行了研究工作。

(2) 最优估计法，即采用卡尔曼滤波或维纳滤波，从概率统计最优的角度估计出系统误差并消除之。

两种方法都使各子系统内的信息互相渗透，有机结合，起到性能互补的功效。但由于各子系统的误差源和量测误差都是随机的，因此第二种方法远优于第一种方法。设计组合导航系统时一般都采用卡尔曼滤波。由于惯导和 GPS 在性能上正好形成互补，因此采用这两种系统作为组合导航设计中的子系统是公认的最佳方案，如图 1.3.1 所示为该导航系统原理图。

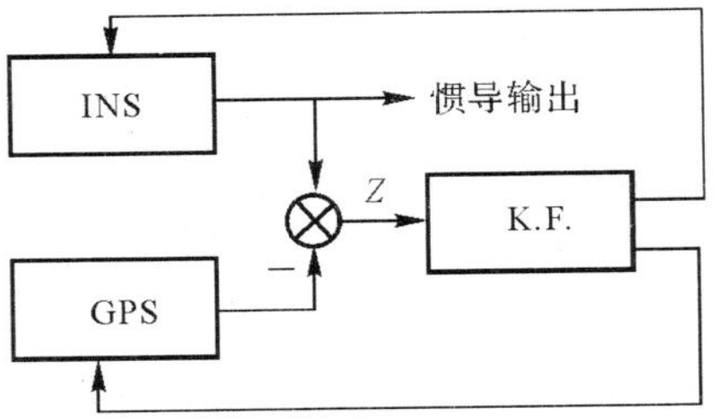

图 1.3.1　惯导 /GPS 组合导航系统原理图

组合导航系统一般具有以下 3 种功能：

(1) 协合超越功能。组合导航系统能充分利用各子系统的导航信息，形成单个子系统不具备的功能和精度。

(2) 互补功能。由于组合导航系统综合利用了各子系统的信息，所以各子系统能取长补短，扩大使用范围。

(3) 余度功能。各子系统感测同一信息源，使测量值冗余，提高整个系统的可靠性。

组合导航系统的发展方向是容错组合导航系统和导航专家系统，这些系统具有故障检测、诊断、隔离和系统重构的功能。目前，很多国家都在发展以激光陀螺捷联惯导系统和 GPS 导航系统为主要子系统，并辅以其余子系统的组合导航系统，如 Litton 公司的 FLAGSHIP 系统和 Honeywell 公司的 GAINS 系统，平均故障时间可达 12 000 h，可根据不同的使用要求和系统故障情况选择不同的工作模式，都已成功地应用于诸多先进的飞机上。

第二章　几种最优估计和卡尔曼滤波基本方程

2.1　几种最优估计

所谓估计就是根据测量得出的与状态 $\boldsymbol{X}(t)$ 有关的数据 $\boldsymbol{Z}(t)=\boldsymbol{h}[\boldsymbol{X}(t)]+\boldsymbol{V}(t)$ 解算出 $\boldsymbol{X}(t)$ 的计算值 $\hat{\boldsymbol{X}}(t)$，其中随机向量 $\boldsymbol{V}(t)$ 为量测误差，$\hat{\boldsymbol{X}}$ 称为 $\boldsymbol{X}$ 的估计，$\boldsymbol{Z}$ 称为 $\boldsymbol{X}$ 的量测。因为 $\hat{\boldsymbol{X}}(t)$ 是根据 $\boldsymbol{Z}(t)$ 确定的，所以 $\hat{\boldsymbol{X}}(t)$ 是 $\boldsymbol{Z}(t)$ 的函数。若 $\hat{\boldsymbol{X}}$ 是 $\boldsymbol{Z}$ 的线性函数，则 $\hat{\boldsymbol{X}}$ 称作 $\boldsymbol{X}$ 的线性估计。

设在 $[t_0,t_1]$ 时间段内的量测为 $\boldsymbol{Z}$，相应的估计为 $\hat{\boldsymbol{X}}(t)$，则：

当 $t=t_1$ 时，$\hat{\boldsymbol{X}}(t)$ 称为 $\boldsymbol{X}(t)$ 的估计；

当 $t>t_1$ 时，$\hat{\boldsymbol{X}}(t)$ 称为 $\boldsymbol{X}(t)$ 的预测；

当 $t<t_1$ 时，$\hat{\boldsymbol{X}}(t)$ 称为 $\boldsymbol{X}(t)$ 的平滑。

最优估计是指某一指标函数达到最值时的估计。

若以量测估计 $\hat{\boldsymbol{Z}}$ 的偏差的平方和达到最小为指标，即

$$(\boldsymbol{Z}-\hat{\boldsymbol{Z}})^{\mathrm{T}}(\boldsymbol{Z}-\hat{\boldsymbol{Z}})=\min$$

则所得估计 $\hat{\boldsymbol{X}}$ 为 $\boldsymbol{X}$ 的最小二乘估计。

若以状态估计 $\hat{\boldsymbol{X}}$ 的均方误差集平均达到最小为指标，即

$$E[(\boldsymbol{X}-\hat{\boldsymbol{X}})^{\mathrm{T}}(\boldsymbol{X}-\hat{\boldsymbol{X}})]=\min$$

则所得估计 $\hat{\boldsymbol{X}}$ 为 $\boldsymbol{X}$ 的最小方差估计；若 $\hat{\boldsymbol{X}}$ 又是 $\boldsymbol{X}$ 的线性估计，则 $\hat{\boldsymbol{X}}$ 为 $\boldsymbol{X}$ 的线性最小方差估计。

此外，也可用估计值出现的概率作为估计指标，这样的估计有极大验后估计、贝叶斯估计和极大似然估计。本节将对上述各种估计做详细介绍。

2.1.1　最小二乘估计

1. 一般最小二乘估计

最小二乘估计是高斯在 1795 年为测定行星轨道而提出的参数估计算法。这种估计的特点是算法简单，不必知道与被估计量及量测量有关的任何统计信息。

设 $\boldsymbol{X}$ 为某一确定性常值向量，维数为 n。一般情况下对 $\boldsymbol{X}$ 不能直接测量，而只能测量到 $\boldsymbol{X}$ 各分量的线性组合。记第 i 次量测 $\boldsymbol{Z}_i$ 为

$$\boldsymbol{Z}_i=\boldsymbol{H}_i\boldsymbol{X}+\boldsymbol{V}_i \tag{2.1.1}$$

式中，$\boldsymbol{Z}_i$ 为 m_i 维向量，$\boldsymbol{H}_i$ 和 $\boldsymbol{V}_i$ 为第 i 次测量的量测矩阵和随机量测噪声。

若共测量 r 次，即

$$\left.\begin{aligned} \boldsymbol{Z}_1 &= \boldsymbol{H}_1\boldsymbol{X} + \boldsymbol{V}_1 \\ \boldsymbol{Z}_2 &= \boldsymbol{H}_2\boldsymbol{X} + \boldsymbol{V}_2 \\ &\cdots\cdots \\ \boldsymbol{Z}_r &= \boldsymbol{H}_r\boldsymbol{X} + \boldsymbol{V}_r \end{aligned}\right\} \tag{2.1.2}$$

则由式(2.1.2) 可得描述 r 次量测的量测方程

$$\boldsymbol{Z} = \boldsymbol{H}\boldsymbol{X} + \boldsymbol{V} \tag{2.1.3}$$

式中，$\boldsymbol{Z}$,$\boldsymbol{V}$ 为 $\sum_{i=1}^{r} m_i = m$ 维向量，$\boldsymbol{H}$ 为 $m \times n$ 矩阵。

最小二乘估计的指标是：使各次量测 $\boldsymbol{Z}_i$ 与由估计 $\hat{\boldsymbol{X}}$ 确定的量测的估计 $\hat{\boldsymbol{Z}}_i = \boldsymbol{H}_i\hat{\boldsymbol{X}}$ 之差的平方和最小，即

$$J(\hat{\boldsymbol{X}}) = (\boldsymbol{Z} - \boldsymbol{H}\hat{\boldsymbol{X}})^{\mathrm{T}}(\boldsymbol{Z} - \boldsymbol{H}\hat{\boldsymbol{X}}) = \min \tag{2.1.4}$$

而要使式(2.1.4) 达到最小，需满足(详细推导见附录 A)

$$\left.\frac{\partial J}{\partial \boldsymbol{X}}\right|_{\boldsymbol{X}=\hat{\boldsymbol{X}}} = -2\boldsymbol{H}^{\mathrm{T}}(\boldsymbol{Z} - \boldsymbol{H}\hat{\boldsymbol{X}}) = \boldsymbol{0}$$

若 $\boldsymbol{H}$ 具有最大秩 n，即 $\boldsymbol{H}^{\mathrm{T}}\boldsymbol{H}$ 正定，且 $m = \sum_{i=1}^{r} m_i > n$，则 $\boldsymbol{X}$ 的最小二乘估计为

$$\hat{\boldsymbol{X}} = (\boldsymbol{H}^{\mathrm{T}}\boldsymbol{H})^{-1}\boldsymbol{H}^{\mathrm{T}}\boldsymbol{Z} \tag{2.1.5}$$

从式(2.1.5) 可看出，最小二乘估计是一种线性估计。

为了说明最小二乘估计最优的含义，将式(2. 1. 4) 改写成

$$J(\hat{\boldsymbol{X}}) = [(\boldsymbol{Z}_1 - \boldsymbol{H}_1\hat{\boldsymbol{X}})^{\mathrm{T}}(\boldsymbol{Z}_2 - \boldsymbol{H}_2\hat{\boldsymbol{X}})^{\mathrm{T}}\cdots(\boldsymbol{Z}_r - \boldsymbol{H}_r\hat{\boldsymbol{X}})^{\mathrm{T}}]\begin{bmatrix} \boldsymbol{Z}_1 - \boldsymbol{H}_1\hat{\boldsymbol{X}} \\ \boldsymbol{Z}_2 - \boldsymbol{H}_2\hat{\boldsymbol{X}} \\ \vdots \\ \boldsymbol{Z}_r - \boldsymbol{H}_r\hat{\boldsymbol{X}} \end{bmatrix} =$$

$$\sum_{i=1}^{r}(\boldsymbol{Z}_i - \boldsymbol{H}_i\hat{\boldsymbol{X}})^{\mathrm{T}}(\boldsymbol{Z}_i - \boldsymbol{H}_i\hat{\boldsymbol{X}}) = \min$$

这说明，最小二乘估计虽然不能满足式(2. 1. 2) 中的每一个方程，既使每个方程都有偏差，但它使所有方程偏差的平方和达到最小。这实际上兼顾了所有方程的近似程度，使整体误差达到最小，这对抑制测量误差 $\boldsymbol{V}_1$,$\boldsymbol{V}_2$,$\cdots$,$\boldsymbol{V}_r$ 的影响是有益的。

最小二乘估计具有如下性质。

若量测噪声 $\boldsymbol{V}$ 是均值为零、方差为 $\boldsymbol{R}$ 的随机向量，则

(1) 最小二乘估计是无偏估计，即

$$E[\hat{\boldsymbol{X}}] = \boldsymbol{X} \tag{2.1.6}$$

或

$$E[\tilde{\boldsymbol{X}}] = \boldsymbol{0} \tag{2.1.7}$$

式中，$\tilde{\boldsymbol{X}} = \boldsymbol{X} - \hat{\boldsymbol{X}}$ 为 $\hat{\boldsymbol{X}}$ 的估计误差。

(2) 最小二乘估计的均方误差阵为

$$E[\tilde{\boldsymbol{X}}\tilde{\boldsymbol{X}}^{\mathrm{T}}] = (\boldsymbol{H}^{\mathrm{T}}\boldsymbol{H})^{-1}\boldsymbol{H}^{\mathrm{T}}\boldsymbol{R}\boldsymbol{H}(\boldsymbol{H}^{\mathrm{T}}\boldsymbol{H})^{-1} \tag{2.1.8}$$

证明

(1) 由式(2. 1. 5)，$\hat{\boldsymbol{X}}$ 的估计误差为

$$\tilde{\boldsymbol{X}}=\boldsymbol{X}-\hat{\boldsymbol{X}}=\boldsymbol{X}-(\boldsymbol{H}^{\mathrm{T}}\boldsymbol{H})^{-1}\boldsymbol{H}^{\mathrm{T}}\boldsymbol{Z}$$

由于 $E[\boldsymbol{V}]=\boldsymbol{0}$，所以

$$E[\tilde{\boldsymbol{X}}]=E[(\boldsymbol{H}^{\mathrm{T}}\boldsymbol{H})^{-1}(\boldsymbol{H}^{\mathrm{T}}\boldsymbol{H})\boldsymbol{X}-(\boldsymbol{H}^{\mathrm{T}}\boldsymbol{H})^{-1}\boldsymbol{H}^{\mathrm{T}}\boldsymbol{Z}]=(\boldsymbol{H}^{\mathrm{T}}\boldsymbol{H})^{-1}\boldsymbol{H}^{\mathrm{T}}E[\boldsymbol{HX}-\boldsymbol{Z})]=-(\boldsymbol{H}^{\mathrm{T}}\boldsymbol{H})^{-1}\boldsymbol{H}^{\mathrm{T}}E[\boldsymbol{V}]=\boldsymbol{0}$$

(2) $E[\tilde{\boldsymbol{X}}\tilde{\boldsymbol{X}}^{\mathrm{T}}]=(\boldsymbol{H}^{\mathrm{T}}\boldsymbol{H})^{-1}\boldsymbol{H}^{\mathrm{T}}E[\boldsymbol{V}\boldsymbol{V}^{\mathrm{T}}]\boldsymbol{H}(\boldsymbol{H}^{\mathrm{T}}\boldsymbol{H})^{-1}=(\boldsymbol{H}^{\mathrm{T}}\boldsymbol{H})^{-1}\boldsymbol{H}^{\mathrm{T}}\boldsymbol{RH}(\boldsymbol{H}^{\mathrm{T}}\boldsymbol{H})^{-1}$

例 2-1　用一台仪器对未知确定性标量 X 作 r 次直接测量，量测值分别为 $Z_1,Z_2,\cdots,Z_r$，测量误差的均值为零，方差为 R，求 X 的最小二乘估计 $\hat{X}$，并计算估计的均方误差。

解　由题意，r 次直接测量所得的量测方程为

$$\boldsymbol{Z}=\boldsymbol{H}X+\boldsymbol{V}$$

其中　$\boldsymbol{Z}=[Z_1\quad Z_2\quad\cdots\quad Z_r]^{\mathrm{T}}$，$\boldsymbol{H}=[1\quad 1\quad\cdots\quad 1]^{\mathrm{T}}$，$E[\boldsymbol{V}\,\boldsymbol{V}^{\mathrm{T}}]=R\boldsymbol{I}$

根据式(2.1.5)，得

$$\hat{X}=\frac{1}{r}(Z_1+Z_2+\cdots+Z_r)$$

估计的均方误差为

$$E[\tilde{X}^2]=\frac{R}{r}$$

例 2-2　设有线性系统满足

$$\boldsymbol{X}_k=\boldsymbol{\Phi}_{k,k-1}\boldsymbol{X}_{k-1}$$

对 $\boldsymbol{X}_k$ 的量测为标量，满足

$$Z_k=\boldsymbol{h}_k\boldsymbol{X}_k+V_k$$

式中，$\boldsymbol{X}_k$ 为 n 维向量；V_k 为随机误差；k 为时刻 t_k。求 $\boldsymbol{X}_0$ 基于 $Z_1,Z_2,\cdots,Z_m(m\geqslant n)$ 的最小二乘估计 $\hat{\boldsymbol{X}}_{0/m}$。

解　$\boldsymbol{X}_0$ 的第 i 次量测为

$$Z_i=\boldsymbol{h}_i\boldsymbol{X}_i+V_i=\boldsymbol{h}_i\boldsymbol{\Phi}_{i,0}\boldsymbol{X}_0+V_i\quad i=1,2,\cdots,m$$

$\boldsymbol{X}_0$ 的前 m 次量测为

$$\boldsymbol{Z}_m=\boldsymbol{H}_{m,0}\boldsymbol{X}_0+\boldsymbol{V}_m$$

其中

$$\boldsymbol{Z}_m=\begin{bmatrix}Z_1\\Z_2\\\vdots\\Z_m\end{bmatrix},\ \boldsymbol{H}_{m,0}=\begin{bmatrix}\boldsymbol{h}_1\boldsymbol{\Phi}_{1,0}\\\boldsymbol{h}_2\boldsymbol{\Phi}_{2,0}\\\vdots\\\boldsymbol{h}_m\boldsymbol{\Phi}_{m,0}\end{bmatrix},\ \boldsymbol{V}_m=\begin{bmatrix}V_1\\V_2\\\vdots\\V_m\end{bmatrix}$$

根据式(2.1.5)，得 $\boldsymbol{X}_0$ 基于 $Z_1,Z_2,\cdots,Z_m$ 的最小二乘估计为

$$\hat{\boldsymbol{X}}_{0/m}=(\boldsymbol{H}_{m,0}^{\mathrm{T}}\boldsymbol{H}_{m,0})^{-1}\boldsymbol{H}_{m,0}^{\mathrm{T}}\boldsymbol{Z}_m$$

例 2-3　用两台仪器对未知标量 X 各直接测量一次，量测量分别为 Z_1 和 Z_2，仪器的测量误差是均值为零，方差分别为 r 和 $4r$ 的随机量，求 X 的最小二乘估计，并计算估计的均方误差。

解　由题意得量测方程

$$\boldsymbol{Z}=\boldsymbol{H}X+\boldsymbol{V}$$

其中

$$\boldsymbol{Z}=\begin{bmatrix}Z_1\\Z_2\end{bmatrix},\quad \boldsymbol{H}=\begin{bmatrix}1\\1\end{bmatrix},\quad \boldsymbol{R}=\begin{bmatrix}r&0\\0&4r\end{bmatrix}$$

根据式(2.1.5)和式(2.1.8)，得

$$\hat{X}=\frac{1}{2}(Z_1+Z_2)$$

$$E[\hat{X}^2]=\frac{1}{2}[1\ 1]\begin{bmatrix} r & 0 \\ 0 & 4r \end{bmatrix}\begin{bmatrix} 1 \\ 1 \end{bmatrix}\frac{1}{2}=\frac{5}{4}r>r$$

上式说明，使用精度差一倍的两台仪器同时进行测量，最小二乘估计效果还不如只使用一台精度高的仪器时好。

2. 加权最小二乘估计

从例 2-3 看出，一般最小二乘估计精度不高的原因之一是不分优劣地使用了量测值。如果对不同量测值的质量有所了解，则可用加权的办法分别对待各量测量，精度质量高的权重取得大些，精度质量差的权重取得小些。这就是加权最小二乘估计的思路。加权最小二乘估计 $\hat{\boldsymbol{X}}$ 的求取准则是

$$J(\hat{\boldsymbol{X}})=(\boldsymbol{Z}-\boldsymbol{H}\hat{\boldsymbol{X}})^{\mathrm{T}}\boldsymbol{W}(\boldsymbol{Z}-\boldsymbol{H}\hat{\boldsymbol{X}})=\min \tag{2.1.9}$$

式中 $\boldsymbol{W}$ 是适当取值的正定加权矩阵。当 $\boldsymbol{W}=\boldsymbol{I}$ 时，式(2.1.9)就是一般最小二乘准则。

要使式(2.1.9)成立，$\hat{\boldsymbol{X}}$ 应满足

$$\left.\frac{\partial J(\boldsymbol{X})}{\partial \boldsymbol{X}}\right|_{\boldsymbol{X}=\hat{X}}=-\boldsymbol{H}^{\mathrm{T}}(\boldsymbol{W}+\boldsymbol{W}^{\mathrm{T}})(\boldsymbol{Z}-\boldsymbol{H}\hat{\boldsymbol{X}})=\boldsymbol{0}$$

从中解得

$$\hat{\boldsymbol{X}}=[\boldsymbol{H}^{\mathrm{T}}(\boldsymbol{W}+\boldsymbol{W}^{\mathrm{T}})\boldsymbol{H}]^{-1}\boldsymbol{H}^{\mathrm{T}}(\boldsymbol{W}+\boldsymbol{W}^{\mathrm{T}})\boldsymbol{Z}$$

一般情况下，加权阵取成对称阵，即 $\boldsymbol{W}^{\mathrm{T}}=\boldsymbol{W}$，所以加权最小二乘估计为

$$\hat{\boldsymbol{X}}=(\boldsymbol{H}^{\mathrm{T}}\boldsymbol{W}\boldsymbol{H})^{-1}\boldsymbol{H}^{\mathrm{T}}\boldsymbol{W}\boldsymbol{Z} \tag{2.1.10}$$

估计误差为

$$\begin{aligned}\tilde{\boldsymbol{X}}=\boldsymbol{X}-\hat{\boldsymbol{X}}=(\boldsymbol{H}^{\mathrm{T}}\boldsymbol{W}\boldsymbol{H})^{-1}\boldsymbol{H}^{\mathrm{T}}\boldsymbol{W}\boldsymbol{H}\boldsymbol{X}-(\boldsymbol{H}^{\mathrm{T}}\boldsymbol{W}\boldsymbol{H})^{-1}\boldsymbol{H}^{\mathrm{T}}\boldsymbol{W}\boldsymbol{Z}= \\ (\boldsymbol{H}^{\mathrm{T}}\boldsymbol{W}\boldsymbol{H})^{-1}\boldsymbol{H}^{\mathrm{T}}\boldsymbol{W}(\boldsymbol{H}\boldsymbol{X}-\boldsymbol{Z})= \\ -(\boldsymbol{H}^{\mathrm{T}}\boldsymbol{W}\boldsymbol{H})^{-1}\boldsymbol{H}^{\mathrm{T}}\boldsymbol{W}\boldsymbol{V}\end{aligned}$$

如果量测误差 $\boldsymbol{V}$ 的均值为零，方差阵为 $\boldsymbol{R}$，则加权最小二乘估计也是无偏估计，估计的均方误差为

$$E[\tilde{\boldsymbol{X}}\tilde{\boldsymbol{X}}^{\mathrm{T}}]=(\boldsymbol{H}^{\mathrm{T}}\boldsymbol{W}\boldsymbol{H})^{-1}\boldsymbol{H}^{\mathrm{T}}\boldsymbol{W}\boldsymbol{R}\boldsymbol{W}\boldsymbol{H}(\boldsymbol{H}^{\mathrm{T}}\boldsymbol{W}\boldsymbol{H})^{-1} \tag{2.1.11}$$

如果 $\boldsymbol{W}=\boldsymbol{R}^{-1}$，则加权最小二乘估计

$$\hat{\boldsymbol{X}}=(\boldsymbol{H}^{\mathrm{T}}\boldsymbol{R}^{-1}\boldsymbol{H})^{-1}\boldsymbol{H}^{\mathrm{T}}\boldsymbol{R}^{-1}\boldsymbol{Z} \tag{2.1.12}$$

又称为马尔柯夫估计。

马尔柯夫估计的均方误差为

$$E[\tilde{\boldsymbol{X}}\,\tilde{\boldsymbol{X}}^{\mathrm{T}}]=(\boldsymbol{H}^{\mathrm{T}}\boldsymbol{R}^{-1}\boldsymbol{H})^{-1} \tag{2.1.13}$$

马尔柯夫估计的均方误差比任何其他加权最小二乘估计的均方误差都要小，所以是加权最小二乘估计中的最优者。下面证明这一结论。

设 $\boldsymbol{A}$ 和 $\boldsymbol{B}$ 分别为 $n\times m$ 和 $m\times l$ 的矩阵，且 $\boldsymbol{A}\boldsymbol{A}^{\mathrm{T}}$ 满秩，则因

$$\begin{aligned}[\boldsymbol{B}-\boldsymbol{A}^{\mathrm{T}}(\boldsymbol{A}\boldsymbol{A}^{\mathrm{T}})^{-1}\boldsymbol{A}\boldsymbol{B}]^{\mathrm{T}}[\boldsymbol{B}-\boldsymbol{A}^{\mathrm{T}}(\boldsymbol{A}\boldsymbol{A}^{\mathrm{T}})^{-1}\boldsymbol{A}\boldsymbol{B}]= \\ \boldsymbol{B}^{\mathrm{T}}\boldsymbol{B}-2\boldsymbol{B}^{\mathrm{T}}\boldsymbol{A}^{\mathrm{T}}(\boldsymbol{A}\boldsymbol{A}^{\mathrm{T}})^{-1}\boldsymbol{A}\boldsymbol{B}+\boldsymbol{B}^{\mathrm{T}}\boldsymbol{A}^{\mathrm{T}}(\boldsymbol{A}\boldsymbol{A}^{\mathrm{T}})^{-1}\boldsymbol{A}\boldsymbol{A}^{\mathrm{T}}(\boldsymbol{A}\boldsymbol{A}^{\mathrm{T}})^{-1}\boldsymbol{A}\boldsymbol{B}= \\ \boldsymbol{B}^{\mathrm{T}}\boldsymbol{B}-(\boldsymbol{A}\boldsymbol{B})^{\mathrm{T}}(\boldsymbol{A}\boldsymbol{A}^{\mathrm{T}})^{-1}(\boldsymbol{A}\boldsymbol{B})\geqslant\boldsymbol{0}\end{aligned}$$

所以有

$$\boldsymbol{B}^{\mathrm{T}}\boldsymbol{B} \geqslant (\boldsymbol{AB})^{\mathrm{T}}(\boldsymbol{AA}^{\mathrm{T}})^{-1}(\boldsymbol{AB}) \tag{2.1.14}$$

这就是矩阵型的许瓦茨不等式。

由矩阵理论知，正定阵 $\boldsymbol{R}$ 可表示成 $\boldsymbol{R}=\boldsymbol{S}^{\mathrm{T}}\boldsymbol{S}$，其中 $\boldsymbol{S}$ 为满秩矩阵。令

$$\boldsymbol{A}=\boldsymbol{H}^{\mathrm{T}}\boldsymbol{S}^{-1} \tag{2.1.15a}$$

$$\boldsymbol{B}=\boldsymbol{SWH}(\boldsymbol{H}^{\mathrm{T}}\boldsymbol{WH})^{-1} \tag{2.1.15b}$$

则

$$\boldsymbol{AB}=\boldsymbol{H}^{\mathrm{T}}\boldsymbol{S}^{-1}\boldsymbol{SWH}(\boldsymbol{H}^{\mathrm{T}}\boldsymbol{WH})^{-1}=\boldsymbol{I} \tag{2.1.16}$$

$$\boldsymbol{B}^{\mathrm{T}}\boldsymbol{B}=(\boldsymbol{H}^{\mathrm{T}}\boldsymbol{WH})^{-1}\boldsymbol{H}^{\mathrm{T}}\boldsymbol{WRWH}(\boldsymbol{H}^{\mathrm{T}}\boldsymbol{WH})^{-1} \tag{2.1.17}$$

根据许瓦茨不等式和式(2.1.16)及式(2.1.15a)，有

$$\boldsymbol{B}^{\mathrm{T}}\boldsymbol{B} \geqslant (\boldsymbol{AB})^{\mathrm{T}}(\boldsymbol{AA}^{\mathrm{T}})^{-1}(\boldsymbol{AB})=(\boldsymbol{AA}^{\mathrm{T}})^{-1}=(\boldsymbol{H}^{\mathrm{T}}\boldsymbol{R}^{-1}\boldsymbol{H})^{-1}$$

式(2.1.17)代入上式，得

$$(\boldsymbol{H}^{\mathrm{T}}\boldsymbol{WH})^{-1}\boldsymbol{H}^{\mathrm{T}}\boldsymbol{WRWH}(\boldsymbol{H}^{\mathrm{T}}\boldsymbol{WH})^{-1} \geqslant (\boldsymbol{H}^{\mathrm{T}}\boldsymbol{R}^{-1}\boldsymbol{H})^{-1} \tag{2.1.18}$$

式(2.1.18)说明，只有当 $\boldsymbol{W}=\boldsymbol{R}^{-1}$ 时，估计的均方误差才达到最小，最小值为 $(\boldsymbol{H}^{\mathrm{T}}\boldsymbol{R}^{-1}\boldsymbol{H})^{-1}$。

例 2-4　对例 2-3 采用马尔柯夫估计，并求估计的均方误差。

解　取

$$\boldsymbol{W}=\boldsymbol{R}^{-1}=\begin{bmatrix}\frac{1}{r} & 0 \\ 0 & \frac{1}{4r}\end{bmatrix}$$

$$\hat{X}=\left(\begin{bmatrix}1 & 1\end{bmatrix}\begin{bmatrix}\frac{1}{r} & 0 \\ 0 & \frac{1}{4r}\end{bmatrix}\begin{bmatrix}1 \\ 1\end{bmatrix}\right)^{-1}\begin{bmatrix}1 & 1\end{bmatrix}\begin{bmatrix}\frac{1}{r} & 0 \\ 0 & \frac{1}{4r}\end{bmatrix}\begin{bmatrix}Z_1 \\ Z_2\end{bmatrix}=\frac{4}{5}Z_1+\frac{1}{5}Z_2$$

$$E[\tilde{X}\tilde{X}]=\left(\begin{bmatrix}1 & 1\end{bmatrix}\begin{bmatrix}\frac{1}{r} & 0 \\ 0 & \frac{1}{4r}\end{bmatrix}\begin{bmatrix}1 \\ 1\end{bmatrix}\right)^{-1}=\frac{4}{5}r<r$$

这说明，对精度高的量测值取权重系数 $\frac{4}{5}$，对精度低的量测值取权重系数 $\frac{1}{5}$，估计精度高于仅用精度高的量测值所得估计的精度。所以增加不同的量测值，并根据其精度质量区别对待利用之，能有效提高估计精度。

3. 递推最小二乘估计

从上述诸例可看出，量测值越多，只要处理得合适，最小二乘估计的均方误差就越小。采用批处理实现的最小二乘算法，须存储所有的量测值。若量测值数量十分庞大，则计算机必须具备巨大的存储容量，这显然是不经济的。递推最小二乘估计从每次获得的量测值中提取出被估计量信息，用于修正上一步所得的估计。获得量测的次数越多，修正的次数也越多，估计的精度也越高。下面详细介绍该算法。

设 $\boldsymbol{X}$ 为确定性常值向量，前 k 次观测积累的量测为 $\bar{\boldsymbol{Z}}_k$，量测方程为

$$\bar{\boldsymbol{Z}}_k=\bar{\boldsymbol{H}}_k\boldsymbol{X}+\bar{\boldsymbol{V}}_k$$

式中

$$\bar{\boldsymbol{Z}}_k=\begin{bmatrix}\boldsymbol{Z}_1\\\boldsymbol{Z}_2\\\vdots\\\boldsymbol{Z}_k\end{bmatrix},\ \bar{\boldsymbol{H}}_k=\begin{bmatrix}\boldsymbol{H}_1\\\boldsymbol{H}_2\\\vdots\\\boldsymbol{H}_k\end{bmatrix},\ \bar{\boldsymbol{V}}_k=\begin{bmatrix}\boldsymbol{V}_1\\\boldsymbol{V}_2\\\vdots\\\boldsymbol{V}_k\end{bmatrix}$$

$\boldsymbol{Z}_i$ 为第 i 次量测，量测方程为

$$\boldsymbol{Z}_i=\boldsymbol{H}_i\boldsymbol{X}+\boldsymbol{V}_i\qquad i=1,2,\cdots,k$$

则前 $k+1$ 次量测为

$$\bar{\boldsymbol{Z}}_{k+1}=\bar{\boldsymbol{H}}_{k+1}\boldsymbol{X}+\bar{\boldsymbol{V}}_{k+1}$$

其中

$$\bar{\boldsymbol{Z}}_{k+1}=\begin{bmatrix}\bar{\boldsymbol{Z}}_k\\\boldsymbol{Z}_{k+1}\end{bmatrix},\ \bar{\boldsymbol{H}}_{k+1}=\begin{bmatrix}\bar{\boldsymbol{H}}_k\\\boldsymbol{H}_{k+1}\end{bmatrix},\ \bar{\boldsymbol{V}}_{k+1}=\begin{bmatrix}\bar{\boldsymbol{V}}_k\\\boldsymbol{V}_{k+1}\end{bmatrix}$$

$\boldsymbol{Z}_{k+1}$ 为第 $k+1$ 次量测，量测方程为

$$\boldsymbol{Z}_{k+1}=\boldsymbol{H}_{k+1}\boldsymbol{X}+\boldsymbol{V}_{k+1}$$

根据式(2.1.10)，由前 k 次量测确定的加权最小二乘估计为

$$\hat{\boldsymbol{X}}_k=(\bar{\boldsymbol{H}}_k^{\mathrm{T}}\bar{\boldsymbol{W}}_k\bar{\boldsymbol{H}}_k)^{-1}\bar{\boldsymbol{H}}_k^{\mathrm{T}}\bar{\boldsymbol{W}}_k\bar{\boldsymbol{Z}}_k$$

其中

$$\bar{\boldsymbol{W}}_k=\begin{bmatrix}\boldsymbol{W}_1 & & & \\ & \boldsymbol{W}_2 & & \boldsymbol{0}\\ \boldsymbol{0} & & \ddots & \\ & & & \boldsymbol{W}_k\end{bmatrix}$$

令

$$\boldsymbol{P}_k=(\bar{\boldsymbol{H}}_k^{\mathrm{T}}\bar{\boldsymbol{W}}_k\bar{\boldsymbol{H}}_k)^{-1}\tag{2.1.19}$$

则

$$\hat{\boldsymbol{X}}_k=\boldsymbol{P}_k\bar{\boldsymbol{H}}_k^{\mathrm{T}}\bar{\boldsymbol{W}}_k\bar{\boldsymbol{Z}}_k\tag{2.1.20}$$

由前 $k+1$ 次量测确定的加权最小二乘估计为

$$\hat{\boldsymbol{X}}_{k+1}=(\bar{\boldsymbol{H}}_{k+1}^{\mathrm{T}}\bar{\boldsymbol{W}}_{k+1}\bar{\boldsymbol{H}}_{k+1})^{-1}\bar{\boldsymbol{H}}_{k+1}^{\mathrm{T}}\bar{\boldsymbol{W}}_{k+1}\bar{\boldsymbol{Z}}_{k+1}=\boldsymbol{P}_{k+1}[\bar{\boldsymbol{H}}_k^{\mathrm{T}}\ \ \boldsymbol{H}_{k+1}^{\mathrm{T}}]\begin{bmatrix}\bar{\boldsymbol{W}}_k & \boldsymbol{0}\\ \boldsymbol{0} & \boldsymbol{W}_{k+1}\end{bmatrix}\begin{bmatrix}\bar{\boldsymbol{Z}}_k\\\boldsymbol{Z}_{k+1}\end{bmatrix}=$$

$$\boldsymbol{P}_{k+1}\bar{\boldsymbol{H}}_k^{\mathrm{T}}\bar{\boldsymbol{W}}_k\bar{\boldsymbol{Z}}_k+\boldsymbol{P}_{k+1}\boldsymbol{H}_{k+1}^{\mathrm{T}}\boldsymbol{W}_{k+1}\boldsymbol{Z}_{k+1}\tag{2.1.21}$$

其中

$$\boldsymbol{P}_{k+1}=(\bar{\boldsymbol{H}}_{k+1}^{\mathrm{T}}\bar{\boldsymbol{W}}_{k+1}\bar{\boldsymbol{H}}_{k+1})^{-1}=\left([\bar{\boldsymbol{H}}_k^{\mathrm{T}}\ \ \boldsymbol{H}_{k+1}^{\mathrm{T}}]\begin{bmatrix}\bar{\boldsymbol{W}}_k & \boldsymbol{0}\\ \boldsymbol{0} & \boldsymbol{W}_{k+1}\end{bmatrix}\begin{bmatrix}\bar{\boldsymbol{H}}_k\\\boldsymbol{H}_{k+1}\end{bmatrix}\right)^{-1}=$$

$$(\bar{\boldsymbol{H}}_k^{\mathrm{T}}\bar{\boldsymbol{W}}_k\bar{\boldsymbol{H}}_k+\boldsymbol{H}_{k+1}^{\mathrm{T}}\boldsymbol{W}_{k+1}\boldsymbol{H}_{k+1})^{-1}=(\boldsymbol{P}_k^{-1}+\boldsymbol{H}_{k+1}^{\mathrm{T}}\boldsymbol{W}_{k+1}\boldsymbol{H}_{k+1})^{-1}\tag{2.1.22}$$

由矩阵反演公式(详细推导见附录 B)

$$(\boldsymbol{A}_{11}-\boldsymbol{A}_{12}\boldsymbol{A}_{22}^{-1}\boldsymbol{A}_{21})^{-1}=\boldsymbol{A}_{11}^{-1}+\boldsymbol{A}_{11}^{-1}\boldsymbol{A}_{12}(\boldsymbol{A}_{22}-\boldsymbol{A}_{21}\boldsymbol{A}_{11}^{-1}\boldsymbol{A}_{12})^{-1}\boldsymbol{A}_{21}\boldsymbol{A}_{11}^{-1}\tag{2.1.23}$$

令 $\boldsymbol{A}_{11}=\boldsymbol{P}_k^{-1}$，$\boldsymbol{A}_{12}=-\boldsymbol{H}_{k+1}^{\mathrm{T}}$，$\boldsymbol{A}_{22}^{-1}=\boldsymbol{W}_{k+1}$，$\boldsymbol{A}_{21}=\boldsymbol{H}_{k+1}$，得

$$\boldsymbol{P}_{k+1}=\boldsymbol{P}_k-\boldsymbol{P}_k\boldsymbol{H}_{k+1}^{\mathrm{T}}(\boldsymbol{W}_{k+1}^{-1}+\boldsymbol{H}_{k+1}\boldsymbol{P}_k\boldsymbol{H}_{k+1}^{\mathrm{T}})^{-1}\boldsymbol{H}_{k+1}\boldsymbol{P}_k\tag{2.1.24}$$

再考察式(2.1.21)中的第一项，由式(2.1.20)和式(2.1.22)，得

$$\bar{\boldsymbol{H}}_k^{\mathrm{T}}\bar{\boldsymbol{W}}_k\bar{\boldsymbol{Z}}_k=\boldsymbol{P}_k^{-1}\hat{\boldsymbol{X}}_k$$

$$\boldsymbol{P}_k^{-1}=\boldsymbol{P}_{k+1}^{-1}-\boldsymbol{H}_{k+1}^{\mathrm{T}}\boldsymbol{W}_{k+1}\boldsymbol{H}_{k+1}$$

所以该项为

$$\boldsymbol{P}_{k+1}\overline{\boldsymbol{H}}_k^{\mathrm{T}}\overline{\boldsymbol{W}}_k\overline{\boldsymbol{Z}}_k=\boldsymbol{P}_{k+1}\boldsymbol{P}_k^{-1}\hat{\boldsymbol{X}}_k=\boldsymbol{P}_{k+1}(\boldsymbol{P}_{k+1}^{-1}-\boldsymbol{H}_{k+1}^{\mathrm{T}}\boldsymbol{W}_{k+1}\boldsymbol{H}_{k+1})\hat{\boldsymbol{X}}_k=$$
$$\hat{\boldsymbol{X}}_k-\boldsymbol{P}_{k+1}\boldsymbol{H}_{k+1}^{\mathrm{T}}\boldsymbol{W}_{k+1}\boldsymbol{H}_{k+1}\hat{\boldsymbol{X}}_k$$

因此式(2.1.21)成

$$\hat{\boldsymbol{X}}_{k+1}=\hat{\boldsymbol{X}}_k-\boldsymbol{P}_{k+1}\boldsymbol{H}_{k+1}^{\mathrm{T}}\boldsymbol{W}_{k+1}\boldsymbol{H}_{k+1}\hat{\boldsymbol{X}}_k+\boldsymbol{P}_{k+1}\boldsymbol{H}_{k+1}^{\mathrm{T}}\boldsymbol{W}_{k+1}\boldsymbol{Z}_{k+1}=$$
$$\hat{\boldsymbol{X}}_k+\boldsymbol{P}_{k+1}\boldsymbol{H}_{k+1}^{\mathrm{T}}\boldsymbol{W}_{k+1}(\boldsymbol{Z}_{k+1}-\boldsymbol{H}_{k+1}\hat{\boldsymbol{X}}_k)\tag{2.1.25}$$

式(2.1.24)和式(2.1.25)即为递推最小二乘估计的全套算法。

式(2.1.25)说明，$k+1$ 时刻的估计由对 k 时刻的估计作修正而获得，修正量由对 $k+1$ 时刻的量测的估计误差 $\tilde{\boldsymbol{Z}}_{k+1}=\boldsymbol{Z}_{k+1}-\boldsymbol{H}_{k+1}\hat{\boldsymbol{X}}_k$ 经增益阵 $\boldsymbol{K}_{k+1}=\boldsymbol{P}_{k+1}\boldsymbol{H}_{k+1}^{\mathrm{T}}\boldsymbol{W}_{k+1}$ 加权后确定，其中 $\boldsymbol{P}_{k+1}$ 由式(2.1.24)确定。

式(2.1.24)和式(2.1.25)确定的算法是递推的，只要给定初始值 $\hat{\boldsymbol{X}}_0$ 和 $\boldsymbol{P}_0$，即可获得 $\boldsymbol{X}$ 在任意时刻的最小二乘估计。$\hat{\boldsymbol{X}}_0$ 和 $\boldsymbol{P}_0$ 的选取可以是任意的，一般可取 $\hat{\boldsymbol{X}}_0=\boldsymbol{0}$，$\boldsymbol{P}_0=p\boldsymbol{I}$，其中 p 为很大的正数。由于初值选取盲目，所以递推过程中，刚开始计算时，估计误差跳跃剧烈，随着量测次数的增加，初值影响逐渐消失，估计值逐渐趋于稳定而逼近被估计量。

例 2-5　在例 2-1 中求出 $\hat{X}_k$ 后，试求获得新量测值 Z_{k+1} 后的递推最小二乘估计。

解　例 2-1 采用了一般最小二乘算法，这实际上加权阵取作单位阵。根据式(2.1.19)、式(2.1.24)及式(2.1.25)，得

$$P_k=\left([1\ 1\ \cdots\ 1]\begin{bmatrix}1\\1\\\vdots\\1\end{bmatrix}\right)^{-1}=\frac{1}{k}$$

$$P_{k+1}=\frac{1}{k}-\frac{1}{k}\left(1+\frac{1}{k}\right)^{-1}\frac{1}{k}=\frac{1}{k+1}$$

$$\hat{X}_{k+1}=\hat{X}_k+\frac{1}{k+1}(Z_{k+1}-\hat{X}_k)$$

最小二乘估计的最大优点是算法简单，特别是一般最小二乘估计，根本不必知道量测误差的统计信息。但正是这种优点又引起了使用上的局限性，主要体现在如下两点上：

(1) 最小二乘算法只能估计确定性的常值向量，而无法估计随机向量的时间过程。

(2) 最小二乘的最优指标只保证了量测的估计均方误差之和最小，而并未确保被估计量的估计误差达到最佳，所以估计精度不高。

2.1.2　最小方差估计

1. 最小方差估计与条件均值

设 $\boldsymbol{X}$ 为随机向量，$\boldsymbol{Z}$ 为 $\boldsymbol{X}$ 的量测向量，即 $\boldsymbol{Z}=\boldsymbol{Z}(\boldsymbol{X})+\boldsymbol{V}$，求 $\boldsymbol{X}$ 的估计 $\hat{\boldsymbol{X}}$ 就是根据 $\boldsymbol{Z}$ 解算出 $\boldsymbol{X}$，显然 $\hat{\boldsymbol{X}}$ 是 $\boldsymbol{Z}$ 的函数，由于 $\boldsymbol{V}$ 是随机误差，所以 $\boldsymbol{X}$ 无法从 $\boldsymbol{Z}$ 的函数关系式中直接求取，而必须按统计意义的最优标准求取。

最小方差估计是使下述指标达到最小的估计 $\hat{\boldsymbol{X}}_{\mathrm{MV}}(\boldsymbol{Z})$

$$J=E_{\boldsymbol{X},\boldsymbol{Z}}\{[\boldsymbol{X}-\hat{\boldsymbol{X}}(\boldsymbol{Z})]^{\mathrm{T}}[\boldsymbol{X}-\hat{\boldsymbol{X}}(\boldsymbol{Z})]\}\big|_{\hat{\boldsymbol{X}}(\boldsymbol{Z})=\hat{\boldsymbol{X}}_{\mathrm{MV}}(\boldsymbol{Z})}=\min\tag{2.1.26}$$

式中，$\boldsymbol{X}-\hat{\boldsymbol{X}}$ 为估计误差。对于 $\boldsymbol{Z}$ 的某一个实现，$\hat{\boldsymbol{X}}(\boldsymbol{Z})$ 是与之对应的某一具体样本，所以上式中求均值是对 $\boldsymbol{X}$ 和 $\boldsymbol{Z}$ 同时进行的。

定理 2.1

最小方差估计等于量测为某一具体实现条件下的条件均值为

$$\hat{\boldsymbol{X}}_{\mathrm{MV}}(\boldsymbol{Z})=E[\boldsymbol{X}/\boldsymbol{Z}] \tag{2.1.27}$$

现在详细证明这一定理。

证明

$$J=E_{\boldsymbol{X},\boldsymbol{Z}}\{[\boldsymbol{X}-\hat{\boldsymbol{X}}_{\mathrm{MV}}(\boldsymbol{Z})]^{\mathrm{T}}[\boldsymbol{X}-\hat{\boldsymbol{X}}_{\mathrm{MV}}(\boldsymbol{Z})]\}=$$
$$\int_{-\infty}^{\infty}\int_{-\infty}^{\infty}[\boldsymbol{x}-\hat{\boldsymbol{X}}_{\mathrm{MV}}(\boldsymbol{z})]^{\mathrm{T}}[\boldsymbol{x}-\hat{\boldsymbol{X}}_{\mathrm{MV}}(\boldsymbol{z})]p(\boldsymbol{x},\boldsymbol{z})\mathrm{d}\boldsymbol{x}\,\mathrm{d}\boldsymbol{z}$$

式中，$p(\boldsymbol{x},\boldsymbol{z})$ 为 $\boldsymbol{X}$ 和 $\boldsymbol{Z}$ 的联合分布密度，是关于 $\boldsymbol{x}$ 和 $\boldsymbol{z}$ 的标量函数。根据贝叶斯定理

$$p(\boldsymbol{x},\boldsymbol{z})=p_z(\boldsymbol{z})p(\boldsymbol{x}/\boldsymbol{z})$$

式中，$p_z(\boldsymbol{z})$ 为 $\boldsymbol{Z}$ 的边缘分布，$p(\boldsymbol{x}/\boldsymbol{z})$ 为 $\boldsymbol{X}$ 关于 $\boldsymbol{Z}$ 的条件分布。所以

$$J=\int_{-\infty}^{\infty}p_z(\boldsymbol{z})\left\{\int_{-\infty}^{\infty}[\boldsymbol{x}-\hat{\boldsymbol{X}}_{\mathrm{MV}}(\boldsymbol{z})]^{\mathrm{T}}[\boldsymbol{x}-\hat{\boldsymbol{X}}_{\mathrm{MV}}(\boldsymbol{z})]p(\boldsymbol{x}/\boldsymbol{z})\mathrm{d}\boldsymbol{x}\right\}\mathrm{d}\boldsymbol{z} \tag{2.1.28}$$

由于 $\hat{\boldsymbol{X}}_{\mathrm{MV}}$ 的选择对 J 的影响只体现在上式的内层积分中，又 $p_z(\boldsymbol{z})$ 恒大于零，所以要使 J 达到最小，只须使上式中的内层积分达到最小即可，即

$$g=\int_{-\infty}^{\infty}[\boldsymbol{x}-\hat{\boldsymbol{X}}_{\mathrm{MV}}(\boldsymbol{z})]^{\mathrm{T}}[\boldsymbol{x}-\hat{\boldsymbol{X}}_{\mathrm{MV}}(\boldsymbol{z})]p(\boldsymbol{x}/\boldsymbol{z})\mathrm{d}\boldsymbol{x}=\min$$

对 g 作恒等变形，并注意到：$E[\boldsymbol{X}/\boldsymbol{z}]$ 和 $\hat{\boldsymbol{X}}(\boldsymbol{z})$ 都是确定量，$\boldsymbol{x}$ 是 $\boldsymbol{X}$ 样本空间内的所有样本，而 $\boldsymbol{z}$ 是 $\boldsymbol{Z}$ 样本空间内的某一样本，所以对 $\boldsymbol{x}$ 的积分中，$E[\boldsymbol{X}/\boldsymbol{z}]$，$\hat{\boldsymbol{X}}(\boldsymbol{z})$ 与 $\boldsymbol{x}$ 无关，因此

$$g=\int_{-\infty}^{\infty}[\boldsymbol{x}-E(\boldsymbol{X}/\boldsymbol{z})+E(\boldsymbol{X}/\boldsymbol{z})-\hat{\boldsymbol{X}}_{\mathrm{MV}}(\boldsymbol{z})]^{\mathrm{T}}\cdot$$
$$[\boldsymbol{x}-E(\boldsymbol{X}/\boldsymbol{z})+E(\boldsymbol{X}/\boldsymbol{z})-\hat{\boldsymbol{X}}_{\mathrm{MV}}(\boldsymbol{z})]p(\boldsymbol{x}/\boldsymbol{z})\mathrm{d}\boldsymbol{x}=$$
$$\int_{-\infty}^{\infty}[\boldsymbol{x}-E(\boldsymbol{X}/\boldsymbol{z})]^{\mathrm{T}}[\boldsymbol{x}-E(\boldsymbol{X}/\boldsymbol{z})]p(\boldsymbol{x}/\boldsymbol{z})\mathrm{d}\boldsymbol{x}+$$
$$[E(\boldsymbol{X}/\boldsymbol{z})-\hat{\boldsymbol{X}}_{\mathrm{MV}}(\boldsymbol{z})]^{\mathrm{T}}[E(\boldsymbol{X}/\boldsymbol{z})-\hat{\boldsymbol{X}}_{\mathrm{MV}}(\boldsymbol{z})]\int_{-\infty}^{\infty}p(\boldsymbol{x}/\boldsymbol{z})\mathrm{d}\boldsymbol{x}+$$
$$\int_{-\infty}^{\infty}[\boldsymbol{x}-E(\boldsymbol{X}/\boldsymbol{z})]^{\mathrm{T}}p(\boldsymbol{x}/\boldsymbol{z})\mathrm{d}\boldsymbol{x}[E(\boldsymbol{X}/\boldsymbol{z})-\hat{\boldsymbol{X}}_{\mathrm{MV}}(\boldsymbol{z})]+$$
$$[E(\boldsymbol{X}/\boldsymbol{z})-\hat{\boldsymbol{X}}_{\mathrm{MV}}(\boldsymbol{z})]^{\mathrm{T}}\int_{-\infty}^{\infty}[\boldsymbol{x}-E(\boldsymbol{X}/\boldsymbol{z})]p(\boldsymbol{x}/\boldsymbol{z})\mathrm{d}\boldsymbol{x}$$

由于

$$\int_{-\infty}^{\infty}p(\boldsymbol{x}/\boldsymbol{z})\mathrm{d}\boldsymbol{x}=1$$
$$\int_{-\infty}^{\infty}[\boldsymbol{x}-E(\boldsymbol{X}/\boldsymbol{z})]p(\boldsymbol{x}/\boldsymbol{z})\mathrm{d}\boldsymbol{x}=\boldsymbol{0}$$

所以

$$g=\int_{-\infty}^{\infty}[\boldsymbol{x}-E(\boldsymbol{X}/\boldsymbol{z})]^{\mathrm{T}}[\boldsymbol{x}-E(\boldsymbol{X}/\boldsymbol{z})]p(\boldsymbol{x}/\boldsymbol{z})\mathrm{d}\boldsymbol{x}+$$
$$[E(\boldsymbol{X}/\boldsymbol{z})-\hat{\boldsymbol{X}}_{\mathrm{MV}}(\boldsymbol{z})]^{\mathrm{T}}[E(\boldsymbol{X}/\boldsymbol{z})-\hat{\boldsymbol{X}}_{\mathrm{MV}}(\boldsymbol{z})]$$

上式中，第一项与 $\hat{\boldsymbol{X}}_{\mathrm{MV}}(\boldsymbol{z})$ 的选取无关，第二项为向量的内积，总是大于或等于零，所以要使 g

达到最小，必须使该项内积为零，而要使内积为零，必须使该向量为零，即

$$\hat{\boldsymbol{X}}_{\mathrm{MV}}(\boldsymbol{z})=E[\boldsymbol{X}/\boldsymbol{z}]$$

注意到 $\boldsymbol{z}$ 是式(2.1.28)中的积分变量，积分区间为 $\boldsymbol{Z}$ 的整个样本空间，所以在 $\boldsymbol{Z}$ 的整个样本空间内上式均成立，即

$$\hat{\boldsymbol{X}}_{\mathrm{MV}}(\boldsymbol{Z})=E[\boldsymbol{X}/\boldsymbol{Z}]$$

2. 最小方差估计的无偏性

定理 2.2

最小方差估计是 $\boldsymbol{X}$ 的无偏估计，即

$$E[\boldsymbol{X}-\hat{\boldsymbol{X}}_{\mathrm{MV}}(\boldsymbol{Z})]=\boldsymbol{0} \tag{2.1.29}$$

或

$$E[\hat{\boldsymbol{X}}_{\mathrm{MV}}(\boldsymbol{Z})]=E[\boldsymbol{X}] \tag{2.1.30}$$

证明

由式(2.1.27)，最小方差估计为 $\hat{\boldsymbol{X}}_{\mathrm{MV}}(\boldsymbol{Z})=E[\boldsymbol{X}/\boldsymbol{Z}]$，其中求均值是对 $\boldsymbol{X}$ 求均值，所以 $\hat{\boldsymbol{X}}_{\mathrm{MV}}(\boldsymbol{Z})$ 是关于 $\boldsymbol{Z}$ 的函数，对 $\hat{\boldsymbol{X}}_{\mathrm{MV}}(\boldsymbol{Z})$ 求均值实质上是对 $\boldsymbol{Z}$ 求均值，即

$$E[\hat{\boldsymbol{X}}_{\mathrm{MV}}(\boldsymbol{Z})]=E_{\boldsymbol{Z}}[\hat{\boldsymbol{X}}_{\mathrm{MV}}(\boldsymbol{Z})]=E_{\boldsymbol{Z}}[E_{\boldsymbol{X}}(\boldsymbol{X}/\boldsymbol{Z})]=$$
$$\int_{-\infty}^{\infty}\left[\int_{-\infty}^{\infty}\boldsymbol{x}p(\boldsymbol{x}/\boldsymbol{z})\mathrm{d}\boldsymbol{x}\right]p_z(\boldsymbol{z})\mathrm{d}\boldsymbol{z}$$

应用贝叶斯定理，得

$$E[\hat{\boldsymbol{X}}_{\mathrm{MV}}(\boldsymbol{Z})]=\int_{-\infty}^{\infty}\int_{-\infty}^{\infty}\boldsymbol{x}p(\boldsymbol{x},\boldsymbol{z})\mathrm{d}\boldsymbol{z}\,\mathrm{d}\boldsymbol{x}=\int_{-\infty}^{\infty}\boldsymbol{x}\left[\int_{-\infty}^{\infty}p(\boldsymbol{x},\boldsymbol{z})\mathrm{d}\boldsymbol{z}\right]\mathrm{d}\boldsymbol{x}=$$
$$\int_{-\infty}^{\infty}\boldsymbol{x}p_x(\boldsymbol{x})\mathrm{d}\boldsymbol{x}=E[\boldsymbol{X}]$$

3. 正态随机向量的最小方差估计

定理 2.3

若被估计向量 $\boldsymbol{X}_{n\times1}$ 和量测向量 $\boldsymbol{Z}_{m\times1}$ 都服从正态分布，且

$$E[\boldsymbol{X}]=\boldsymbol{m}_X,\ E[\boldsymbol{Z}]=\boldsymbol{m}_Z$$
$$\mathrm{Cov}[\boldsymbol{X},\boldsymbol{Z}]=E[(\boldsymbol{X}-\boldsymbol{m}_X)(\boldsymbol{Z}-\boldsymbol{m}_Z)^{\mathrm{T}}]=\boldsymbol{C}_{XZ}$$
$$\mathrm{Var}[\boldsymbol{Z}]=E[(\boldsymbol{Z}-\boldsymbol{m}_Z)(\boldsymbol{Z}-\boldsymbol{m}_Z)^{\mathrm{T}}]=\boldsymbol{C}_Z$$

则 $\boldsymbol{X}$ 的最小方差估计为

$$\hat{\boldsymbol{X}}_{\mathrm{MV}}(\boldsymbol{Z})=\boldsymbol{m}_X+\boldsymbol{C}_{XZ}\boldsymbol{C}_Z^{-1}(\boldsymbol{Z}-\boldsymbol{m}_Z) \tag{2.1.31}$$

该估计的均方误差为

$$\mathrm{Var}[\boldsymbol{X}-\hat{\boldsymbol{X}}_{\mathrm{MV}}(\boldsymbol{Z})]=\boldsymbol{P}=\boldsymbol{C}_X-\boldsymbol{C}_{XZ}\boldsymbol{C}_Z^{-1}\boldsymbol{C}_{ZX} \tag{2.1.32}$$

证明

构造随机向量

$$\boldsymbol{Y}=\begin{bmatrix}\boldsymbol{X}\\ \boldsymbol{Z}\end{bmatrix}$$

则

$$E[\boldsymbol{Y}]=\boldsymbol{m}_Y=\begin{bmatrix}\boldsymbol{m}_X\\ \boldsymbol{m}_Z\end{bmatrix},\ \mathrm{Var}[\boldsymbol{Y}]=\boldsymbol{C}_Y=\begin{bmatrix}\boldsymbol{C}_X & \boldsymbol{C}_{XZ}\\ \boldsymbol{C}_{ZX} & \boldsymbol{C}_Z\end{bmatrix}$$

$\boldsymbol{X}$ 和 $\boldsymbol{Z}$ 的联合分布密度为

$$p(\boldsymbol{y})=p(\boldsymbol{x},\boldsymbol{z})=\frac{1}{(2\pi)^{\frac{m+n}{2}}\mid \boldsymbol{C}_Y\mid^{\frac{1}{2}}}\exp\left\{-\frac{1}{2}[\boldsymbol{x}^{\mathrm{T}}-\boldsymbol{m}_X^{\mathrm{T}}\quad \boldsymbol{z}^{\mathrm{T}}-\boldsymbol{m}_Z^{\mathrm{T}}]\boldsymbol{C}_Y^{-1}\cdot\right.$$

$$\left.[\boldsymbol{x}^{\mathrm{T}}-\boldsymbol{m}_X^{\mathrm{T}}\quad \boldsymbol{z}^{\mathrm{T}}-\boldsymbol{m}_Z^{\mathrm{T}}]^{\mathrm{T}}\right\} \tag{2.1.33}$$

$\boldsymbol{Z}$ 的边缘分布密度为

$$p(\boldsymbol{z})=\frac{1}{(2\pi)^{\frac{m}{2}}\mid \boldsymbol{C}_Z\mid^{\frac{1}{2}}}\exp\left\{-\frac{1}{2}(\boldsymbol{z}-\boldsymbol{m}_Z)^{\mathrm{T}}\boldsymbol{C}_Z^{-1}(\boldsymbol{z}-\boldsymbol{m}_Z)\right\} \tag{2.1.34}$$

根据贝叶斯定理,$\boldsymbol{X}$ 对 $\boldsymbol{Z}$ 的条件分布密度为

$$p(\boldsymbol{x}/\boldsymbol{z})=\frac{p(\boldsymbol{x},\boldsymbol{z})}{p(\boldsymbol{z})} \tag{2.1.35}$$

由于 $\boldsymbol{X}$ 满足正态分布,所以从 $p(\boldsymbol{x}/\boldsymbol{z})$ 中可获得 $\boldsymbol{X}$ 对于 $\boldsymbol{Z}$ 的条件均值 $E[\boldsymbol{X}/\boldsymbol{Z}]$,也就求得 $\boldsymbol{X}$ 的最小方差估计。下面根据 $p(\boldsymbol{y})$,$p(\boldsymbol{z})$ 和贝叶斯公式求出 $p(\boldsymbol{x}/\boldsymbol{z})$,其中 $\boldsymbol{C}_Y^{-1}$ 和 $\mid\boldsymbol{C}_Y\mid$ 的求解如下:

(1) $\boldsymbol{C}_Y^{-1}$ 的求解。由于

$$\begin{bmatrix}\boldsymbol{I} & -\boldsymbol{C}_{XZ}\boldsymbol{C}_Z^{-1}\\ \boldsymbol{0} & \boldsymbol{I}\end{bmatrix}\begin{bmatrix}\boldsymbol{C}_X & \boldsymbol{C}_{XZ}\\ \boldsymbol{C}_{ZX} & \boldsymbol{C}_Z\end{bmatrix}\begin{bmatrix}\boldsymbol{I} & \boldsymbol{0}\\ -\boldsymbol{C}_Z^{-1}\boldsymbol{C}_{XZ}^{\mathrm{T}} & \boldsymbol{I}\end{bmatrix}=\begin{bmatrix}\boldsymbol{C}_X-\boldsymbol{C}_{XZ}\boldsymbol{C}_Z^{-1}\boldsymbol{C}_{ZX} & \boldsymbol{0}\\ \boldsymbol{0} & \boldsymbol{C}_Z\end{bmatrix} \tag{2.1.36}$$

其中

$$\begin{bmatrix}\boldsymbol{C}_X & \boldsymbol{C}_{XZ}\\ \boldsymbol{C}_{ZX} & \boldsymbol{C}_Z\end{bmatrix}=\boldsymbol{C}_Y$$

所以对上式两边分别求逆,再左乘 $\begin{bmatrix}\boldsymbol{I} & \boldsymbol{0}\\ -\boldsymbol{C}_Z^{-1}\boldsymbol{C}_{XZ}^{\mathrm{T}} & \boldsymbol{I}\end{bmatrix}$,右乘 $\begin{bmatrix}\boldsymbol{I} & -\boldsymbol{C}_{XZ}\boldsymbol{C}_Z^{-1}\\ \boldsymbol{0} & \boldsymbol{I}\end{bmatrix}$,得

$$\boldsymbol{C}_Y^{-1}=\begin{bmatrix}\boldsymbol{I} & \boldsymbol{0}\\ -\boldsymbol{C}_Z^{-1}\boldsymbol{C}_{XZ}^{\mathrm{T}} & \boldsymbol{I}\end{bmatrix}\begin{bmatrix}(\boldsymbol{C}_X-\boldsymbol{C}_{XZ}\boldsymbol{C}_Z^{-1}\boldsymbol{C}_{ZX})^{-1} & \boldsymbol{0}\\ \boldsymbol{0} & \boldsymbol{C}_Z^{-1}\end{bmatrix}\begin{bmatrix}\boldsymbol{I} & -\boldsymbol{C}_{XZ}\boldsymbol{C}_Z^{-1}\\ \boldsymbol{0} & \boldsymbol{I}\end{bmatrix} \tag{2.1.37}$$

(2) $\mid\boldsymbol{C}_Y\mid$ 的求取。对式(2.1.36)两边分别求取行列式,得

$$\begin{vmatrix}\boldsymbol{I} & -\boldsymbol{C}_{XZ}\boldsymbol{C}_Z^{-1}\\ \boldsymbol{0} & \boldsymbol{I}\end{vmatrix}\mid\boldsymbol{C}_Y\mid\begin{vmatrix}\boldsymbol{I} & \boldsymbol{0}\\ -\boldsymbol{C}_Z^{-1}\boldsymbol{C}_{XZ}^{\mathrm{T}} & \boldsymbol{I}\end{vmatrix}=\begin{vmatrix}\boldsymbol{C}_X-\boldsymbol{C}_{XZ}\boldsymbol{C}_Z^{-1}\boldsymbol{C}_{ZX} & \boldsymbol{0}\\ \boldsymbol{0} & \boldsymbol{C}_Z\end{vmatrix}$$

按拉普拉斯法对各行列式作展开,得

$$\mid\boldsymbol{C}_Y\mid=\mid\boldsymbol{C}_X-\boldsymbol{C}_{XZ}\boldsymbol{C}_Z^{-1}\boldsymbol{C}_{ZX}\mid\cdot\mid\boldsymbol{C}_Z\mid \tag{2.1.38}$$

将式(2.1.37)和式(2.1.38)代入式(2.1.33),其中指数部分为

$$E=[\boldsymbol{x}^{\mathrm{T}}-\boldsymbol{m}_X^{\mathrm{T}}\quad \boldsymbol{z}^{\mathrm{T}}-\boldsymbol{m}_Z^{\mathrm{T}}]\boldsymbol{C}_Y^{-1}[\boldsymbol{x}^{\mathrm{T}}-\boldsymbol{m}_X^{\mathrm{T}}\quad \boldsymbol{z}^{\mathrm{T}}-\boldsymbol{m}_Z^{\mathrm{T}}]^{\mathrm{T}}=$$

$$\left\{[(\boldsymbol{x}-\boldsymbol{m}_X)^{\mathrm{T}}\quad(\boldsymbol{z}-\boldsymbol{m}_Z)^{\mathrm{T}}]\begin{bmatrix}\boldsymbol{I} & \boldsymbol{0}\\ -\boldsymbol{C}_Z^{-1}\boldsymbol{C}_{XZ}^{\mathrm{T}} & \boldsymbol{I}\end{bmatrix}\begin{bmatrix}(\boldsymbol{C}_X-\boldsymbol{C}_{XZ}\boldsymbol{C}_Z^{-1}\boldsymbol{C}_{ZX})^{-1} & \boldsymbol{0}\\ \boldsymbol{0} & \boldsymbol{C}_Z^{-1}\end{bmatrix}\right\}\cdot$$

$$\left\{\begin{bmatrix}\boldsymbol{I} & -\boldsymbol{C}_{XZ}\boldsymbol{C}_Z^{-1}\\ \boldsymbol{0} & \boldsymbol{I}\end{bmatrix}\begin{bmatrix}\boldsymbol{x}-\boldsymbol{m}_X\\ \boldsymbol{z}-\boldsymbol{m}_Z\end{bmatrix}\right\}=[\{(\boldsymbol{x}-\boldsymbol{m}_X)^{\mathrm{T}}-(\boldsymbol{z}-\boldsymbol{m}_Z)^{\mathrm{T}}\boldsymbol{C}_Z^{-1}\boldsymbol{C}_{XZ}^{\mathrm{T}}\}\cdot$$

$$(\boldsymbol{C}_X-\boldsymbol{C}_{XZ}\boldsymbol{C}_Z^{-1}\boldsymbol{C}_{ZX})^{-1}\quad(\boldsymbol{z}-\boldsymbol{m}_Z)^{\mathrm{T}}\boldsymbol{C}_Z^{-1}]\begin{bmatrix}\boldsymbol{x}-\boldsymbol{m}_X-\boldsymbol{C}_{XZ}\boldsymbol{C}_Z^{-1}(\boldsymbol{z}-\boldsymbol{m}_Z)\\ \boldsymbol{z}-\boldsymbol{m}_Z\end{bmatrix}$$

令 $\overline{\boldsymbol{m}}_X=\boldsymbol{m}_X+\boldsymbol{C}_{XZ}\boldsymbol{C}_Z^{-1}(\boldsymbol{z}-\boldsymbol{m}_Z)$,得

$$E=[(\boldsymbol{x}^{\mathrm{T}}-\overline{\boldsymbol{m}}_X^{\mathrm{T}})(\boldsymbol{C}_X-\boldsymbol{C}_{XZ}\boldsymbol{C}_Z^{-1}\boldsymbol{C}_{ZX})^{-1}\quad(\boldsymbol{z}-\boldsymbol{m}_Z)^{\mathrm{T}}\boldsymbol{C}_Z^{-1}]\begin{bmatrix}\boldsymbol{x}-\overline{\boldsymbol{m}}_X\\ \boldsymbol{z}-\boldsymbol{m}_Z\end{bmatrix}=$$

$$(\boldsymbol{x}^{\mathrm{T}}-\overline{\boldsymbol{m}}_X^{\mathrm{T}})(\boldsymbol{C}_X-\boldsymbol{C}_{XZ}\boldsymbol{C}_Z^{-1}\boldsymbol{C}_{ZX})^{-1}(\boldsymbol{x}-\overline{\boldsymbol{m}}_x)+(\boldsymbol{z}-\boldsymbol{m}_Z)^{\mathrm{T}}\boldsymbol{C}_Z^{-1}(\boldsymbol{z}-\boldsymbol{m}_Z)$$

故得

$$p(\boldsymbol{x},\boldsymbol{z})=\frac{1}{(2\pi)^{\frac{m+n}{2}}\left|\boldsymbol{C}_X-\boldsymbol{C}_{XZ}\boldsymbol{C}_Z^{-1}\boldsymbol{C}_{ZX}\right|^{\frac{1}{2}}\left|\boldsymbol{C}_Z\right|^{\frac{1}{2}}}\cdot \exp\left\{-\frac{1}{2}(\boldsymbol{x}-\overline{\boldsymbol{m}}_X)^{\mathrm{T}}(\boldsymbol{C}_X-\boldsymbol{C}_{XZ}\boldsymbol{C}_Z^{-1}\boldsymbol{C}_{ZX})^{-1}(\boldsymbol{x}-\overline{\boldsymbol{m}}_X)\right\}\cdot \exp\left\{-\frac{1}{2}(\boldsymbol{z}-\boldsymbol{m}_Z)^{\mathrm{T}}\boldsymbol{C}_Z^{-1}\cdot(\boldsymbol{z}-\boldsymbol{m}_Z)\right\} \tag{2.1.39}$$

将式(2.1.34)和式(2.1.39)代入式(2.1.35)，得

$$p(\boldsymbol{x}/\boldsymbol{z})=\frac{1}{(2\pi)^{\frac{n}{2}}\left|\boldsymbol{C}_X-\boldsymbol{C}_{XZ}\boldsymbol{C}_Z^{-1}\boldsymbol{C}_{ZX}\right|^{\frac{1}{2}}}\cdot \exp\left\{-\frac{1}{2}(\boldsymbol{x}-\overline{\boldsymbol{m}}_X)^{\mathrm{T}}(\boldsymbol{C}_X-\boldsymbol{C}_{XZ}\boldsymbol{C}_Z^{-1}\boldsymbol{C}_{ZX})^{-1}(\boldsymbol{x}-\overline{\boldsymbol{m}}_X)\right\} \tag{2.1.40}$$

从式(2.1.40)得 $\boldsymbol{X}$ 关于 $\boldsymbol{Z}$ 的条件均值为

$$E[\boldsymbol{X}/\boldsymbol{Z}]=\overline{\boldsymbol{m}}_X=\boldsymbol{m}_X+\boldsymbol{C}_{XZ}\boldsymbol{C}_Z^{-1}(\boldsymbol{Z}-\boldsymbol{m}_Z) \tag{2.1.41}$$

$\boldsymbol{X}$ 偏离 $\overline{\boldsymbol{m}}_X$ 的方差阵为

$$\boldsymbol{P}=\boldsymbol{C}_X-\boldsymbol{C}_{XZ}\boldsymbol{C}_Z^{-1}\boldsymbol{C}_{ZX} \tag{2.1.42}$$

根据定理 2.1，上述两式分别为 $\boldsymbol{X}$ 的最小方差估计和估计的均方误差阵的计算公式。

定理 2.3 说明，当被估计量 $\boldsymbol{X}$ 和量测量 $\boldsymbol{Z}$ 都服从正态分布时，$\boldsymbol{X}$ 的最小方差估计不必通过对条件概率密度的积分求取，而只须知道 $\boldsymbol{X}$ 及 $\boldsymbol{Z}$ 的一阶和二阶矩。又从式(2.1.31)知，$\hat{\boldsymbol{X}}_{\mathrm{MV}}(\boldsymbol{Z})$ 是关于量测量 $\boldsymbol{Z}$ 的线性函数，所以 $\hat{\boldsymbol{X}}_{\mathrm{MV}}(\boldsymbol{Z})$ 是一种线性估计。

若量测量 $\boldsymbol{Z}$ 与被估计量 $\boldsymbol{X}$ 间具有线性关系，则式(2.1.31)和式(2.1.32)中的互协方差阵 $\boldsymbol{C}_{XZ}$ 和 $\boldsymbol{C}_{ZX}$ 可简化成 $\boldsymbol{X}$ 和 $\boldsymbol{Z}$ 各自的一、二阶矩，这给计算带来更大的方便。

设

$$\boldsymbol{Z}=\boldsymbol{H}\boldsymbol{X}+\boldsymbol{V} \tag{2.1.43}$$

式中，$\boldsymbol{V}$ 为量测噪声，$E[\boldsymbol{V}]=\boldsymbol{0}$，$\mathrm{Var}[\boldsymbol{V}]=\boldsymbol{C}_V$，$E[\boldsymbol{X}]=\boldsymbol{m}_X$，$\mathrm{Var}[\boldsymbol{X}]=\boldsymbol{C}_X$，$\boldsymbol{X}$ 和 $\boldsymbol{V}$ 互不相关，$\boldsymbol{H}$ 为量测阵，是确定性矩阵。

由式(2.1.43)得

$$\begin{aligned}
&\boldsymbol{m}_Z=\boldsymbol{H}\boldsymbol{m}_X\\
&\boldsymbol{C}_{XZ}=E[(\boldsymbol{X}-\boldsymbol{m}_X)(\boldsymbol{Z}-\boldsymbol{m}_Z)^{\mathrm{T}}]=\boldsymbol{C}_X\boldsymbol{H}^{\mathrm{T}}\\
&\boldsymbol{C}_{ZX}=\boldsymbol{C}_{XZ}^{\mathrm{T}}=\boldsymbol{H}\boldsymbol{C}_X\\
&\boldsymbol{C}_Z=E[(\boldsymbol{Z}-\boldsymbol{m}_Z)(\boldsymbol{Z}-\boldsymbol{m}_Z)^{\mathrm{T}}]=\boldsymbol{H}\boldsymbol{C}_X\boldsymbol{H}^{\mathrm{T}}+\boldsymbol{C}_V
\end{aligned}$$

将上述诸式代入式(2.1.31)和式(2.1.32)，得

$$\hat{\boldsymbol{X}}_{\mathrm{MV}}(\boldsymbol{Z})=\boldsymbol{m}_X+\boldsymbol{C}_X\boldsymbol{H}^{\mathrm{T}}(\boldsymbol{H}\boldsymbol{C}_X\boldsymbol{H}^{\mathrm{T}}+\boldsymbol{C}_V)^{-1}(\boldsymbol{Z}-\boldsymbol{H}\boldsymbol{m}_X) \tag{2.1.44}$$

$$\boldsymbol{P}=\boldsymbol{C}_X-\boldsymbol{C}_X\boldsymbol{H}^{\mathrm{T}}(\boldsymbol{H}\boldsymbol{C}_X\boldsymbol{H}^{\mathrm{T}}+\boldsymbol{C}_V)^{-1}\boldsymbol{H}\boldsymbol{C}_X \tag{2.1.45}$$

上述两式的另一种表达式为

$$\hat{\boldsymbol{X}}_{\mathrm{MV}}(\boldsymbol{Z})=(\boldsymbol{C}_X^{-1}+\boldsymbol{H}^{\mathrm{T}}\boldsymbol{C}_V^{-1}\boldsymbol{H})^{-1}(\boldsymbol{H}^{\mathrm{T}}\boldsymbol{C}_V^{-1}\boldsymbol{Z}+\boldsymbol{C}_X^{-1}\boldsymbol{m}_X) \tag{2.1.46}$$

$$\boldsymbol{P}=(\boldsymbol{C}_X^{-1}+\boldsymbol{H}^{\mathrm{T}}\boldsymbol{C}_V^{-1}\boldsymbol{H})^{-1} \tag{2.1.47}$$

例 2-6　设 X 为服从正态分布的随机变量，均值为 m_X，方差为 C_X，对 X 用 m 台仪器同时直接测量，测量误差都是服从正态分布的随机变量，均值为零，方差为 C_V，求 X 的最小方差估

计和估计的均方误差。

解 根据题意,量测方程为 $\boldsymbol{Z}=\boldsymbol{H}X+\boldsymbol{V}$

其中 $\boldsymbol{Z}=\begin{bmatrix}Z_1\\Z_2\\\vdots\\Z_m\end{bmatrix}$,$\boldsymbol{H}=\begin{bmatrix}1\\1\\\vdots\\1\end{bmatrix}$,$\boldsymbol{V}=\begin{bmatrix}V_1\\V_2\\\vdots\\V_m\end{bmatrix}$,$\mathrm{Var}\boldsymbol{V}=C_V\boldsymbol{I}$,由式(2.1.46)和式(2.1.47),得

$$\hat{X}_{\mathrm{MV}}=\left(\frac{1}{C_X}+\frac{m}{C_V}\right)^{-1}\left(\frac{1}{C_V}\sum_{i=1}^{m}Z_i+\frac{m_X}{C_X}\right)=$$

$$m_X+\frac{mC_X}{mC_X+C_V}\left(\frac{1}{m}\sum_{i=1}^{m}Z_i-m_X\right)$$

$$P=\left(\frac{1}{C_x}+\frac{m}{C_V}\right)^{-1}=\frac{C_XC_V}{mC_X+C_V}$$

由于 $P=\mathrm{Var}(X-\hat{X})$,它反映了估计误差的分散程度,所以 P 描述了估计的精度,P 越小,估计精度就越高。从 P 的表达式可看出,测量仪器越多,估计精度就越高。

2.1.3 极大验后估计

设 $\boldsymbol{X}$ 为随机向量,$\boldsymbol{Z}$ 为 $\boldsymbol{X}$ 的量测,$p(\boldsymbol{x}/\boldsymbol{z})$ 为 $\boldsymbol{Z}=\boldsymbol{z}$ 条件下 $\boldsymbol{X}$ 的条件概率密度(亦称 $\boldsymbol{X}$ 的验后概率密度)。如果估计值 $\hat{\boldsymbol{X}}_{\mathrm{MA}}(\boldsymbol{z})$ 使下述指标满足

$$p(\boldsymbol{x}/\boldsymbol{z})\big|_{\boldsymbol{x}=\hat{\boldsymbol{X}}_{\mathrm{MA}}(\boldsymbol{z})}=\max \tag{2.1.48}$$

则 $\hat{\boldsymbol{X}}_{\mathrm{MA}}(\boldsymbol{z})$ 称为 $\boldsymbol{X}$ 的极大验后估计,其中 $\boldsymbol{z}$ 为 $\boldsymbol{Z}$ 的某一实现。

由于 $\ln p(\boldsymbol{x}/\boldsymbol{z})$ 与 $p(\boldsymbol{x}/\boldsymbol{z})$ 在相同的 $\boldsymbol{x}$ 处取得极大值,所以式(2.1.48)又可改写为

$$\ln p(\boldsymbol{x}/\boldsymbol{z})\big|_{\boldsymbol{x}=\hat{\boldsymbol{X}}_{\mathrm{MA}}(\boldsymbol{z})}=\max \tag{2.1.49}$$

定理 2.4

如果 $\boldsymbol{X}$ 和 $\boldsymbol{Z}$ 都服从正态分布,则 $\boldsymbol{X}$ 的极大验后估计与 $\boldsymbol{X}$ 的最小方差估计相等,即

$$\hat{\boldsymbol{X}}_{\mathrm{MA}}(\boldsymbol{Z})=\hat{\boldsymbol{X}}_{\mathrm{MV}}(\boldsymbol{Z}) \tag{2.1.50}$$

证明 由于 $\boldsymbol{X}$ 和 $\boldsymbol{Z}$ 都服从正态分布,根据式(2.1.40)～式(2.1.42)得 $\boldsymbol{X}$ 的条件概率密度为

$$p(\boldsymbol{x}/\boldsymbol{z})=\frac{1}{(2\pi)^{\frac{n}{2}}\,|\boldsymbol{P}|^{\frac{1}{2}}}\exp\left\{-\frac{1}{2}[\boldsymbol{x}-\hat{\boldsymbol{X}}_{\mathrm{MV}}(\boldsymbol{z})]^{\mathrm{T}}\boldsymbol{P}^{-1}[\boldsymbol{x}-\hat{\boldsymbol{X}}_{\mathrm{MV}}(\boldsymbol{z})]\right\}$$

对上式两边求对数,得

$$\ln p(\boldsymbol{x}/\boldsymbol{z})=-\frac{n}{2}\ln(2\pi)-\frac{1}{2}\ln|\boldsymbol{P}|-\frac{1}{2}[\boldsymbol{x}-\hat{\boldsymbol{X}}_{\mathrm{MV}}(\boldsymbol{z})]^{\mathrm{T}}\cdot\boldsymbol{P}^{-1}[\boldsymbol{x}-\boldsymbol{X}_{\mathrm{MV}}(\boldsymbol{z})]$$

要使上式达到最大值,必须有

$$\left.\frac{\partial\ln p(\boldsymbol{x}/\boldsymbol{z})}{\partial\boldsymbol{x}}\right|_{\boldsymbol{x}=\hat{\boldsymbol{X}}_{\mathrm{MA}}(\boldsymbol{z})}=-\boldsymbol{P}^{-1}[\hat{\boldsymbol{X}}_{\mathrm{MA}}(\boldsymbol{z})-\hat{\boldsymbol{X}}_{\mathrm{MV}}(\boldsymbol{z})]=\boldsymbol{0}$$

所以

$$\hat{\boldsymbol{X}}_{\mathrm{MA}}(\boldsymbol{Z})=\hat{\boldsymbol{X}}_{\mathrm{MV}}(\boldsymbol{Z})$$

必须注意,只有当 $\boldsymbol{X}$ 和 $\boldsymbol{Z}$ 都服从正态分布时,式(2.1.50)才成立。如果 $\boldsymbol{X}$ 和 $\boldsymbol{Z}$ 并不都满足正态分布,则极大验后估计必须根据式(2.1.49)求取。

2.1.4　贝叶斯估计

前面介绍的最小方差估计和极大验后估计，实质上都是贝叶斯估计的特殊形式，因此有必要对贝叶斯估计作介绍。

设 $\boldsymbol{X}$ 为被估计量，$\boldsymbol{Z}$ 是 $\boldsymbol{X}$ 的量测量，$\hat{\boldsymbol{X}}(\boldsymbol{Z})$ 是根据 $\boldsymbol{Z}$ 给出的对 $\boldsymbol{X}$ 的估计，$\tilde{\boldsymbol{X}}=\boldsymbol{X}-\hat{\boldsymbol{X}}(\boldsymbol{Z})$ 为估计误差，如果标量函数

$$L(\tilde{\boldsymbol{X}})=L[\boldsymbol{X}-\hat{\boldsymbol{X}}(\boldsymbol{Z})] \tag{2.1.51}$$

具有如下性质：

(1) 当 $\|\tilde{\boldsymbol{X}}_2\| \geqslant \|\tilde{\boldsymbol{X}}_1\|$ 时，$L(\tilde{\boldsymbol{X}}_2) \geqslant L(\tilde{\boldsymbol{X}}_1) \geqslant 0$；

(2) 当 $\|\tilde{\boldsymbol{X}}\|=0$ 时，$L(\tilde{\boldsymbol{X}})=0$；

(3) $L(\tilde{\boldsymbol{X}})=L(-\tilde{\boldsymbol{X}})$

则称 $L(\tilde{\boldsymbol{X}})$ 为 $\hat{\boldsymbol{X}}(\boldsymbol{Z})$ 对被估计量 $\boldsymbol{X}$ 的损失函数，也称代价函数，并称其期望值

$$B(\hat{\boldsymbol{X}})=E[L(\tilde{\boldsymbol{X}})] \tag{2.1.52}$$

为 $\hat{\boldsymbol{X}}(\boldsymbol{Z})$ 的贝叶斯风险。其中 $\|\tilde{\boldsymbol{X}}\|$ 为 $\tilde{\boldsymbol{X}}$ 的范数。

将式(2.1.52)中的数学期望写成积分形式

$$B(\hat{\boldsymbol{X}})=\int_{-\infty}^{\infty}\int_{-\infty}^{\infty}L[\boldsymbol{x}-\hat{\boldsymbol{X}}(\boldsymbol{z})]p(\boldsymbol{x},\boldsymbol{z})\mathrm{d}\boldsymbol{x}\,\mathrm{d}\boldsymbol{z}=$$

$$\int_{-\infty}^{\infty}\left\{\int_{-\infty}^{\infty}L[\boldsymbol{x}-\hat{\boldsymbol{X}}(\boldsymbol{z})]p(\boldsymbol{x}/\boldsymbol{z})\mathrm{d}\boldsymbol{x}\right\}p_Z(\boldsymbol{z})\mathrm{d}\boldsymbol{z}$$

如果估计量 $\hat{\boldsymbol{X}}_B(\boldsymbol{Z})$ 使贝叶斯风险

$$B(\hat{\boldsymbol{X}}_B)=E\{L(\boldsymbol{X}-\hat{\boldsymbol{X}}(\boldsymbol{Z})]\}_{\hat{\boldsymbol{X}}=\hat{\boldsymbol{X}}_B(\boldsymbol{Z})}=\min$$

则称 $\hat{\boldsymbol{X}}_B(\boldsymbol{Z})$ 为 $\boldsymbol{X}$ 的贝叶斯估计。

显然，当 $L(\tilde{\boldsymbol{X}})=\tilde{\boldsymbol{X}}^{\mathrm{T}}\tilde{\boldsymbol{X}}$ 时，$\hat{\boldsymbol{X}}_B(\boldsymbol{Z})$ 就是 $\boldsymbol{X}$ 的最小方差估计 $\hat{\boldsymbol{X}}_{\mathrm{MV}}(\boldsymbol{Z})$。

下面再分析贝叶斯估计与极大验后估计的关系。取估计量 $\hat{\boldsymbol{X}}$ 的损失函数为

$$L(\boldsymbol{X}-\hat{\boldsymbol{X}})=\begin{cases}0, & \|\boldsymbol{X}-\hat{\boldsymbol{X}}\|<\dfrac{\varepsilon}{2}\\ \dfrac{1}{\varepsilon}, & \|\boldsymbol{X}-\hat{\boldsymbol{X}}\|\geqslant\dfrac{\varepsilon}{2}\end{cases} \tag{2.1.53}$$

$\hat{\boldsymbol{X}}$ 的贝叶斯风险为

$$B(\hat{\boldsymbol{X}})=E[L(\boldsymbol{X}-\hat{\boldsymbol{X}})]=\int_{-\infty}^{\infty}\left[\int_{\|\boldsymbol{X}-\hat{\boldsymbol{X}}\|\geqslant\frac{\varepsilon}{2}}\frac{1}{\varepsilon}p(\boldsymbol{x}/\boldsymbol{z})\mathrm{d}\boldsymbol{x}\right]p_Z(\boldsymbol{z})\mathrm{d}\boldsymbol{z}=$$

$$\int_{-\infty}^{\infty}\frac{1}{\varepsilon}\left[1-\int_{\|\boldsymbol{X}-\hat{\boldsymbol{X}}\|<\frac{\varepsilon}{2}}p(\boldsymbol{x}/\boldsymbol{z})\mathrm{d}\boldsymbol{x}\right]p_Z(\boldsymbol{z})\mathrm{d}\boldsymbol{z}$$

设 $\hat{\boldsymbol{X}}_B(\boldsymbol{Z})$ 为 $\boldsymbol{X}$ 的贝叶斯估计，由上式知

$$B(\hat{\boldsymbol{X}})\Big|_{\hat{\boldsymbol{X}}=\hat{\boldsymbol{X}}_B}=\min$$

等价于

$$\int_{\|\boldsymbol{X}-\hat{\boldsymbol{X}}\|<\frac{\varepsilon}{2}}p(\boldsymbol{x}/\boldsymbol{z})\mathrm{d}\boldsymbol{x}\Bigg|_{\hat{\boldsymbol{X}}=\hat{\boldsymbol{X}}_B}=\max$$

当 ε 足够小($\varepsilon>0$)时，这又相当于要求

$$p(\boldsymbol{x}/\boldsymbol{z})\big|_{\boldsymbol{x}=\hat{\boldsymbol{X}}_B}=\max$$

此时 $\hat{\boldsymbol{X}}_B$ 又是 $\boldsymbol{X}$ 的极大验后估计 $\hat{\boldsymbol{X}}_{MA}$。因此，当损失函数为式(2.1.53)，且 ε 足够小时，$\boldsymbol{X}$ 的贝叶斯估计就是 $\boldsymbol{X}$ 的极大验后估计。

2.1.5 极大似然估计

极大验后估计 $\hat{\boldsymbol{X}}_{MA}$ 是在 $\boldsymbol{Z}=\boldsymbol{z}$ 条件下，使被估计量 $\boldsymbol{X}$ 的条件概率密度 $p(\boldsymbol{x}/\boldsymbol{z})$ 达到最大的 $\boldsymbol{x}$ 值，而极大似然估计则是使 $\boldsymbol{Z}$ 的条件概率密度 $p(\boldsymbol{z}/\boldsymbol{x})$ 在量测值 $\boldsymbol{Z}=\boldsymbol{z}$ 处达到最大的 $\boldsymbol{x}$ 值。

设 $\boldsymbol{X}$ 是被估计量，$\boldsymbol{Z}$ 是 $\boldsymbol{X}$ 的量测值，$p(\boldsymbol{z}/\boldsymbol{x})$ 是 $\boldsymbol{X}=\boldsymbol{x}$ 的条件下，量测量 $\boldsymbol{Z}$ 的条件概率密度，$p(\boldsymbol{z}/\boldsymbol{x})$ 称为 $\boldsymbol{X}$ 的似然函数。如果由获得的量测量 $\boldsymbol{Z}=\boldsymbol{z}$ 解算得的估计值 $\hat{\boldsymbol{X}}_{ML}(\boldsymbol{Z})$ 使

$$p(\boldsymbol{z}/\boldsymbol{x})\big|_{\boldsymbol{x}=\hat{\boldsymbol{X}}_{ML}(\boldsymbol{Z})}=\max \tag{2.1.54}$$

则 $\hat{\boldsymbol{X}}_{ML}(\boldsymbol{Z})$ 称为 $\boldsymbol{X}$ 的极大似然估计。

与极大验后估计的定义式一样，式(2.1.54)可改写为

$$\ln p(\boldsymbol{z}/\boldsymbol{x})\big|_{\boldsymbol{x}=\hat{\boldsymbol{X}}_{ML}}=\max \tag{2.1.55}$$

式中，$\hat{\boldsymbol{X}}_{ML}$ 应满足方程

$$\left.\frac{\partial\ln p(\boldsymbol{z}/\boldsymbol{x})}{\partial\boldsymbol{x}}\right|_{\boldsymbol{x}=\hat{\boldsymbol{X}}_{ML}}=\boldsymbol{0} \tag{2.1.56}$$

式(2.1.56)称为似然方程。

与极大验后估计相比，极大似然估计有两个优点：① 确定似然函数 $p(\boldsymbol{z}/\boldsymbol{x})$ 比确定验后概率密度 $p(\boldsymbol{x}/\boldsymbol{z})$ 容易些；② 在极大似然估计中，被估计量 $\boldsymbol{X}$ 可以是随机的，也可以是非随机的，适用的范围比极大验后估计广。但是，如果对 $\boldsymbol{X}$ 已具有验前知识，则极大似然估计 $\hat{\boldsymbol{X}}_{ML}$ 的精度不如极大验后估计 $\hat{\boldsymbol{X}}_{MA}$ 的精度高，这是因为求取 $\hat{\boldsymbol{X}}_{MA}$ 时利用了 $\boldsymbol{X}$ 的验前统计信息 $p_X(\boldsymbol{x})$，而 $\hat{\boldsymbol{X}}_{ML}$ 中并未利用这一信息。只有当掌握 $\boldsymbol{X}$ 的任何验前知识时，两者的估计精度才相同。下面说明这一点。

定理 2.5

如果对 $\boldsymbol{X}$ 没有任何验前知识，则 $\boldsymbol{X}$ 的极大似然估计与 $\boldsymbol{X}$ 的极大验后估计相同，即

$$\hat{\boldsymbol{X}}_{ML}(\boldsymbol{Z})=\hat{\boldsymbol{X}}_{MA}(\boldsymbol{Z}) \tag{2.1.57}$$

证明 根据联合分布与条件分布及边缘分布之间的关系，有

$$p(\boldsymbol{x}/\boldsymbol{z})p_Z(\boldsymbol{z})=p(\boldsymbol{z}/\boldsymbol{x})p_X(\boldsymbol{x})$$

即

$$p(\boldsymbol{x}/\boldsymbol{z})=\frac{p(\boldsymbol{z}/\boldsymbol{x})p_X(\boldsymbol{x})}{p_Z(\boldsymbol{z})}$$

两边取对数，得

$$\ln p(\boldsymbol{x}/\boldsymbol{z})=\ln p(\boldsymbol{z}/\boldsymbol{x})+\ln p_X(\boldsymbol{x})-\ln p_Z(\boldsymbol{z}) \tag{2.1.58}$$

设 $\hat{\boldsymbol{X}}_{MA}$ 为 $\boldsymbol{X}$ 的极大验后估计，即

$$p(\boldsymbol{x}/\boldsymbol{z})\big|_{\boldsymbol{x}=\hat{\boldsymbol{X}}_{MA}}=\max$$

则

$$\left.\frac{\partial\ln p(\boldsymbol{x}/\boldsymbol{z})}{\partial\boldsymbol{x}}\right|_{\boldsymbol{x}=\hat{\boldsymbol{X}}_{MA}}=\boldsymbol{0}$$

将式(2.1.58)代入上式，并注意到 $\ln p_Z(\boldsymbol{z})$ 对 $\boldsymbol{x}$ 的偏导数为零，得

$$\left.\frac{\partial\ln p(\boldsymbol{z}/\boldsymbol{x})}{\partial\boldsymbol{x}}\right|_{\boldsymbol{x}=\hat{\boldsymbol{X}}_{MA}}+\left.\frac{\mathrm{d}\ln p_X(\boldsymbol{x})}{\mathrm{d}\boldsymbol{x}}\right|_{\boldsymbol{x}=\hat{\boldsymbol{X}}_{MA}}=\boldsymbol{0} \tag{2.1.59}$$

由于假设对 $\boldsymbol{X}$ 没有任何验前知识，只能认为 $\boldsymbol{X}$ 取得任何值的概率都相等，于是可将 $\boldsymbol{X}$ 的验前概率密度近似看做方差为无穷大的高斯概率密度

$$p_X(\boldsymbol{x})=\frac{1}{\sqrt{(2\pi)^n\,|\boldsymbol{V}_X|}}\exp\left[-\frac{1}{2}(\boldsymbol{x}-\boldsymbol{\mu}_X)^{\mathrm{T}}\boldsymbol{V}_X^{-1}(\boldsymbol{x}-\boldsymbol{\mu}_X)\right]$$

即

$$\ln p_X(\boldsymbol{x})=-\frac{1}{2}\ln[(2\pi)^n\,|\boldsymbol{V}_X|]-\frac{1}{2}(\boldsymbol{x}-\boldsymbol{\mu}_X)^{\mathrm{T}}\boldsymbol{V}_X^{-1}(\boldsymbol{x}-\boldsymbol{\mu}_X)$$

式中

$$\boldsymbol{V}_X=\sigma^2\boldsymbol{I}\qquad \sigma\to\infty$$

所以

$$\frac{\mathrm{d}\ln p_X(\boldsymbol{x})}{\mathrm{d}\boldsymbol{x}}=-\boldsymbol{V}_X^{-1}(\boldsymbol{x}-\boldsymbol{\mu}_X)=-\lim_{\sigma\to\infty}\frac{1}{\sigma^2}\boldsymbol{I}(\boldsymbol{x}-\boldsymbol{\mu}_X)=\boldsymbol{0}$$

因此式(2.1.59)为

$$\left.\frac{\partial\ln p(\boldsymbol{z}/\boldsymbol{x})}{\partial\boldsymbol{x}}\right|_{\boldsymbol{x}=\hat{\boldsymbol{X}}_{\mathrm{MA}}}=\boldsymbol{0}\tag{2.1.60}$$

比较式(2.1.60)和式(2.1.56)知，当缺乏 $\boldsymbol{X}$ 的任何验前知识时，有

$$\hat{\boldsymbol{X}}_{\mathrm{MA}}=\hat{\boldsymbol{X}}_{\mathrm{ML}}$$

例 2-7　设 $\boldsymbol{X}$ 为 n 维随机向量，服从 $N(\boldsymbol{\mu},\boldsymbol{P})$ 分布，$\boldsymbol{Z}=\boldsymbol{H}\boldsymbol{X}+\boldsymbol{V}$，其中 $\boldsymbol{V}$ 为 m 维随机向量，服从 $N(\boldsymbol{0},\boldsymbol{R})$ 分布，$\boldsymbol{X}$ 与 $\boldsymbol{V}$ 相互独立，求 $\hat{\boldsymbol{X}}_{\mathrm{ML}}$。

解　由于 $\boldsymbol{X}$ 和 $\boldsymbol{V}$ 都服从正态分布，所以 $\boldsymbol{Z}=\boldsymbol{H}\boldsymbol{X}+\boldsymbol{V}$ 也服从正态分布，$\boldsymbol{X}$ 和 $\boldsymbol{Z}$ 的联合分布 $p(\boldsymbol{x},\boldsymbol{z})$ 也是正态的，根据贝叶斯定理，有

$$p(\boldsymbol{z}/\boldsymbol{x})=\frac{p(\boldsymbol{x},\boldsymbol{z})}{p_X(\boldsymbol{x})}$$

也是正态的。要获得 $p(\boldsymbol{z}/\boldsymbol{x})$，只须求取 $\boldsymbol{Z}$ 的条件均值和条件方差。由定理 2.1 知，$\boldsymbol{Z}$ 在 $\boldsymbol{X}=\boldsymbol{x}$ 条件下的条件均值即为 $\boldsymbol{Z}$ 的最小方差估计，根据式(2.1.31)和式(2.1.32)，得 $\boldsymbol{Z}$ 的条件均值和条件方差为

$$E[\boldsymbol{Z}/\boldsymbol{x}]=E[\boldsymbol{Z}]+\mathrm{Cov}(\boldsymbol{Z},\boldsymbol{X})(\mathrm{Var}[\boldsymbol{X}])^{-1}(\boldsymbol{x}-E[\boldsymbol{X}])$$
$$\mathrm{Var}[\boldsymbol{Z}/\boldsymbol{x}]=\mathrm{Var}[\boldsymbol{Z}]-\mathrm{Cov}(\boldsymbol{Z},\boldsymbol{X})(\mathrm{Var}[\boldsymbol{X}])^{-1}\mathrm{Cov}(\boldsymbol{X},\boldsymbol{Z})$$

而

$$E[\boldsymbol{X}]=\boldsymbol{\mu},\quad \mathrm{Var}[\boldsymbol{X}]=\boldsymbol{P}$$
$$E[\boldsymbol{Z}]=\boldsymbol{H}\boldsymbol{\mu},\quad \mathrm{Var}[\boldsymbol{Z}]=\boldsymbol{H}\boldsymbol{P}\boldsymbol{H}^{\mathrm{T}}+\boldsymbol{R}$$
$$\mathrm{Cov}(\boldsymbol{X},\boldsymbol{Z})=\boldsymbol{P}\boldsymbol{H}^{\mathrm{T}}$$
$$\mathrm{Cov}(\boldsymbol{Z},\boldsymbol{X})=[\mathrm{Cov}(\boldsymbol{X},\boldsymbol{Z})]^{\mathrm{T}}=\boldsymbol{H}\boldsymbol{P}$$

所以

$$E[\boldsymbol{Z}/\boldsymbol{x}]=\boldsymbol{H}\boldsymbol{\mu}+\boldsymbol{H}\boldsymbol{P}\boldsymbol{P}^{-1}(\boldsymbol{x}-\boldsymbol{\mu})=\boldsymbol{H}\boldsymbol{x}$$
$$\mathrm{Var}[\boldsymbol{Z}/\boldsymbol{x}]=\boldsymbol{H}\boldsymbol{P}\boldsymbol{H}^{\mathrm{T}}+\boldsymbol{R}-\boldsymbol{H}\boldsymbol{P}\boldsymbol{P}^{-1}\boldsymbol{P}\boldsymbol{H}^{\mathrm{T}}=\boldsymbol{R}$$

因此似然函数为

$$p(\boldsymbol{z}/\boldsymbol{x})=\frac{1}{\sqrt{(2\pi)^m\,|\boldsymbol{R}|}}\exp\left[-\frac{1}{2}(\boldsymbol{z}-\boldsymbol{H}\boldsymbol{x})^{\mathrm{T}}\boldsymbol{R}^{-1}(\boldsymbol{z}-\boldsymbol{H}\boldsymbol{x})\right]$$

对数形式为

$$\ln p(\boldsymbol{z}/\boldsymbol{x})=-\frac{m}{2}\ln(2\pi)-\frac{1}{2}\ln|\boldsymbol{R}|-\frac{1}{2}(\boldsymbol{z}-\boldsymbol{H}\boldsymbol{x})^{\mathrm{T}}\boldsymbol{R}^{-1}(\boldsymbol{z}-\boldsymbol{H}\boldsymbol{x})$$

极大似然估计应满足

$$\left.\frac{\partial\ln p(\boldsymbol{z}/\boldsymbol{x})}{\partial\boldsymbol{x}}\right|_{\boldsymbol{x}=\hat{\boldsymbol{X}}_{\mathrm{ML}}}=\boldsymbol{0}$$

即

$$\boldsymbol{H}^{\mathrm{T}}\boldsymbol{R}^{-1}(\boldsymbol{z}-\boldsymbol{H}\hat{\boldsymbol{X}}_{\mathrm{ML}})=\boldsymbol{0}$$

所以

$$\hat{\boldsymbol{X}}_{\mathrm{ML}}=(\boldsymbol{H}^{\mathrm{T}}\boldsymbol{R}^{-1}\boldsymbol{H})^{-1}\boldsymbol{H}^{\mathrm{T}}\boldsymbol{R}^{-1}\boldsymbol{z}$$

式中，$\boldsymbol{z}$ 是某一量测值。

2.1.6　线性最小方差估计

1. 线性最小方差估计的求取

由式(2.1.31)知，当被估计量 $\boldsymbol{X}$ 和量测量 $\boldsymbol{Z}$ 都服从正态分布时，$\boldsymbol{X}$ 的最小方差估计 $\hat{\boldsymbol{X}}_{\mathrm{MV}}$ 是 $\boldsymbol{Z}$ 的线性函数，求解 $\hat{\boldsymbol{X}}_{\mathrm{MV}}$ 时只须知道 $\boldsymbol{X}$ 和 $\boldsymbol{Z}$ 的一、二阶矩。现在反过来问，如果 $\boldsymbol{X}$ 和 $\boldsymbol{Z}$ 并不满足正态分布，而 $\boldsymbol{X}$ 的估计也要表达成 $\boldsymbol{Z}$ 的线性函数，满足的最优指标也是使均方误差最小，$\boldsymbol{X}$ 的估计应怎样求，这一估计与 $\boldsymbol{X}$ 的最小方差估计有何不同。

设 $\boldsymbol{X}$ 为被估计量，$\boldsymbol{Z}$ 是 $\boldsymbol{X}$ 的量测量，如果 $\hat{\boldsymbol{X}}_L(\boldsymbol{Z})=\boldsymbol{A}\boldsymbol{Z}+\boldsymbol{b}$ 使下述指标满足

$$E[(\boldsymbol{X}-\hat{\boldsymbol{X}})^{\mathrm{T}}(\boldsymbol{X}-\hat{\boldsymbol{X}})]\big|_{\hat{\boldsymbol{X}}=\hat{\boldsymbol{X}}_L(\boldsymbol{Z})}=\min \tag{2.1.61}$$

则称 $\hat{\boldsymbol{X}}_L(\boldsymbol{Z})$ 为 $\boldsymbol{X}$ 在 $\boldsymbol{Z}$ 上的线性最小方差估计，有时用符号 $E^*[\boldsymbol{X}/\boldsymbol{Z}]$ 表示之，$*$ 表示与条件均值的区别。

有关量测量 $\boldsymbol{Z}$ 的线性函数有无穷多个，但能使 $\hat{\boldsymbol{X}}$ 具有最小均方误差的线性函数却只有一个，记为

$$\hat{\boldsymbol{X}}_L(\boldsymbol{Z})=\boldsymbol{A}^0\boldsymbol{Z}+\boldsymbol{b}^0$$

下面根据式(2.1.61)所示指标来确定 $\boldsymbol{A}^0$ 和 $\boldsymbol{b}^0$。为便于求解，先证明4个辅助关系式。

关系式1

设随机向量 $\boldsymbol{W}=[W_1\ W_2\ \cdots\ W_n]^{\mathrm{T}}$，则

$$E[\boldsymbol{W}^{\mathrm{T}}\boldsymbol{W}]=\mathrm{tr}(\boldsymbol{C}_W+E\boldsymbol{W}E\boldsymbol{W}^{\mathrm{T}})$$

式中，$\boldsymbol{C}_W=E[(\boldsymbol{W}-E\boldsymbol{W})(\boldsymbol{W}-E\boldsymbol{W})^{\mathrm{T}}]$，tr 表示对矩阵求迹。

证明

$$\begin{aligned}E[\boldsymbol{W}^{\mathrm{T}}\boldsymbol{W}]=&E[W_1^2+W_2^2+\cdots+W_n^2]=E[\mathrm{tr}(\boldsymbol{W}\boldsymbol{W}^{\mathrm{T}})]=\\&\mathrm{tr}\{E[(\boldsymbol{W}-E\boldsymbol{W}+E\boldsymbol{W})(\boldsymbol{W}-E\boldsymbol{W}+E\boldsymbol{W})^{\mathrm{T}}]\}=\\&\mathrm{tr}\{\boldsymbol{C}_W+E\boldsymbol{W}E\boldsymbol{W}^{\mathrm{T}}+E[(\boldsymbol{W}-E\boldsymbol{W})E\boldsymbol{W}^{\mathrm{T}}]+E[E\boldsymbol{W}(\boldsymbol{W}-E\boldsymbol{W})^{\mathrm{T}}]\}=\\&\mathrm{tr}(\boldsymbol{C}_W+E\boldsymbol{W}E\boldsymbol{W}^{\mathrm{T}})\end{aligned}$$

关系式2

设 $\boldsymbol{Y}=\boldsymbol{X}-\boldsymbol{A}^0\boldsymbol{Z}-\boldsymbol{b}^0$，　$E\boldsymbol{X}=\boldsymbol{m}_X$，　$E\boldsymbol{Z}=\boldsymbol{m}_Z$，则

$$E\boldsymbol{Y}=\boldsymbol{m}_X-\boldsymbol{A}^0\boldsymbol{m}_Z-\boldsymbol{b}^0$$

$$\begin{aligned}\boldsymbol{C}_Y=&E[(\boldsymbol{Y}-E\boldsymbol{Y})(\boldsymbol{Y}-E\boldsymbol{Y})^{\mathrm{T}}]=E\{[(\boldsymbol{X}-\boldsymbol{m}_X)-\boldsymbol{A}^0(\boldsymbol{Z}-\boldsymbol{m}_Z)][(\boldsymbol{X}-\boldsymbol{m}_X)^{\mathrm{T}}-\\&(\boldsymbol{Z}-\boldsymbol{m}_Z)^{\mathrm{T}}\boldsymbol{A}^{0\mathrm{T}}]\}=\boldsymbol{C}_X+\boldsymbol{A}^0\boldsymbol{C}_Z\boldsymbol{A}^{0\mathrm{T}}-\boldsymbol{C}_{XZ}\boldsymbol{A}^{0\mathrm{T}}-\boldsymbol{A}^0\boldsymbol{C}_{ZX}\end{aligned}$$

关系式3

设 $\boldsymbol{L}_{(n\times m)}$，$\boldsymbol{C}_{Z(m\times m)}$，其中 $\boldsymbol{C}_Z$ 为随机向量 $\boldsymbol{Z}$ 的协方差阵，则 $\mathrm{tr}[\boldsymbol{L}\boldsymbol{C}_Z\boldsymbol{L}^{\mathrm{T}}]\geqslant 0$；若 $\mathrm{tr}[\boldsymbol{L}\boldsymbol{C}_Z\boldsymbol{L}^{\mathrm{T}}]=0$，则 $\boldsymbol{L}=\boldsymbol{0}$。

证明

$$\mathrm{tr}[\boldsymbol{L}\boldsymbol{C}_Z\boldsymbol{L}^{\mathrm{T}}]=\mathrm{tr}\{\boldsymbol{L}E[(\boldsymbol{Z}-\boldsymbol{m}_Z)(\boldsymbol{Z}-\boldsymbol{m}_Z)^{\mathrm{T}}]\boldsymbol{L}^{\mathrm{T}}\}=\mathrm{tr}\{E[[\boldsymbol{L}(\boldsymbol{Z}-\boldsymbol{m}_Z)][\boldsymbol{L}(\boldsymbol{Z}-\boldsymbol{m}_Z)]^{\mathrm{T}}]\}=$$

$$E\{\mathrm{tr}[[\boldsymbol{L}(\boldsymbol{Z}-\boldsymbol{m}_Z)][\boldsymbol{L}(\boldsymbol{Z}-\boldsymbol{m}_Z)]^{\mathrm{T}}]\}$$

令 $\boldsymbol{L}(\boldsymbol{Z}-\boldsymbol{m}_Z)=\boldsymbol{V}=[V_1\ V_2\ \cdots\ V_n]^{\mathrm{T}}$，则

$$\mathrm{tr}[\boldsymbol{L}\boldsymbol{C}_Z\boldsymbol{L}^{\mathrm{T}}]=E[\mathrm{tr}(\boldsymbol{V}\boldsymbol{V}^{\mathrm{T}})]=E[V_1^2+V_2^2+\cdots+V_n^2]\geqslant 0$$

若 $\mathrm{tr}[\boldsymbol{L}\boldsymbol{C}_Z\boldsymbol{L}^{\mathrm{T}}]=0$，则 $V_1^2+V_2^2+\cdots+V_n^2=0$，即

$$\boldsymbol{L}(\boldsymbol{Z}-\boldsymbol{m}_Z)=\boldsymbol{0}$$

由于 $\boldsymbol{Z}$ 为随机向量，要使上式恒成立，必须有

$$\boldsymbol{L}=\boldsymbol{0}$$

关系式 4

$$(\boldsymbol{A}^0-\boldsymbol{C}_{XZ}\boldsymbol{C}_Z^{-1})\boldsymbol{C}_Z(\boldsymbol{A}^{0\mathrm{T}}-\boldsymbol{C}_Z^{-1}\boldsymbol{C}_{ZX})+\boldsymbol{C}_X-\boldsymbol{C}_{XZ}\boldsymbol{C}_Z^{-1}\boldsymbol{C}_{ZX}=$$
$$\boldsymbol{A}^0\boldsymbol{C}_Z\boldsymbol{A}^{0\mathrm{T}}-\boldsymbol{A}^0\boldsymbol{C}_Z\boldsymbol{C}_Z^{-1}\boldsymbol{C}_{ZX}-\boldsymbol{C}_{XZ}\boldsymbol{C}_Z^{-1}\boldsymbol{C}_Z\boldsymbol{A}^{0\mathrm{T}}+\boldsymbol{C}_{XZ}\boldsymbol{C}_Z^{-1}\boldsymbol{C}_Z\boldsymbol{C}_Z^{-1}\boldsymbol{C}_{ZX}+\boldsymbol{C}_X-\boldsymbol{C}_{XZ}\boldsymbol{C}_Z^{-1}\boldsymbol{C}_{ZX}=$$
$$\boldsymbol{C}_X+\boldsymbol{A}^0\boldsymbol{C}_Z\boldsymbol{A}^{0\mathrm{T}}-\boldsymbol{A}^0\boldsymbol{C}_{ZX}-\boldsymbol{C}_{XZ}\boldsymbol{A}^{0\mathrm{T}}$$

利用上述 4 个辅助关系式，可方便地确定出满足式(2.1.61)的 $\boldsymbol{A}^0$ 和 $\boldsymbol{b}^0$。

令
$$\boldsymbol{Y}=\boldsymbol{X}-\boldsymbol{A}^0\boldsymbol{Z}-\boldsymbol{b}$$
则
$$J=E[(\boldsymbol{X}-\boldsymbol{A}^0\boldsymbol{Z}-\boldsymbol{b}^0)^{\mathrm{T}}(\boldsymbol{X}-\boldsymbol{A}^0\boldsymbol{Z}-\boldsymbol{b}^0)]=E[\boldsymbol{Y}^{\mathrm{T}}\boldsymbol{Y}]$$

将关系式 1 代入上式，得

$$J=E[\boldsymbol{Y}^{\mathrm{T}}\boldsymbol{Y}]=\mathrm{tr}(\boldsymbol{C}_Y+E\boldsymbol{Y}E\boldsymbol{Y}^{\mathrm{T}})=\mathrm{tr}\boldsymbol{C}_Y+E\boldsymbol{Y}^{\mathrm{T}}E\boldsymbol{Y}$$

将关系式 2 代入上式，得

$$J=\mathrm{tr}(\boldsymbol{C}_X+\boldsymbol{A}^0\boldsymbol{C}_Z\boldsymbol{A}^{0\mathrm{T}}-\boldsymbol{C}_{XZ}\boldsymbol{A}^{0\mathrm{T}}-\boldsymbol{A}^0\boldsymbol{C}_{ZX})+(\boldsymbol{m}_X-\boldsymbol{A}^0\boldsymbol{m}_Z-\boldsymbol{b}^0)^{\mathrm{T}}(\boldsymbol{m}_X-\boldsymbol{A}^0\boldsymbol{m}_Z-\boldsymbol{b}^0)$$

将关系式 4 代入上式，得

$$J=\mathrm{tr}[(\boldsymbol{A}^0-\boldsymbol{C}_{XZ}\boldsymbol{C}_Z^{-1})\boldsymbol{C}_Z(\boldsymbol{A}^{0\mathrm{T}}-\boldsymbol{C}_Z^{-1}\boldsymbol{C}_{ZX})]+\mathrm{tr}(\boldsymbol{C}_X-\boldsymbol{C}_{XZ}\boldsymbol{C}_Z^{-1}\boldsymbol{C}_{ZX})+$$
$$(\boldsymbol{m}_X-\boldsymbol{A}^0\boldsymbol{m}_Z-\boldsymbol{b}^0)^{\mathrm{T}}(\boldsymbol{m}_X-\boldsymbol{A}^0\boldsymbol{m}_Z-\boldsymbol{b}^0)$$

上式三项中，第二项与 $\boldsymbol{A}^0$ 和 $\boldsymbol{b}^0$ 的选择无关。第三项为向量的内积，恒大于等于零，要使 J 达到最小，必须有

$$\boldsymbol{m}_X-\boldsymbol{A}^0\boldsymbol{m}_Z-\boldsymbol{b}^0=\boldsymbol{0}\tag{2.1.62}$$

又由关系式 3 知，第一项也大于等于零，当该项取最小值零时，须有

$$\boldsymbol{A}^0-\boldsymbol{C}_{XZ}\boldsymbol{C}_Z^{-1}=\boldsymbol{0}\tag{2.1.63}$$

由式(2.1.62)和式(2.1.63)，得

$$\boldsymbol{A}^0=\boldsymbol{C}_{XZ}\boldsymbol{C}_Z^{-1}$$
$$\boldsymbol{b}^0=\boldsymbol{m}_X-\boldsymbol{C}_{XZ}\boldsymbol{C}_Z^{-1}\boldsymbol{m}_Z$$

因此 $\boldsymbol{X}$ 在 $\boldsymbol{Z}$ 上的线性最小方差估计为

$$\hat{\boldsymbol{X}}_L(\boldsymbol{Z})=\boldsymbol{m}_X+\boldsymbol{C}_{XZ}\boldsymbol{C}_Z^{-1}(\boldsymbol{Z}-\boldsymbol{m}_Z)\tag{2.1.64}$$

下面分析线性最小方差估计的均方误差

$$\boldsymbol{P}=E\{[\boldsymbol{X}-\hat{\boldsymbol{X}}_L(\boldsymbol{Z})][\boldsymbol{X}-\hat{\boldsymbol{X}}_L(\boldsymbol{Z})]^{\mathrm{T}}\}=$$
$$E\{[(\boldsymbol{X}-\boldsymbol{m}_X)-\boldsymbol{C}_{XZ}\boldsymbol{C}_Z^{-1}(\boldsymbol{Z}-\boldsymbol{m}_Z)][(\boldsymbol{X}-\boldsymbol{m}_X)-\boldsymbol{C}_{XZ}\boldsymbol{C}_Z^{-1}(\boldsymbol{Z}-\boldsymbol{m}_Z)]^{\mathrm{T}}\}=$$
$$\boldsymbol{C}_X+\boldsymbol{C}_{XZ}\boldsymbol{C}_Z^{-1}\boldsymbol{C}_Z\boldsymbol{C}_Z^{-1}\boldsymbol{C}_{ZX}-\boldsymbol{C}_{XZ}\boldsymbol{C}_Z^{-1}\boldsymbol{C}_{ZX}-\boldsymbol{C}_{XZ}\boldsymbol{C}_Z^{-1}\boldsymbol{C}_{ZX}=$$
$$\boldsymbol{C}_X-\boldsymbol{C}_{XZ}\boldsymbol{C}_Z^{-1}\boldsymbol{C}_{ZX}\tag{2.1.65}$$

比较式(2.1.31)、式(2.1.32)、式(2.1.64)和式(2.1.65)，知式(2.1.31)与式(2.1.64)具有完全相同的形式，式(2.1.32)与式(2.1.65)也是这样。这说明：如果被估计量 $\boldsymbol{X}$ 和量测量 $\boldsymbol{Z}$ 都服从正态分布，则线性最小方差估计与最小方差估计是相同的，即按式(2.1.64)计算得的

估计不但在所有的线性估计中精度最优，而且在所有的估计中精度也是最优的。

2. 线性最小方差估计的性质

性质 1 无偏性

线性最小方差估计是 $\boldsymbol{X}$ 在 $\boldsymbol{Z}$ 上的无偏估计，即

$$E[\boldsymbol{X}-\hat{\boldsymbol{X}}_L(\boldsymbol{Z})]=\boldsymbol{0}$$

或

$$E_Z[\hat{\boldsymbol{X}}_L(\boldsymbol{Z})]=E\boldsymbol{X}$$

根据式(2.1.64)对 $\boldsymbol{Z}$ 求均值即可证明此性质。

性质 2 线性 1

线性最小方差估计具有线性性质，即若 $\boldsymbol{X}$ 的线性最小方差估计为 $E^*[\boldsymbol{X}/\boldsymbol{Z}]$，则 $\boldsymbol{FX}+\boldsymbol{e}$ 的线性最小方差估计为

$$E^*[(\boldsymbol{FX}+\boldsymbol{e})/\boldsymbol{Z}]=\boldsymbol{F}E^*[\boldsymbol{X}/\boldsymbol{Z}]+\boldsymbol{e} \tag{2.1.66}$$

式中，$\boldsymbol{F}$ 为确定性矩阵，$\boldsymbol{e}$ 为确定性向量。

证明 令 $\boldsymbol{FX}+\boldsymbol{e}=\boldsymbol{K}$，则

$$\boldsymbol{m}_K=\boldsymbol{Fm}_X+\boldsymbol{e}$$

$$\boldsymbol{C}_{KZ}=E[(\boldsymbol{K}-\boldsymbol{m}_K)(\boldsymbol{Z}-\boldsymbol{m}_Z)^{\mathrm{T}}]=E[(\boldsymbol{FX}+\boldsymbol{e}-\boldsymbol{Fm}_X-\boldsymbol{e})(\boldsymbol{Z}-\boldsymbol{m}_Z)^{\mathrm{T}}]=\boldsymbol{FC}_{XZ}$$

根据式(2.1.64)，得

$$\begin{aligned}E^*[\boldsymbol{K}/\boldsymbol{Z}]&=\boldsymbol{m}_K+\boldsymbol{C}_{KZ}\boldsymbol{C}_Z^{-1}(\boldsymbol{Z}-\boldsymbol{m}_Z)=\boldsymbol{Fm}_X+\boldsymbol{e}+\boldsymbol{FC}_{XZ}\boldsymbol{C}_Z^{-1}(\boldsymbol{Z}-\boldsymbol{m}_Z)=\\&\boldsymbol{F}[\boldsymbol{m}_X+\boldsymbol{C}_{XZ}\boldsymbol{C}_Z^{-1}(\boldsymbol{Z}-\boldsymbol{m}_Z)]+\boldsymbol{e}=\boldsymbol{F}E^*[\boldsymbol{X}/\boldsymbol{Z}]+\boldsymbol{e}\end{aligned}$$

性质 3 线性 2

若 $\boldsymbol{Y}$ 与 $\boldsymbol{Z}$ 互不相关，则

$$E^*[\boldsymbol{X}/\boldsymbol{Y},\boldsymbol{Z}]=E^*[\boldsymbol{X}/\boldsymbol{Y}]+E^*[\boldsymbol{X}/\boldsymbol{Z}]-E\boldsymbol{X} \tag{2.1.67}$$

证明 令 $\boldsymbol{T}=\begin{bmatrix}\boldsymbol{Y}\\\boldsymbol{Z}\end{bmatrix}$，则

$$E^*[\boldsymbol{X}/\boldsymbol{Y},\boldsymbol{Z}]=E^*[\boldsymbol{X}/\boldsymbol{T}]=E\boldsymbol{X}+\boldsymbol{C}_{XT}\boldsymbol{C}_T^{-1}(\boldsymbol{T}-E\boldsymbol{T})$$

式中

$$\boldsymbol{C}_{XT}=E\left\{[\boldsymbol{X}-\boldsymbol{m}_X]\begin{bmatrix}\boldsymbol{Y}-\boldsymbol{m}_Y\\\boldsymbol{Z}-\boldsymbol{m}_Z\end{bmatrix}^{\mathrm{T}}\right\}=[\boldsymbol{C}_{XY}\quad\boldsymbol{C}_{XZ}]$$

$$\boldsymbol{C}_T=E\left\{\begin{bmatrix}\boldsymbol{Y}-\boldsymbol{m}_Y\\\boldsymbol{Z}-\boldsymbol{m}_Z\end{bmatrix}[(\boldsymbol{Y}-\boldsymbol{m}_Y)^{\mathrm{T}}\quad(\boldsymbol{Z}-\boldsymbol{m}_Z)^{\mathrm{T}}]\right\}$$

由于 $\boldsymbol{Y}$ 和 $\boldsymbol{Z}$ 互不相关，所以

$$\boldsymbol{C}_T=\begin{bmatrix}\boldsymbol{C}_Y&\boldsymbol{0}\\\boldsymbol{0}&\boldsymbol{C}_Z\end{bmatrix}$$

$$\begin{aligned}E^*[\boldsymbol{X}/\boldsymbol{Y},\boldsymbol{Z}]&=E\boldsymbol{X}+[\boldsymbol{C}_{XY}\quad\boldsymbol{C}_{XZ}]\begin{bmatrix}\boldsymbol{C}_Y&\boldsymbol{0}\\\boldsymbol{0}&\boldsymbol{C}_Z\end{bmatrix}^{-1}\begin{bmatrix}\boldsymbol{Y}-\boldsymbol{m}_Y\\\boldsymbol{Z}-\boldsymbol{m}_Z\end{bmatrix}=\\&E\boldsymbol{X}+\boldsymbol{C}_{XY}\boldsymbol{C}_Y^{-1}(\boldsymbol{Y}-\boldsymbol{m}_Y)+E\boldsymbol{X}+\boldsymbol{C}_{XZ}\boldsymbol{C}_Z^{-1}(\boldsymbol{Z}-\boldsymbol{m}_Z)-E\boldsymbol{X}=\\&E^*[\boldsymbol{X}/\boldsymbol{Y}]+E^*[\boldsymbol{X}/\boldsymbol{Z}]-E\boldsymbol{X}\end{aligned}$$

例 2-8 设 $S(t)$ 为零均值标量平稳随机过程，相关函数 $R_S(\tau)=E[S(t)S(t+\tau)]=$

$\frac{1}{2}e^{-|\tau|}$，试根据 $S(t)$ 用线性最小方差估计预测 $S(t+T)$。

解　根据题意，$S(t)$ 为量测，记为 Z，$S(t+T)$ 为被估计量，记为 X。由于 $S(t)$ 为零均值的标量平稳随机过程，所以

$$C_Z = E[S(t)S(t)] = R_S(\tau)\mid_{\tau=0} = \frac{1}{2}$$

$$C_{XZ} = E[S(t+T)S(t)] = R_S(\tau)\mid_{\tau=T} = \frac{1}{2}e^{-T}$$

$$m_X = 0,\ m_Z = 0$$

根据式(2.1.64)，得

$$\hat{S}(t+T) = \frac{1}{2}e^{-T} \times 2 \times S(t) = e^{-T}S(t)$$

例 2-9　设 $X(t)$ 为标量平稳随机过程，均值为零，相关函数为 $R(\tau)$，量测量 $Z(t_k) = X(t_k) + V(t_k)$，$k=1,2,\cdots$，$V(t_k)$ 为零均值的白噪声序列，方差为 C_V，$V(t_k)$ 与 $X(t_i)$ $(i=1,2,\cdots,k)$ 不相关，试用 $Z(t_{k-1})$ 和 $Z(t_k)$ 求线性最小方差估计 $\hat{X}(t_k)$，并与单独使用 $Z(t_k)$ 求解 $\hat{X}(t_k)$ 的精度作比较。

解　$\boldsymbol{Z} = \begin{bmatrix} Z(t_{k-1}) \\ Z(t_k) \end{bmatrix} = \begin{bmatrix} X(t_{k-1}) + V(t_{k-1}) \\ X(t_k) + V(t_k) \end{bmatrix}$

$$\boldsymbol{C}_{XZ} = E\{X(t_k)[X(t_{k-1}) + V(t_{k-1}) \quad X(t_k) + V(t_k)]\} = [R(T) \quad R(0)]$$

$$\boldsymbol{C}_Z = E\left\{\begin{bmatrix} X(t_{k-1}) + V(t_{k-1}) \\ X(t_k) + V(t_k) \end{bmatrix}[X(t_{k-1}) + V(t_{k-1}) \quad X(t_k) + V(t_k)]\right\} =$$
$$\begin{bmatrix} R(0) + C_V & R(T) \\ R(T) & R(0) + C_V \end{bmatrix}$$

式中
$$T = t_k - t_{k-1},\quad C_X = E[X^2(t_k)] = R(0)$$

根据式(2.1.64)，$X(t_k)$ 的估计为

$$\hat{X}(t_k) = \boldsymbol{C}_{XZ}\boldsymbol{C}_Z^{-1}\boldsymbol{Z} = [R(T) \quad R(0)]\begin{bmatrix} R(0) + C_V & R(T) \\ R(T) & R(0) + C_V \end{bmatrix}^{-1}\boldsymbol{Z}$$

根据式(2.1.65)，估计的均方误差为

$$P = C_X - \boldsymbol{C}_{XZ}\boldsymbol{C}_Z^{-1}\boldsymbol{C}_{ZX} = R(0) - [R(T) \quad R(0)]\begin{bmatrix} R(0) + C_V & R(T) \\ R(T) & R(0) + C_V \end{bmatrix}^{-1}\begin{bmatrix} R(T) \\ R(0) \end{bmatrix} =$$
$$R(0) - \frac{R^2(T)C_V - R^2(T)R(0) + R^2(0)C_V + R^3(0)}{[R(0) + C_V]^2 - R^2(T)}$$

若单独使用 $Z(t_k)$ 来估计 $X(t_k)$，根据式(2.1.65)得估计的均方误差为

$$P' = R(0) - \frac{R^2(0)}{R(0) + C_V}$$

所以
$$P' - P = \frac{R^2(T)C_V^2}{[R(0) + C_V]\{[R(0) + C_V]^2 - R^2(T)\}}$$

因为 $R(0) > 0$，$C_V > 0$，$R(0) \geqslant R(T)$，所以只要 $R(T) \neq 0$，即 $X(t_k)$ 与 $X(t_{k-1})$ 之间有依从关系，则上式值总为正值，这说明同时使用 $Z(t_k)$ 和 $Z(t_{k-1})$ 比单独使用 $Z(t_k)$ 估计

$X(t_k)$ 的精度要高。因此尽量多地合理利用量测量能有效提高估计精度。

2.1.7　维纳滤波

1. 维纳滤波所要解决的问题

设有用信号 $S(t)$ 和干扰信号 $N(t)$ 都是随机信号，现要求从混有干扰的量测量 $Z(t)=S(t)+N(t)$ 中提取出有用信号 $S(t)$。由于 $S(t)$ 和 $N(t)$ 都是随机信号，没有确定的频谱，所以不能采用常规滤波的方法来滤除干扰。

设 $S(t)$ 和 $N(t)$ 都是平稳过程，且互相独立，自相关函数及功率谱密度 $R_S(\tau)$，$R_N(\tau)$，$G_S(\omega)$，$G_N(\omega)$ 都已知。

若无干扰，则滤波系统的输出即为理想输出

$$I(t)=\int_{-\infty}^{\infty}h_I(\tau)S(t-\tau)\mathrm{d}\tau \tag{2.1.68}$$

式中，$h_I(\tau)$ 为理想滤波器的单位脉冲响应，其傅里叶变换 $H(\mathrm{j}\omega)=\mathscr{F}\{h_I(t)\}$ 就是理想滤波器的频率响应。若要求 $I(t)=S(t)$，即滤波的情况，则 $h_I(t)=\delta(t)$，$H(\mathrm{j}\omega)=1$；若要求 $I(t)=S(t+T)$，即预报的情况，则 $h_I(t)=\delta(t+T)$，$H(\mathrm{j}\omega)=\mathrm{e}^{\mathrm{j}\omega T}$。

维纳滤波所要解决的问题是：求出一个物理可实现的线性定常系统的频率特性 $H(\mathrm{j}\omega)$ 或单位脉冲响应 $h(t)$，使滤波器的实际输出

$$y(t)=\int_{0}^{\infty}h(\tau)Z(t-\tau)\mathrm{d}\tau \tag{2.1.69}$$

与理想输出 $I(t)$ 的误差 $\varepsilon(t)=I(t)-y(t)$ 的均方值达到最小，即

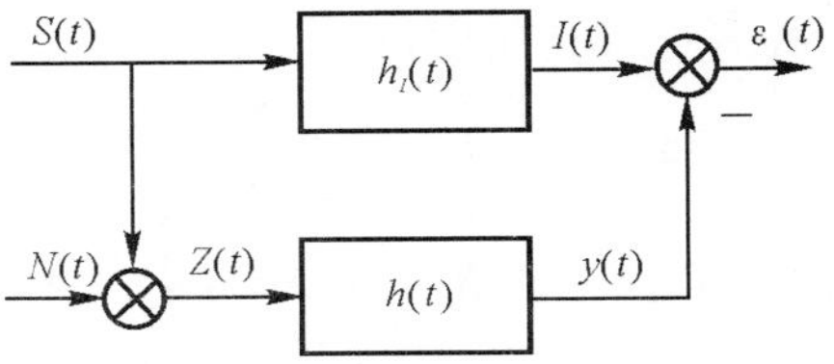

图 2.1.1　维纳滤波示意图

$$E[\varepsilon^2(t)]=E\{[I(t)-y(t)]^2\}=\min \tag{2.1.70}$$

它可用图 2.1.1 来表示。

2. 维纳－霍甫方程

由于滤波器的实际输出为 $y(t)$，如式(2.1.69) 所示，所以相对理想输出 $I(t)$ 的误差为

$$\varepsilon(t)=I(t)-y(t)=I(t)-\int_{0}^{\infty}h(\tau)Z(t-\tau)\mathrm{d}\tau$$

平方误差为

$$\varepsilon^2(t)=I^2(t)-2\int_{0}^{\infty}h(\tau)I(t)Z(t-\tau)\mathrm{d}\tau+\left[\int_{0}^{\infty}h(\tau)Z(t-\tau)\mathrm{d}\tau\right]\left[\int_{0}^{\infty}h(\tau_1)Z(t-\tau_1)\mathrm{d}\tau_1\right]$$

均方误差为

$$E[\varepsilon^2(t)]=E[I^2(t)]-2\int_{0}^{\infty}h(\tau)E[I(t)Z(t-\tau)]\mathrm{d}\tau+\int_{0}^{\infty}\int_{0}^{\infty}h(\tau)h(\tau_1)E[Z(t-\tau)Z(t-\tau_1)]\mathrm{d}\tau\mathrm{d}\tau_1$$

即

$$E[\varepsilon^2(t)]=R_I(0)-2\int_{0}^{\infty}h(\tau)R_{IZ}(\tau)\mathrm{d}\tau+\int_{0}^{\infty}\int_{0}^{\infty}h(\tau)h(\tau_1)R_Z(\tau-\tau_1)\mathrm{d}\tau\mathrm{d}\tau_1 \tag{2.1.71}$$

显然 $E[\varepsilon^2(t)]$ 取决于 $h(t)$，为便于说明问题，记 $\overline{\varepsilon^2(h)}=E[\varepsilon^2(t)]$。下面分析要使 $E[\varepsilon^2(t)]=\min$，$h(t)$ 应满足什么条件。

设 $g(t)$ 是任意的一个可微函数，它和 $h(t)$ 一样也满足条件 $g(t)=0(t<0)$，这样 $h(t)+\alpha g(t)$ 也是物理上可实现的滤波系统的脉冲响应函数(其中 α 为实变数)。如果 $h(t)$ 使 $\overline{\varepsilon^2(h)}=\min$，则对任一实数 α 及任一函数 $g(t)$，总有 $\overline{\varepsilon^2(h+\alpha g)}\geqslant\overline{\varepsilon^2(h)}$，即函数 $J(\alpha)=\overline{\varepsilon^2(h+\alpha g)}$ 在 $\alpha=0$ 处取得极小值。

以 $h(t)+\alpha g(t)$ 代替式(2.1.71)中的 $h(t)$，得

$$
\begin{aligned}
J(\alpha)=&R_I(0)-2\int_0^\infty[h(\tau)+\alpha g(\tau)]R_{IZ}(\tau)\mathrm{d}\tau+\\
&\int_0^\infty\int_0^\infty[h(\tau)+\alpha g(\tau)][h(\tau_1)+\alpha g(\tau_1)]R_Z(\tau-\tau_1)\mathrm{d}\tau\mathrm{d}\tau_1
\end{aligned}
$$

即

$$
\begin{aligned}
J(\alpha)=&R_I(0)-2\int_0^\infty h(\tau)R_{IZ}(\tau)\mathrm{d}\tau+\int_0^\infty\int_0^\infty h(\tau)h(\tau_1)R_Z(\tau-\tau_1)\mathrm{d}\tau\mathrm{d}\tau_1-\\
&2\alpha\int_0^\infty g(\tau)R_{IZ}(\tau)\mathrm{d}\tau+2\alpha\int_0^\infty\int_0^\infty h(\tau_1)g(\tau)R_Z(\tau-\tau_1)\mathrm{d}\tau\mathrm{d}\tau_1+\\
&\alpha^2\int_0^\infty\int_0^\infty g(\tau)g(\tau_1)R_Z(\tau-\tau_1)\mathrm{d}\tau\mathrm{d}\tau_1
\end{aligned}
$$

记上式右侧前三项为 $J(0)$，则上式可写为

$$
\begin{aligned}
J(\alpha)=&J(0)-2\alpha\int_0^\infty g(\tau)[R_{IZ}(\tau)-\int_0^\infty h(\tau_1)R_Z(\tau-\tau_1)\mathrm{d}\tau_1]\mathrm{d}\tau+\\
&\alpha^2\int_0^\infty\int_0^\infty g(\tau)g(\tau_1)R_Z(\tau-\tau_1)\mathrm{d}\tau\mathrm{d}\tau_1
\end{aligned}
\tag{2.1.72}
$$

由于 $J(\alpha)$ 在 $\alpha=0$ 处取得极小值的必要条件为

$$
\frac{\mathrm{d}}{\mathrm{d}\alpha}J(\alpha)\Big|_{\alpha=0}=0
$$

所以有

$$
\frac{\mathrm{d}}{\mathrm{d}\alpha}J(\alpha)\Big|_{\alpha=0}=-2\int_0^\infty g(\tau)\left[R_{IZ}(\tau)-\int_0^\infty h(\tau_1)R_Z(\tau-\tau_1)\mathrm{d}\tau_1\right]\mathrm{d}\tau=0
$$

又由于 $g(t)=0\ (t<0)$，且 $g(t)$ 为任意函数，因此要使上式成立，相当于对于一切 $\tau\geqslant0$，方括号中的值恒为零。于是得 $\overline{\varepsilon^2(h)}=\min$ 的必要条件为

$$
R_{IZ}(\tau)-\int_0^\infty h(\tau_1)R_Z(\tau-\tau_1)\mathrm{d}\tau_1=0\qquad\tau\geqslant0
\tag{2.1.73}
$$

事实上，式(2.1.73)也是 $\overline{\varepsilon^2(h)}=\min$ 的充分条件，下面说明之。

设式(2.1.73)成立，则式(2.1.72)可写成

$$
\begin{aligned}
J(\alpha)=&J(0)+\alpha^2\int_0^\infty\int_0^\infty g(\tau)g(\tau_1)R_Z(\tau-\tau_1)\mathrm{d}\tau\mathrm{d}\tau_1=\\
&J(0)+\alpha^2E\left\{\int_0^\infty g(\tau)Z(t-\tau)\mathrm{d}\tau\int_0^\infty g(\tau_1)Z(t-\tau_1)\mathrm{d}\tau_1\right\}=\\
&J(0)+\alpha^2E\left\{\left[\int_0^\infty g(\tau)Z(t-\tau)\mathrm{d}\tau\right]^2\right\}
\end{aligned}
$$

注意到上式的最后一项为非负项，所以有

$$J(\alpha) \geqslant J(0)$$

即

$$\overline{\varepsilon^2(h+\alpha g)} \geqslant \overline{\varepsilon^2(h)}$$

这说明，当滤波系统的单位脉冲响应 $h(t)$ 满足式(2.1.73)时，滤波系统的实际输出

$$y(t)=\int_0^{\infty} h(\tau)Z(t-\tau)\mathrm{d}\tau$$

相对理想输出 $I(t)$ 的均方误差达到最小，因此式(2.1.73)又是$\overline{\varepsilon^2(h)}=\min$的充分条件。

综上所述，$\overline{\varepsilon^2(h)}=\min$ 的充要条件为

$$R_{IZ}(\tau)-\int_0^{\infty} h(\tau_1)R_Z(\tau-\tau_1)\mathrm{d}\tau_1=0 \qquad \tau \geqslant 0$$

该方程称为维纳-霍甫方程，是关于最佳单位脉冲响应 $h(t)$ 的积分方程，其中 $R_{IZ}(\tau)$ 和 $R_Z(\tau)$ 按下述两式确定

$$\begin{aligned} R_{IZ}(\tau)=&E[I(t)Z(t-\tau)]=\\ &E\left\{\left[\int_{-\infty}^{\infty} h_I(\lambda)S(t-\lambda)\mathrm{d}\lambda\right]Z(t-\tau)\right\}=\\ &\int_{-\infty}^{\infty} h_I(\lambda)E\{S(t-\lambda)[S(t-\tau)+N(t-\tau)]\}\mathrm{d}\lambda=\\ &\int_{-\infty}^{\infty} h_I(\lambda)[R_S(\tau-\lambda)+R_{SN}(\tau-\lambda)]\mathrm{d}\lambda=\\ &h_I(\tau)*[R_S(\tau)+R_{SN}(\tau)] \end{aligned}$$

$$\begin{aligned} R_Z(\tau)=&E[Z(t)Z(t-\tau)]=E\{[S(t)+N(t)][S(t-\tau)+N(t-\tau)]\}=\\ &R_S(\tau)+R_N(\tau)+R_{SN}(\tau)+R_{NS}(\tau) \end{aligned}$$

若对 $R_{IZ}(\tau)$ 和 $R_Z(\tau)$ 作傅里叶变换，则可得 $I(t)$ 与 $Z(t)$ 的互功率谱 $G_{IZ}(\omega)$ 和 $Z(t)$ 的自功率谱 $G_Z(\omega)$，即

$$G_{IZ}(\omega)=\mathscr{F}\{R_{IZ}(\tau)\}=H_I(\mathrm{j}\omega)[G_S(\omega)+G_{SN}(\omega)] \tag{2.1.74}$$

$$G_Z(\omega)=\mathscr{F}\{R_Z(\tau)\}=G_S(\omega)+G_N(\omega)+G_{SN}(\omega)+G_{NS}(\omega) \tag{2.1.75}$$

式中，$H_I(\mathrm{j}\omega)$ 为滤波器的理想频率响应，由滤波器的设计要求确定。

3. 维纳-霍甫方程的求解(设计维纳滤波器的一般方法)

式(2.1.73)中，$\tau \geqslant 0$ 是滤波系统的物理可实现条件，正是这一限制给求解式(2.1.73)带来了一定的困难，下面说明这一点。

暂且假设没有 $\tau \geqslant 0$ 的限制，即当 $\tau < 0$ 时式(2.1.73)也成立，即

$$R_{IZ}(\tau)=\int_{-\infty}^{\infty} h(\tau_1)R_Z(\tau-\tau_1)\mathrm{d}\tau_1=h(\tau)*R_Z(\tau) \qquad (-\infty<\tau<\infty) \tag{2.1.76}$$

对上式两边作傅里叶变换，得

$$G_{IZ}(\omega)=H(\mathrm{j}\omega)G_Z(\omega)$$

所以

$$H(\mathrm{j}\omega)=\frac{G_{IZ}(\omega)}{G_Z(\omega)} \tag{2.1.77}$$

式中 $\qquad G_{IZ}(\omega)=\mathscr{F}\{R_{IZ}(\tau)\},G_Z(\omega)=\mathscr{F}\{R_Z(\tau)\}$

滤波系统的单位脉冲响应为

$$h(t)=\mathscr{F}^{-1}\{H(\mathrm{j}\omega)\}=\frac{1}{2\pi}\int_{-\infty}^{\infty}\frac{G_{IZ}(\omega)}{G_Z(\omega)}\mathrm{e}^{\mathrm{j}\omega t}\mathrm{d}\omega \tag{2.1.78}$$

可是，从式(2.1.73)的推导过程知，只有当$\tau\geqslant 0$时式(2.1.73)才成立，而当$\tau<0$时式(2.1.73)并不成立，所以对式(2.1.76)作傅里叶变换时，积分限只能取$[0,\infty)$，而不能取$(-\infty,\infty)$，即

$$\int_0^{\infty}R_{IZ}(\tau)\mathrm{e}^{-\mathrm{j}\omega\tau}\mathrm{d}\tau=\int_0^{\infty}\left[\int_0^{\infty}h(\tau_1)R_Z(\tau-\tau_1)\mathrm{d}\tau_1\right]\mathrm{e}^{-\mathrm{j}\omega\tau}\mathrm{d}\tau=$$
$$\int_0^{\infty}h(\tau_1)\left[\int_0^{\infty}R_Z(\tau-\tau_1)\mathrm{e}^{-\mathrm{j}\omega\tau}\mathrm{d}\tau\right]\mathrm{d}\tau_1$$

上式方括号中是对τ积分，τ_1可看做常量，令$\tau-\tau_1=\lambda$，则$\mathrm{d}\tau=\mathrm{d}\lambda$，$\lambda$的变化区间为$[-\tau_1,\infty)$，因此有

$$\int_0^{\infty}R_{IZ}(\tau)\mathrm{e}^{-\mathrm{j}\omega\tau}\mathrm{d}\tau=\int_0^{\infty}h(\tau_1)\left[\int_{-\tau_1}^{\infty}R_Z(\lambda)\mathrm{e}^{-\mathrm{j}\omega\lambda}\mathrm{d}\lambda\right]\mathrm{e}^{-\mathrm{j}\omega\tau_1}\mathrm{d}\tau_1$$

由于上式方括号中的积分是τ_1的函数，上式无法写成谱密度的形式，因此不具备式(2.1.77)和式(2.1.78)确定的解。

式(2.1.73)可采用谱分解的方法求解。在讨论该法之前，先介绍谱分解中要使用的定理，即傅里叶变换的解析性定理。

定理 2.6 （解析性定理）

如果
$$f(t)\begin{cases}=0, & t\geqslant 0\\ \neq 0, & t<0\end{cases}$$

且其傅里叶变换$F(\omega)=\mathscr{F}\{f(t)\}$存在，则$F(\omega)$在$[\omega]$的上半平面内解析有界。若$F(\omega)$是$\omega$的有理分式，则$F(\omega)$仅在$[\omega]$的下半平面内有极点，即极点$\omega_i=u_i+\mathrm{j}v_i$中，$v_i<0$；反之，若$F(\omega)$在$[\omega]$的上半平面内解析有界，则

$$f(t)=\mathscr{F}^{-1}\{F(\omega)\}\begin{cases}=0, & t\geqslant 0\\ \neq 0, & t<0\end{cases}$$

类似地，如果$f(t)\begin{cases}\neq 0, & (t\geqslant 0)\\ =0, & (t<0)\end{cases}$，且$F(\omega)=\mathscr{F}\{f(t)\}$存在，则$F(\omega)$在$[\omega]$的下半平面内解析有界。若$F(\omega)$是$\omega$的有理分式，则$F(\omega)$仅在上半平面内有极点，即极点$\omega_i=u_i+\mathrm{j}v_i$中，$v_i\geqslant 0$。反之，若$F(\omega)$在$[\omega]$的下半平面内解析有界，则

$$f(t)=\mathscr{F}^{-1}\{F(\omega)\}\begin{cases}\neq 0, & t\geqslant 0\\ =0, & t<0\end{cases}$$

由于篇幅有限，定理2.6将不加证明地应用，详细证明请读者参阅文献[60]。

将式(2.1.73)写成

$$f(t)=\int_0^{\infty}h(\tau)R_Z(t-\tau)\mathrm{d}\tau-R_{IZ}(t)$$

显然

$$f(t)\begin{cases}=0, & t\geqslant 0\\ \neq 0, & t<0\end{cases}$$

根据定理2.6，$F(\omega)=\mathscr{F}\{f(t)\}$在$[\omega]$的上半平面内解析有界。而

$$F(\omega)=\mathscr{F}\{f(t)\}=\int_{-\infty}^{\infty}\left[\int_0^{\infty}h(\tau)R_Z(t-\tau)\mathrm{d}\tau-R_{IZ}(t)\right]\mathrm{e}^{-\mathrm{j}\omega t}\mathrm{d}t=$$
$$\int_0^{\infty}h(\tau)\left[\int_{-\infty}^{\infty}R_Z(t-\tau)\mathrm{e}^{-\mathrm{j}\omega t}\mathrm{d}t\right]\mathrm{d}\tau-\int_{-\infty}^{\infty}R_{IZ}(t)\mathrm{e}^{-\mathrm{j}\omega t}\mathrm{d}t$$

在上式的第一项积分中，令 $t-\tau=\lambda$。由于 $t:-\infty\to\infty,\tau:0\to\infty$，所以 $\lambda:-\infty\to\infty$。并且由于方括号中对 t 积分时，τ 为常量，所以 $\mathrm{d}t=\mathrm{d}\lambda$。上式又可写成

$$
\begin{aligned}
F(\omega)=&\int_0^{\infty}h(\tau)\left[\int_{-\infty}^{\infty}R_Z(\lambda)\mathrm{e}^{-\mathrm{j}\omega(\lambda+\tau)}\mathrm{d}\lambda\right]\mathrm{d}\tau-G_{IZ}(\omega)=\\
&\int_0^{\infty}h(\tau)\mathrm{e}^{-\mathrm{j}\omega\tau}\mathrm{d}\tau\int_{-\infty}^{\infty}R_Z(\lambda)\mathrm{e}^{-\mathrm{j}\omega\lambda}\mathrm{d}\lambda-G_{IZ}(\omega)=\\
&H(\mathrm{j}\omega)G_Z(\omega)-G_{IZ}(\omega)
\end{aligned}\tag{2.1.79}
$$

为了解出 $H(\mathrm{j}\omega)$，考虑 $G_Z(\omega)$ 可分解成下述形式的特殊情况

$$G_Z(\omega)=\Psi_{下解}(\omega)\Psi_{上解}(\omega)\tag{2.1.80}$$

式中，$\Psi_{下解}(\omega)$ 在$[\omega]$的下半平面内解析有界，且没有零极点；$\Psi_{上解}(\omega)$ 在$[\omega]$的上半平面内解析有界，且没有零极点。

式(2.1.80)在实际系统中一般都能满足，特别是当 $Z(t)$ 为零均值且方差有限的平稳随机过程时，$G_Z(\omega)$ 为 ω 的有理分式，$\Psi_{下解}(\omega)$ 和 $\Psi_{上解}(\omega)$ 互为共轭。

式(2.1.79)两边除以 $\Psi_{上解}(\omega)$，得

$$\frac{F(\omega)}{\Psi_{上解}(\omega)}=H(\mathrm{j}\omega)\Psi_{下解}(\omega)-\frac{G_{IZ}(\omega)}{\Psi_{上解}(\omega)}\tag{2.1.81}$$

显然 $\dfrac{F(\omega)}{\Psi_{上解}(\omega)}$ 在$[\omega]$的上半平面内解析有界，根据定理 2.6，有

$$\mathscr{F}^{-1}\left\{\frac{F(\omega)}{\Psi_{上解}(\omega)}\right\}=\alpha(t)\begin{cases}=0, & t\geqslant 0\\ \neq 0, & t<0\end{cases}$$

所以当 $t\geqslant 0$ 时

$$\mathscr{F}^{-1}\{H(\mathrm{j}\omega)\Psi_{下解}(\omega)\}=\mathscr{F}^{-1}\left\{\frac{G_{IZ}(\omega)}{\Psi_{上解}(\omega)}\right\}\tag{2.1.82}$$

因为

$$h(t)\begin{cases}\neq 0, & t\geqslant 0\\ =0, & t<0\end{cases}$$

所以

$$H(\mathrm{j}\omega)=\mathscr{F}\{h(t)\}$$

在$[\omega]$的下半平面内解析有界。由此，$H(\mathrm{j}\omega)\Psi_{下解}(\omega)$ 在下半平面内解析有界，根据定理 2.6，有

$$\mathscr{F}^{-1}\{H(\mathrm{j}\omega)\Psi_{下解}(\omega)\}=\beta(t)\begin{cases}\neq 0, & t\geqslant 0\\ =0, & t<0\end{cases}$$

将式(2.1.82)代入上式，得

$$\beta(t)=\begin{cases}\mathscr{F}^{-1}\left\{\dfrac{G_{IZ}(\omega)}{\Psi_{上解}(\omega)}\right\}=\dfrac{1}{2\pi}\displaystyle\int_{-\infty}^{\infty}\frac{G_{IZ}(\omega)}{\Psi_{上解}(\omega)}\mathrm{e}^{\mathrm{j}\omega t}\mathrm{d}\omega, & t\geqslant 0\\ 0, & t<0\end{cases}\tag{2.1.83}$$

所以 $\beta(t)$ 的傅里叶变换为

$$
\begin{aligned}
H(\mathrm{j}\omega)\Psi_{下解}(\omega)=&\int_{-\infty}^{\infty}\beta(t)\mathrm{e}^{-\mathrm{j}\omega t}\mathrm{d}t=\int_0^{\infty}\beta(t)\mathrm{e}^{-\mathrm{j}\omega t}\mathrm{d}t=\\
&\int_0^{\infty}\left[\frac{1}{2\pi}\int_{-\infty}^{\infty}\frac{G_{IZ}(\omega)}{\Psi_{上解}(\omega)}\mathrm{e}^{\mathrm{j}\omega t}\mathrm{d}\omega\right]\mathrm{e}^{-\mathrm{j}\omega t}\mathrm{d}t
\end{aligned}
$$

$$H(\mathrm{j}\omega)=\frac{1}{2\pi\Psi_{下解}(\omega)}\int_0^{\infty}\left[\int_{-\infty}^{\infty}\frac{G_{IZ}(\omega)}{\Psi_{上解}(\omega)}\mathrm{e}^{\mathrm{j}\omega t}\mathrm{d}\omega\right]\mathrm{e}^{-\mathrm{j}\omega t}\mathrm{d}t\tag{2.1.84}$$

式(2.1.84)就是式(2.1.73)的解，即维纳滤波器频率特性的求解公式，从表达式可看出

运算是十分繁杂的，这也是维纳滤波器设计过程中的困难所在。

综上所述，可归纳出维纳滤波器的一般设计步骤：

(1) 按式(2.1.74)和式(2.1.75)计算 $G_{IZ}(\omega)$ 和 $G_Z(\omega)$；

(2) 按式(2.1.80)分解 $G_Z(\omega)$；

(3) 按式(2.1.83)求解 $\beta(t)$；

(4) 求出 $\beta(t)$ 的傅里叶变换为

$$B(j\omega)=\int_0^{\infty}\beta(t)e^{-j\omega t}dt$$

(5) 维纳滤波器的频率特性为

$$H(j\omega)=\frac{B(j\omega)}{\Psi_{下解}(\omega)}$$

例 2-10　设有用信号 $S(t)$ 的功率谱为 $G_S(\omega)=\dfrac{1}{1+\omega^2}$，干扰 $N(t)$ 为白噪声过程，功率谱为 $G_N(\omega)=\sigma^2$，有用信号和干扰互不相关。要求设计维纳滤波器，该滤波器能抑制干扰 $N(t)$，并能对信号 S 作超前 T 的预测，即 t 时刻能预测出 $t+T$ 时刻的值。

解

(1) $G_Z(\omega)=G_S(\omega)+G_N(\omega)=\dfrac{1+\sigma^2+\sigma^2\omega^2}{1+\omega^2}$

$$H_I(j\omega)=e^{j\omega T}$$

$$G_{IZ}(\omega)=\frac{e^{j\omega T}}{1+\omega^2}$$

(2) $G_Z(\omega)=\dfrac{1+\sigma^2+\sigma^2\omega^2}{1+\omega^2}=\dfrac{\sqrt{1+\sigma^2}+j\sigma\omega}{1+j\omega}\,\dfrac{\sqrt{1+\sigma^2}-j\sigma\omega}{1-j\omega}$

$$\Psi_{下解}(\omega)=\frac{\sqrt{1+\sigma^2}+j\sigma\omega}{1+j\omega},\quad \Psi_{上解}(\omega)=\frac{\sqrt{1+\sigma^2}-j\sigma\omega}{1-j\omega}$$

(3) $t\geqslant 0$ 时，

$$\beta(t)=\frac{1}{2\pi}\int_{-\infty}^{\infty}\frac{e^{j\omega T}}{(1+j\omega)(1-j\omega)}\,\frac{1-j\omega}{\sqrt{1+\sigma^2}-j\sigma\omega}e^{j\omega t}d\omega=$$

$$\frac{1}{2\pi}\int_{-\infty}^{\infty}\frac{1}{(1+j\omega)(\sqrt{1+\sigma^2}-j\sigma\omega)}e^{j\omega(t+T)}d\omega=$$

$$\frac{1}{\sigma+\sqrt{1+\sigma^2}}\,\frac{1}{2\pi}\int_{-\infty}^{\infty}\left(\frac{1}{1+j\omega}+\frac{\sigma}{\sqrt{1+\sigma^2}-j\sigma\omega}\right)e^{j\omega(t+T)}d\omega=$$

$$\frac{e^{-(t+T)}}{\sigma+\sqrt{1+\sigma^2}}$$

$t<0$ 时，$\beta(t)=0$。

(4) $B(j\omega)=\displaystyle\int_0^{\infty}\beta(t)e^{-j\omega t}dt=\frac{e^{-T}}{\sigma+\sqrt{1+\sigma^2}}\int_0^{\infty}e^{-(1+j\omega)t}dt=\frac{e^{-T}}{\sigma+\sqrt{1+\sigma^2}}\,\frac{1}{1+j\omega}$

(5) 维纳滤波器的频率特性为

$$H(j\omega)=\frac{B(j\omega)}{\Psi_{下解}(\omega)}=\frac{e^{-T}}{\sigma+\sqrt{1+\sigma^2}}\,\frac{1}{1+j\omega}\,\frac{1+j\omega}{\sqrt{1+\sigma^2}+j\sigma\omega}=$$

$$\frac{e^{-T}}{\sigma+\sqrt{1+\sigma^2}}\ \frac{1}{\sqrt{1+\sigma^2}+j\sigma\omega}$$

4. 维纳滤波器的伯特－香农(Bode－Shannon)设计法

在式(2.1.84)中,如果$\dfrac{G_{IZ}(\omega)}{\Psi_{上解}(\omega)}$可分解为

$$\frac{G_{IZ}(\omega)}{\Psi_{上解}(\omega)}=\left[\frac{G_{IZ}(\omega)}{\Psi_{上解}(\omega)}\right]_{上极}+\left[\frac{G_{IZ}(\omega)}{\Psi_{上解}(\omega)}\right]_{下极} \tag{2.1.85}$$

式中,$[\cdot]_{上极}$表示只在$[\omega]$的上半平面内有极点;$[\cdot]_{下极}$表示只在$[\omega]$的下半平面内有极点。则$[\cdot]_{上极}$在$[\omega]$的下半平面内解析有界;$[\cdot]_{下极}$在$[\omega]$的上半平面内解析有界。则有

$$\frac{1}{2\pi}\int_{-\infty}^{\infty}\left[\frac{G_{IZ}(\omega)}{\Psi_{上解}(\omega)}\right]_{上极}e^{j\omega t}d\omega=\xi(t)\begin{cases}\neq 0,\ t\geqslant 0\\ =0,\ t<0\end{cases} \tag{2.1.86}$$

$$\frac{1}{2\pi}\int_{-\infty}^{\infty}\left[\frac{G_{IZ}(\omega)}{\Psi_{上解}(\omega)}\right]_{下极}e^{j\omega t}d\omega=\zeta(t)\begin{cases}=0,\ t\geqslant 0\\ \neq 0,\ t<0\end{cases} \tag{2.1.87}$$

因此式(2.1.84)为

$$H(j\omega)=\frac{1}{\Psi_{下解}(\omega)}\int_{0}^{\infty}[\xi(t)+\zeta(t)]e^{-j\omega t}dt=\frac{1}{\Psi_{下解}(\omega)}\int_{-\infty}^{\infty}\xi(t)e^{-j\omega t}dt=$$
$$\frac{1}{\Psi_{下解}(\omega)}\left[\frac{G_{IZ}(\omega)}{\Psi_{上解}(\omega)}\right]_{上极} \tag{2.1.88}$$

式(2.1.88)说明,如果$\dfrac{G_{IZ}(\omega)}{\Psi_{上解}(\omega)}$是有理分式,即它可分解成仅在上半平面内有极点和仅在下半平面有极点的两部分,则维纳滤波器的频率特性求取方法可以简化。下面具体说明之。

设有用信号$S(t)$和干扰$N(t)$均为平稳随机过程,且互相独立,则

$$R_Z(\tau)=E[Z(t+\tau)Z(t)]=E\{[S(t+\tau)+N(t+\tau)][S(t)+N(t)]\}=$$
$$R_S(\tau)+R_N(\tau) \tag{2.1.89}$$

所以

$$G_Z(\omega)=G_S(\omega)+G_N(\omega) \tag{2.1.90}$$

$$R_{IZ}(\tau)=E[I(t)Z(t-\tau)]=E\left[\int_{-\infty}^{\infty}h_I(\lambda)S(t-\lambda)d\lambda Z(t-\tau)\right]=$$
$$\int_{-\infty}^{\infty}h_I(\lambda)\{E[S(t-\lambda)S(t-\tau)+S(t-\lambda)N(t-\lambda)]\}d\lambda=$$
$$\int_{-\infty}^{\infty}h_I(\lambda)R_S(\tau-\lambda)d\lambda=h_I(\tau)*R_S(\tau)$$

所以

$$G_{IZ}(\omega)=H_I(j\omega)G_S(\omega)$$

对于滤波问题,$H_I(j\omega)=1$,则

$$G_{IZ}(\omega)=G_S(\omega) \tag{2.1.91}$$

又由于

$$\Psi_{上解}(\omega)\Psi_{下解}(\omega)=G_Z(\omega)$$

所以

$$\Psi_{上解}(\omega)=\frac{G_Z(\omega)}{\Psi_{下解}(\omega)}=\frac{G_S(\omega)+G_N(\omega)}{\Psi_{下解}(\omega)} \tag{2.1.92}$$

将式(2.1.91)、式(2.1.92)代入式(2.1.88),得

$$H(\mathrm{j}\omega)=\frac{1}{\Psi_{\text{下解}}(\omega)}\left[\frac{\dfrac{G_S(\omega)}{G_S(\omega)+G_N(\omega)}}{\Psi_{\text{下解}}(\omega)}\right]_{\text{上极}}=$$

$$\frac{1}{\Psi_{\text{下解}}(\omega)}\left[\frac{G_S(\omega)}{G_S(\omega)+G_N(\omega)}\Psi_{\text{下解}}(\omega)\right]_{\text{上极}} \tag{2.1.93}$$

如果能将式(2.1.93)的右边写成关于jω的表达式,则仅需将jω换成拉普拉斯算子p即可获得滤波器的传递函数。但$[\cdot]_{\text{上极}}$中仅在[ω]的上半平面内有极点的条件又转化成怎样的条件呢?

设

$$\Psi_{\text{下解}}(\omega)=H_1(\mathrm{j}\omega)$$

$$\frac{G_S(\omega)}{G_S(\omega)+G_N(\omega)}=H_0(\mathrm{j}\omega)$$

$$H_1(\mathrm{j}\omega)H_0(\mathrm{j}\omega)=H_2(\mathrm{j}\omega)$$

$\left[\dfrac{G_S(\omega)}{G_S(\omega)+G_N(\omega)}\Psi_{\text{下解}}(\omega)\right]_{\text{上极}}$ 的任一极点为 $\omega_i=u_i+\mathrm{j}v_i$。

由于 ω_i 仅位于[ω]的上半平面内,即 $v_i>0$,当以 p 代替jω时,[ω]平面内的极点 $\omega_i=u_i+\mathrm{j}v_i$ 就变成[p]平面内的极点 $p_i=\mathrm{j}\omega_i=\mathrm{j}(u_i+\mathrm{j}v_i)=-v_i+\mathrm{j}u_i$,而 $-v_i<0$,所以位于[ω]上半平面内的极点被变换成位于[p]左半平面内的极点。这样式(2.1.93)改写为

$$H(p)=\frac{1}{H_1(p)}[H_0(p)H_1(p)]_{\text{左极}} \tag{2.1.94}$$

式中,$[\cdot]_{\text{左极}}$ 表示在 $H_0(p)H_1(p)$ 的部分分式展开式中只取极点位于[p]平面左侧的部分。

式(2.1.94)确定的 $H(p)$ 就是维纳滤波器的传递函数,此设计方法称为伯特-香农设计法。

根据上述分析,可归纳出采用伯特-香农法设计维纳滤波器的步骤如下:

(1) 由 $G_S(\omega)+G_N(\omega)=|H_1(\mathrm{j}\omega)|^2$ 确定出 $H_1(\mathrm{j}\omega)$ 和 $H_1(p)$;

(2) 计算 $H_2(\mathrm{j}\omega)=H_0(\mathrm{j}\omega)H_1(\mathrm{j}\omega)$,其中

$$H_0(\mathrm{j}\omega)=\frac{G_S(\omega)}{G_S(\omega)+G_N(\omega)}$$

根据 $H_2(\mathrm{j}\omega)$ 确定出 $H_2(p)$;

(3) 将 $H_2(p)$ 分解成部分分式和;

(4) 取 $H_2(p)$ 部分分式和式中极点仅位于左半平面内(包括虚轴)的所有项的和并记为 $H_3(p)$;

(5) 维纳滤波器的传递函数为

$$H(p)=H_3(p)H_1^{-1}(p)$$

请读者注意,伯特-香农设计法的适用范围仅限于:

(1) 有用信号 $S(t)$ 和干扰信号 $N(t)$ 均为零均值的平稳随机过程,$S(t)$ 和 $N(t)$ 互相独立,它们的功率谱均为有理分式;

(2) 适用于干扰的滤除,而不能解决预报和平滑问题。

例 2-11　设计具有滤波功能的维纳滤波器,所处理的信号和干扰同例 2-10。

解　由于 $G_S=\dfrac{1}{1+\omega^2}$,$G_N(\omega)=\sigma^2$,有用信号和干扰的功率谱都是有理谱,且要求滤波

器具有滤波功能，所以可采用伯特-香农法设计维纳滤波器。

(1) $G_S(\omega)+G_N(\omega)=\dfrac{1}{1+\omega^2}+\sigma^2=$

$$\frac{\sqrt{1+\sigma^2}+\mathrm{j}\sigma\omega}{1+\mathrm{j}\omega}\frac{\sqrt{1+\sigma^2}-\mathrm{j}\sigma\omega}{1-\mathrm{j}\omega}=H_1(\mathrm{j}\omega)H_1^*(\mathrm{j}\omega)$$

$$H_1(\mathrm{j}\omega)=\frac{\sqrt{1+\sigma^2}+\mathrm{j}\sigma\omega}{1+\mathrm{j}\omega}$$

$$H_1(p)=\frac{\sqrt{1+\sigma^2}+\sigma p}{1+p}$$

(2) $H_0(\mathrm{j}\omega)=\dfrac{\dfrac{1}{1+\omega^2}}{\dfrac{1}{1+\omega^2}+\sigma^2}=\dfrac{1}{1+\sigma^2+\sigma^2\omega^2}$

$$H_2(\mathrm{j}\omega)=\frac{1}{1+\sigma^2+\sigma^2\omega^2}\frac{\sqrt{1+\sigma^2}+\mathrm{j}\sigma\omega}{1+\mathrm{j}\omega}=\frac{1}{\sqrt{1+\sigma^2}-\mathrm{j}\sigma\omega}\frac{1}{1+\mathrm{j}\omega}$$

$$H_2(p)=\frac{1}{\sqrt{1+\sigma^2}-\sigma p}\frac{1}{1+p}$$

(3) $H_2(p)=\dfrac{1}{\sqrt{1+\sigma^2}+\sigma}\left(\dfrac{\sigma}{\sqrt{1+\sigma^2}-\sigma p}+\dfrac{1}{1+p}\right)$

(4) $H_3(p)=\dfrac{1}{\sqrt{1+\sigma^2}+\sigma}\dfrac{1}{1+p}$

(5) 维纳滤波器的传递函数为

$$H(p)=\frac{1}{\sqrt{1+\sigma^2}+\sigma}\frac{1}{1+p}\frac{1+p}{\sqrt{1+\sigma^2}+\sigma p}=\frac{1}{\sqrt{1+\sigma^2}+\sigma}\frac{1}{\sqrt{1+\sigma^2}+\sigma p}$$

2.1.8 几种最优估计的优缺点比较

由于各种估计满足的最优指标不一样，利用的信息不一样，所以适用的对象、达到的精度和计算的复杂性各不一样。

最小二乘估计法适用于对常值向量或随机向量的估计。由于使用的最优指标是使量测估计的精度达到最佳，估计中不必使用与被估计量有关的动态信息与统计信息，甚至连量测误差的统计信息也可不必使用，所以估计精度不高。这种方法的最大优点是算法简单，在对被估计量和量测误差缺乏了解的情况下仍能适用，所以至今仍被大量采用。

最小方差估计是所有估计中估计的均方误差为最小的估计，是所有估计中的最佳者。但这种最优估计只确定出了估计值是被估计量在量测空间上的条件均值这一抽象关系。一般情况下条件均值须通过条件概率密度求取，而条件概率密度的获取本身就非易事，所以按条件均值的一般求法求取最小方差估计是很困难的。

线性最小方差估计是所有线性估计中的最优者，只有当被估计量和量测量都服从正态分布时，线性最小方差估计才与最小方差估计等同，即在所有估计中也是最优的。线性最小方差估计可适用于随机过程的估计，估计过程中只须知道被估计量和量测量的一阶和二阶矩。对于平稳过程，这些一阶和二阶矩都为常值，但对非平稳过程，一阶和二阶矩随时间而变，必须确切知道每一估计时刻的一、二阶矩才能求出估计值，这种要求是十分苛刻的。所以线性最小方差估计适用于平稳过程而难以适用非平稳过程。由例 2-9 知，估计过程中不同时刻的量测量使用得越多，估计精度就越高，但矩阵求逆的阶数也越高，计算量也越大。

极大验后估计、贝叶斯估计、极大似然估计都与条件概率密度有关，除一些特殊的分布外，如正态分布情况，计算都十分困难。这些估计常用于故障检测和识别的算法中。

维纳滤波是线性最小方差估计的一种。维纳滤波器是一种线性定常系统，适用于对有用信号和干扰信号都是零均值的平稳随机过程的处理。设计维纳滤波器时必须知道有用信号和干扰信号的自功率谱和互功率谱。当功率谱都是有理分式时，可采用伯特-香农设计法求取具有滤波功能的维纳滤波器的传递函数。对于复杂的有用信号和干扰信号，功率谱并非有理谱，此时可将功率谱拟合成有理谱后按伯特-香农法进行设计。与卡尔曼滤波相比，维纳滤波在适用范围、设计方法等方面存在着诸多不足，但对于被估计参量较少的情况，如直升飞机悬停时仅须对高度作估计，结合使用数字滤波技术，维纳滤波仍不失为一种简单而有效的方法[61]。

2.2　离散型卡尔曼滤波

2.1 节介绍的线性最小方差估计具有一定的实用性，不同时刻的量测信息利用得越多，估计的精度就越高。但这种算法使用了被估计量与量测量的一、二阶矩，对于非平稳过程，必须确切知道这种一、二阶矩的变化规律，这种要求是十分苛刻的，一般是无法办到的。此外，算法中采用对不同时刻的量测值作集中处理的办法，这使计算随着估计过程的推移而逐渐加重。所以线性最小方差估计并不是一种实用的估计算法，特别是对非平稳过程的处理更是困难重重。那么，能否找到一种实用的线性最小方差估计算法，适用于非平稳过程，并与递推最小二乘估计一样，算法采用递推，从量测信息中实时提取出被估计量信息并积存在估计值中呢？答案是肯定的，这种新型算法就是卡尔曼滤波。

1960 年由卡尔曼(R.E.Kalman)首次提出的卡尔曼滤波[8]是一种线性最小方差估计。相对 2.1 节介绍的几种最优估计，卡尔曼滤波具有如下特点：

(1) 算法是递推的，且使用状态空间法在时域内设计滤波器，所以卡尔曼滤波适用于对多维随机过程的估计。

(2) 采用动力学方程即状态方程描述被估计量的动态变化规律，被估计量的动态统计信息由激励白噪声的统计信息和动力学方程确定。由于激励白噪声是平稳过程，动力学方程已知，所以被估计量既可以是平稳的，也可以是非平稳的，即卡尔曼滤波也适用于非平稳过程。

(3) 卡尔曼滤波具有连续型和离散型两类算法，离散型算法可直接在数字计算机上实现。

正由于上述特点，卡尔曼滤波理论一经提出立即受到了工程应用的重视，阿波罗登月飞船和 C-5A 飞机导航系统的设计是早期应用中的最成功者[13-14]。目前，卡尔曼滤波理论作为一种最重要的最优估计理论被广泛应用于各种领域，组合导航系统的设计是其成功应用中的一个最主要方面。

2.2.1　离散型卡尔曼滤波基本方程

设 t_k 时刻的被估计状态 $\boldsymbol{X}_k$ 受系统噪声序列 $\boldsymbol{W}_{k-1}$ 驱动，驱动机理由下述状态方程描述

$$\boldsymbol{X}_k = \boldsymbol{\Phi}_{k,k-1}\boldsymbol{X}_{k-1} + \boldsymbol{\Gamma}_{k-1}\boldsymbol{W}_{k-1} \tag{2.2.1}$$

对 $\boldsymbol{X}_k$ 的量测满足线性关系，量测方程为

$$\boldsymbol{Z}_k = \boldsymbol{H}_k\boldsymbol{X}_k + \boldsymbol{V}_k \tag{2.2.2}$$

式中，$\boldsymbol{\Phi}_{k,k-1}$ 为 t_{k-1} 时刻至 t_k 时刻的一步转移阵；$\boldsymbol{\Gamma}_{k-1}$ 为系统噪声驱动阵；$\boldsymbol{H}_k$ 为量测阵；$\boldsymbol{V}_k$ 为量测噪声序列；$\boldsymbol{W}_k$ 为系统激励噪声序列。

同时，$\boldsymbol{W}_k$ 和 $\boldsymbol{V}_k$ 满足

$$\left.\begin{aligned} E[\boldsymbol{W}_k] = \boldsymbol{0},\ \mathrm{Cov}[\boldsymbol{W}_k,\boldsymbol{W}_j] = E[\boldsymbol{W}_k\boldsymbol{W}_j^{\mathrm{T}}] = \boldsymbol{Q}_k\delta_{kj} \\ E[\boldsymbol{V}_k] = \boldsymbol{0},\ \mathrm{Cov}[\boldsymbol{V}_k,\boldsymbol{V}_j] = E[\boldsymbol{V}_k\boldsymbol{V}_j^{\mathrm{T}}] = \boldsymbol{R}_k\delta_{kj} \\ \mathrm{Cov}[\boldsymbol{W}_k,\boldsymbol{V}_j] = E[\boldsymbol{W}_k\boldsymbol{V}_j^{\mathrm{T}}] = \boldsymbol{0} \end{aligned}\right\} \tag{2.2.3}$$

式中，$\boldsymbol{Q}_k$ 为系统噪声序列的方差阵，假设为非负定阵；$\boldsymbol{R}_k$ 为量测噪声序列的方差阵，假设为正定阵。

定理 2.7

如果被估计状态 $\boldsymbol{X}_k$ 满足式(2.2.1)，对 $\boldsymbol{X}_k$ 的量测量 $\boldsymbol{Z}_k$ 满足式(2.2.2)，系统噪声 $\boldsymbol{W}_k$ 和量测噪声 $\boldsymbol{V}_k$ 满足式(2.2.3)，系统噪声方差阵 $\boldsymbol{Q}_k$ 非负定，量测噪声方差阵 $\boldsymbol{R}_k$ 正定，k 时刻的量测为 $\boldsymbol{Z}_k$，则 $\boldsymbol{X}_k$ 的估计 $\hat{\boldsymbol{X}}_k$ 按下述方程求解：

状态一步预测

$$\hat{\boldsymbol{X}}_{k/k-1} = \boldsymbol{\Phi}_{k,k-1}\hat{\boldsymbol{X}}_{k-1} \tag{2.2.4a}$$

状态估计

$$\hat{\boldsymbol{X}}_k = \hat{\boldsymbol{X}}_{k/k-1} + \boldsymbol{K}_k(\boldsymbol{Z}_k - \boldsymbol{H}_k\hat{\boldsymbol{X}}_{k/k-1}) \tag{2.2.4b}$$

滤波增益

$$\boldsymbol{K}_k = \boldsymbol{P}_{k/k-1}\boldsymbol{H}_k^{\mathrm{T}}(\boldsymbol{H}_k\boldsymbol{P}_{k/k-1}\boldsymbol{H}_k^{\mathrm{T}} + \boldsymbol{R}_k)^{-1} \tag{2.2.4c}$$

或

$$\boldsymbol{K}_k = \boldsymbol{P}_k\boldsymbol{H}_k^{\mathrm{T}}\boldsymbol{R}_k^{-1} \tag{2.2.4c$'$}$$

一步预测均方误差

$$\boldsymbol{P}_{k/k-1} = \boldsymbol{\Phi}_{k,k-1}\boldsymbol{P}_{k-1}\boldsymbol{\Phi}_{k,k-1}^{\mathrm{T}} + \boldsymbol{\Gamma}_{k-1}\boldsymbol{Q}_{k-1}\boldsymbol{\Gamma}_{k-1}^{\mathrm{T}} \tag{2.2.4d}$$

估计均方误差

$$\boldsymbol{P}_k = (\boldsymbol{I} - \boldsymbol{K}_k\boldsymbol{H}_k)\boldsymbol{P}_{k/k-1}(\boldsymbol{I} - \boldsymbol{K}_k\boldsymbol{H}_k)^{\mathrm{T}} + \boldsymbol{K}_k\boldsymbol{R}_k\boldsymbol{K}_k^{\mathrm{T}} \tag{2.2.4e}$$

或

$$\boldsymbol{P}_k = (\boldsymbol{I} - \boldsymbol{K}_k\boldsymbol{H}_k)\boldsymbol{P}_{k/k-1} \tag{2.2.4e$'$}$$

或

$$\boldsymbol{P}_k^{-1} = \boldsymbol{P}_{k/k-1}^{-1} + \boldsymbol{H}_k^{\mathrm{T}}\boldsymbol{R}_k^{-1}\boldsymbol{H}_k \tag{2.2.4e$''$}$$

式(2.2.4)即为离散型卡尔曼滤波基本方程。只要给定初值 $\hat{\boldsymbol{X}}_0$ 和 $\boldsymbol{P}_0$，根据 k 时刻的量测 $\boldsymbol{Z}_k$，就可递推计算得 k 时刻的状态估计 $\hat{\boldsymbol{X}}_k(k=1,2,\cdots)$。

式(2.2.4)所示算法可用图 2.2.1 来表示。从图中可明显看出卡尔曼滤波具有两个计算回路：增益计算回路和滤波计算回路。其中增益计算回路是独立计算回路，而滤波计算回路依赖于增益计算回路。

在一个滤波周期内，从卡尔曼滤波在使用系统信息和量测信息的先后次序来看，卡尔曼滤波具有两个明显的信息更新过程：时间更新过程和量测更新过程。式(2.2.4a)说明了根据 $k-1$ 时刻的状态估计预测 k 时刻状态估计的方法，式(2.2.4d)对这种预测的质量优劣作了定

量描述。该两式的计算中仅使用了与系统动态特性有关的信息，如一步转移阵、噪声驱动阵、驱动噪声的方差阵。从时间的推移过程来看，该两式将时间从 $k-1$ 时刻推进到 k 时刻。所以该两式描述了卡尔曼滤波的时间更新过程。式(2.2.4)的其余诸式用来计算对时间更新值的修正量，该修正量由时间更新的质量优劣($\boldsymbol{P}_{k/k-1}$)、量测信息的质量优劣($\boldsymbol{R}_k$)、量测与状态的关系($\boldsymbol{H}_k$)以及具体的量测值 $\boldsymbol{Z}_k$ 所确定。所有这些方程围绕一个目的，即正确合理地利用量测 $\boldsymbol{Z}_k$，所以这一过程描述了卡尔曼滤波的量测更新过程。该两过程如图 2.2.1 所示。

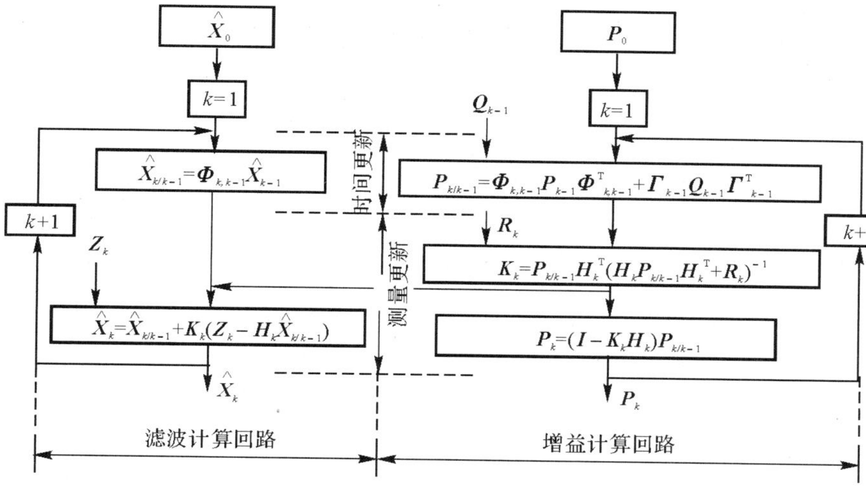

图 2.2.1　卡尔曼滤波的两个计算回路和两个更新过程

2.2.2　离散型卡尔曼滤波基本方程的直观推导

为了加深对离散型卡尔曼滤波基本方程的理解，此处根据直观理解和物理概念推导出式(2.2.4)。

1. 一步预测方程推导

一步预测是根据 $k-1$ 时刻的状态估计预测 k 时刻的状态，即根据 $k-1$ 个量测 $\boldsymbol{Z}_1,\boldsymbol{Z}_2,$ $\boldsymbol{Z}_{k-1}$ 对 $\boldsymbol{X}_k$ 作线性最小方差估计，有

$$\hat{\boldsymbol{X}}_{k/k-1}=E^*[\boldsymbol{X}_k/\boldsymbol{Z}_1\ \boldsymbol{Z}_2\cdots\boldsymbol{Z}_{k-1}]=$$
$$E^*[(\boldsymbol{\Phi}_{k,k-1}\boldsymbol{X}_{k-1}+\boldsymbol{\Gamma}_{k-1}\boldsymbol{W}_{k-1})/\boldsymbol{Z}_1\ \boldsymbol{Z}_2\cdots\boldsymbol{Z}_{k-1}]$$

根据线性最小方差估计的性质(线性 1)，有

$$\hat{\boldsymbol{X}}_{k/k-1}=\boldsymbol{\Phi}_{k,k-1}E^*[\boldsymbol{X}_{k-1}/\boldsymbol{Z}_1\ \boldsymbol{Z}_2\cdots\boldsymbol{Z}_{k-1}]+\boldsymbol{\Gamma}_{k-1}E^*[\boldsymbol{W}_{k-1}/\boldsymbol{Z}_1\ \boldsymbol{Z}_2\cdots\boldsymbol{Z}_{k-1}]$$

由式(2.2.1)知，$\boldsymbol{W}_{k-1}$ 只影响 $\boldsymbol{X}_k$，所以 $\boldsymbol{W}_{k-1}$ 与 $\boldsymbol{Z}_1\ \boldsymbol{Z}_2\cdots\boldsymbol{Z}_{k-1}$ 不相关，且 $E[\boldsymbol{W}_{k-1}]=\boldsymbol{0}$，根据式(2.1.64)，有

$$E^*[\boldsymbol{W}_{k-1}/\boldsymbol{Z}_1\ \boldsymbol{Z}_2\cdots\boldsymbol{Z}_{k-1}]=\boldsymbol{0}$$

而

$$E^*[\boldsymbol{X}_{k-1}/\boldsymbol{Z}_1\ \boldsymbol{Z}_2\cdots\boldsymbol{Z}_{k-1}]=\hat{\boldsymbol{X}}_{k-1}$$

因此

$$\hat{\boldsymbol{X}}_{k/k-1}=\boldsymbol{\Phi}_{k,k-1}\hat{\boldsymbol{X}}_{k-1}$$

2. 状态估计方程推导

用一步预测代替真实状态 $\boldsymbol{X}_k$ 引起的误差为

$$\widetilde{\boldsymbol{X}}_{k/k-1}=\boldsymbol{X}_k-\hat{\boldsymbol{X}}_{k/k-1}$$

引起对量测的估计误差为

$$\widetilde{\boldsymbol{Z}}_{k/k-1}=\boldsymbol{Z}_k-\hat{\boldsymbol{Z}}_{k/k-1}=\boldsymbol{H}_k\boldsymbol{X}_k+\boldsymbol{V}_k-\boldsymbol{H}_k\hat{\boldsymbol{X}}_{k/k-1}=\boldsymbol{H}_k\widetilde{\boldsymbol{X}}_{k/k-1}+\boldsymbol{V}_k$$

滤波理论中称 $\widetilde{\boldsymbol{Z}}_{k/k-1}$ 为残差(也称新息)。

从上式可看出,残差包含有一步预测误差信息,对 $\widetilde{\boldsymbol{Z}}_{k/k-1}$ 作适当的加权处理就能将 $\widetilde{\boldsymbol{X}}_{k/k-1}$ 分离出来,用来修正 $\hat{\boldsymbol{X}}_{k/k-1}$ 即可得到状态的估计

$$\hat{\boldsymbol{X}}_k=\hat{\boldsymbol{X}}_{k/k-1}+\boldsymbol{K}_k\widetilde{\boldsymbol{Z}}_{k/k-1}=\hat{\boldsymbol{X}}_{k/k-1}+\boldsymbol{K}_k(\boldsymbol{Z}_k-\boldsymbol{H}_k\hat{\boldsymbol{X}}_{k/k-1})$$

式中,$\boldsymbol{K}_k$ 为对残差的加权阵,称为滤波增益阵。

3. 滤波增益阵和估计均方误差阵的推导

增益阵的选取准则是使估计的均方误差阵 $\boldsymbol{P}_k=E[\widetilde{\boldsymbol{X}}_k\widetilde{\boldsymbol{X}}_k^{\mathrm{T}}]$ 达到最小,其中 $\widetilde{\boldsymbol{X}}_k=\boldsymbol{X}_k-\hat{\boldsymbol{X}}_k$ 为估计误差。而

$$\begin{aligned}\widetilde{\boldsymbol{X}}_k&=\boldsymbol{X}_k-\hat{\boldsymbol{X}}_k=\boldsymbol{X}_k-[\hat{\boldsymbol{X}}_{k/k-1}+\boldsymbol{K}_k(\boldsymbol{Z}_k-\boldsymbol{H}_k\hat{\boldsymbol{X}}_{k/k-1})]=\\&\widetilde{\boldsymbol{X}}_{k/k-1}-\boldsymbol{K}_k(\boldsymbol{H}_k\widetilde{\boldsymbol{X}}_{k/k-1}+\boldsymbol{V}_k)=\\&(\boldsymbol{I}-\boldsymbol{K}_k\boldsymbol{H}_k)\widetilde{\boldsymbol{X}}_{k/k-1}-\boldsymbol{K}_k\boldsymbol{V}_k\end{aligned}$$

所以

$$\begin{aligned}\boldsymbol{P}_k&=E[\widetilde{\boldsymbol{X}}_k\widetilde{\boldsymbol{X}}_k^{\mathrm{T}}]=E\{[(\boldsymbol{I}-\boldsymbol{K}_k\boldsymbol{H}_k)\widetilde{\boldsymbol{X}}_{k/k-1}-\boldsymbol{K}_k\boldsymbol{V}_k][(\boldsymbol{I}-\boldsymbol{K}_k\boldsymbol{H}_k)\widetilde{\boldsymbol{X}}_{k/k-1}-\boldsymbol{K}_k\boldsymbol{V}_k]^{\mathrm{T}}\}=\\&(\boldsymbol{I}-\boldsymbol{K}_k\boldsymbol{H}_k)E[\widetilde{\boldsymbol{X}}_{k/k-1}\widetilde{\boldsymbol{X}}_{k/k-1}^{\mathrm{T}}](\boldsymbol{I}-\boldsymbol{K}_k\boldsymbol{H}_k)^{\mathrm{T}}+\boldsymbol{K}_kE[\boldsymbol{V}_k\boldsymbol{V}_k^{\mathrm{T}}]\boldsymbol{K}_k^{\mathrm{T}}-\\&(\boldsymbol{I}-\boldsymbol{K}_k\boldsymbol{H}_k)E[\widetilde{\boldsymbol{X}}_{k/k-1}\boldsymbol{V}_k^{\mathrm{T}}]\boldsymbol{K}_k^{\mathrm{T}}-\boldsymbol{K}_kE[\boldsymbol{V}_k\widetilde{\boldsymbol{X}}_{k/k-1}^{\mathrm{T}}](\boldsymbol{I}-\boldsymbol{K}_k\boldsymbol{H}_k)^{\mathrm{T}}\end{aligned}$$

由于 $\hat{\boldsymbol{X}}_{k/k-1}$ 是根据 $k-1$ 时刻前的量测对 k 时刻的状态所作的估计,而 $\boldsymbol{V}_k$ 是 k 时刻的量测噪声,所以 $\boldsymbol{V}_k$ 与 $\widetilde{\boldsymbol{X}}_{k/k-1}=\boldsymbol{X}_k-\hat{\boldsymbol{X}}_{k/k-1}$ 不相关,并注意到 $E[\boldsymbol{V}_k]=\boldsymbol{0}$,因此有

$$E[\widetilde{\boldsymbol{X}}_{k/k-1}\boldsymbol{V}_k^{\mathrm{T}}]=E[\boldsymbol{V}_k\widetilde{\boldsymbol{X}}_{k/k-1}^{\mathrm{T}}]=\boldsymbol{0}$$

代入 $\boldsymbol{P}_k$ 的表达式,得

$$\boldsymbol{P}_k=(\boldsymbol{I}-\boldsymbol{K}_k\boldsymbol{H}_k)\boldsymbol{P}_{k/k-1}(\boldsymbol{I}-\boldsymbol{K}_k\boldsymbol{H}_k)^{\mathrm{T}}+\boldsymbol{K}_k\boldsymbol{R}_k\boldsymbol{K}_k^{\mathrm{T}}$$

式中

$$\boldsymbol{P}_{k/k-1}=E[\widetilde{\boldsymbol{X}}_{k/k-1}\widetilde{\boldsymbol{X}}_{k/k-1}^{\mathrm{T}}]$$
$$\boldsymbol{R}_k=E[\boldsymbol{V}_k\boldsymbol{V}_k^{\mathrm{T}}]$$

下面根据极值原理从式(2.2.4e)推导出滤波增益阵 $\boldsymbol{K}_k$。

设 $\boldsymbol{K}_k$ 是使估计的均方误差阵达到最小的最佳增益阵,并设该最小均方误差阵为 $\boldsymbol{P}_k$。显然,若滤波增益阵偏离最佳增益阵的偏离量为 $\delta\boldsymbol{K}_k$,则由式(2.2.4e)确定的估计的均方误差将偏离最小值 $\boldsymbol{P}_k$ 而达到 $\boldsymbol{P}_k+\delta\boldsymbol{P}_k$,且 $\delta\boldsymbol{P}_k$ 为非负定阵,即 $\delta\boldsymbol{P}_k\geqslant 0$。$\boldsymbol{K}_k+\delta\boldsymbol{K}_k$ 和 $\boldsymbol{P}_k+\delta\boldsymbol{P}_k$ 满足的方程为

$$\begin{aligned}\boldsymbol{P}_k+\delta\boldsymbol{P}_k=&[\boldsymbol{I}-(\boldsymbol{K}_k+\delta\boldsymbol{K}_k)\boldsymbol{H}_k]\boldsymbol{P}_{k/k-1}[\boldsymbol{I}-(\boldsymbol{K}_k+\delta\boldsymbol{K}_k)\boldsymbol{H}_k]^{\mathrm{T}}+\\&(\boldsymbol{K}_k+\delta\boldsymbol{K}_k)\boldsymbol{R}_k(\boldsymbol{K}_k+\delta\boldsymbol{K}_k)^{\mathrm{T}}\end{aligned}$$

其中 $\boldsymbol{K}_k$ 和 $\boldsymbol{P}_k$ 满足式(2.2.4e)。将式(2.2.4e)代入上式,得

$$\delta\boldsymbol{P}_k=\boldsymbol{W}+\boldsymbol{W}^{\mathrm{T}}+\delta\boldsymbol{K}_k(\boldsymbol{H}_k\boldsymbol{P}_{k/k-1}\boldsymbol{H}_k^{\mathrm{T}}+\boldsymbol{R}_k)\delta\boldsymbol{K}_k^{\mathrm{T}}$$

式中

$$\boldsymbol{W}=-\delta\boldsymbol{K}_k[\boldsymbol{H}_k\boldsymbol{P}_{k/k-1}(\boldsymbol{I}-\boldsymbol{H}_k^{\mathrm{T}}\boldsymbol{K}_k^{\mathrm{T}})-\boldsymbol{R}_k\boldsymbol{K}_k^{\mathrm{T}}]=$$
$$-\delta\boldsymbol{K}_k[\boldsymbol{H}_k\boldsymbol{P}_{k/k-1}-(\boldsymbol{H}_k\boldsymbol{P}_{k/k-1}\boldsymbol{H}_k^{\mathrm{T}}+\boldsymbol{R}_k)\boldsymbol{K}_k^{\mathrm{T}}]$$

若取

$$\boldsymbol{H}_k\boldsymbol{P}_{k/k-1}-(\boldsymbol{H}_k\boldsymbol{P}_{k/k-1}\boldsymbol{H}_k^{\mathrm{T}}+\boldsymbol{R}_k)\boldsymbol{K}_k^{\mathrm{T}}=\boldsymbol{0}$$

即

$$\boldsymbol{K}_k=\boldsymbol{P}_{k/k-1}\boldsymbol{H}_k^{\mathrm{T}}(\boldsymbol{H}_k\boldsymbol{P}_{k/k-1}\boldsymbol{H}_k^{\mathrm{T}}+\boldsymbol{R}_k)^{-1}$$

则

$$\boldsymbol{W}=\boldsymbol{0}$$
$$\delta\boldsymbol{P}_k=\delta\boldsymbol{K}_k(\boldsymbol{H}_k\boldsymbol{P}_{k/k-1}\boldsymbol{H}_k^{\mathrm{T}}+\boldsymbol{R}_k)\delta\boldsymbol{K}_k^{\mathrm{T}}$$

由于$\boldsymbol{R}_k$为正定阵，$\boldsymbol{P}_{k/k-1}$至少为非负定阵，所以$\boldsymbol{H}_k\boldsymbol{P}_{k/k-1}\boldsymbol{H}_k^{\mathrm{T}}+\boldsymbol{R}_k$至少为非负定阵。若$\delta\boldsymbol{K}_k$为非零阵，则$\delta\boldsymbol{P}_k$至少为非负定阵，即$\delta\boldsymbol{P}_k\geqslant 0$。这说明，若$\boldsymbol{K}_k$按式(2.2.4c)确定，则对于相对增益阵$\boldsymbol{K}_k$的任何偏离$\delta\boldsymbol{K}_k\neq\boldsymbol{0}$，估计的均方误差将产生非负的偏差$\delta\boldsymbol{P}_k$，因此$\boldsymbol{K}_k$是使估计的均方误差达到最小的最佳增益阵。

4. 一步预测均方误差阵的推导

一步预测产生的误差为

$$\tilde{\boldsymbol{X}}_{k/k-1}=\boldsymbol{X}_k-\hat{\boldsymbol{X}}_{k/k-1}=\boldsymbol{\Phi}_{k,k-1}\boldsymbol{X}_{k-1}+\boldsymbol{\Gamma}_{k-1}\boldsymbol{W}_{k-1}-\boldsymbol{\Phi}_{k,k-1}\hat{\boldsymbol{X}}_{k-1}=$$
$$\boldsymbol{\Phi}_{k,k-1}\tilde{\boldsymbol{X}}_{k-1}+\boldsymbol{\Gamma}_{k-1}\boldsymbol{W}_{k-1}$$

所以一步预测均方误差阵为

$$\boldsymbol{P}_{k/k-1}=E[\tilde{\boldsymbol{X}}_{k/k-1}\tilde{\boldsymbol{X}}_{k/k-1}^{\mathrm{T}}]=$$
$$E\{[\boldsymbol{\Phi}_{k,k-1}\tilde{\boldsymbol{X}}_{k-1}+\boldsymbol{\Gamma}_{k-1}\boldsymbol{W}_{k-1}][\boldsymbol{\Phi}_{k,k-1}\tilde{\boldsymbol{X}}_{k-1}+\boldsymbol{\Gamma}_{k-1}\boldsymbol{W}_{k-1}]^{\mathrm{T}}\}$$

由于$\tilde{\boldsymbol{X}}_{k-1}=\boldsymbol{X}_{k-1}-\hat{\boldsymbol{X}}_{k-1}$，$\boldsymbol{W}_{k-1}$只影响$\boldsymbol{X}_k$，不影响$\boldsymbol{X}_{k-1}$，所以$\boldsymbol{W}_{k-1}$与$\tilde{\boldsymbol{X}}_{k-1}$不相关，又因$E[\boldsymbol{W}_{k-1}]=\boldsymbol{0}$，因此

$$\boldsymbol{P}_{k/k-1}=\boldsymbol{\Phi}_{k,k-1}\boldsymbol{P}_{k-1}\boldsymbol{\Phi}_{k,k-1}^{\mathrm{T}}+\boldsymbol{\Gamma}_{k-1}\boldsymbol{Q}_{k-1}\boldsymbol{\Gamma}_{k-1}^{\mathrm{T}}$$

2.2.3　离散型卡尔曼滤波基本方程的正交投影推导

基本方程除利用物理概念经直观推导获得外，还可用严密的数学概念推导获得。介绍这一内容的目的是使读者了解卡尔曼滤波的数学内涵。

1. 正交投影定理

设$\boldsymbol{X}$和$\boldsymbol{Z}$都是随机向量，如果

$$E[\boldsymbol{X}\boldsymbol{Z}^{\mathrm{T}}]=\boldsymbol{0} \tag{2.2.5}$$

则称$\boldsymbol{X}$与$\boldsymbol{Z}$正交。

应注意随机向量间正交、不相关和独立三者的区别。

如果随机向量$\boldsymbol{X}$和$\boldsymbol{Z}$的协方差阵为零，即

$$\mathrm{Cov}(\boldsymbol{X},\boldsymbol{Z})=E[(\boldsymbol{X}-\boldsymbol{m}_X)(\boldsymbol{Z}-\boldsymbol{m}_Z)^{\mathrm{T}}]=E[\boldsymbol{X}\boldsymbol{Z}^{\mathrm{T}}]-\boldsymbol{m}_X\boldsymbol{m}_Z^{\mathrm{T}}=\boldsymbol{0}$$

即

$$E[\boldsymbol{X}\boldsymbol{Z}^{\mathrm{T}}]=\boldsymbol{m}_X\boldsymbol{m}_Z^{\mathrm{T}} \tag{2.2.6}$$

式中，$\boldsymbol{m}_X$和$\boldsymbol{m}_Z$分别为$\boldsymbol{X}$和$\boldsymbol{Z}$的均值，则称$\boldsymbol{X}$和$\boldsymbol{Z}$不相关。

如果$\boldsymbol{X}$和$\boldsymbol{Z}$的联合分布密度

$$p(\boldsymbol{x},\boldsymbol{z})=p_1(\boldsymbol{x})p_2(\boldsymbol{z}) \tag{2.2.7}$$

式中，$p_1(\boldsymbol{x})$和$p_2(\boldsymbol{z})$分别为$\boldsymbol{X}$和$\boldsymbol{Z}$的分布密度，则称$\boldsymbol{X}$和$\boldsymbol{Z}$互相独立。

从上述定义可得出如下结论：

(1) 若 $\boldsymbol{X}$ 与 $\boldsymbol{Z}$ 独立，则 $\boldsymbol{X}$ 与 $\boldsymbol{Z}$ 一定不相关。但逆命题一般并不成立，只有当 $\boldsymbol{X}$ 和 $\boldsymbol{Z}$ 都服从正态分布时才成立。

(2) 如果 $\boldsymbol{X}$ 和 $\boldsymbol{Z}$ 的数学期望至少有一个为零，则不相关与正交等价。

(3) 如果 $\boldsymbol{X}$ 和 $\boldsymbol{Z}$ 都服从正态分布，且至少有一个数学期望为零，则不相关、正交和独立三者等价。

如果存在某矩阵 $\boldsymbol{A}^1$ 和某向量 $\boldsymbol{b}^1$，对任意矩阵 $\boldsymbol{A}$ 和任意向量 $\boldsymbol{b}$ 都能使下式成立

$$E\{[\boldsymbol{X}-(\boldsymbol{A}^1\boldsymbol{Z}+\boldsymbol{b}^1)](\boldsymbol{A}\boldsymbol{Z}+\boldsymbol{b})^{\mathrm{T}}\}=\boldsymbol{0} \tag{2.2.8}$$

则称 $\boldsymbol{A}^1\boldsymbol{Z}+\boldsymbol{b}^1$ 为 $\boldsymbol{X}$ 在 $\boldsymbol{Z}$ 上的正交投影。

式(2.2.8)也可改写成如下形式：

$$E\{[\boldsymbol{X}-(\boldsymbol{A}^1\boldsymbol{Z}+\boldsymbol{b}^1)](\boldsymbol{A}\boldsymbol{Z}+\boldsymbol{b})^{\mathrm{T}}\}=$$
$$E\{[\boldsymbol{X}-(\boldsymbol{A}^1\boldsymbol{Z}+\boldsymbol{b}^1)]\boldsymbol{Z}^{\mathrm{T}}\}\boldsymbol{A}^{\mathrm{T}}+E\{\boldsymbol{X}-(\boldsymbol{A}^1\boldsymbol{Z}+\boldsymbol{b}^1)\}\boldsymbol{b}^{\mathrm{T}}=\boldsymbol{0}$$

由于 $\boldsymbol{A}$ 为任意矩阵，$\boldsymbol{b}$ 为任意向量，要使上式恒能成立，须有

$$\left.\begin{aligned}E\{[\boldsymbol{X}-(\boldsymbol{A}^1\boldsymbol{Z}+\boldsymbol{b}^1)]\boldsymbol{Z}^{\mathrm{T}}\}=\boldsymbol{0}\\E[\boldsymbol{X}-(\boldsymbol{A}^1\boldsymbol{Z}+\boldsymbol{b}^1)]=\boldsymbol{0}\end{aligned}\right\} \tag{2.2.9}$$

式(2.2.9)是正交投影定义的另一种形式。从该式可看出：

(1) 正交投影是量测量 $\boldsymbol{Z}$ 和常值向量 $\boldsymbol{b}^1$ 的线性组合，位于 $\boldsymbol{Z}$ 张成的空间内，该空间也称量测空间。

(2) 若用正交投影作为 $\boldsymbol{X}$ 的估计，则估计误差与量测空间正交。

(3) 正交投影是 $\boldsymbol{X}$ 的无偏估计。

根据上述三点，可画出正交投影的几何示意图，如图 2.2.2 所示。

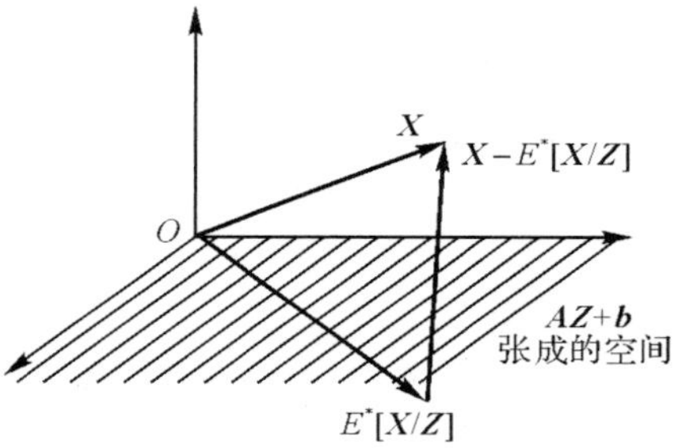

图 2.2.2　正交投影的几何示意图

定理 2.8

$\boldsymbol{X}$ 在 $\boldsymbol{Z}$ 上的正交投影即为 $\boldsymbol{X}$ 在 $\boldsymbol{Z}$ 上的线性最小方差估计，反之亦然，即

$$\boldsymbol{A}^1\boldsymbol{Z}+\boldsymbol{b}^1=E^*[\boldsymbol{X}/\boldsymbol{Z}] \tag{2.2.10}$$

证明

(1) 设 $E^*[\boldsymbol{X}/\boldsymbol{Z}]$ 是 $\boldsymbol{X}$ 在 $\boldsymbol{Z}$ 上的线性最小方差估计，根据式(2.1.64)，有

$$E\{(\boldsymbol{X}-E^*[\boldsymbol{X}/\boldsymbol{Z}])\boldsymbol{Z}^{\mathrm{T}}\}=E\{[\boldsymbol{X}-\boldsymbol{m}_X-\boldsymbol{C}_{XZ}\boldsymbol{C}_Z^{-1}(\boldsymbol{Z}-\boldsymbol{m}_Z)]\boldsymbol{Z}^{\mathrm{T}}\}=$$
$$E[\boldsymbol{X}\boldsymbol{Z}^{\mathrm{T}}]-\boldsymbol{m}_X\boldsymbol{m}_Z^{\mathrm{T}}-\boldsymbol{C}_{XZ}\boldsymbol{C}_Z^{-1}E[\boldsymbol{Z}\boldsymbol{Z}^{\mathrm{T}}]+\boldsymbol{C}_{XZ}\boldsymbol{C}_Z^{-1}\boldsymbol{m}_Z\boldsymbol{m}_Z^{\mathrm{T}}$$

由于

$$E[\boldsymbol{X}\boldsymbol{Z}^{\mathrm{T}}]=E\{[(\boldsymbol{X}-\boldsymbol{m}_X)+\boldsymbol{m}_X][(\boldsymbol{Z}-\boldsymbol{m}_Z)+\boldsymbol{m}_Z)^{\mathrm{T}}\}=\boldsymbol{C}_{XZ}+\boldsymbol{m}_X\boldsymbol{m}_Z^{\mathrm{T}}$$

同理

$$E[\boldsymbol{Z}\boldsymbol{Z}^{\mathrm{T}}]=\boldsymbol{C}_Z+\boldsymbol{m}_Z\boldsymbol{m}_Z^{\mathrm{T}}$$

所以

$$E\{(\boldsymbol{X}-E^*[\boldsymbol{X}/\boldsymbol{Z}])\boldsymbol{Z}^{\mathrm{T}}\}=\boldsymbol{C}_{XZ}+\boldsymbol{m}_X\boldsymbol{m}_Z^{\mathrm{T}}-\boldsymbol{m}_X\boldsymbol{m}_Z^{\mathrm{T}}-\boldsymbol{C}_{XZ}\boldsymbol{C}_Z^{-1}(\boldsymbol{C}_Z+\boldsymbol{m}_Z\boldsymbol{m}_Z^{\mathrm{T}})+$$
$$\boldsymbol{C}_{XZ}\boldsymbol{C}_Z^{-1}\boldsymbol{m}_Z\boldsymbol{m}_Z^{\mathrm{T}}=\boldsymbol{0}$$

此外，由于线性最小方差估计是无偏估计，即

$$E\{\boldsymbol{X}-E^*[\boldsymbol{X}/\boldsymbol{Z}]\}=\boldsymbol{0}$$

根据式(2.2.9)所给定义知，$E^*[\boldsymbol{X}/\boldsymbol{Z}]$ 是 $\boldsymbol{X}$ 在 $\boldsymbol{Z}$ 上的正交投影。

(2) 设 $\boldsymbol{A}^1\boldsymbol{Z}+\boldsymbol{b}^1$ 为 $\boldsymbol{X}$ 在 $\boldsymbol{Z}$ 上的正交投影，则根据式(2.2.9)，有

$$E\{[\boldsymbol{X}-(\boldsymbol{A}^1\boldsymbol{Z}+\boldsymbol{b}^1)]\boldsymbol{Z}^{\mathrm{T}}\}=\boldsymbol{0} \tag{1}$$

$$E[\boldsymbol{X}-(\boldsymbol{A}^1\boldsymbol{Z}+\boldsymbol{b}^1)]=\boldsymbol{0} \tag{2}$$

由(1)证明了线性最小方差估计 $E^*[\boldsymbol{X}/\boldsymbol{Z}]=\boldsymbol{A}^0\boldsymbol{Z}+\boldsymbol{b}^0$ 是 $\boldsymbol{X}$ 在 $\boldsymbol{Z}$ 上的正交投影，即有

$$E\{[\boldsymbol{X}-(\boldsymbol{A}^0\boldsymbol{Z}+\boldsymbol{b}^0)]\boldsymbol{Z}^{\mathrm{T}}\}=\boldsymbol{0} \tag{3}$$

$$E\{\boldsymbol{X}-(\boldsymbol{A}^0\boldsymbol{Z}+\boldsymbol{b}^0)\}=\boldsymbol{0} \tag{4}$$

式(1)减去式(3)，得

$$(\boldsymbol{A}^1-\boldsymbol{A}^0)E[\boldsymbol{Z}\boldsymbol{Z}^{\mathrm{T}}]+(\boldsymbol{b}^1-\boldsymbol{b}^0)E[\boldsymbol{Z}^{\mathrm{T}}]=\boldsymbol{0}$$

由于 $E[\boldsymbol{Z}\boldsymbol{Z}^{\mathrm{T}}]=\boldsymbol{C}_Z+\boldsymbol{m}_Z\boldsymbol{m}_Z^{\mathrm{T}}$，因此

$$(\boldsymbol{A}^1-\boldsymbol{A}^0)\boldsymbol{C}_Z+[(\boldsymbol{A}^1-\boldsymbol{A}^0)m_Z+\boldsymbol{b}^1-\boldsymbol{b}^0]m_Z^{\mathrm{T}}=\boldsymbol{0} \tag{5}$$

式(2)减去式(4)，得

$$(\boldsymbol{A}^1-\boldsymbol{A}^0)\boldsymbol{m}_Z+\boldsymbol{b}^1-\boldsymbol{b}_0=\boldsymbol{0} \tag{6}$$

将式(6)代入式(5)，得

$$(\boldsymbol{A}^1-\boldsymbol{A}^0)\boldsymbol{C}_Z=\boldsymbol{0}$$

在估计过程中，为了充分利用量测信息，$\boldsymbol{Z}$ 的各分量必须是独立的，即有

$$E[(Z_i-m_{Z_i})(Z_j-m_{Z_j})]=\sigma_i^2\delta_{ij}\quad i=1,2,\cdots,m,j=1,2,\cdots,m$$

$$\boldsymbol{C}_Z=\mathrm{diag}[\sigma_1^2\ \sigma_2^2\ \cdots\ \sigma_m^2]$$

即 $\boldsymbol{C}_Z$ 满秩，因此有

$$\boldsymbol{A}^1=\boldsymbol{A}^0$$

将此关系式代入式(6)，得

$$\boldsymbol{b}^1=\boldsymbol{b}^0$$

从而有

$$\boldsymbol{A}^1\boldsymbol{Z}+\boldsymbol{b}^1=\boldsymbol{A}^0\boldsymbol{Z}+\boldsymbol{b}^0=E^*[\boldsymbol{X}/\boldsymbol{Z}]$$

这就证明了定理2.8。

2. 更新信息定理

定理2.9(更新信息定理)

设 $\boldsymbol{X}_k$ 为随机向量，$\boldsymbol{Z}_k$ 为第 k 次量测，$\bar{\boldsymbol{Z}}_{k-1}$ 和 $\bar{\boldsymbol{Z}}_k$ 分别为前 $k-1$ 次量测和前 k 次量测，则

$$E^*[\boldsymbol{X}_k/\bar{\boldsymbol{Z}}_k]=E^*[\boldsymbol{X}_k/\bar{\boldsymbol{Z}}_{k-1}]+E[\tilde{\boldsymbol{X}}_{k/k-1}\tilde{\boldsymbol{Z}}_{k/k-1}^{\mathrm{T}}]\{E[\tilde{\boldsymbol{Z}}_{k/k-1}\tilde{\boldsymbol{Z}}_{k/k-1}^{\mathrm{T}}]\}^{-1}\tilde{\boldsymbol{Z}}_{k/k-1} \tag{2.2.11}$$

即

$$\hat{\boldsymbol{X}}_k=\hat{\boldsymbol{X}}_{k/k-1}+E[\tilde{\boldsymbol{X}}_{k/k-1}\tilde{\boldsymbol{Z}}_{k/k-1}^{\mathrm{T}}]\{E[\tilde{\boldsymbol{Z}}_{k/k-1}\tilde{\boldsymbol{Z}}_{k/k-1}^{\mathrm{T}}]\}^{-1}\tilde{\boldsymbol{Z}}_{k/k-1} \tag{2.2.12}$$

式中

$$\tilde{\boldsymbol{X}}_{k/k-1}=\boldsymbol{X}_k-E^*[\boldsymbol{X}_k/\bar{\boldsymbol{Z}}_{k-1}]$$

$$\tilde{\boldsymbol{Z}}_{k/k-1}=\boldsymbol{Z}_k-E^*[\boldsymbol{Z}_k/\bar{\boldsymbol{Z}}_{k-1}]$$

更新信息定理说明只需用 $\tilde{\boldsymbol{Z}}_{k/k-1}$ 对 $\hat{\boldsymbol{X}}_{k/k-1}$ 作修正即可获得 $\hat{\boldsymbol{X}}_k$，所以 $\tilde{\boldsymbol{Z}}_{k/k-1}$ 是卡尔曼滤波中的一个重要信息源。由于 $\hat{\boldsymbol{Z}}_{k/k-1}=E^*[\boldsymbol{Z}_k/\bar{\boldsymbol{Z}}_{k-1}]$ 是前 $k-1$ 次量测已提供的关于 $\boldsymbol{Z}_k$ 的信息，而 $\tilde{\boldsymbol{Z}}_{k/k-1}$ 含有第 k 次量测 $\boldsymbol{Z}_k$ 新提供的信息，所以常将 $\tilde{\boldsymbol{Z}}_{k/k-1}$ 称为新息，这一定理也由此而得名。

证明

$$\hat{\boldsymbol{X}}_k=E^*[\boldsymbol{X}_k/\bar{\boldsymbol{Z}}_k]=E^*[\boldsymbol{X}_k/\bar{\boldsymbol{Z}}_{k-1},\boldsymbol{Z}_k]$$

而

$$\boldsymbol{Z}_k = \boldsymbol{Z}_k - \hat{\boldsymbol{Z}}_{k/k-1} + \hat{\boldsymbol{Z}}_{k/k-1} = \widetilde{\boldsymbol{Z}}_{k/k-1} + \hat{\boldsymbol{Z}}_{k/k-1} \tag{1}$$

式中

$$\hat{\boldsymbol{Z}}_{k/k-1} = E^*[\boldsymbol{Z}_k/\overline{\boldsymbol{Z}}_{k-1}]$$

即 $\hat{\boldsymbol{Z}}_{k/k-1}$ 是关于 $\overline{\boldsymbol{Z}}_{k-1}$ 的线性函数，由式(1)可推知，$\boldsymbol{Z}_k$ 可由 $\overline{\boldsymbol{Z}}_{k-1}$ 和 $\widetilde{\boldsymbol{Z}}_{k/k-1}$ 线性表示，所以 $\hat{\boldsymbol{X}}_k$ 可由 $\overline{\boldsymbol{Z}}_{k-1}$ 和 $\widetilde{\boldsymbol{Z}}_{k/k-1}$ 线性表示

$$\hat{\boldsymbol{X}}_k = E^*[\boldsymbol{X}_k/\overline{\boldsymbol{Z}}_{k-1}, \widetilde{\boldsymbol{Z}}_{k/k-1}] \tag{2}$$

由于 $\widetilde{\boldsymbol{Z}}_{k/k-1} = \boldsymbol{Z}_k - \hat{\boldsymbol{Z}}_{k/k-1} = \boldsymbol{Z}_k - E^*[\boldsymbol{Z}_k/\overline{\boldsymbol{Z}}_{k-1}]$，由定理 2.8 知 $\widetilde{\boldsymbol{Z}}_{k/k-1}$ 与 $\overline{\boldsymbol{Z}}_{k-1}$ 正交，即

$$E[\widetilde{\boldsymbol{Z}}_{k/k-1}\overline{\boldsymbol{Z}}_{k-1}^{\mathrm{T}}] = \boldsymbol{0} \tag{3}$$

且

$$E[\widetilde{\boldsymbol{Z}}_{k/k-1}] = \boldsymbol{0} \tag{4}$$

根据线性最小方差估计性质 3(线性 2)，式(2.1.64)及式(3)、式(4)，有

$$\begin{aligned}
\hat{\boldsymbol{X}}_k = & E^*[\boldsymbol{X}_k/\overline{\boldsymbol{Z}}_{k-1}, \widetilde{\boldsymbol{Z}}_{k/k-1}] = \\
& E^*[\boldsymbol{X}_k/\overline{\boldsymbol{Z}}_{k-1}] + E^*[\boldsymbol{X}_k/\widetilde{\boldsymbol{Z}}_{k/k-1}] - E[\boldsymbol{X}_k] = \\
& \hat{\boldsymbol{X}}_{k/k-1} + E[\boldsymbol{X}_k] + E\{(\boldsymbol{X}_k - E[\boldsymbol{X}_k])\widetilde{\boldsymbol{Z}}_{k/k-1}^{\mathrm{T}}\} \cdot \\
& \{E[\widetilde{\boldsymbol{Z}}_{k/k-1}\widetilde{\boldsymbol{Z}}_{k/k-1}^{\mathrm{T}}]\}^{-1}\widetilde{\boldsymbol{Z}}_{k/k-1} - E[\boldsymbol{X}_k] = \\
& \hat{\boldsymbol{X}}_{k/k-1} + \{E[\boldsymbol{X}_k\widetilde{\boldsymbol{Z}}_{k/k-1}^{\mathrm{T}}] - E[\boldsymbol{X}_k]E[\widetilde{\boldsymbol{Z}}_{k/k-1}^{\mathrm{T}}]\} \cdot \\
& \{E[\widetilde{\boldsymbol{Z}}_{k/k-1}\widetilde{\boldsymbol{Z}}_{k/k-1}^{\mathrm{T}}]\}^{-1}\widetilde{\boldsymbol{Z}}_{k/k-1} = \\
& \hat{\boldsymbol{X}}_{k/k-1} + E[(\hat{\boldsymbol{X}}_{k/k-1} + \widetilde{\boldsymbol{X}}_{k/k-1})\widetilde{\boldsymbol{Z}}_{k/k-1}^{\mathrm{T}}] \cdot \\
& \{E[\widetilde{\boldsymbol{Z}}_{k/k-1}\widetilde{\boldsymbol{Z}}_{k/k-1}^{\mathrm{T}}]\}^{-1}\widetilde{\boldsymbol{Z}}_{k/k-1}
\end{aligned}$$

注意到 $\hat{\boldsymbol{X}}_{k/k-1}$ 是确定性向量，所以

$$\begin{aligned}
\hat{\boldsymbol{X}}_k = & \hat{\boldsymbol{X}}_{k/k-1} + \{\hat{\boldsymbol{X}}_{k/k-1}E[\widetilde{\boldsymbol{Z}}_{k/k-1}^{\mathrm{T}}] + E[\widetilde{\boldsymbol{X}}_{k/k-1}\widetilde{\boldsymbol{Z}}_{k/k-1}^{\mathrm{T}}]\}\{E[\widetilde{\boldsymbol{Z}}_{k/k-1}\widetilde{\boldsymbol{Z}}_{k/k-1}^{\mathrm{T}}]\}^{-1}\widetilde{\boldsymbol{Z}}_{k/k-1} = \\
& \hat{\boldsymbol{X}}_{k/k-1} + E[\widetilde{\boldsymbol{X}}_{k/k-1}\widetilde{\boldsymbol{Z}}_{k/k-1}^{\mathrm{T}}]\{E[\widetilde{\boldsymbol{Z}}_{k/k-1}\widetilde{\boldsymbol{Z}}_{k/k-1}^{\mathrm{T}}]\}^{-1}\widetilde{\boldsymbol{Z}}_{k/k-1}
\end{aligned}$$

3. 基本方程的正交投影推导

下面根据更新信息定理推导卡尔曼滤波的状态估计方程和最佳增益阵。

由于

$$\widetilde{\boldsymbol{X}}_{k/k-1} = \boldsymbol{X}_k - \hat{\boldsymbol{X}}_{k/k-1} = \boldsymbol{\Phi}_{k,k-1}\widetilde{\boldsymbol{X}}_{k-1} + \boldsymbol{\Gamma}_{k-1}\boldsymbol{W}_{k-1}$$

$$\widetilde{\boldsymbol{Z}}_{k/k-1} = \boldsymbol{Z}_k - \boldsymbol{H}_k\hat{\boldsymbol{X}}_{k/k-1} = \boldsymbol{H}_k\widetilde{\boldsymbol{X}}_{k/k-1} + \boldsymbol{V}_k$$

并注意到 k 时刻的量测噪声不会影响 $k-1$ 时刻前的估计，则有

$$\begin{aligned}
E[\widetilde{\boldsymbol{X}}_{k/k-1}\widetilde{\boldsymbol{Z}}_{k/k-1}^{\mathrm{T}}] = & E[\widetilde{\boldsymbol{X}}_{k/k-1}(\boldsymbol{H}_k\widetilde{\boldsymbol{X}}_{k/k-1} + \boldsymbol{V}_k)^{\mathrm{T}}] = \\
& E[\widetilde{\boldsymbol{X}}_{k/k-1}\widetilde{\boldsymbol{X}}_{k/k-1}^{\mathrm{T}}]\boldsymbol{H}_k^{\mathrm{T}} + E[\widetilde{\boldsymbol{X}}_{k/k-1}]E[\boldsymbol{V}_k^{\mathrm{T}}] = \\
& \boldsymbol{P}_{k/k-1}\boldsymbol{H}_k^{\mathrm{T}}
\end{aligned}$$

$$\begin{aligned}
E[\widetilde{\boldsymbol{Z}}_{k/k-1}\widetilde{\boldsymbol{Z}}_{k/k-1}^{\mathrm{T}}] = & E[(\boldsymbol{H}_k\widetilde{\boldsymbol{X}}_{k/k-1} + \boldsymbol{V}_k)(\boldsymbol{H}_k\widetilde{\boldsymbol{X}}_{k/k-1} + \boldsymbol{V}_k)^{\mathrm{T}}] = \\
& \boldsymbol{H}_k\boldsymbol{P}_{k/k-1}\boldsymbol{H}_k^{\mathrm{T}} + \boldsymbol{R}_k
\end{aligned}$$

将上述关系式代入式(2.2.12)，得

$$\hat{\boldsymbol{X}}_k = \hat{\boldsymbol{X}}_{k/k-1} + \boldsymbol{P}_{k/k-1}\boldsymbol{H}_k^{\mathrm{T}}(\boldsymbol{H}_k\boldsymbol{P}_{k/k-1}\boldsymbol{H}_k^{\mathrm{T}} + \boldsymbol{R}_k)^{-1}(\boldsymbol{Z}_k - \boldsymbol{H}_k\hat{\boldsymbol{X}}_{k/k-1})$$

令

$$\boldsymbol{K}_k = \boldsymbol{P}_{k/k-1}\boldsymbol{H}_k^{\mathrm{T}}(\boldsymbol{H}_k\boldsymbol{P}_{k/k-1}\boldsymbol{H}_k^{\mathrm{T}} + \boldsymbol{R}_k)^{-1}$$

则

$$\hat{\boldsymbol{X}}_k = \hat{\boldsymbol{X}}_{k/k-1} + \boldsymbol{K}_k(\boldsymbol{Z}_k - \boldsymbol{H}_k\hat{\boldsymbol{X}}_{k/k-1})$$

一步预测方程、一步预测的均方误差阵方程和估计的均方误差阵方程的推导与直观推导方法中所述的一样，此处不再重复。

从上述推导过程可看出，$\hat{\boldsymbol{X}}_k$ 是量测空间 $\overline{\boldsymbol{Z}}_k$ 上的正交投影，根据定理 2.8，正交投影与线性最小方差估计两者等价，所以卡尔曼滤波是 $\boldsymbol{X}_k$ 在 $\overline{\boldsymbol{Z}}_k$ 上的线性最小方差估计，$\hat{\boldsymbol{X}}_k$ 利用了 k 时刻及 k 时刻以前的所有量测信息，即按式(2.2.4)确定的估计与按式(2.1.64)确定的估计是一样的，只是算法不同而已。与式(2.1.64)相比，离散型卡尔曼滤波基本方程有如下明显优点：

(1) 由于采用了递推算法，不同时刻的量测值不必储存起来，而是经实时处理提炼成被估计状态的信息，随着滤波步数的增加，提取出的信息浓度逐渐增加。

(2) 不必了解被估计量和量测量在不同时刻的一、二阶矩，而只须知道驱动被估计量的驱动噪声的统计特性、描述这种驱动作用的系统状态方程及量测噪声的统计特性。驱动噪声和量测噪声都是白噪声，是平稳过程，统计特性不随时间而变，系统的状态方程又是准确已知的，所以卡尔曼滤波能对非平稳的被估计量作估计。

(3) 算法可直接在计算机上实现。

正由于卡尔曼滤波具有其他估计不具备的优点，所以受到工程界的高度重视。

2.2.4　离散型卡尔曼滤波基本方程使用要点

1. 滤波初值的选取

卡尔曼滤波是一种递推算法，启动时必须先给定初值 $\hat{\boldsymbol{X}}_0$ 和 $\boldsymbol{P}_0$。

定理 2.10

如果选取 $\hat{\boldsymbol{X}}_0 = \boldsymbol{m}_{X_0}$，则滤波过程中估计始终无偏，即 $E[\hat{\boldsymbol{X}}_k] = E[\boldsymbol{X}_k]$。

证明

由式(2.2.4b)、式(2.2.1)及式(2.2.2)，得

$$\hat{\boldsymbol{X}}_1 = \boldsymbol{\Phi}_{1,0}\hat{\boldsymbol{X}}_0 + \boldsymbol{K}_1(\boldsymbol{Z}_1 - \boldsymbol{H}_1\boldsymbol{\Phi}_{1,0}\hat{\boldsymbol{X}}_0) =$$
$$\boldsymbol{\Phi}_{1,0}\hat{\boldsymbol{X}}_0 + \boldsymbol{K}_1[\boldsymbol{H}_1(\boldsymbol{\Phi}_{1,0}\boldsymbol{X}_0 + \boldsymbol{\Gamma}_0\boldsymbol{W}_0) + \boldsymbol{V}_1 - \boldsymbol{H}_1\boldsymbol{\Phi}_{1,0}\hat{\boldsymbol{X}}_0]$$

对上式取均值，并设 $\hat{\boldsymbol{X}}_0 = \boldsymbol{m}_{X_0}$，则有

$$E[\hat{\boldsymbol{X}}_1] = \boldsymbol{\Phi}_{1,0}\boldsymbol{m}_{X_0}$$

而

$$E[\boldsymbol{X}_1] = E[\boldsymbol{\Phi}_{1,0}\boldsymbol{X}_0 + \boldsymbol{\Gamma}_0\boldsymbol{W}_0] = \boldsymbol{\Phi}_{1,0}\boldsymbol{m}_{X_0} = E[\hat{\boldsymbol{X}}_1]$$

同理有

$$E[\hat{\boldsymbol{X}}_2] = E[\boldsymbol{\Phi}_{2,1}\hat{\boldsymbol{X}}_1 + \boldsymbol{K}_2(\boldsymbol{Z}_2 - \boldsymbol{H}_2\boldsymbol{\Phi}_{2,1}\hat{\boldsymbol{X}}_1)] =$$
$$E[\boldsymbol{\Phi}_{2,1}\boldsymbol{\Phi}_{1,0}\boldsymbol{m}_{X_0} + \boldsymbol{K}_2\boldsymbol{H}_2\boldsymbol{\Phi}_{2,1}(\boldsymbol{X}_1 - \hat{\boldsymbol{X}}_1) + \boldsymbol{K}_2\boldsymbol{V}_2 + \boldsymbol{K}_2\boldsymbol{H}_1\boldsymbol{\Gamma}_1\boldsymbol{W}_1] =$$
$$\boldsymbol{\Phi}_{2,0}\boldsymbol{m}_{X_0} = E[\boldsymbol{X}_2]$$

根据数学归纳法可以证明

$$E[\hat{\boldsymbol{X}}_k] = \boldsymbol{\Phi}_{k,0}\boldsymbol{m}_{X_0} = E[\boldsymbol{X}_k]$$

从证明过程可看出，一步预测 $\hat{\boldsymbol{X}}_{k/k-1}$ 和 $\hat{\boldsymbol{Z}}_{k/k-1}$ 也都是无偏的，即

$$E[\hat{\boldsymbol{X}}_{k/k-1}] = E[\boldsymbol{X}_k]$$
$$E[\hat{\boldsymbol{Z}}_{k/k-1}] = E[\boldsymbol{Z}_k]$$

需要指出，如果滤波的起始时刻有量测量 $\boldsymbol{Z}_0$，可令

$$\hat{\boldsymbol{X}}_{0/-1} = \boldsymbol{m}_{X_0}$$

$$\boldsymbol{P}_{0/-1} = \boldsymbol{C}_{X_0}$$

此时 $\hat{\boldsymbol{X}}_0$ 就不再是初始值了，而是经过 $\boldsymbol{Z}_0$ 修正后的估计。根据式(2.2.4b) 和式(2.2.4c′)，$\hat{\boldsymbol{X}}_0$ 为

$$\hat{\boldsymbol{X}}_0 = \boldsymbol{m}_{X_0} + \boldsymbol{C}_{X_0}\boldsymbol{H}_0^{\mathrm{T}}(\boldsymbol{H}_0\boldsymbol{C}_{X_0}\boldsymbol{H}_0^{\mathrm{T}} + \boldsymbol{R}_0)^{-1}(\boldsymbol{Z}_0 - \boldsymbol{H}_0\boldsymbol{m}_{X_0}) \tag{2.2.13}$$

如果并不了解初始状态的统计特性，常令

$$\hat{\boldsymbol{X}}_0 = \boldsymbol{0},\ \boldsymbol{P}_0 = \alpha\boldsymbol{I}$$

或

$$\hat{\boldsymbol{X}}_{0/-1} = \boldsymbol{0},\ \boldsymbol{P}_{0/-1} = \alpha\boldsymbol{I}$$

其中 α 为很大的正数，在此情况下，不能保证滤波器是无偏的。由于 $\boldsymbol{P}_0 \neq \boldsymbol{C}_{X_0}$，所以实际的估计均方误差也不一定是最小的，$\boldsymbol{P}_0$ 对滤波的影响将在第四章中讨论。事实上，如果系统是一致完全随机可控和一致完全随机可观测的，则卡尔曼滤波器一定是一致渐近稳定的。随着滤波步数的增加，盲目选取的滤波初值 $\hat{\boldsymbol{X}}_0$ 和 $\boldsymbol{P}_0$ 对滤波值 $\hat{\boldsymbol{X}}_k$ 和 $\boldsymbol{P}_k$ 的影响将逐渐减弱直至消失，估计逐渐趋向无偏，估计的均方误差也逐渐和 $\boldsymbol{P}_0=\boldsymbol{C}_{X_0}$ 时的结果相一致。因此，在不了解初始状态的统计特性的情况下，一般应将滤波器设计成一致渐近稳定的。第四章将对这一问题作详细探讨。

2. 估计均方误差阵的等价形式及选用

式(2.2.4) 给出了计算估计的均方误差阵的三种等价形式

$$\boldsymbol{P}_k = (\boldsymbol{I} - \boldsymbol{K}_k\boldsymbol{H}_k)\boldsymbol{P}_{k/k-1}(\boldsymbol{I} - \boldsymbol{K}_k\boldsymbol{H}_k)^{\mathrm{T}} + \boldsymbol{K}_k\boldsymbol{P}_k\boldsymbol{K}_k^{\mathrm{T}} \tag{2.2.4e}$$

$$\boldsymbol{P}_k = (\boldsymbol{I} - \boldsymbol{K}_k\boldsymbol{H}_k)\boldsymbol{P}_{k/k-1} \tag{2.2.4e′}$$

$$\boldsymbol{P}_k^{-1} = \boldsymbol{P}_{k/k-1}^{-1} + \boldsymbol{H}_k^{\mathrm{T}}\boldsymbol{R}_k^{-1}\boldsymbol{H}_k \tag{2.2.4e″}$$

它们形式上迥然不同，但本质上具有同解关系，通过恒等变形可逐一推导出这种同解关系。展开式(2.2.4e)，得

$$\begin{aligned}\boldsymbol{P}_k = &(\boldsymbol{I} - \boldsymbol{K}_k\boldsymbol{H}_k)\boldsymbol{P}_{k/k-1}(\boldsymbol{I} - \boldsymbol{K}_k\boldsymbol{H}_k)^{\mathrm{T}} + \boldsymbol{K}_k\boldsymbol{R}_k\boldsymbol{K}_k^{\mathrm{T}} = \\ &\boldsymbol{P}_{k/k-1} - \boldsymbol{P}_{k/k-1}\boldsymbol{H}_k^{\mathrm{T}}\boldsymbol{K}_k^{\mathrm{T}} - \boldsymbol{K}_k\boldsymbol{H}_k\boldsymbol{P}_{k/k-1} + \boldsymbol{K}_k\boldsymbol{H}_k\boldsymbol{P}_{k/k-1}\boldsymbol{H}_k^{\mathrm{T}}\boldsymbol{K}_k^{\mathrm{T}} + \boldsymbol{K}_k\boldsymbol{R}_k\boldsymbol{K}_k^{\mathrm{T}} = \\ &\boldsymbol{P}_{k/k-1} - \boldsymbol{P}_{k/k-1}\boldsymbol{H}_k^{\mathrm{T}}\boldsymbol{K}_k^{\mathrm{T}} - \boldsymbol{K}_k\boldsymbol{H}_k\boldsymbol{P}_{k/k-1} + \boldsymbol{K}_k(\boldsymbol{H}_k\boldsymbol{P}_{k/k-1}\boldsymbol{H}_k^{\mathrm{T}} + \boldsymbol{R}_k)\boldsymbol{K}_k^{\mathrm{T}}\end{aligned}$$

上式右侧第 4 项中的$\boldsymbol{K}_k$ 用式(2.2.4c) 代入，得

$$\begin{aligned}\boldsymbol{P}_k = &\boldsymbol{P}_{k/k-1} - \boldsymbol{P}_{k/k-1}\boldsymbol{H}_k^{\mathrm{T}}\boldsymbol{K}_k^{\mathrm{T}} - \boldsymbol{K}_k\boldsymbol{H}_k\boldsymbol{P}_{k/k-1} + \boldsymbol{P}_{k/k-1}\boldsymbol{H}_k^{\mathrm{T}}\boldsymbol{K}_k^{\mathrm{T}} = \\ &(\boldsymbol{I} - \boldsymbol{K}_k\boldsymbol{H}_k)\boldsymbol{P}_{k/k-1}\end{aligned} \tag{2.2.4e′}$$

根据式(2.2.4c)，式(2.2.4e′) 又可写成

$$\boldsymbol{P}_k = \boldsymbol{P}_{k/k-1} - \boldsymbol{P}_{k/k-1}\boldsymbol{H}_k^{\mathrm{T}}(\boldsymbol{H}_k\boldsymbol{P}_{k/k-1}\boldsymbol{H}_k^{\mathrm{T}} + \boldsymbol{R}_k)^{-1}\boldsymbol{H}_k\boldsymbol{P}_{k/k-1}$$

根据矩阵反演公式(2.1.23)

$$(\boldsymbol{A}_{11} - \boldsymbol{A}_{12}\boldsymbol{A}_{22}^{-1}\boldsymbol{A}_{21})^{-1} = \boldsymbol{A}_{11}^{-1} + \boldsymbol{A}_{11}^{-1}\boldsymbol{A}_{12}(\boldsymbol{A}_{22} - \boldsymbol{A}_{21}\boldsymbol{A}_{11}^{-1}\boldsymbol{A}_{12})^{-1}\boldsymbol{A}_{21}\boldsymbol{A}_{11}^{-1}$$

令

$$\boldsymbol{P}_{k/k-1} = \boldsymbol{A}_{11}^{-1},\quad -\boldsymbol{H}_k^{\mathrm{T}} = \boldsymbol{A}_{12},\quad \boldsymbol{H}_k = \boldsymbol{A}_{21},\quad \boldsymbol{R}_k = \boldsymbol{A}_{22}$$

则

$$\boldsymbol{P}_k = (\boldsymbol{P}_{k/k-1}^{-1} + \boldsymbol{H}_k^{\mathrm{T}}\boldsymbol{R}_k^{-1}\boldsymbol{H}_k)^{-1}$$

即

$$\boldsymbol{P}_k^{-1} = \boldsymbol{P}_{k/k-1}^{-1} + \boldsymbol{H}_k^{\mathrm{T}}\boldsymbol{R}_k^{-1}\boldsymbol{H}_k \tag{2.2.4e″}$$

又由式(2.2.4e″) 可推导出式(2.2.4c) 的等价式(2.2.4c′)。

先求解(2.2.4c)式中的$(\boldsymbol{H}_k\boldsymbol{P}_{k/k-1}\boldsymbol{H}_k^{\mathrm{T}}+\boldsymbol{R}_k)^{-1}$，根据矩阵反演公式(2.1.23)，令$\boldsymbol{R}_k=\boldsymbol{A}_{11}$，$\boldsymbol{H}_k=-\boldsymbol{A}_{12}$，$\boldsymbol{P}_{k/k-1}=\boldsymbol{A}_{22}^{-1}$，$\boldsymbol{H}_k^{\mathrm{T}}=\boldsymbol{A}_{21}$，则

$$(\boldsymbol{H}_k\boldsymbol{P}_{k/k-1}+\boldsymbol{R}_k)^{-1}=\boldsymbol{R}_k^{-1}+\boldsymbol{R}_k^{-1}(-\boldsymbol{H}_k)[\boldsymbol{P}_{k/k-1}^{-1}-\boldsymbol{H}_k^{\mathrm{T}}\boldsymbol{R}_k^{-1}(-\boldsymbol{H}_k)]^{-1}\boldsymbol{H}_k^{\mathrm{T}}\boldsymbol{R}_k^{-1}=$$
$$\boldsymbol{R}_k^{-1}-\boldsymbol{R}_k^{-1}\boldsymbol{H}_k(\boldsymbol{P}_{k/k-1}^{-1}+\boldsymbol{H}_k^{\mathrm{T}}\boldsymbol{R}_k^{-1}\boldsymbol{H}_k)^{-1}\boldsymbol{H}_k^{\mathrm{T}}\boldsymbol{R}_k^{-1}$$

式(2.2.4e″)代入上式，得

$$(\boldsymbol{H}_k\boldsymbol{P}_{k/k-1}\boldsymbol{H}_k^{\mathrm{T}}+\boldsymbol{R}_k)^{-1}=[\boldsymbol{I}-\boldsymbol{R}_k^{-1}\boldsymbol{H}_k(\boldsymbol{P}_k^{-1})^{-1}\boldsymbol{H}_k^{\mathrm{T}}]\boldsymbol{R}_k^{-1}=$$
$$(\boldsymbol{I}-\boldsymbol{R}_k^{-1}\boldsymbol{H}_k\boldsymbol{P}_k\boldsymbol{H}_k^{\mathrm{T}})\boldsymbol{R}_k^{-1}$$

上式代入式(2.2.4c)，并根据式(2.2.4e″)，得

$$\boldsymbol{K}_k=\boldsymbol{P}_{k/k-1}\boldsymbol{H}_k^{\mathrm{T}}(\boldsymbol{I}-\boldsymbol{R}_k^{-1}\boldsymbol{H}_k\boldsymbol{P}_k\boldsymbol{H}_k^{\mathrm{T}})\boldsymbol{R}_k^{-1}=\boldsymbol{P}_{k/k-1}(\boldsymbol{P}_k^{-1}-\boldsymbol{H}_k^{\mathrm{T}}\boldsymbol{R}_k^{-1}\boldsymbol{H}_k)\boldsymbol{P}_k\boldsymbol{H}_k^{\mathrm{T}}\boldsymbol{R}_k^{-1}=$$
$$\boldsymbol{P}_{k/k-1}\boldsymbol{P}_{k/k-1}^{-1}\boldsymbol{P}_k\boldsymbol{H}_k^{\mathrm{T}}\boldsymbol{R}_k^{-1}=\boldsymbol{P}_k\boldsymbol{H}_k^{\mathrm{T}}\boldsymbol{R}_k^{-1} \qquad (2.2.4\mathrm{c}')$$

式(2.2.4e)、式(2.2.4e′)及式(2.2.4e″)是等价的，滤波过程中应根据实际情况选择使用。式(2.2.4e′)形式简单，计算量较小，但计算中的积累误差容易使$\boldsymbol{P}_k$失去非负定性甚至对称性。所以实际使用中常用式(2.2.4e)。如果在滤波初始时刻对被估计量的统计特性缺乏了解，选取滤波初值盲目，相应地$\boldsymbol{P}_0$选得十分巨大，计算$\boldsymbol{P}_{1/0}$和$\boldsymbol{K}_1$就会有溢出的可能，在此情况下，宜采用式(2.2.4e″)，一步预测的均方误差阵也用逆阵来表示。这种逆阵称为信息矩阵，采用信息矩阵表示的滤波方程称为信息滤波方程。关于信息滤波将在第三章中介绍。

3. 一步转移阵和等效离散系统噪声方差阵的计算

由卡尔曼滤波的推导知，式(2.2.4)所示基本方程只适用于系统方程和量测方程都是离散型的情况，如式(2.2.1)和式(2.2.2)所示。但实际的物理系统一般都是连续的，动力学特性用连续微分方程描述。所以使用基本方程之前，必须对系统方程和量测方程作离散化处理。

设描述物理系统动力学特性的系统方程为

$$\dot{\boldsymbol{X}}(t)=\boldsymbol{F}(t)\boldsymbol{X}(t)+\boldsymbol{G}(t)\boldsymbol{w}(t) \qquad (2.2.14)$$

其中系统的驱动源$\boldsymbol{w}(t)$为白噪声过程，即

$$E[\boldsymbol{w}(t)]=\boldsymbol{0}$$
$$E[\boldsymbol{w}(t)\boldsymbol{w}^{\mathrm{T}}(\tau)]=\boldsymbol{q}\delta(t-\tau)$$

式中，$\boldsymbol{q}$为$\boldsymbol{w}(t)$的方差强度阵。

根据线性系统理论，系统方程的离散化形式为

$$\boldsymbol{X}(t_{k+1})=\boldsymbol{\Phi}(t_{k+1},t_k)\boldsymbol{X}(t_k)+\int_{t_k}^{t_{k+1}}\boldsymbol{\Phi}(t_{k+1},\tau)\boldsymbol{G}(\tau)\boldsymbol{w}(\tau)\mathrm{d}\tau \qquad (2.2.15)$$

其中，一步转移阵$\boldsymbol{\Phi}(t_{k+1},t_k)$满足方程

$$\left.\begin{aligned}\dot{\boldsymbol{\Phi}}(t,t_k)&=\boldsymbol{F}(t)\boldsymbol{\Phi}(t,t_k)\\ \boldsymbol{\Phi}(t_k,t_k)&=\boldsymbol{I}\end{aligned}\right\} \qquad (2.2.16)$$

将一步转移阵展成泰勒级数，有

$$\boldsymbol{\Phi}(t_{k+1},t_k)=\boldsymbol{I}+\left[\dot{\boldsymbol{\Phi}}(t,t_k)(t_{k+1}-t_k)+\frac{\ddot{\boldsymbol{\Phi}}(t,t_k)}{2!}(t_{k+1}-t_k)^2+\cdots\right]\bigg|_{t=t_k}$$

当滤波周期$T(T=t_{k+1}-t_k)$较短时，$\boldsymbol{F}(t)$可近似看做常阵，即

$$\boldsymbol{F}(t)\approx\boldsymbol{F}(t_k) \qquad t_k\leqslant t<t_{k+1}$$

此时

$$\boldsymbol{\Phi}_{k+1,k}=\boldsymbol{I}+T\boldsymbol{F}_k+\frac{T^2}{2!}\boldsymbol{F}_k^2+\frac{T^3}{3!}\boldsymbol{F}_k^3+\cdots \tag{2.2.17}$$

即

$$\boldsymbol{\Phi}_{k+1,k}=\mathrm{e}^{T\boldsymbol{F}_k}$$

其中 $\boldsymbol{F}_k=\boldsymbol{F}(t_k)$，$\boldsymbol{\Phi}_{k+1,k}=\boldsymbol{\Phi}(t_{k+1},t_k)$。

式(2.2.17) 就是一步转移阵的实时计算公式。

连续系统的离散化处理还包括对激励白噪声过程 $\boldsymbol{w}(t)$ 的等效离散化处理。令

$$\boldsymbol{W}_k=\int_{t_k}^{t_{k+1}}\boldsymbol{\Phi}(t_{k+1},\tau)\boldsymbol{G}(\tau)\boldsymbol{w}(\tau)\mathrm{d}\tau \tag{2.2.18}$$

则式(2.2.15) 可写成

$$\boldsymbol{X}(t_{k+1})=\boldsymbol{\Phi}(t_{k+1},t_k)\boldsymbol{X}(t_k)+\boldsymbol{W}_k$$

简写成

$$\boldsymbol{X}_{k+1}=\boldsymbol{\Phi}_{k+1,k}\boldsymbol{X}_k+\boldsymbol{W}_k \tag{2.2.19}$$

现在考察由式(2.2.18) 定义的 $\boldsymbol{W}_k$。

$$E[\boldsymbol{W}_k]=\int_{t_k}^{t_{k+1}}\boldsymbol{\Phi}(t_{k+1},\tau)\boldsymbol{G}(\tau)E[\boldsymbol{w}(\tau)]\mathrm{d}\tau=\boldsymbol{0} \tag{2.2.20}$$

$$E[\boldsymbol{W}_k\boldsymbol{W}_j^{\mathrm{T}}]=E\left[\int_{t_k}^{t_{k+1}}\boldsymbol{\Phi}(t_{k+1},t)\boldsymbol{G}(t)\boldsymbol{w}(t)\mathrm{d}t\int_{t_j}^{t_{j+1}}\boldsymbol{w}^{\mathrm{T}}(\tau)\boldsymbol{G}^{\mathrm{T}}(\tau)\boldsymbol{\Phi}^{\mathrm{T}}(t_{k+1},\tau)\mathrm{d}\tau\right]=$$
$$\int_{t_k}^{t_{k+1}}\boldsymbol{\Phi}(t_{k+1},t)\boldsymbol{G}(t)\left[\int_{t_j}^{t_{j+1}}E[\boldsymbol{w}(t)\boldsymbol{w}^{\mathrm{T}}(\tau)]\boldsymbol{G}^{\mathrm{T}}(\tau)\boldsymbol{\Phi}^{\mathrm{T}}(t_{k+1},\tau)\mathrm{d}\tau\right]\mathrm{d}t=$$
$$\int_{t_k}^{t_{k+1}}\boldsymbol{\Phi}(t_{k+1},t)\boldsymbol{G}(t)\left[\int_{t_j}^{t_{j+1}}\boldsymbol{q}\delta(t-\tau)\boldsymbol{G}^{\mathrm{T}}(\tau)\boldsymbol{\Phi}(t_{k+1},\tau)\mathrm{d}\tau\right]\mathrm{d}t$$

式中，$\delta(t-\tau)$ 为狄拉克 δ 函数，$t\in[t_k,t_{k+1})$，$\tau\in[t_j,t_{j+1})$。很明显，如果该两区间不重合，即 $j\neq k$，则 t 和 τ 就不可能有相等的机会，此时积分值恒为零。而当两区间重合时，即 $j=k$ 时，有

$$E[\boldsymbol{W}_k\boldsymbol{W}_j^{\mathrm{T}}]\big|_{j=k}=\int_{t_k}^{t_{k+1}}\boldsymbol{\Phi}(t_{k+1},t)\boldsymbol{G}(t)\boldsymbol{q}\boldsymbol{G}^{\mathrm{T}}(t)\boldsymbol{\Phi}^{\mathrm{T}}(t_{k+1},t)\mathrm{d}t$$

所以

$$E[\boldsymbol{W}_k\boldsymbol{W}_j^{\mathrm{T}}]=\boldsymbol{Q}_k\delta_{kj} \tag{2.2.21}$$

其中

$$\delta_{kj}=\begin{cases}1, & j=k\\0, & j\neq k\end{cases}$$

$$\boldsymbol{Q}_k=\int_{t_k}^{t_{k+1}}\boldsymbol{\Phi}(t_{k+1},t)\boldsymbol{G}(t)\boldsymbol{q}\boldsymbol{G}^{\mathrm{T}}(t)\boldsymbol{\Phi}^{\mathrm{T}}(t_{k+1},t)\mathrm{d}t \tag{2.2.22}$$

由式(2.2.20) 和式(2.2.21) 知，$\boldsymbol{W}_k$ 为白噪声序列，所以式(2.2.19) 描述的等效离散系统满足式(2.2.3) 所示离散型卡尔曼滤波基本方程的要求。$\boldsymbol{W}_k$ 的方差阵 $\boldsymbol{Q}_k$ 按式(2.2.22) 求取。但若直接按式(2.2.22) 计算 $\boldsymbol{Q}_k$，在计算机上执行还存在诸多不便。下面通过对式(2.2.22) 作恒等变形，推导出便于在计算机上执行的递推算法。

假设滤波周期 $T(T=t_{k+1}-t_k)$ 较短，$\boldsymbol{G}(t)$ 在该周期内变化不大，则有

$$\boldsymbol{G}(t)\approx\boldsymbol{G}_k \qquad t_k\leqslant t<t_{k+1}$$

式中，$\boldsymbol{G}_k$ 是 $\boldsymbol{G}(t_k)$ 的简写。记

$$\bar{\boldsymbol{Q}}=\boldsymbol{G}_k\boldsymbol{q}\boldsymbol{G}_k^{\mathrm{T}} \tag{2.2.23}$$

则由式(2.2.17)和式(2.2.22),有

$$
\begin{aligned}
\boldsymbol{Q}_k = & \int_{t_k}^{t_{k+1}} \left[\boldsymbol{I} + \boldsymbol{F}_k(t_{k+1}-t) + \frac{\boldsymbol{F}_k^2}{2!}(t_{k+1}-t)^2 + \frac{\boldsymbol{F}_k^3}{3!}(t_{k+1}-t)^3 + \cdots\right] \cdot \\
& \bar{\boldsymbol{Q}}\left[\boldsymbol{I} + \boldsymbol{F}_k(t_{k+1}-t) + \frac{\boldsymbol{F}_k^2}{2!}(t_{k+1}-t)^2 + \frac{\boldsymbol{F}_k^3}{3!}(t_{k+1}-t)^3 + \cdots\right]^{\mathrm{T}} \mathrm{d}t = \\
& \int_{t_k}^{t_{k+1}} \left[\bar{\boldsymbol{Q}} + \bar{\boldsymbol{Q}}\boldsymbol{F}_k^{\mathrm{T}}(t_{k+1}-t) + \frac{1}{2!}\bar{\boldsymbol{Q}}\boldsymbol{F}_k^{2\mathrm{T}}(t_{k+1}-t)^2 + \right. \\
& \frac{1}{3!}\bar{\boldsymbol{Q}}\boldsymbol{F}_k^{3\mathrm{T}}(t_{k+1}-t)^3 + \cdots + \boldsymbol{F}_k\bar{\boldsymbol{Q}}(t_{k+1}-t) + \\
& \boldsymbol{F}_k\bar{\boldsymbol{Q}}\boldsymbol{F}_k^{\mathrm{T}}(t_{k+1}-t)^2 + \frac{1}{2!}\boldsymbol{F}_k\bar{\boldsymbol{Q}}\boldsymbol{F}_k^{2\mathrm{T}}(t_{k+1}-t)^3 + \cdots + \\
& \frac{1}{2!}\boldsymbol{F}_k^2\bar{\boldsymbol{Q}}(t_{k+1}-t)^2 + \frac{1}{2!}\boldsymbol{F}_k^2\bar{\boldsymbol{Q}}\boldsymbol{F}_k^{\mathrm{T}}(t_{k+1}-t)^3 + \cdots + \\
& \left.\frac{1}{3!}\boldsymbol{F}_k^3\bar{\boldsymbol{Q}}(t_{k+1}-t)^3 + \frac{1}{3!}\boldsymbol{F}_k^3\bar{\boldsymbol{Q}}\boldsymbol{F}_k^{\mathrm{T}}(t_{k+1}-t)^4 + \cdots\right]\mathrm{d}t = \\
& \int_{t_k}^{t_{k+1}} \left\{\bar{\boldsymbol{Q}} + (\bar{\boldsymbol{Q}}\boldsymbol{F}_k^{\mathrm{T}} + \boldsymbol{F}_k\bar{\boldsymbol{Q}})(t_{k+1}-t) + \left[\frac{1}{2!}(\bar{\boldsymbol{Q}}\boldsymbol{F}_k^{2\mathrm{T}} + \boldsymbol{F}_k^2\bar{\boldsymbol{Q}} + \right.\right. \\
& \left.\boldsymbol{F}_k\bar{\boldsymbol{Q}}\boldsymbol{F}_k^{\mathrm{T}}\right](t_{k+1}-t)^2 + \left[\frac{1}{3!}(\bar{\boldsymbol{Q}}\boldsymbol{F}_k^{3\mathrm{T}} + \boldsymbol{F}_k^3\bar{\boldsymbol{Q}}) + \right. \\
& \left.\left.\frac{1}{2!}(\boldsymbol{F}_k\bar{\boldsymbol{Q}}\boldsymbol{F}_k^{2\mathrm{T}} + \boldsymbol{F}_k^2\bar{\boldsymbol{Q}}\boldsymbol{F}_k^{\mathrm{T}})\right](t_{k+1}-t)^3 + \cdots\right\}\mathrm{d}t = \\
& \bar{\boldsymbol{Q}}T + \frac{T^2}{2}\left[\frac{1}{1!}(\bar{\boldsymbol{Q}}\boldsymbol{F}_k^{\mathrm{T}} + \boldsymbol{F}_k\bar{\boldsymbol{Q}})\right] + \frac{T^3}{3}\left[\frac{1}{2!}(\bar{\boldsymbol{Q}}\boldsymbol{F}_k^{2\mathrm{T}} + \boldsymbol{F}_k^2\bar{\boldsymbol{Q}}) + \right. \\
& \left.\frac{1}{1!\ 1!}\boldsymbol{F}_k\bar{\boldsymbol{Q}}\boldsymbol{F}_k^{\mathrm{T}}\right] + \frac{T^4}{4}\left[\frac{1}{3!}(\bar{\boldsymbol{Q}}\boldsymbol{F}_k^{3\mathrm{T}} + \boldsymbol{F}_k^3\bar{\boldsymbol{Q}}) + \right. \\
& \left.\frac{1}{2!\ 1!}(\boldsymbol{F}_k\bar{\boldsymbol{Q}}\boldsymbol{F}_k^{2\mathrm{T}} + \boldsymbol{F}_k^2\bar{\boldsymbol{Q}}\boldsymbol{F}_k^{\mathrm{T}})\right] + \frac{T^5}{5}\left[\frac{1}{4!}(\bar{\boldsymbol{Q}}\boldsymbol{F}_k^{4\mathrm{T}} + \boldsymbol{F}_k^4\bar{\boldsymbol{Q}}) + \right. \\
& \left.\frac{1}{3!\ 1!}(\boldsymbol{F}_k\bar{\boldsymbol{Q}}\boldsymbol{F}_k^{3\mathrm{T}} + \boldsymbol{F}_k^3\bar{\boldsymbol{Q}}\boldsymbol{F}_k^{\mathrm{T}}) + \frac{1}{2!\ 2!}\boldsymbol{F}_k^2\bar{\boldsymbol{Q}}\boldsymbol{F}_k^{2\mathrm{T}}\right] + \cdots = \\
& T\bar{\boldsymbol{Q}} + \frac{T^2}{2!}(\bar{\boldsymbol{Q}}\boldsymbol{F}_k^{\mathrm{T}} + \boldsymbol{F}_k\bar{\boldsymbol{Q}}) + \frac{T^3}{3!}(\bar{\boldsymbol{Q}}\boldsymbol{F}_k^{2\mathrm{T}} + \boldsymbol{F}_k^2\bar{\boldsymbol{Q}} + \\
& 2\boldsymbol{F}_k\bar{\boldsymbol{Q}}\boldsymbol{F}_k^{\mathrm{T}}) + \frac{T^4}{4!}(\bar{\boldsymbol{Q}}\boldsymbol{F}_k^{3\mathrm{T}} + \boldsymbol{F}_k^3\bar{\boldsymbol{Q}} + 3\boldsymbol{F}_k\bar{\boldsymbol{Q}}\boldsymbol{F}_k^{2\mathrm{T}} + \\
& 3\boldsymbol{F}_k^2\bar{\boldsymbol{Q}}\boldsymbol{F}_k^{\mathrm{T}}) + \frac{T^5}{5!}(\bar{\boldsymbol{Q}}\boldsymbol{F}_k^{4\mathrm{T}} + \boldsymbol{F}_k^4\bar{\boldsymbol{Q}} + 4\boldsymbol{F}_k\bar{\boldsymbol{Q}}\boldsymbol{F}_k^{3\mathrm{T}} + \\
& 4\boldsymbol{F}_k^3\bar{\boldsymbol{Q}}\boldsymbol{F}_k^{\mathrm{T}} + 6\boldsymbol{F}_k^2\bar{\boldsymbol{Q}}\boldsymbol{F}_k^{2\mathrm{T}}) + \cdots
\end{aligned}
$$

记

$$\boldsymbol{M}_1 = \bar{\boldsymbol{Q}} \tag{2.2.24}$$

$$\boldsymbol{M}_2 = \bar{\boldsymbol{Q}}\boldsymbol{F}_k^{\mathrm{T}} + \boldsymbol{F}_k\bar{\boldsymbol{Q}} \tag{2.2.25}$$

$$\boldsymbol{M}_3 = \bar{\boldsymbol{Q}}\boldsymbol{F}_k^{2\mathrm{T}} + \boldsymbol{F}_k^2\bar{\boldsymbol{Q}} + 2\boldsymbol{F}_k\bar{\boldsymbol{Q}}\boldsymbol{F}_k^{\mathrm{T}} \tag{2.2.26}$$

$$\boldsymbol{M}_4 = \bar{\boldsymbol{Q}}\boldsymbol{F}_k^{3\mathrm{T}} + \boldsymbol{F}_k^3\bar{\boldsymbol{Q}} + 3\boldsymbol{F}_k\bar{\boldsymbol{Q}}\boldsymbol{F}_k^{2\mathrm{T}} + 3\boldsymbol{F}_k^2\bar{\boldsymbol{Q}}\boldsymbol{F}_k^{\mathrm{T}} \tag{2.2.27}$$

$$\boldsymbol{M}_5 = \bar{\boldsymbol{Q}}\boldsymbol{F}_k^{4\mathrm{T}} + \boldsymbol{F}_k^4\bar{\boldsymbol{Q}} + 4\boldsymbol{F}_k\bar{\boldsymbol{Q}}\boldsymbol{F}_k^{3\mathrm{T}} + 4\boldsymbol{F}_k^3\bar{\boldsymbol{Q}}\boldsymbol{F}_k^{\mathrm{T}} + 6\boldsymbol{F}_k^2\bar{\boldsymbol{Q}}\boldsymbol{F}_k^{2\mathrm{T}} \tag{2.2.28}$$

$$\cdots\cdots$$

则

$$\boldsymbol{Q}_k = \frac{T}{1!}\boldsymbol{M}_1 + \frac{T^2}{2!}\boldsymbol{M}_2 + \frac{T^3}{3!}\boldsymbol{M}_3 + \frac{T^4}{4!}\boldsymbol{M}_4 + \frac{T^5}{5!}\boldsymbol{M}_5 + \cdots \tag{2.2.29}$$

而

$$\boldsymbol{F}_k\boldsymbol{M}_1 + (\boldsymbol{F}_k\boldsymbol{M}_1)^{\mathrm{T}} = \boldsymbol{F}_k\bar{\boldsymbol{Q}} + \bar{\boldsymbol{Q}}\boldsymbol{F}_k^{\mathrm{T}}$$

$$\begin{aligned}\boldsymbol{F}_k\boldsymbol{M}_2 + (\boldsymbol{F}_k\boldsymbol{M}_2)^{\mathrm{T}} &= \boldsymbol{F}_k\bar{\boldsymbol{Q}}\boldsymbol{F}_k^{\mathrm{T}} + \boldsymbol{F}_k^2\bar{\boldsymbol{Q}} + (\boldsymbol{F}_k\bar{\boldsymbol{Q}}\boldsymbol{F}_k^{\mathrm{T}} + \boldsymbol{F}_k^2\bar{\boldsymbol{Q}})^{\mathrm{T}} = \\ &\quad \boldsymbol{F}_k^2\bar{\boldsymbol{Q}} + \bar{\boldsymbol{Q}}\boldsymbol{F}_k^{2\mathrm{T}} + 2\boldsymbol{F}_k\bar{\boldsymbol{Q}}\boldsymbol{F}_k^{\mathrm{T}}\end{aligned}$$

$$\begin{aligned}\boldsymbol{F}_k\boldsymbol{M}_3 + (\boldsymbol{F}_k\boldsymbol{M}_3)^{\mathrm{T}} &= \boldsymbol{F}_k\bar{\boldsymbol{Q}}\boldsymbol{F}_k^{2\mathrm{T}} + \boldsymbol{F}_k^3\bar{\boldsymbol{Q}} + 2\boldsymbol{F}_k^2\bar{\boldsymbol{Q}}\boldsymbol{F}_k^{\mathrm{T}} + \\ &\quad (\boldsymbol{F}_k\bar{\boldsymbol{Q}}\boldsymbol{F}_k^{2\mathrm{T}} + \boldsymbol{F}_k^3\bar{\boldsymbol{Q}} + 2\boldsymbol{F}_k^2\bar{\boldsymbol{Q}}\boldsymbol{F}_k^{\mathrm{T}})^{\mathrm{T}} = \\ &\quad \boldsymbol{F}_k^3\bar{\boldsymbol{Q}} + \bar{\boldsymbol{Q}}\boldsymbol{F}_k^{3\mathrm{T}} + 3\boldsymbol{F}_k^2\bar{\boldsymbol{Q}}\boldsymbol{F}_k^{\mathrm{T}} + 3\boldsymbol{F}_k\bar{\boldsymbol{Q}}\boldsymbol{F}_k^{2\mathrm{T}}\end{aligned}$$

$$\begin{aligned}\boldsymbol{F}_k\boldsymbol{M}_4 + (\boldsymbol{F}_k\boldsymbol{M}_4)^{\mathrm{T}} &= \boldsymbol{F}_k\bar{\boldsymbol{Q}}\boldsymbol{F}_k^{3\mathrm{T}} + \boldsymbol{F}_k^4\bar{\boldsymbol{Q}} + 3\boldsymbol{F}_k^2\bar{\boldsymbol{Q}}\boldsymbol{F}_k^{2\mathrm{T}} + 3\boldsymbol{F}_k^3\bar{\boldsymbol{Q}}\boldsymbol{F}_k^{\mathrm{T}} + \\ &\quad (\boldsymbol{F}_k\bar{\boldsymbol{Q}}\boldsymbol{F}_k^{3\mathrm{T}} + \boldsymbol{F}_k^4\bar{\boldsymbol{Q}} + 3\boldsymbol{F}_k^2\bar{\boldsymbol{Q}}\boldsymbol{F}_k^{2\mathrm{T}} + 3\boldsymbol{F}_k^3\bar{\boldsymbol{Q}}\boldsymbol{F}_k^{\mathrm{T}})^{\mathrm{T}} = \\ &\quad \boldsymbol{F}_k^4\bar{\boldsymbol{Q}} + \bar{\boldsymbol{Q}}\boldsymbol{F}_k^{4\mathrm{T}} + 4\boldsymbol{F}_k\bar{\boldsymbol{Q}}\boldsymbol{F}_k^{3\mathrm{T}} + 4\boldsymbol{F}_k^3\boldsymbol{Q}\boldsymbol{F}_k^{\mathrm{T}} + 6\boldsymbol{F}_k^2\bar{\boldsymbol{Q}}\boldsymbol{F}_k^{2\mathrm{T}}\end{aligned}$$

$$\cdots\cdots$$

上述诸式分别与式(2.2.24) ～ 式(2.2.28) 相比较，得

$$\boldsymbol{M}_2 = \boldsymbol{F}_k\boldsymbol{M}_1 + (\boldsymbol{F}_k\boldsymbol{M}_1)^{\mathrm{T}}$$
$$\boldsymbol{M}_3 = \boldsymbol{F}_k\boldsymbol{M}_2 + (\boldsymbol{F}_k\boldsymbol{M}_2)^{\mathrm{T}}$$
$$\boldsymbol{M}_4 = \boldsymbol{F}_k\boldsymbol{M}_3 + (\boldsymbol{F}_k\boldsymbol{M}_3)^{\mathrm{T}}$$
$$\boldsymbol{M}_5 = \boldsymbol{F}_k\boldsymbol{M}_4 + (\boldsymbol{F}_k\boldsymbol{M}_4)^{\mathrm{T}}$$
$$\cdots\cdots$$

即

$$\boldsymbol{M}_{i+1} = \boldsymbol{F}_k\boldsymbol{M}_i + (\boldsymbol{F}_k\boldsymbol{M}_i)^{\mathrm{T}} \qquad i = 1,2,3,\cdots \tag{2.2.30}$$

式中，$\boldsymbol{M}_1$ 按式(2.2.24) 确定。

由式(2.2.29) 可得

$$\boldsymbol{Q}_k = \sum_{i=1}^{\infty}\boldsymbol{M}_i\frac{T^i}{i!} \tag{2.2.31}$$

式中，$\boldsymbol{M}_i$ 按式(2.2.30) 递推计算。

按式(2.2.17) 计算一步转移阵和按式(2.2.31) 计算等效离散系统噪声方差阵可用图 2.2.3 所示计算框图表示。

如果滤波周期较长，且系统矩阵 $\boldsymbol{F}(t)$ 随时间变化较剧烈，而 $\boldsymbol{F}(t)$ 在一个滤波周期内能得到 N 个采样值，则计算一步转移阵和等效离散系统噪声方差阵时可利用这些采样值，以简化算法。

设滤波周期为 $T(T = t_{k+1} - t_k)$，在$[t_k, t_{k+1})$ 内每隔 $\Delta T = \dfrac{T}{N}$ 就能得到系统阵的采样值 $\boldsymbol{F}(t_k + i\Delta T)$，并记

$$\boldsymbol{F}_k(i) = \boldsymbol{F}(t_k + i\Delta T) \qquad i = 0,1,2,\cdots,N-1$$

则 $t_{k+1} = t_k + N\Delta T$，并且一步转移阵 $\boldsymbol{\Phi}_{k+1,k}$ 和等效离散系统噪声方程阵$\boldsymbol{Q}_k$ 可按如下方法作简

化计算。

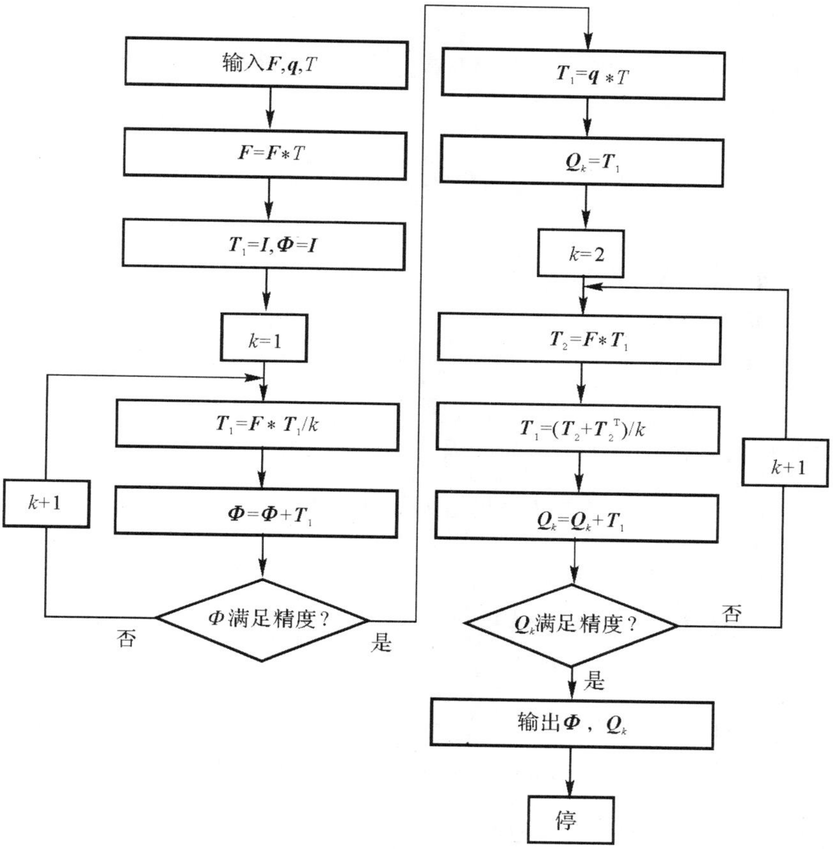

图 2.2.3　一步转移阵和等效离散系统噪声方差阵计算框图

(1) 一步转移阵的简化算法。由于

$$\boldsymbol{\Phi}_{k+1,k}=\boldsymbol{\Phi}[t_k+N\Delta T,t_k+(N-1)\Delta T]\boldsymbol{\Phi}[t_k+(N-1)\Delta T,t_k+(N-2)\Delta T]\cdots\boldsymbol{\Phi}[t_k+\Delta T,t_k]$$

$\boldsymbol{\Phi}[t_k+(i+1)\Delta T,t_k+i\Delta T]$　$(i=0,1,2,\cdots,N-1)$ 的转移时间间隔为 $\Delta T=\dfrac{T}{N}$,若 N 很大,则 ΔT 很小,该转移阵的收敛速度远比 $\boldsymbol{\Phi}_{k+1,k}$ 快,级数中关于 ΔT 的高次项可略去不计,所以

$$\boldsymbol{\Phi}_{k+1,k}\approx[\boldsymbol{I}+\Delta T\boldsymbol{F}_k(N-1)][\boldsymbol{I}+\Delta T\boldsymbol{F}_k(N-2)]\cdots[\boldsymbol{I}+\Delta T\boldsymbol{F}_k(0)]=\boldsymbol{I}+\Delta T\sum_{i=0}^{N-1}\boldsymbol{F}_k(i)\tag{2.2.32}$$

式中,略去了乘积中关于 ΔT 的高次项。

(2) 等效离散系统噪声方差阵的简化算法。

由式(2.2.22)

$$\boldsymbol{Q}_k=\int_{t_k}^{t_{k+1}}\boldsymbol{\Phi}(t_{k+1},t)\boldsymbol{G}(t)\boldsymbol{q}\boldsymbol{G}^{\mathrm{T}}(t)\boldsymbol{\Phi}^{\mathrm{T}}(t_{k+1},t)\mathrm{d}t$$

在时间段$[t_k,t_{k+1})$内,取 $\boldsymbol{G}(t)\approx\boldsymbol{G}(t_k)$,并记

$$\bar{\boldsymbol{Q}}=\boldsymbol{G}(t_k)\boldsymbol{q}\boldsymbol{G}^{\mathrm{T}}(t_k)$$

则

$$\boldsymbol{Q}_k=\int_{t_k}^{t_{k+1}}\boldsymbol{\Phi}(t_{k+1},t)\bar{\boldsymbol{Q}}\boldsymbol{\Phi}^{\mathrm{T}}(t_{k+1},t)\mathrm{d}t=\sum_{i=0}^{N-1}\int_{t_k+i\Delta T}^{t_k+(i+1)\Delta T}\boldsymbol{\Phi}(t_{k+1},t)\bar{\boldsymbol{Q}}\boldsymbol{\Phi}^{\mathrm{T}}(t_{k+1,t})\mathrm{d}t \tag{2.2.33}$$

记

$$\boldsymbol{I}(i)=\int_{t_k+i\Delta T}^{t_k+(i+1)\Delta T}\boldsymbol{\Phi}(t_{k+1},t)\bar{\boldsymbol{Q}}\boldsymbol{\Phi}^{\mathrm{T}}(t_{k+1},t)\mathrm{d}t$$

由于式中

$$\begin{aligned}\boldsymbol{\Phi}(t_{k+1},t)=&\boldsymbol{\Phi}[t_k+N\Delta T,t_k+(N-1)\Delta T]\cdot\boldsymbol{\Phi}[t_k+(N-1)\Delta T,t_k+(N-2)\Delta T]\cdots\\&\boldsymbol{\Phi}[t_k+(i+2)\Delta T,t_k+(i+1)\Delta T]\cdot\boldsymbol{\Phi}[t_k+(i+1)\Delta T,t]\approx\\&[\boldsymbol{I}+\Delta T\boldsymbol{F}_k(N-1)][\boldsymbol{I}+\Delta T\boldsymbol{F}_k(N-2)]\cdots[\boldsymbol{I}+\Delta T\boldsymbol{F}_k(i+1)]\cdot\\&\{\boldsymbol{I}+[t_k+(i+1)\Delta T-t]\boldsymbol{F}_k(i)\}\end{aligned}$$

仅保留式(2.2.33)被积函数中关于时间间隔的线性项，则

$$\begin{aligned}\boldsymbol{I}(i)\approx&\int_{t_k+i\Delta T}^{t_k+(i+1)\Delta T}\{\bar{\boldsymbol{Q}}+\Delta T[\boldsymbol{F}_k(N-1)+\boldsymbol{F}_k(N-2)+\cdots+\\&\boldsymbol{F}_k(i+1)]\bar{\boldsymbol{Q}}+[t_k+(i+1)\Delta T-t]\boldsymbol{F}_k(i)\bar{\boldsymbol{Q}}+\\&\Delta T\bar{\boldsymbol{Q}}[\boldsymbol{F}_k^{\mathrm{T}}(\boldsymbol{N}-1)+\boldsymbol{F}_k^{\mathrm{T}}(N-2)+\cdots+\boldsymbol{F}_k^{\mathrm{T}}(i+1)]+\\&\bar{\boldsymbol{Q}}[t_k+(i+1)\Delta T-t]\boldsymbol{F}_k^{\mathrm{T}}(i)\}\mathrm{d}t=\\&\bar{\boldsymbol{Q}}\Delta T+\Delta T^2\{[F_k(N-1)+\boldsymbol{F}_k(N-2)+\cdots+\boldsymbol{F}_k(i+1)]\bar{\boldsymbol{Q}}+\\&\bar{\boldsymbol{Q}}[\boldsymbol{F}_k^{\mathrm{T}}(N-1)+\boldsymbol{F}_k^{\mathrm{T}}(N-2)+\cdots+\boldsymbol{F}_k^{\mathrm{T}}(i+1)]\}+\\&\frac{\Delta T^2}{2}\boldsymbol{F}_k(i)\bar{\boldsymbol{Q}}+\frac{\Delta T^2}{2}\bar{\boldsymbol{Q}}\boldsymbol{F}_k^{\mathrm{T}}(i)\qquad i=0,1,2,\cdots,N-1\end{aligned}$$

由上式得

$$\begin{aligned}\boldsymbol{I}(0)=&\bar{\boldsymbol{Q}}\Delta T+\Delta T^2\left\{\left[\boldsymbol{F}_k(N-1)+\boldsymbol{F}_k(N-2)+\cdots+\boldsymbol{F}_k(1)+\frac{1}{2}\boldsymbol{F}_k(0)\right]\bar{\boldsymbol{Q}}+\right.\\&\left.\bar{\boldsymbol{Q}}\left[\boldsymbol{F}_k^{\mathrm{T}}(N-1)+\boldsymbol{F}_k^{\mathrm{T}}(N-2)+\cdots+\boldsymbol{F}_k^{\mathrm{T}}(1)+\frac{1}{2}\boldsymbol{F}_k^{\mathrm{T}}(0)\right]\right\}\\\boldsymbol{I}(1)=&\bar{\boldsymbol{Q}}\Delta T+\Delta T^2\left\{\left[\boldsymbol{F}_k(N-1)+\boldsymbol{F}_k(N-2)+\cdots+\boldsymbol{F}_k(2)+\frac{1}{2}\boldsymbol{F}_k(1)\right]\bar{\boldsymbol{Q}}+\right.\\&\left.\bar{\boldsymbol{Q}}\left[\boldsymbol{F}_k^{\mathrm{T}}(N-1)+\boldsymbol{F}_k^{\mathrm{T}}(N-2)+\cdots+\boldsymbol{F}_k^{\mathrm{T}}(2)+\frac{1}{2}\boldsymbol{F}_k^{\mathrm{T}}(1)\right]\right\}\end{aligned}$$

$$\cdots\cdots$$

$$\begin{aligned}\boldsymbol{I}(N-2)=&\bar{\boldsymbol{Q}}\Delta T+\Delta \boldsymbol{T}^2\left\{\left[\boldsymbol{F}_k(N-1)+\frac{1}{2}\boldsymbol{F}_k(N-2)\right]\bar{\boldsymbol{Q}}+\right.\\&\left.\bar{\boldsymbol{Q}}\left[\boldsymbol{F}_k^{\mathrm{T}}(N-1)+\frac{1}{2}\boldsymbol{F}_k^{\mathrm{T}}(N-2)\right]\right\}\\\boldsymbol{I}(N-1)=&\bar{\boldsymbol{Q}}\Delta T+\Delta T^2\left[\frac{1}{2}\boldsymbol{F}_k(N-1)\bar{\boldsymbol{Q}}+\frac{1}{2}\bar{\boldsymbol{Q}}\boldsymbol{F}_k^{\mathrm{T}}(n-1)\right]\end{aligned}$$

所以

$$\boldsymbol{Q}_k=\boldsymbol{I}(0)+\boldsymbol{I}(1)+\cdots+\boldsymbol{I}(N-2)+\boldsymbol{I}(N-1)=N\Delta T\bar{\boldsymbol{Q}}+$$
$$\Delta T^2\left\{\left[\left(N-1+\frac{1}{2}\right)\boldsymbol{F}_k(N-1)+\left(N-2+\frac{1}{2}\right)\boldsymbol{F}_k(N-2)+\cdots+\right.\right.$$
$$\left.\left(1+\frac{1}{2}\right)\boldsymbol{F}_k(1)+\frac{1}{2}\boldsymbol{F}_k(0)\right]\bar{\boldsymbol{Q}}+\bar{\boldsymbol{Q}}\left[\left(N-1+\frac{1}{2}\right)\boldsymbol{F}_k^{\mathrm{T}}(N-1)+\right.$$
$$\left.\left.\left(N-1+\frac{1}{2}\right)\boldsymbol{F}_k^{\mathrm{T}}(N-2)+\cdots+\left(1+\frac{1}{2}\right)\boldsymbol{F}_k^{\mathrm{T}}(1)+\frac{1}{2}\boldsymbol{F}_k^{\mathrm{T}}(0)\right]\right\}=$$
$$T\bar{\boldsymbol{Q}}+\Delta T^2\left\{\left[\sum_{i=0}^{N-1}\left(i+\frac{1}{2}\right)\boldsymbol{F}_k(i)\right]\bar{\boldsymbol{Q}}+\bar{\boldsymbol{Q}}\left[\sum_{i=0}^{N-1}\left(i+\frac{1}{2}\right)\boldsymbol{F}_k^{\mathrm{T}}(i)\right]\right\} \tag{2.2.34}$$

考察式(2.2.32)和式(2.2.34)可看出，计算一步转移阵 $\boldsymbol{\Phi}_{k+1,k}$ 所需的矩阵运算仅需作 N 步矩阵求和，计算等效离散系统噪声方差阵所需的矩阵运算为作 N 步矩阵求和后作一步矩阵相乘，与式(2.2.31)相比计算量大为减少，这对工程实现十分有利。此外，与式(2.2.17)和式(2.2.31)仅用到 t_k 时刻系统的动态信息相比，简化算法中利用了 $[t_k,t_{k+1})$ 内 N 次采样获得的系统动态信息，这在一定程度上弥补了级数过早截断引起的精度损失。

4. 系统有确定性控制时的滤波基本方程

设系统的状态方程除有白噪声驱动项外，还有确定性驱动项

$$\boldsymbol{X}_k=\boldsymbol{\Phi}_{k,k-1}\boldsymbol{X}_{k-1}+\boldsymbol{B}_{k-1}\boldsymbol{u}_{k-1}+\boldsymbol{\Gamma}_{k-1}\boldsymbol{W}_{k-1}$$

根据线性最小方差估计的性质3，得

$$\hat{\boldsymbol{X}}_{k,k-1}=\boldsymbol{\Phi}_{k,k-1}\hat{\boldsymbol{X}}_{k-1}+\boldsymbol{B}_{k-1}\boldsymbol{u}_{k-1} \tag{2.2.35}$$

所以状态估计方程为

$$\hat{\boldsymbol{X}}_k=\boldsymbol{\Phi}_{k,k-1}\hat{\boldsymbol{X}}_{k-1}+\boldsymbol{B}_{k-1}\boldsymbol{u}_{k-1}+\boldsymbol{K}_k(\boldsymbol{Z}_k-\boldsymbol{H}_k\boldsymbol{\Phi}_{k,k-1}\hat{\boldsymbol{X}}_{k-1}-\boldsymbol{H}_k\boldsymbol{B}_{k-1}\boldsymbol{u}_{k-1}) \tag{2.2.36}$$

式中，$\boldsymbol{K}_k$，$\boldsymbol{P}_{k/k-1}$，$\boldsymbol{P}_k$ 的计算与式(2.2.4)相同。

5. 一步预测基本方程

一步预测基本方程是指利用 $\boldsymbol{Z}_k$ 和 $\hat{\boldsymbol{X}}_{k/k-1}$ 递推计算 $\hat{\boldsymbol{X}}_{k+1/k}$ 的全套方程。由式(2.2.4a)和式(2.2.4b)得

$$\hat{\boldsymbol{X}}_{k+1/k}=\boldsymbol{\Phi}_{k+1,k}\hat{\boldsymbol{X}}_k=\boldsymbol{\Phi}_{k+1,k}[\hat{\boldsymbol{X}}_{k/k-1}+\boldsymbol{K}_k(\boldsymbol{Z}_k-\boldsymbol{H}_k\hat{\boldsymbol{X}}_{k/k-1})]$$

令

$$\boldsymbol{K}_k^*=\boldsymbol{\Phi}_{k+1,k}\boldsymbol{K}_k \tag{2.2.37}$$

则

$$\hat{\boldsymbol{X}}_{k+1/k}=\boldsymbol{\Phi}_{k+1,k}\hat{\boldsymbol{X}}_{k/k-1}+\boldsymbol{K}_k^*(\boldsymbol{Z}_k-\boldsymbol{H}_k\hat{\boldsymbol{X}}_{k/k-1}) \tag{2.2.38}$$

式中

$$\boldsymbol{K}_k^*=\boldsymbol{\Phi}_{k+1,k}\boldsymbol{P}_{k/k-1}\boldsymbol{H}_k^{\mathrm{T}}(\boldsymbol{H}_k\boldsymbol{P}_{k/k-1}\boldsymbol{H}_k^{\mathrm{T}}+\boldsymbol{R}_k)^{-1} \tag{2.2.39}$$

根据式(2.2.4d)、式(2.2.4e′)和式(2.2.37)，得

$$\boldsymbol{P}_{k+1,k}=\boldsymbol{\Phi}_{k+1,k}\boldsymbol{P}_k\boldsymbol{\Phi}_{k+1,k}^{\mathrm{T}}+\boldsymbol{\Gamma}_k\boldsymbol{Q}_k\boldsymbol{\Gamma}_k^{\mathrm{T}}=\boldsymbol{\Phi}_{k+1,k}(\boldsymbol{I}-\boldsymbol{K}_k\boldsymbol{H}_k)\boldsymbol{P}_{k/k-1}\boldsymbol{\Phi}_{k+1,k}^{\mathrm{T}}+\boldsymbol{\Gamma}_k\boldsymbol{Q}_k\boldsymbol{\Gamma}_k^{\mathrm{T}}=$$
$$(\boldsymbol{\Phi}_{k+1,k}-\boldsymbol{K}_k^*\boldsymbol{H}_k)\boldsymbol{P}_{k/k-1}\boldsymbol{\Phi}_{k+1,k}^{\mathrm{T}}+\boldsymbol{\Gamma}_k\boldsymbol{Q}_k\boldsymbol{\Gamma}_k^{\mathrm{T}} \tag{2.2.40}$$

式(2.2.38)、式(2.2.39)和式(2.2.40)即为一步预测基本方程。

例2-12　设有线性定常系统

$$X_k=\Phi X_{k-1}+W_{k-1}$$
$$Z_k=X_k+V_k$$

式中状态变量 X_k 与量测 Z_k 均为标量，Φ 为常数。$\{W_k\}$ 和 $\{V_k\}$ 为零均值的白噪声序列，分别

具有协方差

$$E[W_kW_j]=Q\delta_{kj}\,,\ E[V_kV_j]=R\delta_{kj}$$

并且$\{W_k\}$，$\{V_k\}$，X_0 三者互不相关。求 $\hat{X}_k$ 的递推方程。

解　根据式(2.2.4)，得如下关系式

$$\hat{X}_{k/k-1}=\Phi\hat{X}_{k-1} \tag{1}$$

$$\hat{X}_k=\hat{X}_{k/k-1}+K_k(Z_k-\hat{X}_{k/k-1})=(1-K_k)\hat{X}_{k/k-1}+K_kZ_k \tag{2}$$

$$K_k=P_{k/k-1}(P_{k/k-1}+R)^{-1}=\frac{P_{k/k-1}}{P_{k/k-1}+R} \tag{3}$$

$$P_{k/k-1}=\Phi^2P_{k-1}+Q \tag{4}$$

$$P_k=(1-K_k)P_{k/k-1}=\left(1-\frac{P_{k/k-1}}{P_{k/k-1}+R}\right)P_{k/k-1}=\frac{RP_{k/k-1}}{P_{k/k-1}+R}=RK_k \tag{5}$$

由式(2)知，K_k 实际上决定了对量测值 Z_k 和上一步估计值 $\hat{X}_{k-1}$ 利用的比例程度。若 K_k 增大，则 Z_k 的利用权重增大，而 $\hat{X}_{k-1}$ 的利用权重相对降低。又由式(3)和式(4)知，K_k 由量测噪声方差 R 和上一步估计的均方误差 P_{k-1} 决定。假设 Q 一定，k 时刻的估计精度较高，由(4)式确定的 $P_{k/k-1}$ 较小，若量测精度很差，即 R 很大，则 K_k 很小，结果是对 Z_k 的利用权重减小，而对 $\hat{X}_{k-1}$ 的利用权重增大。若 $\hat{X}_{k-1}$ 精度很差，即 P_{k-1} 很大，而量测精度很高，即 R 很小，则 K_k 变大，确定 $\hat{X}_k$ 时对 Z_k 的利用权重增大，而对 $\hat{X}_{k-1}$ 的利用权重相对减小。因此卡尔曼滤波能定量识别各种信息的质量，自动确定对这些信息的利用程度，是一种具有一定智能功能的算法。

例 2-13　$\alpha-\beta-\gamma$ 滤波。

设运动体沿某一直线运动，t 时刻的位移、速度、加速度和加加速度分别为 $s(t)$，$v(t)$，$a(t)$，$j(t)$，t_k 时刻的量测为 $Z_k=s_k+V_k$，其中 $s_k=s(t_k)$，$k=1,2,3,\cdots$。运动体机动运动引起的运动不定性用 $j(t)$ 描述，其中

$$E[j(t)]=0,\quad E[j(t)j(\tau)]=q\delta(t-\tau)$$

$$E[V_k]=0,\quad E[V_kV_l]=r\delta_{kl}$$

量测量的采样周期为 T。求对 s_k，v_k，a_k 的估计。

解　根据 $\dot{s}(t)=v(t)$，$\dot{v}(t)=a(t)$，$\dot{a}(t)=j(t)$，可写出状态方程为

$$\dot{\boldsymbol{X}}(t)=\boldsymbol{F}\boldsymbol{X}(t)+\boldsymbol{G}j(t)$$

其中

$$\boldsymbol{X}(t)=\begin{bmatrix}s(t)\\v(t)\\a(t)\end{bmatrix},\quad \boldsymbol{F}=\begin{bmatrix}0&1&0\\0&0&1\\0&0&0\end{bmatrix},\quad \boldsymbol{G}=\begin{bmatrix}0\\0\\1\end{bmatrix}$$

对上式作离散化处理，得

$$\boldsymbol{X}_k=\boldsymbol{\Phi}_{k,k-1}\boldsymbol{X}_{k-1}+\int_{t_{k-1}}^{t_k}\boldsymbol{\Phi}(t_k,\tau)\boldsymbol{G}j(\tau)\mathrm{d}\tau \tag{1}$$

其中

$$\boldsymbol{\Phi}_{k,k-1}=\boldsymbol{I}+\boldsymbol{F}T+\frac{T^2}{2!}\boldsymbol{F}^2+\frac{T^3}{3!}\boldsymbol{F}^3+\cdots=$$

$$\begin{bmatrix}1&0&0\\0&1&0\\0&0&1\end{bmatrix}+\begin{bmatrix}0&T&0\\0&0&T\\0&0&0\end{bmatrix}+\begin{bmatrix}0&0&\frac{T^2}{2!}\\0&0&0\\0&0&0\end{bmatrix}=\begin{bmatrix}1&T&\frac{T^2}{2}\\0&1&T\\0&0&1\end{bmatrix} \tag{2}$$

$$\int_{t_{k-1}}^{t_k}\boldsymbol{\Phi}(t_k,\tau)\boldsymbol{G}j(\tau)\mathrm{d}\tau \approx \int_{t_{k-1}}^{t_k}\boldsymbol{\Phi}(t_k,\tau)\boldsymbol{G}\mathrm{d}\tau j_{k-1} =$$

$$\int_{t_{k-1}}^{t_k}\begin{bmatrix}1 & t_k-\tau & \dfrac{(t_k-\tau)^2}{2}\\ 0 & 1 & t_k-\tau\\ 0 & 0 & 1\end{bmatrix}\begin{bmatrix}0\\0\\1\end{bmatrix}\mathrm{d}\tau j_{k-1}=\begin{bmatrix}\dfrac{T^3}{6}\\ \dfrac{T^2}{2}\\ T\end{bmatrix}j_{k-1}$$

其中

$$j_{k-1}=\frac{1}{T}\int_{t_{k-1}}^{t_k}j(\tau)\mathrm{d}\tau \tag{3}$$

即 $j(t)$ 在 $[t_{k-1},t_k]$ 内的平均值。由式(3)，有

$$E[j_k]=\frac{1}{T}\int_{t_k}^{t_{k+1}}E[j(\tau)]\mathrm{d}\tau=0$$

$$E[j_kj_l]=\frac{1}{T^2}\int_{t_k}^{t_{k+1}}\int_{t_l}^{t_{l+1}}E[j(t)\cdot j(\tau)]\mathrm{d}t\mathrm{d}\tau=\frac{1}{T^2}\int_{t_k}^{t_{k+1}}\int_{t_l}^{t_{l+1}}q\delta(t-\tau)\mathrm{d}t\mathrm{d}\tau$$

显然，只有当 $[t_l,t_{l+1}]$ 和 $[t_k,t_{k+1}]$ 重合时才有可能 $t=\tau$，所以当 $l=k$ 时，有

$$E[j_k^2]=\frac{1}{T^2}\int_{t_k}^{t_{k+1}}q\mathrm{d}\tau=\frac{q}{T}$$

当 $l\neq k$ 时，$E[j_kj_l]=0$。可见 $E[j_kj_l]=\dfrac{q}{T}\delta_{kl}$，由式(3) 确定的序列为白噪声，其方差为 $Q=\dfrac{q}{T}$。

所以式(1) 可写成

$$\boldsymbol{X}_k=\boldsymbol{\Phi X}_{k-1}+\boldsymbol{\Gamma}j_{k-1}$$

此即系统方程，其中

$$\boldsymbol{X}_k=\begin{bmatrix}s_k\\v_k\\a_k\end{bmatrix},\quad \boldsymbol{\Phi}=\begin{bmatrix}1 & T & \dfrac{T^2}{2}\\ 0 & 1 & T\\ 0 & 0 & 1\end{bmatrix},\quad \boldsymbol{\Gamma}=\begin{bmatrix}\dfrac{T^3}{6}\\ \dfrac{T^2}{2}\\ T\end{bmatrix},\quad Q=\frac{q}{T}$$

量测方程为

$$Z_k=s_k+V_k=\boldsymbol{HX}_k+V_k$$

其中 $\boldsymbol{H}=[1\quad 0\quad 0]$。

可见这是定常系统的滤波问题。应用卡尔曼滤波基本方程，有

$$\hat{\boldsymbol{X}}_k=\boldsymbol{\Phi}\hat{\boldsymbol{X}}_{k-1}+\boldsymbol{K}_k(Z_k-\boldsymbol{H\Phi}\hat{\boldsymbol{X}}_{k-1}) \tag{4}$$

$$\boldsymbol{P}_{k/k-1}=\boldsymbol{\Phi P}_{k-1}\boldsymbol{\Phi}^{\mathrm{T}}+\boldsymbol{\Gamma Q\Gamma}^{\mathrm{T}} \tag{5}$$

$$\boldsymbol{P}_k=(\boldsymbol{I}-\boldsymbol{K}_k\boldsymbol{H})\boldsymbol{P}_{k/k-1} \tag{6}$$

$$\boldsymbol{K}_k=\boldsymbol{P}_k\boldsymbol{H}^{\mathrm{T}}\boldsymbol{R}^{-1} \tag{7}$$

式中

$$Q=\frac{q}{T},\quad R=r$$

当滤波达到稳态时，$\boldsymbol{P}_k=\boldsymbol{P}_{k-1}=\boldsymbol{P}$ 为定值，此时，由式(6)、式(7) 和式(5)，得

$$\boldsymbol{P}=(\boldsymbol{I}-\boldsymbol{P}\boldsymbol{H}^{\mathrm{T}}r^{-1}\boldsymbol{H})(\boldsymbol{\Phi}\boldsymbol{P}\boldsymbol{\Phi}^{\mathrm{T}}+\boldsymbol{\Gamma}\frac{q}{T}\boldsymbol{\Gamma}^{\mathrm{T}})$$

这是关于 $\boldsymbol{P}$ 的矩阵代数方程，从中可解出 $\boldsymbol{P}$，假设解得

$$\boldsymbol{P}=\begin{bmatrix}P_{11} & P_{12} & P_{13}\\ P_{21} & P_{22} & P_{23}\\ P_{31} & P_{32} & P_{33}\end{bmatrix}$$

代入式(7)，得

$$\boldsymbol{K}=\boldsymbol{P}\boldsymbol{H}^{\mathrm{T}}r^{-1}=\begin{bmatrix}P_{11} & P_{12} & P_{13}\\ P_{21} & P_{22} & P_{23}\\ P_{31} & P_{32} & P_{33}\end{bmatrix}\begin{bmatrix}1\\0\\0\end{bmatrix}\frac{1}{r}=\begin{bmatrix}\frac{P_{11}}{r}\\ \frac{P_{21}}{r}\\ \frac{P_{31}}{r}\end{bmatrix}\overset{\text{def}}{=\!=}\begin{bmatrix}\alpha\\ \beta\\ \gamma\end{bmatrix}$$

$$\hat{\boldsymbol{X}}_k=\boldsymbol{\Phi}\hat{\boldsymbol{X}}_{k-1}+\begin{bmatrix}\alpha\\ \beta\\ \gamma\end{bmatrix}(Z_k-\boldsymbol{H}\boldsymbol{\Phi}\hat{\boldsymbol{X}}_{k-1})$$

此即为 $\hat{s}_k$，$\hat{v}_k$ 和 $\hat{a}_k$。

在该题中，被估计信息为 s_k，v_k，a_k，相应的稳态增益为 α，β，γ，习惯上称此种滤波为 $\alpha-\beta-\gamma$ 滤波。当被估计量为 s_k 和 v_k 时，相应的稳态滤波称为 $\alpha-\beta$ 滤波。

例 2-14 在例 2-12 中，$\Phi=Q=R=P_0=1$，求 K_k 和 P_k。

解 根据卡尔曼滤波基本方程，得

$$P_{1/0}=P_0+Q=2$$

$$K_1=P_{1/0}(P_{1/0}+R)^{-1}=\frac{2}{3}=0.67$$

$$P_1=(1-K_1)P_{1/0}=P_{1/0}(P_{1/0}+R)^{-1}=K_1$$

并计算，得

$$P_2=K_2=\frac{P_1+1}{P_1+2}=\frac{5}{8}=0.625$$

$$P_3=K_3=\frac{P_2+1}{P_2+2}=\frac{13}{21}=0.62$$

……

$$P_k=K_k=\frac{P_{k-1}+1}{P_{k-1}+2}$$

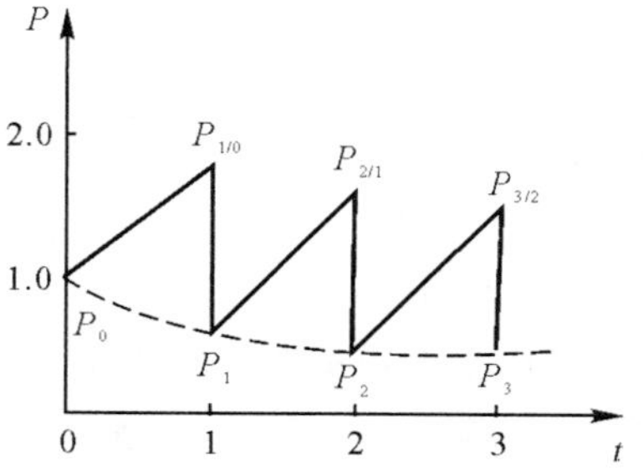

图 2.2.4 不同 k 时刻的 $P_k(K_k)$ 和 $P_{k/k-1}$

根据上述计算结果绘出的 $P_{k/k-1}$ 和 $P_k(K_k)$ 在滤波过程中的变化图形，如图 2.2.4 所示。从图中可看出，随着滤波步数 k 的增大，K_k 和 P_k 逐渐减小，并逐渐趋于稳态值，这意味着滤波刚开始时，对状态的估计主要依赖于量测，量测的修正作用不断地改善状态的估计精度，使 P_k 逐渐降低。由于估计精度的不断提高，估计值本身所具有信息的可利用程度也在逐渐提高，滤波过程中的时间更新作用逐渐加强，而量测更新作用则逐渐相对减弱。当两者的作用趋于平衡时，

滤波达到稳态，此时 K_k 和 P_k 达到稳态值，$P_{k/k-1}$ 和 P_k 的差别也逐渐减小并趋于一致。

例 2－15　设电离层探测器上装有惯性导航系统，在飞行初始阶段用无线电定位测量的方法来实现飞行中导航参数的校正。为分析方便，仅考虑单轴情况，且认为惯导系统的主要误差源是初始条件（位置、速度和加速度）的误差。略去高阶项，则适用于短时间（几分钟）的惯导系统位置误差方程的解为

$$\delta P(t)=\delta P(0)+\delta v(0)t+\delta a(0)\frac{t^2}{2}$$

式中，$\delta P(0)$，$\delta v(0)$ 和 $\delta a(0)$ 各表示惯导系统在无线电定位信息引入前的位置误差、速度误差和加速度误差。因此系统状态方程为

$$\dot{\boldsymbol{X}}(t)=\boldsymbol{FX}(t)$$

式中

$$\boldsymbol{X}(t)=\begin{bmatrix}\delta P(t)\\ \delta v(t)\\ \delta a(t)\end{bmatrix},\quad \boldsymbol{F}=\begin{bmatrix}0&1&0\\0&0&1\\0&0&0\end{bmatrix}$$

量测量 Z 是惯导系统解算得的位置量 P_i 与无线电定位系统指示的位置量 P_r 之差，即

$$Z=P_i-P_r=(P+\delta P)-(P+\delta P_r)=\delta P-\delta P_r$$

式中，δP_r 为无线电定位误差。

空中校正分别在 $t=0$，0.5 和 1 分钟时间点上用量测量 Z 对惯导系统进行三次估计，估计出 $\delta\hat{P}$，$\delta\hat{v}$ 和 $\delta\hat{a}$，设计该系统的卡尔曼滤波器。

解　根据题意，可画出系统和量测的方块图，如图 2.2.5 所示。

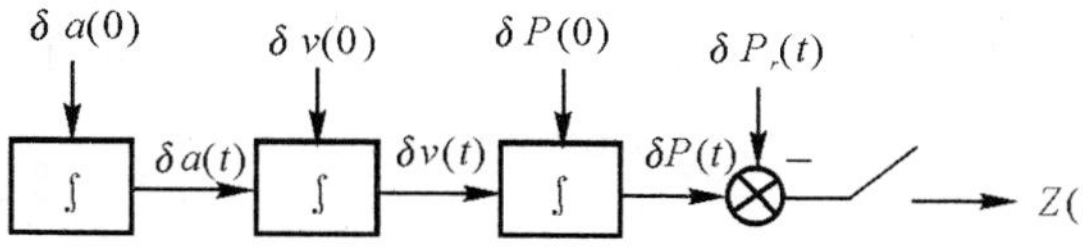

图 2.2.5　系统和量测的方块图

无线电定位系统的定位噪声是跳变剧烈的无线电噪声，可用白噪声来描述之，所以量测方程为

$$Z_k=[1\ 0\ 0]\boldsymbol{X}_k+V_k=\boldsymbol{HX}_k+V_k$$

式中

$$E[V_kV_j]=R\delta_{kj},\ E[V_k]=0$$

将系统状态方程离散化，系统转移矩阵为

$$\boldsymbol{\Phi}(T)=\boldsymbol{I}+\boldsymbol{F}T+\frac{T^2}{2!}\boldsymbol{F}^2+\frac{T^3}{3!}\boldsymbol{F}^3+\cdots=$$

$$\begin{bmatrix}1&0&0\\0&1&0\\0&0&1\end{bmatrix}+\begin{bmatrix}0&1&0\\0&0&1\\0&0&0\end{bmatrix}T+\begin{bmatrix}0&0&1\\0&0&0\\0&0&0\end{bmatrix}\frac{T^2}{2}=\begin{bmatrix}1&T&\frac{T^2}{2}\\0&1&T\\0&0&1\end{bmatrix}$$

设初始时刻状态的均值和方差阵为

$$\boldsymbol{m}_{X_0}=\begin{bmatrix}m_{P_0}\\ m_{v0}\\ m_{a0}\end{bmatrix},\quad \boldsymbol{C}_{X_0}=\begin{bmatrix}C_{P_0}&0&0\\0&C_{v0}&0\\0&0&C_{a0}\end{bmatrix}$$

在 $k=0$ 时刻作第一次定位测量和估计，即利用 Z_0 去估计 $\boldsymbol{X}_0$，并求出 $\boldsymbol{P}_0$。令

$$\hat{\boldsymbol{X}}_{0/-1}=\boldsymbol{m}_{X_0},\quad \boldsymbol{P}_{0/-1}=\boldsymbol{C}_{X_0}$$

则

$$\boldsymbol{K}_0=\boldsymbol{P}_{0/-1}\boldsymbol{H}^{\mathrm{T}}(\boldsymbol{H}\boldsymbol{P}_{0/-1}\boldsymbol{H}^{\mathrm{T}}+R)^{-1}=\begin{bmatrix}\dfrac{C_{P_0}}{C_{P_0}+R}\\ 0\\ 0\end{bmatrix}$$

$$\hat{\boldsymbol{X}}_0=\hat{\boldsymbol{X}}_{0/-1}+\boldsymbol{K}_0(Z_0-\boldsymbol{H}\hat{\boldsymbol{X}}_{0/-1})$$

现在仅从估计的均方误差来看无线电定位量测对估计的作用

$$\boldsymbol{P}_0=\boldsymbol{P}_{0/-1}-\boldsymbol{K}_0\boldsymbol{H}\boldsymbol{P}_{0/-1}=\begin{bmatrix}C_{P_0}-\dfrac{C_{P_0}^2}{C_{P_0}+R} & 0 & 0\\ 0 & C_{v0} & 0\\ 0 & 0 & C_{a0}\end{bmatrix}$$

因为惯导系统初始位置误差的方差 C_{P_0} 远比无线电定位误差的方差大，即 $C_{P_0}\gg R$，所以

$$P_0^{11}=\frac{C_{P_0}R}{C_{P_0}+R}\approx R$$

即第一次定位组合后的 δP 估计均方误差接近无线电定位误差 R，相当于惯导的定位精度被提高到接近无线电定位的精度。而 δv 和 δa 未能估计，因估计的均方误差仍为 C_{v0} 和 C_{a0}。

在第二次定位组合中，有

$$\boldsymbol{P}_{1/0}=\boldsymbol{\Phi}\boldsymbol{P}_0\boldsymbol{\Phi}^{\mathrm{T}}=\begin{bmatrix}R+C_{v0}T+C_{a0}\dfrac{T^2}{2} & C_{v0}T+C_{a0}\dfrac{T^3}{2} & C_{a0}\dfrac{T^2}{2}\\ C_{v0}T+C_{a0}\dfrac{T^3}{2} & C_{v0}+C_{a0}T^2 & C_{a0}T\\ C_{a0}\dfrac{T^2}{2} & C_{a0}T & C_{a0}\end{bmatrix}\overset{\text{def}}{=\!=}$$

$$\begin{bmatrix}P_{1/0}^{11} & P_{1/0}^{12} & P_{1/0}^{13}\\ P_{1/0}^{21} & P_{1/0}^{22} & P_{1/0}^{23}\\ P_{1/0}^{31} & P_{1/0}^{32} & P_{1/0}^{33}\end{bmatrix}$$

$$\boldsymbol{P}_1=\boldsymbol{P}_{1/0}-\boldsymbol{P}_{1/0}\boldsymbol{H}^{\mathrm{T}}(\boldsymbol{H}\boldsymbol{P}_{1/0}\boldsymbol{H}^{\mathrm{T}}+R)^{-1}\boldsymbol{H}\boldsymbol{P}_{1/0}=$$

$$\boldsymbol{P}_{1/0}-\frac{1}{P_{1/0}^{11}+R}\begin{bmatrix}(P_{1/0}^{11})^2 & P_{1/0}^{11}P_{1/0}^{12} & P_{1/0}^{11}P_{1/0}^{13}\\ P_{1/0}^{11}P_{1/0}^{12} & (P_{1/0}^{12})^2 & P_{1/0}^{12}P_{1/0}^{13}\\ P_{1/0}^{11}P_{1/0}^{13} & P_{1/0}^{12}P_{1/0}^{13} & (P_{1/0}^{13})^2\end{bmatrix}$$

即

$$P_1^{11}=P_{1/0}^{11}\left(1-\frac{P_{1/0}^{11}}{P_{1/0}^{11}+R}\right)=P_{1/0}^{11}-\frac{\left(R+C_{v0}T+C_{a0}\dfrac{T^2}{2}\right)^2}{2R+C_{v0}T+C_{a0}\dfrac{T^2}{2}}$$

$$P_1^{22}=P_{1/0}^{22}-\frac{(P_{1/0}^{12})^2}{P_{1/0}^{11}+R}=P_{1/0}^{22}-\frac{\left(C_{v0}T+C_{a0}\dfrac{T^3}{2}\right)^2}{2R+C_{v0}T+C_{a0}\dfrac{T^2}{2}}$$

$$P_1^{33}=P_{1/0}^{33}-\frac{(P_{1/0}^{13})^2}{P_{1/0}^{11}+R}=P_{1/0}^{33}\left(1-\frac{C_{a0}\dfrac{T^4}{4}}{2R+C_{v0}T+C_{a0}\dfrac{T^2}{2}}\right)$$

可以看出，在定位时间间隔 T 较短的情况下，第二次定位组合后的估计，仍是 δP 下降得较多，δv 下降次之，δa 下降最少。如果

$$C_{P0}=(1\ \text{n mile})^2,\ C_{v0}=(7.3\ \text{n mile/h})^2$$

$$C_{a0}=0,\ \sqrt{R}=9.1\ \text{m}$$

则包括高阶项的完整方程计算的结果（$\sqrt{P_k^{11}}$）如图 2.2.6 所示。可以看出，分析结果与图是一致的，其中 $\sqrt{P_{3/2}^{11}}$ 是第三次定位组合后 $\sqrt{P^{11}}$ 的演变情况。

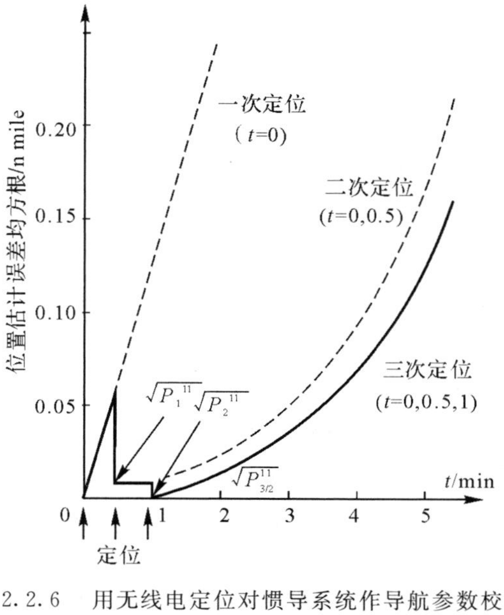

图 2.2.6　用无线电定位对惯导系统作导航参数校正

2.2.5　白噪声条件下离散型卡尔曼滤波方程的一般形式

设系统方程和量测方程的一般形式为

$$\boldsymbol{X}_k=\boldsymbol{\Phi}_{k,k-1}\boldsymbol{X}_{k-1}+\boldsymbol{B}_{k-1}\boldsymbol{u}_{k-1}+\boldsymbol{\Gamma}_{k-1}\boldsymbol{W}_{k-1} \tag{2.2.41}$$

$$\boldsymbol{Z}_k=\boldsymbol{H}_k\boldsymbol{X}_k+\boldsymbol{Y}_k+\boldsymbol{V}_k \tag{2.2.42}$$

式中，$\{\boldsymbol{u}_k\}$ 和 $\{\boldsymbol{Y}_k\}$ 都是已知的确定性输入序列，$\boldsymbol{u}_k$ 可理解为控制项，$\boldsymbol{Y}_k$ 可理解为量测的系统

性误差。其余项的规定同前，但认为同时刻的 $\boldsymbol{W}_k$ 与 $\boldsymbol{V}_k$ 是相关的，即

$$E[\boldsymbol{W}_k\boldsymbol{V}_j^{\mathrm{T}}]=\boldsymbol{S}_k\delta_{kj}$$

1. 滤波一般方程

将式(2.2.41)改写为

$$\boldsymbol{X}_k=\boldsymbol{\Phi}_{k,k-1}\boldsymbol{X}_{k-1}+\boldsymbol{B}_{k-1}\boldsymbol{u}_{k-1}+\boldsymbol{\Gamma}_{k-1}\boldsymbol{W}_{k-1}+\boldsymbol{J}_{k-1}(\boldsymbol{Z}_{k-1}-\boldsymbol{H}_{k-1}\boldsymbol{X}_{k-1}-\boldsymbol{Y}_{k-1}-\boldsymbol{V}_{k-1})$$

式中，$\boldsymbol{J}_{k-1}$ 为待定的 $n\times m$ 矩阵。令

$$\boldsymbol{\Phi}^*_{k,k-1}=\boldsymbol{\Phi}_{k,k-1}-\boldsymbol{J}_{k-1}\boldsymbol{H}_{k-1} \tag{2.2.43}$$

$$\boldsymbol{W}^*_{k-1}=\boldsymbol{\Gamma}_{k-1}\boldsymbol{W}_{k-1}-\boldsymbol{J}_{k-1}\boldsymbol{V}_{k-1} \tag{2.2.44}$$

则

$$\boldsymbol{X}_k=\boldsymbol{\Phi}^*_{k,k-1}\boldsymbol{X}_{k-1}+\boldsymbol{B}_{k-1}\boldsymbol{u}_{k-1}+\boldsymbol{J}_{k-1}(\boldsymbol{Z}_{k-1}-\boldsymbol{Y}_{k-1})+\boldsymbol{W}^*_{k-1} \tag{2.2.45}$$

显然式(2.2.45)是式(2.2.41)的恒等变形，其中 $\boldsymbol{B}_{k-1}\boldsymbol{u}_{k-1}+\boldsymbol{J}_{k-1}(\boldsymbol{Z}_{k-1}-\boldsymbol{Y}_{k-1})$ 可看做式(2.2.45)所示系统的控制项。$\{\boldsymbol{W}^*_k\}$ 和 $\{\boldsymbol{V}_k\}$ 之间的协方差函数阵为

$$E[\boldsymbol{W}^*_k\boldsymbol{V}_j^{\mathrm{T}}]=E[(\boldsymbol{\Gamma}_k\boldsymbol{W}_k-\boldsymbol{J}_k\boldsymbol{V}_k)\boldsymbol{V}_j^{\mathrm{T}}]=(\boldsymbol{\Gamma}_k\boldsymbol{S}_k-\boldsymbol{J}_k\boldsymbol{R}_k)\delta_{kj}$$

选择

$$\boldsymbol{J}_k=\boldsymbol{\Gamma}_k\boldsymbol{S}_k\boldsymbol{R}_k^{-1} \tag{2.2.46}$$

则

$$E[\boldsymbol{W}^*_k\boldsymbol{V}_j^{\mathrm{T}}]=\boldsymbol{0}$$

这说明若按式(2.2.46)选择 $\boldsymbol{J}_k$，则式(2.2.45)所示系统的系统噪声 $\boldsymbol{W}^*_k$ 与量测噪声 $\boldsymbol{V}_k$ 不相关，这就和2.2.4节中4.的情况完全一样，所以一步预测方程为

$$\begin{aligned}\hat{\boldsymbol{X}}_{k/k-1}&=\boldsymbol{\Phi}^*_{k,k-1}\hat{\boldsymbol{X}}_{k-1}+\boldsymbol{B}_{k-1}\boldsymbol{u}_{k-1}+\boldsymbol{J}_{k-1}(\boldsymbol{Z}_{k-1}-\boldsymbol{Y}_{k-1})=\\&\boldsymbol{\Phi}_{k,k-1}\hat{\boldsymbol{X}}_{k-1}+\boldsymbol{B}_{k-1}\boldsymbol{u}_{k-1}+\boldsymbol{J}_{k-1}(\boldsymbol{Z}_{k-1}-\boldsymbol{Y}_{k-1}-\boldsymbol{H}_{k-1}\hat{\boldsymbol{X}}_{k-1})\end{aligned} \tag{2.2.47}$$

从式(2.2.47)可看出，$\boldsymbol{J}_{k-1}$ 相当于状态一步预测的增益阵。

$$\hat{\boldsymbol{X}}_k=\hat{\boldsymbol{X}}_{k/k-1}+\boldsymbol{K}_k(\boldsymbol{Z}_k-\boldsymbol{Y}_k-\boldsymbol{H}_k\hat{\boldsymbol{X}}_{k/k-1}) \tag{2.2.48}$$

$$\boldsymbol{K}_k=\boldsymbol{P}_{k/k-1}\boldsymbol{H}_k^{\mathrm{T}}(\boldsymbol{H}_k\boldsymbol{P}_{k/k-1}\boldsymbol{H}_k^{\mathrm{T}}+\boldsymbol{R}_k)^{-1} \tag{2.2.49}$$

现在推导 $\boldsymbol{P}_{k/k-1}$ 和 $\boldsymbol{P}_k$。

式(2.2.45)减去式(2.2.47)，得

$$\tilde{\boldsymbol{X}}_{k/k-1}=\boldsymbol{\Phi}^*_{k,k-1}\tilde{\boldsymbol{X}}_{k-1}+\boldsymbol{W}^*_{k-1}$$

所以

$$\begin{aligned}\boldsymbol{P}_{k/k-1}&=E[\tilde{\boldsymbol{X}}_{k/k-1}\tilde{\boldsymbol{X}}^{\mathrm{T}}_{k/k-1}]=\boldsymbol{\Phi}^*_{k,k-1}\boldsymbol{P}_{k-1}\boldsymbol{\Phi}^{*\mathrm{T}}_{k,k-1}+\\&E[(\boldsymbol{\Gamma}_{k-1}\boldsymbol{W}_{k-1}-\boldsymbol{J}_{k-1}\boldsymbol{V}_{k-1})(\boldsymbol{\Gamma}_{k-1}\boldsymbol{W}_{k-1}-\boldsymbol{J}_{k-1}\boldsymbol{V}_{k-1})^{\mathrm{T}}]=\\&\boldsymbol{\Phi}^*_{k,k-1}\boldsymbol{P}_{k-1}\boldsymbol{\Phi}^{*\mathrm{T}}_{k,k-1}+\boldsymbol{\Gamma}_{k-1}\boldsymbol{Q}_{k-1}\boldsymbol{\Gamma}^{\mathrm{T}}_{k-1}+\boldsymbol{J}_{k-1}\boldsymbol{R}_{k-1}\boldsymbol{J}^{\mathrm{T}}_{k-1}-\\&\boldsymbol{\Gamma}_{k-1}\boldsymbol{S}_{k-1}\boldsymbol{J}^{\mathrm{T}}_{k-1}-\boldsymbol{J}_{k-1}\boldsymbol{S}^{\mathrm{T}}_{k-1}\boldsymbol{\Gamma}^{\mathrm{T}}_{k-1}=\\&(\boldsymbol{\Phi}_{k,k-1}-\boldsymbol{J}_{k-1}\boldsymbol{H}_{k-1})\boldsymbol{P}_{k-1}(\boldsymbol{\Phi}_{k,k-1}-\boldsymbol{J}_{k-1}\boldsymbol{H}_{k-1})^{\mathrm{T}}+\\&\boldsymbol{\Gamma}_{k-1}\boldsymbol{Q}_{k-1}\boldsymbol{\Gamma}^{\mathrm{T}}_{k-1}-\boldsymbol{J}_{k-1}\boldsymbol{S}^{\mathrm{T}}_{k-1}\boldsymbol{\Gamma}^{\mathrm{T}}_{k-1}\end{aligned} \tag{2.2.50}$$

$$\boldsymbol{P}_k=(\boldsymbol{I}-\boldsymbol{K}_k\boldsymbol{H}_k)\boldsymbol{P}_{k/k-1} \tag{2.2.51}$$

式(2.2.46)～式(2.2.51)就是系统噪声与量测噪声相关条件下离散卡尔曼滤波的一般方程。同样，当初始条件 $\hat{\boldsymbol{X}}_0=\boldsymbol{m}_{X0}$（$\boldsymbol{P}_0=\boldsymbol{C}_{X0}$）时，估计也是无偏的。

2. 一步预测一般方程

将式(2.2.47)改写成

$$\hat{\boldsymbol{X}}_{k+1/k}=\boldsymbol{\Phi}_{k+1,k}\hat{\boldsymbol{X}}_k+\boldsymbol{B}_k\boldsymbol{u}_k+\boldsymbol{J}_k(\boldsymbol{Z}_k-\boldsymbol{Y}_k-\boldsymbol{H}_k\hat{\boldsymbol{X}}_k)=$$
$$(\boldsymbol{\Phi}_{k+1,k}-\boldsymbol{J}_k\boldsymbol{H}_k)\hat{\boldsymbol{X}}_k+\boldsymbol{B}_k\boldsymbol{u}_k+\boldsymbol{J}_k(\boldsymbol{Z}_k-\boldsymbol{Y}_k)$$

式(2.2.48)代入上式,得

$$\hat{\boldsymbol{X}}_{k+1/k}=(\boldsymbol{\Phi}_{k+1,k}-\boldsymbol{J}_k\boldsymbol{H}_k)[\hat{\boldsymbol{X}}_{k/k-1}+\boldsymbol{K}_k(\boldsymbol{Z}_k-\boldsymbol{Y}_k-\boldsymbol{H}_k\hat{\boldsymbol{X}}_{k/k-1})]+\boldsymbol{B}_k\boldsymbol{u}_k+\boldsymbol{J}_k(\boldsymbol{Z}_k-\boldsymbol{Y}_k)=$$
$$\boldsymbol{\Phi}_{k+1,k}\hat{\boldsymbol{X}}_{k/k-1}+\boldsymbol{B}_k\boldsymbol{u}_k+(\boldsymbol{\Phi}_{k+1,k}\boldsymbol{K}_k+\boldsymbol{J}_k-\boldsymbol{J}_k\boldsymbol{H}_k\boldsymbol{K}_k)(\boldsymbol{Z}_k-\boldsymbol{Y}_k-\boldsymbol{H}_k\hat{\boldsymbol{X}}_{k/k-1})$$

令

$$\boldsymbol{\Phi}_{k+1,k}\boldsymbol{K}_k+\boldsymbol{J}_k-\boldsymbol{J}_k\boldsymbol{H}_k\boldsymbol{K}_k\overset{\det}{=}\bar{\boldsymbol{K}}_k \tag{2.2.52}$$

则

$$\hat{\boldsymbol{X}}_{k+1/k}=\boldsymbol{\Phi}_{k+1,k}\hat{\boldsymbol{X}}_{k/k-1}+\boldsymbol{B}_k\boldsymbol{u}_k+\bar{\boldsymbol{K}}_k(\boldsymbol{Z}_k-\boldsymbol{Y}_k-\boldsymbol{H}_k\hat{\boldsymbol{X}}_{k/k-1}) \tag{2.2.53}$$

根据式(2.2.46),$\bar{\boldsymbol{K}}_k$ 可写成

$$\bar{\boldsymbol{K}}_k=\boldsymbol{\Phi}_{k+1,k}\boldsymbol{K}_k+\boldsymbol{\Gamma}_k\boldsymbol{S}_k\boldsymbol{R}_k^{-1}(\boldsymbol{I}-\boldsymbol{H}_k\boldsymbol{K}_k)$$

又因

$$\boldsymbol{I}-\boldsymbol{H}_k\boldsymbol{K}_k=\boldsymbol{I}-\boldsymbol{H}_k\boldsymbol{P}_{k/k-1}\boldsymbol{H}_k^{\mathrm{T}}(\boldsymbol{H}_k\boldsymbol{P}_{k/k-1}\boldsymbol{H}_k^{\mathrm{T}}+\boldsymbol{R}_k)^{-1}=$$
$$(\boldsymbol{H}_k\boldsymbol{P}_{k/k-1}\boldsymbol{H}_k^{\mathrm{T}}+\boldsymbol{R}_k)(\boldsymbol{H}_k\boldsymbol{P}_{k/k-1}\boldsymbol{H}_k^{\mathrm{T}}+\boldsymbol{R}_k)^{-1}-$$
$$\boldsymbol{H}_k\boldsymbol{P}_{k/k-1}\boldsymbol{H}_k^{\mathrm{T}}(\boldsymbol{H}_k\boldsymbol{P}_{k/k-1}\boldsymbol{H}_k^{\mathrm{T}}+\boldsymbol{R}_k)^{-1}=$$
$$\boldsymbol{R}_k(\boldsymbol{H}_k\boldsymbol{P}_{k/k-1}\boldsymbol{H}_k^{\mathrm{T}}+\boldsymbol{R}_k)^{-1}$$

所以

$$\bar{\boldsymbol{K}}=(\boldsymbol{\Phi}_{k+1,k}\boldsymbol{P}_{k/k-1}\boldsymbol{H}_k^{\mathrm{T}}+\boldsymbol{\Gamma}_k\boldsymbol{S}_k)(\boldsymbol{H}_k\boldsymbol{P}_{k/k-1}\boldsymbol{H}_k^{\mathrm{T}}+\boldsymbol{R}_k)^{-1} \tag{2.2.54}$$

下面求预测均方误差阵。将式(2.2.42)代入式(2.2.53),得

$$\hat{\boldsymbol{X}}_{k+1/k}=\boldsymbol{\Phi}_{k+1,k}\hat{\boldsymbol{X}}_{k/k-1}+\boldsymbol{B}_k\boldsymbol{u}_k+\bar{\boldsymbol{K}}_k[\boldsymbol{H}_k(\boldsymbol{X}_k-\hat{\boldsymbol{X}}_{k/k-1})+\boldsymbol{V}_k]$$

所以

$$\tilde{\boldsymbol{X}}_{k+1/k}=(\boldsymbol{\Phi}_{k+1,k}-\bar{\boldsymbol{K}}_k\boldsymbol{H}_k)\tilde{\boldsymbol{X}}_{k/k-1}+\boldsymbol{\Gamma}_k\boldsymbol{W}_k-\bar{\boldsymbol{K}}_k\boldsymbol{V}_k$$
$$\boldsymbol{P}_{k+1/k}=E[\tilde{\boldsymbol{X}}_{k+1/k}\tilde{\boldsymbol{X}}_{k+1/k}^{\mathrm{T}}]=(\boldsymbol{\Phi}_{k+1,k}-\bar{\boldsymbol{K}}_k\boldsymbol{H}_k)\boldsymbol{P}_{k/k-1}(\boldsymbol{\Phi}_{k+1,k}-\bar{\boldsymbol{K}}_k\boldsymbol{H}_k)^{\mathrm{T}}+$$
$$\boldsymbol{\Gamma}_k\boldsymbol{Q}_k\boldsymbol{\Gamma}_k^{\mathrm{T}}+\bar{\boldsymbol{K}}_k\boldsymbol{R}_k\bar{\boldsymbol{K}}_k^{\mathrm{T}}-\boldsymbol{\Gamma}_k\boldsymbol{S}_k\bar{\boldsymbol{K}}_k^{\mathrm{T}}-\bar{\boldsymbol{K}}_k\boldsymbol{S}_k^{\mathrm{T}}\boldsymbol{\Gamma}_k^{\mathrm{T}}=$$
$$\boldsymbol{\Phi}_{k+1,k}\boldsymbol{P}_{k/k-1}\boldsymbol{\Phi}_{k+1,k}^{\mathrm{T}}+\boldsymbol{\Gamma}_k\boldsymbol{Q}_k\boldsymbol{\Gamma}_k^{\mathrm{T}}-\bar{\boldsymbol{K}}_k(\boldsymbol{H}_k\boldsymbol{P}_{k/k-1}\boldsymbol{\Phi}_{k+1,k}^{\mathrm{T}}+\boldsymbol{S}_k^{\mathrm{T}}\boldsymbol{\Gamma}_k^{\mathrm{T}})-$$
$$(\boldsymbol{\Phi}_{k+1,k}\boldsymbol{P}_{k/k-1}\boldsymbol{H}_k^{\mathrm{T}}+\boldsymbol{\Gamma}_k\boldsymbol{S}_k)\bar{\boldsymbol{K}}_k^{\mathrm{T}}+\bar{\boldsymbol{K}}_k(\boldsymbol{H}_k\boldsymbol{P}_{k/k-1}\boldsymbol{H}_k^{\mathrm{T}}+\boldsymbol{R}_k)\bar{\boldsymbol{K}}_k^{\mathrm{T}}$$

将式(2.2.54)代入上式,经整理,得

$$\boldsymbol{P}_{k+1/k}=\boldsymbol{\Phi}_{k+1,k}\boldsymbol{P}_{k/k-1}\boldsymbol{\Phi}_{k+1,k}^{\mathrm{T}}+\boldsymbol{\Gamma}_k\boldsymbol{Q}_k\boldsymbol{\Gamma}_k^{\mathrm{T}}-\bar{\boldsymbol{K}}_k(\boldsymbol{H}_k\boldsymbol{P}_{k/k-1}\boldsymbol{\Phi}_{k+1,k}^{\mathrm{T}}+\boldsymbol{S}_k^{\mathrm{T}}\boldsymbol{\Gamma}_k^{\mathrm{T}}) \tag{2.2.55}$$

式(2.2.53)、式(2.2.54)和式(2.2.55)即为一步预测一般方程。如果 $\boldsymbol{S}_k=\boldsymbol{0}$,则式(2.2.55)和式(2.2.40)完全一样。

一般方程除了适用于系统和量测有确定性的输入项以及噪声之间相关等情况外,在处理量测中的有色噪声时也要用到,这将在第三章中讨论。

2.3　连续型卡尔曼滤波

采用递推算法是离散型卡尔曼滤波的最大优点,算法可由计算机执行,不必存储时间过程中的大量量测数据,因此离散型卡尔曼滤波在工程上得到了广泛的应用。虽然很多物理系统是连续系统,但只要离散化,就能使用离散型卡尔曼滤波方程。

连续型卡尔曼滤波则根据连续时间过程中的量测值，采用求解矩阵微分方程的方法估计系统状态变量的时间连续值，因此算法失去了递推性。连续型卡尔曼滤波是最优估计理论中的一部分，讨论该算法是为了使读者加深对卡尔曼滤波理论的理解。

2.3.1　连续型卡尔曼滤波方程的推导

连续型卡尔曼滤波方程可在离散型卡尔曼滤波基本方程的基础上推导出来。基本思路是：将连续系统离散化，应用离散型卡尔曼滤波基本方程和导数概念推导出连续型滤波方程。为叙述方便，先介绍一些基本关系。

1. 连续型白噪声过程和等效白噪声序列之间的关系

设连续系统的系统方程和量测方程分别为

$$\left.\begin{aligned}\dot{\boldsymbol{X}}(t)&=\boldsymbol{F}(t)\boldsymbol{X}(t)+\boldsymbol{G}(t)\boldsymbol{w}(t)\\ \boldsymbol{Z}(t)&=\boldsymbol{H}(t)\boldsymbol{X}(t)+\boldsymbol{v}(t)\end{aligned}\right\}\tag{2.3.1}$$

式中

$$\left.\begin{aligned}E[\boldsymbol{w}(t)]=\boldsymbol{0},\quad E[\boldsymbol{w}(t)\boldsymbol{w}^{\mathrm{T}}(\tau)]=\boldsymbol{q}(t)\delta(t-\tau)\\ E[\boldsymbol{v}(t)]=\boldsymbol{0},\quad E[\boldsymbol{v}(t)\boldsymbol{v}^{\mathrm{T}}(\tau)]=\boldsymbol{r}(t)\delta(t-\tau)\end{aligned}\right\}\tag{2.3.2}$$

$\boldsymbol{w}(t)$ 和 $\boldsymbol{v}(t)$ 不相关，$\boldsymbol{q}(t)$ 为非负定阵，$\boldsymbol{r}(t)$ 为正定阵。

对式(2.3.1)和式(2.3.2)作离散化处理，得

$$\left.\begin{aligned}\boldsymbol{X}(t_k+\Delta t)&=\boldsymbol{\Phi}(t_k+\Delta t,t_k)\boldsymbol{X}(t_k)+\int_{t_k}^{t_k+\Delta t}\boldsymbol{\Phi}(t_k+\Delta t,\tau)\boldsymbol{G}(\tau)\boldsymbol{w}(\tau)\mathrm{d}\tau\\ \boldsymbol{Z}(t_k+\Delta t)&=\boldsymbol{H}(t_k+\Delta t)\boldsymbol{X}(t_k+\Delta t)+\boldsymbol{V}_k\end{aligned}\right\}\tag{2.3.3}$$

式中，$\boldsymbol{\Phi}(t_k+\Delta t,t_k)$ 满足方程

$$\left.\begin{aligned}\dot{\boldsymbol{\Phi}}(t,t_k)&=\boldsymbol{F}(t)\boldsymbol{\Phi}(t,t_k)\\ \boldsymbol{\Phi}(t_k,t_k)&=\boldsymbol{I}\end{aligned}\right\}\tag{2.3.4}$$

作如下等效处理

$$\boldsymbol{W}_k=\frac{1}{\Delta t}\int_{t_k}^{t_k+\Delta t}\boldsymbol{w}(t)\mathrm{d}t\tag{2.3.5}$$

$$\boldsymbol{V}_k=\frac{1}{\Delta t}\int_{t_k}^{t_k+\Delta t}\boldsymbol{v}(t)\mathrm{d}t\tag{2.3.6}$$

根据式(2.3.5)对 $\boldsymbol{W}_k$ 的定义，有

$$\begin{aligned}E[\boldsymbol{W}_k\boldsymbol{W}_j^{\mathrm{T}}]=E\left[\frac{1}{\Delta t}\int_{t_k}^{t_k+\Delta t}\boldsymbol{w}(t)\mathrm{d}t\;\frac{1}{\Delta t}\int_{t_j}^{t_j+\Delta t}\boldsymbol{w}^{\mathrm{T}}(\tau)\mathrm{d}\tau\right]=\\ \frac{1}{\Delta t^2}\int_{t_k}^{t_k+\Delta t}\int_{t_j}^{t_j+\Delta t}E[\boldsymbol{w}(t)\boldsymbol{w}^{\mathrm{T}}(\tau)]\mathrm{d}\tau\,\mathrm{d}t=\\ \frac{1}{\Delta t^2}\int_{t_k}^{t_k+\Delta t}\boldsymbol{q}(t)\int_{t_j}^{t_j+\Delta t}\delta(t-\tau)\mathrm{d}\tau\,\mathrm{d}t\end{aligned}$$

由于积分变量 $t\in[t_k,t_k+\Delta t)$，$\tau\in[t_j,t_j+\Delta t)$，而当 $t\neq\tau$ 时，$\delta(t-\tau)=0$，所以只有当上述两积分区间重合时，即 $j=k$ 时，上述积分才不为零，所以

$$E[\boldsymbol{W}_k\boldsymbol{W}_j^{\mathrm{T}}]=\frac{1}{\Delta t^2}\int_{t_k}^{t_k+\Delta t}\boldsymbol{q}(t)\int_{t_j}^{t_j+\Delta t}\delta(t-\tau)\mathrm{d}\tau\,\mathrm{d}t\delta_{kj}=\frac{1}{\Delta t^2}\int_{t_k}^{t_k+\Delta t}\boldsymbol{q}(t)\mathrm{d}t\delta_{kj}$$

$\boldsymbol{q}(t)$ 是白噪声过程 $\boldsymbol{w}(t)$ 的协方差强度阵，虽然 $\boldsymbol{w}(t)$ 变化剧烈，但 $\boldsymbol{q}(t)$ 变化比较缓慢，对平稳

过程，$\boldsymbol{q}(t)$ 是常阵，根本不随时间而变，所以当 Δt 不大时，$\boldsymbol{q}(t)$ 在该区间内可近似看做常阵，则

$$E[\boldsymbol{W}_k\boldsymbol{W}_j^{\mathrm{T}}] \approx \frac{1}{\Delta t^2}\boldsymbol{q}(t_k)\int_{t_k}^{t_k+\Delta t} 1\mathrm{d}t\delta_{kj} = \frac{\boldsymbol{q}(t_k)}{\Delta t}\delta_{kj} \tag{2.3.7}$$

从式(2.3.7) 可看出，白噪声序列 $\boldsymbol{W}_k$ 的协方差阵为

$$\boldsymbol{Q}_k = \frac{\boldsymbol{q}(t_k)}{\Delta t} \tag{2.3.8}$$

同理可得

$$E[\boldsymbol{V}_k\boldsymbol{V}_j^{\mathrm{T}}] = \boldsymbol{R}_k\delta_{kj}$$

式中

$$\boldsymbol{R}_k = \frac{\boldsymbol{r}(t_k)}{\Delta t} \tag{2.3.9}$$

根据式(2.3.5)，式(2.3.3) 可近似为

$$\boldsymbol{X}(t_k+\Delta t) \approx \boldsymbol{\Phi}(t_k+\Delta t, t_k)\boldsymbol{X}(t_k) + \boldsymbol{\Gamma}(t_k+\Delta t, t_k)\boldsymbol{W}_k \tag{2.3.10}$$

式中

$$\boldsymbol{\Gamma}(t_k+\Delta t, t_k) = \int_{t_k}^{t_k+\Delta t}\boldsymbol{\Phi}(t_k+\Delta t, \tau)\boldsymbol{G}(\tau)\mathrm{d}\tau \tag{2.3.11}$$

Δt 越小，式(2.3.10) 的近似度就越好。

2. 连续型卡尔曼滤波基本方程的推导

根据滤波基本方程式(2.2.4)，并考虑式(2.3.8) 和式(2.3.9)，得等效离散系统的卡尔曼滤波基本方程为

$$\hat{\boldsymbol{X}}(t_k+\Delta t/t_k) = \boldsymbol{\Phi}(t_k+\Delta t, t_k)\hat{\boldsymbol{X}}(t_k/t_k) \tag{2.3.12}$$

$$\begin{aligned}\hat{\boldsymbol{X}}(t_k+\Delta t/t_k+\Delta t) = \hat{\boldsymbol{X}}(t_k+\Delta t/t_k) + \boldsymbol{K}(t_k+\Delta t)[\boldsymbol{Z}(t_k+\Delta t) - \\ \boldsymbol{H}(t_k+\Delta t)\hat{\boldsymbol{X}}(t_k+\Delta t/t_k)]\end{aligned} \tag{2.3.13}$$

$$\boldsymbol{K}(t_k+\Delta t) = \boldsymbol{P}(t_k+\Delta t/t_k+\Delta t)\boldsymbol{H}^{\mathrm{T}}(t_k+\Delta t)\left[\frac{\boldsymbol{r}(t_k+\Delta t)}{\Delta t}\right]^{-1} \tag{2.3.14}$$

$$\boldsymbol{P}(t_k+\Delta t/t_k+\Delta t) = [\boldsymbol{I} - \boldsymbol{K}(t_k+\Delta t)\boldsymbol{H}(t_k+\Delta t)]\boldsymbol{P}(t_k+\Delta t/t_k) \tag{2.3.15}$$

$$\begin{aligned}\boldsymbol{P}(t_k+\Delta t/t_k) = \boldsymbol{\Phi}(t_k+\Delta t, t_k)\boldsymbol{P}(t_k/t_k)\boldsymbol{\Phi}^{\mathrm{T}}(t_k+\Delta t, t_k) + \\ \boldsymbol{\Gamma}(t_k+\Delta t, t_k)\frac{\boldsymbol{q}(t_k)}{\Delta t}\boldsymbol{\Gamma}^{\mathrm{T}}(t_k+\Delta t, t_k)\end{aligned} \tag{2.3.16}$$

将 $\boldsymbol{\Gamma}(t_k+\Delta t, t_k)$ 和 $\boldsymbol{\Phi}(t_k+\Delta t, t_k)$ 在 t_k 处作泰勒级数展开。应用式(2.3.4) 所列关系，得

$$\begin{aligned}\boldsymbol{\Phi}(t_k+\Delta t, t_k) = \dot{\boldsymbol{\Phi}}(t_k, t_k) + \dot{\boldsymbol{\Phi}}(t_k+\Delta t, t_k)\big|_{\Delta t=0}\Delta t + \boldsymbol{\varepsilon}_1(\Delta t) = \\ \boldsymbol{I} + \boldsymbol{F}(t_k)\Delta t + \boldsymbol{\varepsilon}_1(\Delta t)\end{aligned} \tag{2.3.17}$$

式中，$\boldsymbol{\varepsilon}_1(\Delta t)$ 为 Δt 的高阶无穷小量。

$$\boldsymbol{\Gamma}(t_k+\Delta t, t_k) = \boldsymbol{\Gamma}(t_k, t_k) + \dot{\boldsymbol{\Gamma}}(t_k+\Delta t, t_k)\big|_{\Delta t=0}\Delta t + \boldsymbol{\varepsilon}_2(\Delta t)$$

由式(2.3.11) 知

$$\boldsymbol{\Gamma}(t_k, t_k) = \boldsymbol{0}$$

$$\dot{\boldsymbol{\Gamma}}(t_k+\Delta t, t_k)\big|_{\Delta t=0} = \boldsymbol{\Phi}(t_k+\Delta t, t_k+\Delta t)\boldsymbol{G}(t_k+\Delta t)\big|_{\Delta t=0} = \boldsymbol{G}(t_k)$$

所以

$$\boldsymbol{\Gamma}(t_k+\Delta t, t_k) = \boldsymbol{G}(t_k)\Delta t + \boldsymbol{\varepsilon}_2(\Delta t) \tag{2.3.18}$$

式中，$\boldsymbol{\varepsilon}_2(\Delta t)$ 为 Δt 的高阶无穷小。

根据导数定义,并注意到 $\Delta t \to 0$ 时,$t_k = k\Delta t$ 成为连续时间变量,且记为 t,有

$$
\begin{aligned}
\dot{\hat{\boldsymbol{X}}}(t/t) = &\lim_{\Delta t\to 0}\frac{\hat{\boldsymbol{X}}(t_k+\Delta t/t_k+\Delta t)-\hat{\boldsymbol{X}}(t_k/t_k)}{\Delta t} = \\
&\lim_{\Delta t\to 0}\frac{1}{\Delta t}[\boldsymbol{\Phi}(t_k+\Delta t,t_k)-\boldsymbol{I}]\hat{\boldsymbol{X}}(t_k/t_k)+ \\
&\lim_{\Delta t\to 0}\frac{1}{\Delta t}\boldsymbol{K}(t_k+\Delta t)[\boldsymbol{Z}(t_k+\Delta t)-\boldsymbol{H}(t_k+\Delta t)\hat{\boldsymbol{X}}(t_k+\Delta t/t_k)] = \\
&\lim_{\Delta t\to 0}\frac{1}{\Delta t}[\boldsymbol{F}(t_k)\Delta t+\boldsymbol{\varepsilon}_1(\Delta t)]\hat{\boldsymbol{X}}(t_k/t_k)+ \\
&\lim_{\Delta t\to 0}\frac{1}{\Delta t}\boldsymbol{P}(t_k+\Delta t/t_k+\Delta t)\boldsymbol{H}^{\mathrm{T}}(t_k+\Delta t)\boldsymbol{r}^{-1}(t_k+\Delta t)\Delta t\cdot \\
&[\boldsymbol{Z}(t_k+\Delta t)-\boldsymbol{H}(t_k+\Delta t)\hat{\boldsymbol{X}}(t_k+\Delta t/t_k)] = \\
&\boldsymbol{F}(t)\hat{\boldsymbol{X}}(t/t)+\boldsymbol{P}(t/t)\boldsymbol{H}^{\mathrm{T}}(t)\boldsymbol{r}^{-1}(t)[\boldsymbol{Z}(t)-\boldsymbol{H}(t)\hat{\boldsymbol{X}}(t/t)]
\end{aligned}
$$

记

$$
\boldsymbol{K}(t)=\boldsymbol{P}(t/t)\boldsymbol{H}^{\mathrm{T}}(t)\boldsymbol{r}^{-1}(t)
$$

则

$$
\dot{\hat{\boldsymbol{X}}}(t/t)=\boldsymbol{F}(t)\hat{\boldsymbol{X}}(t/t)+\boldsymbol{K}(t)[\boldsymbol{Z}(t)-\boldsymbol{H}(t)\hat{\boldsymbol{X}}(t/t)]
$$

将式(2.3.16)代入式(2.3.15),得

$$
\begin{aligned}
\boldsymbol{P}(t_k+\Delta t/t_k+\Delta t) = &[\boldsymbol{I}-\boldsymbol{K}(t_k+\Delta t)\boldsymbol{H}(t_k+\Delta t)][\boldsymbol{\Phi}(t_k+\Delta t,t_k)\cdot \\
&\boldsymbol{P}(t_k/t_k)\boldsymbol{\Phi}^{\mathrm{T}}(t_k+\Delta t,t_k)+\boldsymbol{\Gamma}(t_k+\Delta t,t_k)\frac{\boldsymbol{q}(t_k)}{\Delta t}\boldsymbol{\Gamma}^{\mathrm{T}}(t_k+\Delta t,t_k)] = \\
&[\boldsymbol{I}-\boldsymbol{P}(t_k+\Delta t/t_k+\Delta t)\boldsymbol{H}^{\mathrm{T}}(t_k+\Delta t)\boldsymbol{r}^{-1}(t_k+\Delta t)\cdot \\
&\Delta t\boldsymbol{H}(t_k+\Delta t)]\{[\boldsymbol{I}+\boldsymbol{F}(t_k)\Delta t+\boldsymbol{\varepsilon}_1(\Delta t)]\cdot \\
&\boldsymbol{P}(t_k/t_k)[\boldsymbol{I}+\boldsymbol{F}(t_k)\Delta t+\boldsymbol{\varepsilon}_1(\Delta t)]^{\mathrm{T}}+ \\
&[\boldsymbol{G}(t_k)\Delta t+\boldsymbol{\varepsilon}_2(\Delta t)]\frac{\boldsymbol{q}(t_k)}{\Delta t}[\boldsymbol{G}(t_k)\Delta t+\boldsymbol{\varepsilon}_2(\Delta t)]^{\mathrm{T}}\} = \\
&\boldsymbol{P}(t_k/t_k)+\boldsymbol{P}(t_k/t_k)\boldsymbol{F}^{\mathrm{T}}(t_k)\Delta t+\boldsymbol{F}(t_k)\boldsymbol{P}(t_k/t_k)\Delta t- \\
&\boldsymbol{P}(t_k+\Delta t/t_k+\Delta t)\boldsymbol{H}^{\mathrm{T}}(t_k+\Delta t)\boldsymbol{r}^{-1}(t_k+\Delta t)\Delta t\cdot \\
&\boldsymbol{H}(t_k+\Delta t)\boldsymbol{P}(t_k/t_k)+\boldsymbol{G}(t_k)\boldsymbol{q}(t_k)\boldsymbol{G}^{\mathrm{T}}(t_k)\Delta t+\boldsymbol{E}(\Delta t)
\end{aligned}
$$

式中,$\boldsymbol{E}(\Delta t)$ 是 Δt 的高阶小量。所以

$$
\begin{aligned}
\dot{\boldsymbol{P}}(t/t) = &\lim_{\Delta t\to 0}\frac{\boldsymbol{P}(t_k+\Delta t/t_k+\Delta t)-\boldsymbol{P}(t_k/t_k)}{\Delta t} = \\
&\lim_{\Delta t\to 0}[\boldsymbol{P}(t_k/t_k)\boldsymbol{F}^{\mathrm{T}}(t_k)+\boldsymbol{F}(t_k)\boldsymbol{P}(t_k/t_k)-\boldsymbol{P}(t_k+\Delta t/t_k+\Delta t)\cdot \\
&\boldsymbol{H}^{\mathrm{T}}(t_k+\Delta t)\boldsymbol{r}^{-1}(t_k+\Delta t)\boldsymbol{H}(t_k+\Delta t)\boldsymbol{P}(t_k/t_k)+ \\
&\boldsymbol{G}(t_k)\boldsymbol{q}(t_k)\boldsymbol{G}^{\mathrm{T}}(t_k)+\frac{\boldsymbol{E}(\Delta t)}{\Delta t}]
\end{aligned}
$$

注意到$\dfrac{\boldsymbol{E}(\Delta t)}{\Delta t}$至少是关于 Δt 的一阶多项式,当 $\Delta t \to 0$ 时 t_k 成为连续变量,所以

$$
\begin{aligned}
\dot{\boldsymbol{P}}(t/t)=\boldsymbol{P}(t/t)\boldsymbol{F}^{\mathrm{T}}(t)+\boldsymbol{F}(t)\boldsymbol{P}(t/t)-\boldsymbol{P}(t/t)\boldsymbol{H}^{\mathrm{T}}(t)\boldsymbol{r}^{-1}(t)\cdot \\
\boldsymbol{H}(t)\boldsymbol{P}(t/t)+\boldsymbol{G}(t)\boldsymbol{q}(t)\boldsymbol{G}^{\mathrm{T}}(t)
\end{aligned}
$$

记 $\hat{\boldsymbol{X}}(t)=\hat{\boldsymbol{X}}(t/t)$,$\boldsymbol{P}(t)=\boldsymbol{P}(t/t)$,则上述所推方程可写成

$$\dot{\hat{\boldsymbol{X}}}(t)=\boldsymbol{F}(t)\hat{\boldsymbol{X}}(t)+\boldsymbol{K}(t)[\boldsymbol{Z}(t)-\boldsymbol{H}(t)\hat{\boldsymbol{X}}(t)] \tag{2.3.19}$$

$$\boldsymbol{K}(t)=\boldsymbol{P}(t)\boldsymbol{H}^{\mathrm{T}}(t)\boldsymbol{r}^{-1}(t) \tag{2.3.20}$$

$$\dot{\boldsymbol{P}}(t)=\boldsymbol{P}(t)\boldsymbol{F}^{\mathrm{T}}(t)+\boldsymbol{F}(t)\boldsymbol{P}(t)-\boldsymbol{P}(t)\boldsymbol{H}^{\mathrm{T}}(t)\boldsymbol{r}^{-1}(t)\boldsymbol{H}(t)\boldsymbol{P}(t)+\boldsymbol{G}(t)\boldsymbol{q}(t)\boldsymbol{G}^{\mathrm{T}}(t) \tag{2.3.21}$$

式(2.3.19)、式(2.3.20)和式(2.3.21)即为连续型卡尔曼滤波基本方程，这是一组矩阵微分方程组，其中式(2.3.21)是关于 $\boldsymbol{P}(t)$ 的非线性矩阵微分方程，称之为黎卡蒂(Riccati)方程。解这组矩阵微分方程的初值选取如下

$$\hat{\boldsymbol{X}}(t_0)=E[\boldsymbol{X}(t_0)]$$

$$\boldsymbol{P}(t_0)=\mathrm{Var}[\boldsymbol{X}(t_0)]$$

例 2-16　$\alpha-\beta$ 滤波。

设被估计信息 $S(t)$ 是时间的近似线性函数，即可近似为

$$S(t)=a+bt$$

但具有模型误差 $\ddot{S}(t)=w(t)$，$w(t)$ 为零均值的白噪声过程，协方差为 $E[w(t)w(\tau)]=q\delta(t-\tau)$。$S(t)$ 的量测值为

$$Z(t)=S(t)+V(t)$$

量测噪声 $V(t)$ 也是零均值的白噪声过程，协方差为 $E[V(t)V(\tau)]=r\delta(t-\tau)$。求卡尔曼滤波器达到稳态时的增益阵 $\boldsymbol{K}$。

解　选取状态变量

$$X_1=S(t),\ X_2=\dot{S}(t)$$

则状态方程为

$$\dot{\boldsymbol{X}}(t)=\boldsymbol{F}\boldsymbol{X}(t)+\boldsymbol{w}(t)$$

式中

$$\boldsymbol{F}=\begin{bmatrix}0 & 1\\ 0 & 0\end{bmatrix},\ \boldsymbol{w}(t)=\begin{bmatrix}0\\ \boldsymbol{w}(t)\end{bmatrix}$$

$$E[\boldsymbol{w}(t)]=\boldsymbol{0},\ E[\boldsymbol{w}(t)\boldsymbol{w}^{\mathrm{T}}(\tau)]=\begin{bmatrix}0 & 0\\ 0 & q\end{bmatrix}\delta(t-\tau)$$

即

$$\boldsymbol{q}(t)=\begin{bmatrix}0 & 0\\ 0 & q\end{bmatrix}$$

量测方程为

$$Z(t)=\boldsymbol{H}\boldsymbol{X}+V(t)$$

式中

$$\boldsymbol{H}=[1\ 0],\quad E[V(t)V(\tau)]=r\delta(t-\tau)$$

可以证明系统完全可控和完全可观测，所以卡尔曼滤波器是渐近稳定的。当滤波达到稳定时，$\dot{\boldsymbol{P}}(t)=\boldsymbol{0}$，所以黎卡蒂方程为

$$\boldsymbol{F}\boldsymbol{P}+\boldsymbol{P}\boldsymbol{F}^{\mathrm{T}}-\boldsymbol{P}\boldsymbol{H}^{\mathrm{T}}r^{-1}\boldsymbol{H}\boldsymbol{P}+\boldsymbol{q}=\boldsymbol{0}$$

由此可解得滤波达到稳态时的协方差阵为

$$\boldsymbol{P}=\begin{bmatrix}P_{11} & P_{12}\\ P_{21} & P_{22}\end{bmatrix}=\begin{bmatrix}\sqrt{2r\sqrt{qr}} & \sqrt{qr}\\ \sqrt{qr} & \sqrt{2q\sqrt{qr}}\end{bmatrix}$$

所以稳态增益阵为

$$\boldsymbol{K}=\boldsymbol{P}\boldsymbol{H}^{\mathrm{T}}\boldsymbol{r}^{-1}=\begin{bmatrix}\sqrt{2\sqrt{q/r}}\\ \sqrt{q/r}\end{bmatrix}=\begin{bmatrix}\alpha\\ \beta\end{bmatrix}$$

例 2-17 设线性系统的状态方程为

$$\dot{X}(t)=FX(t)+w(t)$$

量测方程为

$$\boldsymbol{Z}(t)=\boldsymbol{H}X(t)+\boldsymbol{V}(t)$$

式中，F 为常值，$\boldsymbol{Z}=\begin{bmatrix}Z_1\\ Z_2\end{bmatrix}$，$\boldsymbol{H}=\begin{bmatrix}1\\ 1\end{bmatrix}$，$\boldsymbol{V}(t)=\begin{bmatrix}V_1(t)\\ V_2(t)\end{bmatrix}$，$w(t)$，$V_1(t)$，$V_2(t)$ 是零均值互不相关的白噪声过程，且

$$E[w(t)w(\tau)]=q\delta(t-\tau)$$

$$E[\boldsymbol{V}(t)\boldsymbol{V}^{\mathrm{T}}(\tau)]=\begin{bmatrix}r_1 & 0\\ 0 & r_2\end{bmatrix}\delta(t-\tau)$$

求滤波达到稳态时的状态估计方程。

解 滤波达到稳态时

$$\dot{P}=FP+PF-P\boldsymbol{H}^{\mathrm{T}}\boldsymbol{r}^{-1}\boldsymbol{H}P+q=0$$

即

$$FP+FP-P[1\ 1]\begin{bmatrix}r_1 & 0\\ 0 & r_2\end{bmatrix}^{-1}\begin{bmatrix}1\\ 1\end{bmatrix}P+q=0$$

$$\left(\frac{1}{r_1}+\frac{1}{r_2}\right)P^2-2FP-q=0$$

解得

$$P=\frac{F+\sqrt{F^2+q\left(\dfrac{1}{r_1}+\dfrac{1}{r_2}\right)}}{\dfrac{1}{r_1}+\dfrac{1}{r_2}}$$

$$\boldsymbol{K}=P\boldsymbol{H}^{\mathrm{T}}\boldsymbol{r}^{-1}=P[1\ 1]\begin{bmatrix}\dfrac{1}{r_1} & 0\\ 0 & \dfrac{1}{r_2}\end{bmatrix}=\begin{bmatrix}\dfrac{P}{r_1} & \dfrac{P}{r_2}\end{bmatrix}$$

$$\dot{\hat{X}}(t)=F\hat{X}(t)+\boldsymbol{K}[\boldsymbol{Z}(t)-\boldsymbol{H}\hat{X}(t)]$$

$$\dot{\hat{X}}(t)=F\hat{X}(t)+\begin{bmatrix}\dfrac{P}{r_1} & \dfrac{P}{r_2}\end{bmatrix}\left\{\begin{bmatrix}Z_1(t)\\ Z_2(t)\end{bmatrix}-\begin{bmatrix}1\\ 1\end{bmatrix}\hat{X}(t)\right\}=$$

$$\left(F-\frac{P}{r_1}-\frac{P}{r_2}\right)\hat{X}(t)+\frac{P}{r_1}Z_1(t)+\frac{P}{r_2}Z_2(t)$$

2.3.2 黎卡蒂方程的求解

定理 2.11

黎卡蒂方程(见式(2.3.21))

$$\dot{\boldsymbol{P}}(t)=\boldsymbol{P}(t)\boldsymbol{F}^{\mathrm{T}}(t)+\boldsymbol{F}()(t)\boldsymbol{P}(t)-\boldsymbol{P}(t)\boldsymbol{H}^{\mathrm{T}}(t)\boldsymbol{r}^{-1}(t)\boldsymbol{H}(t)\boldsymbol{P}(t)+\boldsymbol{G}(t)\boldsymbol{q}(t)\boldsymbol{G}^{\mathrm{T}}(t)$$

在 $\boldsymbol{P}(t_0)=\mathrm{Var}\boldsymbol{X}(t_0)=\boldsymbol{P}_0$ 初始条件下的解为

$$\boldsymbol{P}(t)=\boldsymbol{Y}(t)\boldsymbol{\Lambda}^{-1}(t) \tag{2.3.22}$$

式中 $\boldsymbol{Y}(t)$ 和 $\boldsymbol{\Lambda}(t)$ 为线性矩阵微分方程组

$$\left.\begin{aligned}\dot{\boldsymbol{Y}}(t)&=\boldsymbol{F}(t)\boldsymbol{Y}(t)+\boldsymbol{q}(t)\boldsymbol{\Lambda}(t)\\ \dot{\boldsymbol{\Lambda}}(t)&=\boldsymbol{H}^{\mathrm{T}}(t)\boldsymbol{r}^{-1}(t)\boldsymbol{H}(t)\boldsymbol{Y}(t)-\boldsymbol{F}^{\mathrm{T}}(t)\boldsymbol{\Lambda}(t)\end{aligned}\right\} \tag{2.3.23}$$

满足 $\boldsymbol{Y}(t_0)=\boldsymbol{P}_0,\boldsymbol{\Lambda}(t_0)=\boldsymbol{I}$ 初始条件的解。

证明　设

$$\boldsymbol{Y}(t)=\boldsymbol{P}(t)\boldsymbol{\Lambda}(t) \tag{2.3.24}$$

式中，$\boldsymbol{Y}(t)$ 和 $\boldsymbol{\Lambda}(t)$ 满足矩阵微分方程组(2.3.23)。下面证明式(2.3.24)中的 $\boldsymbol{P}(t)$ 为黎卡蒂方程式(2.3.21)的解。

对式(2.3.24)两边求导数，得

$$\dot{\boldsymbol{Y}}(t)=\dot{\boldsymbol{P}}(t)\boldsymbol{\Lambda}(t)+\boldsymbol{P}(t)\dot{\boldsymbol{\Lambda}}(t)$$

将式(2.3.23)代入上式，得

$$\boldsymbol{F}(t)\boldsymbol{Y}(t)+\boldsymbol{q}(t)\boldsymbol{\Lambda}(t)=\dot{\boldsymbol{P}}(t)\boldsymbol{\Lambda}(t)+\boldsymbol{P}(t)[\boldsymbol{H}(t)\boldsymbol{r}^{-1}(t)\boldsymbol{H}(t)\boldsymbol{Y}(t)-\boldsymbol{F}^{\mathrm{T}}(t)\boldsymbol{\Lambda}(t)]$$

将式(2.3.24)代入上式，得

$$[\dot{\boldsymbol{P}}(t)-\boldsymbol{F}(t)\boldsymbol{P}(t)-\boldsymbol{P}(t)\boldsymbol{F}^{\mathrm{T}}(t)+\boldsymbol{P}(t)\boldsymbol{H}^{\mathrm{T}}(t)\boldsymbol{r}^{-1}(t)\boldsymbol{H}(t)\boldsymbol{P}(t)-\boldsymbol{q}(t)]\boldsymbol{\Lambda}(t)=\boldsymbol{0} \tag{2.3.25}$$

又由式(2.3.23)和式(2.3.24)，得

$$\dot{\boldsymbol{\Lambda}}(t)=[\boldsymbol{H}^{\mathrm{T}}(t)\boldsymbol{r}^{-1}(t)\boldsymbol{H}(t)\boldsymbol{P}(t)-\boldsymbol{F}^{\mathrm{T}}(t)]\boldsymbol{\Lambda}(t)$$

又因为

$$\boldsymbol{\Lambda}(t_0)=\boldsymbol{I}$$

所以

$$\boldsymbol{\Lambda}(t)=\exp\int_{t_0}^{t}\boldsymbol{A}(\tau)\mathrm{d}\tau$$

式中

$$\boldsymbol{A}(t)=\boldsymbol{H}^{\mathrm{T}}(t)\boldsymbol{r}^{-1}(t)\boldsymbol{H}(t)\boldsymbol{P}(t)-\boldsymbol{F}^{\mathrm{T}}(t)$$

可见 $\boldsymbol{\Lambda}(t)$ 总是满秩，因此由式(2.3.25)得

$$\dot{\boldsymbol{P}}(t)-\boldsymbol{F}(t)\boldsymbol{P}(t)-\boldsymbol{P}(t)\boldsymbol{F}^{\mathrm{T}}(t)+\boldsymbol{P}(t)\boldsymbol{H}^{\mathrm{T}}(t)\boldsymbol{r}^{-1}(t)\boldsymbol{H}(t)\boldsymbol{P}(t)-\boldsymbol{q}(t)=\boldsymbol{0}$$

这是黎卡蒂方程。可见，由式(2.3.22)确定的 $\boldsymbol{P}(t)$ 是黎卡蒂方程的解。

根据上述分析，可归纳出黎卡蒂方程求解的一般步骤。

(1) 将式(2.3.23)写成矩阵形式为

$$\begin{bmatrix}\dot{\boldsymbol{Y}}(t)\\ \dot{\boldsymbol{\Lambda}}(t)\end{bmatrix}=\begin{bmatrix}\boldsymbol{F}(t) & \boldsymbol{q}(t)\\ \boldsymbol{H}^{\mathrm{T}}(t)\boldsymbol{r}^{-1}(t)\boldsymbol{H}(t) & -\boldsymbol{F}^{\mathrm{T}}(t)\end{bmatrix}\begin{bmatrix}\boldsymbol{Y}(t)\\ \boldsymbol{\Lambda}(t)\end{bmatrix} \tag{2.3.26}$$

其中初始条件为

$$\begin{bmatrix}\boldsymbol{Y}(t_0)\\ \boldsymbol{\Lambda}(t_0)\end{bmatrix}=\begin{bmatrix}\boldsymbol{P}_0\\ \boldsymbol{I}\end{bmatrix}$$

(2) 计算式(2.3.26)所示系统的一步转移阵得

$$\boldsymbol{\Theta}(t,t_0)=\begin{bmatrix}\boldsymbol{\Theta}_{11}(t,t_0) & \boldsymbol{\Theta}_{12}(t,t_0)\\ \boldsymbol{\Theta}_{21}(t,t_0) & \boldsymbol{\Theta}_{22}(t,t_0)\end{bmatrix} \tag{2.3.27}$$

(3) 计算式(2.3.26)的解

$$\begin{bmatrix}\boldsymbol{Y}(t)\\ \boldsymbol{\Lambda}(t)\end{bmatrix}=\begin{bmatrix}\boldsymbol{\Theta}_{11} & \boldsymbol{\Theta}_{12}\\ \boldsymbol{\Theta}_{21} & \boldsymbol{\Theta}_{22}\end{bmatrix}\begin{bmatrix}\boldsymbol{P}_0\\ \boldsymbol{I}\end{bmatrix}$$

即

$$\left.\begin{aligned}\boldsymbol{Y}(t)&=\boldsymbol{\Theta}_{11}\boldsymbol{P}_0+\boldsymbol{\Theta}_{12}\\ \boldsymbol{\Lambda}(t)&=\boldsymbol{\Theta}_{21}\boldsymbol{P}_0+\boldsymbol{\Theta}_{22}\end{aligned}\right\} \tag{2.3.28}$$

(4) 计算黎卡蒂方程的解

$$\boldsymbol{P}(t)=\boldsymbol{Y}(t)\boldsymbol{\Lambda}^{-1}(t)$$

例 2-18 设系统方程和量测方程分别为

$$\dot{\boldsymbol{X}}(t)=\boldsymbol{F}(t)\boldsymbol{X}(t)$$

$$\boldsymbol{Z}(t)=\boldsymbol{H}(t)\boldsymbol{X}(t)+\boldsymbol{v}(t)$$

式中

$$E[\boldsymbol{v}(t)\boldsymbol{v}^{\mathrm{T}}(\tau)]=\boldsymbol{r}(t)\delta(t-\tau)$$

求连续型卡尔曼滤波中估计的均方误差阵 $\boldsymbol{P}(t)$。

解 由于 $\boldsymbol{q}(t)=\boldsymbol{0}$,所以

$$\begin{bmatrix}\dot{\boldsymbol{Y}}(t)\\ \dot{\boldsymbol{\Lambda}}(t)\end{bmatrix}=\begin{bmatrix}\boldsymbol{F}(t) & \boldsymbol{0}\\ \boldsymbol{H}^{\mathrm{T}}(t)\boldsymbol{r}^{-1}(t)\boldsymbol{H}(t) & -\boldsymbol{F}^{\mathrm{T}}(t)\end{bmatrix}\begin{bmatrix}\boldsymbol{Y}(t)\\ \boldsymbol{\Lambda}(t)\end{bmatrix}$$

$$\dot{\boldsymbol{Y}}(t)=\boldsymbol{F}(t)\boldsymbol{Y}(t)\qquad(\boldsymbol{Y}(t_0)=\boldsymbol{P}_0) \tag{1}$$

设方程(1)的转移矩阵为 $\boldsymbol{\Phi}(t,t_0)$,则

$$\boldsymbol{Y}(t)=\boldsymbol{\Phi}(t,t_0)\boldsymbol{P}_0 \tag{2}$$

式(2)与式(2.3.28)比较,得

$$\boldsymbol{\Theta}_{11}=\boldsymbol{\Phi}(t,t_0)$$

$$\boldsymbol{\Theta}_{12}=\boldsymbol{0}$$

又由于

$$\begin{aligned}\dot{\boldsymbol{\Lambda}}(t)&=\boldsymbol{H}^{\mathrm{T}}(t)\boldsymbol{r}^{-1}(t)\boldsymbol{H}(t)\boldsymbol{Y}(t)-\boldsymbol{F}^{\mathrm{T}}(t)\boldsymbol{\Lambda}(t)=\\ &-\boldsymbol{F}^{\mathrm{T}}(t)\boldsymbol{\Lambda}(t)+\boldsymbol{H}^{\mathrm{T}}(t)\boldsymbol{r}^{-1}(t)\boldsymbol{H}(t)\boldsymbol{\Phi}(t,t_0)\boldsymbol{P}_0\end{aligned} \tag{3}$$

$$\boldsymbol{\Lambda}(t_0)=\boldsymbol{I}$$

可见式(3)相应的齐次方程为式(1)所描述系统的伴随系,式(3)的转移矩阵为 $\boldsymbol{\Phi}^{\mathrm{T}}(t_0,t)$。所以

$$\boldsymbol{\Lambda}(t)=\boldsymbol{\Phi}^{\mathrm{T}}(t_0,t)+\int_{t_0}^{t}\boldsymbol{\Phi}^{\mathrm{T}}(\tau,t)\boldsymbol{H}^{\mathrm{T}}(\tau)\boldsymbol{r}^{-1}(\tau)\boldsymbol{H}(\tau)\boldsymbol{\Phi}(\tau,t_0)\mathrm{d}\tau\boldsymbol{P}_0$$

又由于

$$\int_{t_0}^{t}\boldsymbol{\Phi}^{\mathrm{T}}(\tau,t)\boldsymbol{H}^{\mathrm{T}}(\tau)\boldsymbol{r}^{-1}(\tau)\boldsymbol{H}(\tau)\boldsymbol{\Phi}(\tau,t_0)\mathrm{d}\tau=$$

$$\int_{t_0}^{t}[\boldsymbol{\Phi}(\tau,t_0)\boldsymbol{\Phi}(t_0,t)]^{\mathrm{T}}\boldsymbol{H}^{\mathrm{T}}(\tau)\boldsymbol{r}^{-1}(\tau)\boldsymbol{H}(\tau)\boldsymbol{\Phi}(\tau,t_0)\mathrm{d}\tau=$$

$$\boldsymbol{\Phi}^{\mathrm{T}}(t_0,t)\int_{t_0}^{t}\boldsymbol{\Phi}^{\mathrm{T}}(\tau,t_0)\boldsymbol{H}^{\mathrm{T}}(\tau)\boldsymbol{r}^{-1}(\tau)\boldsymbol{H}(\tau)\boldsymbol{\Phi}(\tau,t_0)\mathrm{d}\tau$$

所以

$$\boldsymbol{\Lambda}(t)=\boldsymbol{\Phi}^{\mathrm{T}}(t_0,t)+\boldsymbol{\Phi}^{\mathrm{T}}(t_0,t)\int_{t_0}^{t}\boldsymbol{\Phi}^{\mathrm{T}}(\tau,t_0)\boldsymbol{H}^{\mathrm{T}}(\tau)\boldsymbol{r}^{-1}(\tau)\boldsymbol{H}(\tau)\boldsymbol{\Phi}(\tau,t_0)\mathrm{d}\tau\boldsymbol{P}_0 \tag{4}$$

式(4)与式(2.3.28)相比较,得

$$\boldsymbol{\Theta}_{21}=\boldsymbol{\Phi}^{\mathrm{T}}(t_0,t)\int_{t_0}^{t}\boldsymbol{\Phi}^{\mathrm{T}}(\tau,t_0)\boldsymbol{H}^{\mathrm{T}}(\tau)\boldsymbol{r}^{-1}(\tau)\boldsymbol{H}(\tau)\boldsymbol{\Phi}(\tau,t_0)\mathrm{d}\tau$$

$$\boldsymbol{\Theta}_{22}=\boldsymbol{\Phi}^{\mathrm{T}}(t_0,t)$$

根据式(2.3.22),估计的均方误差阵为

$$\boldsymbol{P}(t)=\boldsymbol{Y}(t)\boldsymbol{\Lambda}^{-1}(t)=\boldsymbol{\Theta}_{11}\boldsymbol{P}_0(\boldsymbol{\Theta}_{21}\boldsymbol{P}_0+\boldsymbol{\Theta}_{22})^{-1}$$

2.3.3　连续型卡尔曼滤波方程的一般形式

设连续系统的系统方程和量测方程的一般形式为

$$\dot{\boldsymbol{X}}(t)=\boldsymbol{F}(t)\boldsymbol{X}(t)+\boldsymbol{G}(t)\boldsymbol{w}(t)+\boldsymbol{E}(t)\boldsymbol{U}(t) \tag{2.3.29}$$

$$\boldsymbol{Z}(t)=\boldsymbol{H}(t)\boldsymbol{X}(t)+\boldsymbol{Y}(t)+\boldsymbol{v}(t) \tag{2.3.30}$$

式中,$\boldsymbol{Y}(t)$ 和 $\boldsymbol{U}(t)$ 为已知的时间函数,$\boldsymbol{w}(t)$ 和 $\boldsymbol{v}(t)$ 的假设除与式(2.3.2)相同外,还假设两者相关,即

$$E[\boldsymbol{w}(t)\boldsymbol{v}^{\mathrm{T}}(\tau)]=\boldsymbol{s}(t)\delta(t-\tau) \tag{2.3.31}$$

对式(2.3.29)和式(2.3.30)作离散化处理,得

$$\left.\begin{aligned}&\boldsymbol{X}(t_k+\Delta t)=\boldsymbol{\Phi}(t_k+\Delta t,t_k)\boldsymbol{X}(t_k)+\boldsymbol{\Gamma}(t_k+\Delta t,t)\boldsymbol{W}_k+\boldsymbol{B}(t_k+\Delta t,t_k)\boldsymbol{U}(t_k)\\&\boldsymbol{Z}(t_k+\Delta t)=\boldsymbol{H}(t_k+\Delta t)\boldsymbol{X}(t_k+\Delta t)+\boldsymbol{Y}(t_k+\Delta t)+\boldsymbol{V}_k\end{aligned}\right\} \tag{2.3.32}$$

式中,$\boldsymbol{W}_k$ 和 $\boldsymbol{V}_k$ 是按式(2.3.5)和式(2.3.6)确定的等效白噪声序列,则

$$\boldsymbol{W}_k=\frac{1}{\Delta t}\int_{t_k}^{t_k+\Delta t}\boldsymbol{w}(t)\mathrm{d}t$$

$$\boldsymbol{V}_k=\frac{1}{\Delta t}\int_{t_k}^{t_k+\Delta t}\boldsymbol{v}(t)\mathrm{d}t$$

根据式(2.3.8)和式(2.3.9)

$$\boldsymbol{Q}_k=\frac{\boldsymbol{q}(t_k)}{\Delta t} \tag{2.3.33}$$

$$\boldsymbol{R}_k=\frac{\boldsymbol{r}(t_k)}{\Delta t} \tag{2.3.34}$$

仿照式(2.3.7)的推导,得

$$E[\boldsymbol{W}_k\boldsymbol{V}_j^{\mathrm{T}}]=\frac{\boldsymbol{s}(t_k)}{\Delta t}\delta_{kj}$$

即

$$\boldsymbol{S}_k=\frac{\boldsymbol{s}(t_k)}{\Delta t} \tag{2.3.35}$$

根据式(2.3.17)和式(2.3.18)

$$\boldsymbol{\Phi}(t_k+\Delta t,t_k)=\boldsymbol{I}+\boldsymbol{F}(t_k)\Delta t+\boldsymbol{\varepsilon}_1(\Delta t) \tag{2.3.36}$$

$$\boldsymbol{\Gamma}(t_k + \Delta t, t_k) = \boldsymbol{G}(t_k)\Delta t + \boldsymbol{\varepsilon}_2(\Delta t) \tag{2.3.37}$$

同理可推得

$$\boldsymbol{B}(t_k + \Delta t, t_k) = \boldsymbol{E}(t_k)\Delta t + \boldsymbol{\varepsilon}_3(\Delta t) \tag{2.3.38}$$

又根据式(2.2.46),有

$$\boldsymbol{J}(t_k) = \boldsymbol{\Gamma}(t_k + \Delta t, t_k)\boldsymbol{S}_k\boldsymbol{R}_k^{-1} = \boldsymbol{\Gamma}(t_k + \Delta t, t_k)\boldsymbol{s}(t_k)\boldsymbol{r}^{-1}(t_k) \tag{2.3.39}$$

因此,按照离散卡尔曼滤波一般方程式(2.2.46) ~ 式(2.2.51),式(2.3.32) 对应的滤波方程为

$$\hat{\boldsymbol{X}}(t_k + \Delta t/t_k) = \boldsymbol{\Phi}(t_k + \Delta t, t_k)\hat{\boldsymbol{X}}(t_k) + \boldsymbol{B}(t_k + \Delta t, t_k)\boldsymbol{U}(t_k) + \boldsymbol{\Gamma}(t_k + \Delta t, t_k)\boldsymbol{s}(t_k)\boldsymbol{r}^{-1}(t_k)[\boldsymbol{Z}(t_k) - \boldsymbol{Y}(t_k) - \boldsymbol{H}(t_k)\hat{\boldsymbol{X}}(t_k)]$$

$$\hat{\boldsymbol{X}}(t_k + \Delta t) = \hat{\boldsymbol{X}}(t_k + \Delta t/t_k) + \boldsymbol{K}(t_k + \Delta t)[\boldsymbol{Z}(t_k + \Delta t) - \boldsymbol{Y}(t_k + \Delta t) - \boldsymbol{H}(t_k + \Delta t)\boldsymbol{X}(t_k + \Delta t/t_k)]$$

$$\boldsymbol{K}(t_k + \Delta t) = \boldsymbol{P}(t_k + \Delta t)\boldsymbol{H}^{\mathrm{T}}(t_k + \Delta t)\left[\frac{\boldsymbol{r}(t_k + \Delta t)}{\Delta t}\right]^{-1}$$

$$\boldsymbol{P}(t_k + \Delta t) = [\boldsymbol{I} - \boldsymbol{K}(t_k + \Delta t)\boldsymbol{H}(t_k + \Delta t)]\boldsymbol{P}(t_k + \Delta t/t_k)$$

$$\boldsymbol{P}(t_k + \Delta t/t_k) = [\boldsymbol{\Phi}(t_k + \Delta t, t_k) - \boldsymbol{J}(t_k)\boldsymbol{H}(t_k)]\boldsymbol{P}(t_k)[\boldsymbol{\Phi}(t_k + \Delta t, t_k) - \boldsymbol{J}(t_k)\boldsymbol{H}(t_k)]^{\mathrm{T}} + \boldsymbol{\Gamma}(t_k + \Delta t, t_k)\frac{\boldsymbol{q}(t_k)}{\Delta t}\boldsymbol{\Gamma}^{\mathrm{T}}(t_k + \Delta t, t_k) - \boldsymbol{J}(t_k + \Delta t, t_k)\frac{\boldsymbol{s}^{\mathrm{T}}(t_k)}{\Delta t}\boldsymbol{\Gamma}^{\mathrm{T}}(t_k + \Delta t, t_k)$$

所以根据导数定义

$$\dot{\hat{\boldsymbol{X}}}(t) = \lim_{\Delta t \to 0}\frac{\hat{\boldsymbol{X}}(t_k + \Delta t) - \hat{\boldsymbol{X}}(t_k)}{\Delta t} =$$

$$\lim_{\Delta t \to 0}\frac{1}{\Delta t}[\boldsymbol{\Phi}(t_k + \Delta t, t_k) - \boldsymbol{I}]\hat{\boldsymbol{X}}(t_k) + \lim_{\Delta t \to 0}\frac{1}{\Delta t}\boldsymbol{P}(t_k + \Delta t)\boldsymbol{H}^{\mathrm{T}}(t_k + \Delta t)\cdot \left[\frac{\boldsymbol{r}(t_k + \Delta t)}{\Delta t}\right]^{-1}[\boldsymbol{Z}(t_k + \Delta t) - \boldsymbol{Y}(t_k + \Delta t) - \boldsymbol{H}(t_k + \Delta t)\hat{\boldsymbol{X}}(t_k + \Delta t/t_k)] + \boldsymbol{B}(t_k + \Delta t, t_k)\boldsymbol{U}(t_k) + \boldsymbol{\Gamma}(t_k + \Delta t, t_k)\boldsymbol{s}(t_k)\boldsymbol{r}^{-1}(t_k)\cdot [\boldsymbol{Z}(t_k) - \boldsymbol{Y}(t_k) - \boldsymbol{H}(t_k)\hat{\boldsymbol{X}}(t_k)]$$

将式(2.3.36)、式(2.3.37) 和式(2.3.38) 代入上式,并注意到 $\boldsymbol{\varepsilon}_1(\Delta t)$,$\boldsymbol{\varepsilon}_2(\Delta t)$,$\boldsymbol{\varepsilon}_3(\Delta t)$ 都是关于 Δt 的高阶无穷小,当 $\Delta t \to 0$ 时,$t_k = k\Delta t$ 成为连续变量 t,所以

$$\dot{\hat{\boldsymbol{X}}}(t) = \boldsymbol{F}(t)\hat{\boldsymbol{X}}(t) + \boldsymbol{P}(t)\boldsymbol{H}^{\mathrm{T}}(t)\boldsymbol{r}^{-1}(t)[\boldsymbol{Z}(t) - \boldsymbol{Y}(t) - \boldsymbol{H}(t)\hat{\boldsymbol{X}}(t)] + \boldsymbol{E}(t)\boldsymbol{U}(t) + \boldsymbol{G}(t)\boldsymbol{s}(t)\boldsymbol{r}^{-1}(t)[\boldsymbol{Z}(t) - \boldsymbol{Y}(t) - \boldsymbol{H}(t)\hat{\boldsymbol{X}}(t)] =$$

$$\boldsymbol{F}(t)\hat{\boldsymbol{X}}(t) + \boldsymbol{E}(t)\boldsymbol{U}(t) + [\boldsymbol{P}(t)\boldsymbol{H}^{\mathrm{T}}(t) + \boldsymbol{G}(t)\boldsymbol{s}(t)]\boldsymbol{r}^{-1}(t)\cdot [\boldsymbol{Z}(t) - \boldsymbol{Y}(t) - \boldsymbol{H}(t)\hat{\boldsymbol{X}}(t)]$$

令

$$\overline{\boldsymbol{K}}(t) = [\boldsymbol{P}(t)\boldsymbol{H}^{\mathrm{T}}(t) + \boldsymbol{G}(t)\boldsymbol{s}(t)]\boldsymbol{r}^{-1}(t) \tag{2.3.40}$$

则

$$\dot{\hat{\boldsymbol{X}}}(t) = \boldsymbol{F}(t)\hat{\boldsymbol{X}}(t) + \boldsymbol{E}(t)\boldsymbol{U}(t) + \overline{\boldsymbol{K}}(t)[\boldsymbol{Z}(t) - \boldsymbol{Y}(t) - \boldsymbol{H}(t)\hat{\boldsymbol{X}}(t)] \tag{2.3.41}$$

$$\boldsymbol{P}(t_k + \Delta t) = \left\{\boldsymbol{I} - \boldsymbol{P}(t_k + \Delta t)\boldsymbol{H}^{\mathrm{T}}(t_k + \Delta t)\left[\frac{\boldsymbol{r}(t_k + \Delta t)}{\Delta t}\right]^{-1}\boldsymbol{H}(t_k + \Delta t)\right\}\cdot$$

$$\{[\boldsymbol{\Phi}(t_k+\Delta t,t_k)-\boldsymbol{J}(t_k)\boldsymbol{H}(t_k)]\boldsymbol{P}(t_k)[\boldsymbol{\Phi}(t_k+\Delta t,t_k)-\boldsymbol{J}(t_k)\boldsymbol{H}(t_k)]^{\mathrm{T}}+$$
$$\boldsymbol{\Gamma}(t_k+\Delta t,t_k)\frac{\boldsymbol{q}(t_k)}{\Delta t}\boldsymbol{\Gamma}^{\mathrm{T}}(t_k+\Delta t,t_k)-\boldsymbol{J}(t_k)\frac{\boldsymbol{s}^{\mathrm{T}}(t_k)}{\Delta t}\boldsymbol{\Gamma}^{\mathrm{T}}(t_k+\Delta t,t_k)\}=$$
$$\boldsymbol{\Phi}(t_k+\Delta t,t_k)\boldsymbol{P}(t_k)\boldsymbol{\Phi}^{\mathrm{T}}(t_k+\Delta t,t_k)-\boldsymbol{J}(t_k)\boldsymbol{H}(t_k)\boldsymbol{P}(t_k)[\boldsymbol{\Phi}(t_k+\Delta t,t_k)-$$
$$\boldsymbol{J}(t_k)\boldsymbol{H}(t_k)]^{\mathrm{T}}-\boldsymbol{\Phi}(t_k+\Delta t,t_k)\boldsymbol{P}(t_k)[\boldsymbol{J}(t_k)\boldsymbol{H}(t_k)]^{\mathrm{T}}-$$
$$\boldsymbol{P}(t_k+\Delta t)\boldsymbol{H}^{\mathrm{T}}(t_k+\Delta t)\left[\frac{\boldsymbol{r}(t_k+\Delta t)}{\Delta t}\right]^{-1}\boldsymbol{H}(t_k+\Delta t)[\boldsymbol{\Phi}(t_k+\Delta t,t_k)-$$
$$\boldsymbol{J}(t_k)\boldsymbol{H}(t_k)]\boldsymbol{P}(t_k)[\boldsymbol{\Phi}(t_k+\Delta t,t_k)-\boldsymbol{J}(t_k)\boldsymbol{H}(t_k)]^{\mathrm{T}}+$$
$$\left\{\boldsymbol{I}-\boldsymbol{P}(t_k+\Delta t)\boldsymbol{H}^{\mathrm{T}}(t_k+\Delta t)\left[\frac{\boldsymbol{r}(t_k+\Delta t)}{\Delta t}\right]^{-1}\boldsymbol{H}(t_k+\Delta t)\right\}\cdot$$
$$\{\boldsymbol{\Gamma}(t_k+\Delta t,t_k)\frac{\boldsymbol{q}(t_k)}{\Delta t}\boldsymbol{\Gamma}^{\mathrm{T}}(t_k+\Delta t,t_k)-\boldsymbol{J}(t_k)\frac{\boldsymbol{s}^{\mathrm{T}}(t_k)}{\Delta t}\boldsymbol{\Gamma}^{\mathrm{T}}(t_k+\Delta t,t_k)\}$$

将式(2.3.36)、式(2.3.37)代入上式，并注意到

$$\lim_{\Delta t\to 0}\boldsymbol{\Phi}(t_k+\Delta t,t_k)=\boldsymbol{I}$$
$$\lim_{\Delta t\to 0}\boldsymbol{J}(t_k)=\lim_{\Delta t\to 0}\boldsymbol{\Gamma}(t_k+\Delta t,t_k)\boldsymbol{s}(t_k)\boldsymbol{r}^{-1}(t_k)=$$
$$\lim_{\Delta t\to 0}[\Delta t\boldsymbol{G}(t_k)+\boldsymbol{\varepsilon}_2(\Delta t)]\boldsymbol{s}(t_k)\boldsymbol{r}^{-1}(t_k)=\boldsymbol{0}$$

所以

$$\dot{\boldsymbol{P}}(t)=\lim_{\Delta t\to 0}\frac{\boldsymbol{P}(t_k+\Delta t)-\boldsymbol{P}(t_k)}{\Delta t}=$$
$$\lim_{\Delta t\to 0}\frac{1}{\Delta t}\{\Delta t\boldsymbol{F}(t_k)\boldsymbol{P}(t_k)+\boldsymbol{P}(t_k)\Delta t\boldsymbol{F}^{\mathrm{T}}(t_k)-\Delta t\boldsymbol{G}(t_k)\boldsymbol{s}(t_k)\boldsymbol{r}^{-1}(t_k)\cdot$$
$$\boldsymbol{H}(t_k)\boldsymbol{P}(t_k)[\boldsymbol{\Phi}(t_k+\Delta t,t_k)-\Delta t\boldsymbol{G}(t_k)\boldsymbol{s}(t_k)\boldsymbol{r}^{-1}(t_k)\boldsymbol{H}(t_k)]^{\mathrm{T}}-\boldsymbol{\Phi}(t_k+\Delta t,$$
$$t_k)\cdot$$
$$\boldsymbol{P}(t_k)[\Delta t\boldsymbol{G}(t_k)\boldsymbol{s}(t_k)\boldsymbol{r}^{-1}(t_k)\boldsymbol{H}(t_k)]^{\mathrm{T}}-\boldsymbol{P}(t_k+\Delta t)\boldsymbol{H}^{\mathrm{T}}(t_k+\Delta t)\Delta t\cdot$$
$$\boldsymbol{r}^{-1}(t_k+\Delta t)\boldsymbol{H}(t_k+\Delta t)[\boldsymbol{\Phi}(t_k+\Delta t,t_k)-\boldsymbol{J}(t_k)\boldsymbol{H}(t_k)]\boldsymbol{P}(t_k)\cdot$$
$$[\boldsymbol{\Phi}(t_k+\Delta t,t_k)-\boldsymbol{J}(t_k)\boldsymbol{H}(t_k)]^{\mathrm{T}}\}+\lim_{\Delta t\to 0}\frac{1}{\Delta t}\{\boldsymbol{I}-\boldsymbol{P}(t_k+\Delta t)\boldsymbol{H}^{\mathrm{T}}(t_k+\Delta t)\cdot$$
$$\Delta t\boldsymbol{r}^{-1}(t_k+\Delta t)\boldsymbol{H}(t_k+\Delta t)\}\cdot\{\Delta t\boldsymbol{G}(t_k)\frac{\boldsymbol{q}(t_k)}{\Delta t}\Delta t\boldsymbol{G}^{\mathrm{T}}(t_k)-\Delta t\boldsymbol{G}(t_k)\cdot$$
$$\boldsymbol{s}(t_k)\boldsymbol{r}^{-1}(t_k)\frac{\boldsymbol{s}^{\mathrm{T}}(t_k)}{\Delta t}\Delta t\boldsymbol{G}^{\mathrm{T}}(t_k)\}+\lim_{\Delta t\to 0}\boldsymbol{\varepsilon}(\Delta t)$$

式中，$\boldsymbol{\varepsilon}(\Delta t)$ 是关于 Δt 的高阶小量，所以

$$\dot{\boldsymbol{P}}(t)=\boldsymbol{F}(t)\boldsymbol{P}(t)+\boldsymbol{P}(t)\boldsymbol{F}^{\mathrm{T}}(t)-\boldsymbol{G}(t)\boldsymbol{s}(t)\boldsymbol{r}^{-1}(t)\boldsymbol{H}(t)\boldsymbol{P}(t)-$$
$$\boldsymbol{P}(t)[\boldsymbol{G}(t)\boldsymbol{s}(t)\boldsymbol{r}^{-1}(t)\boldsymbol{H}(t)]^{\mathrm{T}}-\boldsymbol{P}(t)\boldsymbol{H}^{\mathrm{T}}(t)\boldsymbol{r}^{-1}(t)\boldsymbol{H}(t)\boldsymbol{P}(t)+$$
$$\boldsymbol{G}(t)\boldsymbol{q}(t)\boldsymbol{G}^{\mathrm{T}}(t)-\boldsymbol{G}(t)\boldsymbol{s}(t)\boldsymbol{r}^{-1}(t)\boldsymbol{s}^{\mathrm{T}}(t)\boldsymbol{G}^{\mathrm{T}}(t)$$

由于

$$\bar{\boldsymbol{K}}(t)\boldsymbol{r}(t)\bar{\boldsymbol{K}}^{\mathrm{T}}(t)=[\boldsymbol{P}(t)\boldsymbol{H}^{\mathrm{T}}(t)+\boldsymbol{G}(t)\boldsymbol{s}(t)]\boldsymbol{r}^{-1}(t)\boldsymbol{r}(t)\boldsymbol{r}^{-1}(t)\cdot$$
$$[\boldsymbol{H}(t)\boldsymbol{P}(t)+\boldsymbol{s}^{\mathrm{T}}(t)\boldsymbol{G}^{\mathrm{T}}(t)]=$$
$$\boldsymbol{P}(t)\boldsymbol{H}^{\mathrm{T}}(t)\boldsymbol{r}^{-1}(t)\boldsymbol{H}(t)\boldsymbol{P}(t)+\boldsymbol{G}(t)\boldsymbol{s}(t)\boldsymbol{r}^{-1}(t)\boldsymbol{H}(t)\boldsymbol{P}(t)+$$
$$\boldsymbol{P}(t)\boldsymbol{H}^{\mathrm{T}}(t)\boldsymbol{r}^{-1}(t)\boldsymbol{s}^{\mathrm{T}}(t)\boldsymbol{G}^{\mathrm{T}}(t)+\boldsymbol{G}(t)\boldsymbol{s}(t)\boldsymbol{r}^{-1}(t)\boldsymbol{s}^{\mathrm{T}}(t)\boldsymbol{G}^{\mathrm{T}}(t)$$

所以

$$\dot{\boldsymbol{P}}(t)=\boldsymbol{F}(t)\boldsymbol{P}(t)+\boldsymbol{P}(t)\boldsymbol{F}^{\mathrm{T}}(t)+\boldsymbol{G}(t)\boldsymbol{q}(t)\boldsymbol{G}^{\mathrm{T}}(t)-\overline{\boldsymbol{K}}(t)\boldsymbol{r}(t)\overline{\boldsymbol{K}}^{\mathrm{T}}(t) \quad (2.3.42)$$

式(2.3.40)、式(2.3.41)和式(2.3.42)即为连续型卡尔曼滤波的一般方程。

习 题

2-1 对确定性状态 $\boldsymbol{X}$ 进行了3次量测，量测方程为

$$Z_1=3=[1\ 1]\boldsymbol{X}+V_1$$
$$Z_2=1=[0\ 1]\boldsymbol{X}+V_2$$
$$Z_3=2=[1\ 0]\boldsymbol{X}+V_3$$

已知量测误差为零均值、方差为 r 的白噪声序列，试分别用一般最小二乘和递推最小二乘估计出 $\boldsymbol{X}$。

2-2 设 X 为标量随机变量，均值为 m_X，方差为 C_X，如果用同一台仪器对 X 直接测量 k 次，得量测值 $Z_1,Z_2,\cdots,Z_k$，用一般最小二乘估计作为 X 的均值的估计，仪器量测误差的均值为零，方差为 C_V，试求均值的估计及估计的均方误差。

2-3 设某一电压是正态分布的随机变量，均值为 m_e，方差为 C_e。

(1) 用两块较好的电压表同时测量得电压 Z_1 和 Z_2，量测误差是零均值的正态分布随机变量，方差为 C_V，求最小方差估计 $\hat{E}$ 和均方误差 P_e。

(2) 如果用4块较差的电压表同时测量得的电压为 Z_1,Z_2,Z_3 和 Z_4，量测误差也都是零均值的正态分布随机变量，方差都是 $2C_V$，求最小方差估计 $\hat{E}$ 和均方误差 P_e。

(3) 比较两种方法的精度。

(4) 如果用同一块表顺次测量4次，得到的量测值为 Z_1,Z_2,Z_3 和 Z_4，表的测量误差为零均值正态分布的随机变量，方差为 C_V，试根据4个量测值确定出相应的4个最小方差估计和均方误差，说明所得结果与(1)、(2)情况所得结果的不同意义。

2-4 设有正态分布的标量平稳随机过程 $X(t)$，其相关函数为 $R(\tau)$，均值为零，$X(t)$ 能够正确测量到，试根据 $X(t)$ 用最小方差估计的方法来预测 $X(t+T)$。

2-5 设 X 和 N 为相互独立的正态随机变量，均值分别为 m_X 和 m_N，方差分别为 V_X 和 V_N，量测为 $Z=X+N$，测量得 $Z=z$，求 X 的最小方差估计 $\hat{X}_{\mathrm{MV}}(z)$。

2-6 试根据式(2.1.41)证明式(2.1.42)。

2-7 设 X 是服从正态分布的随机变量，均值为 m，方差为 σ^2，其中 σ^2 已知，m 未知，对 X 作 n 次独立量测，得量测值 $\boldsymbol{X}=[X_1\ X_2\ \cdots\ X_n]^{\mathrm{T}}$，求 m 的极大似然估计 $m_{\mathrm{ML}}(\boldsymbol{X})$。

2-8 证明下述结论：

(1) 若 $\boldsymbol{X}$ 和 $\boldsymbol{Y}$ 为两个相互独立的随机向量，则 $\boldsymbol{X}$ 和 $\boldsymbol{Y}$ 一定不相关。

(2) 若 $\boldsymbol{X}$ 和 $\boldsymbol{Y}$ 是两个服从正态分布且不相关的随机向量，则 $\boldsymbol{X}$ 和 $\boldsymbol{Y}$ 一定相互独立。

2-9 设 $S(t)$ 和 $N(t)$ 分别为有用信号和干扰信号，两者都是平稳过程，且互不相关，功率谱分别为

$$S_S(\omega)=\frac{1}{\omega^2+a^2},\quad S_N(\omega)=\frac{1}{\omega^2+b^2}$$

$a>0,b>0$，量测为 $Z(t)=S(t)+N(t)$，求实现滤波的维纳滤波器的传递函数。

2-10　设 $S(t)$ 的功率谱为

$$S_S(\omega)=\frac{1}{1+\omega^4}$$

求实现最佳预测的维纳滤波器的频率特性。

2-11　试比较线性最小方差估计方程与卡尔曼滤波基本方程的异同。

2-12　设 $\boldsymbol{X}$ 和 $\boldsymbol{Z}$ 为随机向量。如果存在一种估计 $E^{**}[\boldsymbol{X}/\boldsymbol{Z}]=\boldsymbol{A}^1\boldsymbol{Z}$，使

$$E[(\boldsymbol{X}-\boldsymbol{A}^1\boldsymbol{Z})^{\mathrm{T}}(\boldsymbol{X}-\boldsymbol{A}^1\boldsymbol{Z})]\leqslant E[(\boldsymbol{X}-\boldsymbol{AZ})^{\mathrm{T}}(\boldsymbol{X}-\boldsymbol{AZ})]$$

其中 $\boldsymbol{A}$ 为任一矩阵，证明：

(1) $\boldsymbol{A}^1=\boldsymbol{R}_{XZ}\boldsymbol{R}_Z^{-1}$，其中 $\boldsymbol{R}_{XZ}=E[\boldsymbol{XZ}^{\mathrm{T}}]$，$\boldsymbol{R}_Z=E[\boldsymbol{ZZ}^{\mathrm{T}}]$；

(2) 估计有偏；

(3) $E\{(\boldsymbol{X}-E^{**}[\boldsymbol{X}/\boldsymbol{Z}])\boldsymbol{Z}^{\mathrm{T}}\}=\boldsymbol{0}$　且只要 $E[(\boldsymbol{X}-\boldsymbol{AZ})\boldsymbol{Z}^{\mathrm{T}}]=\boldsymbol{0}$，则 $\boldsymbol{A}=\boldsymbol{A}^1$。

2-13　设 $\boldsymbol{X}$ 和 $\boldsymbol{Z}$ 为随机向量，证明：

(1) 若 $\boldsymbol{X}$ 与 $\boldsymbol{AZ}+\boldsymbol{b}$（$\forall\boldsymbol{A}$ 和 $\boldsymbol{b}$）正交，则 $E^*[\boldsymbol{X}/\boldsymbol{Z}]=\boldsymbol{0}$；

(2) 若 $\boldsymbol{X}$ 与 $\boldsymbol{Z}$ 正交，且 $E[\boldsymbol{X}]=\boldsymbol{0}$，则 $E^*[\boldsymbol{X}/\boldsymbol{Z}]=\boldsymbol{0}$。

2-14　试证明，若 $\boldsymbol{R}_k$，$\boldsymbol{Q}_k$ 和 $\boldsymbol{P}_0$ 都扩大 α 倍，则卡尔曼滤波基本方程中的增益阵 $\boldsymbol{K}_k$ 不变。

2-15　设系统和量测方程分别为

$$X_{k+1}=X_k+W_k$$
$$Z_k=X_k+V_k$$

X_k 和 Z_k 都是标量，$\{W_k\}$ 和 $\{V_k\}$ 都是零均值的白噪声序列，且有

$$\mathrm{Cov}[W_k,W_j]=\delta_{kj}$$
$$\mathrm{Cov}[V_k,V_j]=\delta_{kj}$$

W_k，V_k 和 X_0 三者互不相关，$m_{X0}=0$，量测序列为

$$\{Z_i\}=\{1,-2,4,3,-1,1,1\}$$

试按下述 3 种情况计算 $\hat{X}_{k+1/k}$ 和 $P_{k+1/k}$：

(1) $P_0=\infty$；　(2) $P_0=1$；　(3) $P_0=0$。

2-16　卫星在空间以恒定的角速度旋转，其角位置每隔 T 秒测量一次，即

$$Z_k=\theta_k+V_k$$

式中，θ_k 为卫星在 $t=kT$ 时刻的真实角位置，V_k 为量测白噪声，并有

$$E[V_k^2]=(5^\circ)^2\qquad E[\theta_0^2]=(20^\circ)^2$$

$$E[\dot{\theta}_0^2]=(20^\circ/\mathrm{s})^2\quad E[\theta_0]=E[\dot{\theta}_0]=E[\theta_0\dot{\theta}_0]=0$$

为了估计角位置和角速率，试写出系统的状态方程，并计算 $\boldsymbol{P}_{1/0}$，$\boldsymbol{K}_1$，$\boldsymbol{P}_1$ 和 $\hat{\boldsymbol{X}}_1$。

2-17　计算机仿真练习题：巡航导弹由舰艇发射，发射点距离目标的距离为 540 km，导弹发射后以 300 m/s 的速度直线等速飞向目标。为了保护目标，目标处装备有监视雷达，并用卡尔曼滤波器估计来袭导弹的距离和速度。雷达以 0.1 s 的间隔测量导弹的距离，测量误差为零均值的白噪声，均方根为 10 m。设计卡尔曼滤波器时，距离和速度估计初值取为零，相应的误差均方根分别取 500 km 和 350 m/s，来袭导弹飞行状态的随机性用加速度为白噪声来描述，取方差强度 $q=0.01\ \mathrm{m^2/s^3}$。

(1) 设计卡尔曼滤波器；

(2) 作滤波效果的仿真计算(仿真时间:0 ～ 1 000 s,绘出估计误差曲线)。

2-18 设系统方程和量测方程分别为

$$\dot{X}(t)=-X(t)+w(t)$$
$$Z(t)=X(t)+v(t)$$

$X(t)$ 和 $Z(t)$ 均为标量,列写出连续型卡尔曼滤波方程,并求出滤波达到稳态时的估计均方误差和最佳增益。其中 $w(t)$ 和 $v(t)$ 是零均值且互不相关的白噪声过程,$q=2\alpha$,$r=\alpha$。

2-19 若定常连续系统噪声方差强度阵 $\boldsymbol{q}$ 和 $\boldsymbol{r}$ 都增加 α 倍,试证明稳态滤波器的增益 $\overline{\boldsymbol{K}}$ 不变。

2-20 设系统方程和量测方程分别为

$$\dot{\boldsymbol{X}}(t)=\begin{bmatrix}0 & 1\\ -1 & 0\end{bmatrix}\boldsymbol{X}(t)+\begin{bmatrix}0\\ 1\end{bmatrix}w(t)$$
$$Z(t)=[1\ 0]\boldsymbol{X}(t)+v(t)$$

其中 $w(t)$ 和 $v(t)$ 是零均值且互不相关的白噪声过程,$q=2$,$r=1$。列写出连续型卡尔曼滤波方程,并求出稳态解。

2-21 设连续系统状态方程为

$$\dot{\boldsymbol{X}}(t)=\boldsymbol{F}(t)\boldsymbol{X}(t)+\boldsymbol{E}(t)\boldsymbol{U}(t)+\boldsymbol{G}(t)\boldsymbol{w}(t)$$

其中 $\boldsymbol{w}(t)$ 是均值为零方差强度为 $\boldsymbol{q}(t)$ 的白噪声过程向量。系统经离散化处理后得

$$\boldsymbol{X}(t_{k+1})=\boldsymbol{\Phi}(t_{k+1},t_k)\boldsymbol{X}(t_k)+\boldsymbol{B}(t_k)\boldsymbol{U}(t_k)+\boldsymbol{\Gamma}(t_k)\boldsymbol{W}_k$$

其中

$$\boldsymbol{\Gamma}(t_k)=\int_{t_k}^{t_{k+1}}\boldsymbol{\Phi}(t_{k+1},\tau)\boldsymbol{G}(\tau)\mathrm{d}\tau$$
$$\boldsymbol{B}(t_k)=\int_{t_k}^{t_{k+1}}\boldsymbol{\Phi}(t_{k+1},\tau)\boldsymbol{E}(\tau)\mathrm{d}\tau$$

$\boldsymbol{\Phi}(t_{k+1},t_k)$ 为一步转移阵。证明

$$\lim_{T\to 0}\frac{\boldsymbol{\Gamma}(t_k)}{T}=\boldsymbol{G}(t)$$
$$\lim_{T\to 0}\frac{\boldsymbol{B}(t_k)}{T}=\boldsymbol{E}(t)$$
$$\lim_{T\to 0}\boldsymbol{\Phi}(t_{k+1},t_k)=\boldsymbol{I}$$

其中 $T=t_{k+1}-t_k$。

2-22 设运动体沿某直线运动,t 时刻的位移,速度和加速度分别为 $s(t)$,$v(t)$ 和 $a(t)$。t_k 时刻的量测为 $Z_k=S_k+V_k$,其中 $s_k=s(t_k)$,$k=1,2,3,\cdots$。运动体机动运动引起的运动不定性用 $a(t)$ 描述,其中

$$E[a(t)]=0,\quad E[a(t)a(\tau)]=q\delta(t-\tau)$$
$$E[V_k]=0,\quad E[V_k\quad V_l]=R\delta_{kl}$$

量测量的采样周期为 T。列写出 s_k 和 v_k 的稳态滤波方程。

第三章　卡尔曼滤波中的技术处理

在第二章关于卡尔曼滤波方程的推导中，曾明确指出系统驱动噪声和量测噪声都必须是白噪声，但实际上有些系统的驱动噪声和量测噪声是有色的。在此情况下，卡尔曼滤波方程应作如何修改才能适用。

离散型卡尔曼滤波采用了递推算法，每一步计算误差都被保留在递推结果中。如果计算机字长较短，舍入误差将会逐渐积累，引起滤波的计算发散。解决这一问题的对策是什么？

当量测维数 m 和系统维数 n 很大时，卡尔曼滤波计算的求逆阶数很高，与 n^3+n^2m 成正比的卡尔曼滤波计算量十分巨大，这将使实时计算无法实现。如何寻找同解的滤波算法或精度下降不大的次优滤波算法。

本章将就上述问题和其他一些实际问题进行讨论。

3.1　有色噪声的白化

3.1.1　白色噪声和有色噪声

若随机过程 $\boldsymbol{w}(t)$ 满足

$$\left.\begin{aligned}&E[\boldsymbol{w}(t)]=\boldsymbol{0}\\&E[\boldsymbol{w}(t)\boldsymbol{w}^{\mathrm{T}}(\tau)]=\boldsymbol{q}\delta(t-\tau)\end{aligned}\right\}\tag{3.1.1}$$

则 $\boldsymbol{w}(t)$ 称为白色噪声过程。

式(3.1.1)的第二式即为 $\boldsymbol{w}(t)$ 的自相关函数，即

$$\boldsymbol{R}_w(t-\tau)=\boldsymbol{q}\delta(t-\tau)\tag{3.1.2}$$

从式(3.1.1)可看出，$\boldsymbol{w}(t)$ 的均值和自相关函数与时间间隔 $\mu=t-\tau$ 有关，而与时间点 t 无关，所以 $\boldsymbol{w}(t)$ 是平稳过程，式(3.1.2)可写为

$$\boldsymbol{R}_w(\mu)=\boldsymbol{q}\delta(\mu)$$

$\boldsymbol{q}$ 称为 $\boldsymbol{w}(t)$ 的方差强度。

因此 $\boldsymbol{w}(t)$ 的功率谱为

$$\boldsymbol{S}_w(\omega)=\mathscr{F}\{\boldsymbol{R}_w(\mu)\}=\int_{-\infty}^{\infty}\boldsymbol{q}\delta(\mu)\mathrm{e}^{-\mathrm{j}\omega\mu}\mathrm{d}\mu=\boldsymbol{q}\tag{3.1.3}$$

式(3.1.3)说明，白噪声 $\boldsymbol{w}(t)$ 的功率谱在整个频率区间内都为常值 $\boldsymbol{q}$，这与白色光的光谱分布在整个可见光频率区间内的现象是类似的，所以 $\boldsymbol{w}(t)$ 被称作白色噪声过程，且功率谱与方差强度相等。

由式(3.1.1)还可看出，无论时间 τ 和 t 靠得多么近，只要 $\tau\neq t$，$\boldsymbol{w}(\tau)$ 与 $\boldsymbol{w}(t)$ 总不相关，两者没有任何依赖关系，这一特性在时间过程中的体现是信号作直上直下的跳变。

若随机序列$\{\boldsymbol{W}_k\}$满足

$$\left.\begin{aligned} E[\boldsymbol{W}_k] &= \boldsymbol{0} \\ E[\boldsymbol{W}_k\boldsymbol{W}_j^{\mathrm{T}}] &= \boldsymbol{Q}\delta_{kj} \end{aligned}\right\} \tag{3.1.4}$$

则$\boldsymbol{W}_k$称为白色噪声序列。$\boldsymbol{W}_k$在时间过程中是出现在离散时间点上的杂乱无章的上下跳动。

白色噪声过程和白色噪声序列有时都简称为白噪声，在具体问题中根据具体含义很容易区分出是过程还是序列。白噪声实际上是一种数学抽象，实际系统中变化跳变剧烈的干扰都可近似看做白噪声。

凡是不满足式(3.1.1)的噪声都称为有色噪声过程。有色噪声的功率谱随频率而变，这与有色光的光谱分布在某一频率段内的现象是类似的，有色一词也由此而得名。

3.1.2 有色噪声的建模和白化

有色噪声可看做某一动力学系统在白色噪声驱动下的响应。所谓对有色噪声建模就是确定出这一动力学系统。建模的方法一般有两种：相关函数法和时间序列分析法。

1. 相关函数法——成形滤波器法

设有一单位白噪声过程(功率谱为1)$w(t)$，输入到传递函数为$\Phi(p)$的线性系统中。根据线性系统理论，对应的输出信号$N(t)$的功率谱密度为

$$S_N(\omega) = |\Phi(\mathrm{j}\omega)|^2 \times 1 = \Phi(\mathrm{j}\omega)\Phi(-\mathrm{j}\omega) \tag{3.1.5}$$

因此，如果有色噪声$N(t)$的功率谱可写成$\Phi(\mathrm{j}\omega)\Phi(-\mathrm{j}\omega)$的形式，则$N(t)$可看做传递函数为$\Phi(p)$的线性系统对单位强度白噪声$w(t)$的响应，即$N(t)$可用$w(t)$来表示，这就实现了对有色噪声$N(t)$的白化。$\Phi(p)$是实现白化的关键，被称为成形滤波器。

定理 3.1

若$N(t)$是各态历经的随机过程，则$N(t)$的功率谱$S_N(\omega)$为偶函数；若$S_N(\omega)$又是有理谱，则$S_N(\omega)$一定可分解成$\Phi(\mathrm{j}\omega)\Phi(-\mathrm{j}\omega)$的形式，$N(t)$的成形滤波器为

$$\Phi(p) = \Phi(\mathrm{j}\omega)\big|_{\mathrm{j}\omega = p} \tag{3.1.6}$$

证明

由于$N(t)$是各态历经的随机过程，所以自相关函数为

$$R_N(\tau) = E[N(t)N(t+\tau)] = \lim_{T\to\infty}\frac{1}{T}\int_0^T N(t)N(t+\tau)\mathrm{d}t$$

令$t+\tau=\mu$，当t从$0\to T$时，μ即从$\tau\to T+\tau$，所以

$$\begin{aligned} R_N(\tau) = &\lim_{T\to\infty}\frac{1}{T}\int_\tau^{T+\tau} N(\mu-\tau)N(\mu)\mathrm{d}\mu = \\ &\lim_{T\to\infty}\frac{1}{T}\int_0^T N(\mu)N(\mu-\tau)\mathrm{d}\mu + \\ &\lim_{T\to\infty}\frac{1}{T}\left[\int_T^{T+\tau} N(\mu)N(\mu-\tau)\mathrm{d}\mu - \int_0^\tau N(\mu)N(\mu-\tau)\mathrm{d}\mu\right] \end{aligned}$$

上式方括号内的积分区间长度为有限值τ，积分结果也为有限值，所以

$$R_N(\tau) = \lim_{T\to\infty}\frac{1}{T}\int_0^T N(\mu)N(\mu-\tau)\mathrm{d}\mu = R_N(-\tau)$$

$N(t)$的功率谱为

$$S_N(\omega)=\mathscr{F}\{R_N(\tau)\}=\int_{-\infty}^{\infty}R_N(\tau)\mathrm{e}^{-\mathrm{j}\omega\tau}\mathrm{d}\tau=$$

$$\int_{-\infty}^{\infty}R_N(\tau)\cos\omega\tau\,\mathrm{d}\tau-\mathrm{j}\int_{-\infty}^{\infty}R_N(\tau)\sin\omega\tau\,\mathrm{d}\tau$$

式中第二项的被积函数是关于 τ 的奇函数，第一项的被积函数是关于 τ 的偶函数，积分都在对称区间上进行，所以

$$S_N(\omega)=2\int_0^{\infty}R_N(\tau)\cos\omega\tau\,\mathrm{d}\tau$$

可见 $S_N(\omega)$ 是 ω 的偶函数。

若 $S_N(\omega)$ 又是有理谱，则 $S_N(\omega)$ 一定具有如下形式

$$S_N(\omega)=\frac{b_0\omega^{2m}+b_1\omega^{2m-2}+\cdots+b_m}{a_0\omega^{2n}+a_1\omega^{2n-2}+\cdots+a_n}=$$

$$\frac{b_0[(\omega^2)^m+b'_1(\omega^2)^{m-1}+\cdots+b'_m]}{a_0[(\omega^2)^n+a'_1(\omega^2)^{n-1}+\cdots+a'_n]}=$$

$$\frac{b_0(\omega^2-z_1)(\omega^2-z_2)\cdots(\omega^2-z_m)}{a_0(\omega^2-p_1)(\omega^2-p_2)\cdots(\omega^2-p_n)}$$

而

$$\omega^2-z_i=(\sqrt{-z_i}+\mathrm{j}\omega)(\sqrt{-z_i}-\mathrm{j}\omega)\qquad i=1,2,\cdots,m$$

$$\omega^2-p_i=(\sqrt{-p_i}+\mathrm{j}\omega)(\sqrt{-p_i}-\mathrm{j}\omega)\qquad i=1,2,\cdots,n$$

所以

$$S_N(\omega)=\sqrt{\frac{b_0}{a_0}}\frac{(\sqrt{-z_1}+\mathrm{j}\omega)(\sqrt{-z_2}+\mathrm{j}\omega)\cdots(\sqrt{-z_m}+\mathrm{j}\omega)}{(\sqrt{-p_1}+\mathrm{j}\omega)(\sqrt{-p_2}+\mathrm{j}\omega)\cdots(\sqrt{-p_n}+\mathrm{j}\omega)}\cdot$$

$$\sqrt{\frac{b_0}{a_0}}\frac{(\sqrt{-z_1}-\mathrm{j}\omega)(\sqrt{-z_2}-\mathrm{j}\omega)\cdots(\sqrt{-z_m}-\mathrm{j}\omega)}{(\sqrt{-p_1}-\mathrm{j}\omega)(\sqrt{-p_2}-\mathrm{j}\omega)\cdots(\sqrt{-p_n}-\mathrm{j}\omega)}$$

令

$$\Phi(\mathrm{j}\omega)=\sqrt{\frac{b_0}{a_0}}\frac{(\sqrt{-z_1}+\mathrm{j}\omega)(\sqrt{-z_2}+\mathrm{j}\omega)\cdots(\sqrt{-z_m}+\mathrm{j}\omega)}{(\sqrt{-p_1}+\mathrm{j}\omega)(\sqrt{-p_2}+\mathrm{j}\omega)\cdots(\sqrt{-p_n}+\mathrm{j}\omega)}$$

则

$$S_N(\omega)=\Phi(\mathrm{j}\omega)\Phi(-\mathrm{j}\omega)$$

所以成形滤波器为

$$\Phi(p)=\Phi(\mathrm{j}\omega)\big|_{\mathrm{j}\omega=p}$$

对随机过程作建模处理时，一般都假设满足各态历经，即由在一个样本时间过程中采集到的数据计算出相关函数，再由相关函数求出功率谱，然后由功率谱求出成形滤波器，所以这种方法称相关函数法。

2. 时间序列分析法

时间序列分析法把平稳的有色噪声序列看做是各时刻相关的序列和各时刻出现的白噪声所组成，即 k 时刻的有色噪声 N_k 为

$$N_k=\varphi_1N_{k-1}+\varphi_2N_{k-2}+\cdots+\varphi_pN_{k-p}+$$
$$W_k-\theta_1W_{k-1}-\theta_2W_{k-2}-\cdots-\theta_qW_{k-q}\qquad(3.1.7)$$

式中，$\varphi_i < 1\ (i=1,2,\cdots,p)$ 为自回归参数；$\theta_i < 1\ (i=1,2,\cdots,q)$ 为滑动平均参数；$\{W_k\}$ 为白噪声序列。

上述表示有色噪声的递推方程称为(p,q) 阶的自回归滑动平均模型 ARMA(p,q)。

如果模型中 $\theta_i=0\ (i=1,2,\cdots,q)$，则模型简化为

$$N_k=\varphi_1 N_{k-1}+\varphi_2 N_{k-2}+\cdots+\varphi_p N_{k-p}+W_k \tag{3.1.8}$$

这种模型称为 p 阶自回归模型 AR(p)。

如果模型中 $\varphi_i=0\ (i=1,2,\cdots,p)$，则模型简化为

$$N_k=W_k-\theta_1 W_{k-1}-\theta_2 W_{k-2}-\cdots-\theta_q W_{k-q} \tag{3.1.9}$$

这种模型称为 q 阶滑动平均模型 MA(q)。

时间序列分析法还可推广应用于非平稳的有色噪声。如果非平稳有色噪声序列经过 m 次差分后变成平稳序列，利用时间序列分析法得到这种平稳序列的模型为 ARMA(p,q)，则非平稳序列的模型称为(p,m,q) 阶的自回归积分滑动平均模型 ARIMA(p,m,q)，即

$$\begin{aligned}M_k=N_k-N_{k-m}=\varphi_1 M_{k-1}+\cdots+\varphi_p M_{k-p}+\\ W_k-\theta_1 W_{k-1}-\cdots-\theta_q W_{k-q}\end{aligned} \tag{3.1.10}$$

不论是平稳的还是非平稳的有色噪声，建模的任务都是确定模型方程中的各项参数值(φ_i,θ_i) 和白噪声序列$\{W_k\}$ 的方差值。建模过程一般分两步，先利用噪声的相关函数和功率谱密度的特性确定出模型的形式(AR，MA 或 ARMA)；然后用参数估计的方法估计出模型中的各参数值。由于实际的有色噪声模型中 p 和 q 的阶数一般都不大于 2，因此也可以直接从简单的模型开始拟合，然后根据拟合后的残差大小最后确定模型。具体的建模方法可参阅文献[71 ～ 72]。

模型确定后，还须根据滤波的要求，将模型方程改写成一阶差分方程组或一阶微分方程组。有些简单的模型本身就是一阶差分方程，在离散系统的滤波器设计中可直接使用这种模型方程。如果要应用于连续系统，可以直接将一阶差分方程写成一阶微分方程形式[73-74]。

3.1.3 几种常见的有色噪声

1. 随机常数

连续型随机常数满足方程

$$\dot{N}(t)=0 \tag{3.1.11}$$

其中 $N(0)$ 为随机变量。

由式(3.1.11)可直接得出随机常数的成形滤波器，如图 3.1.1(a) 所示。

离散型随机常数 N_k 满足的差分方程为

$$N_{k+1}=N_k \tag{3.1.12}$$

式中，N_0 为随机变量。

2. 随机游走

连续型随机游走满足的方程为

$$\dot{N}(t)=w(t) \tag{3.1.13}$$

式中，$w(t)$ 为白噪声过程。随机游走的成形滤波器如图 3.1.1(b) 所示。

下面分析随机游走的均值、相关函数及方差，以便了解其特性。

设

$$N(0)=0$$

$$E[w(t)w(\tau)]=q_w\delta(t-\tau)$$

则

$$N(t)=\int_0^t w(\tau)\mathrm{d}\tau$$

$N(t)$ 的均值为

$$E[N(t)]=E\left[\int_0^t w(\tau)\mathrm{d}\tau\right]=\int_0^t E[w(\tau)]\mathrm{d}\tau=0$$

$N(t)$ 的相关函数为

$$E[N(\tau)N(t)]=E\left[\int_0^\tau w(\mu)\mathrm{d}\mu\int_0^t w(\lambda)\mathrm{d}\lambda\right]=$$
$$\int_0^t\int_0^\tau E[w(\mu)w(\lambda)]\mathrm{d}\mu\,\mathrm{d}\lambda=$$
$$\int_0^t\int_0^\tau q_w\delta(\mu-\lambda)\mathrm{d}\mu\,\mathrm{d}\lambda$$

若 $t>\tau$，则

$$E[N(\tau)N(t)]=\int_0^\tau\left[\int_0^\tau q_w\delta(\mu-\lambda)\mathrm{d}\mu\right]\mathrm{d}\lambda+$$
$$\int_{\tau+}^t\left[\int_0^\tau q_w\delta(\mu-\lambda)\mathrm{d}\mu\right]\mathrm{d}\lambda$$

上式第二项中，μ 在 $[0,\tau]$ 内变化，λ 在 $(\tau,t]$ 内变化，即总有 $\mu\neq\lambda$，$\delta(\mu-\lambda)=0$，所以此项积分值为零。

$$E[N(\tau)N(t)]=\int_0^\tau q_w\mathrm{d}\lambda=q_w\tau \tag{3.1.14}$$

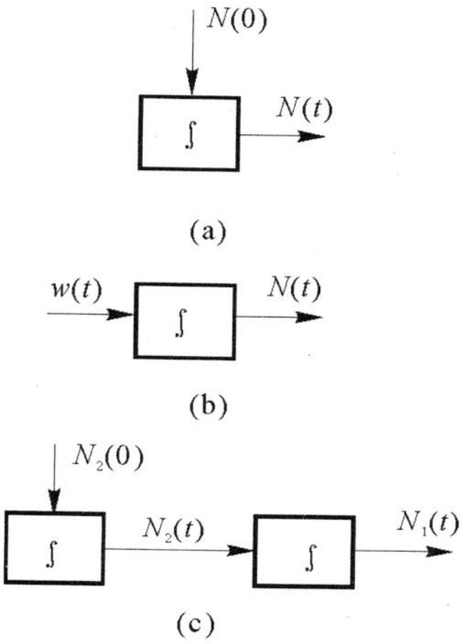

图 3.1.1　几种成形滤波器

(a) 随机常数；(b) 随机游走；(c) 随机斜坡

若 $\tau>t$，则

$$E[N(\tau)N(t)]=\int_0^\tau\int_0^t q_w\delta(\mu-\lambda)\mathrm{d}\lambda\,\mathrm{d}\mu=$$
$$\int_0^t\left[\int_0^t q_w\delta(\mu-\lambda)\mathrm{d}\lambda\right]\mathrm{d}\mu+$$
$$\int_{t+}^\tau\left[\int_0^t q_w\delta(\mu-\lambda)\mathrm{d}\lambda\right]\mathrm{d}\mu=q_w t \tag{3.1.15}$$

综合式(3.1.14)和式(3.1.15)，得随机游走的相关函数为

$$E[N(\tau)N(t)]=q_w[t,\tau]_{\min} \tag{3.1.16}$$

式(3.1.16)说明：时间过程越长，随机游走的相关就越强烈。

由于随机游走的均值为零，所以在式(3.1.16)中，当 $\tau=t$ 时即可得随机游走的方差

$$E[N^2(t)]=q_w t \tag{3.1.17}$$

式(3.1.17)说明，方差随时间而变，所以随机游走是非平稳过程。

由于

$$N(t)=\int_0^t w(\tau)\mathrm{d}\tau$$

所以随机游走序列满足下述方程

$$N(t_{k+1})=\int_0^{t_{k+1}} w(\tau)\mathrm{d}\tau=\int_0^{t_k} w(\tau)\mathrm{d}\tau+\int_{t_k}^{t_{k+1}} w(\tau)\mathrm{d}\tau=$$
$$N(t_k)+W_k \tag{3.1.18}$$

式中

$$W_k = \int_{t_k}^{t_{k+1}} w(\tau)\mathrm{d}\tau \tag{3.1.19}$$

仿照式(2.3.5)所确定的序列为白噪声的证明,可以证明由式(3.1.19)确定的W_k是白噪声序列,W_k的方差为

$$E[W_k W_j] = Q_k \delta_{kj} \tag{3.1.20}$$

式中

$$Q_k = Tq_w \tag{3.1.21}$$

$$T = t_{k+1} - t_k$$

下面再分析随机游走序列的均值和方差。

为书写简便,将式(3.1.18)改写为

$$N_{k+1} = N_k + W_k$$

由递推关系可得

$$N_k = N_{k-1} + W_{k-1} = N_{k-2} + W_{k-2} + W_{k-1} = \cdots\cdots = N_0 + W_0 + W_1 + \cdots + W_{k-1}$$

对于$N_0 = 0$,则

$$N_k = \sum_{i=0}^{k-1} W_i$$

所以均值为

$$E[N_k] = \sum_{i=0}^{k-1} E[W_i] = 0 \tag{3.1.22}$$

方差为

$$E[N_k^2] = [(W_0 + W_1 + \cdots + W_{k-1})(W_0 + W_1 + \cdots + W_{k-1})]$$

由于$\{W_k\}$为白噪声序列,即有式(3.1.20),所以

$$E[N_k^2] = E[W_0^2] + E[W_1^2] + \cdots + E[W_{k-1}^2] = kTq_w = t_k q_w \tag{3.1.23}$$

式(3.1.23)说明随机游走序列也是非平稳的。

3. 随机斜坡

连续型随机斜坡$N_1(t)$满足方程

$$\left.\begin{aligned} \dot{N}_1(t) &= N_2(t) \\ \dot{N}_2(t) &= 0 \end{aligned}\right\} \tag{3.1.24}$$

式中,$N_2(t)$为随机常数。随机斜坡的成形滤波器如图3.1.1(c)所示。

设$N_2(t)$的初值为随机变量$N_2(0)$,$N_1(t)$的初值为零,则

$$N_1(t) = tN_2(0)$$

$$N_2(t) = N_2(0)$$

所以随机斜坡的均值和均方值分别为

$$E[N_1(t)] = tE[N_2(0)] \tag{3.1.25}$$

$$E[N_1^2(t)] = t^2 E[N_2^2(0)] \tag{3.1.26}$$

式(3.1.25)说明随机斜坡是非平稳过程。

对$N_1(t)$和$N_2(t)$以T为周期进行采样,得

$$N_1(k) = kTN_2(0)$$

$$N_2(k) = N_2(0)$$

而

$$N_1(k+1)=(k+1)TN_2(0)=N_1(k)+TN_2(k)$$
$$N_2(k+1)=N_2(k)$$

所以随机斜坡的离散化表达式为

$$\left.\begin{aligned}N_1(k+1)=N_1(k)+TN_2(k)\\N_2(k+1)=N_2(k)\end{aligned}\right\}\tag{3.1.27}$$

相应的均值和均方值分别为

$$E[N_1(k)]=kTE[N_2(0)]$$
$$E[N_1^2(k)]=k^2T^2E[N_2^2(0)]$$

可见离散型随机斜坡也是非平稳的。

4. 一阶马尔柯夫过程

相关函数为

$$R_N(\tau)=R_N(0)\mathrm{e}^{-\alpha|\tau|}\tag{3.1.28}$$

的有色噪声称为一阶马尔柯夫过程，有时简称为一阶马氏过程。式中：τ 为两时间点之间的时间间隔；$R_N(0)$ 为均方值；α 为反相关时间常数，其物理意义解释如下。

式(3.1.28)可用图3.1.2示意图表示。右半部分曲线在 A 点处的切线斜率和切线方程为

$$R'_N(\tau)\big|_{\tau=0}=-\alpha R_N(0)$$
$$y=R_N(0)-\alpha R_N(0)\tau$$

该切线与 τ 轴的交点为

$$\tau_0=\frac{1}{\alpha}$$

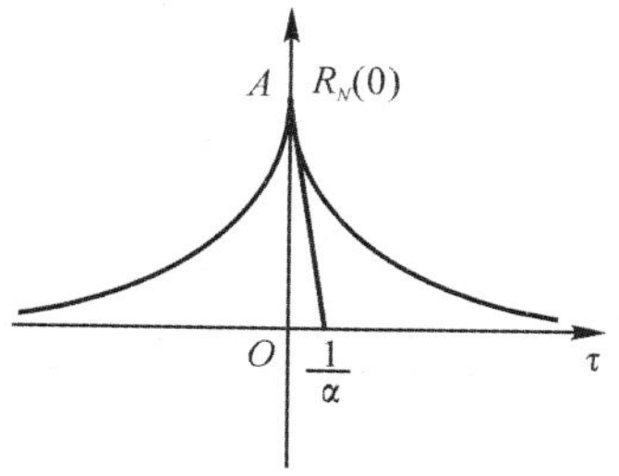

图3.1.2　相关函数示意图

所以 $\frac{1}{\alpha}$ 是相关函数 $R_N(\tau)$ 在 $\tau=0$ 处的切线与 τ 轴的交点，具有时间的量纲，称之为相关时间。由于 α 是 $\frac{1}{\alpha}$ 的倒数，所以称 α 为反相关时间。反相关时间描述了不同时间点上随机信号的关联性，α 越大，则 $\frac{1}{\alpha}$ 越小，相关函数越陡峭，不同时间上随机信号的关联性下降越迅速，信号越接近白噪声。反之则相反。

下面以成形滤波器概念讨论一阶马氏过程的白化。

由式(3.1.28)得一阶马氏过程的功率谱为

$$S_N(\omega)=\mathscr{F}\{R_N(\tau)\}=\int_{-\infty}^{\infty}R_N(\tau)\mathrm{e}^{-\mathrm{j}\omega\tau}\mathrm{d}\tau=2\int_0^{\infty}R_N(0)\mathrm{e}^{-\alpha\tau}\cos\omega\tau\,\mathrm{d}\tau=\frac{2R_N(0)\alpha}{\omega^2+\alpha^2}=$$
$$\frac{\sqrt{2R_N(0)\alpha}}{\alpha+\mathrm{j}\omega}\frac{\sqrt{2R_N(0)\alpha}}{\alpha-\mathrm{j}\omega}=\Phi(\mathrm{j}\omega)\Phi(-\mathrm{j}\omega)$$

即

$$\Phi(\mathrm{j}\omega)=\frac{\sqrt{2R_N(0)\alpha}}{\alpha+\mathrm{j}\omega}$$

因此一阶马氏过程的成形滤波器的传递函数为

$$\Phi(p)=\frac{\sqrt{2R_N(0)\alpha}}{p+\alpha}\tag{3.1.29}$$

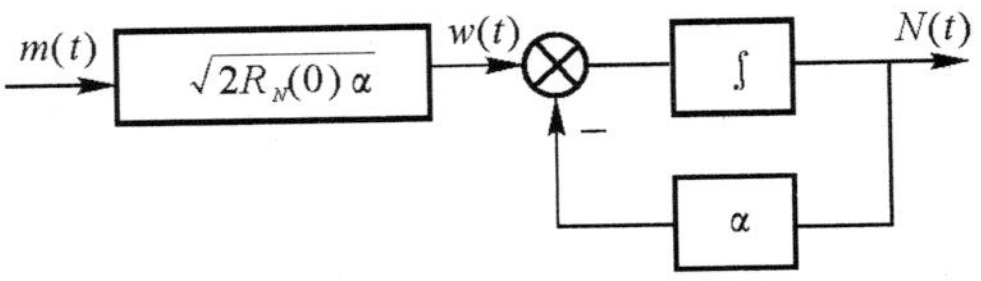

图 3.1.3　一阶马氏过程的成形滤波器

图 3.1.3 是根据式(3.1.29) 画出的方块图。其中 $m(t)$ 是单位强度的白噪声过程。

由图 3.1.3 可得一阶马氏过程的时域动力学方程为

$$\dot{N}(t) = -\alpha N(t) + \sqrt{2R_N(0)\alpha}\, m(t)$$

或

$$\dot{N}(t) = -\alpha N(t) + w(t) \tag{3.1.30}$$

式中

$$w(t) = \sqrt{2R_N(0)\alpha}\, m(t) \tag{3.1.31}$$

$$E[w(t)] = 0$$

$$E[w(t)w(\tau)] = 2R_N(0)\alpha\delta(t-\tau)$$

所以 $w(t)$ 的方差强度为

$$q_w = 2R_N(0)\alpha \tag{3.1.32}$$

对式(3.1.30) 所示连续系统作离散化处理,有

$$N_{k+1} = \Phi(T)N_k + \int_{t_k}^{t_{k+1}} \Phi(t_{k+1}-\tau)w(\tau)\mathrm{d}\tau$$

式中

$$\left.\begin{aligned} \Phi(T) &= \mathrm{e}^{-\alpha T} \\ T &= t_{k+1} - t_k \end{aligned}\right\} \tag{3.1.33}$$

令

$$W_k = \int_{t_k}^{t_{k+1}} \Phi(t_{k+1}-\tau)w(\tau)\mathrm{d}\tau \tag{3.1.34}$$

则得离散型一阶马氏过程的表达式为

$$N_{k+1} = \mathrm{e}^{-\alpha T}N_k + W_k \tag{3.1.35}$$

其中,W_k 由式(3.1.34) 定义。

下面分析 W_k。

$$E[W_k] = \int_{t_k}^{t_{k+1}} \Phi(t_{k+1}-\tau)E[w(\tau)]\mathrm{d}\tau =$$

$$\sqrt{2R_N(0)\alpha}\int_{t_k}^{t_{k+1}} \mathrm{e}^{-\alpha(t_{k+1}-\tau)}E[m(\tau)]\mathrm{d}\tau = 0 \tag{3.1.36}$$

$$E[W_kW_j] = 2R_N(0)\alpha E\left[\int_{t_k}^{t_{k+1}} \mathrm{e}^{-\alpha(t_{k+1}-\tau)}m(\tau)\mathrm{d}\tau \int_{t_j}^{t_{j+1}} \mathrm{e}^{-\alpha(t_{j+1}-\sigma)}m(\sigma)\mathrm{d}\sigma\right] =$$

$$2R_N(0)\alpha\int_{t_k}^{t_{k+1}}\int_{t_j}^{t_{j+1}} \mathrm{e}^{-\alpha(t_{k+1}-\tau)}\delta(\tau-\alpha)\mathrm{e}^{-\alpha(t_{j+1}-\sigma)}\mathrm{d}\sigma\mathrm{d}\tau$$

上式中,仅当 $\sigma = \tau$ 时积分才不为零,而 $\sigma \neq \tau$ 时积分恒为零,只有当两个积分区间重合时,即 $j = k$ 时才有可能使 $\sigma = \tau$。

对 $j = k$,有

$$E[W_kW_j] = 2R_N(0)\alpha\int_{t_k}^{t_{k+1}} \mathrm{e}^{-\alpha(t_{k+1}-\tau)}\mathrm{e}^{-\alpha(t_{k+1}-\tau)}\mathrm{d}\tau = \frac{2R_N(0)\alpha}{2\alpha}\mathrm{e}^{-2\alpha t_{k+1}}\left[\mathrm{e}^{2\alpha t_{k+1}} - \mathrm{e}^{2\alpha t_k}\right] =$$

$$R_N(0)(1-\mathrm{e}^{-2\alpha T})$$

即

$$E[W_kW_j]=R_N(0)(1-e^{-2\alpha T})\delta_{kj} \tag{3.1.37}$$

由式(3.1.36)和式(3.1.37)知 W_k 为白噪声序列，方差为

$$Q_k=R_N(0)(1-e^{-2\alpha T}) \tag{3.1.38}$$

若将式(3.1.32)代入式(3.1.38)，得

$$Q_k=\frac{1}{2\alpha}(1-e^{-2\alpha T})q_w \tag{3.1.39}$$

式中，q_w 为式(3.1.30)所示连续型一阶马氏过程激励噪声 $w(t)$ 的方差强度。

3.2　有色噪声条件下的卡尔曼滤波

3.2.1　系统噪声为有色而量测噪声为白色时的卡尔曼滤波

设系统方程和量测方程为

$$\boldsymbol{X}_{k+1}=\boldsymbol{\Phi}_{k+1,k}\boldsymbol{X}_k+\boldsymbol{\Gamma}_k\boldsymbol{W}_k \tag{3.2.1}$$

$$\boldsymbol{Z}_k=\boldsymbol{H}_k\boldsymbol{X}_k+\boldsymbol{V}_k \tag{3.2.2}$$

其中量测噪声 $\boldsymbol{V}_k$ 为零均值白噪声，系统噪声 $\boldsymbol{W}_k$ 为有色噪声，满足方程

$$\boldsymbol{W}_{k+1}=\boldsymbol{\Pi}_{k+1,k}\boldsymbol{W}_k+\boldsymbol{\zeta}_k \tag{3.2.3}$$

式中，$\boldsymbol{\zeta}_k$ 为零均值白噪声。

将 $\boldsymbol{W}_k$ 也列为状态，则扩增后的状态为

$$\boldsymbol{X}_k^a=\begin{bmatrix}\boldsymbol{X}_k\\ \boldsymbol{W}_k\end{bmatrix}$$

扩增状态后的系统方程和量测方程为

$$\begin{bmatrix}\boldsymbol{X}_{k+1}\\ \boldsymbol{W}_{k+1}\end{bmatrix}=\begin{bmatrix}\boldsymbol{\Phi}_{k+1,k} & \boldsymbol{\Gamma}_k\\ \boldsymbol{0} & \boldsymbol{\Pi}_{k+1,k}\end{bmatrix}\begin{bmatrix}\boldsymbol{X}_k\\ \boldsymbol{W}_k\end{bmatrix}+\begin{bmatrix}\boldsymbol{0}\\ \boldsymbol{I}\end{bmatrix}\boldsymbol{\zeta}_k$$

$$\boldsymbol{Z}_k=[\boldsymbol{H}_k\ \ \boldsymbol{0}]\begin{bmatrix}\boldsymbol{X}_k\\ \boldsymbol{W}_k\end{bmatrix}+\boldsymbol{V}_k$$

即

$$\boldsymbol{X}_{k+1}^a=\boldsymbol{\Phi}_{k+1,k}^a\boldsymbol{X}_k^a+\boldsymbol{\Gamma}_k^a\boldsymbol{W}_k^a$$

$$\boldsymbol{Z}_k=\boldsymbol{H}_k^a\boldsymbol{X}_k^a+\boldsymbol{V}_k$$

式中，$\boldsymbol{W}_k^a(\boldsymbol{W}_k^a=\boldsymbol{\zeta}_k)$，$\boldsymbol{V}_k$ 都是零均值白噪声，符合卡尔曼滤波基本方程的要求。

由于扩增状态后状态维数增加，所以滤波器阶数增高，计算量增加。

例 3-1　指北惯导系统在静基座作初始对准，取北-西-天地理座系为导航坐标系。经过粗对准，北向通道可简化为

$$\dot{\varphi}_W=\varepsilon_W$$

式中，ε_W 为西向陀螺漂移，φ_W 为平台沿西向轴的水平姿态误差。φ_W 由北向加速度计测量。

$$Z_N=-g\varphi_W+\nabla_N$$

假设 ε_W 包含高频、低频和随机常值三种分量，∇_N 为零均值的白噪声，试列写出适用于卡尔曼滤波的状态方程和量测方程。

解 西向陀螺漂移中的高频、低频和随机常值三种分量可分别用白噪声 w_ε、一阶马氏过程 ε_m 和随机常数 ε_b 近拟描述，即

$$\begin{cases}\dot{\varphi}_W = \varepsilon_b + \varepsilon_m + w_\varepsilon \\ \dot{\varepsilon}_b = 0 \\ \dot{\varepsilon}_m = -\alpha\varepsilon_m + \xi_\varepsilon\end{cases}$$

将 ε_b 和 ε_m 也扩增为状态，则状态方程为

$$\begin{bmatrix}\dot{\varphi}_W \\ \dot{\varepsilon}_b \\ \dot{\varepsilon}_m\end{bmatrix} = \begin{bmatrix}0 & 1 & 1 \\ 0 & 0 & 0 \\ 0 & 0 & -\alpha\end{bmatrix}\begin{bmatrix}\varphi_W \\ \varepsilon_b \\ \varepsilon_m\end{bmatrix} + \begin{bmatrix}w_\varepsilon \\ 0 \\ \xi_\varepsilon\end{bmatrix}$$

量测方程为

$$Z_N = [-g \ 0 \ 0]\begin{bmatrix}\varphi_W \\ \varepsilon_b \\ \varepsilon_m\end{bmatrix} + \nabla_N$$

经过状态扩增后，系统噪声和量测噪声都成白噪声，符合使用卡尔曼滤波方程的要求。

3.2.2 系统噪声为白色而量测噪声为有色时的卡尔曼滤波

在 3.2.1 小节中介绍了采用状态扩增的办法解决系统噪声的白化，对于系统噪声有色而量测噪声白色的情况这种方法是有效的，惟一的代价是滤波器阶数升高，计算量增大。现在要问，对于系统噪声为白色而量测噪声为有色的情况，这种方法是否仍然有效呢？回答是否定的。下面通过分析说明这一点。

设系统方程和量测方程为

$$\boldsymbol{X}_{k+1} = \boldsymbol{\Phi}_{k+1,k}\boldsymbol{X}_k + \boldsymbol{\Gamma}_k\boldsymbol{W}_k \tag{3.2.4}$$

$$\boldsymbol{Z}_k = \boldsymbol{H}_k\boldsymbol{X}_k + \boldsymbol{V}_k \tag{3.2.5}$$

式中，$\boldsymbol{W}_k$ 为零均值白噪声，方差为 $\boldsymbol{Q}_k$，$\boldsymbol{V}_k$ 为有色噪声，满足方程

$$\boldsymbol{V}_{k+1} = \boldsymbol{\Psi}_{k+1,k}\boldsymbol{V}_k + \boldsymbol{\xi}_k \tag{3.2.6}$$

式中，$\boldsymbol{\xi}_k$ 为零均值白噪声，方差为 $\boldsymbol{R}_k$，$\boldsymbol{\xi}_k$ 与 $\boldsymbol{W}_k$ 不相关。

将 $\boldsymbol{V}_k$ 也列为状态，则增广后的系统方程为

$$\begin{bmatrix}\boldsymbol{X}_{k+1} \\ \boldsymbol{V}_{k+1}\end{bmatrix} = \begin{bmatrix}\boldsymbol{\Phi}_{k+1,k} & \boldsymbol{0} \\ \boldsymbol{0} & \boldsymbol{\Psi}_{k+1,k}\end{bmatrix}\begin{bmatrix}\boldsymbol{X}_k \\ \boldsymbol{V}_k\end{bmatrix} + \begin{bmatrix}\boldsymbol{\Gamma}_k & \boldsymbol{0} \\ \boldsymbol{0} & \boldsymbol{I}\end{bmatrix}\begin{bmatrix}\boldsymbol{W}_k \\ \boldsymbol{\xi}_k\end{bmatrix}$$

量测方程为

$$\boldsymbol{Z}_k = [\boldsymbol{H}_k \ \boldsymbol{I}]\begin{bmatrix}\boldsymbol{X}_k \\ \boldsymbol{V}_k\end{bmatrix}$$

经状态扩增后，量测方程中无量测噪声，这意味着量测噪声的方差为零。而在卡尔曼滤波方程中，为了保证增益阵中求逆的存在，要求量测噪声的方差阵必须正定，所以经状态扩增后的量测方程是不满足卡尔曼滤波要求的。

事实上，采用量测扩增的方法是解决量测噪声白化的有效途径。下面分别针对离散系统和连续系统讨论这种方法。

1. 离散系统

由量测方程得

$$\boldsymbol{V}_k=\boldsymbol{Z}_k-\boldsymbol{H}_k\boldsymbol{X}_k$$

所以

$$\begin{aligned}\boldsymbol{Z}_{k+1}=&\boldsymbol{H}_{k+1}\boldsymbol{X}_{k+1}+\boldsymbol{V}_{k+1}=\\&\boldsymbol{H}_{k+1}[\boldsymbol{\Phi}_{k+1,k}\boldsymbol{X}_k+\boldsymbol{\Gamma}_k\boldsymbol{W}_k]+\boldsymbol{\Psi}_{k+1,k}\boldsymbol{V}_k+\boldsymbol{\xi}_k=\\&(\boldsymbol{H}_{k+1}\boldsymbol{\Phi}_{k+1,k}-\boldsymbol{\Psi}_{k+1,k}\boldsymbol{H}_k)\boldsymbol{X}_k+\boldsymbol{\Psi}_{k+1,k}\boldsymbol{Z}_k+\boldsymbol{H}_{k+1}\boldsymbol{\Gamma}_k\boldsymbol{W}_k+\boldsymbol{\xi}_k\end{aligned}$$

即

$$\boldsymbol{Z}_{k+1}-\boldsymbol{\Psi}_{k+1,k}\boldsymbol{Z}_k=(\boldsymbol{H}_{k+1}\boldsymbol{\Phi}_{k+1,k}-\boldsymbol{\Psi}_{k+1,k}\boldsymbol{H}_k)\boldsymbol{X}_k+\boldsymbol{H}_{k+1}\boldsymbol{\Gamma}_k\boldsymbol{W}_k+\boldsymbol{\xi}_k$$

令

$$\boldsymbol{Z}_k^*=\boldsymbol{Z}_{k+1}-\boldsymbol{\Psi}_{k+1,k}\boldsymbol{Z}_k \tag{3.2.7}$$

$$\boldsymbol{H}_k^*=\boldsymbol{H}_{k+1}\boldsymbol{\Phi}_{k+1,k}-\boldsymbol{\Psi}_{k+1,k}\boldsymbol{H}_k \tag{3.2.8}$$

$$\boldsymbol{V}_k^*=\boldsymbol{H}_{k+1}\boldsymbol{\Gamma}_k\boldsymbol{W}_k+\boldsymbol{\xi}_k \tag{3.2.9}$$

则量测方程可写为

$$\boldsymbol{Z}_k^*=\boldsymbol{H}_k^*\boldsymbol{X}_k+\boldsymbol{V}_k^*$$

式中，$\boldsymbol{V}_k^*$ 的特性分析如下

$$E[\boldsymbol{V}_k^*]=\boldsymbol{H}_{k+1}\boldsymbol{\Gamma}_kE[\boldsymbol{W}_k]+E[\boldsymbol{\xi}_k]=\boldsymbol{0}$$

$$\begin{aligned}E[\boldsymbol{V}_k^*\boldsymbol{V}_j^{*\mathrm{T}}]=&E[(\boldsymbol{H}_{k+1}\boldsymbol{\Gamma}_k\boldsymbol{W}_k+\boldsymbol{\xi}_k)(\boldsymbol{H}_{j+1}\boldsymbol{\Gamma}_j\boldsymbol{W}_j+\boldsymbol{\xi}_j)^{\mathrm{T}}]=\\&(\boldsymbol{H}_{k+1}\boldsymbol{\Gamma}_k\boldsymbol{Q}_k\boldsymbol{\Gamma}_k^{\mathrm{T}}\boldsymbol{H}_{k+1}^{\mathrm{T}}+\boldsymbol{R}_k)\delta_{kj}\end{aligned}$$

所以 $\boldsymbol{V}_k^*$ 是零均值的白噪声，方差为

$$\boldsymbol{R}_k^*=\boldsymbol{H}_{k+1}\boldsymbol{\Gamma}_k\boldsymbol{Q}_k\boldsymbol{\Gamma}_k^{\mathrm{T}}\boldsymbol{H}_{k+1}^{\mathrm{T}}+\boldsymbol{R}_k \tag{3.2.10}$$

$$E[\boldsymbol{W}_k\boldsymbol{V}_j^{*\mathrm{T}}]=E[\boldsymbol{W}_k(\boldsymbol{H}_{j+1}\boldsymbol{\Gamma}_j\boldsymbol{W}_j+\boldsymbol{\xi}_j)^{\mathrm{T}}]=\boldsymbol{Q}_k\boldsymbol{\Gamma}_k^{\mathrm{T}}\boldsymbol{H}_{k+1}^{\mathrm{T}}\delta_{kj} \tag{3.2.11}$$

所以 $\boldsymbol{V}_k^*$ 与系统噪声 $\boldsymbol{W}_k$ 相关，且

$$\boldsymbol{S}_k=\boldsymbol{Q}_k\boldsymbol{\Gamma}_k^{\mathrm{T}}\boldsymbol{H}_{k+1}^{\mathrm{T}} \tag{3.2.12}$$

根据 2.2.5 小节介绍的白噪声条件下一步预测一般方程式(2.2.53) ~ 式(2.2.55)，得

$$\hat{\boldsymbol{X}}_{k+1/k}^*=\boldsymbol{\Phi}_{k+1,k}\hat{\boldsymbol{X}}_{k/k-1}^*+\bar{\boldsymbol{K}}_k^*(\boldsymbol{Z}_k^*-\boldsymbol{H}_k^*\hat{\boldsymbol{X}}_{k/k-1}^*) \tag{3.2.13}$$

$$\begin{aligned}\boldsymbol{P}_{k+1/k}^*=&\boldsymbol{\Phi}_{k+1,k}\boldsymbol{P}_{k/k-1}^*\boldsymbol{\Phi}_{k+1,k}^{\mathrm{T}}+\boldsymbol{\Gamma}_k\boldsymbol{Q}_k\boldsymbol{\Gamma}_k^{\mathrm{T}}-\\&\bar{\boldsymbol{K}}_k^*(\boldsymbol{H}_k^*\boldsymbol{P}_{k/k-1}^*\boldsymbol{\Phi}_{k+1,k}^{\mathrm{T}}+\boldsymbol{S}_k^{\mathrm{T}}\boldsymbol{\Gamma}_k^{\mathrm{T}})\end{aligned} \tag{3.2.14}$$

$$\bar{\boldsymbol{K}}_k^*=(\boldsymbol{\Phi}_{k+1,k}\boldsymbol{P}_{k/k-1}^*\boldsymbol{H}_k^{*\mathrm{T}}+\boldsymbol{\Gamma}_k\boldsymbol{S}_k)(\boldsymbol{H}_k^*\boldsymbol{P}_{k/k-1}^*\boldsymbol{H}_k^{*\mathrm{T}}+\boldsymbol{R}_k^*)^{-1} \tag{3.2.15}$$

而

$$\begin{aligned}\hat{\boldsymbol{X}}_{k+1/k}^*=&E^*[\boldsymbol{X}_{k+1}/\boldsymbol{Z}_1^*\boldsymbol{Z}_2^*\cdots\boldsymbol{Z}_k^*]=\\&E^*[\boldsymbol{X}_{k+1}/\boldsymbol{Z}_1\boldsymbol{Z}_2\cdots\boldsymbol{Z}_k\boldsymbol{Z}_{k+1}]=\hat{\boldsymbol{X}}_{k+1}\end{aligned}$$

所以

$$\boldsymbol{P}_{k+1/k}^*=\boldsymbol{P}_{k+1}$$

$$\bar{\boldsymbol{K}}_k^*=\bar{\boldsymbol{K}}_{k+1}$$

因此上述一步预测方程实际上就是滤波方程。将式(3.2.7)代入式(3.2.13)，得

$$\hat{\boldsymbol{X}}_{k+1}=\boldsymbol{\Phi}_{k+1,k}\hat{\boldsymbol{X}}_k+\bar{\boldsymbol{K}}_{k+1}(\boldsymbol{Z}_{k+1}-\boldsymbol{\Psi}_{k+1,k}\boldsymbol{Z}_k-\boldsymbol{H}_k^*\hat{\boldsymbol{X}}_k) \tag{3.2.16}$$

$$\bar{\boldsymbol{K}}_{k+1}=(\boldsymbol{\Phi}_{k+1,k}\boldsymbol{P}_k\boldsymbol{H}_k^{*\mathrm{T}}+\boldsymbol{\Gamma}_k\boldsymbol{S}_k)(\boldsymbol{H}_k^*\boldsymbol{P}_k\boldsymbol{H}_k^{*\mathrm{T}}+\boldsymbol{R}_k^*)^{-1} \tag{3.2.17}$$

$$\boldsymbol{P}_{k+1}=\boldsymbol{\Phi}_{k+1,k}\boldsymbol{P}_k\boldsymbol{\Phi}_{k+1,k}^{\mathrm{T}}+\boldsymbol{\Gamma}_k\boldsymbol{Q}_k\boldsymbol{\Gamma}_k^{\mathrm{T}}-\overline{\boldsymbol{K}}_{k+1}(\boldsymbol{H}_k^*\boldsymbol{P}_k\boldsymbol{\Phi}_{k+1,k}^{\mathrm{T}}+\boldsymbol{S}_k^{\mathrm{T}}\boldsymbol{\Gamma}_k^{\mathrm{T}}) \tag{3.2.18}$$

式中，$\boldsymbol{H}_k^*$ 和 $\boldsymbol{R}_k^*$ 分别按式(3.2.8)和式(3.2.10)确定。

滤波初值 $\hat{\boldsymbol{X}}_0$ 和 $\boldsymbol{P}_0$ 的确定如下：

由式(3.2.16)知，估计 $\hat{\boldsymbol{X}}_1$ 需要有 $\boldsymbol{Z}_0$，即量测必须从 $k=0$ 时刻开始，因此可利用 $\boldsymbol{Z}_0$ 来估计 $\hat{\boldsymbol{X}}_0$，即 $\boldsymbol{X}_0$ 的线性最小方差估计为

$$\hat{\boldsymbol{X}}_0=E^*[\boldsymbol{X}_0/\boldsymbol{Z}_0]=\boldsymbol{m}_{X_0}+\boldsymbol{C}_{X_0Z_0}\boldsymbol{C}_{Z_0}^{-1}(\boldsymbol{Z}_0-\boldsymbol{m}_{Z_0})$$

由量测方程

$$\boldsymbol{Z}_0=\boldsymbol{H}_0\boldsymbol{X}_0+\boldsymbol{V}_0$$

$$\begin{aligned}\boldsymbol{C}_{X_0Z_0}=&E[(\boldsymbol{X}_0-\boldsymbol{m}_{X_0})(\boldsymbol{H}_0\boldsymbol{X}_0+\boldsymbol{V}_0-\boldsymbol{H}_0\boldsymbol{m}_{X_0})^{\mathrm{T}}]=\\&E[(\boldsymbol{X}_0-\boldsymbol{m}_{X_0})(\boldsymbol{X}_0-\boldsymbol{m}_{X_0})^{\mathrm{T}}\boldsymbol{H}_0^{\mathrm{T}}]+E[(\boldsymbol{X}_0-\boldsymbol{m}_{X_0})\boldsymbol{V}_0^{\mathrm{T}}]\end{aligned}$$

由于 $\boldsymbol{V}_0$ 与 $\boldsymbol{X}_0$ 不相关，所以

$$\boldsymbol{C}_{X_0Z_0}=\boldsymbol{C}_{X_0}\boldsymbol{H}_0^{\mathrm{T}}$$

$$\begin{aligned}\boldsymbol{C}_{Z_0}=&E[(\boldsymbol{H}_0\boldsymbol{X}_0+\boldsymbol{V}_0-\boldsymbol{H}_0\boldsymbol{m}_{X_0})(\boldsymbol{H}_0\boldsymbol{X}_0+\boldsymbol{V}_0-\boldsymbol{H}_0\boldsymbol{m}_{X_0})^{\mathrm{T}}]=\\&\boldsymbol{H}_0\boldsymbol{C}_{X_0}\boldsymbol{H}_0^{\mathrm{T}}+\boldsymbol{R}_0\end{aligned}$$

所以

$$\hat{\boldsymbol{X}}_0=\boldsymbol{m}_{X_0}+\boldsymbol{C}_{X_0}\boldsymbol{H}_0^{\mathrm{T}}(\boldsymbol{H}_0\boldsymbol{C}_{X_0}\boldsymbol{H}_0^{\mathrm{T}}+\boldsymbol{R}_0)^{-1}(\boldsymbol{Z}_0-\boldsymbol{H}_0\boldsymbol{m}_{X_0}) \tag{3.2.19}$$

$$\begin{aligned}\tilde{\boldsymbol{X}}_0=&\boldsymbol{X}_0-\hat{\boldsymbol{X}}_0=\\&\boldsymbol{X}_0-\boldsymbol{m}_{X_0}-\boldsymbol{C}_{X_0}\boldsymbol{H}_0^{\mathrm{T}}(\boldsymbol{H}_0\boldsymbol{C}_{X_0}\boldsymbol{H}_0^{\mathrm{T}}+\boldsymbol{R}_0)^{-1}[\boldsymbol{H}_0(\boldsymbol{X}_0-\boldsymbol{m}_{X_0})+\boldsymbol{V}_0]\end{aligned}$$

所以

$$\boldsymbol{P}_0=E[\tilde{\boldsymbol{X}}_0\tilde{\boldsymbol{X}}_0^{\mathrm{T}}]=\boldsymbol{C}_{X_0}-\boldsymbol{C}_{X_0}\boldsymbol{H}_0^{\mathrm{T}}(\boldsymbol{H}_0\boldsymbol{C}_{X_0}\boldsymbol{H}_0^{\mathrm{T}}+\boldsymbol{R}_0)^{-1}\boldsymbol{H}_0\boldsymbol{C}_{X_0} \tag{3.2.20}$$

使用矩阵反演公式(2.1.23)，上式又可写成

$$\boldsymbol{P}_0=(\boldsymbol{C}_{X_0}^{-1}+\boldsymbol{H}_0^{\mathrm{T}}\boldsymbol{R}_0^{-1}\boldsymbol{H}_0)^{-1} \tag{3.2.21}$$

式(3.2.8)、式(3.2.10)、式(3.2.12)、式(3.2.16) ~ 式(3.2.21) 即为量测噪声为有色时的白化处理全套算法。算法中，滤波器维数并未增加，但每步滤波必须计算 $\boldsymbol{H}_k^*$，$\boldsymbol{R}_k^*$ 和 $\boldsymbol{S}_k$，滤波初值也必须通过计算获得。

2. 连续系统

设系统方程和量测方程为

$$\dot{\boldsymbol{X}}(t)=\boldsymbol{F}(t)\boldsymbol{X}(t)+\boldsymbol{G}(t)\boldsymbol{w}(t) \tag{3.2.22}$$

$$\boldsymbol{Z}(t)=\boldsymbol{H}(t)\boldsymbol{X}(t)+\boldsymbol{v}(t) \tag{3.2.23}$$

式中，$\boldsymbol{v}(t)$ 是零均值的有色噪声，满足下述方程

$$\dot{\boldsymbol{v}}(t)=\boldsymbol{D}(t)\boldsymbol{v}(t)+\boldsymbol{\xi}(t) \tag{3.2.24}$$

上述诸式中，$\boldsymbol{w}(t)$ 和 $\boldsymbol{\xi}(t)$ 都是零均值白噪声；$\boldsymbol{w}(t)$ 的方差强度阵为 $\boldsymbol{q}(t)$；$\boldsymbol{\xi}(t)$ 的方差强度阵为 $\boldsymbol{r}(t)$；$\boldsymbol{X}(0)$ 的均值为 $\boldsymbol{m}_X(0)$、方差阵为 $\boldsymbol{C}_X(0)$；$\boldsymbol{w}(t)$，$\boldsymbol{\xi}(t)$，$\boldsymbol{v}(0)$，$\boldsymbol{X}(0)$ 之间互不相关。

与离散系统类似，设置一个包括量测微分的重构量测量 $\boldsymbol{Z}^*(t)$，则有

$$\begin{aligned}\boldsymbol{Z}^*(t)=&\dot{\boldsymbol{Z}}(t)-\boldsymbol{D}(t)\boldsymbol{Z}(t)=\\&\dot{\boldsymbol{H}}(t)\boldsymbol{X}(t)+\boldsymbol{H}(t)\dot{\boldsymbol{X}}(t)+\dot{\boldsymbol{v}}(t)-\boldsymbol{D}(t)[\boldsymbol{H}(t)\boldsymbol{X}(t)+\boldsymbol{v}(t)]=\\&[\dot{\boldsymbol{H}}(t)+\boldsymbol{H}(t)\boldsymbol{F}(t)-\boldsymbol{D}(t)\boldsymbol{H}(t)]\boldsymbol{X}(t)+\boldsymbol{H}(t)\boldsymbol{G}(t)\boldsymbol{w}(t)+\boldsymbol{\xi}(t)\end{aligned}$$

令

$$\boldsymbol{H}^*(t)=\dot{\boldsymbol{H}}(t)+\boldsymbol{H}(t)\boldsymbol{F}(t)-\boldsymbol{D}(t)\boldsymbol{H}(t) \tag{3.2.25}$$

$$\boldsymbol{v}^*(t)=\boldsymbol{H}(t)\boldsymbol{G}(t)\boldsymbol{w}(t)+\boldsymbol{\xi}(t) \tag{3.2.26}$$

则

$$\boldsymbol{Z}^*(t)=\boldsymbol{H}^*(t)\boldsymbol{X}(t)+\boldsymbol{v}^*(t) \tag{3.2.27}$$

对 $\boldsymbol{v}^*(t)$ 的分析如下：

$$E[\boldsymbol{v}^*(t)]=\boldsymbol{H}(t)\boldsymbol{G}(t)E[\boldsymbol{w}(t)]+E[\boldsymbol{\xi}(t)]=\boldsymbol{0}$$

$$E[\boldsymbol{v}^*(t)\boldsymbol{v}^{*\mathrm{T}}(\tau)]=E\{[\boldsymbol{H}(t)\boldsymbol{G}(t)\boldsymbol{w}(t)+\boldsymbol{\xi}(t)][\boldsymbol{H}(\tau)\boldsymbol{G}(\tau)\boldsymbol{w}(\tau)+\boldsymbol{\xi}(\tau)]^{\mathrm{T}}\}=$$
$$[\boldsymbol{H}(t)\boldsymbol{G}(t)\boldsymbol{q}(t)\boldsymbol{G}^{\mathrm{T}}(t)\boldsymbol{H}^{\mathrm{T}}(t)+\boldsymbol{r}(t)]\delta(t-\tau)$$

所以 $\boldsymbol{v}^*(t)$ 是白噪声，均值为零，方差强度阵为

$$\boldsymbol{r}^*(t)=\boldsymbol{H}(t)\boldsymbol{G}(t)\boldsymbol{q}(t)\boldsymbol{G}^{\mathrm{T}}(t)\boldsymbol{H}^{\mathrm{T}}(t)+\boldsymbol{r}(t) \tag{3.2.28}$$

$$E[\boldsymbol{w}(t)\boldsymbol{v}^{*\mathrm{T}}(\tau)]=E\{\boldsymbol{w}(t)[\boldsymbol{H}(t)\boldsymbol{G}(t)\boldsymbol{w}(t)+\boldsymbol{\xi}(t)]^{\mathrm{T}}\}=\boldsymbol{q}(t)\boldsymbol{G}^{\mathrm{T}}(t)\boldsymbol{H}^{\mathrm{T}}(t)\delta(t-\tau)$$

所以 $\boldsymbol{w}(t)$ 与 $\boldsymbol{v}^*(t)$ 相关，且

$$\boldsymbol{S}(t)=\boldsymbol{q}(t)\boldsymbol{G}^{\mathrm{T}}(t)\boldsymbol{H}^{\mathrm{T}}(t) \tag{3.2.29}$$

根据 2.3.3 小节介绍的连续型卡尔曼滤波的一般形式，即式(2.3.40) ～ (2.3.42)，对应于重构量测 $\boldsymbol{Z}^*(t)$，得滤波方程为

$$\dot{\hat{\boldsymbol{X}}}(t)=\boldsymbol{F}(t)\hat{\boldsymbol{X}}(t)+\bar{\boldsymbol{K}}(t)[\dot{\boldsymbol{Z}}(t)-\boldsymbol{D}(t)\boldsymbol{Z}(t)-\boldsymbol{H}^*(t)\hat{\boldsymbol{X}}(t)] \tag{3.2.30}$$

$$\bar{\boldsymbol{K}}(t)=[\boldsymbol{P}(t)\boldsymbol{H}^{*\mathrm{T}}(t)+\boldsymbol{G}(t)\boldsymbol{S}(t)]\boldsymbol{r}^{*-1}(t) \tag{3.2.31}$$

$$\dot{\boldsymbol{P}}(t)=\boldsymbol{F}(t)\boldsymbol{P}(t)+\boldsymbol{P}(t)\boldsymbol{F}^{\mathrm{T}}(t)-\bar{\boldsymbol{K}}(t)\boldsymbol{r}^*(t)\bar{\boldsymbol{K}}^{\mathrm{T}}(t)+\boldsymbol{G}(t)\boldsymbol{q}(t)\boldsymbol{G}^{\mathrm{T}}(t) \tag{3.2.32}$$

式中，$\boldsymbol{H}^*(t)$，$\boldsymbol{S}(t)$ 和 $\boldsymbol{r}^*(t)$ 分别由式(3.2.25)、式(3.2.29) 和式(3.2.28) 确定。

式(3.2.25)、式(3.2.28) ～ 式(3.2.32) 即为连续系统在有色量测噪声条件下的卡尔曼滤波全套方程。从式(3.2.30) 看出，为了求得估计，需要对量测作微分处理，由于噪声的微分放大作用，这将带来很大的方法误差。这可通过对式(3.2.30) 作适当的变换来避免这种情况。变换是在 $\bar{\boldsymbol{K}}(k)$ 分段连续的条件下进行的。将式(3.2.30) 中的 $\bar{\boldsymbol{K}}(t)\dot{\boldsymbol{Z}}(t)$ 用下式表示，有

$$\bar{\boldsymbol{K}}(t)\dot{\boldsymbol{Z}}(t)=\frac{\mathrm{d}}{\mathrm{d}t}[\bar{\boldsymbol{K}}(t)\boldsymbol{Z}(t)]-\dot{\bar{\boldsymbol{K}}}(t)\boldsymbol{Z}(t)$$

将上式代入式(3.2.30)，得

$$\frac{\mathrm{d}}{\mathrm{d}t}[\hat{\boldsymbol{X}}(t)-\bar{\boldsymbol{K}}(t)\boldsymbol{Z}(t)]=\boldsymbol{F}(t)\hat{\boldsymbol{X}}(t)-\bar{\boldsymbol{K}}(t)[\boldsymbol{D}(t)\boldsymbol{Z}(t)+$$
$$\boldsymbol{H}^*(t)\hat{\boldsymbol{X}}(t)]-\dot{\bar{\boldsymbol{K}}}(t)\boldsymbol{Z}(t) \tag{3.2.33}$$

用式(3.2.31) ～ 式(3.2.33) 构成滤波器，避免了对量测的微分处理，图 3.2.1 即为该滤波器的方块图。

滤波初值 $\hat{\boldsymbol{X}}(0)$ 和 $\boldsymbol{P}(0)$ 确定如下：

$$\hat{\boldsymbol{X}}(0)=\boldsymbol{m}_X(0)+\boldsymbol{C}_X(0)\boldsymbol{H}^{\mathrm{T}}(0)[\boldsymbol{H}(0)\boldsymbol{C}_X(0)\boldsymbol{H}^{\mathrm{T}}(0)+\boldsymbol{\Gamma}(0)]^{-1}\cdot$$
$$[\boldsymbol{Z}(0)-\boldsymbol{H}(0)\boldsymbol{m}_X(0)] \tag{3.2.34}$$

$$\boldsymbol{P}(0)=\boldsymbol{C}_X(0)-\boldsymbol{C}_X(0)\boldsymbol{H}^{\mathrm{T}}(0)[\boldsymbol{H}(0)\boldsymbol{C}_X(0)\boldsymbol{H}^{\mathrm{T}}(0)+\boldsymbol{r}(0)]^{-1}\boldsymbol{H}(0)\boldsymbol{C}_X(0) \tag{3.2.35}$$

或

$$\boldsymbol{P}(0)=[\boldsymbol{C}_X^{-1}(0)+\boldsymbol{H}(0)\boldsymbol{r}^{-1}(0)\boldsymbol{H}(0)]^{-1} \tag{3.2.36}$$

对于系统噪声和量测噪声都是有色噪声的情况，可同时采用状态扩增法和量测扩增法处理之，因为经状态扩增后，系统噪声被白化，此时就成为 3.2.2 小节所讨论的问题。详细的处

理步骤此处不再赘述。

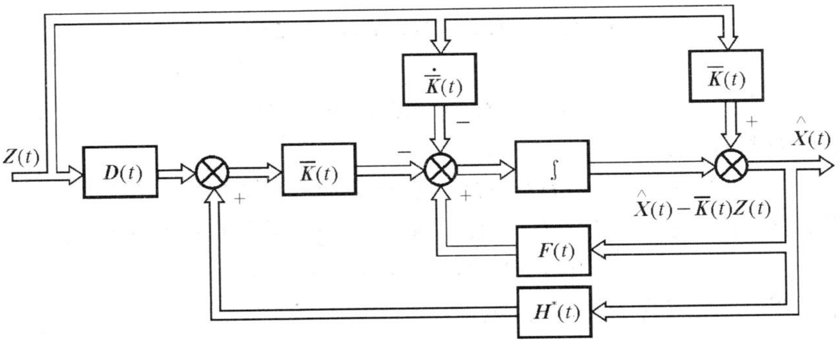

图 3.2.1　有色量测噪声条件下的连续型卡尔曼滤波器

3.3　序贯处理

由卡尔曼滤波基本方程式(2.2.4)知,如果量测向量 $\boldsymbol{Z}_k$ 的维数很大,即量测噪声方差阵 $\boldsymbol{R}_k$ 的阶数很高,则求取最佳增益阵 $\boldsymbol{K}_k$ 时矩阵求逆的阶数就很高。而求逆计算量与矩阵阶数的三次方近似成正比。序贯处理将量测更新中对 $\boldsymbol{Z}_k$ 的集中处理分散为对 $\boldsymbol{Z}_k$ 各分量组的顺序处理,使对高阶矩阵的求逆转变为对低阶矩阵的求逆,以便有效降低计算量。特别是当量测噪声方差阵为对角阵时,这种分散后的求逆转化为单纯的除法,计算量的降低就更明显了。

下面按量测噪声方差阵为分块对角阵和非分块对角阵两种情况来讨论序贯处理的具体方法。

3.3.1　量测噪声方差阵为分块对角阵时的序贯处理

设系统方程和量测方程分别为

$$\boldsymbol{X}_{k+1}=\boldsymbol{\Phi}_{k+1,k}\boldsymbol{X}_k+\boldsymbol{W}_k$$

$$\boldsymbol{Z}_k=\boldsymbol{H}_k\boldsymbol{X}_k+\boldsymbol{V}_k$$

式中,$\boldsymbol{W}_k$ 和 $\boldsymbol{V}_k$ 都是零均值白噪声,$\boldsymbol{V}_k$ 的方差阵为分块对角阵,有

$$\boldsymbol{R}_k=\begin{bmatrix}\boldsymbol{R}_k^1 & & & \boldsymbol{0}\\ & \boldsymbol{R}_k^2 & & \\ & & \ddots & \\ \boldsymbol{0} & & & \boldsymbol{R}_k^r\end{bmatrix}$$

式中 $\boldsymbol{R}_k^1,\boldsymbol{R}_k^2,\cdots,\boldsymbol{R}_k^r$ 的阶数分别为 $m_1,m_2,\cdots,m_r$;$m_1+m_2+\cdots+m_r=m$ 为量测的维数。

将量测改写成

$$\begin{bmatrix}\boldsymbol{Z}_k^1\\ \boldsymbol{Z}_k^2\\ \vdots\\ \boldsymbol{Z}_k^r\end{bmatrix}=\begin{bmatrix}\boldsymbol{H}_k^1\\ \boldsymbol{H}_k^2\\ \vdots\\ \boldsymbol{H}_k^r\end{bmatrix}\boldsymbol{X}_k+\begin{bmatrix}\boldsymbol{V}_k^1\\ \boldsymbol{V}_k^2\\ \vdots\\ \boldsymbol{V}_k^r\end{bmatrix}$$

则

$$\hat{\boldsymbol{X}}_k=E^*[\boldsymbol{X}_k/\overline{\boldsymbol{Z}}_{k-1},\boldsymbol{Z}_k]=E^*[\boldsymbol{X}_k/\overline{\boldsymbol{Z}}_{k-1},\boldsymbol{Z}_k^1,\boldsymbol{Z}_k^2,\cdots,\boldsymbol{Z}_k^r] \tag{3.3.1}$$

式中,$\overline{\boldsymbol{Z}}_{k-1}$ 为前 $k-1$ 个量测,$\boldsymbol{Z}_k$ 为第 k 个量测。

式(3.3.1)中,$\boldsymbol{Z}_k^1,\boldsymbol{Z}_k^2,\cdots,\boldsymbol{Z}_k^r$ 可视为在 k 时刻顺序得到的量测量,但各量测量间的时间间隔为0,所以不必作时间更新,而仅需作量测更新。记

$$\hat{\boldsymbol{X}}_k^i=E^*[\boldsymbol{X}_k/\overline{\boldsymbol{Z}}_{k-1},\boldsymbol{Z}_k^1,\cdots,\boldsymbol{Z}_k^i],\quad i=1,2,\cdots,r$$

则根据式(2.2.4b)的含义,有如下关系式成立:

$$\begin{aligned}\hat{\boldsymbol{X}}_k^r&=E^*[\boldsymbol{X}_k/\overline{\boldsymbol{Z}}_{k-1},\boldsymbol{Z}_k^1,\boldsymbol{Z}_k^2,\cdots,\boldsymbol{Z}_k^{r-1},\boldsymbol{Z}_k^r]=\\&\quad E^*[\boldsymbol{X}_k/\overline{\boldsymbol{Z}}_{k-1},\boldsymbol{Z}_k^1,\boldsymbol{Z}_k^2,\cdots,\boldsymbol{Z}_k^{r-1}]+E^{**}[\widetilde{\boldsymbol{X}}_k^r/\boldsymbol{Z}_k^r]=\\&\quad \hat{\boldsymbol{X}}_k^{r-1}+E^{**}[\widetilde{\boldsymbol{X}}_k^r/\boldsymbol{Z}_k^r]\end{aligned}\tag{1}$$

$$\begin{aligned}\hat{\boldsymbol{X}}_k^{r-1}&=E^*[\boldsymbol{X}_k/\overline{\boldsymbol{Z}}_{k-1},\boldsymbol{Z}_k^1,\boldsymbol{Z}_k^2,\cdots,\boldsymbol{Z}_k^{r-2}]+E^{**}[\widetilde{\boldsymbol{X}}_k^{r-1}/\boldsymbol{Z}_k^{r-1}]=\\&\quad \hat{\boldsymbol{X}}_k^{r-2}+E^{**}[\widetilde{\boldsymbol{X}}_k^{r-1}/\boldsymbol{Z}_k^{r-1}]\end{aligned}\tag{2}$$

……

$$\hat{\boldsymbol{X}}_k^2=E^*[\boldsymbol{X}_k/\overline{\boldsymbol{Z}}_{k-1}\boldsymbol{Z}_k^1]+E^{**}[\widetilde{\boldsymbol{X}}_k^2/\overline{\boldsymbol{Z}}_k^2]\tag{3}$$

$$\hat{\boldsymbol{X}}_k^1=E^*[\boldsymbol{X}_k/\overline{\boldsymbol{Z}}_{k-1}]+E^{**}[\widetilde{\boldsymbol{X}}_k^1/\boldsymbol{Z}_k^1]=\hat{\boldsymbol{X}}_k^0+E^{**}[\widetilde{\boldsymbol{X}}_k^1/\boldsymbol{Z}_k^1]\tag{4}$$

式中,$E^{**}[\widetilde{\boldsymbol{X}}_k^i/\boldsymbol{Z}_k^i]$ 表示根据 $\boldsymbol{Z}_k^i$ 对 $\widetilde{\boldsymbol{X}}_k^i$ 所作的修正。显然

$$\hat{\boldsymbol{X}}_k^0=E^*[\boldsymbol{X}_k/\overline{\boldsymbol{Z}}_{k-1}]=\hat{\boldsymbol{X}}_{k/k-1}=\boldsymbol{\Phi}_{k,k-1}\hat{\boldsymbol{X}}_{k-1}$$

$$\hat{\boldsymbol{X}}_k^r=\hat{\boldsymbol{X}}_k$$

因此 $\hat{\boldsymbol{X}}_k$ 的量测更新计算可按上述诸式的(4)、(3)、(2)、(1)的顺序进行,具体算法为

$$\boldsymbol{K}_k^i=\boldsymbol{P}_k^{i-1}\boldsymbol{H}_k^{i\mathrm{T}}(\boldsymbol{H}_k^i\boldsymbol{P}_k^{i-1}\boldsymbol{H}_k^{i\mathrm{T}}+\boldsymbol{R}_k^i)^{-1}\tag{3.3.2a}$$

$$\hat{\boldsymbol{X}}_k^i=\hat{\boldsymbol{X}}_k^{i-1}+\boldsymbol{K}_k^i(\boldsymbol{Z}_k^i-\boldsymbol{H}_k^i\hat{\boldsymbol{X}}_k^{i-1})\tag{3.3.2b}$$

$$\boldsymbol{P}_k^i=(\boldsymbol{I}-\boldsymbol{K}_k^i\boldsymbol{H}_k^i)\boldsymbol{P}_k^{i-1}\qquad i=1,2,\cdots,r\tag{3.3.2c}$$

式中

$$\hat{\boldsymbol{X}}_k^0=\boldsymbol{\Phi}_{k,k-1}\hat{\boldsymbol{X}}_{k-1}\tag{3.3.3a}$$

$$\boldsymbol{P}_k^0=\boldsymbol{P}_{k/k-1}\tag{3.3.3b}$$

由于 $\boldsymbol{R}_k^i$ 为 $m_i\times m_i$ 方阵,而 $\sum\limits_{i=1}^r m_i=m$,所以逆阵的阶数相对 $\boldsymbol{R}_k(m\times m)$ 降低了很多,计算量也随之下降。

当量测向量的维数 m 接近状态变量的维数 n 时,序贯处理对降低计算量是十分明显的,但当 $m\leqslant\dfrac{n}{2}$ 时,效果就不显著了。

3.3.2　量测噪声方差阵为非分块对角阵时的序贯处理

设系统方程和量测方程与3.3.1小节所列相同,对系统噪声和量测噪声的假设也相同,惟一不同的是量测噪声方差阵为非分块对角阵。

设量测噪声方差阵为 $\boldsymbol{R}_k$。由于 $\boldsymbol{R}_k$ 为正定阵,所以总可分解为下三角平方根的形式

$$\boldsymbol{R}_k=\boldsymbol{N}_k\boldsymbol{N}_k^{\mathrm{T}}\tag{3.3.4}$$

式中 $\boldsymbol{N}_k$ 为下三角阵,且总为非奇异阵。

以 $\boldsymbol{N}_k^{-1}$ 左乘量测方程

$$\boldsymbol{N}_k^{-1}\boldsymbol{Z}_k=\boldsymbol{N}_k^{-1}\boldsymbol{H}_k\boldsymbol{X}_k+\boldsymbol{N}_k^{-1}\boldsymbol{V}_k$$

令

$$\bar{\boldsymbol{Z}}_k = \boldsymbol{N}_k^{-1}\boldsymbol{Z}_k \tag{3.3.5}$$

$$\bar{\boldsymbol{H}}_k = \boldsymbol{N}_k^{-1}\boldsymbol{H}_k \tag{3.3.6}$$

$$\bar{\boldsymbol{V}}_k = \boldsymbol{N}_k^{-1}\boldsymbol{V}_k \tag{3.3.7}$$

则重构后的量测方程为

$$\bar{\boldsymbol{Z}}_k = \bar{\boldsymbol{H}}_k\boldsymbol{X}_k + \bar{\boldsymbol{V}}_k \tag{3.3.8}$$

显然 $\bar{\boldsymbol{V}}_k$ 是零均值白噪声，$\bar{\boldsymbol{V}}_k$ 的方差阵为

$$\bar{\boldsymbol{R}}_k = E[\bar{\boldsymbol{V}}_k\bar{\boldsymbol{V}}_k^{\mathrm{T}}] = \boldsymbol{N}_k^{-1}E[\boldsymbol{V}_k\boldsymbol{V}_k^{\mathrm{T}}]\boldsymbol{N}_k^{-\mathrm{T}} = \boldsymbol{N}_k^{-1}(\boldsymbol{N}_k\boldsymbol{N}_k^{\mathrm{T}})\boldsymbol{N}_k^{-\mathrm{T}} = \boldsymbol{I} \tag{3.3.9}$$

$\bar{\boldsymbol{Z}}_k$ 的量测噪声方差阵为单位阵，因此可采用 3.3.1 节所介绍的序贯处理方法进行滤波计算。

将式(3.3.8)写成

$$\begin{bmatrix} \bar{Z}_k^1 \\ \bar{Z}_k^2 \\ \vdots \\ \bar{Z}_k^m \end{bmatrix} = \begin{bmatrix} \bar{\boldsymbol{H}}_k^1 \\ \bar{\boldsymbol{H}}_k^2 \\ \vdots \\ \bar{\boldsymbol{H}}_k^m \end{bmatrix}\boldsymbol{X}_k + \begin{bmatrix} \bar{V}_k^1 \\ \bar{V}_k^2 \\ \vdots \\ \bar{V}_k^m \end{bmatrix}$$

式中，$\bar{Z}_k^i$ 和 $\bar{V}_k^i(i=1,2,\cdots,m)$ 都是标量，$\bar{\boldsymbol{H}}_k^i(i=1,2,\cdots,m)$ 为 $1\times m$ 的行向量。

应用式(3.3.2)，得对应于量测为 $\bar{\boldsymbol{Z}}_k$ 的序贯处理算法为

$$\boldsymbol{K}_k^i = \boldsymbol{P}_k^{i-1}\bar{\boldsymbol{H}}_k^{i\mathrm{T}}(\bar{\boldsymbol{H}}_k^i\boldsymbol{P}_k^{i-1}\bar{\boldsymbol{H}}_k^{i\mathrm{T}} + 1)^{-1} \tag{3.3.10a}$$

$$\hat{\boldsymbol{X}}_k^i = \hat{\boldsymbol{X}}_k^{i-1} + \boldsymbol{K}_k^i(\bar{Z}_k^i - \bar{\boldsymbol{H}}_k^i\hat{\boldsymbol{X}}_k^{i-1}) \tag{3.3.10b}$$

$$\boldsymbol{P}_k^i = (1 - \boldsymbol{K}_k^i\bar{\boldsymbol{H}}_k^i)\boldsymbol{P}_k^{i-1}$$
$$i = 1,2,\cdots,m \tag{3.3.10c}$$

式中

$$\left.\begin{aligned} \hat{\boldsymbol{X}}_k^0 &= \boldsymbol{\Phi}_{k,k-1}\hat{\boldsymbol{X}}_{k-1} & (3.3.11\text{a}) \\ \boldsymbol{P}_k^0 &= \boldsymbol{P}_{k/k-1} & (3.3.11\text{b}) \end{aligned}\right\}$$

式(3.3.10a)中的求逆转化为除法，计算量显然小多了，但必须付出的代价是按式(3.3.4)对$\boldsymbol{R}_k$ 作下三角平方根分解。

3.4 信息滤波[119]

设 $\hat{\boldsymbol{X}}$ 为 $\boldsymbol{X}$ 的估计，估计的均方误差阵为

$$\boldsymbol{P} = E[(\boldsymbol{X} - \hat{\boldsymbol{X}})(\boldsymbol{X} - \hat{\boldsymbol{X}})^{\mathrm{T}}]$$

如果估计完全正确，即 $\boldsymbol{X} = \hat{\boldsymbol{X}}$，则 $\boldsymbol{P} = \boldsymbol{0}$，$\boldsymbol{P}^{-1} \to \infty$，这说明 $\hat{\boldsymbol{X}}$ 包含有 $\boldsymbol{X}$ 的全部信息。反之，若估计误差很大，则 $\boldsymbol{P}$ 的诸元都会很大，$\boldsymbol{P}^{-1}$ 的诸元就会很小，$\hat{\boldsymbol{X}}$ 包含 $\boldsymbol{X}$ 的信息很少。所以，$\boldsymbol{P}^{-1}$ 可看作衡量 $\hat{\boldsymbol{X}}$ 含有 $\boldsymbol{X}$ 信息的定量衡量值。习惯上将 $\boldsymbol{I} = \boldsymbol{P}^{-1}$ 称作信息矩阵。

设有系统方程和量测方程为

$$\boldsymbol{X}_k = \boldsymbol{\Phi}_{k,k-1}\boldsymbol{X}_{k-1} + \boldsymbol{W}_{k-1}$$
$$\boldsymbol{Z}_k = \boldsymbol{H}_k\boldsymbol{X}_k + \boldsymbol{V}_k$$

其中，$\boldsymbol{W}_k$ 和 $\boldsymbol{V}_k$ 为不相关零均值白噪声，方差阵分别为 $\boldsymbol{Q}_k$ 和 $\boldsymbol{R}_k$。

由式(2.2.4c′)、(2.2.4e″)和(2.2.4d)，得

$$\boldsymbol{K}_k = \boldsymbol{I}_k^{-1}\boldsymbol{H}_k^{\mathrm{T}}\boldsymbol{R}_k^{-1} \tag{3.4.1}$$

$$\boldsymbol{I}_k = \boldsymbol{I}_{k/k-1} + \boldsymbol{H}_k^{\mathrm{T}}\boldsymbol{R}_k^{-1}\boldsymbol{H}_k \tag{3.4.2}$$

$$\boldsymbol{I}_{k/k-1} = [\boldsymbol{\Phi}_{k,k-1}\boldsymbol{I}_{k-1}^{-1}\boldsymbol{\Phi}_{k,k-1}^{\mathrm{T}} + \boldsymbol{Q}_{k-1}]^{-1}$$

根据矩阵求逆反演公式

$$(\boldsymbol{A}_{11} - \boldsymbol{A}_{12}\boldsymbol{A}_{22}^{-1}\boldsymbol{A}_{21})^{-1} = \boldsymbol{A}_{11}^{-1} + \boldsymbol{A}_{11}^{-1}\boldsymbol{A}_{12}(\boldsymbol{A}_{22} - \boldsymbol{A}_{21}\boldsymbol{A}_{11}^{-1}\boldsymbol{A}_{12})^{-1}\boldsymbol{A}_{21}\boldsymbol{A}_{11}^{-1}$$

取

$$\boldsymbol{A}_{11} = \boldsymbol{Q}_{k-1},\quad \boldsymbol{A}_{12} = -\boldsymbol{\Phi}_{k,k-1},\quad \boldsymbol{A}_{22} = \boldsymbol{I}_{k-1},\quad \boldsymbol{A}_{21} = \boldsymbol{\Phi}_{k,k-1}^{\mathrm{T}}$$

则

$$\boldsymbol{I}_{k/k-1} = \boldsymbol{Q}_{k-1}^{-1} - \boldsymbol{Q}_{k-1}^{-1}\boldsymbol{\Phi}_{k,k-1}(\boldsymbol{I}_{k-1} + \boldsymbol{\Phi}_{k,k-1}^{\mathrm{T}}\boldsymbol{Q}_{k-1}^{-1}\boldsymbol{\Phi}_{k,k-1})^{-1}\boldsymbol{\Phi}_{k,k-1}^{\mathrm{T}}\boldsymbol{Q}_{k-1}^{-1} \tag{3.4.3}$$

综合上述分析，将信息滤波算法整理如下：

$$\boldsymbol{I}_{k/k-1} = \boldsymbol{Q}_{k-1}^{-1} - \boldsymbol{Q}_{k-1}^{-1}\boldsymbol{\Phi}_{k,k-1}(\boldsymbol{I}_{k-1} + \boldsymbol{\Phi}_{k,k-1}^{\mathrm{T}}\boldsymbol{Q}_{k-1}^{-1}\boldsymbol{\Phi}_{k,k-1})^{-1}\boldsymbol{\Phi}_{k,k-1}^{\mathrm{T}}\boldsymbol{Q}_{k-1}^{-1} \tag{3.4.3}$$

$$\boldsymbol{I}_k = \boldsymbol{I}_{k/k-1} + \boldsymbol{H}_k^{\mathrm{T}}\boldsymbol{R}_k^{-1}\boldsymbol{H}_k \tag{3.4.2}$$

$$\boldsymbol{K}_k = \boldsymbol{I}_k^{-1}\boldsymbol{H}_k^{\mathrm{T}}\boldsymbol{R}_k^{-1} \tag{3.4.1}$$

$$\hat{\boldsymbol{X}}_{k/k-1} = \boldsymbol{\Phi}_{k,k-1}\hat{\boldsymbol{X}}_{k-1} \tag{2.2.4a}$$

$$\hat{\boldsymbol{X}}_k = \hat{\boldsymbol{X}}_{k/k-1} + \boldsymbol{K}_k(\boldsymbol{Z}_k - \boldsymbol{H}_k\hat{\boldsymbol{X}}_{k/k-1}),\quad k = 1,2\cdots \tag{2.2.4b}$$

信息滤波使用信息矩阵计算最佳增益。如果对 $\boldsymbol{X}_0$ 的统计信息一无所知，就得盲目选取 $\hat{\boldsymbol{X}}_0$，相应的 $\boldsymbol{P}_0$ 就应选得很大，按式(2.2.4)递推计算均方误差阵时可能会产生溢出。而采用信息矩阵后就可避免出现此现象。信息滤波还被用在固定区间平滑算法的推导中，这将在6.1.4节中介绍。

3.5　卡尔曼滤波发散的抑制

3.5.1　卡尔曼滤波中的发散现象

在卡尔曼滤波计算中，常会出现这样一种现象：当量测值数目 k 不断增大时，按滤波方程计算的估计均方误差阵趋于零或趋于某一稳态值，但估计值相对实际的被估计值的偏差却越来越大，使滤波器逐渐失去估计作用，这种现象称为滤波器的发散。

引起滤波器发散的主要原因有两点：

(1) 描述系统动力学特性的数学模型和噪声的统计模型不准确，不能真实地反映物理过程，使模型与获得的量测值不匹配，导致滤波器发散。这种由模型过于粗糙或失真引起的发散称为滤波发散。

(2) 卡尔曼滤波是递推过程，随着滤波步数的增加，舍入误差逐渐积累。如果计算机字长不够长，这种积累误差有可能使估计的均方误差阵失去非负定性甚至失去对称性，使增益阵的计算值逐渐失去合适的加权作用而导致发散。这种由计算的舍入误差积累引起的滤波器发散称为计算发散。

为便于读者对发散的直观理解，此处举一简单例子说明之。

例 3-2　飞机从高度 $X(0)$ 开始作等速爬高，垂直速度为恒定值 u，机载高度表每隔 1 s 对高度作一次测量作为卡尔曼滤波器的量测量，测量误差为零均值的白噪声，方差为 1。设计卡尔曼滤波器时误以为飞机高度不变，即系统方程错误地取作 $X_k = X_{k-1}$。试分析对高度的估计效果。

解　根据题意，$\Phi_{k,k-1} = 1, Q_k = 0, H_k = 1, R_k = 1$。取滤波初值为 $\hat{X}_0 = 0, P_0 \to \infty$。则关于 X_k 的滤波方程为

$$\hat{X}_{k/k-1} = \Phi_{k,k-1}\hat{X}_{k-1} = \hat{X}_{k-1} \tag{1}$$

$$P_{k/k-1}=\Phi_{k,k-1}P_{k-1}\Phi_{k,k-1}+Q_{k-1}=P_{k-1} \tag{2}$$

由于

$$\begin{aligned}P_k^{-1}&=P_{k/k-1}^{-1}+H_kR_k^{-1}H_k=P_{k-1}^{-1}+1\\P_k^{-1}&=P_0^{-1}+k=k\end{aligned} \tag{3}$$

所以

$$P_k=\frac{1}{k}$$

$$K_k=P_kH_kR_k^{-1}=\frac{1}{k} \tag{4}$$

$$\begin{aligned}\hat{X}_k&=\hat{X}_{k/k-1}+K_k(Z_k-H_k\hat{X}_{k/k-1})=\hat{X}_{k-1}+\frac{1}{k}(Z_k-\hat{X}_{k-1})=\\&\frac{k-1}{k}\hat{X}_{k-1}+\frac{1}{k}Z_k\end{aligned} \tag{5}$$

由此得

$$\hat{X}_1=Z_1$$

$$\hat{X}_2=\frac{1}{2}Z_1+\frac{1}{2}Z_2=\frac{1}{2}(Z_1+Z_2)$$

$$\hat{X}_3=\frac{2}{3}\cdot\frac{1}{2}(Z_1+Z_2)+\frac{1}{3}Z_3=\frac{1}{3}(Z_1+Z_2+Z_3)$$

……

$$\hat{X}_k=\frac{1}{k}(Z_1+Z_2+Z_3+\cdots+Z_k)$$

由上述结果得

$$\lim_{k\to\infty}P_k=\lim_{k\to\infty}\frac{1}{k}=0$$

$$\lim_{k\to\infty}K_k=\lim_{k\to\infty}\frac{1}{k}=0$$

现在分析实际的滤波误差。

由于实际高度为

$$X_k^r=X_{k-1}^r+u=X_0^r+ku$$

式中,上标“r”表示真实状态值。所以高度表给出的量测值为

$$Z_k=X_k+V_k=X_0+ku+V_k$$

X_k 的滤波值为

$$\begin{aligned}\hat{X}_k&=\frac{1}{k}\sum_{i=1}^{k}Z_i=\frac{1}{k}\sum_{i=1}^{k}(X_0+iu+V_i)=\\&X_0+\frac{k+1}{2}u+\frac{1}{k}\sum_{i=1}^{k}V_i\end{aligned}$$

实际的滤波误差为

$$\tilde{X}_k=X_k^r-\hat{X}_k=(X_0+ku)-\left(X_0+\frac{k+1}{2}u+\frac{1}{k}\sum_{i=1}^{k}V_i\right)=\frac{k-1}{2}u-\frac{1}{k}\sum_{i=1}^{k}V_i$$

实际的估计均方误差为

$$P_k^r = E[\widetilde{X}_k^2] = \frac{(k-1)^2}{4}u^2 + \frac{1}{k}$$

$$\lim_{k\to\infty} P_k^r = \lim_{k\to\infty}\left[\frac{(k-1)^2}{4}u^2 + \frac{1}{k}\right] = \infty$$

该例中发生滤波发散的根本原因是系统模型严重失真，使量测值与模型出现严重的不匹配现象。从计算过程来看，增益 K_k 的迅速趋于零也是引起发散的一个重要原因，因为 K_k 的迅速下降使当前的量测值 Z_k 对滤波值 $\hat{X}_k$ 的修正作用迅速丧失，当 $K_k=0$ 时，滤波值完全依赖于错误的系统模型，导致滤波发散，直至滤波误差趋于无穷大。事实上，如果上述滤波问题中，当 K_k 下降到一定程度时，限制它的下降，将增益改由下式确定，即

$$K_k = \begin{cases} \dfrac{1}{k}, & k \leqslant M \\ \dfrac{1}{M}, & k > M \end{cases}$$

则可计算得

$$\lim_{k\to\infty} P_k = (M-1)^2 u^2 + \frac{1}{2M-1}$$

克服了上述滤波发散问题。这就启发我们，当滤波模型不准确时，可通过加大当前量测值的加权系数，相应地降低早期量测值的加权系数来抑制滤波发散现象。以下给出的衰减记忆法和限定记忆法就是在此思路基础上提出来的有效方法。

3.5.2　抑制滤波发散的方法

1. 衰减记忆法滤波

由 3.5.1 的讨论可得，当系统模型不准确时，新鲜量测值对估计值的修正作用下降，陈旧量测值的修正作用相对上升是引发滤波发散的一个重要因素。因此逐渐减小陈旧量测值的权重，相应地增大新鲜量测值的权重，这是扼制滤波发散的一个可行途径，衰减记忆法滤波是通过这种途径扼制滤波发散的一种次优滤波方法。

设系统的状态模型与量测模型方程分别为

$$\boldsymbol{X}_k = \boldsymbol{\Phi}_{k,k-1}\boldsymbol{X}_{k-1} + \boldsymbol{W}_{k-1} \tag{3.5.1}$$

$$\boldsymbol{Z}_k = \boldsymbol{H}_k\boldsymbol{X}_k + \boldsymbol{V}_k \tag{3.5.2}$$

式中，$\boldsymbol{W}_k$ 和 $\boldsymbol{V}_k$ 都是零均值白噪声，方差阵分别为 $\boldsymbol{Q}_k$ 和 $\boldsymbol{R}_k$，初始状态的统计特性为 $E[\boldsymbol{X}_0] = \boldsymbol{m}_{X_0}$，$\mathrm{Var}[\boldsymbol{X}_0] = \boldsymbol{P}_0$，其中 $\boldsymbol{X}_0$，$\boldsymbol{W}_k$，$\boldsymbol{V}_k$ 三者互不相关。

下面建立 $\boldsymbol{X}_k$ 的衰减记忆滤波方程组。

$\boldsymbol{R}_k^{-1}$ 和 $\boldsymbol{P}_0^{-1}$ 是定量描述 $\boldsymbol{Z}_k$ 和 $\hat{\boldsymbol{X}}_0$ 中有用信息含量的信息质量标志，而卡尔曼滤波在计算 $\hat{\boldsymbol{X}}_N$ 时能根据这些信息质量标志自动地确定出对 $\{\boldsymbol{Z}_k\}$ $(k \leqslant N)$ 和 $\hat{\boldsymbol{X}}_0$ 的利用程度。这就给人以启示，要减小 $\boldsymbol{Z}_i$ $(i < N)$ 及 $\hat{\boldsymbol{X}}_0$ 对 $\hat{\boldsymbol{X}}_N$ 的影响，可通过增大 $\boldsymbol{R}_i$ 及 $\boldsymbol{P}_0$ 的值来实现。因此，为要建立系统式(3.5.1)、式(3.5.2) 的衰减记忆滤波方程，可先修改噪声的统计模型，即

$$\boldsymbol{X}_k^N = \boldsymbol{\Phi}_{k,k-1}\boldsymbol{X}_{k-1}^N + \boldsymbol{W}_{k-1}^N \tag{3.5.3}$$

$$\boldsymbol{Z}_k = \boldsymbol{H}_k\boldsymbol{X}_k^N + \boldsymbol{V}_k^N \quad (k \leqslant N) \tag{3.5.4}$$

式中，量测噪声 $\boldsymbol{V}_k^N$ 的统计特性取为

$$\left.\begin{aligned} &E[\boldsymbol{V}_k^N] = \boldsymbol{0} \\ &E[\boldsymbol{V}_k^N(\boldsymbol{V}_k^N)^{\mathrm{T}}] = \boldsymbol{R}_k^N = \boldsymbol{R}_k s^{N-k} \ (s > 1) \end{aligned}\right\} \tag{3.5.5}$$

初始状态 $\boldsymbol{X}_0^N$ 的统计特性取为

$$\left.\begin{aligned} &E[\boldsymbol{X}_0^N]=\boldsymbol{m}_{X_0} \\ &\mathrm{Var}[\boldsymbol{X}_0^N]=\boldsymbol{P}_0^N=\boldsymbol{P}_0 s^N \end{aligned}\right\} \tag{3.5.6}$$

为使滤波方程简单起见，参考文献[74] 建议将 $\boldsymbol{W}_{k-1}^N$ 的统计特性取为

$$\left.\begin{aligned} &E[\boldsymbol{W}_{k-1}^N]=\boldsymbol{0} \\ &E[\boldsymbol{W}_{k-1}^N(\boldsymbol{W}_{k-1}^N)^{\mathrm{T}}]=\boldsymbol{Q}_{k-1}^N=\boldsymbol{Q}_{k-1}s^{N-k} \end{aligned}\right\} \tag{3.5.7}$$

并且 $\boldsymbol{X}_0^N,\boldsymbol{V}_k^N,\boldsymbol{W}_k^N$ 互不相关。于是 $\boldsymbol{X}_k^N(k\leqslant N)$ 的滤波方程为

$$\hat{\boldsymbol{X}}_k^N=\boldsymbol{\Phi}_{k,k-1}\hat{\boldsymbol{X}}_{k-1}^N+\boldsymbol{K}_k^N[\boldsymbol{Z}_k-\boldsymbol{H}_k\boldsymbol{\Phi}_{k,k-1}\hat{\boldsymbol{X}}_{k-1}^N] \tag{3.5.8}$$

$$\boldsymbol{K}_k^N=\boldsymbol{P}_{k/k-1}^N\boldsymbol{H}_k^{\mathrm{T}}[\boldsymbol{H}_k\boldsymbol{P}_{k/k-1}^N\boldsymbol{H}_k^{\mathrm{T}}+\boldsymbol{R}_k^N]^{-1} \tag{3.5.9}$$

$$\boldsymbol{P}_{k/k-1}^N=\boldsymbol{\Phi}_{k,k-1}\boldsymbol{P}_{k-1}^N\boldsymbol{\Phi}_{k,k-1}^{\mathrm{T}}+\boldsymbol{Q}_{k-1}^N \tag{3.5.10}$$

$$\boldsymbol{P}_k^N=(\boldsymbol{I}-\boldsymbol{K}_k^N\boldsymbol{H}_k)\boldsymbol{P}_{k/k-1}^N \tag{3.5.11}$$

滤波初值为

$$\hat{\boldsymbol{X}}_0^N=E[\boldsymbol{X}_0^N]=\boldsymbol{m}_{X_0}$$
$$\boldsymbol{P}_0^N=\boldsymbol{P}_0 s^N$$

式(3.5.10) 两边同乘 $s^{-(N-k)}$，

$$s^{-(N-k)}\boldsymbol{P}_{k/k-1}^N=\boldsymbol{\Phi}_{k,k-1}s^{-[N-(k-1)]+1}\boldsymbol{P}_{k-1}^N\boldsymbol{\Phi}_{k,k-1}^{\mathrm{T}}+s^{-(N-k)}\boldsymbol{Q}_{k-1}^N$$

记

$$\boldsymbol{P}_{k/k-1}^*=s^{-(N-k)}\boldsymbol{P}_{k/k-1}^N$$
$$\boldsymbol{P}_k^*=\boldsymbol{P}_k^N s^{-(N-k)}$$
$$\hat{\boldsymbol{X}}_{k-1}^*=\hat{\boldsymbol{X}}_{k-1}^N$$
$$\hat{\boldsymbol{X}}_k^*=\hat{\boldsymbol{X}}_k^N$$

则上式成

$$\boldsymbol{P}_{k/k-1}^*=\boldsymbol{\Phi}_{k,k-1}(\boldsymbol{P}_{k-1}^*s)\boldsymbol{\Phi}_{k,k-1}^{\mathrm{T}}+\boldsymbol{Q}_{k-1} \tag{3.5.12}$$

式(3.5.9) 式可写成

$$\begin{aligned}\boldsymbol{K}_k^N&=s^{-(N-k)}\boldsymbol{P}_{k/k-1}^N\boldsymbol{H}_k^{\mathrm{T}}[\boldsymbol{H}_k s^{-(N-k)}\boldsymbol{P}_{k/k-1}^N\boldsymbol{H}_k^{\mathrm{T}}+\boldsymbol{R}_k^N s^{-(N-k)}]^{-1}= \\ &\boldsymbol{P}_{k/k-1}^*\boldsymbol{H}_k^{\mathrm{T}}[\boldsymbol{H}_k\boldsymbol{P}_{k/k-1}^*\boldsymbol{H}_k^{\mathrm{T}}+\boldsymbol{R}_k]^{-1}\triangleq\boldsymbol{K}_k^*\end{aligned} \tag{3.5.13}$$

式(3.5.11) 两边同乘 $s^{-(N-k)}$，

$$s^{-(N-k)}\boldsymbol{P}_k^N=(\boldsymbol{I}-\boldsymbol{K}_k^*\boldsymbol{H}_k)\boldsymbol{P}_{k/k-1}^N s^{-(N-k)}$$

即

$$\boldsymbol{P}_k^*=(\boldsymbol{I}-\boldsymbol{K}_k^*\boldsymbol{H}_k)\boldsymbol{P}_{k/k-1}^* \tag{3.5.14}$$

所以式(3.5.8) 可写成

$$\hat{\boldsymbol{X}}_k^*=\boldsymbol{\Phi}_{k,k-1}\hat{\boldsymbol{X}}_{k-1}^*+\boldsymbol{K}_k^*[\boldsymbol{Z}_k-\boldsymbol{H}_k\boldsymbol{\Phi}_{k,k-1}\hat{\boldsymbol{X}}_{k-1}^*] \tag{3.5.15}$$

滤波初值为

$$\hat{\boldsymbol{X}}_0^*=\boldsymbol{m}_{X_0},\ \boldsymbol{P}_0^*=\boldsymbol{P}_0^N s^{-N}=\boldsymbol{P}_0$$

式(3.5.12) ～ (3.5.15) 所列滤波方程与卡尔曼滤波基本方程相比，不同的地方仅在式(3.5.12) 多了一个标量因子 s。由于 $s>1$，$\boldsymbol{P}_{k/k-1}^*$ 总比 $\boldsymbol{P}_{k/k-1}$ 大，所以总有 $\boldsymbol{K}_k^*>\boldsymbol{K}_k$，这意味着采用这套滤波算法时，对新量测值的利用权重比采用基本方程时的权重大。又由于

$$\hat{\boldsymbol{X}}_k^*=(\boldsymbol{I}-\boldsymbol{K}_k^*\boldsymbol{H}_k)\boldsymbol{\Phi}_{k,k-1}\hat{\boldsymbol{X}}_{k-1}^*+\boldsymbol{K}_k^*\boldsymbol{Z}_k=(\boldsymbol{I}-\boldsymbol{K}_k^*\boldsymbol{H}_k)\hat{\boldsymbol{X}}_{k/k-1}^*+\boldsymbol{K}_k^*\boldsymbol{Z}_k$$

$\boldsymbol{K}_k^*>\boldsymbol{K}_k$ 意味着对 $\hat{\boldsymbol{X}}_{k/k-1}^*$ 的利用权重相对地降低，即降低了陈旧量测值对估计值的影响。

在例 3－2 中，若采用衰减记忆滤波方程式(3.5.12) ～ (3.5.15)，取 $s=\dfrac{1}{c}(c<1)$，可计

算得[69]

$$\lim_{k\to\infty} K_k^* = \lim_{k\to\infty} \frac{1-c}{1-c^k} = 1-c$$

$$\lim_{k\to\infty} P_k^* = \left(\frac{cu}{1-c}\right)^2 + \frac{1-c}{1+c}$$

增益下降受到抑制，滤波发散得到抑制。

2. 限定记忆法滤波

抑制滤波发散的另一种途径是限定记忆法滤波。由于 $\hat{\boldsymbol{X}}_k = E^*[\boldsymbol{X}_k/\boldsymbol{Z}_1\boldsymbol{Z}_2\cdots\boldsymbol{Z}_k]$，所以卡尔曼滤波对量测数据的记忆是无限保存的。采用限定记忆法滤波计算 $\boldsymbol{X}_k$ 的估计时，只使用离 k 时刻最近的 N 个量测值 $\boldsymbol{Z}_{k-N+1}, \boldsymbol{Z}_{k-N+2}, \cdots, \boldsymbol{Z}_k$，而完全截断 $k-N+1$ 时刻以前的陈旧量测对滤波值的影响。

在具体讨论之前，先简要说明这种滤波方法的构成思路。

使用卡尔曼滤波基本方程求取 $\hat{\boldsymbol{X}}_k$ 时，需使用前 k 个量测量 $\boldsymbol{Z}_1, \boldsymbol{Z}_2, \cdots, \boldsymbol{Z}_k$，先利用前 $k-1$ 个量测求取 $\hat{\boldsymbol{X}}_{k/k-1}$，再在 $\hat{\boldsymbol{X}}_{k/k-1}$ 的基础上使用 $\boldsymbol{Z}_k$ 获得 $\hat{\boldsymbol{X}}_k$，从而建立起 $\hat{\boldsymbol{X}}_k$ 与 $\hat{\boldsymbol{X}}_{k/k-1}$ 间的线性关系。

类似地，可以给出限定记忆滤波方程的推导思路如下：为要求得 $\boldsymbol{X}_k$ 的限定记忆滤波值，对 $\boldsymbol{X}_k$ 及其过去值进行了 k 次量测，量测值为 $\boldsymbol{Z}_1, \boldsymbol{Z}_2, \cdots, \boldsymbol{Z}_d, \cdots, \boldsymbol{Z}_{k-1}, \boldsymbol{Z}_k$。设 $\boldsymbol{Z}_d$ 至 $\boldsymbol{Z}_k$ 共有 $N+1$ 个量测值，记

$$\overline{\boldsymbol{Z}}_{d,k}^{N+1} = \begin{bmatrix} \boldsymbol{Z}_d \\ \boldsymbol{Z}_{d+1} \\ \vdots \\ \boldsymbol{Z}_{k-1} \\ \boldsymbol{Z}_k \end{bmatrix}, \quad \overline{\boldsymbol{Z}}_{d,k-1}^{N} = \begin{bmatrix} \boldsymbol{Z}_d \\ \boldsymbol{Z}_{d+1} \\ \vdots \\ \boldsymbol{Z}_{k-1} \end{bmatrix}, \quad \overline{\boldsymbol{Z}}_{d+1,k}^{N} = \begin{bmatrix} \boldsymbol{Z}_{d+1} \\ \vdots \\ \boldsymbol{Z}_{k-1} \\ \boldsymbol{Z}_k \end{bmatrix}$$

$$\hat{\boldsymbol{X}}_k^{N+1} = E^*[\boldsymbol{X}_k/\overline{\boldsymbol{Z}}_{d,k}^{N+1}]$$

$$\hat{\boldsymbol{X}}_{k/k-1}^{N} = E^*[\boldsymbol{X}_k/\overline{\boldsymbol{Z}}_{d,k-1}^{N}]$$

$$\hat{\boldsymbol{X}}_k^{N} = E^*[\boldsymbol{X}_k/\overline{\boldsymbol{Z}}_{d+1,k}^{N}]$$

建立起 $\hat{\boldsymbol{X}}_k^{N+1}$ 与 $\hat{\boldsymbol{X}}_{k/k-1}^{N}$ 间的线性关系式和 $\hat{\boldsymbol{X}}_k^{N+1}$ 与 $\hat{\boldsymbol{X}}_k^{N}$ 间的线性关系式，再根据这两式确定出 $\hat{\boldsymbol{X}}_k^{N}$ 与 $\hat{\boldsymbol{X}}_{k/k-1}^{N}$ 间的线性关系式，从而获得 $\boldsymbol{X}_k$ 的限定记忆滤波方程。

下面根据上述思路导出限定记忆滤波方程。为使推导简洁，此处假设系统噪声为零，对于非零情况，推导过程类似，只是冗长繁杂些罢了。

设系统方程和量测方程为

$$\boldsymbol{X}_k = \boldsymbol{\Phi}_{k,k-1}\boldsymbol{X}_{k-1} \tag{3.5.16}$$

$$\boldsymbol{Z}_k = \boldsymbol{H}_k\boldsymbol{X}_k + \boldsymbol{V}_k \tag{3.5.17}$$

式中，$\boldsymbol{V}_k$ 为零均值的白噪声，方差为 $\boldsymbol{R}_k$。

(1) $\hat{\boldsymbol{X}}_k^{N+1}$ 与 $\hat{\boldsymbol{X}}_{k/k-1}^{N}$ 间的线性关系。根据线性最小方差估计的线性性质，由式(3.5.16)得

$$E^*[\boldsymbol{X}_k/\overline{\boldsymbol{Z}}_{d,k-1}^{N}] = \boldsymbol{\Phi}_{k,k-1}E^*[\boldsymbol{X}_{k-1}/\overline{\boldsymbol{Z}}_{d,k-1}^{N}]$$

即

$$\hat{\boldsymbol{X}}_{k/k-1}^{N} = \boldsymbol{\Phi}_{k,k-1}\hat{\boldsymbol{X}}_{k-1}^{N} \tag{3.5.18}$$

由于 $\overline{\boldsymbol{Z}}_{d,k}^{N+1}$ 比 $\overline{\boldsymbol{Z}}_{d,k-1}^{N}$ 多了在 k 时刻的量测值 $\boldsymbol{Z}_k$，所以根据卡尔曼滤波基本方程

$$E^{*}[\boldsymbol{X}_k/\overline{\boldsymbol{Z}}_{d,k}^{N+1}]=E^{*}[\boldsymbol{X}_k/\overline{\boldsymbol{Z}}_{d,k-1}^{N},\boldsymbol{Z}_k]=$$
$$E^{*}[\boldsymbol{X}_k/\overline{\boldsymbol{Z}}_{d,k-1}^{N}]+E^{**}[\widetilde{\boldsymbol{X}}_k/\boldsymbol{Z}_k]$$

式中，$E^{**}[\widetilde{\boldsymbol{X}}_k/\boldsymbol{Z}_k]$ 表示根据 $\boldsymbol{Z}_k$ 对 $\widetilde{\boldsymbol{X}}_k$ 所作的修正。即

$$\hat{\boldsymbol{X}}_k^{N+1}=\hat{\boldsymbol{X}}_{k/k-1}^{N}+\boldsymbol{J}_k[\boldsymbol{Z}_k-\boldsymbol{H}_k\hat{\boldsymbol{X}}_{k/k-1}^{N}] \tag{3.5.19}$$

式中

$$\boldsymbol{J}_k=\boldsymbol{P}_{k/k-1}^{N}\boldsymbol{H}_k^{\mathrm{T}}[\boldsymbol{H}_k\boldsymbol{P}_{k/k-1}^{N}\boldsymbol{H}_k^{\mathrm{T}}+\boldsymbol{R}_k]^{-1} \tag{3.5.20}$$

$$\boldsymbol{P}_{k/k-1}^{N}=\boldsymbol{\Phi}_{k,k-1}\boldsymbol{P}_{k-1}^{N}\boldsymbol{\Phi}_{k,k-1}^{\mathrm{T}} \tag{3.5.21}$$

$$\boldsymbol{P}_k^{N+1}=(\boldsymbol{I}-\boldsymbol{J}_k\boldsymbol{H}_k)\boldsymbol{P}_{k/k-1}^{N}=\boldsymbol{P}_{k/k-1}^{N}-\boldsymbol{P}_{k/k-1}^{N}\boldsymbol{H}_k^{\mathrm{T}}[\boldsymbol{H}_k\boldsymbol{P}_{k/k-1}^{N}\boldsymbol{H}_k^{\mathrm{T}}+\boldsymbol{R}_k]^{-1}\boldsymbol{H}_k\boldsymbol{P}_{k/k-1}^{N}$$

根据矩阵反演公式(2.1.23)

$$(\boldsymbol{A}_{11}-\boldsymbol{A}_{12}\boldsymbol{A}_{22}^{-1}\boldsymbol{A}_{21})^{-1}=\boldsymbol{A}_{11}^{-1}+\boldsymbol{A}_{11}^{-1}\boldsymbol{A}_{12}(\boldsymbol{A}_{22}-\boldsymbol{A}_{21}\boldsymbol{A}_{11}^{-1}\boldsymbol{A}_{12})^{-1}\boldsymbol{A}_{21}\boldsymbol{A}_{11}^{-1}$$

令 $\boldsymbol{A}_{11}^{-1}=\boldsymbol{P}_{k/k-1}^{N}$，$\boldsymbol{A}_{12}=-\boldsymbol{H}_k^{\mathrm{T}}$，$\boldsymbol{A}_{22}=\boldsymbol{R}_k$，$\boldsymbol{A}_{21}=\boldsymbol{H}_k$，则有

$$\boldsymbol{P}_k^{N+1}=[(\boldsymbol{P}_{k/k-1}^{N})^{-1}+\boldsymbol{H}_k^{\mathrm{T}}\boldsymbol{R}_k^{-1}\boldsymbol{H}_k]^{-1} \tag{3.5.22}$$

(2) $\hat{\boldsymbol{X}}_k^{N}$ 与 $\hat{\boldsymbol{X}}_k^{N+1}$ 间的线性关系。由于 $\overline{\boldsymbol{Z}}_{d,k}^{N+1}$ 比 $\overline{\boldsymbol{Z}}_{d+1,k}^{N}$ 多了一个在 d 时刻的量测值 $\boldsymbol{Z}_d$，所以根据卡尔曼滤波基本方程，有

$$E^{*}[\boldsymbol{X}_k/\overline{\boldsymbol{Z}}_{d,k}^{N+1}]=E^{*}[\boldsymbol{X}_k/\overline{\boldsymbol{Z}}_{d+1,k}^{N}]+E^{**}[\widetilde{\boldsymbol{X}}_k/\boldsymbol{Z}_d] \tag{3.5.23}$$

式中，$E^{**}[\widetilde{\boldsymbol{X}}_k/\boldsymbol{Z}_d]$ 表示根据 $\boldsymbol{Z}_d$ 对 $\widetilde{\boldsymbol{X}}_k$ 所作的修正。而

$$\boldsymbol{Z}_d=\boldsymbol{H}_d\boldsymbol{X}_d+\boldsymbol{V}_d=\boldsymbol{H}_d\boldsymbol{\Phi}_{d,k}\boldsymbol{X}_k+\boldsymbol{V}_d \tag{3.5.24}$$

只要把 $\boldsymbol{H}_d\boldsymbol{\Phi}_{d,k}$ 看做量测阵，则 $\boldsymbol{Z}_d$ 就可看做是 $\boldsymbol{X}_k$ 的量测值，所以式(3.5.23)可写成

$$\hat{\boldsymbol{X}}_k^{N+1}=\hat{\boldsymbol{X}}_k^{N}+\bar{\boldsymbol{J}}_k[\boldsymbol{Z}_d-\boldsymbol{H}_d\boldsymbol{\Phi}_{d,k}\hat{\boldsymbol{X}}_k^{N}] \tag{3.5.25}$$

式中

$$\bar{\boldsymbol{J}}_k=\boldsymbol{P}_k^{N}\boldsymbol{\Phi}_{d,k}^{\mathrm{T}}\boldsymbol{H}_d^{\mathrm{T}}[\boldsymbol{H}_d\boldsymbol{\Phi}_{d,k}\boldsymbol{P}_k^{N}\boldsymbol{\Phi}_{d,k}^{\mathrm{T}}\boldsymbol{H}_d^{\mathrm{T}}+\boldsymbol{R}_d]^{-1} \tag{3.5.26}$$

$$\boldsymbol{P}_k^{N}=E[\widetilde{\boldsymbol{X}}_k^{N}(\widetilde{\boldsymbol{X}}_k^{N})^{\mathrm{T}}]$$

$$\boldsymbol{P}_k^{N+1}=(\boldsymbol{I}-\bar{\boldsymbol{J}}_k\boldsymbol{H}_d\boldsymbol{\Phi}_{d,k})\boldsymbol{P}_k^{N}=$$
$$[(\boldsymbol{P}_k^{N})^{-1}+\boldsymbol{\Phi}_{d,k}^{\mathrm{T}}\boldsymbol{H}_d^{\mathrm{T}}\boldsymbol{R}_d^{-1}\boldsymbol{H}_d\boldsymbol{\Phi}_{d,k}]^{-1} \tag{3.5.27}$$

式(3.5.25) ~ 式(3.5.27)推导中使用了矩阵反演公式(2.1.23)。

(3) $\boldsymbol{X}_k$ 的限定记忆滤波方程。式(3.5.25)与式(3.5.19)等式两边对应相减得

$$\hat{\boldsymbol{X}}_k^{N}-\hat{\boldsymbol{X}}_{k/k-1}^{N}=\boldsymbol{J}_k[\boldsymbol{Z}_k-\boldsymbol{H}_k\hat{\boldsymbol{X}}_{k/k-1}^{N}]-\bar{\boldsymbol{J}}_k[\boldsymbol{Z}_d-\boldsymbol{H}_d\boldsymbol{\Phi}_{d,k}\hat{\boldsymbol{X}}_k^{N}] \tag{3.5.28}$$

注意到

$$\bar{\boldsymbol{J}}_k[\boldsymbol{Z}_d-\boldsymbol{H}_d\boldsymbol{\Phi}_{d,k}\hat{\boldsymbol{X}}_k^{N}]=\bar{\boldsymbol{J}}_k[\boldsymbol{Z}_d-\boldsymbol{H}_d\boldsymbol{\Phi}_{d,k}\hat{\boldsymbol{X}}_{k/k-1}^{N}]-$$
$$\bar{\boldsymbol{J}}_k\boldsymbol{H}_d\boldsymbol{\Phi}_{d,k}[\hat{\boldsymbol{X}}_k^{N}-\hat{\boldsymbol{X}}_{k/k-1}^{N}] \tag{3.5.29}$$

式(3.5.28)可写成

$$\hat{\boldsymbol{X}}_k^{N}-\hat{\boldsymbol{X}}_{k/k-1}^{N}=\boldsymbol{J}_k[\boldsymbol{Z}_k-\boldsymbol{H}_k\hat{\boldsymbol{X}}_{k/k-1}^{N}]-\bar{\boldsymbol{J}}_k[\boldsymbol{Z}_d-\boldsymbol{H}_d\boldsymbol{\Phi}_{d,k}\hat{\boldsymbol{X}}_{k/k-1}^{N}]+$$
$$\bar{\boldsymbol{J}}_k\boldsymbol{H}_d\boldsymbol{\Phi}_{d,k}[\hat{\boldsymbol{X}}_k^{N}-\hat{\boldsymbol{X}}_{k/k-1}^{N}] \tag{3.5.30}$$

将式(3.5.30)右边最后一项移至左边，并以 $(\boldsymbol{I}-\bar{\boldsymbol{J}}_k\boldsymbol{H}_d\boldsymbol{\Phi}_{d,k})^{-1}$ 左乘两边，得

$$\hat{\boldsymbol{X}}_k^{N}-\hat{\boldsymbol{X}}_{k/k-1}^{N}=(\boldsymbol{I}-\bar{\boldsymbol{J}}_k\boldsymbol{H}_d\boldsymbol{\Phi}_{d,k})^{-1}\boldsymbol{J}_k[\boldsymbol{Z}_k-\boldsymbol{H}_k\hat{\boldsymbol{X}}_{k/k-1}^{N}]-$$
$$(\boldsymbol{I}-\bar{\boldsymbol{J}}_k\boldsymbol{H}_d\boldsymbol{\Phi}_{d,k})^{-1}\bar{\boldsymbol{J}}_k[\boldsymbol{Z}_d-\boldsymbol{H}_d\boldsymbol{\Phi}_{d,k}\hat{\boldsymbol{X}}_{k/k-1}^{N}] \tag{3.5.31}$$

记

$$\boldsymbol{K}_k=(\boldsymbol{I}-\bar{\boldsymbol{J}}_k\boldsymbol{H}_d\boldsymbol{\Phi}_{d,k})^{-1}\boldsymbol{J}_k \tag{3.5.32}$$

$$\bar{\boldsymbol{K}}_k=(\boldsymbol{I}-\bar{\boldsymbol{J}}_k\boldsymbol{H}_d\boldsymbol{\Phi}_{d,k})^{-1}\bar{\boldsymbol{J}}_k \tag{3.5.33}$$

并将式(3.5.18)代入式(3.5.31)得 $\boldsymbol{X}_k$ 的限定记忆滤波方程

$$\begin{aligned}\hat{\boldsymbol{X}}_k^N=&\boldsymbol{\Phi}_{k,k-1}\hat{\boldsymbol{X}}_{k-1}^N+\boldsymbol{K}_k[\boldsymbol{Z}_k-\boldsymbol{H}_k\boldsymbol{\Phi}_{k,k-1}\hat{\boldsymbol{X}}_{k-1}^N]-\\&\bar{\boldsymbol{K}}_k[\boldsymbol{Z}_d-\boldsymbol{H}_d\boldsymbol{\Phi}_{d,k}\boldsymbol{\Phi}_{k,k-1}\hat{\boldsymbol{X}}_{k-1}^N]\quad k>N\end{aligned} \tag{3.5.34}$$

再将式(3.5.20)代入式(3.5.32),式(3.5.26)代入式(3.5.33),经整理后得

$$\boldsymbol{K}_k=\boldsymbol{P}_k^N\boldsymbol{H}_k^{\mathrm{T}}\boldsymbol{R}_k^{-1} \tag{3.5.35}$$

$$\bar{\boldsymbol{K}}_k=\boldsymbol{P}_k^N\boldsymbol{\Phi}_{d,k}^{\mathrm{T}}\boldsymbol{H}_d^{\mathrm{T}}\boldsymbol{R}_d^{-1} \tag{3.5.36}$$

比较式(3.5.22)和式(3.5.27),得

$$(\boldsymbol{P}_k^N)^{-1}=\boldsymbol{\Phi}_{k-1,k}^{\mathrm{T}}(\boldsymbol{P}_{k-1}^N)^{-1}\boldsymbol{\Phi}_{k-1,k}+\boldsymbol{H}_k^{\mathrm{T}}\boldsymbol{R}_k^{-1}\boldsymbol{H}_k-\boldsymbol{\Phi}_{d,k}^{\mathrm{T}}\boldsymbol{H}_d^{\mathrm{T}}\boldsymbol{R}_d^{-1}\boldsymbol{H}_d\boldsymbol{\Phi}_{d,k} \tag{3.5.37}$$

式(3.5.34) ～ 式(3.5.37)即为限定记忆滤波的递推方程。

(4) 滤波初值的选取。当 $k\leqslant N$ 时,量测次数小于记忆长度 N,此时不能进行限定记忆滤波,而只能采用卡尔曼滤波基本方程,由初值 $\hat{\boldsymbol{X}}_0=\boldsymbol{m}_{X_0}$ 和 $\boldsymbol{P}_0=\mathrm{Var}[\boldsymbol{X}_0]$ 计算到 $\hat{\boldsymbol{X}}_N$ 和 $\boldsymbol{P}_N$。但由 $k=N+1$ 起,如果直接取 $\hat{\boldsymbol{X}}_N^N=\hat{\boldsymbol{X}}_N$,$\boldsymbol{P}_N^N=\boldsymbol{P}_N$ 作为初值进行限定记忆滤波,则随后的滤波值 $\hat{\boldsymbol{X}}_k^N$ 一直受 $\hat{\boldsymbol{X}}_0$ 和 $\boldsymbol{P}_0$ 的影响,这是不符合限定记忆要求的。为了避免原始初值 $\hat{\boldsymbol{X}}_0$ 和 $\boldsymbol{P}_0$ 对 $\hat{\boldsymbol{X}}_k^N(k>N)$ 的影响,可按下式选取初值

$$\boldsymbol{P}_N^N=[\boldsymbol{P}_N^{-1}-\boldsymbol{\Phi}_{0,N}^{\mathrm{T}}\boldsymbol{P}_0^{-1}\boldsymbol{\Phi}_{0,N}]^{-1} \tag{3.5.38}$$

$$\hat{\boldsymbol{X}}_N^N=\boldsymbol{P}_N^N[\boldsymbol{P}_N^{-1}\hat{\boldsymbol{X}}_N-\boldsymbol{\Phi}_{0,N}^{\mathrm{T}}\boldsymbol{P}_0^{-1}\hat{\boldsymbol{X}}_0] \tag{3.5.39}$$

3.6　平方根滤波

3.6.1　平方根滤波所要解决的问题

在3.5.1小节中已指出,产生计算发散的主要原因是滤波计算中的舍入误差积累使 $\boldsymbol{P}_k$ 和 $\boldsymbol{P}_{k/k-1}$ 逐渐失去非负定性。尤其当量测向量中某一个或某几个分量很准确,而数值计算的有效位数却相对少时这种现象较易发生。$\boldsymbol{P}_k$ 和 $\boldsymbol{P}_{k/k-1}$ 非负定性的逐渐丧失将使 $\boldsymbol{K}_k$ 计算失真,从残差中提取对一步预测值的补偿信息越来越错误,最后造成发散。平方根滤波就是在滤波过程中不是计算 $\boldsymbol{P}_k$ 和 $\boldsymbol{P}_{k/k-1}$,而是计算 $\boldsymbol{P}_k$ 和 $\boldsymbol{P}_{k/k-1}$ 的平方根。

由矩阵理论知道,任意非零矩阵 $\boldsymbol{L}(n\times m)$ 与其转置矩阵 $\boldsymbol{L}^{\mathrm{T}}$ 的乘积 $\boldsymbol{L}\boldsymbol{L}^{\mathrm{T}}=\boldsymbol{A}(n\times n)$ 一定是非负定的。$\boldsymbol{L}$ 称为 $\boldsymbol{A}$ 的平方根。如果在滤波计算中只对 $\boldsymbol{P}_k$ 和 $\boldsymbol{P}_{k/k-1}$ 的平方根 $\boldsymbol{\Delta}_k$ 和 $\boldsymbol{\Delta}_{k/k-1}$ 作计算,而 $\boldsymbol{\Delta}_k$ 和 $\boldsymbol{\Delta}_{k/k-1}$ 又都是非零矩阵,则 $\boldsymbol{P}_k=\boldsymbol{\Delta}_k\boldsymbol{\Delta}_k^{\mathrm{T}}$ 和 $\boldsymbol{P}_{k/k-1}=\boldsymbol{\Delta}_{k/k-1}\boldsymbol{\Delta}_{k/k-1}^{\mathrm{T}}$ 一定是非负定的。

为了方便,在对非负定阵 $\boldsymbol{A}$ 作平方根分解时,一般都使平方根矩阵的阶数与 $\boldsymbol{A}$ 的阶数相同,这对于阶数较高的矩阵,计算量是很大的。而从矩阵理论知,任何正定矩阵 $\boldsymbol{B}$ 都可作三角形平方根分解,即 $\boldsymbol{B}=\boldsymbol{D}\boldsymbol{D}^{\mathrm{T}}$,其中 $\boldsymbol{D}$ 为三角形矩阵,由 $\boldsymbol{B}$ 惟一确定,且三角形分解也较容易实现。所以平方根滤波中,平方根阵 $\boldsymbol{\Delta}_k$ 和 $\boldsymbol{\Delta}_{k/k-1}$ 一般常取三角形阵。

平方根滤波不但能保证 $\boldsymbol{P}_k$ 和 $\boldsymbol{P}_{k/k-1}$ 的非负定性,而且在数值计算中,计算 $\boldsymbol{\Delta}$ 的字长只须计算 $\boldsymbol{P}$ 的字长的一半,就能达到相同的精度,这也是平方根滤波的另一个优点。平方根滤波的缺

点是计算量比标准的滤波计算量大出 0.5 ～ 1.5 倍。

3.6.2　非负定阵的三角形分解

设 n 阶方阵 $\boldsymbol{P}$ 为任一非负定的对称阵，根据矩阵理论，$\boldsymbol{P}$ 可作下三角分解，有

$$\boldsymbol{P}=\boldsymbol{\Delta}\boldsymbol{\Delta}^{\mathrm{T}} \tag{3.6.1}$$

也可作上三角分解，有

$$\boldsymbol{P}=\boldsymbol{U}\boldsymbol{U}^{\mathrm{T}} \tag{3.6.2}$$

式中，$\boldsymbol{\Delta}$ 为下三角矩阵，即 $\boldsymbol{\Delta}$ 的非零元仅位于主对角线及主对角线的左下方，主对角线右上方的元全为零；$\boldsymbol{U}$ 为上三角矩阵，即 $\boldsymbol{U}$ 的非零元仅位于主对角线及主对角线的右上方，主对角线左下方的元全为零。

下述分别介绍这两种分解方法。

1. 非负定阵的下三角分解 —— 乔莱斯基分解法一

设非负定阵 $\boldsymbol{P}$ 为

$$\boldsymbol{P}=\begin{bmatrix} P_{11} & P_{12} & \cdots & P_{1n} \\ P_{21} & P_{22} & \cdots & P_{2n} \\ \vdots & \vdots & & \vdots \\ P_{n1} & P_{n2} & \cdots & P_{nn} \end{bmatrix},\quad 且\ \boldsymbol{P}\ 为对称阵。$$

$\boldsymbol{P}$ 的下三角分解平方根为

$$\boldsymbol{\Delta}=\begin{bmatrix} \delta_{11} & 0 & \cdots & 0 \\ \delta_{21} & \delta_{22} & \cdots & 0 \\ \vdots & \vdots & & \vdots \\ \delta_{n1} & \delta_{n2} & \cdots & \delta_{nn} \end{bmatrix}$$

则根据式(3.6.1)定义

$$\begin{bmatrix} P_{11} & P_{12} & \cdots & P_{1n} \\ P_{21} & P_{22} & \cdots & P_{2n} \\ \vdots & \vdots & & \vdots \\ P_{n1} & P_{n2} & \cdots & P_{nn} \end{bmatrix}=\begin{bmatrix} \delta_{11} & 0 & \cdots & 0 \\ \delta_{21} & \delta_{22} & \cdots & 0 \\ \vdots & \vdots & & \vdots \\ \delta_{n1} & \delta_{n2} & \cdots & \delta_{nn} \end{bmatrix}\begin{bmatrix} \delta_{11} & \delta_{21} & \cdots & \delta_{n1} \\ 0 & \delta_{22} & \cdots & \delta_{n2} \\ \vdots & \vdots & & \vdots \\ 0 & 0 & \cdots & \delta_{nn} \end{bmatrix}$$

由于 $\boldsymbol{P}$ 是对称阵，所以只须考虑下三角位置上的元 $P_{ij}(j\leqslant i)$：

$$\begin{aligned}
&P_{11}=\delta_{11}^2\\
&P_{21}=\delta_{21}\delta_{11}\\
&P_{22}=\delta_{21}^2+\delta_{22}^2\\
&P_{31}=\delta_{31}\delta_{11}\\
&P_{32}=\delta_{31}\delta_{21}+\delta_{32}\delta_{22}\\
&P_{33}=\delta_{31}^2+\delta_{32}^2+\delta_{33}^2\\
&\quad\cdots\cdots\\
&P_{n1}=\delta_{n1}\delta_{11}\\
&P_{n2}=\delta_{n1}\delta_{21}+\delta_{n2}\delta_{22}\\
&P_{n3}=\delta_{n1}\delta_{31}+\delta_{n2}\delta_{32}+\delta_{n3}\delta_{33}\\
&\quad\cdots\cdots
\end{aligned}$$

$$P_{nn}=\delta_{n1}^2+\delta_{n2}^2+\cdots+\delta_{nn}^2$$

从上述诸式可归纳出如下通项公式

$$\begin{cases} P_{ij}=\sum_{k=1}^{j}\delta_{ik}\delta_{jk}, & j<i \\ P_{ii}=\sum_{k=1}^{i}\delta_{ik}^2, & i=1,2,\cdots,n \end{cases}$$

即

$$\begin{cases} P_{ij}=\sum_{k=1}^{j-1}\delta_{ik}\delta_{jk}+\delta_{ij}\delta_{jj}, & j<i \\ P_{ii}=\sum_{k=1}^{i-1}\delta_{ik}^2+\delta_{ii}^2, & i=1,2,\cdots,n \end{cases}$$

所以

$$\left.\begin{aligned} &\delta_{ii}=\left(P_{ii}-\sum_{k=1}^{i-1}\delta_{ik}^2\right)^{\frac{1}{2}}, \quad i=1,2,\cdots,n \\ &\delta_{ij}=\begin{cases} \dfrac{P_{ij}-\sum_{k=1}^{j-1}\delta_{ik}\delta_{jk}}{\delta_{jj}}, & j=1,2,\cdots,i-1 \\ 0, & j>i \end{cases} \end{aligned}\right\} \tag{3.6.3}$$

例 3-3　求 $\boldsymbol{P}=\begin{bmatrix}1 & 2 & 3\\ 2 & 8 & 2\\ 3 & 2 & 14\end{bmatrix}$ 的下三角分解平方根矩阵。

解

$$\delta_{11}=\sqrt{P_{11}}=1$$

$$\delta_{21}=\frac{P_{21}-0}{\delta_{11}}=\frac{2}{1}=2$$

$$\delta_{22}=\sqrt{P_{22}-\delta_{21}^2}=\sqrt{8-4}=2$$

$$\delta_{31}=\frac{P_{31}-0}{\delta_{11}}=\frac{3}{1}=3$$

$$\delta_{32}=\frac{P_{32}-\delta_{31}\delta_{21}}{\delta_{22}}=\frac{2-3\times 2}{2}=-2$$

$$\delta_{33}=\sqrt{P_{33}-(\delta_{31}^2+\delta_{32}^2)}=\sqrt{14-(9+4)}=1$$

所以

$$\boldsymbol{\Delta}=\begin{bmatrix}1 & 0 & 0\\ 2 & 2 & 0\\ 3 & -2 & 1\end{bmatrix}$$

2. 非负定阵的上三角分解——乔莱斯基分解法二

设非负定阵 $\boldsymbol{P}$ 为对称阵

$$\boldsymbol{P}=\begin{bmatrix}P_{11} & P_{12} & \cdots & P_{1n}\\ P_{21} & P_{22} & \cdots & P_{2n}\\ \vdots & \vdots & & \vdots\\ P_{n1} & P_{n2} & \cdots & P_{nn}\end{bmatrix}$$

$\boldsymbol{P}$ 的上三角分解平方根阵为

$$\boldsymbol{U}=\begin{bmatrix}u_{11} & u_{12} & \cdots & u_{1n}\\ 0 & u_{22} & \cdots & u_{2n}\\ \vdots & \vdots & & \vdots\\ 0 & 0 & \cdots & u_{nn}\end{bmatrix}$$

根据式(3.6.2)定义，仿照下三角分解的推导，得

$$\left.\begin{aligned}&u_{ii}=\left(P_{ii}-\sum_{k=i+1}^{n}u_{ik}^2\right)^{\frac{1}{2}},\quad i=1,2,\cdots,n\\ &u_{ij}=\begin{cases}\dfrac{P_{ij}-\sum\limits_{k=j+1}^{n}u_{ik}u_{jk}}{u_{jj}}, & i=j-1,j-2,\cdots,2,1\\ 0, & i>j\end{cases}\end{aligned}\right\}\tag{3.6.4}$$

3.6.3 平方根滤波的 Potter 算法

设系统方程和量测方程为

$$\boldsymbol{X}_k=\boldsymbol{\Phi}_{k,k-1}\boldsymbol{X}_{k-1}+\boldsymbol{\Gamma}_{k-1}\boldsymbol{W}_{k-1}\tag{3.6.5}$$

$$\boldsymbol{Z}_k=\boldsymbol{H}_k\boldsymbol{X}_k+\boldsymbol{V}_k\tag{3.6.6}$$

式中，$\boldsymbol{W}_k$ 和 $\boldsymbol{V}_k$ 都是零均值白噪声，方差阵分别为 $\boldsymbol{Q}_k$ 和 $\boldsymbol{R}_k$，$\boldsymbol{W}_k$ 和 $\boldsymbol{V}_k$ 互相独立。

记

$$\boldsymbol{P}_k=\boldsymbol{\Delta}_k\boldsymbol{\Delta}_k^{\mathrm{T}}$$

$$\boldsymbol{P}_{k/k-1}=\boldsymbol{\Delta}_{k/k-1}\boldsymbol{\Delta}_{k/k-1}^{\mathrm{T}}$$

式中，$\boldsymbol{\Delta}_k$ 和 $\boldsymbol{\Delta}_{k/k-1}$ 都是下三角矩阵。

1. 平方根滤波的量测更新

(1) 量测为标量。量测为标量时，量测方程为

$$Z_k=\boldsymbol{H}_k\boldsymbol{X}_k+V_k$$

式中

$$E[V_k]=0,\quad E[V_k^2]=R_k$$

根据式(2.2.4)有

$$\boldsymbol{K}_k=\boldsymbol{P}_{k/k-1}\boldsymbol{H}_k^{\mathrm{T}}(\boldsymbol{H}_k\boldsymbol{P}_{k/k-1}\boldsymbol{H}_k^{\mathrm{T}}+R_k)^{-1}\tag{3.6.7}$$

$$\hat{\boldsymbol{X}}_k=\hat{\boldsymbol{X}}_{k/k-1}+\boldsymbol{K}_k(Z_k-\boldsymbol{H}_k\hat{\boldsymbol{X}}_{k/k-1})\tag{3.6.8}$$

$$\boldsymbol{P}_k=(\boldsymbol{I}-\boldsymbol{K}_k\boldsymbol{H}_k)\boldsymbol{P}_{k/k-1}\tag{3.6.9}$$

将式(3.6.7)代入式(3.6.9)得

$$\boldsymbol{P}_k=\boldsymbol{P}_{k/k-1}-\boldsymbol{P}_{k/k-1}\boldsymbol{H}_k^{\mathrm{T}}(\boldsymbol{H}_k\boldsymbol{P}_{k/k-1}\boldsymbol{H}_k^{\mathrm{T}}+R_k)^{-1}\boldsymbol{H}_k\boldsymbol{P}_{k/k-1}$$

$\boldsymbol{P}_k$ 和 $\boldsymbol{P}_{k/k-1}$ 分别用平方根形式表示之，则上式成

$$\begin{aligned}\boldsymbol{\Delta}_k\boldsymbol{\Delta}_k^{\mathrm{T}}&=\boldsymbol{\Delta}_{k/k-1}\boldsymbol{\Delta}_{k/k-1}^{\mathrm{T}}-\boldsymbol{\Delta}_{k/k-1}\boldsymbol{\Delta}_{k/k-1}^{\mathrm{T}}\boldsymbol{H}_k^{\mathrm{T}}(\boldsymbol{H}_k\boldsymbol{\Delta}_{k/k-1}\boldsymbol{\Delta}_{k/k-1}^{\mathrm{T}}\boldsymbol{H}_k^{\mathrm{T}}+R_k)^{-1}\boldsymbol{H}_k\boldsymbol{\Delta}_{k/k-1}\boldsymbol{\Delta}_{k/k-1}^{\mathrm{T}}=\\ &\boldsymbol{\Delta}_{k/k-1}[\boldsymbol{I}-\boldsymbol{\Delta}_{k/k-1}^{\mathrm{T}}\boldsymbol{H}_k^{\mathrm{T}}(\boldsymbol{H}_k\boldsymbol{\Delta}_{k/k-1}\boldsymbol{\Delta}_{k/k-1}^{\mathrm{T}}\boldsymbol{H}_k^{\mathrm{T}}+R_k)^{-1}\boldsymbol{H}_k\boldsymbol{\Delta}_{k/k-1}]\boldsymbol{\Delta}_{k/k-1}^{\mathrm{T}}\end{aligned}$$

令

$$\boldsymbol{a}_k = \boldsymbol{\Delta}_{k/k-1}^{\mathrm{T}} \boldsymbol{H}_k^{\mathrm{T}} \tag{3.6.10}$$

$$b_k = (\boldsymbol{H}_k \boldsymbol{\Delta}_{k/k-1} \boldsymbol{\Delta}_{k/k-1}^{\mathrm{T}} \boldsymbol{H}_k^{\mathrm{T}} + R_k)^{-1} \tag{3.6.11}$$

则

$$\boldsymbol{\Delta}_k \boldsymbol{\Delta}_k^{\mathrm{T}} = \boldsymbol{\Delta}_{k/k-1} [\boldsymbol{I} - b_k \boldsymbol{a}_k \boldsymbol{a}_k^{\mathrm{T}}] \boldsymbol{\Delta}_{k/k-1}^{\mathrm{T}} \tag{3.6.12}$$

令

$$\boldsymbol{I} - b_k \boldsymbol{a}_k \boldsymbol{a}_k^{\mathrm{T}} = [\boldsymbol{I} - b_k \gamma_k \boldsymbol{a}_k \boldsymbol{a}_k^{\mathrm{T}}][\boldsymbol{I} - b_k \gamma_k \boldsymbol{a}_k \boldsymbol{a}_k^{\mathrm{T}}]^{\mathrm{T}}$$

式中，γ 为待定的标量。展开上式的右侧，得

$$\boldsymbol{I} - b_k \boldsymbol{a}_k \boldsymbol{a}_k^{\mathrm{T}} = \boldsymbol{I} - 2 b_k \gamma_k \boldsymbol{a}_k \boldsymbol{a}_k^{\mathrm{T}} + b_k^2 \gamma_k^2 \boldsymbol{a}_k \boldsymbol{a}_k^{\mathrm{T}} \boldsymbol{a}_k \boldsymbol{a}_k^{\mathrm{T}}$$

即

$$\boldsymbol{I} - b_k \boldsymbol{a}_k \boldsymbol{a}_k^{\mathrm{T}} = \boldsymbol{I} - b_k (2\gamma_k - b_k \gamma_k^2 \boldsymbol{a}_k^{\mathrm{T}} \boldsymbol{a}_k) \boldsymbol{a}_k \boldsymbol{a}_k^{\mathrm{T}}$$

比较上述等式各项，得

$$2\gamma_k - b_k \gamma_k^2 \boldsymbol{a}_k^{\mathrm{T}} \boldsymbol{a}_k = 1 \tag{3.6.13}$$

又由式(3.6.10)和式(3.6.11)，有

$$\boldsymbol{a}_k^{\mathrm{T}} \boldsymbol{a}_k = \boldsymbol{H}_k \boldsymbol{\Delta}_{k/k-1} \boldsymbol{\Delta}_{k/k-1}^{\mathrm{T}} \boldsymbol{H}_k^{\mathrm{T}} = \frac{1}{b_k} - R_k$$

式(3.6.13)可写成

$$2\gamma_k - b_k \gamma_k^2 \left(\frac{1}{b_k} - R_k \right) = 1$$

即

$$(1 - b_k R_k) \gamma_k^2 - 2\gamma_k + 1 = 0$$

解得

$$\gamma_k = \frac{1}{1 \pm \sqrt{b_k R_k}} \tag{3.6.14}$$

这样式(3.6.12)可写成

$$\boldsymbol{\Delta}_k \boldsymbol{\Delta}_k^{\mathrm{T}} = \boldsymbol{\Delta}_{k/k-1} [\boldsymbol{I} - b_k \gamma_k \boldsymbol{a}_k \boldsymbol{a}_k^{\mathrm{T}}][\boldsymbol{I} - b_k \gamma_k \boldsymbol{a}_k \boldsymbol{a}_k^{\mathrm{T}}]^{\mathrm{T}} \boldsymbol{\Delta}_{k/k-1}^{\mathrm{T}}$$

因此有

$$\boldsymbol{\Delta}_k = \boldsymbol{\Delta}_{k/k-1} [\boldsymbol{I} - b_k \gamma_k \boldsymbol{a}_k \boldsymbol{a}_k^{\mathrm{T}}] \tag{3.6.15}$$

将式(3.6.10)、式(3.6.11)代入式(3.6.7)得

$$\boldsymbol{K}_k = \boldsymbol{\Delta}_{k/k-1} \boldsymbol{\Delta}_{k/k-1}^{\mathrm{T}} \boldsymbol{H}_k^{\mathrm{T}} (\boldsymbol{H}_k \boldsymbol{\Delta}_{k/k-1} \boldsymbol{\Delta}_{k/k-1}^{\mathrm{T}} \boldsymbol{H}_k^{\mathrm{T}} + R_k)^{-1} = b_k \boldsymbol{\Delta}_{k/k-1} \boldsymbol{a}_k \tag{3.6.16}$$

所以式(3.6.15)又可写成

$$\boldsymbol{\Delta}_k = \boldsymbol{\Delta}_{k/k-1} - \gamma_k \boldsymbol{K}_k \boldsymbol{a}_k^{\mathrm{T}} \tag{3.6.17}$$

综上所述，平方根滤波的量测更新方程为

$$\boldsymbol{a}_k = \boldsymbol{\Delta}_{k/k-1}^{\mathrm{T}} \boldsymbol{H}_k^{\mathrm{T}}$$

$$b_k = (\boldsymbol{H}_k \boldsymbol{\Delta}_{k/k-1} \boldsymbol{\Delta}_{k/k-1}^{\mathrm{T}} \boldsymbol{H}_k^{\mathrm{T}} + R_k)^{-1}$$

或

$$b_k = (\boldsymbol{a}_k^{\mathrm{T}} \boldsymbol{a}_k + R_k)^{-1} \tag{3.6.18}$$

$$\gamma_k = (1 + \sqrt{b_k R_k})^{-1}$$

$$\boldsymbol{K}_k = b_k \boldsymbol{\Delta}_{k/k-1} \boldsymbol{a}_k$$

$$\hat{\boldsymbol{X}}_k = \hat{\boldsymbol{X}}_{k/k-1} + \boldsymbol{K}_k (Z_k - \boldsymbol{H}_k \hat{\boldsymbol{X}}_{k/k-1})$$
$$\boldsymbol{\Delta}_k = \boldsymbol{\Delta}_{k/k-1} - \gamma_k \boldsymbol{K}_k \boldsymbol{a}_k^{\mathrm{T}}$$

（2）量测为 m 维向量。对于 m 维独立量测的情况，量测噪声方差阵为对角阵

$$\boldsymbol{R}_k = \mathrm{diag}[R_k^1 \quad R_k^2 \quad \cdots \quad R_k^m]$$

则平方根滤波的量测更新可采用序贯处理来实现。

设根据 $k-1$ 时刻的序贯处理结果已获得 $\hat{\boldsymbol{X}}_{k/k-1}$ 和 $\boldsymbol{\Delta}_{k/k-1}$，则 k 时刻的量测更新序贯处理可按下述步骤执行。

取

$$\left.\begin{aligned} \hat{\boldsymbol{X}}_k^0 &= \hat{\boldsymbol{X}}_{k/k-1} \\ \boldsymbol{\Delta}_k^0 &= \boldsymbol{\Delta}_{k/k-1} \end{aligned}\right\} \tag{3.6.19}$$

对于 $j=1,2,\cdots,m$，递推计算下述方程，有

$$\left.\begin{aligned} \boldsymbol{a}_k^j &= (\boldsymbol{H}_k^j \boldsymbol{\Delta}_k^{j-1})^{\mathrm{T}} \\ b_k^j &= (\boldsymbol{a}_k^{j\mathrm{T}} \boldsymbol{a}_k^j + R_k^j)^{-1} \\ \gamma_k^j &= (1 + \sqrt{b_k^j R_k^j})^{-1} \\ \boldsymbol{K}_k^j &= b_k^j \boldsymbol{\Delta}_k^{j-1} \boldsymbol{a}_k^j \\ \hat{\boldsymbol{X}}_k^j &= \hat{\boldsymbol{X}}_k^{j-1} + \boldsymbol{K}_k^j (Z_k^j - \boldsymbol{H}_k^j \hat{\boldsymbol{X}}_k^{j-1}) \\ \boldsymbol{\Delta}_k^j &= \boldsymbol{\Delta}_k^{j-1} - \gamma_k^j \boldsymbol{K}_k^j \boldsymbol{a}_k^{j\mathrm{T}} \end{aligned}\right\} \tag{3.6.20}$$

当 $j=m$ 时，即获得 k 时刻的量测更新结果为

$$\left.\begin{aligned} \hat{\boldsymbol{X}}_k &= \hat{\boldsymbol{X}}_k^m \\ \boldsymbol{\Delta}_k &= \boldsymbol{\Delta}_k^m \end{aligned}\right\} \tag{3.6.21}$$

2. 平方根滤波的时间更新

卡尔曼滤波的时间更新方程为

$$\hat{\boldsymbol{X}}_{k/k-1} = \boldsymbol{\Phi}_{k,k-1} \hat{\boldsymbol{X}}_{k-1}$$
$$\boldsymbol{P}_{k/k-1} = \boldsymbol{\Phi}_{k,k-1} \boldsymbol{P}_{k-1} \boldsymbol{\Phi}_{k,k-1}^{\mathrm{T}} + \boldsymbol{\Gamma}_{k-1} \boldsymbol{Q}_{k-1} \boldsymbol{\Gamma}_{k-1}^{\mathrm{T}}$$

求取 $\boldsymbol{P}_{k/k-1}$ 的平方根 $\boldsymbol{\Delta}_{k/k-1}$ 最直观的方法是直接按乔莱斯基法对 $\boldsymbol{P}_{k/k-1}$ 作平方根分解，这种方法称为 RSS(矩阵根和方）法。RSS 法计算速度较快，但数值精度与标准卡尔曼滤波的时间更新算法的精度相同。由于滤波计算中对精度影响最大的是量测更新，特别是求逆，而时间更新的影响相对来说较小，所以 RSS 法的使用仍较普遍。

时间更新的另一种算法是三角化算法，在这种算法中，平方根分解是通过矩阵变换实现的。

设 $\boldsymbol{P}_{k/k-1}$ 和 $\boldsymbol{P}_{k-1}$ 的下三角分解平方根分别为 $\boldsymbol{\Delta}_{k/k-1}$ 和 $\boldsymbol{\Delta}_{k-1}$，则式(2.2.4b）可写为

$$\boldsymbol{\Delta}_{k/k-1} \boldsymbol{\Delta}_{k/k-1}^{\mathrm{T}} = \boldsymbol{\Phi}_{k,k-1} \boldsymbol{\Delta}_{k-1} \boldsymbol{\Delta}_{k-1}^{\mathrm{T}} \boldsymbol{\Phi}_{k,k-1}^{\mathrm{T}} + \boldsymbol{\Gamma}_{k-1} \boldsymbol{Q}_{k-1} \boldsymbol{\Gamma}_{k-1}^{\mathrm{T}} \tag{3.6.22}$$

如果存在单位正交变换矩阵 $\boldsymbol{T}$，使下式成立

$$[\boldsymbol{\Phi}_{k,k-1} \boldsymbol{\Delta}_{k-1} \quad \boldsymbol{\Gamma}_{k-1} \boldsymbol{Q}_{k-1}^{\frac{1}{2}}] \boldsymbol{T} = [\boldsymbol{D}_k \quad \boldsymbol{0}] \tag{3.6.23}$$

式中，$\boldsymbol{Q}_{k-1}^{\frac{1}{2}}$ 为 $\boldsymbol{Q}_{k-1}$ 的下三角分解平方根，$\boldsymbol{D}_k$ 为某一下三角阵，则

$$\boldsymbol{D}_k \boldsymbol{D}_k^{\mathrm{T}} = [\boldsymbol{D}_k \quad \boldsymbol{0}] \begin{bmatrix} \boldsymbol{D}_k^{\mathrm{T}} \\ \\ \boldsymbol{0} \end{bmatrix} =$$

$$[\boldsymbol{\Phi}_{k,k-1}\boldsymbol{\Delta}_{k-1}\quad \boldsymbol{\Gamma}_{k-1}\boldsymbol{Q}_{k-1}^{\frac{1}{2}}]\boldsymbol{T}\boldsymbol{T}^{\mathrm{T}}\begin{bmatrix}\boldsymbol{\Delta}_{k-1}^{\mathrm{T}}\boldsymbol{\Phi}_{k,k-1}^{\mathrm{T}}\\ \\ (\boldsymbol{Q}_{k-1}^{\frac{1}{2}})^{\mathrm{T}}\boldsymbol{\Gamma}_{k-1}^{\mathrm{T}}\end{bmatrix}=$$

$$\boldsymbol{\Phi}_{k,k-1}\boldsymbol{\Delta}_{k-1}\boldsymbol{\Delta}_{k-1}^{\mathrm{T}}\boldsymbol{\Phi}_{k,k-1}^{\mathrm{T}}+\boldsymbol{\Gamma}_{k-1}\boldsymbol{Q}_{k-1}\boldsymbol{\Gamma}_{k-1}^{\mathrm{T}}$$

上式与式(3.6.22)比较,可得

$$\boldsymbol{D}_k=\boldsymbol{\Delta}_{k/k-1}\tag{3.6.24}$$

因此要求取 $\boldsymbol{\Delta}_{k/k-1}$,只要对$[\boldsymbol{\Phi}_{k,k-1}\boldsymbol{\Delta}_{k-1}\quad \boldsymbol{\Gamma}_{k-1}\boldsymbol{Q}_{k-1}^{\frac{1}{2}}]$作适当的变换。下面不加证明地给出实现 $\boldsymbol{T}$ 正交变换的两种有效方法。

将$[\boldsymbol{\Phi}_{k,k-1}\boldsymbol{\Delta}_{k-1}\quad \boldsymbol{\Gamma}_{k-1}\boldsymbol{Q}_{k-1}^{\frac{1}{2}}]$变换为式(3.6.22)所示形式的下三角阵,实际上就是将$\begin{bmatrix}\boldsymbol{\Delta}_{k-1}^{\mathrm{T}}\boldsymbol{\Phi}_{k,k-1}^{\mathrm{T}}\\ (\boldsymbol{\Gamma}_{k-1}\boldsymbol{Q}_{k-1}^{\frac{1}{2}})^{\mathrm{T}}\end{bmatrix}$变换为上三角阵,对于这一高矩阵的变换可通过 Householder 变换或改进的 Gram - Schmidt(MGS) 法完成。

设系统驱动噪声为 l 维向量,记

$$\boldsymbol{A}_1=\begin{bmatrix}\boldsymbol{\Delta}_{k-1}^{\mathrm{T}}\boldsymbol{\Phi}_{k,k-1}^{\mathrm{T}}\\ (\boldsymbol{\Gamma}_{k-1}\boldsymbol{Q}_{k-1}^{\frac{1}{2}})^{\mathrm{T}}\end{bmatrix}_{(n+l)\times n}\tag{3.6.25}$$

并记 $\boldsymbol{A}_i$ 为迭代过程中的第 i 次迭代结果矩阵。

(1) Householder 变换法。Householder 变换法执行如下 n 次迭代计算。

对于 $i=1,2,\cdots,n$,有

$$a_i=\sum_{j=i}^{n+l}\sqrt{A_i^2(j,i)}\,\mathrm{sign}[A_i(i,i)]\tag{3.6.26a}$$

$$d_i=\frac{1}{a_i[a_i+A_i(i,i)]}\tag{3.6.26b}$$

$$u_i(j)=\begin{cases}0, & j<i\\ a_i+A_i(i,i), & j=i\\ A_i(j,i), & j=i+1,i+2,\cdots,n+l\end{cases}\tag{3.6.26c}$$

$$y_i(j)=\begin{cases}0, & j<i\\ 1, & j=i\\ d_i\boldsymbol{u}_i^{\mathrm{T}}\boldsymbol{A}_i^{(j)}, & j=i+1,i+2,\cdots,n\end{cases}\tag{3.6.26d}$$

$$\boldsymbol{A}_{i+1}=\boldsymbol{A}_i-\boldsymbol{u}_i\boldsymbol{y}_i^{\mathrm{T}}\tag{3.6.26e}$$

式中,$\boldsymbol{A}_i^{(j)}$ 为 $\boldsymbol{A}_i$ 的第 j 列,有

$$\boldsymbol{u}_i=\begin{bmatrix}u_i(1)\\ u_i(2)\\ \vdots\\ u_i(n+l)\end{bmatrix},\quad \boldsymbol{y}_i=\begin{bmatrix}y_i(1)\\ y_i(2)\\ \vdots\\ y_i(n)\end{bmatrix}$$

经过 n 次迭代后,得

$$\boldsymbol{A}_{n+1}=\begin{bmatrix}\boldsymbol{\Delta}_{k/k-1}^{\mathrm{T}}\\ \\ \boldsymbol{0}\end{bmatrix}\begin{matrix}n\times n\\ \\ l\times n\end{matrix}\tag{3.6.27}$$

(2) 改进的 Gram - Schmidt(MGS) 法。改进的 Gram - Schmidt 法执行如下 n 步递推计算。

对于 $i=1,2,\cdots,n$,有

$$a_i=\sqrt{\boldsymbol{A}_i^{(i)\mathrm{T}}\boldsymbol{A}_i^{(i)}} \tag{3.6.28a}$$

$$c(i,j)=\begin{cases}0, & j=1,2,\cdots,i-1\\ a_i, & j=i\\ \dfrac{1}{a_i}\boldsymbol{A}_i^{(j)\mathrm{T}}\boldsymbol{A}_i^{(j)}, & j=i+1,i+2,\cdots,n\end{cases} \tag{3.6.28b}$$

$$\boldsymbol{A}_{i+1}^{(j)}=\boldsymbol{A}_i^{(j)}-\frac{c(i,j)}{a_i}\boldsymbol{A}_i^{(i)},\quad j=i+1,i+2,\cdots,n \tag{3.6.28c}$$

完成上述 n 步递推后,得 n 阶方阵 $\boldsymbol{C}$,则

$$\boldsymbol{\Delta}_{k/k-1}=\boldsymbol{C}^{\mathrm{T}} \tag{3.6.29}$$

例 3-4 设定常系统的各参数阵为

$$\boldsymbol{\Phi}=\begin{bmatrix}1 & 0\\0 & 1\end{bmatrix},\quad \boldsymbol{H}=[1\quad 0],\quad \boldsymbol{Q}=\boldsymbol{0}$$

量测为标量,$R=\varepsilon^2(\varepsilon\ll 1)$。

计算机在计算过程中遵循如下原则:

$$1+\varepsilon^2\overset{r}{=}1,\quad 1+\varepsilon\overset{r}{\neq}1$$

式中,r 表示计算机执行过程中的具体处理。

$$\boldsymbol{P}_{k/k-1}=\begin{bmatrix}1 & 0\\0 & 1\end{bmatrix}$$

试分别按标准滤波方程和平方根滤波方程求出两步滤波结果,并予以比较。

解

按标准滤波方程,有

$$\boldsymbol{K}_k=\begin{bmatrix}1 & 0\\0 & 1\end{bmatrix}\begin{bmatrix}1\\0\end{bmatrix}\left([1\quad 0]\begin{bmatrix}1 & 0\\0 & 1\end{bmatrix}\begin{bmatrix}1\\0\end{bmatrix}+\varepsilon^2\right)^{-1}=\begin{bmatrix}1\\0\end{bmatrix}(1+\varepsilon^2)^{-1}\overset{r}{=}\begin{bmatrix}1\\0\end{bmatrix}$$

$$\boldsymbol{P}_k=\left(\boldsymbol{I}-\begin{bmatrix}1\\0\end{bmatrix}[1\quad 0]\right)\begin{bmatrix}1 & 0\\0 & 1\end{bmatrix}=\begin{bmatrix}0 & 0\\0 & 1\end{bmatrix}$$

$$\boldsymbol{P}_{k+1/k}=\begin{bmatrix}0 & 0\\0 & 1\end{bmatrix}$$

$$\boldsymbol{K}_{k+1}=\begin{bmatrix}0 & 0\\0 & 1\end{bmatrix}\begin{bmatrix}1\\0\end{bmatrix}\left([1\quad 0]\begin{bmatrix}0 & 0\\0 & 1\end{bmatrix}\begin{bmatrix}1\\0\end{bmatrix}+\varepsilon^2\right)^{-1}=\begin{bmatrix}0\\0\end{bmatrix}$$

$$\boldsymbol{P}_{k+1}=\begin{bmatrix}0 & 0\\0 & 1\end{bmatrix}$$

按平方根滤波。

根据 $\boldsymbol{P}_{k/k-1}$ 分解,得

$$\boldsymbol{\Delta}_{k/k-1}=\begin{bmatrix}1 & 0\\0 & 1\end{bmatrix}$$

$$\boldsymbol{a}_k=\boldsymbol{\Delta}_{k/k-1}^{\mathrm{T}}\boldsymbol{H}_k^{\mathrm{T}}=\begin{bmatrix}1&0\\0&1\end{bmatrix}\begin{bmatrix}1\\0\end{bmatrix}=\begin{bmatrix}1\\0\end{bmatrix}$$

$$b_k=(\boldsymbol{a}_k^{\mathrm{T}}\boldsymbol{a}_k+R)^{-1}=(\begin{bmatrix}1&0\end{bmatrix}\begin{bmatrix}1\\0\end{bmatrix}+\varepsilon^2)^{-1}=(1+\varepsilon^2)^{-1}\overset{r}{=}1$$

$$\gamma_k=\frac{1}{1+\sqrt{b_kR}}=\frac{1}{1+\varepsilon}\overset{r}{=}1-\varepsilon$$

$$\boldsymbol{K}_k=b_k\boldsymbol{\Delta}_{k/k-1}\boldsymbol{a}_k=1\begin{bmatrix}1&0\\0&1\end{bmatrix}\begin{bmatrix}1\\0\end{bmatrix}=\begin{bmatrix}1\\0\end{bmatrix}$$

$$\boldsymbol{\Delta}_k=\boldsymbol{\Delta}_{k/k-1}-\gamma_k\boldsymbol{K}_k\boldsymbol{a}_k^{\mathrm{T}}=$$

$$\begin{bmatrix}1&0\\0&1\end{bmatrix}-(1-\varepsilon)\begin{bmatrix}1\\0\end{bmatrix}\begin{bmatrix}1&0\end{bmatrix}=\begin{bmatrix}\varepsilon&0\\0&1\end{bmatrix}$$

$$\boldsymbol{P}_k=\boldsymbol{\Delta}_k\boldsymbol{\Delta}_k^{\mathrm{T}}=\begin{bmatrix}\varepsilon&0\\0&1\end{bmatrix}\begin{bmatrix}\varepsilon&0\\0&1\end{bmatrix}=\begin{bmatrix}\varepsilon^2&0\\0&1\end{bmatrix}$$

$$\boldsymbol{\Delta}_{k+1/k}=\boldsymbol{\Phi}\boldsymbol{\Delta}_k=\begin{bmatrix}1&0\\0&1\end{bmatrix}\begin{bmatrix}\varepsilon&0\\0&1\end{bmatrix}=\begin{bmatrix}\varepsilon&0\\0&1\end{bmatrix}$$

$$\boldsymbol{a}_{k+1}=\boldsymbol{\Delta}_{k+1/k}^{\mathrm{T}}\boldsymbol{H}_{k+1}^{\mathrm{T}}=\begin{bmatrix}\varepsilon&0\\0&1\end{bmatrix}\begin{bmatrix}1\\0\end{bmatrix}=\begin{bmatrix}\varepsilon\\0\end{bmatrix}$$

$$b_{k+1}=(\boldsymbol{a}_{k+1}^{\mathrm{T}}\boldsymbol{a}_{k+1}+R)^{-1}=(\begin{bmatrix}\varepsilon&0\end{bmatrix}\begin{bmatrix}\varepsilon\\0\end{bmatrix}+\varepsilon^2)^{-1}=\frac{1}{2\varepsilon^2}$$

$$\boldsymbol{K}_{k+1}=b_{k+1}\boldsymbol{\Delta}_{k+1/k}\boldsymbol{a}_{k+1}=\frac{1}{2\varepsilon^2}\begin{bmatrix}\varepsilon&0\\0&1\end{bmatrix}\begin{bmatrix}\varepsilon\\0\end{bmatrix}=\begin{bmatrix}\frac{1}{2}\\0\end{bmatrix}$$

$$\gamma_{k+1}=\frac{1}{1+\sqrt{b_{k+1}R}}=\frac{1}{1+\sqrt{\frac{\varepsilon^2}{2\varepsilon^2}}}=2-\sqrt{2}$$

$$\boldsymbol{\Delta}_{k+1}=\boldsymbol{\Delta}_{k+1/k}-\gamma_{k+1}\boldsymbol{K}_{k+1}\boldsymbol{a}_{k+1}^{\mathrm{T}}=\begin{bmatrix}\varepsilon&0\\0&1\end{bmatrix}-(2-\sqrt{2})\begin{bmatrix}\frac{1}{2}\\0\end{bmatrix}\begin{bmatrix}\varepsilon&0\end{bmatrix}=$$

$$\begin{bmatrix}\varepsilon-(1-\frac{\sqrt{2}}{2})\varepsilon&0\\0&1\end{bmatrix}=\begin{bmatrix}\frac{\sqrt{2}}{2}\varepsilon&0\\0&1\end{bmatrix}$$

$$\boldsymbol{P}_{k+1}=\boldsymbol{\Delta}_{k+1}\boldsymbol{\Delta}_{k+1}^{\mathrm{T}}=\begin{bmatrix}\frac{\varepsilon^2}{2}&0\\0&1\end{bmatrix}$$

可以看出，平方根滤波中 $\boldsymbol{K}_{k+1}=\begin{bmatrix}\frac{1}{2}\\0\end{bmatrix}$，而标准卡尔曼滤波中 $\boldsymbol{K}_{k+1}=\begin{bmatrix}0\\0\end{bmatrix}$，即量测值已失去修正作用。在平方根滤波中 $\boldsymbol{P}_{k+1}$ 仍保持为正定阵，而在标准卡尔曼滤波中，$\boldsymbol{P}_{k+1}$ 已退化，不再是正定阵。

3.6.4 平方根滤波的Carlson算法

与Potter算法一样，Carlson算法在处理量测为向量时的平方根滤波时，也采用序贯处理，即转化成量测为标量的情况。不同的是Potter采用下三角分解，而Carlson采用上三角分解。此处以标量测量为例介绍Carlson平方根滤波算法。由于篇幅有限，只给出结果而不作推导。

1. 平方根滤波的量测更新

设 $\boldsymbol{U}_{k/k-1}$ 和 $\boldsymbol{U}_k$ 分别为 $\boldsymbol{P}_{k/k-1}$ 和 $\boldsymbol{P}_k$ 的上三角分解平方根，即

$$\boldsymbol{P}_{k/k-1}=\boldsymbol{U}_{k/k-1}\boldsymbol{U}_{k/k-1}^{\mathrm{T}} \tag{3.6.30}$$

$$\boldsymbol{P}_k=\boldsymbol{U}_k\boldsymbol{U}_k^{\mathrm{T}} \tag{3.6.31}$$

取 $\boldsymbol{e}_i(i=1,2,\cdots,n)$ 为 n 维向量，有

$$d_0=R_k \tag{3.6.32a}$$

$$\boldsymbol{e}_0=\boldsymbol{0} \tag{3.6.32b}$$

$$\boldsymbol{a}=\boldsymbol{U}_{k/k-1}^{\mathrm{T}}\boldsymbol{H}_k^{\mathrm{T}}=[a(1)\quad a(2)\quad \cdots \quad a(n)]^{\mathrm{T}} \tag{3.6.32c}$$

对于 $i=1,2,\cdots,n$，作 n 步递推，有

$$d_i=d_{i-1}+a(i) \tag{3.6.33a}$$

$$b_i=\sqrt{\frac{d_{i-1}}{d_i}} \tag{3.6.33b}$$

$$c_i=\frac{a(i)}{\sqrt{d_{i-1}d_i}} \tag{3.6.33c}$$

$$\boldsymbol{e}_i=\boldsymbol{e}_{i-1}+\boldsymbol{U}_{k/k-1}^{(i)}a(i) \tag{3.6.33d}$$

$$\boldsymbol{U}_k^{(i)}=b_i\boldsymbol{U}_{k/k-1}^{(i)}-c_i\boldsymbol{e}_{i-1} \tag{3.6.33e}$$

式中，$\boldsymbol{U}_k^{(i)}$ 和 $\boldsymbol{U}_{k/k-1}^{(i)}$ 分别表示 $\boldsymbol{U}_k$ 和 $\boldsymbol{U}_{k/k-1}$ 的第 i 列。

经过 n 步递推后，得上三角阵为

$$\boldsymbol{U}_k=[\boldsymbol{U}_k^{(1)}\quad \boldsymbol{U}_k^{(2)}\quad \cdots \quad \boldsymbol{U}_k^{(n)}] \tag{3.6.34}$$

状态估计为

$$\hat{\boldsymbol{X}}_k=\hat{\boldsymbol{X}}_{k/k-1}+\boldsymbol{e}_n[(Z_k-\boldsymbol{H}_k\hat{\boldsymbol{X}}_{k/k-1})/d_n] \tag{3.6.35}$$

2. 平方根滤波的时间更新

Carlson算法的时间更新与Potter算法的类似，不同的是Carlson算法获得的时间更新平方根为上三角阵。具体求取方法如下：

记

$$\boldsymbol{A}=\begin{bmatrix}\boldsymbol{U}_{k-1}^{\mathrm{T}}\boldsymbol{\Phi}_{k,k-1}^{\mathrm{T}}\\ \\ (\boldsymbol{\Gamma}_{k-1}\boldsymbol{Q}_{k-1}^{\frac{1}{2}})^{\mathrm{T}}\end{bmatrix}\begin{matrix}n\times n\\ \\ l\times n\end{matrix} \tag{3.6.36}$$

式中，l 为系统驱动噪声的维数。并记 $\boldsymbol{A}^{(i)}$ 为 $\boldsymbol{A}$ 的第 i 列。

对于 $i=n,n-1,n-2,\cdots,2,1$，作 n 步递推计算

$$U_{k/k-1}(i,i)=\sqrt{\boldsymbol{A}^{(i)\mathrm{T}}\boldsymbol{A}^{(i)}} \tag{3.6.37a}$$

$$\boldsymbol{V}_i=\frac{1}{U_{k/k-1}(i,i)}\boldsymbol{A}^{(i)} \tag{3.6.37b}$$

$$U_{k/k-1}(j,i)=\boldsymbol{A}^{(j)\mathrm{T}}\boldsymbol{V}_i,\quad j=1,2,\cdots,i-1 \tag{3.6.37c}$$

$$\boldsymbol{A}^{(j)}\leftarrow\boldsymbol{A}^{(j)}-U_{k/k-1}(j,i)\boldsymbol{V}_i,\quad j=1,2,\cdots,i-1 \tag{3.6.37d}$$

式中，符号“←”表示 $\boldsymbol{A}^{(j)}$ 原有的数值与 $U_{k/k-1}(j,i)\boldsymbol{V}_i$ 相减后所得的结果对 $\boldsymbol{A}^{(j)}$ 重新赋值。

经过 n 次递推后，$\boldsymbol{U}_{k/k-1}$ 即为上三角阵。

3.7　UDU^{T} 分解滤波

3.7.1　UDU^{T} 分解滤波所要解决的问题

由卡尔曼滤波基本方程的增益回路式(2.2.4d)、式(2.2.4c)、式(2.2.4e)，有

$$\boldsymbol{P}_{k/k-1}=\boldsymbol{\Phi}_{k,k-1}\boldsymbol{P}_{k-1}\boldsymbol{\Phi}_{k,k-1}^{\mathrm{T}}+\boldsymbol{\Gamma}_{k-1}\boldsymbol{Q}_{k-1}\boldsymbol{\Gamma}_{k-1}^{\mathrm{T}}$$

$$\boldsymbol{K}_k=\boldsymbol{P}_{k/k-1}\boldsymbol{H}_k^{\mathrm{T}}(\boldsymbol{H}_k\boldsymbol{P}_{k/k-1}\boldsymbol{H}_k^{\mathrm{T}}+\boldsymbol{R}_k)^{-1}$$

$$\boldsymbol{P}_k=(\boldsymbol{I}-\boldsymbol{K}_k\boldsymbol{H}_k)\boldsymbol{P}_{k/k-1}(\boldsymbol{I}-\boldsymbol{K}_k\boldsymbol{H}_k)^{\mathrm{T}}+\boldsymbol{K}_k\boldsymbol{R}_k\boldsymbol{K}_k^{\mathrm{T}}$$

可以看出，如果在计算过程中使 $\boldsymbol{P}_{k/k-1}$ 失去了非负定性，则 $\boldsymbol{K}_k$ 计算中的求逆将会产生很大的误差；如果由于 $\boldsymbol{P}_{k/k-1}$ 的负定性使 $\boldsymbol{H}_k\boldsymbol{P}_{k/k-1}\boldsymbol{H}_k^{\mathrm{T}}+\boldsymbol{R}_k$ 变成奇异阵或接近奇异阵，则逆不存在或计算出的逆会有巨大误差，这将导致 $\hat{\boldsymbol{X}}_k$ 的巨大估计误差。

由于计算误差而使 $\boldsymbol{P}_{k/k-1}$ 失去非负定性在一般情况下是不容易发生的，但是在下列情况下 $\boldsymbol{P}_{k/k-1}$ 就很容易失去非负定性：

(1) $\boldsymbol{\Phi}_{k,k-1}$ 的元非常大，并且(或者)$\boldsymbol{P}_{k-1}$ 为病态阵；

(2) $\boldsymbol{P}_{k-1}$ 轻度负定，即 $\boldsymbol{P}_{k-1}$ 具有接近零的负特征值。

下面举例加以说明。

设

$$\boldsymbol{P}_{k-1}=\begin{bmatrix}49\,839.964 & 33\,400.000 & -55\,119.952\\ 0.944 & 25\,100.000 & -36\,200.000\\ -0.988 & -0.924 & 61\,159.936\end{bmatrix}$$

$$\boldsymbol{\Phi}_{k,k-1}=\begin{bmatrix}4\,740.0 & -1\,000.0 & 3\,680.0\\ -4.0 & 1.0 & -3.0\\ 0.8 & 0.0 & 0.6\end{bmatrix}$$

计算中不计舍入误差，并设系统噪声为零，则

$$\boldsymbol{P}_{k/k-1}=\boldsymbol{\Phi}_{k,k-1}\boldsymbol{P}_{k-1}\boldsymbol{\Phi}_{k,k-1}^{\mathrm{T}}=\mathrm{diag}[-1\,000.0\quad 100.0\quad 1\,000.0]$$

一步计算就使 $\boldsymbol{P}_{k/k-1}$ 的特征值达到 $-1\,000.0$，这是由于 $\boldsymbol{P}_{k-1}$ 的特征值为 1.3×10^5，2.8×10^3，-2.7×10^{-5}，$\boldsymbol{P}_{k-1}$ 具有接近零的负特征值，并且 $\boldsymbol{\Phi}_{k,k-1}$ 的元很大引起的。

定理 3.2

如果滤波过程中 $\boldsymbol{P}_k$ 和 $\boldsymbol{P}_{k/k-1}$ 为非负定阵，则 $\boldsymbol{P}_k$ 和 $\boldsymbol{P}_{k/k-1}$ 可分解成 $\boldsymbol{UDU}^{\mathrm{T}}$ 的形式，即

$$\boldsymbol{P}_k=\boldsymbol{U}_k\boldsymbol{D}_k\boldsymbol{U}_k^{\mathrm{T}}$$

$$\boldsymbol{P}_{k/k-1}=\boldsymbol{U}_{k/k-1}\boldsymbol{D}_{k/k-1}\boldsymbol{U}_{k/k-1}^{\mathrm{T}}$$

式中，$\boldsymbol{D}_k$ 和 $\boldsymbol{D}_{k/k-1}$ 为 $n\times n$ 的对角阵，$\boldsymbol{U}_k$ 和 $\boldsymbol{U}_{k/k-1}$ 为 $n\times n$ 的上三角阵，主对角元全为 1。

$\boldsymbol{UDU}^{\mathrm{T}}$ 分解滤波过程中并不直接求解 $\boldsymbol{P}_k$ 和 $\boldsymbol{P}_{k/k-1}$，而是求解 $\boldsymbol{U}_k$，$\boldsymbol{U}_{k/k-1}$，$\boldsymbol{D}_k$ 和 $\boldsymbol{D}_{k/k-1}$。由于

$\boldsymbol{U}$ 阵和 $\boldsymbol{D}$ 阵的特殊结构，确保了滤波过程中 $\boldsymbol{P}_k$ 和 $\boldsymbol{P}_{k/k-1}$ 的非负定性。关于定理 3.2 的证明，在对定理 3.3 和定理 3.4 的证明过程中自然会得到说明。

为便于叙述，各量表示时间的右下标 k 和 $k/k-1$ 分别用上标"∧"和"～"来表示，即

$$\hat{\boldsymbol{P}} = \boldsymbol{P}_k \qquad \tilde{\boldsymbol{P}} = \boldsymbol{P}_{k/k-1}$$

$$\hat{\boldsymbol{U}} = \boldsymbol{U}_k \qquad \tilde{\boldsymbol{U}} = \boldsymbol{U}_{k/k-1}$$

$$\hat{\boldsymbol{D}} = \boldsymbol{D}_k \qquad \tilde{\boldsymbol{D}} = \boldsymbol{D}_{k/k-1}$$

$\boldsymbol{P}_k$ 和 $\boldsymbol{P}_{k/k-1}$ 的 $\boldsymbol{UDU}^{\mathrm{T}}$ 分解为

$$\hat{\boldsymbol{P}} = \hat{\boldsymbol{U}}\hat{\boldsymbol{D}}\hat{\boldsymbol{U}}^{\mathrm{T}} \tag{3.7.1}$$

$$\tilde{\boldsymbol{P}} = \tilde{\boldsymbol{U}}\tilde{\boldsymbol{D}}\tilde{\boldsymbol{U}}^{\mathrm{T}} \tag{3.7.2}$$

假设 k 时刻的量测为 m 维，即

$$\boldsymbol{Z}_k = [Z_k^1 \quad Z_k^2 \quad \cdots \quad Z_k^m]^{\mathrm{T}}$$

滤波过程中采用序贯处理，第 μ 次处理中量测为标量

$$Z_k^{\mu} = \boldsymbol{H}_k^{\mu}\boldsymbol{X}_k + V_k^{\mu}, \quad \mu = 1,2,\cdots,m$$

V_k^{μ} 为零均值白噪声，方差为 R_k^{μ}。为叙述中书写简洁，在以下介绍中省略上下标 μ 和 k。

3.7.2 U 和 D 的量测更新算法

定理 3.3

设 $\tilde{\boldsymbol{U}}$ 和 $\tilde{\boldsymbol{D}}$ 已知，$\tilde{\boldsymbol{U}}$ 为主对角元全为 1 的上三角阵，$\tilde{\boldsymbol{D}}$ 为对角阵，标量量测的量测噪声为零均值白噪声，方差为 R，则 $\hat{\boldsymbol{U}}$ 和 $\hat{\boldsymbol{D}}$ 按如下诸式确定：

$$\boldsymbol{f} = \tilde{\boldsymbol{U}}^{\mathrm{T}}\boldsymbol{H}^{\mathrm{T}} \tag{3.7.3}$$

$$g_i = \tilde{D}_i f_i, \quad i = 1,2,\cdots,n \tag{3.7.4}$$

$$\alpha_j = R + \sum_{i=1}^{j} f_i g_i \tag{3.7.5}$$

或

$$\begin{aligned} \alpha_j &= \alpha_{j-1} + f_j g_j, \quad j = 1,2,\cdots,n \\ \alpha_0 &= R \end{aligned} \tag{3.7.6}$$

$$\lambda_j = -\frac{f_j}{\alpha_{j-1}}, \quad j = 1,2,\cdots,n \tag{3.7.7}$$

$$\hat{D}_j = \tilde{D}_j \frac{\alpha_{j-1}}{\alpha_j}, \quad j = 1,2,\cdots,n \tag{3.7.8}$$

$$\hat{U}_{ij} = \tilde{U}_{ij} + \lambda_j\left(g_i + \sum_{k=i+1}^{j-1} \tilde{U}_{ik} g_k\right) \quad \begin{matrix} j = 2,3,\cdots,n \\ i = 1,2,\cdots,j-1 \end{matrix} \tag{3.7.9}$$

$$\hat{U}_{ii} = 1, \quad i = 1,2,\cdots,n \tag{3.7.10}$$

证明

由基本方程式(2.2.4e′)和式(2.2.4c)，得

$$\hat{\boldsymbol{P}} = \tilde{\boldsymbol{P}} - \tilde{\boldsymbol{P}}\boldsymbol{H}^{\mathrm{T}}(R + \boldsymbol{H}\tilde{\boldsymbol{P}}\boldsymbol{H}^{\mathrm{T}})^{-1}\boldsymbol{H}\tilde{\boldsymbol{P}}$$

即

$$\hat{\boldsymbol{U}}\hat{\boldsymbol{D}}\hat{\boldsymbol{U}}^{\mathrm{T}} = \tilde{\boldsymbol{U}}\tilde{\boldsymbol{D}}\tilde{\boldsymbol{U}}^{\mathrm{T}} - \tilde{\boldsymbol{U}}\tilde{\boldsymbol{D}}\tilde{\boldsymbol{U}}^{\mathrm{T}}\boldsymbol{H}^{\mathrm{T}}(R + \boldsymbol{H}\tilde{\boldsymbol{U}}\tilde{\boldsymbol{D}}\tilde{\boldsymbol{U}}^{\mathrm{T}}\boldsymbol{H}^{\mathrm{T}})^{-1}\boldsymbol{H}\tilde{\boldsymbol{U}}\tilde{\boldsymbol{D}}\tilde{\boldsymbol{U}}^{\mathrm{T}}$$

令

$$\alpha = R + \boldsymbol{H}\widetilde{\boldsymbol{U}}\widetilde{\boldsymbol{D}}\widetilde{\boldsymbol{U}}^{\mathrm{T}}\boldsymbol{H}^{\mathrm{T}} \tag{3.7.11}$$

$$\boldsymbol{f} = \widetilde{\boldsymbol{U}}^{\mathrm{T}}\boldsymbol{H}^{\mathrm{T}}$$

$$\boldsymbol{g} = \widetilde{\boldsymbol{D}}\widetilde{\boldsymbol{U}}^{\mathrm{T}}\boldsymbol{H}^{\mathrm{T}} = \widetilde{\boldsymbol{D}}\boldsymbol{f} \tag{3.7.12}$$

则

$$\hat{\boldsymbol{U}}\hat{\boldsymbol{D}}\hat{\boldsymbol{U}}^{\mathrm{T}} = \widetilde{\boldsymbol{U}}(\widetilde{\boldsymbol{D}} - \frac{1}{\alpha}\boldsymbol{g}\boldsymbol{g}^{\mathrm{T}})\widetilde{\boldsymbol{U}}^{\mathrm{T}} \tag{3.7.13}$$

式中

$$\boldsymbol{g} = \begin{bmatrix} \widetilde{D}_1 f_1 \\ \widetilde{D}_2 f_2 \\ \vdots \\ \widetilde{D}_n f_n \end{bmatrix}$$

即

$$g_i = \widetilde{D}_i f_i, \quad i = 1, 2, \cdots, n$$

$$\alpha = R + (\widetilde{\boldsymbol{U}}^{\mathrm{T}}\boldsymbol{H}^{\mathrm{T}})^{\mathrm{T}}\boldsymbol{D}\widetilde{\boldsymbol{U}}^{\mathrm{T}}\boldsymbol{H}^{\mathrm{T}} = R + \sum_{i=1}^{n} f_i g_i$$

为推导方便，记

$$\alpha_j = R + \sum_{i=1}^{j} f_i g_i$$

则 α_j 具有下述递推关系

$$\alpha_j = R + \sum_{i=1}^{j-1} f_i g_i + f_j g_j = \alpha_{j-1} + f_j g_j$$

式中

$$\alpha_0 = R \tag{3.7.14}$$

考察式(3.7.13)，由于 $\widetilde{\boldsymbol{D}} - \frac{1}{\alpha}\boldsymbol{g}\boldsymbol{g}^{\mathrm{T}}$ 也是半正定阵，所以也可作 $\boldsymbol{UDU}^{\mathrm{T}}$ 分解

$$\bar{\boldsymbol{U}}\,\bar{\boldsymbol{D}}\,\bar{\boldsymbol{U}}^{\mathrm{T}} = \widetilde{\boldsymbol{D}} - \frac{1}{\alpha}\boldsymbol{g}\boldsymbol{g}^{\mathrm{T}} \tag{3.7.15}$$

式中，$\bar{\boldsymbol{D}}$ 为对角阵，$\bar{\boldsymbol{U}}$ 为 $n \times n$ 的单位上三角阵，即主对角元全为 1 的上三角阵。这样式(3.7.13)可写成

$$\hat{\boldsymbol{U}}\hat{\boldsymbol{D}}\hat{\boldsymbol{U}}^{\mathrm{T}} = \widetilde{\boldsymbol{U}}\bar{\boldsymbol{U}}\bar{\boldsymbol{D}}\bar{\boldsymbol{U}}^{\mathrm{T}}\widetilde{\boldsymbol{U}}^{\mathrm{T}}$$

取

$$\hat{\boldsymbol{D}} = \bar{\boldsymbol{D}} \tag{3.7.16}$$

则

$$\hat{\boldsymbol{U}} = \widetilde{\boldsymbol{U}}\bar{\boldsymbol{U}} \tag{3.7.17}$$

记

$$\bar{\boldsymbol{U}} = [\bar{\boldsymbol{U}}^{(1)} \quad \bar{\boldsymbol{U}}^{(2)} \quad \cdots \quad \bar{\boldsymbol{U}}^{(n)}]$$

式中，$\bar{\boldsymbol{U}}^{(i)}$ 为 $\bar{\boldsymbol{U}}$ 的第 i 个列，即

$$\bar{\boldsymbol{U}}^{(i)} = \begin{bmatrix} \bar{U}_1^{(i)} \\ \bar{U}_2^{(i)} \\ \vdots \\ \bar{U}_i^{(i)} \\ 0 \\ \vdots \\ 0 \end{bmatrix}$$

则

$$\bar{\boldsymbol{U}}\bar{\boldsymbol{D}}\bar{\boldsymbol{U}}^{\mathrm{T}} = [\bar{\boldsymbol{U}}^{(1)} \quad \bar{\boldsymbol{U}}^{(2)} \quad \cdots \quad \bar{\boldsymbol{U}}^{(n)}] \begin{bmatrix} \bar{D}_1 & & & \boldsymbol{0} \\ & \bar{D}_2 & & \\ & & \ddots & \\ \boldsymbol{0} & & & \bar{D}_n \end{bmatrix} \begin{bmatrix} \bar{\boldsymbol{U}}^{(1)\mathrm{T}} \\ \bar{\boldsymbol{U}}^{(2)\mathrm{T}} \\ \vdots \\ \bar{\boldsymbol{U}}^{(n)\mathrm{T}} \end{bmatrix} = \sum_{i=1}^{n} \bar{D}_i \bar{\boldsymbol{U}}^{(i)} \bar{\boldsymbol{U}}^{(i)\mathrm{T}} \tag{3.7.18}$$

又因为

$$\tilde{\boldsymbol{D}} - \frac{1}{\alpha}\boldsymbol{g}\boldsymbol{g}^{\mathrm{T}} = \sum_{i=1}^{n} \tilde{D}_i \boldsymbol{e}_i \boldsymbol{e}_i^{\mathrm{T}} - \frac{1}{\alpha}\boldsymbol{g}\boldsymbol{g}^{\mathrm{T}} \tag{3.7.19}$$

式中，$\boldsymbol{e}_i$ 为 n 维空间的第 i 个基向量，即

$$\boldsymbol{e}_i = \begin{bmatrix} 0 \\ \vdots \\ 0 \\ 1 \\ 0 \\ \vdots \\ 0 \end{bmatrix} \text{—— 第 } i \text{ 行}$$

将式(3. 7. 18)、式(3. 7. 19) 代入式(3. 7. 15)，得

$$\sum_{i=1}^{n} \bar{D}_i \bar{\boldsymbol{U}}^{(i)} \bar{\boldsymbol{U}}^{(i)\mathrm{T}} = \sum_{i=1}^{n} \tilde{D}_i \boldsymbol{e}_i \boldsymbol{e}_i^{\mathrm{T}} - \frac{1}{\alpha}\boldsymbol{g}\boldsymbol{g}^{\mathrm{T}}$$

根据式(3. 7. 6)，并记

$$\boldsymbol{V}^{(n)} = \boldsymbol{g} \tag{3.7.20}$$

$$C_n = \frac{1}{\alpha} = \frac{1}{\alpha_n} \tag{3.7.21}$$

则

$$\sum_{i=1}^{n-1} \bar{D}_i \bar{\boldsymbol{U}}^{(i)} \bar{\boldsymbol{U}}^{(i)\mathrm{T}} + \bar{D}_n \bar{\boldsymbol{U}}^{(n)} \bar{\boldsymbol{U}}^{(n)\mathrm{T}} = \sum_{i=1}^{n-1} \tilde{D}_i \boldsymbol{e}_i \boldsymbol{e}_i^{\mathrm{T}} + [\tilde{D}_n \boldsymbol{e}_n \boldsymbol{e}_n^{\mathrm{T}} - C_n \boldsymbol{V}^{(n)} \boldsymbol{V}^{(n)\mathrm{T}}] \tag{3.7.22}$$

记式(3.7.22) 左边的 $n \times n$ 矩阵为$\boldsymbol{M}_1$，右边的 $n \times n$ 矩阵为$\boldsymbol{M}_2$，则由 $\bar{\boldsymbol{U}}^{(i)}$ 及 $\boldsymbol{e}_i$ 的定义知，等式左边的第一项只影响 $\boldsymbol{M}_1$ 的前 $n-1$ 列，并不影响 $\boldsymbol{M}_1$ 的第 n 列，而第二项影响所有列；等式右边的第一项只影响 $\boldsymbol{M}_2$ 的前 $n-1$ 列，并不影响 $\boldsymbol{M}_2$ 的第 n 列，而方括号内的项影响到所有列。这说明 $\boldsymbol{M}_1$ 和 $\boldsymbol{M}_2$ 的最后一列分别仅由 $\bar{D}_n \bar{\boldsymbol{U}}^{(n)} \bar{\boldsymbol{U}}^{(n)\mathrm{T}}$ 和 $\tilde{D}_n \boldsymbol{e}_n \boldsymbol{e}_n^{\mathrm{T}} - C_n \boldsymbol{V}^{(n)} \boldsymbol{V}^{(n)\mathrm{T}}$ 确定。要使

$\boldsymbol{M}_1=\boldsymbol{M}_2$，即式(3.7.22)成立，必须有

$$[\overline{D}_n\overline{\boldsymbol{U}}^{(n)}\overline{\boldsymbol{U}}^{(n)\mathrm{T}}]\mid_{\text{第}n\text{列}}=[\widetilde{D}_n\boldsymbol{e}_n\boldsymbol{e}_n^{\mathrm{T}}-C_n\boldsymbol{V}^{(n)}\boldsymbol{V}^{(n)\mathrm{T}}]\mid_{\text{第}n\text{列}} \tag{3.7.23}$$

考察式(3.7.23)中的 $1\sim n-1$ 个元，设所讨论的元为第 i 个($i=1,2,\cdots,n-1$)，式(3.7.23)左边为

$$[\overline{D}_n\overline{\boldsymbol{U}}^{(n)}\overline{\boldsymbol{U}}^{(n)\mathrm{T}}\mid_{\text{第}n\text{列}}=\left\{\overline{D}_n\begin{bmatrix}\overline{U}_1^{(n)}\\ \overline{U}_2^{(n)}\\ \vdots\\ \overline{U}_{n-1}^{(n)}\\ 1\end{bmatrix}[\overline{U}_1^{(n)}\quad \overline{U}_2^{(n)}\quad\cdots\quad\overline{U}_{n-1}^{(n)}\quad 1]\right\}\Bigg|_{\text{第}n\text{列}}=$$

$$\overline{D}_n\begin{bmatrix}\overline{U}_1^{(n)}\\ \overline{U}_2^{(n)}\\ \vdots\\ \overline{U}_{n-1}^{(n)}\\ 1\end{bmatrix}=\overline{D}_n\overline{\boldsymbol{U}}^{(n)} \tag{3.7.24}$$

式(3.7.23)的右边为

$$[\widetilde{D}_n\boldsymbol{e}_n\boldsymbol{e}_n^{\mathrm{T}}-C_n\boldsymbol{V}^{(n)}\boldsymbol{V}^{(n)\mathrm{T}}]\mid_{\text{第}n\text{列}}=\begin{bmatrix}0\\ \vdots\\ 0\\ \widetilde{D}_n\end{bmatrix}-\left\{C_n\begin{bmatrix}V_1^{(n)}\\ V_2^{(n)}\\ \vdots\\ V_n^{(n)}\end{bmatrix}[V_1^{(n)}\quad V_2^{(n)}\quad\cdots\quad V_n^{(n)}]\right\}\Bigg|_{\text{第}n\text{列}}=$$

$$\begin{bmatrix}-C_nV_1^{(n)}V_n^{(n)}\\ -C_nV_2^{(n)}V_n^{(n)}\\ \vdots\\ -C_nV_{n-1}^{(n)}V_n^{(n)}\\ \widetilde{D}_n-C_n[V_n^{(n)}]^2\end{bmatrix} \tag{3.7.25}$$

比较式(3.7.24)和式(3.7.25)式的对应元，得

$$\overline{D}_n=\widetilde{D}_n-C_n[V_n^{(n)}]^2 \tag{3.7.26}$$

$$\overline{D}_n\overline{U}_i^{(n)}=-C_nV_i^{(n)}V_n^{(n)},\quad i=1,2,\cdots,n-1 \tag{3.7.27}$$

式(3.7.26)也可写成

$$\overline{D}_n=\widetilde{D}_n-\frac{1}{\alpha_n}(g_n)^2=\widetilde{D}_n-\frac{1}{\alpha_n}(\widetilde{D}_nf_n)^2=\widetilde{D}_n\frac{\alpha_n-g_nf_n}{\alpha_n}$$

又由式(3.7.6)得

$$\alpha_n-f_ng_n=\alpha_{n-1}$$

所以前式又可写成

$$\overline{D}_n=\widetilde{D}_n\frac{\alpha_{n-1}}{\alpha_n} \tag{3.7.28}$$

将式(3.7.28)代入式(3.7.27)，得

$$\overline{U}_i^{(n)}=-C_nV_i^{(n)}V_n^{(n)}/\overline{D}_n=-\frac{1}{\alpha_n}g_ig_n\Bigg/\left(\widetilde{D}_n\frac{\alpha_{n-1}}{\alpha_n}\right)=$$

$$-\frac{1}{\alpha_{n-1}}\frac{g_n}{\widetilde{D}_n}g_i=-\frac{f_n}{\alpha_{n-1}}g_i,\quad i=1,2,\cdots,n-1 \tag{3.7.29a}$$

$$\overline{U}_n^{(n)}=1 \tag{3.7.29b}$$

为了求解 $\overline{\boldsymbol{D}}$ 及 $\overline{\boldsymbol{U}}$ 的其余元，将式(3.7.22)改写成

$$\sum_{i=1}^{n-2}\overline{D}_i\overline{\boldsymbol{U}}^{(i)}\overline{\boldsymbol{U}}^{(i)\mathrm{T}}+\overline{D}_{n-1}\overline{\boldsymbol{U}}^{(n-1)}\overline{\boldsymbol{U}}^{(n-1)\mathrm{T}}+\overline{D}_n\overline{\boldsymbol{U}}^{(n)}\overline{\boldsymbol{U}}^{(n)\mathrm{T}}=$$
$$\sum_{i=1}^{n-2}\widetilde{D}_i\boldsymbol{e}_i\boldsymbol{e}_i^{\mathrm{T}}+\widetilde{D}_{n-1}\boldsymbol{e}_{n-1}\boldsymbol{e}_{n-1}^{\mathrm{T}}+\widetilde{D}_n\boldsymbol{e}_n\boldsymbol{e}_n^{\mathrm{T}}-C_n\boldsymbol{V}^{(n-1)}\boldsymbol{V}^{(n-1)\mathrm{T}}-$$
$$C_n\begin{bmatrix}0\\ \vdots\\ 0\\ g_n\end{bmatrix}\begin{bmatrix}0 & \cdots & 0 & g_n\end{bmatrix} \tag{3.7.30}$$

显然影响式(3.7.30)第 $n-1$ 列的项为

左边　$\overline{D}_{n-1}\overline{\boldsymbol{U}}^{(n-1)}\overline{\boldsymbol{U}}^{(n-1)\mathrm{T}}+\overline{D}_n\overline{\boldsymbol{U}}^{(n)}\overline{\boldsymbol{U}}^{(n)\mathrm{T}}$

右边　$\widetilde{D}_{n-1}\boldsymbol{e}_{n-1}\boldsymbol{e}_{n-1}^{\mathrm{T}}-C_n\boldsymbol{V}^{(n-1)}\boldsymbol{V}^{(n-1)\mathrm{T}}$

要使式(3.7.30)成立，该式左、右边的第 $n-1$ 列必须相等。而

$$[\overline{D}_{n-1}\overline{\boldsymbol{U}}^{(n-1)}\overline{\boldsymbol{U}}^{(n-1)\mathrm{T}}+\overline{D}_n\overline{\boldsymbol{U}}^{(n)}\overline{\boldsymbol{U}}^{(n)\mathrm{T}}|_{\text{第}n-1\text{列}}=$$
$$\{\overline{D}_{n-1}\begin{bmatrix}\overline{U}_1^{(n-1)}\\ \overline{U}_2^{(n-1)}\\ \vdots\\ \overline{U}_{n-2}^{(n-1)}\\ 1\\ 0\end{bmatrix}\begin{bmatrix}\overline{U}_1^{(n-1)} & \overline{U}_2^{(n-1)} & \cdots & \overline{U}_{n-2}^{(n-1)} & 1 & 0\end{bmatrix}+$$
$$\overline{D}_n\begin{bmatrix}\overline{U}_1^{(n)}\\ \overline{U}_2^{(n)}\\ \vdots\\ \overline{U}_{n-1}^{(n)}\\ 1\end{bmatrix}\begin{bmatrix}\overline{U}_1^{(n)} & \overline{U}_2^{(n)} & \cdots & \overline{U}_{n-1}^{(n)} & 1\end{bmatrix}\}|_{\text{第}n-1\text{列}}=$$
$$\overline{D}_{n-1}\begin{bmatrix}\overline{U}_1^{(n-1)}\\ \overline{U}_2^{(n-1)}\\ \vdots\\ \overline{U}_{n-2}^{(n-1)}\\ 1\\ 0\end{bmatrix}+\overline{D}_n\overline{U}_{n-1}^{(n)}\begin{bmatrix}\overline{U}_1^{(n)}\\ \overline{U}_2^{(n)}\\ \vdots\\ \overline{U}_{n-1}^{(n)}\\ 1\end{bmatrix} \tag{3.7.31}$$

$$\{\widetilde{D}_{n-1}\boldsymbol{e}_{n-1}\boldsymbol{e}_{n-1}^{\mathrm{T}}-C_n\boldsymbol{V}^{(n-1)}\boldsymbol{V}^{(n-1)\mathrm{T}}\}\big|_{第n-1列}=$$

$$\left\{\begin{bmatrix}0&\cdots&0&0\\ \vdots&&\vdots&\vdots\\ 0&\cdots&\widetilde{D}_{n-1}&0\\ 0&\cdots&0&0\end{bmatrix}-C_n\begin{bmatrix}g_1\\ g_2\\ \vdots\\ g_{n-1}\\ 0\end{bmatrix}[g_1\quad g_2\quad\cdots\quad g_{n-1}\quad 0]\right\}\Bigg|_{第n-1列}=$$

$$\begin{bmatrix}0\\ \vdots\\ \widetilde{D}_{n-1}\\ 0\end{bmatrix}-C_ng_{n-1}\begin{bmatrix}g_1\\ g_2\\ \vdots\\ g_{n-1}\\ 0\end{bmatrix}\tag{3.7.32}$$

所以式(3.7.30)式的第 $n-1$ 列相等即为

$$\begin{bmatrix}0\\ \vdots\\ 0\\ \widetilde{D}_{n-1}\\ 0\end{bmatrix}-C_ng_{n-1}\begin{bmatrix}g_1\\ g_2\\ \vdots\\ g_{n-1}\\ 0\end{bmatrix}=\overline{D}_{n-1}\begin{bmatrix}\overline{U}_1^{(n-1)}\\ \overline{U}_2^{(n-1)}\\ \vdots\\ \overline{U}_{n-2}^{(n-1)}\\ 1\\ 0\end{bmatrix}+\overline{D}_n\overline{U}_{n-1}^{(n)}\begin{bmatrix}\overline{U}_1^{(n)}\\ \overline{U}_2^{(n)}\\ \vdots\\ \overline{U}_{n-1}^{(n)}\\ 1\end{bmatrix}\tag{3.7.33}$$

考察式(3.7.33)中的第 $n-1$ 个分量,有

$$\widetilde{D}_{n-1}-C_ng_{n-1}^2=\overline{D}_{n-1}+\overline{D}_n\overline{U}_{n-1}^{(n)}\overline{U}_{n-1}^{(n)}$$

由式(3.7.28)、式(3.7.29a)和式(3.7.21),则可写成

$$\widetilde{D}_{n-1}-\frac{1}{\alpha_n}g_{n-1}^2=\overline{D}_{n-1}+\widetilde{D}_n\frac{\alpha_{n-1}}{\alpha_n}\frac{f_n^2}{\alpha_{n-1}^2}g_{n-1}^2\tag{3.7.34}$$

又由式(3.7.4)和式(3.7.6),可得

$$\widetilde{D}_nf_n=g_n$$

$$g_nf_n=\alpha_n-\alpha_{n-1}$$

所以式(3.7.34)为

$$\widetilde{D}_{n-1}-\frac{1}{\alpha_n}g_{n-1}^2=\overline{D}_{n-1}+\frac{\alpha_n-\alpha_{n-1}}{\alpha_n\alpha_{n-1}}g_{n-1}^2$$

即

$$\begin{aligned}\overline{D}_{n-1}&=\widetilde{D}_{n-1}-\frac{1}{\alpha_{n-1}}g_{n-1}^2=\widetilde{D}_{n-1}-\frac{1}{\alpha_{n-1}}(D_{n-1}f_{n-1})^2=\\ &\widetilde{D}_{n-1}\frac{\alpha_{n-1}-g_{n-1}f_{n-1}}{\alpha_{n-1}}=\widetilde{D}_{n-1}\frac{\alpha_{n-1}-(\alpha_{n-1}-\alpha_{n-2})}{\alpha_{n-1}}=\\ &\widetilde{D}_{n-1}\frac{\alpha_{n-2}}{\alpha_{n-1}}\end{aligned}\tag{3.7.35}$$

考察式(3.7.33)中的第1至第 $n-2$ 个分量,考虑到式(3.7.28)、式(3.7.29a)和式(3.7.35),对于 $i=1,2,\cdots,n-2$,有

$$-C_n g_{n-1} g_i = \overline{D}_{n-1} \overline{U}_i^{(n-1)} + \overline{D}_n \overline{U}_{n-1}^{(n)} \overline{U}_i^{(n)}$$

所以

$$\begin{aligned}\overline{U}_i^{(n-1)} &= -\frac{1}{\overline{D}_{n-1}}[C_n g_{n-1} g_i + \overline{D}_n \overline{U}_{n-1}^{(n)} \overline{U}_i^{(n)}] = \\ &-\frac{\alpha_{n-1}}{\widetilde{D}_{n-1}\alpha_{n-2}}\left[\frac{1}{\alpha_n} g_{n-1} g_i + \widetilde{D}_n \frac{\alpha_{n-1}}{\alpha_n} \frac{f_n^2}{\alpha_{n-1}^2} g_{n-1} g_i\right] = \\ &-\frac{g_{n-1}}{\widetilde{D}_{n-1}} \frac{\alpha_{n-1}}{\alpha_{n-2}\alpha_n} g_i \left(1 + \frac{g_n f_n}{\alpha_{n-1}}\right) = \\ &-f_{n-1} \frac{\alpha_{n-1}}{\alpha_{n-2}\alpha_n} g_i \left(1 + \frac{\alpha_n - \alpha_{n-1}}{\alpha_{n-1}}\right) = \\ &-\frac{f_{n-1}}{\alpha_{n-2}} g_i \end{aligned} \tag{3.7.36}$$

仿照上述分析方法，分别讨论式(3.7.22)的第 $n-2$ 列、第 $n-3$ 列、…、第 2 列，可得 $\overline{\boldsymbol{D}}$ 和 $\overline{\boldsymbol{U}}$ 各元的通项为

$$\overline{D}_j = \widetilde{D}_j \frac{\alpha_{j-1}}{\alpha_j}, \quad j = 1,2,\cdots,n$$

$$\overline{U}_i^{(j)} = \begin{cases} -\dfrac{f_j}{\alpha_{j-1}} g_i, & j = 2,3,\cdots,n;\ i = 1,2,\cdots,j-1 \\ 1, & j = 1,2,\cdots,n;\ i = j \end{cases} \tag{3.7.37}$$

将式(3.7.28)、式(3.7.29)、式(3.7.35)及式(3.7.36)与式(3.7.8)及式(3.7.37)相比较，可看出：式(3.7.28)和式(3.7.29)为 $j=n$ 的情况；式(3.7.35)和式(3.7.36)为 $j=n-1$ 的情况。

获得 $\overline{\boldsymbol{U}}$ 后，即可根据式(3.7.13)求得 $\hat{\boldsymbol{U}}$。

由式(3.7.37)可得

$$\overline{\boldsymbol{U}}^{(j)} = \begin{bmatrix} \lambda_j g_1 \\ \lambda_j g_2 \\ \vdots \\ \lambda_j g_{j-1} \\ 1 \\ 0 \\ \vdots \\ 0 \end{bmatrix} = \lambda_j \boldsymbol{V}^{(j-1)} + \boldsymbol{e}_j \tag{3.7.38}$$

式中

$$\lambda_j = -\frac{f_j}{\alpha_{j-1}}, \quad j = 2,3,\cdots,n$$

$$\boldsymbol{V}^{(j-1)} = [g_1 \quad g_2 \quad \cdots \quad g_{j-1} \quad 0 \quad \cdots \quad 0]^{\mathrm{T}} \tag{3.7.39}$$

所以

$$\bar{U} = [\bar{U}^{(1)} \quad \bar{U}^{(2)} \quad \cdots \quad \bar{U}^{(n)}] =$$

$$[e_1 \quad e_2 \quad \cdots \quad e_n] + [0 \quad \lambda_2 V^{(1)} \quad \lambda_3 V^{(2)} \quad \cdots \quad \lambda_n V^{(n-1)}] =$$

$$I + [0 \quad \lambda_2 V^{(1)} \quad \lambda_3 V^{(2)} \quad \cdots \quad \lambda_n V^{(n-1)}]$$

$$\hat{U} = \widetilde{U}\bar{U} = \widetilde{U} + [0 \quad \lambda_2 \widetilde{U}V^{(1)} \quad \lambda_3 \widetilde{U}V^{(2)} \quad \cdots \quad \lambda_n \widetilde{U}V^{(n-1)}] \tag{3.7.40}$$

$$\hat{U}^{(j)} = \widetilde{U}^{(j)} + \lambda_j \widetilde{U}V^{(j-1)} \tag{3.7.41}$$

式中，$\widetilde{U}V^{(j)}$ 可写成递推的形式

$$\widetilde{U}V^{(j)} = \widetilde{U}[V^{(j-1)} + g_j e_j] = \widetilde{U}V^{(j-1)} + \widetilde{U}^{(j)}g_j \qquad j = 2,3,\cdots,n \tag{3.7.42}$$

$\hat{U}$ 也可按元逐个求取。考察式(3.7.40)中的方括号所示矩阵的第 j 列向量 $\hat{U}^{*(j)}$，

$$\widetilde{U}^{*(j)} = \lambda_j \widetilde{U}V^{(j-1)} =$$

$$\lambda_j \cdot
\begin{bmatrix}
1 & \widetilde{U}_{12} & \widetilde{U}_{13} & \cdots & \widetilde{U}_{1i} & \widetilde{U}_{1(i+1)} & \cdots & \widetilde{U}_{1n} \\
0 & 1 & \widetilde{U}_{23} & \cdots & \widetilde{U}_{2i} & \widetilde{U}_{2(i+1)} & \cdots & \widetilde{U}_{2n} \\
\vdots & \vdots & \vdots & & \vdots & \vdots & & \vdots \\
0 & 0 & 0 & \cdots & \widetilde{U}_{(i-1)i} & \widetilde{U}_{(i-1)(i+1)} & \cdots & \widetilde{U}_{(i-1)n} \\
0 & 0 & 0 & \cdots & 1 & \widetilde{U}_{i(i+1)} & \cdots & \widetilde{U}_{in} \\
0 & 0 & 0 & \cdots & 0 & 1 & \cdots & \widetilde{U}_{(i+1)n} \\
\vdots & \vdots & \vdots & & \vdots & \vdots & & \vdots \\
0 & 0 & 0 & \cdots & 0 & 0 & \cdots & 1
\end{bmatrix}
\begin{bmatrix}
V_1^{(j-1)} \\
V_2^{(j-1)} \\
\vdots \\
V_i^{(j-1)} \\
V_{i+1}^{(j-1)} \\
\vdots \\
V_{j-1}^{(j-1)} \\
0 \\
\vdots \\
0
\end{bmatrix}
\begin{matrix} \\ \\ \\ — \text{第 } i \text{ 行} \\ — \text{第 } i+1 \text{ 行} \\ \\ \\ \\ \end{matrix}$$

第 i 行 ——
第 $i+1$ 行 ——

$\widetilde{U}^{*(j)}$ 的第 i 个分量为

$$\widetilde{U}_i^{*(j)} = \lambda_j \left[V_i^{(j-1)} + \sum_{k=i+1}^{j-1} \widetilde{U}_{ik} V_k^{(j-1)} \right] \tag{3.7.43}$$

$\widetilde{U}_i^{*(j)}$ 就是式(3.7.40)方括号所示矩阵的第 i 行第 j 列元，因此由式(3.7.40)得

$$\hat{U}_{ij} = \widetilde{U}_{ij} + \lambda_j \left[V_i^{(j-1)} + \sum_{k=i+1}^{j-1} \widetilde{U}_{ik} V_k^{(j-1)} \right] \tag{3.7.44}$$

式(3.7.39)又可写成

$$\hat{U}_{ij} = \widetilde{U}_{ij} + \lambda_j \left[g_j + \sum_{k=i+1}^{j-1} \widetilde{U}_{ik} g_k \right]$$

式中，g_j，λ_j，f_j，α_j 分别由式(3.7.4)、式(3.7.7)、式(3.7.3)、式(3.7.6)确定。

$$\hat{U}_{ii} = 1$$

根据上述推导，可将 U 和 D 的量测更新算法整理如下：

已知 $\widetilde{U}$ 和 $\widetilde{D}$，求 $\hat{U}$ 和 $\hat{D}$ 的方法，有

$$f = \widetilde{U}^{\mathrm{T}} H^{\mathrm{T}}$$

$$g_i = \widetilde{D}_i f_i, \quad i = 1,2,\cdots,n$$

$$\alpha_j = R + \sum_{i=1}^{j} f_i g_i, \quad j = 1,2,\cdots,n; \quad \alpha_0 = R$$

或

$$\alpha_j = \alpha_{j-1} + f_j g_j, \quad j = 1,2,\cdots,n$$

$$\lambda_j = -\frac{f_j}{\alpha_{j-1}}, \quad j = 2,3,\cdots,n$$

$$\hat{D}_j = \widetilde{D}_j \frac{\alpha_{j-1}}{\alpha_j}, \quad j = 1,2,\cdots,n$$

$$\hat{U}_{ij} = \widetilde{U}_{ij} + \lambda_j (g_i + \sum_{k=i+1}^{j-1} \widetilde{U}_{ik} g_k), \quad j = 2,3,\cdots,n; \quad i = 1,2,\cdots,j-1$$

$$\hat{U}_{ii} = 1, \quad i = 1,2,\cdots,n$$

此即定理 3.3 所述内容。

3.7.3 U 和 D 的时间更新算法

定理 3.4 设 $\hat{\boldsymbol{U}}$ 和 $\hat{\boldsymbol{D}}$ 已知，$\hat{\boldsymbol{U}}$ 为主对角元全为 1 的上三角阵，$\hat{\boldsymbol{D}}$ 为对角阵，则 $\widetilde{\boldsymbol{U}}$ 和 $\widetilde{\boldsymbol{D}}$ 按如下诸式确定

$$\widetilde{D}_j = \boldsymbol{W}_j^{(n-j)} \boldsymbol{D} [\boldsymbol{W}_j^{(n-j)}]^{\mathrm{T}}, \quad j = n, n-1, \cdots 2 \tag{3.7.45a}$$

$$\widetilde{U}_{i,j} = \frac{\boldsymbol{W}_i^{(n-j)} \boldsymbol{D} [\boldsymbol{W}_j^{(n-j)}]^{\mathrm{T}}}{\widetilde{D}_j}, \quad j = n, n-1, \cdots, 2; \quad i = 1,2,\cdots,j-1 \tag{3.7.46}$$

$$\boldsymbol{W}_i^{(n-j+1)} = \boldsymbol{W}_i^{(n-j)} - \widetilde{U}_{i,j} \boldsymbol{W}_j^{(n-j)}, \quad j = n, n-1, \cdots, 2; \quad i = 1,2,\cdots,j-1 \tag{3.7.47}$$

$$\widetilde{D}_1 = \boldsymbol{W}_1^{(n-1)} \boldsymbol{D} [\boldsymbol{W}_1^{(n-1)}]^{\mathrm{T}} \tag{3.7.45b}$$

式中

$$\boldsymbol{D} = \mathrm{diag}[\hat{\boldsymbol{D}} \quad \boldsymbol{Q}] \tag{3.7.48}$$

$$\boldsymbol{W}^{(0)} = [\boldsymbol{\Phi}\hat{\boldsymbol{U}} \quad \boldsymbol{\Gamma}] = \begin{bmatrix} \boldsymbol{W}_1^{(0)} \\ \boldsymbol{W}_2^{(0)} \\ \vdots \\ \boldsymbol{W}_n^{(0)} \end{bmatrix} \tag{3.7.49}$$

$\boldsymbol{W}_i^{(n-j)}$ 为 $1 \times (n + n_p)$ 的行向量，n 为滤波器维数，n_p 为驱动噪声的维数。

注意：本分节所述的 $\hat{\boldsymbol{U}}$，$\hat{\boldsymbol{D}}$ 和 $\widetilde{\boldsymbol{U}}$，$\widetilde{\boldsymbol{D}}$ 应理解为

$$\hat{\boldsymbol{U}} = \boldsymbol{U}_{k-1}, \qquad \hat{\boldsymbol{D}} = \boldsymbol{D}_{k-1}$$

$$\widetilde{\boldsymbol{U}} = \boldsymbol{U}_{k/k-1}, \qquad \widetilde{\boldsymbol{D}} = \boldsymbol{D}_{k/k-1}$$

证明

取

$$\boldsymbol{W} = [\boldsymbol{\Phi}\hat{\boldsymbol{U}} \quad \boldsymbol{\Gamma}] = \begin{bmatrix} \boldsymbol{W}_1 \\ \boldsymbol{W}_2 \\ \vdots \\ \boldsymbol{W}_n \end{bmatrix} \tag{3.7.50}$$

显然 $\boldsymbol{W}$ 为 $n \times (n + n_p)$ 的扁矩阵，其中 n 为滤波器维数，n_p 为驱动噪声的维数。记

$$N = n + n_p$$

取

$$\boldsymbol{D} = \mathrm{diag}[\hat{\boldsymbol{D}} \quad \boldsymbol{Q}] = \mathrm{diag}[D_1 \quad D_2 \quad \cdots \quad D_N]$$

考察 $\boldsymbol{W}\boldsymbol{D}\boldsymbol{W}^{\mathrm{T}}$，由式(3.7.50)和上式，有

$$\boldsymbol{W}\boldsymbol{D}\boldsymbol{W}^{\mathrm{T}}=\begin{bmatrix}\boldsymbol{\Phi}\hat{\boldsymbol{U}} & \boldsymbol{\Gamma}\end{bmatrix}\begin{bmatrix}\hat{\boldsymbol{D}} & \boldsymbol{0}\\ \boldsymbol{0} & \boldsymbol{Q}\end{bmatrix}\begin{bmatrix}\hat{\boldsymbol{U}}^{\mathrm{T}}\boldsymbol{\Phi}^{\mathrm{T}}\\ \\ \boldsymbol{\Gamma}^{\mathrm{T}}\end{bmatrix}=\boldsymbol{\Phi}\hat{\boldsymbol{U}}\hat{\boldsymbol{D}}\hat{\boldsymbol{U}}^{\mathrm{T}}\boldsymbol{\Phi}^{\mathrm{T}}+\boldsymbol{\Gamma}\boldsymbol{Q}\boldsymbol{\Gamma}^{\mathrm{T}}$$

根据式(3.7.1)和式(2.2.4d),有

$$\boldsymbol{\Phi}\hat{\boldsymbol{U}}\hat{\boldsymbol{D}}\hat{\boldsymbol{U}}^{\mathrm{T}}\boldsymbol{\Phi}^{\mathrm{T}}+\boldsymbol{\Gamma}\boldsymbol{Q}\boldsymbol{\Gamma}^{\mathrm{T}}=\boldsymbol{P}_{k/k-1}$$

记

$$\hat{\boldsymbol{P}}=\boldsymbol{P}_{k-1}$$
$$\tilde{\boldsymbol{P}}=\boldsymbol{P}_{k/k-1}=\tilde{\boldsymbol{U}}\tilde{\boldsymbol{D}}\tilde{\boldsymbol{U}}^{\mathrm{T}} \tag{3.7.51}$$

则

$$\tilde{\boldsymbol{P}}=\boldsymbol{W}\boldsymbol{D}\boldsymbol{W}^{\mathrm{T}} \tag{3.7.52}$$

令

$$\boldsymbol{W}=\bar{\bar{\boldsymbol{U}}}\tilde{\boldsymbol{W}} \tag{3.7.53}$$

式中,$\bar{\bar{\boldsymbol{U}}}$ 为 $n\times n$ 的某一变换矩阵,$\tilde{\boldsymbol{W}}$ 为 $n\times N$ 的某一扁矩阵。若能从式(3.7.53)中确定出 $\bar{\bar{\boldsymbol{U}}}$ 和 $\tilde{\boldsymbol{W}}$,其中 $\tilde{\boldsymbol{W}}$ 的各行向量 $\tilde{\boldsymbol{W}}_i$ $(i=1,2,\cdots,n)$ 关于 $\boldsymbol{D}$ 正交,即 $\boldsymbol{D}$ 加权内积为

$$<\tilde{\boldsymbol{W}}_i,\tilde{\boldsymbol{W}}_j>_{\boldsymbol{D}}=\tilde{\boldsymbol{W}}_i\boldsymbol{D}\tilde{\boldsymbol{W}}_j^{\mathrm{T}}=\tilde{D}_j\delta_{ij} \tag{3.7.54}$$

式中,$\tilde{D}_j$ 为 $\tilde{\boldsymbol{D}}$ 的主对角元。则式(3.7.52)成

$$\tilde{\boldsymbol{P}}=\bar{\bar{\boldsymbol{U}}}\tilde{\boldsymbol{W}}\boldsymbol{D}\tilde{\boldsymbol{W}}^{\mathrm{T}}\bar{\bar{\boldsymbol{U}}}^{\mathrm{T}}=\bar{\bar{\boldsymbol{U}}}\tilde{\boldsymbol{D}}\bar{\bar{\boldsymbol{U}}}^{\mathrm{T}}$$

与式(3.7.51)进行比较,可看出 $\bar{\bar{\boldsymbol{U}}}$ 就是 $\tilde{\boldsymbol{P}}$ 的 $\boldsymbol{U}\boldsymbol{D}\boldsymbol{U}^{\mathrm{T}}$ 分解中的 $\tilde{\boldsymbol{U}}$,即

$$\tilde{\boldsymbol{U}}=\bar{\bar{\boldsymbol{U}}} \tag{3.7.55}$$

$$\tilde{\boldsymbol{D}}=\tilde{\boldsymbol{W}}\boldsymbol{D}\tilde{\boldsymbol{W}}^{\mathrm{T}} \tag{3.7.56}$$

下述根据这一思路,确定出 $\tilde{\boldsymbol{U}}$ 和 $\tilde{\boldsymbol{D}}$。

为推导方便起见,记

$$\boldsymbol{W}_i^{(0)}=\boldsymbol{W}_i \qquad i=1,2,\cdots,n \tag{3.7.57}$$

式中,$W_i^{(0)}(k)=W_i(k)$ $(k=1,2,\cdots,N,N=n+n_p)$ 是 $\boldsymbol{W}_i$ 的第 k 个元。

取

$$\tilde{\boldsymbol{W}}_n=\boldsymbol{W}_n \tag{3.7.58}$$

并记

$$\boldsymbol{W}_n=\boldsymbol{W}^0 \tag{3.7.59}$$

将 $\boldsymbol{W}_i^{(0)}$ $(i=1,2,\cdots,n)$ 沿 $\tilde{\boldsymbol{W}}_n$ 方向和与 $\tilde{\boldsymbol{W}}_n\boldsymbol{D}$ 加权正交(沿该方向的向量与 $\tilde{\boldsymbol{W}}_n$ 的 $\boldsymbol{D}$ 加权内积为零)的方向分解。记 $\boldsymbol{W}_i^*$ 为 $\boldsymbol{W}_i^{(0)}$ 沿 $\tilde{\boldsymbol{W}}_n$ 方向的分量,$\boldsymbol{W}_i^{(1)}$ 为沿正交方向的分量,如图 3.7.1 所示。

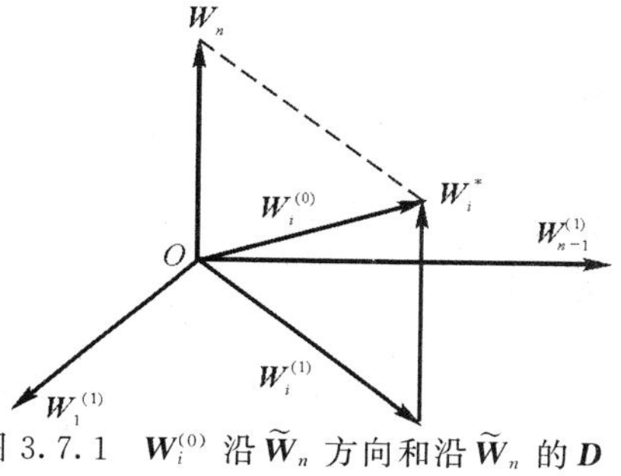

图 3.7.1　$\boldsymbol{W}_i^{(0)}$ 沿 $\tilde{\boldsymbol{W}}_n$ 方向和沿 $\tilde{\boldsymbol{W}}_n$ 的 $\boldsymbol{D}$ 加权正交方向的分量

由图 3.7.1 得

$$\boldsymbol{W}_i^{(0)}=\boldsymbol{W}_i^{(1)}+\boldsymbol{W}_i^*$$

因为 $\boldsymbol{W}_i^*$ 是沿 $\tilde{\boldsymbol{W}}_n$ 的方向,即

$$\boldsymbol{W}_i^* = <\boldsymbol{W}_i^{(0)}, \widetilde{\boldsymbol{W}}_n>_{\boldsymbol{D}} \frac{\widetilde{\boldsymbol{W}}_n}{\|\widetilde{\boldsymbol{W}}_n\|_{\boldsymbol{D}}} = \frac{<\boldsymbol{W}_i^{(0)}, \widetilde{\boldsymbol{W}}_n>_{\boldsymbol{D}}}{<\widetilde{\boldsymbol{W}}_n, \widetilde{\boldsymbol{W}}_n>_{\boldsymbol{D}}} \widetilde{\boldsymbol{W}}_n$$

所以

$$\boldsymbol{W}_i^{(0)} = \boldsymbol{W}_i^{(1)} + \frac{<\boldsymbol{W}_i^{(0)}, \widetilde{\boldsymbol{W}}_n>_{\boldsymbol{D}}}{<\widetilde{\boldsymbol{W}}_n, \widetilde{\boldsymbol{W}}_n>_{\boldsymbol{D}}} \widetilde{\boldsymbol{W}}_n, \quad i = 1, 2, \cdots, n \tag{3.7.60}$$

其中加权内积的定义为

$$<\boldsymbol{W}_i, \boldsymbol{W}_j>_{\boldsymbol{D}} = \boldsymbol{W}_i \boldsymbol{D} \boldsymbol{W}_j^{\mathrm{T}}$$

式中，$\boldsymbol{W}_i$ 为行向量，$\boldsymbol{D}$ 为矩阵。

当 $i = n$ 时，考虑到式(3.7.58)所列关系，由式(3.7.60)得

$$\boldsymbol{W}_n^{(0)} = \boldsymbol{W}_n = \boldsymbol{W}_n^{(1)} + \frac{<\boldsymbol{W}_n^{(0)}, \widetilde{\boldsymbol{W}}_n>_{\boldsymbol{D}}}{<\widetilde{\boldsymbol{W}}_n, \widetilde{\boldsymbol{W}}_n>_{\boldsymbol{D}}} \widetilde{\boldsymbol{W}}_n = \boldsymbol{W}_{(n)}^{(1)} + \boldsymbol{W}_n$$

即

$$\boldsymbol{W}_n = \boldsymbol{W}_n^{(1)} + \boldsymbol{W}_n$$

所以

$$\boldsymbol{W}_n^{(1)} = \boldsymbol{0} \tag{3.7.61}$$

将式(3.7.60)写成矩阵形式，并考虑到式(3.7.57)及式(3.7.61)，得

$$\begin{bmatrix} \boldsymbol{W}_1 \\ \boldsymbol{W}_2 \\ \vdots \\ \boldsymbol{W}_n \end{bmatrix} = \begin{bmatrix} \boldsymbol{W}_1^{(1)} \\ \boldsymbol{W}_2^{(1)} \\ \vdots \\ \boldsymbol{W}_{n-1}^{(1)} \\ \boldsymbol{0} \end{bmatrix} + \begin{bmatrix} \bar{\bar{U}}_{1,n} \\ \bar{\bar{U}}_{2,n} \\ \vdots \\ \bar{\bar{U}}_{n-1,n} \\ 1 \end{bmatrix} \widetilde{\boldsymbol{W}}_n \tag{3.7.62}$$

式中

$$\bar{\bar{U}}_{i,n} = \frac{<\boldsymbol{W}_i^{(0)}, \widetilde{\boldsymbol{W}}_n>_{\boldsymbol{D}}}{<\widetilde{\boldsymbol{W}}_n, \widetilde{\boldsymbol{W}}_n>_{\boldsymbol{D}}} = \frac{<\boldsymbol{W}_i^{(0)}, \boldsymbol{W}_n^{(0)}>_{\boldsymbol{D}}}{<\boldsymbol{W}_n^{(0)}, \boldsymbol{W}_n^{(0)}>_{\boldsymbol{D}}}, \quad i = 1, 2, \cdots, n-1 \tag{3.7.63}$$

这样式(3.7.60)也可改写成

$$\boldsymbol{W}_i^{(1)} = \begin{cases} \boldsymbol{W}_i^{(0)} - \bar{\bar{U}}_{i,n} \boldsymbol{W}_n^{(0)}, & i = 1, 2, \cdots, n-1 \\ \boldsymbol{0}, & i = n \end{cases} \tag{3.7.64}$$

取

$$\widetilde{\boldsymbol{W}}_{n-1} = \boldsymbol{W}_{n-1}^{(1)} \tag{3.7.65}$$

并将 $\boldsymbol{W}_i^{(1)}(i = 1, 2, \cdots, n-1)$ 沿 $\widetilde{\boldsymbol{W}}_{n-1}$ 方向和与 $\widetilde{\boldsymbol{W}}_{n-1}\boldsymbol{D}$ 加权正交的方向分解。仿照以上分析方法，有

$$\boldsymbol{W}_i^{(2)} = \boldsymbol{W}_i^{(1)} - \frac{<\boldsymbol{W}_i^{(1)}, \widetilde{\boldsymbol{W}}_{n-1}>_{\boldsymbol{D}}}{<\widetilde{\boldsymbol{W}}_{n-1}, \widetilde{\boldsymbol{W}}_{n-1}>_{\boldsymbol{D}}} \widetilde{\boldsymbol{W}}_{n-1} = \boldsymbol{W}_i^{(1)} - \bar{\bar{U}}_{i,n-1} \widetilde{\boldsymbol{W}}_{n-1} =$$

$$\boldsymbol{W}_i^{(1)} - \bar{\bar{U}}_{i,n-1} \boldsymbol{W}_{n-1}^{(1)} \qquad i = 1, 2, \cdots, n-2$$

可得

$$\boldsymbol{W}_i^{(2)}=\begin{cases}\boldsymbol{0}, & i=n-1,n\\ \boldsymbol{W}_i^{(1)}-\bar{\bar{U}}_{i,n-1}\boldsymbol{W}_{n-1}^{(1)}, & i=1,2,\cdots,n-2\end{cases} \tag{3.7.66}$$

所以

$$\boldsymbol{W}_i^{(1)}=\boldsymbol{W}_i^{(2)}+\bar{\bar{U}}_{i,n-1}\widetilde{\boldsymbol{W}}_{n-1},\quad i=1,2,\cdots,n-2 \tag{3.7.67}$$

再由式(3.7.65)可得

$$\begin{bmatrix}\boldsymbol{W}_1^{(1)}\\ \boldsymbol{W}_2^{(1)}\\ \vdots\\ \boldsymbol{W}_{n-2}^{(1)}\\ \boldsymbol{W}_{n-1}^{(1)}\end{bmatrix}=\begin{bmatrix}\boldsymbol{W}_1^{(2)}\\ \boldsymbol{W}_2^{(2)}\\ \vdots\\ \boldsymbol{W}_{n-2}^{(2)}\\ \boldsymbol{0}\end{bmatrix}+\begin{bmatrix}\bar{\bar{U}}_{1,n-1}\\ \bar{\bar{U}}_{2,n-1}\\ \vdots\\ \bar{\bar{U}}_{n-2,n-1}\\ 1\end{bmatrix}\widetilde{\boldsymbol{W}}_{n-1} \tag{3.7.68}$$

式中

$$\bar{\bar{U}}_{i,n-1}=\frac{<\boldsymbol{W}_i^{(1)},\widetilde{\boldsymbol{W}}_{n-1}>_{\boldsymbol{D}}}{<\widetilde{\boldsymbol{W}}_{n-1},\widetilde{\boldsymbol{W}}_{n-1}>_{\boldsymbol{D}}}=\frac{<\boldsymbol{W}_i^{(1)},\boldsymbol{W}_{n-1}^{(1)}>_{\boldsymbol{D}}}{<\boldsymbol{W}_{n-1}^{(1)},\boldsymbol{W}_{n-1}^{(1)}>_{\boldsymbol{D}}},\quad i=1,2,\cdots,n-2 \tag{3.7.69}$$

将式(3.7.68)代入式(3.7.62)得

$$\begin{bmatrix}\boldsymbol{W}_1\\ \boldsymbol{W}_2\\ \vdots\\ \boldsymbol{W}_{n-2}\\ \boldsymbol{W}_{n-1}\\ \boldsymbol{W}_n\end{bmatrix}=\begin{bmatrix}\boldsymbol{W}_1^{(2)}\\ \boldsymbol{W}_2^{(2)}\\ \vdots\\ \boldsymbol{W}_{n-2}^{(2)}\\ \boldsymbol{0}\\ \boldsymbol{0}\end{bmatrix}+\begin{bmatrix}\bar{\bar{U}}_{1,n-1} & \bar{\bar{U}}_{1,n}\\ \bar{\bar{U}}_{2,n-1} & \bar{\bar{U}}_{2,n}\\ \vdots & \vdots\\ \bar{\bar{U}}_{n-2,n-1} & \bar{\bar{U}}_{n-2,n}\\ 1 & \bar{\bar{U}}_{n-1,n}\\ 0 & 1\end{bmatrix}\begin{bmatrix}\widetilde{\boldsymbol{W}}_{n-1}\\ \widetilde{\boldsymbol{W}}_n\end{bmatrix} \tag{3.7.70}$$

仿照上述方法推演，可得 $\boldsymbol{W}$ 与 $\widetilde{\boldsymbol{W}}$ 间的线性关系式

$$\begin{bmatrix}\boldsymbol{W}_1\\ \boldsymbol{W}_2\\ \vdots\\ \boldsymbol{W}_n\end{bmatrix}=\begin{bmatrix}1 & \bar{\bar{U}}_{1,2} & \cdots & \bar{\bar{U}}_{1,n-1} & \bar{\bar{U}}_{1,n}\\ 0 & 1 & \cdots & \bar{\bar{U}}_{2,n-1} & \bar{\bar{U}}_{2,n}\\ 0 & 0 & \cdots & \bar{\bar{U}}_{3,n-1} & \bar{\bar{U}}_{3,n}\\ \vdots & \vdots & & \vdots & \vdots\\ 0 & 0 & \cdots & 1 & \bar{\bar{U}}_{n-1,n}\\ 0 & 0 & \cdots & 0 & 1\end{bmatrix}\begin{bmatrix}\widetilde{\boldsymbol{W}}_1\\ \widetilde{\boldsymbol{W}}_2\\ \widetilde{\boldsymbol{W}}_3\\ \vdots\\ \widetilde{\boldsymbol{W}}_{n-1}\\ \widetilde{\boldsymbol{W}}_n\end{bmatrix} \tag{3.7.71}$$

现在要问，上式中的 $\widetilde{\boldsymbol{W}}_1,\widetilde{\boldsymbol{W}}_2,\cdots,\widetilde{\boldsymbol{W}}_n$ 是否关于 $\boldsymbol{D}$ 互相正交呢？

在第一次分解中，由式(3.7.62)知，$\widetilde{\boldsymbol{W}}_n$ 与 $\boldsymbol{W}_i^{(1)}(i=1,2,\cdots,n-1)$ 关于 $\boldsymbol{D}$ 正交。在第二次分解中，由式(3.7.65)知 $\widetilde{\boldsymbol{W}}_{n-1}$ 就是 $\boldsymbol{W}_{n-1}^{(1)}$，所以 $\widetilde{\boldsymbol{W}}_n$ 与 $\widetilde{\boldsymbol{W}}_{n-1}$ 关于 $\boldsymbol{D}$ 正交。又由式(3.7.66)知

$$<\widetilde{\boldsymbol{W}}_n,\boldsymbol{W}_i^{(2)}>_{\boldsymbol{D}}=<\widetilde{\boldsymbol{W}}_n,\boldsymbol{W}_i^{(1)}>_{\boldsymbol{D}}-\bar{\bar{U}}_{i,n-1}<\widetilde{\boldsymbol{W}}_n,\widetilde{\boldsymbol{W}}_{n-1}>_{\boldsymbol{D}}=\boldsymbol{0}$$
$$i=1,2,\cdots,n-2$$

所以 $\widetilde{\boldsymbol{W}}_n$ 与 $\boldsymbol{W}_{n-2}^{(2)}$ 关于 $\boldsymbol{D}$ 正交。

在第三次分解中，取 $\widetilde{\boldsymbol{W}}_{n-2}=\boldsymbol{W}_{n-2}^{(2)}$，所以 $\widetilde{\boldsymbol{W}}_n$ 与 $\widetilde{\boldsymbol{W}}_{n-2}$ 关于 $\boldsymbol{D}$ 正交。很明显，$\widetilde{\boldsymbol{W}}_{n-1}$ 与 $\widetilde{\boldsymbol{W}}_{n-2}$ 关于 $\boldsymbol{D}$ 正交。如此推断下去，可推证得 $\widetilde{\boldsymbol{W}}_n,\widetilde{\boldsymbol{W}}_{n-1},\cdots,\widetilde{\boldsymbol{W}}_2,\widetilde{\boldsymbol{W}}_1$ 关于 $\boldsymbol{D}$ 互相正交。

记

$$\bar{\bar{U}} = \begin{bmatrix} 1 & \bar{\bar{U}}_{1,2} & \cdots & \bar{\bar{U}}_{1,n-1} & \bar{\bar{U}}_{1,n} \\ 0 & 1 & \cdots & \bar{\bar{U}}_{2,n-1} & \bar{\bar{U}}_{2,n} \\ 0 & 0 & \cdots & \bar{\bar{U}}_{3,n-1} & \bar{\bar{U}}_{3,n} \\ \vdots & \vdots & & \vdots & \vdots \\ 0 & 0 & \cdots & 1 & \bar{\bar{U}}_{n-1,n} \\ 0 & 0 & \cdots & 0 & 1 \end{bmatrix} \tag{3.7.72}$$

则

$$\boldsymbol{W} = \bar{\bar{\boldsymbol{U}}}\widetilde{\boldsymbol{W}}$$

所以

$$\widetilde{\boldsymbol{P}} = \boldsymbol{W}\boldsymbol{D}\boldsymbol{W}^{\mathrm{T}} = \bar{\bar{\boldsymbol{U}}}\widetilde{\boldsymbol{W}}\boldsymbol{D}\widetilde{\boldsymbol{W}}^{\mathrm{T}}\bar{\bar{\boldsymbol{U}}}^{\mathrm{T}}$$

记

$$\bar{\bar{\boldsymbol{D}}} = \widetilde{\boldsymbol{W}}\boldsymbol{D}\widetilde{\boldsymbol{W}}^{\mathrm{T}}$$

由于 $\widetilde{\boldsymbol{W}}_n, \widetilde{\boldsymbol{W}}_{n-1}, \cdots, \widetilde{\boldsymbol{W}}_1$ 关于 $\boldsymbol{D}$ 互相正交，所以 $\bar{\bar{\boldsymbol{D}}}$ 为对角阵。

$$\widetilde{\boldsymbol{P}} = \bar{\bar{\boldsymbol{U}}}\bar{\bar{\boldsymbol{D}}}\bar{\bar{\boldsymbol{U}}}^{\mathrm{T}} \tag{3.7.73}$$

由于非负定阵 $\boldsymbol{UDU}^{\mathrm{T}}$ 分解的唯一性，比较式(3.7.73)和式(3.7.51)，得

$$\widetilde{\boldsymbol{U}} = \bar{\bar{\boldsymbol{U}}} \tag{3.7.74}$$

$$\widetilde{\boldsymbol{D}} = \bar{\bar{\boldsymbol{D}}} = \widetilde{\boldsymbol{W}}\boldsymbol{D}\widetilde{\boldsymbol{W}}^{\mathrm{T}} \tag{3.7.75}$$

$\widetilde{\boldsymbol{U}}$ 的非主对角非零元可由式(3.7.63)和式(3.7.69)确定出通项公式

$$\widetilde{U}_{i,n-\mu} = \frac{< \boldsymbol{W}_i^{(\mu)}, \boldsymbol{W}_{n-\mu}^{(\mu)} >_{\boldsymbol{D}}}{< \boldsymbol{W}_{n-\mu}^{(\mu)}, \boldsymbol{W}_{n-\mu}^{(\mu)} >_{\boldsymbol{D}}} \tag{3.7.76}$$

式中 $\mu = 0,1,2,\cdots,n-2;\quad i = 1,2,\cdots,n-(\mu+1)$

在式(3.7.76)中，$\mu_{\max} = n-2$ 的原因是：由式(3.7.72)知，$\widetilde{\boldsymbol{U}}$ 的最左上角的非主对角元为 $\widetilde{U}_{1,2}$，即

$$(n-\mu)_{\min} = 2$$

所以

$$\mu_{\max} = n-2$$

可将式(3.7.76)改写成另一种便于使用的形式：

令 $n-\mu = j$，由于 $\mu = 0,1,2,\cdots,n-2$，所以 $j = n, n-1,\cdots,2$，得

$$\widetilde{U}_{i,j} = \frac{< \boldsymbol{W}_i^{(n-j)}, \boldsymbol{W}_j^{(n-j)} >_{\boldsymbol{D}}}{< \boldsymbol{W}_j^{(n-j)}, \boldsymbol{W}_j^{(n-j)} >_{\boldsymbol{D}}}$$

式中 $j = n, n-1,\cdots,2;\quad i = 1,2,\cdots,j-1$

$\boldsymbol{W}_i$ 的各次关于 $\boldsymbol{D}$ 的分解由递推计算获得。由式(3.7.64)和式(3.7.66)，可得各次分解的通项公式为

$$\boldsymbol{W}_i^{(\gamma)} = \boldsymbol{W}_i^{(\gamma-1)} - \widetilde{U}_{i,n-\gamma+1}\boldsymbol{W}_{n-\gamma+1}^{(\gamma-1)}$$

式中 $\gamma = 1,2,\cdots,n-1;\quad i = 1,2,\cdots,n-\gamma$

为使该关系式与式(3.7.47)的下标一致，取 $n-\gamma+1=j$，则 $j=n,n-1,\cdots,2$。这样各次分解的通项公式为

$$\boldsymbol{W}_i^{(n-j+1)} = \boldsymbol{W}_i^{(n-j)} - \widetilde{U}_{i,j}\boldsymbol{W}_j^{(n-j)}$$

式中 $j = n, n-1,\cdots,2;\quad i = 1,2,\cdots,j-1$

式(3.7.46)和式(3.7.47)就是求解 $\widetilde{\boldsymbol{U}}$ 的递推公式。

下面确定 $\widetilde{\boldsymbol{D}}$。

由于 $\widetilde{\boldsymbol{W}}_1,\widetilde{\boldsymbol{W}}_2,\cdots,\widetilde{\boldsymbol{W}}_n$ 关于 $\boldsymbol{D}$ 互相正交，即有

$$< \widetilde{\boldsymbol{W}}_i,\widetilde{\boldsymbol{W}}_j >_{\boldsymbol{D}} = \widetilde{\boldsymbol{W}}_i\boldsymbol{D}\widetilde{\boldsymbol{W}}_j^{\mathrm{T}} = \widetilde{D}_j\delta_{ij}$$

而在各次关于 $\boldsymbol{D}$ 的分解中，取

$$\widetilde{\boldsymbol{W}}_n = \boldsymbol{W}_n^{(0)}$$

$$\widetilde{\boldsymbol{W}}_{n-1} = \boldsymbol{W}_{n-1}^{(1)}$$

$$\cdots\cdots$$

$$\widetilde{\boldsymbol{W}}_1 = \boldsymbol{W}_1^{(n-1)}$$

所以

$$\widetilde{D}_n = < \widetilde{\boldsymbol{W}}_n,\widetilde{\boldsymbol{W}}_n >_{\boldsymbol{D}} = < \boldsymbol{W}_n^{(0)},\boldsymbol{W}_n^{(0)} >_{\boldsymbol{D}}$$

$$\widetilde{D}_{n-1} = < \widetilde{\boldsymbol{W}}_{n-1},\widetilde{\boldsymbol{W}}_{n-1} >_{\boldsymbol{D}} = < \boldsymbol{W}_{n-1}^{(1)},\boldsymbol{W}_{n-1}^{(1)} >_{\boldsymbol{D}}$$

$$\cdots\cdots$$

$$\widetilde{D}_{n-\mu} = < \widetilde{\boldsymbol{W}}_{n-\mu},\widetilde{\boldsymbol{W}}_{n-\mu} >_{\boldsymbol{D}} = < \boldsymbol{W}_{n-\mu}^{(\mu)},\boldsymbol{W}_{n-\mu}^{(\mu)} >_{\boldsymbol{D}},\quad \mu = 0,1,2,\cdots,n-1$$

令 $n-\mu=j$，则 $j=n,n-1,\cdots,1$，上述诸式可写成

$$\widetilde{D}_j = < \boldsymbol{W}_j^{(n-j)},\boldsymbol{W}_j^{(n-j)} >_{\boldsymbol{D}},\quad j=n,n-1,\cdots,1$$

将 $\widetilde{\boldsymbol{U}}$ 和 $\widetilde{\boldsymbol{D}}$ 的求取同时进行，则 $\boldsymbol{U}$ 和 $\boldsymbol{D}$ 的时间更新算法如下：

$$\widetilde{D}_j = < \boldsymbol{W}_j^{(n-j)},\boldsymbol{W}_j^{(n-j)} >_{\boldsymbol{D}}$$

$$\widetilde{U}_{i,j} = \frac{< \boldsymbol{W}_i^{(n-j)},\boldsymbol{W}_j^{(n-j)} >_{\boldsymbol{D}}}{\widetilde{D}_j}$$

$$\boldsymbol{W}_i^{(n-j+1)} = \boldsymbol{W}_i^{(n-j)} - \widetilde{U}_{i,j}\boldsymbol{W}_j^{(n-j)}\quad j=n,n-1,\cdots,2;\quad i=1,2,\cdots,j-1$$

$$\widetilde{D}_1 = < \boldsymbol{W}_1^{(n-1)},\boldsymbol{W}_1^{(n-1)} >_{\boldsymbol{D}}$$

$$\boldsymbol{W}_i^{(0)} = \boldsymbol{W}_i,\quad i=1,2,\cdots,n$$

式中，$\boldsymbol{D}$ 和 $\boldsymbol{W}$ 分别按式(3.7.48)和式(3.7.49)确定。

获得 $\widetilde{\boldsymbol{U}}$ 和 $\widetilde{\boldsymbol{D}}$ 后，可进行状态估计和最佳增益阵的计算。根据式(2.2.4a)、式(2.2.4b)和式(2.2.4c)，并应用式(3.7.11)、式(3.7.3)得

$$\hat{\boldsymbol{X}}_{k/k-1} = \boldsymbol{\Phi}_{k,k-1}\hat{\boldsymbol{X}}_{k-1}$$

$$\boldsymbol{K}_k = \frac{1}{\alpha_n}\widetilde{\boldsymbol{U}}\widetilde{\boldsymbol{D}}\boldsymbol{f}$$

$$\hat{\boldsymbol{X}}_k = \hat{\boldsymbol{X}}_{k/k-1} + \boldsymbol{K}_k(Z_k - \boldsymbol{H}_k\hat{\boldsymbol{X}}_{k/k-1})$$

上述诸式及定理 3.3 和定理 3.4 即为 $\boldsymbol{UDU}^{\mathrm{T}}$ 分解滤波的全套算法。

需要说明一点：如果 $\widetilde{D}_i=0$，则 $\widetilde{\boldsymbol{U}}^{(i)}$ 可任选，一般可选

$$\widetilde{\boldsymbol{U}}^{(i)} = \boldsymbol{e}_i = \begin{bmatrix} 0 \\ \vdots \\ 0 \\ 1 \\ 0 \\ \vdots \\ 0 \end{bmatrix} \text{—— 第 } i \text{ 个分量}$$

下面说明其原因：

记

$$\widetilde{\boldsymbol{U}}=[\widetilde{\boldsymbol{U}}^{(1)} \quad \widetilde{\boldsymbol{U}}^{(2)} \quad \cdots \quad \widetilde{\boldsymbol{U}}^{(i)} \quad \cdots \quad \widetilde{\boldsymbol{U}}^{(n)}]$$

式中

$$\widetilde{\boldsymbol{U}}^{(i)}=[\widetilde{U}_1^{(i)} \quad \widetilde{U}_2^{(i)} \quad \cdots \quad \widetilde{U}_{i-1}^{(i)} \quad 1 \quad 0 \quad \cdots \quad 0]^{\mathrm{T}}, \quad i=2,3,\cdots,n$$

则

$$\widetilde{\boldsymbol{U}}\widetilde{\boldsymbol{D}}=\begin{bmatrix} 1 & \widetilde{U}_1^{(2)} & \cdots & \widetilde{U}_1^{(i)} & \cdots & \widetilde{U}_1^{(n)} \\ 0 & 1 & \cdots & \widetilde{U}_2^{(i)} & \cdots & \widetilde{U}_2^{(n)} \\ \vdots & \vdots & & \vdots & & \vdots \\ 0 & 0 & \cdots & 1 & \cdots & \widetilde{U}_i^{(n)} \\ \vdots & \vdots & & \vdots & & \vdots \\ 0 & 0 & \cdots & 0 & \cdots & 1 \end{bmatrix}\begin{bmatrix} \widetilde{D}_1 & 0 & \cdots & 0 & \cdots & 0 \\ 0 & \widetilde{D}_2 & \cdots & 0 & \cdots & 0 \\ \vdots & \vdots & & \vdots & & \vdots \\ 0 & 0 & \cdots & \widetilde{D}_i & \cdots & 0 \\ \vdots & \vdots & & \vdots & & \vdots \\ 0 & 0 & \cdots & 0 & \cdots & \widetilde{D}_n \end{bmatrix}=$$

$$\begin{bmatrix} \widetilde{D}_1 & \widetilde{D}_2\widetilde{U}_1^{(2)} & \cdots & \widetilde{D}_i\widetilde{U}_1^{(i)} & \cdots & \widetilde{D}_n\widetilde{U}_1^{(n)} \\ 0 & \widetilde{D}_2 & \cdots & \widetilde{D}_i\widetilde{U}_2^{(i)} & \cdots & \widetilde{D}_n\widetilde{U}_2^{(n)} \\ \vdots & \vdots & & \vdots & & \vdots \\ 0 & 0 & \cdots & \widetilde{D}_i & \cdots & \widetilde{D}_n\widetilde{U}_i^{(n)} \\ \vdots & \vdots & & \vdots & & \vdots \\ 0 & 0 & \cdots & 0 & \cdots & \widetilde{D}_n \end{bmatrix}=$$

$$[\widetilde{D}_1\widetilde{\boldsymbol{U}}^{(1)} \quad \widetilde{D}_2\widetilde{\boldsymbol{U}}^{(2)} \quad \cdots \quad \widetilde{D}_i\widetilde{\boldsymbol{U}}^{(i)} \quad \cdots \quad \widetilde{D}_n\widetilde{\boldsymbol{U}}^{(n)}]$$

$$\widetilde{\boldsymbol{P}}=\widetilde{\boldsymbol{U}}\widetilde{\boldsymbol{D}}\widetilde{\boldsymbol{U}}^{\mathrm{T}}=[\widetilde{D}_1\widetilde{\boldsymbol{U}}^{(1)} \quad \widetilde{D}_2\widetilde{\boldsymbol{U}}^{(2)} \quad \cdots \quad D_i\widetilde{\boldsymbol{U}}^{(i)} \quad \cdots \quad \widetilde{D}_n\widetilde{\boldsymbol{U}}^{(n)}]\begin{bmatrix} \widetilde{\boldsymbol{U}}^{(1)\mathrm{T}} \\ \widetilde{\boldsymbol{U}}^{(2)\mathrm{T}} \\ \vdots \\ \widetilde{\boldsymbol{U}}^{(i)\mathrm{T}} \\ \vdots \\ \widetilde{\boldsymbol{U}}^{(n)\mathrm{T}} \end{bmatrix}=$$

$$\widetilde{D}_1\widetilde{\boldsymbol{U}}^{(1)}\widetilde{\boldsymbol{U}}^{(1)\mathrm{T}}+\widetilde{D}_2\widetilde{\boldsymbol{U}}^{(2)}\widetilde{\boldsymbol{U}}^{(2)\mathrm{T}}+\cdots+\widetilde{D}_i\widetilde{\boldsymbol{U}}^{(i)}\widetilde{\boldsymbol{U}}^{(i)\mathrm{T}}+\cdots+\widetilde{D}_n\widetilde{\boldsymbol{U}}^{(n)}\widetilde{\boldsymbol{U}}^{(n)\mathrm{T}}$$

若 $\widetilde{D}_i=0$，则 $\widetilde{D}_i\widetilde{\boldsymbol{U}}^{(i)}\widetilde{\boldsymbol{U}}^{(i)\mathrm{T}}=\boldsymbol{0}$，$\widetilde{\boldsymbol{U}}^{(i)}$ 不管取什么值均对 $\widetilde{\boldsymbol{P}}$ 无影响，所以当 $\widetilde{D}_i=0$ 时，可取$\widetilde{\boldsymbol{U}}^{(i)}=\boldsymbol{e}_i$。

3.8 自适应滤波

自适应滤波也是一种具有抑制滤波器发散作用的滤波方法，它在滤波计算中，一方面利用量测不断地修正预测值，同时也对未知的或不确切知道的系统模型参数和噪声统计参数进行估计或修正。本节只讨论系统模型参数已知，而噪声统计参数 $\boldsymbol{Q}$ 和 $\boldsymbol{R}$ 未知或不确切知道时的自适应滤波。由于 $\boldsymbol{Q}$ 和 $\boldsymbol{R}$ 等参数最终是通过增益阵 $\boldsymbol{K}_k$ 影响滤波值的，因此进行自适应滤波时，也可以不去估计 $\boldsymbol{Q}$ 和 $\boldsymbol{R}$ 等参数而直接根据量测数据估计 $\boldsymbol{K}_k$。

自适应滤波的类型很多，大体上可分为贝叶斯法、极大似然法、相关法与协方差匹配法四类[75]。其中最基本的是相关法，而相关法中又以输出相关法最简单。因此本节以输出相关法为例来说明相关法自适应滤波的基本思想。

设线性定常系统完全可控和完全可观测，系统方程和量测方程分别为

$$\boldsymbol{X}_k=\boldsymbol{\Phi X}_{k-1}+\boldsymbol{W}_{k-1} \tag{3.8.1}$$

$$\boldsymbol{Z}_k=\boldsymbol{HX}_k+\boldsymbol{V}_k \tag{3.8.2}$$

式中，$\boldsymbol{W}_k$ 和 $\boldsymbol{V}_k$ 都是零均值的白噪声序列，对应的方差阵 $\boldsymbol{Q}$ 和 $\boldsymbol{R}$ 都是未知阵，$\boldsymbol{\Phi}$ 和 $\boldsymbol{H}$ 是已知阵。假设滤波器已达到稳态，增益阵 $\boldsymbol{K}_k$ 已趋近于稳态值 $\boldsymbol{K}$。

输出相关法自适应滤波的基本途径是根据观测数据$\{\boldsymbol{Z}_i\}$估计出输出相关函数序列$\{\boldsymbol{C}_i\}$，再由$\{\boldsymbol{C}_i\}$推算出最佳稳态增益阵 $\boldsymbol{K}$，使得增益 $\boldsymbol{K}$ 不断地与实际量测数据$\{\boldsymbol{Z}_i\}$相适应。

1. 量测数据的相关函数 $\boldsymbol{C}_k(k=1,2,\cdots,n)$ 与 $\boldsymbol{\Gamma H}^{\mathrm{T}}$ 阵

由状态方程和量测方程得

$$\boldsymbol{X}_i=\boldsymbol{\Phi X}_{i-1}+\boldsymbol{W}_{i-1}=\boldsymbol{\Phi}^k\boldsymbol{X}_{i-k}+\sum_{l=1}^{k}\boldsymbol{\Phi}^{l-1}\boldsymbol{W}_{i-l}$$

$$\boldsymbol{Z}_i=\boldsymbol{HX}_i+\boldsymbol{V}_i=\boldsymbol{H\Phi}^k\boldsymbol{X}_{i-k}+\boldsymbol{H}\sum_{l=1}^{k}\boldsymbol{\Phi}^{l-1}\boldsymbol{W}_{i-l}+\boldsymbol{V}_i$$

显然$\{\boldsymbol{X}_i\}$为平稳序列，记

$$\boldsymbol{\Gamma}=E[\boldsymbol{X}_i\boldsymbol{X}_i^{\mathrm{T}}]$$

由于 $\boldsymbol{\Gamma}$ 与 i 无关，再考虑到$\{\boldsymbol{V}_i\}$，$\{\boldsymbol{W}_i\}$，$\boldsymbol{X}_0$ 之间的不相关性，得$\{\boldsymbol{Z}_i\}$的相关函数

$$\boldsymbol{C}_0=E[\boldsymbol{Z}_i\boldsymbol{Z}_i^{\mathrm{T}}]=\boldsymbol{H\Gamma H}^{\mathrm{T}}+\boldsymbol{R} \tag{3.8.3}$$

$$\boldsymbol{C}_k=E[\boldsymbol{Z}_i\boldsymbol{Z}_{i-k}^{\mathrm{T}}]=\boldsymbol{H\Phi}^k\boldsymbol{\Gamma H}^{\mathrm{T}}\qquad k>0 \tag{3.8.4}$$

以上两式都含有 $\boldsymbol{\Gamma H}^{\mathrm{T}}$，该阵又与增益有关，所以 $\boldsymbol{\Gamma H}^{\mathrm{T}}$ 是沟通待求增益阵 $\boldsymbol{K}$ 与$\{\boldsymbol{C}_k\}$间关系的桥梁，是输出相关自适应滤波中的一个重要矩阵。根据式(3.8.4)可得

$$\begin{bmatrix}\boldsymbol{C}_1\\\boldsymbol{C}_2\\\vdots\\\boldsymbol{C}_n\end{bmatrix}=\begin{bmatrix}\boldsymbol{H\Phi\Gamma H}^{\mathrm{T}}\\\boldsymbol{H\Phi}^2\boldsymbol{\Gamma H}^{\mathrm{T}}\\\vdots\\\boldsymbol{H\Phi}^n\boldsymbol{\Gamma H}^{\mathrm{T}}\end{bmatrix}=\begin{bmatrix}\boldsymbol{H\Phi}\\\boldsymbol{H\Phi}^2\\\vdots\\\boldsymbol{H\Phi}^n\end{bmatrix}\boldsymbol{\Gamma H}^{\mathrm{T}}=\boldsymbol{A\Gamma H}^{\mathrm{T}} \tag{3.8.5}$$

式中，n 是状态的维数，$\boldsymbol{A}$ 为系统的可观测阵

$$\boldsymbol{A}=\begin{bmatrix}\boldsymbol{H\Phi}\\\boldsymbol{H\Phi}^2\\\vdots\\\boldsymbol{H\Phi}^n\end{bmatrix} \tag{3.8.6}$$

根据系统完全可观测的假设，$\mathrm{rank}\boldsymbol{A}=n$，$\boldsymbol{A}^{\mathrm{T}}\boldsymbol{A}$ 为非奇异阵，于是由式(3.8.5)可解得

$$\boldsymbol{\Gamma H}^{\mathrm{T}}=(\boldsymbol{A}^{\mathrm{T}}\boldsymbol{A})^{-1}\boldsymbol{A}^{\mathrm{T}}\begin{bmatrix}\boldsymbol{C}_1\\\boldsymbol{C}_2\\\vdots\\\boldsymbol{C}_n\end{bmatrix} \tag{3.8.7}$$

2. 由 $\boldsymbol{\Gamma H}^{\mathrm{T}}$ 求取最佳稳态增益阵 $\boldsymbol{K}$

由式(2.2.4c)，最佳稳态增阵为

$$\boldsymbol{K}=\boldsymbol{PH}^{\mathrm{T}}[\boldsymbol{HPH}^{\mathrm{T}}+\boldsymbol{R}]^{-1} \tag{3.8.8}$$

为了将上式转化为 $\boldsymbol{\Gamma H}^{\mathrm{T}}$ 的表达式，将 $\boldsymbol{X}_k$ 写成

$$\boldsymbol{X}_k=\hat{\boldsymbol{X}}_{k/k-1}+\tilde{\boldsymbol{X}}_{k/k-1}$$

注意到 $\hat{\boldsymbol{X}}_{k/k-1}$ 与 $\tilde{\boldsymbol{X}}_{k/k-1}$ 正交，于是有

$$\boldsymbol{\Gamma}=E[\boldsymbol{X}_k\boldsymbol{X}_k^{\mathrm{T}}]=E[(\hat{\boldsymbol{X}}_{k/k-1}+\tilde{\boldsymbol{X}}_{k/k-1})(\hat{\boldsymbol{X}}_{k/k-1}+\tilde{\boldsymbol{X}}_{k/k-1})^{\mathrm{T}}]=\boldsymbol{F}+\boldsymbol{P} \tag{3.8.9}$$

式中

$$\boldsymbol{F}=E[\hat{\boldsymbol{X}}_{k/k-1}\hat{\boldsymbol{X}}_{k/k-1}^{\mathrm{T}}]$$

因为$\{\boldsymbol{X}_k\}$为平稳序列，所以 $\boldsymbol{F}$ 与 k 无关。将 $\boldsymbol{P}=\boldsymbol{\Gamma}-\boldsymbol{F}$ 代入式(3.8.8)，得

$$\begin{aligned}\boldsymbol{K}=&(\boldsymbol{\Gamma}-\boldsymbol{F})\boldsymbol{H}^{\mathrm{T}}[\boldsymbol{H}(\boldsymbol{\Gamma}-\boldsymbol{F})\boldsymbol{H}^{\mathrm{T}}+\boldsymbol{R}]^{-1}=\\&(\boldsymbol{\Gamma}\boldsymbol{H}^{\mathrm{T}}-\boldsymbol{F}\boldsymbol{H}^{\mathrm{T}})[\boldsymbol{H}\boldsymbol{\Gamma}\boldsymbol{H}^{\mathrm{T}}+\boldsymbol{R}-\boldsymbol{H}\boldsymbol{F}\boldsymbol{H}^{\mathrm{T}}]^{-1}\end{aligned}$$

将式(3.8.3)代入上式，得

$$\boldsymbol{K}=(\boldsymbol{\Gamma}\boldsymbol{H}^{\mathrm{T}}-\boldsymbol{F}\boldsymbol{H}^{\mathrm{T}})(\boldsymbol{C}_0-\boldsymbol{H}\boldsymbol{F}\boldsymbol{H}^{\mathrm{T}})^{-1} \tag{3.8.10}$$

式中，$\boldsymbol{C}_0$ 与 $\boldsymbol{\Gamma}\boldsymbol{H}^{\mathrm{T}}$ 在根据$\{\boldsymbol{Z}_i\}$估计出$\{\boldsymbol{C}_i\}$之后都是已知阵，剩下的未知阵只有 $\boldsymbol{F}$。如果注意到 $\boldsymbol{F}$ 是 $\boldsymbol{X}_k$ 的预测值的均方阵，则可根据 $\boldsymbol{X}_k$ 的预测递推方程

$$\hat{\boldsymbol{X}}_{k+1/k}=\boldsymbol{\Phi}\hat{\boldsymbol{X}}_k=\boldsymbol{\Phi}[\hat{\boldsymbol{X}}_{k/k-1}+\boldsymbol{K}(\boldsymbol{H}\tilde{\boldsymbol{X}}_{k/k-1}+\boldsymbol{V}_k)]$$

确定出 $\boldsymbol{F}$。

$$\begin{aligned}\boldsymbol{F}=&E[\hat{\boldsymbol{X}}_{k+1/k}\hat{\boldsymbol{X}}_{k+1/k}^{\mathrm{T}}]=\\&\boldsymbol{\Phi}E[\hat{\boldsymbol{X}}_{k/k-1}+\boldsymbol{K}(\boldsymbol{H}\tilde{\boldsymbol{X}}_{k/k-1}+\boldsymbol{V}_k)][\hat{\boldsymbol{X}}_{k/k-1}+\boldsymbol{K}(\boldsymbol{H}\tilde{\boldsymbol{X}}_{k/k-1}+\boldsymbol{V}_k)]^{\mathrm{T}}\boldsymbol{\Phi}^{\mathrm{T}}=\\&\boldsymbol{\Phi}[\boldsymbol{F}+\boldsymbol{K}(\boldsymbol{H}\boldsymbol{P}\boldsymbol{H}^{\mathrm{T}}+\boldsymbol{R})\boldsymbol{K}^{\mathrm{T}}]\boldsymbol{\Phi}^{\mathrm{T}}\end{aligned}$$

将式(3.8.10)代入上式，又因 $\boldsymbol{\Gamma},\boldsymbol{F},\boldsymbol{C}_0$ 都是对称阵，则

$$\boldsymbol{F}=\boldsymbol{\Phi}[\boldsymbol{F}+(\boldsymbol{\Gamma}\boldsymbol{H}^{\mathrm{T}}-\boldsymbol{F}\boldsymbol{H}^{\mathrm{T}})(\boldsymbol{C}_0-\boldsymbol{H}\boldsymbol{F}\boldsymbol{H}^{\mathrm{T}})^{-1}(\boldsymbol{\Gamma}\boldsymbol{H}^{\mathrm{T}}-\boldsymbol{F}\boldsymbol{H}^{\mathrm{T}})^{\mathrm{T}}]\boldsymbol{\Phi}^{\mathrm{T}} \tag{3.8.11}$$

这是一个关于 $\boldsymbol{F}$ 的非线性矩阵方程，当$\{\boldsymbol{C}_i\}$已知时，$\boldsymbol{\Gamma}\boldsymbol{H}^{\mathrm{T}}$ 是已知阵，采用近似解法可得到 $\boldsymbol{F}$ 的近似值。求得 $\boldsymbol{F}$ 后，根据式(3.8.10)即可确定出 $\boldsymbol{K}$。最后剩下的问题是如何根据$\{\boldsymbol{Z}_i\}$估计出$\{\boldsymbol{C}_i\}$。

3. 由$\{\boldsymbol{Z}_i\}$估计$\{\boldsymbol{C}_i\}$

设已获得量测值 $\boldsymbol{Z}_1,\boldsymbol{Z}_2,\cdots,\boldsymbol{Z}_k$，假设平稳序列$\{\boldsymbol{Z}_i\}$具有各态历经性，则$\{\boldsymbol{Z}_i\}$的自相关函数 $\boldsymbol{C}_i$ 的估计 $\hat{\boldsymbol{C}}_i^k$（下标 i 表示时间间隔，上标 k 表示估计所依据的量测数据的个数）是

$$\begin{aligned}\hat{\boldsymbol{C}}_i^k=&\frac{1}{k}\sum_{l=i+1}^{k}\boldsymbol{Z}_l\boldsymbol{Z}_{l-i}^{\mathrm{T}}=\frac{1}{k}\boldsymbol{Z}_k\boldsymbol{Z}_{k-i}^{\mathrm{T}}+\frac{1}{k}\sum_{l=i+1}^{k-1}\boldsymbol{Z}_l\boldsymbol{Z}_{l-i}^{\mathrm{T}}=\\&\frac{1}{k}\boldsymbol{Z}_k\boldsymbol{Z}_{k-i}^{\mathrm{T}}+\left[\frac{1}{k-1}-\frac{1}{k(k-1)}\right]\sum_{l=i+1}^{k-1}\boldsymbol{Z}_l\boldsymbol{Z}_{l-i}^{\mathrm{T}}=\\&\frac{1}{k-1}\sum_{l=i+1}^{k-1}\boldsymbol{Z}_l\boldsymbol{Z}_{l-i}^{\mathrm{T}}+\frac{1}{k}\left(\boldsymbol{Z}_k\boldsymbol{Z}_{k-i}^{\mathrm{T}}-\frac{1}{k-1}\sum_{l=i+1}^{k-1}\boldsymbol{Z}_l\boldsymbol{Z}_{l-i}^{\mathrm{T}}\right)=\\&\hat{\boldsymbol{C}}_i^{k-1}+\frac{1}{k}(\boldsymbol{Z}_k\boldsymbol{Z}_{k-i}^{\mathrm{T}}-\hat{\boldsymbol{C}}_i^{k-1})\quad i=0,1,2,\cdots,n\end{aligned} \tag{3.8.12}$$

式(3.8.12)是 $\hat{\boldsymbol{C}}_i^k$ 的递推公式。若已给定 $\hat{\boldsymbol{C}}_i^{2i}$ 的值，则由 $\hat{\boldsymbol{C}}_i^{2i}$ 及 $\boldsymbol{Z}_{2i+1}\boldsymbol{Z}_{i+1}^{\mathrm{T}}$ 可得到 $\hat{\boldsymbol{C}}_i^{2i+1}$，再由 $\hat{\boldsymbol{C}}_i^{2i+1}$ 及 $\boldsymbol{Z}_{2i+2}\boldsymbol{Z}_{i+2}^{\mathrm{T}}$ 可得 $\hat{\boldsymbol{C}}_i^{2i+2}$，最后由 $\hat{\boldsymbol{C}}_i^{k-1}$ 及 $\boldsymbol{Z}_k\boldsymbol{Z}_{k-i}^{\mathrm{T}}$ 可得 $\hat{\boldsymbol{C}}_i^k$ $(i=0,1,2,\cdots,n)$，这样就解决了$\{\boldsymbol{C}_i\}$的估计问题。

4. 输出相关法自适应滤波方程

综合式(3.8.10)、式(3.8.7)、式(3.8.11)及式(3.8.12)得完全可控和完全可观测定常系

统式(3.8.1)和式(3.8.2)的稳态输出相关自适应滤波方程

$$\hat{\boldsymbol{X}}_k=\boldsymbol{\Phi}\hat{\boldsymbol{X}}_{k/k-1}+\hat{\boldsymbol{K}}^k[\boldsymbol{Z}_k-\boldsymbol{H}\boldsymbol{\Phi}\hat{\boldsymbol{X}}_{k-1}]$$

$$\hat{\boldsymbol{K}}^k=[\hat{\boldsymbol{\Gamma}}^k\boldsymbol{H}^{\mathrm{T}}-\hat{\boldsymbol{F}}^k\boldsymbol{H}^{\mathrm{T}}][\hat{\boldsymbol{C}}_0^k-\boldsymbol{H}\hat{\boldsymbol{F}}^k\boldsymbol{H}^{\mathrm{T}}]^{-1}$$

$$\boldsymbol{A}=\begin{bmatrix}\boldsymbol{H}\boldsymbol{\Phi}\\\boldsymbol{H}\boldsymbol{\Phi}^2\\\vdots\\\boldsymbol{H}\boldsymbol{\Phi}^n\end{bmatrix}$$

$$\hat{\boldsymbol{\Gamma}}^k\boldsymbol{H}^{\mathrm{T}}=(\boldsymbol{A}^{\mathrm{T}}\boldsymbol{A})^{-1}\boldsymbol{A}^{\mathrm{T}}\begin{bmatrix}\hat{\boldsymbol{C}}_1^k\\\hat{\boldsymbol{C}}_2^k\\\vdots\\\hat{\boldsymbol{C}}_n^k\end{bmatrix}$$

$$\hat{\boldsymbol{F}}^k=\boldsymbol{\Phi}[\hat{\boldsymbol{F}}^k+(\hat{\boldsymbol{\Gamma}}^k-\hat{\boldsymbol{F}}^k)\boldsymbol{H}^{\mathrm{T}}(\hat{\boldsymbol{C}}_0^k-\boldsymbol{H}\hat{\boldsymbol{F}}^k\boldsymbol{H}^{\mathrm{T}})^{-1}\boldsymbol{H}(\hat{\boldsymbol{\Gamma}}^k-\hat{\boldsymbol{F}}^k)^{\mathrm{T}}]\boldsymbol{\Phi}^{\mathrm{T}}$$

$$\hat{\boldsymbol{C}}_i^k=\hat{\boldsymbol{C}}_i^{k-1}+\frac{1}{k}(\boldsymbol{Z}_k\boldsymbol{Z}_{k-i}^{\mathrm{T}}-\hat{\boldsymbol{C}}_i^{k-1})$$

式中

$$\hat{\boldsymbol{X}}_0=E[\boldsymbol{X}_0],\quad i=0,1,2,\cdots,n$$

$\hat{\boldsymbol{K}}^k$，$\hat{\boldsymbol{\Gamma}}^k$，$\hat{\boldsymbol{F}}^k$ 和 $\hat{\boldsymbol{C}}_i^k$ 的上标 k 表示估计所依据的量测数据的个数。

3.9　次优滤波

在实际应用中，系统状态向量的维数可能很大，噪声也很多。这不但使测定各噪声统计特性的工作加重，而且更使滤波计算量增大。这样，机上设备采用卡尔曼滤波时，由于机载计算机计算容量有限，就不得不考虑如何在滤波误差增加不多的情况下，适当简化滤波方法，以减少计算量。这种简化的滤波方法称为次优滤波方法，相应的滤波器称为次优滤波器。滤波简化的方法很多，但却没有一个统一的简化途径可遵循，而都是根据具体情况寻求各种简化方法。通常还要借助误差分析这个工具作各种数值模拟来确定方案，最后再通过实物试验检验其效果。

次优滤波的方法很多。常见的一种是用减少状态变量数目的方法来构造次优滤波器，这种滤波器常称为降阶滤波器。降阶的方法有很多。最直观的方法是把在系统中起不了多大作用的状态去掉后，再设计滤波器。当然滤波实际结果因为没有考虑这类状态的影响而不再是最优的。但因为这类状态对其他状态的影响很小，所以即使未考虑，滤波性能也下降不多。这种方法要求设计者对系统实际的物理过程了解得很彻底，并且还须要采用误差分析方法作数值计算，这样才能正确地确定出哪些状态可以忽略，并对可能达到的估计均方误差有所估计。这种方法在惯导系统中是经常使用的。例如，惯导系统初始对准中方位陀螺漂移对系统对准的姿态角和方位角都有影响。但是初始对准的时间短，方位陀螺的漂移在短时间内引起的影响并不明显。如果初始对准采用卡尔曼滤波方法进行，即对系统的有关状态(包括姿态和方位误差角)进行滤波估计，则在系统模型中常不考虑方位陀螺漂移这个状态变量，以便降低滤波器的阶数。

实际上，需要估计的状态常常是系统模型中所有状态的一部分，能否把系统模型的阶数降低到需要估计的状态数，而把删去的那些状态的影响在滤波方程中给以适当考虑，使估计误差尽可能少增大一些呢？答案是，对某些系统可行。下面介绍按照这种思路构成的降阶滤波器。

3.9.1 考虑了删去状态影响的降阶滤波方法

1. 降阶滤波方程的推导

以离散系统为例，设系统和量测方程为

$$\begin{bmatrix}\boldsymbol{X}_{k+1}^1\\ \boldsymbol{X}_{k+1}^2\end{bmatrix}=\begin{bmatrix}\boldsymbol{\Phi}_{k+1,k}^{11} & \boldsymbol{\Phi}_{k+1,k}^{12}\\ \boldsymbol{0} & \boldsymbol{\Phi}_{k+1,k}^{22}\end{bmatrix}\begin{bmatrix}\boldsymbol{X}_k^1\\ \boldsymbol{X}_k^2\end{bmatrix}+\begin{bmatrix}\boldsymbol{0} & \boldsymbol{0}\\ \boldsymbol{0} & \boldsymbol{\Gamma}_k^2\end{bmatrix}\begin{bmatrix}\boldsymbol{0}\\ \boldsymbol{W}_k^2\end{bmatrix} \tag{3.9.1}$$

$$\boldsymbol{Z}_k=[\boldsymbol{H}_k^1 \quad \boldsymbol{0}]\begin{bmatrix}\boldsymbol{X}_k^1\\ \boldsymbol{X}_k^2\end{bmatrix}+\boldsymbol{V}_k \tag{3.9.2}$$

其中$\{\boldsymbol{W}_k^2\}$和$\{\boldsymbol{V}_k\}$为互不相关的零均值白噪声序列，它们都与$\boldsymbol{X}_0$不相关，方差阵分别为$\boldsymbol{Q}_k^2$和$\boldsymbol{R}_k$。这种系统的$\boldsymbol{X}_k^2$相当于$\boldsymbol{X}_k^1$子系统的有色噪声。现在要求用相当于$\boldsymbol{X}_k^1$维数(n_1)的降阶滤波器来估计$\boldsymbol{X}_k^1$，在滤波方程中考虑$\boldsymbol{X}_k^2$的影响，并要求估计的均方误差尽量小。

先不考虑$\boldsymbol{X}_k^2$对$\boldsymbol{X}_{k+1}^1$的影响，根据式(2.2.4b)得

$$\hat{\boldsymbol{X}}_{k+1}^1=\boldsymbol{\Phi}_{k+1,k}^{11}\hat{\boldsymbol{X}}_k^1+\boldsymbol{K}_{k+1}(\boldsymbol{Z}_{k+1}-\boldsymbol{H}_{k+1}^1\boldsymbol{\Phi}_{k+1,k}^{11}\hat{\boldsymbol{X}}_k^1) \tag{3.9.3}$$

式中的增益阵尚未确定。当确定$\boldsymbol{K}_{k+1}$时考虑$\boldsymbol{X}_k^2$的影响，则令

$$\tilde{\boldsymbol{X}}_{k+1}^1=\boldsymbol{X}_{k+1}^1-\hat{\boldsymbol{X}}_{k+1}^1$$

式中，$\tilde{\boldsymbol{X}}_{k+1}^1$为$\boldsymbol{X}_{k+1}^1$的估计误差。根据式(3.9.1)～式(3.9.3)可得

$$\tilde{\boldsymbol{X}}_{k+1}^1=(\boldsymbol{I}-\boldsymbol{K}_{k+1}\boldsymbol{H}_{k+1}^1)(\boldsymbol{\Phi}_{k+1,k}^{11}\tilde{\boldsymbol{X}}_k^1+\boldsymbol{\Phi}_{k+1,k}^{12}\boldsymbol{X}^2)-\boldsymbol{K}_{k+1}\boldsymbol{V}_{k+1} \tag{3.9.4}$$

上式说明估计误差与$\boldsymbol{X}_k^2$有关。为了求出$\tilde{\boldsymbol{X}}_{k+1}^1$的均方阵，先写出扩增$\boldsymbol{X}_{k+1}^2$后的$\tilde{\boldsymbol{X}}_{k+1}^1$方程

$$\begin{bmatrix}\tilde{\boldsymbol{X}}_{k+1}^1\\ \boldsymbol{X}_{k+1}^2\end{bmatrix}=\begin{bmatrix}\boldsymbol{I}_f\boldsymbol{\Phi}_{k+1,k}^{11} & \boldsymbol{I}_f\boldsymbol{\Phi}_{k+1,k}^{12}\\ \boldsymbol{0} & \boldsymbol{\Phi}_{k+1,k}^{22}\end{bmatrix}\begin{bmatrix}\tilde{\boldsymbol{X}}_k^1\\ \boldsymbol{X}_k^2\end{bmatrix}+\begin{bmatrix}\boldsymbol{K}_{k+1}\boldsymbol{V}_{k+1}\\ \boldsymbol{\Gamma}_k^2\boldsymbol{W}_k^2\end{bmatrix} \tag{3.9.5}$$

式中

$$\boldsymbol{I}_f=\boldsymbol{I}-\boldsymbol{K}_{k+1}\boldsymbol{H}_{k+1}^1$$

令式(3.9.5)的均方阵为

$$E\begin{bmatrix}\tilde{\boldsymbol{X}}_{k+1}^1\tilde{\boldsymbol{X}}_{k+1}^{1\mathrm{T}} & \tilde{\boldsymbol{X}}_{k+1}^1\boldsymbol{X}_{k+1}^{2\mathrm{T}}\\ \boldsymbol{X}_{k+1}^2\tilde{\boldsymbol{X}}_{k+1}^{1\mathrm{T}} & \boldsymbol{X}_{k+1}^2\boldsymbol{X}_{k+1}^{2\mathrm{T}}\end{bmatrix}=\begin{bmatrix}\boldsymbol{P}_{k+1}^1 & \boldsymbol{C}_{k+1}^{\mathrm{T}}\\ \boldsymbol{C}_{k+1} & \boldsymbol{A}_{k+1}\end{bmatrix}$$

则有

$$\begin{aligned}\begin{bmatrix}\boldsymbol{P}_{k+1}^1 & \boldsymbol{C}_{k+1}^{\mathrm{T}}\\ \boldsymbol{C}_{k+1} & \boldsymbol{A}_{k+1}\end{bmatrix}=&\begin{bmatrix}\boldsymbol{I}_f\boldsymbol{\Phi}_{k+1,k}^{11} & \boldsymbol{I}_f\boldsymbol{\Phi}_{k+1,k}^{12}\\ \boldsymbol{0} & \boldsymbol{\Phi}_{k+1,k}^{22}\end{bmatrix}\begin{bmatrix}\boldsymbol{P}_k^1 & \boldsymbol{C}_k^{\mathrm{T}}\\ \boldsymbol{C}_k & \boldsymbol{A}_k\end{bmatrix}\begin{bmatrix}\boldsymbol{\Phi}_{k+1,k}^{11\mathrm{T}}\boldsymbol{I}_f^{\mathrm{T}} & \boldsymbol{0}\\ \boldsymbol{\Phi}_{k+1,k}^{12\mathrm{T}}\boldsymbol{I}_f^{\mathrm{T}} & \boldsymbol{\Phi}_{k+1,k}^{22\mathrm{T}}\end{bmatrix}+\\ &\begin{bmatrix}\boldsymbol{K}_{k+1}\boldsymbol{R}_{k+1}\boldsymbol{K}_{k+1}^{\mathrm{T}} & \boldsymbol{0}\\ \boldsymbol{0} & \boldsymbol{\Gamma}_k^2\boldsymbol{Q}_k^2\boldsymbol{\Gamma}_k^{2\mathrm{T}}\end{bmatrix}\end{aligned} \tag{3.9.6}$$

由(3.9.6)可得

$$\begin{aligned}\boldsymbol{P}_{k+1}^1=&\boldsymbol{I}_f\boldsymbol{\Phi}_{k+1,k}^{11}\boldsymbol{P}_k^1\boldsymbol{\Phi}_{k+1,k}^{11\mathrm{T}}\boldsymbol{I}_f^{\mathrm{T}}+\boldsymbol{I}_f\boldsymbol{\Phi}_{k+1,k}^{12}\boldsymbol{C}_k\boldsymbol{\Phi}_{k+1,k}^{11\mathrm{T}}\boldsymbol{I}_f^{\mathrm{T}}+\\ &\boldsymbol{I}_f\boldsymbol{\Phi}_{k+1,k}^{11}\boldsymbol{C}_k^{\mathrm{T}}\boldsymbol{\Phi}_{k+1,k}^{12\mathrm{T}}\boldsymbol{I}_f^{\mathrm{T}}+\boldsymbol{I}_f\boldsymbol{\Phi}_{k+1,k}^{12}\boldsymbol{A}_k\boldsymbol{\Phi}_{k+1,k}^{12\mathrm{T}}\boldsymbol{I}_f^{\mathrm{T}}+\\ &\boldsymbol{K}_{k+1}\boldsymbol{R}_{k+1}\boldsymbol{K}_{k+1}^{\mathrm{T}}\end{aligned} \tag{3.9.7}$$

$$\boldsymbol{C}_{k+1}^{\mathrm{T}}=\boldsymbol{I}_f\boldsymbol{\Phi}_{k+1,k}^{11}\boldsymbol{C}_k^{\mathrm{T}}\boldsymbol{\Phi}_{k+1,k}^{22\mathrm{T}}+\boldsymbol{I}_f\boldsymbol{\Phi}_{k+1,k}^{12}\boldsymbol{A}_k\boldsymbol{\Phi}_{k+1,k}^{22\mathrm{T}} \tag{3.9.8}$$

$$\boldsymbol{A}_{k+1}=\boldsymbol{\Phi}_{k+1,k}^{22}\boldsymbol{A}_k\boldsymbol{\Phi}_{k+1,k}^{22\mathrm{T}}+\boldsymbol{\Gamma}_k^2\boldsymbol{Q}_k^2\boldsymbol{\Gamma}_k^{2\mathrm{T}} \tag{3.9.9}$$

$\boldsymbol{P}_k^1$ 就是 $\boldsymbol{X}_k^1$ 的实际估计均方误差阵，式(3.9.7)就是 $\boldsymbol{P}_k^1$ 的递推方程。因为 $\boldsymbol{X}_k^2$ 通过 $\boldsymbol{\Phi}_{k+1,k}^{12}$ 与 $\boldsymbol{X}_{k+1}^1$ 有关，所以 $\boldsymbol{P}_{k+1}^1$ 除与 $\boldsymbol{P}_k^1$ 有关外，还与均方阵 $\boldsymbol{C}_k$ 及 $\boldsymbol{A}_k$ 有关。为了将式(3.9.7)写成与一般的估计均方误差方程式(2.2.4e)有类似的形式，令

$$\boldsymbol{\Sigma}_{k+1/k}=\boldsymbol{\Phi}_{k+1,k}^{11}\boldsymbol{P}_k^1\boldsymbol{\Phi}_{k+1,k}^{11\mathrm{T}}+\boldsymbol{\Phi}_{k+1,k}^{12}\boldsymbol{C}_k\boldsymbol{\Phi}_{k+1,k}^{11\mathrm{T}}+\boldsymbol{\Phi}_{k+1,k}^{11\mathrm{T}}\boldsymbol{C}_k^{\mathrm{T}}\boldsymbol{\Phi}_{k+1,k}^{12\mathrm{T}}+\boldsymbol{\Phi}_{k+1,k}^{12}\boldsymbol{A}_k\boldsymbol{\Phi}_{k+1,k}^{12\mathrm{T}} \tag{3.9.10}$$

则式(3.9.7)可写成

$$\boldsymbol{P}_{k+1}^1=(\boldsymbol{I}-\boldsymbol{K}_{k+1}\boldsymbol{H}_{k+1}^{\mathrm{T}})\boldsymbol{\Sigma}_{k+1/k}(\boldsymbol{I}-\boldsymbol{K}_{k+1}\boldsymbol{H}_{k+1}^1)^{\mathrm{T}}+\boldsymbol{K}_{k+1}\boldsymbol{R}_{k+1}\boldsymbol{K}_{k+1}^{\mathrm{T}} \tag{3.9.11}$$

与 2.2.2 小节中对式(2.2.4b)推导中使 $\boldsymbol{P}_k$ 达到最小而确定出 $\boldsymbol{K}_k$ 的思路一样，可从式(3.9.11)中求出使 $\boldsymbol{P}_{k+1}^1$ 达到最小的 $\boldsymbol{K}_{k+1}^0$

$$\boldsymbol{K}_{k+1}^0=\boldsymbol{\Sigma}_{k+1/k}\boldsymbol{H}_{k+1}^{\mathrm{T}}(\boldsymbol{H}_{k+1}\boldsymbol{\Sigma}_{k+1/k}\boldsymbol{H}_{k+1}^{\mathrm{T}}+\boldsymbol{R}_{k+1})^{-1} \tag{3.9.12}$$

将 $\boldsymbol{K}_{k+1}^0$ 代入式(3.9.11)得

$$\boldsymbol{P}_{k+1}^1=[\boldsymbol{I}-\boldsymbol{\Sigma}_{k+1/k}\boldsymbol{H}_{k+1}^{\mathrm{T}}(\boldsymbol{H}_{k+1}\boldsymbol{\Sigma}_{k+1/k}\boldsymbol{H}_{k+1}^{\mathrm{T}}+\boldsymbol{R}_{k+1})^{-1}\boldsymbol{H}_{k+1}]\boldsymbol{\Sigma}_{k+1/k}=(\boldsymbol{I}-\boldsymbol{K}_{k+1}^0\boldsymbol{H}_{k+1})\boldsymbol{\Sigma}_{k+1/k} \tag{3.9.13}$$

式(3.9.8)～式(3.9.10)、式(3.9.12)、式(3.9.13)及式(3.9.3)构成了次优滤波递推计算公式，但应注意，式(3.9.8)中的 $\boldsymbol{I}_f$ 应改写为

$$\boldsymbol{I}_f=\boldsymbol{I}-\boldsymbol{K}_{k+1}^0\boldsymbol{H}_{k+1}^1 \tag{3.9.14}$$

次优滤波递推计算框图如图 3.9.1 所示。

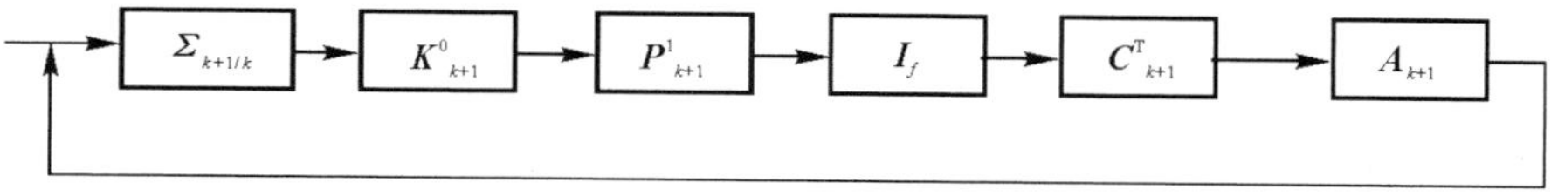

图 3.9.1　次优滤波递推计算框图

由于 $\boldsymbol{K}_{k+1}^0$ 考虑了 $\boldsymbol{X}_k^2$ 的影响，所以按式(3.9.3)以 $\boldsymbol{K}_{k+1}^0$ 为最佳增益确定出的 $\hat{\boldsymbol{X}}_{k+1}^1$ 已考虑了 $\boldsymbol{X}_k^2$ 的影响。

2. $\hat{\boldsymbol{X}}_{k+1}^1$ 是否使估计的均方误差最小

从上面推导 $\boldsymbol{K}_k^0$ 的过程可知，根据 $\boldsymbol{K}_1^0$ 确定的 $\boldsymbol{P}_1^1$ 比任何其他 $\boldsymbol{K}_1$ 值确定的 $\boldsymbol{P}_1^1$ 为小，即对任何 $\boldsymbol{K}_1$，有

$$\boldsymbol{P}_1^1(\boldsymbol{K}_1^0)\leqslant\boldsymbol{P}_1^1(\boldsymbol{K}_1)$$

在 $\boldsymbol{P}_1^1(\boldsymbol{K}_1^0)$ 基础上计算得到的 $\boldsymbol{K}_2^0$ 比其他任何 $\boldsymbol{K}_2$ 值为优，即对任何 $\boldsymbol{K}_2$，有

$$\boldsymbol{P}_2^1(\boldsymbol{K}_1^0,\boldsymbol{K}_2^0)\leqslant\boldsymbol{P}_2^1(\boldsymbol{K}_0^1,\boldsymbol{K}_2)$$

从而对任何 $\boldsymbol{K}_k$，有

$$\boldsymbol{P}_k^1(\boldsymbol{K}_1^0,\boldsymbol{K}_2^0,\cdots,\boldsymbol{K}_{k-1}^0,\boldsymbol{K}_k^0)\leqslant\boldsymbol{P}_k^1(\boldsymbol{K}_1^0,\boldsymbol{K}_2^0,\cdots,\boldsymbol{K}_{k-1}^0,\boldsymbol{K}_k)$$

但根据上式不能得到如下关系：

$$\boldsymbol{P}_k^1(\boldsymbol{K}_1^0,\boldsymbol{K}_2^0,\cdots,\boldsymbol{K}_k^0)\leqslant\boldsymbol{P}_k^1(\boldsymbol{K}_1,\boldsymbol{K}_2,\cdots,\boldsymbol{K}_k)\quad\forall\,\boldsymbol{K}_1,\boldsymbol{K}_2,\cdots,\boldsymbol{K}_k$$

也就是说 $\boldsymbol{K}_k^0$ 是根据一步最优的原则选择的。但是整个 $\{\boldsymbol{K}_1^0,\boldsymbol{K}_2^0,\cdots,\boldsymbol{K}_k^0\}$ 的选取并不能保证整个估计过程是最优的，因此 $\boldsymbol{P}_k^1$ 也不是最小的。这一点可以从下面的推导中得到概略的说明。

先从一般的估计均方误差来看，即相当于系统式(3.9.1)中没有 $\boldsymbol{X}_k^2$。这时，根据式(2.2.4c)

$$\boldsymbol{K}_1^0=\boldsymbol{P}_{1/0}\boldsymbol{H}_1^{\mathrm{T}}(\boldsymbol{H}_1\boldsymbol{P}_{1/0}\boldsymbol{H}_1^{\mathrm{T}}+\boldsymbol{R}_1)^{-1}$$

此处，对 $\boldsymbol{K}_1$ 也标以上标 0，表示它使 $\boldsymbol{P}_1$ 最小，即

$$\boldsymbol{P}_1(\boldsymbol{K}_1^0) \leqslant \boldsymbol{P}_1(\boldsymbol{K}_1)$$

式中，$\boldsymbol{K}_1$ 为任何值。下述分析中凡不标上标 0 的 $\boldsymbol{K}$ 值表示任何值。

根据式(2.2.4d)

$$\boldsymbol{P}_{2/1} = \boldsymbol{\Phi}_{2,1}\boldsymbol{P}_1\boldsymbol{\Phi}_{2,1}^{\mathrm{T}} + \boldsymbol{\Gamma}_1\boldsymbol{Q}_1\boldsymbol{\Gamma}_1^{\mathrm{T}}$$

可以看出

$$\boldsymbol{P}_{2/1}(\boldsymbol{K}_1^0) \leqslant \boldsymbol{P}_{2/1}(\boldsymbol{K}_1)$$

如果选择 $\boldsymbol{K}_2 = \boldsymbol{K}_2^0$，则根据式(2.2.4e″)

$$\boldsymbol{P}_2^{-1} = \boldsymbol{P}_{2/1}^{-1} + \boldsymbol{H}_2^{\mathrm{T}}\boldsymbol{R}_2^{-1}\boldsymbol{H}_2$$

从线性代数的矩阵知识知道，如果 $\boldsymbol{A}$ 和 $\boldsymbol{B}$ 都是 $n \times n$ 正定阵，并有 $\boldsymbol{A} \geqslant \boldsymbol{B}$，则 $\boldsymbol{0} < \boldsymbol{A}^{-1} \leqslant \boldsymbol{B}^{-1}$。因此，上式可得

$$\boldsymbol{P}_2(\boldsymbol{K}_1^0, \boldsymbol{K}_2^0) \leqslant \boldsymbol{P}_2(\boldsymbol{K}_1, \boldsymbol{K}_2)$$

从而可推得

$$\boldsymbol{P}_k(\boldsymbol{K}_1^0, \boldsymbol{K}_2^0, \cdots, \boldsymbol{K}_k^0) \leqslant \boldsymbol{P}_k(\boldsymbol{K}_1, \boldsymbol{K}_2, \cdots, \boldsymbol{K}_k)$$

如果系统为式(3.9.1)，则虽然有

$$\boldsymbol{P}_1^1(\boldsymbol{K}_1^0) \leqslant \boldsymbol{P}_1^1(\boldsymbol{K})$$

但不能保证

$$\boldsymbol{C}_1(\boldsymbol{K}_1^0) \leqslant \boldsymbol{C}_1(\boldsymbol{K}_1)$$

从而也就不能保证

$$\boldsymbol{\Sigma}_{2/1}(\boldsymbol{K}_1^0) \leqslant \boldsymbol{\Sigma}_{2/1}(\boldsymbol{K}_1)$$

虽然

$$\boldsymbol{P}_2^1(\boldsymbol{K}_1^0, \boldsymbol{K}_2^0) \leqslant \boldsymbol{P}_2^1(\boldsymbol{K}_1^0, \boldsymbol{K}_2)$$

但不能保证

$$\boldsymbol{P}_2^1(\boldsymbol{K}_1^0, \boldsymbol{K}_2^0) \leqslant \boldsymbol{P}_2^1(\boldsymbol{K}_1, \boldsymbol{K}_2)$$

因此也不能保证

$$\boldsymbol{P}_k^1(\boldsymbol{K}_1^0, \boldsymbol{K}_2^0, \cdots, \boldsymbol{K}_k^0) \leqslant \boldsymbol{P}_k^1(\boldsymbol{K}_1, \boldsymbol{K}_2, \cdots, \boldsymbol{K}_k)$$

究其原因，$\boldsymbol{K}_k^0$ 是根据 $\boldsymbol{P}_k^1$ 一步最优选择的，而均方阵 $\boldsymbol{C}_k$ 却不是最优的，所以不能保证 $\boldsymbol{P}_{k+1}^1$ 一定是最优的，换句话说，当选择 $\boldsymbol{K}_{k+1}^0$ 时，虽然考虑了 $\boldsymbol{X}_k^2$ 的影响，但 $\boldsymbol{X}_k^2$ 的影响毕竟没有完全消除，不能保证 $\boldsymbol{P}_{k+1}^1$ 为最小。因此，这种滤波方法仍然只是一种次优滤波方法。但由于它在一定程度上考虑了 $\boldsymbol{X}_k^2$ 的影响，所以它是次优滤波方法中估计的均方误差较小的一种。

至于连续系统，则有同样的结果。

例 3-5 设系统和量测为

$$\begin{bmatrix} X_{k+1}^1 \\ X_{k+1}^2 \end{bmatrix} = \begin{bmatrix} 1 & 1 \\ 0 & 0.5 \end{bmatrix} \begin{bmatrix} X_k^1 \\ X_k^2 \end{bmatrix} + \begin{bmatrix} 0 \\ W_k^2 \end{bmatrix}$$

$$Z_k = [1\ \ 0] \begin{bmatrix} X_k^1 \\ X_k^2 \end{bmatrix} + V_k$$

$\{W_k^2\}$ 和 $\{V_k\}$ 为零均值、互不相关的白噪声序列，并与 X_0^1, X_0^2 也互不相关，W_k^2 和 V_k 的方差分别为

$$Q_k^2 = 1,\ R_k = 1$$

并有

$$E[X_0^1] = E[X_0^2] = 0$$

$$E\left\{\begin{bmatrix} X_0^1 \\ X_0^2 \end{bmatrix}[X_0^1 \quad X_0^2]\right\} = \begin{bmatrix} 10 & 0 \\ 0 & 10 \end{bmatrix}$$

X_k^1 是需要估计的状态。试分别用全阶卡尔曼滤波(即最优滤波)、考虑了删去状态影响的降阶(一阶)滤波和简单降阶(一阶)滤波来估计 X_k^1,并比较估计的均方误差。

解

(1) 全阶卡尔曼滤波。

根据式(2.2.4),有

$$\hat{X}_{k+1}^1 = \hat{X}_k^1 + \hat{X}_k^2 + K_{k+1}^1(Z_{k+1} - \hat{X}_k^1 - \hat{X}_k^2)$$

$$\hat{X}_{k+1}^2 = \hat{X}_k^2 + K_{k+1}^2(Z_{k+1} - \hat{X}_k^1 - \hat{X}_k^2)$$

$$P_{k/k-1}^{11} = P_{k-1}^{11} + 2P_{k-1}^{12} + P_{k-1}^{22}$$

$$P_{k/k-1}^{12} = 0.5(P_{k-1}^{12} + P_{k-1}^{22})$$

$$P_{k/k-1}^{22} = 0.25P_{k-1}^{22} + 1$$

$$K_k^1 = P_k^{11} = \frac{P_{k/k-1}^{11}}{P_{k/k-1}^{11} + 1}$$

$$K_k^2 = P_k^{12} = \frac{P_{k/k-1}^{12}}{P_{k/k-1}^{11} + 1}$$

$$P_k^{22} = P_{k/k-1}^{22} - P_k^{12}P_{k/k-1}^{12}$$

则从 $P_0^{11} = 10, P_0^{12} = 0, P_0^{22} = 10$ 可以算得

k	1	2	3	4	5	6	7
P_k^{11}	0.952	0.815	0.736	0.700	0.693	0.693	0.693

(2) 考虑了删去状态 X_k^2 影响的降阶滤波。

根据式(3.9.3)、式(3.9.8) ~ 式(3.9.10)、式(3.9.12) 和式(3.9.13),结合给出的参数,有

$$\Sigma_{k+1/k} = P_k + 2C_k + A_k$$

$$K_{k+1}^0 = \Sigma_{k+1/k}(\Sigma_{k+1/k} + 1)^{-1}$$

$$P_{k+1} = (1 - K_{k+1}^0)\Sigma_{k+1/k}$$

$$A_{k+1} = 0.25A_k + 1$$

$$C_{k+1} = 0.5(1 - K_{k+1}^0)(C_k + A_k)$$

$$\hat{X}_{k+1}^1 = \hat{X}_k^1 + K_{k+1}^0(Z_{k+1} - \hat{X}_k^1)$$

可以看出,计算的方程比全阶滤波方程简单。从 $P_0 = 10, C_0 = 0, A_0 = 10$,可计算得

k	1	2	3	4	5	6	7
P_k	0.952	0.831	0.799	0.735	0.719	0.715	0.714

(3) 简单降阶滤波。

系统模型仅考虑 X_k^1,且不考虑 X_k^2 的影响,则根据式(2.2.4),有

$$\hat{X}_k^1 = \hat{X}_{k-1}^1 + K_k^1(Z_k - \hat{X}_{k-1}^1)$$
$$K_k^1 = P_{k/k-1}^1(P_{k/k-1}^1 + 1)^{-1}$$
$$P_{k/k-1}^1 = P_{k-1}^1$$
$$P_k^1 = (1 - K_k^1)P_{k/k-1}^1 = \left(1 - \frac{P_{k/k-1}^1}{P_{k/k-1}^1 + 1}\right)P_{k/k-1}^1 = K_k^1$$

式中,上标 1 表示用 X_k^1 作模型状态所得到的各种值。

从 $P_0^1 = 10$ 可算得 $P_k(K_k)$ 的值,如下表第二行所列。根据卡尔曼滤波的误差分析(将在 3.10 节中介绍)可解得实际的均方误差(估计值相对真实状态的实际偏差)P_k^r,见下表。

k	1	2	3	4	5	6	7
$P_k(K_k)$	0.909	0.476	0.323	0.244	0.196	0.164	0.141
P_k^r	0.938	1.248	2.215	3.200	4.157	5.150	7.810

从上述表所列数据可看出,滤波(2) 的估计均方误差与滤波(1) 相近,而滤波(3) 忽略了 X_k^2,相当于系统忽略了噪声,使得计算的均方误差虽然很快减小,但实际的均方误差却越来越大,即滤波器产生发散现象。

考虑了删去状态影响的降阶滤波方法比一般的次优滤波方法好。但是,这种方法并不能保证在任意删去多少状态的条件下都能使估计均方误差接近最优。它的估计均方误差与系统结构、删去状态的多少及其在系统中的作用等因素有关。这种方法用作降阶滤波的不足之处是计算量比卡尔曼滤波基本方程的计算量减少不多。但这可采取与其他次优方法(例如下面将介绍的计算参数分段常值等)相结合的办法来解决。当采用其他降阶滤波方法时,也可以将这种方法作为可能降阶的程度以及明确哪些状态影响较小的参考。

3.9.2 常增益次优滤波

滤波计算中有关估计均方误差的计算都是为计算增益阵作准备的,因此可以说,滤波的主要计算量在于计算增益阵。如果增益阵取为常值阵,则这些计算都可以免去,计算量就会大大减少。如果对定常系统采用常增益阵,则常取稳态增益作为常值增益。对离散系统,常值增益为

$$\boldsymbol{K} = \bar{\boldsymbol{P}}\boldsymbol{H}^{\mathrm{T}}(\boldsymbol{H}\bar{\boldsymbol{P}}\boldsymbol{H}^{\mathrm{T}} + \boldsymbol{R})^{-1} \tag{3.9.15}$$

式中,$\bar{\boldsymbol{P}}$ 为稳态一步预测均方误差阵,按下式计算

$$\bar{\boldsymbol{P}} = \boldsymbol{\Phi}\bar{\boldsymbol{P}}\boldsymbol{\Phi}^{\mathrm{T}} - \boldsymbol{\Phi}\bar{\boldsymbol{P}}\boldsymbol{H}^{\mathrm{T}}[\boldsymbol{H}\bar{\boldsymbol{P}}\boldsymbol{H}^{\mathrm{T}} + \boldsymbol{R}]^{-1}\boldsymbol{H}\bar{\boldsymbol{P}}\boldsymbol{\Phi}^{\mathrm{T}} + \boldsymbol{\Gamma}\boldsymbol{Q}\boldsymbol{\Gamma}^{\mathrm{T}} \tag{3.9.16}$$

在达到稳态以前,这种滤波方法是次优的。当然,它达到稳态的时间比最优滤波达到稳态的时间长。这种滤波方法的估计均方误差(在滤波器中不需要计算)为

$$\boldsymbol{P}_{k/k-1} = \boldsymbol{\Phi}\boldsymbol{P}_{k-1}\boldsymbol{\Phi}^{\mathrm{T}} + \boldsymbol{\Gamma}\boldsymbol{Q}\boldsymbol{\Gamma}^{\mathrm{T}} \tag{3.9.17}$$

$$\boldsymbol{P}_k = (\boldsymbol{I} - \boldsymbol{K}\boldsymbol{H})\boldsymbol{P}_{k/k-1}(\boldsymbol{I} - \boldsymbol{K}\boldsymbol{H})^{\mathrm{T}} + \boldsymbol{K}\boldsymbol{R}\boldsymbol{K}^{\mathrm{T}} \tag{3.9.18}$$

下面举一个简单的例子来说明常增益滤波方法。

例 3-6 设系统和量测为

$$X_{k+1} = X_k + W_k$$
$$Z_k = X_k + V_k$$

状态和量测都是标量。$\{W_k\}$ 和 $\{V_k\}$ 是互不相关的零均值白噪声序列，且与 X_0 不相关，方差都为 1，即

$$Q_k = 1,\quad R_k = 1$$

且

$$E[X_0]=0,\ \mathrm{Var}[X_0]=10$$

按变增益设计最优滤波器和常增益设计次优滤波器，并比较两者的滤波效果。

解

按最优滤波有

$$K_k = P_{k/k-1}(P_{k/k-1}+1)^{-1}$$

$$P_k = (1-K_k)P_{k/k-1} = K_k$$

$$P_{k+1/k} = (1-K_k)P_{k/k-1}+1 = K_k+1$$

取 $\hat{X}_0=0, P_0=10$，可得：

k	1	2	3	4	5	6	7
$P_{k/k-1}$	11	1.917	1.657	1.624	1.619	1.618	1.618
$P_k = K_k$	0.917	0.657	0.624	0.619	0.618	0.618	0.618

稳态一步预测均方误差阵按式(3.9.16)确定

$$\bar{P}^2 - \bar{P} - 1 = 0$$

$$\bar{P} = \frac{1}{2}(1\pm\sqrt{5})$$

取正值得

$$\bar{P} = 1.618$$

根据式(3.9.15)，得

$$K = \bar{P}(\bar{P}+1)^{-1} = 0.618$$

由式(2.2.4e′)得稳态估计均方误差为

$$P = (1-K)\bar{P} = 0.618$$

如果按常增益滤波方法，则根据式(3.9.17)和式(3.9.18)有

$$P_{k/k-1} = P_{k-1}+1$$

$$P_k = (1-K)^2 P_{k/k-1} + K^2$$

取 $K=0.618$，则可算得：

k	1	2	3	4	5	6	7	8
$P_{k/k-1}$	11	2.987	1.818	1.647	1.622	1.619	1.618	1.618
P_k	1.987	0.818	0.647	0.622	0.619	0.618	0.618	0.618

图 3.9.2 所示为两种滤波方法中 P_k 的变化情况。从图中可看出，在常增益滤波中，P_k 达

到稳定的时间比最佳增益滤波所需时间长，而最终两种滤波的 P_k 会重合。这说明常增益滤波将逐渐趋于最优滤波，但在达到稳定之前，常增益滤波是次优的。

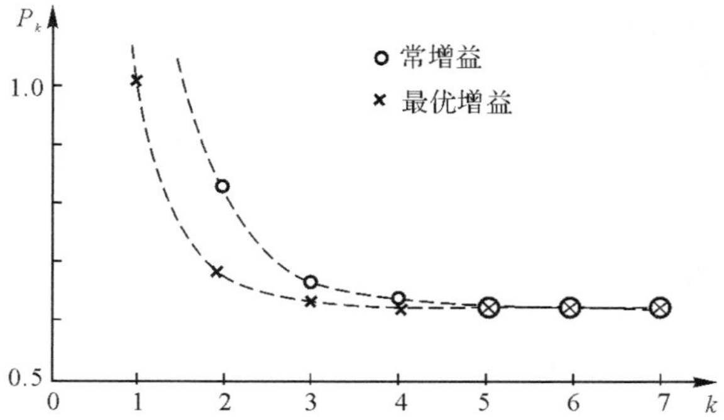

图 3.9.2　常增益滤波和最优增益滤波中 P_k 的变化

常增益滤波是一种最简单的次优滤波方法。如果它的估计均方误差不能满足要求，则还可采用分段常增益的方法，以改善滤波效果。例如上例中，可取 $k=1$ 时刻的最优增益值0.917作为第一个常增益值 K_1，而其余时刻的常增益值 $K_k(k=2,3,\cdots)$ 均取为0.618，这样的常增益滤波的效果与最优滤波的效果几乎是相同的。

分段常值增益的滤波效果必须通过计算估计均方误差考核。

3.9.3　系统解耦次优滤波

系统中各个状态之间的联系有的紧密，有的疏松。如果能把状态向量分成几组状态向量，每组状态向量由彼此关联紧密的状态所组成，而且，各组状态向量都有与之有关的量测值，则系统和量测可以分成阶数较低的几组，并以此来设计相应的滤波器，那么滤波计算量必然会有效的降低。当然，各组滤波器因没有考虑其他子系统的影响，所以是一种次优滤波方法。例如，系统和量测为

$$\begin{bmatrix} \boldsymbol{X}_{k+1}^1 \\ \boldsymbol{X}_{k+1}^2 \end{bmatrix} = \begin{bmatrix} \boldsymbol{\Phi}_{k+1,k}^{11} & \boldsymbol{\Phi}_{k+1,k}^{12} \\ \boldsymbol{\Phi}_{k+1,k}^{21} & \boldsymbol{\Phi}_{k+1,k}^{22} \end{bmatrix} \begin{bmatrix} \boldsymbol{X}_k^1 \\ \boldsymbol{X}_k^2 \end{bmatrix} + \begin{bmatrix} \boldsymbol{\Gamma}_k^1 & \boldsymbol{0} \\ \boldsymbol{0} & \boldsymbol{\Gamma}_k^2 \end{bmatrix} \begin{bmatrix} \boldsymbol{W}_k^1 \\ \boldsymbol{W}_k^2 \end{bmatrix}$$

$$\begin{bmatrix} \boldsymbol{Z}_k^1 \\ \boldsymbol{Z}_k^2 \end{bmatrix} = \begin{bmatrix} \boldsymbol{H}_k^1 & \boldsymbol{0} \\ \boldsymbol{0} & \boldsymbol{H}_k^2 \end{bmatrix} \begin{bmatrix} \boldsymbol{X}_k^1 \\ \boldsymbol{X}_k^2 \end{bmatrix} + \begin{bmatrix} \boldsymbol{V}_k^1 \\ \boldsymbol{V}_k^2 \end{bmatrix}$$

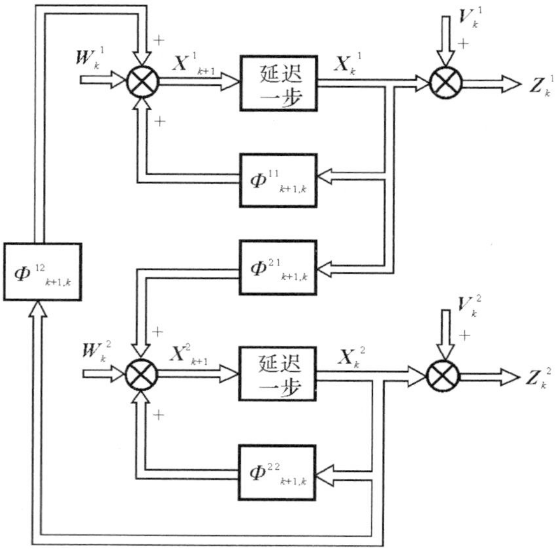

图 3.9.3　可以解耦的系统和量测结构图

其中 $\{\boldsymbol{W}_k^1\}$，$\{\boldsymbol{W}_k^2\}$，$\{\boldsymbol{V}_k^1\}$，$\{\boldsymbol{V}_k^2\}$ 为互不相关（或相关性很小）的白噪声序列。$\boldsymbol{X}_k^1$ 和 $\boldsymbol{X}_k^2$ 各为 n_1 和 n_2 维状态向量，转移矩阵 $\boldsymbol{\Phi}_{k+1,k}^{12}$ 和 $\boldsymbol{\Phi}_{k+1,k}^{21}$ 是 $\boldsymbol{X}_{k+1}^1$ 和 $\boldsymbol{X}_{k+1}^2$ 的耦合矩阵。图3.9.3所示为系统和量测的结构图。

如果 $\boldsymbol{\Phi}_{k+1,k}^{12}$ 和 $\boldsymbol{\Phi}_{k+1,k}^{21}$ 中的每个元都非常小，即 $\boldsymbol{X}_{k+1}^1$ 和 $\boldsymbol{X}_{k+1}^2$ 之间的耦合非常弱，则可以忽略这种耦合，将系统解耦成两个阶数分别为 n_1 和 n_2 的子系统。$\boldsymbol{X}_k^1$ 和 $\boldsymbol{X}_k^2$ 的估计分别由两个子系统和量测组成的独立滤波器中求取。这种处理方法在惯导系统中也是经常使用的。例如惯导系统的东西向回路（指东西向加速度计所在的回路）、南北向回路和方位回路，这三个回路是互相耦合的，但它们之间的耦合松紧程度不一样，南北向回路和方位回路耦合紧密，东西向回路与另两个回路耦合较松，尤其在某些工作情况下，例如运载体的速度不大或在静基座工作条

件下(如地面初始对准或定期标定等),这种耦合关系就更松。根据对系统工作的要求程度,有时就把整个系统解耦成东西回路子系统、南北回路子系统及方位回路子系统来考虑。

系统能否解耦成若干个子系统,以及如何解耦,这不但与系统的结构以及对估计的性能要求有关,而且还要求对系统物理过程有充分的了解,并通过各种方案的误差数值计算(主要是估计均方误差的计算),才能初步确定下来。这种方案的估计效果最终还得通过实践才能得到证实。

3.10 卡尔曼滤波误差分析

设计卡尔曼滤波器时,必须先已知系统和量测的模型以及系统噪声和量测噪声的统计特性。但由于对系统认识不全面,或者为了简化计算而将模型简化,往往使确定的滤波模型与实际系统不符,加之精确的噪声先验统计量很难获得。所以,滤波除了可能会产生发散现象外,必然会产生滤波误差。因此,当确定系统和量测模型时,一般都要根据滤波要求进行误差分析,主要是对估计的均方误差阵作误差分析。对次优卡尔曼滤波,误差分析更是常用的分析手段。

3.10.1 离散系统的卡尔曼滤波误差分析一般方法

1. *方差误差分析*

设真实系统和量测为

$$\boldsymbol{X}_k^r = \boldsymbol{\Phi}_{k,k-1}^r \boldsymbol{X}_{k-1}^r + \boldsymbol{\Gamma}_{k-1}^r \boldsymbol{W}_{k-1}^r \tag{3.10.1}$$

$$\boldsymbol{Z}_k = \boldsymbol{H}_k^r \boldsymbol{X}_k^r + \boldsymbol{V}_k^r \tag{3.10.2}$$

式中,上标 r 表示真实量;$\{\boldsymbol{W}_k^r\}$ 和 $\{\boldsymbol{V}_k^r\}$ 都是零均值白噪声序列;方差分别为 $\boldsymbol{Q}_k^r$ 和 $\boldsymbol{R}_k^r$;$\boldsymbol{W}_k^r, \boldsymbol{V}_k^r$, $\boldsymbol{X}_0^r$ 三者互不相关。当设计卡尔曼滤波器时,系统模型和量测模型取作

$$\boldsymbol{X}_k = \boldsymbol{\Phi}_{k,k-1} \boldsymbol{X}_{k-1} + \boldsymbol{\Gamma}_{k-1} \boldsymbol{W}_{k-1} \tag{3.10.3}$$

$$\boldsymbol{Z}_k = \boldsymbol{H}_k \boldsymbol{X}_k + \boldsymbol{V}_k \tag{3.10.4}$$

式中,$\{\boldsymbol{W}_k\}$ 和 $\{\boldsymbol{V}_k\}$ 都是零均值的白噪声序列;方差分别为 $\boldsymbol{Q}_k$ 和 $\boldsymbol{R}_k$;$\boldsymbol{W}_k, \boldsymbol{V}_k, \boldsymbol{X}_0$ 三者互不相关。根据式(2.2.4)滤波方程为

$$\hat{\boldsymbol{X}}_k = \hat{\boldsymbol{X}}_{k/k-1} + \boldsymbol{K}_k(\boldsymbol{Z}_k - \boldsymbol{H}_k \hat{\boldsymbol{X}}_{k/k-1}) \tag{3.10.5}$$

$$\hat{\boldsymbol{X}}_{k/k-1} = \boldsymbol{\Phi}_{k,k-1} \hat{\boldsymbol{X}}_{k-1} \tag{3.10.6}$$

$$\boldsymbol{K}_k = \boldsymbol{P}_{k/k-1} \boldsymbol{H}_k^{\mathrm{T}} (\boldsymbol{H}_k \boldsymbol{P}_{k/k-1} \boldsymbol{H}_k^{\mathrm{T}} + \boldsymbol{R}_k)^{-1} \tag{3.10.7}$$

$$\boldsymbol{P}_{k/k-1} = \boldsymbol{\Phi}_{k,k-1} \boldsymbol{P}_{k-1} \boldsymbol{\Phi}_{k,k-1}^{\mathrm{T}} + \boldsymbol{\Gamma}_{k-1} \boldsymbol{Q}_{k-1} \boldsymbol{\Gamma}_{k-1}^{\mathrm{T}} \tag{3.10.8}$$

$$\boldsymbol{P}_k = (\boldsymbol{I} - \boldsymbol{K}_k \boldsymbol{H}_k) \boldsymbol{P}_{k/k-1} (\boldsymbol{I} - \boldsymbol{K}_k \boldsymbol{H}_k)^{\mathrm{T}} + \boldsymbol{K}_k \boldsymbol{R}_k \boldsymbol{K}_k^{\mathrm{T}} = (\boldsymbol{I} - \boldsymbol{K}_k \boldsymbol{H}_k) \boldsymbol{P}_{k/k-1} \tag{3.10.9}$$

应注意,滤波计算得的 $\hat{\boldsymbol{X}}_k$ 是对模型状态 $\boldsymbol{X}_k$ 的最优估计,而不是对真实状态 $\boldsymbol{X}_k^r$ 的最优估计;$\boldsymbol{P}_k$ 也仅是针对 $\boldsymbol{X}_k$ 的估计均方误差阵,而不是实际的估计均方误差。误差分析就是要找出实际的估计均方误差,以了解实际的滤波效果。为此,令

$$\widetilde{\boldsymbol{X}}_k^P \xlongequal{\mathrm{def}} \boldsymbol{X}_k^r - \hat{\boldsymbol{X}}_k$$

$$\widetilde{\boldsymbol{X}}_{k/k-1}^P \xlongequal{\mathrm{def}} \boldsymbol{X}_k^r - \hat{\boldsymbol{X}}_{k/k-1}$$

$$\boldsymbol{P}_k^P \xlongequal{\mathrm{def}} E[\widetilde{\boldsymbol{X}}_k^P \widetilde{\boldsymbol{X}}_k^{P\mathrm{T}}]$$

$$\boldsymbol{P}_{k/k-1}^{P} \xlongequal{\text{def}} E[\widetilde{\boldsymbol{X}}_{k/k-1}^{P}\widetilde{\boldsymbol{X}}_{k/k-1}^{P\mathrm{T}}]$$

$$\Delta\boldsymbol{\Phi}_{k,k-1} \xlongequal{\text{def}} \boldsymbol{\Phi}_{k,k-1}^{r}-\boldsymbol{\Phi}_{k,k-1}$$

$$\Delta\boldsymbol{H}_{k} \xlongequal{\text{def}} \boldsymbol{H}_{k}^{r}-\boldsymbol{H}_{k}$$

根据式(3.10.2)、式(3.10.5)和式(3.10.6)有

$$\begin{aligned}\widetilde{\boldsymbol{X}}_{k}^{P}=&\boldsymbol{X}_{k}^{r}-\hat{\boldsymbol{X}}_{k/k-1}-\boldsymbol{K}_{k}(\boldsymbol{H}_{k}^{r}\boldsymbol{X}_{k}^{r}+\boldsymbol{V}_{k}^{r}-\boldsymbol{H}_{k}\hat{\boldsymbol{X}}_{k/k-1})=\\&(\boldsymbol{I}-\boldsymbol{K}_{k}\boldsymbol{H}_{k})\widetilde{\boldsymbol{X}}_{k/k-1}^{P}-\boldsymbol{K}_{k}\Delta\boldsymbol{H}_{k}\boldsymbol{X}_{k}^{r}-\boldsymbol{K}_{k}\boldsymbol{V}_{k}^{r}\end{aligned}\tag{3.10.10}$$

$$\begin{aligned}\widetilde{\boldsymbol{X}}_{k/k-1}^{P}=&\boldsymbol{\Phi}_{k,k-1}^{r}\boldsymbol{X}_{k-1}^{r}+\boldsymbol{\Gamma}_{k-1}^{r}\boldsymbol{W}_{k-1}^{r}-\boldsymbol{\Phi}_{k,k-1}\hat{\boldsymbol{X}}_{k-1}=\\&\boldsymbol{\Phi}_{k,k-1}\widetilde{\boldsymbol{X}}_{k-1}^{P}+\Delta\boldsymbol{\Phi}_{k,k-1}\boldsymbol{X}_{k-1}^{r}+\boldsymbol{\Gamma}_{k-1}^{r}\boldsymbol{W}_{k-1}^{r}\end{aligned}\tag{3.10.11}$$

将式(3.10.10)、式(3.10.11)两边取均方，得

$$\begin{aligned}\boldsymbol{P}_{k}^{P}=&(\boldsymbol{I}-\boldsymbol{K}_{k}\boldsymbol{H}_{k})\boldsymbol{P}_{k/k-1}^{P}(\boldsymbol{I}-\boldsymbol{K}_{k}\boldsymbol{H}_{k})^{\mathrm{T}}+\boldsymbol{K}_{k}\Delta\boldsymbol{H}_{k}\boldsymbol{A}_{k}\Delta\boldsymbol{H}_{k}^{\mathrm{T}}\boldsymbol{K}_{k}^{\mathrm{T}}+\\&\boldsymbol{K}_{k}\boldsymbol{R}_{k}^{r}\boldsymbol{K}_{k}^{\mathrm{T}}-(\boldsymbol{I}-\boldsymbol{K}_{k}\boldsymbol{H}_{k})\boldsymbol{C}_{k/k-1}^{\mathrm{T}}\Delta\boldsymbol{H}_{k}^{\mathrm{T}}\boldsymbol{K}_{k}^{\mathrm{T}}-\\&\boldsymbol{K}_{k}\Delta\boldsymbol{H}_{k}\boldsymbol{C}_{k/k-1}(\boldsymbol{I}-\boldsymbol{K}_{k}\boldsymbol{H}_{k})^{\mathrm{T}}\end{aligned}\tag{3.10.12}$$

$$\begin{aligned}\boldsymbol{P}_{k/k-1}^{P}=&\boldsymbol{\Phi}_{k,k-1}\boldsymbol{P}_{k-1}^{P}\boldsymbol{\Phi}_{k,k-1}^{\mathrm{T}}+\Delta\boldsymbol{\Phi}_{k,k-1}\boldsymbol{A}_{k-1}\Delta\boldsymbol{\Phi}_{k,k-1}^{\mathrm{T}}+\\&\boldsymbol{\Gamma}_{k-1}^{r}\boldsymbol{Q}_{k-1}^{r}\boldsymbol{\Gamma}_{k-1}^{r\mathrm{T}}+\boldsymbol{\Phi}_{k,k-1}\boldsymbol{C}_{k-1}^{\mathrm{T}}\Delta\boldsymbol{\Phi}_{k,k-1}^{\mathrm{T}}+\\&\Delta\boldsymbol{\Phi}_{k,k-1}\boldsymbol{C}_{k-1}\boldsymbol{\Phi}_{k,k-1}^{\mathrm{T}}\end{aligned}\tag{3.10.13}$$

式中

$$\boldsymbol{A}_{k} \xlongequal{\text{def}} E[\boldsymbol{X}_{k}^{r}\boldsymbol{X}_{k}^{r\mathrm{T}}]$$

$$\boldsymbol{C}_{k} \xlongequal{\text{def}} E[\boldsymbol{X}_{k}^{r}\widetilde{\boldsymbol{X}}_{k}^{P\mathrm{T}}]$$

$$\boldsymbol{C}_{k/k-1} \xlongequal{\text{def}} E[\boldsymbol{X}_{k}^{r}\widetilde{\boldsymbol{X}}_{k/k-1}^{P\mathrm{T}}]$$

根据式(3.10.1)、式(3.10.10)、式(3.10.11)可推得以上各阵的递推公式，即

$$\boldsymbol{A}_{k}=\boldsymbol{\Phi}_{k,k-1}^{r}\boldsymbol{A}_{k-1}\boldsymbol{\Phi}_{k,k-1}^{r\mathrm{T}}+\boldsymbol{\Gamma}_{k-1}^{r}\boldsymbol{Q}_{k-1}^{r}\boldsymbol{\Gamma}_{k-1}^{r\mathrm{T}}\tag{3.10.14}$$

$$\boldsymbol{C}_{k}=\boldsymbol{C}_{k/k-1}(\boldsymbol{I}-\boldsymbol{K}_{k}\boldsymbol{H}_{k})^{\mathrm{T}}-\boldsymbol{A}_{k}\Delta\boldsymbol{H}_{k}^{\mathrm{T}}\boldsymbol{K}_{k}^{\mathrm{T}}\tag{3.10.15}$$

$$\boldsymbol{C}_{k/k-1}=\boldsymbol{\Phi}_{k,k-1}^{r}\boldsymbol{C}_{k-1}\boldsymbol{\Phi}_{k,k-1}^{\mathrm{T}}+\boldsymbol{\Phi}_{k,k-1}^{r}\boldsymbol{A}_{k-1}\Delta\boldsymbol{\Phi}_{k,k-1}^{\mathrm{T}}+\boldsymbol{\Gamma}_{k-1}^{r}\boldsymbol{Q}_{k-1}^{r}\boldsymbol{\Gamma}_{k-1}^{r\mathrm{T}}\tag{3.10.16}$$

以上各种均方阵的初始值分别为

$$\boldsymbol{P}_{0}^{P}=E[(\boldsymbol{X}_{0}^{r}-\hat{\boldsymbol{X}}_{0})(\boldsymbol{X}_{0}^{r}-\hat{\boldsymbol{X}}_{0})^{\mathrm{T}}]$$

$$\boldsymbol{A}_{0}=E[\boldsymbol{X}_{0}^{r}\boldsymbol{X}_{0}^{r\mathrm{T}}]$$

$$\boldsymbol{C}_{0}=E[\boldsymbol{X}_{0}^{r}(\boldsymbol{X}_{0}^{r}-\hat{\boldsymbol{X}}_{0})^{\mathrm{T}}]$$

如果取 $\hat{\boldsymbol{X}}_{0}=\boldsymbol{0}$，则 $\boldsymbol{P}_{0}^{P}=\boldsymbol{A}_{0}=\boldsymbol{C}_{0}$。

在确知真实系统的情况下，不论是模型的参数不准(即存在 $\Delta\boldsymbol{\Phi}_{k,k-1}$ 或 $\Delta\boldsymbol{H}_{k}$)，还是初始估计的均方误差不准(即 $\boldsymbol{P}_{0}\neq\boldsymbol{P}_{0}^{P}$)，都可以根据以上方程先计算 $\boldsymbol{A}_{k}$，再计算 $\boldsymbol{C}_{k}$ 和 $\boldsymbol{C}_{k+1/k}$，进而算出 $\boldsymbol{P}_{k+1/k}^{P}$，最后算出 $\boldsymbol{P}_{k+1}^{P}$，从而得到在简化的系统模型条件下所作的滤波估计的实际均方误差阵，以便从均方误差的角度来检验滤波器的估计精度是否满足要求。这种利用 $\boldsymbol{P}_{k}^{P}$ 来进行误差分析的方法常称为方差误差分析。

2. 灵敏度分析

除了直接检验 $\boldsymbol{P}_{k}^{P}$ 阵中对角线元素值是否满足滤波估计的要求外，还可以采用灵敏度这个量表征系统模型参数的变化对估计的均方误差的影响，以衡量系统模型各参数值的合理

性。即令

$$\boldsymbol{S}_{i,k}=\frac{\boldsymbol{P}_k^P-\boldsymbol{P}_k}{\Delta b_i} \tag{3.10.17}$$

式中，Δb_i 是系统模型中某参数值与真实值的差异。例如 $\Delta\boldsymbol{\Phi}_{k,k-1}$，$\Delta\boldsymbol{H}_k$ 或 $\Delta\boldsymbol{Q}_k$（$\Delta\boldsymbol{Q}_k=\boldsymbol{Q}_k^r-\boldsymbol{Q}_k$），$\Delta\boldsymbol{R}_k$（$\Delta\boldsymbol{R}_k=\boldsymbol{R}_k^r-\boldsymbol{R}_k$）中的某个元素值；$\boldsymbol{S}_{i,k}$ 称为大尺度灵敏度；$\boldsymbol{P}_k^P$ 和 $\boldsymbol{P}_k$ 是系统模型中某参数值与真实值 b_i 有差异时的实际估计均方误差阵和计算的估计均方误差阵。

在不少情况下，对真实系统的了解并不十分透彻，或缺乏精确的噪声方差值，因而不可能求出 $\boldsymbol{P}_k^P$ 或 $\boldsymbol{S}_{i,k}$。在此情况下，可采用“小尺度灵敏度”（$\boldsymbol{r}_{i,k}$）这个量作分析，即令

$$\boldsymbol{r}_{i,k}=\left.\frac{\partial\boldsymbol{P}_k^P}{\partial b_i^r}\right|_{\boldsymbol{b}^r=\boldsymbol{b}} \tag{3.10.18}$$

为了得到求解 $\boldsymbol{r}_{i,k}$ 的方程，将式(3.10.12)两边对 b_i^r 取偏导数，其中右边第二项取偏导数后为

$$\frac{\partial}{\partial b_i^r}[\boldsymbol{K}_k\Delta\boldsymbol{H}_k\boldsymbol{A}_k\Delta\boldsymbol{H}_k^{\mathrm{T}}\boldsymbol{K}_k^{\mathrm{T}}]\Big|_{\boldsymbol{b}^r=\boldsymbol{b}}=\frac{\partial}{\partial b_i^r}[\boldsymbol{K}_k(\boldsymbol{H}_k^r-\boldsymbol{H}_k)\boldsymbol{A}_k(\boldsymbol{H}_k^r-\boldsymbol{H}_k)^{\mathrm{T}}\boldsymbol{K}_k^{\mathrm{T}}]\Big|_{\boldsymbol{b}^r=\boldsymbol{b}}$$

将其展开为4项，每项中的 $\boldsymbol{H}_k^r$ 和 $\boldsymbol{A}_k$ 都是 b_i^r 的函数，对 b_i^r 求偏导数，并在 $\boldsymbol{b}^r=\boldsymbol{b}$ 的条件下，最后可得该项的偏导数为零。同样，对式(3.10.12)右边第四、五项中 $\Delta\boldsymbol{H}_k$ 用（$\boldsymbol{H}_k^r-\boldsymbol{H}_k$）代替，对 b_i^r 取偏导数，并考虑到

$$\begin{aligned}\boldsymbol{C}_{k/k-1}\big|_{\boldsymbol{b}^r=\boldsymbol{b}}&=E[\boldsymbol{X}_k^r\widetilde{\boldsymbol{X}}_{k/k-1}^{P\mathrm{T}}]\big|_{\boldsymbol{b}^r=\boldsymbol{b}}=\\&E[\boldsymbol{X}_k^r\widetilde{\boldsymbol{X}}_{k/k-1}^{P\mathrm{T}}-\hat{\boldsymbol{X}}_{k/k-1}\widetilde{\boldsymbol{X}}_{k/k-1}^{\mathrm{T}}]\big|_{\boldsymbol{b}^r=\boldsymbol{b}}=\\&E[\boldsymbol{X}_k\widetilde{\boldsymbol{X}}_{k/k-1}^{\mathrm{T}}-\hat{\boldsymbol{X}}_{k/k-1}\widetilde{\boldsymbol{X}}_{k/k-1}^{\mathrm{T}}]=\\&E[\widetilde{\boldsymbol{X}}_{k/k-1}\widetilde{\boldsymbol{X}}_{k/k-1}^{\mathrm{T}}]=\boldsymbol{P}_{k/k-1}\end{aligned}$$

式中，$\widetilde{\boldsymbol{X}}_{k/k-1}$ 是一步预测 $\hat{\boldsymbol{X}}_{k/k-1}$ 的预测误差，因为两者正交，所以 $E[\hat{\boldsymbol{X}}_{k/k-1}\widetilde{\boldsymbol{X}}_{k/k-1}^{\mathrm{T}}]=\boldsymbol{0}$。

同样可推得

$$\boldsymbol{C}_{k-1}\big|_{\boldsymbol{b}^r=\boldsymbol{b}}=\boldsymbol{P}_{k-1}$$

因此，第四和第五项的偏导数分别为

$$\frac{\partial}{\partial b_i^r}[(\boldsymbol{I}-\boldsymbol{K}_k\boldsymbol{H}_k)\boldsymbol{C}_{k/k-1}^{\mathrm{T}}\Delta\boldsymbol{H}_k^{\mathrm{T}}\boldsymbol{K}_k^{\mathrm{T}}]\big|_{\boldsymbol{b}^r=\boldsymbol{b}}=$$

$$(\boldsymbol{I}-\boldsymbol{K}_k\boldsymbol{H}_k)\boldsymbol{P}_{k/k-1}^{\mathrm{T}}\left.\frac{\partial\boldsymbol{H}_k^r}{\partial b_i^r}\right|_{\boldsymbol{b}^r=\boldsymbol{b}}\boldsymbol{K}_k^{\mathrm{T}}$$

$$\frac{\partial}{\partial b_i^r}[\boldsymbol{K}_k\Delta\boldsymbol{H}_k\boldsymbol{C}_{k/k-1}(\boldsymbol{I}-\boldsymbol{K}_k\boldsymbol{H}_k)^{\mathrm{T}}]\Big|_{\boldsymbol{b}^r=\boldsymbol{b}}=$$

$$\boldsymbol{K}_k\left.\frac{\partial\boldsymbol{H}_k^r}{\partial b_i^r}\right|_{\boldsymbol{b}^r=\boldsymbol{b}}\boldsymbol{P}_{k/k-1}(\boldsymbol{I}-\boldsymbol{K}_k\boldsymbol{H}_k)^{\mathrm{T}}$$

这样就得到求解小尺度灵敏度的方程

$$\begin{aligned}\boldsymbol{r}_{i,k}=&(\boldsymbol{I}-\boldsymbol{K}_k\boldsymbol{H}_k)\boldsymbol{r}_{i,k/k-1}(\boldsymbol{I}-\boldsymbol{K}_k\boldsymbol{H}_k)^{\mathrm{T}}+\boldsymbol{K}_k\left.\frac{\partial\boldsymbol{R}_k^r}{\partial b_i^r}\right|_{\boldsymbol{b}^r=\boldsymbol{b}}\boldsymbol{K}_k^{\mathrm{T}}-\\&(\boldsymbol{I}-\boldsymbol{K}_k\boldsymbol{H}_k)\boldsymbol{P}_{k/k-1}^{\mathrm{T}}\left.\frac{\partial\boldsymbol{H}_k^r}{\partial b_i^r}\right|_{\boldsymbol{b}^r=\boldsymbol{b}}\boldsymbol{K}_k^{\mathrm{T}}-\boldsymbol{K}_k\left.\frac{\partial\boldsymbol{H}_k^r}{\partial b_i^r}\right|_{\boldsymbol{b}^r=\boldsymbol{b}}\\&\boldsymbol{P}_{k/k-1}(\boldsymbol{I}-\boldsymbol{K}_k\boldsymbol{H}_k)^{\mathrm{T}}\end{aligned} \tag{3.10.19}$$

式中

$$\boldsymbol{r}_{i,k/k-1}=\left.\frac{\partial\boldsymbol{P}_{k/k-1}^P}{\partial b_i^r}\right|_{\boldsymbol{b}^r=\boldsymbol{b}} \tag{3.10.20}$$

式(3.10.13)两边对 b_i^r 取偏导数,得

$$
\boldsymbol{r}_{i,k/k-1}=\boldsymbol{\Phi}_{k,k-1}\boldsymbol{r}_{i,k-1}\boldsymbol{\Phi}_{k,k-1}^{\mathrm{T}}+\frac{\partial}{\partial b_i^r}(\boldsymbol{\Gamma}_{k-1}^r\boldsymbol{Q}_{k-1}^r\boldsymbol{\Gamma}_{k-1}^{r\mathrm{T}})\Big|_{\boldsymbol{b}^r=\boldsymbol{b}}+
$$

$$
\boldsymbol{\Phi}_{k/k-1}\boldsymbol{P}_{k-1}^{\mathrm{T}}\frac{\partial\boldsymbol{\Phi}_{k,k-1}^{r\mathrm{T}}}{\partial b_i^r}\Big|_{\boldsymbol{b}^r=\boldsymbol{b}}+\frac{\partial\boldsymbol{\Phi}_{k,k-1}^r}{\partial b_k^i}\Big|_{\boldsymbol{b}^r=\boldsymbol{b}}\boldsymbol{P}_{k-1}\boldsymbol{\Phi}_{k,k-1}^{\mathrm{T}} \tag{3.10.21}
$$

式中

$$
\boldsymbol{r}_{i,0}=\frac{\partial\boldsymbol{P}_0^P}{\partial b_i^r}\Big|_{\boldsymbol{b}^r=\boldsymbol{b}} \tag{3.10.22}
$$

可以看出,小尺度灵敏度的求解不需要真实系统和量测的具体参数值,只需要模型的参数值。但如果真实的参数值与模型的参数值相差很大,而这又是不了解真实系统的经常有的情况,则小尺度灵敏度就不足以表征实际的灵敏度。因此,小尺度灵敏度的应用有一定的局限性。

3.10.2 连续系统的卡尔曼滤波误差分析一般方法

1. *方差误差分析*

设真实系统和量测为

$$
\dot{\boldsymbol{X}}^r(t)=\boldsymbol{F}^r(t)\boldsymbol{X}^r(t)+\boldsymbol{G}^r(t)\boldsymbol{w}^r(t) \tag{3.10.23}
$$

$$
\boldsymbol{Z}(t)=\boldsymbol{H}^r(t)\boldsymbol{X}^r(t)+\boldsymbol{v}^r(t) \tag{3.10.24}
$$

而滤波器设计中采用的系统模型和量测模型为

$$
\dot{\boldsymbol{X}}(t)=\boldsymbol{F}(t)\boldsymbol{X}(t)+\boldsymbol{G}(t)\boldsymbol{w}(t) \tag{3.10.25}
$$

$$
\boldsymbol{Z}(t)=\boldsymbol{H}(t)\boldsymbol{X}(t)+\boldsymbol{v}(t) \tag{3.10.26}
$$

上述诸方程中的噪声统计特性与离散系统中的说明类似,这里不再详述。根据模型,滤波计算方程为

$$
\dot{\hat{\boldsymbol{X}}}(t)=\boldsymbol{F}(t)\hat{\boldsymbol{X}}(t)+\bar{\boldsymbol{K}}(t)[\boldsymbol{Z}(t)-\boldsymbol{H}(t)\hat{\boldsymbol{X}}(t)] \tag{3.10.27}
$$

令

$$
\tilde{\boldsymbol{X}}^P(t)\xlongequal{\text{def}}\boldsymbol{X}^r(t)-\hat{\boldsymbol{X}}(t)
$$

$$
\Delta\boldsymbol{F}(t)\xlongequal{\text{def}}\boldsymbol{F}^r(t)-\boldsymbol{F}(t)
$$

$$
\Delta\boldsymbol{H}(t)\xlongequal{\text{def}}\boldsymbol{H}^r(t)-\boldsymbol{H}(t)
$$

则

$$
\dot{\tilde{\boldsymbol{X}}}^P(t)=[\boldsymbol{F}(t)-\bar{\boldsymbol{K}}(t)\boldsymbol{H}(t)]\tilde{\boldsymbol{X}}^P(t)+[\Delta\boldsymbol{F}(t)-\bar{\boldsymbol{K}}(t)\Delta\boldsymbol{H}(t)]\boldsymbol{X}^r(t)+
$$

$$
\boldsymbol{G}^r(t)\boldsymbol{w}^r(t)-\bar{\boldsymbol{K}}(t)\boldsymbol{v}^r(t) \tag{3.10.28}
$$

实际估计误差 $\tilde{\boldsymbol{X}}^P(t)$ 的微分方程中还包含状态 $\boldsymbol{X}^r(t)$。因此,为了求 $\tilde{\boldsymbol{X}}^P(t)$ 的均方阵 $\boldsymbol{P}^P(t)$,定义一个新的状态向量

$$
\boldsymbol{X}^a(t)\xlongequal{\text{def}}\begin{bmatrix}\tilde{\boldsymbol{X}}^P(t)\\ \boldsymbol{X}^r(t)\end{bmatrix}
$$

从求 $\boldsymbol{X}^a(t)$ 的均方阵求出 $\tilde{\boldsymbol{X}}^P(t)$ 的均方阵。$\boldsymbol{X}^a(t)$ 的状态方程为

$$
\dot{\boldsymbol{X}}^a=\boldsymbol{F}^a(t)\boldsymbol{X}^a(t)+\boldsymbol{w}^a(t) \tag{3.10.29}
$$

式中

$$
\boldsymbol{F}^a(t)=\begin{bmatrix}\boldsymbol{F}(t)-\bar{\boldsymbol{K}}(t)\boldsymbol{H}(t) & \Delta\boldsymbol{F}(t)-\bar{\boldsymbol{K}}(t)\Delta\boldsymbol{H}(t)\\ \boldsymbol{0} & \boldsymbol{F}^r(t)\end{bmatrix}
$$

$$\boldsymbol{w}^a(t)=\begin{bmatrix}\boldsymbol{G}^r(t)\boldsymbol{w}^r(t)-\bar{\boldsymbol{K}}(t)\boldsymbol{v}^r(t)\\ \boldsymbol{G}^r(t)\boldsymbol{w}^r(t)\end{bmatrix}$$

从上式知 $\boldsymbol{w}^a(t)$ 是白噪声向量,其协方差阵为

$$\mathrm{Cov}[\boldsymbol{w}^a(t),\boldsymbol{w}^a(\tau)]=E[\boldsymbol{w}^a(t)\boldsymbol{w}^{aT}(\tau)]=\boldsymbol{T}(t)\delta(t-\tau) \tag{3.10.30}$$

式中

$$\boldsymbol{T}=\begin{bmatrix}\boldsymbol{G}^r(t)\boldsymbol{Q}^r(t)\boldsymbol{G}^{r\mathrm{T}}(t)+\bar{\boldsymbol{K}}(t)\boldsymbol{R}^r(t)\bar{\boldsymbol{K}}^{\mathrm{T}}(t) & \boldsymbol{G}^r(t)\boldsymbol{Q}^r(t)\boldsymbol{G}^{r\mathrm{T}}(t)\\ \boldsymbol{G}^r(t)\boldsymbol{Q}^r(t)\boldsymbol{G}^{r\mathrm{T}}(t) & \boldsymbol{G}^r(t)\boldsymbol{Q}^r(t)\boldsymbol{G}^{r\mathrm{T}}(t)\end{bmatrix} \tag{3.10.31}$$

令

$$\boldsymbol{P}^a(t)=E[\boldsymbol{X}^a(t)\boldsymbol{X}^{a\mathrm{T}}(t)]$$

则

$$\begin{aligned}\dot{\boldsymbol{P}}^a(t)=&\frac{\mathrm{d}}{\mathrm{d}t}E[\boldsymbol{X}^a(t)\boldsymbol{X}^{a\mathrm{T}}(t)]=\\ &E[\dot{\boldsymbol{X}}^a(t)\boldsymbol{X}^{a\mathrm{T}}(t)+\boldsymbol{X}^a(t)\dot{\boldsymbol{X}}^{a\mathrm{T}}(t)]=\\ &E[\boldsymbol{F}^a(t)\boldsymbol{X}^a(t)\boldsymbol{X}^{a\mathrm{T}}(t)+\boldsymbol{w}^a(t)\boldsymbol{X}^{a\mathrm{T}}(t)+\boldsymbol{X}^a(t)\boldsymbol{X}^{a\mathrm{T}}(t)\boldsymbol{F}^{a\mathrm{T}}(t)+\\ &\boldsymbol{X}^a(t)\boldsymbol{w}^{a\mathrm{T}}(t)]=\boldsymbol{F}^a(t)\boldsymbol{P}^a(t)+\boldsymbol{P}^a(t)\boldsymbol{F}^{a\mathrm{T}}(t)+\\ &E[\boldsymbol{w}^a(t)\boldsymbol{X}^{a\mathrm{T}}(t)+\boldsymbol{X}^a(t)\boldsymbol{w}^{a\mathrm{T}}(t)]\end{aligned} \tag{3.10.32}$$

为了求出上式中的均值项,需从式(3.10.29)中解出 $\boldsymbol{X}^a(t)$。即

$$\boldsymbol{X}^a(t)=\boldsymbol{\Phi}^a(t,t_0)\boldsymbol{X}^a(t_0)+\int_{t_0}^{t}\boldsymbol{\Phi}^a(t,\tau)\boldsymbol{w}^a(\tau)\mathrm{d}\tau \tag{3.10.33}$$

其中一步转移阵 $\boldsymbol{\Phi}^a(t,\tau)$ 由下述微分方程确定

$$\begin{cases}\dfrac{\mathrm{d}}{\mathrm{d}t}[\boldsymbol{\Phi}^a(t,\tau)]=\boldsymbol{F}^a(t)\boldsymbol{\Phi}^a(t,\tau)\\ \boldsymbol{\Phi}^a(t,t)=\boldsymbol{I}\end{cases}$$

当 $t\geqslant t_0$ 时,$\boldsymbol{w}^a(t)$ 与 $\boldsymbol{X}^a(t_0)$ 不相关。所以

$$\begin{aligned}&E[\boldsymbol{w}^a(t)\boldsymbol{X}^{a\mathrm{T}}(t)+\boldsymbol{X}^a(t)\boldsymbol{w}^{a\mathrm{T}}(t)]=\\ &\int_{t_0}^{t}E[\boldsymbol{w}^a(t)\boldsymbol{w}^{a\mathrm{T}}(\tau)]\boldsymbol{\Phi}^{a\mathrm{T}}(t,\tau)\mathrm{d}\tau+\int_{t_0}^{t}\boldsymbol{\Phi}^a(t,\tau)E[\boldsymbol{w}^a(\tau)\boldsymbol{W}^{a\mathrm{T}}(t)]\mathrm{d}\tau=\\ &\int_{t_0}^{t}\boldsymbol{T}(t)\boldsymbol{\Phi}^{a\mathrm{T}}(t,\tau)\delta(t-\tau)\mathrm{d}\tau+\int_{t_0}^{t}\boldsymbol{\Phi}^a(t,\tau)\boldsymbol{T}(\tau)\delta(t-\tau)\mathrm{d}\tau\end{aligned}$$

为求上式中的积分,取

$$R_c(t-\tau)=\begin{cases}\dfrac{1}{\Delta t}, & t-\dfrac{\Delta t}{2}\leqslant\tau\leqslant t+\dfrac{\Delta t}{2}\\ 0, & \text{其余 } t\end{cases}$$

则

$$\delta(t-\tau)=\lim_{\Delta t\to 0}R_c(t-\tau)$$

$$\begin{aligned}\int_{t_0}^{t}\boldsymbol{T}(t)\boldsymbol{\Phi}^{a\mathrm{T}}(t,\tau)\delta(t-\tau)\mathrm{d}\tau=&\boldsymbol{T}(t)\int_{t_0}^{t}\boldsymbol{\Phi}^{a\mathrm{T}}(t,\tau)\lim_{\Delta t\to 0}R_c(t-\tau)\mathrm{d}\tau=\\ &\boldsymbol{T}(t)\lim_{\Delta t\to 0}\int_{t-\frac{\Delta t}{2}}^{t}\boldsymbol{\Phi}^{a\mathrm{T}}(t,\tau)\frac{1}{\Delta t}\mathrm{d}\tau=\\ &\boldsymbol{T}(t)\boldsymbol{I}\cdot\frac{1}{\Delta(t)}(t-t+\frac{\Delta t}{2})=\frac{1}{2}\boldsymbol{T}(t)\end{aligned}$$

同理可得

$$\int_{t_0}^{t}\boldsymbol{\Phi}^a(t,\tau)\boldsymbol{T}(\tau)\delta(t-\tau)\mathrm{d}\tau=\frac{1}{2}\boldsymbol{T}(t)$$

所以式(3.10.32)成

$$\dot{\boldsymbol{P}}^a(t)=\boldsymbol{F}^a(t)\boldsymbol{P}^a(t)+\boldsymbol{P}^a(t)\boldsymbol{F}^{a\mathrm{T}}(t)+\boldsymbol{T}(t) \tag{3.10.34}$$

令

$$\boldsymbol{P}^a(t)=\begin{bmatrix}\boldsymbol{P}^P(t) & \boldsymbol{C}^{\mathrm{T}}(t)\\ \boldsymbol{C}(t) & \boldsymbol{A}(t)\end{bmatrix}$$

式中

$$\left.\begin{aligned}\boldsymbol{P}^P(t)&\xlongequal{\text{def}}E[\widetilde{\boldsymbol{X}}^P(t)\widetilde{\boldsymbol{X}}^{P\mathrm{T}}]\\ \boldsymbol{C}(t)&\xlongequal{\text{def}}E[\boldsymbol{X}^r(t)\widetilde{\boldsymbol{X}}^{P\mathrm{T}}(t)]\\ \boldsymbol{A}(t)&\xlongequal{\text{def}}E[\boldsymbol{X}^r(t)\boldsymbol{X}^{r\mathrm{T}}(t)]\end{aligned}\right\} \tag{3.10.35}$$

则式(3.10.34)可写成

$$\begin{bmatrix}\dot{\boldsymbol{P}}^P(t) & \dot{\boldsymbol{C}}^{\mathrm{T}}(t)\\ \dot{\boldsymbol{C}}(t) & \dot{\boldsymbol{A}}(t)\end{bmatrix}=$$

$$\begin{bmatrix}\boldsymbol{F}(t)-\overline{\boldsymbol{K}}(t)\boldsymbol{H}(t) & \Delta\boldsymbol{F}(t)-\overline{\boldsymbol{K}}(t)\Delta\boldsymbol{H}(t)\\ \boldsymbol{0} & \boldsymbol{F}^r(t)\end{bmatrix}\begin{bmatrix}\boldsymbol{P}^P(t) & \boldsymbol{C}^{\mathrm{T}}(t)\\ \boldsymbol{C}(t) & \boldsymbol{A}(t)\end{bmatrix}+$$

$$\begin{bmatrix}\boldsymbol{P}^P(t) & \boldsymbol{C}^{\mathrm{T}}(t)\\ \boldsymbol{C}(t) & \boldsymbol{A}(t)\end{bmatrix}\begin{bmatrix}[\boldsymbol{F}(t)-\overline{\boldsymbol{K}}(t)\boldsymbol{H}(t)]^{\mathrm{T}} & \boldsymbol{0}\\ [\Delta\boldsymbol{F}(t)-\overline{\boldsymbol{K}}(t)\Delta\boldsymbol{H}(t)]^{\mathrm{T}} & \boldsymbol{F}^{r\mathrm{T}}(t)\end{bmatrix}+$$

$$\begin{bmatrix}\boldsymbol{G}^r(t)\boldsymbol{Q}^r(t)\boldsymbol{G}^{r\mathrm{T}}(t)+\overline{\boldsymbol{K}}(t)\boldsymbol{R}^r(t)\overline{\boldsymbol{K}}^{\mathrm{T}}(t) & \boldsymbol{G}^r(t)\boldsymbol{Q}^r(t)\boldsymbol{G}^{r\mathrm{T}}(t)\\ \boldsymbol{G}^r(t)\boldsymbol{Q}^r(t)\boldsymbol{G}^{r\mathrm{T}}(t) & \boldsymbol{G}^r(t)\boldsymbol{Q}^r(t)\boldsymbol{G}^{r\mathrm{T}}(t)\end{bmatrix}$$

从上式得

$$\begin{aligned}\dot{\boldsymbol{P}}^P(t)=&[\boldsymbol{F}(t)-\overline{\boldsymbol{K}}(t)\boldsymbol{H}(t)]\boldsymbol{P}^P(t)+\boldsymbol{P}^P(t)[\boldsymbol{F}(t)-\overline{\boldsymbol{K}}(t)\boldsymbol{H}(t)]^{\mathrm{T}}+\\ &[\Delta\boldsymbol{F}(t)-\overline{\boldsymbol{K}}(t)\Delta\boldsymbol{H}(t)]\boldsymbol{C}(t)+\boldsymbol{C}^{\mathrm{T}}(t)[\Delta\boldsymbol{F}(t)-\overline{\boldsymbol{K}}(t)\Delta\boldsymbol{H}(t)]^{\mathrm{T}}+\\ &\boldsymbol{G}^r(t)\boldsymbol{Q}^r(t)\boldsymbol{G}^{r\mathrm{T}}(t)+\overline{\boldsymbol{K}}(t)\boldsymbol{R}^r(t)\overline{\boldsymbol{K}}^{\mathrm{T}}(t)\end{aligned} \tag{3.10.36}$$

$$\begin{aligned}\dot{\boldsymbol{C}}(t)=&\boldsymbol{F}^r(t)\boldsymbol{C}(t)+\boldsymbol{C}(t)[\boldsymbol{F}(t)-\overline{\boldsymbol{K}}(t)\boldsymbol{H}(t)]^{\mathrm{T}}+\\ &\boldsymbol{A}(t)[\Delta\boldsymbol{F}(t)-\overline{\boldsymbol{K}}(t)\Delta\boldsymbol{H}(t)]^{\mathrm{T}}+\boldsymbol{G}^r(t)\boldsymbol{Q}^r(t)\boldsymbol{G}^{r\mathrm{T}}(t)\end{aligned} \tag{3.10.37}$$

$$\dot{\boldsymbol{A}}(T)=\boldsymbol{F}^r(t)\boldsymbol{A}(t)+\boldsymbol{A}(t)\boldsymbol{F}^{r\mathrm{T}}(t)+\boldsymbol{G}^r(t)\boldsymbol{Q}^r(t)\boldsymbol{G}^{r\mathrm{T}}(t) \tag{3.10.38}$$

各均方阵的初始值为

$$\begin{aligned}&\boldsymbol{P}^P(0)=E\{[\boldsymbol{X}^r(0)-\hat{\boldsymbol{X}}(0)][\boldsymbol{X}^r(0)-\hat{\boldsymbol{X}}(0)]^{\mathrm{T}}\}\\ &\boldsymbol{A}(0)=E[\boldsymbol{X}^r(0)\boldsymbol{X}^{r\mathrm{T}}(0)]\\ &\boldsymbol{C}(0)=E\{\boldsymbol{X}^r(0)[\boldsymbol{X}^r(0)-\hat{\boldsymbol{X}}(0)]^{\mathrm{T}}\}\end{aligned}$$

从式(3.10.38)、式(3.10.37)和式(3.10.36)可以依次解出 $\boldsymbol{A}(t)$,$\boldsymbol{C}(t)$,最后解出 $\boldsymbol{P}^P(t)$。

2. 灵敏度分析

与离散系统相同,大尺度灵敏度为

$$\boldsymbol{S}_i(t)\xlongequal{\text{def}}\frac{\boldsymbol{P}^P(t)-\boldsymbol{P}(t)}{\Delta b_i} \tag{3.10.39}$$

小尺度灵敏度为

$$\boldsymbol{r}_i(t) \xlongequal{\text{def}} \left.\frac{\partial \boldsymbol{P}^P(t)}{\partial b_i^r}\right|_{\boldsymbol{b}^r=\boldsymbol{b}} \tag{3.10.40}$$

对式(3.10.36)两边求偏导数，并交换微分次序，再令 $b^r=\boldsymbol{b}$，则可得小尺度灵敏度的微分方程

$$\begin{aligned}\dot{\boldsymbol{r}}_i(t)=&[\boldsymbol{F}(t)-\bar{\boldsymbol{K}}(t)\boldsymbol{H}(t)]\boldsymbol{r}_i(t)+\boldsymbol{r}_i(t)[\boldsymbol{F}(t)-\bar{\boldsymbol{K}}(t)\boldsymbol{H}(t)]^{\mathrm{T}}+\\&\left.\frac{\partial[\boldsymbol{F}^r(t)-\bar{\boldsymbol{K}}(t)\boldsymbol{H}^r(t)]}{\partial b_i^r}\right|_{\boldsymbol{b}^r=\boldsymbol{b}}\boldsymbol{P}(t)+\boldsymbol{P}(t)\left.\frac{\partial[\boldsymbol{F}^r(t)-\bar{\boldsymbol{K}}(t)\boldsymbol{H}^r(t)]^{\mathrm{T}}}{\partial b_i^r}\right|_{\boldsymbol{b}^r=\boldsymbol{b}}+\\&\left.\frac{\partial[\boldsymbol{G}^r(t)\boldsymbol{Q}^r(t)\boldsymbol{G}^{r\mathrm{T}}(t)]}{\partial b_i^r}\right|_{\boldsymbol{b}^r=\boldsymbol{b}}+\bar{\boldsymbol{K}}(t)\left.\frac{\partial \boldsymbol{R}^r(t)}{\partial b_i^r}\right|_{\boldsymbol{b}^r=\boldsymbol{b}}\bar{\boldsymbol{K}}(t)\end{aligned} \tag{3.10.41}$$

现举例说明求解灵敏度的过程。

例 3－7 设飞行器作等高飞行，希望的飞行高度为 H_0，但实际的飞行高度为 H^r。用高度表监测飞行高度，高度测量值为 $M^r=h^rH^r+v^r$，其中 $E[v^r(t)]=0$，$E[v^r(t)v^r(\tau)]=r^r\delta(t-\tau)$。取高度偏离值为状态，即 $X^r=H^r-H_0$。假定 $E[X^r(0)]=0$，$E\{[X^r(0)]^2\}=C_{x0}$，则真实的系统方程和量测方程为

$$\dot{X}^r(t)=0$$

$$Z(t)=h^rX^r(t)+v^r(t)$$

而在设计卡尔曼滤器时，选取的系统模型和量测模型为

$$\dot{X}(t)=0$$

$$Z(t)=hX(t)+v(t)$$

其中 $E[v(t)]=0$，$E[v(t)v(\tau)]=r\delta(t-\tau)$，且 $r\neq r^r$，$h\neq h^r$。

试对卡尔曼滤波器作关于 r、h 和 C_{X_0} 的灵敏度分析。

解 按连续型卡尔曼滤波方程设计滤波器。根据式(2.3.21)，滤波的估计均方误差方程为

$$\frac{\mathrm{d}P(t)}{\mathrm{d}t}=\frac{-h^2P^2(t)}{r}$$

即

$$\frac{1}{P^2(t)}\mathrm{d}P(t)=-\frac{h^2}{r}\mathrm{d}t$$

对该式从 0 到 t 积分，得

$$P(t)=\frac{rP(0)}{h^2P(0)t+r} \tag{1}$$

根据式(2.3.20)得滤波增益为

$$\bar{K}(t)=\frac{hP(0)}{h^2P(0)t+r} \tag{2}$$

又由式(3.10.36)，实际的估计均方误差 $P^P(t)$ 方程为

$$\dot{P}^P(t)=-\frac{2h^2P(0)}{h^2P(0)t+r}P^P(t)-\frac{2\Delta hhP(0)}{h^2P(0)t+r}C(t)+\left[\frac{hP(0)}{h^2P(0)t+r}\right]^2r^r \tag{3}$$

式中

$$\Delta h=h^r-h$$

$$C(t)=E[X^r(t)\widetilde{X}^P(t)]$$

根据式(3.10.37)，$C(t)$ 满足方程

$$\dot{C}(t)=-\frac{h^2P(0)}{h^2P(0)t+r}C(t)-\frac{hP(0)\Delta h}{h^2P(0)t+r}A(t) \tag{4}$$

式中 $$A(t)=E\{[X^r(t)]^2\}$$

又根据式(3.10.38),A 满足方程

$$\dot{A}(t)=0 \tag{5}$$

因为 $E[X^r(0)]=0$,在滤波器设计中取 $E[X(0)]=0$,所以有

$$C(0)=E[X^r(0)\widetilde{X}^P(0)]=E\{X^r(0)[X^r(0)-\hat{X}(0)]\}=$$
$$E\{[X^r(0)]^2\}-\hat{X}(0)E[X^r(0)]=C_X(0)$$
$$A(0)=E\{[X^r(0)]^2\}=C_X(0)$$
$$P^P(0)=E\{[X^r(0)-\hat{X}(0)]^2\}=E\{(X^r(0)-E[X(0)])^2\}=$$
$$E\{[X^r(0)]^2\}=C_X(0)$$

由式(5)得

$$A(t)=C_X(0)$$

将 $A(t)$ 代入式(4),则式(4)成为一阶非齐次线性微分方程

$$\dot{y}(t)+p(t)y(t)=q(t)$$

其通解为

$$y(t)=\mathrm{e}^{-\int p(t)\mathrm{d}t}\left[\int q(t)\mathrm{e}^{\int p(t)\mathrm{d}t}\mathrm{d}t+a\right]$$

其中 a 为待定常数。由式(4)的具体参数,可得

$$C(t)=\frac{1}{h^2P(0)t+r}[-hP(0)\Delta hC_X(0)t+a] \tag{6}$$

当 $t=0$ 时,有 $$C(0)=C_X(0)=\frac{a}{r}$$

所以 $$a=rC_X(0)$$

$$C(t)=\frac{1}{h^2P(0)t+r}[-hP(0)\Delta hC_X(0)t+rC_X(0)] \tag{7}$$

将 $C(t)$ 代入式(3),同样求解一阶非齐次线性微分方程,得

$$P^P(t)=\frac{1}{[h^2P(0)t+r]^2}\{-\Delta h^2h^2P^2(0)C_X(0)t^2+[h^2P^2(0)r^r-$$
$$2\Delta hhP(0)C_X(0)r]t+r^2C_X(0)\} \tag{8}$$

应用式(3.10.39)得大尺度灵敏度

$$S_{C_X(0)}(t)=\left\{\frac{h^2P^2(0)rt+r^2C_X(0)}{[h^2P(0)t+r]^2}-\frac{rP(0)}{h^2P(0)t+r}\right\}[C_X(0)-P(0)]^{-1}=$$
$$\frac{r^2}{[h^2P(0)t+r]^2} \tag{9}$$

$$S_r(t)=\left\{\frac{h^2P^2(0)r^rt+r^2P(0)}{[h^2P(0)t+r]^2}-\frac{rP(0)}{h^2P(0)t+r}\right\}(r^r-r)^{-1}=$$
$$\frac{h^2P^2(0)t}{[h^2P(0)t+r]^2} \tag{10}$$

$$S_h(t)=\frac{h^2\Delta hP^3(0)t^2-2P^2(0)rht}{[h^2P(0)t+r]^2} \tag{11}$$

应用式(3.10.41)可求得小尺度灵敏度。也可以根据定义直接从式(8)求取

$$r_{C_X(0)}(t)=\left.\frac{\partial P^P(t)}{\partial C_X(0)}\right|_{C_X(0)=P(0)}=\frac{r^2}{[h^2P(0)t+r]^2} \tag{12}$$

$$r_r(t)=\frac{\partial P^P(t)}{\partial r}\bigg|_{r^r=r}=\frac{h^2P^2(0)t}{[h^2P(0)t+r]^2} \tag{13}$$

$$r_h(t)=\frac{\partial P^P(t)}{\partial h}\bigg|_{h^r=h}=-\frac{2hP^2(0)rt}{[h^2P(0)t+r]^2} \tag{14}$$

式(9)～式(14)都是当 $P(0)\neq P^P(0)$，$r\neq r^r$，$h\neq h^r$ 时的灵敏度，它们反映了当 $P(0)$，r 和 h 取得不准确时，实际滤波均方误差受到影响的程度。从诸表达式可看出，$S_{C_X(0)}(t)$ 与 $C_X(0)$ 无关，所以 $S_{C_X(0)}(t)=r_{C_X(0)}(t)$。同样 $S_r(t)$ 与 $r_r(t)$ 也相同，仅 $S_h(t)$ 与 $r_h(t)$ 不同。

在 $P(0)$ 与 $P^P(0)$（即 $C_X(0)$）不同，r 与 r^r 不同或 h 与 h^r 不同的情况下，从两种灵敏度表达式可以看出对实际的估计均方误差的影响，也可看出模型的这些参数（$P(0)$，r 与 h）与这种影响的关系。从灵敏度表达式还可看出，这种影响随时间而变化。当 t 相当大时，$P(0)$ 不同于 $C_X(0)$ 的影响以及 r 不同于 r^r 的影响将逐渐消失，而 h 不同于 h^r 的影响却始终存在。根据式(1)和式(8)（或式(11)），有

$$\lim_{t\to\infty}P(t)=0$$

$$\lim_{t\to\infty}P^P(t)=\frac{(\Delta h)^2C_X(0)}{h^2}$$

或

$$\lim_{t\to\infty}S_h(t)=\frac{\Delta hP(0)}{h^2}$$

上述诸式说明：随着滤波时间的增大，计算的估计均方误差趋于零，而实际的估计均方误差却因模型的量测系数 h 有误差而并不趋于零。

方差误差分析和灵敏度分析在设计次优滤波器时，经常用来计算实际的估计均方误差或某些参数的灵敏度，以判别次优滤波器的滤波性能，了解系统参数变化对滤波性能的影响程度，从而更好地选择次优滤波器的结构和参数。必须指出，不论是实际估计均方误差的计算方程，还是灵敏度的计算方程，都是在真实系统为线性系统的前提下获得的。对非线性的真实系统，这些计算方程就不适用了。对这类系统，可以采用计算真实状态估计的方法进行误差分析，即根据真实的系统模型、一组初始状态的随机样本数据，计算出一组状态和量测的动态过程值，并根据量测值和采用的滤波器计算出估计的动态过程值并与真实状态比较，得出一组估计误差的动态过程值。按照上述方法，用不同的随机样本值，可以得出若干组估计误差的动态过程值。取其均方值，得到实际的估计均方误差。这种方法通常称作蒙特-卡洛仿真法。采用的随机样本数越多，所得到的实际的估计均方误差就越准确，但计算量也就越大。

3.10.3　模型正确时滤波误差上界分析

设系统和量测模型正确，即对离散系统，有

$$\boldsymbol{\Phi}_{k,k-1}=\boldsymbol{\Phi}_{k,k-1}^r,\qquad \boldsymbol{\Gamma}_k=\boldsymbol{\Gamma}_l^r,\quad \boldsymbol{H}_k=\boldsymbol{H}_k^r$$

对连续系统，有

$$\boldsymbol{F}(t)=\boldsymbol{F}^r(t),\quad \boldsymbol{G}(t)=\boldsymbol{G}^r(t),\quad \boldsymbol{H}(t)=\boldsymbol{H}^r(t)$$

并设系统噪声方差阵为 $\boldsymbol{Q}_k$，量测噪声方差阵为 $\boldsymbol{R}_k$，$\boldsymbol{P}_0^P=\mathrm{Var}[\boldsymbol{X}_0^r]$，则根据式(3.10.12)和式(3.10.13)，反映真实估计误差和一步预测误差的均方阵为

$$\boldsymbol{P}_k^P=(\boldsymbol{I}-\boldsymbol{K}_k\boldsymbol{H}_k)\boldsymbol{P}_{k/k-1}^P(\boldsymbol{I}-\boldsymbol{K}_k\boldsymbol{H}_k)^{\mathrm{T}}+\boldsymbol{K}_k\boldsymbol{R}_k^r\boldsymbol{K}_k^{\mathrm{T}} \tag{3.10.42}$$

$$\boldsymbol{P}_{k/k-1}^p=\boldsymbol{\Phi}_{k,k-1}\boldsymbol{P}_{k-1}^P\boldsymbol{\Phi}_{k,k-1}^{\mathrm{T}}+\boldsymbol{\Gamma}_{k-1}\boldsymbol{Q}_{k-1}^r\boldsymbol{\Gamma}_{k-1}^{\mathrm{T}} \tag{3.10.43}$$

设计卡尔曼滤波器时，系统模型和量测模型虽然选取正确，但系统噪声方差阵，量测噪声方差阵及初始均方误差阵选取有误，即

$$\boldsymbol{Q}_k \neq \boldsymbol{Q}_k^r$$
$$\boldsymbol{R}_k \neq \boldsymbol{R}_k^r$$
$$\boldsymbol{P}_0 \neq \boldsymbol{P}_0^P = \mathrm{Var}[\boldsymbol{X}_0^r]$$

则根据式(2.2.4e)和式(2.2.4c)，得滤波计算中获得的均方误差阵为

$$\boldsymbol{P}_k = (\boldsymbol{I} - \boldsymbol{K}_k\boldsymbol{H}_k)\boldsymbol{P}_{k/k-1}(\boldsymbol{I} - \boldsymbol{K}_k\boldsymbol{H}_k)^{\mathrm{T}} + \boldsymbol{K}_k\boldsymbol{R}_k\boldsymbol{K}_k^{\mathrm{T}} \tag{3.10.44}$$

$$\boldsymbol{P}_{k/k-1} = \boldsymbol{\Phi}_{k,k-1}\boldsymbol{P}_{k-1}\boldsymbol{\Phi}_{k,k-1}^{\mathrm{T}} + \boldsymbol{\Gamma}_{k-1}\boldsymbol{Q}_{k-1}\boldsymbol{\Gamma}_{k-1}^{\mathrm{T}} \tag{3.10.45}$$

式(3.10.44)与式(3.10.42)等式两边相减，式(3.10.45)与式(3.10.43)等式两边也相减，并令

$$\Delta\boldsymbol{P}_k = \boldsymbol{P}_k - \boldsymbol{P}_k^P$$
$$\Delta\boldsymbol{P}_{k/k-1} = \boldsymbol{P}_{k/k-1} - \boldsymbol{P}_{k/k-1}^P$$

得

$$\Delta\boldsymbol{P}_k = (\boldsymbol{I} - \boldsymbol{K}_k\boldsymbol{H}_k)\Delta\boldsymbol{P}_{k/k-1}(\boldsymbol{I} - \boldsymbol{K}_k\boldsymbol{H}_k)^{\mathrm{T}} + \boldsymbol{K}_k(\boldsymbol{R}_k - \boldsymbol{R}_k^r)\boldsymbol{K}_k^{\mathrm{T}} \tag{3.10.46}$$

$$\Delta\boldsymbol{P}_{k/k-1} = \boldsymbol{\Phi}_{k,k-1}\Delta\boldsymbol{P}_{k-1}\boldsymbol{\Phi}_{k,k-1}^{\mathrm{T}} + \boldsymbol{\Gamma}_{k-1}(\boldsymbol{Q}_{k-1} - \boldsymbol{Q}_{k-1}^r)\boldsymbol{\Gamma}_{k-1}^{\mathrm{T}} \tag{3.10.47}$$

从上述两式可看出，如果滤波器设计中，选择参数时使 $\boldsymbol{Q}_k \geqslant \boldsymbol{Q}_k^r$ 和 $\boldsymbol{R}_k \geqslant \boldsymbol{R}_k^r$，则只要 $\Delta\boldsymbol{P}_{k-1} \geqslant \boldsymbol{0}$，必有 $\Delta\boldsymbol{P}_{k/k-1} \geqslant \boldsymbol{0}$，因而也有 $\Delta\boldsymbol{P}_k \geqslant \boldsymbol{0}$。根据数学归纳法，可得到如下结论：

在只有 $\boldsymbol{P}_0$，$\boldsymbol{Q}_k$ 和 $\boldsymbol{R}_k$ 有误差的情况下，如果选取

$$\left.\begin{array}{l}\boldsymbol{P}_0 \geqslant \boldsymbol{P}_0^P \\ \boldsymbol{Q}_k \geqslant \boldsymbol{Q}_k^r \\ \boldsymbol{R}_k \geqslant \boldsymbol{R}_k^r\end{array}\right\} \tag{3.10.48}$$

则必有

$$\boldsymbol{P}_k \geqslant \boldsymbol{P}_k^P$$

反之，如果选取

$$\boldsymbol{P}_0 \leqslant \boldsymbol{P}_0^P$$
$$\boldsymbol{Q}_k \leqslant \boldsymbol{Q}_k^r$$
$$\boldsymbol{R}_k \leqslant \boldsymbol{R}_k^r$$

则必有

$$\boldsymbol{P}_k \leqslant \boldsymbol{P}_k^P$$

因此，可进一步得出如下结论：

在只有 $\boldsymbol{P}_0$，$\boldsymbol{Q}_k$ 和 $\boldsymbol{R}_k$ 有误差的情况下，如果按式(3.10.48)选取滤波参数，并且系统是一致完全可控和一致完全可观测的，则 $\boldsymbol{P}_k$ 有一致的有限上界。因为 $\boldsymbol{P}_k^P \leqslant \boldsymbol{P}_k$，所以 $\boldsymbol{P}_k^P$ 一定有一致的有限上界。

以上结论有助于选择模型的噪声方程阵。例如，$\boldsymbol{P}_0$，$\boldsymbol{Q}_k$ 和 $\boldsymbol{R}_k$ 若无法精确获得，而只知道它们可能的取值范围，则可以采用它们可能的较大值，也就是保守值。这样，只要滤波计算中获得的估计均方误差能满足设计要求，那么实际滤波误差的均方误差必定能满足要求。另外也可以适当选取 $\boldsymbol{Q}_k$ 和 $\boldsymbol{R}_k$，如果系统模型和量测模型满足一致完全可控和一致完全可观测，则 $\boldsymbol{P}_k$ 必然有界，而 $\boldsymbol{P}_k^P \leqslant \boldsymbol{P}_k$。所以，这种保守设计在一定意义上可以防止实际的估计均方误差

阵的发散。

连续系统也有相同的结论，这里就不再介绍了。

3.11　H_∞ 滤波[119]

设 $\boldsymbol{X}_k$ 为被估计状态，相应的系统方程和量测方程为

$$\boldsymbol{X}_k = \boldsymbol{\Phi}_{k,k-1}\boldsymbol{X}_{k-1} + \boldsymbol{W}_{k-1} \tag{3.11.1a}$$

$$\boldsymbol{Z}_k = \boldsymbol{H}_k\boldsymbol{X}_k + \boldsymbol{V}_k \tag{3.11.1b}$$

式中，$\boldsymbol{W}_k$ 和 $\boldsymbol{V}_k$ 为独立的零均值高斯白噪声，方差阵分别为 $\boldsymbol{Q}_k$ 和 $\boldsymbol{R}_k$。

若 $\boldsymbol{\Phi}_{k,k-1}$，$\boldsymbol{H}_k$，$\boldsymbol{Q}_k$，$\boldsymbol{R}_k$ 和 $\boldsymbol{X}_0$ 的先验信息准确已知，则采用标准卡尔曼算法可以获得 $\boldsymbol{X}_k$ 的最小方差估计，估计精度优于任何其它估计。如果并不确切知道 $\boldsymbol{Q}_k$，$\boldsymbol{R}_k$ 和 $\boldsymbol{X}_0$ 的准确先验信息，例如对系统的不确定性了解不清，则在设计卡尔曼滤波器时应适当增大 $\boldsymbol{Q}_k$ 的取值，以增大对实时量测量的利用权重，同时降低对一步预测的利用权重，此法俗称为调谐。但是调谐存在诸多盲目性，无法确定 $\boldsymbol{Q}_k$ 究竟增大到多少才能使估计精度达到最佳。并且如果 $\boldsymbol{W}_k$ 和 $\boldsymbol{V}_k$ 不是白噪声，或者存在偏置量，则卡尔曼滤波效果会严重恶化，甚至发散。H_∞ 滤波是解决上述问题的有效算法。对 H_∞ 滤波的研究始于 20 世纪 80 年代[131-133]，Mike Grimble 在 1988 年提出了根据噪声与估计误差之比的上界来设计状态估计器频率响应的方法，最先提出了 H_∞ 滤波[134]，但其研究是在频域内进行的，存在诸多设计上的不便。之后的研究都是在时域内进行的，简化了研究工作，并与卡尔曼滤波建立起了内在联系[135-138]。

H_∞ 滤波的设计思路是：在 $\boldsymbol{Q}_k$，$\boldsymbol{R}_k$ 和 $\boldsymbol{P}_0$ 未知的情况下，将 $\boldsymbol{W}_k$，$\boldsymbol{V}_k$，$\boldsymbol{X}_0$ 的不确定性对估计精度的影响降低到最低程度，使滤波器在最恶劣的条件下估计误差达到最小。所以 H_∞ 滤波可理解成系统存在严重干扰条件下的最优滤波，滤波鲁棒性是其最显著特点。下面，根据这一思路详细介绍 H_∞ 滤波算法。

3.11.1　约束条件下的极值求解

1.静态约束条件下的极值求解

设有某标量函数 $J(\boldsymbol{X},\boldsymbol{W})$，其中 $\boldsymbol{X}$ 为 n 维向量，$\boldsymbol{W}$ 为 m 维向量，$\boldsymbol{f}(\boldsymbol{X},\boldsymbol{W})=\boldsymbol{0}$ 为 n 维向量方程，要求确定出在 $\boldsymbol{f}(\boldsymbol{X},\boldsymbol{W})=\boldsymbol{0}$ 约束条件下，$J(\boldsymbol{X},\boldsymbol{W})$ 的极值以及对应于该极值的 $\boldsymbol{X}=\boldsymbol{X}^*$ 和 $\boldsymbol{W}=\boldsymbol{W}^*$，习惯上将 $\boldsymbol{X}^*$ 和 $\boldsymbol{W}^*$ 称为 $J(\boldsymbol{X},\boldsymbol{W})$ 的驻点。解决约束条件下极值问题的有效方法是拉格朗日乘数法。具体方法简述如下。

构造增广代价函数

$$J_a = J + \boldsymbol{\lambda}^{\mathrm{T}}\boldsymbol{f} \tag{3.11.2}$$

式中，$\boldsymbol{\lambda}$ 为拉格朗日乘数，为 n 维待定向量。

由(3.11.2)式得

$$\frac{\partial J_a}{\partial \boldsymbol{X}^{\mathrm{T}}} = \frac{\partial J}{\partial \boldsymbol{X}^{\mathrm{T}}} + \boldsymbol{\lambda}^{\mathrm{T}}\frac{\partial \boldsymbol{f}}{\partial \boldsymbol{X}^{\mathrm{T}}} \tag{3.11.3a}$$

$$\frac{\partial J_a}{\partial \boldsymbol{W}^{\mathrm{T}}} = \frac{\partial J}{\partial \boldsymbol{W}^{\mathrm{T}}} + \boldsymbol{\lambda}^{\mathrm{T}}\frac{\partial \boldsymbol{f}}{\partial \boldsymbol{W}^{\mathrm{T}}} \tag{3.11.3b}$$

$$\frac{\partial J_a}{\partial \boldsymbol{\lambda}} = \boldsymbol{f} \tag{3.11.3c}$$

为求解 J_a 的驻点，令上述诸式等于零，

$$\boldsymbol{\lambda}^{\mathrm{T}}=-\frac{\partial J}{\partial \boldsymbol{X}^{\mathrm{T}}}\left(\frac{\partial \boldsymbol{f}}{\partial \boldsymbol{X}^{\mathrm{T}}}\right)^{-1} \tag{3.11.4a}$$

$$\frac{\partial J}{\partial \boldsymbol{W}^{\mathrm{T}}}-\frac{\partial J}{\partial \boldsymbol{X}^{\mathrm{T}}}\left(\frac{\partial \boldsymbol{f}}{\partial \boldsymbol{X}^{\mathrm{T}}}\right)^{-1}\frac{\partial \boldsymbol{f}}{\partial \boldsymbol{W}^{\mathrm{T}}}=\mathbf{0} \tag{3.11.4b}$$

$$\boldsymbol{f}=\mathbf{0} \tag{3.11.4c}$$

式(3.11.4)即为驻点应满足的必要条件，该式共有 $2n+m$ 个分量方程，联立求解这些方程，可以确定出驻点 $\boldsymbol{X}^*$，$\boldsymbol{W}^*$ 和拉格朗日乘数 $\boldsymbol{\lambda}$，代入(3.11.2)式可确定出 J_a 的极值。

式(3.11.4)说明，拉格朗日乘数法将约束条件下的极值求解转化为无约束极值求解，约束方程在式(3.11.3)中被用作求取驻点的已知条件。

例 3-8　确定出在 $x-3=0$ 约束条件下 $J(x,u)=\frac{x^2}{2}+xu+u^2+u$ 的极小值。

解　可采用直观分析法确定该条件极值，也可采用拉格朗日乘数法。

直观分析法：

由约束方程得 $x=3$，则 $J(x,u)=\frac{9}{2}+4u+u^2$，当 $u=-2$ 时，$J(x,u)$ 达到最小值 $\frac{1}{2}$，即 $J_{\min}=\frac{1}{2}$。

拉格朗日乘数法：

$$J_a=J+\lambda f=\frac{x^2}{2}+xu+u^2+u+\lambda(x-3)$$

$$\frac{\partial J_a}{\partial x}=x+u+\lambda=0$$

$$\frac{\partial J_a}{\partial u}=x+2u+1=0$$

$$\frac{\partial J_a}{\partial \lambda}=x-3=0$$

联立求解上述三式，得 $x=3$，$u=-2$，$\lambda=-1$，$J_{\min}=\frac{1}{2}$。

两种方法结果相同。

2.动态约束条件下的极值求解

设有时变系统

$$\boldsymbol{X}_{k+1}=\boldsymbol{\Phi}_{k+1,k}\boldsymbol{X}_k+\boldsymbol{W}_k \quad k=0,1,\cdots,N-1$$

要求在该 N 个约束方程条件下，确定下述标量代价函数的极值

$$J=\psi(\boldsymbol{X}_0)+\sum_{k=0}^{N-1}L_k \tag{3.11.5}$$

其中 ψ 为 $\boldsymbol{X}_0$ 的已知函数，L_k 为 $\boldsymbol{X}_k$ 和 $\boldsymbol{W}_k$ 的已知函数。

构造增广代价函数

$$J_a=J+\sum_{k=0}^{N-1}\boldsymbol{\lambda}_{k+1}^{\mathrm{T}}(\boldsymbol{\Phi}_{k+1,k}\boldsymbol{X}_k+\boldsymbol{W}_k-\boldsymbol{X}_{k+1}) \tag{3.11.6}$$

将式(3.11.5)代入上式，得

$$J_a = \psi(\boldsymbol{X}_0) + \sum_{k=0}^{N-1} [L_k + \boldsymbol{\lambda}_{k+1}^{\mathrm{T}}(\boldsymbol{\Phi}_{k+1,k}\boldsymbol{X}_k + \boldsymbol{W}_k - \boldsymbol{X}_{k+1})] =$$

$$\psi(\boldsymbol{X}_0) + \sum_{k=0}^{N-1} [L_k + \boldsymbol{\lambda}_{k+1}^{\mathrm{T}}(\boldsymbol{\Phi}_{k+1,k}\boldsymbol{X}_k + \boldsymbol{W}_k)] - \sum_{k=0}^{N-1} \boldsymbol{\lambda}_{k+1}^{\mathrm{T}}\boldsymbol{X}_{k+1} =$$

$$\psi(\boldsymbol{X}_0) + \sum_{k=0}^{N-1} \mathcal{H}_k - \sum_{k=0}^{N} \boldsymbol{\lambda}_k^{\mathrm{T}}\boldsymbol{X}_k + \boldsymbol{\lambda}_0^{\mathrm{T}}\boldsymbol{X}_0 =$$

$$\psi(\boldsymbol{X}_0) + \sum_{k=0}^{N-1} (\mathcal{H}_k - \boldsymbol{\lambda}_k^{\mathrm{T}}\boldsymbol{X}_k) - \boldsymbol{\lambda}_N^{\mathrm{T}}\boldsymbol{X}_N + \boldsymbol{\lambda}_0^{\mathrm{T}}\boldsymbol{X}_0 \tag{3.11.7}$$

其中

$$\mathcal{H}_k = L_k + \boldsymbol{\lambda}_{k+1}^{\mathrm{T}}(\boldsymbol{\Phi}_{k+1,k}\boldsymbol{X}_k + \boldsymbol{W}_k) \tag{3.11.8}$$

驻点必须满足的方程为

$$\frac{\partial J_a}{\partial \boldsymbol{X}_k^{\mathrm{T}}} = \boldsymbol{0} \quad k = 0,1,\cdots,N \tag{3.11.9a}$$

$$\frac{\partial J_a}{\partial \boldsymbol{W}_k^{\mathrm{T}}} = \boldsymbol{0} \quad k = 0,1,\cdots,N-1 \tag{3.11.9b}$$

$$\frac{\partial J_a}{\partial \boldsymbol{\lambda}_k} = \boldsymbol{0} \quad k = 0,1,\cdots,N \tag{3.11.9c}$$

由式(3.11.7) 和式(3.11.8)，式(3.11.9a) 和式(3.11.9b) 可写成

$$\boldsymbol{\lambda}_0^{\mathrm{T}} + \frac{\partial \psi(\boldsymbol{X}_0)}{\partial \boldsymbol{X}_0^{\mathrm{T}}} = \boldsymbol{0} \tag{3.11.10a}$$

$$-\boldsymbol{\lambda}_N^{\mathrm{T}} = \boldsymbol{0} \tag{3.11.10b}$$

$$\frac{\partial \mathcal{H}_k}{\partial \boldsymbol{X}_k^{\mathrm{T}}} = \boldsymbol{\lambda}_k^{\mathrm{T}} \quad k = 1,2,\cdots,N-1 \tag{3.11.10c}$$

$$\frac{\partial \mathcal{H}_k}{\partial \boldsymbol{W}_k^{\mathrm{T}}} = \boldsymbol{0} \quad k = 0,1,2,\cdots,N-1 \tag{3.11.10d}$$

式(3.11.9c) 即为由不同时刻的系统方程确定的约束方程，分析如下：

由式(3.11.7)，有

$$\frac{\partial J_a}{\partial \boldsymbol{\lambda}_N} = -\boldsymbol{X}_N + \frac{\partial \mathcal{H}_{N-1}}{\partial \boldsymbol{\lambda}_N} = -\boldsymbol{X}_N + \boldsymbol{\Phi}_{N,N-1}\boldsymbol{X}_{N-1} + \boldsymbol{W}_{N-1} = \boldsymbol{0}$$

此即 t_N 时刻的系统方程所确定的约束方程。

当 $k = 1,2,\cdots,N-1$ 时，有

$$\frac{\partial J_a}{\partial \boldsymbol{\lambda}_k} = -\boldsymbol{X}_k + \frac{\partial \mathcal{H}_{k-1}}{\partial \boldsymbol{\lambda}_k} = -\boldsymbol{X}_k + \boldsymbol{\Phi}_{k,k-1}\boldsymbol{X}_{k-1} + \boldsymbol{W}_{k-1} = \boldsymbol{0}$$

此即 $k = 1,2,\cdots,N-1$ 时刻的系统方程确定的约束方程。

说明：由式(3.11.7) 知，$\boldsymbol{\lambda}_0^{\mathrm{T}}\boldsymbol{X}_0$ 实质上并不存在，无论 $\boldsymbol{\lambda}_0$ 任意取值，在该式中，$-\boldsymbol{\lambda}_0^{\mathrm{T}}\boldsymbol{X}_0$ 和$+\boldsymbol{\lambda}_0^{\mathrm{T}}\boldsymbol{X}_0$ 总互相抵消。所以，只要 $\boldsymbol{\lambda}_0$ 的取值能使式(3.11.7) 右侧第二项对 $\boldsymbol{X}_0$ 的偏导数为零，即可确保式(3.11.10a) 成立。3.11.2 节对此作了验证。

3.11.2　$\boldsymbol{H}_\infty$ 滤波中的极小值

1.H_∞ 滤波的代价函数

设系统方程和量测方程为

$$\boldsymbol{X}_{k+1}=\boldsymbol{\Phi}_{k+1,k}\boldsymbol{X}_k+\boldsymbol{W}_k$$
$$\boldsymbol{Z}_k=\boldsymbol{H}_k\boldsymbol{X}_k+\boldsymbol{V}_k$$

式中，$\boldsymbol{W}_k$ 和 $\boldsymbol{V}_k$ 的特性未知，它们有可能是随机噪声，但均值不为零，也有可能是确定性干扰。在这种情况下，卡尔曼滤波是无法解决估计问题的。

假设需要估计的量是状态变量的某种线性组合为

$$\boldsymbol{y}_k=\boldsymbol{T}_k\boldsymbol{X}_k$$

其中 $\boldsymbol{T}_k$ 满秩。

实现 H_∞ 滤波的代价函数为

$$J_1=\frac{\sum_{k=0}^{N-1}\|\boldsymbol{y}_k-\hat{\boldsymbol{y}}_k\|_{\boldsymbol{S}_k}^2}{\|\boldsymbol{X}_0-\hat{\boldsymbol{X}}_0\|_{\boldsymbol{P}_0^{-1}}^2+\sum_{k=0}^{N-1}(\|\boldsymbol{W}_k\|_{\boldsymbol{Q}_k^{-1}}^2+\|\boldsymbol{V}_k\|_{\boldsymbol{R}_k^{-1}}^2)} \tag{3.11.11}$$

式中，$\|\boldsymbol{y}_k-\hat{\boldsymbol{y}}_k\|_{\boldsymbol{S}_k}^2=(\boldsymbol{y}_k-\hat{\boldsymbol{y}}_k)^{\mathrm{T}}\boldsymbol{S}_k(\boldsymbol{y}_k-\hat{\boldsymbol{y}}_k)$，即向量 $\boldsymbol{y}_k-\hat{\boldsymbol{y}}_k$ 的加权内积，$\boldsymbol{S}_k$ 为该向量的协方差阵，其余向量的加权内积说明同上。

假设代价函数的上界为$\frac{1}{\theta}$，即

$$J_1<\frac{1}{\theta} \tag{3.11.12}$$

式中，θ 为 H_∞ 滤波器的性能上界参数，由设计者选定。

由式(3.11.12)可重新定义代价函数为

$$J=-\frac{1}{\theta}\|\boldsymbol{X}_0-\hat{\boldsymbol{X}}_0\|_{\boldsymbol{P}_0^{-1}}^2+\sum_{k=0}^{N-1}\left[\|\boldsymbol{y}_k-\hat{\boldsymbol{y}}_k\|_{\boldsymbol{S}_k}^2-\frac{1}{\theta}(\|\boldsymbol{W}_k\|_{\boldsymbol{Q}_k^{-1}}^2+\|\boldsymbol{V}_k\|_{\boldsymbol{R}_k^{-1}}^2)\right]<1 \tag{3.11.13}$$

H_∞ 滤波所要满足的指标是：在系统方程 $\boldsymbol{X}_{k+1}=\boldsymbol{\Phi}_{k+1,k}\boldsymbol{X}_k+\boldsymbol{W}_k(k=0,1,2\cdots,N-1)$ 所确定的约束条件下，所确定的估计值 $\hat{\boldsymbol{y}}_k$ 使 J 达到最小。式(3.11.13)中，分母上各向量的加权内积所用的加权阵分别为$\boldsymbol{P}_0$，$\boldsymbol{Q}_k$，$\boldsymbol{R}_k$ 的逆，如果选择滤波初值时的误差很大，系统的不确定性非常严重，量测误差很大，则这些阵的逆会很小，相应的向量加权内积也会很小，结果是使 J 增大。H_∞ 滤波的设计思路是当$\boldsymbol{P}_0$，$\boldsymbol{Q}_k$，$\boldsymbol{R}_k$ 达到上界时，寻求相应对策，使 J 达到最小，即在干扰极大化背景下的估计误差最小化

$$J^*=\min_{\hat{\boldsymbol{y}}_k}\max_{(\boldsymbol{W}_k,\boldsymbol{V}_k,\boldsymbol{X}_0)}J$$

由于$\hat{\boldsymbol{y}}_k=\boldsymbol{T}_k\hat{\boldsymbol{X}}_k$，$\boldsymbol{V}_k=\boldsymbol{Z}_k-\boldsymbol{H}_k\boldsymbol{X}_k$，所以

$$\|\boldsymbol{V}_k\|_{\boldsymbol{R}_k^{-1}}^2=\|\boldsymbol{Z}_k-\boldsymbol{H}_k\boldsymbol{X}_k\|_{\boldsymbol{R}_k^{-1}}^2 \tag{3.11.14}$$

$$\|\boldsymbol{y}_k-\hat{\boldsymbol{y}}_k\|_{\boldsymbol{S}_k}^2=(\boldsymbol{X}_k-\hat{\boldsymbol{X}}_k)^{\mathrm{T}}\boldsymbol{T}_k^{\mathrm{T}}\boldsymbol{S}_k\boldsymbol{T}_k(\boldsymbol{X}_k-\hat{\boldsymbol{X}}_k)=\|\boldsymbol{X}_k-\hat{\boldsymbol{X}}_k\|_{\tilde{\boldsymbol{S}}_k}^2 \tag{3.11.15}$$

其中

$$\tilde{\boldsymbol{S}}_k=\boldsymbol{T}_k^{\mathrm{T}}\boldsymbol{S}_k\boldsymbol{T}_k \tag{3.11.16}$$

将式(3.11.14)、式(3.11.15)代入式(3.11.13)，得

$$J=-\frac{1}{\theta}\|\boldsymbol{X}_0-\hat{\boldsymbol{X}}_0\|_{\boldsymbol{P}_0^{-1}}^2+\sum_{k=0}^{N-1}\left[\|\boldsymbol{X}_k-\hat{\boldsymbol{X}}_k\|_{\tilde{\boldsymbol{S}}_k}^2-\frac{1}{\theta}(\|\boldsymbol{W}_k\|_{\boldsymbol{Q}_k^{-1}}^2+\|\boldsymbol{Z}_k-\boldsymbol{H}_k\boldsymbol{X}_k\|_{\boldsymbol{R}_k^{-1}}^2)\right]=$$
$$\psi(\boldsymbol{X}_0)+\sum_{k=0}^{N-1}L_k \tag{3.11.17}$$

式中
$$\psi(\boldsymbol{X}_0) = -\frac{1}{\theta}\ \|\boldsymbol{X}_0 - \hat{\boldsymbol{X}}_0\|^2_{\boldsymbol{P}_0^{-1}} \tag{3.11.18}$$

$$L_k = \|\boldsymbol{X}_k - \hat{\boldsymbol{X}}_k\|^2_{\boldsymbol{S}_k} - \frac{1}{\theta}(\|\boldsymbol{W}_k\|^2_{\boldsymbol{Q}_k^{-1}} + \|\boldsymbol{Z}_k - \boldsymbol{H}_k\boldsymbol{X}_k\|^2_{\boldsymbol{R}_k^{-1}}) \tag{3.11.19}$$

构造增广代价函数
$$J_a = J + \sum_{k=0}^{N-1}\frac{2\boldsymbol{\lambda}^{\mathrm{T}}_{k+1}}{\theta}(\boldsymbol{\Phi}_{k+1,k}\boldsymbol{X}_k + \boldsymbol{W}_k - \boldsymbol{X}_{k+1}) \tag{3.11.20}$$

式中，$\frac{2\boldsymbol{\lambda}^{\mathrm{T}}_{k+1}}{\theta}$ 为拉格朗日乘数，与(3.11.6)式相比，仅差比例系数$\frac{2}{\theta}$，并不影响极值分析。

将式(3.11.17)代入式(3.11.20)

$$\begin{aligned}J_a &= \psi(\boldsymbol{X}_0) + \sum_{k=0}^{N-1}L_k + \sum_{k=0}^{N-1}\frac{2\boldsymbol{\lambda}^{\mathrm{T}}_{k+1}}{\theta}(\boldsymbol{\Phi}_{k+1,k}\boldsymbol{X}_k + \boldsymbol{W}_k - \boldsymbol{X}_{k+1}) = \\ &\psi(\boldsymbol{X}_0) + \sum_{k=0}^{N-1}\left[L_k + \frac{2\boldsymbol{\lambda}^{\mathrm{T}}_{k+1}}{\theta}(\boldsymbol{\Phi}_{k+1,k}\boldsymbol{X}_k + \boldsymbol{W}_k)\right] - \sum_{k=0}^{N}\frac{2\boldsymbol{\lambda}^{\mathrm{T}}_k}{\theta}\boldsymbol{X}_k + \frac{2\boldsymbol{\lambda}^{\mathrm{T}}_0}{\theta}\boldsymbol{X}_0 = \\ &\psi(\boldsymbol{X}_0) + \sum_{k=0}^{N-1}\left(\mathcal{H}_k - \frac{2\boldsymbol{\lambda}^{\mathrm{T}}_k}{\theta}\boldsymbol{X}_k\right) - \frac{2\boldsymbol{\lambda}^{\mathrm{T}}_N}{\theta}\boldsymbol{X}_N + \frac{2\boldsymbol{\lambda}^{\mathrm{T}}_0}{\theta}\boldsymbol{X}_0\end{aligned} \tag{3.11.21}$$

式中
$$\mathcal{H}_k = L_k + \frac{2\boldsymbol{\lambda}^{\mathrm{T}}_{k+1}}{\theta}(\boldsymbol{\Phi}_{k+1,k}\boldsymbol{X}_k + \boldsymbol{W}_k) \tag{3.11.22}$$

2.求解代价函数由 $\boldsymbol{X}_0$ 和 $\boldsymbol{W}_k$ 确定的驻点

根据式(3.11.21)，驻点必须满足的方程为

$$\frac{2\boldsymbol{\lambda}^{\mathrm{T}}_0}{\theta} + \frac{\partial\psi(\boldsymbol{X}_0)}{\partial\boldsymbol{X}^{\mathrm{T}}_0} = \boldsymbol{0} \tag{3.11.23a}$$

$$\frac{\boldsymbol{\lambda}^{\mathrm{T}}_N}{\theta} = \boldsymbol{0} \tag{3.11.23b}$$

$$\frac{\partial\mathcal{H}_k}{\partial\boldsymbol{W}^{\mathrm{T}}_k} = \boldsymbol{0} \quad k = 0,1,2,\cdots,N-1 \tag{3.11.23c}$$

$$\frac{\partial\mathcal{H}_k}{\partial\boldsymbol{X}^{\mathrm{T}}_k} = \frac{2\boldsymbol{\lambda}^{\mathrm{T}}_k}{\theta} \quad k = 0,1,2,\cdots,N-1 \tag{3.11.23d}$$

为分析方便，先计算$\frac{\partial\|\boldsymbol{X}_0 - \hat{\boldsymbol{X}}_0\|^2_{\boldsymbol{P}_0^{-1}}}{\partial\boldsymbol{X}^{\mathrm{T}}_0}$。记

$$\boldsymbol{C} = (\boldsymbol{X}_0 - \hat{\boldsymbol{X}}_0)^{\mathrm{T}}, \quad \boldsymbol{D} = \boldsymbol{P}_0^{-1}(\boldsymbol{X}_0 - \hat{\boldsymbol{X}}_0)$$

则

$$\frac{\partial\|\boldsymbol{X}_0 - \hat{\boldsymbol{X}}_0\|^2_{\boldsymbol{P}_0^{-1}}}{\partial\boldsymbol{X}^{\mathrm{T}}_0} = \frac{\partial(\boldsymbol{CD})}{\partial\boldsymbol{X}^{\mathrm{T}}_0}$$

根据附录 A 中式(A－7)

$$\frac{\partial(\boldsymbol{CD})}{\partial\boldsymbol{X}^{\mathrm{T}}_0} = \frac{\partial\boldsymbol{C}}{\partial\boldsymbol{X}^{\mathrm{T}}_0}(\boldsymbol{I}_{q\times q}\otimes\boldsymbol{D}) + (\boldsymbol{I}_{p\times p}\otimes\boldsymbol{C})\frac{\partial\boldsymbol{D}}{\partial\boldsymbol{X}^{\mathrm{T}}}$$

式中，$\otimes$ 为克朗尼克积，p，q 分别为 $\boldsymbol{X}^{\mathrm{T}}_0$ 的行数和列数，即 $p=1$，$q=n$。

$$\frac{\partial\boldsymbol{C}}{\partial\boldsymbol{X}^{\mathrm{T}}_0}(\boldsymbol{I}_{n\times n}\otimes\boldsymbol{D}) = \frac{\partial\boldsymbol{X}^{\mathrm{T}}_0}{\partial\boldsymbol{X}^{\mathrm{T}}_0}(\boldsymbol{I}_{n\times n}\otimes\boldsymbol{D}) =$$

$$[\boldsymbol{e}^{\mathrm{T}}_1 \quad \boldsymbol{e}^{\mathrm{T}}_2 \quad \cdots \quad \boldsymbol{e}^{\mathrm{T}}_n]\begin{bmatrix}\boldsymbol{D} & & \boldsymbol{0}\\ & \ddots & \\ \boldsymbol{0} & & \boldsymbol{D}\end{bmatrix} = [\boldsymbol{e}^{\mathrm{T}}_1\boldsymbol{D} \quad \boldsymbol{e}^{\mathrm{T}}_2\boldsymbol{D} \quad \cdots \quad \boldsymbol{e}^{\mathrm{T}}_n\boldsymbol{D}] =$$

$$[\boldsymbol{e}_1^{\mathrm{T}}\boldsymbol{P}_0^{-1}(\boldsymbol{X}_0-\hat{\boldsymbol{X}}_0)\quad \boldsymbol{e}_2^{\mathrm{T}}\boldsymbol{P}_0^{-1}(\boldsymbol{X}_0-\hat{\boldsymbol{X}}_0)\quad \cdots\quad \boldsymbol{e}_n^{\mathrm{T}}\boldsymbol{P}_0^{-1}(\boldsymbol{X}_0-\hat{\boldsymbol{X}}_0)]$$

式中，$\boldsymbol{e}_i$ 为第 i 行元为 1 的单位向量。

记 $\boldsymbol{P}_0^{-1}(\boldsymbol{X}_0-\hat{\boldsymbol{X}}_0)=[p_1\quad p_2\quad \cdots\quad p_n]^{\mathrm{T}}$，并注意到 $\boldsymbol{P}_0^{-1}$ 为对称阵，则

$$\boldsymbol{e}_i^{\mathrm{T}}\boldsymbol{P}_0^{-1}(\boldsymbol{X}_0-\hat{\boldsymbol{X}}_0)=p_i$$

$$\frac{\partial \boldsymbol{C}}{\partial \boldsymbol{X}_0^{\mathrm{T}}}(\boldsymbol{I}_{n\times n}\otimes \boldsymbol{D})=[p_1\quad p_2\quad \cdots\quad p_n]=[\boldsymbol{P}_0^{-1}(\boldsymbol{X}_0-\hat{\boldsymbol{X}}_0)]^{\mathrm{T}}=(\boldsymbol{X}_0-\hat{\boldsymbol{X}}_0)^{\mathrm{T}}\boldsymbol{P}_0^{-1}$$

$$(\boldsymbol{I}_{p\times p}\otimes \boldsymbol{C})\frac{\partial \boldsymbol{D}}{\partial \boldsymbol{X}_0^{\mathrm{T}}}=(\boldsymbol{X}_0-\hat{\boldsymbol{X}}_0)^{\mathrm{T}}\frac{\partial[\boldsymbol{P}_0^{-1}(\boldsymbol{X}_0-\hat{\boldsymbol{X}}_0)]}{\partial \boldsymbol{X}_0^{\mathrm{T}}}=(\boldsymbol{X}_0-\hat{\boldsymbol{X}}_0)^{\mathrm{T}}\boldsymbol{P}_0^{-1}$$

所以

$$\frac{\partial\ \|\boldsymbol{X}_0-\hat{\boldsymbol{X}}_0\|_{\boldsymbol{P}_0^{-1}}^2}{\partial \boldsymbol{X}_0^{\mathrm{T}}}=2\,(\boldsymbol{X}_0-\hat{\boldsymbol{X}}_0)^{\mathrm{T}}\boldsymbol{P}_0^{-1}$$

按同样的分析方法可得其余加权内积的偏微分。

式(3.11.18) 代入式(3.11.23a)，并用上述所推关系代入，得

$$\frac{2\boldsymbol{\lambda}_0^{\mathrm{T}}}{\theta}-\frac{2}{\theta}(\boldsymbol{X}_0-\hat{\boldsymbol{X}}_0)^{\mathrm{T}}\boldsymbol{P}_0^{-1}=\boldsymbol{0}$$

即

$$\frac{2\boldsymbol{\lambda}_0}{\theta}-\frac{2}{\theta}\boldsymbol{P}_0^{-1}(\boldsymbol{X}_0-\hat{\boldsymbol{X}}_0)=\boldsymbol{0}$$

所以

$$\boldsymbol{X}_0=\hat{\boldsymbol{X}}_0+\boldsymbol{P}_0\boldsymbol{\lambda}_0 \tag{3.11.24}$$

由式(3.11.23b)，得

$$\boldsymbol{\lambda}_N=\boldsymbol{0} \tag{3.11.25}$$

由式(3.11.19)、式(3.11.22) 和式(3.11.23c)，得

$$\frac{2}{\theta}\boldsymbol{\lambda}_{k+1}^{\mathrm{T}}-\frac{2}{\theta}\boldsymbol{W}_k^{\mathrm{T}}\boldsymbol{Q}_k^{-1}=\boldsymbol{0}$$

即

$$\frac{2}{\theta}\boldsymbol{\lambda}_{k+1}-\frac{2}{\theta}\boldsymbol{Q}_k^{-1}\boldsymbol{W}_k=\boldsymbol{0}$$

所以

$$\boldsymbol{W}_k=\boldsymbol{Q}_k\boldsymbol{\lambda}_{k+1} \tag{3.11.26}$$

系统方程可写成

$$\boldsymbol{X}_{k+1}=\boldsymbol{\Phi}_{k+1,k}\boldsymbol{X}_k+\boldsymbol{Q}_k\boldsymbol{\lambda}_{k+1} \tag{3.11.27}$$

由式(3.11.23d) 得

$$\frac{2}{\theta}\boldsymbol{\lambda}_{k+1}^{\mathrm{T}}\boldsymbol{\Phi}_{k+1,k}+2\,(\boldsymbol{X}_k-\hat{\boldsymbol{X}}_k)^{\mathrm{T}}\tilde{\boldsymbol{S}}_k-\frac{2}{\theta}(\boldsymbol{Z}_k-\boldsymbol{H}_k\boldsymbol{X}_k)^{\mathrm{T}}\boldsymbol{R}_k^{-1}(-\boldsymbol{H}_k)=\frac{2\,\boldsymbol{\lambda}_k^{\mathrm{T}}}{\theta}$$

即

$$\frac{\boldsymbol{\lambda}_k}{\theta}=\frac{1}{\theta}\boldsymbol{\Phi}_{k+1,k}^{\mathrm{T}}\boldsymbol{\lambda}_{k+1}+\tilde{\boldsymbol{S}}_k(\boldsymbol{X}_k-\hat{\boldsymbol{X}}_k)+\frac{1}{\theta}\boldsymbol{H}_k^{\mathrm{T}}\boldsymbol{R}_k^{-1}(\boldsymbol{Z}_k-\boldsymbol{H}_k\boldsymbol{X}_k)$$

$$\boldsymbol{\lambda}_k=\boldsymbol{\Phi}_{k+1,k}^{\mathrm{T}}\boldsymbol{\lambda}_{k+1}+\theta\tilde{\boldsymbol{S}}_k(\boldsymbol{X}_k-\hat{\boldsymbol{X}}_k)+\boldsymbol{H}_k^{\mathrm{T}}\boldsymbol{R}_k^{-1}(\boldsymbol{Z}_k-\boldsymbol{H}_k\boldsymbol{X}_k) \tag{3.11.28}$$

为了验证式(3.11.10a) 和式(3.11.23a) 的正确性，考察式(3.11.21) 第二项对 $\boldsymbol{X}_0$ 的偏导数：

$$\frac{\partial}{\partial \boldsymbol{X}_0^{\mathrm{T}}}(\mathcal{H}_0 - 2\frac{\boldsymbol{\lambda}_0^{\mathrm{T}}}{\theta}\boldsymbol{X}_0) = \frac{\partial L_0}{\partial \boldsymbol{X}_0^{\mathrm{T}}} + \frac{2\boldsymbol{\lambda}_1^{\mathrm{T}}}{\theta}\boldsymbol{\Phi}_{1,0} - \frac{2\boldsymbol{\lambda}_0^{\mathrm{T}}}{\theta} =$$

$$2(\boldsymbol{X}_0 - \hat{\boldsymbol{X}}_0)^{\mathrm{T}}\tilde{\boldsymbol{S}}_0 - \frac{1}{\theta}\cdot 2(\boldsymbol{Z}_0 - \boldsymbol{H}_0\boldsymbol{X}_0)^{\mathrm{T}}\boldsymbol{R}_0^{-1}(-\boldsymbol{H}_0) + \frac{2\boldsymbol{\lambda}_1^{\mathrm{T}}}{\theta}\boldsymbol{\Phi}_{1,0} - \frac{2\boldsymbol{\lambda}_0^{\mathrm{T}}}{\theta} =$$

$$\frac{2}{\theta}\{[\boldsymbol{\Phi}_{1,0}^{\mathrm{T}}\boldsymbol{\lambda}_1 + \theta\tilde{\boldsymbol{S}}_0(\boldsymbol{X}_0 - \hat{\boldsymbol{X}}_0) + \boldsymbol{H}_0^{\mathrm{T}}\boldsymbol{R}_0^{-1}(\boldsymbol{Z}_0 - \boldsymbol{H}_0\boldsymbol{X}_0)] - \boldsymbol{\lambda}_0\}^{\mathrm{T}}$$

而由式(3.11.28)，当 $k=0$ 时，有

$$\boldsymbol{\lambda}_0 = \boldsymbol{\Phi}_{1,0}^{\mathrm{T}}\boldsymbol{\lambda}_1 + \theta\tilde{\boldsymbol{S}}_0(\boldsymbol{X}_0 - \hat{\boldsymbol{X}}_0) + \boldsymbol{H}_0^{\mathrm{T}}\boldsymbol{R}_0^{-1}(\boldsymbol{Z}_0 - \boldsymbol{H}_0\boldsymbol{X}_0)$$

该式代入上式，得

$$\frac{\partial}{\partial \boldsymbol{X}_0^{\mathrm{T}}}(\mathcal{H}_0 - \frac{2\boldsymbol{\lambda}_0^{\mathrm{T}}}{\theta}\boldsymbol{X}_0) = \boldsymbol{0}$$

所以式(3.11.23a)，即式(3.11.10a)成立。

式(3.11.24)为 t_0 时刻真实状态与 $\boldsymbol{\mu}_0 = \hat{\boldsymbol{X}}_0$ 间的关系，为便于推导，假设 t_k 时刻也存在此关系

$$\boldsymbol{X}_k = \boldsymbol{\mu}_k + \boldsymbol{P}_k\boldsymbol{\lambda}_k \tag{3.11.29}$$

式中 $\boldsymbol{\mu}_k$ 和 $\boldsymbol{P}_k$ 待定。

式(3.11.29)分别代入式(3.11.27)和式(3.11.28)，得

$$\boldsymbol{\mu}_{k+1} + \boldsymbol{P}_{k+1}\boldsymbol{\lambda}_{k+1} = \boldsymbol{\Phi}_{k+1,k}\boldsymbol{\mu}_k + \boldsymbol{\Phi}_{k+1,k}\boldsymbol{P}_k\boldsymbol{\lambda}_k + \boldsymbol{Q}_k\boldsymbol{\lambda}_{k+1} \tag{3.11.30}$$

$$\boldsymbol{\lambda}_k = \boldsymbol{\Phi}_{k+1,k}^{\mathrm{T}}\boldsymbol{\lambda}_{k+1} + \theta\tilde{\boldsymbol{S}}_k(\boldsymbol{\mu}_k + \boldsymbol{P}_k\boldsymbol{\lambda}_k - \hat{\boldsymbol{X}}_k) + \boldsymbol{H}_k^{\mathrm{T}}\boldsymbol{R}_k^{-1}[\boldsymbol{Z}_k - \boldsymbol{H}_k(\boldsymbol{\mu}_k + \boldsymbol{P}_k\boldsymbol{\lambda}_k)] \tag{3.11.31}$$

从式(3.11.31)可解得

$$\boldsymbol{\lambda}_k = (\boldsymbol{I} - \theta\tilde{\boldsymbol{S}}_k\boldsymbol{P}_k + \boldsymbol{H}_k^{\mathrm{T}}\boldsymbol{R}_k^{-1}\boldsymbol{H}_k\boldsymbol{P}_k)^{-1}[\boldsymbol{\Phi}_{k+1,k}^{\mathrm{T}}\boldsymbol{\lambda}_{k+1} + \theta\tilde{\boldsymbol{S}}_k(\boldsymbol{\mu}_k - \hat{\boldsymbol{X}}_k) + \boldsymbol{H}_k^{\mathrm{T}}\boldsymbol{R}_k^{-1}(\boldsymbol{Z}_k - \boldsymbol{H}_k\boldsymbol{\mu}_k)] \tag{3.11.32}$$

式(3.11.32)代入式(3.11.30)，得

$$\begin{aligned}\boldsymbol{\mu}_{k+1} + \boldsymbol{P}_{k+1}\boldsymbol{\lambda}_{k+1} = &\boldsymbol{\Phi}_{k+1,k}\boldsymbol{\mu}_k + \boldsymbol{\Phi}_{k+1,k}\boldsymbol{P}_k(\boldsymbol{I} - \theta\tilde{\boldsymbol{S}}_k\boldsymbol{P}_k + \boldsymbol{H}_k^{\mathrm{T}}\boldsymbol{R}_k^{-1}\boldsymbol{H}_k\boldsymbol{P}_k)^{-1}[\boldsymbol{\Phi}_{k+1,k}^{\mathrm{T}}\boldsymbol{\lambda}_{k+1} + \\ &\theta\tilde{\boldsymbol{S}}_k(\boldsymbol{\mu}_k - \hat{\boldsymbol{X}}_k) + \boldsymbol{H}_k^{\mathrm{T}}\boldsymbol{R}_k^{-1}(\boldsymbol{Z}_k - \boldsymbol{H}_k\boldsymbol{\mu}_k)] + \boldsymbol{Q}_k\boldsymbol{\lambda}_{k+1}\end{aligned}$$

即

$$\begin{aligned}&\boldsymbol{\mu}_{k+1} - \boldsymbol{\Phi}_{k+1,k}\boldsymbol{\mu}_k - \boldsymbol{\Phi}_{k+1,k}\boldsymbol{P}_k(\boldsymbol{I} - \theta\tilde{\boldsymbol{S}}_k\boldsymbol{P}_k + \boldsymbol{H}_k^{\mathrm{T}}\boldsymbol{R}_k^{-1}\boldsymbol{H}_k\boldsymbol{P}_k)^{-1}[\theta\tilde{\boldsymbol{S}}_k(\boldsymbol{\mu}_k - \hat{\boldsymbol{X}}_k) + \\ &\quad\boldsymbol{H}_k^{\mathrm{T}}\boldsymbol{R}_k^{-1}(\boldsymbol{Z}_k - \boldsymbol{H}_k\boldsymbol{\mu}_k)] = \\ &\quad[-\boldsymbol{P}_{k+1} + \boldsymbol{\Phi}_{k+1,k}\boldsymbol{P}_k(\boldsymbol{I} - \theta\tilde{\boldsymbol{S}}_k\boldsymbol{P}_k + \boldsymbol{H}_k^{\mathrm{T}}\boldsymbol{R}_k^{-1}\boldsymbol{H}_k\boldsymbol{P}_k)^{-1}\boldsymbol{\Phi}_{k+1,k}^{\mathrm{T}} + \boldsymbol{Q}_k]\boldsymbol{\lambda}_{k+1}\end{aligned} \tag{3.11.33}$$

式(3.11.33)左右两边均为零时等式仍然成立，左边为零时，有

$$\boldsymbol{\mu}_{k+1} = \boldsymbol{\Phi}_{k+1,k}\boldsymbol{\mu}_k + \boldsymbol{\Phi}_{k+1,k}\boldsymbol{P}_k(\boldsymbol{I} - \theta\tilde{\boldsymbol{S}}_k\boldsymbol{P}_k + \boldsymbol{H}_k^{\mathrm{T}}\boldsymbol{R}_k^{-1}\boldsymbol{H}_k\boldsymbol{P}_k)^{-1}[\theta\tilde{\boldsymbol{S}}_k(\boldsymbol{\mu}_k - \hat{\boldsymbol{X}}_k) + \boldsymbol{H}_k^{\mathrm{T}}\boldsymbol{R}_k^{-1}(\boldsymbol{Z}_k - \boldsymbol{H}_k\boldsymbol{\mu}_k)] \tag{3.11.34}$$

其中

$$\boldsymbol{\mu}_0 = \hat{\boldsymbol{X}}_0 \tag{3.11.35}$$

右边为零时，有

$$\boldsymbol{P}_{k+1} = \boldsymbol{\Phi}_{k+1,k}\boldsymbol{P}_k(\boldsymbol{I} - \theta\tilde{\boldsymbol{S}}_k\boldsymbol{P}_k + \boldsymbol{H}_k^{\mathrm{T}}\boldsymbol{R}_k^{-1}\boldsymbol{H}_k\boldsymbol{P}_k)^{-1}\boldsymbol{\Phi}_{k+1,k}^{\mathrm{T}} + \boldsymbol{Q}_k \tag{3.11.36}$$

记

$$\tilde{\boldsymbol{P}}_k = \boldsymbol{P}_k(\boldsymbol{I} - \theta\tilde{\boldsymbol{S}}_k\boldsymbol{P}_k + \boldsymbol{H}_k^{\mathrm{T}}\boldsymbol{R}^{-1}\boldsymbol{H}_k\boldsymbol{P}_k)^{-1} = (\boldsymbol{P}_k^{-1} - \theta\tilde{\boldsymbol{S}}_k + \boldsymbol{H}_k^{\mathrm{T}}\boldsymbol{R}_k^{-1}\boldsymbol{H}_k)^{-1} \tag{3.11.37}$$

则

$$\boldsymbol{P}_{k+1} = \boldsymbol{\Phi}_{k+1,k}\tilde{\boldsymbol{P}}_k\boldsymbol{\Phi}_{k+1,k}^{\mathrm{T}} + \boldsymbol{Q}_k \tag{3.11.38}$$

根据上述分析，代价函数 J 由 $\boldsymbol{X}_0$ 和 $\boldsymbol{W}_k$ 确定的驻点按式(3.11.24)，式(3.11.26)，式(3.11.25)计算

$$\boldsymbol{X}_0=\hat{\boldsymbol{X}}_0+\boldsymbol{P}_0\boldsymbol{\lambda}_0$$

$$\boldsymbol{W}_k=\boldsymbol{Q}_k\boldsymbol{\lambda}_{k+1}$$

$$\boldsymbol{\lambda}_N=\boldsymbol{0}$$

$\boldsymbol{\lambda}_k(k=N-1,N-2,\cdots,1,0)$ 按式(3.11.32)、式(3.11.36)和式(3.11.34)确定

$$\boldsymbol{\lambda}_k=(\boldsymbol{I}-\theta\tilde{\boldsymbol{S}}_k\boldsymbol{P}_k+\boldsymbol{H}_k^{\mathrm{T}}\boldsymbol{R}_k^{-1}\boldsymbol{H}_k\boldsymbol{P}_k)^{-1}[\boldsymbol{\Phi}_{k+1,k}^{\mathrm{T}}\boldsymbol{\lambda}_{k+1}+\theta\tilde{\boldsymbol{S}}_k(\boldsymbol{\mu}_k-\hat{\boldsymbol{X}}_k)+\boldsymbol{H}_k^{\mathrm{T}}\boldsymbol{R}_k^{-1}(\boldsymbol{Z}_k-\boldsymbol{H}_k\boldsymbol{\mu}_k)]$$

$$\boldsymbol{P}_{k+1}=\boldsymbol{\Phi}_{k+1,k}\boldsymbol{P}_k(\boldsymbol{I}-\theta\tilde{\boldsymbol{S}}_k\boldsymbol{P}_k+\boldsymbol{H}_k^{\mathrm{T}}\boldsymbol{R}_k^{-1}\boldsymbol{H}_k\boldsymbol{P}_k)^{-1}\boldsymbol{\Phi}_{k+1,k}^{\mathrm{T}}+\boldsymbol{Q}_k$$

$$\boldsymbol{\mu}_0=\hat{\boldsymbol{X}}_0$$

$$\boldsymbol{\mu}_{k+1}=\boldsymbol{\Phi}_{k+1,k}\boldsymbol{\mu}_k+\boldsymbol{\Phi}_{k+1,k}\boldsymbol{P}_k(\boldsymbol{I}-\theta\tilde{\boldsymbol{S}}_k\boldsymbol{P}_k+\boldsymbol{H}_k^{\mathrm{T}}\boldsymbol{R}_k^{-1}\boldsymbol{H}_k\boldsymbol{P}_k)^{-1}[\theta\tilde{\boldsymbol{S}}_k(\boldsymbol{\mu}_k-\hat{\boldsymbol{X}}_k)+\boldsymbol{H}_k^{\mathrm{T}}\boldsymbol{R}_k^{-1}(\boldsymbol{Z}_k-\boldsymbol{H}_k\boldsymbol{\mu}_k)]$$

其中求解 $\boldsymbol{\lambda}_k$ 为逆序递推，求解 $\boldsymbol{\mu}_k$ 为顺序递推，初值分别按式(3.11.25)和式(3.11.35)确定。确定出 $\boldsymbol{\lambda}_0$ 和 $\boldsymbol{\lambda}_{k+1}$ 后，即可按式(3.11.24)和式(3.11.26)确定驻点 $\boldsymbol{X}_0^*$ 和 $\boldsymbol{W}_k^*$，这说明(3.11.29)式所作的假设是成立的。

3.求解代价函数由 $\hat{\boldsymbol{X}}_k$ 和 $\boldsymbol{Z}_k$ 确定的驻点

由式(3.11.24)和式(3.11.29)，得

$$\boldsymbol{\lambda}_0=\boldsymbol{P}_0^{-1}(\boldsymbol{X}_0-\hat{\boldsymbol{X}}_0) \tag{3.11.39}$$

$$\boldsymbol{\lambda}_k=\boldsymbol{P}_k^{-1}(\boldsymbol{X}_k-\boldsymbol{\mu}_k) \tag{3.11.40}$$

所以

$$\|\boldsymbol{\lambda}_0\|_{\boldsymbol{P}_0}^2=\boldsymbol{\lambda}_0^{\mathrm{T}}\boldsymbol{P}_0\boldsymbol{\lambda}_0=(\boldsymbol{X}_0-\hat{\boldsymbol{X}}_0)^{\mathrm{T}}\boldsymbol{P}_0^{-1}\boldsymbol{P}_0\boldsymbol{P}_0^{-1}(\boldsymbol{X}_0-\hat{\boldsymbol{X}}_0)=\|\boldsymbol{X}_0-\hat{\boldsymbol{X}}_0\|_{\boldsymbol{P}_0^{-1}}^2 \tag{3.11.41}$$

式(3.11.41)和式(3.11.29)代入式(3.11.17)，得

$$J=-\frac{1}{\theta}\|\boldsymbol{\lambda}_0\|_{\boldsymbol{P}_0}^2+\sum_{k=0}^{N-1}\left[\|\boldsymbol{\mu}_k+\boldsymbol{P}_k\boldsymbol{\lambda}_k-\hat{\boldsymbol{X}}_k\|_{\tilde{\boldsymbol{S}}_k}^2-\frac{1}{\theta}(\|\boldsymbol{W}_k\|_{\boldsymbol{Q}_k^{-1}}^2+\|\boldsymbol{Z}_k-\boldsymbol{H}_k(\boldsymbol{\mu}_k+\boldsymbol{P}_k\boldsymbol{\lambda}_k)\|_{\boldsymbol{R}_k^{-1}}^2)\right]$$

式中，$\|\boldsymbol{W}_k\|_{\boldsymbol{Q}_k^{-1}}^2=\boldsymbol{W}_k^{\mathrm{T}}\boldsymbol{Q}_k^{-1}\boldsymbol{W}_k$。

应用式(3.11.26)计算可得

$$\|\boldsymbol{W}_k\|_{\boldsymbol{Q}_k^{-1}}^2=\boldsymbol{\lambda}_{k+1}^{\mathrm{T}}\boldsymbol{Q}_k\boldsymbol{Q}_k^{-1}\boldsymbol{Q}_k\boldsymbol{\lambda}_{k+1}=\boldsymbol{\lambda}_{k+1}^{\mathrm{T}}\boldsymbol{Q}_k\boldsymbol{\lambda}_{k+1}=\|\boldsymbol{\lambda}_{k+1}\|_{\boldsymbol{Q}_k}^2 \tag{3.11.42}$$

所以

$$J=-\frac{1}{\theta}\|\boldsymbol{\lambda}_0\|_{\boldsymbol{P}_0}^2+\sum_{k=0}^{N-1}\Big[\|\boldsymbol{\mu}_k+\boldsymbol{P}_k\boldsymbol{\lambda}_k-\hat{\boldsymbol{X}}_k\|_{\tilde{\boldsymbol{S}}_k}^2-\frac{1}{\theta}\|\boldsymbol{Z}_k-\boldsymbol{H}_k(\boldsymbol{\mu}_k+\boldsymbol{P}_k\boldsymbol{\lambda}_k)\|_{\boldsymbol{R}_k^{-1}}^2\Big]-\frac{1}{\theta}\sum_{k=0}^{N-1}\|\boldsymbol{\lambda}_{k+1}\|_{\boldsymbol{Q}_k}^2 \tag{3.11.43}$$

由于

$$\sum_{k=0}^{N}\boldsymbol{\lambda}_k^{\mathrm{T}}\boldsymbol{P}_k\boldsymbol{\lambda}_k-\sum_{k=0}^{N-1}\boldsymbol{\lambda}_k^{\mathrm{T}}\boldsymbol{P}_k\boldsymbol{\lambda}_k=\boldsymbol{\lambda}_0^{\mathrm{T}}\boldsymbol{P}_0\boldsymbol{\lambda}_0+\sum_{k=1}^{N}\boldsymbol{\lambda}_k^{\mathrm{T}}\boldsymbol{P}_k\boldsymbol{\lambda}_k-\sum_{k=0}^{N-1}\boldsymbol{\lambda}_k^{\mathrm{T}}\boldsymbol{P}_k\boldsymbol{\lambda}_k=$$

$$\|\boldsymbol{\lambda}_0\|_{\boldsymbol{P}_0}^2+\sum_{k=0}^{N-1}(\boldsymbol{\lambda}_{k+1}^{\mathrm{T}}\boldsymbol{P}_{k+1}\boldsymbol{\lambda}_{k+1}-\boldsymbol{\lambda}_k^{\mathrm{T}}\boldsymbol{P}_k\boldsymbol{\lambda}_k)$$

而根据式(3.11.25)

$$\sum_{k=0}^{N}\boldsymbol{\lambda}_k^{\mathrm{T}}\boldsymbol{P}_k\boldsymbol{\lambda}_k-\sum_{k=0}^{N-1}\boldsymbol{\lambda}_k^{\mathrm{T}}\boldsymbol{P}_k\boldsymbol{\lambda}_k=\boldsymbol{\lambda}_N^{\mathrm{T}}\boldsymbol{P}_N\boldsymbol{\lambda}_N+\sum_{k=0}^{N-1}(\boldsymbol{\lambda}_k^{\mathrm{T}}\boldsymbol{P}_k\boldsymbol{\lambda}_k-\boldsymbol{\lambda}_k^{\mathrm{T}}\boldsymbol{P}_k\boldsymbol{\lambda}_k)=\boldsymbol{0}$$

所以

$$-\frac{1}{\theta}\ \|\boldsymbol{\lambda}_0\|_{\boldsymbol{P}_0}^2=\frac{1}{\theta}\sum_{k=0}^{N-1}(\boldsymbol{\lambda}_{k+1}^{\mathrm{T}}\boldsymbol{P}_{k+1}\boldsymbol{\lambda}_{k+1}-\boldsymbol{\lambda}_k^{\mathrm{T}}\boldsymbol{P}_k\boldsymbol{\lambda}_k)$$

上式代入式(3.11.43),由于 J 为标量,则有

$$J=\sum_{k=0}^{N-1}\Big[\|\boldsymbol{\mu}_k+\boldsymbol{P}_k\boldsymbol{\lambda}_k-\hat{\boldsymbol{X}}_k\|_{\tilde{\boldsymbol{S}}_k}^2-\frac{1}{\theta}\ \|\boldsymbol{\lambda}_{k+1}\|_{\boldsymbol{Q}_k}^2+\frac{1}{\theta}(\boldsymbol{\lambda}_{k+1}^{\mathrm{T}}\boldsymbol{P}_{k+1}\boldsymbol{\lambda}_{k+1}-\boldsymbol{\lambda}_k^{\mathrm{T}}\boldsymbol{P}_k\boldsymbol{\lambda}_k)-$$
$$\frac{1}{\theta}\ \|\boldsymbol{Z}_k-\boldsymbol{H}_k(\boldsymbol{\mu}_k+\boldsymbol{P}_k\boldsymbol{\lambda}_k)\|_{\boldsymbol{R}_k^{-1}}^2\Big]=\sum_{k=0}^{N-1}\Big[\|\boldsymbol{\mu}_k-\hat{\boldsymbol{X}}_k\|_{\tilde{\boldsymbol{S}}_k}^2+2(\boldsymbol{\mu}_k-\hat{\boldsymbol{X}}_k)^{\mathrm{T}}\tilde{\boldsymbol{S}}_k\boldsymbol{P}_k\boldsymbol{\lambda}_k+\boldsymbol{\lambda}_k^{\mathrm{T}}\boldsymbol{P}_k\tilde{\boldsymbol{S}}_k\boldsymbol{P}_k\boldsymbol{\lambda}_k+$$
$$\frac{1}{\theta}\ \|\boldsymbol{\lambda}_{k+1}\|_{(\boldsymbol{P}_{k+1}-\boldsymbol{Q}_k)}^2-\frac{1}{\theta}\boldsymbol{\lambda}_k^{\mathrm{T}}\boldsymbol{P}_k\boldsymbol{\lambda}_k-\frac{1}{\theta}\ \|\boldsymbol{Z}_k-\boldsymbol{H}_k\boldsymbol{\mu}_k\|_{\boldsymbol{R}_k^{-1}}^2+$$
$$\frac{2}{\theta}(\boldsymbol{Z}_k-\boldsymbol{H}_k\boldsymbol{\mu}_k)^{\mathrm{T}}\boldsymbol{R}_k^{-1}\boldsymbol{H}_k\boldsymbol{P}_k\boldsymbol{\lambda}_k-\frac{1}{\theta}\boldsymbol{\lambda}_k^{\mathrm{T}}\boldsymbol{P}_k\boldsymbol{H}_k^{\mathrm{T}}\boldsymbol{R}_k^{-1}\boldsymbol{H}_k\boldsymbol{P}_k\boldsymbol{\lambda}_k\Big]\tag{3.11.44}$$

考察上述和式中的第四项,根据式(3.11.38),

$$\|\boldsymbol{\lambda}_{k+1}\|_{(\boldsymbol{P}_{k+1}-\boldsymbol{Q}_k)}^2=\boldsymbol{\lambda}_{k+1}^{\mathrm{T}}(\boldsymbol{P}_{k+1}-\boldsymbol{Q}_k)\boldsymbol{\lambda}_{k+1}=\boldsymbol{\lambda}_{k+1}^{\mathrm{T}}(\boldsymbol{\Phi}_{k+1,k}\tilde{\boldsymbol{P}}_k\boldsymbol{\Phi}_{k+1,k}^{\mathrm{T}}+\boldsymbol{Q}_k-\boldsymbol{Q}_k)\boldsymbol{\lambda}_{k+1}=$$
$$\boldsymbol{\lambda}_{k+1}^{\mathrm{T}}\boldsymbol{\Phi}_{k+1,k}\tilde{\boldsymbol{P}}_k\boldsymbol{\Phi}_{k+1,k}^{\mathrm{T}}\boldsymbol{\lambda}_{k+1}\tag{3.11.45}$$

式中,$\tilde{\boldsymbol{P}}_k$ 由式(3.11.37)确定。

又由式(3.11.31),得

$$\boldsymbol{\Phi}_{k+1,k}^{\mathrm{T}}\boldsymbol{\lambda}_{k+1}=\boldsymbol{\lambda}_k-\theta\tilde{\boldsymbol{S}}_k(\boldsymbol{\mu}_k+\boldsymbol{P}_k\boldsymbol{\lambda}_k-\hat{\boldsymbol{X}}_k)-\boldsymbol{H}_k^{\mathrm{T}}\boldsymbol{R}_k^{-1}[\boldsymbol{Z}_k-\boldsymbol{H}_k(\boldsymbol{\mu}_k+\boldsymbol{P}_k\boldsymbol{\lambda}_k)]$$

将该式代入式(3.11.45),所以

$$\|\boldsymbol{\lambda}_{k+1}\|_{(\boldsymbol{P}_{k+1}-\boldsymbol{Q}_k)}^2=\{\boldsymbol{\lambda}_k-\theta\tilde{\boldsymbol{S}}_k(\boldsymbol{\mu}_k+\boldsymbol{P}_k\boldsymbol{\lambda}_k-\hat{\boldsymbol{X}}_k)-\boldsymbol{H}_k^{\mathrm{T}}\boldsymbol{R}_k^{-1}[\boldsymbol{Z}_k-\boldsymbol{H}_k(\boldsymbol{\mu}_k+\boldsymbol{P}_k\boldsymbol{\lambda}_k)]\}^{\mathrm{T}}\tilde{\boldsymbol{P}}_k\{\boldsymbol{\lambda}_k-$$
$$\theta\tilde{\boldsymbol{S}}_k(\boldsymbol{\mu}_k+\boldsymbol{P}_k\boldsymbol{\lambda}_k-\hat{\boldsymbol{X}}_k)-\boldsymbol{H}_k^{\mathrm{T}}\boldsymbol{R}_k^{-1}[\boldsymbol{Z}_k-\boldsymbol{H}_k(\boldsymbol{\mu}_k+\boldsymbol{P}_k\boldsymbol{\lambda}_k)]\}=$$
$$\{\boldsymbol{\lambda}_k^{\mathrm{T}}(\boldsymbol{I}-\theta\boldsymbol{P}_k\tilde{\boldsymbol{S}}_k+\boldsymbol{P}_k\boldsymbol{H}_k^{\mathrm{T}}\boldsymbol{R}_k^{-1}\boldsymbol{H}_k)-\theta(\boldsymbol{\mu}_k-\hat{\boldsymbol{X}}_k)^{\mathrm{T}}\tilde{\boldsymbol{S}}_k-$$
$$(\boldsymbol{Z}_k-\boldsymbol{H}_k\boldsymbol{\mu}_k)^{\mathrm{T}}\boldsymbol{R}_k^{-1}\boldsymbol{H}_k\}\tilde{\boldsymbol{P}}_k\{\boldsymbol{\lambda}_k^{\mathrm{T}}(\boldsymbol{I}-\theta\boldsymbol{P}_k\tilde{\boldsymbol{S}}_k+\boldsymbol{P}_k\boldsymbol{H}_k^{\mathrm{T}}\boldsymbol{R}_k^{-1}\boldsymbol{H}_k)-$$
$$\theta(\boldsymbol{\mu}_k-\hat{\boldsymbol{X}}_k)^{\mathrm{T}}\tilde{\boldsymbol{S}}_k-(\boldsymbol{Z}_k-\boldsymbol{H}_k\boldsymbol{\mu}_k)^{\mathrm{T}}\boldsymbol{R}_k^{-1}\boldsymbol{H}_k\}^{\mathrm{T}}$$

由式(3.11.37)

$$\boldsymbol{I}-\theta\boldsymbol{P}_k\tilde{\boldsymbol{S}}_k+\boldsymbol{P}_k\boldsymbol{H}_k^{\mathrm{T}}\boldsymbol{R}_k^{-1}\boldsymbol{H}_k=\boldsymbol{P}_k\tilde{\boldsymbol{P}}_k^{-1}$$

所以

$$\|\boldsymbol{\lambda}_{k+1}\|_{(\boldsymbol{P}_{k+1}-\boldsymbol{Q}_k)}^2=[\boldsymbol{\lambda}_k^{\mathrm{T}}\boldsymbol{P}_k\tilde{\boldsymbol{P}}_k^{-1}-\theta(\boldsymbol{\mu}_k-\hat{\boldsymbol{X}}_k)^{\mathrm{T}}\tilde{\boldsymbol{S}}_k-(\boldsymbol{Z}_k-\boldsymbol{H}_k\boldsymbol{\mu}_k)^{\mathrm{T}}\boldsymbol{R}_k^{-1}\boldsymbol{H}_k]\tilde{\boldsymbol{P}}_k$$
$$[\boldsymbol{\lambda}_k^{\mathrm{T}}\boldsymbol{P}_k\tilde{\boldsymbol{P}}_k^{-1}-\theta(\boldsymbol{\mu}_k-\hat{\boldsymbol{X}}_k)^{\mathrm{T}}\tilde{\boldsymbol{S}}_k-(\boldsymbol{Z}_k-\boldsymbol{H}_k\boldsymbol{\mu}_k)^{\mathrm{T}}\boldsymbol{R}_k^{-1}\boldsymbol{H}_k]^{\mathrm{T}}=$$
$$\boldsymbol{\lambda}_k^{\mathrm{T}}\boldsymbol{P}_k\tilde{\boldsymbol{P}}_k^{-1}\boldsymbol{P}_k\boldsymbol{\lambda}_k-\theta(\boldsymbol{\mu}_k-\hat{\boldsymbol{X}}_k)^{\mathrm{T}}\tilde{\boldsymbol{S}}_k\boldsymbol{P}_k\boldsymbol{\lambda}_k-(\boldsymbol{Z}_k-\boldsymbol{H}_k\boldsymbol{\mu}_k)^{\mathrm{T}}\boldsymbol{R}_k^{-1}\boldsymbol{H}_k\boldsymbol{P}_k\boldsymbol{\lambda}_k-$$
$$\theta\boldsymbol{\lambda}_k^{\mathrm{T}}\boldsymbol{P}_k\tilde{\boldsymbol{S}}_k(\boldsymbol{\mu}_k-\hat{\boldsymbol{X}}_k)+\theta^2(\boldsymbol{\mu}_k-\hat{\boldsymbol{X}}_k)^{\mathrm{T}}\tilde{\boldsymbol{S}}_k\tilde{\boldsymbol{P}}_k\tilde{\boldsymbol{S}}_k(\boldsymbol{\mu}_k-\hat{\boldsymbol{X}}_k)+$$
$$\theta(\boldsymbol{Z}_k-\boldsymbol{H}_k\boldsymbol{\mu}_k)^{\mathrm{T}}\boldsymbol{R}_k^{-1}\boldsymbol{H}_k\tilde{\boldsymbol{P}}_k\tilde{\boldsymbol{S}}_k(\boldsymbol{\mu}_k-\hat{\boldsymbol{X}}_k)-\boldsymbol{\lambda}_k^{\mathrm{T}}\boldsymbol{P}_k\boldsymbol{H}_k^{\mathrm{T}}\boldsymbol{R}_k^{-1}(\boldsymbol{Z}_k-\boldsymbol{H}_k\boldsymbol{\mu}_k)+$$
$$\theta(\boldsymbol{\mu}_k-\hat{\boldsymbol{X}}_k)^{\mathrm{T}}\tilde{\boldsymbol{S}}_k\tilde{\boldsymbol{P}}_k\boldsymbol{H}_k^{\mathrm{T}}\boldsymbol{R}_k^{-1}(\boldsymbol{Z}_k-\boldsymbol{H}_k\boldsymbol{\mu}_k)+$$
$$(\boldsymbol{Z}_k-\boldsymbol{H}_k\boldsymbol{\mu}_k)^{\mathrm{T}}\boldsymbol{R}_k^{-1}\boldsymbol{H}_k\tilde{\boldsymbol{P}}_k\boldsymbol{H}_k^{\mathrm{T}}\boldsymbol{R}_k^{-1}(\boldsymbol{Z}_k-\boldsymbol{H}_k\boldsymbol{\mu}_k)$$

该式中各项都是标量,转置后不变,所以

$$\|\boldsymbol{\lambda}_{k+1}\|_{(\boldsymbol{P}_{k+1}-\boldsymbol{Q}_k)}^2=\boldsymbol{\lambda}_k^{\mathrm{T}}\boldsymbol{P}_k\tilde{\boldsymbol{P}}_k^{-1}\boldsymbol{P}_k\boldsymbol{\lambda}_k-2\theta(\boldsymbol{\mu}_k-\hat{\boldsymbol{X}}_k)^{\mathrm{T}}\tilde{\boldsymbol{S}}_k\boldsymbol{P}_k\boldsymbol{\lambda}_k-2(\boldsymbol{Z}_k-\boldsymbol{H}_k\boldsymbol{\mu}_k)^{\mathrm{T}}\boldsymbol{R}_k^{-1}\boldsymbol{H}_k\boldsymbol{P}_k\boldsymbol{\lambda}_k+$$
$$\theta^2(\boldsymbol{\mu}_k-\hat{\boldsymbol{X}}_k)^{\mathrm{T}}\tilde{\boldsymbol{S}}_k\tilde{\boldsymbol{P}}_k\tilde{\boldsymbol{S}}_k(\boldsymbol{\mu}_k-\hat{\boldsymbol{X}}_k)+2\theta(\boldsymbol{\mu}_k-\hat{\boldsymbol{X}}_k)^{\mathrm{T}}\tilde{\boldsymbol{S}}_k\tilde{\boldsymbol{P}}_k\boldsymbol{H}_k^{\mathrm{T}}\boldsymbol{R}_k^{-1}(\boldsymbol{Z}_k-$$
$$\boldsymbol{H}_k\boldsymbol{\mu}_k)+(\boldsymbol{Z}_k-\boldsymbol{H}_k\boldsymbol{\mu}_k)^{\mathrm{T}}\boldsymbol{R}_k^{-1}\boldsymbol{H}_k\tilde{\boldsymbol{P}}_k\boldsymbol{H}_k^{\mathrm{T}}\boldsymbol{R}_k^{-1}(\boldsymbol{Z}_k-\boldsymbol{H}_k\boldsymbol{\mu}_k)\tag{3.11.46}$$

由式(3.11.37),得

$$\widetilde{\boldsymbol{P}}_k^{-1}=\boldsymbol{P}_k^{-1}(\boldsymbol{I}-\theta\boldsymbol{P}_k\widetilde{\boldsymbol{S}}_k+\boldsymbol{P}_k\boldsymbol{H}_k^{\mathrm{T}}\boldsymbol{R}_k^{-1}\boldsymbol{H}_k) \tag{3.11.47}$$

所以

$$\begin{aligned}\boldsymbol{\lambda}_k^{\mathrm{T}}\boldsymbol{P}_k\widetilde{\boldsymbol{P}}_k^{-1}\boldsymbol{P}_k\boldsymbol{\lambda}_k=&\boldsymbol{\lambda}_k^{\mathrm{T}}(\boldsymbol{I}-\theta\boldsymbol{P}_k\widetilde{\boldsymbol{S}}_k+\boldsymbol{P}_k\boldsymbol{H}_k^{\mathrm{T}}\boldsymbol{R}_k^{-1}\boldsymbol{H}_k)\boldsymbol{P}_k\boldsymbol{\lambda}_k=\\&\boldsymbol{\lambda}_k^{\mathrm{T}}\boldsymbol{P}_k\boldsymbol{\lambda}_k-\theta\boldsymbol{\lambda}_k^{\mathrm{T}}\boldsymbol{P}_k\widetilde{\boldsymbol{S}}_k\boldsymbol{P}_k\boldsymbol{\lambda}_k+\boldsymbol{\lambda}_k^{\mathrm{T}}\boldsymbol{P}_k\boldsymbol{H}_k^{\mathrm{T}}\boldsymbol{R}_k^{-1}\boldsymbol{H}_k\boldsymbol{P}_k\boldsymbol{\lambda}_k\end{aligned}$$

代入式(3.11.46),得

$$\begin{aligned}\|\boldsymbol{\lambda}_{k+1}\|^2_{(\boldsymbol{P}_{k+1}-\boldsymbol{Q}_k)}=&\boldsymbol{\lambda}_k^{\mathrm{T}}\boldsymbol{P}_k\boldsymbol{\lambda}_k-\theta\boldsymbol{\lambda}_k^{\mathrm{T}}\boldsymbol{P}_k\widetilde{\boldsymbol{S}}_k\boldsymbol{P}_k\boldsymbol{\lambda}_k+\boldsymbol{\lambda}_k^{\mathrm{T}}\boldsymbol{P}_k\boldsymbol{H}_k^{\mathrm{T}}\boldsymbol{R}_k^{-1}\boldsymbol{H}_k\boldsymbol{P}_k\boldsymbol{\lambda}_k-\\&2\theta(\boldsymbol{\mu}_k-\hat{\boldsymbol{X}}_k)^{\mathrm{T}}\widetilde{\boldsymbol{S}}_k\boldsymbol{P}_k\boldsymbol{\lambda}_k-2(\boldsymbol{Z}_k-\boldsymbol{H}_k\boldsymbol{\mu}_k)^{\mathrm{T}}\boldsymbol{R}_k^{-1}\boldsymbol{H}_k\boldsymbol{P}_k\boldsymbol{\lambda}_k+\\&\theta^2(\boldsymbol{\mu}_k-\hat{\boldsymbol{X}}_k)^{\mathrm{T}}\widetilde{\boldsymbol{S}}_k\widetilde{\boldsymbol{P}}_k\widetilde{\boldsymbol{S}}_k(\boldsymbol{\mu}_k-\hat{\boldsymbol{X}}_k)+2\theta(\boldsymbol{\mu}_k-\hat{\boldsymbol{X}}_k)^{\mathrm{T}}\widetilde{\boldsymbol{S}}_k\widetilde{\boldsymbol{P}}_k\boldsymbol{H}_k^{\mathrm{T}}\boldsymbol{R}_k^{-1}(\boldsymbol{Z}_k-\\&\boldsymbol{H}_k\boldsymbol{\mu}_k)+(\boldsymbol{Z}_k-\boldsymbol{H}_k\boldsymbol{\mu}_k)^{\mathrm{T}}\boldsymbol{R}_k^{-1}\boldsymbol{H}_k\widetilde{\boldsymbol{P}}_k\boldsymbol{H}_k^{\mathrm{T}}\boldsymbol{R}_k^{-1}(\boldsymbol{Z}_k-\boldsymbol{H}_k\boldsymbol{\mu}_k)\end{aligned} \tag{3.11.48}$$

式(3.11.48)代入式(3.11.44),得

$$\begin{aligned}J=&\sum_{k=0}^{N-1}\Big[(\boldsymbol{\mu}_k-\hat{\boldsymbol{X}}_k)^{\mathrm{T}}\widetilde{\boldsymbol{S}}_k(\boldsymbol{\mu}_k-\hat{\boldsymbol{X}}_k)-\frac{1}{\theta}(\boldsymbol{Z}_k-\boldsymbol{H}_k\boldsymbol{\mu}_k)^{\mathrm{T}}\boldsymbol{R}_k^{-1}(\boldsymbol{Z}_k-\boldsymbol{H}_k\boldsymbol{\mu}_k)+\\&\theta(\boldsymbol{\mu}_k-\hat{\boldsymbol{X}}_k)^{\mathrm{T}}\widetilde{\boldsymbol{S}}_k\widetilde{\boldsymbol{P}}_k\widetilde{\boldsymbol{S}}_k(\boldsymbol{\mu}_k-\hat{\boldsymbol{X}}_k)+2(\boldsymbol{\mu}_k-\hat{\boldsymbol{X}}_k)^{\mathrm{T}}\widetilde{\boldsymbol{S}}_k\widetilde{\boldsymbol{P}}_k\boldsymbol{H}_k^{\mathrm{T}}\boldsymbol{R}_k^{-1}(\boldsymbol{Z}_k-\boldsymbol{H}_k\boldsymbol{\mu}_k)+\\&\frac{1}{\theta}(\boldsymbol{Z}_k-\boldsymbol{H}_k\boldsymbol{\mu}_k)^{\mathrm{T}}\boldsymbol{R}_k^{-1}\boldsymbol{H}_k\widetilde{\boldsymbol{P}}_k\boldsymbol{H}_k^{\mathrm{T}}\boldsymbol{R}_k^{-1}(\boldsymbol{Z}_k-\boldsymbol{H}_k\boldsymbol{\mu}_k)\Big]=\\&\sum_{k=0}^{N-1}\Big[(\boldsymbol{\mu}_k-\hat{\boldsymbol{X}}_k)^{\mathrm{T}}(\widetilde{\boldsymbol{S}}_k+\theta\widetilde{\boldsymbol{S}}_k\widetilde{\boldsymbol{P}}_k\widetilde{\boldsymbol{S}}_k)(\boldsymbol{\mu}_k-\hat{\boldsymbol{X}}_k)+2(\boldsymbol{\mu}_k-\hat{\boldsymbol{X}}_k)^{\mathrm{T}}\widetilde{\boldsymbol{S}}_k\widetilde{\boldsymbol{P}}_k\boldsymbol{H}_k^{\mathrm{T}}\boldsymbol{R}_k^{-1}(\boldsymbol{Z}_k-\boldsymbol{H}_k\boldsymbol{\mu}_k)+\\&\frac{1}{\theta}(\boldsymbol{Z}_k-\boldsymbol{H}_k\boldsymbol{\mu}_k)^{\mathrm{T}}(\boldsymbol{R}_k^{-1}\boldsymbol{H}_k\widetilde{\boldsymbol{P}}_k\boldsymbol{H}_k^{\mathrm{T}}\boldsymbol{R}_k^{-1}-\boldsymbol{R}_k^{-1})(\boldsymbol{Z}_k-\boldsymbol{H}_k\boldsymbol{\mu}_k)\Big]\end{aligned}$$

$$\frac{\partial J}{\partial\hat{\boldsymbol{X}}_k}=2(\widetilde{\boldsymbol{S}}_k+\theta\widetilde{\boldsymbol{S}}_k\widetilde{\boldsymbol{P}}_k\widetilde{\boldsymbol{S}}_k)(\hat{\boldsymbol{X}}_k-\boldsymbol{\mu}_k)+2\widetilde{\boldsymbol{S}}_k\widetilde{\boldsymbol{P}}_k\boldsymbol{H}_k^{\mathrm{T}}\boldsymbol{R}_k^{-1}(\boldsymbol{H}_k\boldsymbol{\mu}_k-\boldsymbol{Z}_k)=\boldsymbol{0} \tag{3.11.49}$$

$$\frac{\partial J}{\partial\boldsymbol{Z}_k}=\frac{2}{\theta}(\boldsymbol{R}_k^{-1}\boldsymbol{H}_k\widetilde{\boldsymbol{P}}_k\boldsymbol{H}_k^{\mathrm{T}}\boldsymbol{R}_k^{-1}-\boldsymbol{R}_k^{-1})(\boldsymbol{Z}_k-\boldsymbol{H}_k\boldsymbol{\mu}_k)+2\boldsymbol{R}_k^{-1}\boldsymbol{H}_k\widetilde{\boldsymbol{P}}_k\widetilde{\boldsymbol{S}}_k(\boldsymbol{\mu}_k-\hat{\boldsymbol{X}}_k)=\boldsymbol{0} \tag{3.11.50}$$

从式(3.11.49)和式(3.11.50)可得

$$\hat{\boldsymbol{X}}_k=\boldsymbol{\mu}_k \tag{3.11.51a}$$

$$\boldsymbol{Z}_k=\boldsymbol{H}_k\boldsymbol{\mu}_k \tag{3.11.51b}$$

根据式(3.11.49)和式(3.11.37)

$$\frac{\partial^2 J}{\partial\hat{\boldsymbol{X}}_k\partial\hat{\boldsymbol{X}}_k^{\mathrm{T}}}=2(\widetilde{\boldsymbol{S}}_k+\theta\widetilde{\boldsymbol{S}}_k\widetilde{\boldsymbol{P}}_k\widetilde{\boldsymbol{S}}_k)=2[\widetilde{\boldsymbol{S}}_k+\theta\widetilde{\boldsymbol{S}}_k(\boldsymbol{P}_k^{-1}-\theta\widetilde{\boldsymbol{S}}_k+\boldsymbol{H}_k^{\mathrm{T}}\boldsymbol{R}_k^{-1}\boldsymbol{H}_k)^{-1}\widetilde{\boldsymbol{S}}_k]$$

从上式可看出,只要 θ 取得足够小,则总能保证 $\dfrac{\partial^2 J}{\partial\hat{\boldsymbol{X}}_k\partial\hat{\boldsymbol{X}}_k^{\mathrm{T}}}$ 正定,即

$$\boldsymbol{P}_k^{-1}-\theta\widetilde{\boldsymbol{S}}_k+\boldsymbol{H}_k^{\mathrm{T}}\boldsymbol{R}_k^{-1}\boldsymbol{H}_k>0 \tag{3.11.52}$$

从而使 $\hat{\boldsymbol{X}}_k=\boldsymbol{\mu}_k$ 时代价函数 J 达到最小。由(3.11.12)式知,θ 取得足够小意味着代价函数 J_1 的上界定得较宽,因此参数 θ 与代价函数的上界有关,应该定得适当小,定得过大,则在 $\hat{\boldsymbol{X}}_k=\boldsymbol{\mu}_k$ 处代价函数 J 会出现最大值。

式(3.11.51)代入式(3.11.34),得

$$\hat{\boldsymbol{X}}_{k+1}=\boldsymbol{\Phi}_{k+1,k}\hat{\boldsymbol{X}}_k+\boldsymbol{\Phi}_{k+1,k}\boldsymbol{K}_k(\boldsymbol{Z}_k-\boldsymbol{H}_k\hat{\boldsymbol{X}}_k) \tag{3.11.53}$$

其中
$$\boldsymbol{K}_k = \boldsymbol{P}_k (\boldsymbol{I} - \theta \widetilde{\boldsymbol{S}}_k \boldsymbol{P}_k + \boldsymbol{H}_k^{\mathrm{T}} \boldsymbol{R}_k^{-1} \boldsymbol{H}_k \boldsymbol{P}_k)^{-1} \boldsymbol{H}_k^{\mathrm{T}} \boldsymbol{R}_k^{-1} \tag{3.11.54}$$

根据式(3.11.50)

$$\frac{\partial^2 J}{\partial \boldsymbol{Z}_k \partial \boldsymbol{Z}_k^{\mathrm{T}}} = \frac{2}{\theta}(\boldsymbol{R}_k^{-1} \boldsymbol{H}_k \widetilde{\boldsymbol{P}}_k \boldsymbol{H}_k^{\mathrm{T}} \boldsymbol{R}_k^{-1} - \boldsymbol{R}_k^{-1}) = \frac{2}{\theta} \boldsymbol{R}_k^{-1} (\boldsymbol{H}_k \widetilde{\boldsymbol{P}}_k \boldsymbol{H}_k^{\mathrm{T}} - \boldsymbol{R}_k) \boldsymbol{R}_k^{-1}$$

从上式可看出,如果$\boldsymbol{R}_k$取得过大,使$\boldsymbol{H}_k \widetilde{\boldsymbol{P}}_k \boldsymbol{H}_k^{\mathrm{T}} - \boldsymbol{R}_k$为负定阵,则在$\boldsymbol{Z}_k = \boldsymbol{H}_k \boldsymbol{\mu}_k$处代价函数$J$会出现极大值,要使之成为极小值,需有

$$\boldsymbol{H}_k \widetilde{\boldsymbol{P}}_k \boldsymbol{H}_k^{\mathrm{T}} - \boldsymbol{R}_k > 0$$

式(3.11.37)代入上式,得

$$\boldsymbol{H}_k \boldsymbol{P}_k (\boldsymbol{I} - \theta \widetilde{\boldsymbol{S}}_k \boldsymbol{P}_k + \boldsymbol{H}_k^{\mathrm{T}} \boldsymbol{R}_k^{-1} \boldsymbol{H}_k \boldsymbol{P}_k)^{-1} \boldsymbol{H}_k^{\mathrm{T}} - \boldsymbol{R}_k > 0 \tag{3.11.55}$$

3.11.3　H_∞ 滤波算法

1.离散型 H_∞ 滤波算法

综合以上讨论,整理出离散型 H_∞ 滤波算法如下。

(1) 滤波处理对象

$$\boldsymbol{X}_{k+1} = \boldsymbol{\Phi}_{k+1,k} \boldsymbol{X}_k + \boldsymbol{W}_k$$
$$\boldsymbol{Z}_k = \boldsymbol{H}_k \boldsymbol{X}_k + \boldsymbol{V}_k$$
$$\boldsymbol{y}_k = \boldsymbol{T}_k \boldsymbol{X}_k$$

式中,$\boldsymbol{y}_k$是被估计量,$\boldsymbol{W}_k$和$\boldsymbol{V}_k$不一定是白噪声。

(2) 取代价函数

$$J_1 = \frac{\sum_{k=0}^{N-1} \| \boldsymbol{y}_k - \hat{\boldsymbol{y}}_k \|_{\boldsymbol{S}_k}^2}{\| \boldsymbol{X}_0 - \hat{\boldsymbol{X}}_0 \|_{\boldsymbol{P}_0^{-1}}^2 + \sum_{k=0}^{N-1} (\| \boldsymbol{W}_k \|_{\boldsymbol{Q}_k^{-1}}^2 + \| \boldsymbol{V}_k \|_{\boldsymbol{R}_k^{-1}}^2)}$$

选取$\boldsymbol{P}_0$,$\boldsymbol{Q}_k$,$\boldsymbol{R}_k$和$\boldsymbol{S}_k$时,必须保证这些矩阵对称和正定。

(3) 滤波算法

$$\widetilde{\boldsymbol{S}}_k = \boldsymbol{T}_k^{\mathrm{T}} \boldsymbol{S}_k \boldsymbol{T}_k$$
$$\hat{\boldsymbol{X}}_{k+1} = \boldsymbol{\Phi}_{k+1,k} \hat{\boldsymbol{X}}_k + \boldsymbol{\Phi}_{k+1,k} \boldsymbol{K}_k (\boldsymbol{Z}_k - \boldsymbol{H}_k \hat{\boldsymbol{X}}_k)$$
$$\boldsymbol{K}_k = \boldsymbol{P}_k (\boldsymbol{I} - \theta \widetilde{\boldsymbol{S}}_k \boldsymbol{P}_k + \boldsymbol{H}_k^{\mathrm{T}} \boldsymbol{R}_k^{-1} \boldsymbol{H}_k \boldsymbol{P}_k)^{-1} \boldsymbol{H}_k^{\mathrm{T}} \boldsymbol{R}_k^{-1}$$
$$\boldsymbol{P}_{k+1} = \boldsymbol{\Phi}_{k+1,k} \boldsymbol{P}_k (\boldsymbol{I} - \theta \widetilde{\boldsymbol{S}}_k \boldsymbol{P}_k + \boldsymbol{H}_k^{\mathrm{T}} \boldsymbol{R}_k^{-1} \boldsymbol{H}_k \boldsymbol{P}_k)^{-1} \boldsymbol{\Phi}_{k+1,k}^{\mathrm{T}} + \boldsymbol{Q}_k$$

式中,$k = 0,1,2,\cdots$。

选取θ时需保证:

$$\boldsymbol{P}_k^{-1} - \theta \widetilde{\boldsymbol{S}}_k + \boldsymbol{H}_k^{\mathrm{T}} \boldsymbol{R}_k^{-1} \boldsymbol{H}_k > 0$$
$$\boldsymbol{H}_k \boldsymbol{P}_k (\boldsymbol{I} - \theta \widetilde{\boldsymbol{S}}_k \boldsymbol{P}_k + \boldsymbol{H}_k^{\mathrm{T}} \boldsymbol{R}_k^{-1} \boldsymbol{H}_k \boldsymbol{P}_k)^{-1} \boldsymbol{H}_k^{\mathrm{T}} - \boldsymbol{R}_k > 0$$

2.连续型 H_∞ 滤波算法

设有连续型系统方程和量测方程

$$\dot{\boldsymbol{X}}(t) = \boldsymbol{F}(t) \boldsymbol{X}(t) + \boldsymbol{B}(t) \boldsymbol{u}(t) + \boldsymbol{W}(t)$$
$$\boldsymbol{Z}(t) = \boldsymbol{H}(t) \boldsymbol{X}(t) + \boldsymbol{V}(t)$$

被估计量为

$$\boldsymbol{y}(t)=\boldsymbol{T}(t)\boldsymbol{X}(t)$$

代价函数选为

$$J_1=\frac{\int_0^T \|\boldsymbol{y}(t)-\hat{\boldsymbol{y}}(t)\|_S^2\mathrm{d}t}{\|\boldsymbol{X}(0)-\hat{\boldsymbol{X}}(0)\|_{\boldsymbol{P}_0^{-1}}^2+\int_0^T(\|\boldsymbol{W}\|_{\boldsymbol{q}^{-1}}^2+\|\boldsymbol{V}\|_{\boldsymbol{r}^{-1}}^2)\mathrm{d}t} \tag{3.11.56}$$

对应的 H_∞ 滤波方程为

$$\dot{\boldsymbol{P}}(t)=\boldsymbol{F}(t)\boldsymbol{P}(t)+\boldsymbol{P}(t)\boldsymbol{F}^{\mathrm{T}}(t)+\boldsymbol{q}-\boldsymbol{K}(t)\boldsymbol{H}(t)\boldsymbol{P}(t)+\theta\boldsymbol{P}(t)\boldsymbol{T}^{\mathrm{T}}(t)\boldsymbol{S}\boldsymbol{T}(t)\boldsymbol{P}(t) \tag{3.11.57a}$$

$$\boldsymbol{K}(t)=\boldsymbol{P}(t)\boldsymbol{H}(t)\boldsymbol{r}^{-1} \tag{3.11.57b}$$

$$\dot{\hat{\boldsymbol{X}}}(t)=\boldsymbol{F}(t)\hat{\boldsymbol{X}}(t)+\boldsymbol{B}(t)\boldsymbol{u}(t)+\boldsymbol{K}(t)[\boldsymbol{Z}(t)-\boldsymbol{H}(t)\hat{\boldsymbol{X}}(t)] \tag{3.11.57c}$$

$$\hat{\boldsymbol{y}}(t)=\boldsymbol{T}(t)\hat{\boldsymbol{X}}(t) \tag{3.11.57d}$$

3.H_∞ 滤波与卡尔曼滤波的比较

为了揭示卡尔曼滤波与 H_∞ 滤波的内在联系，对卡尔曼滤波一步预测基本方程（见 2.2.4 节）作恒等变形。

$$\hat{\boldsymbol{X}}_{k+1/k}=\boldsymbol{\Phi}_{k+1,k}\hat{\boldsymbol{X}}_{k/k-1}+\boldsymbol{\Phi}_{k,k-1}\boldsymbol{K}_k(\boldsymbol{Z}_k-\boldsymbol{H}_k\hat{\boldsymbol{X}}_{k/k-1}) \tag{3.11.58a}$$

$$\boldsymbol{K}_k=\boldsymbol{P}_{k/k-1}\boldsymbol{H}_k^{\mathrm{T}}(\boldsymbol{H}_k\boldsymbol{P}_{k/k-1}\boldsymbol{H}_k^{\mathrm{T}}+\boldsymbol{R}_k)^{-1} \tag{3.11.58b}$$

$$\boldsymbol{P}_{k/k-1}=\boldsymbol{\Phi}_{k,k-1}\boldsymbol{P}_{k-1}\boldsymbol{\Phi}_{k,k-1}^{\mathrm{T}}+\boldsymbol{Q}_{k-1} \tag{3.11.58c}$$

$$\boldsymbol{P}_k=(\boldsymbol{I}-\boldsymbol{K}_k\boldsymbol{H}_k)\boldsymbol{P}_{k/k-1} \tag{3.11.58d}$$

上述方程对应的滤波对象如式(3.11.1) 所列。

根据矩阵反演公式，有

$$(\boldsymbol{H}_k\boldsymbol{P}_{k/k-1}\boldsymbol{H}_k^{\mathrm{T}}+\boldsymbol{R}_k)^{-1}=\boldsymbol{R}_k^{-1}-\boldsymbol{R}_k^{-1}\boldsymbol{H}_k(\boldsymbol{I}+\boldsymbol{P}_{k/k-1}\boldsymbol{H}_k^{\mathrm{T}}\boldsymbol{R}_k^{-1}\boldsymbol{H}_k)^{-1}\boldsymbol{P}_{k/k-1}\boldsymbol{H}_k^{\mathrm{T}}\boldsymbol{R}_k^{-1} \tag{3.11.59}$$

所以

$$\begin{aligned}
\boldsymbol{K}_k=&\boldsymbol{P}_{k/k-1}\boldsymbol{H}_k^{\mathrm{T}}(\boldsymbol{H}_k\boldsymbol{P}_{k/k-1}\boldsymbol{H}_k^{\mathrm{T}}+\boldsymbol{R}_k)^{-1}=\\
&\boldsymbol{P}_{k/k-1}\boldsymbol{H}_k^{\mathrm{T}}\boldsymbol{R}_k^{-1}-\boldsymbol{P}_{k/k-1}\boldsymbol{H}_k^{\mathrm{T}}\boldsymbol{R}_k^{-1}\boldsymbol{H}_k(\boldsymbol{I}+\boldsymbol{P}_{k/k-1}\boldsymbol{H}_k^{\mathrm{T}}\boldsymbol{R}_k^{-1}\boldsymbol{H}_k)^{-1}\boldsymbol{P}_{k/k-1}\boldsymbol{H}_k^{\mathrm{T}}\boldsymbol{R}_k^{-1}=\\
&[\boldsymbol{I}-\boldsymbol{P}_{k/k-1}\boldsymbol{H}_k^{\mathrm{T}}\boldsymbol{R}_k^{-1}\boldsymbol{H}_k(\boldsymbol{I}+\boldsymbol{P}_{k/k-1}\boldsymbol{H}_k^{\mathrm{T}}\boldsymbol{R}_k^{-1}\boldsymbol{H}_k)^{-1}]\boldsymbol{P}_{k/k-1}\boldsymbol{H}_k^{\mathrm{T}}\boldsymbol{R}_k^{-1}=\\
&[(\boldsymbol{I}+\boldsymbol{P}_{k/k-1}\boldsymbol{H}_k^{\mathrm{T}}\boldsymbol{R}_k^{-1}\boldsymbol{H}_k)-\boldsymbol{P}_{k/k-1}\boldsymbol{H}_k^{\mathrm{T}}\boldsymbol{R}_k^{-1}\boldsymbol{H}_k](\boldsymbol{I}+\boldsymbol{P}_{k/k-1}\boldsymbol{H}_k^{\mathrm{T}}\boldsymbol{R}_k^{-1}\boldsymbol{H}_k)^{-1}\boldsymbol{P}_{k/k-1}\boldsymbol{H}_k^{\mathrm{T}}\boldsymbol{R}_k^{-1}=\\
&(\boldsymbol{I}+\boldsymbol{P}_{k/k-1}\boldsymbol{H}_k^{\mathrm{T}}\boldsymbol{R}_k^{-1}\boldsymbol{H}_k)^{-1}\boldsymbol{P}_{k/k-1}\boldsymbol{H}_k^{\mathrm{T}}\boldsymbol{R}_k^{-1}
\end{aligned} \tag{3.11.60}$$

$$\begin{aligned}
\boldsymbol{P}_{k+1/k}=&\boldsymbol{\Phi}_{k+1,k}\boldsymbol{P}_k\boldsymbol{\Phi}_{k+1,k}^{\mathrm{T}}+\boldsymbol{Q}_k=\\
&\boldsymbol{\Phi}_{k+1,k}(\boldsymbol{I}-\boldsymbol{K}_k\boldsymbol{H}_k)\boldsymbol{P}_{k/k-1}\boldsymbol{\Phi}_{k+1,k}^{\mathrm{T}}+\boldsymbol{Q}_k=\\
&\boldsymbol{\Phi}_{k+1,k}\boldsymbol{P}_{k/k-1}\boldsymbol{\Phi}_{k+1,k}^{\mathrm{T}}-\boldsymbol{\Phi}_{k+1,k}\boldsymbol{K}_k\boldsymbol{H}_k\boldsymbol{P}_{k/k-1}\boldsymbol{\Phi}_{k+1,k}^{\mathrm{T}}+\boldsymbol{Q}_k=\\
&\boldsymbol{\Phi}_{k+1,k}\boldsymbol{P}_{k/k-1}\boldsymbol{\Phi}_{k+1,k}^{\mathrm{T}}-\\
&\boldsymbol{\Phi}_{k+1,k}(\boldsymbol{I}+\boldsymbol{P}_{k/k-1}\boldsymbol{H}_k^{\mathrm{T}}\boldsymbol{R}_k^{-1}\boldsymbol{H}_k)^{-1}\boldsymbol{P}_{k/k-1}\boldsymbol{H}_k^{\mathrm{T}}\boldsymbol{R}_k^{-1}\boldsymbol{H}_k\boldsymbol{P}_{k/k-1}\boldsymbol{\Phi}_{k+1,k}^{\mathrm{T}}+\boldsymbol{Q}_k=\\
&\boldsymbol{\Phi}_{k+1,k}\boldsymbol{P}_{k/k-1}\boldsymbol{\Phi}_{k+1,k}^{\mathrm{T}}-\boldsymbol{\Phi}_{k+1,k}(\boldsymbol{P}_{k/k-1}^{-1}+\boldsymbol{H}_k^{\mathrm{T}}\boldsymbol{R}_k^{-1}\boldsymbol{H}_k)^{-1}\boldsymbol{H}_k^{\mathrm{T}}\boldsymbol{R}_k^{-1}\boldsymbol{H}_k\boldsymbol{P}_{k/k-1}\boldsymbol{\Phi}_{k+1,k}^{\mathrm{T}}+\boldsymbol{Q}_k
\end{aligned}$$

对上式第二项中的求逆应用矩阵反演公式，得

$$\begin{aligned}
\boldsymbol{P}_{k+1/k}=&\boldsymbol{\Phi}_{k+1,k}\boldsymbol{P}_{k/k-1}\boldsymbol{\Phi}_{k+1,k}^{\mathrm{T}}-\boldsymbol{\Phi}_{k+1,k}[\boldsymbol{P}_{k/k-1}-\\
&\boldsymbol{P}_{k/k-1}\boldsymbol{H}_k^{\mathrm{T}}(\boldsymbol{R}_k+\boldsymbol{H}_k\boldsymbol{P}_{k/k-1}\boldsymbol{H}_k^{\mathrm{T}})^{-1}\boldsymbol{H}_k\boldsymbol{P}_{k/k-1}]\boldsymbol{H}_k^{\mathrm{T}}\boldsymbol{R}_k^{-1}\boldsymbol{H}_k\boldsymbol{P}_{k/k-1}\boldsymbol{\Phi}_{k+1,k}^{\mathrm{T}}+\boldsymbol{Q}_k=\\
&\boldsymbol{\Phi}_{k+1,k}\boldsymbol{P}_{k/k-1}[\boldsymbol{I}-\boldsymbol{H}_k^{\mathrm{T}}\boldsymbol{R}_k^{-1}\boldsymbol{H}_k\boldsymbol{P}_{k/k-1}+\boldsymbol{H}_k^{\mathrm{T}}(\boldsymbol{R}_k+
\end{aligned}$$

$$\boldsymbol{H}_k\boldsymbol{P}_{k/k-1}\boldsymbol{H}_k^{\mathrm{T}})^{-1}\boldsymbol{H}_k\boldsymbol{P}_{k/k-1}\boldsymbol{H}_k^{\mathrm{T}}\boldsymbol{R}_k^{-1}\boldsymbol{H}_k\boldsymbol{P}_{k/k-1}]\boldsymbol{\Phi}_{k+1,k}^{\mathrm{T}}+\boldsymbol{Q}_k=$$
$$\boldsymbol{\Phi}_{k+1,k}\boldsymbol{P}_{k/k-1}\boldsymbol{\Pi}_k\boldsymbol{\Phi}_{k+1,k}^{\mathrm{T}}+\boldsymbol{Q}_k \tag{3.11.61}$$

式中

$$\boldsymbol{\Pi}_k=\boldsymbol{I}-\boldsymbol{H}_k^{\mathrm{T}}\boldsymbol{R}_k^{-1}\boldsymbol{H}_k\boldsymbol{P}_{k/k-1}+\boldsymbol{H}_k^{\mathrm{T}}(\boldsymbol{R}_k+\boldsymbol{H}_k\boldsymbol{P}_{k/k-1}\boldsymbol{H}_k^{\mathrm{T}})^{-1}\boldsymbol{H}_k\boldsymbol{P}_{k/k-1}\boldsymbol{H}_k^{\mathrm{T}}\boldsymbol{R}_k^{-1}$$

式中的$(\boldsymbol{R}_k+\boldsymbol{H}_k\boldsymbol{P}_{k/k-1}\boldsymbol{H}_k^{\mathrm{T}})^{-1}$采用矩阵求逆反演公式求解。

$$\begin{aligned}\boldsymbol{\Pi}_k=&\boldsymbol{I}-\boldsymbol{H}_k^{\mathrm{T}}\boldsymbol{R}_k^{-1}\boldsymbol{H}_k\boldsymbol{P}_{k/k-1}+\boldsymbol{H}_k^{\mathrm{T}}[\boldsymbol{R}_k^{-1}-\boldsymbol{R}_k^{-1}\boldsymbol{H}_k(\boldsymbol{P}_{k/k-1}^{-1}+\\&\boldsymbol{H}_k^{\mathrm{T}}\boldsymbol{R}_k^{-1}\boldsymbol{H}_k)^{-1}\boldsymbol{H}_k^{\mathrm{T}}\boldsymbol{R}_k^{-1}]\boldsymbol{H}_k\boldsymbol{P}_{k/k-1}\boldsymbol{H}_k^{\mathrm{T}}\boldsymbol{R}_k^{-1}\boldsymbol{H}_k\boldsymbol{P}_{k/k-1}=\\&\boldsymbol{I}-\boldsymbol{H}_k^{\mathrm{T}}\boldsymbol{R}_k^{-1}\boldsymbol{H}_k\boldsymbol{P}_{k/k-1}+(\boldsymbol{H}_k^{\mathrm{T}}\boldsymbol{R}_k^{-1}\boldsymbol{H}_k\boldsymbol{P}_{k/k-1})^2-\\&\boldsymbol{H}_k^{\mathrm{T}}\boldsymbol{R}_k^{-1}\boldsymbol{H}_k(\boldsymbol{P}_{k/k-1}^{-1}+\boldsymbol{H}_k^{\mathrm{T}}\boldsymbol{R}_k^{-1}\boldsymbol{H}_k)^{-1}(\boldsymbol{H}_k^{\mathrm{T}}\boldsymbol{R}_k^{-1}\boldsymbol{H}_k\boldsymbol{P}_{k/k-1})^2=\\&\boldsymbol{I}-\boldsymbol{H}_k^{\mathrm{T}}\boldsymbol{R}_k^{-1}\boldsymbol{H}_k\boldsymbol{P}_{k/k-1}+(\boldsymbol{H}_k^{\mathrm{T}}\boldsymbol{R}_k^{-1}\boldsymbol{H}_k\boldsymbol{P}_{k/k-1})^2-\\&\boldsymbol{H}_k^{\mathrm{T}}\boldsymbol{R}_k^{-1}\boldsymbol{H}_k\boldsymbol{P}_{k/k-1}(\boldsymbol{I}+\boldsymbol{H}_k^{\mathrm{T}}\boldsymbol{R}_k^{-1}\boldsymbol{H}_k\boldsymbol{P}_{k/k-1})^{-1}(\boldsymbol{H}_k^{\mathrm{T}}\boldsymbol{R}_k^{-1}\boldsymbol{H}_k\boldsymbol{P}_{k/k-1})^2=\\&\boldsymbol{I}-\boldsymbol{H}_k^{\mathrm{T}}\boldsymbol{R}_k^{-1}\boldsymbol{H}_k\boldsymbol{P}_{k/k-1}+(\boldsymbol{H}_k^{\mathrm{T}}\boldsymbol{R}_k^{-1}\boldsymbol{H}_k\boldsymbol{P}_{k/k-1})^2-\\&(\boldsymbol{H}_k^{\mathrm{T}}\boldsymbol{R}_k^{-1}\boldsymbol{H}_k\boldsymbol{P}_{k/k-1})^3(\boldsymbol{I}+\boldsymbol{H}_k^{\mathrm{T}}\boldsymbol{R}_k^{-1}\boldsymbol{H}_k\boldsymbol{P}_{k/k-1})^{-1}=\\&[(\boldsymbol{I}+\boldsymbol{H}_k^{\mathrm{T}}\boldsymbol{R}_k^{-1}\boldsymbol{H}_k\boldsymbol{P}_{k/k-1})-\boldsymbol{H}_k^{\mathrm{T}}\boldsymbol{R}_k^{-1}\boldsymbol{H}_k\boldsymbol{P}_{k/k-1}(\boldsymbol{I}+\boldsymbol{H}_k^{\mathrm{T}}\boldsymbol{R}_k^{-1}\boldsymbol{H}_k\boldsymbol{P}_{k/k-1})+\\&(\boldsymbol{H}_k^{\mathrm{T}}\boldsymbol{R}_k^{-1}\boldsymbol{H}_k\boldsymbol{P}_{k/k-1})^2(\boldsymbol{I}+\boldsymbol{H}_k^{\mathrm{T}}\boldsymbol{R}_k^{-1}\boldsymbol{H}_k\boldsymbol{P}_{k/k-1})-\\&(\boldsymbol{H}_k^{\mathrm{T}}\boldsymbol{R}_k^{-1}\boldsymbol{H}_k\boldsymbol{P}_{k/k-1})^3](\boldsymbol{I}+\boldsymbol{H}_k^{\mathrm{T}}\boldsymbol{R}_k^{-1}\boldsymbol{H}_k\boldsymbol{P}_{k/k-1})^{-1}=\\&(\boldsymbol{I}+\boldsymbol{H}_k^{\mathrm{T}}\boldsymbol{R}_k^{-1}\boldsymbol{H}_k\boldsymbol{P}_{k/k-1})^{-1}\end{aligned} \tag{3.11.62}$$

式(3.11.62)代入式(3.11.61),得

$$\boldsymbol{P}_{k+1/k}=\boldsymbol{\Phi}_{k+1,k}\boldsymbol{P}_{k/k-1}(\boldsymbol{I}+\boldsymbol{H}_k^{\mathrm{T}}\boldsymbol{R}_k^{-1}\boldsymbol{H}_k\boldsymbol{P}_{k/k-1})^{-1}\boldsymbol{\Phi}_{k+1,k}^{\mathrm{T}}+\boldsymbol{Q}_k \tag{3.11.63}$$

由式(3.11.60),

$$\begin{aligned}\boldsymbol{K}_k=&(\boldsymbol{I}+\boldsymbol{P}_{k/k-1}\boldsymbol{H}_k^{\mathrm{T}}\boldsymbol{R}_k^{-1}\boldsymbol{H}_k)^{-1}\boldsymbol{P}_{k/k-1}\boldsymbol{H}_k^{\mathrm{T}}\boldsymbol{R}_k^{-1}=\\&\boldsymbol{P}_{k/k-1}\boldsymbol{P}_{k/k-1}^{-1}(\boldsymbol{I}+\boldsymbol{P}_{k/k-1}\boldsymbol{H}_k^{\mathrm{T}}\boldsymbol{R}_k^{-1}\boldsymbol{H}_k)^{-1}\boldsymbol{P}_{k/k-1}\boldsymbol{H}_k^{\mathrm{T}}\boldsymbol{R}_k^{-1}=\\&\boldsymbol{P}_{k/k-1}(\boldsymbol{P}_{k/k-1}+\boldsymbol{P}_{k/k-1}\boldsymbol{H}_k^{\mathrm{T}}\boldsymbol{R}_k^{-1}\boldsymbol{H}_k\boldsymbol{P}_{k/k-1})^{-1}\boldsymbol{P}_{k/k-1}\boldsymbol{H}_k^{\mathrm{T}}\boldsymbol{R}_k^{-1}=\\&\boldsymbol{P}_{k/k-1}(\boldsymbol{I}+\boldsymbol{H}_k^{\mathrm{T}}\boldsymbol{R}_k^{-1}\boldsymbol{H}_k\boldsymbol{P}_{k/k-1})^{-1}\boldsymbol{H}_k^{\mathrm{T}}\boldsymbol{R}_k^{-1}\end{aligned} \tag{3.11.64}$$

比较式(3.11.53)与式(3.11.58a),式(3.11.54)与式(3.11.64),和式(3.11.36)与式(3.11.63),可看出当$\theta=0$时,H_∞滤波与卡尔曼滤波的一步预测计算完全相同。

综上所述可归纳出如下结论:

(1) 设计卡尔曼滤波器时,所使用的系统噪声、量测噪声和初始估计误差的先验信息是这些误差的方差阵$\boldsymbol{Q}_k,\boldsymbol{R}_k,\boldsymbol{P}_0$,而设计$H_\infty$滤波器时使用的是这些误差的最大幅值信息。

(2) 卡尔曼滤波是H_∞滤波$\theta=0$时的特例,对应的代价函数是无界的,这意味卡尔曼滤波器不能保证系统在所有条件下的滤波效果,如果设计中使用的$\boldsymbol{Q}_k,\boldsymbol{R}_k,\boldsymbol{P}_0$与实际情况不符,滤波效果不会达到最优,差别越大,滤波效果就越差。调谐能一定程度改善滤波效果,但调谐具有盲目性。而H_∞滤波通过$\theta\tilde{\boldsymbol{S}}_k\boldsymbol{P}_k$项实现增大$\boldsymbol{K}_k$和$\boldsymbol{P}_{k+1}$(见式(3.11.54)和式(3.11.36)),从而增大对新鲜量测的利用权重。并且这一过程是通过定量计算实现的。所以H_∞滤波可看做卡尔曼滤波的鲁棒型。

(3) H_∞滤波中,$\dfrac{1}{\theta}$是代价函数的界,θ越小,式(3.11.52)和式(3.11.55)越容易满足,滤波器设计越容易,但代价函数的界就越高,滤波器的潜在风险就越大。这意味着一旦滤波器工作不正常,滤波精度恶化就越严重。

(4) 若只需估计状态变量的线性组合 $\boldsymbol{y}_k = \boldsymbol{T}_k\boldsymbol{X}_k$，则卡尔曼滤波先计算 $\hat{\boldsymbol{X}}_k$，再计算 $\hat{\boldsymbol{y}}_k = \boldsymbol{T}_k\hat{\boldsymbol{X}}_k$，滤波过程与 $\boldsymbol{T}_k$ 无关。而 H_∞ 滤波中 $\boldsymbol{T}_k$ 参与了滤波计算，与滤波效果密切相关。

例 3-9 设标量系统方程和量测方程为

$$X_{k+1} = X_k + W_k$$
$$Z_k = X_k + V_k$$
$$Y_k = X_k$$

其中 W_k 和 V_k 均为随机量，且统计特性未知。确定出稳态 H_∞ 滤波方程，用于估计 X_k。

解 选择 $Q = R = S = 1$，根据题意，$\Phi_{k+1,k} = 1, H_k = 1, T_k = 1$。由式(3.11.36)和式(3.11.54)，

$$P_{k+1} = \frac{P_k}{1-\theta P_k + P_k} + 1 = \frac{1-\theta P_k + 2P_k}{1-\theta P_k + P_k}$$

$$K_k = \frac{P_k}{1-\theta P_k + P_k}$$

滤波达到稳态时，$P_{k+1} = P_k = P$，所以有

$$P(1-\theta P + P) = 1-\theta P + 2P$$
$$(1-\theta)P^2 + (\theta-1)P - 1 = 0$$

$$P = \frac{1-\theta \pm \sqrt{(\theta-1)^2 + 4(1-\theta)}}{2(1-\theta)} = \frac{1-\theta \pm \sqrt{(\theta-1)(\theta-5)}}{2(1-\theta)}$$

1) 当 $1-\theta > 0$，即取 $\theta < 1$ 时， $P = \frac{1}{2} \pm \frac{1}{2}\sqrt{\frac{5-\theta}{1-\theta}}$

$$P_+ = \frac{1}{2}\left(1 + \sqrt{\frac{5-\theta}{1-\theta}}\right) > 0 \tag{1}$$

$P_- = \frac{1}{2}\left(1 - \sqrt{\frac{5-\theta}{1-\theta}}\right) < 0$，不合题意，应舍去。

2) 当取 $1<\theta<5$ 时，$(\theta-1)(\theta-5)<0$。$\sqrt{(\theta-1)(\theta-5)}$ 不存在，P 无解。所以取 $1<\theta<5$ 不能满足要求。

3) 当取 $\theta>5$ 时，$P = \frac{1}{2} \pm \frac{1}{2}\left[-\frac{\sqrt{(\theta-1)(\theta-5)}}{\theta-1}\right] = \frac{1}{2}\left(1 \mp \sqrt{\frac{\theta-5}{\theta-1}}\right)$。因为在 $\theta>5$ 条件下，$\frac{\theta-5}{\theta-1} = 1 - \frac{4}{\theta-1} < 1$，即 $\sqrt{\frac{\theta-5}{\theta-1}} < 1$。所以

$$P_+ = \frac{1}{2}\left(1 - \sqrt{\frac{\theta-5}{\theta-1}}\right) > 0 \tag{2}$$

$$P_- = \frac{1}{2}\left(1 + \sqrt{\frac{\theta-5}{\theta-1}}\right) > 0 \tag{3}$$

又根据式(3.11.52)，θ 取值应满足：$\frac{1}{P} - \theta + 1 > 0$，即 θ 应满足：$\theta < 1 + \frac{1}{P}$。若能确定出 $1+\frac{1}{P}$ 的上限。即可确定出 θ 取值时的允许上限。

对于解(1)，由于 $\theta<1$，$\frac{5-\theta}{1-\theta}$ 取得最小值时，P 也取得最小值。而 $\theta = -\infty$ 时，$\frac{5-\theta}{1-\theta}$ 达到最小，

即

$$\lim_{\theta\to-\infty}\frac{5-\theta}{1-\theta}=\lim_{\theta\to-\infty}\frac{\dfrac{5}{\theta}-1}{\dfrac{1}{\theta}-1}=1$$

此时，$P=1$ 为最小值，$\frac{1}{P}$ 达到最大值1。所以 θ 应满足 $\theta<1+\frac{1}{P}=2$，即根据式(3.11.52)的要求，θ 取值不能超过2。所以只有情况1)，即 $\theta<1$ 才满足 H_∞ 滤波要求，而不能取 $\theta>5$。稳态滤波方程为

$$\hat{X}_{k+1}=\hat{X}_k+\overline{K}(Z_k-\hat{X}_k)$$

式中

$$\overline{K}=\frac{P}{1-\theta P+P}$$

$$P=\frac{1}{2}\left(1+\sqrt{\frac{5-\theta}{1-\theta}}\right)$$

$$\theta<1$$

习　　题

3-1　在量测噪声为有色噪声的条件下，如果连续系统中有已知控制量，即

$$\dot{\boldsymbol{X}}(t)=\boldsymbol{F}(t)\boldsymbol{X}(t)+\boldsymbol{u}(t)+\boldsymbol{w}(t)$$

试导出滤波方程。

3-2　设系统和量测为

$$\begin{bmatrix}\dot{X}_1(t)\\\dot{X}_2(t)\\\dot{X}_3(t)\end{bmatrix}=\begin{bmatrix}0&1&0\\0&0&1\\-1&0&-2\end{bmatrix}\begin{bmatrix}X_1(t)\\X_2(t)\\X_3(t)\end{bmatrix}+\begin{bmatrix}0\\0\\1\end{bmatrix}w(t)$$

$$Z_1(t)=X_1(t)+v(t)$$

$$Z_2(t)=X_2(t)$$

按如下已知条件分别列出滤波方程：

(1) $w(t)$ 和 $v(t)$ 为互不相关的零均值白噪声，方差强度均为1。

(2) $w(t)$ 和 $v(t)$ 为零均值白噪声，但两者相关，互协方差强度为 $S(t)$。

(3) $v(t)$ 为零均值的有色噪声

$$\dot{v}(t)=-v(t)+\xi(t)$$

$w(t)$ 和 $\xi(t)$ 都是互不相关的零均值白噪声，方差强度均为1，$v(0)$ 的方差为零。

(4) $v(t)=\zeta(t)+\xi(t)$

式中

$$\dot{\zeta}(t)=-\zeta(t)+\xi(t)$$

$w(t)$ 和 $\xi(t)$ 都是互不相关的零均值白噪声，方差强度都为1，且 $\zeta(0)$ 的方差为零。

3-3　设系统方程和量测方程为

$$\boldsymbol{X}_{k+1}=\boldsymbol{\Phi}_{k+1,k}\boldsymbol{X}_k+\boldsymbol{\Gamma}_k\boldsymbol{W}_k$$

$$\boldsymbol{Z}_k = \boldsymbol{H}_k\boldsymbol{X}_k + \boldsymbol{V}_k + \boldsymbol{\eta}_k$$

式中

$$\boldsymbol{V}_{k+1} = \boldsymbol{\Psi}_{k+1,k}\boldsymbol{V}_k + \boldsymbol{\xi}_k$$

$$E[\boldsymbol{W}_k] = \boldsymbol{0},\quad E[\boldsymbol{W}_k\boldsymbol{W}_j^{\mathrm{T}}] = \boldsymbol{Q}_k\delta_{kj}$$

$$E[\boldsymbol{\eta}_k] = \boldsymbol{0},\quad E[\boldsymbol{\eta}_k\boldsymbol{\eta}_j^{\mathrm{T}}] = \boldsymbol{\rho}_k\delta_{kj}$$

$$E[\boldsymbol{\xi}_k] = \boldsymbol{0},\quad E[\boldsymbol{\xi}_k\boldsymbol{\xi}_j^{\mathrm{T}}] = \boldsymbol{R}_k\delta_{kj}$$

$\boldsymbol{W}_k$，$\boldsymbol{\eta}_k$ 和 $\boldsymbol{\xi}_k$ 互不相关。

试分别用状态扩增法和量测扩增法列写出递推滤波方程，并比较两种滤波方法的特点。

3-4 设系统方程和量测方程为

$$\boldsymbol{X}_k = \boldsymbol{\Phi}_{k,k-1}\boldsymbol{X}_{k-1}$$

$$\boldsymbol{Z}_k = \boldsymbol{H}_k\boldsymbol{X}_k + \boldsymbol{V}_k$$

其中 $\boldsymbol{Z}_k$ 为 m 维向量，$\boldsymbol{V}_k$ 为零均值的白噪声序列，方差阵 $\boldsymbol{R}_k$ 为对角阵，试列写出 $k-1$ 至 k 步的序贯处理平方根滤波方程。

3-5 如果例 3-3 中，$\boldsymbol{H} = [1\quad 1]$，按基本卡尔曼滤波方程和平方根滤波方程分别计算出 $\boldsymbol{K}_{k+1}$ 和 $\boldsymbol{P}_{k+1}$，并比较两者的结果。

3-6 如果量测不是标量而是向量，且不采用序贯处理，则在平方根滤波的 Potter 算法中，量测更新将会遇到什么障碍？

3-7 设计滤波器时选用的系统模型和量测模型为

$$\boldsymbol{X}_k = \boldsymbol{\Phi}_{k,k-1}\boldsymbol{X}_{k-1} + \boldsymbol{\Gamma}_{k-1}\boldsymbol{W}_{k-1}$$

$$\boldsymbol{Z}_k = \boldsymbol{H}_k\boldsymbol{X}_k + \boldsymbol{V}_k$$

证明如下结论：

(1) 若 $\boldsymbol{\Phi}_{k,k-1}$，$\boldsymbol{H}_k$，$\boldsymbol{\Gamma}_k$，$\boldsymbol{Q}_k$ 和 $\boldsymbol{R}_k$ 有误差，则即使 $\hat{\boldsymbol{X}}_0 = E[\boldsymbol{X}_0^r] = \boldsymbol{m}_{X_0}^r$，估计仍然是有偏的；

(2) 在上述条件下，如果 $\boldsymbol{m}_{X_0}^r = \boldsymbol{0}$，则估计是无偏的；

(3) 在(1)的条件下，若 $\Delta\boldsymbol{\Phi}_{k,k-1} = \boldsymbol{0}$，$\Delta\boldsymbol{H}_k = \boldsymbol{0}$，则估计是无偏的。

3-8 在模型正确的条件下，令 $\boldsymbol{P}_k^r$ 表示用正确参数得到的滤波估计均方误差，并令

$$\Delta\boldsymbol{P}_k^p = \boldsymbol{P}_k^p - \boldsymbol{P}_k^r$$

$$\Delta\boldsymbol{P}_k^r = \boldsymbol{P}_k - \boldsymbol{P}_k^r$$

如果选取：

$$\boldsymbol{Q}_k \geqslant \boldsymbol{Q}_k^r,\ \boldsymbol{R}_k \geqslant \boldsymbol{R}_k^r,\ \boldsymbol{P}_0^p \geqslant \boldsymbol{P}_0^r,\ \boldsymbol{P}_0 \geqslant \boldsymbol{P}_0^r$$

证明：

$$\Delta\boldsymbol{P}_k^p \geqslant \boldsymbol{0},\quad \Delta\boldsymbol{P}_k^r \geqslant \boldsymbol{0}$$

（注：这说明 $\boldsymbol{P}_k^r$ 是 $\boldsymbol{P}_k^p$ 和 $\boldsymbol{P}_k$ 可能达到的最小值）

3-9 对式(3.10.13)两边求偏导数，试推导出式(3.10.21)。

3-10 试用式(3.10.41)求解出例 3-7 的小尺度灵敏度方程(12)、(13)、(14)。

3-11 设系统和量测为

$$\begin{bmatrix}\boldsymbol{X}_{k+1}^1\\ \boldsymbol{X}_{k+1}^2\end{bmatrix} = \begin{bmatrix}\boldsymbol{\Phi}_{k+1,k}^{11} & \boldsymbol{\Phi}_{k+1,k}^{12}\\ \boldsymbol{0} & \boldsymbol{\Phi}_{k+1,k}^{22}\end{bmatrix}\begin{bmatrix}\boldsymbol{X}_k^1\\ \boldsymbol{X}_k^2\end{bmatrix} + \begin{bmatrix}\boldsymbol{\Gamma}_k^1 & \boldsymbol{0}\\ \boldsymbol{0} & \Gamma_k^2\end{bmatrix}\begin{bmatrix}\boldsymbol{W}_k^1\\ \boldsymbol{W}_k^2\end{bmatrix}$$

$$\boldsymbol{Z}_k = [\boldsymbol{H}_k^1\quad \boldsymbol{0}]\begin{bmatrix}\boldsymbol{X}_k^1\\ \boldsymbol{X}_k^2\end{bmatrix} + \boldsymbol{V}_k$$

其中，$\boldsymbol{W}_k^1$、$\boldsymbol{W}_k^2$ 和 $\boldsymbol{V}_k$ 都是互不相关的零均值白噪声序列，$\boldsymbol{W}_k^1$ 的方差阵为 $\boldsymbol{Q}_k^1$，$\boldsymbol{W}_k^2$ 的方差阵为 $\boldsymbol{Q}_k^2$，$\boldsymbol{V}_k$ 的方差阵为 $\boldsymbol{R}_k$。

仿照式(3.9.3) ~ (3.9.14) 的推导，推导出仅估计 $\boldsymbol{X}_k^1$ 的降阶滤波方程。

3-12　设 $R_c(t-\tau)=\begin{cases}\dfrac{1}{\Delta t}, & t\leqslant\tau\leqslant t+\Delta t\\ 0, & \text{其余 } t\end{cases}$

则 $\delta(t-\tau)=\lim\limits_{\Delta t\to 0}R_c(t-\tau)$

利用这一关系式，证明：

$$\int_{t0}^{\mathrm{T}}\boldsymbol{T}(t)\boldsymbol{\Phi}^{a\mathrm{T}}(t,\tau)\delta(t-\tau)\mathrm{d}\tau+\int_{t0}^{\mathrm{T}}\boldsymbol{\Phi}^{a}(t-\tau)\boldsymbol{T}(t)\delta(t-\tau)\mathrm{d}\tau=\boldsymbol{T}(t)$$

式中 $\boldsymbol{\Phi}^a(t,\tau)$ 为某一线性系统的转移阵，$\boldsymbol{T}(t)$ 为某一矩阵。

3-13　直升机作定高悬停，悬停高度用机载无线电高度表作监测。设无线电高度表的采样间隔为 T，高度测量误差为零均值的白噪声序列，方差为 R。由于气流影响，直升机在定高值附近作快速上下颠簸，高度变化近似描述为：$X_k-X_{k-1}=W_{k-1}$，其中 W_{k-1} 为零均值白噪声，方差为 Q。

(1) 设计提取精确高度的卡尔曼滤波器；

(2) 确定出当滤波达到稳态时的滤波方程。

3-14　设标量系统方程和量测方程为

$$X_{k+1}=X_k+W_k$$
$$Z_k=hX_k+V_k$$
$$Y_k=X_k$$

式中 W_k 和 V_k 均为随机量，且统计特性未知。确定出稳态 H_∞ 滤波方程，用于估计 X_k。

3-15　根据式(3.6.3)，计算 $\boldsymbol{P}=\begin{bmatrix}1&2&3\\2&5&8\\3&8&14\end{bmatrix}$ 的下三角分解平方根矩阵。

3-16　根据式(3.6.4)，计算 $\boldsymbol{P}=\begin{bmatrix}14&8&3\\8&5&2\\3&2&1\end{bmatrix}$ 的上三角分解平方根矩阵。

3-17　设计圆柱形燃料箱，要求在表面积 A 为定值条件下，燃料箱的容积最大，确定出燃料箱的高度和底圆半径。

3-18　设标量系统方程和量测方程为

$$X_{k+1}=-X_k+W_k$$
$$Z_k=X_k+V_k$$
$$Y_k=X_k$$

其中 W_k 和 V_k 均为随机量，统计特性未知。确定出估计 X_k 的稳态 H_∞ 滤波方程。

第四章　卡尔曼滤波稳定性介绍

4.1　稳定性定义

稳定性是任何控制系统正常工作的基本要求。在经典控制理论中，稳定性是指系统受到某一扰动后恢复原有运动状态的能力，即如果系统受到有界扰动，不论扰动引起的初始偏差有多大，在扰动撤除后，系统都能以足够的准确度恢复到原始平稳状态，则这种系统是稳定的。显然这指的是系统的运动稳定性。而卡尔曼滤波理论中的稳定性指的是系统的平衡状态稳定性，即李雅普诺夫意义下的稳定性。下面介绍这种稳定性的详细定义。

设线性系统为

$$X_k = \boldsymbol{\Phi}_{k,k-1} X_{k-1} + u_{k-1} \tag{4.1.1}$$

并设 X_k^1 和 X_k^2 是系统对应于不同初始状态 X_0^1 和 X_0^2 在 k 时刻的状态。

定义 1

如果任意给定 $\varepsilon > 0$，总可找到 $\delta = \delta(\varepsilon, t_0) > 0$，当 $\|X_0^1 - X_0^2\| < \delta$ 时，$\|X_k^1 - X_k^2\| < \varepsilon$ 恒成立，则称式(4.1.1)所示系统是稳定的。其中 $\|X\|$ 为向量 X 的范数，即 $\|X\| = \sqrt{x_1^2 + x_2^2 + \cdots + x_n^2}$。

定义 2

如果任意给定 $\varepsilon > 0$，总可以找到 $\delta = \delta(\varepsilon)$，当 $\|X_0^1 - X_0^2\| < \delta$ 时，$\|X_k^1 - X_k^2\| < \varepsilon$ 恒成立，则称系统式(4.1.1)是一致稳定的。

稳定和一致稳定的差别在于后者的 δ 仅与 ε 有关，而与 t_0 无关。所谓一致是指 t_0 而言的。对定常系统，不同的 t_0 时刻，转移阵仍然是常阵。所以对定常系统，稳定和一致稳定是一样的。显然，对时变系统，稳定并不等于一致稳定，而一致稳定必然是稳定的。

定义 3

若系统式(4.1.1)不但稳定，而且对任意初始状态 X_0^1 和 X_0^2，总有

$$\lim_{t_k \to \infty} \|X_k^1 - X_k^2\| = 0$$

即任意给定 $\mu > 0$，总可以找到 $T = T(\mu, t_0) > 0$，当 $t_k \geqslant t_0 + T$ 时，$\|X_k^1 - X_k^2\| < \mu$ 恒成立，则称系统式(4.1.1)是渐近稳定的。

定义 4

若系统式(4.1.1)不但一致稳定，而且对任意初始状态 X_0^1 和 X_0^2，总有

$$\lim_{t_k \to \infty} \|X_k^1 - X_k^2\| = 0$$

即对任意给定的 $\mu > 0$，总可以找到 $T = T(\mu) > 0$，当 $t_k \geqslant t_0 + T$ 时，$\|X_k^1 - X_k^2\| < \mu$ 恒成立，则称系统式(4.1.1)是一致渐近稳定的。

同样，对定常系统，渐近稳定和一致渐近稳定两者等价。

卡尔曼滤波器实际上可看做类似式(4.1.1)所示线性系统。根据基本方程式(2.2.4)，状态估计为

$$\hat{\boldsymbol{X}}_k=\boldsymbol{\Phi}_{k,k-1}\hat{\boldsymbol{X}}_{k-1}+\boldsymbol{K}_k(\boldsymbol{Z}_k-\boldsymbol{H}_k\boldsymbol{\Phi}_{k,k-1}\hat{\boldsymbol{X}}_{k-1})=$$
$$(\boldsymbol{I}-\boldsymbol{K}_k\boldsymbol{H}_k)\boldsymbol{\Phi}_{k,k-1}\hat{\boldsymbol{X}}_{k-1}+\boldsymbol{K}_k\boldsymbol{Z}_k \tag{4.1.2}$$

该式描述了一个线性系统，系统的状态为 $\hat{\boldsymbol{X}}_k$，一步转移阵为 $(\boldsymbol{I}-\boldsymbol{K}_k\boldsymbol{H}_k)\boldsymbol{\Phi}_{k,k-1}$，系统的动态激励为 $\boldsymbol{K}_k\boldsymbol{Z}_k$。所以滤波稳定问题可视为线性系统的稳定问题。但是由于增益阵 $\boldsymbol{K}_k$ 是时变的，它由估计的均方误差阵确定，所以式(4.1.2)所示系统是时变系统，根据一步转移阵 $(\boldsymbol{I}-\boldsymbol{K}_k\boldsymbol{H}_k)\boldsymbol{\Phi}_{k,k-1}$ 来分析滤波稳定性是很不方便的。目前，一般都是直接根据被估计状态的系统方程和量测方程来判定滤波稳定性。

4.2　判别卡尔曼滤波稳定的充分条件

2.2.4 小节的定理 2.10 指出，当 $\hat{\boldsymbol{X}}_0=E[\boldsymbol{X}_0]$，$\boldsymbol{P}_0=\mathrm{Var}[\boldsymbol{X}_0]$ 时，卡尔曼滤波的估计从滤波开始起就是无偏的，且估计的均方误差是最小的。但是在工程实践中，常常得不到正确的上述初始状态的验前统计值。如果滤波初始值选取了其他值，这对滤波会产生什么影响，这就是滤波稳定性需要研究的问题。具体包括如下内容：

(1) 随着滤波时间的增长，估计值 $\hat{\boldsymbol{X}}_k$(或 $\hat{\boldsymbol{X}}(t)$) 是否逐渐不受所选的初始估计值 $\hat{\boldsymbol{X}}_0$(或 $\hat{\boldsymbol{X}}(0)$) 的影响。

(2) 随着滤波时间的增长，估计均方误差阵 $\boldsymbol{P}_k$(或 $\boldsymbol{P}(t)$) 是否逐渐不受初始均方误差阵 $\boldsymbol{P}_0$(或 $\boldsymbol{P}(0)$) 的影响。

如果随着滤波时间的增长，$\hat{\boldsymbol{X}}_k$(或 $\hat{\boldsymbol{X}}(t)$) 和 $\boldsymbol{P}_k$(或 $\boldsymbol{P}(t)$) 各自都逐渐不受其初值的影响，则滤波器是滤波稳定的。如果滤波器不是滤波稳定的，则估计是有偏的，估计均方误差也不是最小的。因此，滤波器是不是滤波稳定的，是滤波器能否正常工作的前提。

4.2.1　滤波稳定充分条件之一：系统随机可控和随机可观测

定理 4.1

设连续系统的状态方程和测量方程为

$$\dot{\boldsymbol{X}}(t)=\boldsymbol{F}(t)\boldsymbol{X}(t)+\boldsymbol{G}(t)\boldsymbol{w}(t) \tag{4.2.1}$$
$$\boldsymbol{Z}(t)=\boldsymbol{H}(t)\boldsymbol{X}(t)+\boldsymbol{v}(t) \tag{4.2.2}$$

式中

$$\left.\begin{aligned}&E[\boldsymbol{w}(t)]=\boldsymbol{0},\ E[\boldsymbol{w}(t)\boldsymbol{w}^{\mathrm{T}}(\tau)]=\boldsymbol{q}(t)\delta(t-\tau)\\&E[\boldsymbol{v}(t)]=\boldsymbol{0},\ E[\boldsymbol{v}(t)\boldsymbol{v}^{\mathrm{T}}(\tau)]=\boldsymbol{r}(t)\delta(t-\tau)\\&E[\boldsymbol{w}(t)\boldsymbol{v}^{\mathrm{T}}(\tau)]=\boldsymbol{0}\end{aligned}\right\} \tag{4.2.3}$$

如果系统一致完全随机可控和一致完全随机可观测，且 $\boldsymbol{q}(t)$ 和 $\boldsymbol{r}(t)$ 都是正定的，则卡尔曼滤波器是一致渐近稳定的。

连续系统一致完全随机可控指的是：

$$\boldsymbol{\Lambda}(t,t-\sigma)\xlongequal{\text{def}}\int_{t-\sigma}^{t}\boldsymbol{\Phi}(t,\tau)\boldsymbol{G}(\tau)\boldsymbol{q}(\tau)\boldsymbol{G}^{\mathrm{T}}(\tau)\boldsymbol{\Phi}^{\mathrm{T}}(t,\tau)\mathrm{d}\tau>\boldsymbol{0} \tag{4.2.4}$$

式中,$\boldsymbol{\Lambda}(t,t-\sigma)$ 为连续型随机可控阵,σ 为与 t 无关的正数,$\boldsymbol{\Phi}(t,\tau)$ 为系统从 τ 到 t 的转移矩阵,$>\mathbf{0}$ 表示正定。

随机可控与可控的意义是类似的。后者是描述系统的确定性输入(或控制)影响系统状态的能力,而前者是描述系统的随机噪声影响系统状态的能力。将上述随机可控的判别式(4.2.4)与控制理论中介绍的可控判别式

$$\boldsymbol{\Lambda}(t,t-\sigma)=\int_{t-\sigma}^{t}\boldsymbol{\Phi}(t,\tau)\boldsymbol{E}(\tau)\boldsymbol{E}^{\mathrm{T}}(\tau)\boldsymbol{\Phi}^{\mathrm{T}}(t,\tau)\mathrm{d}\tau>\mathbf{0} \tag{4.2.5}$$

相比较,可看出两种判别式的形式是相似的。区别仅在于:式(4.2.5)中 $\boldsymbol{E}(t)$ 为确定性控制系统的控制阵,而式(4.2.4)中,与 $\boldsymbol{E}(t)$ 位置相对应的 $\boldsymbol{G}(t)$ 是噪声驱动阵,并且考虑了系统噪声方差强度阵 $\boldsymbol{q}(t)$ 的影响。

连续系统一致完全随机可观测指的是:

$$\boldsymbol{M}(t,t-\sigma)\overset{\text{def}}{=\!=\!=}\int_{t-\sigma}^{t}\boldsymbol{\Phi}^{\mathrm{T}}(\tau,t)\boldsymbol{H}^{\mathrm{T}}(\tau)\boldsymbol{r}^{-1}(\tau)\boldsymbol{H}(\tau)\boldsymbol{\Phi}(\tau,t)\mathrm{d}\tau>\mathbf{0} \tag{4.2.6}$$

$\boldsymbol{M}(t,t-\sigma)$ 为连续型随机可观测阵,σ 为与 t 无关的正数。

随机可观测与可观测的意义更为相似。后者是描述无量测噪声时从量测中确定出状态的能力,而前者为描述从含有噪声误差的量测中估计状态的能力。确定性系统的可观测阵为

$$\boldsymbol{M}(t,t-\sigma)\overset{\text{def}}{=\!=\!=}\int_{t-\sigma}^{t}\boldsymbol{\Phi}^{\mathrm{T}}(\tau,t)\boldsymbol{H}^{\mathrm{T}}(\tau)\boldsymbol{H}(\tau)\boldsymbol{\Phi}(\tau,t)\mathrm{d}\tau>\mathbf{0} \tag{4.2.7}$$

比较式(4.2.6)和式(4.2.7),可看出随机可观测阵比可观测阵多考虑了量测噪声方差强度阵 $\boldsymbol{r}(t)$ 的影响,$\boldsymbol{r}(t)$ 越大,则随机可观测性就越差。

定理 4.1 所述滤波稳定充分条件是最早由卡尔曼提出的[12]。随着卡尔曼滤波技术的发展,参考文献[63 ~ 65]提出了离散系统滤波稳定的充分条件。该条件叙述如下:

定理 4.2

设离散系统的状态方程和量测方程为

$$\boldsymbol{X}_k=\boldsymbol{\Phi}_{k,k-1}\boldsymbol{X}_{k-1}+\boldsymbol{\Gamma}_{k-1}\boldsymbol{W}_{k-1} \tag{4.2.8}$$

$$\boldsymbol{Z}_k=\boldsymbol{H}_k\boldsymbol{X}_k+\boldsymbol{V}_k \tag{4.2.9}$$

式中

$$\left.\begin{array}{l}E[\boldsymbol{W}_k]=\mathbf{0},E[\boldsymbol{W}_k\boldsymbol{W}_j^{\mathrm{T}}]=\boldsymbol{Q}_k\delta_{kj}\\ E[\boldsymbol{V}_k]=\mathbf{0},E[\boldsymbol{V}_k\boldsymbol{V}_j^{\mathrm{T}}]=\boldsymbol{R}_k\delta_{kj}\\ E[\boldsymbol{W}_k\boldsymbol{V}_j^{\mathrm{T}}]=\mathbf{0}\end{array}\right\} \tag{4.2.10}$$

如果系统一致完全随机可控和一致完全随机可观测,且 $\boldsymbol{Q}_k$ 和 $\boldsymbol{R}_k$ 都是正定的,则卡尔曼滤波器是一致渐近稳定的。

离散系统一致完全随机可控指的是:

$$\boldsymbol{\Lambda}(k,k-N+1)=\sum_{i=k-N+1}^{k}\boldsymbol{\Phi}_{k,i}\boldsymbol{\Gamma}_{i-1}\boldsymbol{Q}_{i-1}\boldsymbol{\Gamma}_{i-1}^{\mathrm{T}}\boldsymbol{\Phi}_{k,i}^{\mathrm{T}}>\mathbf{0} \tag{4.2.11}$$

式中,$\boldsymbol{\Lambda}(k,k-N+1)$ 为离散型随机可控阵,N 为与 k 无关的正整数。

离散系统一致完全随机可观测指的是:

$$\boldsymbol{M}(k,k-N+1)=\sum_{i=k-N+1}^{k}\boldsymbol{\Phi}_{i,k}^{\mathrm{T}}\boldsymbol{H}_i^{\mathrm{T}}\boldsymbol{R}_i^{-1}\boldsymbol{H}_i\boldsymbol{\Phi}_{i,k}>\mathbf{0} \tag{4.2.12}$$

式中,$\boldsymbol{M}(k,k-N+1)$ 为离散型随机可观测阵,N 为与 k 无关的正整数。

对定常系统,不论是离散的还是连续的,一致完全随机可控和一致完全随机可观测就是完

全随机可控和完全随机可观测。完全随机可控的判别式可简化为

$$\operatorname{rank}[\boldsymbol{F}^{n-1}\boldsymbol{G}\boldsymbol{q}^{\frac{1}{2}} \quad \boldsymbol{F}^{n-2}\boldsymbol{G}\boldsymbol{q}^{\frac{1}{2}} \quad \cdots \quad \boldsymbol{G}\boldsymbol{q}^{\frac{1}{2}}]=n \quad (\text{连续系统}) \tag{4.2.13}$$

$$\operatorname{rank}[\boldsymbol{\Phi}^{n-1}\boldsymbol{\Gamma}\boldsymbol{Q}^{\frac{1}{2}} \quad \boldsymbol{\Phi}^{n-2}\boldsymbol{\Gamma}\boldsymbol{Q}^{\frac{1}{2}} \quad \cdots \quad \boldsymbol{\Gamma}\boldsymbol{Q}^{\frac{1}{2}}]=n \quad (\text{离散系统}) \tag{4.2.14}$$

如果 $\boldsymbol{q}$ 和 $\boldsymbol{Q}$ 正定，则完全随机可控的判别式还可进一步简化为

$$\operatorname{rank}[\boldsymbol{F}^{n-1}\boldsymbol{G} \quad \boldsymbol{F}^{n-2}\boldsymbol{G} \quad \cdots \quad \boldsymbol{G}]=n(\text{连续系统}) \tag{4.2.15}$$

$$\operatorname{rank}[\boldsymbol{\Phi}^{n-1}\boldsymbol{\Gamma} \quad \boldsymbol{\Phi}^{n-2}\boldsymbol{\Gamma} \quad \cdots \quad \boldsymbol{\Gamma}]=n(\text{离散系统}) \tag{4.2.16}$$

由于一般系统都有 $\boldsymbol{r}>\boldsymbol{0}, \boldsymbol{R}>\boldsymbol{0}$，所以完全随机可观测的判别式可简化为

$$\operatorname{rank}\begin{bmatrix}\boldsymbol{H}\\ \boldsymbol{H}\boldsymbol{F}\\ \vdots\\ \boldsymbol{H}\boldsymbol{F}^{n-1}\end{bmatrix}=n \quad (\text{连续系统}) \tag{4.2.17}$$

$$\operatorname{rank}\begin{bmatrix}\boldsymbol{H}\\ \boldsymbol{H}\boldsymbol{\Phi}\\ \vdots\\ \boldsymbol{H}\boldsymbol{\Phi}^{n-1}\end{bmatrix}=n \quad (\text{离散系统}) \tag{4.2.18}$$

以上诸式中，n 为系统的维数，$\boldsymbol{q}^{\frac{1}{2}}$ 和 $\boldsymbol{Q}^{\frac{1}{2}}$ 分别表示 $\boldsymbol{q}$ 和 $\boldsymbol{Q}$ 的平方根，即 $\boldsymbol{q}=\boldsymbol{q}^{\frac{1}{2}}\boldsymbol{q}^{\frac{1}{2}\mathrm{T}}, \boldsymbol{Q}=\boldsymbol{Q}^{\frac{1}{2}}\boldsymbol{Q}^{\frac{1}{2}\mathrm{T}}$。可以看出，定常系统的完全随机可观测的判别式与完全可观测的判别式是一样的。

对定常系统来说，如果滤波器是滤波稳定的，则均方误差阵不但渐近地与初值无关，而且逐渐地趋向稳态值。以离散系统为例，根据式(2.2.4d)、式(2.2.4c) 及式(2.2.4e′)，一步预测均方误差阵可写成

$$\boldsymbol{P}_{k+1/k}=\boldsymbol{\Phi}[\boldsymbol{P}_{k/k-1}-\boldsymbol{P}_{k/k-1}\boldsymbol{H}^{\mathrm{T}}(\boldsymbol{H}\boldsymbol{P}_{k/k-1}\boldsymbol{H}^{\mathrm{T}}+\boldsymbol{R})^{-1}\boldsymbol{H}\boldsymbol{P}_{k/k-1}]\boldsymbol{\Phi}^{\mathrm{T}}+\boldsymbol{\Gamma}\boldsymbol{Q}\boldsymbol{\Gamma}^{\mathrm{T}} \tag{4.2.19}$$

令一步预测均方误差阵的稳态值为 $\bar{\boldsymbol{P}}$，则

$$\bar{\boldsymbol{P}}=\boldsymbol{\Phi}[\bar{\boldsymbol{P}}-\bar{\boldsymbol{P}}\boldsymbol{H}^{\mathrm{T}}(\boldsymbol{H}\bar{\boldsymbol{P}}\boldsymbol{H}^{\mathrm{T}}+\boldsymbol{R})^{-1}\boldsymbol{H}\bar{\boldsymbol{P}}]\boldsymbol{\Phi}^{\mathrm{T}}+\boldsymbol{\Gamma}\boldsymbol{Q}\boldsymbol{\Gamma}^{\mathrm{T}} \tag{4.2.20}$$

增益阵 $\boldsymbol{K}_k$ 的稳态值为

$$\boldsymbol{K}=\bar{\boldsymbol{P}}\boldsymbol{H}^{\mathrm{T}}(\boldsymbol{H}\bar{\boldsymbol{P}}\boldsymbol{H}^{\mathrm{T}}+\boldsymbol{R})^{-1} \tag{4.2.21}$$

估计均方误差阵 $\boldsymbol{P}_k$ 的稳态值为

$$\boldsymbol{P}=(\boldsymbol{I}-\boldsymbol{K}\boldsymbol{H})\bar{\boldsymbol{P}} \tag{4.2.22}$$

或

$$\boldsymbol{P}=(\boldsymbol{I}-\boldsymbol{K}\boldsymbol{H})\boldsymbol{\Phi}\boldsymbol{P}\boldsymbol{\Phi}^{\mathrm{T}}+\boldsymbol{\Gamma}\boldsymbol{Q}\boldsymbol{\Gamma}^{\mathrm{T}} \tag{4.2.23}$$

$$\boldsymbol{K}=\boldsymbol{P}\boldsymbol{H}^{\mathrm{T}}\boldsymbol{R}^{-1} \tag{4.2.24}$$

这时，用式(4.1.2) 描述的滤波器达到稳态，滤波器系统的转移矩阵$(\boldsymbol{I}-\boldsymbol{K}_k\boldsymbol{H}_k)\boldsymbol{\Phi}_{k,k-1}$ 达到稳态值，即

$$\boldsymbol{\Psi}=(\boldsymbol{I}-\boldsymbol{K}\boldsymbol{H})\boldsymbol{\Phi} \tag{4.2.25}$$

不论是连续系统还是离散系统，上述判别条件的证明基本上都是一样的，即在系统一致完全随机可控和一致完全随机可观测的条件下，先证明 $\boldsymbol{P}_k$ 或$\boldsymbol{P}(t)(k>0, t>0)$ 是正定的，并且有上界和下界，然后用 $\boldsymbol{P}_k(\boldsymbol{P}(t))$ 或其逆阵组成李雅普诺夫函数，证明该函数符合李雅普诺夫第二方法的一致渐近稳定条件。因此，滤波器是一致渐近稳定的。在滤波器是一致渐近稳定的条件下，可以很方便地证明 $\boldsymbol{P}_k(\boldsymbol{P}(t))$ 渐近地不受初值的影响。因为李雅普诺夫第二方法

的稳定性条件是充分条件，所以这个判别条件也仅是充分条件。

例 4-1 设系统和量测为

$$X_{k+1} = X_k + W_k$$
$$Z_k = X_k + V_k$$

其中 X_k 和 Z_k 都是标量，W_k 和 V_k 为互不相关的零均值白噪声序列，方差分别 Q 和 R。判别滤波器是否滤波稳定。

解 从物理意义或从离散定常系统的判别式都可确定系统是随机可控和随机可观测的。从 K_k 的计算过程来看，有

$$P_{k/k-1} = P_{k-1} + Q$$
$$K_k = \frac{P_{k/k-1}}{P_{k/k-1} + R}$$

随机可控（以 Q 表征）的意义是：不论 $P_{k-1}(k > 0)$ 值大小，Q 始终保证 $P_{k/k-1}$ 有值，从而 K_k 有值，使每步计算都能利用量测中的最新信息，修正旧估计，得到新的实时估计。即随机可控为估计提供了条件。而随机可观测（以 R 表征）说明量测提供了带有噪声的量测值，同样也为估计提供了条件。一般在 P_0 取较大值的情况下，随着估计过程的进行，P_{k-1} 是逐渐下降的（这说明估计在起作用）。下降的程度与 Q 和 R 有关。而 $P_{k/k-1}$ 却比 P_{k-1} 大，增大的值与 Q 有关。因此，当下降值与增大值相当时，K_k 值趋于稳态值，滤波器趋于稳态。从以上分析可以看出滤波器稳定与 Q,R 的关系。根据式(4.2.20) 和式(4.2.21)，本例稳态的 $P_{k/k-1}$ 和 K_k 各为（当 $Q = R = 1$ 时）

$$\bar{P} = \bar{P} - \frac{\bar{P}^2}{\bar{P} + 1} + 1$$

可解得

$$\bar{P} = 1.618$$

所以

$$K = \frac{1.618}{1.618 + 1} = 0.618$$

利用随机可控和随机可观测作滤波稳定的判别条件是目前常采用的方法。这是因为：

(1) 随机可控和随机可观测只须要利用系统的参数阵和噪声方差阵就可以直接进行计算判别，不必变换系统，方法比较方便；

(2) 很多系统都能满足这种判别条件。

但是毕竟还有不少系统（例如惯性导航系统）常不满足这种条件。而充分条件是判别滤波器稳定的上界条件。若满足充分条件，则可以肯定滤波器是稳定的；但若不满足充分条件，就不能下结论滤波器不稳定，只是不能肯定滤波器是稳定的。这就带来了判断模糊问题。可见充分条件越严，判断模糊问题就严重，而充分条件越宽，就越容易满足，判断模糊现象就越少。因此，人们提出了其他一些较宽的判别条件。

4.2.2 滤波稳定充分条件之二：系统随机可观测和推广形式的随机可控

系统完全随机可控这一条件意味着系统噪声必须对系统的所有状态起作用，但是有的系统并不满足这一条件。参考文献[69] 提出用下式代替随机可控阵，即

$$\begin{aligned}\bar{\boldsymbol{\Lambda}}(t,t_0) = &\boldsymbol{\Phi}(t,t_0)\boldsymbol{P}(0)\boldsymbol{\Phi}^{\mathrm{T}}(t,t_0) + \\ &\int_{t_0}^{t}\boldsymbol{\Phi}(t,\tau)\boldsymbol{G}(\tau)\boldsymbol{q}(\tau)\boldsymbol{G}^{\mathrm{T}}(\tau)\boldsymbol{\Phi}^{\mathrm{T}}(t,\tau)\mathrm{d}\tau \quad (\text{连续系统})\end{aligned} \tag{4.2.26}$$

$$\bar{\boldsymbol{\Lambda}}(k,k_0) = \boldsymbol{\Phi}(k,k_0)\boldsymbol{P}_0\boldsymbol{\Phi}^{\mathrm{T}}(k,k_0) +$$

$$\sum_{i=k_0+1}^{k} \boldsymbol{\Phi}(k,i)\boldsymbol{\Gamma}_{i-1}\boldsymbol{Q}_{i-1}\boldsymbol{\Gamma}_{i-1}^{\mathrm{T}}\boldsymbol{\Phi}^{\mathrm{T}}(k,i) \quad （离散系统） \tag{4.2.27}$$

上述两式中，$\bar{\boldsymbol{\Lambda}}$ 为推广形式的随机可控阵，右边第二项就是随机可控阵。

参考文献[69]证明了 $\bar{\boldsymbol{\Lambda}}(t,t_0)$，$\boldsymbol{P}(t)$（$\bar{\boldsymbol{\Lambda}}(k,k_0)$，$\boldsymbol{P}_k$）的零空间是相同的，因此，只要 $\bar{\boldsymbol{\Lambda}}(t,t_0)$ 是非奇异的，则 $\boldsymbol{P}(t)$（$\boldsymbol{P}_k$）也是非奇异的。这就保证了 $\boldsymbol{P}^{-1}(t)$（$\boldsymbol{P}_k^{-1}$）的存在。再加上系统一致完全可观测，证明了用 $\boldsymbol{P}^{-1}(t)$（$\boldsymbol{P}_k^{-1}$）组成的李雅普诺夫函数符合渐近稳定条件。

离散系统滤波稳定的充分条件为：

定理 4.3

如果离散系统是一致完全可观测的，$\bar{\boldsymbol{\Lambda}}(k_1,k_0)$ 对某 k_1 时刻是非奇异的，系统有关参数阵 $\boldsymbol{\Phi}_{k,k-1}$，$\boldsymbol{\Gamma}_k$，$\boldsymbol{H}_k$，$\boldsymbol{Q}_k$ 和 $\boldsymbol{R}_k^{-1}$ 有界，则卡尔曼滤波器是渐近稳定的。

上述充分条件有两个主要特点：

(1) 推广形式的随机可控阵描述了系统随机可控的性质，同时还与滤波器的初始估计均方误差阵 $\boldsymbol{P}_0$ 有关。如果 $\boldsymbol{P}_0 > \boldsymbol{0}$，则因转移阵 $\boldsymbol{\Phi}(k_1,k_0)$ 是满秩的，所以 $\bar{\boldsymbol{\Lambda}}(k_1,k_0)$ 必然满秩，这就放宽了可控阵必须正定的条件。

(2) $\bar{\boldsymbol{\Lambda}}(k_1,k_0)$ 是指某 k_1 时刻的，它不具有一致性。因此滤波器仅满足渐近稳定条件。

系统一致完全随机可观测对滤波稳定的作用在上一小节中已经叙述过。如果 $\boldsymbol{P}_0 > \boldsymbol{0}$，则可以保证即使不存在系统噪声的条件下，仍可以尽量利用量测值来修正估计，这与系统噪声的作用是相似的。

4.2.3　滤波稳定充分条件之三：系统随机可稳定和随机可检测

定理 4.4

如果线性定常离散系统是完全随机可稳定和完全随机可检测的，则卡尔曼滤波器是渐近稳定的。

下面详细介绍完全随机可稳定和完全随机可检测的含义。

设线性定常离散系统的系统方程和量测方程为

$$\boldsymbol{X}_k = \boldsymbol{\Phi}\boldsymbol{X}_{k-1} + \boldsymbol{\Gamma}\boldsymbol{W}_{k-1} \tag{4.2.28}$$

$$\boldsymbol{Z}_k = \boldsymbol{H}\boldsymbol{X}_k + \boldsymbol{V}_k \tag{4.2.29}$$

且假设系统不是完全随机可控的。

1. 完全随机可稳定

所谓完全随机可稳定是指：对状态 $\boldsymbol{X}_k$ 作满秩线性变换，将系统的可控部分和不可控部分分离开，如果不可控部分是稳定的，则系统就是随机可稳定的。

设

$$\boldsymbol{X}_k = \boldsymbol{T}_c\boldsymbol{X}_k^c \tag{4.2.30}$$

式中，$\boldsymbol{T}_c$ 是某一满秩变换矩阵，$\boldsymbol{X}_k^c$ 是被分离为可控部分和不可控部分的状态。则式(4.2.28)和式(4.2.29)变成

$$\boldsymbol{T}_c\boldsymbol{X}_k^c = \boldsymbol{\Phi}\boldsymbol{T}_c\boldsymbol{X}_{k-1}^c + \boldsymbol{\Gamma}\boldsymbol{W}_{k-1}$$

$$\boldsymbol{Z}_k = \boldsymbol{H}\boldsymbol{T}_c\boldsymbol{X}_k^c + \boldsymbol{V}_k$$

即

$$\boldsymbol{X}_k^c = \boldsymbol{T}_c^{-1}\boldsymbol{\Phi}\boldsymbol{T}_c\boldsymbol{X}_{k-1}^c + \boldsymbol{T}_c^{-1}\boldsymbol{\Gamma}\boldsymbol{W}_{k-1}$$

记

$$\boldsymbol{\Phi}^c = \boldsymbol{T}_c^{-1}\boldsymbol{\Phi}\boldsymbol{T}_c$$

$$\boldsymbol{\Gamma}^{c} = \boldsymbol{T}_{c}^{-1}\boldsymbol{\Gamma}$$

$$\boldsymbol{H}^{c} = \boldsymbol{H}\boldsymbol{T}_{c}$$

式中，$\boldsymbol{T}_c$ 的选取准则是使

$$\boldsymbol{\Phi}^{c} = \begin{bmatrix} \boldsymbol{\Phi}_{11}^{c} & \boldsymbol{\Phi}_{12}^{c} \\ \boldsymbol{0} & \boldsymbol{\Phi}_{22}^{c} \end{bmatrix} \begin{matrix} \}n_c \\ \}n-n_c \end{matrix}$$

$$\boldsymbol{\Gamma}^{c} = \begin{bmatrix} \boldsymbol{\Gamma}_{1}^{c} \\ \boldsymbol{0} \end{bmatrix} \begin{matrix} \}n_c \\ \}n-n_c \end{matrix}$$

这样系统方程成

$$\begin{bmatrix} \boldsymbol{X}_{k1}^{c} \\ \boldsymbol{X}_{k2}^{c} \end{bmatrix} = \begin{bmatrix} \boldsymbol{\Phi}_{11}^{c} & \boldsymbol{\Phi}_{12}^{c} \\ \boldsymbol{0} & \boldsymbol{\Phi}_{22}^{c} \end{bmatrix} \begin{bmatrix} \boldsymbol{X}_{(k-1)1}^{c} \\ \boldsymbol{X}_{(k-1)2}^{c} \end{bmatrix} + \begin{bmatrix} \boldsymbol{\Gamma}_{1}^{c} \\ \boldsymbol{0} \end{bmatrix} \boldsymbol{W}_{k-1}$$

即得

子系统 1：
$$\boldsymbol{X}_{k1}^{c} = \boldsymbol{\Phi}_{11}^{c}\boldsymbol{X}_{(k-1)1}^{c} + \boldsymbol{\Phi}_{12}^{c}\boldsymbol{X}_{(k-1)2}^{c} + \boldsymbol{\Gamma}_{1}^{c}\boldsymbol{W}_{k-1} \tag{4.2.31}$$

子系统 2：
$$\boldsymbol{X}_{k2}^{c} = \boldsymbol{\Phi}_{22}^{c}\boldsymbol{X}_{(k-1)2}^{c} \tag{4.2.32}$$

如果子系统 1 是完全随机可控的，子系统 2 是渐近稳定的，即其特征值 λ_i 满足：

$$|\lambda_i(\boldsymbol{\Phi}_{22}^{c})| < 1 \quad i = 1,2,\cdots,n-n_c \tag{4.2.33}$$

则称原系统式(4.2.28) 是完全随机可稳定的。

2. 完全随机可检测

所谓完全随机可检测是指：系统经满秩线性变换后被分离成可观测部分和不可观测部分，如果不可观测部分是稳定的，则称系统是完全随机可检测的。

设

$$\boldsymbol{X}_k = \boldsymbol{T}_o\boldsymbol{X}_k^{o} \tag{4.2.34}$$

式中，$\boldsymbol{T}_o$ 是某一满秩变换矩阵，$\boldsymbol{X}_k^o$ 是被分离为可观测部分和不可观测部分的状态。则式(4.2.28) 和式(4.2.29) 成

$$\boldsymbol{T}_o\boldsymbol{X}_k^{o} = \boldsymbol{\Phi}\boldsymbol{T}_o\boldsymbol{X}_{k-1}^{o} + \boldsymbol{\Gamma}\boldsymbol{W}_{k-1}$$

$$\boldsymbol{Z}_k = \boldsymbol{H}\boldsymbol{T}_o\boldsymbol{X}_k^{1} + \boldsymbol{V}_k$$

即

$$\boldsymbol{X}_k^{o} = \boldsymbol{\Phi}^{o}\boldsymbol{X}_{k-1}^{o} + \boldsymbol{\Gamma}^{o}\boldsymbol{W}_{k-1} \tag{4.2.35}$$

$$\boldsymbol{Z}_k = \boldsymbol{H}^{o}\boldsymbol{X}_k^{o} + \boldsymbol{V}_k \tag{4.2.36}$$

式中

$$\boldsymbol{\Phi}^{o} = \boldsymbol{T}_o^{-1}\boldsymbol{\Phi}\boldsymbol{T}_o \tag{4.2.37}$$

$$\boldsymbol{\Gamma}^{o} = \boldsymbol{T}_o^{-1}\boldsymbol{\Gamma} \tag{4.2.38}$$

$$\boldsymbol{H}^{o} = \boldsymbol{H}\boldsymbol{T}_o \tag{4.2.39}$$

选择 $\boldsymbol{T}_o$ 时使其满足：

$$\boldsymbol{\Phi}^{o} = \begin{bmatrix} \boldsymbol{\Phi}_{11}^{o} & \boldsymbol{0} \\ \boldsymbol{\Phi}_{21}^{o} & \boldsymbol{\Phi}_{22}^{o} \end{bmatrix} \begin{matrix} \}n_o \\ \}n-n_o \end{matrix} \tag{4.2.40}$$

$$\boldsymbol{\Gamma}^{o} = \begin{bmatrix} \boldsymbol{\Gamma}_{1}^{o} \\ \boldsymbol{\Gamma}_{2}^{o} \end{bmatrix} \begin{matrix} \}n_o \\ \}n-n_o \end{matrix} \tag{4.2.41}$$

$$\boldsymbol{H}^{o} = [\underbrace{\boldsymbol{H}_{1}^{o}}_{n_o} \quad \underbrace{\boldsymbol{0}}_{n-n_o}] \tag{4.2.42}$$

这样，式(4.2.28)和式(4.2.29)成

$$\begin{bmatrix}\boldsymbol{X}_{k1}^{\circ}\\ \boldsymbol{X}_{k2}^{\circ}\end{bmatrix}=\begin{bmatrix}\boldsymbol{\Phi}_{11}^{\circ} & \boldsymbol{0}\\ \boldsymbol{\Phi}_{21}^{\circ} & \boldsymbol{\Phi}_{22}^{\circ}\end{bmatrix}\begin{bmatrix}\boldsymbol{X}_{(k-1)1}^{\circ}\\ \boldsymbol{X}_{(k-1)2}^{\circ}\end{bmatrix}+\begin{bmatrix}\boldsymbol{\Gamma}_{1}^{\circ}\\ \boldsymbol{\Gamma}_{2}^{\circ}\end{bmatrix}\boldsymbol{W}_{k-1}$$

$$\boldsymbol{Z}_k=[\boldsymbol{H}_1^{\circ}\quad \boldsymbol{0}]\begin{bmatrix}\boldsymbol{X}_{k1}^{\circ}\\ \boldsymbol{X}_{k2}^{\circ}\end{bmatrix}+\boldsymbol{V}_k$$

从上述两式可分离得

子系统 1：

$$\left.\begin{aligned}\boldsymbol{X}_{k1}^{\circ}&=\boldsymbol{\Phi}_{11}^{\circ}\boldsymbol{X}_{(k-1)1}^{\circ}+\boldsymbol{\Gamma}_{1}^{\circ}\boldsymbol{W}_{k-1}\\ \boldsymbol{Z}_k&=\boldsymbol{H}_1^{\circ}\boldsymbol{X}_{k1}^{\circ}+\boldsymbol{V}_k\end{aligned}\right\}\tag{4.2.43}$$

子系统 2：

$$\boldsymbol{X}_{k2}^{\circ}=\boldsymbol{\Phi}_{21}^{\circ}\boldsymbol{X}_{(k-1)1}^{\circ}+\boldsymbol{\Phi}_{22}^{\circ}\boldsymbol{X}_{(k-1)2}^{\circ}+\boldsymbol{\Gamma}_{2}^{\circ}\boldsymbol{W}_{k-1}\tag{4.2.44}$$

显然子系统 1 是独立子系统。

如果子系统 1 完全可观测，子系统 2 虽然不可观测($\boldsymbol{Z}_k$ 只反映 $\boldsymbol{X}_{k1}^{\circ}$，而不反映 $\boldsymbol{X}_{k2}^{\circ}$)，但是渐近稳定的，即其特征值 λ_i 满足

$$|\lambda_i(\boldsymbol{\Phi}_{22}^{\circ})|<1\quad i=1,2,\cdots,n-n_{\circ}\tag{4.2.45}$$

则称原系统式(4.2.28)和式(4.2.29)是完全随机可检测的。

4.2.4　使用充分条件判别滤波稳定性的局限性

由于上述 3 个判别滤波稳定的条件都是充分条件，所以这些条件只能用来判别滤波是稳定的，而不能用来判别滤波是不稳定的。这就是说，如果满足判别条件，则可以肯定滤波是稳定的，但如果不满足这些判别条件，则不能肯定滤波是稳定的，但也不能肯定滤波是不稳定的，即存在判断模糊性。因此，使用上述充分条件判别滤波稳定性是有局限性的。下面通过举例说明之。

例 4-2　设线性定常系统的系统方程和量测方程为

$$X_k=\Phi X_{k-1}$$

$$Z_k=X_k+V_k$$

其中，X_k 和 Z_k 都是标量，V_k 为零均值的白噪声序列，方差为 $R=1$。按：① $P_0=1$；② $P_0=0$；③ $P_0>0$ 三种情况判定系统的滤波稳定性，并与解析分析结果作比较。

解　本例中，$n=1,H=1,Q=0,\Gamma=0,R=1$。

(1) 采用充分条件之一，即完全随机可控和完全随机可观测条件判别之：

$$\text{rank}[0]=0\neq n=1$$

$$\text{rank}[1]=1=n$$

所以系统是随机可观测的，但不是随机可控的，并不满足充分条件之一，因此无法确定滤波稳定，也不能肯定滤波不稳定。

(2) 采用充分条件之二，即推广型的随机可控和随机可观测条件判别之：

$$\Lambda(k,0)=\Phi^{2k}P_0+\sum_{i=1}^{k}\Phi^{2(k-i)}0=(\Phi^k)^2P_0$$

若 $P_0>0$，即 $P_0\neq 0$，则 $\Lambda(k,0)>0$，即 $\text{rank}[\Lambda(k,0)]=1=n$，上面已分析得系统是随机可观测的，所以满足充分条件二，可以判定当 $P_0=1$ 和 $P_0>0$ 时滤波稳定，但当 $P_0=0$ 时无法肯定

滤波是否稳定。

(3) 采用充分条件之三,即完全随机可稳定和完全随机可检测条件判别之。

系统为一般系统,可看做由满秩变换后得到的两个子系统:

子系统 1 的状态恒为零,它对任意的控制,状态总能恢复到零,所以可看做是完全可控系统。

子系统 2 的状态为 X_k,特征值满足:

$$|\lambda - \Phi| = 0$$

解得

$$\lambda = \Phi$$

所以,当 $|\lambda| = |\Phi| < 1$ 时,系统完全随机可稳定,并且由于原系统是随机可观测的,所以可肯定系统滤波渐近稳定。而当 $|\lambda| = |\Phi| \geqslant 1$ 时,则无法肯定滤波是否稳定。

(4) 根据解析分析结果判定滤波稳定性。

根据式(2.2.4b)、式(2.2.4c) 和式(2.2.4e′) 得

$$P_{k/k-1} = \Phi^2 P_{k-1}$$

$$K_k = \frac{P_{k/k-1}}{P_{k/k-1} + 1}$$

$$P_k = (1 - K_k) P_{k/k-1} = (1 - \frac{P_{k/k-1}}{P_{k/k-1} + 1}) P_{k/k-1} = K_k$$

当 $k = 1$ 时,有

$$P_{1/0} = \Phi^2 P_0$$

$$P_1 = K_1 = \frac{\Phi^2 P_0}{\Phi^2 P_0 + 1}$$

当 $k = 2$ 时,有

$$P_{2/1} = \Phi^2 P_1 = \frac{\Phi^4 P_0}{\Phi^2 P_0 + 1}$$

$$P_2 = K_2 = \frac{\Phi^4 P_0}{\Phi^2 P_0 + 1} (\frac{\Phi^4 P_0}{\Phi^2 P_0 + 1} + 1)^2 = \frac{\Phi^4 P_0}{\Phi^4 P_0 + \Phi^2 P_0 + 1}$$

当 $k = 3$ 时,有

$$P_{3/2} = \Phi^2 P_2 = \frac{\Phi^6 P_0}{\Phi^4 P_0 + \Phi^2 P_0 + 1}$$

$$P_3 = K_3 = \frac{\Phi^6 P_0}{\Phi^4 P_0 + \Phi^2 P_0 + 1} (\frac{\Phi^6 P_0}{\Phi^4 P_0 + \Phi^2 P_0 + 1} + 1)^{-1} =$$

$$\frac{\Phi^6 P_0}{\Phi^6 P_0 + \Phi^4 P_0 + \Phi^2 P_0 + 1}$$

……

从上述结果可归纳出 $P_{k/k-1}$ 和 P_k 的通项公式为

$$P_{k/k-1} = \frac{\Phi^{2k} P_0}{\Phi^{2(k-1)} P_0 + \Phi^{2(k-2)} P_0 + \cdots + \Phi^2 P_0 + 1}$$

$$P_k = K_k = \frac{\Phi^{2k} P_0}{\Phi^{2k} P_0 + \Phi^{2(k-1)} P_0 + \cdots + \Phi^2 P_0 + 1}$$

1) 当 $|\Phi| \neq 1$ 时,有

$$P_k=K_k=\frac{\Phi^{2k}P_0}{P_0[\Phi^{2k}+\Phi^{2(k-1)}+\cdots+\Phi^2+1]+1-P_0}=\frac{\Phi^{2k}P_0}{P_0\dfrac{1-\Phi^{2(k+1)}}{1-\Phi^2}+1-P_0}=$$

$$\frac{(1-\Phi^2)\Phi^{2k}P_0}{[1-\Phi^{2(k+1)}]P_0+(1-P_0)(1-\Phi^2)}$$

① 当 $|\Phi|<1$ 时，有

$$\lim_{k\to\infty}P_k=\lim_{k\to\infty}K_k=0$$

② 当 $|\Phi|>1$ 时，有

$$\lim_{k\to\infty}P_k=\lim_{k\to\infty}K_k=\lim_{k\to\infty}\frac{(1-\Phi^2)P_0}{(\Phi^{-2k}-\Phi^2)P_0+(1-P_0)(1-\Phi^2)\Phi^{-2k}}=1-\frac{1}{\Phi^2}$$

2）当 $|\Phi|=1$ 时

$$P_k=K_k=\frac{P_0}{kP_0+1}$$

$$\lim_{k\to\infty}P_k=\lim_{k\to\infty}K_k=0$$

从上述分析可看出，不管 Φ 为何值，也不管 P_0 为何值，P_k 随着 k 的增大逐渐不受 P_0 的影响，当 $k\to\infty$ 时，P_k 与 P_0 无关。

下面再分析 X_k 与 X_0 的关系：

由式(2.2.4a)和式(2.2.4b)得

$$\hat{X}_k=\Phi X_{k-1}+K_k(Z_k-\Phi\hat{X}_{k-1})=\Phi(1-K_k)\hat{X}_{k-1}+K_kZ_k$$

$$\hat{X}_{k-1}=\Phi(1-K_{k-1})\hat{X}_{k-2}+K_{k-1}Z_{k-1}$$

$$\hat{X}_{k-2}=\Phi(1-K_{k-2})\hat{X}_{k-3}+K_{k-2}Z_{k-2}$$

$$\cdots\cdots$$

$$\hat{X}_1=\Phi(1-K_1)\hat{X}_0+K_1Z_1$$

所以

$$\hat{X}_k=\Phi(1-K_k)\Phi(1-K_{k-1})\Phi(1-K_{k-2})\cdots\Phi(1-K_1)\hat{X}_0+$$
（由 $Z_1,Z_2,\cdots,Z_k$ 组成的修正项）=
$$\Phi^k(1-K_k)(1-K_{k-1})\cdots(1-K_1)\hat{X}_0+$$
（由 $Z_1,Z_2,\cdots,Z_k$ 组成的修正项）

而
$$1-K_k=\frac{\Phi^{2(k-1)}P_0+\Phi^{2(k-2)}P_0+\cdots+\Phi^2P_0+1}{\Phi^{2k}P_0+\Phi^{2(k-1)}P_0+\cdots+\Phi^2P_0+1}$$

$$1-K_{k-1}=\frac{\Phi^{2(k-2)}P_0+\Phi^{2(k-3)}P_0+\cdots\Phi^2P_0+1}{\Phi^{2(k-1)}P_0+\Phi^{2(k-2)}P_0+\cdots+\Phi^2P_0+1}$$

$$\cdots\cdots$$

$$1-K_1=\frac{1}{\Phi^2P_0+1}$$

所以

$$(1-K_k)(1-K_{k-1})\cdots(1-K_1)=\frac{1}{\Phi^{2k}P_0+\Phi^{2(k-1)}P_0+\cdots+\Phi^2P_0+1}$$

（1）当 $P_0\neq0$ 时

$$\hat{X}_k=\frac{\Phi^k}{[\Phi^{2k}+\Phi^{2(k-1)}+\cdots+\Phi^2+1]P_0+1-P_0}\hat{X}_0+$$

(由 $Z_1, Z_2, \cdots, Z_k$ 组成的修正项)

1) 当 $|\Phi| \neq 1$ 时,有

$$\hat{X}_k = \frac{\Phi^k}{\frac{1-\Phi^{2(k+1)}}{1-\Phi^2}P_0 + 1 - P_0}\hat{X}_0 + (Z_1, Z_2, \cdots, Z_k \text{ 组成的修正项}) =$$

$$\frac{\Phi^k(1-\Phi^2)}{[1-\Phi^{2(k+1)}]P_0 + (1-P_0)(1-\Phi^2)}\hat{X}_0 + (Z_1, Z_2, \cdots, Z_k \text{ 组成的修正项})$$

① 当 $|\Phi| < 1$ 时,有

$$\lim_{k\to\infty}\hat{X}_k = 0 \cdot \hat{X}_0 + (Z_1, Z_2, \cdots, Z_k \text{ 组成的修正项})$$

② 当 $|\Phi| > 1$ 时,有

$$\lim_{k\to\infty}\hat{X}_k = \lim_{k\to\infty}\frac{1-\Phi^2}{(\Phi^{-k}-\Phi^{k+2})P_0 - (1-P_0)(1-\Phi^2)\Phi^{-k}}\hat{X}_0 + (Z_1, Z_2, \cdots, Z_k \text{ 组成的修正项}) = 0 \cdot \hat{X}_0 + (Z_1, Z_2, \cdots, Z_k \text{ 组成的修正项})$$

2) 当 $|\Phi| = 1$ 时,有

$$\hat{X}_k = \frac{1}{(k+1)P_0 + 1 - P_0}\hat{X}_0 + (Z_1, Z_2, \cdots, Z_k \text{ 组成的修正项})$$

$$\lim_{k\to\infty}\hat{X}_k = 0\hat{X}_0 + (Z_1, Z_2, \cdots, Z_k \text{ 组成的修正项})$$

(2) 当 $P_0 = 0$ 时,有

$$\hat{X}_k = \Phi^k\hat{X}_0 + (Z_1, Z_2, \cdots, Z_k \text{ 组成的修正项})$$

1) 当 $|\Phi| < 1$ 时,有

$$\lim_{k\to\infty}\hat{X}_k = 0\hat{X}_0 + (Z_1, Z_2, \cdots, Z_k \text{ 组成的修正项})$$

2) 当 $|\Phi| = 1$ 时,有

$$\lim_{k\to\infty}\hat{X}_k = \hat{X}_0 + (Z_1, Z_2, \cdots, Z_k \text{ 组成的修正项})$$

3) 当 $|\Phi| > 1$ 时,有

$$\lim_{k\to\infty}\hat{X}_k = \infty\hat{X}_0 + (Z_1, Z_2, \cdots, Z_k \text{ 组成的修正项})$$

从上述分析可看出,当 $P_0 > 0$ 或 $P_0 = 0$ 且 $|\Phi| < 1$ 时,随着滤波步数的增加,$\hat{X}_0$ 对 $\hat{X}_k$ 的影响将逐渐消失,而当 $P_0 = 0$,且 $|\Phi| \geqslant 1$ 时,$\hat{X}_0$ 对 $\hat{X}_k$ 的影响始终存在。

综合上述分析,可得 4 种方法对滤波稳定性的判别结果,见表 4.2.1。

表 4.2.1　4 种方法对滤波稳定性的判别结果

滤波稳定 \ 条件 / 方法	$P_0 > 0$			$P_0 = 0$		
	$\|\Phi\| < 1$	$\|\Phi\| = 1$	$\|\Phi\| > 1$	$\|\Phi\| < 1$	$\|\Phi\| = 1$	$\|\Phi\| > 1$
充分条件之一	?	?	?	?	?	?
充分条件之二	√	√	√	?	?	?
充分条件之三	√	?	?	√	?	?
解析分析	√	√	√	√	×	×

说明:? 表示无法确定滤波稳定还是不稳定;

√ 表示确定滤波稳定;

× 表示确定滤波不稳定。

由表 4.2.1 可见，使用充分条件判别滤波稳定性是有局限性的，当条件满足时，可以肯定滤波稳定，但当条件不满足时，则无法肯定究竟滤波稳定还是不稳定。

4.3　适用于惯导系统的滤波稳定判别条件

4.2 节介绍的滤波稳定性判别条件都是充分条件，越是采用宽的条件来判别，越能接近真实地了解滤波器的稳定情况。据此，针对惯导系统的实际情况，提出如下滤波稳定判别条件：

定理 4.5

如果系统是完全随机可检测的，且 $\boldsymbol{P}_0 > \mathbf{0}(\boldsymbol{P}(0) > \mathbf{0})$，则卡尔曼滤波器是滤波稳定的。

下面对上述定理作简要证明。

设系统和量测如式(4.2.28)和式(4.2.29)所示，式中 $\boldsymbol{W}_k$ 和 $\boldsymbol{V}_k$ 是互相独立的零均值白噪声序列，$\boldsymbol{V}_k$ 的方差阵为 $\boldsymbol{R}$，且 $\boldsymbol{P}_0 > \mathbf{0}$。系统是完全随机可检测的，所以系统经满秩矩阵 $\boldsymbol{T}_o$ 作相似变换后，得代数等价系统和量测为

$$\boldsymbol{X}_k^{\circ} = \boldsymbol{\Phi}^{\circ}\boldsymbol{X}_{k-1}^{\circ} + \boldsymbol{\Gamma}^{\circ}\boldsymbol{W}_{k-1} \tag{4.2.35}$$

$$\boldsymbol{Z}_k = \boldsymbol{H}^{\circ}\boldsymbol{X}_k^{\circ} + \boldsymbol{V}_k \tag{4.2.36}$$

即

子系统 1：

$$\left.\begin{aligned}\boldsymbol{X}_{k1}^{\circ} &= \boldsymbol{\Phi}_{11}^{\circ}\boldsymbol{X}_{(k-1)1}^{\circ} + \boldsymbol{\Gamma}_1^{\circ}\boldsymbol{W}_{k-1}\\ \boldsymbol{Z}_k &= \boldsymbol{H}_1^{\circ}\boldsymbol{X}_{k1}^{\circ} + \boldsymbol{V}_k\end{aligned}\right\} \tag{4.2.43}$$

子系统 2：

$$\boldsymbol{X}_{k2}^{\circ} = \boldsymbol{\Phi}_{21}^{\circ}\boldsymbol{X}_{(k-1)1}^{\circ} + \boldsymbol{\Phi}_{22}^{\circ}\boldsymbol{X}_{(k-1)2}^{\circ} + \boldsymbol{\Gamma}_2^{\circ}\boldsymbol{W}_{k-1} \tag{4.2.44}$$

详细变换关系见 4.2.3 节所述。其中子系统 1 是独立系统，该子系统随机可观测，它的状态 $\boldsymbol{X}_{k1}^{\circ}$ 通过 $\boldsymbol{\Phi}_{21}^{\circ}$ 影响子系统 2。子系统 2 本身是渐近稳定的。即

$$|\lambda_i(\boldsymbol{\Phi}_{22}^{\circ})| < 1 \quad i = 1,2,\cdots,n-n_o \tag{4.2.45}$$

如果对系统作滤波估计，按式(4.1.2)有

$$\hat{\boldsymbol{X}}_k^{\circ} = (\boldsymbol{I} - \boldsymbol{K}_k^{\circ}\boldsymbol{H}^{\circ})\boldsymbol{\Phi}^{\circ}\hat{\boldsymbol{X}}_{k-1}^{\circ} + \boldsymbol{K}_k^{\circ}\boldsymbol{Z}_k \tag{4.3.1}$$

令

$$\boldsymbol{P}_k^{\circ} \xlongequal{\text{def}} \begin{bmatrix}\boldsymbol{P}_{k11}^{\circ} & \boldsymbol{P}_{k12}^{\circ}\\ \boldsymbol{P}_{k21}^{\circ} & \boldsymbol{P}_{k22}^{\circ}\end{bmatrix}\begin{matrix}\}n_o\\ \}n-n_o\end{matrix}$$

根据式(2.2.4c′)有

$$\boldsymbol{K}_k^{\circ} = \begin{bmatrix}\boldsymbol{K}_{k1}^{\circ}\\ \boldsymbol{K}_{k2}^{\circ}\end{bmatrix} = \begin{bmatrix}\boldsymbol{P}_{k11}^{\circ}\boldsymbol{H}_1^{\circ\mathrm{T}}\boldsymbol{R}^{-1}\\ \boldsymbol{P}_{k21}^{\circ}\boldsymbol{H}_1^{\circ\mathrm{T}}\boldsymbol{R}^{-1}\end{bmatrix}\begin{matrix}\}n_o\\ \}n-n_o\end{matrix}$$

$$(\boldsymbol{I} - \boldsymbol{K}_k^{\circ}\boldsymbol{H}^{\circ})\boldsymbol{\Phi}^{\circ} = \begin{bmatrix}(\boldsymbol{I} - \boldsymbol{K}_{k1}^{\circ}\boldsymbol{H}_1^{\circ})\boldsymbol{\Phi}_{11}^{\circ} & \mathbf{0}\\ \boldsymbol{\Phi}_{21}^{\circ} - \boldsymbol{K}_{k2}^{\circ}\boldsymbol{H}_1^{\circ}\boldsymbol{\Phi}_{11}^{\circ} & \boldsymbol{\Phi}_{22}^{\circ}\end{bmatrix}\begin{matrix}\}n_o\\ \}n-n_o\end{matrix} \tag{4.3.2}$$

上式结合式(4.3.1)说明可以把滤波器看做是两个子系统。$(\boldsymbol{I} - \boldsymbol{K}_{k1}^{\circ}\boldsymbol{H}_1^{\circ})\boldsymbol{\Phi}_{11}^{\circ}$ 表示子系统 1 和量测 $\boldsymbol{Z}_k$ 组成的滤波器子系统 1 的转移矩阵；由于子系统 1 是随机可观测的，且 $(\boldsymbol{P}_0)_{11} > \mathbf{0}$，根据滤波稳定充分条件之二，知滤波器子系统 1 是渐近稳定的。$\boldsymbol{\Phi}_{22}^{\circ}$ 也是滤波器子系统 2 的转移矩阵，所以滤波器子系统 2 也是渐近稳定的，它还接收滤波器子系统 1 的状态 $\boldsymbol{X}_{k1}^{\circ}$ 通过$(\boldsymbol{\Phi}_{21}^{\circ} -$

$\boldsymbol{K}_{k2}^{\circ}\boldsymbol{H}_{1}^{\circ}\boldsymbol{\Phi}_{11}^{\circ}$）的输入。因为滤波器子系统 1 是渐近稳定的，所以这个输入也不影响滤波器子系统 2 的渐近稳定性质。因此整个滤波器是渐近稳定的。

式(4.3.1) 虽然表示系统式(4.2.35) 和式(4.2.36) 的滤波器，但根据代数等价系统的性质，同样可以证明式(4.2.28) 和式(4.2.29) 的滤波器是渐近稳定的。即根据式(4.2.34) 有

$$\begin{aligned}\boldsymbol{P}_k^{\circ} &= E[(\boldsymbol{X}_k^{\circ}-\hat{\boldsymbol{X}}_k^{\circ})(\boldsymbol{X}_k^{\circ}-\hat{\boldsymbol{X}}_k^{\circ})^{\mathrm{T}}] = \\ &\boldsymbol{T}_{\circ}^{-1}E[(\boldsymbol{X}_k-\hat{\boldsymbol{X}}_k)(\boldsymbol{X}_k-\hat{\boldsymbol{X}}_k)^{\mathrm{T}}]\boldsymbol{T}_{\circ}^{-\mathrm{T}} = \boldsymbol{T}_{\circ}^{-1}\boldsymbol{P}_k\boldsymbol{T}_{\circ}^{-\mathrm{T}}\end{aligned} \tag{4.3.3}$$

根据式(4.3.3) 和式(4.2.39) 有

$$\boldsymbol{K}_k^{\circ} = \boldsymbol{P}_k^{\circ}\boldsymbol{H}^{\circ\mathrm{T}}\boldsymbol{R}^{-1} = \boldsymbol{T}_{\circ}^{-1}\boldsymbol{P}_k\boldsymbol{T}_{\circ}^{-\mathrm{T}}(\boldsymbol{H}\boldsymbol{T}_{\circ})^{\mathrm{T}}\boldsymbol{R}^{-1} = \boldsymbol{T}_{\circ}^{-1}\boldsymbol{P}_k\boldsymbol{H}^{\mathrm{T}}\boldsymbol{R}^{-1} = \boldsymbol{T}_{\circ}^{-1}\boldsymbol{K}_k \tag{4.3.4}$$

式(4.3.3) 和式(4.3.4) 中的 $\boldsymbol{P}_k$ 和 $\boldsymbol{K}_k$ 就是原系统进行滤波的估计均方误差阵和增益矩阵。再将式(4.3.4)、式(4.2.37) 和式(4.2.39) 代入式(4.3.2) 得

$$(\boldsymbol{I}-\boldsymbol{K}_k^{\circ}\boldsymbol{H}^{\circ})\boldsymbol{\Phi}^{\circ} = \boldsymbol{T}_{\circ}^{-1}(\boldsymbol{I}-\boldsymbol{K}_k\boldsymbol{H})\boldsymbol{\Phi}\boldsymbol{T}_{\circ} \tag{4.3.5}$$

上式说明，经变换后的系统的滤波器转移矩阵是原系统的滤波器转移矩阵的相似变换。根据系统相似变换后的特征值不变的性质，说明如果变换后系统的滤波器是渐近稳定的，则原系统的滤波器也是渐近稳定的。

下面证明 $\boldsymbol{P}_k$ 渐近地不受 $\boldsymbol{P}_0$ 的影响。

如果 $\boldsymbol{P}_k^1$ 和 $\boldsymbol{P}_k^2$ 各是两个不同初始估计均方误差阵($\boldsymbol{P}_0^1$ 和 $\boldsymbol{P}_0^2$) 条件下的 k 时刻估计均方误差阵，令

$$\delta\boldsymbol{P}_k = \boldsymbol{P}_k^1 - \boldsymbol{P}_k^2$$

$$\delta\boldsymbol{P}_0 = \boldsymbol{P}_0^1 - \boldsymbol{P}_0^2$$

利用矩阵求逆公式和式(2.2.4c) 有

$$\begin{aligned}(\boldsymbol{I}-\boldsymbol{K}_k\boldsymbol{H})^{-1} &= [\boldsymbol{I}-\boldsymbol{P}_{k/k-1}\boldsymbol{H}^{\mathrm{T}}(\boldsymbol{H}\boldsymbol{P}_{k/k-1}\boldsymbol{H}^{\mathrm{T}}+\boldsymbol{R})^{-1}\boldsymbol{H}]^{-1} = \\ &\boldsymbol{I}+\boldsymbol{P}_{k/k-1}\boldsymbol{H}^{\mathrm{T}}(\boldsymbol{H}\boldsymbol{P}_{k/k-1}\boldsymbol{H}^{\mathrm{T}}+\boldsymbol{R}-\boldsymbol{H}\boldsymbol{P}_{k/k-1}\boldsymbol{H}^{\mathrm{T}})^{-1}\boldsymbol{H} = \\ &\boldsymbol{I}+\boldsymbol{P}_{k/k-1}\boldsymbol{H}^{\mathrm{T}}\boldsymbol{R}^{-1}\boldsymbol{H}\end{aligned} \tag{4.3.6}$$

利用式(4.3.6) 和式(2.2.4e′) 以及对称矩阵相乘所得积如果是对称矩阵，则乘法满足交换律的性质，得

$$\begin{aligned}(\boldsymbol{I}-\boldsymbol{K}_k^2\boldsymbol{H})^{-1}\,\delta\boldsymbol{P}_k(\boldsymbol{I}-\boldsymbol{K}_k^1\boldsymbol{H})^{-\mathrm{T}} &= (\boldsymbol{I}-\boldsymbol{K}_k^2\boldsymbol{H})^{-1}[(\boldsymbol{I}-\boldsymbol{K}_k^1\boldsymbol{H})\boldsymbol{P}_{k/k-1}^1 - \\ &(\boldsymbol{I}-\boldsymbol{K}_k^2\boldsymbol{H})\boldsymbol{P}_{k/k-1}^2](\boldsymbol{I}-\boldsymbol{K}_k^1\boldsymbol{H})^{-\mathrm{T}} = \\ &(\boldsymbol{I}-\boldsymbol{K}_k^2\boldsymbol{H})^{-1}\boldsymbol{P}_{k/k-1}^1 - \boldsymbol{P}_{k/k-1}^2(\boldsymbol{I}-\boldsymbol{K}_k^1\boldsymbol{H})^{-\mathrm{T}} = \\ &(\boldsymbol{I}+\boldsymbol{P}_{k/k-1}^2\boldsymbol{H}^{\mathrm{T}}\boldsymbol{R}^{-1}\boldsymbol{H})\boldsymbol{P}_{k/k-1}^1 - \boldsymbol{P}_{k/k-1}^2(\boldsymbol{I}+\boldsymbol{P}_{k/k-1}^1\boldsymbol{H}^{\mathrm{T}}\boldsymbol{R}^{-1}\boldsymbol{H})^{\mathrm{T}} = \\ &\boldsymbol{P}_{k/k-1}^1 - \boldsymbol{P}_{k/k-1}^2 = \boldsymbol{\Phi}(\boldsymbol{P}_{k-1}^1-\boldsymbol{P}_{k-1}^2)\boldsymbol{\Phi}^{\mathrm{T}} = \boldsymbol{\Phi}\delta\boldsymbol{P}_{k-1}\boldsymbol{\Phi}^{\mathrm{T}}\end{aligned}$$

所以

$$\delta\boldsymbol{P}_k = (\boldsymbol{I}-\boldsymbol{K}_k^2\boldsymbol{H})\boldsymbol{\Phi}\delta\boldsymbol{P}_{k-1}\boldsymbol{\Phi}^{\mathrm{T}}(\boldsymbol{I}-\boldsymbol{K}_k^1\boldsymbol{H})^{\mathrm{T}} = \boldsymbol{\Psi}_{k,k-1}^2\delta\boldsymbol{P}_{k-1}\boldsymbol{\Psi}_{k,k-1}^{1\mathrm{T}} \tag{4.3.7}$$

式中，$\boldsymbol{\Psi}_{k,k-1}^1$ 和 $\boldsymbol{\Psi}_{k,k-1}^2$ 各表示在 $\boldsymbol{P}_0^1$ 和 $\boldsymbol{P}_0^2$ 条件下的滤波器一步转移矩阵。利用式(4.3.7) 有

$$\delta\boldsymbol{P}_k = \boldsymbol{\Psi}_{k,0}^2\delta\boldsymbol{P}_0\boldsymbol{\Psi}_{k,0}^{1\mathrm{T}} \tag{4.3.8}$$

式中，$\boldsymbol{\Psi}_{k,0}^1$ 和 $\boldsymbol{\Psi}_{k,0}^2$ 各表示在 $\boldsymbol{P}_0^1$ 和 $\boldsymbol{P}_0^2$ 条件下滤波器从零时刻到 k 时刻的转移矩阵。

因为滤波器是渐近稳定的，所以有

$$\lim_{k\to\infty}\|\boldsymbol{\Psi}_{k,0}^1\| = 0$$

$$\lim_{k\to\infty}\|\boldsymbol{\Psi}_{k,0}^2\| = 0$$

式中 ‖ · ‖ 为范数。因此有

$$\lim_{k\to\infty}\|\delta\boldsymbol{P}_k\|=0$$

这就证明了 $\boldsymbol{P}_k$ 渐近地不受 $\boldsymbol{P}_0$ 的影响。

惯性导航系统采用卡尔曼滤波，常不满足随机可控或随机可稳定的条件。而状态向量的初值都是随机向量，初始估计均方误差阵的对角线元素一般都是不为零的正数，因此，$\boldsymbol{P}_0>\boldsymbol{0}$ 这一条件一般都能满足。这样，利用 $\boldsymbol{P}_0>\boldsymbol{0}$ 和随机可检测来判别滤波器是否滤波稳定，关键在于系统是否随机可检测。这种判别方法的特点还在于：即使系统不是随机可检测的，仍可以从不可检测的性质中看出不可检测的原因和对滤波稳定的影响，从而得出滤波器是否仍能使用的结论。

习　　题

4-1　设定常系统的系统噪声方差阵正定，证明：如果系统满足式(4.2.14)，则必满足式(4.2.16)，即定常系统随机可控阵中可免去 $\boldsymbol{Q}^{\frac{1}{2}}$。

4-2　设时变系统的系统噪声方差阵正定，证明：如果系统满足下式

$$\sum_{i=k-N+1}^{k}\boldsymbol{\Phi}_{k,i}\boldsymbol{\Gamma}_{i-1}\boldsymbol{\Gamma}_{i-1}^{\mathrm{T}}\boldsymbol{\Phi}_{k,i}^{\mathrm{T}}>\boldsymbol{0}$$

则必满足式(4.2.11)，即可用该式代替随机可控阵。

4-3　设系统和量测中各参数为：$\Phi=a$，$\Gamma=H=Q=R=1$，求 P 和 K，并证明：

$$|(1-KH)\Phi|<1$$

4-4　判别例 2-15 中系统是随机可观测的，并说明可观测的物理意义。

第五章　滤波系统的校正

5.1　概　　述

对确定性线性系统，如果控制的指标函数是二次型的，则可以求得最优控制规律。下面具体说明之。

设线性系统为

$$\dot{\boldsymbol{X}}(t)=\boldsymbol{F}(t)\boldsymbol{X}(t)+\boldsymbol{E}(t)\boldsymbol{u}(t) \tag{5.1.1}$$

式中，$\boldsymbol{X}(t)$ 为 n 维状态向量，$\boldsymbol{u}(t)$ 为 r 维控制向量。

给定初始条件 $\boldsymbol{X}(0)$，要求选择最优控制向量 $\boldsymbol{u}^*(t)$，使下列二次型指标函数为最小：

$$J=\int_{t0}^{t}[\boldsymbol{X}^{\mathrm{T}}(t)\boldsymbol{Q}^0(t)\boldsymbol{X}(t)+\boldsymbol{u}^{\mathrm{T}}(t)\boldsymbol{R}^0(t)\boldsymbol{u}(t)]\mathrm{d}t+\boldsymbol{X}^{\mathrm{T}}(t_f)\boldsymbol{S}\boldsymbol{X}(t_f) \tag{5.1.2}$$

式中，$\boldsymbol{Q}^0(t)$ 和 $\boldsymbol{S}$ 为 $n\times n$ 的权矩阵，$\boldsymbol{R}^0(t)$ 为 $r\times r$ 的权矩阵。

二次型性能指标函数的物理意义可解释为：如果 $\boldsymbol{X}$ 为误差向量，则 $\boldsymbol{X}^{\mathrm{T}}(t_f)\boldsymbol{S}\boldsymbol{X}(t_f)$ 表示终端误差指标，积分项中的两项各表示过程的误差指标和控制能量指标。要求 J 最小，就是要终端误差、过程误差和控制量的二次型加权和为最小。权矩阵 $\boldsymbol{Q}^0(t)$，$\boldsymbol{R}^0(t)$ 和 $\boldsymbol{S}$ 根据要求确定。$\boldsymbol{Q}^0(t)$ 和 $\boldsymbol{R}^0(t)$ 的时变性表示不同时间的要求不同，但要求 $\boldsymbol{Q}^0(t)$ 和 $\boldsymbol{S}$ 是非负定阵，$\boldsymbol{R}^0(t)$ 是正定阵。在很多实际问题中，它们都是元素为正的对角阵。

用极大值原理或动态规划等方法都可以求解上述最优控制问题，得到最优控制规律为

$$\boldsymbol{u}^*(t)=-\boldsymbol{R}^0(t)^{-1}\boldsymbol{E}^{\mathrm{T}}(t)\boldsymbol{P}^0(t)\boldsymbol{X}(t) \tag{5.1.3}$$

式(5.1.3)说明最优控制量 $\boldsymbol{u}^*(t)$ 与 $\boldsymbol{X}(t)$ 成线性关系。为求 $\boldsymbol{u}^*(t)$，必须先知道 $\boldsymbol{X}(t)$。式中 $\boldsymbol{P}^0(t)$ 是下列黎卡蒂方程的解

$$\dot{\boldsymbol{P}}^0(t)=-\boldsymbol{P}^0(t)\boldsymbol{F}(t)-\boldsymbol{F}^{\mathrm{T}}(t)\boldsymbol{P}^0(t)+\boldsymbol{P}^0(t)\boldsymbol{E}(t)\boldsymbol{R}^0(t)^{-1}\boldsymbol{E}^{\mathrm{T}}(t)\boldsymbol{P}^0(t)-\boldsymbol{Q}^0(t) \tag{5.1.4}$$

式中，$\boldsymbol{P}^0(t)$ 为对称矩阵，方程的边界条件为

$$\boldsymbol{P}^0(t_f)=\boldsymbol{S}$$

在已知 $\boldsymbol{X}(t)$ 的条件下，二次型性能指标最优控制问题最终归结为求解 $\boldsymbol{P}^0(t)$ 的黎卡蒂非线性微分方程问题。

如果系统是随机过程，并且状态向量不能直接得到，而需要用卡尔曼滤波方法来估计，则最优控制问题和最优估计问题就交叉在一起了，解决的办法如下。

定理 5.1(分离定理)

对二次型性能指标的最优控制问题，若求解控制和估计以对方为已知条件，则可以分别按最优控制和最优估计两个独立问题来处理，即，求取最优控制时，可以认为状态变量是已知的，求取最优估计时，将控制项取作已知控制项，最后，用状态估计作为最优控制中的已知状态，就得到随

机线性动态系统的最优控制。这种将最优控制与最优估计分别考虑的原理称为分离定理。

5.2　离散系统的分离定理

设系统和量测为

$$\boldsymbol{X}_{k+1}=\boldsymbol{\Phi}_{k+1,k}\boldsymbol{X}_k+\boldsymbol{B}_k\boldsymbol{u}_k+\boldsymbol{W}_k \tag{5.2.1}$$

$$\boldsymbol{Z}_k=\boldsymbol{H}_k\boldsymbol{X}_k+\boldsymbol{V}_k \tag{5.2.2}$$

式中，$\{\boldsymbol{W}_k\}$ 和 $\{\boldsymbol{V}_k\}$ 为互不相关且均值为零的正态白噪声序列，方差分别为 $\boldsymbol{Q}_k$ 和 $\boldsymbol{R}_k$。状态向量 $\boldsymbol{X}_k$ 的初值为 $\boldsymbol{X}_0$。$\boldsymbol{X}_0$ 也服从正态分布，并与 $\boldsymbol{W}_k$ 和 $\boldsymbol{V}_k$ 互不相关。

由于过程随机，按式(5.1.2) 确定指标函数是无意义的，所以随机线性动态系统的二次型性能指标采用集平均值，即 $\boldsymbol{u}_0^*,\boldsymbol{u}_1^*,\cdots,\boldsymbol{u}_{N-1}^*$ 使

$$J_N=\underset{\boldsymbol{X}}{E}\{\sum_{k=0}^{N-1}[\boldsymbol{X}_k^{\mathrm{T}}\boldsymbol{Q}_k^0\boldsymbol{X}_k+\boldsymbol{u}_k^{\mathrm{T}}\boldsymbol{R}_k^0\boldsymbol{u}_k]+\boldsymbol{X}_N^{\mathrm{T}}\boldsymbol{S}\boldsymbol{X}_N\} \tag{5.2.3}$$

达到最小。下面用动态规划来求这个最优控制规律。

按动态规划，上述问题就是在初值为 $\boldsymbol{X}_0$ 条件下求 N 级决策过程。选取 $\boldsymbol{u}$ 的方法是先找出最后一级选 $\boldsymbol{u}_{N-1}$ 的规律，使这最后一级为最优然后逐级倒推，使每一级都最优，从而使整个过程都是最优的。

问题分两步讨论。先假定可以得到 $\boldsymbol{X}_k$ 值，推导出与 $\boldsymbol{X}_k$ 成线性函数的最优控制规律，然后假定得不到 $\boldsymbol{X}_k$ 值，将 $\boldsymbol{X}_k$ 的最优估计代入控制规律中，同样证明在这最优估计的条件下是最优的。由此证明了分离定理。

1. 在可以得到状态向量 $\boldsymbol{X}_k$ 值的条件下

在该条件下量测方程式(5.2.2) 简化为

$$\boldsymbol{Z}_k=\boldsymbol{X}_k$$

$\boldsymbol{X}_0$ 为随机向量。这里先令 $\boldsymbol{X}_0$ 为随机样本空间内的某一个具体样本，则指标函数中的 $\boldsymbol{X}_0$ 项可以不取均值而单独列写。将 $\boldsymbol{X}_0$ 条件下的最小指标函数用 $W\{\boldsymbol{X}_0\}$ 来表示，则

$$W\{\boldsymbol{X}_0\}=\min_{\boldsymbol{u}_0,\cdots,\boldsymbol{u}_{N-1}}\{\boldsymbol{X}_0^{\mathrm{T}}\boldsymbol{Q}_0^0\boldsymbol{X}_0+\boldsymbol{u}_0^{\mathrm{T}}\boldsymbol{R}_0^0\boldsymbol{u}_0+\underset{\boldsymbol{X}_1,\cdots,\boldsymbol{X}_N}{E}[(\sum_{k=1}^{N-1}[\boldsymbol{X}_k^{\mathrm{T}}\boldsymbol{Q}_k^0\boldsymbol{X}_k+\boldsymbol{u}_k^{\mathrm{T}}\boldsymbol{R}_k^0\boldsymbol{u}_k]+\boldsymbol{X}_N^{\mathrm{T}}\boldsymbol{S}\boldsymbol{X}_N)\mid_{\boldsymbol{X}_0}]\} \tag{5.2.4}$$

式中，$E[(\cdot)\mid_{\boldsymbol{X}_0}]$ 表示在初值为 $\boldsymbol{X}_0$ 条件下的关于 $\boldsymbol{X}_1,\cdots,\boldsymbol{X}_N$ 的条件均值。$\boldsymbol{X}_0$ 为某一具体值，则根据控制规律确定的 $\boldsymbol{u}_0$ 也是具体值，所以 $\boldsymbol{u}_0$ 项也不须要取均值。

因为逐级都是最优的，所以如果满足式(5.2.4)，则从 $k+1$ 级到 N 级过程也应是最优的，在 $\boldsymbol{X}_k$ 为某一具体值的条件下，$k+1$ 级到 N 级的最小指标函数为

$$\begin{aligned}W\{\boldsymbol{X}_k\}=&\min_{\boldsymbol{u}_k,\cdots,\boldsymbol{u}_{n-1}}\{\boldsymbol{X}_k^{\mathrm{T}}\boldsymbol{Q}_k^0\boldsymbol{X}_k+\boldsymbol{u}_k^{\mathrm{T}}\boldsymbol{R}_k^0\boldsymbol{u}_k+\\&\underset{\boldsymbol{X}_{k+1},\cdots,\boldsymbol{X}_N}{E}[(\sum_{i=k+1}^{N-1}[\boldsymbol{X}_i^{\mathrm{T}}\boldsymbol{Q}_i^0\boldsymbol{X}_i+\boldsymbol{u}_i^{\mathrm{T}}\boldsymbol{R}_i^0\boldsymbol{u}_i]+\boldsymbol{X}_N^{\mathrm{T}}\boldsymbol{S}\boldsymbol{X}_N)\mid_{\boldsymbol{X}_k}]\}=\\&\min_{\boldsymbol{u}_k}\{\boldsymbol{X}_k^{\mathrm{T}}\boldsymbol{Q}_k^0\boldsymbol{X}_k+\boldsymbol{u}_k^{\mathrm{T}}\boldsymbol{R}_k^0\boldsymbol{u}_k+\min_{\boldsymbol{u}_{k+1},\cdots,\boldsymbol{u}_{N-1}}\underset{\boldsymbol{X}_{k+1},\cdots,\boldsymbol{X}_N}{E}[(\sum_{i=k+1}^{N-1}[\boldsymbol{X}_i^{\mathrm{T}}\boldsymbol{Q}_i^0\boldsymbol{X}_i+\\&\boldsymbol{u}_i^{\mathrm{T}}\boldsymbol{R}_i^0\boldsymbol{u}_i]+\boldsymbol{X}_N^{\mathrm{T}}\boldsymbol{S}\boldsymbol{X}_N)\mid_{\boldsymbol{X}_k}]\}\quad k=0,1,2,\cdots,N-1\end{aligned} \tag{5.2.5}$$

交换取极小值与求均值的次序，并对 $\boldsymbol{X}_{k+1}$ 单独求取均值，则式(5.2.5) 可改写为

$$W\{\boldsymbol{X}_k\} = \min_{\boldsymbol{u}_k}\{\boldsymbol{X}_k^{\mathrm{T}}\boldsymbol{Q}_k^0\boldsymbol{X}_k + \boldsymbol{u}_k^{\mathrm{T}}\boldsymbol{R}_k^0\boldsymbol{u}_k + \underset{\boldsymbol{X}_{k+1}}{E}[\min_{\boldsymbol{u}_{k+1},\cdots,\boldsymbol{u}_{N-1}} \underset{\boldsymbol{X}_{k+2},\cdots,\boldsymbol{X}_N}{E}[(\sum_{i=k+1}^{N-1}[\boldsymbol{X}_i^{\mathrm{T}}\boldsymbol{Q}_i^0\boldsymbol{X}_i + \boldsymbol{u}_i^{\mathrm{T}}\boldsymbol{R}_i^0\boldsymbol{u}_i] + \boldsymbol{X}_N^{\mathrm{T}}\boldsymbol{S}\boldsymbol{X}_N) |_{\boldsymbol{X}_{k+1}}] |_{\boldsymbol{X}_k}]\}$$

上式中的最后一项为

$$\min_{\boldsymbol{u}_{k+1},\cdots,\boldsymbol{u}_{N-1}} \underset{\boldsymbol{X}_{k+2},\cdots,\boldsymbol{X}_N}{E}[(\sum_{i=k+1}^{N-1}[\boldsymbol{X}_i^{\mathrm{T}}\boldsymbol{Q}_i^0\boldsymbol{X}_i + \boldsymbol{u}_i^{\mathrm{T}}\boldsymbol{R}_i^0\boldsymbol{u}_i] + \boldsymbol{X}_N^{\mathrm{T}}\boldsymbol{S}\boldsymbol{X}_N) |_{\boldsymbol{X}_{k+1}}] = \min_{\boldsymbol{u}_{k+1},\cdots,\boldsymbol{u}_{N-1}}\{\boldsymbol{X}_{k+1}^{\mathrm{T}}\boldsymbol{Q}_{k+1}^0\boldsymbol{X}_{k+1} + \boldsymbol{u}_{k+1}^{\mathrm{T}}\boldsymbol{R}_{k+1}^0\boldsymbol{u}_{k+1} + \underset{\boldsymbol{X}_{k+2},\cdots,\boldsymbol{X}_N}{E}[(\sum_{i=k+2}^{N-1}[\boldsymbol{X}_i^{\mathrm{T}}\boldsymbol{Q}_i^0\boldsymbol{X}_i + \boldsymbol{u}_i^{\mathrm{T}}\boldsymbol{R}_i^0\boldsymbol{u}_i] + \boldsymbol{X}_N^{\mathrm{T}}\boldsymbol{S}\boldsymbol{X}_N) |_{\boldsymbol{X}_{k+1}}]\} = W\{\boldsymbol{X}_{k+1}\}$$

上式推导中，利用了式(5.2.5)关系。

所以有

$$W\{\boldsymbol{X}_k\} = \min_{\boldsymbol{u}_k}\{\boldsymbol{X}_k^{\mathrm{T}}\boldsymbol{Q}_k^0\boldsymbol{X}_k + \boldsymbol{u}_k^{\mathrm{T}}\boldsymbol{R}_k^0\boldsymbol{u}_k + \underset{\boldsymbol{X}_{k+1}}{E}[W\{\boldsymbol{X}_{k+1}\} |_{\boldsymbol{X}_k}]\} \tag{5.2.6}$$

该式是动态规划基本递推关系式，即从 $W\{\boldsymbol{X}_{k+1}\}$ 推出 $W\{\boldsymbol{X}_k\}$。而第 N 级为

$$W\{\boldsymbol{X}_N\} = \boldsymbol{X}_N^{\mathrm{T}}\boldsymbol{S}\boldsymbol{X}_N$$

因此，计算顺序是从第 N 级一直算到第一级为止。

下面讨论式(5.2.6)解的求取。从该式可看出，$W\{\boldsymbol{X}_N\}$ 是 $\boldsymbol{X}_N$ 的二次型函数，第 $N-1$ 级的 $W\{\boldsymbol{X}_{N-1}\}$ 是 $\boldsymbol{X}_{N-1}$ 和 $\boldsymbol{u}_{N-1}$ 的二次型函数，而 $\boldsymbol{u}_{N-1}$ 与 $\boldsymbol{X}_{N-1}$ 和 $\boldsymbol{X}_N$ 有关，后者是个确定的值。依此类推，可以认为第 k 级的 $W\{\boldsymbol{X}_k\}$ 是 $\boldsymbol{X}_k$ 的二次型函数，并与一个确定的值有关。因此可设

$$W\{\boldsymbol{X}_k\} = \boldsymbol{X}_k^{\mathrm{T}}\boldsymbol{P}_k^0\boldsymbol{X}_k + \eta_k \tag{5.2.7}$$

式中，$\boldsymbol{P}_k^0$ 是 $n \times n$ 的非负定阵，η_k 就是上述的确定值。根据上述关系，式(5.2.6)可改写成

$$W\{\boldsymbol{X}_k\} = \min_{\boldsymbol{u}_k}\{\boldsymbol{X}_k^{\mathrm{T}}\boldsymbol{Q}_k^0\boldsymbol{X}_k + \boldsymbol{u}_k^{\mathrm{T}}\boldsymbol{R}_k^0\boldsymbol{u}_k + \underset{\boldsymbol{X}_{k+1}}{E}[(\boldsymbol{X}_{k+1}^{\mathrm{T}}\boldsymbol{P}_{k+1}^0\boldsymbol{X}_{k+1} + \eta_{k+1}) |_{\boldsymbol{X}_k})\} \tag{5.2.8}$$

将式(5.2.1)代入，由于状态初值和噪声都是正态分布的，所以 $\boldsymbol{X}_k$ 也是正态分布的，$\boldsymbol{X}_k$ 和 $\boldsymbol{W}_k$ 互不相关就意味着互相独立，这就使有关 $\boldsymbol{W}_k$ 的均值与条件 $\boldsymbol{X}_k$ 无关，因此有

$$\begin{aligned}
\underset{\boldsymbol{X}_{k+1}}{E}\{(\boldsymbol{X}_{k+1}^{\mathrm{T}}\boldsymbol{P}_{k+1}^0\boldsymbol{X}_{k+1} + \eta_{k+1}) |_{\boldsymbol{X}_k}\} &= \\
\underset{\boldsymbol{X}_k,\boldsymbol{W}_k}{E}\{[(\boldsymbol{\Phi}_{k+1,k}\boldsymbol{X}_k + \boldsymbol{B}_k\boldsymbol{u}_k + \boldsymbol{W}_k)^{\mathrm{T}}\boldsymbol{P}_{k+1}^0(\boldsymbol{\Phi}_{k+1,k}\boldsymbol{X}_k + \boldsymbol{B}_k\boldsymbol{u}_k + \boldsymbol{W}_k) + \eta_{k+1}] |_{\boldsymbol{X}_k}\} &= \\
[\boldsymbol{\Phi}_{k+1,k}\boldsymbol{X}_k + \boldsymbol{B}_k\boldsymbol{u}_k]^{\mathrm{T}}\boldsymbol{P}_{k+1}^0[\boldsymbol{\Phi}_{k+1,k}\boldsymbol{X}_k + \boldsymbol{B}_k\boldsymbol{u}_k] + E[\boldsymbol{W}_k^{\mathrm{T}}\boldsymbol{P}_{k+1}^0\boldsymbol{W}_k] + \eta_{k+1} &= \\
[\boldsymbol{\Phi}_{k+1,k}\boldsymbol{X}_k + \boldsymbol{B}_k\boldsymbol{u}_k]^{\mathrm{T}}\boldsymbol{P}_{k+1}^0[\boldsymbol{\Phi}_{k+1,k}\boldsymbol{X}_k + \boldsymbol{B}_k\boldsymbol{U}_k] + \mathrm{tr}[\boldsymbol{P}_{k+1}^0\boldsymbol{Q}_k] + \eta_{k+1} &
\end{aligned} \tag{5.2.9}$$

将式(5.2.9)代入式(5.2.8)得

$$\begin{aligned}
W\{\boldsymbol{X}_k\} &= \min_{\boldsymbol{u}_k}\{\boldsymbol{X}_k^{\mathrm{T}}\boldsymbol{Q}_k^0\boldsymbol{X}_k + \boldsymbol{u}_k^{\mathrm{T}}\boldsymbol{R}_k^0\boldsymbol{u}_k + [\boldsymbol{\Phi}_{k+1,k}\boldsymbol{X}_k + \boldsymbol{B}_k\boldsymbol{u}_k]^{\mathrm{T}}\boldsymbol{P}_{k+1}^0[\boldsymbol{\Phi}_{k+1,k}\boldsymbol{X}_k + \boldsymbol{B}_k\boldsymbol{u}_k] + \\
&\quad \mathrm{tr}[\boldsymbol{P}_{k+1}^0\boldsymbol{Q}_k] + \eta_{k+1}\} = \min_{\boldsymbol{u}_k}\{\boldsymbol{X}_k^{\mathrm{T}}[\boldsymbol{\Phi}_{k+1,k}^{\mathrm{T}}\boldsymbol{P}_{k+1}^0\boldsymbol{\Phi}_{k+1,k} + \boldsymbol{Q}_k^0 - \\
&\quad \boldsymbol{A}_k^{\mathrm{T}}(\boldsymbol{R}_k^0 + \boldsymbol{B}_k^{\mathrm{T}}\boldsymbol{P}_{k+1}^0\boldsymbol{B}_k)\boldsymbol{A}_k]\boldsymbol{X}_k + \\
&\quad (\boldsymbol{u}_k + \boldsymbol{A}_k\boldsymbol{X}_k)^{\mathrm{T}}(\boldsymbol{R}_k^0 + \boldsymbol{B}_k^{\mathrm{T}}\boldsymbol{P}_{k+1}^0\boldsymbol{B}_k)(\boldsymbol{u}_k + \boldsymbol{A}_k\boldsymbol{X}_k) + \mathrm{tr}[\boldsymbol{P}_{k+1}^0\boldsymbol{Q}_k]\eta_{k+1}\}
\end{aligned} \tag{5.2.10}$$

式中

$$\boldsymbol{A}_k = [\boldsymbol{R}_k^0 + \boldsymbol{B}_k^{\mathrm{T}}\boldsymbol{P}_{k+1}^0\boldsymbol{B}_k]^{-1}\boldsymbol{B}_k^{\mathrm{T}}\boldsymbol{P}_{k+1}^0\boldsymbol{\Phi}_{k+1,k} \tag{5.2.11}$$

因此，使指标函数为最小的 $\boldsymbol{u}_k$ 为

$$\boldsymbol{u}_k^* = -\boldsymbol{A}_k\boldsymbol{X}_k = -[\boldsymbol{R}_K^0 + \boldsymbol{B}_k^{\mathrm{T}}\boldsymbol{P}_{k+1}\boldsymbol{B}_k]^{-1}\boldsymbol{B}_k^{\mathrm{T}}\boldsymbol{P}_{k+1}^0\boldsymbol{\Phi}_{k+1,k}\boldsymbol{X}_k \tag{5.2.12}$$

因为 $\boldsymbol{R}_k^0$ 是正定阵，$\boldsymbol{P}_{k+1}^0$ 是非负定阵，所以上式中的逆阵存在。从该式可以看出，最优控制 $\boldsymbol{u}_k^*$ 是状态 $\boldsymbol{X}_k$ 的线性函数。

比较式(5.2.7) 和式(5.2.10) 可得

$$\begin{aligned}\boldsymbol{P}_k^0 = \boldsymbol{Q}_k^0 + \boldsymbol{\Phi}_{k+1,k}^{\mathrm{T}}\boldsymbol{P}_{k+1}^0\boldsymbol{\Phi}_{k+1,k} - \boldsymbol{\Phi}_{k+1,k}^{\mathrm{T}}\boldsymbol{P}_{k+1}^0\boldsymbol{B}_k[\boldsymbol{R}_k^0 +\\ \boldsymbol{B}_k^{\mathrm{T}}\boldsymbol{P}_{k+1}^0\boldsymbol{B}_k]^{-1}\boldsymbol{B}_k^{\mathrm{T}}\boldsymbol{P}_{k+1}^0\boldsymbol{\Phi}_{k+1,k}\end{aligned} \tag{5.2.13}$$

$$\eta_k = \mathrm{tr}[\boldsymbol{P}_{k+1}^0\boldsymbol{Q}_k] + \eta_{k+1} \tag{5.2.14}$$

式(5.2.13) 为离散形式的黎卡蒂方程，它仅与参数阵 $\boldsymbol{\Phi}_{k+1,k}$，$\boldsymbol{B}_k$ 以及指标函数中的权矩阵 $\boldsymbol{Q}_k^0$，$\boldsymbol{R}_k^0$ 有关，与噪声的统计特性 $\boldsymbol{Q}_k$，$\boldsymbol{R}_k$ 无关。$\boldsymbol{P}_k^0$ 的终端条件为 $\boldsymbol{P}_k^0 = \boldsymbol{S}$。$\boldsymbol{P}_k^0$ 按式(5.2.13) 从 N 级逐级计算至 $\boldsymbol{P}_N^0$。式(5.2.14) 的终端条件为 $\eta_N = 0$。同样，从 N 级逐级计算 η_k。

算出 $\boldsymbol{P}_{k+1}^0$ 后，按式(5.2.12) 算出 $\boldsymbol{u}_k^*$，即可逐级计算得最优控制序列 $\boldsymbol{u}_{N-1}^*,\cdots,\boldsymbol{u}_k^*,\cdots,\boldsymbol{u}_1^*,\boldsymbol{u}_0^*$。

下面讨论最小指标函数的求取。因为 $W\{\boldsymbol{X}_0\}$ 是在某一 $\boldsymbol{X}_0$ 的条件下的最小指标函数，所以在随机意义下的最小指标函数就是要用 $W\{\boldsymbol{X}_0\}$ 的均值来衡量，即

$$J_{N\min} = E[W\{\boldsymbol{X}_0\}] = E[\boldsymbol{X}_0^{\mathrm{T}}\boldsymbol{P}_0^0\boldsymbol{X}_0 + \eta_0] = E[\boldsymbol{X}_0^{\mathrm{T}}\boldsymbol{P}_0^0\boldsymbol{X}_0] + \sum_{k=0}^{N-1}\mathrm{tr}[\boldsymbol{P}_{k+1}^0\boldsymbol{Q}_k]$$

因

$$E[\boldsymbol{X}_0^{\mathrm{T}}\boldsymbol{P}_0^0\boldsymbol{X}_0] = \boldsymbol{m}_{X_0}^{\mathrm{T}}\boldsymbol{P}_0^0\boldsymbol{m}_{X_0} + \mathrm{tr}[\boldsymbol{P}_0^0\boldsymbol{C}_{X_0}]$$

式中，$\boldsymbol{m}_{X_0}$ 和 $\boldsymbol{C}_{X_0}$ 各为 $\boldsymbol{X}_0$ 的均值和方差。所以

$$J_{N\min} = \boldsymbol{m}_{X_0}^{\mathrm{T}}\boldsymbol{P}_0^0\boldsymbol{m}_{X_0} + \mathrm{tr}[\boldsymbol{P}_0^0\boldsymbol{C}_{X_0}] + \sum_{k=0}^{N-1}\mathrm{tr}[\boldsymbol{P}_{k+1}^0\boldsymbol{Q}_k] \tag{5.2.15}$$

2. *在不能得到状态向量 $\boldsymbol{X}_k$ 的条件下*

这时可通过最优滤波得到状态的最优估计。可以证明，最优控制规律仍然是式(5.2.12)，唯一的不同仅需将 $\boldsymbol{X}_k$ 改为 $\hat{\boldsymbol{X}}_k$。这时的最优是指在采用最优估计这一条件下的最优。

在一般情况下，量测 $\boldsymbol{Z}_k$ 在 t_k 时刻得到，而估计 $\hat{\boldsymbol{X}}_k$ 的计算尚需要时间，因此，t_k 时刻的最优估计取 $\hat{\boldsymbol{X}}_{k/k-1}$。在这种条件下的最优控制为

$$\boldsymbol{u}_k^* = -\boldsymbol{A}_k\hat{\boldsymbol{X}}_{k/k-1} \tag{5.2.16}$$

根据卡尔曼滤波一步预测方程式(2.2.35) 再考虑控制项，有

$$\begin{aligned}\hat{\boldsymbol{X}}_{k+1/k} = \boldsymbol{\Phi}_{k+1,k}\hat{\boldsymbol{X}}_{k/k-1} + \boldsymbol{B}_k\boldsymbol{u}_k + \boldsymbol{K}_k^*(\boldsymbol{Z}_k - \boldsymbol{H}_k\hat{\boldsymbol{X}}_{k/k-1}) =\\ \boldsymbol{\Phi}_{k+1,k}\hat{\boldsymbol{X}}_{k/k-1} + \boldsymbol{B}_k\boldsymbol{u}_k + \boldsymbol{K}_k^*(\boldsymbol{V}_k + \boldsymbol{H}_k\tilde{\boldsymbol{X}}_{k/k-1})\end{aligned} \tag{5.2.17}$$

比较式(5.2.17) 与式(5.2.1)，可看出 $\hat{\boldsymbol{X}}_{k+1/k}$ 和 $\hat{\boldsymbol{X}}_{k/k-1}$ 各与 $\boldsymbol{X}_{k+1}$ 和 $\boldsymbol{X}_k$ 相对应，而 $\boldsymbol{K}_k^*(\boldsymbol{V}_k + \boldsymbol{H}_k\hat{\boldsymbol{X}}_{k/k-1})$ 可看做零均值的白噪声，所以两式具有相似的形式。

现将指标函数式(5.2.3) 改写为 $\hat{\boldsymbol{X}}_{k/k-1}$ 的形式。因为估计 $\hat{\boldsymbol{X}}_{k/k-1}$ 与估计误差 $\tilde{\boldsymbol{X}}_{k/k-1}$ 正交，即

$$E[\hat{\boldsymbol{X}}_{k/k-1}\tilde{\boldsymbol{X}}_{k/k-1}^{\mathrm{T}}] = \boldsymbol{0}$$

所以

$$J_N = E\{\sum_{k=1}^{N-1}[(\hat{\boldsymbol{X}}_{k/k-1} + \tilde{\boldsymbol{X}}_{k/k-1})^{\mathrm{T}}\boldsymbol{Q}_k^0(\hat{\boldsymbol{X}}_{k/k-1} + \tilde{\boldsymbol{X}}_{k/k-1}) +$$

$$\boldsymbol{u}_k^{\mathrm{T}}\boldsymbol{R}_k^0\boldsymbol{u}_k]+(\hat{\boldsymbol{X}}_{N/N-1}+\tilde{\boldsymbol{X}}_{N/N-1})^{\mathrm{T}}\boldsymbol{S}(\hat{\boldsymbol{X}}_{N/N-1}+\tilde{\boldsymbol{X}}_{N/N-1})\}=$$

$$E\{\sum_{k=0}^{N-1}[\hat{\boldsymbol{X}}_{k/k-1}^{\mathrm{T}}\boldsymbol{Q}_k^0\hat{\boldsymbol{X}}_{k/k-1}+\boldsymbol{u}_k^{\mathrm{T}}\boldsymbol{R}_k^0\boldsymbol{u}_k]+\hat{\boldsymbol{X}}_{N/N-1}^{\mathrm{T}}\boldsymbol{S}\hat{\boldsymbol{X}}_{N/N-1}\}+$$

$$E\{\sum_{k=0}^{N-1}\tilde{\boldsymbol{X}}_{k/k-1}^{\mathrm{T}}\boldsymbol{Q}_k^0\tilde{\boldsymbol{X}}_{k/k-1}+\tilde{\boldsymbol{X}}_{N/N-1}^{\mathrm{T}}\boldsymbol{S}\tilde{\boldsymbol{X}}_{N/N-1}\}\stackrel{\mathrm{def}}{=\!=}J_N(\hat{\boldsymbol{X}})+J_N(\tilde{\boldsymbol{X}}) \tag{5.2.18}$$

式中，$\boldsymbol{u}_k$ 仅由 $\hat{\boldsymbol{X}}_{k/k-1}$ 决定，与 $\tilde{\boldsymbol{X}}_{k/k-1}$ 无关。所以当选择 $\boldsymbol{u}_k$ 时，只要使上式中 $J_N(\hat{\boldsymbol{X}})$ 最小，就能使指标函数最小，而 $J_N(\hat{\boldsymbol{X}})$ 与式(5.2.3) 在形式上完全相同。因此，借用上一节讨论的结果，即可求得 $J_N(\hat{\boldsymbol{X}})$ 最小的控制规律为

$$\boldsymbol{u}_k^*=-\boldsymbol{A}_k\hat{\boldsymbol{X}}_{k/k-1}$$

$\boldsymbol{A}_k$ 的方程同式(5.2.11)，式中所用的 $\boldsymbol{P}_k^0$ 也从式(5.2.13) 求出。这就证明了分离定理，即求最优控制 $\boldsymbol{u}_k$ 时，以一步预测 $\hat{\boldsymbol{X}}_{k/k-1}$ 为已知条件；求最优估计 $\hat{\boldsymbol{X}}_k$ 时，以已确定的 $\boldsymbol{u}_k$ 为已知条件。

这种最优控制下的指标函数的求法如下：

滤波方程式(5.2.17) 中的噪声 $\boldsymbol{K}_k^*[\boldsymbol{V}_k+\boldsymbol{H}_k\tilde{\boldsymbol{X}}_{k/k-1}]$ 相当于式(5.2.1) 中的系统噪声 $\boldsymbol{W}_k$。该噪声的方差阵为

$$\boldsymbol{Q}_k'=\boldsymbol{\Phi}_{k+1,k}\boldsymbol{P}_{k/k-1}\boldsymbol{H}_k^{\mathrm{T}}(\boldsymbol{R}_k+\boldsymbol{H}_k\boldsymbol{P}_{k/k-1}\boldsymbol{H}_k^{\mathrm{T}})^{-1}\boldsymbol{H}_k\boldsymbol{P}_{k/k-1}\boldsymbol{\Phi}_{k+1,k}^{\mathrm{T}} \tag{5.2.19}$$

用 ξ_k 代替式(5.2.14) 中的 η_k，则

$$\xi_k=\mathrm{tr}[\boldsymbol{P}_{k+1}^0\boldsymbol{Q}_k']+\xi_{k+1} \tag{5.2.20}$$

同样，ξ_k 的终端条件为

$$\xi_N=0$$

按照式(5.2.20) 的递推关系，可逐级算出 ξ_k，加上 $\boldsymbol{P}_k^0$，可得

$$W\{\hat{\boldsymbol{X}}_{k/k-1}\}=\hat{\boldsymbol{X}}_{k/k-1}^{\mathrm{T}}\boldsymbol{P}_k^0\hat{\boldsymbol{X}}_{k/k-1}+\xi_k \tag{5.2.21}$$

根据式(5.2.18) 最小指标函数为

$$J_{N\min}=\min J_N(\hat{\boldsymbol{X}})+\min J_N(\tilde{\boldsymbol{X}})=E[W\{\hat{\boldsymbol{X}}_0\}]+\min J_N(\tilde{\boldsymbol{X}})=$$

$$\boldsymbol{m}_{X_0}^{\mathrm{T}}\boldsymbol{P}_0^0\boldsymbol{m}_{X_0}+\mathrm{tr}[\boldsymbol{P}_0^0\boldsymbol{P}_0]+\sum_{k=0}^{N-1}\mathrm{tr}[\boldsymbol{P}_{k+1}^0\boldsymbol{Q}_k']+\sum_{k=0}^{N-1}\mathrm{tr}[\boldsymbol{Q}_k^0\boldsymbol{P}_{k/k-1}]+$$

$$\mathrm{tr}[\boldsymbol{S}\boldsymbol{P}_{N/N-1}] \tag{5.2.22}$$

包括系统和滤波器的最优控制方块图如图 5.2.1 所示。图中未示出反馈阵 $\boldsymbol{A}_k$ 的计算过程。

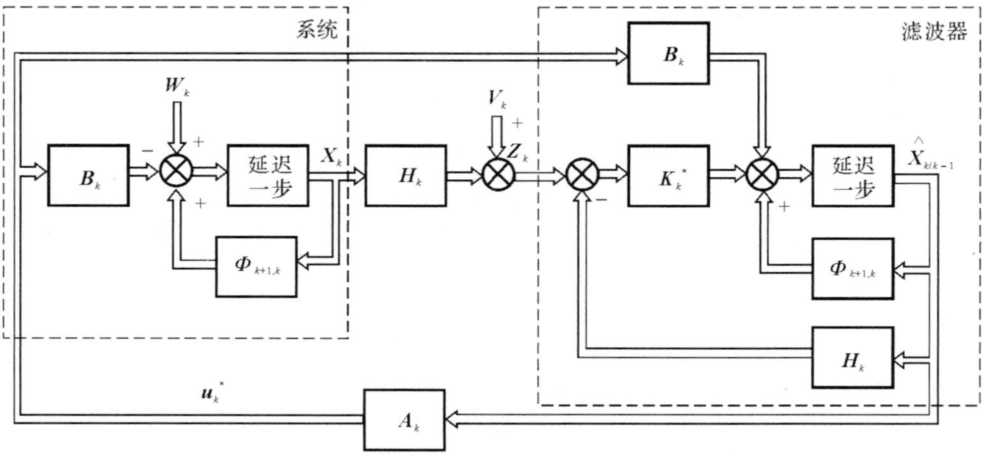

图 5.2.1 基于最优估计的最优控制的方块图

需要指出的是：如果从得到量测后计算出估计和控制所需要的时间远比量测的时间间隔短，则可认为 t_k 时刻能够得到最优估计 $\hat{\boldsymbol{X}}_k$。这样，最优控制规律可改写为

$$\boldsymbol{u}_k^* = -\boldsymbol{A}_k\hat{\boldsymbol{X}}_k \tag{5.2.23}$$

式中 $\boldsymbol{A}_k$ 的计算及 $\boldsymbol{A}_k$ 方程中 $\boldsymbol{P}_{k+1}^0$ 的计算仍按式(5.2.11)和式(5.2.13)，仅最小指标函数稍有不同，这里就不再列写了。

以上讨论了二次型指标函数为最小要求下系统的最优控制规律。结论是：如果系统的状态可以得到，则根据式(5.2.12)和式(5.2.13)可以求出最优控制。如果系统状态不能得到，则状态可用最优估计代替，按式(5.2.16)(或式(5.2.23))和式(5.2.13)求出最优控制。最优估计和最优控制可以分别考虑的原理称为分离定理。

二次型指标是一种较为全面的要求，但指标中的权矩阵与控制质量没有直接的联系，在设计中不容易确定下来。另外，由于 $\boldsymbol{P}_k^0$ 阵是从终端开始计算的，所以必须预先计算，并将数值存储在计算机中。如果控制级数 N 很大，则存储量是很大的。

5.3　连续系统的分离定理

设系统和量测为

$$\dot{\boldsymbol{X}}(t) = \boldsymbol{F}(t)\boldsymbol{X}(t) + \boldsymbol{E}(t)\boldsymbol{u}(t) + \boldsymbol{w}(t) \tag{5.3.1}$$

$$\boldsymbol{Z}(t) = \boldsymbol{H}(t)\boldsymbol{X}(t) + \boldsymbol{v}(t) \tag{5.3.2}$$

式中，$\boldsymbol{w}(t)$ 和 $\boldsymbol{v}(t)$ 为互不相关的零均值正态白噪声，方差强度阵分别为 $\boldsymbol{q}(t)$ 和 $\boldsymbol{r}(t)$，$\boldsymbol{q}(t)$ 为非负定阵，$\boldsymbol{r}(t)$ 为正定阵，初始状态 $\boldsymbol{X}(0)$ 也服从正态分布，与 $\boldsymbol{w}(t)$，$\boldsymbol{v}(t)$ 不相关，均值为 $\boldsymbol{m}_X(0)$，方差为 $\boldsymbol{C}_X$。

指标函数为

$$J = E\{\boldsymbol{X}^{\mathrm{T}}(t_N)\boldsymbol{S}\boldsymbol{X}(t_N) + \int_{t0}^{tN}[\boldsymbol{X}^{\mathrm{T}}(t)\boldsymbol{Q}^0(t)\boldsymbol{X}(t) + \boldsymbol{u}^{\mathrm{T}}(t)\boldsymbol{R}^0(t)\boldsymbol{u}(t)]\mathrm{d}t\} \tag{5.3.3}$$

式中各权矩阵的意义和要求都与离散系统的相同。最优控制的目的就是要选择 $\boldsymbol{u}^*(t)$，使指标函数 J 达到最小。

与离散系统一样，在不能得到状态的情况下，连续系统的最优控制同样可以与最优估计分开考虑，即作最优估计时可将控制量作为已知量处理，而最优控制虽然采用状态的估计，但控制规律却与采用状态本身的相同，这就是分离定理。现将最优控制的各方程列写如下，证明从略。式中各符号的意义可参阅离散系统

$$\boldsymbol{u}^*(t) = -\boldsymbol{K}_c(t)\hat{\boldsymbol{X}}(t) = -\boldsymbol{R}^0(t)^{-1}\boldsymbol{E}^{\mathrm{T}}(t)\boldsymbol{P}^0(t)\hat{\boldsymbol{X}}(t) \tag{5.3.4}$$

$$\dot{\boldsymbol{P}}^0(t) = -\boldsymbol{P}^0(t)\boldsymbol{F}(t) - \boldsymbol{F}^{\mathrm{T}}(t)\boldsymbol{P}^0(t) + \boldsymbol{P}^0(t)\boldsymbol{E}(t)\boldsymbol{R}^0(t)^{-1}\boldsymbol{E}^{\mathrm{T}}(t)\boldsymbol{P}^0(t) - \boldsymbol{Q}^0(t) \tag{5.3.5}$$

$$\boldsymbol{P}^0(t_N) = \boldsymbol{S}$$

$$\dot{\xi}(t) = -\mathrm{tr}[\boldsymbol{P}(t)\boldsymbol{H}^{\mathrm{T}}(t)\boldsymbol{R}^{-1}(t)\boldsymbol{H}(t)\boldsymbol{P}(t)\boldsymbol{P}^0(t)] \tag{5.3.6}$$

$$\xi(t_N) = 0$$

用估计和估计误差代替状态，则指标函数为

$$J = E\{\int_{t0}^{tN}[\hat{\boldsymbol{X}}^{\mathrm{T}}(t)\boldsymbol{Q}^0(t)\hat{\boldsymbol{X}}(t) + \boldsymbol{u}^{\mathrm{T}}(t)\boldsymbol{R}^0(t)\boldsymbol{u}(t)]\mathrm{d}t\} +$$

$$E[\hat{\boldsymbol{X}}^{\mathrm{T}}(t_N)\boldsymbol{S}\hat{\boldsymbol{X}}(t_N)]+E\{\int_{t0}^{tN}\widetilde{\boldsymbol{X}}^{\mathrm{T}}(t)\boldsymbol{Q}^0(t)\widetilde{\boldsymbol{X}}(t)\mathrm{d}t\}=$$

$$E[\widetilde{\boldsymbol{X}}^{\mathrm{T}}(t_N)\boldsymbol{S}\widetilde{\boldsymbol{X}}(t_N)]\xlongequal{\mathrm{def}}J(\hat{\boldsymbol{X}})+J(\widetilde{\boldsymbol{X}}) \tag{5.3.7}$$

$$W\{\hat{\boldsymbol{X}}(t),t\}=\hat{\boldsymbol{X}}^{\mathrm{T}}(t)\boldsymbol{P}^0(t)\hat{\boldsymbol{X}}(t)+\xi(t) \tag{5.3.8}$$

$$\begin{aligned}J_{\min}=&\boldsymbol{m}_X^{\mathrm{T}}(0)\boldsymbol{P}^0(0)\boldsymbol{m}_X(0)+\mathrm{tr}[\boldsymbol{P}^0(0)\boldsymbol{P}(0)]+\\&\int_{t0}^{tN}\mathrm{tr}[\boldsymbol{P}(t)\boldsymbol{H}^{\mathrm{T}}(t)\boldsymbol{R}^{-1}(t)\boldsymbol{H}(t)\boldsymbol{P}(t)\boldsymbol{P}^0(t)]\mathrm{d}t+\\&\int_{t0}^{tN}\mathrm{tr}[\boldsymbol{P}(t)\boldsymbol{Q}^0(t)]\mathrm{d}t+\mathrm{tr}[\boldsymbol{P}(t_N)\boldsymbol{S}]\end{aligned} \tag{5.3.9}$$

$$\boldsymbol{P}(0)=E\{[\boldsymbol{X}(0)-\hat{\boldsymbol{X}}(0)][\boldsymbol{X}(0)-\hat{\boldsymbol{X}}(0)]^{\mathrm{T}}\}$$

5.4 离散系统的估计直接反馈控制

物理系统一般并不都是线性的，比如惯导系统、GPS导航系统、多普勒导航系统等都是非线性系统。若直接以导航参数作为状态，则对应的系统方程和量测方程都是非线性方程，直接按这些方程设计滤波器十分麻烦，必须采用非线性滤波方法。所以为避免不必要的繁琐，一般都以系统输出参量的误差作状态。而误差相对真实参量是小量，二阶及二阶以上的误差量乘积可视为高阶小量而忽略掉，这样，系统方程和量测方程都成为线性方程，滤波问题也就成为线性系统的滤波问题了。

由于滤波系统的状态都是误差量，所以控制的目的是消除这些误差量，以提高物理系统的精度，这就使以上介绍的控制规律的求取得以简化。对于平台式惯导系统，速度、位置等导航参量都是数字量，它们由导航计算机解算获得，所包含的误差可用一次性校正即脉冲校正的方法清除掉。而惯性平台的姿态角、方位角是物理参量，消除它们的误差角需要通过给相应陀螺施加指令来完成，而陀螺进动需要时间，所以对这些误差量的校正需要在时间过程里的连续控制。

5.4.1 由估计确定的脉冲校正

设卡尔曼滤波器的滤波周期为 T，获得量测后计算出估计值所需时间为 T_f。根据 T_f 与 T 相比大小的不同，由估计值确定出脉冲校正量的方法也不同。

1. $T_f \ll T$

$T_f \ll T$ 意味着获得量测 $\boldsymbol{Z}_k$ 后立即就能解得估计 $\hat{\boldsymbol{X}}_k$，用 $\hat{\boldsymbol{X}}_k$ 校正 $\boldsymbol{X}_k$ 具有实时意义。记校正前的状态估计为 $\hat{\boldsymbol{X}}_k^-$，校正后的状态估计为 $\hat{\boldsymbol{X}}_k^+$，所加的脉冲校正控制为 $\boldsymbol{B}_k^P\boldsymbol{u}_k^P$。对于使用误差量作为状态变量的滤波系统来说，校正的目的是要消除这些被估计出来的误差量，即

$$\hat{\boldsymbol{X}}_k^+=\boldsymbol{B}_k^P\boldsymbol{u}_k^P+\hat{\boldsymbol{X}}_k^-=\boldsymbol{0} \tag{5.4.1}$$

具体做法是从导航系统的导航解中扣除这一误差的估计值。所以，脉冲校正使各误差量根据估计值各自消除，各误差量之间没有交叉影响，即

$$\boldsymbol{B}_k^P=\boldsymbol{I} \tag{5.4.2}$$

因此，脉冲校正控制量为

$$\boldsymbol{u}_k^P=-\hat{\boldsymbol{X}}_k^- \tag{5.4.3}$$

由式(5.4.1)得采用脉冲校正后的一步预测值和滤波值

$$\hat{\boldsymbol{X}}_{k+1/k}=\boldsymbol{\Phi}_{k+1,k}\hat{\boldsymbol{X}}_k^+=\boldsymbol{0}$$

$$\hat{\boldsymbol{X}}_{k+1}^-=\hat{\boldsymbol{X}}_{k+1/k}+\boldsymbol{K}_{k+1}(\boldsymbol{Z}_{k+1}-\boldsymbol{H}_{k+1}\hat{\boldsymbol{X}}_{k+1/k})=\boldsymbol{K}_{k+1}\boldsymbol{Z}_{k+1}$$

亦即

$$\hat{\boldsymbol{X}}_{k/k-1}=\boldsymbol{0} \tag{5.4.4}$$

$$\hat{\boldsymbol{X}}_k^-=\boldsymbol{K}_k\boldsymbol{Z}_k \tag{5.4.5}$$

将式(5.4.5)代入式(5.4.3)得脉冲校正控制为

$$\boldsymbol{u}_k^P=-\boldsymbol{K}_k\boldsymbol{Z}_k \tag{5.4.6}$$

2. T_f 不是远小于 T

T_f 不是远小于 T 意味着获得量测 $\boldsymbol{Z}_k$ 后并不能立即就得到 $\hat{\boldsymbol{X}}_k$，而要经过较长的延迟才能得到。此时若仍用 $\hat{\boldsymbol{X}}_k$ 作为 k 时刻导航解的校正控制量，则已失去了实时意义，所以只能利用 $k-1$ 时刻的估计值根据一步转移关系计算得 k 时刻的脉冲校正控制量

$$\boldsymbol{u}_k^P=-\boldsymbol{\Phi}_{k,k-1}\hat{\boldsymbol{X}}_{k-1} \tag{5.4.7}$$

而

$$\boldsymbol{\Phi}_{k,k-1}\hat{\boldsymbol{X}}_{k-1}=\hat{\boldsymbol{X}}_{k/k-1}^-$$

所以

$$\boldsymbol{u}_k^P=-\hat{\boldsymbol{X}}_{k/k-1}^-$$

这说明所加的控制实质上是消去 $\hat{\boldsymbol{X}}_{k/k-1}^-$，经校正后的一步预测为

$$\hat{\boldsymbol{X}}_{k/k-1}^+=\boldsymbol{0} \tag{5.4.8}$$

这样，滤波方程为

$$\hat{\boldsymbol{X}}_k=\boldsymbol{K}_k\boldsymbol{Z}_k \tag{5.4.9}$$

5.4.2　由估计确定的持续校正

设物理系统满足的系统方程为

$$\dot{\boldsymbol{X}}(t)=\boldsymbol{F}(t)\boldsymbol{X}(t)+\boldsymbol{E}(t)\boldsymbol{u}(t)+\boldsymbol{G}(t)\boldsymbol{w}(t) \tag{5.4.10}$$

式中，$\boldsymbol{u}(t)$ 是连续控制量，它持续作用于系统。因为离散卡尔曼滤波只能得到滤波时间点上的估计值，所以由此确定的控制也只能是 $\boldsymbol{u}(t)$ 的采样值 $\boldsymbol{u}(t_k)$。

这些采样值可根据卡尔曼滤波值来确定。

由于使用式(2.2.4)基本滤波方程的需要，原连续系统作了离散化处理

$$\boldsymbol{X}_{k+1}=\boldsymbol{\Phi}_{k+1,k}\boldsymbol{X}_k+\int_{t_k}^{t_{k+1}}\boldsymbol{\Phi}_{k+1,t}\boldsymbol{E}(t)\boldsymbol{u}(t)\mathrm{d}t+\boldsymbol{\Gamma}_k\boldsymbol{W}_k \tag{5.4.11}$$

若卡尔曼滤波器的滤波周期 T 较短，则在滤波间隔 $[t_k,t_{k+1})$ 内，$\boldsymbol{u}(t)$ 可近似取作常值

$$\boldsymbol{u}(t)=\boldsymbol{u}_k^c\quad t_k\leqslant t<t_{k+1} \tag{5.4.12}$$

式中，$\boldsymbol{u}_k^c=\boldsymbol{u}(t_k)$ 是 $\boldsymbol{u}(t)$ 在 t_k 时间点上的采样值。这样，式(5.4.11)可写成

$$\boldsymbol{X}_{k+1}=\boldsymbol{\Phi}_{k+1,k}\boldsymbol{X}_k+\int_{t_k}^{t_{k+1}}\boldsymbol{\Phi}_{k+1,t}\boldsymbol{E}(t)\mathrm{d}t\boldsymbol{u}_k^c+\boldsymbol{\Gamma}_k\boldsymbol{W}_k$$

令

$$\boldsymbol{B}_k^c=\int_{t_k}^{t_{k+1}}\boldsymbol{\Phi}_{k+1,t}\boldsymbol{E}(t)\mathrm{d}t \tag{5.4.13}$$

则离散化后的系统为

$$\boldsymbol{X}_k = \boldsymbol{\Phi}_{k,k-1}\boldsymbol{X}_{k-1} + \boldsymbol{B}_{k-1}^{c}\boldsymbol{u}_{k-1}^{c} + \boldsymbol{\Gamma}_{k-1}\boldsymbol{W}_{k-1} \tag{5.4.14}$$

有两种可能的途径确定 $\boldsymbol{u}_{k-1}^{c}$：

(1) 根据状态估计值确定。式(5.4.14)对应的滤波方程为

$$\hat{\boldsymbol{X}}_k = \hat{\boldsymbol{X}}_{k/k-1} + \boldsymbol{K}_k(\boldsymbol{Z}_k - \boldsymbol{H}_k\hat{\boldsymbol{X}}_{k/k-1}) = \boldsymbol{\Phi}_{k,k-1}\hat{\boldsymbol{X}}_{k-1} + \boldsymbol{B}_{k-1}^{c}\boldsymbol{u}_{k-1}^{c} + \boldsymbol{K}_k(\boldsymbol{Z}_k - \boldsymbol{H}_k\boldsymbol{\Phi}_{k,k-1}\hat{\boldsymbol{X}}_{k-1} - \boldsymbol{H}_k\boldsymbol{B}_{k-1}^{c}\boldsymbol{u}_{k-1}^{c})$$

加入控制后，应使 $\hat{\boldsymbol{X}}_k = \boldsymbol{0}$，所以

$$(\boldsymbol{I} - \boldsymbol{K}_k\boldsymbol{H}_k)\boldsymbol{B}_{k-1}^{c}\boldsymbol{u}_{k-1}^{c} + \boldsymbol{\Phi}_{k,k-1}\hat{\boldsymbol{X}}_{k-1} - \boldsymbol{K}_k(\boldsymbol{Z}_k - \boldsymbol{H}_k\boldsymbol{\Phi}_{k,k-1}\hat{\boldsymbol{X}}_{k-1}) = \boldsymbol{0}$$

如果 $\boldsymbol{u}_{k-1}^{c}$ 从上式中求取，则需要用到 $\boldsymbol{Z}_k$，而 $\boldsymbol{u}_{k-1}^{c}$ 是 $[t_{k-1}, t_k)$ 内的控制量，而 $\boldsymbol{Z}_k$ 是 t_k 时刻的量测，$\boldsymbol{u}_{k-1}^{c}$ 必须在 t_{k-1} 时刻获得，而 $\boldsymbol{Z}_k$ 只能在 t_k 时刻获得，这说明由上述方程是无法确定 $\boldsymbol{u}_{k-1}^{c}$ 的。

(2) 根据一步预测值确定。式(5.4.14)对应的一步预测方程为

$$\hat{\boldsymbol{X}}_{k/k-1} = \boldsymbol{\Phi}_{k,k-1}\hat{\boldsymbol{X}}_{k-1} + \boldsymbol{B}_{k-1}^{c}\boldsymbol{u}_{k-1}^{c} \tag{5.4.15}$$

加入控制后，应使 $\hat{\boldsymbol{X}}_{k/k-1} = \boldsymbol{0}$，则有

$$\boldsymbol{\Phi}_{k,k-1}\hat{\boldsymbol{X}}_{k-1} + \boldsymbol{B}_{k-1}^{c}\boldsymbol{u}_{k-1}^{c} = \boldsymbol{0}$$

即

$$\boldsymbol{B}_k^{c}\boldsymbol{u}_k^{c} = -\boldsymbol{\Phi}_{k+1,k}\hat{\boldsymbol{X}}_k \tag{5.4.16}$$

式中

$$\boldsymbol{B}_k^{c} = \int_{t_k}^{t_{k+1}} \boldsymbol{\Phi}_{k+1,t}\boldsymbol{E}(t)\,\mathrm{d}t$$

由式(5.4.16)可确定出 $\boldsymbol{u}_k^{c}$，这一控制在 $[t_k, t_{k+1})$ 时间段内加入系统，计算 $\boldsymbol{u}_k^{c}$ 需要用到 $\hat{\boldsymbol{X}}_k$，而 $\hat{\boldsymbol{X}}_k$ 一般在 t_k 时刻之后不久能获得，所以在时间的先后次序上是行得通的，按式(5.4.16)求取 $\boldsymbol{u}_k^{c}$ 是可行的。此时，有

$$\hat{\boldsymbol{X}}_{k/k-1} = \boldsymbol{0} \tag{5.4.17}$$

$$\hat{\boldsymbol{X}}_k = \boldsymbol{K}_k\boldsymbol{Z}_k \tag{5.4.18}$$

下面以速度组合导航系统中简化的惯导北向回路为例，说明脉冲校正和持续校正的具体求法。

例 5-1 由多普勒雷达和惯导系统组成的速度组合导航系统中(取北-西-天地理坐标系为导航坐标系)，在忽略地转率补偿量及有害加速度条件下，简化的惯导系统北向回路状态方程为

$$\begin{bmatrix} \Delta\dot{v}_{\mathrm{N}}(t) \\ \dot{\varphi}_{\mathrm{W}}(t) \end{bmatrix} = \begin{bmatrix} 0 & -g \\ \dfrac{1}{R} & 0 \end{bmatrix} \begin{bmatrix} \Delta v_{\mathrm{N}}(t) \\ \varphi_{\mathrm{W}}(t) \end{bmatrix} + \begin{bmatrix} \nabla_{\mathrm{N}}(t) \\ \varepsilon_{\mathrm{W}}(t) \end{bmatrix}$$

求实现对惯导系统校正的控制量。

解 由于采用速度组合，量测量为两子系统的北向速度之差

$$Z_k = [v_{\mathrm{N}} + \Delta v_{\mathrm{N}}(t_k)] - [v_{\mathrm{N}} + \Delta v_{\mathrm{ND}}(t_k)] + V_k = \Delta v_{\mathrm{N}}(t_k) - \Delta v_{\mathrm{ND}}(t_k) + V_k$$

式中，v_{N} 为载体的真实速度；Δv_{N} 和 Δv_{ND} 分别为惯导和多普勒系统的速度误差；V_k 为量测噪声。

设量测的采样周期为 $t_{k+1} - t_k = T$。考虑校正控制后，经离散化后惯导的状态方程为

$$\begin{bmatrix}\Delta v_{k+1}\\ \varphi_{k+1}\end{bmatrix}=\begin{bmatrix}1 & -gT\\ \dfrac{T}{R} & 1\end{bmatrix}\begin{bmatrix}\Delta v_k\\ \varphi_k\end{bmatrix}+\Gamma\begin{bmatrix}\nabla_k\\ \varepsilon_k\end{bmatrix}+\boldsymbol{B}_k\boldsymbol{u}_k$$

为书写方便，上式中略去了下标 N 和 W。此外，在一步转移阵的计算中，略去了关于 T 的高次项，此处认为滤波周期较短。

显然，对 Δv_k 的校正属于脉冲控制，而对平台水平姿态角的校正则属于持续性控制，因为控制平台的姿态角必须通过对陀螺施矩才能逐渐消除姿态误差。设两种控制分别为

脉冲控制　　　　　　　　$\boldsymbol{B}_k^{\mathrm{p}}\boldsymbol{u}_k^{\mathrm{p}}$

持续控制　　　　　　　　$\boldsymbol{B}_k^{\mathrm{c}}\boldsymbol{u}_k^{\mathrm{c}}$

由于仅对 Δv_k 作脉冲校正，所以由式(5.4.3)

$$\boldsymbol{u}_k^{\mathrm{p}}=\begin{bmatrix}-\Delta\hat{v}_k^-\\ 0\end{bmatrix}$$

Δv_k 经脉冲校正后，$\Delta\hat{v}_k^+=0$。

由式(5.4.16)，持续校正控制应满足

$$\boldsymbol{B}_k^{\mathrm{c}}\boldsymbol{u}_k^{\mathrm{c}}=-\boldsymbol{\Phi}_{k+1,k}\begin{bmatrix}0\\ \hat{\varphi}_k\end{bmatrix}\tag{1}$$

且速度校正和平台误差角校正是各自进行的，即(5.4.10) 式中，$\boldsymbol{E}(t)=\boldsymbol{I}$，所以

$$\boldsymbol{B}_k^{\mathrm{c}}=\int_{t_k}^{t_{k+1}}\boldsymbol{\Phi}(t_{k+1},t)\mathrm{d}t=\int_{t_k}^{t_{k+1}}\begin{bmatrix}1 & -g(t_{k+1}-t)\\ \dfrac{t_{k+1}-t}{R} & 1\end{bmatrix}\mathrm{d}t=\begin{bmatrix}T & -\dfrac{g}{2}T^2\\ \dfrac{T^2}{2R} & T\end{bmatrix}\tag{2}$$

将式(2) 代入式(1)，有

$$\begin{bmatrix}T & -\dfrac{g}{2}T^2\\ \dfrac{T^2}{2R} & T\end{bmatrix}\begin{bmatrix}u_k^{cv}\\ u_k^{c\varphi}\end{bmatrix}=-\begin{bmatrix}1 & -gT\\ \dfrac{T}{R} & 1\end{bmatrix}\begin{bmatrix}0\\ \hat{\varphi}_k\end{bmatrix}$$

即

$$Tu_k^{cv}-\frac{gT^2}{2}u_k^{c\varphi}=gT\hat{\varphi}_k\tag{3}$$

$$\frac{T^2}{2R}u_k^{cv}+Tu_k^{c\varphi}=-\hat{\varphi}_k\tag{4}$$

由于$\dfrac{T^2}{2R}\approx 0$，所以由式(4)，得

$$u_k^{c\varphi}=-\frac{\hat{\varphi}_k}{T}$$

将上式代入式(3)，得

$$u_k^{cv}=g\hat{\varphi}_k-\frac{gT}{2}\,\frac{\hat{\varphi}_k}{T}=\frac{g}{2}\hat{\varphi}_k$$

$u_k^{c\varphi}$ 和 u_k^{cv} 在$[t_k,t_{k+1})$ 时间段内始终连续地作用于惯导系统，其中 $u_k^{c\varphi}$ 以指令形式对陀螺施矩，使陀螺进动，通过平台系统的修正回路控制平台转动，以消除 $\hat{\varphi}_k$。当 $\hat{\varphi}_k^+=0$ 时，指令也

为零。u_k^{cv} 以加速度补偿形式对加速度计输出作修正，也是持续施加的控制量。

从上述分析可以看出，脉冲校正无交叉耦合效应，持续校正却因为系统的转移特性存在交叉耦合效应。

5.5 连续系统的估计直接反馈控制

系统和量测同式(5.3.1)和式(5.3.2)。

连续系统的控制量一般都是控制状态的变化率。控制规律可以从离散系统的结果得到。由式(5.4.16)和式(5.4.18)有

$$\boldsymbol{B}_k^c\boldsymbol{u}_k^c=-\boldsymbol{\Phi}_{k+1,k}\boldsymbol{K}_k\boldsymbol{Z}_k \tag{5.5.1}$$

式中

$$\boldsymbol{B}_k^c=\int_{t_k}^{t_k+T}\boldsymbol{\Phi}_{t_k+T,t}\boldsymbol{E}(t)\mathrm{d}t$$

式中，T 为滤波周期，即 $T=t_{k+1}-t_k$。

式(5.5.1)两边除以 T，并取 $T\to 0$ 时的极限

$$\lim_{T\to 0}\frac{\boldsymbol{B}_k^c}{T}\boldsymbol{u}_k^c=-\lim_{T\to 0}\boldsymbol{\Phi}_{k+1,k}\frac{\boldsymbol{K}_k}{T}\boldsymbol{Z}_k \tag{5.5.2}$$

先考察式(5.5.2)的左侧。根据积分中值定理，由式(5.4.13)得

$$\lim_{T\to 0}\frac{\boldsymbol{B}_k^c}{T}=\lim_{T\to 0}\frac{1}{T}\int_{t_k}^{t_k+T}\boldsymbol{\Phi}_{t_k+T,t}\boldsymbol{E}(t)\mathrm{d}t=\lim_{T\to 0}\frac{1}{T}\boldsymbol{\Phi}_{t_k+T,\xi}\boldsymbol{E}(\xi)T$$

式中，$t_k\leqslant\xi\leqslant t_k+T$。当 $T\to 0$ 时，$\xi\to t_k$，$\boldsymbol{\Phi}_{t_k+T,\xi}\to\boldsymbol{I}$，而 t_k 成为连续变量 t，$\boldsymbol{u}_k^c$ 也成为连续控制量 $\boldsymbol{u}(t)$，所以

$$\lim_{T\to 0}\frac{\boldsymbol{B}_k^c}{T}\boldsymbol{u}_k^c=\boldsymbol{E}(t)\boldsymbol{u}(t)$$

再考察式(5.5.2)的右侧。由式(2.3.14)

$$\boldsymbol{K}_k=\boldsymbol{K}(t_{k-1}+T)=\boldsymbol{P}(t_{k-1}+T)\boldsymbol{H}^{\mathrm{T}}(t_{k-1}+T)\left[\frac{\boldsymbol{r}(t_{k-1}+T)}{T}\right]^{-1}$$

所以

$$\begin{aligned}&\lim_{T\to 0}\boldsymbol{\Phi}_{k+1,k}\frac{\boldsymbol{K}_k}{T}\boldsymbol{Z}_k=\\&\quad\lim_{T\to 0}\boldsymbol{\Phi}_{k+1,k}\frac{1}{T}\boldsymbol{P}(t_{k-1}+T)\boldsymbol{H}^{\mathrm{T}}(t_{k-1}+T)\boldsymbol{r}^{-1}(t_{k-1}+T)T\boldsymbol{Z}(t_k)=\\&\quad\boldsymbol{I}\,\boldsymbol{P}(t)\boldsymbol{H}^{\mathrm{T}}(t)\boldsymbol{r}^{-1}(t)\boldsymbol{Z}(t)=\boldsymbol{P}(t)\boldsymbol{H}^{\mathrm{T}}(t)\boldsymbol{r}^{-1}(t)\boldsymbol{Z}(t)\end{aligned}$$

根据式(2.3.20)

$$\lim_{T\to 0}\boldsymbol{\Phi}_{k+1,k}\frac{\boldsymbol{K}_k}{T}\boldsymbol{Z}_k=\boldsymbol{K}(t)\boldsymbol{Z}(t)$$

因此式(5.5.2)成

$$\boldsymbol{E}(t)\boldsymbol{u}(t)=-\boldsymbol{K}(t)\boldsymbol{Z}(t) \tag{5.5.3}$$

这就是连续系统的估计直接反馈控制规律。与离散系统一样，控制可以直接从量测计算得到，如果各个状态都能单独控制，则 $\boldsymbol{E}(t)$ 为单位阵。

习　　题

5-1　设 $\boldsymbol{X}$ 为 n 维随机向量，均值为 $\boldsymbol{m}_X$，方差为 $\boldsymbol{C}_X$，$\boldsymbol{P}$ 为 $n\times n$ 的方阵，证明：

$$E\{\boldsymbol{X}^{\mathrm{T}}\boldsymbol{P}\boldsymbol{X}\}=\boldsymbol{m}_X^{\mathrm{T}}\boldsymbol{P}\boldsymbol{m}_X+\mathrm{tr}[\boldsymbol{P}\boldsymbol{C}_X]$$

5-2　设系统为

$$X_{k+1}=X_k+u_k+W_k$$

其中 X 和 u 都是标量，$\{W_k\}$ 是均值为零、方差为 r 的正态白噪声序列，初始状态 X_0 服从正态分布，均值为 m_{X_0}，方差为 C_{X_0}，指标函数是

$$J_N=E\{\sum_{k=0}^{N-1}(X_k^2+u_k^2)+X_N^2\}$$

如果 X_k 能够得到，求指标函数为极小的控制规律和最小指标函数。当 $N\to\infty$ 时，求极限控制规律。

5-3　设系统为

$$X_{k+1}=\Phi X_k+Bu_k+W_k$$

其中 X 和 u 都是标量，$\{W_k\}$ 为正态分布的零均值白噪声序列，初始状态 X_0 服从正态分布，指标函数是

$$J_N=E\{\sum_{k=1}^{N}X_k^2\}$$

如果 X_k 能够得到，求指标函数为极小的控制规律。

5-4　例 5-1 中，如果 Δv_k 并未施加脉冲校正控制，即 $\Delta\hat{v}_k$ 并未得到校正，试求持续校正控制，并列写出一步预测($\hat{\boldsymbol{X}}_{k+1/k}$)方程和估计($\hat{\boldsymbol{X}}_{k+1}$)计算方程。

5-5　设 X_1 和 X_2 为某系统的误差量，X_1 为数字量，X_2 为物理量，满足如下方程：

$$\dot{X}_1=aX_2+w_1$$

$$\dot{X}_2=bX_1+w_2$$

对 X_1 可作等周期测量，测量周期为 $T(T\ll 1)$。t_k 时刻的量测量为

$$Z_k=X_1(t_k)+V_k$$

其中 a 和 b 均为常数，w_1，w_2 和 V_k 均为白噪声，w_1 和 w_2 的方差强度分别为 q_1 和 q_2，V_k 的方差为 R。

(1) 列写出以 X_1 和 X_2 为状态变量的系统方程；

(2) 求出对系统离散化的一步转移矩阵；

(3) 若卡尔曼滤波器对 X_1 和 X_2 在 t_k 时刻的估计值为 $\hat{X}_1(t_k)$ 和 $\hat{X}_2(t_k)$，求对 X_1 和 X_2 的校正控制量，并说明该控制量施加的时间。

第六章　卡尔曼滤波的推广

第二章已经讨论了最优线性预测和卡尔曼滤波的基本方程，解决了三种最优估计类型中的最优预测($\hat{\boldsymbol{X}}_{k/k-1}$)和最优滤波($\hat{\boldsymbol{X}}_k$)两类问题。本章将在线性卡尔曼滤波理论基础上推广线性滤波的基本算法，解决第三种最优滤波类型——平滑和解决非线性系统卡尔曼滤波的算法。

6.1　最优线性平滑

6.1.1　最优线性平滑的物理意义

什么是平滑？如果已知量测值$\boldsymbol{Z}_1,\boldsymbol{Z}_2,\cdots,\boldsymbol{Z}_k$，要求找出$\boldsymbol{X}_j$的最优线性估值$\hat{\boldsymbol{X}}_{j/k}$，当$j<k$时，称为平滑。根据$k$和$j$的具体变化情况，最优平滑可分为三种类型。

1. 固定点平滑

令$\bar{\boldsymbol{Z}}_k=[\boldsymbol{Z}_1^{\mathrm{T}}\quad \boldsymbol{Z}_2^{\mathrm{T}}\quad \cdots\quad \boldsymbol{Z}_k^{\mathrm{T}}]^{\mathrm{T}}$为$k$时刻内所有量测值组成的向量，则利用$\bar{\boldsymbol{Z}}_k$来估计$0\sim k-1$时刻中某个固定时刻$j(k=j+1,j+2,\cdots)$状态向量$\boldsymbol{X}_j$的这种平滑称为固定点平滑。平滑的输出为$\hat{\boldsymbol{X}}_{j/j+1},\hat{\boldsymbol{X}}_{j/j+2},\cdots$。

在实际应用中，如果对某项实验或某个过程中某一时刻状态的估计显得特别重要时，常采用固定点平滑。例如利用观测人造卫星轨道的数据来估计其进入轨道时的初始状态。

2. 固定滞后平滑

利用$\bar{\boldsymbol{Z}}_k$来估计$k-N$时刻的状态$\hat{\boldsymbol{X}}_{k-N}$，$N$为某个确定的固定滞后值，这种平滑称为固定滞后平滑。平滑输出为$\hat{\boldsymbol{X}}_{k-N/k}(k=N,N+1,\cdots)$。它是一种在线估计的方法，只是估计的时间有延迟而已。

在许多通讯系统中，信号的传输一般都有延迟。如果信号估计的精度是要求的主要项目，则常采用固定滞后平滑。

3. 固定区间平滑

利用固定的时间区间$(0,M]$中所得到的所有量测值$\bar{\boldsymbol{Z}}_M=[\boldsymbol{Z}_1^{\mathrm{T}}\quad \boldsymbol{Z}_2^{\mathrm{T}}\quad \cdots\quad \boldsymbol{Z}_M^{\mathrm{T}}]^{\mathrm{T}}$来估计这个区间中每个时刻的状态$\boldsymbol{X}_k(k=1,2,\cdots,M)$，这种平滑称为固定区间平滑。平滑的输出是$\hat{\boldsymbol{X}}_{k/M}$。这种固定区间平滑在惯性导航系统中应用较多。

6.1.2　固定点平滑

1. 固定点平滑方程

利用卡尔曼滤波基本方程和扩充状态变量的方法来推导固定点平滑方程，推导过程比较简单。

设系统状态方程和量测方程为

$$\boldsymbol{X}_{k+1}=\boldsymbol{\Phi}_{k+1,k}\boldsymbol{X}_k+\boldsymbol{\Gamma}_k\boldsymbol{W}_k \tag{6.1.1}$$

$$\boldsymbol{Z}_k=\boldsymbol{H}_k\boldsymbol{X}_k+\boldsymbol{V}_k \tag{6.1.2}$$

$\{\boldsymbol{W}_k\}$ 和 $\{\boldsymbol{V}_k\}$ 都是白噪声序列。如果以 j 表示某固定时刻，固定点平滑就是 $\hat{\boldsymbol{X}}_{j/k}(k\geqslant j)$。

增加一个新的状态向量 $\boldsymbol{X}_k^a$，其递推方程为

$$\boldsymbol{X}_{k+1}^a=\boldsymbol{X}_k^a\quad k\geqslant j \tag{6.1.3}$$

初始值 $\boldsymbol{X}_j^a=\boldsymbol{X}_j$，则

$$\boldsymbol{X}_{k+1}^a=\boldsymbol{X}_j$$

这意味着增加的这个状态向量虽然在形式上有线性递推关系，但实际上它就是固定点的状态向量 $\boldsymbol{X}_j$。令 k 时刻对 $k+1$ 时刻的状态 $\boldsymbol{X}_{k+1}^a$ 的预测为 $\hat{\boldsymbol{X}}_{k+1/k}^a$，则

$$\hat{\boldsymbol{X}}_{k+1/k}^a=\hat{\boldsymbol{X}}_{j/k} \tag{6.1.4}$$

令 $\boldsymbol{P}_{k+1/k}^{aa}$ 表示平滑均方误差阵，则

$$\boldsymbol{P}_{k+1/k}^{aa}=\boldsymbol{P}_{j/k}\xlongequal{\text{def}}E[(\boldsymbol{X}_j-\hat{\boldsymbol{X}}_{j/k})(\boldsymbol{X}_j-\hat{\boldsymbol{X}}_{j/k})^{\mathrm{T}}] \tag{6.1.5}$$

状态扩增后的系统和量测方程为

$$\begin{bmatrix}\boldsymbol{X}_{k+1}\\ \boldsymbol{X}_{k+1}^a\end{bmatrix}=\begin{bmatrix}\boldsymbol{\Phi}_{k+1,k} & \boldsymbol{0}\\ \boldsymbol{0} & \boldsymbol{I}\end{bmatrix}\begin{bmatrix}\boldsymbol{X}_k\\ \boldsymbol{X}_k^a\end{bmatrix}+\begin{bmatrix}\boldsymbol{\Gamma}_k\\ \boldsymbol{0}\end{bmatrix}\boldsymbol{W}_k \tag{6.1.6}$$

$$\boldsymbol{Z}_k=[\boldsymbol{H}_k\quad \boldsymbol{0}]\begin{bmatrix}\boldsymbol{X}_k\\ \boldsymbol{X}_k^a\end{bmatrix}+\boldsymbol{V}_k \tag{6.1.7}$$

当 $k=j$ 时，状态向量满足以下关系：

$$[\boldsymbol{X}_j^{\mathrm{T}}\quad \boldsymbol{X}_j^{a\mathrm{T}}]^{\mathrm{T}}=[\boldsymbol{X}_j^{\mathrm{T}}\quad \boldsymbol{X}_j^{\mathrm{T}}]^{\mathrm{T}}$$

将离散系统卡尔曼滤波一步预测基本方程应用于系统式(6.1.6) 和量测式(6.1.7)，有

$$\begin{aligned}\begin{bmatrix}\hat{\boldsymbol{X}}_{k+1/k}\\ \hat{\boldsymbol{X}}_{k+1/k}^a\end{bmatrix}&=\begin{bmatrix}\boldsymbol{\Phi}_{k+1,k} & \boldsymbol{0}\\ \boldsymbol{0} & \boldsymbol{I}\end{bmatrix}\begin{bmatrix}\hat{\boldsymbol{X}}_{k/k}\\ \hat{\boldsymbol{X}}_{k/k}^a\end{bmatrix}=\\ &\begin{bmatrix}\boldsymbol{\Phi}_{k+1,k} & \boldsymbol{0}\\ \boldsymbol{0} & \boldsymbol{I}\end{bmatrix}\left[\begin{bmatrix}\hat{\boldsymbol{X}}_{k/k-1}\\ \hat{\boldsymbol{X}}_{k/k-1}^a\end{bmatrix}+\begin{bmatrix}\boldsymbol{K}_k\\ \boldsymbol{K}_k^a\end{bmatrix}\left(\boldsymbol{Z}_k-[\boldsymbol{H}_k\quad \boldsymbol{0}]\begin{bmatrix}\hat{\boldsymbol{X}}_{k/k-1}\\ \hat{\boldsymbol{X}}_{k/k-1}^a\end{bmatrix}\right)\right]=\\ &\left[\begin{bmatrix}\boldsymbol{\Phi}_{k+1,k} & \boldsymbol{0}\\ \boldsymbol{0} & \boldsymbol{I}\end{bmatrix}-\begin{bmatrix}\boldsymbol{K}_k^*\\ \boldsymbol{K}_k^a\end{bmatrix}[\boldsymbol{H}_k\quad \boldsymbol{0}]\right]\begin{bmatrix}\hat{\boldsymbol{X}}_{k/k-1}\\ \hat{\boldsymbol{X}}_{k/k-1}^a\end{bmatrix}+\begin{bmatrix}\boldsymbol{K}_k^*\\ \boldsymbol{K}_k^a\end{bmatrix}\boldsymbol{Z}_k\end{aligned} \tag{6.1.8}$$

式中

$$\boldsymbol{K}_k^*=\boldsymbol{\Phi}_{k+1,k}\boldsymbol{K}_k$$

当 $k=j$ 时，同样有初始条件

$$[\hat{\boldsymbol{X}}_{j/j-1}^{\mathrm{T}}\quad \hat{\boldsymbol{X}}_{j/j-1}^{a\mathrm{T}}]^{\mathrm{T}}=[\hat{\boldsymbol{X}}_{j/j-1}^{\mathrm{T}}\quad \hat{\boldsymbol{X}}_{j/j-1}^{\mathrm{T}}]^{\mathrm{T}}$$

值得注意的是，式(6.1.8) 中的增益阵 $[\boldsymbol{K}_k^{*\mathrm{T}}\ \boldsymbol{K}_k^{a\mathrm{T}}]^{\mathrm{T}}$ 相当于第二章中的一步预测方程的增益阵 $\boldsymbol{K}_k^*$。

系统式(6.1.6) 扩增后的状态估值均方误差阵 $\boldsymbol{P}_{k+1/k}^{*a}$ 为

$$\begin{aligned}\boldsymbol{P}_{k+1/k}^{*a}&\xlongequal{\text{def}}E\left[\left(\begin{bmatrix}\boldsymbol{X}_{k+1}\\ \boldsymbol{X}_{k+1}^a\end{bmatrix}-\begin{bmatrix}\hat{\boldsymbol{X}}_{k+1/k}\\ \hat{\boldsymbol{X}}_{k+1/k}^a\end{bmatrix}\right)\left(\begin{bmatrix}\boldsymbol{X}_{k+1}^{\mathrm{T}}\\ \boldsymbol{X}_{k+1}^{a\mathrm{T}}\end{bmatrix}-\begin{bmatrix}\hat{\boldsymbol{X}}_{k+1/k}^{\mathrm{T}}\\ \hat{\boldsymbol{X}}_{k+1/k}^{a\mathrm{T}}\end{bmatrix}\right)^{\mathrm{T}}\right]=\\ &E\left[\begin{bmatrix}\widetilde{\boldsymbol{X}}_{k+1/k}\\ \widetilde{\boldsymbol{X}}_{k+1/k}^a\end{bmatrix}\begin{bmatrix}\widetilde{\boldsymbol{X}}_{k+1/k}^{\mathrm{T}}\\ \widetilde{\boldsymbol{X}}_{k+1/k}^{a\mathrm{T}}\end{bmatrix}^{\mathrm{T}}\right]=E\begin{bmatrix}\widetilde{\boldsymbol{X}}_{k+1/k}\widetilde{\boldsymbol{X}}_{k+1/k}^{\mathrm{T}} & \widetilde{\boldsymbol{X}}_{k+1/k}\widetilde{\boldsymbol{X}}_{k+1/k}^{a\mathrm{T}}\\ \widetilde{\boldsymbol{X}}_{k+1/k}^a\widetilde{\boldsymbol{X}}_{k+1/k}^{\mathrm{T}} & \widetilde{\boldsymbol{X}}_{k+1/k}^a\widetilde{\boldsymbol{X}}_{k+1/k}^{a\mathrm{T}}\end{bmatrix}=\end{aligned}$$

$$\begin{bmatrix} \boldsymbol{P}_{k+1/k} & \boldsymbol{P}_{k+1/k}^{a\mathrm{T}} \\ \boldsymbol{P}_{k+1/k}^{a} & \boldsymbol{P}_{k+1/k}^{aa} \end{bmatrix} \tag{6.1.9}$$

仿照一步预测基本方程中的 $\boldsymbol{P}_{k+1/k}$ 阵得

$$\begin{bmatrix} \boldsymbol{P}_{k+1/k} & \boldsymbol{P}_{k+1/k}^{a\mathrm{T}} \\ \boldsymbol{P}_{k+1/k}^{a} & \boldsymbol{P}_{k+1/k}^{aa} \end{bmatrix} = \left(\begin{bmatrix} \boldsymbol{\Phi}_{k+1,k} & \boldsymbol{0} \\ \boldsymbol{0} & \boldsymbol{I} \end{bmatrix} - \begin{bmatrix} \boldsymbol{K}_k^{*} \\ \boldsymbol{K}_k^{a} \end{bmatrix} \begin{bmatrix} \boldsymbol{H}_k & \boldsymbol{0} \end{bmatrix} \right) \cdot$$

$$\begin{bmatrix} \boldsymbol{P}_{k/k-1} & \boldsymbol{P}_{k/k-1}^{a\mathrm{T}} \\ \boldsymbol{P}_{k/k-1}^{a} & \boldsymbol{P}_{k/k-1}^{aa} \end{bmatrix} \begin{bmatrix} \boldsymbol{\Phi}_{k+1,k} & \boldsymbol{0} \\ \boldsymbol{0} & \boldsymbol{I} \end{bmatrix}^{\mathrm{T}} +$$

$$\begin{bmatrix} \boldsymbol{\Gamma}_k \\ \boldsymbol{0} \end{bmatrix} \boldsymbol{Q}_k \begin{bmatrix} \boldsymbol{\Gamma}_k^{\mathrm{T}} & \boldsymbol{0} \end{bmatrix}$$

考虑到均方误差阵的对称性，则上式转置后可得

$$\begin{bmatrix} \boldsymbol{P}_{k+1/k} & \boldsymbol{P}_{k+1/k}^{a\mathrm{T}} \\ \boldsymbol{P}_{k+1/k}^{a} & \boldsymbol{P}_{k+1/k}^{aa} \end{bmatrix} = \begin{bmatrix} \boldsymbol{\Phi}_{k+1,k} & \boldsymbol{0} \\ \boldsymbol{0} & \boldsymbol{I} \end{bmatrix} \begin{bmatrix} \boldsymbol{P}_{k/k-1} & \boldsymbol{P}_{k/k-1}^{a\mathrm{T}} \\ \boldsymbol{P}_{k/k-1}^{a} & \boldsymbol{P}_{k/k-1}^{aa} \end{bmatrix}$$

$$\left(\begin{bmatrix} \boldsymbol{\Phi}_{k+1,k}^{\mathrm{T}} & \boldsymbol{0} \\ \boldsymbol{0} & \boldsymbol{I} \end{bmatrix} - \begin{bmatrix} \boldsymbol{H}_k^{\mathrm{T}} \\ \boldsymbol{0} \end{bmatrix} \begin{bmatrix} \boldsymbol{K}_k^{*\mathrm{T}} & \boldsymbol{K}_k^{a\mathrm{T}} \end{bmatrix} \right) +$$

$$\begin{bmatrix} \boldsymbol{\Gamma}_k \\ \boldsymbol{0} \end{bmatrix} \boldsymbol{Q}_k \begin{bmatrix} \boldsymbol{\Gamma}_k^{\mathrm{T}} & \boldsymbol{0} \end{bmatrix} =$$

$$\begin{bmatrix} \boldsymbol{\Phi}_{k+1,k}\boldsymbol{P}_{k/k-1} & \boldsymbol{\Phi}_{k+1,k}\boldsymbol{P}_{k/k-1}^{a\mathrm{T}} \\ \boldsymbol{P}_{k/k-1}^{a} & \boldsymbol{P}_{k/k-1}^{aa} \end{bmatrix} \begin{bmatrix} \boldsymbol{\Phi}_{k+1,k}^{\mathrm{T}} - \boldsymbol{H}_k^{\mathrm{T}}\boldsymbol{K}_k^{*\mathrm{T}} & -\boldsymbol{H}_k^{\mathrm{T}}\boldsymbol{K}_k^{a\mathrm{T}} \\ \boldsymbol{0} & \boldsymbol{I} \end{bmatrix} +$$

$$\begin{bmatrix} \boldsymbol{\Gamma}_k\boldsymbol{Q}_k\boldsymbol{\Gamma}_k^{\mathrm{T}} & \boldsymbol{0} \\ \boldsymbol{0} & \boldsymbol{0} \end{bmatrix} =$$

$$\begin{bmatrix} \boldsymbol{\Phi}_{k+1/k}\boldsymbol{P}_{k/k-1}(\boldsymbol{\Phi}_{k+1,k}^{\mathrm{T}} - \boldsymbol{H}_k^{\mathrm{T}}\boldsymbol{K}_k^{*\mathrm{T}}) & -\boldsymbol{\Phi}_{k+1,k}\boldsymbol{P}_{k/k-1}\boldsymbol{H}_k^{\mathrm{T}}\boldsymbol{K}_k^{a\mathrm{T}} + \boldsymbol{\Phi}_{k+1,k}\boldsymbol{P}_{k/k-1}^{a\mathrm{T}} \\ \boldsymbol{P}_{k/k-1}^{a}(\boldsymbol{\Phi}_{k+1,k}^{\mathrm{T}} - \boldsymbol{H}_k^{\mathrm{T}}\boldsymbol{K}_k^{*\mathrm{T}}) & -\boldsymbol{P}_{k/k-1}^{a}\boldsymbol{H}_k^{\mathrm{T}}\boldsymbol{K}_k^{a\mathrm{T}} + \boldsymbol{P}_{k/k-1}^{aa} \end{bmatrix} +$$

$$\begin{bmatrix} \boldsymbol{\Gamma}_k\boldsymbol{Q}_k\boldsymbol{\Gamma}_k^{\mathrm{T}} & \boldsymbol{0} \\ \boldsymbol{0} & \boldsymbol{0} \end{bmatrix} \tag{6.1.10}$$

式中均方误差阵各元素初始条件为

$$\begin{bmatrix} \boldsymbol{P}_{j/j-1} & \boldsymbol{P}_{j/j-1}^{a\mathrm{T}} \\ \boldsymbol{P}_{j/j-1}^{a} & \boldsymbol{P}_{j/j-1}^{aa} \end{bmatrix} = \begin{bmatrix} \boldsymbol{P}_{j/j-1} & \boldsymbol{P}_{j/j-1} \\ \boldsymbol{P}_{j/j-1} & \boldsymbol{P}_{j/j-1} \end{bmatrix}$$

因为式(6.1.8) 中的增益阵$[\boldsymbol{K}_k^{*\mathrm{T}} \quad \boldsymbol{K}_k^{a\mathrm{T}}]^{\mathrm{T}}$ 相当于一步预测方程中的 $\boldsymbol{K}_k^{*}$ 阵，故可写成

$$\begin{bmatrix} \boldsymbol{K}_k^{*} \\ \boldsymbol{K}_k^{a} \end{bmatrix} = \begin{bmatrix} \boldsymbol{\Phi}_{k+1,k} & \boldsymbol{0} \\ \boldsymbol{0} & \boldsymbol{I} \end{bmatrix} \begin{bmatrix} \boldsymbol{P}_{k/k-1} & \boldsymbol{P}_{k/k-1}^{a\mathrm{T}} \\ \boldsymbol{P}_{k/k-1}^{a} & \boldsymbol{P}_{k/k-1}^{aa} \end{bmatrix} \begin{bmatrix} \boldsymbol{H}_k^{\mathrm{T}} \\ \boldsymbol{0} \end{bmatrix} (\boldsymbol{H}_k\boldsymbol{P}_{k/k-1}\boldsymbol{H}_k^{\mathrm{T}} + \boldsymbol{R}_k)^{-1} =$$

$$\begin{bmatrix} \boldsymbol{\Phi}_{k+1,k}\boldsymbol{P}_{k/k-1}\boldsymbol{H}_k^{\mathrm{T}} \\ \boldsymbol{P}_{k/k-1}^{a}\boldsymbol{H}_k^{\mathrm{T}} \end{bmatrix} (\boldsymbol{H}_k\boldsymbol{P}_{k/k-1}\boldsymbol{H}_k^{\mathrm{T}} + \boldsymbol{R}_k)^{-1} \tag{6.1.11}$$

式(6.1.8)、式(6.1.10) 和式(6.1.11) 为状态扩增后的滤波方程。从形式上看，它们的阶次增加了一倍，但都可分解成 n 阶原系统的滤波方程和固定点平滑方程。于是得固定点平滑方程为

$$\hat{\boldsymbol{X}}_{j/k} = \hat{\boldsymbol{X}}_{j/k-1} + \boldsymbol{K}_k^{a}(\boldsymbol{Z}_k - \boldsymbol{H}_k\hat{\boldsymbol{X}}_{k/k-1}) = \hat{\boldsymbol{X}}_{j/k-1} + \boldsymbol{K}_k^{a}\tilde{\boldsymbol{Z}}_k \tag{6.1.12}$$

$$\boldsymbol{K}_k^{a} = \boldsymbol{P}_{k/k-1}^{a}\boldsymbol{H}_k^{\mathrm{T}}(\boldsymbol{H}_k\boldsymbol{P}_{k/k-1}\boldsymbol{H}_k^{\mathrm{T}} + \boldsymbol{R}_k)^{-1} \tag{6.1.13}$$

$$\boldsymbol{P}_{k+1/k}^{a} = \boldsymbol{P}_{k/k-1}^{a}(\boldsymbol{\Phi}_{k+1,k} - \boldsymbol{K}_k^{*}\boldsymbol{H}_k)^{\mathrm{T}} \tag{6.1.14}$$

式中状态向量初始值为 $\hat{\boldsymbol{X}}_{j/j-1}$，$\boldsymbol{P}^a_{k+1/k}$ 均方误差阵初始值为

$$\boldsymbol{P}^a_{j/j-1}=\boldsymbol{P}_{j/j-1}$$

整个平滑过程是：从 0 时刻开始，滤波器用滤波方程解算出 $\boldsymbol{P}_{k+1/k}$ 和 $\boldsymbol{K}^*_k$，并估计出 $\hat{\boldsymbol{X}}_{k+1/k}$；当 $k\geqslant j$ 时，滤波器用平滑方程解算出 $\boldsymbol{P}^a_{k+1/k}$ 和 $\boldsymbol{K}^a_k$，从而解算出 $\hat{\boldsymbol{X}}_{j/k}$。

2. 固定点平滑的几点说明

(1) 关于平滑均方误差阵 $\boldsymbol{P}_{j/k}$。利用式(6.1.10)可得到平滑的均方误差阵为

$$\boldsymbol{P}_{j/k}=\boldsymbol{P}^{aa}_{k+1/k}=\boldsymbol{P}^{aa}_{k/k-1}-\boldsymbol{P}^a_{k/k-1}\boldsymbol{H}^{\mathrm{T}}_k\boldsymbol{K}^{a\mathrm{T}}_k$$

或

$$\boldsymbol{P}_{j/k}=\boldsymbol{P}_{j/k-1}-\boldsymbol{P}^a_{k/k-1}\boldsymbol{H}^{\mathrm{T}}_k\boldsymbol{K}^{a\mathrm{T}}_k \tag{6.1.15}$$

按平滑方程式(6.1.12)～式(6.1.14)的递推关系，可得固定点 j 处平滑值 $\hat{\boldsymbol{X}}_{j/k}$ 的非递推形式的均方误差阵(平滑时刻 $i=j,j+1,j+2,\cdots,k$)为

$$\begin{aligned}\boldsymbol{P}_{j/k}&=\boldsymbol{P}_{j/j-1}-\sum_{i=j}^{k}(\boldsymbol{P}^a_{i/i-1}\boldsymbol{H}^{\mathrm{T}}_i\boldsymbol{K}^{a\mathrm{T}}_i)=\\&\boldsymbol{P}_{j/j-1}-\sum_{i=j}^{k}[\boldsymbol{P}^a_{i/i-1}\boldsymbol{H}^{\mathrm{T}}_i(\boldsymbol{H}_i\boldsymbol{P}_{i/i-1}\boldsymbol{H}^{\mathrm{T}}_i+\boldsymbol{R}_i)^{-1}\boldsymbol{H}_i\boldsymbol{P}^{a\mathrm{T}}_{i/i-1}]\end{aligned} \tag{6.1.16}$$

由式(6.1.16)可知，对固定点 j 的平滑均方误差阵 $\boldsymbol{P}_{j/k}$ 比固定点 j 的预测均方误差阵 $\boldsymbol{P}_{j/j-1}$ 要小，式中最后一项就是均方误差阵减小的值。$k-j$ 越大，则利用的量测值越多，越能改善 $\hat{\boldsymbol{X}}_{j/k}$ 的均方误差。

(2) 从平滑方程可以看出，平滑增益阵 $\boldsymbol{K}^a_k$ 和均方误差阵 $\boldsymbol{P}^a_{k+1/k}$ 与量测无关，因此，可以单独进行计算。它们与滤波方程中的 $\boldsymbol{P}_{k+1/k}$ 和 $\boldsymbol{K}_k$ 具有同样性质。

(3) 对定常系统，$\boldsymbol{H}_k=\boldsymbol{H}$，$\boldsymbol{\Phi}_{k+1,k}=\boldsymbol{\Phi}$，当滤波器趋于稳态时，$\boldsymbol{K}^*_k=\boldsymbol{K}^*$，$\boldsymbol{P}_{k+1/k}=\bar{\boldsymbol{P}}$，则

$$\boldsymbol{K}^a_k=\boldsymbol{P}^a_{k/k-1}\boldsymbol{H}^{\mathrm{T}}(\boldsymbol{H}\bar{\boldsymbol{P}}\boldsymbol{H}^{\mathrm{T}}+\boldsymbol{R})^{-1} \tag{6.1.17}$$

$$\boldsymbol{P}^a_{k/k-1}=\boldsymbol{P}^a_{k-1/k-2}(\boldsymbol{\Phi}-\boldsymbol{K}^*\boldsymbol{H})^{\mathrm{T}}=\bar{\boldsymbol{P}}(\boldsymbol{\Phi}^{\mathrm{T}}-\boldsymbol{H}^{\mathrm{T}}\boldsymbol{K}^{*\mathrm{T}})^{k-j} \tag{6.1.18}$$

$$\boldsymbol{P}_{j/k}=\bar{\boldsymbol{P}}-\sum_{i=j}^{k}[\boldsymbol{P}^a_{i/i-1}\boldsymbol{H}^{\mathrm{T}}(\boldsymbol{H}\bar{\boldsymbol{P}}\boldsymbol{H}^{\mathrm{T}}+\boldsymbol{R})^{-1}\boldsymbol{H}\boldsymbol{P}^{a\mathrm{T}}_{i/i-1}] \tag{6.1.19}$$

对定常系统，虽然滤波器在稳态时也是定常的，但因为 $\boldsymbol{K}^a_k$ 是时变的，所以，固定点平滑器是时变的。

从式(6.1.19)可粗略看出，每步的平滑均方误差都比前一步的小，而第 k 步减小的程度主要决定于 $\boldsymbol{P}^a_{k/k-1}$。从式(6.1.18)可看出，如果滤波器是稳定的，则随着 k 的增大，$\boldsymbol{P}^a_{k/k-1}$ 越来越小，它减小的速率由($\boldsymbol{\Phi}-\boldsymbol{K}^*\boldsymbol{H}$)的特征值所决定。根据经验，平滑所需的间隔($k-j$)一般是滤波器时间常数(决定于($\boldsymbol{\Phi}-\boldsymbol{K}^*\boldsymbol{H}$)的主要特征值)的 2～3 倍为好。若间隔再长，进一步改善估计均方误差的作用就会很小。

(4) 平滑改善估计均方误差的程度与 $\boldsymbol{Q}_k$ 和 $\boldsymbol{R}_k$ 有关，或者说与信噪比有关。$\boldsymbol{R}_k$ 越大，平滑改善滤波性能的作用就越小。如果系统噪声大，则从以后的量测值中可以更多地改善固定点状态的估计。如果量测噪声大，则以后的量测再多，估计的改善也不会太大。这一点也是作为是否采用平滑技术来改善估计的依据之一。

(5) 如果需要平滑的是一部分状态变量或者是某些状态变量的线性组合 $\boldsymbol{Y}_k$，有

$$\boldsymbol{Y}_k=\boldsymbol{L}_k\boldsymbol{X}_k$$

而 $\boldsymbol{Y}_k$ 的维数 $p \leqslant n$，则

$$\hat{\boldsymbol{Y}}_{j/k} = \boldsymbol{L}_j \hat{\boldsymbol{X}}_{j/k}$$
$$\hat{\boldsymbol{Y}}_{j/k-1} = \boldsymbol{L}_j \hat{\boldsymbol{X}}_{j/k-1}$$

平滑器的阶数可以从 n 阶降到 p 阶。

6.1.3 固定滞后平滑[119]

设 N 为某一正整数，t_k 为某一时刻，则 t_{k-N} 相对 t_k 滞后 N 步，t_{k-N+1} 相对 t_{k+1} 滞后 N 步。将 $\hat{\boldsymbol{X}}_{k-N/k} = E^*[\boldsymbol{X}_{k-N}/\boldsymbol{Z}_1\boldsymbol{Z}_2\cdots\boldsymbol{Z}_k]$，$k = N, N+1, \cdots$ 称为 k 时刻固定滞后 N 步的平滑值，该平滑值是 $\boldsymbol{X}_{k-N}$ 基于 $\boldsymbol{Z}_1\boldsymbol{Z}_2\cdots\boldsymbol{Z}_k$ 的最优估计，在 t_k 时刻才能计算出。

固定滞后平滑的工程实例颇多，如侦察卫星所摄地面图像向地面站台转发的问题，假设卫星在 $k-N$ 时刻拍摄的图像需经 N 步处理才能完成，也就是在 t_k 时刻才能转发，图像信息的判读与图像拍摄时刻卫星的运动状态（姿态、角速度、速度等）的精确度有关。在 t_{k-N} 至 t_k 时间段内有 N 组卫星运动状态的量测量可利用，则可根据该 N 组量测量对 t_{k-N} 时刻（即图像拍摄时刻）卫星的运动状态作精确估计，所用方法即为固定滞后平滑。

设系统方程和量测方程为

$$\boldsymbol{X}_{k+1} = \boldsymbol{\Phi}_{k+1,k}\boldsymbol{X}_k + \boldsymbol{W}_k$$
$$\boldsymbol{Z}_k = \boldsymbol{H}_k\boldsymbol{X}_k + \boldsymbol{V}_k$$

其中，$\boldsymbol{W}_k$ 和 $\boldsymbol{V}_k$ 为相互独立的零均值白噪声，方差阵分别为 $\boldsymbol{Q}_k$ 和 $\boldsymbol{R}_k$。

记 $\boldsymbol{X}_k^{(i)}(i=0,1,\cdots N)$ 为相对 t_k 时刻滞后 i 步的状态，即

$$\boldsymbol{X}_k^{(0)} = \boldsymbol{X}_k, \boldsymbol{X}_k^{(1)} = \boldsymbol{X}_{k-1}, \cdots, \boldsymbol{X}_k^{(N)} = \boldsymbol{X}_{k-N}$$
$$\boldsymbol{X}_{k+1}^{(0)} = \boldsymbol{X}_{k+1}, \boldsymbol{X}_{k+1}^{(1)} = \boldsymbol{X}_k, \cdots, \boldsymbol{X}_{k+1}^{(N)} = \boldsymbol{X}_{k-(N-1)}, \boldsymbol{X}_{k+1}^{(N+1)} = \boldsymbol{X}_{k-N}$$

因此有

$$\boldsymbol{X}_{k+1}^{(0)} = \boldsymbol{\Phi}_{k+1,k}\boldsymbol{X}_k^{(0)} + \boldsymbol{W}_k$$
$$\boldsymbol{X}_{k+1}^{(1)} = \boldsymbol{X}_k = \boldsymbol{X}_k^{(0)}$$
$$\boldsymbol{X}_{k+1}^{(2)} = \boldsymbol{X}_{k-1} = \boldsymbol{X}_k^{(1)}$$
$$\cdots$$
$$\boldsymbol{X}_{k+1}^{(N)} = \boldsymbol{X}_{k-(N-1)} = \boldsymbol{X}_k^{(N-1)}$$
$$\boldsymbol{X}_{k+1}^{(N+1)} = \boldsymbol{X}_{k-N} = \boldsymbol{X}_k^{N}$$

记

$$\bar{\boldsymbol{X}}_{k+1} = \begin{bmatrix} \boldsymbol{X}_{k+1}^{(0)} \\ \boldsymbol{X}_{k+1}^{(1)} \\ \vdots \\ \boldsymbol{X}_{k+1}^{(N)} \\ \boldsymbol{X}_{k+1}^{(N+1)} \end{bmatrix} \qquad \bar{\boldsymbol{X}}_k = \begin{bmatrix} \boldsymbol{X}_k^{(0)} \\ \boldsymbol{X}_k^{(1)} \\ \vdots \\ \boldsymbol{X}_k^{(N)} \\ \boldsymbol{X}_k^{(N+1)} \end{bmatrix}$$

则按上述关系可列写出 $\bar{\boldsymbol{X}}$ 的状态方程和量测方程

$$\bar{\boldsymbol{X}}_{k+1} = \bar{\boldsymbol{\Phi}}_{k+1,k}\bar{\boldsymbol{X}}_k + \boldsymbol{\Gamma}_k\boldsymbol{W}_k \tag{6.1.20}$$

$$\boldsymbol{Z}_k = \bar{\boldsymbol{H}}_k\bar{\boldsymbol{X}}_k + \boldsymbol{V}_k \tag{6.1.21}$$

其中

$$\bar{\boldsymbol{\Phi}}_{k+1,k}=\begin{bmatrix}\boldsymbol{\Phi}_{k+1,k} & \mathbf{0} & \mathbf{0} & \cdots & \mathbf{0} & \mathbf{0}\\ \boldsymbol{I} & \mathbf{0} & \mathbf{0} & \cdots & \mathbf{0} & \mathbf{0}\\ \mathbf{0} & \boldsymbol{I} & \mathbf{0} & \cdots & \mathbf{0} & \mathbf{0}\\ & & \cdots & & & \\ \mathbf{0} & \mathbf{0} & \mathbf{0} & & \boldsymbol{I} & \mathbf{0}\end{bmatrix},\quad \bar{\boldsymbol{\Gamma}}_k=\begin{bmatrix}\boldsymbol{I}\\ \mathbf{0}\\ \vdots\\ \mathbf{0}\end{bmatrix},\quad \bar{\boldsymbol{H}}_k=[\boldsymbol{H}_k\quad \mathbf{0}\quad\cdots\quad\mathbf{0}]$$

根据式(2.2.38)、式(2.2.39)和式(2.2.40)一步预测基本方程,并考虑到一步预测均方误差阵为对称阵,得

$$\bar{\boldsymbol{X}}_{k+1/k}=\bar{\boldsymbol{\Phi}}_{k+1,k}\bar{\boldsymbol{X}}_{k/k-1}+\bar{\boldsymbol{K}}_k(\boldsymbol{Z}_k-\bar{\boldsymbol{H}}_k\bar{\boldsymbol{X}}_{k/k-1}) \tag{6.1.22a}$$

$$\bar{\boldsymbol{K}}_k=\bar{\boldsymbol{\Phi}}_{k+1,k}\bar{\boldsymbol{P}}_{k/k-1}\bar{\boldsymbol{H}}_k^{\mathrm{T}}(\bar{\boldsymbol{H}}_k\bar{\boldsymbol{P}}_{k/k-1}\bar{\boldsymbol{H}}_k^{\mathrm{T}}+\boldsymbol{R}_k)^{-1} \tag{6.1.22b}$$

$$\bar{\boldsymbol{P}}_{k/k-1}=\bar{\boldsymbol{\Phi}}_{k+1,k}\bar{\boldsymbol{P}}_{k/k-1}(\bar{\boldsymbol{\Phi}}_{k+1,k}^{\mathrm{T}}-\bar{\boldsymbol{H}}_k^{\mathrm{T}}\bar{\boldsymbol{K}}_k^{\mathrm{T}})+\bar{\boldsymbol{\Gamma}}_k\boldsymbol{Q}_k\bar{\boldsymbol{\Gamma}}_k^{\mathrm{T}} \tag{6.1.22c}$$

式(6.1.22b)可写成

$$\begin{bmatrix}\bar{\boldsymbol{K}}_k^{(0)}\\ \bar{\boldsymbol{K}}_k^{(1)}\\ \cdots\\ \bar{\boldsymbol{K}}_k^{(N+1)}\end{bmatrix}=\begin{bmatrix}\boldsymbol{\Phi}_{k+1,k} & \mathbf{0} & \mathbf{0} & \cdots & \mathbf{0} & \mathbf{0}\\ \boldsymbol{I} & \mathbf{0} & \mathbf{0} & \cdots & \mathbf{0} & \mathbf{0}\\ \vdots & \vdots & \vdots & & \vdots & \vdots\\ \mathbf{0} & \mathbf{0} & \mathbf{0} & \cdots & \boldsymbol{I} & \mathbf{0}\end{bmatrix}\begin{bmatrix}\bar{\boldsymbol{P}}_{k/k-1}^{0,0} & \bar{\boldsymbol{P}}_{k/k-1}^{1,0} & \cdots & \bar{\boldsymbol{P}}_{k/k-1}^{N+1,0}\\ \bar{\boldsymbol{P}}_{k/k-1}^{0,1} & \bar{\boldsymbol{P}}_{k/k-1}^{1,1} & \cdots & \bar{\boldsymbol{P}}_{k/k-1}^{N+1,1}\\ \vdots & & & \vdots\\ \bar{\boldsymbol{P}}_{k/k-1}^{0,N+1} & \bar{\boldsymbol{P}}_{k/k-1}^{0,N+1} & \cdots & \bar{\boldsymbol{P}}_{k/k-1}^{N+1,N+1}\end{bmatrix}\begin{bmatrix}\boldsymbol{H}_k^{\mathrm{T}}\\ \mathbf{0}\\ \vdots\\ \mathbf{0}\end{bmatrix}\cdot$$

$$\left([\boldsymbol{H}_k\quad\mathbf{0}\quad\cdots\quad\mathbf{0}]\begin{bmatrix}\bar{\boldsymbol{P}}_{k/k-1}^{0,0} & \bar{\boldsymbol{P}}_{k/k-1}^{1,0} & \cdots & \bar{\boldsymbol{P}}_{k/k-1}^{N+1,0}\\ \bar{\boldsymbol{P}}_{k/k-1}^{0,1} & \bar{\boldsymbol{P}}_{k/k-1}^{1,1} & \cdots & \bar{\boldsymbol{P}}_{k/k-1}^{N+1,1}\\ \vdots & & & \vdots\\ \bar{\boldsymbol{P}}_{k/k-1}^{0,N+1} & \bar{\boldsymbol{P}}_{k/k-1}^{1,N+1} & \cdots & \bar{\boldsymbol{P}}_{k/k-1}^{N+1,N+1}\end{bmatrix}\begin{bmatrix}\boldsymbol{H}_k^{\mathrm{T}}\\ \mathbf{0}\\ \vdots\\ \mathbf{0}\end{bmatrix}+\boldsymbol{R}_k\right)^{-1}$$

式中

$$\bar{\boldsymbol{P}}_{k/k-1}^{j,i}=E[(\boldsymbol{X}_{k-j}-\hat{\boldsymbol{X}}_{k-j/k-1})(\boldsymbol{X}_{k-i}-\hat{\boldsymbol{X}}_{k-i/k-1})^{\mathrm{T}}]\quad i,j=0,1,2,\cdots,N+1$$

显然有

$$\bar{\boldsymbol{P}}_{k/k-1}^{j,i}=(\bar{\boldsymbol{P}}_{k/k-1}^{i,j})^{\mathrm{T}}$$

当 $i=0,j=0$ 时,有

$$\bar{\boldsymbol{P}}_{k/k-1}^{0,0}=E[(\boldsymbol{X}_k-\hat{\boldsymbol{X}}_{k/k-1})(\boldsymbol{X}_k-\hat{\boldsymbol{X}}_{k/k-1})^{\mathrm{T}}]=\boldsymbol{P}_{k/k-1} \tag{6.1.23}$$

为卡尔曼滤波的一步预测均方误差阵。

展开式(6.1.23),得

$$\begin{bmatrix}\bar{\boldsymbol{K}}_k^{(0)}\\ \bar{\boldsymbol{K}}_k^{(1)}\\ \vdots\\ \bar{\boldsymbol{K}}_k^{(N+1)}\end{bmatrix}=\begin{bmatrix}\boldsymbol{\Phi}_{k+1,k}\bar{\boldsymbol{P}}_{k/k-1}^{0,0}\boldsymbol{H}_k^{\mathrm{T}}\\ \bar{\boldsymbol{P}}_{k/k-1}^{0,0}\boldsymbol{H}_k^{\mathrm{T}}\\ \bar{\boldsymbol{P}}_{k/k-1}^{0,1}\boldsymbol{H}_k^{\mathrm{T}}\\ \vdots\\ \bar{\boldsymbol{P}}_{k/k-1}^{0,N}\boldsymbol{H}_k^{\mathrm{T}}\end{bmatrix}(\boldsymbol{H}_k\bar{\boldsymbol{P}}_{k/k-1}^{0,0}\boldsymbol{H}_k^{\mathrm{T}}+\boldsymbol{R}_k)^{-1} \tag{6.1.24}$$

式中

$$\bar{\boldsymbol{K}}_k^{(0)}=\boldsymbol{\Phi}_{k+1,k}\bar{\boldsymbol{P}}_{k/k-1}^{0,0}\boldsymbol{H}_k^{\mathrm{T}}(\boldsymbol{H}_k\bar{\boldsymbol{P}}_{k/k-1}^{0,0}\boldsymbol{H}_k^{\mathrm{T}}+\boldsymbol{R}_k)^{-1}=\boldsymbol{\Phi}_{k+1,k}\boldsymbol{P}_{k/k-1}\boldsymbol{H}_k^{\mathrm{T}}(\boldsymbol{H}_k\boldsymbol{P}_{k/k-1}\boldsymbol{H}_k^{\mathrm{T}}+\boldsymbol{R}_k)^{-1}$$

$$\bar{\boldsymbol{K}}_k^{(1)}=\bar{\boldsymbol{P}}_{k/k-1}^{0,0}\boldsymbol{H}_k^{\mathrm{T}}(\boldsymbol{H}_k\bar{\boldsymbol{P}}_{k/k-1}^{0,0}\boldsymbol{H}_k^{\mathrm{T}}+\boldsymbol{R}_k)^{-1}=\boldsymbol{P}_{k/k-1}\boldsymbol{H}_k^{\mathrm{T}}(\boldsymbol{H}_k\boldsymbol{P}_{k/k-1}\boldsymbol{H}_k^{\mathrm{T}}+\boldsymbol{R}_k)^{-1} \tag{6.1.25}$$

根据式(2.2.39)和式(2.2.4c),知

$$\bar{\boldsymbol{K}}_k^{(0)}=\boldsymbol{K}_k^* \tag{6.1.26}$$

$$\bar{\boldsymbol{K}}_k^{(1)}=\boldsymbol{K}_k \tag{6.1.27}$$

即$\bar{\boldsymbol{K}}_k^{(0)}$为一步预测基本方程中的最佳增益，$\bar{\boldsymbol{K}}_k^{(1)}$为卡尔曼滤波基本方程中的最佳增益。

式(6.1.24)的其余增益为

$$\bar{\boldsymbol{K}}_k^{(2)}=\bar{\boldsymbol{P}}_{k/k-1}^{0,1}\boldsymbol{H}_k^{\mathrm{T}}(\boldsymbol{H}_k\bar{\boldsymbol{P}}_{k/k-1}^{0,0}\boldsymbol{H}_k^{\mathrm{T}}+\boldsymbol{R}_k)^{-1} \tag{6.1.28a}$$

$$\cdots\cdots$$

$$\bar{\boldsymbol{K}}_k^{(N+1)}=\bar{\boldsymbol{P}}_{k/k-1}^{0,N}\boldsymbol{H}_k^{\mathrm{T}}(\boldsymbol{H}_k\bar{\boldsymbol{P}}_{k/k-1}^{0,0}\boldsymbol{H}_k^{\mathrm{T}}+\boldsymbol{R}_k)^{-1} \tag{6.1.28b}$$

根据式(6.1.25)和式(6.1.28)，可归纳出通项公式：

$$\bar{\boldsymbol{K}}_k^{(i)}=\bar{\boldsymbol{P}}_{k/k-1}^{0,i-1}\boldsymbol{H}_k^{\mathrm{T}}(\boldsymbol{H}_k\bar{\boldsymbol{P}}_{k/k-1}^{0,0}\boldsymbol{H}_k^{\mathrm{T}}+\boldsymbol{R}_k)^{-1}\quad i=1,2,\cdots,N+1 \tag{6.1.29}$$

记

$$\boldsymbol{M}=(\boldsymbol{H}_k\bar{\boldsymbol{P}}_{k/k-1}^{0,0}\boldsymbol{H}_k^{\mathrm{T}}+\boldsymbol{R}_k)^{-1}\boldsymbol{H}_k \tag{6.1.30}$$

则(6.1.22c)式可以写成

$$\begin{bmatrix}\bar{\boldsymbol{P}}_{k+1/k}^{0,0} & \bar{\boldsymbol{P}}_{k+1/k}^{1,0} & \bar{\boldsymbol{P}}_{k+1/k}^{2,0} & \cdots & \bar{\boldsymbol{P}}_{k+1/k}^{N+1,0}\\ \bar{\boldsymbol{P}}_{k+1/k}^{0,1} & \bar{\boldsymbol{P}}_{k+1/k}^{1,1} & \bar{\boldsymbol{P}}_{k+1/k}^{2,1} & \cdots & \bar{\boldsymbol{P}}_{k+1/k}^{N+1,1}\\ \bar{\boldsymbol{P}}_{k+1/k}^{0,2} & \bar{\boldsymbol{P}}_{k+1/k}^{1,2} & \bar{\boldsymbol{P}}_{k+1/k}^{2,2} & \cdots & \bar{\boldsymbol{P}}_{k+1/k}^{N+1,2}\\ \vdots & \vdots & \vdots & & \vdots\\ \bar{\boldsymbol{P}}_{k+1/k}^{0,N+1} & \bar{\boldsymbol{P}}_{k+1/k}^{1,N+1} & \bar{\boldsymbol{P}}_{k+1/k}^{2,N+1} & \cdots & \bar{\boldsymbol{P}}_{k+1/k}^{N+1,N+1}\end{bmatrix}=$$

$$\begin{bmatrix}\boldsymbol{\Phi}_{k+1,k}\bar{\boldsymbol{P}}_{k/k-1}^{0,0} & \boldsymbol{\Phi}_{k+1,k}\bar{\boldsymbol{P}}_{k/k-1}^{1,0} & \boldsymbol{\Phi}_{k+1,k}\bar{\boldsymbol{P}}_{k/k-1}^{2,0} & \cdots & \boldsymbol{\Phi}_{k+1,k}\bar{\boldsymbol{P}}_{k/k-1}^{N+1,0}\\ \bar{\boldsymbol{P}}_{k/k-1}^{0,0} & \bar{\boldsymbol{P}}_{k/k-1}^{1,0} & \bar{\boldsymbol{P}}_{k/k-1}^{2,0} & \cdots & \bar{\boldsymbol{P}}_{k/k-1}^{N+1,0}\\ \bar{\boldsymbol{P}}_{k/k-1}^{0,1} & \bar{\boldsymbol{P}}_{k/k-1}^{1,1} & \bar{\boldsymbol{P}}_{k/k-1}^{2,1} & \cdots & \bar{\boldsymbol{P}}_{k/k-1}^{N+1,1}\\ \cdots & \vdots & \vdots & & \vdots\\ \bar{\boldsymbol{P}}_{k/k-1}^{0,N} & \bar{\boldsymbol{P}}_{k/k-1}^{1,N} & \bar{\boldsymbol{P}}_{k/k-1}^{2,N} & \cdots & \bar{\boldsymbol{P}}_{k/k-1}^{N+1,N}\end{bmatrix}\cdot$$

$$\left(\begin{bmatrix}\boldsymbol{\Phi}_{k+1,k}^{\mathrm{T}} & \boldsymbol{I} & \boldsymbol{0} & \boldsymbol{0} & \cdots & \boldsymbol{0}\\ \boldsymbol{0} & \boldsymbol{0} & \boldsymbol{I} & \boldsymbol{0} & \cdots & \boldsymbol{0}\\ \boldsymbol{0} & \boldsymbol{0} & \boldsymbol{0} & \boldsymbol{I} & \cdots & \boldsymbol{0}\\ \vdots & \vdots & \vdots & \vdots & & \vdots\\ \boldsymbol{0} & \boldsymbol{0} & \boldsymbol{0} & \boldsymbol{0} & \cdots & \boldsymbol{I}\\ \boldsymbol{0} & \boldsymbol{0} & \boldsymbol{0} & \boldsymbol{0} & \cdots & \boldsymbol{0}\end{bmatrix}-\begin{bmatrix}\boldsymbol{H}_k^{\mathrm{T}}\\ \boldsymbol{0}\\ \vdots\\ \boldsymbol{0}\end{bmatrix}\begin{bmatrix}\boldsymbol{M}\bar{\boldsymbol{P}}_{k/k-1}^{0,0}\boldsymbol{\Phi}_{k+1,k}^{\mathrm{T}} & \boldsymbol{M}\bar{\boldsymbol{P}}_{k/k-1}^{0,0} & \boldsymbol{M}\bar{\boldsymbol{P}}_{k/k-1}^{0,1} & \cdots & \boldsymbol{M}\bar{\boldsymbol{P}}_{k/k-1}^{0,N}\end{bmatrix}\right)+$$

$$\begin{bmatrix}\boldsymbol{Q}_k & \boldsymbol{0} & \cdots & \boldsymbol{0}\\ \boldsymbol{0} & \boldsymbol{0} & \cdots & \boldsymbol{0}\\ \vdots & \vdots & & \vdots\\ \boldsymbol{0} & \boldsymbol{0} & \cdots & \boldsymbol{0}\end{bmatrix} \tag{6.1.31}$$

记式(6.1.31)等号右侧第一项括号内的值为$\boldsymbol{A}$，即

$$\boldsymbol{A}=\begin{bmatrix}\boldsymbol{\Phi}_{k+1,k}^{\mathrm{T}} & \boldsymbol{I} & \boldsymbol{0} & \boldsymbol{0} & \cdots & \boldsymbol{0}\\ \boldsymbol{0} & \boldsymbol{0} & \boldsymbol{I} & \boldsymbol{0} & \cdots & \boldsymbol{0}\\ \boldsymbol{0} & \boldsymbol{0} & \boldsymbol{0} & \boldsymbol{I} & \cdots & \boldsymbol{0}\\ \vdots & \vdots & \vdots & \vdots & & \vdots\\ \boldsymbol{0} & \boldsymbol{0} & \boldsymbol{0} & \boldsymbol{0} & \cdots & \boldsymbol{I}\\ \boldsymbol{0} & \boldsymbol{0} & \boldsymbol{0} & \boldsymbol{0} & \cdots & \boldsymbol{0}\end{bmatrix}-$$

$$\begin{bmatrix} \boldsymbol{H}_k^{\mathrm{T}}\boldsymbol{M}\,\bar{\boldsymbol{P}}_{k/k-1}^{0,0}\,\boldsymbol{\Phi}_{k+1,k}^{\mathrm{T}} & \boldsymbol{H}_k^{\mathrm{T}}\boldsymbol{M}\,\bar{\boldsymbol{P}}_{k/k-1}^{0,0} & \boldsymbol{H}_k^{\mathrm{T}}\boldsymbol{M}\,\bar{\boldsymbol{P}}_{k/k-1}^{0,1} & \cdots & \boldsymbol{H}_k^{\mathrm{T}}\boldsymbol{M}\,\bar{\boldsymbol{P}}_{k/k-1}^{0,N} \\ \boldsymbol{0} & \boldsymbol{0} & \boldsymbol{0} & \cdots & \boldsymbol{0} \\ \vdots & \vdots & \vdots & & \vdots \\ \boldsymbol{0} & \boldsymbol{0} & \boldsymbol{0} & \cdots & \boldsymbol{0} \end{bmatrix} =$$

$$\begin{bmatrix} \boldsymbol{\Phi}_{k+1,k}^{\mathrm{T}} - \boldsymbol{H}_k^{\mathrm{T}}\boldsymbol{M}\,\bar{\boldsymbol{P}}_{k/k-1}^{0,0}\,\boldsymbol{\Phi}_{k+1,k}^{\mathrm{T}} & \boldsymbol{I} - \boldsymbol{H}_k^{\mathrm{T}}\boldsymbol{M}\,\bar{\boldsymbol{P}}_{k/k-1}^{0,0} & -\boldsymbol{H}_k^{\mathrm{T}}\,\bar{\boldsymbol{P}}_{k/k-1}^{0,1} & \cdots & -\boldsymbol{H}_k^{\mathrm{T}}\boldsymbol{M}\,\bar{\boldsymbol{P}}_{k/k-1}^{0,1} \\ \boldsymbol{0} & \boldsymbol{0} & \boldsymbol{I} & \cdots & \boldsymbol{0} \\ \boldsymbol{0} & \boldsymbol{0} & \boldsymbol{0} & \cdots & \boldsymbol{0} \\ \vdots & \vdots & \vdots & & \vdots \\ \boldsymbol{0} & \boldsymbol{0} & \boldsymbol{0} & \cdots & \boldsymbol{I} \\ \boldsymbol{0} & \boldsymbol{0} & \boldsymbol{0} & \cdots & \boldsymbol{0} \end{bmatrix}$$

列写出式(6.1.31)第一列及主对角元(矩阵)

$$\bar{\boldsymbol{P}}_{k+1/k}^{0,0} = \boldsymbol{\Phi}_{k+1,k}\bar{\boldsymbol{P}}_{k/k-1}^{0,0}\boldsymbol{\Phi}_{k+1,k}^{\mathrm{T}} - \boldsymbol{\Phi}_{k+1,k}\bar{\boldsymbol{P}}_{k/k-1}^{0,0}\boldsymbol{H}_k^{\mathrm{T}}\boldsymbol{M}\bar{\boldsymbol{P}}_{k/k-1}^{0,0}\boldsymbol{\Phi}_{k+1,k}^{\mathrm{T}} + \boldsymbol{Q}_k$$

由式(6.1.30)和式(6.1.24),

$$\boldsymbol{M}\bar{\boldsymbol{P}}_{k/k-1}^{0,0}\boldsymbol{\Phi}_{k+1,k}^{\mathrm{T}} = (\boldsymbol{H}_k\bar{\boldsymbol{P}}_{k/k-1}^{0,0}\boldsymbol{H}_k^{\mathrm{T}} + \boldsymbol{R}_k)^{-1}\boldsymbol{H}_k\bar{\boldsymbol{P}}_{k/k-1}^{0,0}\boldsymbol{\Phi}_{k+1,k}^{\mathrm{T}} = (\bar{\boldsymbol{K}}_k^{(0)})^{\mathrm{T}}$$

所以

$$\bar{\boldsymbol{P}}_{k+1/k}^{0,0} = \boldsymbol{\Phi}_{k+1,k}\bar{\boldsymbol{P}}_{k/k-1}^{0,0}(\boldsymbol{\Phi}_{k+1,k}^{\mathrm{T}} - \boldsymbol{H}_k^{\mathrm{T}}(\bar{\boldsymbol{K}}_k^{(0)})^{\mathrm{T}}) + \boldsymbol{Q}_k = \boldsymbol{\Phi}_{k+1,k}\bar{\boldsymbol{P}}_{k/k-1}^{(0,0)}(\boldsymbol{\Phi}_{k+1,k} - \bar{\boldsymbol{K}}_k^{(0)}\boldsymbol{H})^{\mathrm{T}} + \boldsymbol{Q}_k \tag{6.1.32}$$

$$\bar{\boldsymbol{P}}_{k+1/k}^{0,1} = \bar{\boldsymbol{P}}_{k/k-1}^{0,0}(\boldsymbol{\Phi}_{k+1,k}^{\mathrm{T}} - \boldsymbol{H}_k^{\mathrm{T}}\boldsymbol{M}\bar{\boldsymbol{P}}_{k/k-1}^{0,0}\boldsymbol{\Phi}_{k+1,k}^{\mathrm{T}}) = \bar{\boldsymbol{P}}_{k/k-1}^{0,0}(\boldsymbol{\Phi}_{k+1,k} - \bar{\boldsymbol{K}}_k^{(0)}\boldsymbol{H}_k)^{\mathrm{T}}$$

$$\bar{\boldsymbol{P}}_{k+1/k}^{0,2} = \bar{\boldsymbol{P}}_{k/k-1}^{0,1}(\boldsymbol{\Phi}_{k+1,k}^{\mathrm{T}} - \boldsymbol{H}_k^{\mathrm{T}}\boldsymbol{M}\bar{\boldsymbol{P}}_{k/k-1}^{0,0}\boldsymbol{\Phi}_{k+1,k}^{\mathrm{T}}) = \bar{\boldsymbol{P}}_{k/k-1}^{0,1}(\boldsymbol{\Phi}_{k+1,k} - \bar{\boldsymbol{K}}_k^{(0)}\boldsymbol{H}_k)^{\mathrm{T}}$$

$$\cdots$$

$$\bar{\boldsymbol{P}}_{k+1/k}^{0,N+1} = \bar{\boldsymbol{P}}_{k/k-1}^{0,N}(\boldsymbol{\Phi}_{k+1,k}^{\mathrm{T}} - \boldsymbol{H}_k^{\mathrm{T}}\boldsymbol{M}\bar{\boldsymbol{P}}_{k/k-1}^{0,0}\boldsymbol{\Phi}_{k+1,k}^{\mathrm{T}}) = \bar{\boldsymbol{P}}_{k/k-1}^{0,N}(\boldsymbol{\Phi}_{k+1,k} - \bar{\boldsymbol{K}}_k^{(0)}\boldsymbol{H}_k)^{\mathrm{T}}$$

$$\bar{\boldsymbol{P}}_{k+1/k}^{1,1} = \bar{\boldsymbol{P}}_{k/k-1}^{0,0}(\boldsymbol{I} - \boldsymbol{H}_k^{\mathrm{T}}\boldsymbol{M}\bar{\boldsymbol{P}}_{k/k-1}^{0,0}) = \bar{\boldsymbol{P}}_{k/k-1}^{0,0} - \bar{\boldsymbol{P}}_{k/k-1}^{0,0}\boldsymbol{H}_k^{\mathrm{T}}(\boldsymbol{H}_k\bar{\boldsymbol{P}}_{k/k-1}^{0,0}\boldsymbol{H}_k^{\mathrm{T}} + \boldsymbol{R}_k)^{-1}\boldsymbol{H}_k\bar{\boldsymbol{P}}_{k/k-1}^{0,0} =$$
$$\bar{\boldsymbol{P}}_{k/k-1}^{0,0} - \bar{\boldsymbol{P}}_{k/k-1}^{0,0}\boldsymbol{H}_k^{\mathrm{T}}(\boldsymbol{K}_k^{(1)})^{\mathrm{T}}$$

$$\bar{\boldsymbol{P}}_{k+1/k}^{2,2} = -\bar{\boldsymbol{P}}_{k/k-1}^{0,1}\boldsymbol{H}_k^{\mathrm{T}}\bar{\boldsymbol{P}}_{k/k-1}^{0,1} + \bar{\boldsymbol{P}}_{k/k-1}^{1,1} = \bar{\boldsymbol{P}}_{k/k-1}^{1,1} - \bar{\boldsymbol{P}}_{k/k-1}^{0,1}\boldsymbol{H}_k^{\mathrm{T}}(\boldsymbol{H}_k\bar{\boldsymbol{P}}_{k/k-1}^{0,0}\boldsymbol{H}_k^{\mathrm{T}} + \boldsymbol{R}_k)^{-1}\boldsymbol{H}_k\bar{\boldsymbol{P}}_{k/k-1}^{0,1} =$$
$$\bar{\boldsymbol{P}}_{k/k-1}^{1,1} - \bar{\boldsymbol{P}}_{k/k-1}^{0,1}\boldsymbol{H}_k^{\mathrm{T}}(\boldsymbol{K}_k^{(2)})^{\mathrm{T}}$$

$$\cdots$$

$$\bar{\boldsymbol{P}}_{k+1/k}^{N+1,N+1} = -\bar{\boldsymbol{P}}_{k/k-1}^{0,N}\boldsymbol{H}_k^{\mathrm{T}}\boldsymbol{M}\bar{\boldsymbol{P}}_{k/k-1}^{0,N} + \bar{\boldsymbol{P}}_{k/k-1}^{N,N} = \bar{\boldsymbol{P}}_{k/k-1}^{N,N} - \bar{\boldsymbol{P}}_{k/k-1}^{0,N}\boldsymbol{H}_k^{\mathrm{T}}(\boldsymbol{H}_k\bar{\boldsymbol{P}}_{k/k-1}^{0,0}\boldsymbol{H}_k^{\mathrm{T}} + \boldsymbol{R}_k)^{-1}$$
$$\boldsymbol{H}_k\bar{\boldsymbol{P}}_{k/k-1}^{0,N} = \bar{\boldsymbol{P}}_{k/k-1}^{N,N} - \bar{\boldsymbol{P}}_{k/k-1}^{0,N}\boldsymbol{H}_k^{\mathrm{T}}(\boldsymbol{K}_k^{(N+1)})^{\mathrm{T}}$$

根据上述诸式,可归纳出通项公式

$$\bar{\boldsymbol{P}}_{k+1/k}^{0,i} = \bar{\boldsymbol{P}}_{k/k-1}^{0,i-1}(\boldsymbol{\Phi}_{k+1,k} - \bar{\boldsymbol{K}}_k^{(0)}\boldsymbol{H}_k)^{\mathrm{T}} \tag{6.1.33}$$

$$\bar{\boldsymbol{P}}_{k+1/k}^{i,i} = \bar{\boldsymbol{P}}_{k/k-1}^{i-1,i-1} - \bar{\boldsymbol{P}}_{k/k-1}^{0,i-1}\boldsymbol{H}_k^{\mathrm{T}}\,(\bar{\boldsymbol{K}}_k^{(i)})^{\mathrm{T}} \tag{6.1.34}$$

$$i = 1,2,\cdots,N+1$$

由于

$$\hat{\boldsymbol{X}}_{k+1/k}^{(0)} = \hat{\boldsymbol{X}}_{k+1/k},\quad \hat{\boldsymbol{X}}_{k+1/k}^{(1)} = \hat{\boldsymbol{X}}_k,\quad \hat{\boldsymbol{X}}_{k+1/k}^{(2)} = \hat{\boldsymbol{X}}_{k-1/k},\quad \cdots,\quad \hat{\boldsymbol{X}}_{k+1/k}^{(N+1)} = \hat{\boldsymbol{X}}_{k-N/k}$$

$$\hat{\boldsymbol{X}}_{k/k-1}^{(0)} = \hat{\boldsymbol{X}}_{k/k-1},\quad \hat{\boldsymbol{X}}_{k/k-1}^{(1)} = \hat{\boldsymbol{X}}_{k-1},\quad \cdots,\quad \hat{\boldsymbol{X}}_{k/k-1}^{(N)} = \hat{\boldsymbol{X}}_{k-N/k-1},\quad \hat{\boldsymbol{X}}_{k/k-1}^{(N+1)} = \hat{\boldsymbol{X}}_{k-(N+1)/k}$$

式中　$\boldsymbol{X}_{k+1/k}^{(i)} = \boldsymbol{E}^*[\boldsymbol{X}_{k+1}^{(i)}/\boldsymbol{Z}_1\boldsymbol{Z}_2\cdots\boldsymbol{Z}_k]$,　$\boldsymbol{X}_{k/k-1}^{(i)} = \boldsymbol{E}^*[\boldsymbol{X}_k^{(i)}/\boldsymbol{Z}_1\boldsymbol{Z}_2\cdots\boldsymbol{Z}_{k-1}]$

所以式(6.1.22a)可写成

$$\begin{bmatrix} \hat{X}_{k+1/k} \\ \hat{X}_k \\ \hat{X}_{k-1/k} \\ \vdots \\ \hat{X}_{k-N/k} \end{bmatrix} = \begin{bmatrix} \Phi_{k+1,k} & 0 & 0 & \cdots & 0 & 0 \\ I & 0 & 0 & \cdots & 0 & 0 \\ 0 & I & 0 & \cdots & 0 & 0 \\ \vdots & \vdots & \vdots & & \vdots & \vdots \\ 0 & 0 & 0 & \cdots & I & 0 \end{bmatrix} \begin{bmatrix} \hat{X}_{k/k-1} \\ \hat{X}_{k-1} \\ \hat{X}_{k-2/k-1} \\ \vdots \\ X_{k-N/k-1} \\ X_{k-(N+1)/k-1} \end{bmatrix} + \begin{bmatrix} \bar{K}_k^{(0)} \\ \bar{K}_k^{(1)} \\ \bar{K}_k^{(2)} \\ \vdots \\ \bar{K}_k^{(N+1)} \end{bmatrix} (Z_k - H_k \hat{X}_{k/k-1})$$

将上式写成分矢量形式，并根据式(6.1.26)和式(6.1.27)，得

$$\hat{X}_{k+1/k} = \Phi_{k+1,k}\hat{X}_{k/k-1} + K_k^*(Z_k - H_k\hat{X}_{k/k-1})$$
$$\hat{X}_k = \hat{X}_{k/k-1} + K_k(Z_k - H_k\hat{X}_{k/k-1})$$
$$\hat{X}_{k-1/k} = \hat{X}_{k-1} + \bar{K}_k^{(2)}(Z_k - H_k\hat{X}_{k/k-1})$$
$$\hat{X}_{k-2/k} = \hat{X}_{k-2/k-1} + \bar{K}_k^{(3)}(Z_k - H_k\hat{X}_{k/k-1})$$
$$\cdots$$
$$\hat{X}_{k-N/k} = \hat{X}_{k-N/k-1} + \bar{K}_k^{(N+1)}(Z_k - H_k\hat{X}_{k/k-1})$$

根据上述诸式，可归纳出通项公式

$$\hat{X}_{k-i/k} = \hat{X}_{k-i/k-1} + \bar{K}_k^{(i+1)}(Z_k - H_k\hat{X}_{k/k-1}) \quad i = 1,2,\cdots,N \tag{6.1.35}$$

根据式(6.1.35)、式(6.1.29)、式(6.1.33)、式(6.1.34)、式(6.1.23)和式(6.1.26)，可整理出固定滞后平滑算法如下：

$$\hat{X}_{k-i/k} = \hat{X}_{k-i/k-1} + \bar{K}_k^{(i+1)}(Z_k - H_k\hat{X}_{k/k-1})$$
$$\bar{K}_k^{(i)} = \bar{P}_{k/k-1}^{0,i-1} H_k^{\mathrm{T}}(H_k\bar{P}_{k/k-1}^{0,0}H_k^{\mathrm{T}} + R_k)^{-1}$$
$$\bar{P}_{k+1/k}^{0,i} = \bar{P}_{k/k-1}^{0,i-1}(\Phi_{k+1,k} - \bar{K}_k^{(0)}H_k)^{\mathrm{T}}$$
$$\bar{P}_{k+1/k}^{i,i} = \bar{P}_{k/k-1}^{i-1,i-1} - \bar{P}_{k/k-1}^{0,i-1}H_k^{\mathrm{T}}(\bar{K}_k^{(i)})^{\mathrm{T}} \quad i = 1,2,\cdots,N$$

式中，

$$\hat{X}_{k-1/k-1} = \hat{X}_{k-1}$$
$$\bar{P}_{k/k-1}^{0,0} = P_{k/k-1}$$
$$\bar{K}_k^{(0)} = K_k^* = \Phi_{k+1,k}P_{k/k-1}H_k^{\mathrm{T}}(H_kP_{k/k-1}H_k^{\mathrm{T}} + R_k)^{-1}$$

执行固定滞后平滑时，必须同时计算出 K_k^*，$P_{k/k-1}$ 和 $\hat{X}_{k/k-1}$，这些量按卡尔曼滤波一步预测基本方程计算。

6.1.4 固定区间平滑

在实际工作中，量测值都是在有限的时间间隔内得到的。利用这个时间间隔内所有的量测值来估计系统在这个时间内整个过程的状态变量，当然是一种合理和有效的平滑方法，这就是固定区间平滑。如果固定的时间间隔中一共有 N 个时刻，并以 m 表示这个时间间隔中的任一时刻，即 $0 \leqslant m \leqslant N$，则固定区间平滑估计就是 $\hat{X}_{m/N}$，$m = 0,1,2,\cdots,N-1$。

1. 前向-后向平滑算法[119]

设固定区间为 $[t_1, t_N]$，在 $t_1, t_2, \cdots, t_N$ 时刻相应的量测为 $Z_1, Z_2, \cdots, Z_N$。t_m 为该区间中的某一时间点。则

$$\hat{X}_{m/N} = E^*[X_m/Z_1, Z_2\cdots, Z_N] = K_f\hat{X}_{f,m} + K_b\hat{X}_{b,m/m+1}$$

式中，$\hat{X}_{f,m} = E^*[X_m/Z_1, Z_2, \cdots, Z_m]$，为前向滤波结果；$\hat{X}_{b,m/m+1} = E[X_m/Z_N, Z_{N-1}, \cdots,$

$\boldsymbol{Z}_{m+1}$]，为后向滤波结果。

设 $\hat{\boldsymbol{X}}_{f,m}$ 的均方误差阵为 $\boldsymbol{P}_{f,m}$，$\hat{\boldsymbol{X}}_{b,m/m+1}$ 的均方误差阵为 $\boldsymbol{P}_{b,m/m+1}$，即

$$\hat{\boldsymbol{X}}_{f,m}=\boldsymbol{X}_m+\boldsymbol{\Delta}_{f,m}$$
$$\hat{\boldsymbol{X}}_{b,m/m+1}=\boldsymbol{X}_m+\boldsymbol{\Delta}_{b,m/m+1}$$
$$\begin{bmatrix}\hat{\boldsymbol{X}}_{f,m}\\ \hat{\boldsymbol{X}}_{b,m/m+1}\end{bmatrix}=\begin{bmatrix}\boldsymbol{I}\\ \boldsymbol{I}\end{bmatrix}\boldsymbol{X}_m+\begin{bmatrix}\boldsymbol{\Delta}_{f,m}\\ \boldsymbol{\Delta}_{b,m/m+1}\end{bmatrix}$$

式中，$\boldsymbol{\Delta}_{f,m}$ 为前向滤波估计误差，$\boldsymbol{\Delta}_{b,m/m+1}$ 为后向滤波估计误差。

记 $\boldsymbol{H}=\begin{bmatrix}\boldsymbol{I}\\ \boldsymbol{I}\end{bmatrix}$，$\boldsymbol{R}_m=\begin{bmatrix}\boldsymbol{P}_{f,m} & \boldsymbol{0}\\ \boldsymbol{0} & \boldsymbol{P}_{b,m/m+1}\end{bmatrix}$，$\boldsymbol{Z}_m=\begin{bmatrix}\hat{\boldsymbol{X}}_{f,m}\\ \hat{\boldsymbol{X}}_{b,m/m+1}\end{bmatrix}$，其中 $\boldsymbol{I}$ 为单位阵。根据马尔柯夫估计算法，即式(2.1.12)和式(2.1.13)：

$$\begin{aligned}
&\hat{\boldsymbol{X}}_{s,m}=(\boldsymbol{H}^{\mathrm{T}}\boldsymbol{R}_m^{-1}\boldsymbol{H})^{-1}\boldsymbol{H}^{\mathrm{T}}\boldsymbol{R}_m^{-1}\boldsymbol{Z}_m=\\
&\left(\begin{bmatrix}\boldsymbol{I} & \boldsymbol{I}\end{bmatrix}\begin{bmatrix}\boldsymbol{P}_{f,m}^{-1} & \boldsymbol{0}\\ \boldsymbol{0} & \boldsymbol{P}_{b,m/m+1}^{-1}\end{bmatrix}\begin{bmatrix}\boldsymbol{I}\\ \boldsymbol{I}\end{bmatrix}\right)^{-1}\begin{bmatrix}\boldsymbol{I} & \boldsymbol{I}\end{bmatrix}\begin{bmatrix}\boldsymbol{P}_{f,m}^{-1} & \boldsymbol{0}\\ \boldsymbol{0} & \boldsymbol{P}_{b,m/m+1}^{-1}\end{bmatrix}\begin{bmatrix}\hat{\boldsymbol{X}}_{f,m}\\ \hat{\boldsymbol{X}}_{b,m/m+1}\end{bmatrix}=\\
&(\boldsymbol{P}_{f,m}^{-1}+\boldsymbol{P}_{b,m/m+1}^{-1})^{-1}(\boldsymbol{P}_{f,m}^{-1}\hat{\boldsymbol{X}}_{f,m}+\boldsymbol{P}_{b,m/m+1}^{-1}\hat{\boldsymbol{X}}_{b,m/m+1})=\\
&(\boldsymbol{P}_{f,m}^{-1}+\boldsymbol{P}_{b,m/m+1}^{-1})^{-1}\boldsymbol{P}_{f,m}^{-1}\hat{\boldsymbol{X}}_{f,m}+(\boldsymbol{P}_{f,m}^{-1}+\boldsymbol{P}_{b,m/m+1}^{-1})^{-1}\boldsymbol{P}_{b,m/m+1}^{-1}\hat{\boldsymbol{X}}_{b,m/m+1}=\\
&[\boldsymbol{P}_{f,m}^{-1}(\boldsymbol{P}_{b,m/m+1}+\boldsymbol{P}_{f,m})\boldsymbol{P}_{b,m/m+1}^{-1}]^{-1}\boldsymbol{P}_{f,m}^{-1}\hat{\boldsymbol{X}}_{f,m}+\\
&[\boldsymbol{P}_{b,m/m+1}^{-1}(\boldsymbol{P}_{f,m}+\boldsymbol{P}_{b,m/m+1})\boldsymbol{P}_{f,m}^{-1}]^{-1}\boldsymbol{P}_{b,m/m+1}^{-1}\hat{\boldsymbol{X}}_{b,m/m+1}=\\
&[(\boldsymbol{P}_{b,m/m+1}+\boldsymbol{P}_{f,m})\boldsymbol{P}_{b,m/m+1}^{-1}]^{-1}(\boldsymbol{P}_{f,m}^{-1})^{-1}\boldsymbol{P}_{f,m}^{-1}\hat{\boldsymbol{X}}_{f,m}+\\
&[(\boldsymbol{P}_{f,m}+\boldsymbol{P}_{b,m/m+1})\boldsymbol{P}_{f,m}^{-1}]^{-1}(\boldsymbol{P}_{b,m/m+1}^{-1})^{-1}\boldsymbol{P}_{b,m/m+1}^{-1}\hat{\boldsymbol{X}}_{b,m/m+1}=\\
&\boldsymbol{P}_{b,m/m+1}(\boldsymbol{P}_{b,m/m+1}+\boldsymbol{P}_{f,m})^{-1}\hat{\boldsymbol{X}}_{f,m}+\boldsymbol{P}_{f,m}(\boldsymbol{P}_{f,m}+\boldsymbol{P}_{b,m/m+1})^{-1}\hat{\boldsymbol{X}}_{b,m/m+1}
\end{aligned}\tag{6.1.36}$$

估计的均方误差阵为

$$\begin{aligned}
\boldsymbol{P}_{s,m}&=(\boldsymbol{H}^{\mathrm{T}}\boldsymbol{R}_m^{-1}\boldsymbol{H})^{-1}=\left(\begin{bmatrix}\boldsymbol{I} & \boldsymbol{I}\end{bmatrix}\begin{bmatrix}\boldsymbol{P}_{f,m}^{-1} & \boldsymbol{0}\\ \boldsymbol{0} & \boldsymbol{P}_{b,m/m+1}^{-1}\end{bmatrix}\begin{bmatrix}\boldsymbol{I}\\ \boldsymbol{I}\end{bmatrix}\right)^{-1}=\\
&(\boldsymbol{P}_{f,m}^{-1}+\boldsymbol{P}_{b,m/m+1}^{-1})^{-1}=(\boldsymbol{I}_{f,m}+\boldsymbol{I}_{b,m/m+1})^{-1}
\end{aligned}\tag{6.1.37}$$

式中，$\boldsymbol{I}_{f,m}=\boldsymbol{P}_{f,m}^{-1}$，$\boldsymbol{I}_{b,m/m+1}=\boldsymbol{P}_{b,m/m+1}^{-1}$ 为信息矩阵。为书写方便，此处约定：凡用 $\boldsymbol{I}$ 表示的矩阵，带下标的为信息矩阵，不带下标的为单位矩阵。

设系统方程和量测方程为

$$\boldsymbol{X}_k=\boldsymbol{\Phi}_{k,k-1}\boldsymbol{X}_{k-1}+\boldsymbol{W}_{k-1}$$
$$\boldsymbol{Z}_k=\boldsymbol{H}_k\boldsymbol{X}_k+\boldsymbol{V}_k$$
$$\boldsymbol{W}_k\sim \boldsymbol{N}(\boldsymbol{0},\boldsymbol{Q}_k),\quad \boldsymbol{V}_k\sim \boldsymbol{N}(\boldsymbol{0},\boldsymbol{R}_k)$$

则 $\boldsymbol{X}_m$ 的前向滤波值由卡尔曼滤波基本方程确定：

$$\begin{aligned}
&\hat{\boldsymbol{X}}_{f,k/k-1}=\boldsymbol{\Phi}_{k,k-1}\hat{\boldsymbol{X}}_{f,k-1}\\
&\hat{\boldsymbol{X}}_{f,k}=\hat{\boldsymbol{X}}_{f,k/k-1}+\boldsymbol{K}_{f,k}(\boldsymbol{Z}_k-\boldsymbol{H}_k\hat{\boldsymbol{X}}_{f,k/k-1})\\
&\boldsymbol{K}_{f,k}=\boldsymbol{P}_{f,k/k-1}\boldsymbol{H}_k^{\mathrm{T}}(\boldsymbol{H}_k\boldsymbol{P}_{f,k/k-1}\boldsymbol{H}_k^{\mathrm{T}}+\boldsymbol{R}_k)^{-1}\\
&\boldsymbol{P}_{f,k/k-1}=\boldsymbol{\Phi}_{k,k-1}\boldsymbol{P}_{f,k-1}\boldsymbol{\Phi}_{k,k-1}^{\mathrm{T}}+\boldsymbol{Q}_{k-1}\\
&\boldsymbol{P}_{f,k}=(\boldsymbol{I}-\boldsymbol{K}_{f,k}\boldsymbol{H}_k)\boldsymbol{P}_{f,k/k-1}\\
&k=1,2,\cdots m
\end{aligned}$$

后向滤波从 $k=N$ 开始。选取滤波初值 $\hat{\boldsymbol{X}}_{b,N}$ 是十分盲目的，对应的均方误差阵 $\boldsymbol{P}_{b,N}=\infty$。

所以必须采用信息滤波方程，根据 3.4 节关于信息滤波的介绍：

$$\boldsymbol{I}_{b,k}=\boldsymbol{I}_{b,k/k+1}+\boldsymbol{H}_k^{\mathrm{T}}\boldsymbol{R}_k^{-1}\boldsymbol{H}_k \tag{6.1.38a}$$

$$\boldsymbol{K}_{b,k}=\boldsymbol{I}_{b,k}^{-1}\boldsymbol{H}_k^{\mathrm{T}}\boldsymbol{R}_k^{-1} \tag{6.1.38b}$$

$$\hat{\boldsymbol{X}}_{b,k}=\hat{\boldsymbol{X}}_{b,k/k+1}+\boldsymbol{K}_{b,k}(\boldsymbol{Z}_k-\boldsymbol{H}_k\hat{\boldsymbol{X}}_{b,k/k+1}) \tag{6.1.38c}$$

$$\begin{aligned}\boldsymbol{I}_{b,k-1/k}=&[\boldsymbol{\Phi}_{k,k-1}^{-1}\boldsymbol{I}_{b,k}^{-1}\boldsymbol{\Phi}_{k,k-1}^{-\mathrm{T}}+\boldsymbol{\Phi}_{k,k-1}^{-1}\boldsymbol{Q}_{k-1}\boldsymbol{\Phi}_{k,k-1}^{-\mathrm{T}}]^{-1}=\boldsymbol{\Phi}_{k,k-1}^{\mathrm{T}}\ [\boldsymbol{I}_{b,k}^{-1}+\boldsymbol{Q}_{k-1}]^{-1}\boldsymbol{\Phi}_{k,k-1}=\\&\boldsymbol{\Phi}_{k,k-1}^{\mathrm{T}}[\boldsymbol{Q}_{k-1}^{-1}-\boldsymbol{Q}_{k-1}^{-1}(\boldsymbol{I}_{b,k}+\boldsymbol{Q}_{k-1}^{-1})^{-1}\boldsymbol{Q}_{k-1}^{-1}]\boldsymbol{\Phi}_{k,k-1}\end{aligned} \tag{6.1.38d}$$

$$\boldsymbol{X}_{b,k-1/k}=\boldsymbol{\Phi}_{k,k-1}^{-1}\hat{\boldsymbol{X}}_{b,k} \tag{6.1.38e}$$

式中，信息矩阵 $\boldsymbol{I}_{b,k-1/k}=\boldsymbol{P}_{b,k-1/k}^{-1}$；$\boldsymbol{I}_{b,k}=\boldsymbol{P}_{b,k}^{-1}$；$\boldsymbol{I}_{b,N/N+1}=\boldsymbol{0}$，$k=N,N-1,N-2,\cdots,m+1$。

以 $k=m+1$ 为后向滤波终了时刻的原因是：m 时刻的量测只能使用一次，$\boldsymbol{Z}_m$ 已在前向滤波中使用过，后向滤波中不可再用。

根据(6.1.36)式，有

$$\hat{\boldsymbol{X}}_{s,m}=\boldsymbol{P}_{b,m/m+1}(\boldsymbol{P}_{f,m}+\boldsymbol{P}_{b,m/m+1})^{-1}\hat{\boldsymbol{X}}_{f,m}+\boldsymbol{P}_{f,m}(\boldsymbol{P}_{f,m}+\boldsymbol{P}_{b,m/m+1})^{-1}\hat{\boldsymbol{X}}_{b,m/m+1}$$

应用求逆反演公式求解上式右侧第二项中的逆

$$(\boldsymbol{P}_{b,m/m+1}+\boldsymbol{P}_{f,m})^{-1}=[\boldsymbol{P}_{b,m/m+1}-(-\boldsymbol{I})\cdot\boldsymbol{I}_{f,m}^{-1}\cdot\boldsymbol{I}]^{-1}$$

对应于

$$(\boldsymbol{A}_{11}-\boldsymbol{A}_{12}\boldsymbol{A}_{22}^{-1}\boldsymbol{A}_{21})^{-1}=\boldsymbol{A}_{11}^{-1}+\boldsymbol{A}_{11}^{-1}\boldsymbol{A}_{12}(\boldsymbol{A}_{22}-\boldsymbol{A}_{21}\boldsymbol{A}_{11}^{-1}\boldsymbol{A}_{12})^{-1}\boldsymbol{A}_{21}\boldsymbol{A}_{11}^{-1}$$

$$\boldsymbol{A}_{11}=\boldsymbol{P}_{b,m/m+1},\quad \boldsymbol{A}_{12}=-\boldsymbol{I},\quad \boldsymbol{A}_{21}=\boldsymbol{I},\quad \boldsymbol{A}_{22}^{-1}=\boldsymbol{I}_{f,m}^{-1}=\boldsymbol{P}_{f,m}$$

$$\begin{aligned}(\boldsymbol{P}_{b,m/m+1}+\boldsymbol{P}_{f,m})^{-1}=&\boldsymbol{I}_{b,m/m+1}+\boldsymbol{I}_{b,m/m+1}(-\boldsymbol{I})[\boldsymbol{I}_{f,m}-\boldsymbol{I}\cdot\boldsymbol{I}_{b,m/m+1}(-\boldsymbol{I})]^{-1}\boldsymbol{I}\cdot\boldsymbol{I}_{b,m/m+1}=\\&\boldsymbol{I}_{b,m/m+1}-\boldsymbol{I}_{b,m/m+1}(\boldsymbol{I}_{f,m}+\boldsymbol{I}_{b,m/m+1})^{-1}\boldsymbol{I}_{b,m/m+1}\end{aligned}$$

所以

$$\begin{aligned}\hat{\boldsymbol{X}}_{s,m}=&[(\boldsymbol{P}_{b,m/m+1}+\boldsymbol{P}_{f,m})-\boldsymbol{P}_{f,m}](\boldsymbol{P}_{f,m}+\boldsymbol{P}_{b,m/m+1})^{-1}\hat{\boldsymbol{X}}_{f,m}+\\&\boldsymbol{P}_{f,m}[\boldsymbol{I}_{b,m/m+1}-\boldsymbol{I}_{b,m/m+1}(\boldsymbol{I}_{f,m}+\boldsymbol{I}_{b,m/m+1})^{-1}\boldsymbol{I}_{b,m/m+1}]\hat{\boldsymbol{X}}_{b,m/m+1}=\\&[\boldsymbol{I}-\boldsymbol{P}_{f,m}(\boldsymbol{P}_{f,m}+\boldsymbol{P}_{b,m/m+1})^{-1}]\hat{\boldsymbol{X}}_{f,m}+\\&\boldsymbol{P}_{f,m}[\boldsymbol{I}-\boldsymbol{I}_{b,m/m+1}(\boldsymbol{I}_{f,m}+\boldsymbol{I}_{b,m/m+1})^{-1}]\boldsymbol{I}_{b,m/m+1}\hat{\boldsymbol{X}}_{b,m/m+1}=\\&[\boldsymbol{I}-\boldsymbol{P}_{f,m}\boldsymbol{I}_{b,m/m+1}(\boldsymbol{I}+\boldsymbol{P}_{f,m}\boldsymbol{I}_{b,m/m+1})^{-1}]\hat{\boldsymbol{X}}_{f,m}+\\&\boldsymbol{P}_{f,m}[\boldsymbol{I}-\boldsymbol{I}_{b,m/m+1}(\boldsymbol{I}+\boldsymbol{P}_{f,m}\boldsymbol{I}_{b,m/m+1})^{-1}\boldsymbol{P}_{f,m}]\boldsymbol{I}_{b,m/m+1}\hat{\boldsymbol{X}}_{b,m/m+1}=\\&\boldsymbol{P}_{f,m}[\boldsymbol{I}-\boldsymbol{I}_{b,m/m+1}(\boldsymbol{I}+\boldsymbol{P}_{f,m}\boldsymbol{I}_{b,m/m+1})^{-1}\boldsymbol{P}_{f,m}]\boldsymbol{I}_{f,m}\hat{\boldsymbol{X}}_{f,m}+\\&\boldsymbol{P}_{f,m}[\boldsymbol{I}-\boldsymbol{I}_{b,m/m+1}(\boldsymbol{I}+\boldsymbol{P}_{f,m}\boldsymbol{I}_{b,m/m+1})^{-1}\boldsymbol{P}_{f,m}]\boldsymbol{I}_{b,m/m+1}\hat{\boldsymbol{X}}_{b,m/m+1}\end{aligned} \tag{6.1.39}$$

式(6.1.39)中，有

$$\begin{aligned}\boldsymbol{P}_{f,m}&[\boldsymbol{I}-\boldsymbol{I}_{b,m/m+1}(\boldsymbol{I}+\boldsymbol{P}_{f,m}\boldsymbol{I}_{b,m/m+1})^{-1}\boldsymbol{P}_{f,m}]=\\&\boldsymbol{P}_{f,m}-\boldsymbol{P}_{f,m}\boldsymbol{I}_{b,m/m+1}(\boldsymbol{I}+\boldsymbol{P}_{f,m}\boldsymbol{I}_{b,m/m+1})^{-1}\boldsymbol{P}_{f,m}=\\&\boldsymbol{P}_{f,m}-\boldsymbol{P}_{f,m}(\boldsymbol{I}_{f,m}\boldsymbol{P}_{b,m/m+1}+\boldsymbol{I})^{-1}=\\&[\boldsymbol{P}_{f,m}(\boldsymbol{I}_{f,m}\boldsymbol{P}_{b,m/m+1}+\boldsymbol{I})-\boldsymbol{P}_{f,m}](\boldsymbol{I}_{f,m}\boldsymbol{P}_{b,m/m+1}+\boldsymbol{I})^{-1}=\\&\boldsymbol{P}_{b,m/m+1}(\boldsymbol{I}_{f,m}\boldsymbol{P}_{b,m/m+1}+\boldsymbol{I})^{-1}=(\boldsymbol{I}_{f,m}+\boldsymbol{I}_{b,m/m+1})^{-1}=\boldsymbol{P}_{s,m}\end{aligned} \tag{6.1.40}$$

式(6.1.40)推导中，用到了关系式(6.1.37)。

所以式(6.1.39)可写成

$$\hat{\boldsymbol{X}}_{s,m}=\boldsymbol{P}_{s,m}(\boldsymbol{I}_{f,m}\hat{\boldsymbol{X}}_{f,m}+\boldsymbol{I}_{b,m/m+1}\hat{\boldsymbol{X}}_{b,m/m+1}) \tag{6.1.41}$$

式中，$\boldsymbol{P}_{s,m}$ 为平滑的均方误差阵。

若按照式(6.1.38)作后向滤波，则滤波初值 $\hat{\boldsymbol{X}}_{b,N}$ 的确定十分困难，为避免此问题，对式

(6.1.38) 稍加修改。

取

$$\boldsymbol{S}_{b,k}=\boldsymbol{P}_{b,k}^{-1}\hat{\boldsymbol{X}}_{b,k}=\boldsymbol{I}_{b,k}\hat{\boldsymbol{X}}_{b,k} \tag{6.1.42a}$$

$$\boldsymbol{S}_{b,k-1/k}=\boldsymbol{P}_{b,k-1/k}^{-1}\hat{\boldsymbol{X}}_{b,k-1/k}=\boldsymbol{I}_{b,k-1/k}\hat{\boldsymbol{X}}_{b,k-1/k} \tag{6.1.42b}$$

当选初值时，由于 $\boldsymbol{I}_{b,N}=\boldsymbol{0}$，所以 $\boldsymbol{S}_{b,N}=\boldsymbol{0}$，与 $\hat{\boldsymbol{X}}_{b,N}$ 取值无关。

根据式(6.1.38a)、式(6.1.38c) 和式(6.1.38b)，有

$$\begin{aligned}\boldsymbol{S}_{b,k}=\boldsymbol{I}_{b,k}\hat{\boldsymbol{X}}_{b,k}=\boldsymbol{I}_{b,k}\hat{\boldsymbol{X}}_{b,k/k+1}+\boldsymbol{I}_{b,k}\boldsymbol{K}_{b,k}(\boldsymbol{Z}_k-\boldsymbol{H}_k\hat{\boldsymbol{X}}_{b,k/k+1})=\\ \boldsymbol{I}_{b,k/k+1}\hat{\boldsymbol{X}}_{b,k/k+1}+\boldsymbol{H}_k^{\mathrm{T}}\boldsymbol{R}_k^{-1}\boldsymbol{H}_k\hat{\boldsymbol{X}}_{b,k/k+1}+\boldsymbol{H}_k^{\mathrm{T}}\boldsymbol{R}_k^{-1}(\boldsymbol{Z}_k-\boldsymbol{H}_k\hat{\boldsymbol{X}}_{b,k/k+1})=\\ \boldsymbol{S}_{b,k/k+1}+\boldsymbol{H}_k^{\mathrm{T}}\boldsymbol{R}_k^{-1}\boldsymbol{Z}_k\end{aligned}$$

所以式(6.1.38) 可写成

$$\boldsymbol{I}_{b,k}=\boldsymbol{I}_{b,k/k+1}+\boldsymbol{H}_k^{\mathrm{T}}\boldsymbol{R}_k^{-1}\boldsymbol{H}_k \tag{6.1.43a}$$

$$\boldsymbol{S}_{b,k}=\boldsymbol{S}_{b,k/k+1}+\boldsymbol{H}_k^{\mathrm{T}}\boldsymbol{R}_k^{-1}\boldsymbol{Z}_k \tag{6.1.43b}$$

$$\begin{aligned}\boldsymbol{I}_{b,k-1/k}=[\boldsymbol{\Phi}_{k,k-1}^{-1}\boldsymbol{I}_{b,k}^{-1}\boldsymbol{\Phi}_{k,k-1}^{-\mathrm{T}}+\boldsymbol{\Phi}_{k,k-1}^{-1}\boldsymbol{Q}_{k-1}\boldsymbol{\Phi}_{k,k-1}^{-\mathrm{T}}]^{-1}=\boldsymbol{\Phi}_{k,k-1}^{\mathrm{T}}(\boldsymbol{I}_{b,k}^{-1}+\boldsymbol{Q}_{k-1})^{-1}\boldsymbol{\Phi}_{k,k-1}=\\ \boldsymbol{\Phi}_{k,k-1}^{\mathrm{T}}[\boldsymbol{Q}_{k-1}^{-1}-\boldsymbol{Q}_{k-1}^{-1}(\boldsymbol{I}_{b,k}+\boldsymbol{Q}_{k-1}^{-1})^{-1}\boldsymbol{Q}_{k-1}^{-1}]\boldsymbol{\Phi}_{k,k-1}\end{aligned} \tag{6.1.43c}$$

$$\boldsymbol{S}_{b,k-1/k}=\boldsymbol{I}_{b,k-1/k}\boldsymbol{\Phi}_{k,k-1}^{-1}\boldsymbol{I}_{b,k}^{-1}\boldsymbol{S}_{b,k} \tag{6.1.43d}$$

$$k=N,N-1,\cdots,m+1$$

当 $k=m+1$ 时，即可求得 $\boldsymbol{S}_{b,m/m+1}$，此即 $\boldsymbol{I}_{b,m/m+1}\hat{\boldsymbol{X}}_{b,m/m+1}$，代入式(6.1.41) 即可确定出 m 时刻的平滑值 $\hat{\boldsymbol{X}}_{s,m}$。

2. RTS 算法[118]

在前向-后向平滑算法中，前向滤波和后向滤波是同时进行的，而后向滤波有诸多求逆，且并不符合人们的习惯。1965 年，H.Rauch，F.Tung 和 C.Striebel 提出了 RTS 算法，该算法取消了后向滤波过程，而前向滤波从 t_1 开始一直执行到 t_N，记录下每次滤波结果，顺序处理完量测 $\boldsymbol{Z}_1,\boldsymbol{Z}_2,\cdots,\boldsymbol{Z}_N$ 后，逆序执行 RTS 平滑算法，获得需要的平滑值。该算法的优点是避免了后向滤波，提高了计算效率。下面在前向-后向滤波的基础上推导出 RTS 算法。

(1)RTS 协方差阵更新。由式(6.1.37)，平滑误差均方误差阵为

$$\boldsymbol{P}_{s,m}=(\boldsymbol{P}_{f,m}^{-1}+\boldsymbol{P}_{b,m/m+1}^{-1})^{-1}=[\boldsymbol{P}_{f,m}^{-1}-(-\boldsymbol{I})\boldsymbol{P}_{b,m/m+1}^{-1}\boldsymbol{I}]^{-1}$$

对应于求逆反演公式

$$(\boldsymbol{A}_{11}-\boldsymbol{A}_{12}\boldsymbol{A}_{22}^{-1}\boldsymbol{A}_{21})^{-1}=\boldsymbol{A}_{11}^{-1}+\boldsymbol{A}_{11}^{-1}\boldsymbol{A}_{12}(\boldsymbol{A}_{22}-\boldsymbol{A}_{21}\boldsymbol{A}_{11}^{-1}\boldsymbol{A}_{12})^{-1}\boldsymbol{A}_{21}\boldsymbol{A}_{11}^{-1}$$

$$\boldsymbol{A}_{11}=\boldsymbol{P}_{f,m}^{-1},\quad \boldsymbol{A}_{12}=-\boldsymbol{I},\quad \boldsymbol{A}_{21}=\boldsymbol{I},\quad \boldsymbol{A}_{22}=\boldsymbol{P}_{b,m/m+1}$$

所以

$$\begin{aligned}\boldsymbol{P}_{s,m}=\boldsymbol{P}_{f,m}+\boldsymbol{P}_{f,m}(-\boldsymbol{I})[\boldsymbol{P}_{b,m/m+1}-\boldsymbol{P}_{f,m}(-\boldsymbol{I})]^{-1}\boldsymbol{P}_{f,m}=\\ \boldsymbol{P}_{f,m}-\boldsymbol{P}_{f,m}(\boldsymbol{P}_{f,m}+\boldsymbol{P}_{b,m/m+1})^{-1}\boldsymbol{P}_{f,m}\end{aligned} \tag{6.1.44}$$

由式(6.1.38d)，应用求逆反演公式，得

$$\boldsymbol{P}_{b,m/m+1}=\boldsymbol{\Phi}_{m+1,m}^{-1}(\boldsymbol{P}_{b,m+1}+\boldsymbol{Q}_m)\boldsymbol{\Phi}_{m+1,m}^{-\mathrm{T}}$$

所以

$$\begin{aligned}(\boldsymbol{P}_{f,m}+\boldsymbol{P}_{b,m/m+1})^{-1}=[\boldsymbol{P}_{f,m}+\boldsymbol{\Phi}_{m+1,m}^{-1}(\boldsymbol{P}_{b,m+1}+\boldsymbol{Q}_m)\boldsymbol{\Phi}_{m+1,m}^{-\mathrm{T}}]^{-1}=\\ [\boldsymbol{\Phi}_{m+1,m}^{-1}\boldsymbol{\Phi}_{m+1,m}\boldsymbol{P}_{f,m}\boldsymbol{\Phi}_{m+1,m}^{\mathrm{T}}\boldsymbol{\Phi}_{m+1,m}^{-\mathrm{T}}+\boldsymbol{\Phi}_{m+1,m}^{-1}(\boldsymbol{P}_{b,m+1}+\boldsymbol{Q}_m)\boldsymbol{\Phi}_{m+1,m}^{-\mathrm{T}}]^{-1}=\\ [\boldsymbol{\Phi}_{m+1,m}^{-1}(\boldsymbol{\Phi}_{m+1,m}\boldsymbol{P}_{f,m}\boldsymbol{\Phi}_{m+1,m}^{\mathrm{T}}+\boldsymbol{P}_{b,m+1}+\boldsymbol{Q}_m)\boldsymbol{\Phi}_{m+1,m}^{-\mathrm{T}}]^{-1}=\\ \boldsymbol{\Phi}_{m+1,m}^{\mathrm{T}}(\boldsymbol{\Phi}_{m+1,m}\boldsymbol{P}_{f,m}\boldsymbol{\Phi}_{m+1,m}^{\mathrm{T}}+\boldsymbol{P}_{b,m+1}+\boldsymbol{Q}_m)^{-1}\boldsymbol{\Phi}_{m+1,m}=\\ \boldsymbol{\Phi}_{m+1,m}^{\mathrm{T}}(\boldsymbol{P}_{f,m+1/m}+\boldsymbol{P}_{b,m+1})^{-1}\boldsymbol{\Phi}_{m+1,m}\end{aligned} \tag{6.1.45}$$

由式(2.2.4e″)和式(6.1.38a),得

$$\boldsymbol{I}_{f,m}=\boldsymbol{I}_{f,m/m-1}+\boldsymbol{H}_m^{\mathrm{T}}\boldsymbol{R}_m^{-1}\boldsymbol{H}_m \tag{6.1.46a}$$

$$\boldsymbol{I}_{b,m}=\boldsymbol{I}_{b,m/m+1}+\boldsymbol{H}_m^{\mathrm{T}}\boldsymbol{R}_m^{-1}\boldsymbol{H}_m \tag{6.1.46b}$$

由式(6.1.43a)和式(6.1.46),得

$$\boldsymbol{I}_{b,m+1}=\boldsymbol{I}_{b,m+1/m+2}+\boldsymbol{I}_{f,m+1}-\boldsymbol{I}_{f,m+1/m}$$

即

$$\boldsymbol{I}_{f,m+1}+\boldsymbol{I}_{b,m+1/m+2}=\boldsymbol{I}_{b,m+1}+\boldsymbol{I}_{f,m+1/m} \tag{6.1.47}$$

将式(6.1.47)代入式(6.1.37),得

$$\boldsymbol{P}_{s,m+1}=(\boldsymbol{I}_{f,m+1}+\boldsymbol{I}_{b,m+1/m+2})^{-1}=(\boldsymbol{I}_{b,m+1}+\boldsymbol{I}_{f,m+1/m})^{-1} \tag{6.1.48}$$

$$\boldsymbol{P}_{s,m+1}^{-1}=\boldsymbol{I}_{b,m+1}+\boldsymbol{I}_{f,m+1/m}$$

$$\boldsymbol{P}_{b,m+1}=(\boldsymbol{P}_{s,m+1}^{-1}-\boldsymbol{I}_{f,m+1/m})^{-1} \tag{6.1.49}$$

将式(6.1.49)代入式(6.1.45),得

$$\begin{aligned}(\boldsymbol{P}_{f,m}+\boldsymbol{P}_{b,m/m+1})^{-1}=&\boldsymbol{\Phi}_{m+1,m}^{\mathrm{T}}[\boldsymbol{P}_{f,m+1/m}+(\boldsymbol{P}_{s,m+1}^{-1}-\boldsymbol{I}_{f,m+1/m})^{-1}]^{-1}\boldsymbol{\Phi}_{m+1,m}=\\&\boldsymbol{\Phi}_{m+1,m}^{\mathrm{T}}[\boldsymbol{I}_{f,m+1/m}^{-1}\boldsymbol{I}_{f,m+1/m}\boldsymbol{I}_{f,m+1/m}^{-1}+\boldsymbol{I}_{f,m+1/m}^{-1}\boldsymbol{I}_{f,m+1/m}(\boldsymbol{P}_{s,m+1}^{-1}-\boldsymbol{I}_{f,m+1/m})^{-1}\\&\boldsymbol{I}_{f,m+1/m}\boldsymbol{I}_{f,m+1/m}^{-1}]^{-1}\boldsymbol{\Phi}_{m+1,m}=\\&\boldsymbol{\Phi}_{m+1,m}^{\mathrm{T}}\boldsymbol{I}_{f,m+1/m}[\boldsymbol{I}_{f,m+1/m}+\boldsymbol{I}_{f,m+1/m}(\boldsymbol{P}_{s,m+1}^{-1}-\\&\boldsymbol{I}_{f,m+1/m})^{-1}\boldsymbol{I}_{f,m+1/m}]^{-1}\boldsymbol{I}_{f,m+1/m}\boldsymbol{\Phi}_{m+1,m}\end{aligned}$$

该式方括号内的项应用矩阵求逆反演公式

$$\boldsymbol{A}_{11}^{-1}+\boldsymbol{A}_{11}^{-1}\boldsymbol{A}_{12}(\boldsymbol{A}_{22}-\boldsymbol{A}_{21}\boldsymbol{A}_{11}^{-1}\boldsymbol{A}_{12})^{-1}\boldsymbol{A}_{21}\boldsymbol{A}_{11}^{-1}=(\boldsymbol{A}_{11}-\boldsymbol{A}_{12}\boldsymbol{A}_{22}^{-1}\boldsymbol{A}_{21})^{-1}$$

$$\boldsymbol{A}_{11}^{-1}=\boldsymbol{I}_{f,m+1/m},\quad \boldsymbol{A}_{12}=\boldsymbol{I},\quad \boldsymbol{A}_{22}=\boldsymbol{P}_{s,m+1}^{-1},\quad \boldsymbol{A}_{21}=\boldsymbol{I}$$

$$(\boldsymbol{P}_{f,m}+\boldsymbol{P}_{b,m/m+1})^{-1}=\boldsymbol{\Phi}_{m+1,m}^{\mathrm{T}}\boldsymbol{I}_{f,m+1/m}(\boldsymbol{P}_{f,m+1/m}-\boldsymbol{P}_{s,m+1})\boldsymbol{I}_{f,m+1/m}\boldsymbol{\Phi}_{m+1,m} \tag{6.1.50}$$

将式(6.1.50)代入式(6.1.44),得

$$\boldsymbol{P}_{s,m}=\boldsymbol{P}_{f,m}-\boldsymbol{P}_{f,m}\boldsymbol{\Phi}_{m+1,m}^{\mathrm{T}}\boldsymbol{I}_{f,m+1/m}(\boldsymbol{P}_{f,m+1/m}-\boldsymbol{P}_{s,m+1})\boldsymbol{I}_{f,m+1/m}\boldsymbol{\Phi}_{m+1,m}\boldsymbol{P}_{f,m}$$

令

$$\boldsymbol{K}_{s,m}=\boldsymbol{P}_{f,m}\boldsymbol{\Phi}_{m+1,m}^{\mathrm{T}}\boldsymbol{I}_{f,m+1/m} \tag{6.1.51}$$

则

$$\boldsymbol{P}_{s,m}=\boldsymbol{P}_{f,m}-\boldsymbol{K}_{s,m}(\boldsymbol{P}_{f,m+1/m}-\boldsymbol{P}_{s,m+1})\boldsymbol{K}_{s,m}^{\mathrm{T}} \tag{6.1.52}$$

(2)RTS 平滑值更新。为便于推导平滑值的逆序递推公式,先证明 5 个辅助关系式。

关系式 1:

$$\boldsymbol{\Phi}_{k,k-1}^{-1}\boldsymbol{Q}_{k-1}\boldsymbol{\Phi}_{k,k-1}^{-\mathrm{T}}=\boldsymbol{\Phi}_{k,k-1}^{-1}\boldsymbol{P}_{f,k/k-1}\boldsymbol{\Phi}_{k,k-1}^{-\mathrm{T}}-\boldsymbol{P}_{f,k-1} \tag{6.1.53}$$

证明:由卡尔曼滤波基本方程,

$$\boldsymbol{P}_{f,k/k-1}=\boldsymbol{\Phi}_{k,k-1}\boldsymbol{P}_{f,k-1}\boldsymbol{\Phi}_{k,k-1}^{\mathrm{T}}+\boldsymbol{Q}_{k-1}$$

即

$$\boldsymbol{Q}_{k-1}=\boldsymbol{P}_{f,k/k-1}-\boldsymbol{\Phi}_{k,k-1}\boldsymbol{P}_{f,k-1}\boldsymbol{\Phi}_{k,k-1}^{\mathrm{T}}$$

上式两边分别左乘 $\boldsymbol{\Phi}_{k,k-1}^{-1}$,右乘 $\boldsymbol{\Phi}_{k,k-1}^{-\mathrm{T}}$,即得式(6.1.53)。

关系式 2:

$$\boldsymbol{P}_{b,k}=(\boldsymbol{P}_{f,k/k-1}+\boldsymbol{P}_{b,k})\boldsymbol{I}_{f,k/k-1}\boldsymbol{P}_{s,k} \tag{6.1.54}$$

证明:由式(6.1.48),有

$$\boldsymbol{I}=(\boldsymbol{I}_{b,k}+\boldsymbol{I}_{f,k/k-1})\boldsymbol{P}_{s,k}$$

$$\begin{aligned}\boldsymbol{P}_{b,k}=&(\boldsymbol{I}+\boldsymbol{P}_{b,k}\boldsymbol{I}_{f,k/k-1})\boldsymbol{P}_{s,k}=\boldsymbol{P}_{s,k}+\boldsymbol{P}_{b,k}\boldsymbol{I}_{f,k/k-1}\boldsymbol{P}_{s,k}=\\&\boldsymbol{P}_{f,k/k-1}\boldsymbol{I}_{f,k/k-1}\boldsymbol{P}_{s,k}+\boldsymbol{P}_{b,k}\boldsymbol{I}_{f,k/k-1}\boldsymbol{P}_{s,k}=\\&(\boldsymbol{P}_{f,k/k-1}+\boldsymbol{P}_{b,k})\boldsymbol{I}_{f,k/k-1}\boldsymbol{P}_{s,k}\end{aligned}$$

关系式 3:

$$\boldsymbol{P}_{f,k/k-1}+\boldsymbol{P}_{b,k}=\boldsymbol{\Phi}_{k,k-1}(\boldsymbol{P}_{f,k-1}+\boldsymbol{P}_{b,k-1/k})\boldsymbol{\Phi}_{k,k-1}^{\mathrm{T}} \tag{6.1.55}$$

证明：由卡尔曼滤波基本方程和式(6.1.38d)，有

$$P_{f,k-1}=\Phi_{k,k-1}^{-1}P_{f,k/k-1}\Phi_{k,k-1}^{-T}-\Phi_{k,k-1}^{-1}Q_{k-1}\Phi_{k,k-1}^{-T}$$

$$P_{b,k-1/k}=\Phi_{k,k-1}^{-1}P_{b,k}\Phi_{k,k-1}^{-T}+\Phi_{k,k-1}^{-1}Q_{k-1}\Phi_{k,k-1}^{-T}$$

上述两式左、右分别相加，并整理得

$$P_{f,k-1}+P_{b,k-1/k}=\Phi_{k,k-1}^{-1}(P_{f,k/k-1}+P_{b,k})\Phi_{k,k-1}^{-T}$$

$$P_{f,k/k-1}+P_{b,k}=\Phi_{k,k-1}(P_{f,k-1}+P_{b,k-1/k})\Phi_{k,k-1}^{T}$$

关系式4：

$$\hat{X}_{s,k}=P_{s,k}I_{f,k}\hat{X}_{f,k/k-1}-P_{s,k}H_k^TR_k^{-1}H_k\hat{X}_{f,k/k-1}+P_{s,k}S_{b,k} \tag{6.1.56}$$

其中

$$S_{b,k}=P_{b,k}^{-1}\hat{X}_{b,k} \tag{6.1.57}$$

证明：由式(6.1.43b)，有

$$S_{b,k/k+1}=S_{b,k}-H_k^TR_k^{-1}Z_k$$

又由式(6.1.42b)，式(6.1.41) 可写成

$$\hat{X}_{s,k}=P_{s,k}I_{f,k}\hat{X}_{f,k/k-1}+P_{s,k}I_{f,k}K_{f,k}(Z_k-H_k\hat{X}_{f,k/k-1})+P_{s,k}S_{b,k}-P_{s,k}H_k^TR_k^{-1}Z_k$$

由式(2.2.4c′)

$$K_{f,k}=P_{f,k}H_k^TR_k^{-1}$$

所以

$$\begin{aligned}\hat{X}_{s,k}=&P_{s,k}I_{f,k}\hat{X}_{f,k/k-1}+P_{s,k}I_{f,k}P_{f,k}H_k^TR_k^{-1}(Z_k-H_k\hat{X}_{f,k/k-1})+P_{s,k}S_{b,k}-P_{s,k}H_k^TR_k^{-1}Z_k=\\&P_{s,k}I_{f,k}\hat{X}_{f,k/k-1}+P_{s,k}H_k^TR_k^{-1}(Z_k-H_k\hat{X}_{f,k/k-1})+P_{s,k}S_{b,k}-P_{s,k}H_k^TR_k^{-1}Z_k=\\&P_{s,k}I_{f,k}\hat{X}_{f,k/k-1}-P_{s,k}H_k^TR_k^{-1}H_k\hat{X}_{f,k/k-1}+P_{s,k}S_{b,k}\end{aligned}$$

关系式5：

$$(P_{f,k-1}+P_{b,k-1/k})^{-1}=\Phi_{k,k-1}^{T}I_{f,k/k-1}(P_{f,k/k-1}-P_{s,k})I_{f,k/k-1}\Phi_{k,k-1} \tag{6.1.58}$$

证明：由式(3.4.2) 和式(6.1.38a)，有

$$I_{f,k}=I_{f,k/k-1}+H_k^TR_k^{-1}H_k \tag{6.1.59a}$$

$$I_{b,k}=I_{b,k/k+1}+H_k^TR_k^{-1}H_k \tag{6.1.59b}$$

由上两式，得

$$I_{b,k}=I_{b,k/k+1}+I_{f,k}-I_{f,k/k-1}=[(I_{b,k/k+1}+I_{f,k})^{-1}]^{-1}-I_{f,k/k-1}$$

将式(6.1.37) 代入上式，得

$$I_{b,k}=P_{s,k}^{-1}-I_{f,k/k-1}$$

即

$$P_{b,k}=(I_{s,k}-I_{f,k/k-1})^{-1}$$

将上式代入式(6.1.55)，得

$$\Phi_{k,k-1}(P_{f,k-1}+P_{b,k-1/k})\Phi_{k,k-1}^{T}=P_{f,k/k-1}+(I_{s,k}-I_{f,k/k-1})^{-1}$$

上式两边求逆，有

$$\Phi_{k,k-1}^{-T}(P_{f,k-1}+P_{b,k-1/k})^{-1}\Phi_{k,k-1}^{-1}=[P_{f,k/k-1}+(I_{s,k}-I_{f,k/k-1})^{-1}]^{-1}$$

$$\begin{aligned}(P_{f,k-1}+P_{b,k-1/k})^{-1}=&\Phi_{k,k-1}^{T}[P_{f,k/k-1}+(I_{s,k}-I_{f,k/k-1})^{-1}]^{-1}\Phi_{k,k-1}=\\&\Phi_{k,k-1}^{T}[P_{f,k/k-1}I_{f,k/k-1}P_{f,k/k-1}+P_{f,k/k-1}I_{f,k/k-1}\cdot\\&(I_{s,k}-I_{f,k/k-1})^{-1}I_{f,k/k-1}P_{f,k/k-1}]^{-1}\Phi_{k,k-1}=\\&\Phi_{k,k-1}^{T}I_{f,k/k-1}[I_{f,k/k-1}+I_{f,k/k-1}(I_{s,k}-I_{f,k/k-1})^{-1}I_{f,k/k-1}]^{-1}I_{f,k/k-1}\Phi_{k,k-1}\end{aligned}$$

对 $(I_{s,k}-I_{f,k/k-1})^{-1}$ 应用矩阵求逆反演公式，则上式可进一步化简为

$$(\boldsymbol{P}_{f,k-1}+\boldsymbol{P}_{b,k-1/k})^{-1}=\boldsymbol{\Phi}_{k,k-1}^{\mathrm{T}}\boldsymbol{I}_{f,k/k-1}[\boldsymbol{I}_{f,k/k-1}+\boldsymbol{I}_{f,k/k-1}(-\boldsymbol{P}_{f,k/k-1}-\boldsymbol{P}_{f,k/k-1}(-\boldsymbol{P}_{f,k/k-1}+\boldsymbol{P}_{s,k})^{-1}\boldsymbol{P}_{f,k/k-1})\boldsymbol{I}_{f,k/k-1}]^{-1}\boldsymbol{I}_{f,k/k-1}\boldsymbol{\Phi}_{k,k-1}=$$
$$\boldsymbol{\Phi}_{k,k-1}^{\mathrm{T}}\boldsymbol{I}_{f,k/k-1}[\boldsymbol{I}_{f,k/k-1}+(-\boldsymbol{I}-(-\boldsymbol{P}_{f,k/k-1}+\boldsymbol{P}_{s,k})^{-1}\cdot\boldsymbol{P}_{f,k/k-1})\boldsymbol{I}_{f,k/k-1}]^{-1}\boldsymbol{I}_{f,k/k-1}\boldsymbol{\Phi}_{k,k-1}=$$
$$\boldsymbol{\Phi}_{k,k-1}^{\mathrm{T}}\boldsymbol{I}_{f,k/k-1}[\boldsymbol{I}_{f,k/k-1}-\boldsymbol{I}_{f,k/k-1}-(-\boldsymbol{P}_{f,k/k-1}+\boldsymbol{P}_{s,k})^{-1}]^{-1}\boldsymbol{I}_{f,k/k-1}\boldsymbol{\Phi}_{k,k-1}=$$
$$\boldsymbol{\Phi}_{k,k-1}^{\mathrm{T}}\boldsymbol{I}_{f,k/k-1}(\boldsymbol{P}_{f,k/k-1}-\boldsymbol{P}_{s,k})\boldsymbol{I}_{f,k/k-1}\boldsymbol{\Phi}_{k,k-1}$$

有了上述 5 个关系式，便可方便地推导出平滑值与滤波值间的关系。

由式(6.1.43d) 和式(6.1.43c)，有

$$\boldsymbol{S}_{b,k-1/k}=\boldsymbol{I}_{b,k-1/k}\boldsymbol{\Phi}_{k,k-1}^{-1}\boldsymbol{P}_{b,k}\boldsymbol{S}_{b,k}=$$
$$\boldsymbol{\Phi}_{k,k-1}^{\mathrm{T}}[\boldsymbol{Q}_{k-1}^{-1}-\boldsymbol{Q}_{k-1}^{-1}(\boldsymbol{I}_{b,k}+\boldsymbol{Q}_{k-1}^{-1})^{-1}\boldsymbol{Q}_{k-1}^{-1}]\boldsymbol{\Phi}_{k,k-1}\boldsymbol{\Phi}_{k,k-1}^{-1}\boldsymbol{P}_{b,k}\boldsymbol{S}_{b,k}=$$
$$\boldsymbol{\Phi}_{k,k-1}^{\mathrm{T}}\boldsymbol{Q}_{k-1}^{-1}[\boldsymbol{I}-(\boldsymbol{I}_{b,k}+\boldsymbol{Q}_{k-1}^{-1})^{-1}\boldsymbol{Q}_{k-1}^{-1}]\boldsymbol{P}_{b,k}\boldsymbol{S}_{b,k}=$$
$$\boldsymbol{\Phi}_{k,k-1}^{\mathrm{T}}\boldsymbol{Q}_{k-1}^{-1}(\boldsymbol{I}_{b,k}+\boldsymbol{Q}_{k-1}^{-1})^{-1}(\boldsymbol{I}_{b,k}+\boldsymbol{Q}_{k-1}^{-1}-\boldsymbol{Q}_{k-1}^{-1})\boldsymbol{P}_{b,k}\boldsymbol{S}_{b,k}=$$
$$\boldsymbol{\Phi}_{k,k-1}^{\mathrm{T}}\boldsymbol{Q}_{k-1}^{-1}(\boldsymbol{I}_{b,k}+\boldsymbol{Q}_{k-1}^{-1})^{-1}\boldsymbol{S}_{b,k}=$$
$$\boldsymbol{\Phi}_{k,k-1}^{\mathrm{T}}(\boldsymbol{I}+\boldsymbol{I}_{b,k}\boldsymbol{Q}_{k-1})^{-1}\boldsymbol{S}_{b,k}\tag{6.1.60}$$

式(6.1.60) 也可写成

$$(\boldsymbol{I}+\boldsymbol{I}_{b,k}\boldsymbol{Q}_{k-1})\boldsymbol{\Phi}_{k,k-1}^{-\mathrm{T}}\boldsymbol{S}_{b,k-1/k}=\boldsymbol{S}_{b,k}$$

两边同时左乘$\boldsymbol{\Phi}_{k,k-1}^{-1}\boldsymbol{P}_{b,k}$，有

$$\boldsymbol{\Phi}_{k,k-1}^{-1}\boldsymbol{P}_{b,k}\boldsymbol{\Phi}_{k,k-1}^{-\mathrm{T}}\boldsymbol{S}_{b,k-1/k}+\boldsymbol{\Phi}_{k,k-1}^{-1}\boldsymbol{Q}_{k-1}\boldsymbol{\Phi}_{k,k-1}^{-\mathrm{T}}\boldsymbol{S}_{b,k-1/k}=\boldsymbol{\Phi}_{k,k-1}^{-1}\boldsymbol{P}_{b,k}\boldsymbol{S}_{b,k}$$

将式(6.1.53) 代入上式，有

$$\boldsymbol{\Phi}_{k,k-1}^{-1}\boldsymbol{P}_{b,k}\boldsymbol{\Phi}_{k,k-1}^{-\mathrm{T}}\boldsymbol{S}_{b,k-1/k}+\boldsymbol{\Phi}_{k,k-1}^{-1}\boldsymbol{P}_{f,k/k-1}\boldsymbol{\Phi}_{k,k-1}^{-\mathrm{T}}\boldsymbol{S}_{b,k-1/k}-\boldsymbol{P}_{f,k-1}\boldsymbol{S}_{b,k-1/k}=\boldsymbol{\Phi}_{k,k-1}^{-1}\boldsymbol{P}_{b,k}\boldsymbol{S}_{b,k}$$
$$[\boldsymbol{\Phi}_{k,k-1}^{-1}(\boldsymbol{P}_{b,k}+\boldsymbol{P}_{f,k/k-1})\boldsymbol{\Phi}_{k,k-1}^{-\mathrm{T}}-\boldsymbol{P}_{f,k-1}]\boldsymbol{S}_{b,k-1/k}=\boldsymbol{\Phi}_{k,k-1}^{-1}\boldsymbol{P}_{b,k}\boldsymbol{S}_{b,k}$$
$$[(\boldsymbol{P}_{b,k}+\boldsymbol{P}_{f,k/k-1})\boldsymbol{\Phi}_{k,k-1}^{-\mathrm{T}}-\boldsymbol{\Phi}_{k,k-1}\boldsymbol{P}_{f,k-1}]\boldsymbol{S}_{b,k-1/k}=\boldsymbol{P}_{b,k}\boldsymbol{S}_{b,k}$$

再将式(6.1.54) 代入上式的右侧，有

$$[(\boldsymbol{P}_{f,k/k-1}+\boldsymbol{P}_{b,k})\boldsymbol{\Phi}_{k,k-1}^{-\mathrm{T}}-\boldsymbol{\Phi}_{k,k-1}\boldsymbol{P}_{f,k-1}]\boldsymbol{S}_{b,k-1/k}=(\boldsymbol{P}_{f,k/k-1}+\boldsymbol{P}_{b,k})\boldsymbol{I}_{f,k/k-1}\boldsymbol{P}_{s,k}\boldsymbol{S}_{b,k}$$

式(6.1.55) 代入上式后，再左乘$(\boldsymbol{P}_{f,k-1}+\boldsymbol{P}_{b,k-1/k})^{-1}\boldsymbol{\Phi}_{k,k-1}^{-1}$，得

$$[\boldsymbol{I}-(\boldsymbol{P}_{f,k-1}+\boldsymbol{P}_{b,k-1/k})^{-1}\boldsymbol{P}_{f,k-1}]\boldsymbol{S}_{b,k-1/k}=\boldsymbol{\Phi}_{k,k-1}^{\mathrm{T}}\boldsymbol{I}_{f,k/k-1}\boldsymbol{P}_{s,k}\boldsymbol{S}_{b,k}$$

式(6.1.58) 代入上式，得

$$\boldsymbol{S}_{b,k-1/k}-\boldsymbol{\Phi}_{k,k-1}^{\mathrm{T}}\boldsymbol{I}_{f,k/k-1}(\boldsymbol{P}_{f,k/k-1}-\boldsymbol{P}_{s,k})\boldsymbol{I}_{f,k/k-1}\boldsymbol{\Phi}_{k,k-1}\boldsymbol{P}_{f,k-1}\boldsymbol{S}_{b,k-1/k}=\boldsymbol{\Phi}_{k,k-1}^{\mathrm{T}}\boldsymbol{I}_{f,k/k-1}\boldsymbol{P}_{s,k}\boldsymbol{S}_{b,k}\tag{6.1.61}$$

以$\boldsymbol{\Phi}_{k,k-1}^{-1}\hat{\boldsymbol{X}}_{f,k/k-1}$ 右乘式(6.1.58) 左、右两边，有

$$-(\boldsymbol{P}_{f,k-1}+\boldsymbol{P}_{b,k-1/k})^{-1}\boldsymbol{\Phi}_{k,k-1}^{-1}\boldsymbol{X}_{f,k/k-1}=\boldsymbol{\Phi}_{k,k-1}^{\mathrm{T}}\boldsymbol{I}_{f,k/k-1}(\boldsymbol{P}_{s,k}-\boldsymbol{P}_{f,k/k-1})\boldsymbol{I}_{f,k/k-1}\hat{\boldsymbol{X}}_{f,k/k-1}\tag{6.1.62}$$

式(6.1.61) 和式(6.1.62) 左、右两侧分别相加，得

$$\boldsymbol{S}_{b,k-1/k}-\boldsymbol{\Phi}_{k,k-1}^{\mathrm{T}}\boldsymbol{I}_{f,k/k-1}(\boldsymbol{P}_{f,k/k-1}-\boldsymbol{P}_{s,k})\boldsymbol{I}_{f,k/k-1}\boldsymbol{\Phi}_{k,k-1}\boldsymbol{P}_{f,k-1}\boldsymbol{S}_{b,k-1/k}-(\boldsymbol{P}_{f,k-1}+\boldsymbol{P}_{b,k-1/k})^{-1}\boldsymbol{\Phi}_{k,k-1}^{-1}\hat{\boldsymbol{X}}_{f,k/k-1}=$$
$$\boldsymbol{\Phi}_{k,k-1}^{\mathrm{T}}\boldsymbol{I}_{f,k/k-1}\boldsymbol{P}_{s,k}\boldsymbol{S}_{b,k}+\boldsymbol{\Phi}_{k,k-1}^{\mathrm{T}}\boldsymbol{I}_{f,k/k-1}(\boldsymbol{P}_{s,k}-\boldsymbol{P}_{f,k/k-1})\boldsymbol{I}_{f,k/k-1}\hat{\boldsymbol{X}}_{f,k/k-1}$$

将(6.1.56) 式确定的$\boldsymbol{P}_{s,k}\boldsymbol{S}_{b,k}$ 代入上式，得

$$\begin{aligned}
&\boldsymbol{S}_{b,k-1/k}-\boldsymbol{\Phi}_{k,k-1}^{\mathrm{T}}\boldsymbol{I}_{f,k/k-1}(\boldsymbol{P}_{f,k/k-1}-\boldsymbol{P}_{s,k})\boldsymbol{I}_{f,k/k-1}\boldsymbol{\Phi}_{k,k-1}\boldsymbol{P}_{f,k-1}\boldsymbol{S}_{b,k-1/k}-\\
&\quad(\boldsymbol{P}_{f,k-1}+\boldsymbol{P}_{b,k-1/k})^{-1}\boldsymbol{\Phi}_{k,k-1}^{-1}\hat{\boldsymbol{X}}_{f,k/k-1}=\\
&\quad\boldsymbol{\Phi}_{k,k-1}^{\mathrm{T}}\boldsymbol{I}_{f,k/k-1}\hat{\boldsymbol{X}}_{s,k}-\boldsymbol{\Phi}_{k,k-1}^{\mathrm{T}}\boldsymbol{I}_{f,k/k-1}\boldsymbol{P}_{s,k}\boldsymbol{I}_{f,k}\hat{\boldsymbol{X}}_{f,k/k-1}+\\
&\quad\boldsymbol{\Phi}_{k,k-1}^{\mathrm{T}}\boldsymbol{I}_{f,k/k-1}\boldsymbol{P}_{s,k}\boldsymbol{H}_k^{\mathrm{T}}\boldsymbol{R}_k^{-1}\boldsymbol{H}_k\hat{\boldsymbol{X}}_{f,k/k-1}+\\
&\quad\boldsymbol{\Phi}_{k,k-1}^{\mathrm{T}}\boldsymbol{I}_{f,k/k-1}(\boldsymbol{P}_{s,k}-\boldsymbol{P}_{f,k/k-1})\boldsymbol{I}_{f,k/k-1}\hat{\boldsymbol{X}}_{f,k/k-1}
\end{aligned}$$

即

$$\begin{aligned}
&\boldsymbol{S}_{b,k-1/k}-\boldsymbol{\Phi}_{k,k-1}^{\mathrm{T}}\boldsymbol{I}_{f,k/k-1}(\boldsymbol{P}_{f,k/k-1}-\boldsymbol{P}_{s,k})\boldsymbol{I}_{f,k/k-1}\boldsymbol{\Phi}_{k,k-1}\boldsymbol{P}_{f,k-1}\boldsymbol{S}_{b,k-1/k}+\\
&\{-(\boldsymbol{P}_{f,k-1}+\boldsymbol{P}_{b,k-1/k})^{-1}\boldsymbol{\Phi}_{k,k-1}^{-1}+[\boldsymbol{\Phi}_{k,k-1}^{\mathrm{T}}\boldsymbol{I}_{f,k/k-1}\boldsymbol{P}_{s,k}\boldsymbol{I}_{f,k}-\\
&\boldsymbol{\Phi}_{k,k-1}^{\mathrm{T}}\boldsymbol{I}_{f,k/k-1}\boldsymbol{P}_{s,k}\boldsymbol{H}_k^{\mathrm{T}}\boldsymbol{R}_k^{-1}\boldsymbol{H}_k-\boldsymbol{\Phi}_{k,k-1}^{\mathrm{T}}\boldsymbol{I}_{f,k/k-1}\boldsymbol{P}_{s,k}\boldsymbol{I}_{f,k/k-1}]\}\hat{\boldsymbol{X}}_{f,k/k-1}=\\
&\boldsymbol{\Phi}_{k,k-1}^{\mathrm{T}}\boldsymbol{I}_{f,k/k-1}(\hat{\boldsymbol{X}}_{s,k}-\hat{\boldsymbol{X}}_{f,k/k-1})
\end{aligned}\tag{6.1.63}$$

根据式(6.1.59a)，有

$$\boldsymbol{I}_{f,k}-\boldsymbol{I}_{f,k/k-1}=\boldsymbol{H}_k^{\mathrm{T}}\boldsymbol{R}_k^{-1}\boldsymbol{H}_k$$

所以，式(6.1.63)左边方括号内的值为

$$\begin{aligned}
&\boldsymbol{\Phi}_{k,k-1}^{\mathrm{T}}\boldsymbol{I}_{f,k/k-1}\boldsymbol{P}_{s,k}\boldsymbol{I}_{f,k}-\boldsymbol{\Phi}_{k,k-1}^{\mathrm{T}}\boldsymbol{I}_{f,k/k-1}\boldsymbol{P}_{s,k}\boldsymbol{H}_k^{\mathrm{T}}\boldsymbol{R}_k^{-1}\boldsymbol{H}_k-\boldsymbol{\Phi}_{k,k-1}^{\mathrm{T}}\boldsymbol{I}_{f,k/k-1}\boldsymbol{P}_{s,k}\boldsymbol{I}_{f,k/k-1}=\\
&\qquad\boldsymbol{\Phi}_{k,k-1}^{\mathrm{T}}\boldsymbol{I}_{f,k/k-1}\boldsymbol{P}_{s,k}(\boldsymbol{I}_{f,k}-\boldsymbol{I}_{f,k/k-1})-\boldsymbol{\Phi}_{k,k-1}^{\mathrm{T}}\boldsymbol{I}_{f,k/k-1}\boldsymbol{P}_{s,k}\boldsymbol{H}_k^{\mathrm{T}}\boldsymbol{R}_k^{-1}\\
&\boldsymbol{H}_k=\boldsymbol{0}
\end{aligned}$$

这样式(6.1.63)中大括号内的值可写为

$$-(\boldsymbol{P}_{f,k-1}+\boldsymbol{P}_{b,k-1/k})^{-1}\boldsymbol{\Phi}_{k,k-1}^{-1}=-\boldsymbol{I}_{b,k-1/k}(\boldsymbol{I}+\boldsymbol{P}_{f,k-1}\boldsymbol{I}_{b,k-1/k})^{-1}\boldsymbol{\Phi}_{k,k-1}^{-1}$$

又由于$\boldsymbol{\Phi}_{k,k-1}^{-1}\hat{\boldsymbol{X}}_{f,k/k-1}=\hat{\boldsymbol{X}}_{f/k-1}$，所以式(6.1.63)可以写成

$$\begin{aligned}
&\boldsymbol{S}_{b,k-1/k}-\boldsymbol{\Phi}_{k,k-1}^{\mathrm{T}}\boldsymbol{I}_{f,k/k-1}(\boldsymbol{P}_{f,k/k-1}-\boldsymbol{P}_{s,k})\boldsymbol{I}_{f,k/k-1}\boldsymbol{\Phi}_{k,k-1}\boldsymbol{P}_{f,k-1}\boldsymbol{S}_{b,k-1/k}-\\
&\quad\boldsymbol{I}_{b,k-1/k}(\boldsymbol{I}+\boldsymbol{P}_{f,k-1}\boldsymbol{I}_{b,k-1/k})^{-1}\hat{\boldsymbol{X}}_{f,k-1}=\boldsymbol{\Phi}_{k,k-1}^{\mathrm{T}}\boldsymbol{I}_{f,k/k-1}(\hat{\boldsymbol{X}}_{s,k}-\hat{\boldsymbol{X}}_{f,k/k-1})
\end{aligned}$$

根据式(6.1.51)和式(6.1.52)，上式可写成

$$\begin{aligned}
&\boldsymbol{S}_{b,k-1/k}-\boldsymbol{\Phi}_{k,k-1}^{\mathrm{T}}\boldsymbol{I}_{f,k/k-1}(\boldsymbol{P}_{f,k/k-1}-\boldsymbol{P}_{f,k}+\boldsymbol{K}_{s,k}\boldsymbol{P}_{f,k+1/k}\boldsymbol{K}_{s,k}^{\mathrm{T}}-\boldsymbol{K}_{s,k}\boldsymbol{P}_{s,k+1}\boldsymbol{K}_{s,k}^{\mathrm{T}})\boldsymbol{K}_{s,k-1}^{\mathrm{T}}\boldsymbol{S}_{b,k-1/k}-\\
&\quad\boldsymbol{I}_{b,k-1/k}(\boldsymbol{I}+\boldsymbol{P}_{f,k-1}\boldsymbol{I}_{b,k-1/k})^{-1}\hat{\boldsymbol{X}}_{f,k-1}=\boldsymbol{\Phi}_{k,k-1}^{\mathrm{T}}\boldsymbol{I}_{f,k/k-1}(\hat{\boldsymbol{X}}_{s,k}-\hat{\boldsymbol{X}}_{f,k/k-1})
\end{aligned}$$

上式左、右两侧各左乘$\boldsymbol{P}_{f,k-1}$，并根据式(6.1.51)，有

$$\begin{aligned}
&[\boldsymbol{P}_{f,k-1}-\boldsymbol{P}_{f,k-1}\boldsymbol{\Phi}_{k,k-1}^{\mathrm{T}}\boldsymbol{I}_{f,k/k-1}(\boldsymbol{P}_{f,k/k-1}-\boldsymbol{P}_{f,k}+\boldsymbol{K}_{s,k}\boldsymbol{P}_{f,k+1/k}\boldsymbol{K}_{s,k}^{\mathrm{T}}-\boldsymbol{K}_{s,k}\boldsymbol{P}_{s,k+1}\boldsymbol{K}_{s,k}^{\mathrm{T}})\boldsymbol{K}_{s,k-1}^{\mathrm{T}}]\cdot\\
&\quad\boldsymbol{S}_{b,k-1/k}-\boldsymbol{P}_{f,k-1}\boldsymbol{I}_{b,k-1/k}(\boldsymbol{I}+\boldsymbol{P}_{f,k-1}\boldsymbol{I}_{b,k-1/k})^{-1}\hat{\boldsymbol{X}}_{f,k-1}=\boldsymbol{K}_{s,k-1}(\hat{\boldsymbol{X}}_{s,k}-\hat{\boldsymbol{X}}_{f,k/k-1})
\end{aligned}\tag{6.1.64}$$

根据式(6.1.51)及式(6.1.52)，式(6.1.64)等号左边方括号内的值可写成

$$\begin{aligned}
&\boldsymbol{P}_{f,k-1}-\boldsymbol{K}_{s,k-1}(\boldsymbol{P}_{f,k/k-1}-\boldsymbol{P}_{f,k}+\boldsymbol{K}_{s,k}\boldsymbol{P}_{f,k+1/k}\boldsymbol{K}_{s,k}^{\mathrm{T}}-\boldsymbol{K}_{s,k}\boldsymbol{P}_{s,k+1}\boldsymbol{K}_{s,k}^{\mathrm{T}})\boldsymbol{K}_{s,k-1}^{\mathrm{T}}=\\
&\quad\boldsymbol{P}_{f,k-1}-\boldsymbol{K}_{s,k-1}(\boldsymbol{P}_{f,k/k-1}-\boldsymbol{P}_{f,k}+\boldsymbol{K}_{s,k}\boldsymbol{P}_{f,k+1/k}\boldsymbol{K}_{s,k}^{\mathrm{T}}-\boldsymbol{P}_{s,k}+\boldsymbol{P}_{f,k}-\boldsymbol{K}_{s,k}\boldsymbol{P}_{f,k+1/k}\boldsymbol{K}_{s,k}^{\mathrm{T}})\boldsymbol{K}_{s,k-1}^{\mathrm{T}}=\\
&\quad\boldsymbol{P}_{f,k-1}-\boldsymbol{K}_{s,k-1}\boldsymbol{P}_{f,k/k-1}\boldsymbol{K}_{s,k-1}^{\mathrm{T}}+\boldsymbol{K}_{s,k-1}\boldsymbol{P}_{s,k}\boldsymbol{K}_{s,k-1}^{\mathrm{T}}=\\
&\quad\boldsymbol{P}_{f,k-1}-\boldsymbol{K}_{s,k-1}\boldsymbol{P}_{f,k/k-1}\boldsymbol{K}_{s,k-1}^{\mathrm{T}}+\boldsymbol{P}_{s,k-1}-\boldsymbol{P}_{f,k-1}+\boldsymbol{K}_{s,k-1}\boldsymbol{P}_{f,k/k-1}\boldsymbol{K}_{s,k-1}^{\mathrm{T}}=\boldsymbol{P}_{s,k-1}
\end{aligned}$$

所以式(6.1.64)可写成

$$\boldsymbol{P}_{s,k-1}\boldsymbol{S}_{b,k-1/k}-\boldsymbol{P}_{f,k-1}\boldsymbol{I}_{b,k-1/k}(\boldsymbol{I}+\boldsymbol{P}_{f,k-1}\boldsymbol{I}_{b,k-1/k})^{-1}\hat{\boldsymbol{X}}_{f,k-1}=\boldsymbol{K}_{s,k-1}(\hat{\boldsymbol{X}}_{s,k}-\hat{\boldsymbol{X}}_{f,k/k-1})\tag{6.1.65}$$

由式(6.1.40)和式(6.1.41)可得

$$\begin{aligned}
\hat{\boldsymbol{X}}_{s,k}&=(\boldsymbol{I}_{f,k}+\boldsymbol{I}_{b,k/k+1})^{-1}\boldsymbol{I}_{f,k}\hat{\boldsymbol{X}}_{f,k}+\boldsymbol{P}_{s,k}\boldsymbol{I}_{b,k/k+1}\hat{\boldsymbol{X}}_{b,k/k+1}=\\
&(\boldsymbol{I}+\boldsymbol{P}_{f,k}\boldsymbol{I}_{b,k/k+1})^{-1}\hat{\boldsymbol{X}}_{f,k}+\boldsymbol{P}_{s,k}\boldsymbol{S}_{b,k/k+1}
\end{aligned}$$

$$\hat{\boldsymbol{X}}_{s,k}-\hat{\boldsymbol{X}}_{f,k}=[(\boldsymbol{I}+\boldsymbol{P}_{f,k}\boldsymbol{I}_{b,k/k+1})^{-1}-\boldsymbol{I}]\hat{\boldsymbol{X}}_{f,k}+\boldsymbol{P}_{s,k}\boldsymbol{S}_{b,k/k+1}=$$
$$[\boldsymbol{I}-(\boldsymbol{I}+\boldsymbol{P}_{f,k}\boldsymbol{I}_{b,k/k+1})](\boldsymbol{I}+\boldsymbol{P}_{f,k}\boldsymbol{I}_{b,k/k+1})^{-1}\hat{\boldsymbol{X}}_{f,k}+\boldsymbol{P}_{s,k}\boldsymbol{S}_{b,k/k+1}=$$
$$-\boldsymbol{P}_{f,k}\boldsymbol{I}_{b,k/k+1}(\boldsymbol{I}+\boldsymbol{P}_{f,k}\boldsymbol{I}_{b,k/k+1})^{-1}\hat{\boldsymbol{X}}_{f,k}+\boldsymbol{P}_{s,k}\boldsymbol{S}_{b,k/k+1}\tag{6.1.66}$$

式(6.1.66)的下标 k 换成 $k-1$，并代入式(6.1.65)，得

$$\hat{\boldsymbol{X}}_{s,k-1}-\hat{\boldsymbol{X}}_{f,k-1}=\boldsymbol{K}_{s,k-1}(\hat{\boldsymbol{X}}_{s,k}-\hat{\boldsymbol{X}}_{f,k/k-1})$$

即

$$\hat{\boldsymbol{X}}_{s,k}=\hat{\boldsymbol{X}}_{f,k}+\boldsymbol{K}_{s,k}(\hat{\boldsymbol{X}}_{s,k+1}-\hat{\boldsymbol{X}}_{f,k+1/k})\tag{6.1.67}$$

(3)RTS 平滑算法归纳。根据上述分析，由式(6.1.51)、(6.1.52)和式(6.1.67)，可归纳出固定区间 RTS 平滑算法如下。

对于给定在 t_1 至 t_N 区间上的量测量 $\boldsymbol{Z}_1,\boldsymbol{Z}_2,\cdots,\boldsymbol{Z}_N$，先按顺序作正向卡尔曼滤波，获得并顺序记录：$\hat{\boldsymbol{X}}_{f,k}$；$\boldsymbol{\Phi}_{k,k-1}$；$\hat{\boldsymbol{X}}_{f,k/k-1}$；$\boldsymbol{P}_{f,k}$；$\boldsymbol{P}_{f,k/k-1}$。$k=1,2,\cdots N$。

当 $k=N$ 时，逆序执行 RTS 平滑算法：

$$\boldsymbol{K}_{s,k}=\boldsymbol{P}_{f,k}\boldsymbol{\Phi}_{k+1,k}^{\mathrm{T}}\boldsymbol{P}_{f,k+1/k}^{-1}$$
$$\hat{\boldsymbol{X}}_{s,k}=\hat{\boldsymbol{X}}_{f,k}+\boldsymbol{K}_{s,k}(\hat{\boldsymbol{X}}_{s,k+1}-\hat{\boldsymbol{X}}_{f,k+1/k})$$
$$\boldsymbol{P}_{s,k}=\boldsymbol{P}_{f,k}-\boldsymbol{K}_{s,k}(\boldsymbol{P}_{f,k+1/k}-\boldsymbol{P}_{s,k+1})\boldsymbol{K}_{s,k}^{\mathrm{T}}$$
$$k=N-1,N-2,\cdots 2,1,0$$

式中，$\boldsymbol{P}_{s,N}=\boldsymbol{P}_{f,N}$；$\hat{\boldsymbol{X}}_{s,N}=\hat{\boldsymbol{X}}_{f,N}$。

固定区间平滑利用整个时间区间上的所有量测 $\boldsymbol{Z}_1,\boldsymbol{Z}_2,\cdots,\boldsymbol{Z}_k,\cdots,\boldsymbol{Z}_N$ 对区间内每一时刻 t_k 上的状态 $\boldsymbol{X}_k$ 作最优估计，而滤波只利用 t_k 及 t_k 时刻以前的量测 $\boldsymbol{Z}_1,\boldsymbol{Z}_2,\cdots,\boldsymbol{Z}_k$ 作最优估计，由于平滑使用的量测比滤波使用的多，所以平滑精度比滤波精度高。但固定区间平滑是一种离线处理方法，只能用在无实时要求的场合，如对试飞数据的处理，根据地面测轨系统对卫星的测量数据计算卫星的入轨参数，根据挂飞数据计算机载导弹捷联惯导传递对准精度等。

RTS 算法简洁而有效，但如果计算误差积累使式(6.1.52)右侧第二项超过第一项时，则有可能使 $\boldsymbol{P}_{s,k}$ 成负定阵，这将使平滑结果的合理性得不到保证。为了确保 $\boldsymbol{P}_{s,k}$ 始终非负定，文献[66]提出了对 RTS 算法改进的算法，即 Watanabe 算法：

$$\boldsymbol{S}_k=\boldsymbol{\Phi}_{k+1,k}^{-\mathrm{T}}\boldsymbol{P}_{f,k}^{-1}\boldsymbol{\Phi}_{k+1,k}^{-1}$$
$$\boldsymbol{q}_k=\boldsymbol{\Phi}_{k+1,k}^{-\mathrm{T}}\boldsymbol{P}_{f,k}^{-1}\hat{\boldsymbol{X}}_{f,k}$$
$$\boldsymbol{\Delta}_k=(\boldsymbol{\Gamma}_k^{\mathrm{T}}\boldsymbol{S}_k\boldsymbol{\Gamma}_k+\boldsymbol{Q}_k^{-1})^{-1}$$
$$\boldsymbol{K}_k=\boldsymbol{S}_k\boldsymbol{\Gamma}_k\boldsymbol{\Delta}_k^{\mathrm{T}}$$
$$\boldsymbol{y}_k=\boldsymbol{\Gamma}_k^{\mathrm{T}}\boldsymbol{q}_k$$
$$\bar{\boldsymbol{X}}_{s,k}=(\boldsymbol{I}-\boldsymbol{\Gamma}_k\boldsymbol{K}_k^{\mathrm{T}})\hat{\boldsymbol{X}}_{s,k+1}+\boldsymbol{\Gamma}_k\boldsymbol{\Delta}_k\boldsymbol{y}_k$$
$$\hat{\boldsymbol{X}}_{s,k}=\boldsymbol{\Phi}_{k+1,k}^{-1}\bar{\boldsymbol{X}}_{s,k}$$
$$\bar{\boldsymbol{P}}_{s,k}=(\boldsymbol{I}-\boldsymbol{\Gamma}_k\boldsymbol{K}_k^{\mathrm{T}})\boldsymbol{P}_{s,k+1}(\boldsymbol{I}-\boldsymbol{\Gamma}_k\boldsymbol{K}_k^{\mathrm{T}})+\boldsymbol{\Gamma}_k\boldsymbol{\Delta}_k\boldsymbol{\Gamma}_k^{\mathrm{T}}$$
$$\boldsymbol{P}_{s,k}=\boldsymbol{\Phi}_{k+1,k}^{-1}\bar{\boldsymbol{P}}_{s,k}\boldsymbol{\Phi}_{k+1,k}^{-\mathrm{T}}$$
$$k=N-1,N-2,\cdots,2,1,0$$

式中，$\boldsymbol{P}_{s,N}=\boldsymbol{P}_{f,N}$，$\hat{\boldsymbol{X}}_{s,N}=\hat{\boldsymbol{X}}_{f,N}$。

6.2　非线性系统滤波之一：EKF

6.2.1　概述

第二章所讨论的卡尔曼滤波问题都是假设物理系统(动态系统和量测系统)的数学模型是线性的。但是,工程实践中所遇到的物理系统数学模型则往往是非线性的,即系统方程是非线性的,或系统方程和量测方程均是非线性的。例如:飞机和舰船上的惯性导航系统、导弹的制导系统、多普勒导航系统、卫星导航系统以及其他很多工业控制系统等,一般都是非线性系统。

一般的非线性连续系统和离散系统的方程可由以下形式描述:

$$\dot{\boldsymbol{X}}(t)=\boldsymbol{f}[\boldsymbol{X}(t),\boldsymbol{w}(t),t] \tag{6.2.1}$$

$$\boldsymbol{Z}(t)=\boldsymbol{h}[\boldsymbol{X}(t),\boldsymbol{v}(t),t] \tag{6.2.2}$$

或

$$\boldsymbol{X}_k=\boldsymbol{f}[\boldsymbol{X}_{k-1},\boldsymbol{W}_{k-1},k-1] \tag{6.2.3}$$

$$\boldsymbol{Z}_k=\boldsymbol{h}[\boldsymbol{X}_k,\boldsymbol{V}_k,k] \tag{6.2.4}$$

式中,$\boldsymbol{f}[\cdot]$ 是 n 维向量函数,对其自变量而言是非线性的;$\boldsymbol{h}[\cdot]$ 是 m 维向量函数,它对自变量而言也是非线性的;$\boldsymbol{w}(t)$ 或 $\{\boldsymbol{W}_{k-1}\}$ 和 $\boldsymbol{v}(t)$ 或 $\{\boldsymbol{V}_k\}$ 分别是 r 维随机系统动态噪声和 m 维量测系统噪声,初始状态 $\boldsymbol{X}(0)$ 或 $\boldsymbol{X}_0$ 通常是任意值的 n 维随机向量。

如果噪声 $\boldsymbol{w}(t)$ 或 $\{\boldsymbol{W}_{k-1}\}$ 和 $\boldsymbol{v}(t)$ 或 $\{\boldsymbol{V}_k\}$ 的概率分布是任意的,那么系统式(6.2.1)和式(6.2.2)或式(6.2.3)和式(6.2.4)所描述的将是属于非常一般的随机非线性系统。这类系统的最优估计问题的求解是极不方便的。因此,为了使估计问题得到可行的解答,必须对噪声的统计特性给以符合实际而又便于数学处理的假定。本章研究的非线性最优估计问题的随机非线性系统的数学模型是属如下这种类型:

$$\dot{\boldsymbol{X}}(t)=\boldsymbol{f}[\boldsymbol{X}(t),t]+\boldsymbol{G}(t)\boldsymbol{w}(t) \tag{6.2.5}$$

$$\boldsymbol{Z}(t)=\boldsymbol{h}[\boldsymbol{X}(t),t]+\boldsymbol{v}(t) \tag{6.2.6}$$

或

$$\boldsymbol{X}_k=\boldsymbol{f}[\boldsymbol{X}_{k-1},k-1]+\boldsymbol{\Gamma}_{k-1}\boldsymbol{W}_{k-1} \tag{6.2.7}$$

$$\boldsymbol{Z}_k=\boldsymbol{h}[\boldsymbol{X}_k,k]+\boldsymbol{V}_k \tag{6.2.8}$$

式中,$\boldsymbol{w}(t)$ 或 $\{\boldsymbol{W}_{k-1}\}$ 和 $\boldsymbol{v}(t)$ 或 $\{\boldsymbol{V}_k\}$ 均是彼此不相关的零均值白噪声序列,它们与初始状态 $\boldsymbol{X}(0)$ 或 $\boldsymbol{X}_0$ 也不相关,即对于 $t\geqslant t_0$ 或 $k-1\geqslant 0$,有

$$E[\boldsymbol{w}(t)]=\boldsymbol{0},E[\boldsymbol{w}(t)\cdot\boldsymbol{w}^{\mathrm{T}}(\tau)]=\boldsymbol{q}(t)\delta(t-\tau)$$

$$E[\boldsymbol{v}(t)]=\boldsymbol{0},E[\boldsymbol{v}(t)\cdot\boldsymbol{v}^{\mathrm{T}}(\tau)]=\boldsymbol{r}(t)\delta(t-\tau)$$

$$E[\boldsymbol{w}(t)\cdot\boldsymbol{v}^{\mathrm{T}}(\tau)]=\boldsymbol{0},\mathrm{E}[\boldsymbol{X}(0)\cdot\boldsymbol{w}_{(\tau)}^{\mathrm{T}}]=\boldsymbol{0}\quad E[\boldsymbol{X}(0)\boldsymbol{V}^{\mathrm{T}}(\tau)=\boldsymbol{0}]$$

或

$$E[\boldsymbol{W}_{k-1}]=\boldsymbol{0},\ E[\boldsymbol{W}_{k-1}\boldsymbol{W}_{j-1}^{\mathrm{T}}]=\boldsymbol{Q}_{k-1}\delta_{k-1,j-1}$$

$$E[\boldsymbol{V}_k]=\boldsymbol{0},\quad E[\boldsymbol{V}_k\boldsymbol{V}_j^{\mathrm{T}}]=\boldsymbol{R}_k\delta_{k,j}$$

$$E[\boldsymbol{W}_k\boldsymbol{V}_j^{\mathrm{T}}]=\boldsymbol{0},\ E[\boldsymbol{X}_0\boldsymbol{W}_{k-1}^{\mathrm{T}}]=\boldsymbol{0},E[\boldsymbol{X}_0\boldsymbol{V}_k^{\mathrm{T}}]=\boldsymbol{0}$$

而初始状态为具有如下均值和方差(强度)阵的随机向量为

$$E[\boldsymbol{X}(0)]=\boldsymbol{m}_{\boldsymbol{X}(0)},\quad \mathrm{Var}[\boldsymbol{X}(0)]=\boldsymbol{C}_{\boldsymbol{X}(0)}$$

或 $$E[\boldsymbol{X}_0]=\boldsymbol{m}_{\boldsymbol{X}_0},\mathrm{Var}[\boldsymbol{X}_0]=\boldsymbol{C}_{\boldsymbol{X}_0}$$

以及 $\boldsymbol{X}(t)$ 或 $\boldsymbol{X}_k$ 是 n 维状态向量，$\boldsymbol{f}[\boldsymbol{X}(t),t]$ 或 $\boldsymbol{f}[\boldsymbol{X}_{k-1},k-1]$ 是 n 维非线性向量连续函数或离散函数。$\boldsymbol{G}(t)$ 或 $\boldsymbol{\Gamma}_{k-1}$ 是 $n\times r$ 矩阵，$\boldsymbol{h}[\boldsymbol{X}(t),t]$ 或 $\boldsymbol{h}[\boldsymbol{X}_k,k]$ 是 m 维非线性向量连续函数或离散函数。

考虑了最优控制信号 $\boldsymbol{u}(t)$ 或 $\boldsymbol{U}_{k-1}$ 后，式(6.2.5) 和式(6.2.7) 可以改写为

$$\dot{\boldsymbol{X}}(t)=\boldsymbol{f}[\boldsymbol{X}(t),t]+\boldsymbol{B}(t)\boldsymbol{u}(t)+\boldsymbol{G}(t)\boldsymbol{w}(t) \tag{6.2.9a}$$

或

$$\boldsymbol{X}_k=\boldsymbol{f}[\boldsymbol{X}_{k-1},k-1]+\boldsymbol{T}_{k-1}\boldsymbol{U}_{k-1}+\boldsymbol{\Gamma}_{k-1}\boldsymbol{W}_{k-1} \tag{6.2.9b}$$

卡尔曼滤波基本方程不能直接用来解决非线性系统的滤波问题，但如果系统的非线性较弱，则可对系统方程和量测方程中的非线性函数作泰勒级数展开并仅保留线性项，获得线性模型，此时，卡尔曼滤波基本方程就完全适用了。

设有多元向量函数

$$\boldsymbol{Y}=\boldsymbol{g}(x_1,x_2,\cdots,x_n)$$

记

$$\boldsymbol{X}=\begin{bmatrix}x_1\\x_2\\\vdots\\x_n\end{bmatrix},\quad \bar{\boldsymbol{X}}=\begin{bmatrix}\bar{x}_1\\\bar{x}_2\\\vdots\\\bar{x}_n\end{bmatrix},\quad \delta\boldsymbol{X}=\begin{bmatrix}\delta x_1\\\delta x_2\\\vdots\\\delta x_n\end{bmatrix},\quad \nabla=\begin{bmatrix}\dfrac{\partial}{\partial x_1}\\\dfrac{\partial}{\partial x_2}\\\vdots\\\dfrac{\partial}{\partial x_n}\end{bmatrix}$$

则该多元向量函数的泰勒级数为

$$\begin{aligned}\boldsymbol{Y}=&\ \boldsymbol{g}(\bar{x}_1,\bar{x}_2,\cdots\bar{x}_n)+\sum_{i=1}^{\infty}\frac{1}{i!}\left(\delta x_1\frac{\partial}{\partial x_1}+\delta x_2\frac{\partial}{\partial x_2}+\cdots+\delta x_n\frac{\partial}{\partial x_n}\right)^i\cdot\boldsymbol{g}(\bar{x}_1,\bar{x}_2,\cdots,\bar{x}_n)=\\&\boldsymbol{g}(\bar{\boldsymbol{X}})+\sum_{i=1}^{\infty}\frac{1}{i!}(\delta\boldsymbol{X}\cdot\nabla)^i\boldsymbol{g}(\bar{\boldsymbol{X}})\end{aligned}$$

若只保留线性项，则

$$\begin{aligned}\boldsymbol{Y}=&\boldsymbol{g}(\bar{\boldsymbol{X}})+\left(\delta x_1\frac{\partial\boldsymbol{g}}{\partial x_1}+\delta x_2\frac{\partial\boldsymbol{g}}{\partial x_2}+\cdots+\delta x_n\frac{\partial\boldsymbol{g}}{\partial x_n}\right)\bigg|_{\boldsymbol{X}=\bar{\boldsymbol{X}}}=\\&\boldsymbol{g}(\bar{\boldsymbol{X}})+\begin{bmatrix}\dfrac{\partial\boldsymbol{g}}{\partial x_1}&\dfrac{\partial\boldsymbol{g}}{\partial x_2}&\cdots&\dfrac{\partial\boldsymbol{g}}{\partial x_n}\end{bmatrix}\bigg|_{\boldsymbol{X}=\bar{\boldsymbol{X}}}\cdot\delta\boldsymbol{X}\end{aligned}$$

根据附录关于矩阵间的微分关系(A-1)，上式可写成

$$\boldsymbol{Y}=\boldsymbol{g}(\bar{\boldsymbol{X}})+\frac{\partial\boldsymbol{g}}{\partial\boldsymbol{X}^{\mathrm{T}}}\bigg|_{\boldsymbol{X}=\bar{\boldsymbol{X}}}\cdot\delta\boldsymbol{X}$$

其中

$$\frac{\partial\boldsymbol{g}}{\partial\boldsymbol{X}^{\mathrm{T}}}=\begin{bmatrix}\dfrac{\partial\boldsymbol{g}}{\partial x_1}&\dfrac{\partial\boldsymbol{g}}{\partial x_2}&\cdots&\dfrac{\partial\boldsymbol{g}}{\partial x_n}\end{bmatrix} \tag{6.2.10}$$

称为非线性函数 $\boldsymbol{g}$ 的雅可比矩阵。

6.2.2 按标称状态线性化的卡尔曼滤波方程

1. 围绕标称状态的线性化

当 $\boldsymbol{w}(t)$ 或 $\boldsymbol{W}_{k-1}$ 和 $\boldsymbol{v}(t)$ 或 $\boldsymbol{V}_k$ 的噪声恒为零时，系统模型式(6.2.9a) 和式(6.2.6) 或式

(6.2.9b) 和式(6.2.8) 的解称为非线性方程的理论解,又称“标称轨迹”或“标称状态”。因此,如果把标称轨迹上的值记作 $\boldsymbol{X}^{\mathrm{n}}(t)$ 或 $\boldsymbol{X}_k^{\mathrm{n}}$ 和 $\boldsymbol{Z}^{\mathrm{n}}(t)$ 或 $\boldsymbol{Z}_k^{\mathrm{n}}$,则得

$$\dot{\boldsymbol{X}}^{\mathrm{n}}(t)=\boldsymbol{f}[\boldsymbol{X}^{\mathrm{n}}(t),t]+\boldsymbol{B}(t)\boldsymbol{u}(t) \tag{6.2.11}$$

$$\boldsymbol{Z}^{\mathrm{n}}(t)=\boldsymbol{h}[\boldsymbol{X}^{\mathrm{n}}(t),t] \tag{6.2.12}$$

或

$$\boldsymbol{X}_k^{\mathrm{n}}=\boldsymbol{f}[\boldsymbol{X}_{k-1}^{\mathrm{n}},k-1]+\boldsymbol{T}_{k-1}\boldsymbol{U}_{k-1} \tag{6.2.13}$$

$$\boldsymbol{Z}_k^{\mathrm{n}}=\boldsymbol{h}[\boldsymbol{X}_k^{\mathrm{n}},k] \tag{6.2.14}$$

一般把非线性系统式(6.2.9a) 和式(6.2.6) 或式(6.2.9b) 和式(6.2.8) 的真实解称之为“真轨迹”或“真状态”。在真轨迹上的值为 $\boldsymbol{X}(t)$ 或 $\boldsymbol{X}_k$ 和 $\boldsymbol{Z}(t)$ 或 $\boldsymbol{Z}_k$。非线性系统的真轨迹运动与标称轨迹运动的偏差为

$$\Delta\boldsymbol{X}(t)=\boldsymbol{X}(t)-\boldsymbol{X}^{\mathrm{n}}(t) \tag{6.2.15}$$

$$\Delta\boldsymbol{Z}(t)=\boldsymbol{Z}(t)-\boldsymbol{Z}^{\mathrm{n}}(t) \tag{6.2.16}$$

或

$$\Delta\boldsymbol{X}_k=\boldsymbol{X}_k-\boldsymbol{X}_k^{\mathrm{n}} \tag{6.2.17}$$

$$\Delta\boldsymbol{Z}_k=\boldsymbol{Z}_k-\boldsymbol{Z}_k^{\mathrm{n}} \tag{6.2.18}$$

如果这些偏差都足够小,那么,可以围绕标称状态把 $\boldsymbol{X}(t)$ 和 $\boldsymbol{Z}(t)$ 展开成泰勒级数,并且可取一次近似值得

$$\dot{\boldsymbol{X}}(t)=\boldsymbol{f}[\boldsymbol{X}(t),t]\big|_{\boldsymbol{X}(t)=\boldsymbol{X}^{\mathrm{n}}(t)}+\left.\frac{\partial\boldsymbol{f}[\boldsymbol{X}(t),t]}{\partial\boldsymbol{X}^{\mathrm{T}}(t)}\right|_{\boldsymbol{X}(t)=\boldsymbol{X}^{\mathrm{n}}(t)}\Delta\boldsymbol{X}(t)+\boldsymbol{B}(t)\boldsymbol{u}(t)+\boldsymbol{G}(t)\boldsymbol{w}(t) \tag{6.2.19}$$

$$\boldsymbol{Z}(t)=\boldsymbol{h}[\boldsymbol{X}(t),t]\big|_{\boldsymbol{X}(t)=\boldsymbol{X}^{\mathrm{n}}(t)}+\left.\frac{\partial\boldsymbol{h}[\boldsymbol{X}(t),t]}{\partial\boldsymbol{X}^{\mathrm{T}}(t)}\right|_{\boldsymbol{X}(t)=\boldsymbol{X}^{\mathrm{n}}(t)}\Delta\boldsymbol{X}(t)+\boldsymbol{v}(t) \tag{6.2.20}$$

考虑与式(6.2.11) 和式(6.2.12) 的关系后,上面两式可改写成

$$\dot{\boldsymbol{X}}(t)=\dot{\boldsymbol{X}}^{\mathrm{n}}(t)+\boldsymbol{F}^{\mathrm{n}}(t)\Delta\boldsymbol{X}(t)+\boldsymbol{G}\boldsymbol{w}(t) \tag{6.2.21}$$

$$\boldsymbol{Z}(t)=\boldsymbol{Z}^{\mathrm{n}}(t)+\boldsymbol{H}^{\mathrm{n}}(t)\Delta\boldsymbol{X}(t)+\boldsymbol{v}(t) \tag{6.2.22}$$

或

$$\Delta\dot{\boldsymbol{X}}(t)=\boldsymbol{F}^{\mathrm{n}}(t)\Delta\boldsymbol{X}(t)+\boldsymbol{G}(t)\boldsymbol{w}(t) \tag{6.2.23}$$

$$\Delta\boldsymbol{Z}(t)=\boldsymbol{H}^{\mathrm{n}}(t)\Delta\boldsymbol{X}(t)+\boldsymbol{v}(t) \tag{6.2.24}$$

式中

$$\boldsymbol{F}^{\mathrm{n}}(t)=\left.\frac{\partial\boldsymbol{f}[\boldsymbol{X}(t),t]}{\partial\boldsymbol{X}^{\mathrm{T}}(t)}\right|_{\boldsymbol{X}(t)=\boldsymbol{X}^{\mathrm{n}}(t)}=\begin{bmatrix}\frac{\partial f_1[\boldsymbol{X}(t),t]}{\partial x_1(t)} & \frac{\partial f_1[\boldsymbol{X}(t),t]}{\partial x_2(t)} & \cdots & \frac{\partial f_1[\boldsymbol{X}(t),t]}{\partial x_n(t)}\\ \frac{\partial f_2[\boldsymbol{X}(t),t]}{\partial x_1(t)} & \frac{\partial f_2[\boldsymbol{X}(t),t]}{\partial x_2(t)} & \cdots & \frac{\partial f_2[\boldsymbol{X}(t),t]}{\partial x_n(t)}\\ \vdots & \vdots & & \vdots\\ \frac{\partial f_n[\boldsymbol{X}(t),t]}{\partial x_1(t)} & \frac{\partial f_n[\boldsymbol{X}(t),t]}{\partial x_2(t)} & \cdots & \frac{\partial f_n[\boldsymbol{X}(t),t]}{\partial x_n(t)}\end{bmatrix}_{\boldsymbol{X}(t)=\boldsymbol{X}^{\mathrm{n}}(t)}$$

$$\boldsymbol{H}^{n}(t)=\left.\frac{\partial\boldsymbol{h}[\boldsymbol{X}(t),t]}{\partial\boldsymbol{X}^{\mathrm{T}}(t)}\right|_{\boldsymbol{X}(t)=\boldsymbol{X}^{\mathrm{n}}(t)}=$$

$$\begin{bmatrix} \frac{\partial h_1[\boldsymbol{X}(t),t]}{\partial x_1(t)} & \frac{\partial h_1[\boldsymbol{X}(t),t]}{\partial x_2(t)} & \cdots & \frac{\partial h_1[\boldsymbol{X}(t),t]}{\partial x_n(t)} \\ \frac{\partial h_2[\boldsymbol{X}(t),t]}{\partial x_1(t)} & \frac{\partial h_2[\boldsymbol{X}(t),t]}{\partial x_2(t)} & \cdots & \frac{\partial h_2[\boldsymbol{X}(t),t]}{\partial x_n(t)} \\ \vdots & \vdots & & \vdots \\ \frac{\partial h_m[\boldsymbol{X}(t),t]}{\partial x_1(t)} & \frac{\partial h_m[\boldsymbol{X}(t),t]}{\partial x_2(t)} & \cdots & \frac{\partial h_m[\boldsymbol{X}(t),t]}{\partial x_n(t)} \end{bmatrix}_{\boldsymbol{X}(t)=\boldsymbol{X}^{\mathrm{n}}(t)}$$

称 $\boldsymbol{F}^{\mathrm{n}}(t)$ 和 $\boldsymbol{H}^{\mathrm{n}}(t)$ 矩阵为“雅可比矩阵”。式(6.2.23)和式(6.2.24)就是式(6.2.9a)和式(6.2.6)经线性化后得到的“线性干扰方程”。

2. 连续型线性化卡尔曼滤波方程

式(6.2.23)和式(6.2.24)的线性干扰方程是一阶线性微分方程，它与第二章介绍的连续型线性系统的模型具有类似的形式。因此，采用第二章连续型卡尔曼滤波基本方程的推导方法，不难导出偏差 $\Delta\boldsymbol{X}(t)$ 的卡尔曼滤波方程

$$\Delta\dot{\hat{\boldsymbol{X}}}(t)=\boldsymbol{F}^{\mathrm{n}}(t)\Delta\hat{\boldsymbol{X}}(t)+\boldsymbol{K}(t)[\Delta\boldsymbol{Z}(t)-\boldsymbol{H}^{\mathrm{n}}(t)\Delta\hat{\boldsymbol{X}}(t)] \tag{6.2.25}$$

$$\boldsymbol{K}(t)=\boldsymbol{P}(t)\boldsymbol{H}^{\mathrm{nT}}(t)\boldsymbol{r}^{-1}(t) \tag{6.2.26}$$

$$\begin{aligned}\dot{\boldsymbol{P}}(t)=\boldsymbol{P}(t)\boldsymbol{F}^{\mathrm{nT}}(t)+\boldsymbol{F}^{\mathrm{n}}(t)\boldsymbol{P}(t)-\boldsymbol{P}(t)\boldsymbol{H}^{\mathrm{nT}}(t)\boldsymbol{r}^{-1}(t)\boldsymbol{H}^{\mathrm{n}}(t)\boldsymbol{P}(t)+\\ \boldsymbol{G}(t)\boldsymbol{q}(t)\boldsymbol{G}^{\mathrm{T}}(t)\end{aligned} \tag{6.2.27}$$

有了状态偏差的最优滤波值 $\Delta\hat{\boldsymbol{X}}(t)$ 后，状态本身的最优滤波值 $\hat{\boldsymbol{X}}(t)$ 就直接由下式得出

$$\hat{\boldsymbol{X}}(t)=\boldsymbol{X}^{\mathrm{n}}(t)+\Delta\hat{\boldsymbol{X}}(t) \tag{6.2.28}$$

式中状态标称值 $\boldsymbol{X}^{\mathrm{n}}(t)$ 就是非线性系统的状态微分方程

$$\dot{\boldsymbol{X}}^{\mathrm{n}}(t)=\boldsymbol{f}[\boldsymbol{X}^{\mathrm{n}}(t),t]+\boldsymbol{B}(t)\boldsymbol{u}(t) \tag{6.2.29}$$

在初始值为 $\boldsymbol{X}^{\mathrm{n}}(0)$ 时的解。

式(6.2.25) ～ 式(6.2.29)所组成的方程组称为“连续型线性化卡尔曼滤波方程组”。为了清楚起见，将这些方程归纳如下：

$$\begin{cases}\Delta\dot{\hat{\boldsymbol{X}}}(t)=\boldsymbol{F}^{\mathrm{n}}(t)\Delta\hat{\boldsymbol{X}}(t)+\boldsymbol{K}(t)[\Delta\boldsymbol{Z}(t)-\boldsymbol{H}^{\mathrm{n}}(t)\Delta\hat{\boldsymbol{X}}(t)]\\ \boldsymbol{K}(t)=\boldsymbol{P}(t)\boldsymbol{H}^{\mathrm{nT}}(t)\boldsymbol{r}^{-1}(t)\\ \dot{\boldsymbol{P}}(t)=\boldsymbol{P}(t)\boldsymbol{F}^{\mathrm{nT}}(t)+\boldsymbol{F}^{\mathrm{n}}(t)\boldsymbol{P}(t)-\boldsymbol{P}(t)\boldsymbol{H}^{\mathrm{nT}}(t)\boldsymbol{r}^{-1}(t)\boldsymbol{H}^{\mathrm{n}}(t)\boldsymbol{P}(t)+\boldsymbol{G}(t)\boldsymbol{q}(t)\boldsymbol{G}^{\mathrm{T}}(t)\\ \hat{\boldsymbol{X}}(t)=\boldsymbol{X}^{\mathrm{n}}(t)+\Delta\hat{\boldsymbol{X}}(t)\\ \dot{\boldsymbol{X}}^{\mathrm{n}}(t)=\boldsymbol{f}[\boldsymbol{X}^{\mathrm{n}}(t),t]+\boldsymbol{B}(t)\boldsymbol{u}(t)\end{cases}$$

初始值

$$\Delta\hat{\boldsymbol{X}}(0)=\boldsymbol{0},\quad \boldsymbol{P}(0)=\boldsymbol{C}_{\boldsymbol{X}(0)},\quad \hat{\boldsymbol{X}}(0)=\boldsymbol{X}^{\mathrm{n}}(0)=\boldsymbol{m}_{\boldsymbol{X}(0)}$$

3. 离散型线性化卡尔曼滤波方程

推导离散型线性化卡尔曼滤波方程有两条途径，一条是先进行非线性连续系统的离散化，后线性化；另一条是先进行非线性连续系统线性化，后离散化。这两种离散型系统的线性化卡尔曼滤波方程虽在表达形式上是相同的，但在对有些参数矩阵的计算上有明显区别。

(1) 先离散后线性化的卡尔曼滤波方程。与连续情况类似，先离散的非线性系统的线性干扰方程同样可以围绕标称状态，把式(6.2.9b)和式(6.2.8)展开成泰勒级数，并且也取一次近似值，得

$$\begin{cases} \boldsymbol{X}_k = \boldsymbol{f}[\boldsymbol{X}_{k-1}^{\mathrm{n}}, k-1] + \left.\dfrac{\partial \boldsymbol{f}[\boldsymbol{X}_{k-1}, k-1]}{\partial \boldsymbol{X}_{k-1}^{\mathrm{T}}}\right|_{\boldsymbol{X}_{k-1}=\boldsymbol{X}_{k-1}^{\mathrm{n}}} \cdot \Delta \boldsymbol{X}_{k-1} + \boldsymbol{T}_{k-1}\boldsymbol{U}_{k-1} + \boldsymbol{\Gamma}_{k-1}\boldsymbol{W}_{k-1} \\ \boldsymbol{Z}_k = \boldsymbol{h}[\boldsymbol{X}_k^{\mathrm{n}}, k] + \left.\dfrac{\partial \boldsymbol{h}[\boldsymbol{X}_k, k]}{\partial \boldsymbol{X}_k^{\mathrm{T}}}\right|_{\boldsymbol{X}_k=\boldsymbol{X}_k^{\mathrm{n}}} \cdot \Delta \boldsymbol{X}_k + \boldsymbol{V}_k \end{cases}$$

考虑式(6. 2. 13) 和式(6. 2. 14) 关系后,上式可改写成

$$\begin{cases} \boldsymbol{X}_k = \boldsymbol{X}_k^{n} + \left.\dfrac{\partial \boldsymbol{f}[\boldsymbol{X}_{k-1}, k-1]}{\partial \boldsymbol{X}_{k-1}^{\mathrm{T}}}\right|_{\boldsymbol{X}_{k-1}=\boldsymbol{X}_{k-1}^{\mathrm{n}}} \Delta \boldsymbol{X}_{k-1} + \boldsymbol{\Gamma}_{k-1}\boldsymbol{W}_{k-1} \\ \boldsymbol{Z}_k = \boldsymbol{Z}_k^{\mathrm{n}} + \left.\dfrac{\partial \boldsymbol{h}[\boldsymbol{X}_k, k]}{\partial \boldsymbol{X}_k^{\mathrm{T}}}\right|_{\boldsymbol{X}_k=\boldsymbol{X}_k^{\mathrm{n}}} \Delta \boldsymbol{X}_k + \boldsymbol{V}_k \end{cases}$$

将式(6.2.17) 和式(6.2.18) 代入上式,即可求得离散型非线性系统的线性摄动方程为

$$\Delta \boldsymbol{X}_k = \boldsymbol{\Phi}_{k,k-1}\Delta \boldsymbol{X}_{k-1} + \boldsymbol{\Gamma}_{k-1}\boldsymbol{W}_{k-1} \tag{6.2.30}$$

$$\Delta \boldsymbol{Z}_k = \boldsymbol{H}_k\Delta \boldsymbol{X}_k + \boldsymbol{V}_k \tag{6.2.31}$$

式中,$\boldsymbol{\Phi}_{k,k-1}$ 称为离散型状态偏差转移矩阵(雅可比矩阵),且有

$$\boldsymbol{\Phi}_{k,k-1} = \left.\frac{\partial \boldsymbol{f}[\boldsymbol{X}_{k-1}, k-1]}{\partial \boldsymbol{X}_{k-1}^{\mathrm{T}}}\right|_{\boldsymbol{X}_{k-1}=\boldsymbol{X}_{k-1}^{\mathrm{n}}} \tag{6.2.32}$$

类似第二章离散型卡尔曼滤波基本方程的推导方法,不难导出偏差 $\Delta \boldsymbol{X}$ 的卡尔曼滤波方程如下:

$$\Delta \hat{\boldsymbol{X}}_{k/k-1} = \boldsymbol{\Phi}_{k,k-1}\Delta \hat{\boldsymbol{X}}_{k-1} \tag{6.2.33}$$

$$\boldsymbol{P}_{k/k-1} = \boldsymbol{\Phi}_{k,k-1}\boldsymbol{P}_{k-1}\boldsymbol{\Phi}_{k,k-1}^{\mathrm{T}} + \boldsymbol{\Gamma}_{k-1}\boldsymbol{Q}_{k-1}\boldsymbol{\Gamma}_{k-1}^{\mathrm{T}} \tag{6.2.34}$$

$$\boldsymbol{K}_k = \boldsymbol{P}_{k/k-1}\boldsymbol{H}_k^{\mathrm{T}}(\boldsymbol{H}_k\boldsymbol{P}_{k/k-1}\boldsymbol{H}_k^{\mathrm{T}} + \boldsymbol{R}_k)^{-1} \tag{6.2.35}$$

$$\Delta \hat{\boldsymbol{X}}_k = \Delta \hat{\boldsymbol{X}}_{k/k-1} + \boldsymbol{K}_k(\Delta \boldsymbol{Z}_k - \boldsymbol{H}_k\Delta \hat{\boldsymbol{X}}_{k/k-1}) \tag{6.2.36}$$

$$\boldsymbol{P}_k = (\boldsymbol{I} - \boldsymbol{K}_k\boldsymbol{H}_k)\boldsymbol{P}_{k/k-1}(\boldsymbol{I} - \boldsymbol{K}_k\boldsymbol{H}_k)^{\mathrm{T}} + \boldsymbol{K}_k\boldsymbol{R}_k\boldsymbol{K}_k^{\mathrm{T}} \tag{6.2.37}$$

于是求得的状态最优滤波值为

$$\hat{\boldsymbol{X}}_k = \boldsymbol{X}_k^{\mathrm{n}} + \Delta \hat{\boldsymbol{X}}_k \tag{6.2.38}$$

式(6.2.38) 中标称状态 $\boldsymbol{X}_k^{\mathrm{n}}$ 可由式(6.2.13) 求得。因原非线性系统是连续型,则 $\boldsymbol{X}_k^{\mathrm{n}}$ 就是连续型非线性微分方程

$$\dot{\boldsymbol{X}}^{\mathrm{n}}(t) = \boldsymbol{f}[\boldsymbol{X}^{\mathrm{n}}(t), t] + \boldsymbol{B}(t)\boldsymbol{u}(t)$$

在初始值为 $\boldsymbol{X}_{k-1}^{\mathrm{n}}$ 时的数值解。如果采样周期 T 很短,则可用"欧拉法"求得其解为

$$\boldsymbol{X}_k^{\mathrm{n}} = \boldsymbol{X}_{k-1}^{\mathrm{n}} + \{\boldsymbol{f}[\boldsymbol{X}^{\mathrm{n}}(t_{k-1}), t_{k-1}] + \boldsymbol{B}(t_{k-1})\boldsymbol{u}(t_{k-1})\}T \tag{6.2.39}$$

很显然,求解式(6.2.39) 比求解式(6.2.13) 要方便得多。式(6.2.33) ～ 式(6.2.39) 和式(6.2.13) 所组成的方程组称为"离散型线性化卡尔曼滤波方程组"。为了清楚起见,归纳如下:

$$\begin{aligned}
&\Delta \hat{\boldsymbol{X}}_{k/k-1} = \boldsymbol{\Phi}_{k,k-1}\Delta \hat{\boldsymbol{X}}_{k-1} \\
&\boldsymbol{P}_{k/k-1} = \boldsymbol{\Phi}_{k,k-1}\boldsymbol{P}_{k-1}\boldsymbol{\Phi}_{k,k-1}^{\mathrm{T}} + \boldsymbol{\Gamma}_{k-1}\boldsymbol{Q}_{k-1}\boldsymbol{\Gamma}_{k-1}^{\mathrm{T}} \\
&\boldsymbol{K}_k = \boldsymbol{P}_{k/k-1}\boldsymbol{H}_k^{\mathrm{T}}(\boldsymbol{H}_k\boldsymbol{P}_{k/k-1}\boldsymbol{H}_k^{\mathrm{T}} + \boldsymbol{R}_k)^{-1} \\
&\Delta \hat{\boldsymbol{X}}_k = \Delta \hat{\boldsymbol{X}}_{k/k-1} + \boldsymbol{K}_k(\Delta \boldsymbol{Z}_k - \boldsymbol{H}_k\Delta \hat{\boldsymbol{X}}_{k/k-1}) \\
&\boldsymbol{P}_k = (\boldsymbol{I} - \boldsymbol{K}_k\boldsymbol{H}_k)\boldsymbol{P}_{k/k-1}(\boldsymbol{I} - \boldsymbol{K}_k\boldsymbol{H}_k)^{\mathrm{T}} + \boldsymbol{K}_k\boldsymbol{R}_k\boldsymbol{K}_k^{\mathrm{T}} \\
&\hat{\boldsymbol{X}}_k = \boldsymbol{X}_k^{\mathrm{n}} + \Delta \hat{\boldsymbol{X}}_k \\
&\boldsymbol{X}_k^{\mathrm{n}} = \boldsymbol{f}[\boldsymbol{X}_{k-1}^{\mathrm{n}}, k-1] + \boldsymbol{T}_{k-1}\boldsymbol{U}_{k-1}
\end{aligned}$$

或

$$\boldsymbol{X}_k^{\mathrm{n}}=\boldsymbol{X}_{k-1}^{\mathrm{n}}+\{\boldsymbol{f}[\boldsymbol{X}^{\mathrm{n}}(t_{k-1}),t_{k-1}]+\boldsymbol{B}(t_{k-1})\boldsymbol{u}(t_{k-1})\}T$$

初始值

$$\Delta\hat{\boldsymbol{X}}_0=\boldsymbol{0},\boldsymbol{P}_0=\boldsymbol{C}_{\boldsymbol{X}_0},\hat{\boldsymbol{X}}_0=\boldsymbol{X}_0^{\mathrm{n}}=\boldsymbol{m}_{\boldsymbol{X}_0}$$

式中

$$\boldsymbol{\Phi}_{k,k-1}=\left.\frac{\partial\boldsymbol{f}[\boldsymbol{X}_{k-1},k-1]}{\partial\boldsymbol{X}_{k-1}^{\mathrm{T}}}\right|_{\boldsymbol{X}_{k-1}=\boldsymbol{X}_{k-1}^{\mathrm{n}}}=$$

$$\begin{bmatrix}\frac{\partial f_1[\boldsymbol{X}_{k-1},k-1]}{\partial x_{1,k-1}} & \frac{\partial f_1[\boldsymbol{X}_{k-1},k-1]}{\partial x_{2,k-1}} & \cdots & \frac{\partial f_1[\boldsymbol{X}_{k-1},k-1]}{\partial x_{n,k-1}}\\ \frac{\partial f_2[\boldsymbol{X}_{k-1},k-1]}{\partial x_{1,k-1}} & \frac{\partial f_2[\boldsymbol{X}_{k-1},k-1]}{\partial x_{2,k-1}} & \cdots & \frac{\partial f_2[\boldsymbol{X}_{k-1},k-1]}{\partial x_{n,k-1}}\\ \vdots & \vdots & & \vdots\\ \frac{\partial f_n[\boldsymbol{X}_{k-1},k-1]}{\partial x_{1,k-1}} & \frac{\partial f_n[\boldsymbol{X}_{k-1},k-1]}{\partial x_{2,k-1}} & \cdots & \frac{\partial f_n[\boldsymbol{X}_{k-1},k-1]}{\partial x_{n,k-1}}\end{bmatrix}_{\boldsymbol{X}_{k-1}=\boldsymbol{X}_{k-1}^{\mathrm{n}}}$$

$$\boldsymbol{H}_k=\left.\frac{\partial\boldsymbol{h}[\boldsymbol{X}_k,k]}{\partial\boldsymbol{X}_k^{\mathrm{T}}}\right|_{\boldsymbol{X}_k=\boldsymbol{X}_k^{\mathrm{n}}}=\begin{bmatrix}\frac{\partial h_1[\boldsymbol{X}_k,k]}{\partial x_{1,k}} & \frac{\partial h_1[\boldsymbol{X}_k,k]}{\partial x_{2,k}} & \cdots & \frac{\partial h_1[\boldsymbol{X}_k,k]}{\partial x_{n,k}}\\ \frac{\partial h_2[\boldsymbol{X}_k,k]}{\partial x_{1,k}} & \frac{\partial h_2[\boldsymbol{X}_k,k]}{\partial x_{2,k}} & \cdots & \frac{\partial h_2[\boldsymbol{X}_k,k]}{\partial x_{n,k}}\\ \vdots & \vdots & & \vdots\\ \frac{\partial h_m[\boldsymbol{X}_k,k]}{\partial x_{1,k}} & \frac{\partial h_m[\boldsymbol{X}_k,k]}{\partial x_{2,k}} & \cdots & \frac{\partial h_m[\boldsymbol{X}_k,k]}{\partial x_{n,k}}\end{bmatrix}_{\boldsymbol{X}_k=\boldsymbol{X}_k^{\mathrm{n}}}$$

式(6.2.39)中的 $\boldsymbol{X}_k^{\mathrm{n}}$ 也可用一般离散化式(6.2.13)求得。

(2)先线性化后离散的卡尔曼滤波方程。当计算离散后的各系数矩阵时,先线性化后离散的卡尔曼滤波方程的推导比先离散后线性化的卡尔曼滤波方程的推导显得更方便。先线性化后离散,实际上只要对非线性连续系统的线性摄动方程:

$$\Delta\dot{\boldsymbol{X}}(t)=\boldsymbol{F}^{\mathrm{n}}(t)\Delta\boldsymbol{X}(t)+\boldsymbol{G}(t)\boldsymbol{w}(t)$$

$$\Delta\boldsymbol{Z}(t)=\boldsymbol{H}^{\mathrm{n}}(t)\Delta\boldsymbol{X}(t)+\boldsymbol{v}(t)$$

进行离散化就行了。利用基本解阵离散化方法,不难求得离散型线性摄动方程为

$$\Delta\boldsymbol{X}_k=\boldsymbol{\Phi}_{k,k-1}^{\mathrm{n}}\Delta\boldsymbol{X}_{k-1}+\boldsymbol{\Gamma}_{k-1}^{\mathrm{n}}\boldsymbol{W}_{k-1}\tag{6.2.40}$$

$$\Delta\boldsymbol{Z}_k=\boldsymbol{H}_k^{\mathrm{n}}\Delta\boldsymbol{X}_k+\boldsymbol{V}_k\tag{6.2.41}$$

式中,$\boldsymbol{\Phi}_{k,k-1}^{\mathrm{n}}$ 为线性摄动转移矩阵。当采样周期 T 较小时,$\boldsymbol{\Phi}_{k,k-1}^{\mathrm{n}}$ 可用一次近似式表示,即

$$\boldsymbol{\Phi}_{k,k-1}^{\mathrm{n}}\approx\boldsymbol{I}+\boldsymbol{F}^{\mathrm{n}}(t_{k-1})T=$$

$$\boldsymbol{I}+T\cdot\begin{bmatrix}\frac{\partial f_1[\boldsymbol{X}(t_{k-1}),t_{k-1}]}{\partial x_1(t_{k-1})} & \frac{\partial f_1[\boldsymbol{X}(t_{k-1}),t_{k-1}]}{\partial x_2(t_{k-1})} & \cdots & \frac{\partial f_1[\boldsymbol{X}(t_{k-1}),t_{k-1}]}{\partial x_n(t_{k-1})}\\ \frac{\partial f_2[\boldsymbol{X}(t_{k-1}),t_{k-1}]}{\partial x_1(t_{k-1})} & \frac{\partial f_2[\boldsymbol{X}(t_{k-1}),t_{k-1}]}{\partial x_2(t_{k-1})} & \cdots & \frac{\partial f_2[\boldsymbol{X}(t_{k-1}),t_{k-1}]}{\partial x_n(t_{k-1})}\\ \vdots & \vdots & & \vdots\\ \frac{\partial f_n[\boldsymbol{X}(t_{k-1}),t_{k-1}]}{\partial x_1(t_{n-1})} & \frac{\partial f_n[\boldsymbol{X}(t_{k-1}),t_{k-1}]}{\partial x_2(t_{k-1})} & \cdots & \frac{\partial f_n[\boldsymbol{X}(t_{k-1}),t_{k-1}]}{\partial x_n(t_{k-1})}\end{bmatrix}_{\boldsymbol{X}(t_{k-1})=\boldsymbol{X}^{\mathrm{n}}(t_{k-1})}$$

量测阵为

$$\boldsymbol{H}_k^{\mathrm{n}}=\left.\frac{\partial \boldsymbol{h}[\boldsymbol{X}(t_k),t_k]}{\partial \boldsymbol{X}^{\mathrm{T}}}\right|_{\boldsymbol{X}(t_k)=\boldsymbol{X}^{\mathrm{n}}(t_k)}=$$

$$\begin{bmatrix} \frac{\partial h_1[\boldsymbol{X}(t_k),t_k]}{\partial x_1(t_k)} & \frac{\partial h_1[\boldsymbol{X}(t_k),t_k]}{\partial x_2(t_k)} & \cdots & \frac{\partial h_1[\boldsymbol{X}(t_k),t_k]}{\partial x_n(t_k)} \\ \frac{\partial h_2[\boldsymbol{X}(t_k),t_k]}{\partial x_1(t_k)} & \frac{\partial h_2[\boldsymbol{X}(t_k),t_k]}{\partial x_2(t_k)} & \cdots & \frac{\partial h_2[\boldsymbol{X}(t_k),t_k]}{\partial x_n(t_k)} \\ \vdots & \vdots & & \vdots \\ \frac{\partial h_m[\boldsymbol{X}(t_k),t_k]}{\partial x_1(t_k)} & \frac{\partial h_m[\boldsymbol{X}(t_k),t_k]}{\partial x_2(t_k)} & \cdots & \frac{\partial h_m[\boldsymbol{X}(t_k),t_k]}{\partial x_n(t_k)} \end{bmatrix}_{\boldsymbol{X}(t_k)=\boldsymbol{X}^{\mathrm{n}}(t_k)}$$

$\boldsymbol{\Gamma}_{k-1}^{\mathrm{n}}$ 为系数矩阵，当 $\boldsymbol{W}_{k-1}$ 的方差阵不变时，可以单独计算，即

$$\boldsymbol{\Gamma}_{k-1}^{\mathrm{n}}=T\cdot\left[\boldsymbol{I}+\frac{1}{2!}\boldsymbol{F}^{\mathrm{n}}(t_{k-1})T+\frac{1}{3!}(\boldsymbol{F}^{\mathrm{n}}(t_{k-1})T)^2+\cdots\right]\boldsymbol{G}(t_{k-1}) \tag{6.2.42}$$

应用第二章推导离散型线性卡尔曼滤波方程的方法，很容易导出离散型线性摄动偏差 $\Delta\boldsymbol{X}$ 的卡尔曼滤波方程如下：

$$\Delta\hat{\boldsymbol{X}}_{k/k-1}=\boldsymbol{\Phi}_{k,k-1}^{\mathrm{n}}\Delta\hat{\boldsymbol{X}}_{k-1} \tag{6.2.43}$$

$$\boldsymbol{P}_{k/k-1}=\boldsymbol{\Phi}_{k,k-1}^{\mathrm{n}}\boldsymbol{P}_{k-1}\boldsymbol{\Phi}_{k,k-1}^{\mathrm{nT}}+\boldsymbol{\Gamma}_{k-1}^{\mathrm{n}}\boldsymbol{Q}_{k-1}\boldsymbol{\Gamma}_{k-1}^{\mathrm{nT}} \tag{6.2.44}$$

$$\boldsymbol{K}_k=\boldsymbol{P}_{k/k-1}\boldsymbol{H}_k^{\mathrm{nT}}(\boldsymbol{H}_k^{\mathrm{n}}\boldsymbol{P}_{k/k-1}\boldsymbol{H}_k^{\mathrm{nT}}+\boldsymbol{R}_k)^{-1} \tag{6.2.45}$$

$$\Delta\hat{\boldsymbol{X}}_k=\Delta\hat{\boldsymbol{X}}_{k/k-1}+\boldsymbol{K}_k(\Delta\boldsymbol{Z}_k-\boldsymbol{H}_k^{\mathrm{n}}\Delta\hat{\boldsymbol{X}}_{k/k-1}) \tag{6.2.46}$$

$$\boldsymbol{P}_k=(\boldsymbol{I}-\boldsymbol{K}_k\boldsymbol{H}_k^{\mathrm{n}})\boldsymbol{P}_{k/k-1}(\boldsymbol{I}-\boldsymbol{K}_k\boldsymbol{H}_k^{\mathrm{n}})^{\mathrm{T}}+\boldsymbol{K}_k\boldsymbol{R}_k\boldsymbol{K}_k^{\mathrm{T}} \tag{6.2.47}$$

于是不难求得状态最优滤波值为

$$\hat{\boldsymbol{X}}_k=\boldsymbol{X}_k^{\mathrm{n}}+\Delta\hat{\boldsymbol{X}}_k \tag{6.2.48}$$

式中标称值 $\boldsymbol{X}_k^{\mathrm{n}}$ 可用式(6.2.39)计算。很显然，由式(6.2.43)～式(6.2.48)和式(6.2.39)所组成的方程组就是先线性化后离散的卡尔曼滤波方程组，现归纳如下：

$$\begin{cases} \Delta\hat{\boldsymbol{X}}_{k/k-1}=\boldsymbol{\Phi}_{k,k-1}^{\mathrm{n}}\Delta\hat{\boldsymbol{X}}_{k-1} \\ \boldsymbol{P}_{k/k-1}=\boldsymbol{\Phi}_{k,k-1}^{\mathrm{n}}\boldsymbol{P}_{k-1}\boldsymbol{\Phi}_{k,k-1}^{\mathrm{nT}}+\boldsymbol{\Gamma}_{k-1}^{\mathrm{n}}\boldsymbol{Q}_{k-1}\boldsymbol{\Gamma}_{k-1}^{\mathrm{nT}} \\ \boldsymbol{K}_k=\boldsymbol{P}_{k/k-1}\boldsymbol{H}_k^{\mathrm{nT}}(\boldsymbol{H}_k^{\mathrm{n}}\boldsymbol{P}_{k/k-1}\boldsymbol{H}_k^{\mathrm{nT}}+\boldsymbol{R}_k)^{-1} \\ \Delta\hat{\boldsymbol{X}}_k=\Delta\hat{\boldsymbol{X}}_{k/k-1}+\boldsymbol{K}_k(\Delta\boldsymbol{Z}_k-\boldsymbol{H}_k^{\mathrm{n}}\Delta\hat{\boldsymbol{X}}_{k/k-1}) \\ \boldsymbol{P}_k=(\boldsymbol{I}-\boldsymbol{K}_k\boldsymbol{H}_k^{\mathrm{n}})\boldsymbol{P}_{k/k-1}(\boldsymbol{I}-\boldsymbol{K}_k\boldsymbol{H}_k^{\mathrm{n}})^{\mathrm{T}}+\boldsymbol{K}_k\boldsymbol{R}_k\boldsymbol{K}_k^{\mathrm{T}} \\ \hat{\boldsymbol{X}}_k=\boldsymbol{X}_k^{\mathrm{n}}+\Delta\hat{\boldsymbol{X}}_k \\ \boldsymbol{X}_k^{\mathrm{n}}=\boldsymbol{X}_{k-1}^{\mathrm{n}}+\{\boldsymbol{f}[\boldsymbol{X}^{\mathrm{n}}(t_{k-1}),t_{k-1}]+\boldsymbol{B}(t_{k-1})\boldsymbol{u}(t_{k-1})\}T \end{cases}$$

初始值　$\Delta\hat{\boldsymbol{X}}_0=\boldsymbol{0}$，　$\boldsymbol{P}_0=\boldsymbol{C}_{\boldsymbol{X}_0}$，　$\hat{\boldsymbol{X}}_0=\boldsymbol{X}_0^{\mathrm{n}}=\boldsymbol{m}_{\boldsymbol{X}_0}$

4．对线性化卡尔曼滤波方程的评价

连续型或离散型线性化卡尔曼滤波推导方法均存在着两个严重缺点。其一，因为它是围绕标称状态值 $\boldsymbol{X}^{\mathrm{n}}$ 进行线性化，所以就须要预先知道各个不同时刻的标称状态值。虽然可以预先由标称状态方程式(6.2.11)和式(6.2.13)或式(6.2.39)求出全部数值解，并将它们存放在计

算机内，但这样做会占用大量的存储单元，在工程实践中往往难以办到。其二，因为实际系统受各种随机干扰的作用，随着滤波时间的延长，真轨迹与标称轨迹之间的偏差 $\Delta\boldsymbol{X}$ 有可能变得较大，如图 6.2.1 所示，不能始终保证其“足够小”。因此，破坏了泰勒级数展开式取一次近似的条件。换句话说，线性干扰方程式(6.2.23)和式(6.2.24)或式(6.2.30)和式(6.2.31)不能真实反映实际偏差变化的情况，所以它的最优滤波值 $\Delta\hat{\boldsymbol{X}}(t)$ 或 $\Delta\hat{\boldsymbol{X}}_k$ 也将失去实际意义。因此，在工程实践中很少采用它，而普遍采用“广义卡尔曼滤波”的方法。

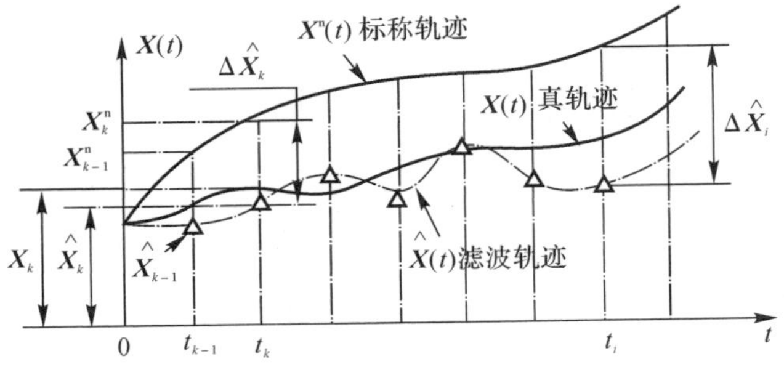

图 6.2.1 按标称状态线性化的状态轨迹

6.2.3 按最优状态估计线性化的卡尔曼滤波方程——广义卡尔曼滤波方程(EKF)

1. 围绕最优状态估计的线性化

围绕标称状态 $\boldsymbol{X}_k^{\mathrm{n}}$ 或 $\boldsymbol{X}^{\mathrm{n}}(t)$ 线性化是有严重缺点的，主要在于真轨迹与标称轨迹之间的状态偏差 $\Delta\boldsymbol{X}(t)$ 或 $\Delta\boldsymbol{X}_k$ 不能确保其足够小的要求。为此，本节改用另一种近似方法，即采用围绕最优状态估计 $\hat{\boldsymbol{X}}(t)$ 或 $\hat{\boldsymbol{X}}_k$ 的线性化方法。现定义真轨迹与标称轨迹间的偏差为

$$\delta\boldsymbol{X}(t)=\boldsymbol{X}(t)-\hat{\boldsymbol{X}}^{\mathrm{n}}(t) \tag{6.2.49}$$

$$\delta\boldsymbol{Z}(t)=\boldsymbol{Z}(t)-\hat{\boldsymbol{Z}}^{\mathrm{n}}(t) \tag{6.2.50}$$

或

$$\delta\boldsymbol{X}_k=\boldsymbol{X}_k-\hat{\boldsymbol{X}}_k \tag{5.2.51}$$

$$\delta\boldsymbol{Z}_k=\boldsymbol{Z}_k-\hat{\boldsymbol{Z}}_k^{\mathrm{n}} \tag{6.2.52}$$

值得注意的是，式中的标称值 $\hat{\boldsymbol{X}}^{\mathrm{n}}(t)$ 或 $\hat{\boldsymbol{X}}_k^{\mathrm{n}}$ 和 $\hat{\boldsymbol{Z}}^{\mathrm{n}}(t)$ 或 $\hat{\boldsymbol{Z}}_k^{\mathrm{n}}$ 与式(6. 2. 11)、式(6. 2. 12)或式(6. 2. 13)、式(6. 2. 14)中的标称值 $\boldsymbol{X}^n(t)$ 或 $\boldsymbol{X}_k^n$ 和 $\boldsymbol{Z}^n(t)$ 或 $\boldsymbol{Z}_k^n$ 有着明显的不同。$\hat{\boldsymbol{X}}^{\mathrm{n}}(t)$ 或 $\hat{\boldsymbol{X}}_k^{\mathrm{n}}$ 是非线性系统标称状态微分方程

$$\dot{\hat{\boldsymbol{X}}}^{\mathrm{n}}(t)=\boldsymbol{f}[\hat{\boldsymbol{X}}^n(t),t]+\boldsymbol{B}(t)\boldsymbol{u}(t) \tag{6.2.53}$$

当初始值用初始状态最优估计 $\hat{\boldsymbol{X}}(0)$ 代入时的解，或者初始值用初始状态最优估值 $\hat{\boldsymbol{X}}_{k-1}$ 对式(6.2.53)进行数值求解所得的解。其中 $\hat{\boldsymbol{X}}_k^{\mathrm{n}}$ 就是系统状态 $\boldsymbol{X}_k$ 的一步预测值，即

$$\hat{\boldsymbol{X}}_{k/k-1}=\hat{\boldsymbol{X}}_k^{\mathrm{n}} \tag{6.2.54}$$

当时间从 t_{k-1} 至 t 变化时，按式(6.2.53)求出的标称值 $\hat{\boldsymbol{X}}^{\mathrm{n}}(t)$ 轨迹将是一条逐段(按每个采样段)连续的曲线，如图 6. 2. 2 所示。由于初始状态最优估计 $\hat{\boldsymbol{X}}(0)$ 或 $\hat{\boldsymbol{X}}_{k-1}$ 比初始标称状态值 $\boldsymbol{X}^{\mathrm{n}}(0)$ 或 $\boldsymbol{X}_{k-1}^{\mathrm{n}}$ 更接近于真轨迹 $\boldsymbol{X}(t)$，所以标称轨迹 $\hat{\boldsymbol{X}}^{\mathrm{n}}(t)$ 与真轨迹 $\boldsymbol{X}(t)$ 的偏差 $\delta\boldsymbol{X}(t)$ 一般均较原标称轨迹 $\boldsymbol{X}^{\mathrm{n}}(t)$ 与真轨迹 $\boldsymbol{X}(t)$ 的偏差 $\Delta\boldsymbol{X}(t)$ 要小。又由于随时间积累的误差满足偏差 $\delta\boldsymbol{X}(t)$“足够小”的条件，所以提高了泰勒级数一次近似展开式和系统线性化的精度。$\hat{\boldsymbol{Z}}^{\mathrm{n}}(t)$ 或 $\hat{\boldsymbol{Z}}_k^{\mathrm{n}}$ 也是用状态最优估计 $\hat{\boldsymbol{X}}(t)$ 或 $\hat{\boldsymbol{X}}_k$ 计算的标称量测值，其值为

$$\hat{\boldsymbol{Z}}^{\mathrm{n}}(t)=\boldsymbol{h}[\hat{\boldsymbol{X}}(t),t] \tag{6.2.55}$$

或

$$\hat{\boldsymbol{Z}}_k^{\mathrm{n}} = \boldsymbol{h}[\hat{\boldsymbol{X}}_k, k] \tag{6.2.56}$$

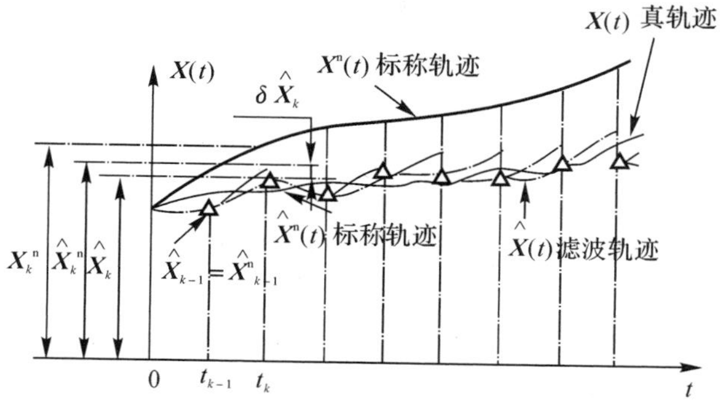

图 6.2.2　在状态最优估计附近线性化的状态轨迹

式(6.2.56) 表明，求 $\hat{\boldsymbol{Z}}_k^{\mathrm{n}}$ 时须要知道 $\hat{\boldsymbol{X}}_k$，而求 $\hat{\boldsymbol{X}}_k$ 时，却须要知道 $\hat{\boldsymbol{Z}}_k^{\mathrm{n}}$，这显然在递推运算过程中是相互矛盾的。为了解决此矛盾，我们将 $\hat{\boldsymbol{X}}_k$ 改用与其十分接近的 $\hat{\boldsymbol{X}}_k^{\mathrm{n}}$ 值，于是离散型标称量测值可用下面近似式计算

$$\hat{\boldsymbol{Z}}_k^{\mathrm{n}} = \boldsymbol{h}[\hat{\boldsymbol{X}}_k^{\mathrm{n}}, k] \tag{6.2.57}$$

也就是

$$\hat{\boldsymbol{Z}}_k^{\mathrm{n}} = \boldsymbol{h}[\hat{\boldsymbol{X}}_{k/k-1}, k] \tag{6.2.58}$$

因为 $\delta\boldsymbol{X}(t)$ 足够小，所以非线性物理系统式(6.2.9) 和式(6.2.6) 在状态最优估计附近展开成泰勒级数，并取其一次近似值，得

$$\dot{\boldsymbol{X}}(t) = \boldsymbol{f}[\boldsymbol{X}(t), t]\big|_{\boldsymbol{X}(t)=\hat{\boldsymbol{X}}(t)} + \left.\frac{\partial \boldsymbol{f}[\boldsymbol{X}(t), t]}{\partial \boldsymbol{X}^{\mathrm{T}}(t)}\right|_{\boldsymbol{X}(t)=\hat{\boldsymbol{X}}(t)} \cdot [\boldsymbol{X}(t) - \hat{\boldsymbol{X}}(t)] + \boldsymbol{B}(t)\boldsymbol{u}(t) + \boldsymbol{G}(t)\boldsymbol{w}(t) \tag{6.2.59}$$

$$\boldsymbol{Z}(t) = \boldsymbol{h}[\boldsymbol{X}(t), t]\big|_{\boldsymbol{X}(t)=\hat{\boldsymbol{X}}(t)} + \left.\frac{\partial \boldsymbol{h}[\boldsymbol{X}(t), t]}{\partial \boldsymbol{X}^{\mathrm{T}}(t)}\right|_{\boldsymbol{X}(t)=\hat{\boldsymbol{X}}(t)} \cdot [\boldsymbol{X}(t) - \hat{\boldsymbol{X}}(t)] + \boldsymbol{v}(t) \tag{6.2.60}$$

考虑标称状态值

$$\hat{\boldsymbol{X}}^{\mathrm{n}}(t) = \boldsymbol{f}[\boldsymbol{X}(t), t]\big|_{\boldsymbol{X}(t)=\hat{\boldsymbol{X}}(t)} + \boldsymbol{B}(t)\boldsymbol{u}(t) \tag{6.2.61}$$

$$\hat{\boldsymbol{Z}}^{\mathrm{n}}(t) = \boldsymbol{h}[\boldsymbol{X}(t), t]\big|_{\boldsymbol{X}(t)=\hat{\boldsymbol{X}}(t)} \tag{6.2.62}$$

以及式(6.2.49) 和式(6.2.50)，则式(6.2.59) 和式(6.2.60) 可改写成

$$\delta\dot{\boldsymbol{X}}(t) = \boldsymbol{F}(t)\delta\boldsymbol{X}(t) + \boldsymbol{G}(t)\boldsymbol{w}(t) \tag{6.2.63}$$

$$\delta\boldsymbol{Z}(t) = \boldsymbol{H}(t)\delta\boldsymbol{X}(t) + \boldsymbol{v}(t) \tag{6.2.64}$$

式中

$$\boldsymbol{F}(t) = \left.\frac{\partial \boldsymbol{f}[\boldsymbol{X}(t), t]}{\partial \boldsymbol{X}^{\mathrm{T}}(t)}\right|_{\boldsymbol{X}(t)=\hat{\boldsymbol{X}}(t)} = \begin{bmatrix} \dfrac{\partial f_1[\boldsymbol{X}(t), t]}{\partial x_1(t)]} & \dfrac{\partial f_1[\boldsymbol{X}(t), t]}{\partial x_2(t)} & \cdots & \dfrac{\partial f_1[\boldsymbol{X}(t), t]}{\partial x_n(t)} \\ \dfrac{\partial f_2[\boldsymbol{X}(t), t]}{\partial x_1(t)} & \dfrac{\partial f_2[\boldsymbol{X}(t), t]}{\partial x_2(t)} & \cdots & \dfrac{\partial f_2[\boldsymbol{X}(t), t]}{\partial x_n(t)} \\ \vdots & \vdots & & \vdots \\ \dfrac{\partial f_n[\boldsymbol{X}(t), t]}{\partial x_1(t)} & \dfrac{\partial f_n[\boldsymbol{X}(t), t]}{\partial x_2(t)} & \cdots & \dfrac{\partial f_n[\boldsymbol{X}(t), t]}{\partial x_n(t)} \end{bmatrix}_{\boldsymbol{X}(t)=\hat{\boldsymbol{X}}(t)} \tag{6.2.65}$$

$$
\boldsymbol{H}(t)=\left.\frac{\partial \boldsymbol{h}[\boldsymbol{X}(t),t]}{\partial \boldsymbol{X}^{\mathrm{T}}(t)}\right|_{\boldsymbol{X}(t)=\hat{\boldsymbol{X}}(t)}=
$$

$$
\left.\begin{bmatrix}
\frac{\partial h_1[\boldsymbol{X}(t),t]}{\partial x_1(t)} & \frac{\partial h_1[\boldsymbol{X}(t),t]}{\partial x_2(t)} & \cdots & \frac{\partial h_1[\boldsymbol{X}(t),t]}{\partial x_n(t)} \\
\frac{\partial h_2[\boldsymbol{X}(t),t]}{\partial x_1(t)} & \frac{\partial h_2[\boldsymbol{X}(t),t]}{\partial x_2(t)} & \cdots & \frac{\partial h_2[\boldsymbol{X}(t),t]}{\partial x_n(t)} \\
\vdots & \vdots & & \vdots \\
\frac{\partial h_m[\boldsymbol{X}(t),t]}{\partial x_1(t)} & \frac{\partial h_m[\boldsymbol{X}(t),t]}{\partial x_2(t)} & \cdots & \frac{\partial h_m[\boldsymbol{X}(t),t]}{\partial x_n(t)}
\end{bmatrix}\right|_{\boldsymbol{X}(t)=\hat{\boldsymbol{X}}(t)} \tag{6.2.66}
$$

式(6.2.63)和式(6.2.64)就是非线性系统式(6.2.9)和式(6.2.8)的连续型线性干扰方程式。

2. 连续型非线性广义卡尔曼滤波方程

对连续型非线性广义卡尔曼滤波方程的推导，可采用一种直接的方法，具体来说，就是将泰勒级数展开式(6.2.59)和式(6.2.60)改写成

$$
\dot{\boldsymbol{X}}(t)=\boldsymbol{F}(t)\boldsymbol{X}(t)+\boldsymbol{u}^{*}(t)+\boldsymbol{G}(t)\boldsymbol{w}(t) \tag{6.2.67}
$$

$$
\boldsymbol{Z}(t)=\boldsymbol{H}(t)\boldsymbol{X}(t)+\boldsymbol{Y}(t)+\boldsymbol{v}(t) \tag{6.2.68}
$$

式中

$$
\boldsymbol{u}^{*}(t)=\boldsymbol{f}[\hat{\boldsymbol{X}}(t),t]-\boldsymbol{F}(t)\hat{\boldsymbol{X}}(t)+\boldsymbol{B}(t)\boldsymbol{u}(t) \tag{6.2.69}
$$

$$
\boldsymbol{Y}(t)=\boldsymbol{h}[\hat{\boldsymbol{X}}(t),t]-\boldsymbol{H}(t)\hat{\boldsymbol{X}}(t) \tag{6.2.70}
$$

很显然，式(6.2.67)和式(6.2.68)与第二章介绍的具有确定性外作用的连续系统模型具有相同形式。因此，也就可以由第二章的连续型卡尔曼滤波一般方程的推导方法求得连续系统的广义卡尔曼滤方程为

$$
\dot{\hat{\boldsymbol{X}}}(t)=\boldsymbol{F}(t)\hat{\boldsymbol{X}}(t)+\boldsymbol{u}^{*}(t)+\boldsymbol{K}(t)[\boldsymbol{Z}(t)-\boldsymbol{Y}(t)-\boldsymbol{H}(t)\hat{\boldsymbol{X}}(t)] \tag{6.2.71}
$$

$$
\boldsymbol{K}(t)=\boldsymbol{P}(t)\boldsymbol{H}^{\mathrm{T}}(t)\boldsymbol{r}^{-1}(t) \tag{6.2.72}
$$

$$
\dot{\boldsymbol{P}}(t)=\boldsymbol{P}(t)\boldsymbol{F}^{\mathrm{T}}(t)+\boldsymbol{F}(t)\boldsymbol{P}(t)-\boldsymbol{P}(t)\boldsymbol{H}^{\mathrm{T}}(t)\boldsymbol{r}^{-1}(t)\boldsymbol{H}(t)\boldsymbol{P}(t)+\boldsymbol{G}(t)\boldsymbol{q}(t)\boldsymbol{G}^{\mathrm{T}}(t) \tag{6.2.73}
$$

如果把式(6.2.65)、式(6.2.66)、式(6.2.69)和式(6.2.70)所表示的 $\boldsymbol{F}(t)$，$\boldsymbol{H}(t)$，$\boldsymbol{u}^{*}(t)$ 和 $\boldsymbol{Y}(t)$ 代入式(6.2.71) ~ 式(6.2.73)，则连续型广义卡尔曼滤波方程为如下形式：

$$
\dot{\hat{\boldsymbol{X}}}(t)=\boldsymbol{f}[\hat{\boldsymbol{X}}(t),t]+\boldsymbol{B}(t)\boldsymbol{u}(t)+\boldsymbol{K}(t)\{\boldsymbol{Z}(t)-\boldsymbol{h}[\hat{\boldsymbol{X}}(t),t]\} \tag{6.2.74}
$$

$$
\boldsymbol{K}(t)=\boldsymbol{P}(t)\left.\left\{\frac{\partial \boldsymbol{h}[\boldsymbol{X}(t),t]}{\partial \boldsymbol{X}^{\mathrm{T}}(t)}\right\}\right|^{\mathrm{T}}_{\boldsymbol{X}(t)=\hat{\boldsymbol{X}}(t)}\cdot \boldsymbol{r}^{-1}(t) \tag{6.2.75}
$$

$$
\begin{aligned}
\dot{\boldsymbol{P}}(t)=&\left.\frac{\partial \boldsymbol{f}[\boldsymbol{X}(t),t]}{\partial \boldsymbol{X}^{\mathrm{T}}(t)}\right|_{\boldsymbol{X}(t)=\hat{\boldsymbol{X}}(t)}\cdot \boldsymbol{P}(t)+\boldsymbol{P}(t)\left.\left\{\frac{\partial \boldsymbol{f}[\boldsymbol{X}(t),t]}{\partial \boldsymbol{X}^{\mathrm{T}}(t)}\right\}\right|^{\mathrm{T}}_{\boldsymbol{X}(t)=\hat{\boldsymbol{X}}(t)}- \\
&\boldsymbol{P}(t)\left.\left\{\frac{\partial \boldsymbol{h}[\boldsymbol{X}(t),t]}{\partial \boldsymbol{X}^{\mathrm{T}}(t)}\right\}\right|^{\mathrm{T}}_{\boldsymbol{X}(t)=\hat{\boldsymbol{X}}(t)}\cdot \boldsymbol{r}^{-1}(t)\left.\frac{\partial \boldsymbol{h}[\boldsymbol{X}(t),t]}{\partial \boldsymbol{X}^{\mathrm{T}}(t)}\right|_{\boldsymbol{X}(t)=\hat{\boldsymbol{X}}(t)}\cdot \boldsymbol{P}(t)+ \\
&\boldsymbol{G}(t)\boldsymbol{q}(t)\boldsymbol{G}^{\mathrm{T}}(t)
\end{aligned} \tag{6.2.76}
$$

初始条件为

$$
\hat{\boldsymbol{X}}(0)=E[\boldsymbol{X}(0)]=\boldsymbol{m}_{\boldsymbol{X}(0)},\quad \boldsymbol{P}(0)=\boldsymbol{C}_{\boldsymbol{X}(0)}
$$

3. 离散型非线性广义卡尔曼滤波方程

对先线性化后离散的广义卡尔曼滤波方程的推导，采用间接的方法，也就是由下式：

$$\hat{\boldsymbol{X}}_k = \hat{\boldsymbol{X}}_k^{\mathrm{n}} + \delta\hat{\boldsymbol{X}}_k \tag{6.2.77}$$

间接求解最优滤波值 $\hat{\boldsymbol{X}}_k$。具体说，直接采用连续系统线性化方程式(6.2.63) 和式(6.2.64)，即

$$\delta\dot{\boldsymbol{X}}(t) = \boldsymbol{F}(t)\delta\boldsymbol{X}(t) + \boldsymbol{G}(t)\boldsymbol{w}(t)$$

$$\delta\boldsymbol{Z}(t) = \boldsymbol{H}(t)\delta\boldsymbol{X}(t) + \boldsymbol{v}(t)$$

对两式分别进行基本解阵离散化得离散型线性干扰方程为

$$\delta\boldsymbol{X}_k = \boldsymbol{\Phi}_{k,k-1}\delta\boldsymbol{X}_{k-1} + \boldsymbol{W}_{k-1} \tag{6.2.78}$$

$$\delta\boldsymbol{Z}_k = \boldsymbol{H}_k\delta\boldsymbol{X}_k + \boldsymbol{V}_k \tag{6.2.79}$$

T 为小量时，有

$$\boldsymbol{\Phi}_{k,k-1} \simeq \boldsymbol{I} + \boldsymbol{F}(t_{k-1}) \cdot T =$$

$$\boldsymbol{I} + T \cdot \begin{bmatrix} \dfrac{\partial f_1[\boldsymbol{X}(t_{k-1}),t_{k-1}]}{\partial x_1(t_{k-1})} & \dfrac{\partial f_1[\boldsymbol{X}(t_{k-1}),t_{k-1}]}{\partial x_2(t_{k-1})} & \cdots & \dfrac{\partial f_1[\boldsymbol{X}(t_{k-1}),t_{k-1}]}{\partial x_n(t_{k-1})} \\ \dfrac{\partial f_2[\boldsymbol{X}(t_{k-1}),t_{k-1}]}{\partial x_1(t_{k-1})} & \dfrac{\partial f_2[\boldsymbol{X}(t_{k-1}),t_{k-1}]}{\partial x_2(t_{k-1})} & \cdots & \dfrac{\partial f_2[\boldsymbol{X}(t_{k-1}),t_{k-1}]}{\partial x_n(t_{k-1})} \\ \vdots & \vdots & & \vdots \\ \dfrac{\partial f_n[\boldsymbol{X}(t_{k-1}),t_{k-1}]}{\partial x_1(t_{k-1})} & \dfrac{\partial f_n[\boldsymbol{X}(t_{k-1}),t_{k-1}]}{\partial x_2(t_{k-1})} & \cdots & \dfrac{\partial f_n[\boldsymbol{X}(t_{k-1}),t_{k-1}]}{\partial x_n(t_{k-1})} \end{bmatrix}_{\boldsymbol{X}(t_{k-1})=\hat{\boldsymbol{X}}_{k-1}}$$

考虑式(6.2.54)，则式(6.2.79) 中的 H_k 为

$$\boldsymbol{H}_k = \left.\frac{\partial \boldsymbol{h}[\boldsymbol{X}(t_k),t_k]}{\partial \boldsymbol{X}^{\mathrm{T}}(t_k)}\right|_{\boldsymbol{X}(t_k)=\hat{\boldsymbol{X}}_k^{\mathrm{n}}=\hat{\boldsymbol{X}}_{k/k-1}} =$$

$$\begin{bmatrix} \dfrac{\partial h_1[\boldsymbol{X}(t_k),t_k]}{\partial x_1(t_k)} & \dfrac{\partial h_1[\boldsymbol{X}(t_k),t_k]}{\partial x_2(t_k)} & \cdots & \dfrac{\partial h_1[\boldsymbol{X}(t_k),t_k]}{\partial x_n(t_k)} \\ \dfrac{\partial h_2[\boldsymbol{X}(t_k),t_k]}{\partial x_1(t_k)} & \dfrac{\partial h_2[\boldsymbol{X}(t_k),t_k]}{\partial x_2(t_k)} & \cdots & \dfrac{\partial h_2[\boldsymbol{X}(t_k),t_k]}{\partial x_n(t_k)} \\ \vdots & \vdots & & \vdots \\ \dfrac{\partial h_m[\boldsymbol{X}(t_k),t_k]}{\partial x_1(t_k)} & \dfrac{\partial h_m[\boldsymbol{X}(t_k),t_k]}{\partial x_2(t_k)} & \cdots & \dfrac{\partial h_m[\boldsymbol{X}(t_k),t_k]}{\partial x_n(t_k)} \end{bmatrix}_{\boldsymbol{X}(t_k)=\hat{\boldsymbol{X}}_{k/k-1}}$$

等效白噪声序列 $\boldsymbol{W}_k$ 的方差阵 $\boldsymbol{Q}_k$ 按第二章中的式(2.2.23)、式(2.2.24)、式(2.2.30) 和式(2.2.31) 计算。

在离散型线性干扰方程式(6.2.78) 和式(6.2.79) 基础上，仿照线性卡尔曼滤波基本方程，不难导出偏差 $\delta\boldsymbol{X}_k$ 的卡尔曼滤波方程为

$$\delta\hat{\boldsymbol{X}}_{k/k-1} = \boldsymbol{\Phi}_{k,k-1}\delta\hat{\boldsymbol{X}}_{k-1} \tag{6.2.80}$$

$$\delta\hat{\boldsymbol{X}}_k = \delta\hat{\boldsymbol{X}}_{k/k-1} + \boldsymbol{K}_k[\delta\boldsymbol{Z}_k - \boldsymbol{H}_k\delta\hat{\boldsymbol{X}}_{k/k-1}] \tag{6.2.81}$$

$$\boldsymbol{K}_k = \boldsymbol{P}_{k/k-1}\boldsymbol{H}_k^{\mathrm{T}}[\boldsymbol{H}_k\boldsymbol{P}_{k/k-1}\boldsymbol{H}_k^{\mathrm{T}} + \boldsymbol{R}_k]^{-1} \tag{6.2.82}$$

$$\boldsymbol{P}_{k/k-1} = \boldsymbol{\Phi}_{k,k-1}\boldsymbol{P}_{k-1}\boldsymbol{\Phi}_{k,k-1}^{\mathrm{T}} + \boldsymbol{Q}_{k-1} \tag{6.2.83}$$

$$\boldsymbol{P}_k = (\boldsymbol{I} - \boldsymbol{K}_k\boldsymbol{H}_k)\boldsymbol{P}_{k/k-1}(\boldsymbol{I} - \boldsymbol{K}_k\boldsymbol{H}_k)^{\mathrm{T}} + \boldsymbol{K}_k\boldsymbol{R}_k\boldsymbol{K}_k^{\mathrm{T}} \tag{6.2.84}$$

式中

$$\delta\boldsymbol{Z}_k = \boldsymbol{Z}_k - \boldsymbol{h}[\hat{\boldsymbol{X}}_k^{\mathrm{n}},k] = \boldsymbol{Z}_k - \boldsymbol{h}[\hat{\boldsymbol{X}}_{k/k-1},k] \tag{6.2.85}$$

值得注意的是，由于在每次递推计算下一时刻的状态最优估计 $\hat{\boldsymbol{X}}_k$ 和标称状态值 $\hat{\boldsymbol{X}}_k^{\mathrm{n}}$ 时，其初始值均采用状态最优估计的初始值，所以，初始时刻的状态偏差最优估计 $\delta\hat{\boldsymbol{X}}_{k-1}$ 恒等于

零，即

$$\delta\hat{\boldsymbol{X}}_{k-1}=\hat{\boldsymbol{X}}_{k-1}-\hat{\boldsymbol{X}}_{k-1}^{n}=\boldsymbol{0} \tag{6.2.86}$$

从而使状态偏差的一步预测值

$$\delta\hat{\boldsymbol{X}}_{k/k-1}=\boldsymbol{0} \tag{6.2.87}$$

将式(6.2.87)代入式(6.2.81)，求得离散型非线性广义卡尔曼滤波方程为

$$\hat{\boldsymbol{X}}_{k/k-1}=\hat{\boldsymbol{X}}_{k}^{n}=\hat{\boldsymbol{X}}_{k-1}+\{\boldsymbol{f}[\hat{\boldsymbol{X}}_{k-1},t_{k-1}]+\boldsymbol{B}(t_{k-1})\boldsymbol{u}(t_{k-1})\}T \tag{6.2.88}$$

$$\hat{\boldsymbol{X}}_{k}=\hat{\boldsymbol{X}}_{k/k-1}+\delta\hat{\boldsymbol{X}}_{k} \tag{6.2.89}$$

$$\delta\hat{\boldsymbol{X}}_{k}=\boldsymbol{K}_{k}\{\boldsymbol{Z}_{k}-\boldsymbol{h}[\hat{\boldsymbol{X}}_{k/k-1},k]\} \tag{6.2.90}$$

$$\boldsymbol{K}_{k}=\boldsymbol{P}_{k/k-1}\boldsymbol{H}_{k}^{\mathrm{T}}[\boldsymbol{H}_{k}\boldsymbol{P}_{k/k-1}\boldsymbol{H}_{k}^{\mathrm{T}}+\boldsymbol{R}_{k}]^{-1} \tag{6.2.91}$$

$$\boldsymbol{P}_{k/k-1}=\boldsymbol{\Phi}_{k,k-1}\boldsymbol{P}_{k-1}\boldsymbol{\Phi}_{k,k-1}^{\mathrm{T}}+\boldsymbol{Q}_{k-1} \tag{6.2.92}$$

$$\boldsymbol{P}_{k}=(\boldsymbol{I}-\boldsymbol{K}_{k}\boldsymbol{H}_{k})\boldsymbol{P}_{k/k-1}(\boldsymbol{I}-\boldsymbol{K}_{k}\boldsymbol{H}_{k})^{\mathrm{T}}+\boldsymbol{K}_{k}\boldsymbol{R}_{k}\boldsymbol{K}_{k}^{\mathrm{T}} \tag{6.2.93}$$

初始条件 $\hat{\boldsymbol{X}}_{0}=E[\boldsymbol{X}_{0}]=\boldsymbol{m}_{\boldsymbol{X}_0},\quad \boldsymbol{P}_{0}=\boldsymbol{C}_{\boldsymbol{X}_0}$

式(6.2.88) ~ 式(6.2.93)的计算流程图如图 6.2.3 所示。

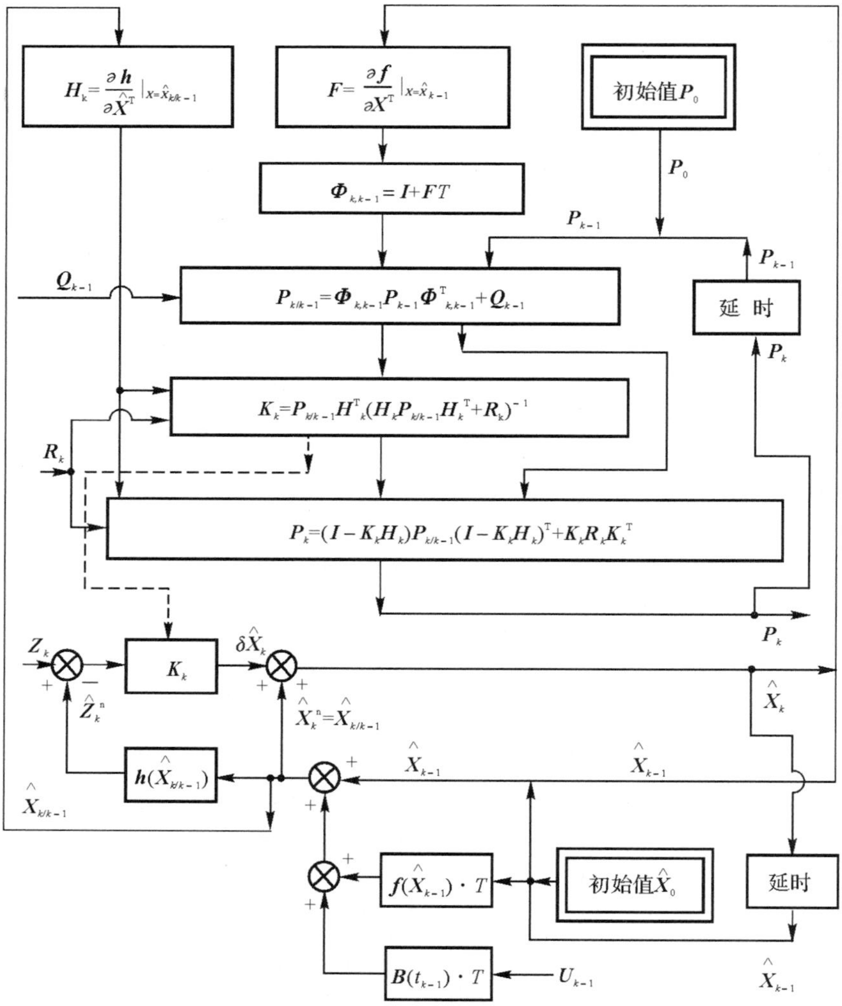

图 6.2.3 离散型广义卡尔曼滤波方程计算流程图

应该指出，以上几种非线性滤波方法实际上都不是最优的，而是近似最优，故常称这种滤波器为“次优卡尔曼滤波器”。其中“广义卡尔曼滤波器”又称“推广卡尔曼滤波器”，在工程实践中较为普遍地得到应用。

最后，必须注意，先线性化后离散所出现的$\dfrac{\partial \boldsymbol{f}[\boldsymbol{X}(t_{k-1}),t_{k-1}]}{\partial \boldsymbol{X}^{\mathrm{T}}(t_{k-1})}$与先离散后线性化出现的$\dfrac{\partial \boldsymbol{f}[\boldsymbol{X}_{k-1},k-1]}{\partial \boldsymbol{X}_{k-1}^{\mathrm{T}}}$有本质的区别，决非一回事。

如果系统方程和量测方程已经具有离散化形式：

$$\boldsymbol{X}_{k+1}=\boldsymbol{f}[\boldsymbol{X}_k,k]+\boldsymbol{B}_k\boldsymbol{U}_k+\boldsymbol{\Gamma}_k\boldsymbol{W}_k$$

$$\boldsymbol{Z}_{k+1}=\boldsymbol{h}[\boldsymbol{X}_{k+1},k+1]+\boldsymbol{V}_{k+1}$$

其中系统噪声和量测噪声均为零均值的白色噪声，且互不相关，则滤波方程推导如下。

假设在$k+1$时刻已获$\hat{\boldsymbol{X}}_k$，则对$\boldsymbol{f}[\boldsymbol{X}_k,k]$和$\boldsymbol{h}[\boldsymbol{X}_{k+1},k+1]$作线性化时，泰勒级数的展开点分别选取$\hat{\boldsymbol{X}}_k$和$\hat{\boldsymbol{X}}_{k+1/k}$，即

$$\boldsymbol{X}_{k+1}=\boldsymbol{f}[\hat{\boldsymbol{X}}_k,k]+\left.\frac{\partial \boldsymbol{f}[\boldsymbol{X}_k,k]}{\partial \boldsymbol{X}_k^{\mathrm{T}}}\right|_{\boldsymbol{X}_k=\hat{\boldsymbol{X}}_k}(\boldsymbol{X}_k-\hat{\boldsymbol{X}}_k)+\boldsymbol{B}_k\boldsymbol{U}_k+\boldsymbol{\Gamma}_k\boldsymbol{W}_k \tag{6.2.94}$$

$$\boldsymbol{Z}_{k+1}=h[\hat{\boldsymbol{X}}_{k+1/k},k+1]+\left.\frac{\partial h[\boldsymbol{X}_{k+1},k+1]}{\partial \boldsymbol{X}_{k+1}^{\mathrm{T}}}\right|_{\boldsymbol{X}_{k+1}=\hat{\boldsymbol{X}}_{k+1/k}}(\boldsymbol{X}_{k+1}-\hat{\boldsymbol{X}}_{k+1/k})+\boldsymbol{V}_{k+1} \tag{6.2.95}$$

记

$$\boldsymbol{\Phi}_{k+1,k}=\left.\frac{\partial \boldsymbol{f}[\boldsymbol{X}_k,k]}{\partial \boldsymbol{X}_k^{\mathrm{T}}}\right|_{\boldsymbol{X}_k=\hat{\boldsymbol{X}}_k} \tag{6.2.96}$$

$$\boldsymbol{H}_{k+1}=\left.\frac{\partial \boldsymbol{h}[\boldsymbol{X}_{k+1},k+1]}{\partial \boldsymbol{X}_{k+1}^{\mathrm{T}}}\right|_{\boldsymbol{X}_{k+1}=\hat{\boldsymbol{X}}_{k+1/k}} \tag{6.2.97}$$

$$\boldsymbol{U}_k^*=\boldsymbol{f}[\hat{\boldsymbol{X}}_k,k]+\boldsymbol{B}_k\boldsymbol{U}_k-\left.\frac{\partial \boldsymbol{f}[\boldsymbol{X}_k,k]}{\partial \boldsymbol{X}_k^{\mathrm{T}}}\right|_{\boldsymbol{X}_k=\hat{\boldsymbol{X}}_k}\cdot\hat{\boldsymbol{X}}_k$$

$$\boldsymbol{Y}_{k+1}=\boldsymbol{h}[\hat{\boldsymbol{X}}_{k+1/k},k+1]-\left.\frac{\partial \boldsymbol{h}[\boldsymbol{X}_{k+1},k+1]}{\partial \boldsymbol{X}_{k+1}^{\mathrm{T}}}\right|_{\boldsymbol{X}_{k+1}=\hat{\boldsymbol{X}}_{k+1/k}}\cdot\hat{\boldsymbol{X}}_{k+1/k}$$

则式(6.2.94)和式(6.2.95)可写成

$$\boldsymbol{X}_{k+1}=\boldsymbol{\Phi}_{k+1,k}\boldsymbol{X}_k+\boldsymbol{U}_k^*+\boldsymbol{\Gamma}_k\boldsymbol{W}_k$$

$$\boldsymbol{Z}_{k+1}=\boldsymbol{H}_{k+1}\boldsymbol{X}_{k+1}+\boldsymbol{Y}_{k+1}+\boldsymbol{V}_{k+1}$$

根据式(2.2.47)～式(2.2.51)，并考虑到$\boldsymbol{S}_k=\boldsymbol{0}$，则有

$$\hat{\boldsymbol{X}}_{k+1/k}=\boldsymbol{\Phi}_{k+1,k}\hat{\boldsymbol{X}}_k+\boldsymbol{U}_k^*=\boldsymbol{\Phi}_{k+1,k}\hat{\boldsymbol{X}}_k+\boldsymbol{f}[\hat{\boldsymbol{X}}_k,k]+\boldsymbol{B}_k\boldsymbol{U}_k-\left.\frac{\partial \boldsymbol{f}[\boldsymbol{X}_k,k]}{\partial \boldsymbol{X}_k^{\mathrm{T}}}\right|_{\boldsymbol{X}_k=\hat{\boldsymbol{X}}_k}\cdot\hat{\boldsymbol{X}}_k=$$

$$\boldsymbol{f}[\hat{\boldsymbol{X}}_k,k]+\boldsymbol{B}_k\boldsymbol{U}_k \tag{6.2.98a}$$

$$\hat{\boldsymbol{X}}_{k+1}=\hat{\boldsymbol{X}}_{k+1/k}+\boldsymbol{K}_{k+1}[\boldsymbol{Z}_{k+1}-\boldsymbol{Y}_{k+1}-\boldsymbol{H}_{k+1}\hat{\boldsymbol{X}}_{k+1/k}]=$$

$$\hat{\boldsymbol{X}}_{k+1/k}+\boldsymbol{K}_{k+1}\left\{\boldsymbol{Z}_{k+1}-\boldsymbol{h}[\hat{\boldsymbol{X}}_{k+1/k},k+1]+\left.\frac{\partial \boldsymbol{h}[\boldsymbol{X}_{k+1},k+1]}{\partial \boldsymbol{X}_{k+1}^{\mathrm{T}}}\right|_{\boldsymbol{X}_{k+1}=\hat{\boldsymbol{X}}_{k+1/k}}\hat{\boldsymbol{X}}_{k+1/k}-\boldsymbol{H}_{k+1}\hat{\boldsymbol{X}}_{k+1/k}\right\}=$$

$$\hat{\boldsymbol{X}}_{k+1/k}+\boldsymbol{K}_{k+1}\{\boldsymbol{Z}_{k+1}-\boldsymbol{h}[\hat{\boldsymbol{X}}_{k+1/k},k+1]\} \tag{6.2.98b}$$

$$\boldsymbol{P}_{k+1/k}=\boldsymbol{\Phi}_{k+1,k}\boldsymbol{P}_k\boldsymbol{\Phi}_{k+1,k}^{\mathrm{T}}+\boldsymbol{\Gamma}_k\boldsymbol{Q}_k\boldsymbol{\Gamma}_k^{\mathrm{T}} \tag{6.2.98c}$$

$$\boldsymbol{K}_{k+1}=\boldsymbol{P}_{k+1/k}\boldsymbol{H}_{k+1}(\boldsymbol{H}_{k+1}\boldsymbol{P}_{k+1/k}\boldsymbol{H}_{k+1}^{\mathrm{T}}+\boldsymbol{R}_{k+1})^{-1} \tag{6.2.98d}$$

$$\boldsymbol{P}_{k+1}=(\boldsymbol{I}-\boldsymbol{K}_{k+1}\boldsymbol{H}_{k+1})\boldsymbol{P}_{k+1/k}(\boldsymbol{I}-\boldsymbol{K}_{k+1}\boldsymbol{H}_{k+1})^{\mathrm{T}}+\boldsymbol{K}_{k+1}\boldsymbol{R}_{k+1}\boldsymbol{K}_{k+1}^{\mathrm{T}} \tag{6.2.98e}$$

其中，$\boldsymbol{\Phi}_{k+1,k}$ 和$\boldsymbol{H}_{k+1}$ 分别按式(6.2.96)和式(6.2.97)确定。

例 6-1 设某连续非线性系统数学模型为

$$\begin{cases}\dot{x}(t)=-x(t)+u(t)+w(t)\\ z(t)=x^{3}(t)+v(t)\end{cases}$$

式中，$x(t)$ 和 $z(t)$ 是标量函数，$E[x(0)]=-1$，$u(t)=5$，$w(t)$ 和 $v(t)$ 是白噪声过程，即有 $E[w(t)w(\tau)]=q\delta(t-\tau)$，$E[v(t)v(\tau)]=r\delta(t-\tau)$，$P(0)=C_{x0}=0$。试求 $x(t)$ 的线性化卡尔曼滤波和广义卡尔曼滤波方程。

解 (1) 求 $x(t)$ 的线性化卡尔曼滤波方程。由系统方程可得标称轨迹数学模型为

$$\begin{cases}\dot{x}^{\mathrm{n}}(t)=-x^{\mathrm{n}}(t)+5\\ z^{\mathrm{n}}(t)=x^{\mathrm{n}3}(t)\end{cases}$$

式中 $$x^{\mathrm{n}}(0)=-1$$

于是可直接解得

$$x^{\mathrm{n}}(t)=5-6\mathrm{e}^{-t}$$

$$z^{\mathrm{n}}(t)=(5-6\mathrm{e}^{-t})^{3}$$

并且 $$f[x(t),t]=-x(t),B(t)=1,h[x(t),t]=x^{3}(t)$$

因此可算得

$$F^{\mathrm{n}}(t)=\left.\frac{\partial f[x(t),t]}{\partial x(t)}\right|_{x(t)=x^{\mathrm{n}}(t)}=-1$$

$$H^{\mathrm{n}}(t)=\left.\frac{\partial h[x(t),t]}{\partial x(t)}\right|_{x(t)=x^{\mathrm{n}}(t)}=3x^{2}(t)=3(5-6\mathrm{e}^{-t})^{2}$$

再由式(6.2.25) ～ 式(6.2.29)得线性化卡尔曼滤波方程

$$\Delta\hat{x}(t)=F^{\mathrm{n}}(t)\Delta\hat{x}(t)+P(t)H^{\mathrm{n}}(t)r^{-1}(t)[\Delta z(t)-H^{\mathrm{n}}(t)\Delta\hat{x}(t)]=$$
$$-\Delta\hat{x}(t)+3(5-6\mathrm{e}^{-t})^{2}P(t)r^{-1}[\Delta z(t)-3(5-6\mathrm{e}^{-t})^{2}\Delta\hat{x}(t)]$$

$$\dot{P}(t)=P(t)F^{\mathrm{n}}(t)+F^{\mathrm{n}}(t)P(t)-P(t)H^{\mathrm{n}}(t)r^{-1}(t)H^{\mathrm{n}}(t)P(t)+G(t)q(t)G(t)=$$
$$-2P(t)-9(5-6\mathrm{e}^{-t})^{4}r^{-1}P^{2}(t)+q$$

$$\hat{x}(t)=x^{\mathrm{n}}(t)+\Delta\hat{x}(t)=(5-6\mathrm{e}^{-t})+\Delta\hat{x}(t)$$

初始条件： $$\hat{x}(0)=E[x(0)]=-1,\quad P(0)=0$$

只要求解以上方程组，即可解得 $\hat{x}(t)$ 值。

(2) 求 $x(t)$ 的广义卡尔曼滤波方程。根据本题给出的条件，得

$$f[x(t),t]\big|_{x(t)=\hat{x}(t)}=-\hat{x}(t)$$

$$\left.\frac{\partial f[x(t),t]}{\partial x(t)}\right|_{x(t)=\hat{x}(t)}=-1$$

$$h[x(t),t]\big|_{x(t)=\hat{x}(t)}=\hat{x}^{3}(t)$$

$$\left.\frac{\partial h[x(t),t]}{\partial x(t)}\right|_{x(t)=\hat{x}(t)}=3\hat{x}^{2}(t)$$

于是由式(6.2.74) ～ 式(6.2.76)可得广义卡尔曼滤波方程组为

$$\begin{cases}\dot{\hat{x}}(t)=-\hat{x}(t)+3\hat{x}^{2}(t)r^{-1}P(t)[Z(t)-\hat{x}^{3}(t)]+5\\ \dot{P}(t)=-2P(t)-9\hat{x}^{4}(t)r^{-1}P^{2}(t)+q\end{cases}$$

初始条件： $$\hat{x}(0)=-1,\quad P(0)=0$$

求解以上方程组，即可获得状态最优估计 $\hat{x}(t)$。

6.2.4　二阶广义卡尔曼滤波方程[119]

如果在非线性向量函数的泰勒级数展开式中除保留一次项外，还保留二次项，则相应的滤波算法即为二阶广义卡尔曼滤波，简称二阶 EKF。

设系统方程和量测方程为

$$\dot{\boldsymbol{X}}(t)=\boldsymbol{f}[\boldsymbol{X}(t),t]+\boldsymbol{G}(t)\boldsymbol{w}(t) \tag{6.2.99}$$

$$\boldsymbol{Z}_k=\boldsymbol{h}[\boldsymbol{X}_k,t_k]+\boldsymbol{V}_k \tag{6.2.100}$$

式中，$\boldsymbol{w}(t)$ 和 $\boldsymbol{V}_k$ 均为零均值的高斯白噪声，$\boldsymbol{w}(t)$ 的方差强度阵为 $\boldsymbol{q}$，$\boldsymbol{V}_k$ 的方差阵为 $\boldsymbol{R}_k$。

由于物理系统一般为连续系统，而量测量一般在离散时间上获取，所以此处假设系统方程具有连续形式，而量测方程具有离散形式。此类系统的最优估计亦称混合滤波。

引入偏微分算子

$$\boldsymbol{\nabla}=\begin{bmatrix}\dfrac{\partial}{\partial X_1} & \dfrac{\partial}{\partial X_2} & \cdots & \dfrac{\partial}{\partial X_n}\end{bmatrix}^{\mathrm{T}}$$

则非线性向量函数在 $\hat{\boldsymbol{X}}(t)$ 上的二阶泰勒级数为

$$\begin{aligned}\boldsymbol{f}[\boldsymbol{X}(t),t]=&\boldsymbol{f}[\hat{\boldsymbol{X}}(t),t]+\boldsymbol{\nabla}^{\mathrm{T}}\boldsymbol{f}[\boldsymbol{X}(t),t]\Big|_{\boldsymbol{X}=\hat{\boldsymbol{X}}}[\boldsymbol{X}(t)-\hat{\boldsymbol{X}}(t)]+\\&\frac{1}{2}\{[\boldsymbol{X}(t)-\hat{\boldsymbol{X}}(t)]\cdot\boldsymbol{\nabla}\}^2\boldsymbol{f}[\boldsymbol{X}(t),t]\Big|_{\boldsymbol{X}=\hat{\boldsymbol{X}}}\end{aligned} \tag{6.2.101}$$

式中(•)为向量的点乘。

记(6.2.101)式第三项为 $\boldsymbol{T}_3$，则 $\boldsymbol{T}_3$ 可写成

$$\boldsymbol{T}_3=\frac{1}{2}\left\{[\boldsymbol{X}(t)-\hat{\boldsymbol{X}}(t)]^{\mathrm{T}}\boldsymbol{\nabla\nabla}^{\mathrm{T}}[\boldsymbol{X}(t)-\hat{\boldsymbol{X}}(t)]\boldsymbol{f}[\boldsymbol{X}(t),t]\Big|_{\boldsymbol{X}=\hat{\boldsymbol{X}}}\right\}$$

记

$$\boldsymbol{f}[\boldsymbol{X}(t),t]=[f_1\quad f_2\quad\cdots\quad f_n]^{\mathrm{T}}$$

$$[\boldsymbol{X}(t)-\hat{\boldsymbol{X}}(t)]=\delta\boldsymbol{X}$$

则

$$\begin{aligned}\boldsymbol{T}_3=&\frac{1}{2}\left\{[\boldsymbol{X}(t)-\hat{\boldsymbol{X}}(t)]^{\mathrm{T}}\boldsymbol{\nabla\nabla}^{\mathrm{T}}[\boldsymbol{X}(t)-\hat{\boldsymbol{X}}(t)]\boldsymbol{f}[\boldsymbol{X}(t),t]\Big|_{\boldsymbol{X}-\hat{\boldsymbol{X}}}\right\}=\\&\frac{1}{2}\sum_{i=1}^{n}\delta\boldsymbol{X}^{\mathrm{T}}\boldsymbol{\nabla\nabla}^{\mathrm{T}}\delta\boldsymbol{X}\boldsymbol{e}_i f_i\Big|_{\boldsymbol{X}=\hat{\boldsymbol{X}}}\end{aligned}$$

式中，$\boldsymbol{e}_i$ 是第 i 个元为1而其余元均为0的单位向量。由于 $\delta\boldsymbol{X}^{\mathrm{T}}\boldsymbol{\nabla\nabla}^{\mathrm{T}}\delta\boldsymbol{X}$ 的维数为1，f_i 为标量，微分算子只对 $\boldsymbol{f}$ 起作用，所以

$$\boldsymbol{T}_3=\frac{1}{2}\sum_{i=1}^{n}\boldsymbol{e}_i\delta\boldsymbol{X}^{\mathrm{T}}(\boldsymbol{\nabla\nabla}^{\mathrm{T}}f_i)\Big|_{\boldsymbol{X}=\hat{\boldsymbol{X}}}\delta\boldsymbol{X}$$

式中，$\boldsymbol{\nabla\nabla}^{\mathrm{T}}f_i$ 为二阶偏导数阵，即

$$\boldsymbol{\nabla\nabla}^{\mathrm{T}}f_i\Big|_{X=\hat{X}}=\begin{bmatrix}\dfrac{\partial^2 f_i}{\partial x_1^2} & \dfrac{\partial^2 f_i}{\partial x_1\partial x_2} & \cdots & \dfrac{\partial^2 f_i}{\partial x_1\partial x_n}\\ \dfrac{\partial^2 f_i}{\partial x_2\partial x_1} & \dfrac{\partial^2 f_i}{\partial x_2^2} & \cdots & \dfrac{\partial^2 f_i}{\partial x_2\partial x_n}\\ \vdots & \vdots & & \vdots\\ \dfrac{\partial^2 f_i}{\partial x_n\partial x_1} & \dfrac{\partial^2 f_i}{\partial x_n\partial x_2} & \cdots & \dfrac{\partial^2 f_i}{\partial x_n^2}\end{bmatrix}_{\boldsymbol{X}=\hat{\boldsymbol{X}}} \tag{6.2.102}$$

由于

$$\delta \boldsymbol{X}^{\mathrm{T}}(\boldsymbol{\nabla}\boldsymbol{\nabla}^{\mathrm{T}} f_i)\delta \boldsymbol{X} = \mathrm{Tr}[(\boldsymbol{\nabla}\boldsymbol{\nabla}^{\mathrm{T}} f_i)\delta \boldsymbol{X}\delta \boldsymbol{X}^{\mathrm{T}}]$$

式中，Tr 为对矩阵求迹，所以

$$\boldsymbol{T}_3 = \frac{1}{2}\sum_{i=1}^{n} \boldsymbol{e}_i \mathrm{Tr}\left[(\boldsymbol{\nabla}\boldsymbol{\nabla}^{\mathrm{T}} f_i)\Big|_{\boldsymbol{X}=\hat{\boldsymbol{X}}} \delta \boldsymbol{X}\delta \boldsymbol{X}^{\mathrm{T}}\right]$$

上式中，$\delta \boldsymbol{X}\delta \boldsymbol{X}^{\mathrm{T}}$ 是未知量，而卡尔曼滤波可获得其均方误差阵，即

$$\boldsymbol{P} = E[\delta \boldsymbol{X}\delta \boldsymbol{X}^{\mathrm{T}}]$$

为便于计算，$\delta \boldsymbol{X}\delta \boldsymbol{X}^{\mathrm{T}}$ 用其均值 $\boldsymbol{P}$ 近似，则

$$\boldsymbol{T}_3 = \frac{1}{2}\sum_{i=1}^{n} \boldsymbol{e}_i \mathrm{Tr}\left[(\boldsymbol{\nabla}\boldsymbol{\nabla}^{\mathrm{T}} f_i)\Big|_{\boldsymbol{X}=\hat{\boldsymbol{X}}} \boldsymbol{P}\right]$$

上式代入式(6.2.101)，同样，$\boldsymbol{X}(t) - \hat{\boldsymbol{X}}(t)$ 用其均值近似，则

$$\boldsymbol{f}[\boldsymbol{X}(t),t] = \boldsymbol{f}[\hat{\boldsymbol{X}}(t),t] + \frac{1}{2}\sum_{i=1}^{n} \boldsymbol{e}_i \mathrm{Tr}\left[(\boldsymbol{\nabla}\boldsymbol{\nabla}^{\mathrm{T}} f_i)\Big|_{\boldsymbol{X}=\hat{\boldsymbol{X}}} \boldsymbol{P}\right] \tag{6.2.103}$$

1.二阶 EKF 的时间更新算法

式(6.2.103) 代入式(6.2.99)，则由时间更新确定的 $\boldsymbol{X}(t)$ 的估计由下述方程确定：

$$\dot{\hat{\boldsymbol{X}}}^{-}(t) = \boldsymbol{f}[\hat{\boldsymbol{X}}^{-}(t),t] + \frac{1}{2}\sum_{i=1}^{n} \boldsymbol{e}_i \mathrm{Tr}\left[(\boldsymbol{\nabla}\boldsymbol{\nabla}^{\mathrm{T}} f_i)\Big|_{\boldsymbol{X}=\hat{\boldsymbol{X}}} \boldsymbol{P}^{-}\right] \tag{6.2.104}$$

相应的均方误差阵 $\boldsymbol{P}^{-}$ 由下述方程确定：

$$\dot{\boldsymbol{P}}^{-}(t) = \boldsymbol{F}(t)\boldsymbol{P}^{-}(t) + \boldsymbol{P}^{-}(t)\boldsymbol{F}^{\mathrm{T}}(t) + \boldsymbol{G}(t)\boldsymbol{q}G^{\mathrm{T}}(t) \tag{6.2.105}$$

式中，$\boldsymbol{F}(t) = \dfrac{\partial \boldsymbol{f}(t)}{\partial \boldsymbol{X}^{\mathrm{T}}(t)}\Big|_{\boldsymbol{X}(t)=\hat{\boldsymbol{X}}^{-}(t)}$，微分方程采用龙格－库塔算法求解，在$[t_{k-1},t_k]$滤波周期内，积分初值取 $\hat{\boldsymbol{X}}_{k-1}$ 和 $\boldsymbol{P}_{k-1}$，由上一步量测更新确定，终值 $\hat{\boldsymbol{X}}^{-}(t_k)$ 和 $\boldsymbol{P}^{-}(t_k)$ 为本次量测更新所用的 $\hat{\boldsymbol{X}}_{k/k-1}$ 和 $\boldsymbol{P}_{k/k-1}$。

2.二阶 EKF 的量测更新算法

设 t_k 时刻的量测为 $\boldsymbol{Z}_k$，则根据 $\boldsymbol{Z}_k$ 和时间更新确定的 $\boldsymbol{X}_k$ 的估计为

$$\hat{\boldsymbol{X}}_k = \hat{\boldsymbol{X}}_{k/k-1} + \boldsymbol{K}_k[\boldsymbol{Z}_k - \boldsymbol{h}(\hat{\boldsymbol{X}}_{k/k-1},t_k)] - \boldsymbol{C}_k \tag{6.2.106}$$

式中，$\hat{\boldsymbol{X}}_{k/k-1} = \hat{\boldsymbol{X}}^{-}(t_k)$，由式(6.2.104) 确定。$\boldsymbol{C}_k$ 为补偿项，与最佳增益一样，均为待定值。引入 $\boldsymbol{C}_k$ 的目的是使 $\hat{\boldsymbol{X}}_k$ 为无偏估计，而确定 $\boldsymbol{K}_k$ 的最优指标是使 $\hat{\boldsymbol{X}}_k$ 的均方误差阵 $\boldsymbol{P}_k$ 的迹达到最小。

记 $\tilde{\boldsymbol{X}}_{k/k-1} = \boldsymbol{X}_k - \hat{\boldsymbol{X}}_{k/k-1}$

$\tilde{\boldsymbol{X}}_k = \boldsymbol{X}_k - \hat{\boldsymbol{X}}_k$

则根据式(6.2.106)

$$\begin{aligned}
\tilde{\boldsymbol{X}}_k = & \boldsymbol{X}_k - \hat{\boldsymbol{X}}_k + \hat{\boldsymbol{X}}_{k/k-1} - \hat{\boldsymbol{X}}_{k/k-1} = \tilde{\boldsymbol{X}}_{k/k-1} - \hat{\boldsymbol{X}}_k + \hat{\boldsymbol{X}}_{k/k-1} = \\
& \tilde{\boldsymbol{X}}_{k/k-1} - \boldsymbol{K}_k[\boldsymbol{h}(\boldsymbol{X}_k,t_k) - \boldsymbol{h}(\hat{\boldsymbol{X}}_{k/k-1},t_k)] - \boldsymbol{K}_k\boldsymbol{V}_k + \boldsymbol{C}_k = \\
& \tilde{\boldsymbol{X}}_{k/k-1} - \boldsymbol{K}_k[\boldsymbol{h}(\hat{\boldsymbol{X}}_{k-k-1},t_k) + \boldsymbol{H}_k(\boldsymbol{X}_k - \hat{\boldsymbol{X}}_{k/k-1}) + \frac{1}{2}\sum_{j=1}^{m}\boldsymbol{e}_j(\boldsymbol{X}_k - \hat{\boldsymbol{X}}_{k/k-1})^{\mathrm{T}} \\
& (\boldsymbol{\nabla}\boldsymbol{\nabla}^{\mathrm{T}} h_j)\Big|_{\boldsymbol{X}_k=\hat{\boldsymbol{X}}_{k/k-1}}(\boldsymbol{X}_k - \hat{\boldsymbol{X}}_{k/k-1}) - \boldsymbol{h}(\hat{\boldsymbol{X}}_{k/k-1},t_k)] - \boldsymbol{K}_k\boldsymbol{V}_k + \boldsymbol{C}_k = \\
& \tilde{\boldsymbol{X}}_{k/k-1} - \boldsymbol{K}_k\boldsymbol{H}_k\tilde{\boldsymbol{X}}_{k/k-1} - \frac{1}{2}\boldsymbol{K}_k\sum_{j=1}^{m}\boldsymbol{e}_j(\tilde{\boldsymbol{X}}_{k/k-1})^{\mathrm{T}}(\boldsymbol{\nabla}\boldsymbol{\nabla}^{\mathrm{T}} h_j)\Big|_{\boldsymbol{X}_k=\hat{\boldsymbol{X}}_{k/k-1}}\tilde{\boldsymbol{X}}_{k/k-1} - \boldsymbol{K}_k\boldsymbol{V}_k + \boldsymbol{C}_k
\end{aligned} \tag{6.2.107}$$

式中，$\boldsymbol{H}_k = \dfrac{\partial \boldsymbol{h}}{\partial \boldsymbol{X}^{\mathrm{T}}}\bigg|_{\boldsymbol{X}_k=\hat{\boldsymbol{X}}_{k/k-1}}$，$h_j$ 为 $\boldsymbol{h}$ 的第 j 个分量。

根据式(6.2.107)，假设 $\hat{\boldsymbol{X}}_{k/k-1}$ 为无偏估计，即 $E[\widetilde{\boldsymbol{X}}_{k/k-1}]=\boldsymbol{0}$，则要使 $\hat{\boldsymbol{X}}_k$ 为无偏估计，即 $E[\widetilde{\boldsymbol{X}}_k]=\boldsymbol{0}$ 需有

$$\begin{aligned}\boldsymbol{C}_k &= \frac{1}{2}E\left[\boldsymbol{K}_k\sum_{j=1}^{m}\boldsymbol{e}_j\,(\widetilde{\boldsymbol{X}}_{k/k-1})^{\mathrm{T}}(\boldsymbol{\nabla\nabla}^{\mathrm{T}}h_j)\Big|_{\boldsymbol{X}_k=\hat{\boldsymbol{X}}_{k/k-1}}\widetilde{\boldsymbol{X}}_{k/k-1}\right]=\\ &\frac{1}{2}\boldsymbol{K}_k\sum_{j=1}^{m}\boldsymbol{e}_j\,\mathrm{Tr}\left[(\boldsymbol{\nabla\nabla}^{\mathrm{T}}h_j)\Big|_{\boldsymbol{X}_k=\hat{\boldsymbol{X}}_{k/k-1}}\boldsymbol{P}_{k/k-1}\right]\end{aligned}\tag{6.2.108}$$

式(6.2.108)代入式(6.2.107)

$$\begin{aligned}\widetilde{\boldsymbol{X}}_k &= (\boldsymbol{I}-\boldsymbol{K}_k\boldsymbol{H}_k)\widetilde{\boldsymbol{X}}_{k/k-1}+\frac{1}{2}\boldsymbol{K}_k\left\{\sum_{j=1}^{m}\boldsymbol{e}_j\,\mathrm{Tr}\left[(\boldsymbol{\nabla\nabla}^{\mathrm{T}}h_j)\Big|_{\hat{\boldsymbol{X}}_{k/k-1}}\boldsymbol{P}_{k/k-1}\right]-\right.\\ &\left.\sum_{j=1}^{m}\boldsymbol{e}_j\,\mathrm{Tr}\left[(\boldsymbol{\nabla\nabla}^{\mathrm{T}}h_j)\Big|_{\hat{\boldsymbol{X}}_{k/k-1}}(\widetilde{\boldsymbol{X}}_{k/k-1}(\widetilde{\boldsymbol{X}}_{k/k-1})^{\mathrm{T}})\right]\right\}-\boldsymbol{K}_k\boldsymbol{V}_k\end{aligned}$$

记

$$\begin{aligned}\boldsymbol{A} &= \frac{1}{2}\sum_{j=1}^{m}\boldsymbol{e}_j\,\mathrm{Tr}\left[(\boldsymbol{\nabla\nabla}^{\mathrm{T}}h_j)\Big|_{\hat{\boldsymbol{X}}_{k/k-1}}\boldsymbol{P}_{k/k-1}\right]-\frac{1}{2}\sum_{j=1}^{m}\boldsymbol{e}_j\,\mathrm{Tr}\left[(\boldsymbol{\nabla\nabla}^{\mathrm{T}}h_j)\Big|_{\hat{\boldsymbol{X}}_{k/k-1}}(\widetilde{\boldsymbol{X}}_{k/k-1}(\widetilde{\boldsymbol{X}}_{k/k-1})^{\mathrm{T}})\right]=\\ &\frac{1}{2}\sum_{j=1}^{m}\boldsymbol{e}_j\,\mathrm{Tr}\left\{(\boldsymbol{\nabla\nabla}^{\mathrm{T}}h_j)\Big|_{\hat{\boldsymbol{X}}_{k/k-1}}[\boldsymbol{P}_{k/k-1}-(\widetilde{\boldsymbol{X}}_{k/k-1}(\widetilde{\boldsymbol{X}}_{k/k-1})^{\mathrm{T}})]\right\}\end{aligned}\tag{6.2.109}$$

则

$$\widetilde{\boldsymbol{X}}_k=(\boldsymbol{I}-\boldsymbol{K}_k\boldsymbol{H}_k)\widetilde{\boldsymbol{X}}_{k/k-1}+\boldsymbol{K}_k\boldsymbol{A}-\boldsymbol{K}_k\boldsymbol{V}_k\tag{6.2.110}$$

由于 $E[\widetilde{\boldsymbol{X}}_{k/k-1}]=\boldsymbol{0}$，$E[\boldsymbol{V}_k]=\boldsymbol{0}$，$\boldsymbol{V}_k$ 与 $\boldsymbol{A}$ 不相关，所以由式(6.2.110)，得

$$\boldsymbol{P}_k=E[\widetilde{\boldsymbol{X}}_k(\widetilde{\boldsymbol{X}}_k)^{\mathrm{T}}]=(\boldsymbol{I}-\boldsymbol{K}_k\boldsymbol{H}_k)\boldsymbol{P}_{k/k-1}(\boldsymbol{I}-\boldsymbol{K}_k\boldsymbol{H}_k)^{\mathrm{T}}+\boldsymbol{K}_k(\boldsymbol{\Lambda}_k+\boldsymbol{R}_k)\boldsymbol{K}_k^{\mathrm{T}}\tag{6.2.111}$$

式中

$$\boldsymbol{\Lambda}_k=E[\boldsymbol{A}\boldsymbol{A}^{\mathrm{T}}]\tag{6.2.112}$$

构造代价函数

$$J_k=E[(\widetilde{\boldsymbol{X}}_k)^{\mathrm{T}}\boldsymbol{S}_k\widetilde{\boldsymbol{X}}_k]=\mathrm{Tr}[\boldsymbol{S}_k\boldsymbol{P}_k]$$

式中，$\boldsymbol{S}_k$ 为任意正定加权阵。

由式(6.2.111)，要使 J_k 达到极小，最佳增益应为

$$\boldsymbol{K}_k=\boldsymbol{P}_{k/k-1}\boldsymbol{H}_k^{\mathrm{T}}(\boldsymbol{H}_k\boldsymbol{P}_{k/k-1}\boldsymbol{H}_k^{\mathrm{T}}+\boldsymbol{R}_k+\boldsymbol{\Lambda}_k)^{-1}\tag{6.2.113}$$

利用式(6.2.113)，可将式(6.2.111)改写成更实用的形式

$$\begin{aligned}\boldsymbol{P}_k &= \boldsymbol{P}_{k/k-1}-\boldsymbol{P}_{k/k-1}\boldsymbol{H}_k^{\mathrm{T}}\boldsymbol{K}_k^{\mathrm{T}}-\boldsymbol{K}_k\boldsymbol{H}_k\boldsymbol{P}_{k/k-1}+\boldsymbol{K}_k\boldsymbol{H}_k\boldsymbol{P}_{k/k-1}\boldsymbol{H}_k^{\mathrm{T}}\boldsymbol{K}_k^{\mathrm{T}}+\boldsymbol{K}_k(\boldsymbol{\Lambda}_k+\boldsymbol{R}_k)\boldsymbol{K}_k^{\mathrm{T}}=\\ &\boldsymbol{P}_{k/k-1}-\boldsymbol{P}_{k/k-1}\boldsymbol{H}_k^{\mathrm{T}}(\boldsymbol{H}_k\boldsymbol{P}_{k/k-1}\boldsymbol{H}_k^{\mathrm{T}}+\boldsymbol{R}_k+\boldsymbol{\Lambda}_k)^{-1}\boldsymbol{H}_k\boldsymbol{P}_{k/k-1}-\\ &\boldsymbol{P}_{k/k-1}\boldsymbol{H}_k^{\mathrm{T}}(\boldsymbol{H}_k\boldsymbol{P}_{k/k-1}\boldsymbol{H}_k^{\mathrm{T}}+\boldsymbol{R}_k+\boldsymbol{\Lambda}_k)^{-1}\boldsymbol{H}_k\boldsymbol{P}_{k/k-1}+\\ &\boldsymbol{P}_{k/k-1}\boldsymbol{H}_k^{\mathrm{T}}(\boldsymbol{H}_k\boldsymbol{P}_{k/k-1}\boldsymbol{H}_k^{\mathrm{T}}+\boldsymbol{R}_k+\boldsymbol{\Lambda}_k)^{-1}\boldsymbol{H}_k\boldsymbol{P}_{k/k-1}=\\ &\boldsymbol{P}_{k/k-1}-\boldsymbol{P}_{k/k-1}\boldsymbol{H}_k^{\mathrm{T}}(\boldsymbol{H}_k\boldsymbol{P}_{k/k-1}\boldsymbol{H}_k^{\mathrm{T}}+\boldsymbol{R}_k+\boldsymbol{\Lambda}_k)^{-1}\boldsymbol{H}_k\boldsymbol{P}_{k/k-1}\end{aligned}\tag{6.2.114}$$

式中，$\boldsymbol{\Lambda}_k$ 按下述分析确定。

根据式(6.2.112)和式(6.2.109)，有

$$\boldsymbol{\Lambda}_k=\frac{1}{4}E\left(\left\{\sum_{i=1}^{m}\boldsymbol{e}_i\,\mathrm{Tr}\left[(\boldsymbol{\nabla\nabla}^{\mathrm{T}}h_i)\Big|_{\hat{\boldsymbol{X}}_{k/k-1}}(\boldsymbol{P}_{k/k-1}-\widetilde{\boldsymbol{X}}_{k/k-1}(\widetilde{\boldsymbol{X}}_{k/k-1})^{\mathrm{T}})\right]\right\}\right.$$

$$\left\{\sum_{j=1}^{m}\boldsymbol{e}_j\mathrm{Tr}\left[(\boldsymbol{\nabla}\boldsymbol{\nabla}^{\mathrm{T}}h_j)\Big|_{\hat{\boldsymbol{X}}_{k/k-1}}(\boldsymbol{P}_{k/k-1}-\tilde{\boldsymbol{X}}_{k/k-1}(\tilde{\boldsymbol{X}}_{k/k-1})^{\mathrm{T}})\right]\right\}^{\mathrm{T}}$$

该式说明 $\boldsymbol{\Lambda}_k$ 为 $m\times m$ 的方阵，其中第 i 行第 j 列的元($i=1,2,\cdots,m;j=1,2,\cdots,m$) 为

$$\Lambda_k(i,j)=\frac{1}{4}E\left\{\mathrm{Tr}\left[(\boldsymbol{\nabla}\boldsymbol{\nabla}^{\mathrm{T}}h_i)\Big|_{\hat{\boldsymbol{X}}_{k/k-1}}(\boldsymbol{P}_{k/k-1}-\hat{\boldsymbol{X}}_{k/k-1}(\hat{\boldsymbol{X}}_{k/k-1})^{\mathrm{T}})\right]\cdot\right.$$
$$\left.\mathrm{Tr}\left[(\boldsymbol{\nabla}\boldsymbol{\nabla}^{\mathrm{T}}h_j)\Big|_{\hat{\boldsymbol{X}}_{k/k-1}}(\boldsymbol{P}_{k/k-1}-\hat{\boldsymbol{X}}_{k/k-1}(\hat{\boldsymbol{X}}_{k/k-1})^{\mathrm{T}})\right]\right\}$$

为简化书写，记

$$\boldsymbol{D}_{k,i}=(\boldsymbol{\nabla}\boldsymbol{\nabla}^{\mathrm{T}}h_i)\Big|_{\boldsymbol{X}_k=\hat{\boldsymbol{X}}_{k/k-1}}$$
$$\boldsymbol{D}_{k,j}=(\boldsymbol{\nabla}\boldsymbol{\nabla}^{\mathrm{T}}h_j)\Big|_{\boldsymbol{X}_k=\hat{\boldsymbol{X}}_{k/k-1}}$$

则

$$\begin{aligned}\Lambda_k(i,j)=&\frac{1}{4}E\{[\mathrm{Tr}(\boldsymbol{D}_{k,i}\boldsymbol{P}_{k/k-1})-\mathrm{Tr}(\boldsymbol{D}_{k,i}\tilde{\boldsymbol{X}}_{k/k-1}(\tilde{\boldsymbol{X}}_{k/k-1})^{\mathrm{T}})]\cdot\\&[\mathrm{Tr}(\boldsymbol{D}_{k,j}\boldsymbol{P}_{k/k-1})-\mathrm{Tr}(\boldsymbol{D}_{k,j}\tilde{\boldsymbol{X}}_{k/k-1}(\tilde{\boldsymbol{X}}_{k/k-1})^{\mathrm{T}})]\}=\\&\frac{1}{4}E\{\mathrm{Tr}[\boldsymbol{D}_{k,i}\tilde{\boldsymbol{X}}_{k/k-1}(\tilde{\boldsymbol{X}}_{k/k-1})^{\mathrm{T}}]\,\mathrm{Tr}[\boldsymbol{D}_{k,j}\tilde{\boldsymbol{X}}_{k/k-1}(\tilde{\boldsymbol{X}}_{k/k-1})^{\mathrm{T}}]\}-\\&\frac{1}{4}\mathrm{Tr}(\boldsymbol{D}_{k,i}\boldsymbol{P}_{k/k-1})\,\mathrm{Tr}(\boldsymbol{D}_{k,j}\boldsymbol{P}_{k/k-1})\end{aligned}$$

由于 $\hat{\boldsymbol{X}}_{k/k-1}$ 为时间更新所得估计值，$\tilde{\boldsymbol{X}}_{k/k-1}$ 为零均值的高斯白噪声。根据文献[139] 所列结论：

$$\begin{aligned}&E\{\mathrm{Tr}[\boldsymbol{D}_{k,i}\tilde{\boldsymbol{X}}_{k/k-1}(\tilde{\boldsymbol{X}}_{k/k-1})^{\mathrm{T}}]\,\mathrm{Tr}[\boldsymbol{D}_{k,j}\tilde{\boldsymbol{X}}_{k/k-1}(\tilde{\boldsymbol{X}}_{k/k-1})^{\mathrm{T}}]\}=\\&2\mathrm{Tr}(\boldsymbol{D}_{k,i}\boldsymbol{P}_{k/k-1}\boldsymbol{D}_{k,j}\boldsymbol{P}_{k/k-1})+\mathrm{Tr}(\boldsymbol{D}_{k,i}\boldsymbol{P}_{k/k-1})\,\mathrm{Tr}(\boldsymbol{D}_{k,j}\boldsymbol{P}_{k/k-1})\end{aligned}$$

式中，$\boldsymbol{P}_{k/k-1}=E[\tilde{\boldsymbol{X}}_{k/k-1}(\tilde{\boldsymbol{X}}_{k/k-1})^{\mathrm{T}}]$。所以

$$\Lambda_k(i,j)=\frac{1}{2}\mathrm{Tr}\left[(\boldsymbol{\nabla}\boldsymbol{\nabla}^{\mathrm{T}}h_i)\Big|_{\boldsymbol{X}_k=\hat{\boldsymbol{X}}_{k/k-1}}\boldsymbol{P}_{k/k-1}(\boldsymbol{\nabla}\boldsymbol{\nabla}^{\mathrm{T}}h_j)\Big|_{\boldsymbol{X}_k=\hat{\boldsymbol{X}}_{k/k-1}}\boldsymbol{P}_{k/k-1}\right]\tag{6.2.115}$$

根据上述分析，可将二阶广义卡尔曼滤波算法整理如下。

对于具有如下形式的系统方程和量测方程：

$$\dot{\boldsymbol{X}}(t)=\boldsymbol{f}[\boldsymbol{X}(t),t]+\boldsymbol{G}(t)\boldsymbol{w}(t)$$
$$\boldsymbol{Z}_k=\boldsymbol{h}[\boldsymbol{X}_k,t_k]+\boldsymbol{V}_k$$

式中，$\boldsymbol{w}(t)$ 和 $\boldsymbol{V}_k$ 均为零均值的高斯白噪声，且该两类噪声不相关，方差强度阵和方差阵分别为 $\boldsymbol{q}$ 和 $\boldsymbol{R}_k$。则对状态变量作最优估计的二阶 EKF 滤波方程为($k=1,2,3,\cdots$)

$$\dot{\hat{\boldsymbol{X}}}^{-}(t)=\boldsymbol{f}[\hat{\boldsymbol{X}}^{-}(t),t]+\frac{1}{2}\sum_{i=1}^{n}\boldsymbol{e}_i\mathrm{Tr}\left[(\boldsymbol{\nabla}\boldsymbol{\nabla}^{\mathrm{T}}f_i)\Big|_{\boldsymbol{X}_k=\hat{\boldsymbol{X}}^{-}(t)}\boldsymbol{P}^{-}(t)\right]$$

$$\dot{\boldsymbol{P}}^{-}(t)=\boldsymbol{F}(t)\boldsymbol{P}^{-}(t)+\boldsymbol{P}^{-}(t)\boldsymbol{F}(t)+\boldsymbol{G}(t)\boldsymbol{q}\boldsymbol{G}^{\mathrm{T}}(t)$$

$$\hat{\boldsymbol{X}}_k=\hat{\boldsymbol{X}}_{k/k-1}+\boldsymbol{K}_k[\boldsymbol{Z}_k-\boldsymbol{h}(\hat{\boldsymbol{X}}_{k/k-1},t_k)]-\boldsymbol{C}_k$$

$$\boldsymbol{C}_k=\frac{1}{2}\boldsymbol{K}_k\sum_{j=1}^{m}\boldsymbol{e}_j\mathrm{Tr}\left[(\boldsymbol{\nabla}\boldsymbol{\nabla}^{\mathrm{T}}h_j)\Big|_{\boldsymbol{X}_k=\hat{\boldsymbol{X}}_{k/k-1}}\boldsymbol{P}_{k/k-1}\right]$$

$$\boldsymbol{K}_k=\boldsymbol{P}_{k/k-1}\boldsymbol{H}_k^{\mathrm{T}}(\boldsymbol{H}_k\boldsymbol{P}_{k/k-1}\boldsymbol{H}_k^{\mathrm{T}}+\boldsymbol{R}_k+\boldsymbol{\Lambda}_k)^{-1}$$

$$\Lambda_k(i,j)=\frac{1}{2}\mathrm{Tr}\left[(\boldsymbol{\nabla}\boldsymbol{\nabla}^{\mathrm{T}}h_i)\Big|_{\boldsymbol{X}_k=\hat{\boldsymbol{X}}_{k/k-1}}\boldsymbol{P}_{k/k-1}(\boldsymbol{\nabla}\boldsymbol{\nabla}^{\mathrm{T}}h_j)\Big|_{\boldsymbol{X}_k=\hat{\boldsymbol{X}}_{k/k-1}}\boldsymbol{P}_{k/k-1}\right]$$

$$i=1,2,\cdots,m;j=1,2,\cdots,m$$

$$\boldsymbol{P}_k=\boldsymbol{P}_{k/k-1}-\boldsymbol{P}_{k/k-1}\boldsymbol{H}_k^{\mathrm{T}}(\boldsymbol{H}_k\boldsymbol{P}_{k/k-1}\boldsymbol{H}_k^{\mathrm{T}}+\boldsymbol{R}_k+\boldsymbol{\Lambda}_k)^{-1}\boldsymbol{H}_k\boldsymbol{P}_{k/k-1}$$

其中

$$\boldsymbol{F}(t)=\frac{\partial \boldsymbol{f}}{\partial \boldsymbol{X}^{\mathrm{T}}(t)}\bigg|_{\boldsymbol{X}(t)=\hat{\boldsymbol{X}}^{-}(t)}$$

微分方程采用龙格－库塔算法联立求解，在$[t_{k-1},t_k]$滤波周期内，积分初值取$\hat{\boldsymbol{X}}^{-}(t_{k-1})=\hat{\boldsymbol{X}}_{k-1}$，$\boldsymbol{P}^{-}(t_{k-1})=\boldsymbol{P}_{k-1}$，积分终值用于量测更新：

$$\hat{\boldsymbol{X}}_{k/k-1}=\hat{\boldsymbol{X}}^{-}(t)\Big|_{t=t_k}$$

$$\boldsymbol{P}_{k/k-1}=\boldsymbol{P}^{-}(t)\Big|_{t=t_k}$$

$$\boldsymbol{H}_k=\frac{\partial \boldsymbol{h}}{\partial \boldsymbol{X}^{\mathrm{T}}(t)}\bigg|_{\boldsymbol{X}(t)=\hat{\boldsymbol{X}}_{k/k-1}}$$

$$\boldsymbol{\nabla\nabla}^{\mathrm{T}}f_i=\begin{bmatrix}\dfrac{\partial^2 f_i}{\partial X_1^2} & \dfrac{\partial^2 f_i}{\partial X_1\partial X_2} & \cdots & \dfrac{\partial^2 f_i}{\partial X_1\partial X_n}\\ \dfrac{\partial^2 f_i}{\partial X_2\partial X_1} & \dfrac{\partial^2 f_i}{\partial X_2^2} & \cdots & \dfrac{\partial^2 f_i}{\partial X_2\partial X_n}\\ \vdots & \vdots & & \vdots\\ \dfrac{\partial^2 f_i}{\partial X_n\partial X_1} & \dfrac{\partial^2 f_i}{\partial X_n\partial X_2} & \cdots & \dfrac{\partial^2 f_i}{\partial X_n^2}\end{bmatrix}$$

$$\boldsymbol{\nabla\nabla}^{\mathrm{T}}h_j=\begin{bmatrix}\dfrac{\partial^2 h_j}{\partial X_1^2} & \dfrac{\partial^2 h_j}{\partial X_1\partial X_2} & \cdots & \dfrac{\partial^2 h_j}{\partial X_1\partial X_n}\\ \dfrac{\partial^2 h_j}{\partial X_2\partial X_1} & \dfrac{\partial^2 h_j}{\partial X_2^2} & \cdots & \dfrac{\partial^2 h_j}{\partial X_2\partial X_n}\\ \vdots & \vdots & & \vdots\\ \dfrac{\partial^2 h_j}{\partial X_n\partial X_1} & \dfrac{\partial^2 h_j}{\partial X_n\partial X_2} & \cdots & \dfrac{\partial^2 h_j}{\partial X_n^2}\end{bmatrix}$$

f_i 和 h_j 分别为 $\boldsymbol{f}$ 和 $\boldsymbol{h}$ 的第 i 个和第 j 个分量；$\boldsymbol{e}_i$ 和 $\boldsymbol{e}_j$ 分别是第 i 个分量和第 j 个分量为 1 而其余分量均为 0 的单位向量。$\Lambda_k(i,j)$ 为 $\boldsymbol{\Lambda}_k$ 的第 i 行第 j 列的元$(i,j=1,2\cdots,m)$。

例 6－2 用雷达测距系统确定空气中自由落体距地面的高度，如图 6.2.4 所示(不考虑风的影响)。图中，B 为自由落体，S 为雷达架设点，M 和 a 分别为 S 点距落点的水平距离和垂直距离。测距误差视为零均值白噪声，方差为 R。

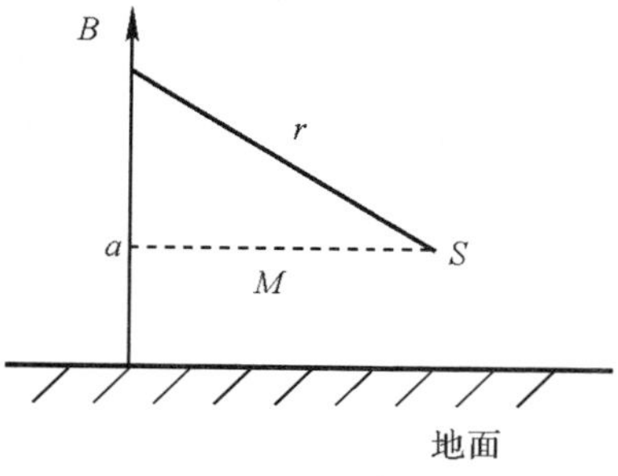

图 6.2.4 雷达测距系统

(1) 列写出系统方程和量测方程；

(2) 计算出系统方程和量测方程的雅可比矩阵以及二阶偏导数矩阵；

(3) 列写出二阶 EKF 方程，用于根据雷达测量的距离精确确定出自由落体的高度、速度及弹道系数。

解 (1) 记状态变量 X_1 为高度，X_2 为速度，X_3 为弹道系数，则

$$\dot{X}_1=-X_2$$

$$\dot{X}_2=\rho_0 e^{-\frac{X_1}{K}}\cdot\frac{X_2^2X_3}{2}-g+w_1$$

$$\dot{X}_3 = w_2$$

$$Z_k = \sqrt{M^2 + [X_1(t_k) - a]^2} + V_k$$

即

$$\begin{bmatrix} \dot{X}_1 \\ \dot{X}_2 \\ \dot{X}_3 \end{bmatrix} = \begin{bmatrix} -X_2 \\ \rho_0 e^{-\frac{X_1}{K}} \cdot \frac{X_2^2 X_3}{2} \\ 0 \end{bmatrix} - \begin{bmatrix} 0 \\ g \\ 0 \end{bmatrix} + \begin{bmatrix} 0 \\ w_1 \\ w_2 \end{bmatrix}$$

所以

$$\boldsymbol{f} = \begin{bmatrix} -X_2 \\ \rho_0 e^{-\frac{X_1}{K}} \cdot \frac{X_2^2 X_3}{2} - g \\ 0 \end{bmatrix}$$

$$h = \sqrt{M^2 + [X_1(t_k) - a]^2}$$

式中，g 为重力加速度，K 为空气密度随高度变化的常数。

(2) 雅可比矩阵为

$$\boldsymbol{F} = \frac{\partial \boldsymbol{f}}{\partial \boldsymbol{X}^{\mathrm{T}}} = \begin{bmatrix} 0 & -1 & 0 \\ F_{21} & F_{22} & F_{23} \\ 0 & 0 & 0 \end{bmatrix}$$

式中

$$F_{21} = -\rho_0 e^{-\frac{X_1}{K}} \cdot \frac{X_2^2 X_3}{2K}$$

$$F_{22} = \rho_0 e^{-\frac{X_1}{K}} \cdot X_2 X_3$$

$$F_{23} = \rho_0 e^{-\frac{X_1}{K}} \cdot \frac{X_2^2}{2}$$

$$\boldsymbol{H} = \frac{\partial h}{\partial \boldsymbol{X}^{\mathrm{T}}} = \left[(X_1 - a) \; [M^2 + (X_1 - a)^2]^{-\frac{1}{2}} \quad 0 \quad 0 \right]$$

$$\boldsymbol{\nabla\nabla}^{\mathrm{T}} h = \begin{bmatrix} \frac{\partial^2 h}{\partial X_1^2} & \frac{\partial^2 h}{\partial X_1 \partial X_2} & \frac{\partial^2 h}{\partial X_1 \partial X_3} \\ \frac{\partial^2 h}{\partial X_2 \partial X_1} & \frac{\partial^2 h}{\partial X_2^2} & \frac{\partial^2 h}{\partial X_2 \partial X_3} \\ \frac{\partial^2 h}{\partial X_3 \partial X_1} & \frac{\partial^2 h}{\partial X_3 \partial X_2} & \frac{\partial^2 h}{\partial X_3^2} \end{bmatrix} = \begin{bmatrix} \frac{\partial^2 h}{\partial X_1^2} & 0 & 0 \\ 0 & 0 & 0 \\ 0 & 0 & 0 \end{bmatrix}$$

式中

$$\frac{\partial h}{\partial X_1} = \frac{1}{2} \frac{2(X_1 - a)}{\sqrt{M^2 + (X_1 - a)^2}} = \frac{X_1 - a}{\sqrt{M^2 + (X_1 - a)^2}}$$

$$\frac{\partial^2 h}{\partial X_1^2} = \frac{\partial}{\partial X_1}\left(\frac{\partial h}{\partial X_1}\right) =$$

$$\frac{\sqrt{M^2 + (X_1 - a)^2} - (X_1 - a) \cdot \frac{1}{2} [M^2 + (X_1 - a)^2]^{-\frac{1}{2}} \cdot 2(X_1 - a)}{M^2 + (X_1 - a)^2} =$$

$$[M^2+(X_1-a)^2]^{-\frac{1}{2}}-(X_1-a)^2[M^2+(X_1-a)^2]^{-\frac{3}{2}}$$

$$\nabla\nabla^{\mathrm{T}}f_1=\begin{bmatrix}\frac{\partial^2 f_1}{\partial X_1^2} & \frac{\partial^2 f_1}{\partial X_1\partial X_2} & \frac{\partial^2 f_1}{\partial X_1\partial X_3}\\ \frac{\partial^2 f_1}{\partial X_2\partial X_1} & \frac{\partial^2 f_1}{\partial X_2^2} & \frac{\partial^2 f_1}{\partial X_2\partial X_3}\\ \frac{\partial^2 f_1}{\partial X_3\partial X_1} & \frac{\partial^2 f_1}{\partial X_3\partial X_2} & \frac{\partial^2 f_1}{\partial X_3^2}\end{bmatrix}=\begin{bmatrix}0&0&0\\0&0&0\\0&0&0\end{bmatrix}$$

$$\nabla\nabla^{\mathrm{T}}f_3=\nabla\nabla^{\mathrm{T}}0=\begin{bmatrix}0&0&0\\0&0&0\\0&0&0\end{bmatrix}$$

$$\nabla\nabla^{\mathrm{T}}f_2=\begin{bmatrix}\frac{\partial^2 f_2}{\partial X_1^2} & \frac{\partial^2 f_2}{\partial X_1\partial X_2} & \frac{\partial^2 f_2}{\partial X_1\partial X_3}\\ \frac{\partial^2 f_2}{\partial X_2\partial X_1} & \frac{\partial^2 f_2}{\partial X_2^2} & \frac{\partial^2 f_2}{\partial X_2\partial X_3}\\ \frac{\partial^2 f_2}{\partial X_3\partial X_1} & \frac{\partial^2 f_2}{\partial X_3\partial X_2} & \frac{\partial^2 f_2}{\partial X_3^2}\end{bmatrix}$$

由于 $F_{21}=\frac{\partial f_2}{\partial X_1},F_{22}=\frac{\partial f_2}{\partial X_2},F_{23}=\frac{\partial f_2}{\partial X_3}$

所以$\frac{\partial^2 f_2}{\partial X_1^2}=\frac{\partial F_{21}}{\partial X_1}=\rho_0 \mathrm{e}^{-\frac{X_1}{K}}\cdot\frac{X_2^2X_3}{2K^2}$

$$\frac{\partial^2 f_2}{\partial X_1\partial X_2}=\frac{\partial F_{21}}{\partial X_2}=-\rho_0 \mathrm{e}^{-\frac{X_1}{K}}\cdot\frac{X_2X_3}{K}$$

$$\frac{\partial^2 f_2}{\partial X_1\partial X_3}=\frac{\partial F_{21}}{\partial X_3}=-\rho_0 \mathrm{e}^{-\frac{X_1}{K}}\cdot\frac{X_2^2}{2K}$$

$$\frac{\partial^2 f_2}{\partial X_2\partial X_1}=\frac{\partial^2 f_2}{\partial X_1\partial X_2}=-\rho_0 \mathrm{e}^{-\frac{X_1}{K}}\cdot\frac{X_2X_3}{K}$$

$$\frac{\partial^2 f_2}{\partial X_2^2}=\frac{\partial F_{22}}{\partial X_2}=\rho_0 \mathrm{e}^{-\frac{X_1}{K}}\cdot X_3$$

$$\frac{\partial^2 f_2}{\partial X_2\partial X_3}=\frac{\partial F_{22}}{\partial X_3}=\rho_0 \mathrm{e}^{-\frac{X_1}{K}}\cdot X_2$$

$$\frac{\partial^2 f_2}{\partial X_3\partial X_1}=\frac{\partial^2 f_2}{\partial X_1\partial X_3}=-\rho_0 \mathrm{e}^{-\frac{X_1}{K}}\cdot\frac{X_2^2}{2K}$$

$$\frac{\partial^2 f_2}{\partial X_3\partial X_2}=\frac{\partial^2 f_2}{\partial X_2\partial X_3}=\rho_0 \mathrm{e}^{-\frac{X_1}{K}}\cdot X_2$$

$$\frac{\partial^2 f_2}{\partial X_3^2}=\frac{\partial^2 F_{23}}{\partial X_3}=0$$

所以

$$\nabla\nabla^{\mathrm{T}}f_2=\rho_0 \mathrm{e}^{-\frac{X_1}{K}}\begin{bmatrix}\frac{X_2^2X_3}{2K^2} & -\frac{X_2X_3}{K} & -\frac{X_2^2}{2K}\\ -\frac{X_2X_3}{K} & X_3 & X_2\\ -\frac{X_2^2}{2K} & X_2 & 0\end{bmatrix}$$

(3) 二阶 EKF

记 $\boldsymbol{X}(t)=[X_1(t)\quad X_2(t)\quad X_3(t)]^{\mathrm{T}}, \boldsymbol{f}=[f_1\quad f_2\quad f_3]^{\mathrm{T}}$

则二阶 EKF 为

$$\dot{\hat{\boldsymbol{X}}}^-(t)=\boldsymbol{f}[\hat{\boldsymbol{X}}^-(t),t]+\frac{1}{2}\mathrm{Tr}[(\boldsymbol{\nabla\nabla}^{\mathrm{T}}f_2)\ \boldsymbol{P}^-(t)]\boldsymbol{e}_2$$

$$\dot{\boldsymbol{P}}^-(t)=\boldsymbol{F}(t)\boldsymbol{P}^-(t)+\boldsymbol{P}^-(t)\boldsymbol{F}^{\mathrm{T}}(t)+\boldsymbol{q}$$

$$\hat{\boldsymbol{X}}_k=\hat{\boldsymbol{X}}_{k/k-1}+\boldsymbol{K}_k[Z_k-h(\hat{\boldsymbol{X}}_{k/k-1})]-\boldsymbol{C}_k$$

$$\boldsymbol{C}_k=\frac{1}{2}\boldsymbol{K}_k\mathrm{Tr}\left[(\boldsymbol{\nabla\nabla}^{\mathrm{T}}h)\Big|_{\hat{\boldsymbol{X}}_{k/k-1}}\boldsymbol{P}_{k/k-1}\right]$$

$$\boldsymbol{K}_k=\boldsymbol{P}_{k/k-1}\boldsymbol{H}_k^{\mathrm{T}}(\boldsymbol{H}_k\boldsymbol{P}_{k/k-1}\boldsymbol{H}_k^{\mathrm{T}}+R+\Lambda_k)^{-1}$$

$$\Lambda_k=\frac{1}{2}\mathrm{Tr}\left[(\boldsymbol{\nabla\nabla}^{\mathrm{T}}h)\Big|_{\hat{\boldsymbol{X}}_{k/k-1}}\boldsymbol{P}_{k/k-1}(\boldsymbol{\nabla\nabla}^{\mathrm{T}}h)\Big|_{\hat{\boldsymbol{X}}_{k/k-1}}\boldsymbol{P}_{k/k-1}\right]$$

$$\boldsymbol{P}_k=\boldsymbol{P}_{k/k-1}-\boldsymbol{P}_{k/k-1}\boldsymbol{H}_k^{\mathrm{T}}(\boldsymbol{H}_k\boldsymbol{P}_{k/k-1}\boldsymbol{H}_k^{\mathrm{T}}+R+\Lambda_k)^{-1}\boldsymbol{H}_k\boldsymbol{P}_{k/k-1}$$

其中 $\boldsymbol{e}_2=[0\quad 1\quad 0]^{\mathrm{T}}$

$$\boldsymbol{F}(t)=\frac{\partial \boldsymbol{f}}{\partial \boldsymbol{X}^{\mathrm{T}}}\Big|_{\hat{\boldsymbol{X}}(t)}=\begin{bmatrix}0 & -1 & 0\\ F_{21} & F_{22} & F_{23}\\ 0 & 0 & 0\end{bmatrix}$$

$$\boldsymbol{H}_k=\frac{\partial h}{\partial \boldsymbol{X}^{\mathrm{T}}}\Big|_{\hat{\boldsymbol{X}}_{k/k-1}}=\left[(\hat{X}_{1k/k-1}-a)\,[M^2+(\hat{X}_{1k/k-1}-a)^2]^{-\frac{1}{2}}\quad 0\quad 0\right]$$

$$\hat{\boldsymbol{X}}_{k/k-1}=\hat{\boldsymbol{X}}^-(t)\Big|_{tk}$$

$$\boldsymbol{P}_{k/k-1}=\boldsymbol{P}^-(t)\Big|_{tk}$$

$$F_{21}=-\rho_0\mathrm{e}^{-\frac{\hat{X}_1^-(t)}{K}}\cdot\frac{(\hat{X}_2^-(t))^2\hat{X}_3^-(t)}{2K}$$

$$F_{22}=\rho_0\mathrm{e}^{-\frac{\hat{X}_1^-(t)}{K}}\cdot\hat{X}_2^-(t)\hat{X}_3^-(t)$$

$$F_{23}=\rho_0\mathrm{e}^{-\frac{\hat{X}_1^-(t)}{K}}\cdot\frac{\hat{X}_2^-(t)}{2}$$

$$(\boldsymbol{\nabla\nabla}^{\mathrm{T}}f_2)\Big|_{\hat{\boldsymbol{X}}^-(t)}=\rho_0\mathrm{e}^{-\frac{X_1^-(t)}{K}}\cdot\begin{bmatrix}\dfrac{(\hat{X}_2^-(t))^2\hat{X}_3^-(t)}{2K^2} & -\dfrac{\hat{X}_2^-(t)\hat{X}_3^-(t)}{K} & -\dfrac{(\hat{X}_2^-(t))^2}{2K}\\ -\dfrac{\hat{X}_2^-(t)\hat{X}_3^-(t)}{K} & \hat{X}_3^-(t) & \hat{X}_2^-(t)\\ -\dfrac{(X_2^-(t))^2}{2K} & \hat{X}_2^-(t) & 0\end{bmatrix}$$

$$(\boldsymbol{\nabla\nabla}^{\mathrm{T}}h)\Big|_{\hat{\boldsymbol{X}}_{k/k-1}}=\begin{bmatrix}\dfrac{\partial^2 h}{\partial X_1^2}\Big|_{\hat{\boldsymbol{X}}_{k/k-1}} & 0 & 0\\ 0 & 0 & 0\\ 0 & 0 & 0\end{bmatrix}$$

$$\frac{\partial^2 h}{\partial X_1^2}\Big|_{\hat{\boldsymbol{X}}_{k/k-1}}=[M^2+(X_{1k/k-1}-a)^2]^{-\frac{1}{2}}-(X_{1k/k-1}-a)^2[M^2+(X_{1k/k-1}-a)^2]^{-\frac{3}{2}}$$

6.3 非线性系统滤波之二:UKF

卡尔曼滤波是一种基于模型的线性最小方差估计,其标准离散型算法具有如下独特优点:递推计算;使用计算机执行;适用于平稳或非平稳多维随机信号的估计。因此在随机信号处理中,特别是在组合导航设计中得到了广泛应用。但是标准卡尔曼滤波只适用于系统方程和量测方程均为线性的情况。尽管广义卡尔曼滤波 EKF(Extended Kalman Filter) 可解决系统和量测为非线性时的估计,但必须对原系统和量测作泰勒级数展开且仅保留线性项,再用标准卡尔曼滤波算法对线性化后的系统方程和量测方程作处理,所以 EKF 本质上仍然是标准卡尔曼滤波。由于线性化过程中舍弃了二阶以上的高阶项,所以 EKF 只适用于弱非线性对象的估计,被估计对象的非线性越强,引起的估计误差就越大,甚至会引起滤波发散。为了解决强非线性条件下的估计问题,1995 年,S.J.Julier 和 J.K.Uhlmann 提出了 UKF(Unscented Kalman Filter) 算法,用于解决强非线性对象的滤波问题,并由 E.A.Wan 和 R.Vander Merwe 进一步完善[119,121]。

UKF 和标准卡尔曼滤波都属于线性最小方差估计,算法都基于模型,区别在于最佳增益阵的求取方法上。标准卡尔曼滤波确定最佳增益阵时,使用了量测量的先验信息和一步预测均方误差阵,并基于系统和量测均为线性的假设。而 UKF 则根据被估计量和量测量的协方差阵来确定最佳增益阵,协方差阵又根据复现的一倍 σ 样本点来计算,这些样本点则根据系统方程和量测方程来确定。因此在计算最佳增益阵的过程中,UKF 并未对系统方程和量测方程提出任何附加条件,算法既适用于线性对象,也适用于非线性对象。但是,UKF 是线性最小方差估计的一种近似形式,而标准卡尔曼滤波是精确的线性最小方差估计。所以只有在非线性条件下,UKF 才能充分显现出其优越性,非线性越强,优越性就越明显,而在线性条件下,标准卡尔曼滤波比 UKF 优越。

6.3.1 线性最小方差估计及其近似形式

设 $\boldsymbol{X}$ 为被估计随机向量,对 $\boldsymbol{X}$ 的量测为随机向量 $\boldsymbol{Z}$,则根据式(2.1.64) 和式(2.1.65),$\boldsymbol{X}$ 基于 $\boldsymbol{Z}$ 的线性最小方差估计为

$$\hat{\boldsymbol{X}}_{ML} = E\boldsymbol{X} + \boldsymbol{C}_{XZ}\boldsymbol{C}_{ZZ}^{-1}(\boldsymbol{Z} - E\boldsymbol{Z})$$

估计的均方误差阵为

$$\boldsymbol{P} = \boldsymbol{C}_{XX} - \boldsymbol{C}_{XZ}\boldsymbol{C}_{ZZ}^{-1}\boldsymbol{C}_{ZX}$$

上述两式适用于 $\boldsymbol{X}$ 和 $\boldsymbol{Z}$ 服从任意分布。当 $\boldsymbol{X}$ 和 $\boldsymbol{Z}$ 都服从正态分布时,所得的估计既是线性估计中的最高精度者,又是所有估计中的最高精度者,即也是最小方差估计。

设系统方程和量测方程具有离散形式

$$\boldsymbol{X}_k = \boldsymbol{f}(\boldsymbol{X}_{k-1}, \boldsymbol{u}_{k-1}) + \boldsymbol{W}_{k-1} \tag{6.3.1}$$

$$\boldsymbol{Z}_k = \boldsymbol{h}(\boldsymbol{X}_k) + \boldsymbol{V}_k \tag{6.3.2}$$

式中,$\boldsymbol{f}$ 和 $\boldsymbol{h}$ 为非线性向量函数,$\boldsymbol{W}_k$ 和 $\boldsymbol{V}_k$ 为不相关的零均值白噪声序列,方差阵分别为 $\boldsymbol{Q}_k$ 和 $\boldsymbol{R}_k$,$\boldsymbol{u}_{k-1}$ 为确定性控制项。则 $\boldsymbol{X}_k$ 基于 $\boldsymbol{Z}_o^k = \{\boldsymbol{Z}_0, \boldsymbol{Z}_1, \boldsymbol{Z}_2, \cdots, \boldsymbol{Z}_k\}$ 的线性最小方差估计为

$$\hat{\boldsymbol{X}}_k = E^*[\boldsymbol{X}_k / \boldsymbol{Z}_o^k] = E^*[\boldsymbol{X}_k / \boldsymbol{Z}_o^{k-1}, \boldsymbol{Z}_k]$$

根据线性最小方差估计的线性性质,有

$$\hat{\boldsymbol{X}}_k = E^*[\boldsymbol{X}_k/\boldsymbol{Z}_o^{k-1}] + E^*[\boldsymbol{X}_k/\boldsymbol{Z}_k] - E\boldsymbol{X}_k = \hat{\boldsymbol{X}}_{k/k-1} + E^*[\boldsymbol{X}_k/\boldsymbol{Z}_k] - E\boldsymbol{X}_k \tag{6.3.3}$$

记 $\boldsymbol{X}=\boldsymbol{X}_k$，$\boldsymbol{Z}=\boldsymbol{Z}_k$，根据式(2.1.64)

$$\begin{aligned}E^*[\boldsymbol{X}_k/\boldsymbol{Z}_k] = E^*[\boldsymbol{X}/\boldsymbol{Z}] = E\boldsymbol{X} + \boldsymbol{C}_{XZ}\boldsymbol{C}_{ZZ}^{-1}(\boldsymbol{Z}-E\boldsymbol{Z}) = \\ E\boldsymbol{X}_k + E[(\boldsymbol{X}_k - E\boldsymbol{X}_k)(\boldsymbol{Z}_k - E\boldsymbol{Z}_k)^{\mathrm{T}}]\{E[(\boldsymbol{Z}_k - E\boldsymbol{Z}_k)(\boldsymbol{Z}_k - E\boldsymbol{Z}_k)^{\mathrm{T}}]\}^{-1}(\boldsymbol{Z}_k - E\boldsymbol{Z}_k) \approx \\ E\boldsymbol{X}_k + E[(\boldsymbol{X}_k - \hat{\boldsymbol{X}}_{k/k-1})(\boldsymbol{Z}_k - \hat{\boldsymbol{Z}}_{k/k-1})^{\mathrm{T}}]\{E[(\boldsymbol{Z}_k - \\ \hat{\boldsymbol{Z}}_{k/k-1})(\boldsymbol{Z}_k - \hat{\boldsymbol{Z}}_{k/k-1})^{\mathrm{T}}]\}^{-1}(\boldsymbol{Z}_k - \hat{\boldsymbol{Z}}_{k/k-1})\end{aligned}$$

上式中，均值近似取为条件均值 $E\boldsymbol{X}_k \approx \hat{\boldsymbol{X}}_{k/k-1}$，$E\boldsymbol{Z}_k \approx \hat{\boldsymbol{Z}}_{k/k-1}$。

记

$$\boldsymbol{P}_{(XZ)k/k-1} = E[(\boldsymbol{X}_k - \hat{\boldsymbol{X}}_{k/k-1})(\boldsymbol{Z}_k - \hat{\boldsymbol{Z}}_{k/k-1})^{\mathrm{T}}]$$

$$\boldsymbol{P}_{(ZZ)k/k-1} = E[(\boldsymbol{Z}_k - \hat{\boldsymbol{Z}}_{k/k-1})(\boldsymbol{Z}_k - \hat{\boldsymbol{Z}}_{k/k-1})^{\mathrm{T}}]$$

$$\boldsymbol{K}_k = \boldsymbol{P}_{(XZ)k/k-1}\boldsymbol{P}_{(ZZ)k/k-1}^{-1} \tag{6.3.4}$$

则

$$E^*[\boldsymbol{X}_k/\boldsymbol{Z}_k] = E\boldsymbol{X}_k + \boldsymbol{K}_k(\boldsymbol{Z}_k - \hat{\boldsymbol{Z}}_{k/k-1})$$

将上式代入式(6.3.3)，得

$$\hat{\boldsymbol{X}}_k = \hat{\boldsymbol{X}}_{k/k-1} + \boldsymbol{K}_k(\boldsymbol{Z}_k - \hat{\boldsymbol{Z}}_{k/k-1}) \tag{6.3.5}$$

同理，用条件均值近似均值，即 $E\boldsymbol{X}_k \approx \hat{\boldsymbol{X}}_{k/k-1}$，$E\boldsymbol{Z}_k \approx \hat{\boldsymbol{Z}}_{k/k-1}$，可得式(2.1.65)的近似计算公式

$$\boldsymbol{P}_k = \boldsymbol{P}_{k/k-1} - \boldsymbol{P}_{(XZ)k/k-1}\boldsymbol{P}_{(ZZ)k/k-1}^{-1}\boldsymbol{P}_{(ZX)k/k-1}$$

考虑到 $\boldsymbol{P}_{(ZZ)k/k-1}$ 为对称阵，$\boldsymbol{P}_{(ZX)k/k-1} = \boldsymbol{P}_{(XZ)k/k-1}^{\mathrm{T}}$，并根据式(6.3.4)，得

$$\begin{aligned}\boldsymbol{P}_k = \boldsymbol{P}_{k/k-1} - \boldsymbol{P}_{(XZ)k/k-1}\boldsymbol{P}_{(ZZ)k/k-1}^{-1}\boldsymbol{P}_{(ZZ)k/k-1}\boldsymbol{P}_{(ZZ)k/k-1}^{-1}\boldsymbol{P}_{(XZ)k/k-1}^{\mathrm{T}} = \\ \boldsymbol{P}_{k/k-1} - \boldsymbol{K}_k\boldsymbol{P}_{(ZZ)k/k-1}\boldsymbol{K}_k^{\mathrm{T}}\end{aligned} \tag{6.3.6}$$

式(6.3.4)、式(6.3.5)、式(6.3.6)即为线性最小方差估计的一种近似形式，它们构成了UKF的核心。要确定出增益阵 $\boldsymbol{K}_k$，并使算法具有递推性，还需用UT变换确定出 $\boldsymbol{P}_{(XZ)k/k-1}$，$\boldsymbol{P}_{(ZZ)k/k-1}$ 及一步预测值 $\hat{\boldsymbol{X}}_{k/k-1}$。

6.3.2 UT 变换与 UKF 算法

1. UT 变换

假设 n 维随机向量 $\boldsymbol{X}$ 经 $\boldsymbol{f}(\cdot)$ 非线性变换后形成 m 维随机向量 $\boldsymbol{Y}$，即

$$\boldsymbol{Y} = \boldsymbol{f}(\boldsymbol{X})$$

若已知 $\boldsymbol{X}$ 的均值 $\bar{\boldsymbol{X}}$ 和方差阵 $\boldsymbol{P}_{XX}$，则 $\boldsymbol{Y}$ 的均值 $\bar{\boldsymbol{Y}}$ 和方差阵 $\boldsymbol{P}_{YY}$ 可通过UT变换求取。具体步骤如下。

步骤1：根据 $\bar{\boldsymbol{X}}$ 和 $\boldsymbol{P}_{XX}$ 复现出 $2n+1$ 个 $\boldsymbol{X}$ 的1倍 σ 样本点（简称 σ 样本点）：

$$\boldsymbol{\chi}^{(0)} = \bar{\boldsymbol{X}}$$

$$\boldsymbol{\chi}^{(i)} = \bar{\boldsymbol{X}} + \left(\sqrt{(n+\lambda)\boldsymbol{P}_{XX}}\right)_{(i)} \quad i=1,2,\cdots,n$$

$$\boldsymbol{\chi}^{(i)} = \bar{\boldsymbol{X}} - \left(\sqrt{(n+\lambda)\boldsymbol{P}_{XX}}\right)_{(i-n)} \quad i=n+1,n+2,\cdots,2n$$

式中，$\left(\sqrt{(n+\lambda)\boldsymbol{P}_{XX}}\right)_{(i)}$ 表示矩阵 $(n+\lambda)\boldsymbol{P}_{XX}$ 的下三角分解平方根的第 i 列，为 n 维列向量。

步骤2：计算非线性变换产生的样本点：

$$\boldsymbol{Y}^{(i)} = \boldsymbol{f}[\boldsymbol{\chi}^{(i)}] \quad i=0,1,2,\cdots,2n$$

步骤 3:确定权值

$$W_0^{(m)}=\frac{\lambda}{n+\lambda} \tag{6.3.7a}$$

$$W_0^{(c)}=\frac{\lambda}{n+\lambda}+1-\alpha^2+\beta \tag{6.3.7b}$$

$$W_i^{(m)}=W_i^{(c)}=\frac{1}{2(n+\lambda)}\quad i=1,2,\cdots,2n \tag{6.3.7c}$$

上述诸式中,有

$$\lambda=\alpha^2(n+\kappa)-n \tag{6.3.7d}$$

式中,α 是很小的正数,可取$10^{-4}\leqslant\alpha\leqslant1$;$\kappa=3-n$;$\beta$ 取值与 $\boldsymbol{X}$ 的分布形式有关,对于正态分布,$\beta=2$ 为最优值。

步骤 4:确定映射的均值和方差阵

$$\bar{\boldsymbol{Y}}\approx\sum_{i=0}^{2n}W_i^{(m)}\boldsymbol{Y}^{(i)} \tag{6.3.8}$$

$$\boldsymbol{P}_{YY}\approx\sum_{i=0}^{2n}W_i^{(c)}[\boldsymbol{Y}^{(i)}-\bar{\boldsymbol{Y}}][\boldsymbol{Y}^{(i)}-\bar{\boldsymbol{Y}}]^{\mathrm{T}} \tag{6.3.9}$$

2. UT 变换的精度分析

(1) 非线性映射的泰勒级数展开。对于非线性对象,EKF 将非线性方程作泰勒级数展开时只保留线性项,再按线性滤波方法求解被估计量,所以只适用于非线性较弱的情况。而 UKF 的核心算法 UT 变换所达到的精度,相当于保留泰勒级数三阶项所达到的精度,所以适用于强非线性对象的估计。

为叙述方便,将按非线性函数关系 $\boldsymbol{Y}=\boldsymbol{f}(\boldsymbol{X})$ 确定的映射称为真实映射,由 UT 变换实现 $\boldsymbol{Y}=\boldsymbol{f}(\boldsymbol{X})$ 的映射称为 UT 映射。

设有非线性向量函数

$$\boldsymbol{Y}=\boldsymbol{f}(x_1,x_2,\cdots,x_n)$$

则该函数在$(\bar{x}_1,\bar{x}_2,\cdots,\bar{x}_n)$ 点的泰勒级数为

$$\boldsymbol{Y}=\boldsymbol{f}(\bar{x}_1,\bar{x}_2,\cdots,\bar{x}_n)+\sum_{i=1}^{\infty}\frac{1}{i!}\left(\delta x_1\frac{\partial}{\partial x_1}+\delta x_2\frac{\partial}{\partial x_2}+\cdots+\delta x_n\frac{\partial}{\partial x_n}\right)^i\boldsymbol{f}(\bar{x}_1,\bar{x}_2,\cdots,\bar{x}_n) \tag{6.3.10}$$

式中,$x_1=\bar{x}_1+\delta x_1,x_2=\bar{x}_2+\delta x_2,\cdots,x_n=\bar{x}_n+\delta x_n$。

记

$$\boldsymbol{X}=\begin{bmatrix}x_1\\x_2\\\vdots\\x_n\end{bmatrix},\quad\bar{\boldsymbol{X}}=\begin{bmatrix}\bar{x}_1\\\bar{x}_2\\\vdots\\\bar{x}_n\end{bmatrix},\quad\delta\boldsymbol{X}=\begin{bmatrix}\delta x_1\\\delta x_2\\\vdots\\\delta x_n\end{bmatrix},\quad\nabla=\begin{bmatrix}\frac{\partial}{\partial x_1}\\\frac{\partial}{\partial x_2}\\\vdots\\\frac{\partial}{\partial x_n}\end{bmatrix} \tag{6.3.11}$$

则式(6.3.10) 可写成

$$\boldsymbol{Y}=\boldsymbol{f}(\bar{\boldsymbol{X}})+\sum_{i=1}^{\infty}\frac{1}{i!}(\delta\boldsymbol{X}\cdot\nabla)^i\boldsymbol{f}(\bar{\boldsymbol{X}}) \tag{6.3.12}$$

式中,∇为偏微分算子向量,仅对函数 $\boldsymbol{f}$ 起作用,而对 $\delta\boldsymbol{X}$ 不起作用,(·) 为向量的点乘积。

记算子

$$\boldsymbol{D}_{\delta X}^{i}\boldsymbol{f}=(\delta\boldsymbol{X}\cdot\nabla)^{i}\boldsymbol{f}(\bar{\boldsymbol{X}}) \tag{6.3.13}$$

则

$$\boldsymbol{Y}=\boldsymbol{f}(\boldsymbol{X})=\boldsymbol{f}(\bar{\boldsymbol{X}})+\boldsymbol{D}_{\delta X}\boldsymbol{f}+\frac{1}{2}\boldsymbol{D}_{\delta X}^{2}\boldsymbol{f}+\frac{1}{3!}\boldsymbol{D}_{\delta X}^{3}\boldsymbol{f}+\frac{1}{4!}\boldsymbol{D}_{\delta X}^{4}\boldsymbol{f}+\cdots \tag{6.3.14}$$

考察上式右侧第二项和第三项，有

$$\boldsymbol{D}_{\delta X}\boldsymbol{f}=(\delta\boldsymbol{X}\cdot\nabla)\boldsymbol{f}(\bar{\boldsymbol{X}})=\left(\delta x_1\frac{\partial \boldsymbol{f}}{\partial x_1}+\delta x_2\frac{\partial \boldsymbol{f}}{\partial x_2}+\cdots+\delta x_n\frac{\partial \boldsymbol{f}}{\partial x_n}\right)_{\boldsymbol{X}=\bar{\boldsymbol{X}}}=$$

$$\left[\frac{\partial \boldsymbol{f}}{\partial x_1}\quad\frac{\partial \boldsymbol{f}}{\partial x_2}\quad\cdots\quad\frac{\partial \boldsymbol{f}}{\partial x_n}\right]\bigg|_{\boldsymbol{X}=\bar{\boldsymbol{X}}}\cdot\delta\boldsymbol{X}$$

根据矩阵间的微分关系式，有

$$\boldsymbol{D}_{\delta X}\boldsymbol{f}=\frac{\partial \boldsymbol{f}}{\partial \boldsymbol{X}^{\mathrm{T}}}\bigg|_{\boldsymbol{X}=\bar{\boldsymbol{X}}}\cdot\delta\boldsymbol{X} \tag{6.3.15}$$

其中$\dfrac{\partial \boldsymbol{f}}{\partial \boldsymbol{X}^{\mathrm{T}}}$为 $\boldsymbol{f}$ 的雅可比矩阵，记为

$$\boldsymbol{F}(\bar{\boldsymbol{X}})=\frac{\partial \boldsymbol{f}}{\partial \boldsymbol{X}^{\mathrm{T}}}\bigg|_{\boldsymbol{X}=\bar{\boldsymbol{X}}}$$

$$\frac{1}{2}\boldsymbol{D}_{\delta X}^{2}\boldsymbol{f}=\frac{1}{2}[(\delta\boldsymbol{X}\cdot\nabla)(\delta\boldsymbol{X}\cdot\nabla)]\boldsymbol{f}(\bar{\boldsymbol{X}})=\frac{1}{2}[(\delta\boldsymbol{X}^{\mathrm{T}}\nabla)^{2}]\boldsymbol{f}(\bar{\boldsymbol{X}})=$$

$$\frac{1}{2}[(\delta\boldsymbol{X}^{\mathrm{T}}\nabla)^{\mathrm{T}}(\delta\boldsymbol{X}^{\mathrm{T}}\nabla)]\boldsymbol{f}(\bar{\boldsymbol{X}})=$$

$$\frac{1}{2}(\nabla^{\mathrm{T}}\delta\boldsymbol{X}\delta\boldsymbol{X}^{\mathrm{T}}\nabla)\boldsymbol{f}(\bar{\boldsymbol{X}}) \tag{6.3.16}$$

所以式(6.3.14) 可写成

$$\boldsymbol{Y}=\boldsymbol{f}(\boldsymbol{X})=\boldsymbol{f}(\bar{\boldsymbol{X}})+\boldsymbol{F}(\bar{\boldsymbol{X}})\delta\boldsymbol{X}+\frac{1}{2}(\nabla^{\mathrm{T}}\delta\boldsymbol{X}\delta\boldsymbol{X}^{\mathrm{T}}\nabla)\boldsymbol{f}(\bar{\boldsymbol{X}})+\frac{1}{3!}\boldsymbol{D}_{\delta X}^{3}\boldsymbol{f}+\frac{1}{4!}\boldsymbol{D}_{\delta X}^{4}\boldsymbol{f}+\cdots \tag{6.3.17}$$

式(6.3.11) 定义的偏微分算子

$$\nabla^{\mathrm{T}}=\left[\frac{\partial}{\partial x_1}\quad\frac{\partial}{\partial x_2}\quad\cdots\quad\frac{\partial}{\partial x_n}\right]$$

在运算中视为向量，此处以式(6.3.17) 中的第三项为例说明其正确性。

$$\frac{1}{2}(\nabla^{\mathrm{T}}\delta\boldsymbol{X}\delta\boldsymbol{X}^{\mathrm{T}}\nabla)\boldsymbol{f}=\frac{1}{2}\left(\left[\frac{\partial}{\partial x_1}\quad\frac{\partial}{\partial x_2}\quad\cdots\quad\frac{\partial}{\partial x_n}\right]\begin{bmatrix}\delta x_1\\ \delta x_2\\ \vdots\\ \delta x_n\end{bmatrix}[\delta x_1\quad\delta x_2\quad\cdots\quad\delta x_n]\begin{bmatrix}\frac{\partial}{\partial x_1}\\ \frac{\partial}{\partial x_2}\\ \vdots\\ \frac{\partial}{\partial x_n}\end{bmatrix}\right)\boldsymbol{f}=$$

$$\frac{1}{2}\left(\frac{\partial}{\partial x_1}\delta x_1+\frac{\partial}{\partial x_2}\delta x_2+\cdots+\frac{\partial}{\partial x_n}\delta x_n\right)^{2}\boldsymbol{f}$$

该式正是向量多元函数泰勒级数展开式中的二次项。所以在计算式(6.3.13) 时，可将∇视为向量，

$$\boldsymbol{D}_{\delta X}^{i}\boldsymbol{f}=(\delta\boldsymbol{X}\ \nabla)^{i}\boldsymbol{f}(\bar{\boldsymbol{X}})=$$
$$[(\nabla^{\mathrm{T}}\delta\boldsymbol{X})(\nabla^{\mathrm{T}}\delta\boldsymbol{X})\cdots(\nabla^{\mathrm{T}}\delta\boldsymbol{X})]\boldsymbol{f}(\bar{\boldsymbol{X}})=$$
$$[(\delta\boldsymbol{X}^{\mathrm{T}}\ \nabla)(\delta\boldsymbol{X}^{\mathrm{T}}\ \nabla)\cdots(\delta\boldsymbol{X}^{\mathrm{T}}\ \nabla)]\boldsymbol{f}(\bar{\boldsymbol{X}})$$

应用该结论，可计算出 $\boldsymbol{D}_{\delta X}^{2}\boldsymbol{f}$ 的均值为

$$E(\boldsymbol{D}_{\delta X}^{2}\boldsymbol{f})=E[(\nabla^{\mathrm{T}}\delta\boldsymbol{X})(\delta\boldsymbol{X}^{\mathrm{T}}\ \nabla)]\boldsymbol{f}(\bar{\boldsymbol{X}})=$$
$$[\nabla^{\mathrm{T}}E(\delta\boldsymbol{X}\delta\boldsymbol{X}^{\mathrm{T}})\ \nabla]\boldsymbol{f}(\bar{\boldsymbol{X}})=$$
$$(\nabla^{\mathrm{T}}\boldsymbol{P}_{XX}\ \nabla)\boldsymbol{f}(\bar{\boldsymbol{X}}) \tag{6.3.18}$$

(2)UT 变换的均值精度分析。设 $\boldsymbol{X}$ 为随机矢量，$\bar{\boldsymbol{X}}$ 为其均值，则 $\delta\boldsymbol{X}=\boldsymbol{X}-\bar{\boldsymbol{X}}$ 为随机矢量。如果 $\boldsymbol{X}$ 的概率密度相对 $\bar{\boldsymbol{X}}$ 对称，如正态分布，t 分布等，则 $\delta\boldsymbol{X}$ 的奇次阶矩为零，即

$$E[\boldsymbol{D}_{\delta X}^{2i-1}\boldsymbol{f}]=\boldsymbol{0}\quad i=1,2,\cdots$$

所以由式(6.3.17) 经非线性变换映射 $\boldsymbol{Y}=\boldsymbol{f}(\boldsymbol{X})$ 后获得的随机矢量 $\boldsymbol{Y}$ 即真实映射的均值为

$$E[\boldsymbol{Y}]=E[\boldsymbol{f}(\boldsymbol{X})]=\boldsymbol{f}(\bar{\boldsymbol{X}})+\frac{1}{2}[\nabla^{\mathrm{T}}E(\delta\boldsymbol{X}\delta\boldsymbol{X}^{\mathrm{T}})\ \nabla]\boldsymbol{f}(\bar{\boldsymbol{X}})+$$
$$E\left[\frac{1}{4!}\boldsymbol{D}_{\delta X}^{4}\boldsymbol{f}+\frac{1}{6!}\boldsymbol{D}_{\delta X}^{6}\boldsymbol{f}+\cdots\right]$$

注意到 $\boldsymbol{P}_{XX}=E(\delta\boldsymbol{X}\delta\boldsymbol{X}^{\mathrm{T}})$ 为 $\boldsymbol{X}$ 的自协方差阵，所以由 $\boldsymbol{Y}=\boldsymbol{f}(\boldsymbol{X})$ 实现的真实映射的均值为

$$\bar{\boldsymbol{Y}}_{r}=E[\boldsymbol{Y}]=\boldsymbol{f}(\bar{\boldsymbol{X}})+\frac{1}{2}[\nabla^{\mathrm{T}}\boldsymbol{P}_{XX}\ \nabla]\boldsymbol{f}(\bar{\boldsymbol{X}})+E\left[\frac{1}{4!}\boldsymbol{D}_{\delta X}^{4}\boldsymbol{f}+\frac{1}{6!}\boldsymbol{D}_{\delta X}^{6}\boldsymbol{f}+\cdots\right] \tag{6.3.19}$$

下面分析采用 UT 变换实现 $\boldsymbol{Y}=\boldsymbol{f}(\boldsymbol{X})$ 所获得的变换值即 UT 映射 $\boldsymbol{Y}_{UT}$ 的均值。

在 UT 变换中，自变量 $\boldsymbol{X}$ 的 1 倍 σ 再现样本点为

$$\boldsymbol{\chi}_{0}=\bar{\boldsymbol{X}} \tag{6.3.20a}$$
$$\boldsymbol{\chi}_{i}=\bar{\boldsymbol{X}}+(\sqrt{(n+\lambda)\boldsymbol{P}_{XX}})_{(i)},\quad i=1,2,\cdots,n \tag{6.3.20b}$$
$$\boldsymbol{\chi}_{i}=\bar{\boldsymbol{X}}-(\sqrt{(n+\lambda)\boldsymbol{P}_{XX}})_{(i-n)},\quad i=n+1,n+2,\cdots,2n \tag{6.3.20c}$$

这些再现样本点的映射样本点为

$$\boldsymbol{y}_{i}=\boldsymbol{f}(\boldsymbol{\chi}_{i})\quad i=0,1,2,\cdots,2n$$

映射的均值和协方差阵按下式近似计算

$$\bar{\boldsymbol{Y}}_{UT}=\sum_{i=0}^{2n}W_{i}^{(m)}\boldsymbol{y}_{i}$$
$$\boldsymbol{P}_{YY}=\sum_{i=0}^{2n}W_{i}^{(c)}(\boldsymbol{y}_{i}-\bar{\boldsymbol{Y}}_{UT})(\boldsymbol{y}_{i}-\bar{\boldsymbol{Y}}_{UT})^{\mathrm{T}}$$

其中权值 W 按式(6.3.7) 计算。

对 $\boldsymbol{y}_{i}$ 在 $\bar{\boldsymbol{X}}$ 点展开，记

$$\boldsymbol{\sigma}_{i}=\begin{cases}(\sqrt{(n+\lambda)\boldsymbol{P}_{XX}})_{(i)} & i=1,2,\cdots,n\\(-\sqrt{(n+\lambda)\boldsymbol{P}_{XX}})_{(i-n)} & i=n+1,n+2,\cdots,2n\end{cases}$$

则

$$\boldsymbol{y}_{i}=\boldsymbol{f}(\boldsymbol{\chi}_{i})=\boldsymbol{f}(\bar{\boldsymbol{X}})+\boldsymbol{D}_{\sigma i}\boldsymbol{f}+\frac{1}{2}\boldsymbol{D}_{\sigma i}^{2}\boldsymbol{f}+\frac{1}{3!}\boldsymbol{D}_{\sigma i}^{3}\boldsymbol{f}+\frac{1}{4!}\boldsymbol{D}_{\sigma i}^{4}\boldsymbol{f}+\cdots\quad i=1,2,\cdots,2n$$
$$\boldsymbol{y}_{0}=\boldsymbol{f}(\boldsymbol{\chi}_{0})=\boldsymbol{f}(\bar{\boldsymbol{X}})$$

所以

$$\bar{\boldsymbol{Y}}_{UT}=\frac{\lambda}{n+\lambda}\boldsymbol{f}(\bar{\boldsymbol{X}})+\frac{1}{2(n+\lambda)}\sum_{i=1}^{2n}\left[\boldsymbol{f}(\bar{\boldsymbol{X}})+\boldsymbol{D}_{\sigma i}\boldsymbol{f}+\frac{1}{2}\boldsymbol{D}_{\sigma i}^{2}\boldsymbol{f}+\frac{1}{3!}\boldsymbol{D}_{\sigma i}^{3}\boldsymbol{f}+\frac{1}{4!}\boldsymbol{v}_{\sigma i}^{4}\boldsymbol{f}+\cdots\right]=$$

$$\boldsymbol{f}(\bar{\boldsymbol{X}})\left[\frac{\lambda}{n+\lambda}+\frac{1}{2(n+\lambda)}\sum_{i=1}^{2n}1\right]+$$

$$\frac{1}{2(n+\lambda)}\sum_{i=1}^{2n}\left(\boldsymbol{D}_{\sigma i}\boldsymbol{f}+\frac{1}{2}\boldsymbol{D}_{\sigma i}^{2}\boldsymbol{f}+\frac{1}{3!}\boldsymbol{D}_{\sigma i}^{3}\boldsymbol{f}+\frac{1}{4!}\boldsymbol{D}_{\sigma i}^{4}\boldsymbol{f}+\cdots\right)=$$

$$\boldsymbol{f}(\bar{\boldsymbol{X}})+\frac{1}{2(n+\lambda)}\sum_{i=1}^{2n}\left(\boldsymbol{D}_{\sigma i}\boldsymbol{f}+\frac{1}{2}\boldsymbol{D}_{\sigma i}^{2}\boldsymbol{f}+\frac{1}{3!}\boldsymbol{D}_{\sigma i}^{3}\boldsymbol{f}+\frac{1}{4!}\boldsymbol{D}_{\sigma i}^{4}\boldsymbol{f}+\cdots\right)$$

由式(6.3.20)知 $\boldsymbol{X}$ 的再现样本点对 $\bar{\boldsymbol{X}}$ 是对称分布的，上式求和后，算子的奇次项互相抵消，如

$$\sum_{i=1}^{2n}\boldsymbol{D}_{\sigma i}\boldsymbol{f}=\sum_{i=1}^{2n}\left.\frac{\partial \boldsymbol{f}}{\partial \boldsymbol{X}^{\mathrm{T}}}\right|_{\boldsymbol{X}=\bar{\boldsymbol{X}}}\boldsymbol{\sigma}_{i}=\sum_{i=1}^{n}\left.\frac{\partial \boldsymbol{f}}{\partial \boldsymbol{X}^{\mathrm{T}}}\right|_{\boldsymbol{X}=\bar{\boldsymbol{X}}}\boldsymbol{\sigma}_{i}+\sum_{i=n+1}^{2n}\left.\frac{\partial \boldsymbol{f}}{\partial \boldsymbol{X}^{\mathrm{T}}}\right|_{\boldsymbol{X}=\bar{\boldsymbol{X}}}\boldsymbol{\sigma}_{i}=$$

$$\sum_{i=1}^{n}\frac{\partial \boldsymbol{f}}{\partial \boldsymbol{X}^{\mathrm{T}}}_{\boldsymbol{X}=\bar{\boldsymbol{X}}}\left(\sqrt{(n+\lambda)\boldsymbol{P}_{XX}}\right)_{(i)}-\sum_{j=1}^{n}\frac{\partial \boldsymbol{f}}{\partial \boldsymbol{X}^{\mathrm{T}}}_{\boldsymbol{X}=\bar{\boldsymbol{X}}}\left(\sqrt{(n+\lambda)\boldsymbol{P}_{XX}}\right)_{(j)}=\boldsymbol{0}$$

所以

$$\bar{\boldsymbol{Y}}_{UT}=\boldsymbol{f}(\bar{\boldsymbol{X}})+\frac{1}{2(n+\lambda)}\sum_{i=1}^{2n}\left[\frac{1}{2}\boldsymbol{D}_{\sigma i}^{2}\boldsymbol{f}+\frac{1}{4!}\boldsymbol{D}_{\sigma i}^{4}\boldsymbol{f}+\cdots\right] \tag{6.3.21}$$

由式(6.3.16)

$$\frac{1}{2(n+\lambda)}\sum_{i=1}^{2n}\frac{1}{2}\boldsymbol{D}_{\sigma i}^{2}\boldsymbol{f}=\frac{1}{2(n+\lambda)}\sum_{i=1}^{2n}\frac{1}{2}(\nabla^{\mathrm{T}}\boldsymbol{\sigma}_{i}\boldsymbol{\sigma}_{i}^{\mathrm{T}}\nabla)\boldsymbol{f}(\bar{\boldsymbol{X}})=$$

$$\frac{1}{2(n+\lambda)}\left[\frac{1}{2}\nabla^{\mathrm{T}}\sum_{i=1}^{2n}(n+\lambda)(\sqrt{\boldsymbol{P}_{XX}})_{(i)}(\sqrt{\boldsymbol{P}_{XX}})_{(i)}^{\mathrm{T}}\nabla\right]\boldsymbol{f}(\bar{\boldsymbol{X}})=$$

$$\frac{1}{2}\left[\frac{1}{2}\nabla^{\mathrm{T}}\cdot 2\sum_{i=1}^{n}(\sqrt{\boldsymbol{P}_{XX}})_{(i)}(\sqrt{\boldsymbol{P}_{XX}})_{(i)}^{\mathrm{T}}\nabla\right]\boldsymbol{f}(\bar{\boldsymbol{X}})=$$

$$\frac{1}{2}[\nabla^{\mathrm{T}}\boldsymbol{P}_{XX}\nabla]\boldsymbol{f}(\bar{\boldsymbol{X}})$$

上式代入式(6.3.21)，得

$$\bar{\boldsymbol{Y}}_{UT}=\boldsymbol{f}(\bar{\boldsymbol{X}})+\frac{1}{2}(\nabla^{\mathrm{T}}\boldsymbol{P}_{XX}\nabla)\boldsymbol{f}(\bar{\boldsymbol{X}})+\frac{1}{2(n+\lambda)}\sum_{i=1}^{2n}\left(\frac{1}{4!}\boldsymbol{D}_{\sigma i}^{4}\boldsymbol{f}+\frac{1}{6!}\boldsymbol{D}_{\sigma i}^{6}\boldsymbol{f}+\cdots\right) \tag{6.3.22}$$

比较式(6.3.19)和式(6.3.22)可看出，采用UT变换计算的映射均值与映射的真实均值仅在泰勒级数的四阶项起不一样，而零阶项至三阶项完全相同。

而如果对非线性函数只作线性化处理，则在对称分布的情况下，映射的均值只含有真实均值的零阶项。

(3)UT变换的协方差阵分析。由 $\boldsymbol{Y}=\boldsymbol{f}(\boldsymbol{X})$ 确定的真实映射的协方差分析如下：

$$(\boldsymbol{P}_{YY})_{r}=E[(\boldsymbol{Y}-\bar{\boldsymbol{Y}}_{r})(\boldsymbol{Y}-\bar{\boldsymbol{Y}}_{r})^{\mathrm{T}}]=E[\boldsymbol{Y}\boldsymbol{Y}^{\mathrm{T}}]-E[\boldsymbol{Y}\bar{\boldsymbol{Y}}_{r}^{\mathrm{T}}]-E[\bar{\boldsymbol{Y}}_{r}\boldsymbol{Y}^{\mathrm{T}}]+\bar{\boldsymbol{Y}}_{r}\bar{\boldsymbol{Y}}_{r}^{\mathrm{T}}=$$

$$E[\boldsymbol{Y}\boldsymbol{Y}^{\mathrm{T}}]-\bar{\boldsymbol{Y}}_{r}\bar{\boldsymbol{Y}}_{r}^{\mathrm{T}}$$

式(6.3.14)和式(6.3.19)代入上式，得

$$(\boldsymbol{P}_{YY})_{r}=E\left\{\left[\boldsymbol{f}(\bar{\boldsymbol{X}})+\boldsymbol{D}_{\delta\boldsymbol{x}}\boldsymbol{f}+\frac{1}{2}\boldsymbol{D}_{\delta\boldsymbol{x}}^{2}\boldsymbol{f}+\frac{1}{3!}\boldsymbol{D}_{\delta\boldsymbol{x}}^{3}\boldsymbol{f}+\frac{1}{4!}\boldsymbol{D}_{\delta\boldsymbol{x}}^{4}\boldsymbol{f}+\cdots\right]\cdot\right.$$

$$\left[\boldsymbol{f}^{\mathrm{T}}(\bar{\boldsymbol{X}})+(\boldsymbol{D}_{\delta\boldsymbol{x}}\boldsymbol{f})^{\mathrm{T}}+\frac{1}{2}(\boldsymbol{D}_{\delta\boldsymbol{x}}^{2}\boldsymbol{f})^{\mathrm{T}}+\frac{1}{3!}(\boldsymbol{D}_{\delta\boldsymbol{x}}^{3}\boldsymbol{f})^{\mathrm{T}}+\frac{1}{4!}(\boldsymbol{D}_{\delta\boldsymbol{x}}^{4}\boldsymbol{f})^{\mathrm{T}}+\cdots\right]-$$

$$\left[\boldsymbol{f}(\bar{\boldsymbol{X}})+\frac{1}{2}(\nabla^{\mathrm{T}}\boldsymbol{P}_{XX}\ \nabla)\boldsymbol{f}(\bar{\boldsymbol{X}})+E\left(\frac{1}{4!}\boldsymbol{D}_{\delta\boldsymbol{X}}^{4}\boldsymbol{f}+\frac{1}{6!}\boldsymbol{D}_{\delta\boldsymbol{X}}^{6}\boldsymbol{f}+\cdots\right)\right]\cdot$$
$$\left.\left[\boldsymbol{f}^{\mathrm{T}}(\bar{\boldsymbol{X}})+\frac{1}{2}[(\nabla^{\mathrm{T}}\boldsymbol{P}_{XX}\ \nabla)\boldsymbol{f}(\bar{\boldsymbol{X}})]^{\mathrm{T}}+E\left(\frac{1}{4!}\boldsymbol{D}_{\delta\boldsymbol{X}}^{4}\boldsymbol{f}+\frac{1}{6!}\boldsymbol{D}_{\delta\boldsymbol{X}}^{6}\boldsymbol{f}+\cdots\right)^{\mathrm{T}}\right]\right\}$$

考虑到 $\boldsymbol{X}$ 对称分布时，$\delta\boldsymbol{X}$ 的奇次阶矩为零，并利用式(6.3.15)，可得

$$(\boldsymbol{P}_{YY})_{r}=\boldsymbol{F}(\bar{\boldsymbol{X}})\boldsymbol{P}_{XX}\boldsymbol{F}^{\mathrm{T}}(\bar{\boldsymbol{X}})-\frac{1}{4}[(\nabla^{\mathrm{T}}\boldsymbol{P}_{XX}\ \nabla)\boldsymbol{f}(\bar{\boldsymbol{X}})]\cdot[(\nabla^{\mathrm{T}}\boldsymbol{P}_{XX}\ \nabla)\boldsymbol{f}(\bar{\boldsymbol{X}})]^{\mathrm{T}}+$$
$$E\sum_{i=2}^{\infty}\sum_{j=2}^{\infty}(\boldsymbol{D}_{\delta\boldsymbol{X}}^{i}\boldsymbol{f})(\boldsymbol{D}_{\delta\boldsymbol{X}}^{j}\boldsymbol{f})^{\mathrm{T}}-E[\sum_{i=1}^{\infty}\sum_{j=1}^{\infty}\frac{1}{(2i)!\ (2j)!}(\boldsymbol{D}_{\delta\boldsymbol{X}}^{2i}\boldsymbol{f})(\boldsymbol{D}_{\delta\boldsymbol{X}}^{2j}\boldsymbol{f})^{\mathrm{T}} \tag{6.3.23}$$

$\boldsymbol{Y}=\boldsymbol{f}(\boldsymbol{X})$ 由 UT 变换确定的计算映射的协方差阵分析如下：

$$(\boldsymbol{P}_{YY})_{UT}=E[(\boldsymbol{Y}-\bar{\boldsymbol{Y}}_{UT})(\boldsymbol{Y}-\bar{\boldsymbol{Y}}_{UT})^{\mathrm{T}}]$$

根据式(6.3.14) 和式(6.3.22)，有

$$\boldsymbol{Y}-\bar{\boldsymbol{Y}}_{UT}=\boldsymbol{f}(\bar{\boldsymbol{X}})+\boldsymbol{D}_{\delta\boldsymbol{X}}\boldsymbol{f}+\frac{1}{2}\boldsymbol{D}_{\delta\boldsymbol{X}}^{2}\boldsymbol{f}+\frac{1}{3!}\boldsymbol{D}_{\delta\boldsymbol{X}}^{3}\boldsymbol{f}+\cdots-\boldsymbol{f}(\bar{\boldsymbol{X}})-$$
$$\frac{1}{2}(\nabla^{\mathrm{T}}\boldsymbol{P}_{XX}\ \nabla)\boldsymbol{f}(\bar{\boldsymbol{X}})-\frac{1}{2(n+\lambda)}\sum_{i=1}^{2n}\left(\frac{1}{4!}\boldsymbol{D}_{\sigma i}^{4}\boldsymbol{f}+\frac{1}{6!}\boldsymbol{D}_{\sigma i}^{6}\boldsymbol{f}+\cdots\right)=$$
$$\boldsymbol{F}(\bar{\boldsymbol{X}})\delta\boldsymbol{X}-\frac{1}{2}(\nabla^{\mathrm{T}}\boldsymbol{P}_{XX}\ \nabla)\boldsymbol{f}(\bar{\boldsymbol{X}})+\frac{1}{2}\boldsymbol{D}_{\delta\boldsymbol{X}}^{2}\boldsymbol{f}+\frac{1}{3!}\boldsymbol{D}_{\delta\boldsymbol{X}}^{3}\boldsymbol{f}+\cdots-$$
$$\frac{1}{2(n+\lambda)}\sum_{i=1}^{2n}\left(\frac{1}{4!}\boldsymbol{D}_{\sigma i}^{4}\boldsymbol{f}+\frac{1}{6!}\boldsymbol{D}_{\sigma i}^{6}\boldsymbol{f}+\cdots\right)$$

$$(\boldsymbol{P}_{YY})_{UT}=E\left\{\left[\boldsymbol{F}(\bar{\boldsymbol{X}})\delta\boldsymbol{X}-\frac{1}{2}(\nabla^{\mathrm{T}}\boldsymbol{P}_{XX}\ \nabla)\boldsymbol{f}(\bar{\boldsymbol{X}})+\frac{1}{2}\boldsymbol{D}_{\delta\boldsymbol{X}}^{2}\boldsymbol{f}+\frac{1}{3!}\boldsymbol{D}_{\delta\boldsymbol{X}}^{3}\boldsymbol{f}+\cdots-\right.\right.$$
$$\left.\frac{1}{2(n+\lambda)}\sum_{k=1}^{\infty}\sum_{i=1}^{2n}\frac{1}{(2k)!}\boldsymbol{D}_{\sigma i}^{2k}\boldsymbol{f}\right]\cdot\left[\delta\boldsymbol{X}^{\mathrm{T}}\boldsymbol{F}^{\mathrm{T}}(\bar{\boldsymbol{X}})-\frac{1}{2}((\nabla^{\mathrm{T}}\boldsymbol{P}_{XX}\ \nabla)\boldsymbol{f}(\bar{\boldsymbol{X}}))^{\mathrm{T}}+\right.$$
$$\left.\left.\frac{1}{2}(\boldsymbol{D}_{\delta\boldsymbol{X}}^{2}\boldsymbol{f})^{\mathrm{T}}+\frac{1}{3!}(\boldsymbol{D}_{\delta\boldsymbol{X}}^{3}\boldsymbol{f})^{\mathrm{T}}+\cdots-\frac{1}{2(n+\lambda)}\sum_{k=1}^{\infty}\sum_{i=1}^{2n}\frac{1}{(2k)!}(\boldsymbol{D}_{\sigma i}^{2k}\boldsymbol{f})^{\mathrm{T}}\right]\right\}=$$
$$\boldsymbol{F}(\bar{\boldsymbol{X}})\boldsymbol{P}_{XX}\boldsymbol{F}^{\mathrm{T}}(\bar{\boldsymbol{X}})+\frac{1}{4}(\nabla^{\mathrm{T}}\boldsymbol{P}_{XX}\ \nabla)\boldsymbol{f}(\bar{\boldsymbol{X}})[(\nabla^{\mathrm{T}}\boldsymbol{P}_{XX}\ \nabla)\boldsymbol{f}(\bar{\boldsymbol{X}})]^{\mathrm{T}}-$$
$$\frac{1}{4}(\nabla^{\mathrm{T}}\boldsymbol{P}_{XX}\ \nabla)\boldsymbol{f}(\bar{\boldsymbol{X}})E(\boldsymbol{D}_{\delta\boldsymbol{X}}^{2}\boldsymbol{f})^{\mathrm{T}}-\frac{1}{4}E(\boldsymbol{D}_{\delta\boldsymbol{X}}^{2}\boldsymbol{f})[(\nabla^{\mathrm{T}}\boldsymbol{P}_{XX}\ \nabla)\boldsymbol{f}(\bar{\boldsymbol{X}})]^{\mathrm{T}}+$$
$$\frac{1}{4}E[(\boldsymbol{D}_{\delta\boldsymbol{X}}^{2}\boldsymbol{f})(\boldsymbol{D}_{\delta\boldsymbol{X}}^{2}\boldsymbol{f})^{\mathrm{T}}]+\frac{1}{2\times3!}E[(\boldsymbol{D}_{\delta\boldsymbol{X}}^{2}\boldsymbol{f})(\boldsymbol{D}_{\delta\boldsymbol{X}}^{3}\boldsymbol{f})^{\mathrm{T}}]+\cdots$$

记上式第 5 项起的和式为 $\boldsymbol{\Delta}_{\sum}(\delta\boldsymbol{X},\boldsymbol{\sigma})$，该和式是泰勒级数展开式中关于 $\delta\boldsymbol{X}$ 和 $\boldsymbol{\sigma}$ 高于 4 次的项，是高次项和。将式(6.3.18) 代入上式，得

$$(\boldsymbol{P}_{YY})_{UT}=\boldsymbol{F}(\bar{\boldsymbol{X}})\boldsymbol{P}_{XX}\boldsymbol{F}^{\mathrm{T}}(\bar{\boldsymbol{X}})-\frac{1}{4}(\nabla^{\mathrm{T}}\boldsymbol{P}_{XX}\ \nabla)\boldsymbol{f}(\bar{\boldsymbol{X}})[(\nabla^{\mathrm{T}}\boldsymbol{P}_{XX}\ \nabla)\boldsymbol{f}(\bar{\boldsymbol{X}})]^{\mathrm{T}}+\boldsymbol{\Delta}_{\sum}(\delta\boldsymbol{X},\boldsymbol{\sigma}) \tag{6.3.24}$$

比较式(6.3.23) 和式(6.3.24)，可以看出：由 UT 确定的计算映射的协方差阵与真实映射的协方差阵前两项相同。而当 EKF 仅取线性项时，有

$$\boldsymbol{Y}_{L}=\boldsymbol{f}(\bar{\boldsymbol{X}})+\boldsymbol{F}(\bar{\boldsymbol{X}})\delta\boldsymbol{X}$$
$$\bar{\boldsymbol{Y}}_{L}=\boldsymbol{f}(\bar{\boldsymbol{X}}) \tag{6.3.25}$$
$$(\boldsymbol{P}_{YY})_{L}=E[(\boldsymbol{Y}-\bar{\boldsymbol{Y}}_{L})(\boldsymbol{Y}-\bar{\boldsymbol{Y}}_{L})^{\mathrm{T}}]$$

将式(6.3.14)、式(6.3.25)代入上式,并应用式(6.3.15)式,得

$$(\boldsymbol{P}_{YY})_L = E\left\{\left[\boldsymbol{D}_{\delta X}\boldsymbol{f} + \frac{1}{2}\boldsymbol{D}_{\delta X}^2\boldsymbol{f} + \frac{1}{3!}\boldsymbol{D}_{\delta X}^3\boldsymbol{f} + \cdots\right]\cdot\left[(\boldsymbol{D}_{\delta X}\boldsymbol{f})^{\mathrm{T}} + \frac{1}{2}(\boldsymbol{D}_{\delta X}^2\boldsymbol{f})^{\mathrm{T}} + \frac{1}{3!}(\boldsymbol{D}_{\delta X}^3\boldsymbol{f})^{\mathrm{T}} + \cdots\right]\right\} =$$

$$\boldsymbol{F}(\bar{\boldsymbol{X}})\boldsymbol{P}_{XX}\boldsymbol{F}^{\mathrm{T}}(\bar{\boldsymbol{X}}) + \frac{1}{4}E[(\boldsymbol{D}_{\delta X}^2\boldsymbol{f})(\boldsymbol{D}_{\delta X}^2\boldsymbol{f})^{\mathrm{T}}] + \frac{1}{(3!)^2}E[(\boldsymbol{D}_{\delta X}^3\boldsymbol{f})(\boldsymbol{D}_{\delta X}^3\boldsymbol{f})^{\mathrm{T}}] + \cdots$$

该式说明:$(\boldsymbol{P}_{YY})_L$ 至少为 $\boldsymbol{F}(\bar{\boldsymbol{X}})\boldsymbol{P}_{XX}\boldsymbol{F}^{\mathrm{T}}(\bar{\boldsymbol{X}})$,而 UT 变换对应的 $(\boldsymbol{P}_{YY})_{UT}$ 不会超过该值。所以,当对象为非线性系统时,UT 变换的精度优于线性化精度,非线性越强,精度的差异越明显。

3. UKF 算法

(1) 可加性噪声条件下的 UKF 算法。可加性噪声条件下的系统方程和量测方程如式(6.3.1)和式(6.3.2)所示。

由式(6.3.4)知,计算增益的关键是确定出 $\boldsymbol{P}_{(XZ)k/k-1}$ 和 $\boldsymbol{P}_{(ZZ)k/k-1}$,该两协方差阵由 UT 变换完成计算,具体计算步骤如下。

步骤 1,选定滤波初值

$$\hat{\boldsymbol{X}}_0 = E\boldsymbol{X}_0 \tag{6.3.26a}$$

$$\boldsymbol{P}_0 = E[(\boldsymbol{X}_0 - \hat{\boldsymbol{X}}_0)(\boldsymbol{X}_0 - \hat{\boldsymbol{X}}_0)^{\mathrm{T}}] \tag{6.3.26b}$$

对 $k=1,2,3,\cdots$,执行:

步骤 2,计算 $k-1$ 时刻的 $2n+1$ 个 σ 样本点

$$\tilde{\boldsymbol{\chi}}_{k-1}^{(0)} = \hat{\boldsymbol{X}}_{k-1} \tag{6.3.27a}$$

$$\tilde{\boldsymbol{\chi}}_{k-1}^{(i)} = \hat{\boldsymbol{X}}_{k-1} + \gamma\left(\sqrt{\boldsymbol{P}_{k-1}}\right)_{(i)} \quad i=1,2,\cdots,n \tag{6.3.27b}$$

$$\tilde{\boldsymbol{\chi}}_{k-1}^{(i)} = \hat{\boldsymbol{X}}_{k-1} - \gamma\left(\sqrt{\boldsymbol{P}_{k-1}}\right)_{(i-n)} \quad i=n+1,n+2,\cdots,2n \tag{6.3.27c}$$

式中,$\gamma=\sqrt{n+\lambda}$,λ 的确定见式(6.3.7d)。

步骤 3,计算 k 时刻的一步预测模型值

$$\boldsymbol{\chi}_{k/k-1}^{*(i)} = \boldsymbol{f}[\tilde{\boldsymbol{\chi}}_{k-1}^{(i)}, \boldsymbol{u}_{k-1}] \quad i=0,1,2,\cdots,2n \tag{6.3.28a}$$

$$\hat{\boldsymbol{X}}_{k/k-1} = \sum_{i=0}^{2n} W_i^{(m)}\boldsymbol{\chi}_{k/k-1}^{*(i)} \tag{6.3.28b}$$

$$\boldsymbol{P}_{k/k-1} = \sum_{i=0}^{2n} W_i^{(c)}[\boldsymbol{\chi}_{k/k-1}^{*(i)} - \hat{\boldsymbol{X}}_{k/k-1}][\boldsymbol{\chi}_{k/k-1}^{*(i)} - \hat{\boldsymbol{X}}_{k/k-1}]^{\mathrm{T}} + \boldsymbol{Q}_{k-1} \tag{6.3.28c}$$

步骤 4,计算 k 时刻的一步预测增广样本点

$$\boldsymbol{\chi}_{k/k-1}^{(i)} = \boldsymbol{\chi}_{k/k-1}^{*(i)} \quad i=0,1,2,\cdots,2n \tag{6.3.29a}$$

$$\boldsymbol{\chi}_{k/k-1}^{(i)} = \boldsymbol{\chi}_{k/k-1}^{(0)} + \gamma\left(\sqrt{\boldsymbol{Q}_{k-1}}\right)_{(i-2n)} \quad i=2n+1,2n+2,\cdots,3n \tag{6.3.29b}$$

$$\boldsymbol{\chi}_{k/k-1}^{(i)} = \boldsymbol{\chi}_{k/k-1}^{(0)} - \gamma\left(\sqrt{\boldsymbol{Q}_{k-1}}\right)_{(i-3n)} \quad i=3n+1,3n+2,\cdots,4n \tag{6.3.29c}$$

$$\mathbb{Z}_{k/k-1}^{(i)} = \boldsymbol{h}[\boldsymbol{\chi}_{k/k-1}^{(i)}] \quad i=0,1,2,3,\cdots,4n \tag{6.3.29d}$$

$$\hat{\boldsymbol{Z}}_{k/k-1} = \sum_{i=0}^{4n} W_i^{(m)}\mathbb{Z}_{k/k-1}^{(i)} \tag{6.3.29e}$$

式中,$W_i^{(m)}=\dfrac{1}{2(2n+\lambda)}$,$i=1,2,3,\cdots,4n$;$W_0^{(m)}=\dfrac{\lambda}{2n+\lambda}$。

步骤 5,计算 $\boldsymbol{P}_{(XZ)k/k-1}$,$\boldsymbol{P}_{(ZZ)k/k-1}$

$$\boldsymbol{P}_{(XZ)k/k-1}=\sum_{i=0}^{4n}W_i^{(c)}[\boldsymbol{\chi}_{k/k-1}^{(i)}-\hat{\boldsymbol{X}}_{k/k-1}][\mathbb{Z}_{k/k-1}^{(i)}-\hat{\boldsymbol{Z}}_{k/k-1}]^{\mathrm{T}} \tag{6.3.30a}$$

$$\boldsymbol{P}_{(ZZ)k/k-1}=\sum_{i=0}^{4n}W_i^{(c)}[\mathbb{Z}_{k/k-1}^{(i)}-\hat{\boldsymbol{Z}}_{k/k-1}][\mathbb{Z}_{k/k-1}^{(i)}-\hat{\boldsymbol{Z}}_{k/k-1}]^{\mathrm{T}}+\boldsymbol{R}_k \tag{6.3.30b}$$

式中，$W_i^{(c)}=\dfrac{1}{2(2n+\lambda)}, i=1,2,3,\cdots,4n; W_0^{(c)}=\dfrac{\lambda}{2n+\lambda}+1-\alpha^2+\beta$。

步骤6，计算增益矩阵

$$\boldsymbol{K}_k=\boldsymbol{P}_{(XZ)k/k-1}\boldsymbol{P}_{(ZZ)k/k-1}^{-1} \tag{6.3.31a}$$

步骤7，计算滤波值

$$\hat{\boldsymbol{X}}_k=\hat{\boldsymbol{X}}_{k/k-1}+\boldsymbol{K}_k[\boldsymbol{Z}_k-\hat{\boldsymbol{Z}}_{k/k-1}] \tag{6.3.31b}$$

$$\boldsymbol{P}_k=\boldsymbol{P}_{k/k-1}-\boldsymbol{K}_k\boldsymbol{P}_{(ZZ)k/k-1}\boldsymbol{K}_k^{\mathrm{T}} \tag{6.3.31c}$$

如果在计算步骤4和5中对一步预测样本点不作增广，则只需将步骤4和步骤5改写成如下形式：

步骤4'，计算k时刻的一步预测样本点，有

$$\boldsymbol{\chi}_{k/k-1}^{(0)}=\hat{\boldsymbol{X}}_{k/k-1} \tag{6.3.32a}$$

$$\boldsymbol{\chi}_{k/k-1}^{(i)}=\hat{\boldsymbol{X}}_{k/k-1}+\gamma\left(\sqrt{\boldsymbol{P}_{k/k-1}}\right)_{(i)}\quad i=1,2,\cdots,n \tag{6.3.32b}$$

$$\boldsymbol{\chi}_{k/k-1}^{(i)}=\hat{\boldsymbol{X}}_{k/k-1}-\gamma\left(\sqrt{\boldsymbol{P}_{k/k-1}}\right)_{(i-n)}\quad i=n+1,n+2,\cdots,2n \tag{6.3.32c}$$

步骤5'，计算$\boldsymbol{P}_{(XZ)k/k-1}$，$\boldsymbol{P}_{(ZZ)k/k-1}$

$$\boldsymbol{P}_{(XZ)k/k-1}=\sum_{i=0}^{2n}W_i^{(c)}[\boldsymbol{\chi}_{k/k-1}^{(i)}-\hat{\boldsymbol{X}}_{k/k-1}][\mathbb{Z}_{k/k-1}^{(i)}-\hat{\boldsymbol{Z}}_{k/k-1}]^{\mathrm{T}} \tag{6.3.33a}$$

$$\boldsymbol{P}_{(ZZ)k/k-1}=\sum_{i=0}^{2n}W_i^{(c)}[\mathbb{Z}_{k/k-1}^{(i)}-\hat{\boldsymbol{Z}}_{k/k-1}][\mathbb{Z}_{k/k-1}^{(i)}-\hat{\boldsymbol{Z}}_{k/k-1}]^{\mathrm{T}}+\boldsymbol{R}_k \tag{6.3.33b}$$

式中

$$\mathbb{Z}_{k/k-1}^{(i)}=\boldsymbol{h}[\boldsymbol{\chi}_{k/k-1}^{(i)}],\quad i=0,1,2,\cdots,2n \tag{6.3.34a}$$

$$\hat{\boldsymbol{Z}}_{k/k-1}=\sum_{i=0}^{2n}W_i^{(m)}\mathbb{Z}_{k/k-1}^{(i)} \tag{6.3.34b}$$

$W_i^{(m)}$ 和 $W_i^{(c)}$ 按式(6.3.7)计算。

按步骤4'和5'计算的一步预测样本点比按步骤4和5计算的少一半，这对降低计算量是有利的，但丢弃了原复现样本所保持的奇阶矩信息。

(2) 非可加性噪声条件下的UKF算法。设系统方程和量测方程具有一般形式

$$\boldsymbol{X}_k=\boldsymbol{f}(\boldsymbol{X}_{k-1},\boldsymbol{u}_{k-1},\boldsymbol{W}_{k-1}) \tag{6.3.35}$$

$$\boldsymbol{Z}_k=\boldsymbol{h}(\boldsymbol{X}_k,\boldsymbol{V}_k) \tag{6.3.36}$$

式中，$\boldsymbol{W}_k$ 和 $\boldsymbol{V}_k$ 为零均值不相关的高斯白噪声，方差阵分别为 $\boldsymbol{Q}_k$ 和 $\boldsymbol{R}_k$。设 $\boldsymbol{X}_k$，$\boldsymbol{W}_k$，$\boldsymbol{V}_k$ 的维数分别为 n,q,p。

记增广状态

$$\boldsymbol{X}_k^a=\begin{bmatrix}\boldsymbol{X}_k\\ \boldsymbol{W}_k\\ \boldsymbol{V}_k\end{bmatrix},\quad \boldsymbol{P}_k^a=\begin{bmatrix}\boldsymbol{P}_k & \boldsymbol{0} & \boldsymbol{0}\\ \boldsymbol{0} & \boldsymbol{Q}_k & \boldsymbol{0}\\ \boldsymbol{0} & \boldsymbol{0} & \boldsymbol{R}_k\end{bmatrix}$$

则执行UKF滤波计算的步骤如下。

步骤 1，确定滤波初值：

由于 $E[\boldsymbol{W}_k]=\boldsymbol{0}, E[\boldsymbol{V}_k]=\boldsymbol{0}, E[\boldsymbol{W}_k\boldsymbol{W}_k^{\mathrm{T}}]=\boldsymbol{Q}_k, E[\boldsymbol{V}_k\boldsymbol{V}_k^{\mathrm{T}}]=\boldsymbol{R}_k$，所以滤波初值取为

$$\hat{\boldsymbol{X}}_0^a=\begin{bmatrix}\hat{\boldsymbol{X}}_0\\ \boldsymbol{0}\\ \boldsymbol{0}\end{bmatrix},\quad \boldsymbol{P}_0^a=\begin{bmatrix}\boldsymbol{P}_0 & \boldsymbol{0} & \boldsymbol{0}\\ \boldsymbol{0} & \boldsymbol{Q}_0 & \boldsymbol{0}\\ \boldsymbol{0} & \boldsymbol{0} & \boldsymbol{R}_0\end{bmatrix}$$

式中，$\hat{\boldsymbol{X}}_0=E[\boldsymbol{X}_0]$，$\boldsymbol{P}_0=E[(\boldsymbol{X}_0-E\boldsymbol{X}_0)(\boldsymbol{X}_0-E\boldsymbol{X}_0)^{\mathrm{T}}]$。

对 $k=1,2,3,\cdots$，执行：

步骤 2，计算 1 倍 σ 样本点

$$\boldsymbol{\chi}_{k-1}^{a(0)}=\hat{\boldsymbol{X}}_{k-1}^a \tag{6.3.37a}$$

$$\boldsymbol{\chi}_{k-1}^{a(i)}=\hat{\boldsymbol{X}}_{k-1}^a+\gamma\left(\sqrt{\boldsymbol{P}_{k-1}^a}\right)_{(i)}\quad i=1,2,\cdots,L \tag{6.3.37b}$$

$$\boldsymbol{\chi}_{k-1}^{a(i)}=\hat{\boldsymbol{X}}_{k-1}^a-\gamma\left(\sqrt{\boldsymbol{P}_{k-1}^a}\right)_{(i-L)}\quad i=L+1,L+2,\cdots,2L \tag{6.3.37c}$$

其中

$$L=n+q+p$$

$$\gamma=\sqrt{L+\lambda}$$

$$\boldsymbol{\chi}_{k-1}^{a(i)}=\begin{bmatrix}\boldsymbol{\chi}_{k-1}^{\boldsymbol{X}(i)}\\ \boldsymbol{\chi}_{k-1}^{\boldsymbol{W}(i)}\\ \boldsymbol{\chi}_{k-1}^{\boldsymbol{V}(i)}\end{bmatrix},\quad i=1,2,\cdots,2L$$

$$\boldsymbol{P}_{k-1}^a=\begin{bmatrix}\boldsymbol{P}_{k-1} & \boldsymbol{0} & \boldsymbol{0}\\ \boldsymbol{0} & \boldsymbol{Q}_{k-1} & \boldsymbol{0}\\ \boldsymbol{0} & \boldsymbol{0} & \boldsymbol{R}_{k-1}\end{bmatrix}$$

步骤 3，时间更新

$$\boldsymbol{\chi}_{k/k-1}^{\boldsymbol{X}(i)}=\boldsymbol{f}[\boldsymbol{\chi}_{k-1}^{\boldsymbol{X}(i)},\boldsymbol{u}_{k-1},\boldsymbol{\chi}_{k-1}^{\boldsymbol{W}(i)}],\quad i=0,1,2,\cdots,2L \tag{6.3.38a}$$

$$\hat{\boldsymbol{X}}_{k/k-1}=\sum_{i=0}^{2L}W_i^{(m)}\boldsymbol{\chi}_{k/k-1}^{\boldsymbol{X}(i)} \tag{6.3.38b}$$

$$\boldsymbol{P}_{k/k-1}=\sum_{i=0}^{2L}W_i^{(c)}(\boldsymbol{\chi}_{k/k-1}^{\boldsymbol{X}(i)}-\hat{\boldsymbol{X}}_{k/k-1})(\boldsymbol{\chi}_{k/k-1}^{\boldsymbol{X}(i)}-\hat{\boldsymbol{X}}_{k/k-1})^{\mathrm{T}} \tag{6.3.38c}$$

$$\mathbb{Z}_{k/k-1}^{(i)}=\boldsymbol{h}[\boldsymbol{\chi}_{k/k-1}^{\boldsymbol{X}(i)},\boldsymbol{\chi}_{k/k-1}^{\boldsymbol{V}(i)}]\quad i=0,1,2,3,\cdots,2L \tag{6.3.38d}$$

$$\hat{\boldsymbol{Z}}_{k/k-1}=\sum_{i=0}^{2L}W_i^{(m)}\mathbb{Z}_{k/k-1}^{(i)} \tag{6.3.38e}$$

其中

$$W_0^{(m)}=\frac{\lambda}{L+\lambda}$$

$$W_0^{(c)}=\frac{\lambda}{L+\lambda}+1-\alpha^2+\beta$$

$$W_i^{(m)}=W_i^{(c)}=\frac{1}{2(L+\lambda)}\quad i=1,2,\cdots,2L$$

步骤 4，量测更新

$$\boldsymbol{P}_{(ZZ)k/k-1}=\sum_{i=0}^{2L}W_i^{(c)}[\mathbb{Z}_{k/k-1}^{(i)}-\hat{\boldsymbol{Z}}_{k/k-1}][\mathbb{Z}_{k/k-1}^{(i)}-\hat{\boldsymbol{Z}}_{k/k-1}]^{\mathrm{T}} \tag{6.3.39a}$$

$$\boldsymbol{P}_{(XZ)k/k-1} = \sum_{i=0}^{2L} W_i^{(c)} [\boldsymbol{\chi}_{k/k-1}^{\boldsymbol{X}(i)} - \hat{\boldsymbol{X}}_{k/k-1}] [\mathbb{Z}_{k/k-1}^{(i)} - \hat{\boldsymbol{Z}}_{k/k-1}]^{\mathrm{T}} \tag{6.3.39b}$$

$$\boldsymbol{K}_k = \boldsymbol{P}_{(XZ)k/k-1} \boldsymbol{P}_{(ZZ)k/k-1}^{-1} \tag{6.3.39c}$$

$$\hat{\boldsymbol{X}}_k = \hat{\boldsymbol{X}}_{k/k-1} + \boldsymbol{K}_k [\boldsymbol{Z}_k - \hat{\boldsymbol{Z}}_{k/k-1}] \tag{6.3.39d}$$

$$\boldsymbol{P}_k = \boldsymbol{P}_{k/k-1} - \boldsymbol{K}_k \boldsymbol{P}_{(ZZ)k/k-1} \boldsymbol{K}_k^{\mathrm{T}} \tag{6.3.39e}$$

4. UKF 的基本特点

从上述分析可得出如下结论：

(1)UKF 本质上是线性最小方差估计的一种近似算法。近似体现在：用随机量的条件均值代替均值，使用被估计量和量测量的再现样本点计算两者的自协方差阵和互协方差阵。

(2) 若系统噪声、量测噪声和被估计量的初值都服从正态分布，则 UKF 又是最小方差估计的一种近似算法。

(3) 由于被估计量和量测量的再现样本点可直接根据系统方程和量测方程计算，所以 UKF 不必对系统方程和量测方程作线性化处理，与 EKF 相比，其优点是：避免了雅可比矩阵的求解；EKF 只是非线性对象的一阶近似，二阶 EKF 是非线性对象的二阶近似，而 UKF 至少达到二阶近似，所以当系统方程和量测方程呈现强非线性时，EKF 的线性化处理将引起严重的截断误差，导致滤波发散，而 UKF 无此问题，所以 UKF 能适用于强非线性条件下的估计，EKF 只适用于弱非线性对象的估计。

(4) 由于 UKF 是线性最小方差估计的一种近似算法，而标准卡尔曼滤波是精确算法，所以，在非线性系统的估计中宜采用 UKF，非线性越强，算法的优势就越明显；若系统的非线性较弱，则可采用 EKF 算法；而在线性系统估计中应采用标准卡尔曼滤波算法。

顺便对 UKF 中的 Unscented 的理解提出浅识供参考。在 UT 变换中需选定三个参数：α，β，κ。尽管很多文献给出了选定这些参数的特定方法，如当状态变量服从正态分布时，选择 $\beta=2$，但这些参数的最佳值完全取决于所研究对象的具体特殊情况，其中的定量关系至今还未被完全理解和研究透。所以从这点上看，Unscented 具有无踪和无线索的含意。

6.4 非线性系统滤波之三：粒子滤波[119,121]

粒子滤波直接根据概率密度计算条件均值，即最小方差估计，其中概率密度由 EKF 或 UKF 近似确定，k 时刻的估计值 $\hat{\boldsymbol{X}}_k$ 由众多不同分布的样本值(粒子)加权平均确定，而计算每个粒子必须完成一次 EKF 或 UKF 计算，所以粒子滤波适用于系统和量测为非线性条件下的估计，且估计精度高于单独采用 EKF 或 UKF 时的精度，但计算量远高于 EKF 和 UKF。

粒子滤波有诸多别称，如：序列重要性采样算法 SIS(Sequential Importance Sampling)[122]、自举滤波(Bootstrap Filtering)[123]、凝聚算法(Condensation Algorithm)[124,125]、交互粒子近似法(Interacting Particle Approximations)[126]、蒙特-卡洛滤波(Monte - Carlo Filtering)[127]、序贯蒙特-卡洛滤波(Sequential Monte - Carlo(SMC) Filtering)等[128,129]。粒子滤波的思想早在 1940 年已由 Metropolies 和维纳提出[130]，当时由于受计算条件的限制而并未得到广泛重视。20 世纪 80 年代后，随着计算机技术的快速发展，粒子滤波计算成为可能，并逐渐受到重视。本节将对粒子滤波算法作详细推导，并介绍结合 UKF 算法的粒子滤波，即 UPF。

6.4.1 条件均值的近似求解

设 $\boldsymbol{X}_0^k=\{\boldsymbol{X}_0,\boldsymbol{X}_1,\cdots,\boldsymbol{X}_k\}$ 为 t_0 至 t_k 时刻的系统状态,$\boldsymbol{Z}_0^k=\{\boldsymbol{Z}_0,\boldsymbol{Z}_1,\cdots,\boldsymbol{Z}_k\}$ 为 t_0 至 t_k 时刻的量测量,则根据式(2.1.27),基于 $\boldsymbol{Z}_0^k$ 对 $\boldsymbol{f}(\boldsymbol{X}_0^k)$ 的最小方差估计,即条件均值为

$$\hat{\boldsymbol{f}}(\boldsymbol{X}_0^k)=E[\boldsymbol{f}(\boldsymbol{X}_0^k)/\boldsymbol{Z}_0^k]=\int\boldsymbol{f}(\boldsymbol{X}_0^k)p(\boldsymbol{X}_0^k/\boldsymbol{Z}_0^k)\mathrm{d}\boldsymbol{X}_0^k \tag{6.4.1}$$

式中,$p(\boldsymbol{X}_0^k/\boldsymbol{Z}_0^k)$ 为 $\boldsymbol{X}_0^k$ 的条件概率密度。

根据贝叶斯公式和全概率公式,有

$$p(\boldsymbol{X}_0^k/\boldsymbol{Z}_0^k)=\frac{p(\boldsymbol{X}_0^k)p(\boldsymbol{Z}_0^k/\boldsymbol{X}_0^k)}{p(\boldsymbol{Z}_0^k)} \tag{6.4.2}$$

直接按式(6.4.1)求解 $\boldsymbol{f}(\boldsymbol{X}_0^k)$ 的条件均值是十分困难的。为了绕过这一障碍,引入条件概率密度的推荐形式 $q(\boldsymbol{X}_0^k/\boldsymbol{Z}_0^k)$,为叙述方便,称此推荐形式为推荐密度,为待定值。

将式(6.4.2)代入式(6.4.1),并考虑其推荐密度,得

$$\hat{\boldsymbol{f}}(\boldsymbol{X}_0^k)=\int\boldsymbol{f}(\boldsymbol{X}_0^k)\frac{p(\boldsymbol{X}_0^k)p(\boldsymbol{Z}_0^k/\boldsymbol{X}_0^k)}{p(\boldsymbol{Z}_0^k)q(\boldsymbol{X}_0^k/\boldsymbol{Z}_0^k)}q(\boldsymbol{X}_0^k/\boldsymbol{Z}_0^k)\mathrm{d}\boldsymbol{X}_0^k$$

记

$$w_k=\frac{p(\boldsymbol{X}_0^k)p(\boldsymbol{Z}_0^k/\boldsymbol{X}_0^k)}{q(\boldsymbol{X}_0^k/\boldsymbol{Z}_0^k)} \tag{6.4.3}$$

并称之为非归一化权重系数,则

$$\hat{\boldsymbol{f}}(\boldsymbol{X}_0^k)=\frac{1}{p(\boldsymbol{Z}_0^k)}\int\boldsymbol{f}(\boldsymbol{X}_0^k)w_kq(\boldsymbol{X}_0^k/\boldsymbol{Z}_0^k)\mathrm{d}\boldsymbol{X}_0^k=\frac{\int\boldsymbol{f}(\boldsymbol{X}_0^k)w_kq(\boldsymbol{X}_0^k/\boldsymbol{Z}_0^k)\mathrm{d}\boldsymbol{X}_0^k}{\int p(\boldsymbol{Z}_0^k/\boldsymbol{X}_0^k)p(\boldsymbol{X}_0^k)\dfrac{q(\boldsymbol{X}_0^k/\boldsymbol{Z}_0^k)}{q(\boldsymbol{X}_0^k/\boldsymbol{Z}_0^k)}\mathrm{d}\boldsymbol{X}_0^k}=$$

$$\frac{\int\boldsymbol{f}(\boldsymbol{X}_0^k)w_kq(\boldsymbol{X}_0^k/\boldsymbol{Z}_0^k)\mathrm{d}\boldsymbol{X}_0^k}{\int w_kq(\boldsymbol{X}_0^k/\boldsymbol{Z}_0^k)\mathrm{d}\boldsymbol{X}_0^k}=\frac{E_q(\cdot/\boldsymbol{Z}_0^k)[w_k\boldsymbol{f}(\boldsymbol{X}_0^k)]}{E_q(\cdot/\boldsymbol{Z}_0^k)(w_k)} \tag{6.4.4}$$

式(6.4.4)中,$E_q(\cdot/\boldsymbol{Z}_0^k)[w_k\boldsymbol{f}(\boldsymbol{X}_0^k)]$ 是随机量 $w_k\boldsymbol{f}(\boldsymbol{X}_0^k)$ 在推荐密度条件下求取的数学期望,$E_q(\cdot/\boldsymbol{Z}_0^k)(w_k)$ 是 w_k 在推荐密度条件下求取的数学期望。

式(6.4.4)说明:$\boldsymbol{f}(\boldsymbol{X}_0^k)$ 基于 $\boldsymbol{Z}_0^k$ 的条件均值可用推荐密度来求取,这就避开了对 $\boldsymbol{X}_0^k$ 条件概率密度的求取要求,而推荐密度可以通过 UKF 来确定,这将在 6.4.4 小节中介绍。此外,w_k 可用递推方法求取。

考察式(6.4.3),由于不同时刻的量测相互独立,$\boldsymbol{Z}_0,\boldsymbol{Z}_1,\cdots,\boldsymbol{Z}_{k-1}$ 与 $\boldsymbol{X}_k$ 无关,而与 $\boldsymbol{X}_0^{k-1}$ 有关,$\boldsymbol{Z}_k$ 与 $\boldsymbol{X}_k$ 有关,而与 $\boldsymbol{X}_0^{k-1}$ 无关,则有

$$p(\boldsymbol{Z}_0^k/\boldsymbol{X}_0^k)=p[(\boldsymbol{Z}_0^{k-1},\boldsymbol{Z}_k)/(\boldsymbol{X}_0^{k-1},\boldsymbol{X}_k)]=p(\boldsymbol{Z}_0^{k-1}/\boldsymbol{X}_0^{k-1})\cdot p(\boldsymbol{Z}_k/\boldsymbol{X}_k) \tag{6.4.5}$$

又根据联合分布密度、边缘分布密度和条件分布密度间的关系,有

$$p(\boldsymbol{X}_0^k)=p(\boldsymbol{X}_0^{k-1},\boldsymbol{X}_k)=p(\boldsymbol{X}_0^{k-1})p(\boldsymbol{X}_k/\boldsymbol{X}_0^{k-1})$$

假设系统状态为马尔柯夫链,即 t_k 时刻的系统状态 $\boldsymbol{X}_k$ 仅与 t_{k-1} 时刻的状态 $\boldsymbol{X}_{k-1}$ 有关,而与 t_{k-1} 时刻前的状态无关。则

$$p(\boldsymbol{X}_0^k)=p(\boldsymbol{X}_0^{k-1})p(\boldsymbol{X}_k/\boldsymbol{X}_{k-1}) \tag{6.4.6}$$

再考察推荐密度,根据联合分布、边缘分布和条件分布间的关系,且考虑到 $\boldsymbol{Z}_k$ 与 $\boldsymbol{X}_0,\boldsymbol{X}_1,$

$\cdots,\boldsymbol{X}_{k-1}$ 无关，则有

$$q(\boldsymbol{X}_0^k/\boldsymbol{Z}_0^k)=q[(\boldsymbol{X}_0^{k-1},\boldsymbol{X}_k)/\boldsymbol{Z}_0^k]=q(\boldsymbol{X}_0^{k-1}/\boldsymbol{Z}_0^k)q[\boldsymbol{X}_k/(\boldsymbol{X}_0^{k-1},\boldsymbol{Z}_0^k)]= q(\boldsymbol{X}_0^{k-1}/\boldsymbol{Z}_0^{k-1})q[\boldsymbol{X}_k/(\boldsymbol{X}_0^{k-1},\boldsymbol{Z}_0^k)] \tag{6.4.7}$$

将式(6.4.5)、式(6.4.6)、式(6.4.7)代入式(6.4.3)，得

$$w_k=\frac{p(\boldsymbol{X}_0^k)p(\boldsymbol{Z}_0^k/\boldsymbol{X}_0^k)}{q(\boldsymbol{X}_0^k/\boldsymbol{Z}_0^k)}=\frac{p(\boldsymbol{X}_0^{k-1})p(\boldsymbol{Z}_0^{k-1}/\boldsymbol{X}_0^{k-1})p(\boldsymbol{X}_k/\boldsymbol{X}_{k-1})p(\boldsymbol{Z}_k/\boldsymbol{X}_k)}{q(\boldsymbol{X}_0^{k-1}/\boldsymbol{Z}_0^{k-1})q[\boldsymbol{X}_k/(\boldsymbol{X}_0^{k-1},\boldsymbol{Z}_0^k)]}= w_{k-1}\frac{p(\boldsymbol{X}_k/\boldsymbol{X}_{k-1})p(\boldsymbol{Z}_k/\boldsymbol{X}_k)}{q[\boldsymbol{X}_k/(\boldsymbol{X}_0^{k-1},\boldsymbol{Z}_0^k)]} \tag{6.4.8}$$

该式即为非归一化权重系数的递推公式，其中 $p(\boldsymbol{X}_k/\boldsymbol{X}_{k-1})$ 由系统方程确定，$p(\boldsymbol{Z}_k/\boldsymbol{X}_k)$ 由量测方程确定，w_0 按式(6.4.3)确定。

推荐密度确定后，可按该密度函数计算出 N 组状态复现样本簇

$$\boldsymbol{\chi}_0^k(i)=\{\boldsymbol{\chi}_0^{(i)},\boldsymbol{\chi}_1^{(i)},\cdots,\boldsymbol{\chi}_k^{(i)}\}\quad i=1,2,\cdots,N$$

式中 $\boldsymbol{\chi}_k^{(i)}$ 为按密度函数生成的分布样本点，此处形象化地称之为粒子。式(6.4.8)中的状态量 $\boldsymbol{X}_k,\boldsymbol{X}_{k-1},\boldsymbol{X}_0^{k-1}$ 可用这些粒子来近似，从而可近似计算出非归一化权重系数，再按式(6.4.4)计算出估计值，有

$$w_k^{(i)}=w_{k-1}^{(i)}\frac{p[\boldsymbol{\chi}_k^{(i)}/\boldsymbol{\chi}_{k-1}^{(i)}]p[\boldsymbol{Z}_k/\boldsymbol{\chi}_k^{(i)}]}{q[\boldsymbol{\chi}_k^{(i)}/(\boldsymbol{\chi}_0^k(i),\boldsymbol{Z}_0^k)]} \tag{6.4.9}$$

$$\hat{\boldsymbol{f}}(\boldsymbol{X}_0^k)\approx\frac{N^{-1}\sum_{i=1}^N\boldsymbol{f}(\boldsymbol{\chi}_0^k(i))w_k^{(i)}}{N^{-1}\sum_{i=1}^N w_k^{(i)}}=\sum_{i=1}^N\boldsymbol{f}(\boldsymbol{\chi}_0^k(i))\widetilde{w}_k^{(i)} \tag{6.4.10}$$

其中

$$\widetilde{w}_k^{(i)}=\frac{w_k^{(i)}}{\sum_{j=1}^N w_k^{(j)}} \tag{6.4.11}$$

为归一化权重系数。很明显

$$\sum_{i=1}^N\widetilde{w}_k^{(i)}=1 \tag{6.4.12}$$

如果取 $\boldsymbol{f}(\boldsymbol{X}_0^k)=\boldsymbol{X}_k$，则以上讨论的问题即为对 $\boldsymbol{X}_k$ 的估计问题。

按式(6.4.10)计算估计值实质上是对复现的分布样本点即粒子上的函数值作加权平均，该算法称为 SIS(Sequential Importance Sampling)算法。

6.4.2　二次采样

SIS 算法存在致命缺陷：按式(6.4.8)和式(6.4.11)计算的权重系数的方差随时间而增加，若干步递推后，某些粒子的权重系数趋于 1，而另一些粒子的权重系数则趋于 0，一大批分布样本点会被丢弃，这种现象称为粒子退化。为避免粒子退化现象，Efron，Rubin 和 Smith 等提出了二次采样算法 SIR(Sampling-Importance Resampling)[140-142]。具体为：

步骤 1，在第 i 次二次采样过程中($i=1,2,\cdots,N$，N 为粒子总数)，首先生成在[0,1]区间内均匀分布的随机数 r_i；

步骤 2，计算归一化权重系数的累加值，每次累加只顺序增加一项归一化权重系数，每次

所得累加结果与 r_i 比较，若

$$\sum_{m=1}^{j-1}\tilde{w}_k^{(m)} < r_i$$

$$\sum_{m=1}^{j}\tilde{w}_k^{(m)} \geqslant r_i$$

则该次二次采样结果为

$$\boldsymbol{\chi}_k^{+(i)} = \boldsymbol{\chi}_k^{(j)} \qquad (i,j=1,2,\cdots,N)$$

式中，$\boldsymbol{\chi}_k^{(j)}$ 为二次采样前的第 j 个原始粒子，$\boldsymbol{\chi}_k^{+(i)}$ 为二次采样所得第 i 个更新粒子。

图 6.4.1 为粒子数 $N=10$ 的 SIR 二次采样示意图。图中，横轴所标 1，2，…，10 为原始粒子序号，纵轴为归一化权重系数的累加结果，数值范围为 0 至 1，实线长度代表相应序号粒子的归一化权重系数。假设在执行第 9 次采样时所生成的均匀分布随机数 $r_9=0.3$，由于 $\tilde{w}_k^{(1)}+\tilde{w}_k^{(2)}+\tilde{w}_k^{(3)}<r_9$，$\tilde{w}_k^{(1)}+\tilde{w}_k^{(2)}+\tilde{w}_k^{(3)}+\tilde{w}_k^{(4)}>r_9$，所以 $\boldsymbol{\chi}_k^{+(9)}=\boldsymbol{\chi}_k^{(4)}$。

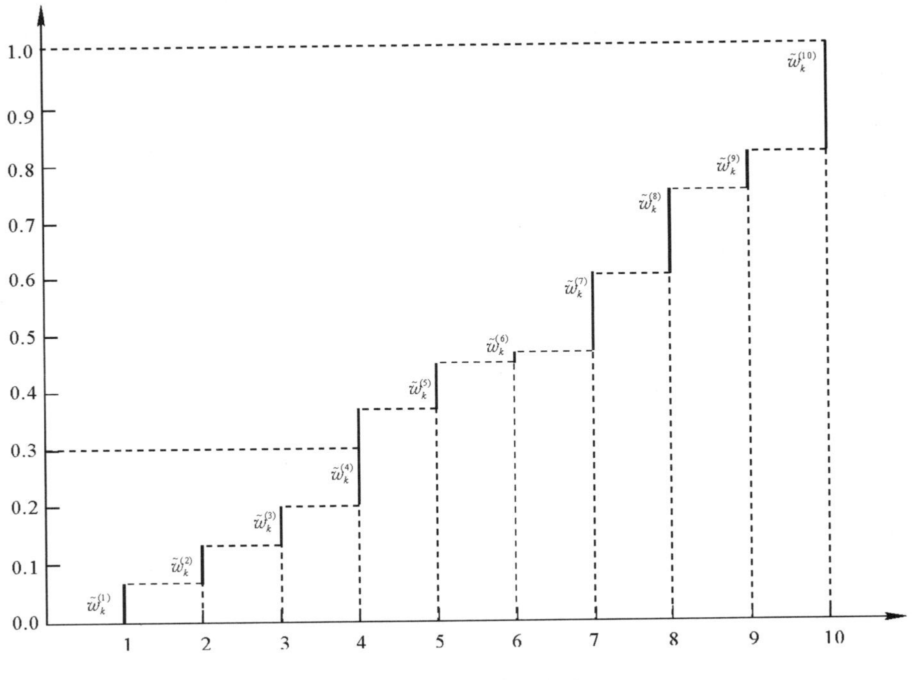

图 6.4.1　SIR 二次采样

二次采样实质上将原始粒子映射成均匀分布的更新粒子，每个更新粒子的概率密度相同，所以权重系数均为$\dfrac{1}{N}$。

由于 $\tilde{w}_k^{(i)}$ 大小不一，所以原始粒子被二次采样选作更新粒子的次数也不一样，例如图 6.4.1 中 $\tilde{w}_k^{(4)}$ 很大，而 $\tilde{w}_k^{(6)}$ 很小，则 $\boldsymbol{\chi}_k^{(4)}$ 可能多次被选作更新粒子，而 $\boldsymbol{\chi}_k^{(6)}$ 可能一次也没被选中，这样还会有一批原始粒子被白白丢弃。针对此问题，MacKay 和 Higuchi 提出了残差二次采样算法(Residual Resampling)[143,144]，该算法分两步执行：

第一步，对原始粒子 $\boldsymbol{\chi}_k^{(i)}$ 以 $N_{k1}^{(i)}$ 为重复次数进行采样，其中

$$N_{k1}^{(i)} = [\![N\tilde{w}_{k1}^{(i)}]\!] \tag{6.4.13}$$

〚•〛表示取整，$\tilde{w}_{k1}^{(i)}$ 按式(6.4.9)式和式(6.4.11)确定。如此采样后获得第一部分二次采样更新粒子，粒子个数为

$$N_{k1}=\sum_{i=1}^{N}N_{k1}^{(i)} \tag{6.4.14}$$

第二步，由于取整过程中舍弃了小数部分，所以要获得 N 个二次采样更新粒子，还需补充 $N_{k2}=N-N_{k1}$ 个粒子。具体方法如下。

(1) 计算新的权重系数，有

$$\tilde{w}_{k2}^{(i)}=N_{k2}^{-1}[\tilde{w}_{k1}^{(i)}N-N_{k1}^{(i)}]\quad i=1,2,\cdots,N$$

(2) 根据 $\tilde{w}_{k2}^{(i)}$ 按 SIR 算法对原始粒子再作二次采样，确定出第二部分二次采样更新粒子。记在该次采样中对原始粒子 $\boldsymbol{\chi}_k^{(i)}$ 的重复采集次数为 $N_{k2}^{(i)}$，则在获得两部分更新粒子过程中对 $\boldsymbol{\chi}_k^{(i)}$ 的总采集次数为 $N_k^{(i)}=N_{k1}^{(i)}+N_{k2}^{(i)}$，第二部分中总的更新粒子数为 $N_{k2}=\sum_{i=1}^{N}N_{k2}^{(i)}$。

(3) 将第一部分和第二部分二次采样粒子合并在一起，即为二次采样粒子全体，各粒子的新权重系数都为$\dfrac{1}{N}$。

6.4.3　粒子滤波一般形式

由 6.4.1 节和 6.4.2 节可综合出一般形式粒子滤波的执行步骤如下。

步骤 1，确定初值。

根据初始状态 $\boldsymbol{X}_0$ 的先验概率密度 $p(\boldsymbol{X}_0)$ 生成粒子初始值 $\boldsymbol{\chi}_0^{(i)}(i=1,2,\cdots,N)$。

对于 $k=1,2,3,\cdots$ 执行：

步骤 2，选定推荐概率密度 $q[\boldsymbol{X}_k/(\boldsymbol{X}_0^k(i),\boldsymbol{Z}_0^k)]$，并根据此推荐密度生成 k 时刻的粒子 $\boldsymbol{\chi}_k^{(i)}, i=1,2,\cdots,N$，作为二次采样的原始粒子。

计算权重系数

$$w_k^{(i)}=w_{k-1}^{(i)}\frac{p[\boldsymbol{Z}_k/\boldsymbol{\chi}_k^{(i)}]p[\boldsymbol{\chi}_k^{(i)}/\boldsymbol{\chi}_{k-1}^{(i)}]}{q[\boldsymbol{\chi}_k^{(i)}/(\boldsymbol{\chi}_0^k(i),\boldsymbol{Z}_0^k)]} \tag{6.4.15}$$

$$w_0^{(i)}=p(\boldsymbol{\chi}_0^{(i)})$$

$$\tilde{w}_k^{(i)}=w_k^{(i)}\left[\sum_{j=1}^{N}w_k^{(j)}\right]^{-1},\quad i=1,2,\cdots,N \tag{6.4.16}$$

步骤 3，采用 SIR 法或残差二次采样法，对原始粒子 $\boldsymbol{\chi}_k^{(i)}(i=1,2,\cdots,N)$ 作二次采样，生成二次采样更新粒子 $\boldsymbol{\chi}_k^{+(j)}(j=1,2,\cdots,N)$，每个粒子的权重系数为$\dfrac{1}{N}$。

步骤 4，根据二次采样粒子计算滤波值，有

$$\hat{\boldsymbol{X}}_k=\frac{1}{N}\sum_{j=1}^{N}\boldsymbol{\chi}_k^{+(j)} \tag{6.4.17}$$

6.4.4　基于 UKF 的粒子滤波——UPF

粒子滤波的核心是合理选择推荐概率密度，推荐密度选择得与真实密度越接近，滤波效果就越好，反之则越差，甚至发散。如果粒子滤波与 UKF 结合起来，推荐密度由 UKF 来确定，则既可解决粒子退化的问题，又能使粒子更新时获得量测量的最新验后信息，有利于粒子移向似

然比高的区域。结合 UKF 的粒子滤波称为 UPF。

设系统方程和量测方程分别为

$$\boldsymbol{X}_k=\boldsymbol{f}(\boldsymbol{X}_{k-1},\boldsymbol{u}_{k-1})+\boldsymbol{W}_{k-1} \tag{6.4.18}$$

$$\boldsymbol{Z}_k=\boldsymbol{h}(\boldsymbol{X}_k)+\boldsymbol{V}_k \tag{6.4.19}$$

式中，$\boldsymbol{W}_k$ 和 $\boldsymbol{V}_k$ 为互不相关的高斯分布白噪声，均值为零，方差阵分别为 $\boldsymbol{Q}_k$ 和 $\boldsymbol{R}_k$，则 UPF 执行步骤如下。

步骤 1，确定初值。

设 $\boldsymbol{X}_0$ 的先验概率密度为 $p(\boldsymbol{X}_0)$，方差阵为 $\boldsymbol{P}_0$。根据 $p(\boldsymbol{X}_0)$ 生成粒子初值 $\boldsymbol{\chi}_0^{(i)}$，并选取 $w_0^{(i)}=p(\boldsymbol{\chi}_0^{(i)})$，$i=1,2,\cdots,N$。为简化计算，将每个粒子的分布密度近似取正态分布 $N(\bar{\boldsymbol{\chi}}_0^{(i)},\boldsymbol{P}_0^i)$，其中 $\bar{\boldsymbol{\chi}}_0^{(i)}=\boldsymbol{\chi}_0^{(i)}$，$\boldsymbol{P}_0^i=\boldsymbol{P}_0$。

对于 $i=1,2,\cdots,N$，$k=1,2,3,\cdots$ 执行：

步骤 2，UKF 滤波计算。

(1) 计算 σ 样本点

$$\boldsymbol{\chi}_{(0)k-1}^{(i)}=\bar{\boldsymbol{\chi}}_{k-1}^{(i)} \tag{6.4.20a}$$

$$\boldsymbol{\chi}_{(j)k-1}^{(i)}=\bar{\boldsymbol{\chi}}_{k-1}^{(i)}+\gamma\left(\sqrt{\boldsymbol{P}_{k-1}^{(i)}}\right)_{(j)}\quad j=1,2,\cdots,n \tag{6.4.20b}$$

$$\boldsymbol{\chi}_{(j)k-1}^{(i)}=\bar{\boldsymbol{\chi}}_{k-1}^{(i)}-\gamma\left(\sqrt{\boldsymbol{P}_{k-1}^{(i)}}\right)_{(j-n)}\quad j=n+1,n+2,\cdots,2n \tag{6.4.20c}$$

式中，$\gamma=\sqrt{n+\lambda}$，λ 按式(6.3.7d)确定，n 为状态维数。

(2) 时间更新

$$\boldsymbol{\chi}_{(j)k/k-1}^{(i)}=\boldsymbol{f}(\boldsymbol{\chi}_{(j)k-1}^{(i)},\boldsymbol{u}_{k-1}) \tag{6.4.21}$$

$$\bar{\boldsymbol{\chi}}_{k/k-1}^{(i)}=\sum_{j=0}^{2n}W_j^{(m)}\boldsymbol{\chi}_{(j)k/k-1}^{(i)} \tag{6.4.22}$$

$$\boldsymbol{P}_{k/k-1}^{(i)}=\sum_{j=0}^{2n}W_j^{(c)}(\boldsymbol{\chi}_{(j)k/k-1}^{(i)}-\bar{\boldsymbol{\chi}}_{k/k-1}^{(i)})(\boldsymbol{\chi}_{(j)k/k-1}^{(i)}-\bar{\boldsymbol{\chi}}_{k/k-1}^{(i)})^{\mathrm{T}}+\boldsymbol{Q}_{k-1} \tag{6.4.23}$$

$$\boldsymbol{Z}_{(j)k/k-1}^{(i)}=\boldsymbol{h}(\boldsymbol{\chi}_{(j)k/k-1}^{(i)}) \tag{6.4.24}$$

$$\bar{\boldsymbol{Z}}_{k/k-1}^{(i)}=\sum_{j=0}^{2n}W_j^{(m)}\boldsymbol{Z}_{(j)k/k-1}^{(i)} \tag{6.4.25}$$

式中

$$W_0^{(m)}=\frac{\lambda}{n+\lambda} \tag{6.4.26a}$$

$$W_0^{(c)}=\frac{\lambda}{n+\lambda}+1-\alpha^2+\beta \tag{6.4.26b}$$

$$W_j^{(m)}=W_j^{(c)}=\frac{1}{2(n+\lambda)}\quad j=1,2,\cdots,2n \tag{6.4.26c}$$

$\lambda=\alpha^2(n+\kappa)-n$，$10^{-4}\leqslant\alpha\leqslant 1$，$\kappa=3-n$，对正态分布 $\beta=2$。

(3) 量测更新

$$\boldsymbol{P}_{(ZZ)k/k-1}^{(i)}=\sum_{j=0}^{2n}W_j^{(c)}(\boldsymbol{Z}_{(j)k/k-1}^{(i)}-\bar{\boldsymbol{Z}}_{k/k-1}^{(i)})(\boldsymbol{Z}_{(j)k/k-1}^{(i)}-\bar{\boldsymbol{Z}}_{k/k-1}^{(i)})^{\mathrm{T}}+\boldsymbol{R}_k \tag{6.4.27}$$

$$\boldsymbol{P}_{(XZ)k/k-1}^{(i)}=\sum_{j=0}^{2n}W_j^{(c)}(\boldsymbol{\chi}_{(j)k/k-1}^{(i)}-\bar{\boldsymbol{\chi}}_{k/k-1}^{(i)})(\boldsymbol{Z}_{(j)k/k-1}^{(i)}-\bar{\boldsymbol{Z}}_{k/k-1}^{(i)})^{\mathrm{T}} \tag{6.4.28}$$

$$\boldsymbol{K}_k^{(i)}=\boldsymbol{P}_{(XZ)k/k-1}^{(i)}(\boldsymbol{P}_{(ZZ)k/k-1}^{(i)})^{-1} \tag{6.4.29}$$

$$\bar{\boldsymbol{\chi}}_k^{(i)}=\bar{\boldsymbol{\chi}}_{k/k-1}^{(i)}+\boldsymbol{K}_k^{(i)}(\boldsymbol{Z}_k-\bar{\boldsymbol{Z}}_{k/k-1}^{(i)}) \tag{6.4.30}$$

$$\boldsymbol{P}_k^{(i)}=\boldsymbol{P}_{k/k-1}^{(i)}-\boldsymbol{K}_k^{(i)}\boldsymbol{P}_{(ZZ)k/k-1}^{(i)}(\boldsymbol{K}_k^{(i)})^{\mathrm{T}} \tag{6.4.31}$$

步骤 3，选取推荐密度

$$q(\boldsymbol{X}_k^{(i)}/(\boldsymbol{X}_0^k(i),\boldsymbol{Z}_0^k))\approx N(\bar{\boldsymbol{\chi}}_k^{(i)},\boldsymbol{P}_k^{(i)}) \tag{6.4.32}$$

并由该推荐密度生成粒子 $\boldsymbol{\chi}_k^{(i)}$，作为二次采样的原始粒子。

步骤 4，计算权重系数

$$w_k^{(i)}=w_{k-1}^{(i)}\frac{p(\boldsymbol{Z}_k/\boldsymbol{\chi}_k^{(i)})p(\boldsymbol{\chi}_k^{(i)}/\boldsymbol{\chi}_{k-1}^{(i)})}{p(\boldsymbol{\chi}_k^{(i)})} \tag{6.4.33}$$

式中，$p(\boldsymbol{\chi}_k^{(i)})$ 根据概率密度 $N(\bar{\boldsymbol{\chi}}_k^{(i)},\boldsymbol{P}_k^{(i)})$ 计算，$p(\boldsymbol{\chi}_k^{(i)}/\boldsymbol{\chi}_{k-1}^{(i)})$ 根据概率密度 $N(\boldsymbol{f}(\bar{\boldsymbol{\chi}}_{k-1}^{(i)},\boldsymbol{u}_{k-1}),\boldsymbol{Q}_{k-1})$ 计算，$p(\boldsymbol{Z}_k/\boldsymbol{\chi}_k^{(i)})$ 根据概率密度 $N(\boldsymbol{h}(\bar{\boldsymbol{\chi}}_k^{(i)}),\boldsymbol{R}_k)$ 计算。

步骤 5，采用 SIR 法或残差二次采样法对原始粒子 $\boldsymbol{\chi}_k^{(i)}(i=1,2,\cdots,N)$ 作二次采样，生成二次采样更新粒子 $\boldsymbol{\chi}_k^{+(j)}(j=1,2,\cdots,N)$，每个二次采样更新粒子的权重系数均为$\frac{1}{N}$。

步骤 6，根据二次采样更新粒子计算滤波值，有

$$\hat{\boldsymbol{X}}_k=\frac{1}{N}\sum_{j=1}^{N}\boldsymbol{\chi}_k^{+(j)} \tag{6.4.34}$$

在 UPF 算法中，每计算一个更新粒子 $\boldsymbol{\chi}_k^{+(j)}$，就要执行一次 UKF 计算，若粒子滤波中有 N 个更新粒子参与加权平均以获得 $\hat{\boldsymbol{X}}_k$（见式(6.4.34)），则每作一次 UPF 滤波需要执行 N 次 UKF 计算，计算量是十分巨大的。

按式(6.4.15) 计算粒子滤波权重系数时，需要知道条件密度 $p(\boldsymbol{Z}_k/\boldsymbol{\chi}_k^{(i)})$ 和 $p(\boldsymbol{\chi}_k^{(i)}/\boldsymbol{\chi}_{k-1}^{(i)})$。在 UPF 中，这些量按如下方法确定。

根据式(6.4.18) 和式(6.4.19)，由于系统噪声和量测噪声都是可加性高斯白噪声，所以有

$$p(\boldsymbol{X}_k/\boldsymbol{X}_{k-1})=N(\boldsymbol{f}(\bar{\boldsymbol{X}}_{k-1},\boldsymbol{u}_{k-1}),\boldsymbol{Q}_{k-1})$$

即该条件密度服从正态分布，均值为 $\boldsymbol{f}(\bar{\boldsymbol{X}}_{k-1},\boldsymbol{u}_{k-1})$，方差阵为 $\boldsymbol{Q}_{k-1}$。

同理有

$$p(\boldsymbol{Z}_k/\boldsymbol{X}_k)=N(\boldsymbol{h}(\bar{\boldsymbol{X}}_k),\boldsymbol{R}_k)$$

因此，$p(\boldsymbol{\chi}_k^{(i)}/\boldsymbol{\chi}_{k-1}^{(i)})$ 按概率密度 $N(\boldsymbol{f}(\boldsymbol{\chi}_{k-1}^{(i)},\boldsymbol{u}_{k-1}),\boldsymbol{Q}_{k-1})$ 计算；$p(\boldsymbol{Z}_k/\boldsymbol{\chi}_k^{(i)})$ 根据概率密度 $N(\boldsymbol{h}(\bar{\boldsymbol{\chi}}_k^{(i)}),\boldsymbol{R}_k)$ 计算。这就是 UPF 步骤 4 中用到的关系。

上述诸式中，N 表示正态分布，$\boldsymbol{\chi}_k^{(i)}$ 服从的分布为 $N(\bar{\boldsymbol{\chi}}_k^{(i)},\boldsymbol{P}_k^{(i)})$，$\boldsymbol{Z}_k$ 为 k 时刻的量测。

粒子滤波是基于贝叶斯估计导出的。只有在对象为非线性且噪声不满足高斯分布的条件下，粒子滤波在估计精度上的优势才能充分显现出来，并且其计算量比 UKF 的计算量还要大。与 UKF 相比，粒子滤波也是通过非线性变换求取样本点的，再用这些样本点合成被估计状态的均值和方差阵。但 UKF 基于特定算法来选择这些样本点即求取加权系数，而粒子滤波对样本点的选择是随机的，所需的样本点个数也远多于 UKF。此外，UKF 的估计误差不会收敛于零，而粒子滤波会，条件是使用的粒子数趋于无穷多。粒子滤波使用的粒子数越多，估计精度就越高，当然要付出巨大计算量的代价。

对于被处理对象为非线性且噪声并不服从高斯分布的情况，粒子滤波的估计精度最高，计算量最大，UKF 次之，EKF 再次之。但对于被处理对象为线性且噪声服从高斯分布的情况，离

散型卡尔曼滤波基本方程在估计精度和计算量上都具有优势，应该作为首选算法。因为在此情况下，即使采用粒子滤波或UKF，估计精度也不可能有所提高，而付出的高额计算量徒劳无益。因此，在选用粒子滤波时，必须对适用对象、估计精度及计算量三者作权衡。

习　题

6-1　设有连续系统数学模型

$$\begin{cases}\dot{\boldsymbol{X}}(t)=\boldsymbol{f}[\boldsymbol{X}(t),t]+\boldsymbol{B}(t)\boldsymbol{u}(t)+\boldsymbol{G}(t)\boldsymbol{w}(t)\\ \boldsymbol{Z}(t)=\boldsymbol{h}[\boldsymbol{X}(t),t]+\boldsymbol{v}(t)\end{cases}$$

试对该系统先离散后线性化，并推导离散型线性化卡尔曼滤波方程和广义卡尔曼滤波方程。

6-2　设有一维离散系统

$$\begin{cases}x_k=ax_{k-1}+w_{k-1}\\ z_k=x_k+v_k\end{cases}$$

其中$\{w_{k-1}\}$和$\{v_k\}$是互不相关的，并且是与初始状态x_0不相关的零均值白噪声序列。它们的方差分别为Q_{k-1}和R_k。a为未知参数。试通过量测值z_k同时进行滤波并估计参数a。

6-3　计算机仿真练习题：地球卫星的平面轨道模型可描述为

$$\ddot{r}=r\dot{\theta}^2-\frac{GM}{r^2}+w$$

$$\ddot{\theta}=-\frac{2\dot{\theta}\,\dot{r}}{r}$$

其中向径r为卫星至地心的距离，角距θ为向径r与节线(轨道平面与赤道平面的交线)间的夹角，引力常数$G=6.674\,2\times10^{-11}\ \mathrm{m^3/kg/s^2}$，地球质量$M=5.98\times10^{24}\ \mathrm{kg}$，$w$为高斯型白噪声干扰，均值为0，方差强度为$10^{-6}\ \mathrm{m^2/s^3}$，该干扰由空间碎片、高空大气阻力、卫星气密部件漏气等因素引起。假设地面测轨系统每隔15 s测得卫星的向径r和角距θ，测量误差均为高斯型白噪声，均方根分别为100 m和0.1 rad。

按如下要求完成仿真计算。仿真过程中，取卫星过升交点(向径与节线重合)时为时间起点($t=0$)，假设此时卫星高度为200 km，线速度为7.9 km/s，地球近似视为圆球，半径$R=6\,371$ km。

(1) 根据轨道模型，计算1 h内卫星在干扰项w的一个样本激励下，$r,\dot{r},\theta,\dot{\theta}$的真值；

(2) 根据所得量测值，分别用EKF和二阶EKF估计出$r,\dot{r},\theta,\dot{\theta}$，比较计算两种滤波算法的滤波误差并绘出相应曲线。

第七章　容错组合导航的设计理论

7.1　概　　述

现代科学技术已能给航行体提供了多种导航设备，如惯性导航系统、全球定位系统（GPS）、多普勒导航雷达、奥米加（Omega）导航系统、罗兰系统（Long Range，简写为 Loran）、塔康系统（Tactical Air Navigation，简写为 Tacan），还有天文导航系统、地形辅助系统等。这些导航设备都各有优缺点，精度和成本也大不相同。惯性导航（以下简称“惯导”）系统一般作为主要导航设备，因为它是一种自主式导航系统，并能输出多种导航参数（位置、速度、航向、姿态等）。在初始条件正确的情况下，惯导系统的短期精度较高。惯导系统的缺点是，它的误差是随时间积累的。如果要提高惯导系统的长期精度，就须要提高惯性器件的精度和初始对准的精度，这必将大大提高成本。多普勒导航雷达可测量航行体的地速和偏流角。它和惯导系统一样，同属于航位推算（Dead Reckoning）式导航，从地速去推算位置，因此位置误差也是积累的。GPS 是一种先进的导航设备，它的定位精度极高，也可给出速度信号和姿态信号。但 GPS 有下面的缺点：GPS 导航不是自主式导航，主动权不在我们手中，卫星信号可能被人为地故意加上干扰；GPS 星座在 24 小时内对地球的覆盖不够完善，有时候收不到所需的 4 颗卫星的信号；GPS 的数据更新率太低（一般一秒一次），不能满足实时控制的要求；另外，卫星信号可能被遮蔽（如高山，飞机机翼遮蔽等）。其他无线电定位导航设备如罗兰-C、塔康等其定位精度较低，但其误差不随时间增长。

将惯导系统与其他导航系统适当地组合起来，可取长补短，大大提高导航精度。组合导航中的惯导系统的精度可比单独使用惯导系统时要求的精度低，因此可大大降低惯导系统的成本。

组合导航系统还可提高系统的任务可靠性和容错性能。因为组合导航中有余度的导航信息，如组合适当，则可利用余度信息检测出某导航子系统的故障，将此失效的子系统隔离掉，并将剩下的正常的子系统重新组合（系统重构），就可继续完成导航任务。组合导航系统还可协助惯导系统进行空中对准和校准，从而提高飞机的快速反应能力。

组合导航已有很长的历史。20 世纪 60 年代以前，组合方法一般采用频率滤波或经典自动控制中的校正方法。20 世纪 60 年代以后，一般采用卡尔曼滤波技术最优地组合各个导航系统的信息，估计导航系统的误差状态，再用误差状态的最优估计值去校正系统以提高组合系统的导航精度。

利用卡尔曼滤波技术对组合导航系统进行最优组合有两种途径：一种是集中式卡尔曼滤波，另一种是分散化卡尔曼滤波。集中式卡尔曼滤波是利用一个卡尔曼滤波器来集中地处理所有导航子系统的信息。集中式卡尔曼滤波虽然在理论上可给出误差状态的最优估计，但它存在下述缺点。

(1) 集中式卡尔曼滤波器的状态维数高,因而计算负担重,不利于滤波的实时运行。这是因为集中式卡尔曼滤波器包含了各个子系统的误差状态,例如除了公共的三个位置误差、三个速度误差、三个姿态误差之外,还有惯导系统中陀螺和加速度计的误差状态、GPS 的误差状态、多普勒导航雷达的误差状态以及其他子系统的误差状态等。状态的高维数会带来所谓"维数灾难",使计算负担急剧增加。降维滤波又会损失滤波精度,甚至带来滤波发散。

(2) 集中式卡尔曼滤波器的容错性能差,不利于故障诊断。这是因为任一导航子系统的故障在集中式滤波器中会污染其他状态,使组合系统输出的导航信息不可靠。

分散化滤波已发展了 20 多年。1971 年 Pearson[107]就提出了动态分解的概念和状态估计两级结构。以后,Speyer[34],Willsky[36],Bierman[40],Kerr[39] 和 Carlson[42] 等都对分散化滤波技术作出了贡献。在众多的分散化滤波方法中,Carlson 提出的联邦滤波器(Federated Filter),由于设计的灵活性、计算量小、容错性能好而受到了重视。现在,联邦滤波器已被美国空军的容错导航系统"公共卡尔曼滤波器"计划选为基本算法[43]。

7.2 联邦滤波器算法原理

在本节中,将先介绍一种简单的分散化滤波算法。这种算法将作为一个比较基础,由此可以更清楚地了解联邦滤波器的特点和所要解决的问题。接着将介绍各子滤波估计不相关时全局滤波的融合算法和各子滤波估计相关时全局滤波的融合算法,最后介绍联邦滤波器的几种结构形式。

7.2.1 联邦滤波要解决的问题

为了说清楚联邦滤波的特点和所要解决的问题,下面介绍一种比较简单的分散化滤波方法,它的局部滤波和全局滤波都是最优的[108]。

假定系统的状态方程和量测方程为

$$\left.\begin{aligned}\boldsymbol{X}_k &= \boldsymbol{\Phi}_{k,k-1}\boldsymbol{X}_{k-1} + \boldsymbol{W}_{k-1}\\ \boldsymbol{Z}_k &= \boldsymbol{H}_k\boldsymbol{X}_k + \boldsymbol{V}_k\end{aligned}\right\}\tag{7.2.1}$$

式中,$\boldsymbol{W}_k$ 的协方差阵为 $\boldsymbol{Q}_k$,$\boldsymbol{V}_k$ 的协方差阵为 $\boldsymbol{R}_k$。

子系统的状态方程和量测方程为

$$\left.\begin{aligned}\boldsymbol{X}_{ik} &= \boldsymbol{\Phi}^i_{k,k-1}\boldsymbol{X}_{i,k-1} + \boldsymbol{W}_{i,k-1}\\ \boldsymbol{Z}_{ik} &= \boldsymbol{A}_{ik}\boldsymbol{X}_{ik} + \boldsymbol{V}_{ik} \qquad i = 1,2,\cdots,N\end{aligned}\right\}\tag{7.2.2}$$

式(7.2.2)中 $\boldsymbol{W}_{ik}$ 的协方差阵为 $\boldsymbol{Q}_{ik}$,$\boldsymbol{V}_{ik}$ 的协方差阵为 $\boldsymbol{R}_{ik}$。

$$\boldsymbol{Z}_k = [\boldsymbol{Z}_{1k}^{\mathrm{T}} \quad \boldsymbol{Z}_{2k}^{\mathrm{T}} \quad \cdots \quad \boldsymbol{Z}_{Nk}^{\mathrm{T}}]^{\mathrm{T}}\tag{7.2.3}$$

式(7.2.3)表示总系统利用了所有子系统的量测信息。

假设各子系统的量测值是相互独立的,且假设子系统状态 $\boldsymbol{X}_{ik}$ 是总系统状态 $\boldsymbol{X}_k$ 的一部分,即有

$$\left.\begin{aligned}\boldsymbol{X}_{ik} &= \boldsymbol{M}_i\boldsymbol{X}_k\\ \boldsymbol{H}_{ik} &= \boldsymbol{A}_{ik}\boldsymbol{M}_i\end{aligned}\right\}\tag{7.2.4}$$

则集中滤波可用各子系统的量测值表示为

$$\left.\begin{aligned}
&\hat{\boldsymbol{X}}_{k/k-1}=\boldsymbol{\Phi}_{k,k-1}\hat{\boldsymbol{X}}_{k-1}\\
&\boldsymbol{P}_{k/k-1}=\boldsymbol{\Phi}_{k,k-1}\boldsymbol{P}_{k-1}\boldsymbol{\Phi}_{k,k-1}^{\mathrm{T}}+\boldsymbol{Q}_{k-1}\\
&\hat{\boldsymbol{X}}_{k}=\hat{\boldsymbol{X}}_{k/k-1}+\sum_i\boldsymbol{K}_{ik}(\boldsymbol{Z}_{ik}-\boldsymbol{H}_{ik}\hat{\boldsymbol{X}}_{k/k-1})\\
&\boldsymbol{K}_{ik}=\boldsymbol{P}_{k/k-1}\boldsymbol{H}_{ik}^{\mathrm{T}}(\boldsymbol{H}_{ik}\boldsymbol{P}_{k/k-1}\boldsymbol{H}_{ik}^{\mathrm{T}}+\boldsymbol{R}_{ik})^{-1}\\
&\boldsymbol{P}_{k}=(\boldsymbol{I}-\sum_i\boldsymbol{K}_{ik}\boldsymbol{H}_{ik})\boldsymbol{P}_{k/k-1}
\end{aligned}\right\}\tag{7.2.5}$$

也可用信息滤波形式改写上面的量测更新方程，可得

$$\left.\begin{aligned}
&\hat{\boldsymbol{X}}_{k}=\boldsymbol{P}_{k}\boldsymbol{P}_{k/k-1}^{-1}\hat{\boldsymbol{X}}_{k/k-1}+\sum_i\boldsymbol{P}_{k}\boldsymbol{H}_{ik}^{\mathrm{T}}\boldsymbol{R}_{ik}^{-1}\boldsymbol{Z}_{ik}\\
&\boldsymbol{P}_{k}^{-1}=\boldsymbol{P}_{k/k-1}^{-1}+\sum_i\boldsymbol{H}_{ik}^{\mathrm{T}}\boldsymbol{R}_{ik}^{-1}\boldsymbol{H}_{ik}
\end{aligned}\right\}\tag{7.2.6}$$

子系统的局部滤波方程则可表示为

$$\left.\begin{aligned}
&\hat{\boldsymbol{X}}_{ik}=\boldsymbol{P}_{ik}\boldsymbol{P}_{i,k/k-1}^{-1}\hat{\boldsymbol{X}}_{i,k/k-1}+\boldsymbol{P}_{ik}\boldsymbol{A}_{ik}^{\mathrm{T}}\boldsymbol{R}_{ik}^{-1}\boldsymbol{Z}_{ik}\\
&\boldsymbol{P}_{ik}^{-1}=\boldsymbol{P}_{i,k/k-1}^{-1}+\boldsymbol{A}_{ik}^{\mathrm{T}}\boldsymbol{R}_{ik}^{-1}\boldsymbol{A}_{ik}
\end{aligned}\right\}\tag{7.2.7}$$

下面来推导全局滤波 $\hat{\boldsymbol{X}}_k$，$\boldsymbol{P}_k$ 与局部滤波 $\hat{\boldsymbol{X}}_{ik}$，$\boldsymbol{P}_{ik}$ 的关系。

将式(7.2.4) 中的第二式代入式(7.2.6) 中的第一式，得

$$\hat{\boldsymbol{X}}_{k}=\boldsymbol{P}_{k}\boldsymbol{P}_{k/k-1}^{-1}\hat{\boldsymbol{X}}_{k/k-1}+\sum_i\boldsymbol{P}_{k}\boldsymbol{M}_{i}^{\mathrm{T}}\boldsymbol{A}_{ik}^{\mathrm{T}}\boldsymbol{R}_{ik}^{-1}\boldsymbol{Z}_{ik}$$

由式(7.2.7) 中的第一式求出 $\boldsymbol{A}_{ik}^{\mathrm{T}}\boldsymbol{R}_{ik}^{-1}\boldsymbol{Z}_{ik}$ 后，代入上式，可得

$$\hat{\boldsymbol{X}}_{k}=\boldsymbol{P}_{k}\boldsymbol{P}_{k/k-1}^{-1}\hat{\boldsymbol{X}}_{k/k-1}+\sum_i\boldsymbol{P}_{k}\boldsymbol{M}_{i}^{\mathrm{T}}\boldsymbol{P}_{ik}^{-1}\hat{\boldsymbol{X}}_{ik}-\sum_i\boldsymbol{P}_{k}\boldsymbol{M}_{i}^{\mathrm{T}}\boldsymbol{P}_{i,k/k-1}^{-1}\hat{\boldsymbol{X}}_{i,k/k-1}\tag{7.2.8}$$

类似地，由式(7.2.7) 中的第二式求出 $\boldsymbol{A}_{ik}^{\mathrm{T}}\boldsymbol{R}_{ik}^{-1}\boldsymbol{A}_{ik}$ 再代入式(7.2.6) 中的第二式，可求得

$$\boldsymbol{P}_{k}^{-1}=\boldsymbol{P}_{k/k-1}^{-1}+\sum_i\boldsymbol{M}_{i}^{\mathrm{T}}\boldsymbol{P}_{ik}^{-1}\boldsymbol{M}_{i}-\sum_i\boldsymbol{M}_{i}^{\mathrm{T}}\boldsymbol{P}_{i,k/k-1}^{-1}\boldsymbol{M}_{i}\tag{7.2.9}$$

由式(7.2.8) 和式(7.2.9) 可知，全局滤波的量测更新可用局部滤波来表示。但全局滤波的时间更新(即求预报值 $\hat{\boldsymbol{X}}_{k/k-1}$ 和 $\boldsymbol{P}_{k/k-1}$) 仍需用全局滤波方程式(7.2.5)。上面得到的全局滤波是最优的，局部滤波相对于子系统来讲也是最优的，而且局部滤波器的运行是并行的。该分散化滤波方案曾被用于 GPS/INS 组合的研究。上述分散化滤波方法有下面的缺点：

(1) 全局滤波的合成算法式(7.2.8) 和式(7.2.9) 还是比较复杂的，不仅用到了子滤波器的滤波值和协方差，还用到了它们的预报值，而且全局滤波的时间更新要用全局滤波方程。

(2) 算法基于各测量值是不相关的假设。

Carlson 提出的联邦滤波器[42] 是一种崭新的分散化滤波方法，有人甚至把它从分散化滤波中独立出来[109]，作为一类滤波方法。联邦滤波致力于解决以下几个问题：

(1) 滤波器的容错性能要好。当一个或几个导航子系统出现故障时，要能容易地检测和分离故障，并能很快地将剩下的正常的导航子系统重新组合起来(重构) 以继续给出所需的滤波解。

(2) 滤波的精度要高。

(3) 由局部滤波到全局滤波的合成(也可叫融合) 算法要简单，计算量小，数据通讯少，以利于算法的实时执行。

上述的几个性能要求相互是有矛盾的。例如，要容错性能好，有时就要牺牲一些精度。为了解决这几个性能要求，联邦滤波中用了“信息分配” 原则。通过将系统中的信息进行不同的

分配，可以在这几个性能要求中获得最佳的折中，以满足不同的使用要求。至于什么是信息，如何进行分配，这些问题将在 7.2.4 节中进行阐述。

7.2.2 各子滤波器的估计不相关时的融合算法

首先考虑两个局部滤波器($N=2$)的情况。局部状态估计为 $\hat{\boldsymbol{X}}_1$ 和 $\hat{\boldsymbol{X}}_2$，相应的估计误差方差阵为 $\boldsymbol{P}_{11}$ 和 $\boldsymbol{P}_{22}$。考虑融合后的全局状态估计 $\hat{\boldsymbol{X}}_g$ 为局部状态估计的线性组合，即

$$\hat{\boldsymbol{X}}_g=\boldsymbol{W}_1\hat{\boldsymbol{X}}_1+\boldsymbol{W}_2\hat{\boldsymbol{X}}_2 \tag{7.2.10}$$

其中 $\boldsymbol{W}_1$ 和 $\boldsymbol{W}_2$ 是待定的加权阵。

全局估计 $\hat{\boldsymbol{X}}_g$ 应满足以下两个条件：

(1) 若 $\hat{\boldsymbol{X}}_1$ 和 $\hat{\boldsymbol{X}}_2$ 为无偏估计，则 $\hat{\boldsymbol{X}}_g$ 也应是无偏估计，即

$$E\{(\boldsymbol{X}-\hat{\boldsymbol{X}}_g)\}=\boldsymbol{0}$$

式中，$\boldsymbol{X}$ 为真实状态。

(2) $\hat{\boldsymbol{X}}_g$ 的估计误差协方差阵最小，即 $\boldsymbol{P}_g=E\{(\boldsymbol{X}-\hat{\boldsymbol{X}}_g)(\boldsymbol{X}-\hat{\boldsymbol{X}}_g)^{\mathrm{T}}\}$ 最小。由条件(1)可得

$$E\{\boldsymbol{X}-\hat{\boldsymbol{X}}_g\}=E\{\boldsymbol{X}-\boldsymbol{W}_1\hat{\boldsymbol{X}}_1-\boldsymbol{W}_2\hat{\boldsymbol{X}}_2\}=\boldsymbol{0}$$

即

$$\{\boldsymbol{I}-\boldsymbol{W}_1-\boldsymbol{W}_2\}E\{\boldsymbol{X}\}+\boldsymbol{W}_1\boldsymbol{E}\{\boldsymbol{X}-\hat{\boldsymbol{X}}_1\}+\boldsymbol{W}_2E\{\boldsymbol{X}-\hat{\boldsymbol{X}}_2\}=\boldsymbol{0}$$

由于 $\hat{\boldsymbol{X}}_1$ 和 $\hat{\boldsymbol{X}}_2$ 为最优无偏估计，则有

$$\boldsymbol{I}-\boldsymbol{W}_1-\boldsymbol{W}_2=\boldsymbol{0}\ \text{或}\ \boldsymbol{W}_1=\boldsymbol{I}-\boldsymbol{W}_2 \tag{7.2.11}$$

将式(7.2.11)代入式(7.2.10)得

$$\hat{\boldsymbol{X}}_g=\hat{\boldsymbol{X}}_1+\boldsymbol{W}_2(\hat{\boldsymbol{X}}_2-\hat{\boldsymbol{X}}_1) \tag{7.2.12}$$

和

$$\boldsymbol{X}-\hat{\boldsymbol{X}}_g=(\boldsymbol{I}-\boldsymbol{W}_2)(\boldsymbol{X}-\hat{\boldsymbol{X}}_1)+\boldsymbol{W}_2(\boldsymbol{X}-\hat{\boldsymbol{X}}_2)$$

于是

$$\begin{aligned}\boldsymbol{P}_g&=E\{(\boldsymbol{X}-\hat{\boldsymbol{X}}_g)(\boldsymbol{X}-\hat{\boldsymbol{X}}_g)^{\mathrm{T}}\}=\\&\boldsymbol{P}_{11}-\boldsymbol{W}_2(\boldsymbol{P}_{11}-\boldsymbol{P}_{12})^{\mathrm{T}}-(\boldsymbol{P}_{11}-\boldsymbol{P}_{12})\boldsymbol{W}_2^{\mathrm{T}}+\boldsymbol{W}_2(\boldsymbol{P}_{11}-\boldsymbol{P}_{12}-\boldsymbol{P}_{21}+\boldsymbol{P}_{22})\boldsymbol{W}_2^{\mathrm{T}}\end{aligned} \tag{7.2.13}$$

式中

$$\boldsymbol{P}_{11}=E\{(\boldsymbol{X}-\hat{\boldsymbol{X}}_1)(\boldsymbol{X}-\hat{\boldsymbol{X}}_1)^{\mathrm{T}}\},\ \boldsymbol{P}_{22}=E\{(\boldsymbol{X}-\hat{\boldsymbol{X}}_2)(\boldsymbol{X}-\hat{\boldsymbol{X}}_2)^{\mathrm{T}}\}$$

$$\boldsymbol{P}_{12}=E\{(\boldsymbol{X}-\hat{\boldsymbol{X}}_1)(\boldsymbol{X}-\hat{\boldsymbol{X}}_2)^{\mathrm{T}}\},\ \boldsymbol{P}_{21}=\boldsymbol{P}_{12}^{\mathrm{T}}$$

现在来选择 $\boldsymbol{W}_2$，使 $\boldsymbol{P}_g$ 为最小。这等价于使 $\mathrm{tr}\boldsymbol{P}_g$ 为最小。

利用公式

$$\frac{\partial\,\mathrm{tr}(\boldsymbol{AX})}{\partial\boldsymbol{X}}=\boldsymbol{A}^{\mathrm{T}},\ \frac{\partial\,\mathrm{tr}(\boldsymbol{AX}^{\mathrm{T}})}{\partial\boldsymbol{X}}=\boldsymbol{A},\ \frac{\partial\,\mathrm{tr}(\boldsymbol{XBX}^{\mathrm{T}})}{\partial\boldsymbol{X}}=2\boldsymbol{XB}\quad(\boldsymbol{B}\ \text{为对称阵})$$

由式(7.2.13)可得

$$\frac{\partial\,\mathrm{tr}\boldsymbol{P}_g}{\partial\boldsymbol{W}_2}=-(\boldsymbol{P}_{11}-\boldsymbol{P}_{12})-(\boldsymbol{P}_{11}-\boldsymbol{P}_{12})+2\boldsymbol{W}_2(\boldsymbol{P}_{11}-\boldsymbol{P}_{12}-\boldsymbol{P}_{21}+\boldsymbol{P}_{22})=\boldsymbol{0}$$

由此求出

$$\boldsymbol{W}_2=(\boldsymbol{P}_{11}-\boldsymbol{P}_{12})(\boldsymbol{P}_{11}+\boldsymbol{P}_{22}-\boldsymbol{P}_{12}-\boldsymbol{P}_{21})^{-1} \tag{7.2.14}$$

将式(7.2.14)代入式(7.2.13)和式(7.2.12)得

$$\boldsymbol{P}_g=\boldsymbol{P}_{11}-(\boldsymbol{P}_{11}-\boldsymbol{P}_{12})(\boldsymbol{P}_{11}+\boldsymbol{P}_{22}-\boldsymbol{P}_{21}-\boldsymbol{P}_{12})^{-1}(\boldsymbol{P}_{11}-\boldsymbol{P}_{12})^{\mathrm{T}} \tag{7.2.15}$$

$$\hat{\boldsymbol{X}}_g=\hat{\boldsymbol{X}}_1+(\boldsymbol{P}_{11}-\boldsymbol{P}_{12})(\boldsymbol{P}_{11}+\boldsymbol{P}_{22}-\boldsymbol{P}_{12}-\boldsymbol{P}_{21})^{-1}(\hat{\boldsymbol{X}}_2-\hat{\boldsymbol{X}}_1) \tag{7.2.16}$$

下面证明 $\boldsymbol{P}_g<\boldsymbol{P}_{11}$ 和 $\boldsymbol{P}_g<\boldsymbol{P}_{22}$。

注意到

$$E\{(\widetilde{\boldsymbol{X}}_1-\widetilde{\boldsymbol{X}}_2)(\widetilde{\boldsymbol{X}}_1-\widetilde{\boldsymbol{X}}_2)^{\mathrm{T}}\}=\boldsymbol{P}_{11}+\boldsymbol{P}_{22}-\boldsymbol{P}_{12}-\boldsymbol{P}_{21}\geqslant \boldsymbol{0}$$

式中 $$\widetilde{\boldsymbol{X}}_1 \overset{\mathrm{def}}{=\!=} \boldsymbol{X}-\hat{\boldsymbol{X}}_1,\quad \widetilde{\boldsymbol{X}}_2 \overset{\mathrm{def}}{=\!=} \boldsymbol{X}-\hat{\boldsymbol{X}}_2$$

若不考虑 $\hat{\boldsymbol{X}}_1=\hat{\boldsymbol{X}}_2$ 情况(这时只有一个估计值,不需融合),于是

$$(\boldsymbol{P}_{11}+\boldsymbol{P}_{22}-\boldsymbol{P}_{12}-\boldsymbol{P}_{21})^{-1}>\boldsymbol{0}$$

$$(\boldsymbol{P}_{11}-\boldsymbol{P}_{12})(\boldsymbol{P}_{11}+\boldsymbol{P}_{22}-\boldsymbol{P}_{12}-\boldsymbol{P}_{21})^{-1}(\boldsymbol{P}_{11}-\boldsymbol{P}_{12})^{\mathrm{T}}>\boldsymbol{0}$$

由式(7.2.15) 可导出 $$\boldsymbol{P}_{\mathrm{g}}<\boldsymbol{P}_{11}$$

同理可推得 $\boldsymbol{P}_{\mathrm{g}}<\boldsymbol{P}_{22}$。这说明全局估计优于局部估计。

若 $\hat{\boldsymbol{X}}_1$ 和 $\hat{\boldsymbol{X}}_2$ 是不相关的,即有

$$\boldsymbol{P}_{12}=\boldsymbol{P}_{21}=\boldsymbol{0}$$

则式(7.2.15) 和式(7.2.16) 可简化为

$$\hat{\boldsymbol{X}}_{\mathrm{g}}=(\boldsymbol{P}_{11}^{-1}+\boldsymbol{P}_{22}^{-1})^{-1}(\boldsymbol{P}_{11}^{-1}\hat{\boldsymbol{X}}_1+\boldsymbol{P}_{22}^{-1}\hat{\boldsymbol{X}}_2) \tag{7.2.17}$$

$$\boldsymbol{P}_{\mathrm{g}}=(\boldsymbol{P}_{11}^{-1}+\boldsymbol{P}_{22}^{-1})^{-1} \tag{7.2.18}$$

利用数学归纳法很容易将上面的结果推广到有 N 个局部估计的情况。

定理 7.1

若有 N 个局部状态估计 $\hat{\boldsymbol{X}}_1,\hat{\boldsymbol{X}}_2,\cdots,\hat{\boldsymbol{X}}_N$ 和相应的估计误差协方差阵 $\boldsymbol{P}_{11},\boldsymbol{P}_{22},\cdots,\boldsymbol{P}_{NN}$,且各局部估计互不相关,即 $\boldsymbol{P}_{ij}=\boldsymbol{0}(i\neq j)$,则全局最优估计可表示为

$$\hat{\boldsymbol{X}}_{\mathrm{g}}=\boldsymbol{P}_{\mathrm{g}}\sum_{i=1}^{N}\boldsymbol{P}_{ii}^{-1}\hat{\boldsymbol{X}}_i \tag{7.2.19}$$

$$\boldsymbol{P}_{\mathrm{g}}=(\sum_{i=1}^{N}\boldsymbol{P}_{ii}^{-1})^{-1} \tag{7.2.20}$$

式(7.2.19) 和式(7.2.20) 也可根据马尔柯夫估计推导出。

设联邦滤波器有 $N(N>2)$ 个子滤波器,子滤波器 i 的输出为

$$\hat{\boldsymbol{X}}_i=\boldsymbol{X}+\widetilde{\boldsymbol{X}}_i\quad i=1,2,\cdots,N$$

式中,$\boldsymbol{X}$ 为各子滤波器的公共状态,维数为 n,$\widetilde{\boldsymbol{X}}_i$ 为子滤波器 i 的估计误差,若子滤波器工作正常,则 $\widetilde{\boldsymbol{X}}_i$ 为白噪声。

根据 N 个子滤波器的输出可得关于 $\boldsymbol{X}$ 的量测方程为

$$\boldsymbol{Z}=\boldsymbol{H}\boldsymbol{X}+\boldsymbol{V}$$

式中

$$\boldsymbol{Z}=\begin{bmatrix}\hat{\boldsymbol{X}}_1\\ \hat{\boldsymbol{X}}_2\\ \vdots\\ \hat{\boldsymbol{X}}_N\end{bmatrix},\quad \boldsymbol{H}=\begin{bmatrix}\boldsymbol{I}_{n\times n}\\ \boldsymbol{I}_{n\times n}\\ \vdots\\ \boldsymbol{I}_{n\times n}\end{bmatrix},\quad \boldsymbol{V}=\begin{bmatrix}\widetilde{\boldsymbol{X}}_1\\ \widetilde{\boldsymbol{X}}_2\\ \vdots\\ \widetilde{\boldsymbol{X}}_N\end{bmatrix}$$

假设各子滤波器工作正常,且估计误差互不相关,则有

$$E[\boldsymbol{V}]=\boldsymbol{0}$$

$$\boldsymbol{R}=E[\boldsymbol{V}\boldsymbol{V}^{\mathrm{T}}]=\mathrm{diag}[\boldsymbol{P}_{11}\boldsymbol{P}_{22}\cdots\boldsymbol{P}_{NN}]$$

其中 $\boldsymbol{P}_{ii}=E[\widetilde{\boldsymbol{X}}_i\widetilde{\boldsymbol{X}}_i^{\mathrm{T}}]$,即子滤波器 i 的估计误差方差阵。

根据式(2.1.12) 和式(2.1.13),公共状态 $\boldsymbol{X}$ 的马尔柯夫估计为

$$\boldsymbol{P}_g=(\boldsymbol{H}^{\mathrm{T}}\boldsymbol{R}^{-1}\boldsymbol{H})^{-1}=\left(\sum_{i=1}^{N}\boldsymbol{P}_{ii}^{-1}\right)^{-1}$$

$$\hat{\boldsymbol{X}}_g=(\boldsymbol{H}^{\mathrm{T}}\boldsymbol{R}^{-1}\boldsymbol{H})^{-1}\boldsymbol{H}^{\mathrm{T}}\boldsymbol{R}^{-1}\boldsymbol{Z}=\left(\sum_{i=1}^{N}\boldsymbol{P}_{ii}^{-1}\right)^{-1}\sum_{i=1}^{N}\boldsymbol{P}_{ii}^{-1}\hat{\boldsymbol{X}}_i=\boldsymbol{P}_g\sum_{i=1}^{N}\boldsymbol{P}_{ii}^{-1}\hat{\boldsymbol{X}}_i$$

上面结果的物理意义是很明显的。若 $\hat{\boldsymbol{X}}_i$ 的估计精度差，即 $\boldsymbol{P}_{ii}$ 大，那么它在全局估计中的贡献 $\boldsymbol{P}_{ii}^{-1}\hat{\boldsymbol{X}}_i$ 就比较小。这个结果非常简单明了，但其条件是各局部估计应是不相关的。在一般情况下，这个条件是不满足的，即各局部估计是相关的。联邦滤波器的设计就是针对这种情况，对滤波过程进行适当的改造，使得局部估计实际上不相关，于是上述定理就可应用了。

7.2.3 各子滤波器的估计相关时的融合算法

假设各子滤波器的状态估计可表示为

$$\hat{\boldsymbol{X}}_i=\begin{bmatrix}\hat{\boldsymbol{X}}_{ci}\\ \hat{\boldsymbol{X}}_{bi}\end{bmatrix}\tag{7.2.21}$$

式中，$\hat{\boldsymbol{X}}_{ci}$ 是各子滤波器的公共状态 $\boldsymbol{X}_c$ 的估计，如导航位置、速度、姿态等的误差状态的估计；$\hat{\boldsymbol{X}}_{bi}$ 则是第 i 个滤波器专有的状态的估计，如GPS的误差状态的估计。我们只对公共状态的估计进行融合以得到全局估计。

1. 信息分配原则与全局最优估计

联邦滤波器是一种两级滤波结果，如图 7.2.1 所示。图中公共参考系统一般是惯导系统，它的输出 $\boldsymbol{X}_k$ 一方面直接给主滤波器，另一方面它可以输给各子滤波器（局部滤波器）作为量测值。各子系统的输出只给相应的子滤波器。各子滤波器的局部估计值 $\hat{\boldsymbol{X}}_i$（公共状态）及其协方差阵 $\boldsymbol{P}_i$ 送入主滤波器和主滤波器的估计值一起进行融合以得到全局最优估计。此外，从图中还可以看到，由子滤波器与主滤波器合成的全局估计值 $\hat{\boldsymbol{X}}_g$ 及其相应的协方差阵 $\boldsymbol{P}_g$ 被放大为 $\beta_i^{-1}\boldsymbol{P}_g(\beta_i\leqslant 1)$ 后再反馈到子滤波器（图中用虚线表示），以重置子滤波器的估计值，即

$$\hat{\boldsymbol{X}}_i=\hat{\boldsymbol{X}}_g,\quad \boldsymbol{P}_{ii}=\beta_i^{-1}\boldsymbol{P}_g\tag{7.2.22}$$

同时主滤波器预报误差的协方差阵也可重置为全局协方差阵的 β_m^{-1} 倍，即为 $\beta_m^{-1}\boldsymbol{P}_g(\beta_m\leqslant 1)$。这种反馈的结构是联邦滤波器区别于一般分散化滤波器的特点。$\beta_i(i=1,2,\cdots,N,m)$ 称为“信息分配系数”。β_i 是根据“信息分配”原则来确定的，不同的 β_i 值可以获得联邦滤波器的不同结构和不同的特性（即容错性、精度和计算量）。

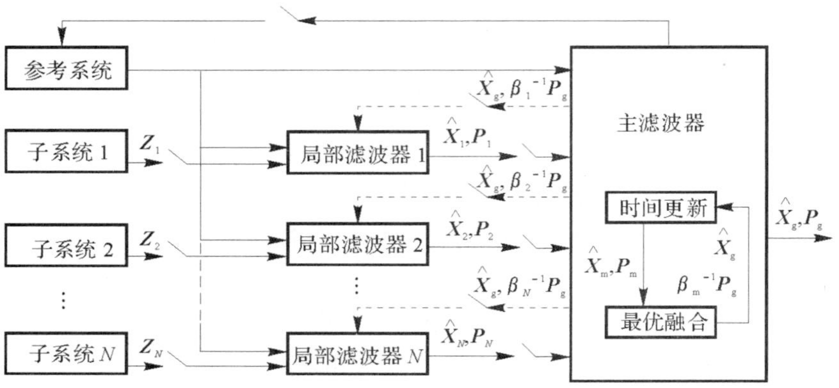

图 7.2.1 联邦滤波器的一般结构

什么是“信息分配”原则呢？先来说明什么是信息。系统中有两类信息：

（1）状态运动方程的信息。卡尔曼滤波器要利用状态方程的信息，而递推最小二乘估计则只用测量信息而不用系统状态运动方程的信息。因此，理论上卡尔曼滤波将给出更精确的估计和预测。状态方程的信息量是与状态方程中过程噪声的方差（或协方差阵）成反比的。过程噪声越弱，状态方程就越精确。因此，状态方程的信息量可以用过程噪声协方差阵的逆，即 $\boldsymbol{Q}^{-1}$ 来表示。此外，状态初值的信息，也是状态方程的信息。初值的信息量可用初值估计的协方差阵的逆，即 $\boldsymbol{P}^{-1}(0)$ 来表示。

（2）量测方程的信息。量测方程的信息量可用量测噪声协方差阵的逆，即 $\boldsymbol{R}^{-1}$ 来表示。当状态方程、量测方程及 $\boldsymbol{P}(0)$，$\boldsymbol{Q}$，$\boldsymbol{R}$ 选定后，状态估计 $\hat{\boldsymbol{X}}$ 及估计误差 $\boldsymbol{P}$ 也就完全确定了，而状态估计的信息量可用 $\boldsymbol{P}^{-1}$ 来表示。对公共状态来讲，它所对应的过程噪声包含在所有的子滤波器及主滤波器中。因此，过程噪声的信息量存在重复使用的问题。各子滤波器的量测方程中只包含了对应子系统的噪声，如 INS/GPS 局部滤波器的量测噪声只包含 GPS 的量测噪声，INS/Doppler 局部滤波器只包含 Doppler 雷达的噪声（可见文献[110]中所列的方程）。于是，可以认为各局部滤波器的量测信息是自然地分割的，不存在重复使用的问题。

假设将过程噪声总的信息量 $\boldsymbol{Q}^{-1}$ 分配到各局部滤波器和主滤波器中去，即

$$\boldsymbol{Q}^{-1}=\sum_{i=1}^{N}\boldsymbol{Q}_i^{-1}+\boldsymbol{Q}_m^{-1} \tag{7.2.23}$$

而

$$\boldsymbol{Q}_i=\beta_i^{-1}\boldsymbol{Q} \tag{7.2.24}$$

故

$$\boldsymbol{Q}^{-1}=\sum_{i=1}^{N}\beta_i\boldsymbol{Q}^{-1}+\beta_m\boldsymbol{Q}^{-1} \tag{7.2.25}$$

根据“信息守恒”原理，由上式可知

$$\sum_{i=1}^{N}\beta_i+\beta_m=1 \tag{7.2.26}$$

状态估计初始信息 $\boldsymbol{P}^{-1}(0)$ 也可按上述方法分配。假设状态估计的信息也可同样分配，得

$$\boldsymbol{P}^{-1}=\boldsymbol{P}_1^{-1}+\boldsymbol{P}_2^{-1}+\cdots+\boldsymbol{P}_N^{-1}+\boldsymbol{P}_m^{-1}=\sum_{i=1}^{N}\beta_i\boldsymbol{P}^{-1}+\beta_m\boldsymbol{P}^{-1} \tag{7.2.27}$$

注意到在上面状态估计信息的分配中，已假定各子滤波器的局部估计是不相关的，即 $\boldsymbol{P}_{ij}=\boldsymbol{0}(i\neq j)$。在这个不相关的假设条件下，就可应用式(7.2.19)和式(7.2.20)来获得全局估计了。为了使 $\boldsymbol{P}_{ij}$ 永远等于零，则要对滤波过程进行改造，先构造一个增广系统，它的状态向量是由 N 个局部滤波器的子系统和主滤波器的子系统的状态重叠而成的，即

$$\boldsymbol{X}=\begin{bmatrix}\boldsymbol{X}_1\\ \vdots\\ \boldsymbol{X}_{\bar{N}}\end{bmatrix} \tag{7.2.28}$$

式中

$$\bar{N}=N+1$$

每个子系统的状态向量 $\boldsymbol{X}_i$ 又可表示为

$$\boldsymbol{X}_i=\begin{bmatrix}\boldsymbol{X}_c\\ \boldsymbol{X}_{bi}\end{bmatrix} \tag{7.2.29}$$

式中，$\boldsymbol{X}_c$ 是公共状态向量，$\boldsymbol{X}_{bi}$ 是第 i 个子系统的误差状态。

这个增广系统的状态向量中含有余度的状态 —— 公共状态，但这并不影响理论分析。增

广系统的状态方程为

$$\begin{bmatrix} \boldsymbol{X}_1 \\ \vdots \\ \boldsymbol{X}_{\bar{N}} \end{bmatrix}_{k+1} = \begin{bmatrix} \boldsymbol{\Phi}_{11} & & \\ & \ddots & \\ & & \boldsymbol{\Phi}_{\bar{N}\bar{N}} \end{bmatrix} \begin{bmatrix} \boldsymbol{X}_1 \\ \vdots \\ \boldsymbol{X}_{\bar{N}} \end{bmatrix}_k + \begin{bmatrix} \boldsymbol{G}_1 \\ \vdots \\ \boldsymbol{G}_{\bar{N}} \end{bmatrix} \boldsymbol{W}_k \tag{7.2.30}$$

$$\boldsymbol{E}[\boldsymbol{W}_k \boldsymbol{W}_k^{\mathrm{T}}] = \boldsymbol{Q} \tag{7.2.31}$$

第 i 个子系统的量测方程为

$$\boldsymbol{Z}_i = \boldsymbol{H}_i \boldsymbol{X}_i + \boldsymbol{V}_i \tag{7.2.32}$$

令

$$\boldsymbol{H} = [\boldsymbol{0} \quad \boldsymbol{0} \quad \cdots \quad \boldsymbol{H}_i \quad \cdots \quad \boldsymbol{0}] \tag{7.2.33}$$

则 $\boldsymbol{Z}_i$ 可用增广系统的状态表示为

$$\boldsymbol{Z}_i = \boldsymbol{H}\boldsymbol{X} + \boldsymbol{V}_i \tag{7.2.34}$$

增广系统总体滤波的协方差阵一般可表示为

$$\boldsymbol{P} = \begin{bmatrix} \boldsymbol{P}_{11} & \cdots & \boldsymbol{P}_{1\bar{N}} \\ \vdots & & \vdots \\ \boldsymbol{P}_{\bar{N}1} & \cdots & \boldsymbol{P}_{\bar{N}\bar{N}} \end{bmatrix} \tag{7.2.35}$$

式中,$\boldsymbol{P}_{ji}$ 表示局部滤波之间的相关性。现证明当 $\boldsymbol{P}_{ji}(0)=\boldsymbol{0}$ 时,增广系统滤波的量测更新和时间更新可分解为各局部滤波器的独立的量测更新和时间更新,它们之间没有交联。

为使符号书写简便,令

$$\left.\begin{aligned} &\hat{\boldsymbol{X}}(+) = \hat{\boldsymbol{X}}_k, \hat{\boldsymbol{X}}(-) = \hat{\boldsymbol{X}}_{k/k-1} \\ &\boldsymbol{P}(+) = \boldsymbol{P}_k,\ \boldsymbol{P}(-) = \boldsymbol{P}_{k/k-1}, \boldsymbol{Z} = \boldsymbol{Z}_k \end{aligned}\right\} \tag{7.2.36}$$

于是,当只用 $\boldsymbol{Z}_i$ 一个量测值时(这时 $\boldsymbol{Z}=\boldsymbol{Z}_i,\boldsymbol{R}=\boldsymbol{R}_i$),有

$$\boldsymbol{A} = \boldsymbol{H}\boldsymbol{P}(-)\boldsymbol{H}^{\mathrm{T}} + \boldsymbol{R} = \boldsymbol{A}_i \tag{7.2.37}$$

式中

$$\boldsymbol{A}_i = \boldsymbol{H}_i \boldsymbol{P}_{ii}(-)\boldsymbol{H}_i^{\mathrm{T}} + \boldsymbol{R}_i \tag{7.2.38}$$

集中滤波的量测更新为

$$\hat{\boldsymbol{X}}(+) = \hat{\boldsymbol{X}}(-) + \boldsymbol{P}(-)\boldsymbol{H}^{\mathrm{T}}\boldsymbol{A}^{-1}[\boldsymbol{Z}_i - \boldsymbol{H}\hat{\boldsymbol{X}}(-)] \tag{7.2.39}$$

考虑第 i 个量测对第 j 个估计的更新,由上式取出第 j 个估计,有

$$\hat{\boldsymbol{X}}_j(+) = \hat{\boldsymbol{X}}_j(-) + \boldsymbol{P}_{ji}(-)\boldsymbol{H}_i^{\mathrm{T}}\boldsymbol{A}_i^{-1}[\boldsymbol{Z}_i - \boldsymbol{H}_i\hat{\boldsymbol{X}}_i(-)] \tag{7.2.40}$$

集中滤波协方差的量测更新为

$$\boldsymbol{P}(+) = \boldsymbol{P}(-) - \boldsymbol{P}(-)\boldsymbol{H}^{\mathrm{T}}\boldsymbol{A}^{-1}\boldsymbol{H}\boldsymbol{P}(-) \tag{7.2.41}$$

取出第 jl 个元,有

$$\boldsymbol{P}_{jl}(+) = \boldsymbol{P}_{jl}(-) - \boldsymbol{P}_{ji}(-)\boldsymbol{H}_i^{\mathrm{T}}\boldsymbol{A}_i^{-1}\boldsymbol{H}_i\boldsymbol{P}_{il}(-) \tag{7.2.42}$$

(1) 当 $l=i,j\neq i$ 时,由式(7.2.42)可知,由 $\boldsymbol{P}_{ji}(-)=\boldsymbol{0}$ 可推出 $\boldsymbol{P}_{ji}(+)=\boldsymbol{0}$,即相关项 $\boldsymbol{P}_{ji}$ 的预报值若为零,则由量测更新所得滤波值仍为零。当 $\boldsymbol{P}_{ji}(-)=\boldsymbol{0}$ 时,由式(7.2.40)还可得 $\hat{\boldsymbol{X}}_j(+)=\hat{\boldsymbol{X}}_j(-)$,即第 i 个量测值不会引起 $\hat{\boldsymbol{X}}_j$ 的量测更新。

(2) 当 $l=i,j=i$ 时,由式(7.2.40)和式(7.2.42)可见,$\hat{\boldsymbol{X}}_i$ 和 $\boldsymbol{P}_{ii}$ 的量测更新都是只与第 i 个量测值有关。

(3) 当 $l\neq i,j\neq i$ 时,只要 $\boldsymbol{P}_{ji}(-)=\boldsymbol{0}$,由式(7.2.42)有 $\boldsymbol{P}_{jl}(+)=\boldsymbol{P}_{jl}(-)$。即第 i 个量测不会对其他局部滤波之间的相关项(暂时假定存在这样的相关)进行量测更新。

上述讨论说明，只要 $\boldsymbol{P}_{ji}(-)=\boldsymbol{0}$，集中滤波的量测更新可分解为各局部滤波器的量测更新。

2. 联邦滤波的时间更新

先考虑集中滤波的时间更新，由状态方程式(7.2.30)可得

$$\begin{bmatrix}\boldsymbol{P}_{11} & \cdots & \boldsymbol{P}_{1\bar{N}}\\ \vdots & & \vdots\\ \boldsymbol{P}_{\bar{N}1} & \cdots & \boldsymbol{P}_{\bar{N}\bar{N}}\end{bmatrix}=\begin{bmatrix}\boldsymbol{\Phi}_{11} & & \\ & \ddots & \\ & & \boldsymbol{\Phi}_{\bar{N}\bar{N}}\end{bmatrix}\begin{bmatrix}\boldsymbol{P}'_{11} & \cdots & \boldsymbol{P}'_{1\bar{N}}\\ \vdots & & \vdots\\ \boldsymbol{P}'_{\bar{N}1} & \cdots & \boldsymbol{P}'_{\bar{N}\bar{N}}\end{bmatrix}\begin{bmatrix}\boldsymbol{\Phi}_{11}^{\mathrm{T}} & & \\ & \ddots & \\ & & \boldsymbol{\Phi}_{\bar{N}\bar{N}}^{\mathrm{T}}\end{bmatrix}+\begin{bmatrix}\boldsymbol{G}_1\\ \vdots\\ \boldsymbol{G}_{\bar{N}}\end{bmatrix}\boldsymbol{Q}\begin{bmatrix}\boldsymbol{G}_1^{\mathrm{T}} & \cdots & \boldsymbol{G}_{\bar{N}}^{\mathrm{T}}\end{bmatrix} \tag{7.2.43}$$

由式(7.2.43)可得

$$\boldsymbol{P}_{ji}=\boldsymbol{\Phi}_{jj}\boldsymbol{P}'_{ji}\boldsymbol{\Phi}_{ii}^{\mathrm{T}}+\boldsymbol{G}_j\boldsymbol{Q}\boldsymbol{G}_i^{\mathrm{T}} \tag{7.2.44}$$

式中 $\boldsymbol{P}_{ii}\overset{\text{def}}{=\!=}\boldsymbol{P}_{ii}(k/k-1)$，$\boldsymbol{P}'_{ii}\overset{\text{def}}{=\!=}\boldsymbol{P}_{ii}(k-1)$，$\boldsymbol{P}_{ji}\overset{\text{def}}{=\!=}\boldsymbol{P}_{ji}(k/k-1)$，$\boldsymbol{P}'_{ji}\overset{\text{def}}{=\!=}\boldsymbol{P}_{ji}(k-1)$

由于公共状态的公共噪声 $\boldsymbol{Q}$ 的存在，即使 $\boldsymbol{P}'_{ji}=\boldsymbol{0}$，也不会有 $\boldsymbol{P}_{ji}=\boldsymbol{0}$。也就是说，时间更新将引入各子滤波器估计的相关。现在用所谓“方差上界”技术来消除时间更新引入的相关。先将式(7.2.43)中的过程噪声项改写为

$$\begin{bmatrix}\boldsymbol{G}_1\\ \vdots\\ \boldsymbol{G}_{\bar{N}}\end{bmatrix}\boldsymbol{Q}\begin{bmatrix}\boldsymbol{G}_1^{\mathrm{T}} & \cdots & \boldsymbol{G}_{\bar{N}}^{\mathrm{T}}\end{bmatrix}=\begin{bmatrix}\boldsymbol{G}_1 & & \\ & \ddots & \\ & & \boldsymbol{G}_{\bar{N}}\end{bmatrix}\begin{bmatrix}\boldsymbol{Q} & \cdots & \boldsymbol{Q}\\ \vdots & & \vdots\\ \boldsymbol{Q} & \cdots & \boldsymbol{Q}\end{bmatrix}\begin{bmatrix}\boldsymbol{G}_1^{\mathrm{T}} & & \\ & \ddots & \\ & & \boldsymbol{G}_{\bar{N}}^{\mathrm{T}}\end{bmatrix} \tag{7.2.45}$$

由矩阵理论可知，式(7.2.45)右端由 $\boldsymbol{Q}$ 组成的 $\bar{N}\times\bar{N}$ 矩阵有以下的上界：

$$\begin{bmatrix}\boldsymbol{Q} & \cdots & \boldsymbol{Q}\\ \vdots & & \vdots\\ \boldsymbol{Q} & \cdots & \boldsymbol{Q}\end{bmatrix}\leqslant\begin{bmatrix}\gamma_1\boldsymbol{Q} & \cdots & 0\\ \vdots & & \vdots\\ 0 & \cdots & \gamma_{\bar{N}}\boldsymbol{Q}\end{bmatrix} \tag{7.2.46}$$

$$\frac{1}{\gamma_1}+\cdots+\frac{1}{\gamma_{\bar{N}}}=1 \qquad 0\leqslant\frac{1}{\gamma_i}\leqslant 1 \tag{7.2.47}$$

式(7.2.46)右端的上界矩阵与左端的原矩阵之差为半正定的。再由式(7.2.43)可得

$$\begin{bmatrix}\boldsymbol{P}_{11} & \cdots & \boldsymbol{P}_{1\bar{N}}\\ \vdots & & \vdots\\ \boldsymbol{P}_{\bar{N}1} & \cdots & \boldsymbol{P}_{\bar{N}\bar{N}}\end{bmatrix}\leqslant\begin{bmatrix}\boldsymbol{\Phi}_{11} & & \\ & \ddots & \\ & & \boldsymbol{\Phi}_{\bar{N}\bar{N}}\end{bmatrix}\begin{bmatrix}\boldsymbol{P}'_{11} & \cdots & \boldsymbol{P}'_{1\bar{N}}\\ \vdots & & \vdots\\ \boldsymbol{P}'_{\bar{N}1} & \cdots & \boldsymbol{P}'_{\bar{N}\bar{N}}\end{bmatrix}\begin{bmatrix}\boldsymbol{\Phi}_{11}^{\mathrm{T}} & & \\ & \ddots & \\ & & \boldsymbol{\Phi}_{\bar{N}\bar{N}}^{\mathrm{T}}\end{bmatrix}+\begin{bmatrix}\boldsymbol{G}_1 & & \\ & \ddots & \\ & & \boldsymbol{G}_{\bar{N}}\end{bmatrix}\begin{bmatrix}\gamma_1\boldsymbol{Q} & & \\ & \ddots & \\ & & \gamma_{\bar{N}}\boldsymbol{Q}\end{bmatrix}\begin{bmatrix}\boldsymbol{G}_1^{\mathrm{T}} & & \\ & \ddots & \\ & & \boldsymbol{G}_{\bar{N}}^{\mathrm{T}}\end{bmatrix} \tag{7.2.48}$$

在式(7.2.48)中取等号，即放大协方差（得到比较保守的结果），可得分离的时间更新，有

$$\boldsymbol{P}_{ii}=\boldsymbol{\Phi}_{ii}\boldsymbol{P}'_{ii}\boldsymbol{\Phi}_{ii}^{\mathrm{T}}+\gamma_i\boldsymbol{G}_i\boldsymbol{Q}\boldsymbol{G}_i^{\mathrm{T}} \tag{7.2.49}$$

$$\boldsymbol{P}_{ji}=\boldsymbol{\Phi}_{jj}\boldsymbol{P}'_{ji}\boldsymbol{\Phi}_{ii}^{\mathrm{T}}=\boldsymbol{0}\quad,\quad\boldsymbol{P}'_{ji}=\boldsymbol{0} \tag{7.2.50}$$

式(7.2.50)说明，只要 $\boldsymbol{P}'_{ji}=\boldsymbol{P}_{ji}(k-1)=\boldsymbol{0}$，就有 $\boldsymbol{P}_{ji}=\boldsymbol{P}_{ji}(k/k-1)=\boldsymbol{0}$。这就是说，时间更新也是在各子滤波器中独立进行的，没有子滤波器之间的关联。

由 $\boldsymbol{P}_{ji}(0)=\boldsymbol{0}$，从式(7.2.50)可推出 $\boldsymbol{P}_{ji}(1/0)=\boldsymbol{0}$，由式(7.2.42)可推出 $\boldsymbol{P}_{ji}(1/1)=\boldsymbol{0}$，再由式

(7.2.50) 可推出 $\boldsymbol{P}_{ji}(2/1)=\boldsymbol{0}$，如此循环可得出 $\boldsymbol{P}_{ji}(k/k-1)=\boldsymbol{0}$ 和 $\boldsymbol{P}_{ji}(k)=\boldsymbol{0}$。而初始协方差阵也可设置上界，即

$$\begin{bmatrix}\boldsymbol{P}_{11}(0) & \cdots & \boldsymbol{P}_{1\bar{N}}(0)\\ \vdots & & \vdots\\ \boldsymbol{P}_{\bar{N}1}(0) & \cdots & \boldsymbol{P}_{\bar{N}\bar{N}}(0)\end{bmatrix}\leqslant\begin{bmatrix}\gamma_1\boldsymbol{P}_{11}(0) & & \\ & \ddots & \\ & & \gamma_{\bar{N}}\boldsymbol{P}_{\bar{N}\bar{N}}(0)\end{bmatrix}\tag{7.2.51}$$

式(7.2.51) 右端无相关项，也就是说，将各子滤波器自身的初始方差阵放大些就可忽略各自滤波器初始方差之间的相关项。当然，这样也得到了保守的(次优的) 局部滤波结果。

总而言之，采用方差上界技术后各子滤波器的量测更新和时间更新都可以独立进行，也就是各子滤波器的估计是不相关的。这样，就可应用 7.2.2 节中的最优合成定理来融合局部估计以获得全局估计。现在的问题是，采用了方差上界技术后，局部估计是次优的，合成后的全局估计相对集中滤波是否也变成次优的了。回答是否定的，合成后的全局估计是最优的。简单说明如下：采用方差上界技术后，由式(7.2.49)，子滤波器的过程噪声方差 $\boldsymbol{Q}$ 被放大为 $\gamma_i\boldsymbol{Q}$，或反过来说，子滤波器只分配到原过程信息量 $\boldsymbol{Q}^{-1}$ 的一部分，即 $\gamma_i^{-1}\boldsymbol{Q}^{-1}$，当然子滤波器的估计是次优的。但信息分配是根据信息守恒原理在各子滤波器和主滤波器之间分配的，即满足

$$\sum_{i=1}^{N}\gamma_i^{-1}\boldsymbol{Q}^{-1}+\gamma_m^{-1}\boldsymbol{Q}^{-1}=\boldsymbol{Q}^{-1}\tag{7.2.52}$$

这样，在合成过程中信息量又被恢复到原来的值，所以合成后的估计将是最优的。

如果第 i 个子滤波器的初值协方差 $\boldsymbol{P}_i(0)$ 被放大为 $\gamma_i\boldsymbol{P}_i(0)$，过程噪声 $\boldsymbol{Q}$ 被放大为 $\gamma_i\boldsymbol{Q}$，则由滤波协方差的时间更新式(7.2.49) 可知，预报协方差 $\boldsymbol{P}_i(1/0)$ 也放大了 γ_i 倍。由于我们只考虑对公共状态估计的融合问题，因此，如果公共状态的最优预报协方差阵为 $\boldsymbol{P}_g(-)$，现在第 i 个子滤波器的预报协方差阵变为 $\boldsymbol{P}_i(-)=\gamma_i\boldsymbol{P}_g(-)$。设用融合算法式(7.2.20) 的结果为 $\boldsymbol{P}^{-1}$，则

$$\begin{aligned}\boldsymbol{P}^{-1}(-)=&\boldsymbol{P}_1^{-1}(-)+\cdots+\boldsymbol{P}_N^{-1}(-)+\boldsymbol{P}_m^{-1}(-)=\\&\gamma_1^{-1}\boldsymbol{P}_g^{-1}(-)+\cdots+\gamma_N^{-1}\boldsymbol{P}_g^{-1}(-)+\gamma_m^{-1}\boldsymbol{P}_g^{-1}(-)=\\&(\gamma_1^{-1}+\cdots+\gamma_N^{-1}+\gamma_m^{-1})\boldsymbol{P}_g^{-1}(-)=\boldsymbol{P}_g^{-1}(-)\end{aligned}\tag{7.2.53}$$

这说明用上面的融合算法和信息分配原则，合成后的预报方差是最优的(这里暂时只对 $\boldsymbol{P}_i(1/0)$ 的合成的最优性作了证明，下面将对任意 k 来证明)。

3. 联邦滤波的量测更新

如果量测更新后的滤波协方差也增加 γ_i 倍，则由初始估计协方差和过程噪声协方差增加 γ_i 倍可推出预报协方差 $\boldsymbol{P}_i(k/k-1)$ 和 $\boldsymbol{P}_i(k)$ 都增加 γ_i 倍，对任何 k 成立。由量测更新方程式(7.2.42) 可得(令 $\boldsymbol{P}_i=\boldsymbol{P}_{ii}$)

$$\boldsymbol{P}_i(+)=\boldsymbol{P}_i(-)-\boldsymbol{P}_i(-)\boldsymbol{H}_i^{\mathrm{T}}\boldsymbol{A}_i^{-1}\boldsymbol{H}_i\boldsymbol{P}_i(-)\tag{7.2.54}$$

式中当 $\boldsymbol{P}_i(-)$ 增加 γ_i 倍时，$\boldsymbol{P}_i(+)$ 并不增加 γ_i 倍。为解决此问题，在联邦滤波方案中采用全局滤波来重置局部滤波值及滤波协方差，即有

$$\hat{\boldsymbol{X}}_i(+)=\hat{\boldsymbol{X}}_g(+)\tag{7.2.55}$$

$$\boldsymbol{P}_i=\gamma_i\boldsymbol{P}_g(+)\tag{7.2.56}$$

重置后的滤波协方差 $\boldsymbol{P}_i(+)$ 是 $\boldsymbol{P}_g(+)$ 的 γ_i 倍，由式(7.2.49) 又可推出下一步预报协方差 $\boldsymbol{P}_i(-)$ 是 $\boldsymbol{P}_g(-)$ 的 γ_i 倍。于是式(7.2.53) 所示的预报协方差的最优融合在任何时刻都成立。剩下的问题是 $\boldsymbol{P}_g(+)$ 如何获得。式(7.2.54) 所示的局部最优滤波协方差也可写成

$$\boldsymbol{P}_i^{-1}(+)=\boldsymbol{P}_i^{-1}(-)+\boldsymbol{H}_i^{\mathrm{T}}\boldsymbol{R}_i^{-1}\boldsymbol{H}_i \tag{7.2.57}$$

将子滤波器及主滤波器的协方差阵之逆合成，即

$$\begin{aligned}\boldsymbol{P}_m^{-1}(-)+\sum_{i=1}^{N}\boldsymbol{P}_i^{-1}(+)&=\boldsymbol{P}_m^{-1}(-)+\sum_{i=1}^{N}(\boldsymbol{P}_i^{-1}(-)+\boldsymbol{H}_i^{\mathrm{T}}\boldsymbol{R}_i^{-1}\boldsymbol{H}_i)=\\&\boldsymbol{P}_{\mathrm{g}}^{-1}(-)+\sum_{i=1}^{N}\boldsymbol{H}_i^{\mathrm{T}}\boldsymbol{R}_i^{-1}\boldsymbol{H}_i=\boldsymbol{P}_{\mathrm{g}}^{-1}(+)\end{aligned} \tag{7.2.58}$$

式中采用了 $\boldsymbol{P}_m^{-1}(-)$，这是因为主滤波器的量测更新就是靠子滤波器的量测更新来进行的，如果再进行量测更新，就会有量测信息的重复使用问题。式(7.2.58) 揭示了全局滤波是组合了各子滤波器的独立量测信息(由 $\boldsymbol{R}_i^{-1}$ 来表示) 来进行最优量测更新的。

采用信息分配原则后，局部滤波虽是次优的，但合成后的全局滤波却是最优的。如果融合的周期长于局部滤波周期，即经过几次局部滤波后才进行一次融合，那么全局估计也会变成次优的。

4. 联邦滤波器的设计步骤

根据上面的理论分析可得出下面几点联邦滤波器的设计技巧：

(1) 用方差上界技术使各子滤波器初始估计协方差阵互不相关。

(2) 用方差上界技术使各子滤波器的过程噪声协方差阵互不相关。

(3) 增广系统转移矩阵无子系统间的交联项。

(4) 局部量测更新不会引起子滤波器估计的相关。

服从信息分配原则的各独立的局部估计可按式(7.2.19) 和式(7.2.20) 合成以得到全局最优估计。

联邦滤波器的设计步骤可归纳如下：

(1) 将子滤波器和主滤波器的初始估计协方差阵设置为组合系统初始值的 $\gamma_i(i=1,2,\cdots,N,m)$ 倍。γ_i 满足信息守恒原则式(7.2.47)。

(2) 将子滤波器和主滤波器的过程噪声协方差阵设置为组合系统过程噪声协方差阵的γ_i 倍。

(3) 各子滤波器处理自己的量测信息，获得局部估计。

(4) 在得到各子滤波器的局部估计和主滤波器的估计后按式(7.2.19) 和式(7.2.20) 进行最优合成。

(5) 用全局滤波解来重置各子滤波器和主滤波器的滤波值和协方差阵。

7.2.4 联邦滤波器的结构与性能分析

1. 联邦滤波器的 6 种结构

当设计联邦滤波器时，信息分配系数的确定是至关重要的。不同的值会有不同的联邦滤波的结构和特性(容错性、最优性、计算量等)。若令 $\beta_i=1/\gamma_i(i=1,\cdots,N,m)$，则 6 种不同的设计结构可表达如下：

(1) 第 1 类结构($\beta_m=1,\beta_i=0$,"零化式" 重置)。这类结构如图 7.2.2 所示。

这时主滤波器分配到全部(状态运动方程) 信息，由于子滤波器的过程噪声协方差阵为无穷，子滤波器状态方程已没有信息，所以子滤波器实际上不需用状态方程而只用量测方程来进行最小二乘估计。将这些估计值输给主滤波器作量测值。这时主滤波器的工作频率可低于子

滤波的工作频率，因为局部滤波器的量测数据已经过最小二乘估计而平滑。由于工作频率低，主滤波器可用高阶状态方程，其中包含精确的 INS 模型。实际上这时子滤波器起了“数据压缩”的作用。由于 $\beta_i^{-1}\boldsymbol{Q}\rightarrow\infty$，子滤波器的预报值 $\hat{\boldsymbol{X}}_i(k/k-1)$ 的协方差阵 $\boldsymbol{P}_i(k/k-1)$ 趋于无穷，所以不能通过新息 $[\boldsymbol{Z}_i(k)-\boldsymbol{H}_i\hat{\boldsymbol{X}}_i(k/k-1)]$ 来检测 k 时刻子系统 i 的输出 $\boldsymbol{Z}_i(k)$ 的故障。相反，主滤波器拥有了全部状态运动信息，状态方程还可用高阶精确模型，因此 $\hat{\boldsymbol{X}}_m(k/k-1)$ 的协方差阵 $\boldsymbol{P}_m(k/k-1)$ 很小，便于用主滤波器的新息来检测子系统 $(i=1\sim N)$ 的故障。

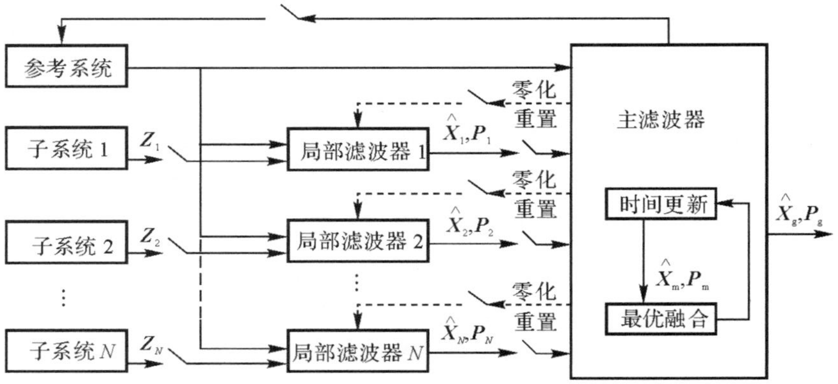

图 7.2.2　联邦滤波器结构 1

此外，由于子滤波器状态信息只被重置到零(“零化”式重置)，这样就减少了主滤波器到子滤波器的数据传输，因此数据通讯量下降。各子滤波器协方差被重置为无穷，因此不须时间更新计算，计算变得简单。图 7.2.2 所示中虚线表示简单的零化重置(zero reset)。

(2) 第 2 类结构($\beta_m=\beta_i=1/(N+1)$，有重置)。这类结构如图 7.2.3 所示。

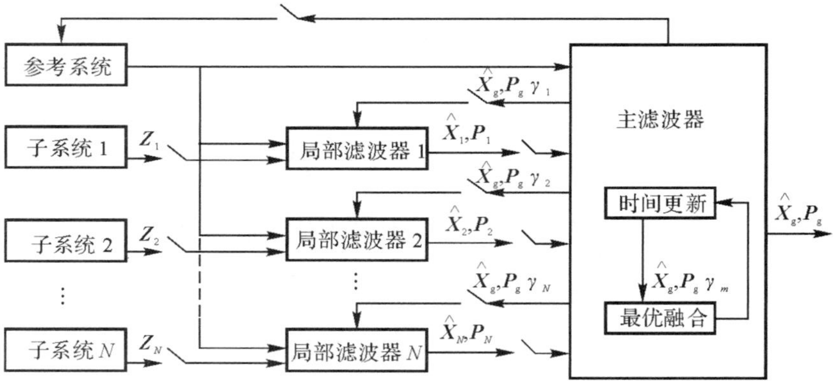

图 7.2.3　联邦滤波器结构 2

这时，信息在主滤波器和各子滤波器之间平均分配。融合后的全局滤波精度高，局部滤波因为有全局滤波的反馈重置，其精度也提高了。用全局滤波和局部滤波的新息都可以更好地进行故障检测。在某个子系统故障被隔离后，其他良好的局部滤波器的估计值作为替代值的能力也提高了，但重置使得局部滤波受全局滤波的反馈影响。这样，一个子系统的故障可以通过全局滤波的反馈重置而使具有良好子系统的局部滤波也受到污染，于是容错性能下降。故障隔离后，局部滤波器要重新初始化，于是要经过一段过渡时间后其滤波值才能使用，这样故障恢复能力就下降了。这种设计中，主滤波器的模型阶次可高些，特别可采用更精确的 INS 模型。

(3) 第 3 类结构($\beta_m=0$，$\beta_i=1/N$，有重置)。这类结构如图 7.2.4 所示。

这时主滤波器状态方程无信息分配，也就是 $\beta_m^{-1}\boldsymbol{Q}$ 为无穷，不需用主滤波器进行滤波，所以主滤波器的估计值就取为全局估计，即

$$\hat{\boldsymbol{X}}_m=\hat{\boldsymbol{X}}_g=\boldsymbol{P}_g(\boldsymbol{P}_1^{-1}\hat{\boldsymbol{X}}_1+\cdots+\boldsymbol{P}_N^{-1}\hat{\boldsymbol{X}}_N)$$

由重置带来的问题与第 2 类结构相同。

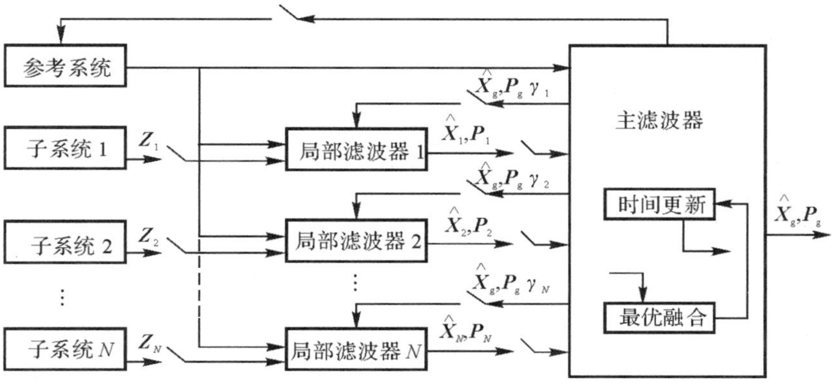

图 7.2.4　联邦滤波器结构 3

(4) 第 4 类结构($\beta_m=0$，$\beta_i=1/N$，无重置)。这类结构如图 7.2.5 所示。

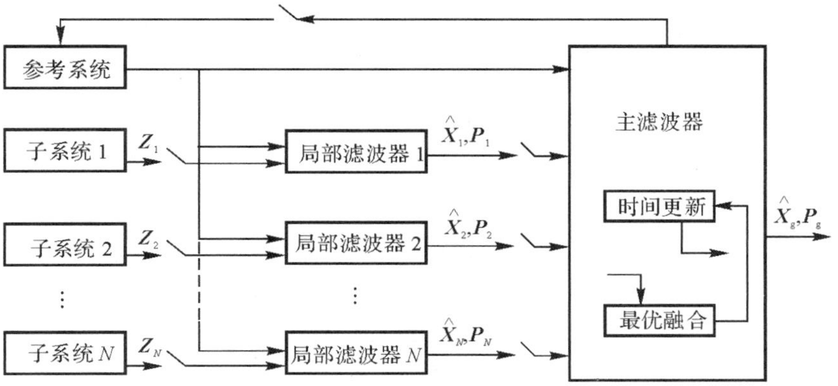

图 7.2.5　联邦滤波器结构 4

这种设计与第 3 类相比只是没有重置，所以各局部滤波器独立滤波，没有反馈重置带来的相互影响，这就提供了最高的容错性能。但由于没有全局最优估计的重置，所以局部估计的精度不高。

以上 4 类结构都采用了信息分配原则，因此多个局部滤波器都要根据不同的信息分配方法来重新设计，1988 年发表的文献[42] 称它们为下一代组合导航的设计方案。对于当前应用的组合导航，其组合滤波器已设计好了，如果保留这个子滤波器不变，再加上一级主滤波器就

可以构成所谓“串级”(cascaded)滤波器，它们也属于联邦滤波器的一类。为什么要在原有的单个的子滤波器上再加一级主滤波器呢？其理由如下：

1）主滤波器使用的INS模型可以比已有的子滤波器所用的INS模型更精确，模型阶次可以更高。

2）可以加入新的子系统，用主滤波器来处理它们的新量测信息。

为了具体起见，假定我们已有INS/GPS滤波器，再加上一个新的子系统2，如电光地标系统。可以构成下面两类的设计结构。

(5) 第5类结构($\beta_m=1,\beta_1=0$，有重置)。这类结构如图7.2.6所示。

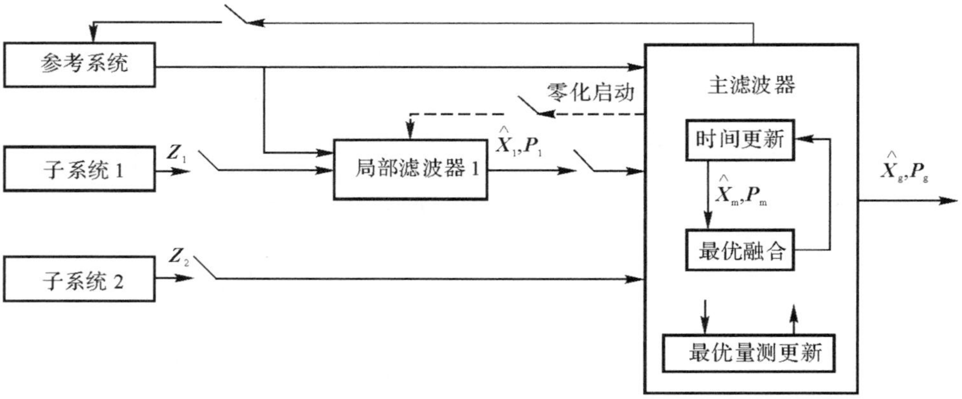

图 7.2.6　联邦滤波器结构5

这类结构中的主滤波器包含所有状态信息，而子滤波器的信息阵在每次融合后被重置为零，然后子滤波器再重新启动，简称为零化启动(restart)。局部滤波器起到数据压缩的作用。在融合周期内，局部滤波器积累GPS数据将它“压缩”，融合周期一到就将它们输给主滤波器。主滤波器的估计的量测更新用子系统2的数据。

(6) 第6类结构($\beta_m=\beta_1=0.5$，有重置)。这类结构如图7.2.7所示。

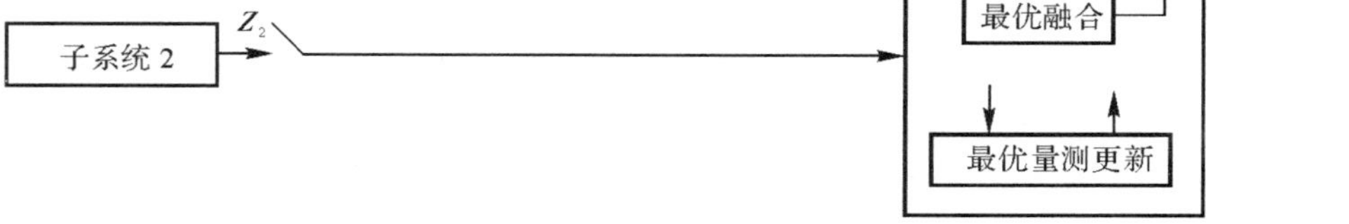

图 7.2.7　联邦滤波器结构6

这类设计中$\beta_m=\beta_1=0.5$，在每次融合得到全局估计后，子滤波器的信息被重置到全局信息的一半，或其协方差阵重置为全局估计协方差阵的1倍，即$\boldsymbol{P}_1^{-1}=\frac{1}{2}\boldsymbol{P}_g^{-1}$，$\boldsymbol{P}_m^{-1}=\frac{1}{2}\boldsymbol{P}_g^{-1}$。这个重置过程在文献[42]中称为信息再分(rescale)。主滤波器的量测更新用新子系统的数据。

2. 信息融合对非公共状态的影响

我们知道，子滤波器和主滤波器的状态向量都包含公共状态$\boldsymbol{X}_c$和各自的子系统的误差状态$\boldsymbol{X}_{bi}(i=1,2,\cdots,N,m)$，只有对公共状态才能进行信息融合以获得全局估计。各子系统的误差状态由各自的子滤波器来估计。但公共状态和子系统的误差状态是有交联的。局部滤波器的协方差阵可写为

$$\boldsymbol{P}_i=\begin{bmatrix}\boldsymbol{P}_{ci} & \boldsymbol{P}_{cibi}\\ \boldsymbol{P}_{bici} & \boldsymbol{P}_{bi}\end{bmatrix}$$

式中，$\boldsymbol{P}_{cibi}$和$\boldsymbol{P}_{bici}$就是公共状态和子系统误差状态的交联项。在联邦滤波时由于信息分配和主滤波器对子滤波器的重置，公共状态的协方差阵$\boldsymbol{P}_{ci}$会发生变化，例如公共状态估计精度提高，$\boldsymbol{P}_{ci}$下降。这样，通过状态间的耦合影响，$\boldsymbol{P}_{bi}$也将下降，即子系统的误差的估计也会有一些改善。

3. 联邦滤波器容错性能分析

在容错组合导航的设计中，联邦滤波器起到了关键的作用，因此有必要对它的各种结构的容错性能作更深入的分析，并与集中滤波器的容错性能进行比较。所谓“容错”，它包含了故障检测、故障隔离和故障恢复(简称为FDIR)。

(1) 集中滤波器的容错性能分析。集中滤波器(CF)用一个滤波器来处理所有的子系统的量测信息，它的容错性能可分析如下：

1) 利用测量值残差(即新息)$\boldsymbol{r}_k$，有

$$\boldsymbol{r}_k=\boldsymbol{Z}_k-\boldsymbol{H}\hat{\boldsymbol{X}}_{k/k-1}=\boldsymbol{Z}_k-\hat{\boldsymbol{Z}}_k$$

可以较好地检测和隔离某些子系统的突变故障(硬故障)。因为$\hat{\boldsymbol{X}}_{k/k-1}$包含了$k$以前的量测值$\boldsymbol{Z}_i(i<k)$的信息，当无故障时，$\boldsymbol{H}\hat{\boldsymbol{X}}_{k/k-1}=\hat{\boldsymbol{Z}}_k$是对$\boldsymbol{Z}_k$的最好的预报估计，所以$\boldsymbol{r}_k$应很小(理论上为零均值白噪声)。当$\boldsymbol{Z}_k$发生突变故障时，$\boldsymbol{r}_k$也会发生突变，据此就可以检测和隔离子系统故障。

2) 新息检验对软故障的检测不是很有效的。这是因为软故障是逐渐发展的，开始时故障很小，不易被检测出来。未被检测的故障将污染$\hat{\boldsymbol{X}}_{k/k-1}$，使得$\hat{\boldsymbol{X}}_{k/k-1}$“跟踪”故障，减少了$\hat{\boldsymbol{Z}}_k$与$\boldsymbol{Z}_k$的差异，这时$\boldsymbol{r}_k$不会发生大的变化，因此故障检测效果不好。

3) 集中滤波器的故障恢复能力不强。因为在故障子系统被隔离后，已被故障污染的滤波解必须重新恢复正常。这就需要重新初始化已隔离了故障子系统后的集中滤波器，重新利用无故障的子系统的新的信息(系统重构)，于是必须经过一段过渡过程后，系统的滤波解才恢复正常。这样，系统不能立即恢复正常，即故障恢复能力差。

(2) 联邦滤波器容错性能分析。相对于集中滤波器来讲，联邦滤波器的容错性能要强得多。它具有以下优点：

1) 因为融合周期可以长于子滤波的周期，于是在融合之前，软故障可以有较长的时间去发展到可被主滤波器检测的程度。

2) 子滤波器自身的子系统误差状态是分开估计的。这些子系统的误差状态在子滤波周期内不会受其他子系统的故障影响，只有在较长的融合周期之后才会有影响。

3）某一子系统的故障被检测和隔离后，其他正常的子滤波器的解仍存在（只要没有重置发生），于是利用这些正常的子滤波器的解经过简单的融合算法可立即得到全局解，因此故障恢复的能力很强。

4）主滤波器可以使用一个比子滤波器甚至比集中滤波器更精确的 INS 模型，这样检测 INS 故障的能力就提高了。

下面再归纳一下前面提到的 6 类联邦滤波结构的容错性能：

第 1 类结构（$\beta_m=1,\beta_i=0$，"零化式"重置）

这种结构的子滤波器的故障检测和隔离（FDI）能力很差。这是因为子滤波器状态信息分配为零，协方差趋于无穷。而主滤波器拥有未发生故障前的全部信息，因此 FDI 能力强，它还有对 INS 故障的强的 FDI 能力。这种结构故障恢复（FR）能力中等，在有故障子系统的数据被主滤波器使用后，全局解将受到污染。虽然这时其他正常的子滤波器未被污染，但它们却只起最小二乘估计作用，它们的解不具有"长记忆"特性，不能外推使用。因此，不能用它们来使主滤波器迅速地进行故障恢复。主滤波器在故障子系统隔离后必须重新初始化，经过一段过渡时间后才能从故障中恢复。

第 2 类结构（$\beta_m=\beta_i=1/(N+1)$，有重置）

这种结构的子滤波器的 FDI 能力较好。主滤波器的 FDI 能力中等。在一个子系统发生故障后，主滤波器将受到它的污染，再通过重置使其他子滤波器污染，故在故障子系统被隔离后，主子滤波器都要重新初始化，FR 能力与第 1 种结构以及集中滤波器相同。

第 3 类结构（$\beta_m=0,\beta_i=1/N$，有重置）

容错性能基本上与第 2 种结构一样。但 $\beta_m=0$，主滤波器 FDI 能力差。

第 4 类结构（$\beta_m=0,\beta_i=1/N$，无重置）

由于无重置，各子滤波器不会互相影响，因此这种结构的容错性能最好。

第 5 类结构（$\beta_m=1,\beta_1=0$，有重置）

子滤波器的 FDI 能力差。主滤波器的 FDI 能力强，但 FR 能力差（因为要重新初始化）。

第 6 类结构（$\beta_m=\beta_1=0.5$，有重置）

主、子滤波器的 FDI 能力中等。同样，主滤波器的 FR 能力差。

总之，如果不将融合后的全局状态估计和协方差阵去反馈重置子滤波器，那么就不会产生子滤波器的交叉污染，子滤波器的精度虽下降，但联邦滤波器的容错性能却大大提高了。

7.3 系统级故障检测与隔离的原理与方法

组合导航系统的容错设计是提高组合导航系统任务可靠性的重要途径。容错设计的出发点是从系统的整体设计上来提高其可靠性，而不是去提高每一个元部件的基本可靠性。容错设计的主要方法是使系统具有自监控的功能，通过监控系统的运行状态，实时地检测并隔离故障部件，进而采取必要措施，切换掉故障部件，将正常的部件重新组合起来（系统重构），从而使整个系统在内部有故障的情况下仍能正常工作或降低性能安全地工作。

故障检测与隔离（FDI）是一项专门的技术，它已有很大的发展。现有的 FDI 方法可以分为以下几大类：

（1）基于硬件余度的方法。即采用多套相同的硬件（如传感器），检查它们输出的一致性来实现 FDI。

(2) 基于解析余度的方法。解析余度是基于数学模型的方法。例如不同功能的传感器所测量的变量是不同的，但它们的输出之间可能存在一定的解析关系，这些关系可以用静态的或动态的数学模型来描述，如测量方程和状态方程。利用这种关系可以进行 FDI。解析余度方法又可主要分为参数估计法和状态估计法。导航系统的 FDI 常采用状态估计法，主要是卡尔曼滤波方法。

(3) 基于人工智能的方法。如专家系统、模糊决策、神经元网络等。

Kerr[39] 曾指出导航系统 FDI 所要考虑的特殊因素和现有 FDI 方法应用于导航系统时的局限性。

导航系统 FDI 所要考虑的特殊因素有：

(1) 软故障的类型及其严重性。

(2) 故障的可检测性问题。

(3) 软故障的累积时间。

(4) 不同类型故障的可区分程度。

(5) 故障恢复的难易程度。

现有 FDI 方法应用于导航系统的局限性主要有：

(1) 现有方法一般针对时不变系统，而导航系统通常要用时变线性的误差方程来描述。

(2) 现有方法一般针对低阶系统，而导航系统的误差模型一般很复杂。

(3) 现有方法常假设系统模型与卡尔曼滤波模型一致，而导航系统常使用降阶滤波器。在无故障情况下，滤波器的残差也不是白噪声。

(4) 现有方法常针对大的信噪比情况，而导航系统的信噪比却不大。

在容错组合导航系统中，必须实时地确定各子滤波器处理的量测信息的有效性，以便决定用哪些局部状态估计来计算整体状态估计。这就要求在子滤波器的设计中，应配备实时的故障检测及隔离算法。一旦检测到故障就必须对故障进行隔离，最后通过系统信息重构使整体系统不致因故障而失效。这实际上是一个动态系统的故障检测及隔离问题。早在 70 年代初，人们就开始研究有关动态系统故障检测及隔离的问题，至今已有许多故障检测及隔离方法。针对组合导航系统的特点，这里将采用一种 χ^2 检验法来确定系统量测信息的有效性。该方法并不确定造成故障的具体原因，而仅仅是实时地确定一组量测值的有效性，因而它十分适用于系统级的故障检测及隔离。

在子系统的故障被检测与隔离后，我们可进一步对其内部的元器件进行故障检测和隔离。前面已提到惯导系统在组合导航中常作为参考系统，它的可靠性更为重要，所以在 7.4 节中将要讨论惯性器件的故障检测和隔离原理，至于其他器件如 GPS，多普勒等子导航系统的器件就不讨论了。

7.3.1　系统级的故障检测与隔离

考虑带故障的离散系统模型

$$\left.\begin{aligned}\boldsymbol{X}_k &= \boldsymbol{\Phi}_{k,k-1}\boldsymbol{X}_{k-1} + \boldsymbol{\Gamma}_{k-1}\boldsymbol{W}_{k-1} \\ \boldsymbol{Z}_k &= \boldsymbol{H}_k\boldsymbol{X}_k + \boldsymbol{V}_k + f_{k,\varphi}\boldsymbol{\gamma}\end{aligned}\right\} \tag{7.3.1}$$

式中，$\boldsymbol{Z}_k \in \mathbf{R}^m$ 是系统的量测值；$\boldsymbol{X}_k \in \mathbf{R}^n$ 是系统状态；$\boldsymbol{\Phi}_{k,k-1} \in \mathbf{R}^{n\times n}$ 是系统状态的一步转移矩

阵；$\boldsymbol{\Gamma}_{k-1} \in \mathbf{R}^{n\times r}$ 是系统噪声矩阵；$\boldsymbol{W}_k \in \mathbf{R}^r$ 和 $\boldsymbol{V}_k \in \mathbf{R}^m$ 是相互独立的高斯白噪声序列，且有

$$E\{\boldsymbol{W}_k\}=\mathbf{0},\quad E\{\boldsymbol{W}_k\boldsymbol{W}_j^{\mathrm{T}}\}=\boldsymbol{Q}_k\delta_{kj}$$

$$E\{\boldsymbol{V}_k\}=\mathbf{0},\quad E\{\boldsymbol{V}_k\boldsymbol{V}_j^{\mathrm{T}}\}=\boldsymbol{R}_k\delta_{kj}$$

式中，δ_{kj} 为克朗尼克 δ 函数；$\boldsymbol{\gamma}$ 是随机向量，它表示故障的大小；$f_{k,\varphi}$ 是分段函数

$$f_{k,\varphi}=\begin{cases}1, & k\geqslant\varphi\\ 0, & k<\varphi\end{cases}$$

式中 φ 是故障发生的时间。

初始状态 $\boldsymbol{X}_0$ 是独立于噪声 $\boldsymbol{W}_k$ 和 $\boldsymbol{V}_k$ 的高斯随机向量，且

$$E\{\boldsymbol{X}_0\}=\boldsymbol{X}^0,\quad E\{\boldsymbol{X}_0\boldsymbol{X}_0^{\mathrm{T}}\}=\boldsymbol{P}^0$$

1. 状态 χ^2 检验法

状态 χ^2 检验法利用两个状态估计的差异：$\hat{\boldsymbol{X}}_k$ 是由量测值 $\boldsymbol{Z}_k$ 经卡尔曼滤波得到的；$\hat{\boldsymbol{X}}_k^S$ 则是由所谓“状态递推器”或“影子滤波器”用先验信息递推计算而得的。前者和量测信息有关，因而会受到子系统故障的影响，而后者和量测信息无关，因而不受故障的影响。利用两者之间的这种差异便可以对故障进行检测和隔离。两个状态估计 $\hat{\boldsymbol{X}}_k$ 和 $\hat{\boldsymbol{X}}_k^S$ 可用下列公式计算：

$$\left.\begin{aligned}
&\hat{\boldsymbol{X}}_k=[\boldsymbol{I}-\boldsymbol{K}_k\boldsymbol{H}_k]\boldsymbol{\Phi}_{k,k-1}\hat{\boldsymbol{X}}_{k-1}+\boldsymbol{K}_k\boldsymbol{Z}_k\\
&\hat{\boldsymbol{X}}_0=\boldsymbol{X}^0\\
&\boldsymbol{P}_{k/k-1}=\boldsymbol{\Phi}_{k,k-1}\boldsymbol{P}_{k-1}\boldsymbol{\Phi}_{k,k-1}^{\mathrm{T}}+\boldsymbol{\Gamma}_{k-1}\boldsymbol{Q}_{k-1}\boldsymbol{\Gamma}_{k-1}^{\mathrm{T}}\\
&\boldsymbol{P}_k=[\boldsymbol{I}-\boldsymbol{K}_k\boldsymbol{H}_k]\boldsymbol{P}_{k/k-1}\\
&\boldsymbol{P}_0=\boldsymbol{P}^0\\
&\boldsymbol{K}_k=\boldsymbol{P}_{k/k-1}\boldsymbol{H}_k^{\mathrm{T}}[\boldsymbol{H}_k\boldsymbol{P}_{k/k-1}\boldsymbol{H}_k^{\mathrm{T}}+\boldsymbol{R}_k]^{-1}
\end{aligned}\right\}\tag{7.3.2}$$

$$\left.\begin{aligned}
&\hat{\boldsymbol{X}}_k^S=\boldsymbol{\Phi}_{k,k-1}\hat{\boldsymbol{X}}_{k-1}^S\\
&\hat{\boldsymbol{X}}_0^S=\boldsymbol{X}^0\\
&\boldsymbol{P}_k^S=\boldsymbol{\Phi}_{k,k-1}\boldsymbol{P}_{k-1}^S\boldsymbol{\Phi}_{k,k-1}^{\mathrm{T}}+\boldsymbol{\Gamma}_{k-1}\boldsymbol{Q}_{k-1}\boldsymbol{\Gamma}_{k-1}^{\mathrm{T}}\\
&\boldsymbol{P}_0^S=\boldsymbol{P}^0
\end{aligned}\right\}\tag{7.3.3}$$

由于 $\boldsymbol{X}^0$ 是高斯随机向量，故 $\boldsymbol{X}_k$，$\hat{\boldsymbol{X}}_k$，$\hat{\boldsymbol{X}}_k^S$ 均为高斯随机向量。定义估计误差 $\boldsymbol{e}_k^K$ 和 $\boldsymbol{e}_k^S$ 为

$$\left.\begin{aligned}
\boldsymbol{e}_k^K=\boldsymbol{X}_k-\hat{\boldsymbol{X}}_k\\
\boldsymbol{e}_k^S=\boldsymbol{X}_k-\hat{\boldsymbol{X}}_k^S
\end{aligned}\right\}\tag{7.3.4}$$

并定义

$$\boldsymbol{\beta}_k=\boldsymbol{e}_k^K-\boldsymbol{e}_k^S=\hat{\boldsymbol{X}}_k^S-\hat{\boldsymbol{X}}_k\tag{7.3.5}$$

$\boldsymbol{\beta}_k$ 的方差为

$$\begin{aligned}\boldsymbol{T}_k=E\{\boldsymbol{\beta}_k\boldsymbol{\beta}_k^{\mathrm{T}}\}=E\{\boldsymbol{e}_k^K(\boldsymbol{e}_k^K)^{\mathrm{T}}-\boldsymbol{e}_k^K(\boldsymbol{e}_k^S)^{\mathrm{T}}-\boldsymbol{e}_k^S(\boldsymbol{e}_k^K)^{\mathrm{T}}+\boldsymbol{e}_k^S(\boldsymbol{e}_k^S)^{\mathrm{T}}\}=\\
\boldsymbol{P}_k+\boldsymbol{P}_k^S-\boldsymbol{P}_k^{KS}-(\boldsymbol{P}_k^{KS})^{\mathrm{T}}\end{aligned}\tag{7.3.6}$$

由于 $\boldsymbol{\beta}_k$ 是高斯随机向量 $\boldsymbol{e}_k^K$ 和 $\boldsymbol{e}_k^S$ 的线性组合，所以它也是高斯随机向量，且其均值为零，方差为 $\boldsymbol{T}_k$。

当系统发生故障时，由于估计 $\hat{\boldsymbol{X}}_k^S$ 和量测值 $\boldsymbol{Z}_k$ 无关，所以仍是无偏估计，即 $E\{\boldsymbol{e}_k^S\}=\mathbf{0}$；而估计 $\hat{\boldsymbol{X}}_k$ 因受故障影响变成了有偏估计，即 $E\{\boldsymbol{e}_k^K\}\neq\mathbf{0}$。由式(7.3.5)可知 $E\{\boldsymbol{\beta}_k\}\neq\mathbf{0}$，即 $\boldsymbol{\beta}_k$ 的均值不为零。因此，通过对 $\boldsymbol{\beta}_k$ 均值的检验可确定系统是否发生了故障。

根据 7.5 节中的故障检测的统计原理，对 $\boldsymbol{\beta}_k$ 作以下二元假设：

H_0—— 无故障　　　　$E\{\boldsymbol{\beta}_k\}=\mathbf{0}$，$E\{\boldsymbol{\beta}_k\boldsymbol{\beta}_k^{\mathrm{T}}\}=\boldsymbol{T}_k$

H_1—— 有故障　　　　$E\{\boldsymbol{\beta}_k\}=\boldsymbol{\mu}$，$E\{\boldsymbol{\beta}_k-\boldsymbol{\mu}\}(\boldsymbol{\beta}_k-\boldsymbol{\mu})^{\mathrm{T}}\}=\boldsymbol{T}_k$

由于 $\boldsymbol{\beta}_k\in\mathbf{R}^n$ 是高斯随机向量，故有以下条件概率密度函数：

$$p_r(\boldsymbol{\beta}/H_0)=\frac{1}{\sqrt{2\pi}\ |\boldsymbol{T}_k|^{\frac{1}{2}}}\exp\left[-\frac{1}{2}\boldsymbol{\beta}_k^{\mathrm{T}}\boldsymbol{T}_k^{-1}\boldsymbol{\beta}_k\right] \tag{7.3.7}$$

$$p_r(\boldsymbol{\beta}/H_1)=\frac{1}{\sqrt{2\pi}\ |\boldsymbol{T}_k|^{\frac{1}{2}}}\exp\left[-\frac{1}{2}(\boldsymbol{\beta}_k-\boldsymbol{\mu})^{\mathrm{T}}\boldsymbol{T}_k^{-1}(\boldsymbol{\beta}_k-\boldsymbol{\mu})\right] \tag{7.3.8}$$

式(7.3.7)，式(7.3.8)中 $|\cdot|$ 表示行列式值。

$p_r(\boldsymbol{\beta}/H_0)$ 和 $p_r(\boldsymbol{\beta}/H_1)$ 的对数似然比为

$$\Lambda_k=\ln\frac{p_r(\boldsymbol{\beta}/H_0)}{p_r(\boldsymbol{\beta}/H_1)}=\frac{1}{2}\{\boldsymbol{\beta}_k^{\mathrm{T}}\boldsymbol{T}_k^{-1}\boldsymbol{\beta}_k-(\boldsymbol{\beta}_k-\boldsymbol{\mu})^{\mathrm{T}}\boldsymbol{T}_k^{-1}(\boldsymbol{\beta}_k-\boldsymbol{\mu})\} \tag{7.3.9}$$

由于式(7.3.9)中的 $\boldsymbol{\mu}$ 是未知的，故用其极大似然估计 $\hat{\boldsymbol{\mu}}$ 代替。求 $\hat{\boldsymbol{\mu}}$ 使 Λ_k 达到极大，得

$$\hat{\boldsymbol{\mu}}_k=\boldsymbol{\beta}_k \tag{7.3.10}$$

将式(7.3.10)代入式(7.3.9)，并不考虑系数 1/2，便得到以下故障检测函数：

$$\lambda_k=\boldsymbol{\beta}_k^{\mathrm{T}}\boldsymbol{T}_k^{-1}\boldsymbol{\beta}_k \tag{7.3.11}$$

可以证明 λ_k 服从自由度为 n 的 χ^2 分布，即 $\lambda_k\sim\chi^2(n)$。

定义：设 $X_1,X_2,\cdots,X_n$ 互相独立，且都具有分布 $N(0,1)$，则随机变量 $\sum_{i=1}^{n}X_i^2$ 的分布称为具有 n 个自由度的中心 χ^2 分布，并记为 $\gamma\sim\chi^2(n)$。$\chi^2(n)$ 的概率密度函数为

$$\chi^2(\lambda,n)=\begin{cases}\left[2^{n/2}\Gamma\left(\dfrac{n}{2}\right)\right]^{-1}\lambda^{\frac{n}{2}-1}\mathrm{e}^{-\frac{\lambda}{2}}, & \lambda>0\\ 0, & \lambda\leqslant 0\end{cases} \tag{7.3.12}$$

式中，n 为自由度，$\Gamma\left(\dfrac{n}{2}\right)$ 为 Γ 函数，即

$$\Gamma\left(\frac{n}{2}\right)=\int_0^{\infty}\lambda^{\frac{n}{2}-1}\mathrm{e}^{-\lambda}\mathrm{d}\lambda$$

中心 $\chi^2(\lambda,n)$ 的图形如图 7.3.1 所示。

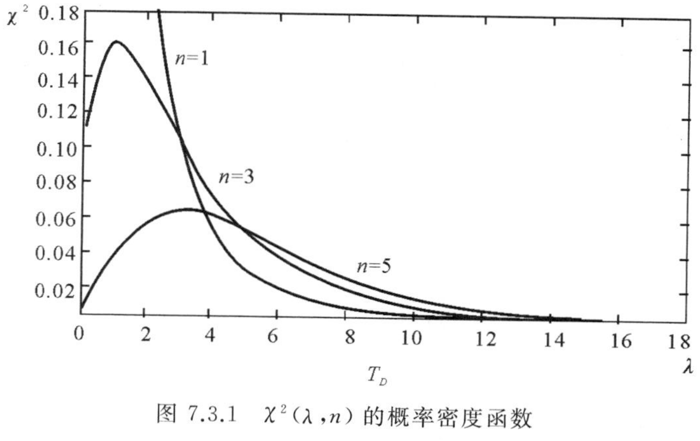

图 7.3.1　$\chi^2(\lambda,n)$ 的概率密度函数

现在来证明 $\lambda_k=\boldsymbol{\beta}_k^{\mathrm{T}}\boldsymbol{T}_k^{-1}\boldsymbol{\beta}_k$ 服从 $\chi^2(n)$ 分布。$\boldsymbol{T}_k$ 为协方差阵，故是正定的，于是 $\boldsymbol{T}_k^{-1}$ 也是正

定的，因此有分解

$$\boldsymbol{T}_k^{-1}=\boldsymbol{A}^{\mathrm{T}}\boldsymbol{A}$$

式中，$\boldsymbol{A}$ 为非奇异。则

$$\lambda_k=\boldsymbol{\beta}_k^{\mathrm{T}}\boldsymbol{T}_k^{-1}\boldsymbol{\beta}_k=(\boldsymbol{A}\boldsymbol{\beta}_k)^{\mathrm{T}}(\boldsymbol{A}\boldsymbol{\beta}_k)=\boldsymbol{\alpha}^{\mathrm{T}}\boldsymbol{\alpha}=\boldsymbol{\alpha}_1^2+\boldsymbol{\alpha}_2^2+\cdots+\boldsymbol{\alpha}_n^2$$

要证明 $\boldsymbol{\alpha}_i$ 与 $\boldsymbol{\alpha}_j$ 独立，这只要证明协方差阵 $E[\boldsymbol{\alpha}\boldsymbol{\alpha}^{\mathrm{T}}]$ 为对角阵即可。因为

$$E[\boldsymbol{\alpha}\boldsymbol{\alpha}^{\mathrm{T}}]=E[(\boldsymbol{A}\boldsymbol{\beta}_k)(\boldsymbol{A}\boldsymbol{\beta}_k)^{\mathrm{T}}]=\boldsymbol{A}E[\boldsymbol{\beta}_k\boldsymbol{\beta}_k^{\mathrm{T}}]\boldsymbol{A}^{\mathrm{T}}=\boldsymbol{A}\boldsymbol{T}_k\boldsymbol{A}^{\mathrm{T}}=\boldsymbol{A}[\boldsymbol{A}^{-1}(\boldsymbol{A}^{\mathrm{T}})^{-1}]\boldsymbol{A}^{\mathrm{T}}=\boldsymbol{I}$$

根据上面的定义，即有 $\lambda_k\sim\chi^2(n)$。

故障判定准则为

$$\begin{cases}若\ \lambda_k>T_D, & 判定有故障\\ 若\ \lambda_k\leqslant T_D, & 判定无故障\end{cases}$$

其中 T_D 是预先设置的门限，它决定了故障检测的性能。由奈曼-皮尔逊准则（见 7.5 节）可知，当限定误警率 $P_f=\alpha$ 时，则由 $P_f=P[\lambda_k>T_D/H_0]=\alpha$ 解出的门限 T_D 可使漏检率 $P[\lambda_k\leqslant T_D/H_1]$ 达到最小，因而 T_D 可由误警率 P_f 确定。

误检率 $P_f=\alpha$ 由图 7.3.1 中门限之外的曲线下的面积给定，即

$$P_f=\int_{T_D}^{\infty}\chi^2(\lambda,n)\mathrm{d}\lambda=1-\int_0^{T_D}\chi^2(\lambda,n)\mathrm{d}\lambda \tag{7.3.13}$$

给定 $P_f=\alpha$，就可由 χ^2 分布求出门限值 T_D。χ^2 分布的部分内容见表 7.3.1。

表 7.3.1 χ^2 分布的门限值 T_D

α \ n	1	2	3
10^{-1}	2.71	4.61	6.25
10^{-2}	6.63	9.21	11.34
10^{-3}	10.83	13.82	16.27
10^{-4}	15.14	18.42	21.11
10^{-5}	19.51	23.03	25.90
10^{-6}	23.93	27.63	30.66
10^{-7}	28.37	32.24	35.41
10^{-8}	32.84	36.84	40.13
10^{-9}	37.32	41.45	44.84

例如，当 $n=3$，$P_f=\alpha=10^{-3}$ 时，$T_D=16.27$。

为了计算检测函数 λ_k，要求 $\boldsymbol{T}_k$ 是已知的，而由式(7.3.6)可知，这就要求计算两个估计误差 $\boldsymbol{e}_k^K$ 和 $\boldsymbol{e}_k^S$ 的相关协方差阵 $\boldsymbol{P}_k^{KS}$。由于两个状态估计 $\hat{\boldsymbol{X}}_k$ 和 $\hat{\boldsymbol{X}}_k^S$ 具有相同的初始条件并受到同

样的噪声干扰，故该相关协方差一般不为零。

由式(7.3.1) ～ 式(7.3.3) 的第一式可得以下估计误差的表达式

$$\left.\begin{aligned} \boldsymbol{e}_k^K &= [\boldsymbol{I}-\boldsymbol{K}_k\boldsymbol{H}_k]\boldsymbol{\Phi}_{k,k-1}\boldsymbol{e}_{k-1}^K + [\boldsymbol{I}-\boldsymbol{K}_k\boldsymbol{H}_k]\boldsymbol{\Gamma}_{k-1}\boldsymbol{W}_{k-1} - \boldsymbol{K}_k\boldsymbol{V}_k] \\ \boldsymbol{e}_k^S &= \boldsymbol{\Phi}_{k,k-1}\boldsymbol{e}_{k-1}^S + \boldsymbol{\Gamma}_{k-1}\boldsymbol{W}_{k-1} \end{aligned}\right\} \tag{7.3.14}$$

因 $\boldsymbol{V}_k$ 与 $\boldsymbol{W}_{k-1}$ 不相关，且它们分别与 $\boldsymbol{e}_{k-1}^S$ 和 $\boldsymbol{e}_{k-1}^K$ 不相关，可得

$$\begin{aligned} \boldsymbol{P}_k^{KS} = E\{\boldsymbol{e}_k^K(\boldsymbol{e}_k^S)^{\mathrm{T}}\} &= [\boldsymbol{I}-\boldsymbol{K}_k\boldsymbol{H}_k]\boldsymbol{\Phi}_{k,k-1}E\{\boldsymbol{e}_{k-1}^K(\boldsymbol{e}_{k-1}^S)^{\mathrm{T}}\}\boldsymbol{\Phi}_{k,k-1}^{\mathrm{T}} + \\ & [\boldsymbol{I}-\boldsymbol{K}_k\boldsymbol{H}_k]\boldsymbol{\Gamma}_{k-1}E\{\boldsymbol{W}_{k-1}\boldsymbol{W}_{k-1}^{\mathrm{T}}\}\boldsymbol{\Gamma}_{k-1}^{\mathrm{T}} \end{aligned}$$

即

$$\boldsymbol{P}_k^{KS} = [\boldsymbol{I}-\boldsymbol{K}_k\boldsymbol{H}_k]\boldsymbol{\Phi}_{k,k-1}\boldsymbol{P}_{k-1}^{KS}\boldsymbol{\Phi}_{k,k-1}^{\mathrm{T}} + [\boldsymbol{I}-\boldsymbol{K}_k\boldsymbol{H}_k]\boldsymbol{\Gamma}_{k-1}\boldsymbol{Q}_{k-1}\boldsymbol{\Gamma}_{k-1}^{\mathrm{T}} \tag{7.3.15}$$

又由式(7.3.2) 的第 3,4 式可得

$$\boldsymbol{P}_k = [\boldsymbol{I}-\boldsymbol{K}_k\boldsymbol{H}_k]\boldsymbol{\Phi}_{k,k-1}\boldsymbol{P}_{k-1}\boldsymbol{\Phi}_{k,k-1}^{\mathrm{T}} + [\boldsymbol{I}-\boldsymbol{K}_k\boldsymbol{H}_k]\boldsymbol{\Gamma}_{k-1}\boldsymbol{Q}_{k-1}\boldsymbol{\Gamma}_{k-1}^{\mathrm{T}} \tag{7.3.16}$$

故若取初值 $\boldsymbol{P}_0 = \boldsymbol{P}_0^{KS} = \boldsymbol{P}^0$，则有

$$\boldsymbol{P}_k = \boldsymbol{P}_k^{KS} \tag{7.3.17}$$

将式(7.3.17) 代入式(7.3.6) 得

$$\boldsymbol{T}_k = \boldsymbol{P}_k^S - \boldsymbol{P}_k \tag{7.3.18}$$

用一个状态递推器的 χ^2 检验的缺点是：

在一般卡尔曼滤波器中，初值误差、系统噪声和建模误差的影响将会由量测更新来克服，使系统滤波精度逐渐提高。但在“状态递推器”中没有量测更新，所以这些误差将使状态递推值越来越偏离真实值，因此无故障时 $\boldsymbol{\beta}_k$ 的值也越来越大，其方差 $\boldsymbol{T}_k$ 也逐渐增大，这就降低了故障检测的灵敏度。文献[111] 中提出了用两个“状态递推器”的方法。两个状态递推器交替工作，一个作故障检测用时，另一个被卡尔曼滤波器的输出所校正，下一个周期两者的作用反过来。这样就可保持状态递推器的误差不逐渐扩大。

2. 残差 χ^2 检验法

上一小节介绍的 χ^2 检验法要求计算两个状态估计 $\hat{\boldsymbol{X}}_k$ 和 $\hat{\boldsymbol{X}}_k^S$，这无疑将增加机载计算机的负担。为了克服这一缺点，以下给出一种用残差 χ^2 检验对系统的故障进行检测和隔离。

由前面的介绍得知，每个局部滤波器均为卡尔曼滤波器，其残差为

$$\boldsymbol{r}_k = \boldsymbol{Z}_k - \boldsymbol{H}_k\hat{\boldsymbol{X}}_{k/k-1} \tag{7.3.19}$$

式中，预报值 $\hat{\boldsymbol{X}}_{k/k-1}$ 为

$$\hat{\boldsymbol{X}}_{k/k-1} = \boldsymbol{\Phi}_{k/k-1}\hat{\boldsymbol{X}}_{k-1} \tag{7.3.20}$$

可以证明，当无故障发生时卡尔曼滤波器的残差 $\boldsymbol{r}_k$ 是零均值高斯白噪声，而其方差为

$$\boldsymbol{A}_k = \boldsymbol{H}_k\boldsymbol{P}_{k/k-1}\boldsymbol{H}_k^{\mathrm{T}} + \boldsymbol{R}_k \tag{7.3.21}$$

当系统发生故障时，残差 $\boldsymbol{r}_k$ 的均值就不再为零了。因此，通过对残差 $\boldsymbol{r}_k$ 的均值的检验亦可确定系统是否发生了故障。

同前面一样，对 $\boldsymbol{r}_k$ 可作以下二元假设：

H_0，无故障　　$E\{\boldsymbol{r}_k\} = \boldsymbol{0},\ E\{\boldsymbol{r}_k\boldsymbol{r}_k^{\mathrm{T}}\} = \boldsymbol{A}_k$

H_1，有故障　　$E\{\boldsymbol{r}_k\} = \boldsymbol{\mu},\ E\{\boldsymbol{r}_k - \boldsymbol{\mu}][\boldsymbol{r}_k - \boldsymbol{\mu}]^{\mathrm{T}}\} = \boldsymbol{A}_k$

同理可推出故障检测函数

$$\lambda_k = \boldsymbol{r}_k^{\mathrm{T}} \boldsymbol{A}_k^{-1} \boldsymbol{r}_k \tag{7.3.22}$$

式中，λ_k 是服从自由度为 m 的 χ^2 分布，即 $\lambda_k \sim \chi^2(m)$。m 为测量 $\boldsymbol{Z}_k$ 的维数。

故障判定准则为

$$\begin{cases} 若\ \lambda_k > T_D, & 判定有故障 \\ 若\ \lambda_k \leqslant T_D, & 判定无故障 \end{cases} \tag{7.3.23}$$

其中预先设置的门限 T_D 同样可由误警率 P_f 确定。

由于对每组量测信息都设计了一个局部滤波器，因而，在局部滤波器中加入上述故障检测及隔离算法即可确定失效的量测信息及相应的错误局部状态估计。用剩余的正确局部状态估计按 7.2 节中介绍的联邦滤波算法，可计算出可靠的系统状态估计。

残差 χ^2 检验对软故障的检测不十分有效。因为软故障开始很小，不易检测出来，有故障的输出将影响预报值 $\hat{\boldsymbol{X}}_{k/k-1}$，使它"跟踪"故障输出，残差 $\boldsymbol{r}_k$ 一直保持比较小，因此难于用 $\boldsymbol{r}_k$ 来发现软故障。

7.3.2 组合导航系统容错设计

现以一个例子介绍容错组合导航系统的设计方法的应用(详见文献[112])。

设某组合导航系统包括三种导航系统：捷联惯导系统(SINS)、全球定位系统(GPS) 和多普勒(Doppler) 导航系统。考虑以 SINS 作为主导航系统并分别和 GPS 以及 Doppler 进行组合，得到两个子系统：SINS/GPS 和 SINS/Doppler。现为此 SINS/GPS/Doppler 组合导航系统设计一个容错方案。

先假定此组合导航系统的误差状态方程为

$$\dot{\boldsymbol{X}}(t) = \boldsymbol{F}(t)\boldsymbol{X}(t) + \boldsymbol{G}(t)\boldsymbol{W}(t)$$

量测方程为

$$\boldsymbol{Z}(t) = \boldsymbol{H}(t)\boldsymbol{X}(t) + \boldsymbol{V}(t)$$

量测方程可分为两部分： $\boldsymbol{Z}_i(t) = \boldsymbol{H}_k(t)\boldsymbol{X}(t) + \boldsymbol{V}_i(t) \quad i = 1, 2$

式中，$\boldsymbol{Z}_1(t)$ 是由子系统 SINS/GPS 得到的量测值，$\boldsymbol{Z}_2(t)$ 是由子系统 SINS/Doppler 得到的量测值。$\boldsymbol{Z}_1(t)$ 可表示为

$$\boldsymbol{Z}_1(t) = \begin{bmatrix} \boldsymbol{\rho}_{\mathrm{G}} - \boldsymbol{\rho}_{\mathrm{I}} \\ \dot{\boldsymbol{\rho}}_{\mathrm{G}} - \boldsymbol{\rho}_{\mathrm{I}} \end{bmatrix} = \boldsymbol{H}_1(t)\boldsymbol{X}(t) + \boldsymbol{V}_1(t)$$

式中，$\boldsymbol{\rho}_{\mathrm{G}}$ 和 $\dot{\boldsymbol{\rho}}_{\mathrm{G}}$ 为 GPS 得到的伪距和伪距率；而 $\boldsymbol{\rho}_{\mathrm{I}}$ 和 $\dot{\boldsymbol{\rho}}_{\mathrm{I}}$ 是 SINS 给出的飞行器到选定的 4 颗导航星的伪距和伪距率的估算值。$\boldsymbol{Z}_2(t)$ 可表示为

$$\boldsymbol{Z}_2(t) = [\boldsymbol{v}_{\mathrm{I}} - \boldsymbol{v}_{\mathrm{D}}] = \boldsymbol{H}_2(t)\boldsymbol{X}(t) + \boldsymbol{V}_2(t)$$

式中，$\boldsymbol{v}_{\mathrm{I}}$ 为 SINS 提供的飞行器速度，$\boldsymbol{v}_{\mathrm{D}}$ 为 Doppler 雷达测量到的地速。

将上述连续方程离散化，可得

$$\boldsymbol{X}_k = \boldsymbol{\Phi}_{k,k-1}\boldsymbol{X}_{k-1} + \boldsymbol{\Gamma}_{k-1}\boldsymbol{W}_{k-1}$$

$$\boldsymbol{Z}_k = \boldsymbol{H}_k\boldsymbol{X}_k + \boldsymbol{V}_k$$

它们可写成以下子系统方程形式：

$$\begin{cases} \boldsymbol{X}_{ik} = \boldsymbol{\Phi}_{k,k-1}\boldsymbol{X}_{ik-1} + \boldsymbol{\Gamma}_{k-1}\boldsymbol{W}_{k-1} \\ \boldsymbol{Z}_{ik} = \boldsymbol{H}_{ik}\boldsymbol{X}_k + \boldsymbol{V}_{ik} \quad i=1,2, \end{cases}$$

式中，$\boldsymbol{X}_{ik} \in \mathbf{R}^n$，$\boldsymbol{Z}_{1k} \in \mathbf{R}^8$，$\boldsymbol{Z}_{2k} \in \mathbf{R}^2$；$\boldsymbol{W}_k$ 和 $\boldsymbol{V}_k$ 是相互独立的高斯白噪声，且有

$$\boldsymbol{E}\{\boldsymbol{V}_k\boldsymbol{V}_j^{\mathrm{T}}\} = \boldsymbol{R}_k\delta_{kj}, \quad \boldsymbol{R}_k = \mathrm{diag}\{\boldsymbol{R}_{1k}, \boldsymbol{R}_{2k}\}$$

在设计的容错方案中，采用余度传感器结构来提高 SINS 的可靠性，并用 7.4 节中介绍的容错方案来保证组合导航系统中的 SINS 是可靠的。因此，只要通过子系统的故障检测，即可确定是何种导航系统发生了故障。

导航系统故障判定准则为：

若子系统 SINS/GPS 故障，则判定导航系统 GPS 故障；

若子系统 SINS/Doppler 故障，则判定导航系统 Doppler 故障。

针对两个子系统即 SINS/GPS 和 SINS/Doppler 设计两个局部滤波器($\beta_1 = \beta_2 = 1/2$)，由局部滤波器可获得组合导航系统误差状态的局部估计值。在每个局部滤波器中均采用前两节中介绍的故障检测及隔离方法，以确定子系统是否发生了故障。设计一个主滤波器($\beta_m = 0$)，利用 7.2 节中介绍的综合算法，将来自局部滤波器的局部状态估计综合起来，就得到了组合导航系统误差状态的全局估计值，然后利用这些估计值进行反馈校正。

容错系统的结构如图 7.3.2 所示。由图中可以看出，该容错系统包括：余度传感器结构的容错(SINS 容错算法)，子系统的故障检测及隔离，容错综合算法。局部滤波器中的故障检测及隔离算法可确定子系统的故障，进而判定失效的导航系统。一旦确定了某个子系统发生了故障，则由相应局部滤波器得到的状态估计是不正确的，因而不将其输入到主滤波器。此时，主滤波器仅利用另一局部滤波器的状态估计值给出系统误差状态的估计值，同时对失效的导航系统进行故障修复或通道切换。一旦失效的导航系统修复完毕，则由相应的子系统输出驱动的局部滤波器又能获得正确的局部状态估计值，将其输入到主滤波器，则可使组合导航系统重新为用户提供可靠的、精确的导航信息。

设由两个局部滤波器得到的误差状态估计及估计误差方差分别为 $\hat{\boldsymbol{X}}_1$，$\boldsymbol{P}_1$ 和 $\hat{\boldsymbol{X}}_2$，$\boldsymbol{P}_2$，则当系统没有故障时，整体误差状态估计值为

$$\hat{\boldsymbol{X}}_g = \boldsymbol{P}_g(\boldsymbol{P}_1^{-1}\hat{\boldsymbol{X}}_1 + \boldsymbol{P}_2^{-1}\hat{\boldsymbol{X}}_2)$$

式中

$$\boldsymbol{P}_g = (\boldsymbol{P}_1^{-1} + \boldsymbol{P}_2^{-1})^{-1}$$

若子系统 SINS/GPS 失效(对应于局部滤波器一)，则 $\hat{\boldsymbol{X}}_1$ 是不正确的，因而就不将其输入到主滤波器，此时，系统误差状态的整体估计为

$$\hat{\boldsymbol{X}}_g = \hat{\boldsymbol{X}}_2$$

而失效子系统的输出可由下式估计：

$$\hat{\boldsymbol{Z}}_1 = \boldsymbol{H}_1\hat{\boldsymbol{X}}_g$$

同理，当子系统 SINS/Doppler 失效时，系统误差状态的整体估计为

$$\hat{\boldsymbol{X}}_g = \hat{\boldsymbol{X}}_1$$

而失效子系统的输出估计值为 $\hat{\boldsymbol{Z}}_2 = \boldsymbol{H}_2\hat{\boldsymbol{X}}_g$。

由此可以看出，按本章介绍的方法设计的容错组合导航系统即使在某些导航系统失效时，也能提供可靠的、精确的导航信息。

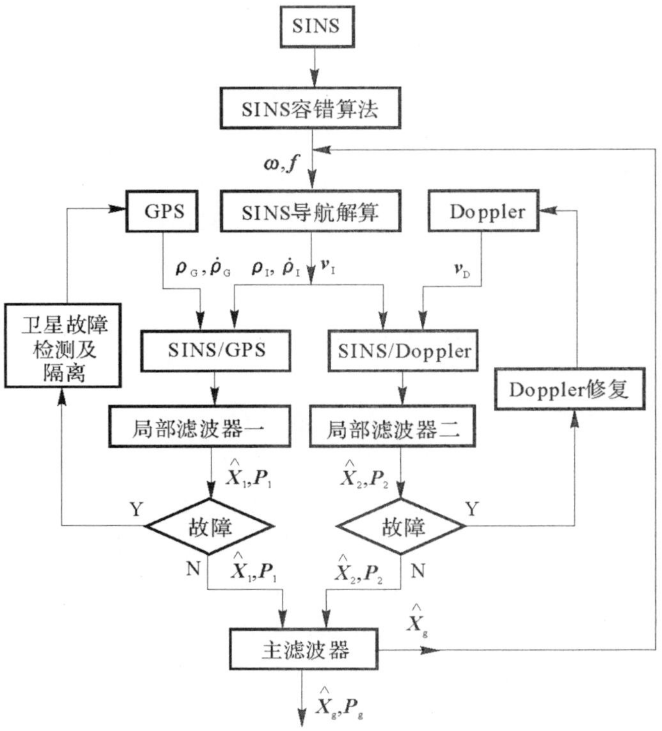

图 7.3.2 SINS/GPS/Doppler 容错系统结构

7.4 惯性器件的故障检测与隔离原理

7.4.1 概述

前面已提到，在容错组合导航系统中惯导系统常作为参考系统，其可靠性是至关重要的。因此，对惯导系统本身常采用余度技术和容错设计以提高它的可靠性。对平台惯导系统来讲，只能采用两套或多套平台系统，再将它们安置于飞机内不同部位，以提高战斗中的生存能力。对捷联惯导系统来讲，可以在元器件级采用余度技术。构成余度惯性组件的器件数目要在 4 个以上，这样就有 1 个以上的余度。惯性器件的配置方式有两种，即测量轴正交配置与非正交（斜置）配置。从可靠性角度来看，为达到相同的容错性能，斜置式配置所需的器件数目要少于正交配置所需数目。本节只讨论捷联式惯性组件中器件的故障检测和隔离原理。

在惯性组件中给定器件数目后，器件的配置方案的好坏可用器件的测量误差对沿参考正交系轴的角速度（或比力）估值的影响和故障检测的能力来评价。对此可建立一个指标函数，优化这个函数就可确定器件的配置角度。这方面的内容可参考文献[113，114]，这里只给出一些结果。

惯性器件的输出方程为

$$m = H\omega + \varepsilon \tag{7.4.1}$$

式中：$\boldsymbol{m} \in \mathbf{R}^n$ 是惯性器件输出；$\boldsymbol{\omega} \in \mathbf{R}^3$ 是机体的三维角速率；$\boldsymbol{H}$ 为 $n \times 3$ 的配置矩阵。惯性器件的配置方案不同，$\boldsymbol{H}$ 阵的形式也不同。表 7.4.1 给出单轴惯性器件的配置矩阵 $\boldsymbol{H}$。它们相应的配置结构如图 7.4.1 ～ 图 7.4.5 所示，图中 $\boldsymbol{h}_i (i=1,2,\cdots,6)$ 表示测量轴的方向。

表 7.4.1　单轴惯性器件的配置矩阵 H

<table>
<tr><th>n</th><th>配　置　矩　阵　H</th><th>配 置 结 构 图</th></tr>
<tr><td>3</td><td>$\boldsymbol{H} = \begin{bmatrix} 1 & 0 & 0 \\ 0 & 1 & 0 \\ 0 & 0 & 1 \end{bmatrix}$</td><td>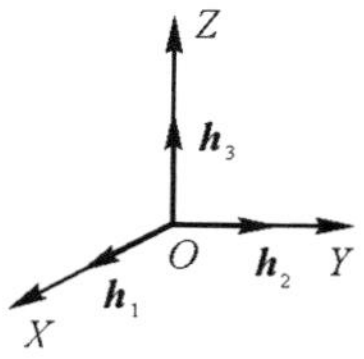

图 7.4.1　三单轴仪表正交配置</td></tr>
<tr><td rowspan="2">4</td><td>$\boldsymbol{H} = \begin{bmatrix} 1 & 0 & 0 & s \\ 0 & 1 & 0 & s \\ 0 & 0 & 1 & c \end{bmatrix}^{\mathrm{T}}$　$s = \sin\alpha \cdot \sqrt{2}/2$，$c = \cos\alpha$，$\alpha = \arcsin\sqrt{2/3}$</td><td>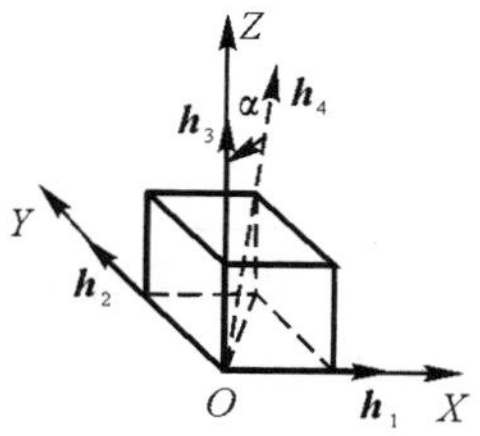

图 7.4.2　四单轴仪表正交斜置配置</td></tr>
<tr><td>$\boldsymbol{H} = \begin{bmatrix} s & -s & -s & s \\ s & s & -s & -s \\ c & c & c & c \end{bmatrix}^{\mathrm{T}}$　$s = \sin\alpha \cdot \sqrt{2}/2$，$c = \cos\alpha$，$\alpha = \arcsin\sqrt{2/3}$</td><td>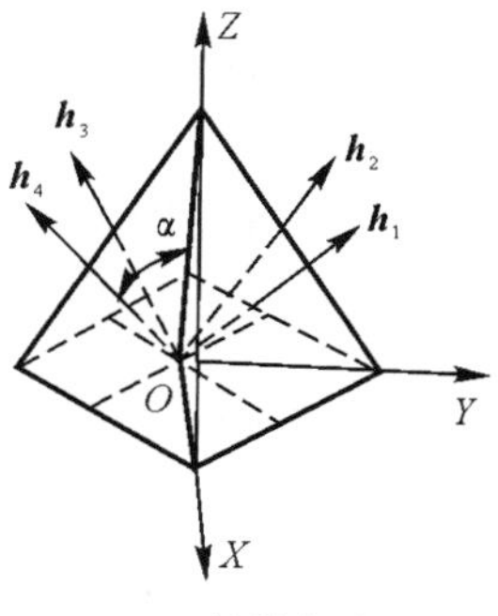

图 7.4.3　四单轴仪表对称配置</td></tr>
</table>

续 表

n	配　置　矩　阵　$\boldsymbol{H}$	配置结构图
5	$\boldsymbol{H}=\begin{bmatrix} s & sc & -cb & -cb & sc \\ 0 & ss & sb & -sb & -ss \\ c & c & c & c & c \end{bmatrix}^{\mathrm{T}}$ $s=\sin\alpha$ $c=\cos\alpha$ $sc=\sin\alpha\cos b$ $ss=\sin\alpha\sin b$ $cb=\sin\alpha\cos(b/2)$ $sb=\sin\alpha\sin(b/2)$ $\alpha=\arcsin\sqrt{2/3},b=72^\circ$	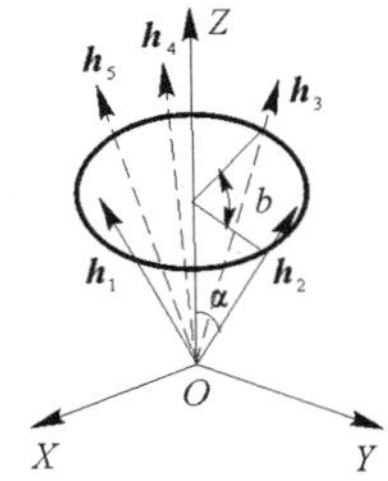 图 7.4.4　五单轴仪表对称配置
6	$\boldsymbol{H}=\begin{bmatrix} s & -s & c & c & 0 & 0 \\ 0 & 0 & s & -s & c & c \\ c & c & 0 & 0 & s & -s \end{bmatrix}^{\mathrm{T}}$ $s=\sin\alpha$ $c=\cos\alpha$ $2\alpha=63^\circ26'5.8''$	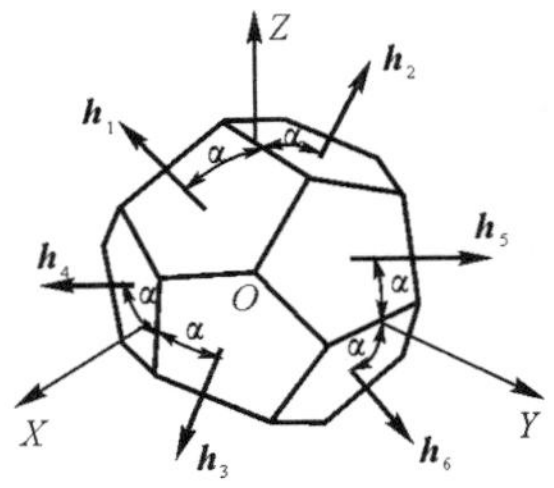 图 7.4.5　六单轴仪表对称配置

表 7.4.2 给出了双轴惯性器件的 $\boldsymbol{H}$ 阵。它们相应的配置结构如图 7.4.6 ～ 图 7.4.12 所示。图中，$\boldsymbol{h}_{is}$ 表示自旋轴；$\boldsymbol{h}_{ij}$ 表示测量轴，$i(i=1\sim n)$ 表示惯性器件序号，$j(j=1,2)$ 表示两个测量轴。

表 7.4.2　双轴惯性器件的配置矩阵 $\boldsymbol{H}$

n	配　置　矩　阵　$\boldsymbol{H}$	配置结构图
2	$\boldsymbol{H}=\begin{bmatrix} 1 & 0 & 0 & c \\ 0 & 1 & c & 0 \\ 0 & 0 & c & c \end{bmatrix}^{\mathrm{T}}$　$c=\sqrt{2}/2$	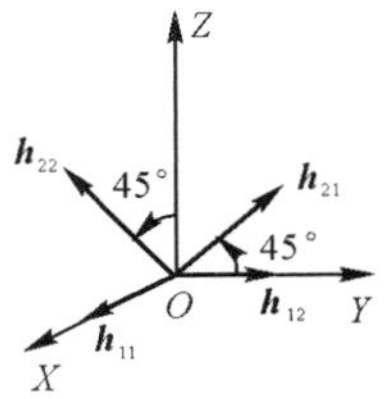 图 7.4.6　二双轴仪表正交配置
3	$\boldsymbol{H}=\begin{bmatrix} c & c & 0 & 0 & -c & c \\ -c & c & c & c & 0 & 0 \\ 0 & 0 & -c & c & c & c \end{bmatrix}^{\mathrm{T}}$　$c=\sqrt{2}/2$	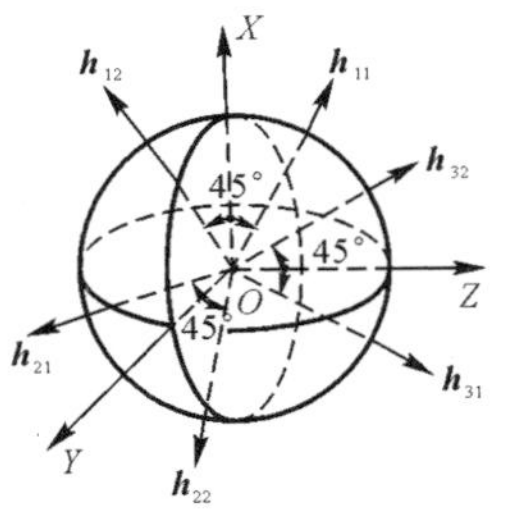 图 7 4.7　三双轴仪表对称配置

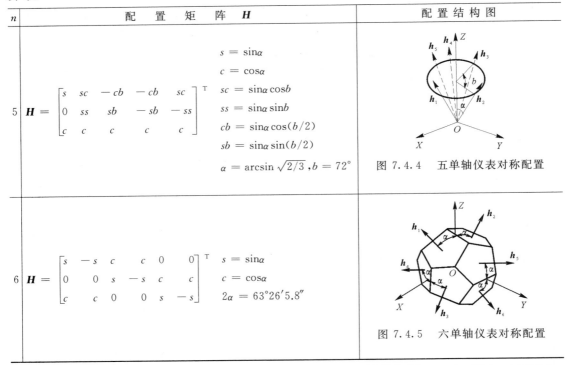

续表

n	配置矩阵 $\boldsymbol{H}$	配置结构图
4	$\boldsymbol{H}=\begin{bmatrix} a & b & -b & -a & -a & -b & b & a \\ b & a & a & b & -b & -a & -a & -b \\ c & c & c & c & c & c & c & c \end{bmatrix}^{\mathrm{T}}$ $c=-1/\sqrt{3}$ $a=-(1-c)/2$ $b=-(1+c)/2$	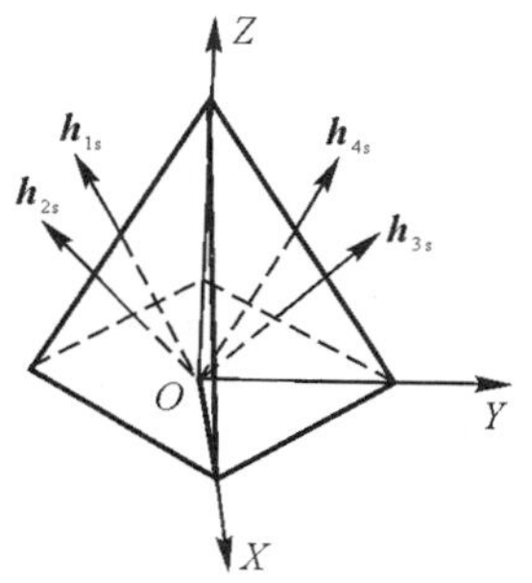 图 7.4.8　四双轴仪表对称配置
	$\boldsymbol{H}=\begin{bmatrix} -a & a & 0 & 0 & -b & b & b & -b \\ 0 & 0 & a & -a & b & -b & b & -b \\ a & a & a & a & a & a & a & a \end{bmatrix}^{\mathrm{T}}$ $a=1/\sqrt{2}$ $b=1/2$	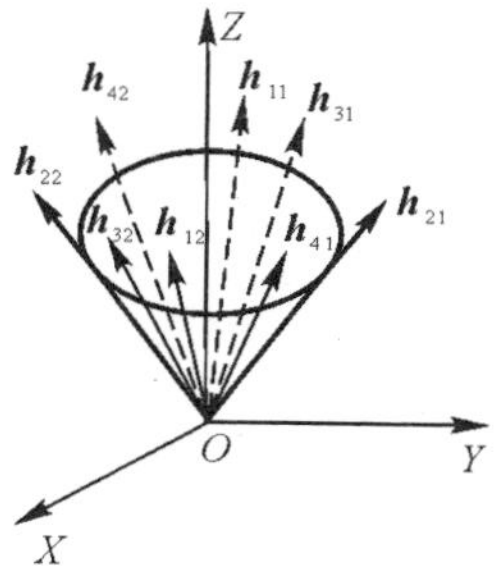 图 7.4.9　四双轴仪表共面配置
	$\boldsymbol{H}=\begin{bmatrix} 0 & -1/\sqrt{2} & 1 & 0 & 0 & 1 & 0 & 0 \\ 0 & -1/\sqrt{2} & 0 & 1 & 0 & 0 & 0 & 1 \\ 1 & 0 & 0 & 0 & 1 & 0 & 1 & 0 \end{bmatrix}^{\mathrm{T}}$	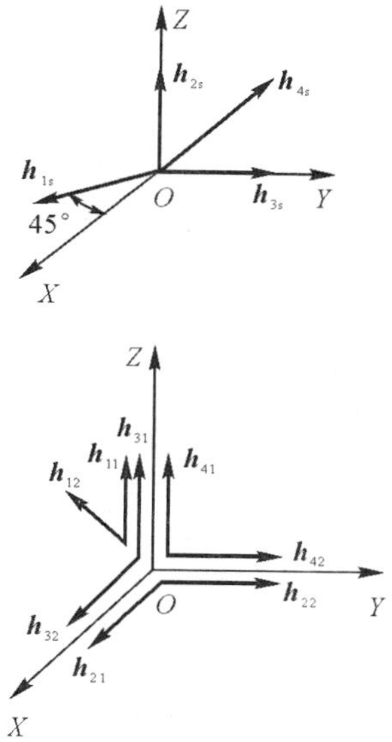 图 7.4.10　四双轴仪表正交配置自旋轴与测量轴方向

续 表

<table>
<tr><th>n</th><th>配　置　矩　阵　H</th><th>配 置 结 构 图</th></tr>
<tr><td>5</td><td>$$\boldsymbol{H}=\begin{bmatrix}1&0&0&0&0&1&1&0&0&a\\0&1&1&0&0&0&0&a&1&0\\0&0&0&1&1&0&0&a&0&a\end{bmatrix}^{\mathrm{T}}\quad a=1/\sqrt{2}$$</td><td>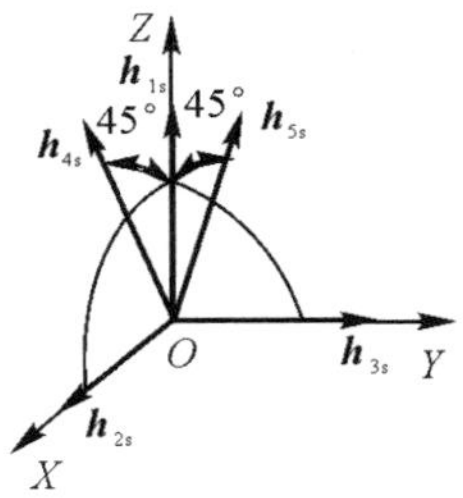

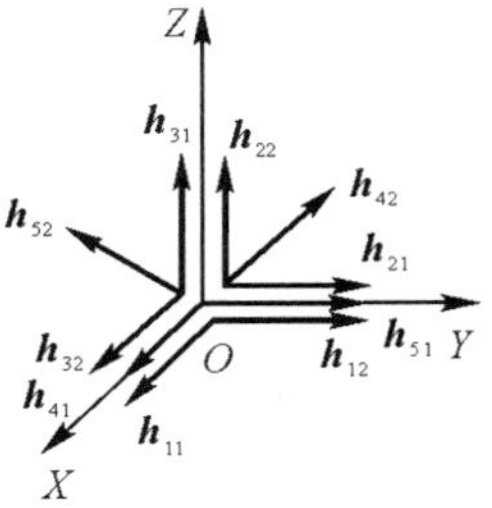

图 7.4.11　五双轴仪表正交配置自旋轴与测量轴方向</td></tr>
<tr><td>6</td><td>$$\boldsymbol{H}=\begin{bmatrix}1&0&0&0&0&1&1&0&0&a&0&a\\0&1&1&0&0&0&0&a&1&0&0&a\\0&0&0&1&1&0&0&a&0&a&1&0\end{bmatrix}^{\mathrm{T}}$$ $$a=1/\sqrt{2}$$</td><td>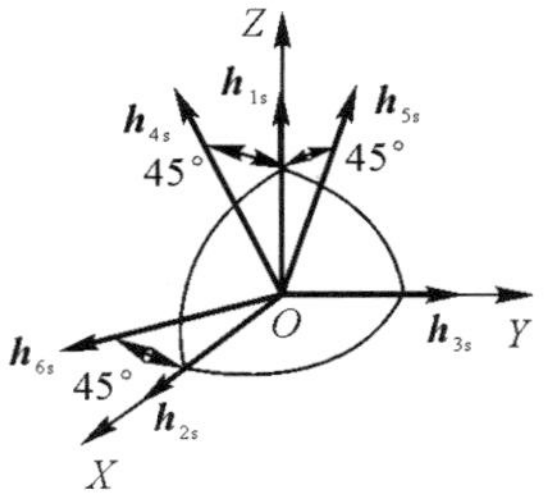

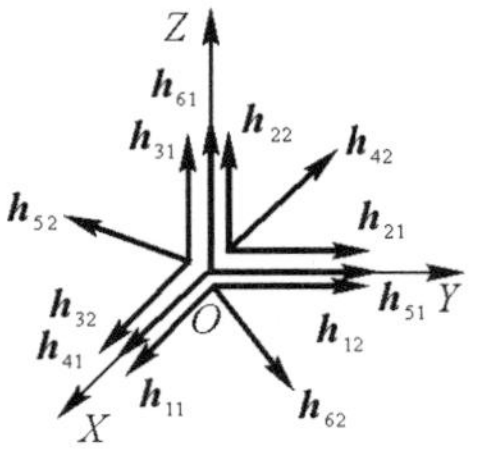

图 7.4.12　六双轴仪表正交配置自旋轴与测量轴方向</td></tr>
</table>

这里以一组 6 个单自由度陀螺为对象介绍最佳配置方案(这个方案已被 Honeywell 公司采用并被用于波音 777 的惯性系统中[115])。一组 6 个单自由度陀螺的最佳配置,如图 7.4.5 所示。6 个陀螺的敏感轴沿十二面体的 6 个平面的法向定位。这种结构有一个独特的对称性,即所有的陀螺敏感轴都彼此相距一个球面角 $2\alpha=63°26'5.8''$。每一对陀螺的敏感轴位于参考正

交坐标系的一个正交平面内，并与正交轴之间的夹角为 α。

令被测空间角速度向量为

$$\boldsymbol{\omega}=[\omega_X \quad \omega_Y \quad \omega_Z]^{\mathrm{T}}$$

则由图 7.4.5 所示的空间几何关系可得 6 个陀螺所反映出的测量值分别为

$$\left.\begin{aligned} m_1&=\omega_X\sin\alpha+\omega_Z\cos\alpha \\ m_2&=-\omega_X\sin\alpha+\omega_Z\cos\alpha \\ m_3&=\omega_X\cos\alpha+\omega_Y\sin\alpha \\ m_4&=\omega_X\cos\alpha-\omega_Y\sin\alpha \\ m_5&=\omega_Y\cos\alpha+\omega_Z\sin\alpha \\ m_6&=\omega_Y\cos\alpha-\omega_Z\sin\alpha \end{aligned}\right\} \tag{7.4.2}$$

式(7.4.2)可写成

$$\boldsymbol{m}=\boldsymbol{H}\boldsymbol{\omega} \tag{7.4.3}$$

式中

$$\boldsymbol{m}=[m_1 \quad m_2 \quad m_3 \quad m_4 \quad m_5 \quad m_6]^{\mathrm{T}} \tag{7.4.4}$$

$$\boldsymbol{H}=\begin{bmatrix} \sin\alpha & -\sin\alpha & \cos\alpha & \cos\alpha & 0 & 0 \\ 0 & 0 & \sin\alpha & -\sin\alpha & \cos\alpha & \cos\alpha \\ \cos\alpha & \cos\alpha & 0 & 0 & \sin\alpha & -\sin\alpha \end{bmatrix}^{\mathrm{T}} \tag{7.4.5}$$

由式(7.4.2)可以看出，每个陀螺可同时测量沿两个机体轴的姿态角速率，而从任意3个陀螺的测量值都可以得到沿 3 个坐标轴的全姿态信息。由此可见，只要保证 3 个陀螺正常工作，该余度结构就能提供正确的三轴全姿态信息。

现以这种 6 个单自由度陀螺结构为对象，介绍两种用于余度传感器结构的容错方案。一种适用于检测硬故障，另一种适用于检测软故障。这两种方案同样可用于其他余度传感器结构。

7.4.2　惯性器件硬故障检测——直接比较法

1. 奇偶方程

我们知道，三维欧氏空间中任意 4 个向量 $\boldsymbol{X}_1,\boldsymbol{X}_2,\boldsymbol{X}_3,\boldsymbol{X}_4$ 之间必存在线性相关关系，即有

$$a\boldsymbol{X}_1+b\boldsymbol{X}_2+c\boldsymbol{X}_3+d\boldsymbol{X}_4=\boldsymbol{0} \tag{7.4.6}$$

式中，a,b,c,d 是不全为零的实常数。因此，在余度惯性组件中，沿任意 4 个方向的陀螺(加速度计)的测量值也有这种线性相关的关系。以图 7.4.5 的正 12 面体上 6 轴斜置配置为例，忽略测量误差，令 $s=\sin\alpha$，$c=\cos\alpha$，则由式(7.4.2)的前 4 式可得

$$(m_1-m_2)c-(m_3+m_4)s=0 \qquad \text{(无故障)} \tag{7.4.7}$$

上式表明，如果 4 个陀螺的测量值满足上面的关系，则说明这 4 个陀螺无故障，否则，当式(7.4.7)不成立时，说明 4 个陀螺中至少有 1 个出了故障。这样，故障检测问题便可转换为对线性相关方程式(7.4.7)的逻辑判定问题。这种通过比较各个陀螺测量值来检测故障的方法又称为奇偶检测法，式(7.4.7)的线性相关方程又称为奇偶方程。

类似地，我们可以对 6 个陀螺中的任意 4 个的组合列出奇偶方程，其结果见表 7.4.3。由于测量误差的存在，奇偶方程的左端不是严格为零，用“≈”号代替“=”号。

表 7.4.3　6 个单自由度陀螺系统的奇偶方程

序　号	陀螺组合	奇偶检测方程
1	1234	$(m_1 - m_2)c - (m_3 + m_4)s \approx 0$
2	1235	$(m_2 + m_3)c - (m_1 + m_5)s \approx 0$
3	1236	$(m_3 - m_1)c - (m_2 - m_6)s \approx 0$
4	1245	$(m_4 - m_1)c - (m_2 + m_5)s \approx 0$
5	1246	$(m_2 + m_4)c - (m_1 - m_6)s \approx 0$
6	1256	$(m_5 - m_6)c - (m_1 + m_2)s \approx 0$
7	1345	$(m_4 + m_5)c - (m_1 + m_3)s \approx 0$
8	1346	$(m_6 - m_3)c + (m_1 + m_4)s \approx 0$
9	1356	$(m_1 + m_6)c + (m_3 + m_5)s \approx 0$
10	1456	$(m_5 - m_1)c + (m_4 - m_6)s \approx 0$
11	2345	$(m_5 - m_3)c + (m_4 - m_2)s \approx 0$
12	2346	$(m_5 + m_4)c + (m_2 - m_3)s \approx 0$
13	2356	$(m_2 - m_5)c + (m_3 + m_6)s \approx 0$
14	2456	$(m_2 + m_6)c + (m_4 - m_5)s \approx 0$
15	3456	$(m_4 - m_3)c + (m_5 + m_6)s \approx 0$

注：表中 $c = \cos\alpha = 0.850\ 65$，$s = \sin\alpha = 0.525\ 74$。

2. 故障检测与隔离

如果把上述每个奇偶检测方程等式右端设置严格二进制的量 $K_i(i=1 \sim 15)$，即当第 i 个奇偶方程满足时，$K_i=0$，反之，$K_i=1$。根据 K_i 的值可建立故障隔离的真值表，见表 7.4.4。如果所有的陀螺工作都正常，则 $K_1 \sim K_{15}$ 均为零，系统重构的程序元为 P_0。若 1 号陀螺失效，则与 1 号陀螺的量测值 m_1 有关的奇偶检测方程均不成立，$K_1 \sim K_{10}$ 均等于 1；而其他与 m_1 无关的奇偶方程 $K_{11} \sim K_{15}$ 均等于零，系统重构的程序元为 P_1，从而可将 1 号陀螺进行故障隔离。其他 1 个或 2 个陀螺失效的情况可依此类推，并示于表 7.4.4 中。若 3 个或 3 个以上的陀螺失效，奇偶检测方程全部为 1，在这种情况下只能进行故障检测，而不能进行故障隔离。

现介绍一种代码方式来对陀螺的故障进行隔离。该方法较真值表简单直观。其主要思想是：用一个六位码来对应由 6 个陀螺中的 4 个测量值构成的奇偶检测方程。如第 i 号陀螺的测量值 $m_i(i=1 \sim 6)$ 出现在奇偶检测方程中，则对应于该奇偶检测方程的六位码的第 i 位取值为 1，否则为 0。按此规则可得到 15 个奇偶检测方程所对应的代码表，见表 7.4.5。当某些陀螺失效时，在 15 个奇偶方程中含有失效陀螺测量值的方程就不成立了。通过检测剩余的奇偶方程所对应的六位码各占的值，便可确定究竟是哪些陀螺失效。检测方法是先将剩余的奇偶方程所对应的六位码分别相加，然后检查所得的各位值。既然失效陀螺的测量值并不会出现在剩余的奇偶方程中，因而在相应代码中的对应位数皆为零。因此，若剩余陀螺代码和的第 i 位数值为零，则说明第 i 号陀螺失效了。下面举例说明。

表 7.4.4　6 个单自由度陀螺系统故障检测真值表

故障陀螺	奇偶检测值															系统重构程序元
	K_1	K_2	K_3	K_4	K_5	K_6	K_7	K_8	K_9	K_{10}	K_{11}	K_{12}	K_{13}	K_{14}	K_{15}	
没有	0	0	0	0	0	0	0	0	0	0	0	0	0	0	0	P_0
1	1	1	1	1	1	1	1	1	1	1	0	0	0	0	0	P_1
2	1	1	1	1	1	1	0	0	0	0	1	1	1	1	0	P_2
3	1	1	1	0	0	0	1	1	1	0	1	1	1	0	1	P_3
4	1	0	0	1	1	0	1	1	0	1	1	1	0	1	1	P_4
5	0	1	0	1	0	1	1	0	1	1	1	0	1	1	1	P_5
6	0	0	1	0	1	1	0	1	1	1	0	1	1	1	1	P_6
1,2	1	1	1	1	1	1	1	1	1	1	1	1	1	1	0	P_7
1,3	1	1	1	1	1	1	1	1	1	1	1	1	1	0	1	P_8
1,4	1	1	1	1	1	1	1	1	1	1	1	1	0	1	1	P_9
1,5	1	1	1	1	1	1	1	1	1	1	1	0	1	1	1	P_{10}
1,6	1	1	1	1	1	1	1	1	1	1	0	1	1	1	1	P_{11}
2,3	1	1	1	1	1	1	1	1	1	0	1	1	1	1	1	P_{12}
2,4	1	1	1	1	1	1	1	1	0	1	1	1	1	1	1	P_{13}
2,5	1	1	1	1	1	1	1	0	1	1	1	1	1	1	1	P_{14}
2,6	1	1	1	1	1	1	0	1	1	1	1	1	1	1	1	P_{15}
3,4	1	1	1	1	1	0	1	1	1	1	1	1	1	1	1	P_{16}
3,5	1	1	1	1	0	1	1	1	1	1	1	1	1	1	1	P_{17}
3,6	1	1	1	0	1	1	1	1	1	1	1	1	1	1	1	P_{18}
4,5	1	1	0	1	1	1	1	1	1	1	1	1	1	1	1	P_{19}
4,6	1	0	1	1	1	1	1	1	1	1	1	1	1	1	1	P_{20}
5,6	0	1	1	1	1	1	1	1	1	1	1	1	1	1	1	P_{21}
3 个或 3 个以上	1	1	1	1	1	1	1	1	1	1	1	1	1	1	1	P_{22}

说明：$P_0 \sim P_{21}$ 能进行故障检测与识别，P_{22} 只能进行故障检测。

表 7.4.5　对应于奇偶检测方程的代码表

奇偶检测方程序号	代　　码	奇偶检测方程序号	代　　码
1(1234)	111100	9(1356)	101011
2(1235)	111010	10(1456)	100111
3(1236)	111001	11(2345)	011110
4(1245)	110110	12(2346)	011101
5(1246)	110101	13(2356)	011011
6(1256)	110011	14(2456)	010111
7(1345)	101110	15(3456)	001111
8(1346)	101101		

例 7－1　利用代码和的方法判断：① 1 号陀螺失效；② 1 号陀螺与 3 号陀螺失效，这两种故障情况。

解　① 1 号陀螺失效。由表 7.4.5 可知，剩余有效奇偶方程的序号及其对应的六位码分别为

序号		六位码
11		011110
12		011101
13		011011
14		010111
15	＋	001111
		044444

六位码之和的第 1 位为零，说明 1 号陀螺失效。

② 1 号陀螺与 3 号陀螺失效。由表 7.4.5 可知，剩余有效奇偶方程的序号及其对应的六位码分别为

序号	六位码
14	010111

此时的六位码之和的第 1 位和第 3 位为零，说明 1 号陀螺和 3 号陀螺失效。

由于 3 个陀螺失效后，所有的奇偶检测方程均不成立，故该方案只能检测到第 3 个陀螺失效而无法确定究竟是哪些陀螺失效。

一旦确定失效陀螺后，就必须重新组织剩余的正常陀螺以提供正确的量测信息，即进行系统重构，并由剩余的有效奇偶检测方程对剩余的陀螺故障进行检测和隔离。表 7.4.6 和

表 7.4.7 分别列出了 1 个陀螺失效后和 2 个陀螺失效后所有剩余的陀螺组合情况（每一组合对应于一个奇偶检测方程）。

表 7.4.6　1 个陀螺失效后的剩余奇偶检测方程

方程名 \ 失效陀螺号	1	2	3	4	5	6
奇偶检测方程	2345	1345	1245	1235	1234	1234
	2346	1346	1246	1236	1236	1235
	2356	1356	1256	1256	1246	1245
	2456	1456	1456	1356	1346	1345
	3456	3456	2456	2356	2346	2345

表 7.4.7　2 个陀螺失效后的剩余奇偶检测方程

失效陀螺	1,2	1,3	1,4	1,5	1,6	2,3	2,4	2,5	2,6	3,4	3,5	3,6	4,5	4,6	5,6
奇偶检测方程	3456	2456	2356	2346	2345	1456	1356	1346	1345	1256	1246	1245	1236	1235	1234

将表 7.4.6 和表 7.4.7 存入计算机中，表中的每一列对应一个容错模块。陀螺发生故障后，只须将管理程序切换到相应的模块，就可对该 6 个单自由度陀螺的余度结构进行容错管理。

这种 6 个单自由度陀螺系统除了具有高可靠性外，还可以利用多余度传感器提供的重复量测值通过数据处理方法来减少单个陀螺测量误差的影响。当陀螺无故障时，利用最小二乘原理，由式(7.4.1) 可给出角速度的最佳估计值为

$$\hat{\boldsymbol{\omega}} = (\boldsymbol{H}^{\mathrm{T}}\boldsymbol{H})^{-1}\boldsymbol{H}^{\mathrm{T}}\boldsymbol{m} \tag{7.4.8}$$

当某个陀螺发生故障时，应进行系统重构，将失效的测量方程从式(7.4.1) 中去掉，然后用最小二乘原理计算 $\hat{\boldsymbol{\omega}}$。

由此可知，多余度传感器的最佳配置不仅能显著提高系统的可靠性，还可以通过最小二乘数据处理技术提高系统的测量精度，充分显示出多余度捷联系统的优越性。

7.4.3　惯性器件软故障检测 —— 广义似然比法

1. 余度配置捷联陀螺软故障的 χ^2 检测法

(1) 奇偶向量。

设 IMU 配置有 $m(m > 3)$ 个不共线惯性器件（陀螺或加速度计），无故障条件下惯性器件输出为

$$\boldsymbol{Z} = \boldsymbol{H}\boldsymbol{X} + \boldsymbol{\varepsilon}$$

式中，$\boldsymbol{X}$ 为运载体的角速度或加速度，为三维向量。此处以陀螺为研究对象，量测方程为

$$\boldsymbol{Z} = \boldsymbol{H}\boldsymbol{\omega} + \boldsymbol{\varepsilon} \tag{7.4.9}$$

式中：$\boldsymbol{Z}$ 为 m 个陀螺输出构成的 m 维列向量；ε 为陀螺漂移构成的 m 维列向量；ω 为运载体的角速度，为 3 维列向量；$\boldsymbol{H}$ 为 $m \times 3$ 矩阵，由陀螺的安装角位置确定。

若忽略陀螺漂移，则式(7.4.9) 中只有 3 个方程互相独立，而其余 $m-3$ 个方程是线性相关

的，对式(7.4.9)作线性变换

$$\boldsymbol{UZ}=\boldsymbol{UH\omega}+\boldsymbol{U\varepsilon}$$

所选取的变换矩阵 $\boldsymbol{U}$ 使下述关系成立

$$\boldsymbol{U}=\begin{bmatrix}\boldsymbol{u}\\ \boldsymbol{V}\end{bmatrix}$$

$$\boldsymbol{uH}\neq \boldsymbol{0}$$

$$\boldsymbol{VH}=\boldsymbol{0} \tag{7.4.10}$$

则

$$\begin{aligned}\boldsymbol{uZ}&=\boldsymbol{uH\omega}+\boldsymbol{u\varepsilon}\\ \boldsymbol{VZ}&=\boldsymbol{VH\omega}+\boldsymbol{V\varepsilon}=\boldsymbol{V\varepsilon}\end{aligned} \tag{7.4.11}$$

式中，$\boldsymbol{u}$ 为 $3\times m$ 矩阵，$\boldsymbol{V}$ 为 $(m-3)\times m$ 矩阵，根据式(7.4.10)求取 $\boldsymbol{V}$ 时仅有 $3(m-3)$ 个代数方程，而 $\boldsymbol{V}$ 中的未知元有 m^2-3m 个，未知数个数比方程个数多

$$m^2-3m-3(m-3)=m^2-6m+9=(m-3)^2$$

这说明当确定 $\boldsymbol{V}$ 矩阵时，有 $(m-3)^2$ 个自由度，若额外增添 $(m-3)^2$ 个约束方程，就可确定出 $\boldsymbol{V}$ 矩阵。

为使用方便，选择如下约束方程：

$$\boldsymbol{VV}^{\mathrm{T}}=\boldsymbol{I}_{(m-3)\times(m-3)} \tag{7.4.12}$$

式中，$\boldsymbol{I}_{(m-3)\times(m-3)}$ 为 $(m-3)\times(m-3)$ 的单位阵，所以式(7.4.12)中包含有 $(m-3)^2$ 个代数方程。

在式(7.4.12)的左右两边分别左乘 $\boldsymbol{V}^{\mathrm{T}}$ 和右乘 $\boldsymbol{V}$，则有

$$\boldsymbol{V}^{\mathrm{T}}\boldsymbol{VV}^{\mathrm{T}}\boldsymbol{V}=\boldsymbol{V}^{\mathrm{T}}\boldsymbol{V}$$

即

$$(\boldsymbol{V}^{\mathrm{T}}\boldsymbol{V})(\boldsymbol{V}^{\mathrm{T}}\boldsymbol{V})=\boldsymbol{V}^{\mathrm{T}}\boldsymbol{V}$$

上式左右两边各左乘 $(\boldsymbol{V}^{\mathrm{T}}\boldsymbol{V})^{-1}$，得

$$\boldsymbol{V}^{\mathrm{T}}\boldsymbol{V}=\boldsymbol{I}_{m\times m} \tag{7.4.13}$$

由于 $\boldsymbol{V}$ 为 $(m-3)\times m$ 矩阵，所以 $\boldsymbol{I}_{m\times m}$ 为 m 维单位阵。

式(7.4.12)和式(7.4.13)说明：若 $\boldsymbol{V}$ 矩阵的行向量为单位正交行向量，则 $\boldsymbol{V}$ 矩阵的列向量为单位正交列向量。这是选择 $\boldsymbol{V}$ 时应满足的约束条件。Potter J E 给出了求解 $\boldsymbol{V}$ 矩阵的具体算法：【116】

记 $\boldsymbol{V}=[v(i,j)]\quad i=1,2,\ldots,m-3;j=1,2,\ldots,m$，则

$\boldsymbol{W}=\boldsymbol{I}-\boldsymbol{H}(\boldsymbol{H}^{\mathrm{T}}\boldsymbol{H})^{-1}\boldsymbol{H}^{\mathrm{T}}=[w(i,j)]\quad i=1,2,\ldots,m;j=1,2,\ldots,m$

$v^2(1,1)=w(1,1)$

$v(1,j)=w(1,j)/v(1,1)\quad j=2,3,\ldots,m$

$v^2(i,i)=w(i,i)-\sum\limits_{k=1}^{i-1}v^2(k,i)\quad i=2,3,\ldots,m-3$

$v(i,j)=[w(i,j)-\sum\limits_{k=1}^{i-1}v(k,i)v(k,j)/v(i,i)\quad i=2,3,\cdots m-3;j=i+1,\cdots,m$

$v(i,j)=0\quad i=2,3,\ldots,m-3;j=1,2,\ldots,i-1$

定义

$$\boldsymbol{p} = \boldsymbol{VZ} \tag{7.4.14}$$

为奇偶向量，维数为 $m-3$，其中 $\boldsymbol{Z}$ 为余度配置陀螺组合的输出。

(2) 由奇偶向量构造的 χ^2 分布统计量

由式(7.4.11) 知，在所有陀螺无故障条件下，奇偶向量

$$\boldsymbol{p} = \boldsymbol{V\varepsilon}$$

其中 $\boldsymbol{V}$ 为 $(m-3)\times m$ 矩阵，$\varepsilon = [\varepsilon_1,\varepsilon_2,\dots,\varepsilon_m]^{\mathrm{T}}$。

假设 $\varepsilon_i(i=1,2,\cdots m)$ 服从正态分布 $\varepsilon_i \sim N(0,\sigma)$，$i=1,2,\dots,m$。用 $\boldsymbol{p}$ 构造统计量：

$$DF_D = \frac{1}{\sigma^2}\boldsymbol{p}^{\mathrm{T}}\boldsymbol{p} \tag{7.4.15}$$

即

$$DF_D = \frac{1}{\sigma^2}\boldsymbol{\varepsilon}^{\mathrm{T}}\boldsymbol{V}^{\mathrm{T}}\boldsymbol{V\varepsilon}$$

由式(7.4.13)

$$DF_D = \frac{1}{\sigma^2}\varepsilon^{\mathrm{T}}\varepsilon = \frac{1}{\sigma^2}(\varepsilon_1^2+\varepsilon_2^2+\cdots+\varepsilon_m^2) = \left(\frac{\varepsilon_1}{\sigma}\right)^2 + \left(\frac{\varepsilon_2}{\sigma}\right)^2 + \cdots + \left(\frac{\varepsilon_m}{\sigma}\right)^2 \tag{7.4.16}$$

由于

$$\varepsilon_i \sim N(0,\sigma),\quad \frac{\varepsilon_i}{\sigma} \sim N(0,1),\quad i=1,2,\dots,m。$$

所以按式(7.4.15) 构建的统计量 DF_D 服从自由度为 m 的 χ^2 分布：

$$DF_D \sim \chi^2(m) \tag{7.4.17}$$

(3) 检测发生软故障的判定准则

由式(7.4.17) 知，当 m 个陀螺均正常工作，即无故障时，由奇偶向量构造出的统计量 DF_D 服从自由度为 m 的 χ^2 分布，图 7.4.1 所示为 DF_D 的概率密度示意图。图中，竖线阴影部分的面积为 $DF_D > T_D$ 的概率，记该概率为 P_f。

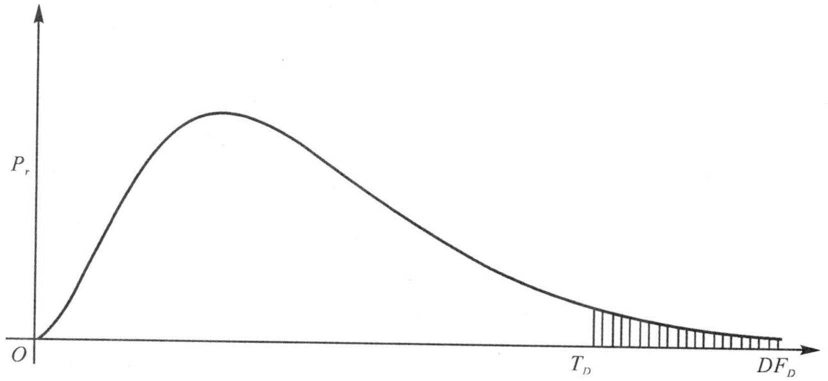

图 7.4.1　统计量 DF_D 的 χ^2 分布概率密度

将发生软故障这一事件记为 H_1，无软故障这一事件记为 H_0。设 T_D 为对应于概率 P_f 的阈值，即 H_0 条件下 $DF_D > T_D$ 的概率

$$P\{(DF_D > T_D) \mid H_0\} = P_f \tag{7.4.18}$$

则

$$P\{(DF_D < T_D) \mid H_0\} = 1 - P_f \tag{7.4.19}$$

如果 P_f 很小，则在无故障(H_0) 条件下发生 $DF_D > T_D$ 是小概率事件，而小概率事件在一次试验中是不可能发生的，所以若根据奇偶向量 $\boldsymbol{p}$ 计算得的 $DF_D > T_D$，就可以断定这不可能是在 H_0(无故障) 条件下发生的，而极有可能是在 H_1(有故障) 条件下发生的。由此可按如下准则判定陀螺组合是否出现了软故障。

判定准则 1：

若 $DF_D > T_D$，则可判定至少有一个陀螺出现软故障；

若 $DF_D < T_D$，则可判定所有陀螺均无软故障。

虽然在无故障(H_0) 条件下 $DF_D > T_D$ 是小概率事件，但毕竟还有 P_f 的概率，一旦 $DF_D > T_D$ 就判定为有故障，实际上潜伏着误判，存在的误判率亦即虚警率为 P_f。虚警和漏检是相互矛盾的。由图 7.4.1 可看出：若 T_D 设置得小，则 P_f 就大，虚警率增大，漏检率降低；若 T_D 设置得大，则 P_f 就小，虚警率降低，但漏检率增大。所以设置阈值 T_D 必须兼顾虚警率和漏检率的合理选择。

2. 余度配置条件下软故障陀螺仅一个时的检测判定和故障量估计

假设第 i 个陀螺发生软故障，并将该事件记为 $H_1(i)$，故障量为 $f_i (i = 1,2,\cdots m)$。根据式(7.4.11)，此时奇偶向量为

$$\boldsymbol{p} = \boldsymbol{V}\boldsymbol{e}_i f_i + \boldsymbol{V}\boldsymbol{\varepsilon}$$

式中，$\boldsymbol{e}_i$ 为第 i 个元为 1，其余元均为 0 的 m 维单位向量，所以

$$\boldsymbol{p} = \boldsymbol{V}_{(i)} f_i + \boldsymbol{V}\boldsymbol{\varepsilon} \tag{7.4.20}$$

式中，$\boldsymbol{V}_{(i)}$ 为 $m-3$ 维列向量，由 $\boldsymbol{V}$ 的第 i 列构成。

式(7.4.20) 中 $\boldsymbol{V}_{(i)} f_i$ 可看成 $\boldsymbol{p}$ 的偏置量，而 $\boldsymbol{\varepsilon}$ 为服从正态分布的 0 均值随机向量，所以 $\boldsymbol{p}$ 也服从正态分布，均值为 $\boldsymbol{V}_{(i)} f_i$，方差为 σ^2，在 $H_1(i)$ 条件下 $\boldsymbol{p}$ 的概率密度为

$$P_r(\boldsymbol{p}/H_1(i)) = P_r(\boldsymbol{p}/f_i) = \frac{1}{\sqrt{2\pi}\sigma}\exp\left[-\frac{1}{2\sigma^2}(\boldsymbol{p} - \boldsymbol{V}_{(i)} f_i)^{\mathrm{T}}(\boldsymbol{V}\boldsymbol{V}^{\mathrm{T}})^{-1}(\boldsymbol{p} - \boldsymbol{V}_{(i)} f_i)\right]$$

根据式(7.4.12)，上式可为

$$p_r(\boldsymbol{p}/H_1(i)) = \frac{1}{\sqrt{2\pi}\sigma}\exp\left[-\frac{1}{2\sigma^2}(\boldsymbol{p} - \boldsymbol{V}_{(i)} f_i)^{\mathrm{T}}(\boldsymbol{p} - \boldsymbol{V}_{(i)} f_i)\right]$$

对应于上式的似然函数为

$$\begin{aligned}\ln P_r(\boldsymbol{p}/f_i) &= -\ln(\sqrt{2\pi}\sigma) - \frac{1}{2\sigma^2}(\boldsymbol{p} - \boldsymbol{V}_{(i)} f_i)\mathrm{T}(\boldsymbol{p} - \boldsymbol{V}_{(i)} f_i) = \\ &-\ln(\sqrt{2\pi}\sigma) - \frac{1}{2\sigma^2}\left[\boldsymbol{p}^{\mathrm{T}}\boldsymbol{p} + f_i^2\boldsymbol{V}_{(i)}^{\mathrm{T}}\boldsymbol{V}_{(i)} - \boldsymbol{p}^{\mathrm{T}}\boldsymbol{V}_{(i)} f_i - f_i\boldsymbol{V}_{(i)}^{\mathrm{T}}\boldsymbol{p}\right]\end{aligned} \tag{7.4.21}$$

使似然函数达到最大的 $\hat{f}_i$ 应满足似然方程

$$\frac{\partial}{\partial f_i}\left[\ln P_r(\boldsymbol{p}/f_i)\right] = 0$$

由于式(7.4.21) 中的各项均为标量，而标量转置后不变，按上式求导得

$$-\frac{1}{2\sigma^2}\left[2 f_i\boldsymbol{V}_{(i)}^{\mathrm{T}}\boldsymbol{V}_{(i)} - 2\boldsymbol{V}_{(i)}^{\mathrm{T}}\boldsymbol{p}\right] = 0$$

由上式可解得 f_i 的极大似然估计为

$$\hat{f}_i = \frac{\boldsymbol{V}_{(i)}^{\mathrm{T}}\boldsymbol{p}}{\boldsymbol{V}_{(i)}^{\mathrm{T}}\boldsymbol{V}_{(i)}} \tag{7.4.22}$$

式(7.4.22)式代入式(7.4.21)，得

$$\ln P_r(\boldsymbol{P}/f_i) = -\ln(\sqrt{2\pi}\sigma) - \frac{1}{2\sigma^2}\boldsymbol{p}^{\mathrm{T}}\boldsymbol{p} + \frac{1}{2\sigma^2}\frac{[\boldsymbol{V}_{(i)}^{\mathrm{T}}\boldsymbol{p}]^2}{\boldsymbol{V}_{(i)}^{\mathrm{T}}\boldsymbol{V}_{(i)}} \tag{7.4.23}$$

式(7.4.23)式右侧仅第3项与第 i 个陀螺有关，该项越大，对应的概率密度 $P_r(\boldsymbol{P}/f_i)$ 也越大。因此可逐个计算出似然函数 $\ln P_r(\boldsymbol{P}/f_i)$，$i=1,2,\cdots m$，对这 m 个似然函数值比较大小，若 $\ln P_r(\boldsymbol{P}/f_I)$ 为其中的最大值，则可判定第 I 个陀螺发生了软故障。这样故障陀螺可用如下准则来判定和定位。

判定准则 2：

若根据判定准则 1 已判定陀螺组合出现软故障，并且

$$\ln P_r(\boldsymbol{p}/f_I) = \max[\ln P_r(\boldsymbol{p}/f_1), \ln P_r(\boldsymbol{p}/f_2), \cdots, \ln P_r(\boldsymbol{p}/f_m)],$$

则判定第 I 个陀螺出现软故障，故障量按式(7.4.22)计算。

对多个陀螺发生软故障的情况，可采用逐一检测隔离以实现软故障检测，也就是逐次检测出一个故障陀螺并隔离掉，经过若干次循环后可隔离掉所有故障陀螺，实现冗余陀螺的容错测量，图 7.4.2 为算法流程图。

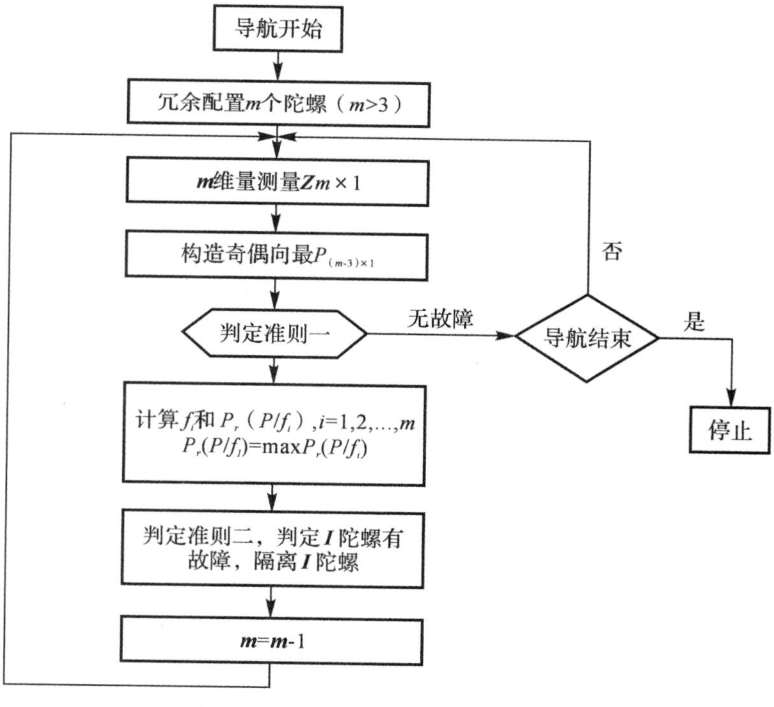

图 7.4.2　软故障陀螺检测、隔离流程图

3. 奇偶向量的补偿

在前面的推导中曾假定量测值中没有传感器误差，但实际情况并非如此。一般情况下，传感器中含有刻度系数误差、安装误差以及常值偏差，这时无故障情况下的量测方程为

$$\boldsymbol{Z} = (\boldsymbol{I} + \boldsymbol{H}_{\mathrm{se}})[\boldsymbol{H} + \boldsymbol{H}_{\mathrm{me}})\boldsymbol{X} + \boldsymbol{b}_1 + \boldsymbol{\varepsilon}_1] \tag{7.4.24}$$

式中，$\boldsymbol{H}_{se} \in \mathbf{R}^{m\times m}$ 是和刻度系数有关的矩阵；$\boldsymbol{H}_{me} \in \mathbf{R}^{m\times n}$ 是和安装误差有关的矩阵；$\boldsymbol{b}_1$ 是常值偏置；$\boldsymbol{\varepsilon}_1$ 是高斯白噪声。

考虑误差阵 $\boldsymbol{H}_{se}$ 和 $\boldsymbol{H}_{me}$ 的元数量级都较小，故认为 $\boldsymbol{H}_{se}\boldsymbol{H}_{me} \approx 0$，则式(7.4.24) 变为

$$\boldsymbol{Z} = (\boldsymbol{H} + \boldsymbol{H}_{me} + \boldsymbol{H}_{se}\boldsymbol{H})\boldsymbol{X} + (\boldsymbol{I} + \boldsymbol{H}_{se})(\boldsymbol{b}_1 + \boldsymbol{\varepsilon}_1) \tag{7.4.25}$$

令

$$\left.\begin{aligned} \boldsymbol{b} &= (\boldsymbol{I} + \boldsymbol{H}_{se})\boldsymbol{b}_1 \\ \boldsymbol{\varepsilon} &= (\boldsymbol{I} + \boldsymbol{H}_{se})\boldsymbol{\varepsilon}_1 \\ \boldsymbol{H}_m &= \boldsymbol{H}_{me} + \boldsymbol{H}_{se}\boldsymbol{H} \end{aligned}\right\} \tag{7.4.26}$$

则式(7.4.25) 可改为

$$\boldsymbol{Z} = (\boldsymbol{H} + \boldsymbol{H}_m)\boldsymbol{X} + \boldsymbol{b} + \boldsymbol{\varepsilon} \tag{7.4.27}$$

再由式(7.4.14) 可得如下奇偶向量为

$$\boldsymbol{p} = \boldsymbol{V}\boldsymbol{H}_m\boldsymbol{X} + \boldsymbol{V}\boldsymbol{b} + \boldsymbol{V}\boldsymbol{\varepsilon} \tag{7.4.28}$$

这时奇偶向量 $\boldsymbol{p}$ 是真实状态 $\boldsymbol{X}$、正常的常值偏置以及测量噪声的函数。当飞行器作机动飞行时，奇偶向量各元的数值将增大，以致使故障判决函数有可能超过给定的门限造成误警。曾有人提出采用随飞行器运动规律变化的动态门限来解决这个问题，但该门限会设置过大，以致无法检测动态时的软故障(即缓慢变化或较小的突变故障)。此外，常值偏置也将降低软故障检测能力。

为了改进 FDI 性能，应试图估计出传感器的所有误差以便得到比较精确的量测方程，使这些误差不再影响奇偶向量。然而，并非所有的误差都是可观的，在此采用估计误差的线性组合方法。这些误差项的线性组合一旦被估计出来，就可排除其对奇偶向量的影响，提高 FDI 的性能。

在无故障发生时，式(7.4.28) 可改写为

$$\boldsymbol{p} = \boldsymbol{A}\boldsymbol{X} + \boldsymbol{b}' + \boldsymbol{V}\boldsymbol{\varepsilon} \tag{7.4.29}$$

式中，$\boldsymbol{A} = \boldsymbol{V}\boldsymbol{H}_m$，$\boldsymbol{b}' = \boldsymbol{V}\boldsymbol{b}$。当 $n = 3$ 时，待估计量是 $(m-3)\times 3$ 维矩阵 $\boldsymbol{A}$ 的元和 $\boldsymbol{b}'$ 向量的 $(m-3)$ 个元。将 $\boldsymbol{A}$ 按如下形式排列成一向量：

$$\boldsymbol{a} = [a_{11} \quad a_{12} \quad a_{13} \quad a_{21} \quad \cdots \quad a_{l3}]^{\mathrm{T}} \tag{7.4.30}$$

式中，a_{ij} 为矩阵 $\boldsymbol{A}$ 的元，$l = m - 3$。因此式(7.4.29) 右端的第一项可写成

$$\boldsymbol{A}\boldsymbol{X} = \boldsymbol{C}\boldsymbol{a} \tag{7.4.31}$$

式中 $\boldsymbol{C}$ 是 $l \times 3l$ 的矩阵，定义为

$$\boldsymbol{C} = \begin{bmatrix} \boldsymbol{X}^{\mathrm{T}} & 000 & \cdots & 000 \\ 000 & \boldsymbol{X}^{\mathrm{T}} & \cdots & 000 \\ \vdots & \vdots & & \vdots \\ 000 & 000 & \cdots & \boldsymbol{X}^{\mathrm{T}} \end{bmatrix} \tag{7.4.32}$$

则式(7.4.29) 可表示为

$$\boldsymbol{p} = \boldsymbol{C}\boldsymbol{a} + \boldsymbol{b}' + \boldsymbol{V}\boldsymbol{\varepsilon} \tag{7.4.33}$$

式(7.4.33) 可看做为量测方程。但式中 $\boldsymbol{C}$ 是未知的，由于 $\boldsymbol{C}$ 和真实状态 $\boldsymbol{X}$ 有关，可用 $\boldsymbol{X}$ 的估计值

$$\hat{\boldsymbol{X}} = (\boldsymbol{H}^{\mathrm{T}}\boldsymbol{H})^{-1}\boldsymbol{H}^{\mathrm{T}}\boldsymbol{Z} \tag{7.4.34}$$

代入 $\boldsymbol{C}$ 的表达式得出 $\boldsymbol{C}$ 的估计值 $\hat{\boldsymbol{C}}$，将 $\hat{\boldsymbol{C}}$ 代入式(7.4.33) 得

$$p = \hat{C}a + b' + \varepsilon' \tag{7.4.35}$$

将待估计量组合成一个增广向量 e，有

$$e = \begin{bmatrix} a \\ b' \end{bmatrix} \tag{7.4.36}$$

则式(7.4.35) 可写成

$$p = \hat{M}e + \varepsilon' \tag{7.4.37}$$

式中

$$\hat{M} = [\hat{C} \quad I], \quad \varepsilon' = V\varepsilon$$

可将式(7.4.37) 看成量测方程，量测值为 p，状态为 e，量测噪声为 ε'。若 ε 为白噪声，则 ε' 也为白噪声。要估计 e，还需要 e 的状态方程。但决定误差 e 的状态方程是比较困难的，在文献[117] 中假定 e 满足下面的离散马尔可夫过程

$$e_{k+1} = \Phi_k e_k + \omega_k \tag{7.4.38}$$

式中，Φ_k 为状态转移矩阵，ω_k 为白噪声，方差设为 Q_k，Φ_k 和 Q_k 应根据具体情况而定。此式可包含一类模型，如随机常数和随机游动模型。当 a 和 b' 都是随机常数时，可令 Φ_k 为单位阵，ω_k 为零。在文献[117] 中的仿真用式(7.4.38) 的一阶马尔可夫模型，并设相关时间为 50 分钟。根据状态方程式(7.4.38) 和量测方程式(7.4.37) 就可应用卡尔曼滤波估计 e_k。在求得估计值 $\hat{e}_k$ 后，可用下面方法来补偿奇偶向量

$$p^* = p - \hat{M}\hat{e} = \varepsilon' = V\varepsilon \tag{7.4.39}$$

即经补偿后的奇偶向量 p^* 只与噪声有关而与状态 X 无关。

当故障发生时

$$p^* = Vb_f + V\varepsilon \tag{7.4.40}$$

此时，故障检测和隔离函数分别为

$$\left.\begin{aligned} DF_D^* &= (p^*)^T p^* \\ DF_{Ij}^* &= [(p^*)^T v_j]^2 \end{aligned}\right\} \tag{7.4.41}$$

由于经补偿后的奇偶向量基本上不受器件安装误差和自身误差的影响，因此用它进行故障检测和隔离时对故障比较灵敏，可以检测出软故障。

4. 广义似然比检测方法举例

下述以 6 个单自由度陀螺结构为例介绍广义似然比检测容错方案。

对一组 6 个单自由度陀螺结构，由式(7.4.5) 可知其量测矩阵为($2\alpha = 63°26'5.8''$)

$$H = \begin{bmatrix} 0.525\,73 & -0.525\,73 & 0.850\,65 & 0.850\,65 & 0 & 0 \\ 0 & 0 & 0.525\,73 & -0.525\,73 & 0.850\,65 & 0.850\,65 \\ 0.850\,65 & 0.850\,65 & 0 & 0 & 0.525\,73 & -0.525\,73 \end{bmatrix}$$

由 Potter 的算法可得到相应的 V 矩阵为

$$V = \begin{bmatrix} 0.707\,11 & -0.316\,23 & -0.316\,23 & -0.316\,23 & -0.316\,23 & 0.316\,23 \\ 0 & 0.632\,46 & 0.195\,44 & 0.195\,44 & -0.511\,67 & 0.511\,67 \\ 0 & 0 & 0.601\,50 & -0.601\,50 & -0.371\,75 & -0.371\,75 \end{bmatrix}$$

当只有陀螺 $i(i=1,2,\cdots,6)$ 失效时，剩余的正确量测方程为

$$Z^i = H^i X + \varepsilon^i \tag{7.4.42}$$

矩阵上标 i 表示是由原矩阵去掉第 i 行后形成的矩阵。此时，相应的 $H^i \in \mathbf{R}^{5\times3}$。相应的

$\boldsymbol{V}^i \in \mathbf{R}^{2\times5}$。$\boldsymbol{V}^i$ 由 Potter 的算法求得。

若接着陀螺 $j(j=1,2,\cdots,6;j\neq i)$ 失效，则剩余的正确量测方程为

$$\boldsymbol{Z}^{ij}=\boldsymbol{H}^{ij}\boldsymbol{X}+\boldsymbol{\varepsilon}^{ij} \tag{7.4.43}$$

矩阵上标 ij 表示是由原矩阵去掉第 i,j 行后形成的矩阵。此时 $\boldsymbol{H}^{ij}\in\mathbf{R}^{4\times3}$，相应的 $\boldsymbol{V}^{ij}\in\mathbf{R}^{1\times4}$。同样 $\boldsymbol{V}^{ij}$ 也由 Potter 的算法求得。

在有 3 个陀螺失效后，奇偶方程就不存在了。这说明对 6 个单自由度陀螺的余度结构，该容错方案不能检测第 4 个陀螺故障。当 $n=3$ 时，m 个传感器只能检测到$(m-3)$个故障。

表 7.4.8 和表 7.4.9 分别给出了 1 个陀螺和 2 个陀螺失效后各种情况的 **V** 矩阵。表中的每个 **V** 矩阵都应对应有一个检测和隔离模块，它们都可预先存入计算机内。一旦某个陀螺失效，管理程序就切换到相应的检测及隔离模块，由此即可完成对该余度传感器结构的容错管理。

表 7.4.8　1 个陀螺失效后各种情况的 V 矩阵

失效陀螺号＼矩阵	$\boldsymbol{V}(2\times5)$				
1	0.623 46	0.195 44	0.195 44	−0.511 67	0.511 67
	0	0.601 50	−0.601 50	−0.371 57	−0.371 75
2	0.623 46	−0.195 44	−0.195 44	−0.511 67	0.511 67
	0	0.601 50	−0.601 50	−0.371 57	−0.371 75
3	0.623 46	−0.195 44	−0.511 67	−0.511 67	0.195 44
	0	0.601 50	0.371 57	−0.371 57	0.601 50
4	0.623 46	−0.195 44	−0.511 67	−0.195 44	0.511 67
	0	0.601 50	0.371 75	−0.601 50	0.371 57
5	0.623 46	−0.511 67	−0.511 67	−0.195 44	0.195 44
	0	0.371 75	−0.371 75	0.601 50	0.601 50
6	0.623 46	−0.511 67	−0.195 44	−0.511 67	−0.195 44
	0	0.371 75	0.601 50	−0.371 57	−0.601 50

5. 两种检测方案的比较

直接比较量测值的检测方案（以下简称方案 1）和广义似然比检测方案（以下简称方案 2）各有其优缺点。

方案 1 的物理概念比较明显，且不要求对量测噪声作任何假设（如方案 2 中的高斯零均值为假设）。但是当余度传感器结构中只有 4 个正常的传感器工作时，方案 1 只能检测到故障而无法识别故障（因为此时所有奇偶检测方程均不成立），并且，方案 1 不能排除传感器误差对 FDI 性能的影响，因而它不具备检测软故障的能力。

表 7.4.9　2 个陀螺失效后各种情况的 V 矩阵

失效陀螺号 \ 矩阵	V(1×4)			
1,2	0.601 50	−0.601 50	−0.371 75	−0.371 75
1,3	0.601 50	0.371 75	−0.371 75	0.601 50
1,4	0.601 50	0.371 75	−0.601 50	0.371 75
1,5	0.371 75	−0.371 75	0.601 50	0.601 50
1,6	0.371 75	0.601 50	−0.371 75	−0.601 50
2,3	0.371 75	−0.371 75	−0.601 50	0.371 75
2,4	0.601 50	−0.371 75	−0.371 75	0.601 50
2,5	0.601 50	−0.601 50	0.371 75	0.601 50
2,6	0.371 75	0.371 75	−0.601 50	−0.601 50
3,4	0.371 75	0.371 75	−0.601 50	0.601 50
3,5	0.371 75	−0.601 50	−0.601 50	−0.371 75
3,6	0.601 50	−0.371 75	−0.601 50	−0.371 75
4,5	0.601 50	−0.371 75	−0.601 50	0.371 75
4,6	0.371 75	−0.601 50	−0.601 50	0.371 75
5,6	0.601 50	−0.601 50	−0.371 75	−0.371 75

方案 2 虽然对噪声作了一定的假设，但这种假设在大多数情况下是合理的。由于故障检测及隔离运算是针对同样的奇偶方程，因而能检测到故障就能识别故障。此时，由于方案 2 可对奇偶向量进行补偿，以排除传感器误差对它的影响，因而它具备较强的软故障检测能力。由此可见，方案 2 具有更广泛的适用性。

以上介绍的两种容错方案均没有考虑 2 个以上的传感器同时发生故障的情况。一般都认为这种情况出现的概率极小，故不予考虑。但实际上并不能排除其发生的可能性，因而有必要开展这方面的研究工作。

7.5　故障的统计检测原理与风险分析

如何判断系统是否发生了故障(检测问题)和哪个元部件发生了故障(隔离或识别问题)，需要根据系统的某些观测信息作出判决。而信息常常混杂有干扰，它是随机的，基于随机量所作的判决属于统计判决或统计检测的范畴。统计检测理论已渗透到诊断、通讯、导航、控制、雷达、地震预报和模式识别等领域，已成为这些学科的一门基础理论。

统计检测可归结为假设检验问题。例如有故障和无故障可作为两种假设，判断哪个假设为真，即是二元假设检验问题。有时也要用到多元假设检验，即判断多个假设中哪一个为真。例如，有 m 个传感器，假设其中任一个有故障，就构成 m 元假设检验。还有一种复合假设检验，其中表征假设的参数可以在一个范围内变化。例如，故障的幅度和故障发生的时间都可作为表征假设的参数。

7.5.1 二元假设检验

设对某事物(元部件、系统等)的状态有两种假设 H_0 和 H_1，现要根据$(0,T)$时间内的观测量$\boldsymbol{Z}(t)$判决 H_0 或 H_1 为真。当观测量为离散数据时，根据$\boldsymbol{Z}(k)(k=1,2,\cdots n)$判决 H_0 或 H_1 为真。这里观测数据(样本)的数目为 n，$n>1$ 称为多样本检验，$n=1$ 称为单样本检验。

在故障检测中，H_0 表示无故障，H_1 表示有故障。例如，H_0 表示观测数据的平均值为零，H_1 表示观测数据的平均值不为零。有 4 种可能性：

(1) H_0 为真，判 H_1 为真，这称为误检，其概率写成 P_F；

(2) H_1 为真，判 H_0 为真，这称为漏检，其概率写成 P_M；

(3) H_0 为真，判 H_0 为真，这称为无误检，其概率写成 $1-P_F$；

(4) H_1 为真，判 H_1 为真，这称为正确检测，其概率为 $P_D=1-P_M$。

误检概率可定义为

$$P_F \xlongequal{\text{def}} P(\text{判 } H_1 \text{ 真} / H_0 \text{ 真}) \tag{7.5.1}$$

漏检概率可定义为

$$P_M \xlongequal{\text{def}} P(\text{判 } H_0 \text{ 真} / H_1 \text{ 真}) \tag{7.5.2}$$

设观测值 $\boldsymbol{z}$ 构成的观测空间为 $\boldsymbol{Z}$，将 $\boldsymbol{Z}$ 划分为两个互不相交的子空间 $\boldsymbol{Z}_0$ 和 $\boldsymbol{Z}_1$

$$\boldsymbol{Z}=\boldsymbol{Z}_0+\boldsymbol{Z}_1$$

判决规则是：当 $\boldsymbol{z}\in\boldsymbol{Z}_0$ 时，判 H_0 为真；当 $\boldsymbol{z}\in\boldsymbol{Z}_1$ 时，判 H_1 为真，这可用图 7.5.1 来表示。

设观测值 $\boldsymbol{z}$ 在 H_0 或 H_1 为真时的条件概率密度 $p(\boldsymbol{z}/H_0)$ 和 $p(\boldsymbol{z}/H_1)$ 已知，于是结合上面的判决区域可得

$$P_F=\int_{Z_1} p(\boldsymbol{z}/H_0)\mathrm{d}\boldsymbol{z} \tag{7.5.3}$$

$$P_M=\int_{Z_0} p(\boldsymbol{z}/H_1)\mathrm{d}\boldsymbol{z}=1-\int_{Z_1} p(\boldsymbol{z}/H_1)\mathrm{d}\boldsymbol{z}=1-P_D \tag{7.5.4}$$

当 z 为标量时，P_F 和 P_M 可用图 7.5.2 中的阴影来表示。图中 Z_T 是观测量的门限值。

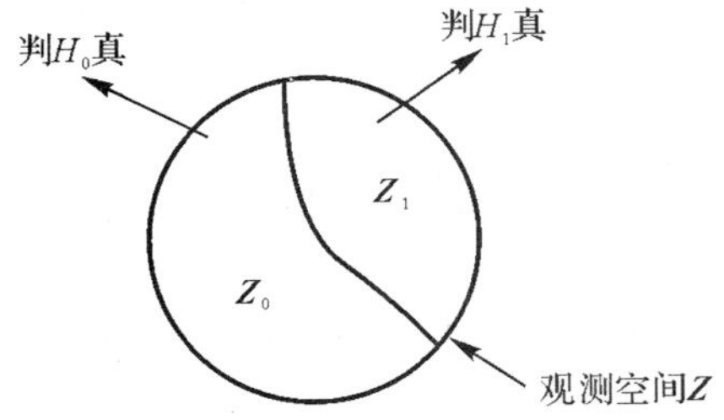

图 7.5.1 二元假设检验的判决区域

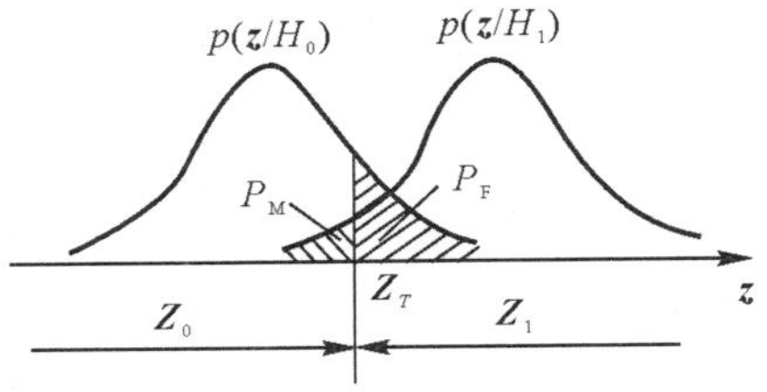

图 7.5.2 P_F 和 P_M 的图示

二元假设检验的判决准则应能产生尽量大的检测概率 P_D 和尽量小的误检概率 P_F，但这两者是有矛盾的。例如，由式(7.5.3)和式(7.5.4)可知，若取 $\boldsymbol{Z}_1=\boldsymbol{Z}$ 则有 $P_D=1$，即有故障时不会漏检，但同时有 $P_F=1$，即无故障时都误检为有故障。因此，判决准则的选取应使 P_D 和 P_F 都获得满意的值，达到适当的折中。在统计检测理论中已发展了多种判决准则，下面介绍几种

常用的准则。

1. 最小误差概率准则

设 $P(H_0)$，$P(H_1)$ 是 H_0，H_1 分别为真时的先验概率，对于二元假设检验有

$$P(H_0)+P(H_1)=1 \tag{7.5.5}$$

总误差 P_e 包含两部分：出现 H_0 时判 H_1 为真的错误和出现 H_1 时判 H_0 为真的错误，即

$$P_e=P(H_0)P_F+P(H_1)P_M \tag{7.5.6}$$

将式(7.5.3)和式(7.5.4)代入式(7.5.6)，得

$$P_e=P(H_0)\int_{\boldsymbol{Z}_1}p(\boldsymbol{z}/H_0)\mathrm{d}\boldsymbol{z}+P(H_1)\int_{\boldsymbol{Z}_0}p(\boldsymbol{z}/H_1)\mathrm{d}\boldsymbol{z}=$$

$$P(H_1)+\int_{\boldsymbol{Z}_1}[P(H_0)p(\boldsymbol{z}/H_0)-P(H_1)p(\boldsymbol{z}/H_1)]\mathrm{d}\boldsymbol{z} \tag{7.5.7}$$

式(7.5.7)第二项与判决区的划分有关，我们应划分判决区使得第二项积分号内的值在 $\boldsymbol{Z}_1$ 区内为负（使 P_e 减小），而在 $\boldsymbol{Z}_0$ 区内则应为正，于是判决准则为

$$P(H_0)p(\boldsymbol{z}/H_0)-P(H_1)p(\boldsymbol{z}/H_1)\begin{cases}>0, & H_0\\<0, & H_1\end{cases} \tag{7.5.8}$$

式(7.5.8)的意义为：当左端的值大于零时判 H_0 为真，小于零时判 H_1 为真。式(7.5.8)可写成

$$L(z)\overset{\text{def}}{=\!=}\frac{p(\boldsymbol{z}/H_1)}{p(\boldsymbol{z}/H_0)}\begin{cases}>\dfrac{P(H_0)}{P(H_1)}\overset{\text{def}}{=\!=}T, & H_1\\<\dfrac{P(H_0)}{P(H_1)}\overset{\text{def}}{=\!=}T, & H_0\end{cases} \tag{7.5.9}$$

式中，L 称为判决函数。它是一个似然比，即两个条件概率密度之比。似然比是统计检测理论中一个十分重要的量。T 称为似然比门限，它的值随所用的判决准则的不同而不同。式(7.5.9)即最小错误概率判决准则。显然一维观测量门限值 Z_T 满足

$$L(Z_T)=\frac{P(H_0)}{P(H_1)} \tag{7.5.10}$$

2. 贝叶斯准则（最小风险准则）

在实际问题中，不同类型的错误决策造成的后果是不同的。例如，漏检可能造成机毁人亡，而误检只是造成虚惊而已。因此，对不同类型的错误应给予不同的代价因子。设

C_{01}——H_1 为真判为 H_0（漏检）的代价因子；

C_{10}——H_0 为真判为 H_1（误检）的代价因子；

C_{00}——H_0 为真判为 H_0 的代价因子；

C_{11}——H_1 为真判为 H_1 的代价因子。

于是贝叶斯风险（代价函数）R 为

$$R=C_{01}P(H_1)P_M+C_{10}P(H_0)P_F+C_{00}P(H_0)(1-P_F)+C_{11}P(H_1)(1-P_M) \tag{7.5.11}$$

一般情况下，令 $C_{00}=C_{11}=0$，即认为正确判断不产生风险，于是贝叶斯风险简化为

$$R=C_{01}P(H_1)P_M+C_{10}P(H_0)P_F=$$

$$C_{10}P(H_0)\int_{\boldsymbol{Z}_1}p(\boldsymbol{z}/H_0)\mathrm{d}\boldsymbol{z}+C_{01}P(H_1)\int_{\boldsymbol{Z}_0}p(\boldsymbol{z}/H_1)\mathrm{d}\boldsymbol{z}=$$

$$C_{01}P(H_1)+\int_{\boldsymbol{Z}_1}[C_{10}P(H_0)p(\boldsymbol{z}/H_0)-C_{01}P(H_1)p(\boldsymbol{z}/H_1)]\mathrm{d}\boldsymbol{z}$$

同理，为使风险 R 最小，应使上式右端积分号内的值在 $\boldsymbol{Z}_1$ 区内为负，于是得出下面的贝叶斯判决准则

$$L(\boldsymbol{z}) \xlongequal{\text{def}} \frac{p(\boldsymbol{z}/H_1)}{p(\boldsymbol{z}/H_0)} \begin{cases} > \dfrac{P(H_0)C_{10}}{P(H_1)C_{01}} \xlongequal{\text{def}} T, & H_1 \\ < \dfrac{P(H_0)C_{10}}{P(H_1)C_{01}} \xlongequal{\text{def}} T, & H_0 \end{cases} \tag{7.5.12}$$

由式(7.5.12) 与式(7.5.9) 可知，贝叶斯准则与最小错误概率准则的不同处仅在于门限 T 的值不同。当 $C_{01} > C_{10}$ 时，门限将减小，从而使漏检概率减小。

3. 最大后验概率准则

后验概率 $P(H_0/\boldsymbol{z})$ 和 $P(H_1/\boldsymbol{z})$ 分别是在给定观测量 $\boldsymbol{z}$ 的条件下 H_0 和 H_1 为真的概率。最大后验概率比准则为

$$\frac{P(H_1/\boldsymbol{z})}{P(H_0/\boldsymbol{z})} \begin{cases} > 1, & H_1 \\ < 1, & H_0 \end{cases} \tag{7.5.13}$$

式(7.5.13) 的物理意义很明确，在给定观测量后，H_1 为真的条件概率大于 H_0 为真的条件概率时就判 H_1 为真。利用贝叶斯公式，得

$$\left. \begin{aligned} P(H_1/\boldsymbol{z})p(\boldsymbol{z}) = p(\boldsymbol{z}/H_1)P(H_1) \\ P(H_0/\boldsymbol{z})p(\boldsymbol{z}) = p(\boldsymbol{z}/H_0)P(H_0) \end{aligned} \right\} \tag{7.5.14}$$

式中，$p(\boldsymbol{z})$ 是全概率密度函数，且

$$p(\boldsymbol{z}) = p(\boldsymbol{z}/H_1)P(H_1) + p(\boldsymbol{z}/H_0)P(H_0) \tag{7.5.15}$$

将式(7.5.14) 代入式(7.5.13)，得

$$\frac{P(H_1/\boldsymbol{z})}{P(H_0/\boldsymbol{z})} = \frac{p(\boldsymbol{z}/H_1)P(H_1)}{p(\boldsymbol{z}/H_0)P(H_0)} \begin{cases} > 1, & H_1 \\ < 1, & H_0 \end{cases}$$

即

$$L(\boldsymbol{z}) = \frac{p(\boldsymbol{z}/H_1)}{p(\boldsymbol{z}/H_0)} \begin{cases} > \dfrac{P(H_0)}{P(H_1)}, & H_1 \\ < \dfrac{P(H_0)}{P(H_1)}, & H_0 \end{cases} \tag{7.5.16}$$

于是，最大后验概率准则的判决公式与最小错误概率准则的判决公式是相同的。

4. 奈曼-皮尔逊(Neyman - Pearson) 准则

在某些情况下，先验概率 $P(H_0)$，$P(H_1)$ 和代价因子 C_{01}，C_{10}，C_{00}，C_{11} 都不知道，这时可采用奈曼-皮尔逊准则。它假定对一类错误概率要加以限制，在此约束条件下使另一类错误概率最小。在故障检测中，通常约束误检概率，例如

$$P_F = \alpha \tag{7.5.17}$$

在此条件下使漏检概率 P_M 最小。

应用拉格朗日乘子 $\lambda > 0$，构造目标函数，有

$$\begin{aligned} J = P_M + \lambda(P_F - \alpha) = \int_{\boldsymbol{Z}_0} p(\boldsymbol{z}/H_1)\mathrm{d}\boldsymbol{z} + \lambda\left[\int_{\boldsymbol{Z}_1} p(\boldsymbol{z}/H_0)\mathrm{d}\boldsymbol{z} - \alpha\right] = \\ \lambda(1-\alpha) + \int_{\boldsymbol{Z}_0} [p(\boldsymbol{z}/H_1) - \lambda p(\boldsymbol{z}/H_0)]\mathrm{d}\boldsymbol{z} \end{aligned} \tag{7.5.18}$$

因为 $\lambda > 0$，$\alpha < 1$，上式第一项为正，要使 J 最小，必须使积分号内为负，即在 $\boldsymbol{Z}_0$ 区内应有

$$\lambda p(\boldsymbol{z}/H_0) > p(\boldsymbol{z}/H_1)$$

或

$$L(\boldsymbol{z}) = \frac{p(\boldsymbol{z}/H_1)}{p(\boldsymbol{z}/H_0)} \begin{cases} > \lambda, & H_1 \\ < \lambda, & H_0 \end{cases} \tag{7.5.19}$$

式(7.5.19) 即奈曼-皮尔逊判决准则。λ 为似然比门限，它的确定方法如下：

设似然比 $L(\boldsymbol{z})$ 在 H_0 为真的条件下的概率密度为 $p(L/H_0)$，则由

$$\int_{\lambda}^{\infty} p(L/H_0)\mathrm{d}L = P_{\mathrm{F}} = \alpha \tag{7.5.20}$$

就可解出 λ。但求 $p(L/H_0)$ 比较麻烦，一维情况下我们可先算出观测量的门限值 Z_T，再来求 λ 的值。由

$$\int_{Z_T}^{\infty} p(z/H_0)\mathrm{d}\boldsymbol{z} = \alpha \tag{7.5.21}$$

求出 Z_T 的值，再由式(7.5.19) 可求得

$$\lambda = \frac{p(Z_T/H_1)}{p(Z_T/H_0)} = L(Z_T) \tag{7.5.22}$$

例 7－2　设某个具有正态分布的随机变量，它的方差 $\sigma^2 = 1$。当 H_0 为真时，均值 $m = 0$；当 H_1 为真时，$m = 1$。用奈曼-皮尔逊准则决定检测门限和 P_{M}，设 $P_{\mathrm{F}} = 0.1$。

解

$$p(z/H_0) = \frac{1}{\sqrt{2\pi}}\exp\left[-\frac{z^2}{2}\right]$$

$$p(z/H_1) = \frac{1}{\sqrt{2\pi}}\exp\left[-\frac{(z-1)^2}{2}\right]$$

$$L(z) = \frac{p(z/H_1)}{p(z/H_0)} = \exp\left(z - \frac{1}{2}\right)$$

由奈曼-皮尔逊判决准则得

$$\exp\left(z - \frac{1}{2}\right) \begin{cases} > \lambda, & H_1 \\ < \lambda, & H_0 \end{cases}$$

对上式取对数得

$$\text{若}\quad z > \frac{1}{2} + \ln\lambda \xlongequal{\text{def}} Z_T,\ H_1\ \text{为真；}$$

$$\text{若}\quad z < \frac{1}{2} + \ln\lambda \xlongequal{\text{def}} Z_T,\ H_0\ \text{为真。}$$

因为

$$P_{\mathrm{F}} = \int_{Z_T}^{\infty} p(z/H_0)\mathrm{d}z = \int_{Z_T}^{\infty} \frac{1}{\sqrt{2\pi}}\exp\left[-\frac{z^2}{2}\right]\mathrm{d}z = 0.1$$

由上式查正态分布积分表可得 $z_T = 1.29$，则有

$$\lambda = \exp\left(z_T - \frac{1}{2}\right) = \exp\left(1.29 - \frac{1}{2}\right) = 2.2$$

$$P_{\mathrm{M}} = \int_{-\infty}^{z_T} p[z/H_1]\mathrm{d}z = \int_{-\infty}^{1.29} \frac{1}{\sqrt{2\pi}}\exp\left[-\frac{(z-1)^2}{2}\right]\mathrm{d}z = 0.386$$

$$P_D = 1 - P_M = 0.614$$

检测概率 P_D 的值是比较低的。若要提高 P_D，可放松对 P_F 的要求，用较大的 α 值，这时 Z_T 可变小，从而提高 P_D。

除了最小错误概率准则、贝叶斯准则、最大后验准则和奈曼-皮尔逊准则等几种二元假设的检验准则外，还有一种极小极大准则，这里就不介绍了。我们可看到，尽管各种准则的出发点不同，但最后都可归结为将似然比与一个门限进行比较，以判决 H_0 或 H_1 为真，而门限的值则随准则的不同而不同。

5. 多样本与单样本检验

前面讨论的各种准则都可用多样本或单样本进行检验。这里将介绍用多样本进行检验的表达形式并对比多样本检验与单样本检验的性能。

设某个具有正态分布特征的随机变量有 N 个独立的观测值 $z_i(i=1,2,\cdots,N)$，它们的方差都为 σ^2。当 H_0 为真时，z_i 的均值为零；当 H_1 为真时，z_i 的均值为 m。显然

$$p(z_i/H_0) = \frac{1}{\sqrt{2\pi}\,\sigma}\exp\left(-\frac{z_i^2}{2\sigma^2}\right) \tag{7.5.23}$$

$$p(z_i/H_1) = \frac{1}{\sqrt{2\pi}\,\sigma}\exp\left[\left(-\frac{(z_i - m)^2}{2\sigma^2}\right)\right] \tag{7.5.24}$$

N 个独立的观测值 z_i 构成观测向量

$$\boldsymbol{z} = [z_1 \quad z_2 \quad \cdots \quad z_N]^{\mathrm{T}} \tag{7.5.25}$$

由于观测值的独立性，可得

$$p(\boldsymbol{z}/H_0) = \prod_{i=1}^{N}\frac{1}{\sqrt{2\pi}\,\sigma}\exp\left(\frac{-z_i^2}{2\sigma^2}\right) \tag{7.5.26}$$

$$p(\boldsymbol{z}/H_1) = \prod_{i=1}^{N}\frac{1}{\sqrt{2\pi}\,\sigma}\exp\left[\left(\frac{-(z_i - m)^2}{2\sigma^2}\right)\right] \tag{7.5.27}$$

$$\ln L(\boldsymbol{z}) = \ln\frac{p(\boldsymbol{z}/H_1)}{p(\boldsymbol{z}/H_0)} = \frac{m}{\sigma^2}\sum_{i=1}^{N}z_i - \frac{Nm^2}{2\sigma^2}\begin{cases} > \ln T, & H_1 \\ < \ln T, & H_0 \end{cases} \tag{7.5.28}$$

令

$$Y = \frac{\sum_{i=1}^{N} z_i}{N} \tag{7.5.29}$$

由式(7.5.28) 可得

$$\left.\begin{aligned} Y &> \frac{\sigma^2}{Nm}\ln T + \frac{m}{2} \overset{\text{def}}{=\!=} Y_T, \ H_1 \\ Y &< \frac{\sigma^2}{Nm}\ln T + \frac{m}{2} \overset{\text{def}}{=\!=} Y_T, \ H_0 \end{aligned}\right\} \tag{7.5.30}$$

式(7.5.30) 表明，当作判决时只要将 Y 与新门限 Y_T 比较即可，因此 Y 是一个“充分统计量”。所谓充分统计量是指观测值变换后的一个标量值，它包含了作统计决策所需的全部信息。充分统计量是概率统计学中一个重要的概念。

由概率论知，有限个相互独立的正态分布的随机变量之和仍服从正态分布，因此 Y 服从正态分布。它的均值 m_y 和方差 σ_y^2 可计算如下：

当 H_0 为真时，有
$$m_y=0;\quad \sigma_y^2=\frac{\sigma^2}{N}$$

当 H_1 为真时，有
$$m_y=m;\quad \sigma_y^2=\frac{\sigma^2}{N}$$

故

$$p(y/H_0)=\frac{\sqrt{N}}{\sqrt{2\pi}\,\sigma}\exp\left(-\frac{Ny^2}{2\sigma^2}\right)$$

$$p(y/H_1)=\frac{\sqrt{N}}{\sqrt{2\pi}\,\sigma}\exp\left[-\frac{N(y-m)^2}{2\sigma^2}\right]$$

$$P_{\mathrm{F}}=\int_{Y_T}^{\infty}p(y/H_0)\mathrm{d}y=\int_{Y_T}^{\infty}\frac{\sqrt{N}}{\sqrt{2\pi}\,\sigma}\exp\left(-\frac{Ny^2}{2\sigma^2}\right)\mathrm{d}y$$

作变量置换
$$x=\frac{\sqrt{N}}{\sigma}y$$

得
$$P_{\mathrm{F}}=\frac{1}{\sqrt{2\pi}}\int_{X_T}^{\infty}\exp\left(-\frac{x^2}{2}\right)\mathrm{d}x=1-\Phi(X_T)\tag{7.5.31}$$

式中

$$\left.\begin{aligned}X_T&=\frac{\sqrt{N}}{\sigma}Y_T\\ \Phi(X_T)&=\frac{1}{\sqrt{2\pi}}\int_{-\infty}^{X_T}\exp\left(-\frac{x^2}{2}\right)\mathrm{d}x\end{aligned}\right\}\tag{7.5.32}$$

$$P_{\mathrm{M}}=\int_{-\infty}^{Y_T}p(y/H_1)\mathrm{d}y=\int_{-\infty}^{Y_T}\frac{\sqrt{N}}{\sqrt{2\pi}\,\sigma}\exp\left[-\frac{N(y-m)^2}{2\sigma^2}\right]\mathrm{d}y$$

作置换
$$x'=\frac{\sqrt{N}}{\sigma}(y-m)$$

$$P_{\mathrm{M}}=\frac{1}{\sqrt{2\pi}}\int_{-\infty}^{X_T}\exp\left(-\frac{x'^2}{2}\right)\mathrm{d}x'=\Phi(X_T')\tag{7.5.33}$$

式中

$$X_T'=\frac{\sqrt{N}}{\sigma}(Y_T-m)\tag{7.5.34}$$

查阅正态分布积分表就可算出 P_{F} 和 P_{M}。

设 $m=1,\sigma=1,T=1$，我们来比较 $N=2$ 和 $N=1$ 时的检验质量。先由式(7.5.32)和式(7.5.34)算得门限 X_T 和 X_T' 的值，再由式(7.5.31)和式(7.5.33)算得 P_{F} 和 P_{M} 值。结果如下：

$$Y_T=1/2$$

$N=1$，　$X_T=1/2$，$X_T'=-1/2$　　$P_{\mathrm{F}}=0.31$，　$P_{\mathrm{M}}=0.31$

$N=2$，　$X_T=1/\sqrt{2}$，　$X_T'=-1/\sqrt{2}$　　$P_{\mathrm{F}}=0.24$，$P_{\mathrm{M}}=0.24$

可见 $N=2$ 时的 P_{F} 和 P_{M} 的值均比 $N=1$ 时的值小，即多样本的检验质量较高。而单样本检验的优点是存储量小，检验延迟小。

7.5.2　多元假设检验

在很多情况下系统可能有多种状态，要检测系统属于哪一种状态就要用多元假设检验。

例如，系统中有 $M-1$ 个传感器，则可有 M 个状态，即所有传感器无故障和 $M-1$ 个传感器中任一个发生故障(假定无两个以上传感器同时故障)。现假设

H_0—— 所有传感器无故障；

H_1—— 第一个传感器有故障；

……

H_{M-1}—— 第 $M-1$ 个传感器有故障。

设 $H_0, H_1, \cdots, H_{M-1}$ 的先验概率分别为 $P(H_0), P(H_1), \cdots, P(H_{M-1})$ 则有

$$\sum_{i=0}^{M-1} P(H_i) = 1 \tag{7.5.35}$$

现在的问题是要根据观察量 $\boldsymbol{z}$ 的取值来判决哪个假设为真。$\boldsymbol{z}$ 可以是单样本也可以是多样本。将观测空间 $\boldsymbol{Z}$ 合理地划分出 M 个互不相交的区域(如图 7.5.3 所示)：

$$\boldsymbol{Z} = \boldsymbol{Z}_0 + \boldsymbol{Z}_1 + \cdots + \boldsymbol{Z}_{M-1} \tag{7.5.36}$$

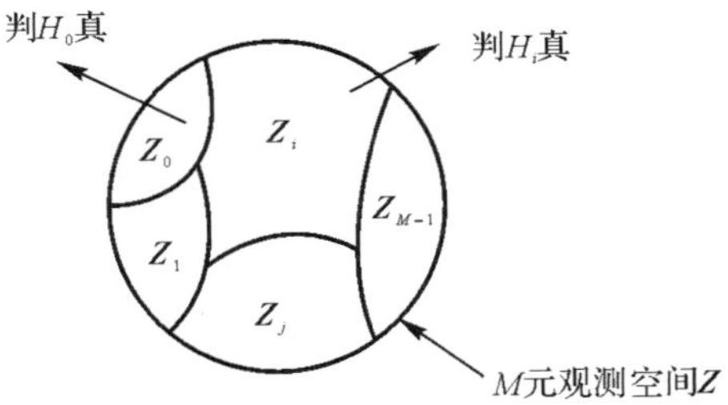

图 7.5.3　多元假设检验的判决区域

贝叶斯风险为

$$R = \sum_{i=0}^{M-1} \sum_{j=0}^{M-1} C_{ij} P(H_j) P(D_i / H_j) \tag{7.5.37}$$

式中，$P(D_i/H_j)$ 表示在 H_j 为真的条件下判决 H_i 为真的概率。下面来确定多元假设检验的贝叶斯准则。

定理 7.2

贝叶斯风险为最小的判决等价于下面的判决：

$$\lambda_i(\boldsymbol{z}) = \sum_{j=0}^{M-1} C_{ij} P(H_j) p(\boldsymbol{z}/H_j) = \min_{k=0,1,\cdots,M-1} \lambda_k(\boldsymbol{z}) \rightarrow \text{判 } H_i \text{ 成立} \tag{7.5.38}$$

即计算 $\lambda_k(\boldsymbol{z})$ $(k=0,1,\cdots,M-1)$，当 $\lambda_i(\boldsymbol{z})$ 最小时就判 H_i 为真。

证明

因为
$$P(D_i/H_j) = \int_{\boldsymbol{Z}_i} p(\boldsymbol{z}/H_j) \mathrm{d}\boldsymbol{z} \tag{7.5.39}$$

所以
$$R = \sum_{i=0}^{M-1} \sum_{j=0}^{M-1} C_{ij} P(H_j) \int_{\boldsymbol{Z}_i} p(\boldsymbol{z}/H_j) \mathrm{d}\boldsymbol{z} =$$
$$\sum_{i=0}^{M-1} C_{ii} P(H_i) \int_{\boldsymbol{Z}_i} p(\boldsymbol{z}/H_i) \mathrm{d}\boldsymbol{z} + \sum_{i=0}^{M-1} \sum_{\substack{j=0 \\ j \neq i}}^{M-1} C_{ij} P(H_j) \int_{\boldsymbol{Z}_i} p(\boldsymbol{z}/H_j) \mathrm{d}\boldsymbol{z}$$

由于

$$\boldsymbol{Z}_i = \boldsymbol{Z} - \sum_{\substack{j=0 \\ j \neq i}}^{M-1} \boldsymbol{Z}_j \tag{7.5.40}$$

和
$$\int_{\mathbf{Z}} p(\mathbf{z}/H_i)\mathrm{d}\mathbf{z} = 1$$

故
$$R = \sum_{i=0}^{M-1} C_{ii} P(H_i) + \sum_{i=0}^{M-1} \int_{\mathbf{Z}_i} \sum_{\substack{j=0 \\ j \neq i}}^{M-1} P(H_j)(C_{ij} - C_{jj}) p(\mathbf{z}/H_j)\mathrm{d}\mathbf{z}$$

上式第一项与判决区划分无关，故 R 最小等价于第二项的被积函数在 $\mathbf{Z}_i$ 区域内为最小，即

$$I_i(\mathbf{z}) = \sum_{\substack{j=0 \\ j \neq i}}^{M-1} P(H_j)(C_{ij} - C_{jj}) p(\mathbf{z}/H_j) = \sum_{j=0}^{M-1} P(H_j)(C_{ij} - C_{jj}) p(\mathbf{z}/H_j) = \min \tag{7.5.41}$$

式中，包含 C_{jj} 的项对所有 I_i 都一样，故上式成立，即

$$\lambda_i(\mathbf{z}) = \sum_{j=0}^{M-1} C_{ij} P(H_j) p(\mathbf{z}/H_j) = \lambda_k(\mathbf{z})_{\min}, \quad k = 0,1,\cdots,M-1 \tag{7.5.42}$$

于是式(7.5.38) 成立。作为对上式的一个解释，现将该式除以 $p(\mathbf{z})$，并用 $R_i(\mathbf{z})$ 表示，即

$$R_i(\mathbf{z}) = \frac{\sum_{j=0}^{M-1} C_{ij} p(\mathbf{z}/H_j) P(H_j)}{p(\mathbf{z})} = \sum_{j=0}^{M-1} C_{ij} P(H_j/\mathbf{z}) = R_k(\mathbf{z})_{\min}$$
$$k = 0,1,\cdots,M-1 \quad \text{判 } H_i \text{ 成立} \tag{7.5.43}$$

由于 $R_i(\mathbf{z})$ 是给定观测量 $\mathbf{z}$ 之后选择 H_i 所付出的代价，所以判决规则的意义是比较直观的，即在给定 $\mathbf{Z}$ 的条件下，哪个 H_i 带来的代价小就判决哪个 H_i 成立。例如 $M-1=3$ 时，若

$R_0 < R_1$，$R_0 < R_2 \rightarrow$ 判 H_0 真；

$R_1 < R_0$，$R_1 < R_2 \rightarrow$ 判 H_1 真；

$R_2 < R_0$，$R_2 < R_1 \rightarrow$ 判 H_2 真。

且
$$\begin{cases} C_{ij} = 1, & i \neq j \\ C_{ij} = 0, & i = j \end{cases}$$

则由式(7.5.43) 得

$$R_i(\mathbf{z}) = \sum_{\substack{j=0 \\ j \neq i}}^{M-1} P(H_j/\mathbf{z}) = \sum_{j=0}^{M-1} P(H_j/\mathbf{z}) - P(H_i/\mathbf{z}) =$$
$$1 - P(H_i/\mathbf{z}) = R_k(\mathbf{z})_{\min} \quad k = 0,1,\cdots,M-1 \quad \rightarrow \text{判 } H_i \text{ 真} \tag{7.5.44}$$

或
$$P(H_i/\mathbf{z}) = P(H_k/\mathbf{z})_{\max} \quad k = 0,1,\cdots,M-1 \quad \rightarrow \text{判 } H_i \text{ 真}$$

此式表明，在上面确定的代价因子的条件下，贝叶斯准则等价于最大后验概率准则。哪个后验概率大就判决哪个假设 H_i 成立。

7.5.3　复合假设检验

二元和多元假设的前提是事物状态只有有限种可能，但很多情况下事物的状态依赖于某些参数，而参数可以在一个范围内变化。例如，传感器发生偏置故障而故障幅度是一个未知数，它可以在一个范围内变化。再如，故障发生时刻也是未知的，并可在一个范围内变化。含有未知参数的假设检验称为复合假设检验，以区别于参数确定的情况。

设 $\boldsymbol{\theta}$ 为未知参数，它可以是随机向量且具有概率密度函数，也可以是非随机的。若 $\boldsymbol{\theta}$ 是非随机变量，则可先用极大似然估计得出 $\boldsymbol{\theta}$ 的估计值，设 H_0 假设下估值为 $\hat{\boldsymbol{\theta}}_0$，$H_1$ 假设下为 $\hat{\boldsymbol{\theta}}_1$。将估计值代入似然比表达式就可得出所谓广义似然比检验 GLR(Generalized Likelihood Ratio)：

$$L(\boldsymbol{z})=\frac{p(\boldsymbol{z}/H_1,\hat{\boldsymbol{\theta}}_1)}{p(\boldsymbol{z}/H_0,\hat{\boldsymbol{\theta}}_0)}=\frac{\max\limits_{\boldsymbol{\theta}}p(\boldsymbol{z}/H_1,\boldsymbol{\theta})}{\max\limits_{\boldsymbol{\theta}}p(\boldsymbol{z}/H_0,\boldsymbol{\theta})}\begin{cases}>T, & H_1\\<T, & H_0\end{cases} \tag{7.5.45}$$

例 7-3 在 H_0 假设下观测数据 $\boldsymbol{z}$ 服从均值为零，方差为 σ^2 正态分布，在 H_1 假设下 $\boldsymbol{z}$ 服从均值为 m、方差为 σ^2 的正态分布。其中 m 可在某范围内取任意值。H_1 含未知参数 m，因此是复合假设，H_0 则是简单假设

$$p(\boldsymbol{z}/H_0)=\frac{1}{\sqrt{2\pi}\,\sigma}\exp\left(-\frac{\boldsymbol{z}^2}{2\sigma^2}\right) \tag{7.5.46}$$

$$p(\boldsymbol{z}/H_1,m)=\frac{1}{\sqrt{2\pi}\,\sigma}\exp\left[-\frac{(\boldsymbol{z}-m)^2}{2\sigma^2}\right]\qquad -\infty<m<\infty \tag{7.5.47}$$

由 $\dfrac{\partial p(\boldsymbol{z}/H_1,m)}{\partial m}=0$，可得估计值 $\hat{m}=\boldsymbol{z}$，将此代入似然比式中可得判决准则为

$$L(\boldsymbol{z})=\exp\left(\frac{\boldsymbol{z}^2}{2\sigma^2}\right)\begin{cases}>T, & H_1\\<T, & H_0\end{cases} \tag{7.5.48}$$

取对数，可得

$$\left.\begin{aligned}\boldsymbol{z}^2>2\sigma^2\ln T,\ H_1\\ \boldsymbol{z}^2<2\sigma^2\ln T,\ H_0\end{aligned}\right\} \tag{7.5.49}$$

或

$$\left.\begin{aligned}|\boldsymbol{z}|>\sigma\sqrt{2\ln T}\overset{\text{def}}{=\!=}Z_T,\ H_1\\ |\boldsymbol{z}|<\sigma\sqrt{2\ln T}\overset{\text{def}}{=\!=}Z_T,\ H_0\end{aligned}\right\} \tag{7.5.50}$$

式(7.5.50)的门限可由给定误检率 P_F 由正态分布决定。

若 $\boldsymbol{\theta}$ 是随机向量，且具有概率密度函数 $p(\boldsymbol{\theta}/H_0)$ 和 $p(\boldsymbol{\theta}/H_1)$。注意到

$$p(\boldsymbol{z}/\boldsymbol{\theta},H_1)p(\boldsymbol{\theta}/H_1)=p(\boldsymbol{z},\boldsymbol{\theta}/H_1) \tag{7.5.51}$$

$$\int_{\boldsymbol{\Theta}}p(\boldsymbol{z}/\boldsymbol{\theta},H_1)p(\boldsymbol{\theta}/H_1)\mathrm{d}\boldsymbol{\theta}=p(\boldsymbol{z}/H_1) \tag{7.5.52}$$

式中 $\boldsymbol{\Theta}$ 是 $\boldsymbol{\theta}$ 的变化域，则似然比可写成

$$L(\boldsymbol{z})=\frac{p(\boldsymbol{z}/H_1)}{p(\boldsymbol{z}/H_0)}=\frac{\int_{\boldsymbol{\Theta}}p(\boldsymbol{z}/\boldsymbol{\theta},H_1)p(\boldsymbol{\theta}/H_1)\mathrm{d}\boldsymbol{\theta}}{\int_{\boldsymbol{\Theta}}p(\boldsymbol{z}/\boldsymbol{\theta},H_0)p(\boldsymbol{\theta}/H_0)\mathrm{d}\boldsymbol{\theta}} \tag{7.5.53}$$

根据似然比可作检验

$$L(\boldsymbol{z})\begin{cases}>T, & H_1\\<T, & H_0\end{cases}$$

似然比门限可由前面讨论的各种准则来决定。这样就将问题化为简单的二元假设问题了。

上面我们讨论了二元假设情况下的复合假设检验问题，对多元假设情况下的复合假设检验也可作类似的讨论。

对动态系统来讲，其输出数据是不断更新的。因此在多样本检测中要采用滑动数据窗检验。设开始时数据窗从 $k-N+1$ 到 k，有 N 个样本，下一时刻数据窗从 $k-N+2$ 到 $k+1$，仍为 N 个样本。可以证明，故障发生在数据窗前的漏检概率小于发生在数据窗内的漏检概率，且故障时刻越靠近窗户终端，则漏检概率越大。滑动数据窗检测的具体方法在此就不再叙述了。

第八章 卡尔曼滤波理论在组合导航系统设计中的应用

8.1 概 述

将航行体从起始点导引到目的地的技术或方法称为导航。能够向航行体的操纵者或控制系统提供航行体的位置、速度、航向、姿态等即时运动状态的系统都可作为导航系统。飞机通常采用的导航系统有：惯性导航系统、GPS 导航系统、多普勒导航系统、双曲线无线电导航系统和 VOR－DME 等。所有导航系统都具有各自独特的优点，但单独使用时都存在一定的缺陷。下面以惯性导航系统和 GPS 导航系统为例来说明之。

惯性导航系统根据惯性原理工作，而惯性是任何质量体的基本属性，所以惯导系统工作时不需要任何外来信息，也不向外辐射任何信息，仅靠系统本身就能在全天候条件下，在全球范围内和任何介质环境里自主地、隐蔽地进行连续的三维空间定位和三维空间定向，能够提供反映航行体完整运动状态的完整信息。惯导系统具有极宽的频带，它能够跟踪和反映航行体的任何机动运动，输出又非常平稳。正由于惯导系统的自主性、隐蔽性、信息的全面性和宽频带，所以是重要航行体（如潜艇、洲际导弹、宇宙飞船和远程飞机等）必不可少的导航设备。但是惯导系统的导航误差随时间而积累，这对于续航时间长的航行体来说无疑是致命的缺陷。

GPS 导航系统根据接收到的导航卫星信号解算出航行体的位置和速度，其误差是有界的，具有很好的长期稳定性，但也存在着以下诸多缺陷：

（1）GPS 系统由美国国防部直接控制，使用权受制于人，是不能绝对依赖的系统。

（2）除美国国防部的特许用户外，所有用户都只能使用 C/A 码信号进行导航计算，自 1993 年 GPS 的 24 颗导航卫星全部部署完毕起，美国国防部为防止 C/A 码信号被用于战略武器系统，专门在 C/A 码信号内加入了 SA 误差（Selective Availability，意在警告人们 C/A 码信号的适用范围是有选择性的，而并非对任何应用场合都适用），定位误差由数十米增加到数百米。此外，由于 GPS C/A 码接收机的环路带宽不能同时满足抗干扰性能和动态跟踪性能之间的矛盾要求，所以接收机的动态跟踪能力一般较低，当航行体作大机动运动时，环路极易失锁，此时，GPS 信号会完全丢失。

从上述简单介绍可看出，惯性导航系统和 GPS 导航系统各有优缺点，但在误差传播性能上正好是互补的，前者长期稳定性差，但短期稳定性好，而后者正好相反。所以可采用组合导航技术将这些性能各异的不同导航系统有机地组合起来，以提高导航系统的整体性能。

组合导航技术是指使用两种或两种以上的不同导航系统对同一信息源作测量，从这些测量值的比较值中提取出各系统的误差并校正之。采用组合导航技术的系统称组合导航系统，参与组合的各导航系统称子系统。由于惯导系统具有自主性、隐蔽性、信息的全面性和宽频带等特有优点，所以一般都以惯导系统作为组合导航系统的关键子系统。又由于惯导系统和 GPS 导航系统性能互补，所以，以该两子系统构造出组合导航系统是航空导航的最佳方案。

实现组合导航有两种基本方法如下：

(1) 回路反馈法，即采用经典的控制方法，抑制系统误差，并使子系统间性能互补；

(2) 最优估计法，即采用现代控制理论中的最优估计法(常采用卡尔曼滤波或维纳滤波)，从概率统计最优的角度估算出系统误差并消除之。

两种方法都使各子系统间的信息互相渗透，起到性能互补的功效。但由于各子系统的误差源和量测中引入的误差都是随机的，所以第二种方法远优于第一种方法。

组合导航系统一般具有如下功能：

(1) 协合超越功能：利用各子系统的导航信息并作有机处理，形成单个子系统不具备的功能和精度。

(2) 互补功能：组合导航系统综合利用了各子系统的信息，使各子系统取长补短，扩大使用范围。

(3) 余度功能：各子系统感测同一信息源，测量值冗余，增加了导航系统的可靠性。

组合导航系统的发展方向是容错组合导航系统，这种系统具有故障检测、诊断、隔离和系统重构的功能。

8.2 组合导航系统的设计模式

8.2.1 状态和量测的选取——直接法和间接法

当设计组合导航系统的卡尔曼滤波器时，必须先列写出描述系统动态特性的系统方程和反映量测与状态关系的量测方程。如果直接以各导航子系统的导航输出参数作为状态，即直接以导航参数作为估计对象，则称实现组合导航的滤波处理为直接法滤波。如果以各子系统的误差量作为状态，即以导航参数的误差量作为估计对象，则称实现组合导航的滤波处理为间接法滤波。

直接法滤波中，卡尔曼滤波器接收各导航子系统的导航参数，经过滤波计算，得到导航参数的最优估计，如图 8.2.1 所示。

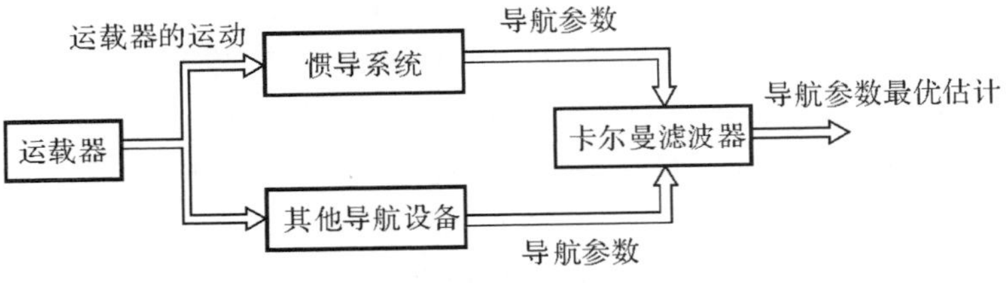

图 8.2.1　直接法滤波示意图

间接法滤波中，卡尔曼滤波器接收两个导航子系统对同一导航参数输出值的差值，经过滤波计算，估计出各误差量。用惯导系统误差的估计值去校正惯导系统输出的导航参数，以得到导航参数的最优估计；或者用惯导系统误差的估计值去校正惯导系统力学编排中的相应导航参数，即将误差估计值反馈到惯导系统的内部，如图 8.2.2 所示。前者称为输出校正，后者称为反馈校正。

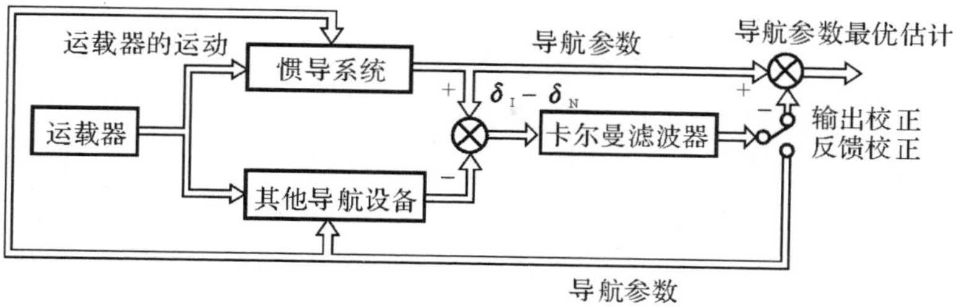

图 8.2.2 间接法滤波示意图

直接法滤波和间接法滤波各有优缺点，综合起来主要体现在以下几方面：

(1) 直接法的模型系统方程直接描述系统导航参数的动态过程，它能较准确地反映真实状态的演变情况；间接法的模型系统方程是误差方程，它是按一阶近似推导出来的，有一定的近似性。

(2) 直接法的模型系统方程是惯导力学编排方程和某些误差变量方程(例如平台倾角)的综合。滤波器既能达到力学编排方程解算导航参数的目的，又能起到滤波估计的作用。滤波器输出的就是导航参数的估计以及某些误差量的估计。因此，采用直接法可使惯导系统避免力学编排方程的许多重复计算。但如果组合导航在转换到纯惯导工作方式时，惯导系统不用卡尔曼滤波。这时，还须要另外编排一套程序解算力学编排方程，这是不便之处。而间接法却相反，虽然系统须要分别解算力学编排方程和滤波计算方程，但在程序上也便于由组合导航方式向纯惯导方式转换。

(3) 两种方法的系统方程有相同之处。状态中都包括速度(或速度误差)、位置(或位置误差)和平台误差角。但是，它们最大的区别在于直接法的速度状态方程中包括计算坐标系相应轴向的比力量测值以及由于平台有倾角而产生的其他轴向比力的分量，而间接法的速度误差方程中只包括其他轴向比力的分量。比力量测值主要是运载体运动的加速度，它主要受运载体推力的控制，也受运载体姿态和外界环境干扰的影响。因此，它的变化比速度要快得多。为了得到准确的估计，卡尔曼滤波的计算周期必须很短，这对计算机计算速度提出了较高的要求，而间接法却没有这种要求。根据有关文献介绍，间接法量测值的采样周期(一般也是滤波的计算周期)在几秒到一分钟的范围内，基本上不影响滤波器的有效性能。

(4) 直接法的系统方程一般都是非线性方程，卡尔曼滤波必须采用广义滤波。而间接法的系统方程都是线性方程，可以采用基本滤波方程。

(5) 间接法的各个状态都是误差量，相应的数量级是相近的。而直接法的状态，有的是导航参数本身，如速度和位置，有的却是数值很小的误差，如姿态误差角，数值相差很大，这给数值计算带来一定的困难，且影响这些误差估计的准确性。

综上所述，虽然直接法能直接反映出系统的动态过程，但在实际应用中却还存在着不少困难。只有在空间导航的惯性飞行阶段，或在加速度变化缓慢的舰船中，惯导系统的卡尔曼滤波才采用直接法。对没有惯导系统的组合导航系统，如果系统方程中不需要速度方程，也可以采用直接法，而在飞行器的惯导系统中，目前一般都采用间接法的卡尔曼滤波。

8.2.2 输出校正和反馈校正

从卡尔曼滤波器得到的估计有两种利用方法：一种是将估计作为组合导航系统的输出，或作为惯导系统输出的校正量，这种方法称为开环法；另一种是将估计反馈到惯导系统和其余子系统中，估计出的导航参数就作为惯导力学编排方程中的相应参数，估计出的误差作为校正量，将惯导系统或其他导航设备中的相应误差量校正掉，这种方法称为闭环法。从直接法和间接法得到的估计都可以采用开环法和闭环法进行校正。间接法估计的都是误差量，这些估计是作为校正量来利用的。因此，间接法中的开环法也称为输出校正，闭环法也称为反馈校正。这就是图 8.2.2 所示的内容。下面分析输出校正和反馈校正这两种方法的特点。

设将滤波估计作为输出校正的系统方程和量测方程分别为

$$\dot{\boldsymbol{X}}(t)=\boldsymbol{F}(t)\boldsymbol{X}(t)+\boldsymbol{G}(t)\boldsymbol{w}(t) \tag{8.2.1}$$

$$\boldsymbol{Z}(t)=\boldsymbol{H}(t)\boldsymbol{X}(t)+\boldsymbol{v}(t) \tag{8.2.2}$$

式中各符号的意义和噪声统计特性描述都与第二章所述相同，$\boldsymbol{X}(t)$ 为导航系统的误差状态。

根据式(2.3.40) ～ 式(2.3.42)，滤波方程为

$$\dot{\hat{\boldsymbol{X}}}(t)=\boldsymbol{F}(t)\hat{\boldsymbol{X}}(t)+\bar{\boldsymbol{K}}(t)[\boldsymbol{Z}(t)-\boldsymbol{H}(t)\hat{\boldsymbol{X}}(t)] \tag{8.2.3}$$

$$\bar{\boldsymbol{K}}(t)=\boldsymbol{P}(t)\boldsymbol{H}^{\mathrm{T}}(t)\boldsymbol{r}^{-1}(t) \tag{8.2.4}$$

$$\dot{\boldsymbol{P}}(t)=\boldsymbol{P}(t)\boldsymbol{F}^{\mathrm{T}}(t)+\boldsymbol{F}(t)\boldsymbol{P}(t)-\boldsymbol{P}(t)\boldsymbol{H}^{\mathrm{T}}(t)\boldsymbol{r}^{-1}(t)\boldsymbol{H}(t)\boldsymbol{P}(t)+\boldsymbol{G}(t)\boldsymbol{q}(t)\boldsymbol{G}^{\mathrm{T}}(t) \tag{8.2.5}$$

$\boldsymbol{X}(t)$ 的估计误差定义为

$$\tilde{\boldsymbol{X}}(t)=\boldsymbol{X}(t)-\hat{\boldsymbol{X}}(t)$$

$\tilde{\boldsymbol{X}}(t)$ 就是惯导系统经过输出校正以后的状态。系统和滤波的和方块图见图 8.2.3。根据式(8.2.1) ～ 式(8.2.3)，$\tilde{\boldsymbol{X}}(t)$ 的动态特性由下式描述：

$$\dot{\tilde{\boldsymbol{X}}}(t)=[\boldsymbol{F}(t)-\bar{\boldsymbol{K}}(t)\boldsymbol{H}(t)]\tilde{\boldsymbol{X}}(t)+\boldsymbol{G}(t)\boldsymbol{w}(t)-\bar{\boldsymbol{K}}(t)\boldsymbol{v}(t) \tag{8.2.6}$$

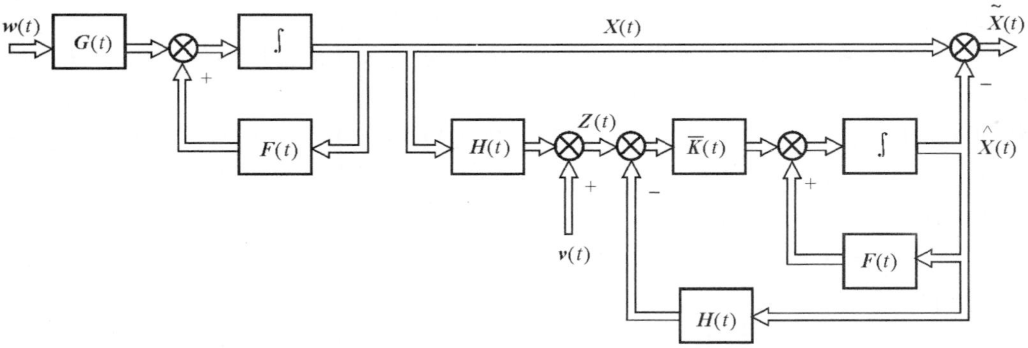

图 8.2.3　输出校正方块图

如果采用反馈校正，并认为各状态都能控制，则系统方程为

$$\dot{\boldsymbol{X}}(t)=\boldsymbol{F}(t)\boldsymbol{X}(t)+\boldsymbol{G}(t)\boldsymbol{w}(t)+\boldsymbol{u}(t) \tag{8.2.7}$$

按式(5.5.3)，反馈控制为

$$\boldsymbol{u}(t)=-\bar{\boldsymbol{K}}(t)\boldsymbol{Z}(t) \tag{8.2.8}$$

所以式(8.2.7) 为

$$\dot{\boldsymbol{X}}(t)=[\boldsymbol{F}(t)-\bar{\boldsymbol{K}}(t)\boldsymbol{H}(t)]\boldsymbol{X}(t)+\boldsymbol{G}(t)\boldsymbol{w}(t)-\bar{\boldsymbol{K}}(t)\boldsymbol{v}(t) \tag{8.2.9}$$

系统和滤波器的方块图见图 8.2.4。$\boldsymbol{X}(t)$ 本身就是惯导系统经过反馈校正后的状态。

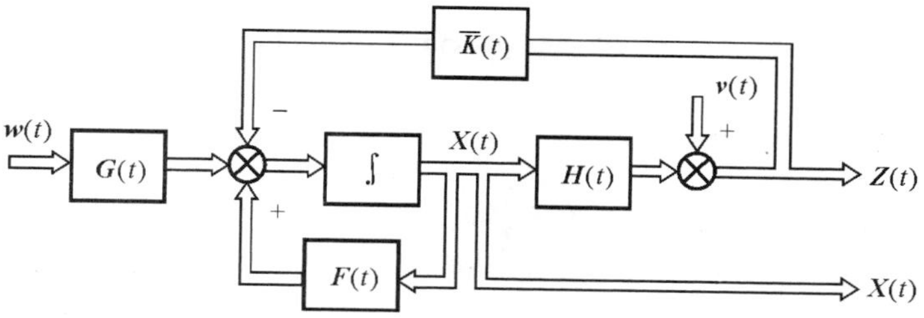

图 8.2.4　反馈校正方块图

比较这两种方法，可以得出以下特点：

(1) 式(8.2.6)和式(8.2.9)除了状态变量不同外，其他参数完全相同，即这两种系统校正后的状态动态特性是完全一样的。因此，如果模型系统方程和量测方程能正确反映系统本身，则输出校正和反馈校正在本质上是一样的，即估计和校正的效果是一样的。对于离散系统，情况也是如此。

(2) 输出校正利用滤波器的估计去校正惯导系统输出的导航参数，其作用是改善输出的准确性，而反馈校正是利用滤波器输出的控制量去校正式(8.2.7)所示系统的状态。虽然这些状态都是误差量，但对这些误差量作校正，实际上就是校正惯导系统的状态。因此，控制量用来校正与误差状态相应的状态。例如，速度误差的控制量实际上就是输入到惯导力学编排方程中去校正速度量。即：不论是输出校正还是反馈校正，实质上都是对导航参数进行校正。

(3) 输出校正增益陈的计算方程式(8.2.4)和式(8.2.5)在形式上与反馈校正的增益阵计算方程完全一样，但式(8.2.7)和式(8.2.8)比式(8.2.3)简单，这是反馈校正方便之处。

(4) 比较式(8.2.1)和式(8.2.7)，虽然在形式上后者仅多了一项控制项，但两式中 $\boldsymbol{X}(t)$ 的意义是不同的。式(8.2.1)中的 $\boldsymbol{X}(t)$ 是系统未经输出校正的误差状态，而式(8.2.7)中的 $\boldsymbol{X}(t)$ 是系统经过反馈校正的误差状态。当然，经过校正的 $\boldsymbol{X}(t)$ 要比未经校正的 $\boldsymbol{X}(t)$ 小。对这两个都经过一阶近似的误差状态方程来讲，$\boldsymbol{X}(t)$ 越小，则近似的准确性就越高。因此，利用反馈校正的系统方程式(8.2.7)更能接近反映系统误差状态的真实动态过程。在一般情况下，输出校正要得到与反馈校正相同的估计精度，应该采用较为复杂的模型系统方程。

由于以上原因，惯导系统通常采用反馈校正。在系统中，如果实际控制量能达到的最大值小于式(8.2.8)中的 $\boldsymbol{u}(t)$ 可能达到的最大值，则可采用输出校正。对于离散系统，情况也是如此。

8.2.3　阻尼问题

在间接法滤波中，状态变量是误差量，所以量测量应该是这些误差量的线性函数，这只有当来自不同系统的同一导航参数作比较后才能做到这一点。这说明，在间接法滤波中，要实现对某一导航系统的阻尼，必须利用来自其他导航系统的外来信息，而不能利用自身信息作为阻尼。

而在直接法滤波中以实际物理量作为状态变量，如例2-13所讨论的问题，在此情况下，通过卡尔曼滤波处理，系统自身能够提供阻尼，而并不要求必须由外来信息提供阻尼。

8.3 组合导航系统设计中一些常用导航子系统的误差模型

在8.2节中已经说明，设计组合导航系统时一般都采用间接法滤波，而在间接法滤波中都以误差量作为状态。所以，当设计组合导航系统的卡尔曼滤波器时，必须具备的已知条件之一是参与组合的导航子系统的误差模型。误差模型描述了噪声激励源驱动之下误差的动态传播规律。本节介绍组合导航系统设计中一些常用导航子系统的工作原理和误差模型。由于惯导系统的工作原理和误差传播特性远比其余导航子系统复杂，为便于叙述，关于惯导系统的内容在下一节中单独讨论。

8.3.1 GPS导航仪

GPS的全称为全球定位系统(Global Positioning System)，是美国国防部从20世纪70年代开始发展的以卫星为基础的无线电通讯导航系统，它能在全球范围内全天候地提供高精度的三维位置、三维速度和时间基准信息，具有静态定位、动态导航及精密授时的功能。GPS系统由三部分组成：空间部分(24颗卫星)、地面监测控制部分和用户设备部分(GPS接收机)。GPS信号采用码分址结构。码分P码和C/A码两种，它们都是伪随机二进制码。C/A码的周期为1 ms，在一个周期内共有1 023个码片；P码的周期为一星期，在一个周期内共有$6\ 187\ 104 \times 10^6$个码片。由于接收GPS信号时必须知道被接收信号的伪码结构，而P码的结构是绝密的，且破译P码的概率为零，所以只有美国国防部的特许用户才能使用P码信号，其余用户只能使用C/A码信号。习惯上将C/A码信号称为民用码信号，实现标准定位服务(SPS)。实际上C/A码信号并非为民用目的而设置，而是为使用P码信号而设置的初捕码，即捕获P码信号之前，必须先捕获C/A码，再过渡到P码信号，这样做的目的是要缩短对P码的搜索时间。由于C/A码在一个周期内的码片不多，容易被破译，所以美国国防部公开C/A码结构，具体体现在公开销售GPS C/A码接收机。GPS C/A码信号的原设计定位误差不超过50 m，且由于GPS定位误差不随时间发散，所以GPS系统开始建立后立即引起了世界导航界的注意。美国国防部为了防止他国将GPS C/A码信号用于战略武器系统，于1993年部署完毕起故意加入了SA误差。由于GPS完全由美国国防部控制，所以，美国交通部制订标准明确指出GPS只能用作机载辅助导航设备[77]。

SA通过两个入口引入到GPS信号中：时钟频率的随机抖动和叠加在星历数据上的随机误差。

有很多种物理因素影响GPS的定位精度，主要因素有：

(1) 距地面20 200 km的卫星发射的电磁波必须穿透电离层和对流层才能到达地面，而电磁波在真空中和在电离层及对流层中的折射系数是不相同的，这意味着电磁波到达地面时将产生附加延时；

(2) 卫星运行的线速度为4 km/s，这将引起时钟的相对论效应，使卫星钟和地面站钟不同步，此外还有时钟本身的走时误差，而GPS是根据相关接收中测定出的传播延时作定位计算的，所以时钟误差和相对论效应都直接影响定位误差；

(3) GPS卫星的运行轨道参数主要由地球重力场决定，地球表面的不规则性、地球重力分布的不均匀性及地球内部熔液的活动，太阳和月球引力场的作用，太阳光辐射压力的作用，都会引起星历误差。

但是与 SA 相比，这些非人为因素引起的定位误差只是 GPS 定位误差中的次要成分，而 SA 是最主要成分。

SA 体现在定位上是一种变化缓慢、相关强烈的非平稳过程[78]，图 8.3.1 示出了西安地区采集到的一组样本，其中点密的虚线为高度误差，点稀的虚线为纬度误差，实线为经度误差，经度和纬度误差已折算成沿东向和沿北向的距离误差。

消除或减小 SA 误差的途径有以下三种：

（1）采用差分技术；

（2）通过时序分析和辨识对 SA 建模，将 GPS 导航仪的位置输出作为量测量，根据 SA 模型，估计出 SA[79]，但由于缺少外来信息，估计效果受到限制；

（3）通过对 SA 实测样本作功率谱分析，获得 SA 的平稳线性模型，再从 GPS 导航仪与其余非相似导航子系统构成的量测量中，用卡尔曼滤波技术实时估计出各导航子系统的误差及 SA 的实时数据，估计效果体现在整个导航系统的综合精度的提高上。从整个时间过程来看，SA 为非平稳过程，但对时间有限的导航来说，SA 误差可近似看做平稳过程，即用平稳线性模型描述之[80]。

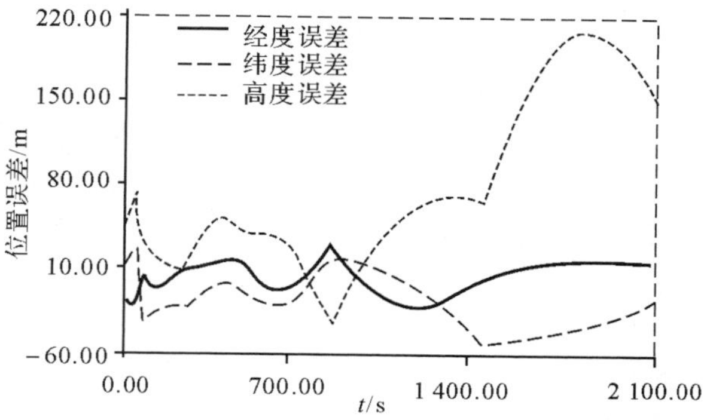

图 8.3.1　西安地区的实测 SA 位置误差样本

获得完全正确描述 SA 动力学特性的模型是很困难的，并且在组合导航系统设计过程中，SA 模型被列入卡尔曼滤波器状态，模型越复杂，用于描述其动力学特性的状态变量就越多，卡尔曼滤波的计算量就越大，实时计算就越难实现。鉴于上述原因，所建立的 SA 模型既要反映出 SA 主要的动力学特性，又要简单实用，阶数应该适当低。而 SA 在时间域内的表现形式是变化缓慢相关强烈，所以采用一阶马尔柯夫过程描述 SA 的动力学特性是合适的。

记反映在经度、纬度及高度上的 SA 位置误差分别为：$\delta\lambda_{SA}$，δL_{SA}，δh_{SA}，则位置误差模型为

$$\delta\dot{\lambda}_{SA}=-\frac{1}{\tau_{SA\lambda}}\delta\lambda_{SA}+w_{SA\lambda} \tag{8.3.1}$$

$$\delta\dot{L}_{SA}=-\frac{1}{\tau_{SAL}}\delta L_{SA}+w_{SAL} \tag{8.3.2}$$

$$\delta\dot{h}_{SA}=-\frac{1}{\tau_{SAh}}\delta h_{SA}+w_{SAh} \tag{8.3.3}$$

式中相关时间 $\tau_{SA\lambda}$，τ_{SAL}，τ_{SAh} 分别为 100 ～ 200 s，$\delta\lambda_{SA}$ 和 δL_{SA} 的均方根约为 $0.02'$，δh_{SA} 的均方根约为 50 m，驱动白噪声 $w_{SA\lambda}$，w_{SAL} 和 w_{SAh} 的方差强度按式(3.1.32)确定。

记反映沿东向，北向和天向的 SA 速度误差分别为：δv_{ESA}，δv_{NSA}，δv_{USA}，则速度误差模型为

$$\delta\dot{v}_{ESA}=-\frac{1}{\tau_{SAvE}}\delta v_{ESA}+w_{SAvE} \tag{8.3.4}$$

$$\delta\dot{v}_{NSA} = -\frac{1}{\tau_{SAvN}}\delta v_{NSA} + w_{SAvN} \tag{8.3.5}$$

$$\delta\dot{v}_{USA} = -\frac{1}{\tau_{SAvU}}\delta v_{USA} + w_{SAvU} \tag{8.3.6}$$

其中相关时间 τ_{SAvE}，τ_{SAvN}，τ_{SAvU} 分别为 100 ～ 200 s，均方根分别为 0.1 ～ 0.2 m/s，驱动白噪声 w_{SAvE}，w_{SAvN}，w_{SAvU} 的方差强度按式(3.1.32) 确定。

8.3.2　多普勒导航系统

多普勒导航系统使用机载多普勒雷达测量飞机相对地球的速度，通过对地速的积分获得导航解。多普勒雷达的测速原理是多普勒效应。多普勒效应是指：当机械波或电磁波的发射源与接收点间沿两者连线方向存在相对速度时，接收频率与发射频率并不相同，这一频率差称为多普勒频移。多普勒频移与这一相对速度成正比，因此根据发射频率和多普勒频移就能求出这一相对速度。多普勒效应是在 1842 年由奥地利物理学家多普勒(Christian Doppler) 在研究声学问题时，即机械波时首次发现的。1938 年又证实了在电磁波领域内同样存在多普勒效应。

设无线电发射机的发射频率为 f_0，发射机以速度 v 向接收机运动，接收机固定在 B 点，如图 8.3.2 所示。

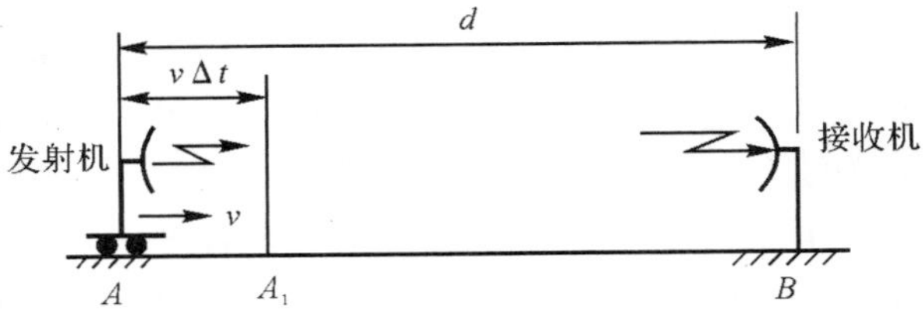

图 8.3.2　发射机运动，接收机固定时的多普勒频移

发射机在 t_0 时刻位于 A 点，在 t_1 时刻位于 A_1 点，A 和 B 两点间的距离为 d。由于传播延迟，在 A 点发射的信号到达 B 点的时间为

$$T_0 = t_0 + \frac{d}{c}$$

在 A_1 点发射的信号到达 B 点的时间为

$$T_1 = t_1 + \frac{d - v\Delta t}{c}$$

式中，c 为光速，$\Delta t = t_1 - t_0$。

在$[t_0,\ t_1]$时间段内，发射机发出的信号波动周数为

$$n = \Delta t f_0$$

设接收到的信号频率为 f_r，则接收到的波数为

$$N = (T_1 - T_0)f_r = \left[t_1 + \frac{d - v\Delta t}{c} - \left(t_0 + \frac{d}{c}\right)\right]f_r = \left(1 - \frac{v}{c}\right)\Delta t f_r$$

由于波动是连续的，所以在$[T_0,\ T_1]$内接收到的信号波数 N 应与$[t_0,\ t_1]$内发出的信号波数 n 相等，即

$$\Delta t f_0 = \left(1 - \frac{v}{c}\right)\Delta t f_r$$

$$f_r = \frac{c}{c - v}f_0 \tag{8.3.7}$$

所以多普勒频移为

$$f_d = f_r - f_0 = \frac{v}{c - v}f_0 \tag{8.3.8}$$

如果发射机与接收机安装在同一运载体上，反射点 B 固定不动，运载体以速度 v 向 B 点运动，如图 8.3.3 所示。则根据式(8.3.7)，信号到达 B 点时的振荡频率为

$$f_b = \frac{c}{c-v} f_0$$

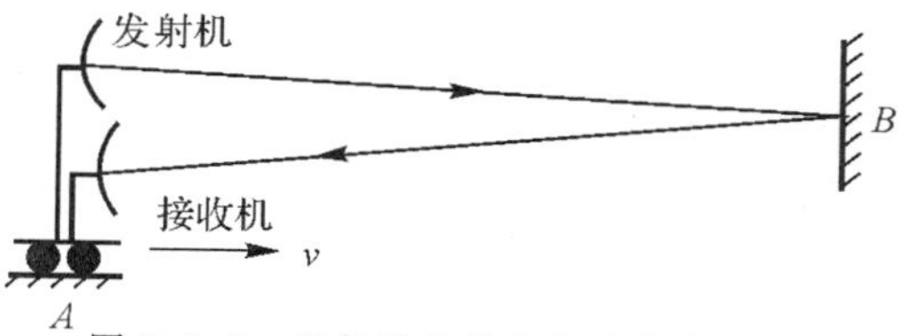

图 8.3.3　发射机和接收机安装在同一运载体上的多普勒频移

信号到达 B 点后将被反射回 A 点，这相当于 B 点发射的信号，发射频率为 f_b，由于存在相对速度 v，所以 A 点接收到的信号频率为

$$f_a = \frac{c}{c-v} f_b = \left(1-\frac{v}{c}\right)^{-2} f_0$$

又由于 $\frac{v}{c} \ll 1$，则有

$$f_a = \left(1+\frac{2v}{c}\right) f_0 \tag{8.3.9}$$

多普勒频移为

$$f_d = f_a - f_0 = \frac{2v}{c} f_0 \tag{8.3.10}$$

或

$$f_d = \frac{2v}{\lambda_0} \tag{8.3.11}$$

式中，$\lambda_0 = \frac{c}{f_0}$ 为发射信号的波长。

式(8.3.11) 即为机载多普勒雷达的测速原理。

早期的机载多普勒雷达系统是双波束系统，系统具有两副天线。天线安装在伺服平台上，两个波束产生的多普勒频移之差驱动伺服平台转动，当两个多普勒频移相等时，伺服平台停止转动，平台相对飞机纵向对称面转过的几何角即为偏流角。根据测得的多普勒频移和天线安装角解算出飞机的地速。这种双波束系统既笨重，结构又复杂，目前已很少使用，而广泛使用具有固定天线的四波束系统。

四波束系统的 4 个发射天线是固定在机身上的平板天线，天线发射波束的方向相对机体坐标系的角位置是固定不变的，如图 8.3.4 所示。其中，$x_b y_b z_b$ 为飞机的机体坐标系，并规定右、前、上为正向，记单位向量分别为 $\boldsymbol{i}$，$\boldsymbol{j}$，$\boldsymbol{k}$。$\boldsymbol{n}_1$，$\boldsymbol{n}_2$，$\boldsymbol{n}_3$ 和 $\boldsymbol{n}_4$ 为 4 个波束的发射方向。

设波束相对飞机纵向对称面的水平偏角为 β，水平倾角为 α，飞机的地速向量为

$$\boldsymbol{v} = v_x \boldsymbol{i} + v_y \boldsymbol{j} + v_z \boldsymbol{k}$$

由图 8.3.4 可得

$$\boldsymbol{n}_2 = \cos\alpha\sin\beta\,\boldsymbol{i} + \cos\alpha\cos\beta\boldsymbol{j} - \sin\alpha\boldsymbol{k} \tag{8.3.12a}$$

由于波束对称配置，则有

$$\boldsymbol{n}_1 = -\cos\alpha\sin\beta\,\boldsymbol{i} + \cos\alpha\cos\beta\boldsymbol{j} - \sin\alpha\boldsymbol{k} \tag{8.3.12b}$$

$$\boldsymbol{n}_3 = \cos\alpha\sin\beta\,\boldsymbol{i} - \cos\alpha\cos\beta\boldsymbol{j} - \sin\alpha\boldsymbol{k} \tag{8.3.12c}$$

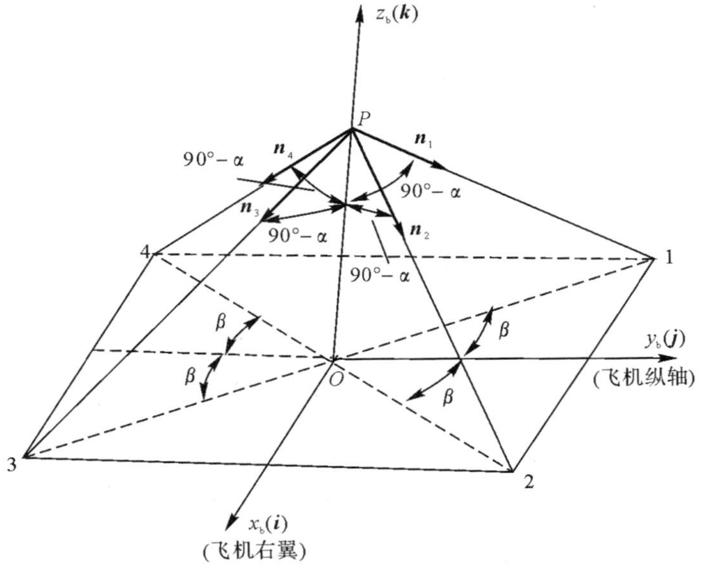

图 8.3.4　固定天线的发射方向

$$\boldsymbol{n}_4 = -\cos\alpha\sin\beta\,\boldsymbol{i} - \cos\alpha\cos\beta\boldsymbol{j} - \sin\alpha\boldsymbol{k} \tag{8.3.12d}$$

地速向量 $\boldsymbol{v}$ 在波束 1,2,3,4 方向上的投影为

$$v_1 = \boldsymbol{v}\cdot\boldsymbol{n}_1 = -v_x\cos\alpha\sin\beta + v_y\cos\alpha\cos\beta - v_z\sin\alpha \tag{8.3.13a}$$

$$v_2 = \boldsymbol{v}\cdot\boldsymbol{n}_2 = v_x\cos\alpha\sin\beta + v_y\cos\alpha\cos\beta - v_z\sin\alpha \tag{8.3.13b}$$

$$v_3 = \boldsymbol{v}\cdot\boldsymbol{n}_3 = v_x\cos\alpha\sin\beta - v_y\cos\alpha\cos\beta - v_z\sin\alpha \tag{8.3.13c}$$

$$v_4 = \boldsymbol{v}\cdot\boldsymbol{n}_4 = -v_x\cos\alpha\sin\beta - v_y\cos\alpha\cos\beta - v_z\sin\alpha \tag{8.3.13d}$$

根据式(8.3.11),得 4 个波束的多普勒频移分别为

$$f_{d1} = \frac{2}{\lambda_0}(-v_x\cos\alpha\sin\beta + v_y\cos\alpha\cos\beta - v_z\sin\alpha) \tag{8.3.14a}$$

$$f_{d2} = \frac{2}{\lambda_0}(v_x\cos\alpha\sin\beta + v_y\cos\alpha\cos\beta - v_z\sin\alpha) \tag{8.3.14b}$$

$$f_{d3} = \frac{2}{\lambda_0}(v_x\cos\alpha\sin\beta - v_y\cos\alpha\cos\beta - v_z\sin\alpha) \tag{8.3.14c}$$

$$f_{d4} = \frac{2}{\lambda_0}(-v_x\cos\alpha\sin\beta - v_y\cos\alpha\cos\beta - v_z\sin\alpha) \tag{8.3.14d}$$

由式(8.3.14)得

$$v_x = \frac{\lambda_0}{4\cos\alpha\sin\beta}(f_{d2} - f_{d1}) \tag{8.3.15a}$$

$$v_y = \frac{\lambda_0}{4\cos\alpha\cos\beta}(f_{d2} - f_{d3}) \tag{8.3.15b}$$

$$v_z = -\frac{\lambda_0}{4\sin\alpha}(f_{d1} + f_{d3}) \tag{8.3.15c}$$

设飞机的航向角为 Ψ,俯仰角为 θ,横滚角为 γ,则飞机的机体坐标系 $Ox_by_bz_b$(右、前、上)与水平坐标系 $Ox_hy_hx_h$ 间的角位置关系如图 8.3.5 所示。水平坐标系 $Ox_hy_hx_h$ 与地理坐标

系 $Ox_g y_g z_g$（东、北、天）间的角位置关系如图 8.3.6 所示。

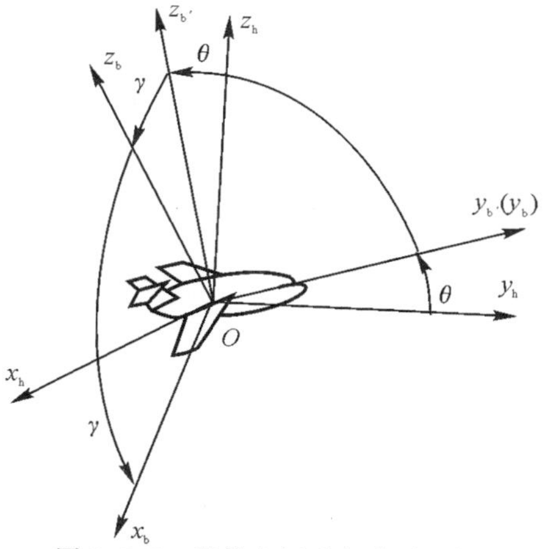

图 8.3.5　机体坐标系与水平坐标系间的角位置关系

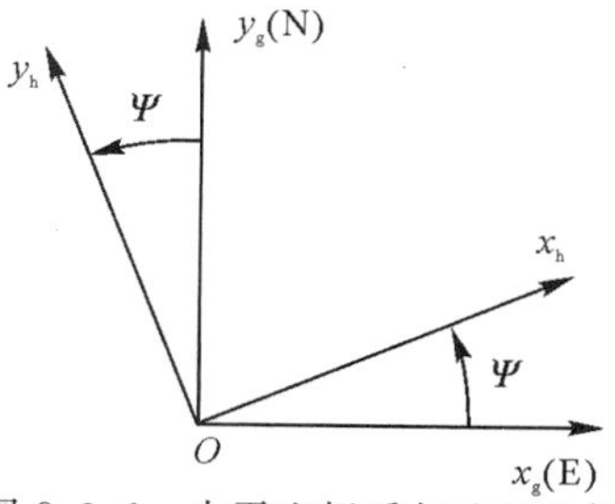

图 8.3.6　水平坐标系与地理坐标系间的角位置关系

由图 8.3.5 和图 8.3.6 得变换矩阵，有

$$\boldsymbol{C}_h^b = \begin{bmatrix} \cos\gamma & \sin\gamma\sin\theta & -\sin\gamma\cos\theta \\ 0 & \cos\theta & \sin\theta \\ \sin\gamma & -\cos\gamma\sin\theta & \cos\gamma\cos\theta \end{bmatrix} \tag{8.3.16}$$

$$\boldsymbol{C}_g^b = \boldsymbol{C}_h^b\boldsymbol{C}_g^h = \begin{bmatrix} \cos\gamma\cos\Psi - \sin\gamma\sin\theta\sin\Psi & \cos\gamma\sin\Psi + \sin\gamma\sin\theta\cos\Psi & -\sin\gamma\cos\theta \\ -\cos\theta\sin\Psi & \cos\theta\cos\Psi & \sin\theta \\ \sin\gamma\cos\Psi + \cos\gamma\sin\theta\sin\Psi & \sin\gamma\sin\Psi - \cos\gamma\sin\theta\cos\Psi & \cos\gamma\cos\theta \end{bmatrix}$$

所以

$$\boldsymbol{C}_b^h = \begin{bmatrix} \cos\gamma & 0 & \sin\gamma \\ \sin\gamma\sin\theta & \cos\theta & -\cos\gamma\sin\theta \\ -\sin\gamma\cos\theta & \sin\theta & \cos\gamma\cos\theta \end{bmatrix} \tag{8.3.17}$$

$$\boldsymbol{C}_b^g = \begin{bmatrix} \cos\gamma\cos\Psi - \sin\gamma\sin\theta\sin\Psi & -\cos\theta\sin\Psi & \sin\gamma\cos\Psi + \cos\gamma\sin\theta\sin\Psi \\ \cos\gamma\sin\Psi + \sin\gamma\sin\theta\cos\Psi & \cos\theta\cos\Psi & \sin\gamma\sin\Psi - \cos\gamma\sin\theta\cos\Psi \\ -\sin\gamma\cos\theta & \sin\theta & \cos\gamma\cos\theta \end{bmatrix} \tag{8.3.18}$$

地速向量 $\boldsymbol{v}$ 在水平坐标系 $Ox_h y_h z_h$ 内的分量为

$$\boldsymbol{v}^h = \boldsymbol{C}_b^h \boldsymbol{v}^b$$

即

$$v_x^h = v_x\cos\gamma + v_z\sin\gamma$$
$$v_y^h = v_x\sin\gamma\sin\theta + v_y\cos\theta - v_z\cos\gamma\sin\theta$$
$$v_z^h = v_x\sin\gamma\cos\theta + v_y\sin\theta + v_z\cos\gamma\cos\theta$$

可得偏流角为

$$\delta = \arctan\frac{v_x^h}{v_y^h} = \arctan\frac{v_x\cos\gamma + v_z\sin\gamma}{v_x\sin\gamma\sin\theta + v_y\cos\theta - v_z\cos\gamma\sin\theta} \tag{8.3.19}$$

地速向量在地理坐标系 $Ox_gy_gz_g$ 内的分量为

$$\boldsymbol{v}^g = \boldsymbol{C}_b^g \boldsymbol{v}^b$$

即

$$v_E = (\cos\gamma\cos\Psi - \sin\gamma\sin\theta\sin\Psi)v_x - \cos\theta\sin\Psi v_y + (\sin\gamma\cos\Psi + \cos\gamma\sin\theta\sin\Psi)v_z \tag{8.3.20a}$$

$$v_N = (\cos\gamma\sin\Psi + \sin\gamma\sin\theta\cos\Psi)v_x + \cos\theta\cos\Psi v_y + (\sin\gamma\sin\Psi - \cos\gamma\sin\theta\cos\Psi)v_z \tag{8.3.20b}$$

$$v_U = -\sin\gamma\cos\theta v_x + \sin\theta v_y + \cos\gamma\cos\theta v_z \tag{8.3.20c}$$

定位计算方程为

$$\dot{L}(t) = \frac{v_N}{R} \tag{8.3.21a}$$

$$\dot{\lambda}(t) = \frac{v_E}{R\cos L} \tag{8.3.21b}$$

$$\dot{h}(t) = v_U \tag{8.3.21c}$$

由式(8.3.15)知，多普勒导航系统是通过测量多普勒频移获得地速向量的，从多普勒频移计算出地速须经过转换，比例系数分别为

$$k_{dx} = \frac{\lambda_0}{4\cos\alpha\sin\beta} \tag{8.3.22a}$$

$$k_{dy} = \frac{\lambda_0}{4\cos\alpha\cos\beta} \tag{8.3.22b}$$

$$k_{dz} = -\frac{\lambda_0}{4\sin\alpha} \tag{8.3.22c}$$

所以多普勒雷达的测速刻度系数误差应与发射信号波长 λ_0 的稳定性、天线的水平偏角 β 及水平倾角 α 的安装精度有关。

设发射信号波长的设计值为 λ_0，实际发射信号的波长具有偏差 $\delta\lambda_0$，发射波束的水平偏角及水平倾角的设计值分别为 β 和 α，由于安装误差，上述两个几何角分别具有偏差 $\delta\beta$ 和 $\delta\alpha$，则实际的比例系数为

$$k_{dx}^c = \frac{\lambda_0 + \delta\lambda_0}{4\cos(\alpha + \delta\alpha)\sin(\beta + \delta\beta)} \tag{8.3.23a}$$

$$k_{dy}^c = \frac{\lambda_0 + \delta\lambda_0}{4\cos(\alpha + \delta\alpha)\cos(\beta + \delta\beta)} \tag{8.3.23b}$$

$$k_{dz}^c = -\frac{\lambda_0 + \delta\lambda_0}{4\sin(\alpha + \delta\alpha)} \tag{8.3.23c}$$

将式(8.3.23a)、式(8.3.23b)、式(8.3.23c) 分别在 λ_0，α 和 β 处展成泰勒级数，并只保留关于误差 $\delta\lambda_0$，$\delta\alpha$ 和 $\delta\beta$ 的一次项，得

$$k_{dx}^c = \frac{1}{4}\lambda_0\sec\alpha\csc\beta + \frac{1}{4}\delta\lambda_0\sec\alpha\csc\beta + \frac{1}{4}\delta\alpha\lambda_0\sec\alpha\tan\alpha\csc\beta - \frac{1}{4}\delta\beta\lambda_0\sec\alpha\csc\beta\cot\beta \tag{8.3.24a}$$

$$k_{dy}^c = \frac{1}{4}\lambda_0\sec\alpha\sec\beta + \frac{1}{4}\delta\lambda_0\sec\alpha\sec\beta +$$

$$\frac{1}{4}\delta\alpha\lambda_0\sec\alpha\tan\alpha\sec\beta+\frac{1}{4}\delta\beta\lambda_0\sec\alpha\sec\beta\tan\beta \tag{8.3.24b}$$

$$k_{dz}^c=-\frac{1}{4}\lambda_0\csc\alpha-\frac{1}{4}\delta\lambda_0\csc\alpha+\frac{1}{4}\delta\alpha\lambda_0\csc\alpha\cot\alpha \tag{8.3.24c}$$

比较式(8.3.24)和式(8.3.22)，得比例系数误差为

$$\delta k_{dx}=k_{dx}^c-k_{dx}=$$
$$\frac{1}{4}(\delta\lambda_0\sec\alpha\csc\beta+\delta\alpha\lambda_0\sec\alpha\tan\alpha\csc\beta-\delta\beta\lambda_0\sec\alpha\csc\beta\cot\beta) \tag{8.3.25a}$$

$$\delta k_{dy}=k_{dy}^c-k_{dy}=$$
$$\frac{1}{4}(\delta\lambda_0\sec\alpha\sec\beta+\delta\alpha\lambda_0\sec\alpha\tan\alpha\sec\beta+\delta\beta\lambda_0\sec\alpha\sec\beta\tan\beta) \tag{8.3.25b}$$

$$\delta k_{dz}=k_{dz}^c-k_{dz}=$$
$$-\frac{1}{4}(\delta\lambda_0\csc\alpha-\delta\alpha\lambda_0\csc\alpha\cot\alpha) \tag{8.3.25c}$$

可得多普勒雷达的测速刻度系数误差为

$$\delta K_{dx}=\frac{\delta k_{dx}}{k_{dx}}=\frac{\delta\lambda_0}{\lambda_0}+\delta\alpha\tan\alpha-\delta\beta\cot\beta \tag{8.3.26a}$$

$$\delta K_{dy}=\frac{\delta k_{dy}}{k_{dy}}=\frac{\delta\lambda_0}{\lambda_0}+\delta\alpha\tan\alpha+\delta\beta\tan\beta \tag{8.3.26b}$$

$$\delta K_{dz}=\frac{\delta k_{dz}}{k_{dz}}=\frac{\delta\lambda_0}{\lambda_0}-\delta\alpha\cot\alpha \tag{8.3.26c}$$

设波束的水平偏角和水平倾角设计值均为 $45°$，天线安装不准引起的误差角 $\delta\alpha$ 和 $\delta\beta$ 均为随机量，显然 $\delta\alpha$ 和 $\delta\beta$ 互相独立，且均值都为零。若均方根都为 $6'$，则由安装误差引起的刻度系数误差的均方根为 $\sqrt{2}\left(\frac{6}{60}\times\frac{\pi}{180}\right)=2.4\times10^{-3}$。而多普勒雷达发射的是厘米波，发射频率的稳定度不会低于 10^{-6}，所以多普勒雷达的测速刻度系数误差主要取决于固定天线的安装误差。由于天线的安装角相对飞机是固定不变的，所以由安装误差角引起的刻度系数误差也是固定不变的，但都是随机变量，因此用随机常数描述之

$$\delta\dot{K}_{dx}=0 \tag{8.3.27a}$$

$$\delta\dot{K}_{dy}=0 \tag{8.3.27b}$$

$$\delta\dot{K}_{dz}=0 \tag{8.3.27c}$$

这些随机常数的均值都为零，均方根约为 $10^{-3}\sim10^{-4}$。

设飞机上的角位置信息系统(如惯导、航姿系统或垂直陀螺和航向系统等)给出的航向角和姿态角分别为

$$\Psi_c=\Psi+\delta\Psi$$
$$\theta_c=\theta+\delta\theta$$
$$\gamma_c=\gamma+\delta\gamma$$

式中，Ψ，θ 和 γ 分别为飞机的航向角、俯仰角及横滚角的真实值；$\delta\Psi$，$\delta\theta$ 和 $\delta\gamma$ 分别为实际系统对航向角、俯仰角及横滚角的测量误差。并设飞机的地速向量在机体坐标系内各分量的真实值为 v_x，v_y，v_z，多普勒雷达的测速刻度系数误差为 δK_{dx}，δK_{dy}，δK_{dz}，则根据式(8.3.20)，多普勒导航系统输出的地速向量在地球坐标系内的分量为

$$v_E^c = [\cos(\gamma+\delta\gamma)\cos(\Psi+\delta\Psi) - \sin(\gamma+\delta\gamma)\sin(\theta+\delta\theta)\sin(\Psi+\delta\Psi)]\times (1+\delta K_{dx})v_x - \cos(\theta+\delta\theta)\sin(\Psi+\delta\Psi)(1+\delta K_{dy})v_y + [\sin(\gamma+\delta\gamma)\cos(\Psi+\delta\Psi) + \cos(\gamma+\delta\gamma)\sin(\theta+\delta\theta)\sin(\Psi+\delta\Psi)]\times (1+\delta K_{dz})v_z \tag{8.3.28a}$$

$$v_N^c = [\cos(\gamma+\delta\gamma)\sin(\Psi+\delta\Psi) + \sin(\gamma+\delta\gamma)\sin(\theta+\delta\theta)\cos(\Psi+\delta\Psi)]\times (1+\delta K_{dx})v_x + \cos(\theta+\delta\theta)\cos(\Psi+\delta\Psi)(1+\delta K_{dy})v_y + [\sin(\gamma+\delta\gamma)\sin(\Psi+\delta\Psi) - \cos(\gamma+\delta\gamma)\sin(\theta+\delta\theta)\cos(\Psi+\delta\Psi)]\times (1+\delta K_{dz})v_z \tag{8.3.28b}$$

$$v_U^c = -\sin(\gamma+\delta\gamma)\cos(\theta+\delta\theta)(1+\delta K_{dx})v_x + \sin(\theta+\delta\theta)(1+\delta K_{dy})v_y + \cos(\gamma+\delta\gamma)\cos(\theta+\delta\theta)(1+\delta K_{dz})v_z \tag{8.3.28c}$$

只保留关于误差的一次项,则由式(8.3.20)和式(8.3.28),得多普勒导航系统输出的在地理坐标系内的地速分量误差为

$$\begin{aligned}\delta v_{dE} = v_E^c - v_E = {} & \delta K_{dx}(\cos\gamma\cos\Psi - \sin\gamma\sin\theta\sin\Psi)v_x - \\ & \delta K_{dy}\cos\theta\sin\Psi v_y + \delta K_{dz}(\sin\gamma\cos\Psi + \cos\gamma\sin\theta\sin\Psi)v_z + \\ & \delta\Psi[-(\cos\gamma\sin\Psi + \cos\Psi\sin\gamma\sin\theta)v_x - \cos\Psi\cos\theta v_y + \\ & (\cos\Psi\cos\gamma\sin\theta - \sin\Psi\sin\gamma)v_z] + \\ & \delta\theta(-\cos\theta\sin\gamma\sin\Psi v_x + \sin\theta\sin\Psi v_y + \cos\theta\cos\gamma\sin\Psi v_z) + \\ & \delta\gamma[-(\cos\Psi\sin\gamma + \cos\gamma\sin\theta\sin\Psi)v_x + \\ & (\cos\gamma\cos\Psi - \sin\gamma\sin\theta\sin\Psi)v_z]\end{aligned} \tag{8.3.29a}$$

$$\begin{aligned}\delta v_{dN} = v_N^c - v_N = {} & \delta K_{dx}(\cos\gamma\sin\Psi + \sin\gamma\sin\theta\cos\Psi)v_x + \\ & \delta K_{dy}\cos\theta\cos\Psi v_y + \delta K_{dz}(\sin\gamma\sin\Psi - \cos\gamma\sin\theta\cos\Psi)v_z + \\ & \delta\Psi[(\cos\Psi\cos\gamma - \sin\Psi\sin\gamma\sin\theta)v_x - \sin\Psi v_y + \\ & (\cos\Psi\sin\gamma + \sin\Psi\cos\gamma\sin\theta)v_z] + \\ & \delta\theta(\cos\theta\sin\gamma\cos\Psi v_x - \sin\theta v_y - \cos\theta\cos\gamma\cos\Psi v_z) + \\ & \delta\gamma[(\cos\gamma\sin\theta\cos\Psi - \sin\gamma\sin\Psi)v_x + (\cos\gamma\sin\Psi + \sin\gamma\sin\theta\cos\Psi)v_z]\end{aligned} \tag{8.3.29b}$$

$$\begin{aligned}\delta v_{dU} = v_U^c - v_U = {} & -\delta K_{dx}\sin\gamma\cos\theta v_x + \delta K_{dy}\sin\theta v_y + \delta K_{dz}\cos\gamma\cos\theta v_z + \\ & \delta\theta(-\sin\theta\sin\gamma v_x + \cos\theta v_y - \sin\theta\cos\gamma v_z) + \\ & \delta\gamma(-\cos\gamma\cos\theta v_x - \sin\gamma\cos\theta v_z)\end{aligned} \tag{8.3.29c}$$

由式(8.3.21)得定位误差方程为

$$\delta\dot{L}_d = \frac{\delta v_{dN}}{R} \tag{8.3.30a}$$

$$\delta\dot{\lambda}_d = \frac{\delta v_{dE}}{R}\sec L + \delta L_d\frac{v_E}{R}\sec L\tan L \tag{8.3.30b}$$

$$\delta\dot{h}_d = \delta v_{dU} \tag{8.3.30c}$$

确定飞机的三个地速分量仅需三个不共面波束,但工程上常采用四波束方案,原因是:①平面阵列天线能自然产生四波束;② 利用四波束系统提供的冗余度可对多普勒雷达作故障检测,并可采用最小二乘算法提高地速分量的计算精度。

8.3.3　大气数据系统

大气数据系统通过安装在飞机机身外侧的全动压管路、静压管路、总温传感器和攻角传感器测量飞机周围流场内的静压、动压、总温和飞机的攻角，并将这些信息送到计算机中，解算出飞机的空气动力信息和导航信息，其中与导航有关的信息为真空速、升降速度和气压高度。随着计算机技术、集成电路和和新型压力传感器的发展，大气数据系统已由早先的机、电式模拟系统发展成数字式系统，并成为大多数飞机的标准机载设备。

影响大气数据系统精度的因素是很多的，有原理误差，也有方法误差，如静压与高度间的非线性关系，温度补偿不准确引起的误差等。但由于气压高度和空速是根据测量得的动压和静压经过解算获得的，诸多误差都可并入这种转换不准确而引起的转换误差中，即可以用刻度系数误差来描述之。做这样的简化处理对设计组合导航系统中的卡尔曼滤波器十分有利，因为在设计卡尔曼滤波器时，为避免阶数过高而使计算失去实时性，描述系统模型的状态应尽量少，只能选择反映系统主要特性的误差量作为状态。

此外，影响气压高度精度的主要误差源还有气压方法误差。从实际测量的气压值换算成的气压高度是相对标准海平面（气温为15℃，气压为101.325 kPa的海平面）的高度，而飞机所在处的实际基准海平面气压值与标准海平面的气压值存在差异，这种差异反映在气压高度上就是气压方法误差。不同地点的气压方法误差是不相同的，就是在同一地点，这一误差也会随时间改变，且这种误差是随机过程。

气压方法误差可用一阶马尔柯夫过程近似描述为

$$\delta\dot{h}_{\mathrm{b}}=-\frac{1}{\tau_{\mathrm{b}}}\delta h_{\mathrm{b}}+w_{\mathrm{b}} \tag{8.3.31}$$

式中相关时间 τ_{b} 视飞机的飞行速度和活动范围而定，对于飞行速度较低、活动范围较小的飞机，如直升飞机，相关时间长些，而对于飞行速度高、飞行距离长的飞机，相关时间则短些。一般情况下，相关时间约为 1 000 s，距离误差均方根为 50 ～ 100 m。

空速是飞机相对周围空气团的速度，如果将空速近似取作地速，则风速被当作误差引入到地速的测量值中，即

$$\boldsymbol{v}_A=(1+\delta K_a)\boldsymbol{v}_a+\boldsymbol{v}_{\mathrm{w}} \tag{8.3.32}$$

式中，$\boldsymbol{v}_a$ 为实际的真空速；δK_a 为空速测量中的刻度系统误差；$\boldsymbol{v}_{\mathrm{w}}$ 为风速向量。

假设空速向量沿飞机的纵轴方向，飞机上其他导航系统提供的航向和姿态信息分别为 $\boldsymbol{\Psi}+\delta\boldsymbol{\Psi}$，$\theta+\delta\theta$，$\gamma+\delta\gamma$，其中 $\delta\boldsymbol{\Psi}$，$\delta\theta$，$\delta\gamma$ 分别为导航设备对真实值 $\boldsymbol{\Psi}$，θ，γ 的测量误差，则大气数据系统输出的空速向量在地理坐标系（东、北、天）内的分量为

$$\boldsymbol{v}_A^{g}=(1+\delta K_a)\boldsymbol{C}_{\mathrm{b}}^{\mathrm{g}}\boldsymbol{v}_{\mathrm{a}}^{\mathrm{b}}+\boldsymbol{C}_{\mathrm{b}}^{\mathrm{g}}\boldsymbol{v}_{\mathrm{w}}^{\mathrm{b}} \tag{8.3.33}$$

式中，角标 b 表示在飞机的机体坐标系（右、前、上）的量，$\boldsymbol{v}_a^{\mathrm{b}}=[0\quad v_a\quad 0]^{\mathrm{T}}$。

式(8.3.18) 代入式(8.3.33)，得

$$\begin{bmatrix} v_{\mathrm{AE}}\\ v_{\mathrm{AN}}\\ v_{\mathrm{AU}}\end{bmatrix}=\begin{bmatrix}-(1+\delta K_a)\cos(\theta+\delta\theta)\sin(\boldsymbol{\Psi}+\delta\boldsymbol{\Psi})v_a\\ (1+\delta K_a)\cos(\theta+\delta\theta)\cos(\boldsymbol{\Psi}+\delta\boldsymbol{\Psi})v_a\\ (1+\delta K_a)\sin(\theta+\delta\theta)v_a\end{bmatrix}+\begin{bmatrix} v_{w\mathrm{E}}\\ v_{w\mathrm{N}}\\ v_{w\mathrm{U}}\end{bmatrix} \tag{8.3.34}$$

对上式取一阶近似，则可得将空速取作地速时引起的误差

$$\delta v_{\mathrm{AE}}=-\delta K_a v_a\cos\theta\sin\boldsymbol{\Psi}+\delta\theta v_a\sin\theta\sin\boldsymbol{\Psi}-\delta\boldsymbol{\Psi}v_a\cos\boldsymbol{\Psi}\cos\theta+v_{w\mathrm{E}} \tag{8.3.35a}$$

$$\delta v_{AN} = \delta K_a v_a \cos\theta \cos\Psi - \delta\theta v_a \sin\theta \cos\Psi - \delta\Psi v_a \sin\Psi \cos\theta + v_{wN} \tag{8.3.35b}$$

$$\delta v_{AU} = \delta K_a v_a \sin\theta + \delta\theta v_a \cos\theta + v_{wU} \tag{8.3.35c}$$

式中，v_{wE}，v_{wN}，v_{wU} 为风速沿东向、北向和天向的分量。根据气象资料，风可模型化成三种成分：随机常值风，随机低频风和随机高频风(突风)。数学描述分别近似为：随机常数，一阶马尔柯夫过程和白噪声，即

$$v_{wi} = v_{wbi} + v_{wri} + v_{wwi} \tag{8.3.36}$$

式中

$$\dot{v}_{wbi} = 0 \tag{8.3.37}$$

$$\dot{v}_{wri} = -\frac{1}{\tau_{wi}} v_{wri} + W_{wi} \tag{8.3.38}$$

式中，i = E，N，U。由于地球的东西方向大气环流明显，特别是在高空处更是如此，所以东向分量的均方根比北向和天向分量的均方根大，一般可取：东向风速的均方根为 5 ～ 10 m/s，北向风速的均方根为 3 ～ 5 m/s，天向风速的均方根为 0.5 ～ 2 m/s；相关风的相关时间约为数10 s。

8.3.4 VOR - DME

VOR 是甚高频全向信标(VHF Omni-Range)的缩写，是一种相位测角系统，由地面信标台和机载接收指示设备两部分组成。这种系统为飞机提供相对地面信标台的方位。工作频率为 108 ～ 118 MHz，作用距离数百公里，测角精度优于 1.4°。VOR 地面台的发射天线布置如图 8.3.7 所示。

VOR 地面台共使用三副天线，天线 1 是全向天线，天线 2—2 和 3—3 都是分集天线。天线 1 发射的信号为

$$e_1 = E_m \left[1 + m\cos\left(2\pi F_n t + \frac{\Delta F_n}{F}\cos 2\pi F t\right)\right]\cos 2\pi f t$$

天线 2 — 2 发射的信号为

$$e_2 = E_m A \cos 2\pi F t \cos 2\pi f t$$

天线 3 — 3 发射的信号为

$$e_3 = E_m A \sin 2\pi F t \cos 2\pi f t$$

上述诸式中，f 为信号载频，振幅调制频率 F = 30 Hz，分载频 F_n =9 960 Hz，调频最大频偏ΔF_n = ±480 Hz，m 和 A 均为确定性常值，e_2 和 e_3 分别垂直天线平面 2 — 2 和 3 — 3。

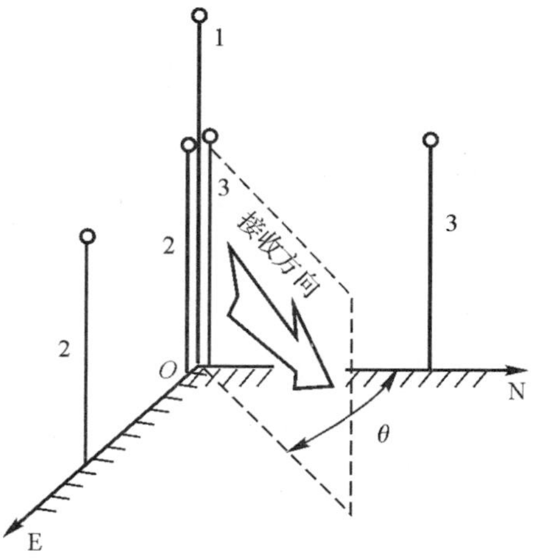

图 8.3.7 VOR 台的发射天线布置

设接收方向与北向夹角为 θ，则由于 e_1 由全向天线发射，与接收方向无关，而 e_2 和 e_3 均由分集天线发射，具有方向性，所以，在接收方向上接收到的合成信号为

$$\begin{aligned} e = {} & E_m \left[1 + m\cos\left(2\pi F_n t + \frac{\Delta F_n}{F}\cos 2\pi F t\right) + A\cos\theta\cos 2\pi F t + A\sin\theta\sin 2\pi F t\right]\cos 2\pi f t = \\ & E_m \left[1 + A\cos(\theta - 2\pi F t) + m\cos\left(2\pi F_n t + \frac{\Delta F_n}{F}\cos 2\pi F t\right)\right]\cos 2\pi f t \end{aligned} \tag{8.3.39}$$

记

$$s_1 = E_m[1 + A\cos(\theta - 2\pi Ft)]\cos 2\pi ft \tag{8.3.40}$$

$$s_2 = E_m m\cos\left(2\pi F_n t + \frac{\Delta F_n}{F}\cos 2\pi Ft\right)\cos 2\pi ft \tag{8.3.41}$$

则

$$e = s_1 + s_2$$

这说明在用户接收到的信号中，有一部分信号(s_1)与用户相对 VOR 台的方位角 θ 有关，而另一部分信号(s_2)与方位无关(相当于 $\theta = 0$)，因此如果将 s_1 和 s_2 分离开，便可确定出 θ。

再观察 s_1 中的调制信号 $E_m[1 + A\cos(\theta - 2\pi Ft)]$。由于 $E_m(1 + A\cos\theta)$ 为心形线，而 $E_m[1 + A\cos(\theta - 2\pi Ft)]$ 相对 $E_m(1 + A\cos\theta)$ 滞后相角为

$$\varphi(t) = 2\pi Ft$$

而

$$\dot{\varphi}(t) = 2\pi F$$

所以 s_1 形成的场强是在水平面内以 $2\pi F$ 为角速度旋转的心形图，即每秒旋转 30 周。所以在不同方位上调幅信号的初相是不相同的。图 8.3.8 所示为旋转辐射场在 $\theta = 0°$，$\theta = 90°$，$\theta = 180°$，$\theta = 270°$ 时用户所接收到的调幅信号。

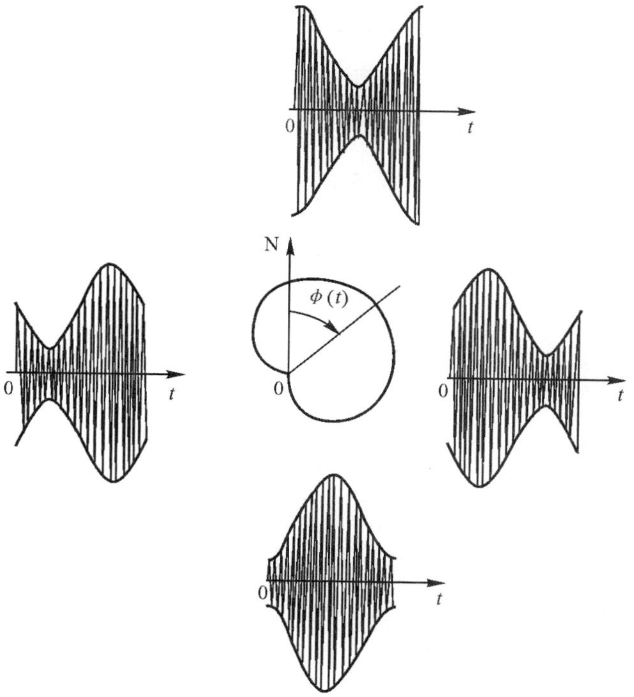

图 8.3.8　旋转辐射场和不同方位上的调幅信号

由于 s_2 中频率为 F 的分量与方位 θ 无关，这相当于 $\theta = 0°$，所以可看做北向的基准信号。机载接收设备接收上述两种信号，测量出两者的相位差，即可获得方位角 θ。

在伏尔系统中，方位角 θ 是通过比对 s_1 和 s_2 中频率为 F 的信号分量的相位获得的，当信号中混杂有干扰时，将引起方位误差角。

设 s_2 中频率为 F 的信号分量为 $\boldsymbol{c}_2(t)$，信号中的噪声干扰为 $\boldsymbol{n}(t)$，其中 $\boldsymbol{n}(t)$ 为随机过程，

则实际用于确定方位的信号为

$$s(t)=c_2(t)+n(t)$$

$n(t)$ 的相位是随机的，当 $n(t)$ 与 $c_2(t)$ 正交时引起的方位误差最严重，如图 8.3.9 所示。方位误差 $\delta\theta$ 是零均值的随机量。

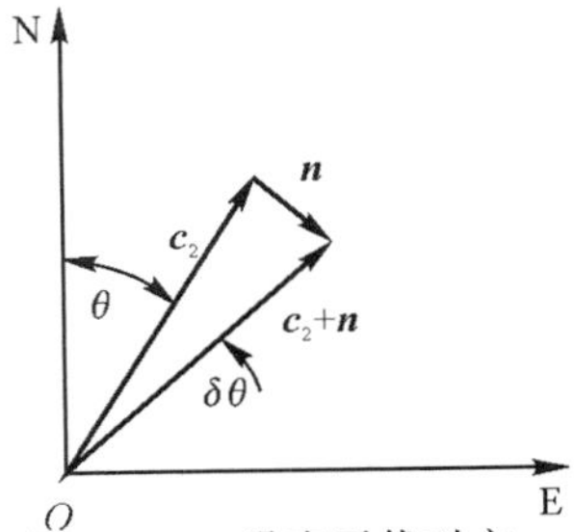

图 8.3.9　噪声干扰对方位测定的影响

设 q 为信噪比，则 $\delta\theta$ 的均方根根据信噪比的高低确定如下[84]：

$$\sigma_{\delta\theta}=\begin{cases}\dfrac{1}{q}, & q\gg 1\\ \sqrt{\dfrac{\pi^3}{3}-q\sqrt{2\pi}}, & q\ll 1\end{cases}\tag{8.3.42}$$

式中，$q\gg 1$ 表示信号很强的情况，$q\ll 1$ 则表示信号一般的情况。

DME 是一种询问应答式脉冲测距系统，系统由机载询问器和地面应答器构成，如图 8.3.10 所示。

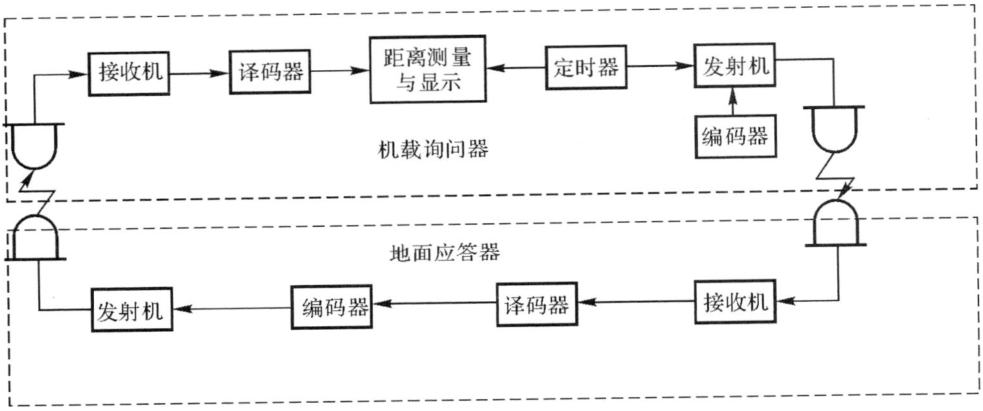

图 8.3.10　DME 系统框图

地面应答器接收机接收到机载询问器发射的脉冲信号后，经过一个固定的延时 t_0（一般为 50 μs)，转发一个与询问脉冲相对应的应答脉冲，机载询问器接收机接收此信号后，测出从发出询问脉冲到接收到应答脉冲的时间差 t，则飞机至应答器的斜距为

$$D=\frac{c}{2}(t-t_0)\tag{8.3.43}$$

式中，c 为光速。

根据机载高度系统（如气压高度表、无线电高度表等）给出的高度信息 H，可计算出飞机至 DME 转发台站（位置准确已知）的水平距离为

$$d=\sqrt{D^2-H^2}$$

为了使地面应答器能够同时应答多架飞机的询问，信号采用了编码识别，编码识别体现在以下两方面：

1. 采用不同的载波频率

DEM 的工作波段为 962～1 213 MHz，每隔 1 MHz 安排一个工作频率。机载询问器的载频安排在 1 025 ～ 1 150 MHz 范围内，共有 126 个询问频率。地面应答器的载波频率安排在 962 ～ 1 213 MHz 范围内，共有 252 个应答频率。

2. 采用不同的时间编码脉冲

DME 信号是钟形脉冲对对载波的调制信号。根据形成钟形脉冲对两脉冲间时间间隔的不同分为 x 波道时间编码和 y 波道时间编码。对 x 波道，询问脉冲对和应答脉冲对两脉冲间的时间间隔都是 12 μs，而对 y 波道，询问脉冲对两脉冲间的时间间隔则为 36 μs，应答脉冲对则为 30 μs，其中各脉冲宽度约为 3.5 μs，采用钟形脉冲的好处是使信号带宽受到压缩，以减少相邻波道间的干扰。

根据以上编码格式，可形成 252 种不同的信号编码识别。询问和应答间的编码识别具有固定的搭配关系，如图 8.3.11 所示。信号的编码脉冲识别共有 252 种，即有 252 个波道。无论是地面应答器还是机载询问器，接收和发射载波频率之差都是 63 MHz。在 252 个波道中，有 52 个波道在一般情况下避免使用。这 52 个波道是：$1x \sim 16x$，$1y \sim 16y$，$60x \sim 69x$，$60y \sim 69y$。这是由于机场空中交通管制应答器的编码格式虽然与 DME 的编码格式不同，但使用的工作频率也位于上述波道的工作频率范围内，为了避免可能引起的干扰，应尽量避免使用上述 52 个波道。

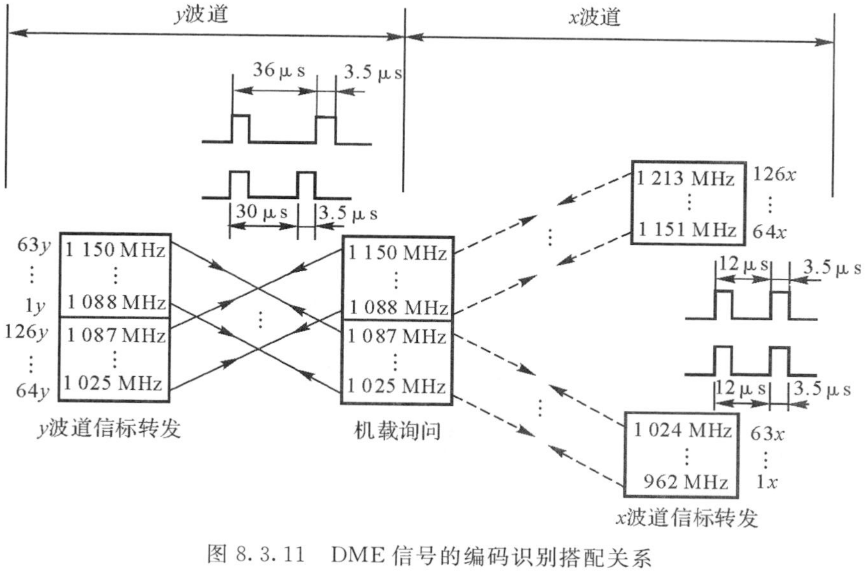

图 8.3.11　DME 信号的编码识别搭配关系

机载询问器发射的钟形脉冲对重复频率设计得与工作状态有关。在信号的搜索期间，为了尽快捕获信号，询问频度适当高些，最大速率可达 150 对脉冲每秒。在信号的跟踪期间，为了使应答器的工作容量得到充分利用，为尽量多的询问者服务，应尽量降低询问频度，机载询问器发射钟形脉冲对的重复频率一般约为 24 对脉冲每秒。对这些要求，询问器是能够自动满足的。此外，当询问的飞机数目接近或超过应答器的工作容量时，由于距离越近的飞机得到服务的希望越迫切，比如处于着陆准备状态，所以应答器应该有区别地对待迫切性不同的飞机的询问。而距离越远，到达应答器的询问脉冲信号的信噪比就越低，应答器的响应灵敏度就越低；距离越近，信噪比则越高，应答器的响应灵敏度就越高。这就自动区分了处于不同距离上的用户的使用优先权。此外，应答器的接收灵敏度设计成可变的，即询问的飞机数目越多，灵敏度就降得越低，相反，飞机数目越少，灵敏度就越高。这样，应答器在工作繁忙时只为处于着陆准备状态等急于得到服务的飞机服务，而在空闲时也能为有足够准备时间的飞机服务。DME 的作用距离约为 300 ～ 500 km。

由于受噪声干扰的影响，从接收机输出端得到的钟形脉冲上叠加了噪声干扰，使钟形脉冲的形状变得模糊不清，如图 8.3.12 所示。而电磁波的传播延时是靠比对钟形脉冲的前沿来确定的，因此这些噪声干扰直接引入到测距误差中。

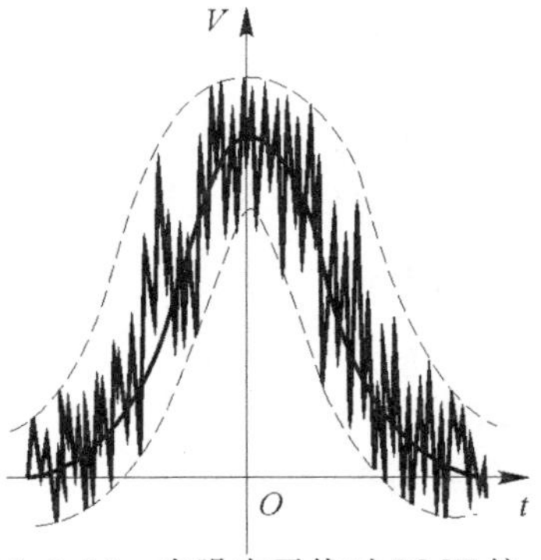

图 8.3.12　有噪声干扰时 DME 接收机输出端的钟形脉冲

由于询问器发射的询问脉冲对是间歇性的，所以由此确定的斜距在时间上是离散的，测距误差是时间序列。而且钟形脉冲上叠加的是快速跳变的噪声干扰，相关性很弱，经过时间离散化处理后相关性就更弱了，所以 DME 的测距误差可看做是白噪声序列，均值为零，均方根约为 0.7 km。

8.3.5　双曲线无线电导航系统

双曲线无线电导航系统是一类远程无线电定位系统，它利用无线电信息测量出距离差，并根据双曲线定位原理确定出用户位置。双曲线定位原理见图 8.3.13 所示。

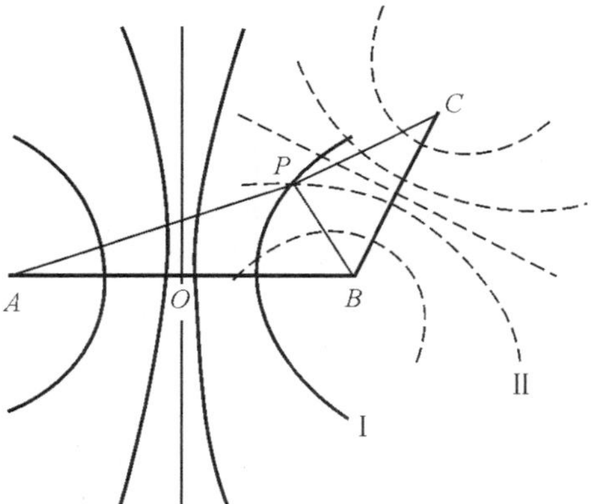

图 8.3.13　双曲线定位原理

设在地球上 A，B，C 三点设置有无线电发射台，用户 P 处于无线电台的作用范围之内。若能测出 P 分别到 A，B 的距离差 ΔR_1 和到 B，C 的距离差 ΔR_2，即

$$\Delta R_1 = PA - PB$$

$$\Delta R_2 = PB - PC$$

则根据 ΔR_1 和 ΔR_2 可分别确定出双曲线 Ⅰ 和 Ⅱ，而双曲线的交点之一即为 P 点。由于双曲

线Ⅰ和Ⅱ形成的两交点相距很远,所以根据已作出的过去时刻的定位值是很容易区分这种定位模糊性的。

双曲线定位系统有奥米加系统和罗兰系统。双曲线定位系统的关键是测出不同发射台发射的信号到达用户的时间差。时间差信息可利用无线电信号的相位来测量,也可采用脉冲信号的传播延时来测量。奥米加系统利用信号的相位信息来测量距离差;罗兰A系统利用脉冲信号的传播延时来测量距离差;而罗兰C系统则同时使用脉冲信号的传播延时和载波的相位信息来测量距离差,其中脉冲的时间信息用于获得粗测读数,即获得读数的高位数部分,相位信息用于获得精测读数,即获得读数的低位部分。罗兰A已经淘汰。下面对奥米加系统和罗兰C系统作简要介绍。

1. 奥米加系统

奥米加系统的地面台全世界共有8个,它们分别用前8个英文字母命名,即A台、B台、…、H台。工作频率为10.2 kHz,此外还发射13.6 kHz和11.33 kHz等频率的信号。8个台的工作频率全都相同,区别在于各台发射某一频率的信号时所占用的时间段顺序不相同。各台发射的信号格式如图8.3.14所示。由图知,各台的发射周期为10 s,各时间段内当频率发生转换时有0.2 s的停顿间隙。信号的区分在于时间段的分割方式。诸频率中,10.2 kHz用于定位,13.6 kHz和11.33 kHz用于巷区识别,以解决定位模糊问题,这些频率称主频率,其余频率称副频率。

由于奥米加系统发射的信号属于长波,而长波的穿透力强,传播衰减小,传播时的相位稳定,所以奥米加系统的作用距离远,8个发射台的信号能覆盖全球范围,即在地球上的任何地方至少能收到3个奥米加台的信号。

由于奥米加系统采用时间分割方式工作,所以各发射台间时间必须严格同步,各台都配备有高稳定度原子种,可达300年内只差1 s的精度。用户接收奥米加信号时,必须实现精确的时间段同步,以便识别各台所发射的10.2 kHz主频信号。为此,接收机中采用了2×10^{-9}/d高稳定度的晶体振荡器产生本机基准信号。

若使用A台和B台确定位置线(双曲线),则分别测出A台信号相对本机基准的相位差φ_A^r,即A台的相对相位差,以及B台的相对相位差φ_B^r。从φ_A^r和φ_B^r确定出A,B台信号的相位差,从而确定出位置线。

设本机参考信号的相位为

$$\varphi_0=\omega_0 t$$

接收到的A台和B台的相位分别为

$$\varphi_A=\omega_0\left(t-\frac{d_A}{c}\right)$$

$$\varphi_B=\omega_0\left(t-\frac{d_B}{c}\right)$$

式中,ω_0为奥米加系统的主频率,d_A和d_B分别为用户到A台和B台的距离,c为光速,本机参考信号与发射信号严格同步。则A台信号和B台信号的相对相位差分别为

$$\varphi_A^r=\varphi_0-\varphi_A=\omega_0\frac{d_A}{c}$$

$$\varphi_B^r=\varphi_0-\varphi_B=\omega_0\frac{d_B}{c}$$

所以用户至 A 台和 B 台的距离差为

$$d_A - d_B = \frac{c}{\omega_0}(\varphi_A^r - \varphi_B^r) \tag{8.3.44}$$

从而可得到由 A 台和 B 台确定的位置线。

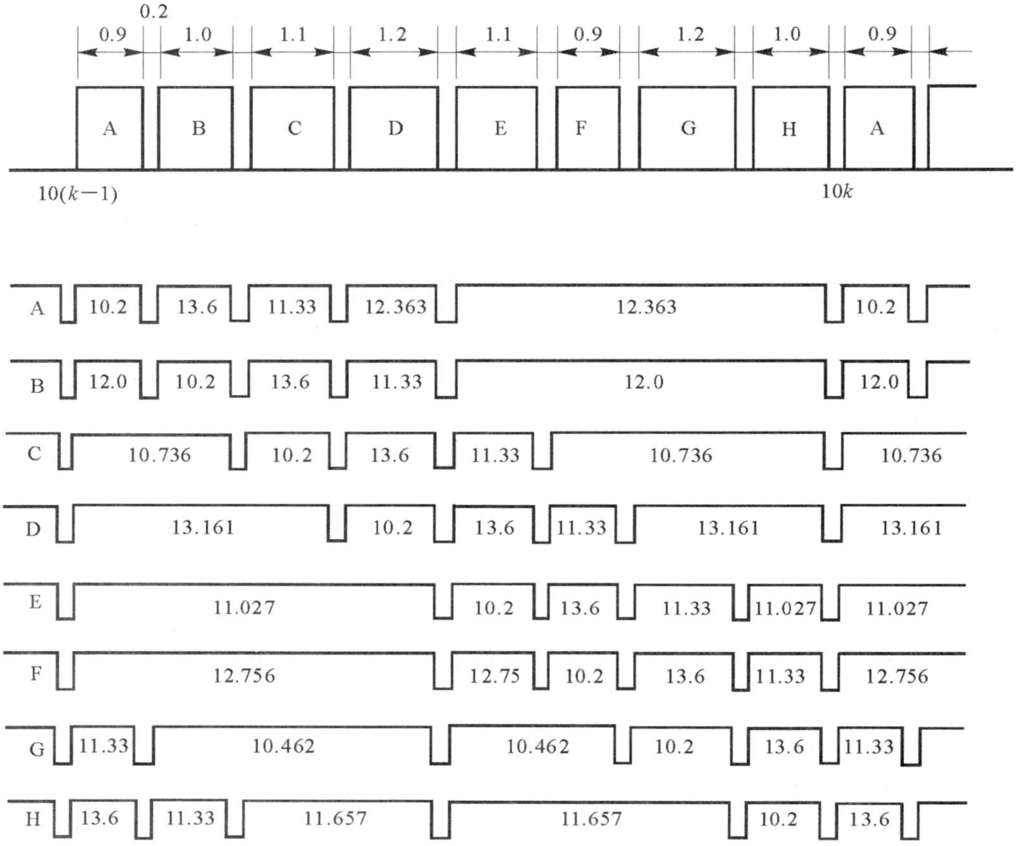

图 8.3.14　奥米加系统在 10 s 周期内各发射台的信号发射格式

2. 罗兰 C 导航系统

罗兰 C 是一种相位-时间测距离差双曲线定位系统，工作频率为 90～110 kHz。罗兰 C 的发射系统至少需由 3 个地面台站构成台链，一般由 4 个台站构成台链。在一个台链中，有一个台为主台，记为 M，其余台为副台，记为 X，Y，Z，W，台链的各台位置一般采用三角形、Y 形或星形配置，如图 8.3.15 所示。图中 M 为主台，其余为副台。主台和副台的配置形式取决于工作区的覆盖和定位精度要求。主、副台之间的基线长度为 500～1 000 n mile，系统的作用距离约为 1 000 n mile。对不同的台链，各台链发射脉冲信号的重复频率是不一样的，即采用频率分割方式来区分不同台链的信号。而在同一个台链内，各台采用时间分割方式发射信号，即在一个发射周期内，主

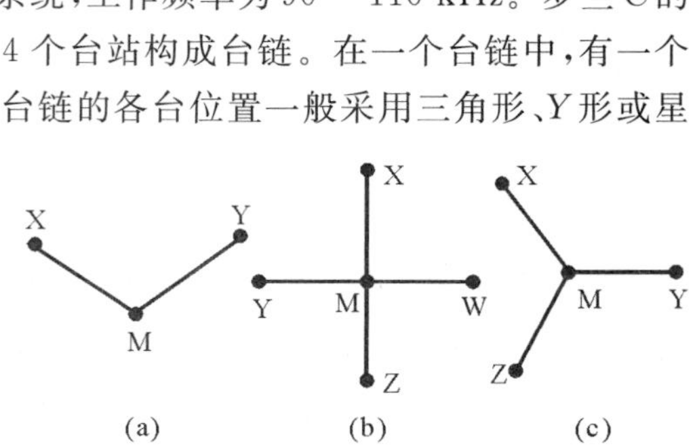

图 8.3.15　罗兰 C 台链的几何配置

(a) 三角形；(b) 星形；(c) Y 形

台先发射，然后副台依次发射。且所有的副台在发射时间上和发射载波相位上都与主台同步，以保证双曲线格网的稳定。目前，在罗兰 C 系统中，常采用高精度的原子钟作为时频标准（铷原子钟的频率稳定度为 10^{-11}/d，铯原子钟则为 10^{-12}/d），使各台链中各台既能独立地工作，又能确保发射信号在时间和相位上的同步。

在同一台链中，主、副台的发射格式的顺序有严格的规定，如图 8.3.16 所示。主、副台间歇地发射具有确定格式的信号脉冲组。在同一个发射周期内，主台发射的脉冲组中共有 9 个脉冲，前 8 个脉冲间的间隔都是 1 000 μs，第 8 个和第 9 个脉冲间的间隔为 2 000 μs。各副台发射的脉冲组中都包含 8 个脉冲，各脉冲间隔为1 000 μs。各台的工作顺序是：主台最先发射，经 τ_X 的时间休止后，第一副台发射，经 τ_Y 休止后第二副台发射，……。发射休止时间 τ_X，τ_Y，τ_Z，τ_W 取值的不同使发射周期不同，从而使发射重复频率不同，因此休止时间可用来区分不同的台链。主台的第 9 个脉冲用于构成识别台链中各台工作是否正常的编码。

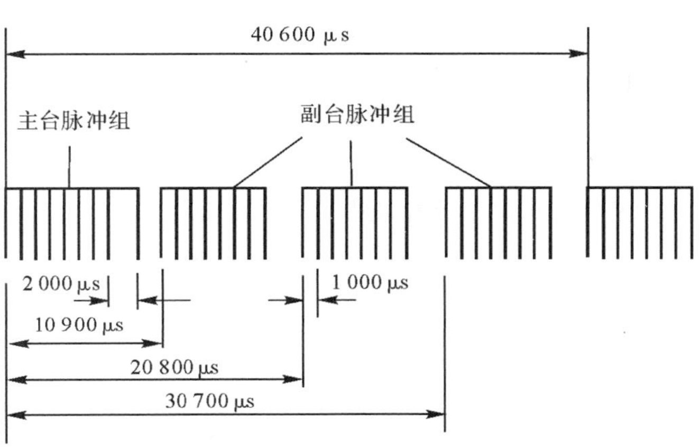

图 8.3.16　罗兰 C 信号脉冲组格式和发射顺序

各脉冲信号是钟形脉冲对载波信号的调制，调制脉冲的前沿有严格的要求，发射天线电流脉冲波形所满足的数学表达式为

$$i(t)=\begin{cases}0, & t<\tau_d \\ A_m(t-\tau_d)^2\exp\left[-\dfrac{2(t-\tau_d)}{65}\right]\sin(0.2\pi+P_c), & \tau_d<t<65+\tau_d\end{cases} \tag{8.3.45}$$

式中，A_m 为无线电流峰值，单位为 A；t 为时间，单位为 μs；τ_d 为包周差，单位为 μs；P_c 为相位编码参数，单位为 rad，正相位编码对取值为零，负相位编码时取值为 π。在相邻的两个发射周期内，相位编码见表 8.3.1。可见，相位周期是发射周期的两倍。

表 8.3.1　相位编码

台名 / 周期名	主台									副台								
前一发射周期	+	+	−	−	+	−	+	−	+	+	+	+	+	+	−	−	+
后一发射周期	+	−	−	+	+	+	+	+	−	+	−	+	−	+	+	−	−

发射信号如图 8.3.17 所示。

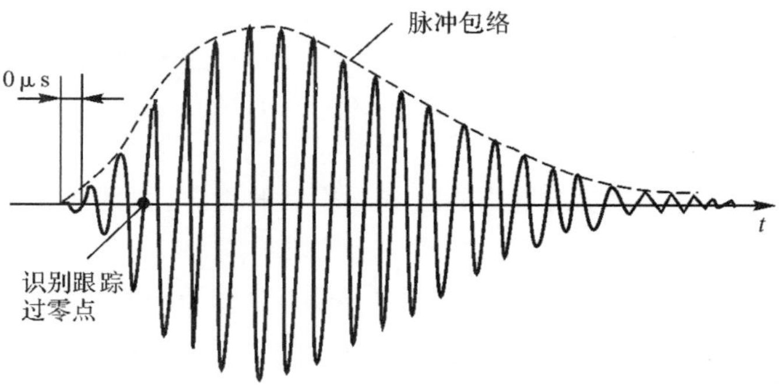

图 8.3.17　罗兰 C 发射脉冲信号

罗兰 C 的用户设备是罗兰 C 接收机，其任务是：测量主、副台发射的同步脉冲信号到达的时间差；测量主、副台脉冲信号内 100 kHz 同步载波信号的相位差。图 8.3.18示出了由脉冲确定时差的粗测原理，其中图(a) 表示接收到的主、副台信号间的时间关系，这些信号经检波得到钟形脉冲调制信号，并作 5 μs 滞后处理，所得信号如图(b) 所示；将图(b) 信号作反相处理，所得结果如图(c) 所示；将图(a) 的包络与图(c) 信号相加，所得波形如图(d) 所示。将合成包络振幅从正移向负的零交会点(位于脉冲前沿 30 μs 处) 作为基准，产生采样波门。设分别对应于主台零交会点和副台零交会点的波门间的时间长度为 τ_{MX}，由于副台 X 发射的脉冲信号相对主台 M 具有固定的延迟 τ_X，所以主、副台间的传播时间差为 $\tau_{MX}-\tau_X$，从而可确定出一条位置线。但主、副台脉冲形成器输出的脉冲序列各自对应于主、副台脉冲组信号包络内的哪一个载波周期是不确定的，这样包络时差测定就不够准确，所以这仅仅是对传播时差的粗测。

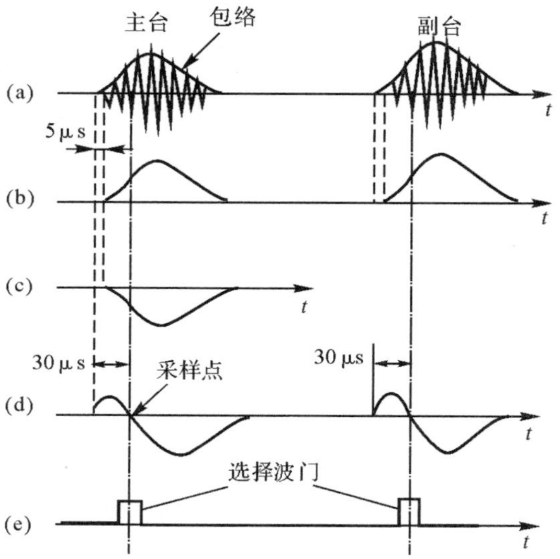

图 8.3.18　接收信号、取样点和包络的测定

(a) 接收信号；(b) 5 μs 移相；(c) 图(b) 的倒相

(d) 图(a) ＋ 图(c)；(e) 波门对准采样点

为了更精确地测定传播时差，需进行主、副台载频的相位比较，即进行载波的周期匹配。所谓周期匹配，就是使主、副台门脉冲形成器输出的脉冲序列，分别锁住来自主、副台脉冲组中每个脉冲所合载波的第三周过零点，即图 8.3.17 中所标的过零点。选用第三周的原因是：第一、第二周的信号较弱，信噪比低，过零采样点不能有效地确定；第三周以后的信号虽然幅度较大，但有可能受到天波的干扰。

图 8.3.19 所示为实现周期匹配的原理方框图，图 8.3.20 所示为周期匹配环路中相应的波形图。为了进行周期匹配，对于相位解码电路输出的每个脉中信号在同门脉冲序列比相之前要进行如下处理：解调的射频脉冲信号分成两路，一路放大 1.35 倍再移相 180° 与另一路相

加，使相加后的输出信号正好在载频第三周处出现包络零点，如图 8.3.20 所示。

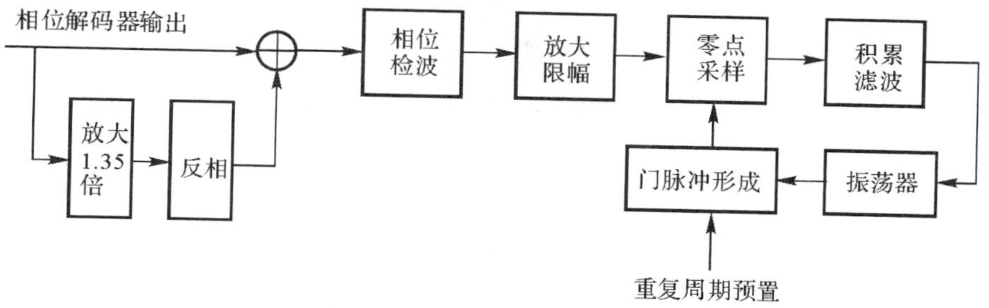

图 8.3.19　周期匹配锁相环原理框图

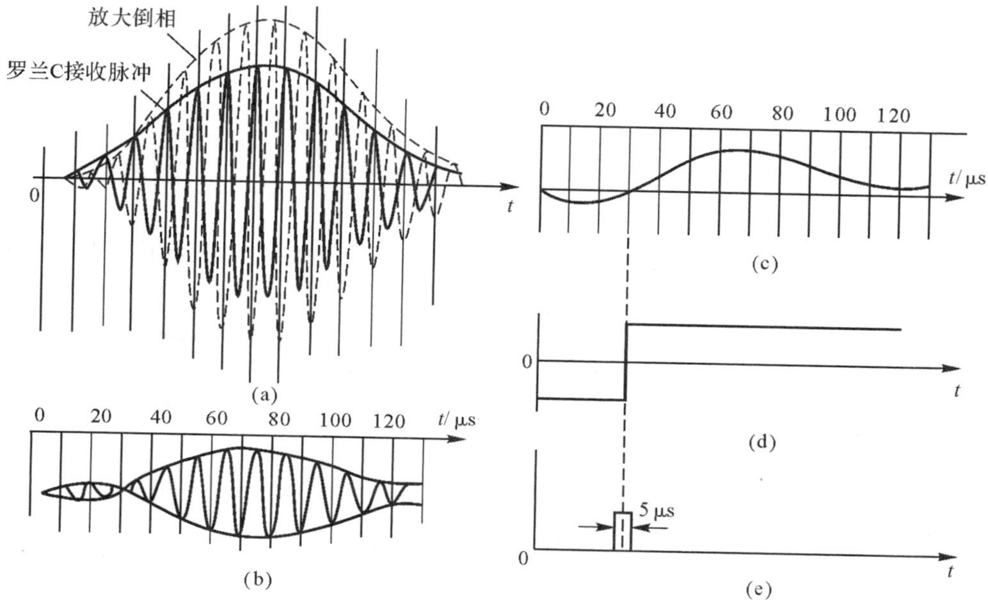

图 8.3.20　周期匹配环路中相应的波形

(a) 接收和放大倒相后的钟形脉冲；(b) 相加器输出；

(c) 相位检波器输出；(d) 放大限幅器输出；(e) 采样脉冲

经过相位检波，取出具有正负极性的包络，在放大限幅电路中，变成双极性不对称方波后加到零点采样器，门脉冲形成电路输出的采样脉冲(宽度约为 5 μs) 也加到零点采样器，对不对称方波进行过零采样。如果采样脉冲中线不对准采样点，则积累滤波电路就有正或负误差信号输出，正或负极性取决于采样脉冲相对采样点是滞后还是超前。振荡器在误差信号的控制下，相应于误差信号的极性，使其输出信号的相位超前(误差信号为正) 或滞后(误差信号为负)。这样，采样脉冲也相应地向前或向后移动，直到采样脉冲对准采样点为止。这种周期匹配过程，在主、副锁相环路中以同样的方式进行。当主、副环周期匹配完成时，便能得到精测时差，其数值以 μs 和 0.1 μs 显示在计数器上。

粗测与精测读数相结合，即为用 μs 表示的时间差读数。同时可用相同的方法，自动测出另一对主台与副台之间的时间差。目前，以自动连续跟踪方式工作时，每秒钟至少可以测量 5 次，连续显示两条位置线，并可自动算出用户的地理位置。

影响罗兰 C 精度的因素主要有以下几种：

(1) 双曲线位置线几何因子的发散特性，导致定位准确度随用户距发射台的距离增加而降低。

(2) 电波传播途中，经过不规则、不均匀地带时，由于传播条件的改变而产生测距误差。

(3) 系统设备本身存在误差，特别是当信噪比降低到零分贝以下时，对测量误差的影响尤其不能忽视。

(4) 罗兰 C 台链发射机在稳定性方面存在 $\pm 0.01 \sim \pm 0.05\ \mu s$ 的误差。

(5) 主、副台之间的同步误差，一天之内约为 $0.03 \sim 0.06\ \mu s$。

考虑到上述因素，可给出罗兰 C 地波定位准确度范围：

370 km 距离上，定位准确度为 15 ～ 90 m；

925 km 距离上，定位准确度为 60 ～ 210 m；

1 390 km 距离上，定位准确度为 90 ～ 340 m；

1 850 km 距离上，定位准确度为 150 ～ 520 m。

利用天波接收可以获得更大的作用距离，但由于电离层不稳定，而使定位准确度降低。例如在 2 780 km 距离上，定位准确度降低到约 18 km；在 3 700 km 距离上，定位准确度降低到31 km。

8.3.6 磁航向仪

磁航向仪使用磁敏感器件感测地球磁场的方向，即磁子午线方向，并给出飞机纵轴相对磁子午线在水平面内的夹角，即磁航向角。

地球可视为一块大磁铁，地磁北极近期位于地理北纬 70°，西经 100°，地磁南极位于地理南纬 68°，东经 143°。磁子午线并非象地理子午线一样固定不变，而是随时间和在地球上的不同位置而变化。主要体现在以下几方面[85]：

(1) 从宏观角度看，地磁场的极性在缓慢地改变，地磁场的南北极约经 50 万年便会翻转一次，完成一次翻转所需时间约为 5 000 年，在过去的 400 万年内，地磁场已翻转过 9 次。据测定，在过去的 300 年内，伦敦磁偏角由西向 4° 变至西向 23° 后又变至西向 10°，磁倾角从 75° 变至 67°；巴黎的磁偏角由西向 2° 变至西向 22° 后又变至西向 8°，磁倾角由 75° 变至 64°。

(2) 太阳和月亮的周期变化会影响地磁场，这是由于这些天体影响了电离层。地磁场的日变化量不超过零点几度，年变化量也是如此。由太阳耀斑引起的磁暴约为 5°，并能持续数日。

(3) 铁矿磁场有的比地磁场强得多，这就是磁场异常，在这些地方是无法使用磁航向仪的。

用于车辆导航的磁航向仪还受以下因素的影响：

(1) 城市建筑、地下建筑、桥梁和其他钢铁结构会引起罗差，特别是在车辆使用直流电驱动的区域内，磁航向仪根本无法使用。

(2) 当直流电驱动的机车驶过时，特别是正在加速行驶时，附近的车辆立即被磁化，所有原来作的罗差补偿全部失效，车体也不再会恢复到原来的磁场结构。

尽管磁航向仪受外界的影响大，精度也不易提高，但由于结构简单，仪表本身的可靠性高，成本又低，所以仍被很多使用场合采用，在飞机上常被用做应急航向设备。

飞机用磁航向仪必须经过严格的磁差补偿和罗差补偿。所谓罗差补偿，就是消除飞机电器和铁磁结构形成的环境磁场对磁航向仪的影响。磁差补偿是指消除飞机所在点磁偏角和磁倾角影响，根据磁航向获得真航向。经过磁差和罗差补偿后，磁航向仪的误差可近似用一阶马尔柯夫过程描述为

$$\delta\dot{\Psi}_{MG}=-\frac{1}{\tau_{MG}}\delta\Psi_{MG}+w_{MG} \tag{8.3.46}$$

其中均方根为 30′，相关时间 τ_{GM} 约为数十秒至数百秒，视飞机速度而定，速度越高，相关时间越短，反之则越长。

8.3.7　垂直陀螺仪

垂直陀螺仪是指示飞机姿态的应急备用设备。由一个框架式双自由度陀螺和液体摆构成闭环控制系统，使陀螺的自转轴稳定在当地地垂线方向上。飞机的俯仰角和横滚角通过测量陀螺的内、外环架角读出。

影响垂直陀螺仪姿态测量精度的主要因素为陀螺漂移和同步器精度。影响陀螺漂移的因素有：由于飞机的运动干扰产生的干扰加速度对陀螺的误修正，作用在框架轴承上的摩擦力矩，这些都将产生陀螺的随机漂移。这种随机漂移又可分为三种成分：随机常值漂移 ε_b，相关漂移 ε_r 和不相关漂移 ε_w。所以垂直陀螺仪沿两个输出轴的随机漂移为

$$\varepsilon_i=\varepsilon_{bi}+\varepsilon_{ri}+\varepsilon_{wi}\quad i=x,\ y \tag{8.3.47}$$

式中

$$\dot{\varepsilon}_{bi}=0\qquad\qquad i=x,y \tag{8.3.48}$$

$$\dot{\varepsilon}_{ri}=-\frac{1}{\tau_i}\varepsilon_{ri}+w_i\qquad i=x,y \tag{8.3.49}$$

式中随机常值漂移和相关漂移的均方根分别为 10°/h 和 1°/h 左右，相关时间约为 1 000 s，不相关漂移的方差强度约为 $(0.1\sim0.5)°/\sqrt{\text{h}}$。

陀螺的输出姿态角误差为

$$\delta\dot{\theta}=\varepsilon_x \tag{8.3.50}$$

$$\delta\dot{\gamma}=\varepsilon_y \tag{8.3.51}$$

式中，$\delta\theta$ 和 $\delta\gamma$ 分别为俯仰角误差和横滚角误差，机体坐标系的 x_b, y_b, z_b 轴分别沿飞机的右、前、上方向，同步器误差可归并入 $\delta\theta$ 和 $\delta\gamma$ 的初值中考虑。

8.3.8　天文导航系统

天文导航利用对星体的观测数据来确定航行体的位置，这门技术早在两千年前就应用于航海。随着科学技术的发展，20 世纪 60 年代出现了高精度星体自动跟踪器，能在白天观测三

等星，晚上观测七等星，并有自动寻星、搜索和跟踪等功能。

为便于说明天文导航的原理，下面介绍一些有关定义和关系。

设载体位于地球上的 P 点，该点的经、纬度分别为 λ 和 L，如图 8.3.21 所示。

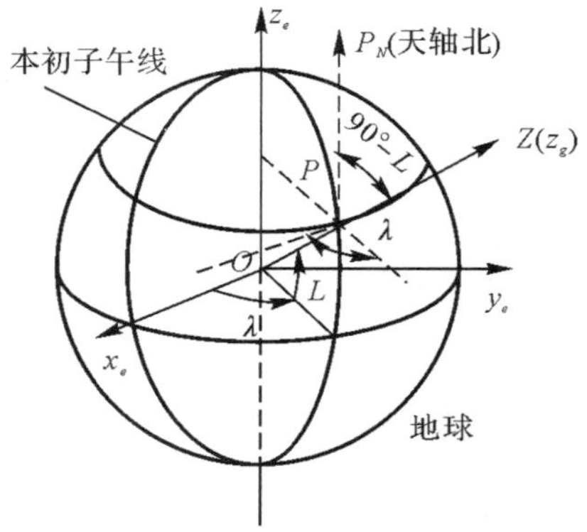

图 8.3.21　P 点在地球上的经、纬度

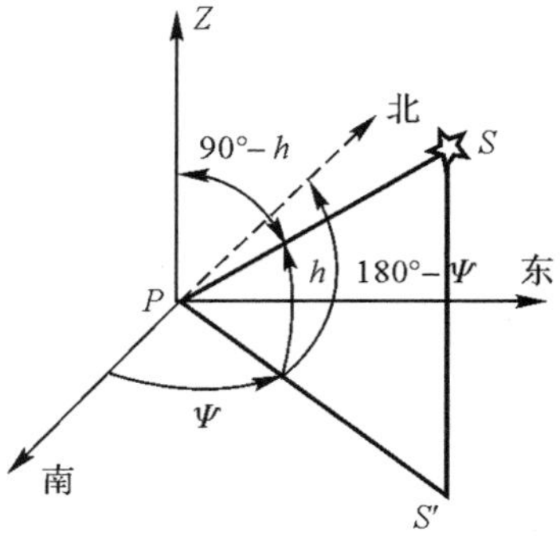

图 8.3.22　星体 S 的方位角和高度角

设 S 为某星体，已测得 S 的高度角 h 和方位角 Ψ，如图 8.3.22 所示，其中高度角是星视线 PS 与 P 点处水平面的夹角，方位角是星视线的水平投影与 P 点处南向间的夹角。

以 P 为球心，无穷大为半径作圆球，则该圆球称为天球，如图 8.2.23 所示。

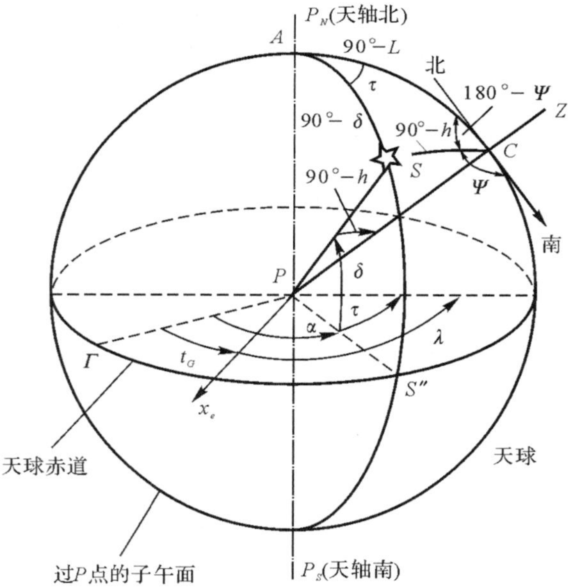

图 8.3.23　星体 S 在天球中的位置

过 P 点且平行于地球赤道面的平面截天球所得的圆称天球赤道。

地球的公转平面截天球所得的圆称天球黄道。

天球赤道平面与天球黄道平面的交线与天球相交得两个交点，其中一点称春分点，另一点称秋分点。由于地球的自转和公转相对惯性空间是恒定的，所以春分点和秋分点是惯性空间内的两个固定点。又由于春分点位于无穷远处，所以地球上的任何一点与春分点的连线可看做是重合的。

过 P 点平行于地球自转轴的直线称天轴。

P 点处的垂线称 P 点处的天顶线。

设春分点为 Γ，星视线 PS 在天球赤道内的投影的延长线为 PS''，则 $\angle \Gamma PS''=\alpha$ 称为星体 S 的天球赤经，$\angle S''PS=\delta$ 称为星体 S 的天球赤纬，星体的天球赤经和天球赤纬均可在天文年历内查得。

根据上述定义，可得如下关系：

(1) 星视线 PS 与天顶线 PZ 间的夹角为 $90°-h$；

(2) 天轴北 PP_N 与天顶线 PZ 间的夹角为 $90°-L$；

(3) 天轴北 PP_N 与星视线 PS 间的夹角为 $90°-\delta$。

因此在球面三角形 ASC 中的边角关系如图 8.3.24 所示，其中

$$A=\tau=\lambda+t_G-\alpha \tag{8.3.52a}$$

$$\eta=90°-h \tag{8.3.52b}$$

$$\beta=90°-L \tag{8.3.52c}$$

$$\gamma=90°-\delta \tag{8.3.52d}$$

$$C=180°-\Psi \tag{8.3.52e}$$

上述诸式中，h 和 Ψ 分别为星体 S 的高度角和方位角；$t_G=\omega_{ie}t$ 为本初子午线的赤经；α 和 δ 分别为星体 S 的赤经和赤纬，由天文年历查得；λ 和 L 分别为 P 点即用户所在地的经、纬度。

根据球面三角中的边余弦定理

$$\cos\eta=\cos\beta\cos\gamma+\sin\beta\sin\gamma\cos A$$

将式(8.3.52)代入，得

$$\cos(90°-h)=\cos(90°-L)\cos(90°-\delta)+\sin(90°-L)\sin(90°-\delta)\cos\tau$$

即

$$\sin h=\sin L\sin\delta+\cos L\cos\delta\cos(\lambda+t_G-\alpha) \tag{8.3.53}$$

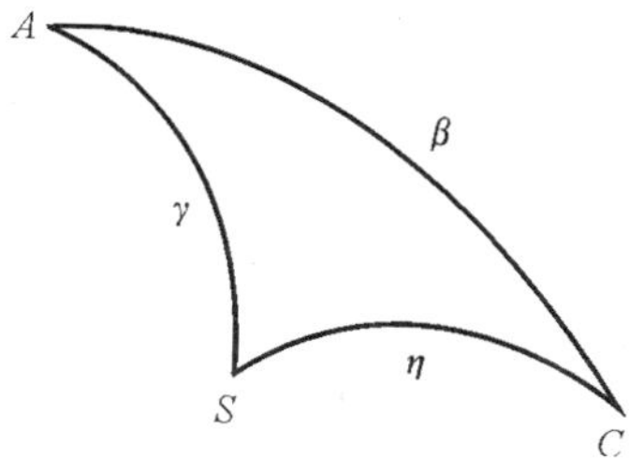

图 8.3.24　球面三角形中的边角关系

该式说明，要求取 P 点的经、纬度，须要测量两颗星体的高度角 h_1 和 h_2，则有

$$\left.\begin{aligned}\sin h_1=\sin L\sin\delta_1+\cos L\cos\delta_1\cos(\lambda+t_G-\alpha_1)\\ \sin h_2=\sin L\sin\delta_2+\cos L\cos\delta_2\cos(\lambda+t_G-\alpha_2)\end{aligned}\right\} \tag{8.3.54}$$

式(8.3.54)描述了双星定位原理。

也可以同时测量一颗星的方位角 Ψ 和高度角 h 来确定 λ 和 L。对图 8.3.24 所示球面三角形应用角余切定理，有

$$\cot C\sin A=\cot\gamma\sin\beta-\cos A\cos\beta$$

将式(8.3.52)诸关系代入上式，得

$$-\cot\Psi\sin\tau=\tan\delta\cos L-\cos\tau\sin L$$

即

$$\cot\Psi = \frac{\cos(\lambda + t_G - \alpha)\sin L - \cos L\tan\delta}{\sin(\lambda + t_G - \alpha)} \tag{8.3.55}$$

联立求解式(8.3.53)和式(8.3.55),即可确定出 λ 和 L。

天文导航的误差主要来自高度角和方位角的测量误差,根据文献[86],这种测量误差可视为白噪声,均方根约为 10″。但测量星体高度角和方位角需要有水平基准和方位基准,而这些基准常由惯导系统提供,惯导的水平精度远比方位精度高,所以工程上常测两颗恒星的高度角实现定位。

8.4 惯性导航系统的误差模型

8.4.1 惯性导航系统的基本工作原理

1. 概述

惯性导航系统是十分复杂的高精度机电综合系统,只有当科学技术发展到一定高度时工程上才能实现这种系统,但其基本工作原理却以经典的牛顿力学为基础。

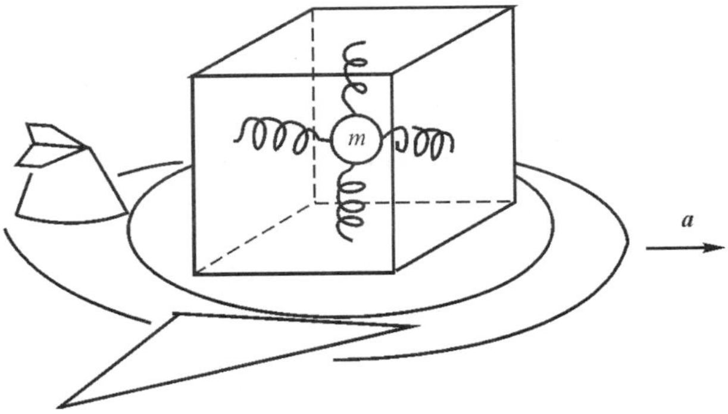

图 8.4.1 运载体上的加速度计

图 8.4.1 所示为加速度计安装在运载体上的情况。设质量 m 受弹簧约束,悬挂弹簧的壳体固定在载体上,载体以加速度 $\boldsymbol{a}$ 作水平运动,则 m 处于平衡后,所受到的水平约束力 $\boldsymbol{F}$ 与 $\boldsymbol{a}$ 的关系满足牛顿第二定律

$$\boldsymbol{a} = \frac{\boldsymbol{F}}{m}$$

测量水平约束力 $\boldsymbol{F}$,即可求得 $\boldsymbol{a}$,对 $\boldsymbol{a}$ 积分一次,即得水平速度,再积分一次即得水平位移。

以上所述是简单化了的理想情况。由于运载体不可能只作水平运动,当有姿态变化时,必须测得沿固定坐标系的加速度,所以加速度计必须安装在惯性平台上,平台靠陀螺维持要求的空间角位置,导航计算和对平台的控制由计算机完成。

参与控制和测量的陀螺和加速度计称为惯性器件,这是因为陀螺和加速度计都是相对惯性空间测量的,也就是说加速度计输出的是运载体的绝对加速度,陀螺输出的是运载体相对惯性空间的角速度或角增量。而加速度和角速度或角增量包含了运载体运动的全部信息,所以惯导系统仅靠系统本身的惯性器件就能获得导航用的全部信息,它既不向外辐射任何信息,也不需要任何其他系统提供的外来信息，就能在全天候条件下，在全球范围内和所有介质环境里自主、隐蔽地进行三维导航，也可用于外层空间的三维导航。惯导系统的自主性和隐蔽性对军事应用特别重要，所以尽管无线电导航系统和卫星导航系统精度的长期稳定性远比惯导好，但惯导系统仍然是重要运载体不可缺少的重要导航设备。

惯导在重力场内能正常工作的关键是建立起不受运动干扰影响的人工地垂线。德国科学家休拉(M.Schuler)在1923年指出：当垂线指示系统的自振周期为84.4 min时，人工垂线能自动跟踪当地垂线，而与运载体的运动状态无关。这就是休拉摆原理。

重力摆可以用来指示垂线，但当摆的悬挂点作加速运动时，指示垂线就会偏离真实垂线。如果要使单摆成为休拉摆，则摆线长度必须等于地球半径；如果要使物理摆成为休拉摆，则摆的悬挂中心距摆的质心仅为数十纳米($1\ \mathrm{nm}=1/10^9\ \mathrm{m}$，约为10个中等原子的直径和)。这些要求在物理上都是无法实现的，而惯导系统能够严格实现休拉调谐成为休拉摆。惯性平台是惯导系统实现休拉调谐的核心部件，惯性平台具有两个基本控制回路：稳定回路和修正回路。稳定回路的作用是隔离运载体的角运动，修正回路的作用是使平台始终跟踪当地水平面，这样，为安装在惯性平台上的陀螺和加速度计建立起一个不受运动影响的测量基准。

根据构建惯性平台的方法不同可将惯导系统分为两大类：采用物理方法构建平台的系统称为平台式惯导系统；采用数学算法构建平台的系统称为捷联式惯导系统。根据物理平台模拟的坐标系类型不同，平台式惯导系统又可分为两类：若平台模拟惯性坐标系，则系统称为解析式惯导系统；若平台模拟当地水平坐标系，则系统称为当地水平式惯导系统。根据平台跟踪地球自转角速度和跟踪水平坐标系类型的不同，当地水平式惯导系统又可分为三种：若平台跟踪地理坐标系(必然要跟踪地球自转角速度)，则系统称指北方位系统；若平台跟踪地球自转角速度和当地水平面，则系统称游移方位系统；若平台跟踪地球自转角速度的水平分量和当地水平面，则系统称自由方位系统。

2. 比力方程

惯导系统根据与系统类型相应的数学方程(称之为力学编排)对惯性器件的输出作处理，从而获得导航数据。尽管各种类型的系统相应的力学编排各不相同，但它们都源自同一个方程——比力方程。比力方程描述了加速度计输出量与运载体速度之间的解析关系[87～90]：

$$\left.\frac{\mathrm{d}\boldsymbol{v}_{eT}}{\mathrm{d}t}\right|_{T}=\boldsymbol{f}-(2\boldsymbol{\omega}_{ie}+\boldsymbol{\omega}_{eT})\times\boldsymbol{v}_{eT}+\boldsymbol{g} \tag{8.4.1}$$

式中，$\boldsymbol{v}_{eT}$为运载体的地速向量；$\boldsymbol{f}$为比力向量，是作用在加速度计质量块单位质量上的非引力外力，由加速度计测量；$\boldsymbol{g}$为重力加速度；$\boldsymbol{\omega}_{ie}$为地球自转角速度；$\boldsymbol{\omega}_{eT}$为惯性平台所模拟的平台坐标系T相对地球的旋转角速度；$\left.\frac{\mathrm{d}\boldsymbol{v}_{eT}}{\mathrm{d}t}\right|_{T}$表示在平台坐标系$T$内观察到的地速向量的时间变化率。

式(8.4.1)式说明，用加速度计的比力输出计算地速时，必须对比力输出中的三种有害加速度成分作补偿：

(1) $2\boldsymbol{\omega}_{ie}\times\boldsymbol{v}_{eT}$，即由地球自转(牵连运动)和运载体相对地球的运动(相对运动)引起的哥氏加速度；

(2) $\boldsymbol{\omega}_{eT}\times\boldsymbol{v}_{eT}$，即运载体保持在地球表面运动(绕地球作圆周运动)引起的相对地心的向心加速度；

(3) $\boldsymbol{g}$,即重力加速度。

3. 水平式平台惯导系统的指令角速度

地球是球体,当运载体在地球表面运动时,水平面将连续地转动,同时,地球的自转运动又带动当地水平面相对惯性空间旋转。所以,要使惯性平台模拟当地水平面,平台的修正回路必须控制平台跟踪两种角运动:地球的自转运动和运载体在地球表面运动时水平面相对地球的旋转运动,也就是说惯性平台的施矩角速度必须与这两种旋转运动的角速度相等。而要使平台旋转,只有通过对控制平台的相应陀螺施矩才能实现。在除陀螺力矩器之外的任何地方输入外作用,企图使平台旋转都是徒劳的,因为平台的稳定回路都将这些输入视为干扰而隔离掉。

为控制平台旋转而馈入陀螺力矩器的控制量(具体为电流)称为平台的指令角速度。指北方位系统、自由方位系统和游移方位系统的惯性平台模拟的当地水平坐标系是不一样的,所以各系统的指令角速度各不相同。

指北系统的惯性平台模拟当地的地理坐标系 g,其中 x_g, y_g, z_g 分别指向当地的东、北、天,所以指令角速度为

$$\boldsymbol{\omega}_{cmd}^{T} = \boldsymbol{\omega}_{ig}^{g} = \boldsymbol{\omega}_{ie}^{g} + \boldsymbol{\omega}_{eg}^{g} \tag{8.4.2}$$

式中,i 为惯性坐标系;T 为理想平台坐标系,即与 g 系完全重合的坐标系;上标表示向量在所标坐标系内的投影。

图 8.4.2 所示给出了地球自转和运载体的水平速度引起的坐标系旋转角速度关系,其中 L 为运载体所在点 P 的纬度,v_E 和 v_N 分别为运载体的东向和北向水平速度分量。

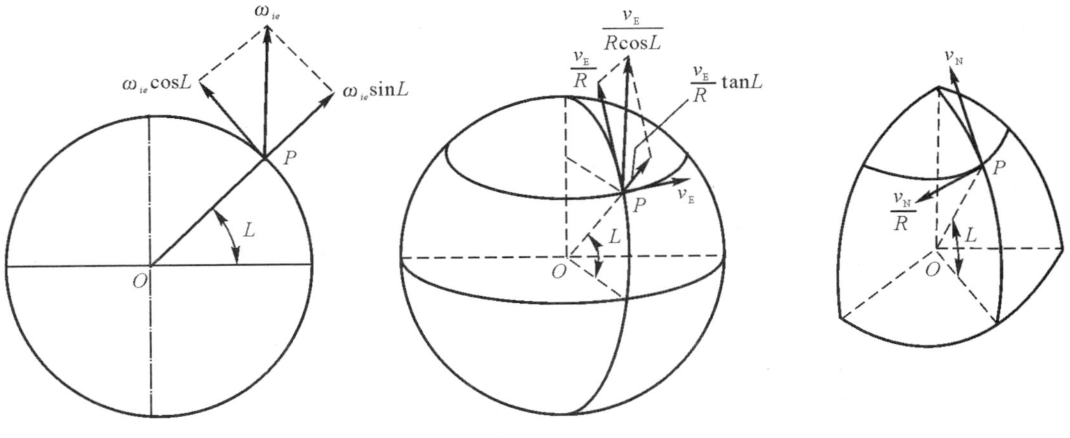

图 8.4.2　地理坐标系的角速度

由图得

$$\boldsymbol{\omega}_{ie}^{T} = \begin{bmatrix} 0 \\ \omega_{ie}\cos L \\ \omega_{ie}\sin L \end{bmatrix} \tag{8.4.3}$$

$$\boldsymbol{\omega}_{eT}^{T}=\begin{bmatrix} -\dfrac{v_{\mathrm{N}}}{R+h} \\ \dfrac{v_{\mathrm{E}}}{R+h} \\ \dfrac{v_{\mathrm{E}}}{R+h}\tan L \end{bmatrix} \tag{8.4.4}$$

这样，式(8.4.2)具体表达为

$$\boldsymbol{\omega}_{cmd}^{T}=\begin{bmatrix} -\dfrac{v_{\mathrm{N}}}{R+h} \\ \omega_{\mathrm{ie}}\cos L+\dfrac{v_{\mathrm{E}}}{R+h} \\ \omega_{\mathrm{ie}}\sin L+\dfrac{v_{\mathrm{E}}}{R+h}\tan L \end{bmatrix} \tag{8.4.5}$$

若考虑地球的椭球特性，上式应改写为

$$\boldsymbol{\omega}_{cmd}^{T}=\begin{bmatrix} -\dfrac{v_{\mathrm{N}}}{R_M+h} \\ \omega_{\mathrm{ie}}\cos L+\dfrac{v_{\mathrm{E}}}{R_N+h} \\ \omega_{\mathrm{ie}}\sin L+\dfrac{v_{\mathrm{E}}}{R_N+h}\tan L \end{bmatrix} \tag{8.4.6}$$

式中，R_M 为 P 点处子午圈(沿南北方向)的曲率半径，R_N 为 P 点处卯酉圈(沿东西方向)的曲率半径，具体值为

$$R_M=R_e(1-2e+3e\sin^2 L) \tag{8.4.7a}$$

$$R_N=R_e(1+e\sin^2 L) \tag{8.4.7b}$$

式中，R_e 和 e 分别为椭球模型的半长轴和椭圆度，具体取值根据所选椭球模型确定，详见文献[87～89]和[120]。

从指令角速度表达式可看出，在高纬度地区，对方位陀螺的施矩量十分巨大，所以指北系统只能在中、低纬度地区使用。自由方位系统和游移方位系统就是为克服这一问题而提出的系统，这两种系统也跟踪当地水平面，但对方位陀螺的施矩与指北系统不同：自由方位系统对方位陀螺根本不施矩，让平台在方位上相对惯性空间处于自由状态；游移方位系统在方位上跟踪地球旋转引起的角速度分量，而并不跟踪东向速度引起的地理坐标系在方位上的旋转。

自由方位系统 F 和游移方位系统 w 的指令角速度分别为

$$\boldsymbol{\omega}_{cmd}^{F}=\begin{bmatrix} C_{13}^{F}\omega_{ie}+\omega_{eFx}^{F} \\ C_{23}^{F}\omega_{ie}+\omega_{eFy}^{F} \\ 0 \end{bmatrix} \tag{8.4.8}$$

$$\boldsymbol{\omega}_{cmd}^{w}=\begin{bmatrix} C_{13}^{w}\omega_{ie}+\omega_{ewx}^{w} \\ C_{23}^{w}\omega_{ie}+\omega_{ewy}^{w} \\ C_{33}^{w}\omega_{ie} \end{bmatrix} \tag{8.4.9}$$

式中，F 和 w 分别为自由方位系统和游移方位系统的理想平台坐标系，有

$$\omega_{eFx}^{F}=-\frac{2e}{R_e}C_{13}^{F}C_{23}^{F}v_x^{F}-\frac{1}{R_e}[1-e(C_{33}^{F})^2+2e(C_{23}^{F})^2]v_y^{F} \tag{8.4.10a}$$

$$\omega_{eFy}^{F}=\frac{1}{R_e}[1-e(C_{33}^{F})^2+2e(C_{13}^{F})^2]v_x^F+\frac{2e}{R_e}C_{13}^{F}C_{23}^{F}v_y^F \tag{8.4.10b}$$

$$\omega_{ewx}^{w}=-\frac{2e}{R_e}C_{13}^{w}C_{23}^{w}v_x^w-\frac{1}{R_e}[1-e(C_{33}^{w})^2+2e(C_{23}^{w})^2]v_y^w \tag{8.4.11a}$$

$$\omega_{ewy}^{w}=\frac{1}{R_e}[1-e(C_{33}^{w})^2+2e(C_{13}^{w})^2]v_x^w+\frac{2e}{R_e}C_{13}^{w}C_{23}^{w}v_y^w \tag{8.4.11b}$$

式中，v_x^F，v_x^w 和 v_y^F，v_y^w 分别为运载体沿相应坐标系 x 轴和 y 轴方向的速度分量，由求解比力方程确定；R_e 和 e 同式(8.4.7)说明；C 为相应系统中方向余弦矩阵的元，由求解方向余弦矩阵微分方程确定。详细介绍请参阅文献[87～89，120]。

4. 捷联惯导系统的姿态更新和数学平台

捷联惯导系统并不存在物理平台，惯性器件直接固联在机体上，但就功能上来说，捷联惯导的平台是存在的，它以数学形式存在，所以称之为数学平台。它是由计算机作姿态更新求解后建立起来的。姿态更新的算法有很多种，如欧拉角法、方向余弦法、等效旋转矢量法、四元数法等，其中四元数法是最常用的一种。

四元数满足的方程为

$$\begin{bmatrix}\dot{q}_0\\ \dot{q}_1\\ \dot{q}_2\\ \dot{q}_3\end{bmatrix}=\frac{1}{2}\begin{bmatrix}0 & -\omega_x & -\omega_y & -\omega_z\\ \omega_x & 0 & \omega_z & -\omega_y\\ \omega_y & -\omega_z & 0 & \omega_x\\ \omega_z & \omega_y & -\omega_x & 0\end{bmatrix}\begin{bmatrix}q_0\\ q_1\\ q_2\\ q_3\end{bmatrix} \tag{8.4.12}$$

式中，$\boldsymbol{\omega}_{nb}^{b}=[\omega_x \quad \omega_y \quad \omega_z]^{\mathrm{T}}$ 称为姿态速率，获取途径为

$$\boldsymbol{\omega}_{nb}^{b}=\boldsymbol{\omega}_{ib}^{b}-\boldsymbol{C}_n^b\boldsymbol{\omega}_{cmd}^{n} \tag{8.4.13}$$

式中，b 为机体坐标系，一般取右、前、上为正方向；n 为导航坐标系，一般取地理坐标系为导航坐标系，即东、北、天为正方向；$\boldsymbol{\omega}_{ib}^{b}$ 为捷联陀螺的全姿态测量值(已经过动、静态误差补偿)；$\boldsymbol{C}_n^b$ 为由上一次姿态更新确定的姿态阵；$\boldsymbol{\omega}_{cmd}^{b}$ 为数学平台的指令角速度，若以地理坐标系作为导航坐标系，则按式(8.4.5)或式(8.4.6)确定。

求解式(8.4.12)得四元数的更新值后，姿态阵按下式确定

$$\boldsymbol{C}_b^n=\begin{bmatrix}T_{11} & T_{12} & T_{13}\\ T_{21} & T_{22} & T_{23}\\ T_{31} & T_{32} & T_{33}\end{bmatrix}=$$

$$\begin{bmatrix}q_0^2+q_1^2-q_2^2-q_3^2 & 2(q_1q_2-q_0q_2) & 2(q_1q_3+q_0q_2)\\ 2(q_1q_2+q_0q_3) & q_0^2-q_1^2+q_2^2-q_3^2 & 2(q_2q_3-q_0q_1)\\ 2(q_1q_3-q_0q_2) & 2(q_2q_3+q_1q_0) & q_0^2-q_1^2-q_2^2+q_3^2\end{bmatrix} \tag{8.4.14}$$

运载体的俯仰角 θ，横滚角 γ 和方位角 Ψ 确定如下：

$$\theta=\arcsin T_{32} \tag{8.4.15a}$$

$$\gamma_{主}=\arctan\left(-\frac{T_{31}}{T_{33}}\right) \tag{8.4.15b}$$

$$\Psi_{主}=\arctan\left(-\frac{T_{12}}{T_{22}}\right) \tag{8.4.15c}$$

γ 和 Ψ 的真值按表 8.4.1 和表 8.4.2 确定。

表　8.4.1

$\gamma_{主}$	T_{33}	γ
+	+	$\gamma_{主}$
−		
+	−	$\gamma_{主} - 180°$
−	−	$\gamma_{主} + 180°$

表　8.4.2

$\Psi_{主}$	T_{22}	Ψ
+	+	$\Psi_{主}$
−	−	$180° + \Psi_{主}$
+	−	$180° - \Psi_{主}$
−	+	$360° + \Psi_{主}$

从上述对捷联惯导的简单介绍可看出：$\boldsymbol{C}_b^n$ 的确定实际上建立起了数学平台；若取地理坐标系作为导航坐标系，则捷联惯导系统完全等效为指北方位系统。由于捷联惯导系统对数学平台的施矩只体现在算法上，所以不存在指北方位系统中施矩量受物理条件限制的问题，但仍受计算机字距的限制。

8.4.2　惯导系统的误差方程

平台式惯导系统一般都是游移方位系统，如 LTN－72 等系统，这是由于游移方位系统既能避免指北方位系统中对方位陀螺的施矩受纬度的限制，又比自由方位系统计算量小，所以工程上一般都采用这种力学编排。

随着激光陀螺制造工艺的成熟和性能的提高，激光陀螺捷联惯导系统正逐渐普及并取代平台式惯导系统，美国利登公司自 1995 年起停止了 LTN－72 生产而转向 LTN－90 的批量生产。捷联惯导系统与平台式惯导系统的主要区别在于平台的构建方式上，前者采用数学方式，后者采用物理方式，但在本质上两种系统是一样的。唯一的差异在于陀螺漂移对姿态误差的影响。在平台式惯导中，陀螺的作用是控制惯性平台的角运动，陀螺漂移直接引起惯性平台漂移，两者符号相同，即正向陀螺漂移引起的平台漂移也为正向，反之亦然。而在捷联惯导中，陀螺仅用作测量元件，陀螺漂移与数学平台的漂移方向相反，即正向陀螺漂移引起数学平台的负向漂移，反之亦然。

此处以平台式惯导系统为例推导其误差方程，改变陀螺漂移的符号即可获得捷联惯导的误差方程。关于捷联惯导误差方程的详细推导可参阅文献[120]。

1. 姿态误差方程和速度误差方程的一般形式

设惯导系统的平台要求模拟的导航坐标系为 n，这就是理想平台坐标系 T。而实际建立的平台坐标系为 P。由于计算误差、误差源影响及施矩误差，P 坐标系相对要求的 T 坐标系有偏差角 $\boldsymbol{\varphi}$。显然 $\boldsymbol{\varphi}$ 是以 T 为基准观察到的，则有

$$\dot{\boldsymbol{\varphi}} = \boldsymbol{\omega}_{iP} - \boldsymbol{\omega}_{iT}$$

设陀螺的刻度系数误差为 δK_{Gx}，δK_{Gy}，δK_{Gz}，漂移为 $\boldsymbol{\varepsilon}$，平台的实际指令为

$$\boldsymbol{\omega}_{cmd} = \boldsymbol{\omega}_{in}^n + \delta\boldsymbol{\omega}_{in}$$

式中，$\delta\boldsymbol{\omega}_{in}$ 为偏开理想值 $\boldsymbol{\omega}_{in}^n$ 的偏差，它由导航误差引起。所以平台的实际角速度为

$$\begin{aligned}\boldsymbol{\omega}_{iP}^P = &(\boldsymbol{I} + \delta\boldsymbol{K}_G)(\boldsymbol{\omega}_{in}^n + \delta\boldsymbol{\omega}_{in}^P) + \boldsymbol{\varepsilon}^P = \\ &(\boldsymbol{I} + \delta\boldsymbol{K}_G)(\boldsymbol{\omega}_{in}^n + \delta\boldsymbol{\omega}_{ie}^P + \delta\boldsymbol{\omega}_{en}^P) + \boldsymbol{\varepsilon}^P\end{aligned}$$

$$\dot{\boldsymbol{\varphi}}^T = \boldsymbol{C}_P^T\boldsymbol{\omega}_{iP}^P - \boldsymbol{\omega}_{in}^n$$

记

$$\boldsymbol{\varphi}^T = \begin{bmatrix} \varphi_x \\ \varphi_y \\ \varphi_z \end{bmatrix}$$

则

$$\boldsymbol{C}_T^P = \begin{bmatrix} 1 & \varphi_z & -\varphi_y \\ -\varphi_z & 1 & \varphi_x \\ \varphi_y & -\varphi_x & 1 \end{bmatrix}$$

所以

$$\boldsymbol{C}_P^T = \begin{bmatrix} 1 & -\varphi_z & \varphi_y \\ \varphi_z & 1 & -\varphi_x \\ -\varphi_y & \varphi_z & 1 \end{bmatrix}$$

记

$$[\boldsymbol{\varphi}] = \begin{bmatrix} 0 & -\varphi_z & \varphi_y \\ \varphi_z & 0 & -\varphi_x \\ -\varphi_y & \varphi_x & 0 \end{bmatrix} \tag{8.4.16}$$

则

$$\boldsymbol{C}_P^T = \boldsymbol{I} + [\boldsymbol{\varphi}]$$

因此姿态误差角满足下述方程

$$\begin{aligned} \dot{\boldsymbol{\varphi}}^T = (\boldsymbol{I} + [\boldsymbol{\varphi}])[(\boldsymbol{I} + \delta\boldsymbol{K}_G)(\boldsymbol{\omega}_{in}^n + \delta\boldsymbol{\omega}_{ie}^P + \delta\boldsymbol{\omega}_{en}^P) + \boldsymbol{\varepsilon}^P] - \boldsymbol{\omega}_{in}^n = \\ ([\boldsymbol{\varphi}] + \delta\boldsymbol{K}_G)\boldsymbol{\omega}_{in}^n + \delta\boldsymbol{\omega}_{ie}^n + \delta\boldsymbol{\omega}_{en}^n + \boldsymbol{\varepsilon}^P \end{aligned} \tag{8.4.17}$$

式中 $\delta\boldsymbol{K}_G = \mathrm{diag}[\delta K_{Gx} \quad \delta K_{Gy} \quad \delta K_{Gz}]$

推导中略去了关于误差的二阶及二阶以上的小量。

将比力方程式(8.4.1)向导航坐标系 n 投影得

$$\dot{\boldsymbol{v}}^n = \boldsymbol{f}^n - (2\boldsymbol{\omega}_{ie}^n + \boldsymbol{\omega}_{en}^n) \times \boldsymbol{v}^n + \boldsymbol{g}^n \tag{8.4.18}$$

设加速度计具有偏置误差$\boldsymbol{\nabla}^P$和刻度系数误差 δK_{Ax},δK_{Ay},δK_{Az},实际平台坐标系 P 具有姿态误差角 $\boldsymbol{\varphi}$,则加速度计的输出为

$$\boldsymbol{f}_C = \boldsymbol{C}_n^P(\boldsymbol{I} + \delta\boldsymbol{K}_A)\boldsymbol{f}^n + \boldsymbol{\nabla}^P$$

用于计算有害加速度的实际角速度为

$$\boldsymbol{\omega}_{iec} = \boldsymbol{\omega}_{ie}^n + \delta\boldsymbol{\omega}_{ie}$$

$$\boldsymbol{\omega}_{enc} = \boldsymbol{\omega}_{en}^n + \delta\boldsymbol{\omega}_{en}$$

由于比力输出和补偿有害加速度的计算都有误差,所以按比力方程确定的速度也有误差,设速度误差为 $\delta\boldsymbol{v}$,则

$$\begin{aligned} \dot{\boldsymbol{v}}_n + \delta\dot{\boldsymbol{v}} = (\boldsymbol{I} + [\boldsymbol{\varphi}])(\boldsymbol{I} + \delta\boldsymbol{K}_A)\boldsymbol{f}^n + \boldsymbol{\nabla}^P - \\ (2\boldsymbol{\omega}_{ie}^n + \boldsymbol{\omega}_{en}^n + 2\delta\boldsymbol{\omega}_{ie} + \delta\boldsymbol{\omega}_{en}) \times (\boldsymbol{v}^n + \delta\boldsymbol{v}) + \boldsymbol{g}^n \end{aligned} \tag{8.4.18$'$}$$

比较式(8.4.18)和式(8.4.18′),略去关于误差的二阶和二阶以上小量,则速度误差方程为

$$\delta\dot{\boldsymbol{v}} = (\delta\boldsymbol{K}_A - [\boldsymbol{\varphi}])\boldsymbol{f}^n - (2\boldsymbol{\omega}_{ie}^n + \boldsymbol{\omega}_{en}^n) \times \delta\boldsymbol{v} - (2\delta\boldsymbol{\omega}_{ie} + \delta\boldsymbol{\omega}_{en}) \times \boldsymbol{v}^n + \boldsymbol{\nabla}^P \tag{8.4.19}$$

式中 $\delta\boldsymbol{K}_A = \mathrm{diag}[\delta K_{Ax} \quad \delta K_{Ay} \quad \delta K_{Az}]$

2. 指北方位系统的误差方程

取地理坐标系 g 为导航坐标系 n，根据式(8.4.3) 和式(8.4.4)，当速度和纬度存在误差 δv_E，δv_N，δL 时，则

$$\delta\boldsymbol{\omega}_{ie}=\begin{bmatrix}0\\-\omega_{ie}\sin L\delta L\\\omega_{ie}\cos L\delta L\end{bmatrix} \tag{8.4.20}$$

$$\delta\boldsymbol{\omega}_{en}=\begin{bmatrix}-\dfrac{\delta v_N}{R+h}+\dfrac{v_N}{(R+h)^2}\delta h\\\dfrac{\delta v_E}{R+h}-\dfrac{v_E}{(R+h)^2}\delta h\\\dfrac{\delta v_E}{R+h}\tan L-\dfrac{v_E\tan L}{(R+h)^2}\delta h+\dfrac{v_E}{R+h}\sec^2 L\delta L\end{bmatrix} \tag{8.4.21}$$

将式(8.4.20) 和式(8.4.21) 代入式(8.4.17)，得姿态误差方程为

$$\begin{aligned}\dot{\varphi}_E=&-\frac{v_N}{R+h}\delta K_{GE}-\frac{\delta v_N}{R+h}+\frac{v_N}{(R+h)^2}\delta h+\\&(\omega_{ie}\sin L+\frac{v_E}{R+h}\tan L)\varphi_N-\left(\omega_{ie}\cos L+\frac{v_E}{R+h}\right)\varphi_U+\varepsilon_E\end{aligned} \tag{8.4.22a}$$

$$\begin{aligned}\dot{\varphi}_N=&\left(\omega_{ie}\cos L+\frac{v_E}{R+h}\right)\delta K_{GN}+\frac{\delta v_E}{R+h}-\frac{v_E}{(R+h)^2}\delta h-\omega_{ie}\sin L\delta L-\\&\left(\omega_{ie}\sin L+\frac{v_E}{R+h}\tan L\right)\varphi_E-\frac{v_N}{R+h}\varphi_U+\varepsilon_N\end{aligned} \tag{8.4.22b}$$

$$\begin{aligned}\dot{\varphi}_U=&\left(\omega_{ie}\sin L+\frac{v_E}{R+h}\tan L\right)\delta K_{GU}+\frac{\delta v_E}{R+h}\tan L-\frac{v_E\tan L}{(R+h)^2}\delta h+\\&\left(\omega_{ie}\cos L+\frac{v_E}{R+h}\sec^2 L\right)\delta L+\left(\omega_{ie}\cos L+\frac{v_E}{R+h}\right)\varphi_E+\frac{v_N}{R+h}\varphi_N+\varepsilon_U\end{aligned} \tag{8.4.22c}$$

将式(8.4.20) 和式(8.4.21) 代入式(8.4.19)，得速度误差方程为

$$\begin{aligned}\delta\dot{v}_E=&f_E\delta K_{AE}+f_N\varphi_U-f_U\varphi_N+\left(\frac{v_N}{R+h}\tan L-\frac{v_U}{R+h}\right)\delta v_E+\\&\left(2\omega_{ie}\sin L+\frac{v_E}{R+h}\tan L\right)\delta v_N-\left(2\omega_{ie}\cos L+\frac{v_E}{R+h}\right)\delta v_U+\\&\left(2\omega_{ie}\cos Lv_N+\frac{v_Ev_N}{R+h}\sec^2 L+2\omega_{ie}\sin Lv_U\right)\delta L+\\&\frac{v_Ev_U-v_Ev_N\tan L}{(R+h)^2}\delta h+\nabla_E\end{aligned} \tag{8.4.23a}$$

$$\begin{aligned}\delta\dot{v}_N=&f_N\delta K_{AN}+f_U\varphi_E-f_E\varphi_U-2\left(\omega_{ie}\sin L+\frac{v_E\tan L}{R+h}\right)\delta v_E-\\&\frac{v_U}{R+h}\delta v_N-\frac{v_N}{R+h}\delta v_U-\left(2\omega_{ie}\cos Lv_E+\frac{v_E^2\sec^2 L}{R+h}\right)\delta L+\\&\frac{v_E^2\tan L+v_Nv_U}{(R+h)^2}\delta h+\nabla_N\end{aligned} \tag{8.4.23b}$$

$$\delta\dot{v}_U=f_U\delta K_{AU}+f_E\varphi_N-f_N\varphi_E+2\left(\omega_{ie}\cos L+\frac{v_E}{R+h}\right)\delta v_E+$$

$$\frac{2v_N}{R+h}\delta v_N - 2\omega_{ie} v_E \sin L \delta L - \frac{v_N^2 + v_E^2}{(R+h)^2}\delta h + \nabla_U \tag{8.4.23c}$$

在指北方位系统中，经度 λ、纬度 L 和高度 h 的求解方程为

$$\dot{L} = \frac{v_N}{R+h} \tag{8.4.24a}$$

$$\dot{\lambda} = \frac{v_E}{(R+h)\cos L} \tag{8.4.24b}$$

$$\dot{h} = v_U \tag{8.4.24c}$$

当东、北、天向速度以及纬度、高度分别存在误差 δv_E，δv_N，δv_U，δL，δh 时，定位误差方程为

$$\delta \dot{L} = \frac{\delta v_N}{R+h} - \frac{v_N}{(R+h)^2}\delta h \tag{8.4.25a}$$

$$\delta \dot{\lambda} = \frac{\delta v_E}{R+h}\sec L + \frac{v_E}{R+h}\sec L \tan L \delta L - \frac{v_E}{(R+h)^2}\sec L \delta h \tag{8.4.25b}$$

$$\delta \dot{h} = \delta v_U \tag{8.4.25c}$$

此处说明一点，纯惯性高度通道是不稳定的，即诸如加速度计偏置等误差源引起的高度误差随时间的增加而加速增加，所以惯导系统单独工作时一般不作高度计算。但对组合导航系统来说，由于卡尔曼滤波器是一种变增益的反馈控制系统，它从量测量中分离出高度误差，并作校正，所以高度误差以估计和校正后的残留误差作为初值进行误差传播，滤波周期就是重新设置初值的时间间隔。这样高度误差始终被钳制在小数值范围内，这实质上给纯惯性高度通道引入了阻尼。

3. *游移方位系统在游移方位坐标系内列写的误差方程*

记游移方位坐标系为 w。将式(8.4.17)写成 w 坐标系内的投影形式为

$$\dot{\boldsymbol{\varphi}}^w = ([\boldsymbol{\varphi}] + \delta \boldsymbol{K}_G)(\boldsymbol{\omega}_{ie}^w + \boldsymbol{\omega}_{ew}^w) + \delta\boldsymbol{\omega}_{ie}^w + \delta\boldsymbol{\omega}_{ew}^w + \boldsymbol{\varepsilon}^P \tag{8.4.26}$$

由于 w 坐标系相对地理坐标系 g 转过了游移方位角 α，则有

$$\boldsymbol{\omega}_{ie}^w = \begin{bmatrix} \omega_{ie}\cos L \sin\alpha \\ \omega_{ie}\cos L\cos\alpha \\ \omega_{ie}\sin L \end{bmatrix} \tag{8.4.27}$$

$$\boldsymbol{\omega}_{ew}^w = \begin{bmatrix} -\dfrac{v_y}{R+h} \\ \dfrac{v_x}{R+h} \\ 0 \end{bmatrix} \tag{8.4.28}$$

当高度、纬度、游移方位角和速度分别存在误差 δh，δL，$\delta\alpha$，δv_x，δv_y 时，有

$$\delta\boldsymbol{\omega}_{ie}^w = \begin{bmatrix} -\delta\alpha\omega_{ie}\cos L\cos\alpha - \delta L\omega_{ie}\sin L\sin\alpha \\ -\delta\alpha\omega_{ie}\cos L\sin\alpha - \delta L\omega_{ie}\sin L\cos\alpha \\ \delta L\omega_{ie}\cos L \end{bmatrix} \tag{8.4.29}$$

$$\delta\boldsymbol{\omega}_{ew}^w = \begin{bmatrix} -\dfrac{\delta v_y}{R+h} + \dfrac{v_y}{(R+h)^2}\delta h \\ \dfrac{\delta v_x}{R+h} - \dfrac{v_x}{(R+h)^2}\delta h \\ 0 \end{bmatrix} \tag{8.4.30}$$

将式(8.4.27) ~ 式(8.4.30) 代入式(8.4.26)，得姿态误差方程为

$$\dot{\varphi}_x = \delta K_{Gx}\left(\omega_{ie}\cos L\sin\alpha - \frac{v_y}{R+h}\right) + \delta\alpha\omega_{ie}\cos L\cos\alpha - \delta L\omega_{ie}\sin L\sin\alpha - \frac{\delta v_y}{R+h} + \frac{v_y}{(R+h)^2}\delta h - \varphi_z\left(\omega_{ie}\cos L\cos\alpha + \frac{v_x}{R+h}\right) + \varphi_y\omega_{ie}\sin L + \varepsilon_x \quad (8.4.31a)$$

$$\dot{\varphi}_y = \delta K_{Gy}\left(\omega_{ie}\cos L\cos\alpha + \frac{v_x}{R}\right) - \delta\alpha\omega_{ie}\cos L\sin\alpha - \delta L\omega_{ie}\sin L\cos\alpha + \frac{\delta v_x}{R+h} - \frac{v_x}{(R+h)^2}\delta h + \varphi_z\left(\omega_{ie}\cos L\sin\alpha - \frac{v_y}{R+h}\right) - \varphi_x\omega_{ie}\sin L + \varepsilon_y \quad (8.4.31b)$$

$$\dot{\varphi}_z = \delta K_{Gz}\omega_{ie}\sin L + \delta L\omega_{ie}\cos L - \varphi_y\left(\omega_{ie}\cos L\sin\alpha - \frac{v_y}{R+h}\right) + \varphi_x\left(\omega_{ie}\cos L\cos\alpha + \frac{v_x}{R}\right) + \varepsilon_z \quad (8.4.31c)$$

将式(8. 4. 27) ~ 式(8. 4. 30) 代入式(8. 4. 19)，经整理后得速度误差方程为

$$\delta\dot{v}_x = f_x\delta K_{Ax} + f_y\varphi_z - f_z\varphi_y - \frac{v_z}{R+h}\delta v_x + 2\omega_{ie}\sin L\delta v_y - \left(2\omega_{ie}\cos L\cos\alpha + \frac{v_x}{R+h}\right)\delta v_z + 2\omega_{ie}(v_z\sin L\cos\alpha + v_y\cos L)\delta L + 2v_z\omega_{ie}\cos L\sin\alpha\delta\alpha + \frac{v_x v_z}{(R+h)^2}\delta h + \nabla_x \quad (8.4.32a)$$

$$\delta\dot{v}_y = f_y\delta K_{Ay} - f_x\varphi_z + f_z\varphi_x - 2\omega_{ie}\sin L\delta v_x - \frac{v_z}{R+h}\delta v_y + \left(2\omega_{ie}\cos L\sin\alpha - \frac{v_y}{R+h}\right)\delta v_z - 2\omega_{ie}(v_z\sin L\sin\alpha + v_x\cos L)\delta L + 2v_z\omega_{ie}\cos L\cos\alpha\,\delta\alpha + \frac{v_y v_z}{(R+h)^2}\delta h + \nabla_y \quad (8.4.32b)$$

$$\delta\dot{v}_z = f_z\delta K_{Az} - f_y\varphi_x + f_x\varphi_y + 2\left(\omega_{ie}\cos L\cos\alpha + \frac{v_x}{R+h}\right)\delta v_x - 2\left(\omega_{ie}\cos L\sin\alpha - \frac{v_y}{R+h}\right)\delta v_y + 2\omega_{ie}\sin L(v_y\sin\alpha - v_x\cos\alpha)\delta L - 2\omega_{ie}\cos L(v_x\sin\alpha + v_y\cos\alpha)\delta\alpha - \frac{v_x^2 + v_y^2}{(R+h)^2}\delta h + \nabla_z \quad (8.4.32c)$$

在游移方位系统中，纬度 L，经度 λ，高度 h 和游移方位角 α 满足

$$\dot{L} = \frac{1}{R+h}(v_x\sin\alpha + v_y\cos\alpha) \quad (8.4.33a)$$

$$\dot{\lambda} = \frac{1}{(R+h)\cos L}(v_x\cos\alpha - v_y\sin\alpha) \quad (8.4.33b)$$

$$\dot{h} = v_z \quad (8.4.33c)$$

$$\dot{\alpha} = \frac{1}{R+h}(v_y\sin\alpha - v_x\cos\alpha)\tan L \quad (8.4.33d)$$

所以 L，λ，h 和 α 的误差方程为

$$\delta\dot{L}=\frac{1}{R+h}\left(\sin\alpha\,\delta v_x+\cos\alpha\,\delta v_y+v_E\delta\alpha-\frac{v_N}{R+h}\delta h\right) \tag{8.4.34a}$$

$$\delta\dot{\lambda}=\frac{1}{(R+h)\cos L}\left(\cos\alpha\,\delta v_x-\sin\alpha\,\delta v_y-v_N\delta\alpha-\frac{v_E}{R+h}\delta h\right)+\frac{v_E}{R+h}\sec L\tan L\,\delta L \tag{8.4.34b}$$

$$\delta\dot{h}=\delta v_z \tag{8.4.34c}$$

$$\delta\dot{\alpha}=\frac{\tan L}{R+h}(\sin\alpha\,\delta v_y-\cos\alpha\,\delta v_x+v_N\delta\alpha)+\frac{v_E}{R+h}\sec^2 L\,\delta L+\frac{v_E\tan L}{(R+h)^2}\delta h \tag{8.4.34d}$$

式中

$$v_E=v_x\cos\alpha-v_y\sin\alpha \tag{8.4.35a}$$

$$v_N=v_x\sin\alpha+v_y\cos\alpha \tag{8.4.35b}$$

无任何误差时，游移方位系统的航向角 $\boldsymbol{\Psi}$ 为

$$\boldsymbol{\Psi}=\alpha+\boldsymbol{\Psi}_{Tb}$$

式中，α 为游移方位角，$\boldsymbol{\Psi}_{Tb}$ 为平台航向角，它是运载体相对平台的航向角。

系统实际给出的航向为

$$\boldsymbol{\Psi}^c=\alpha+\delta\alpha+\boldsymbol{\Psi}_{Pb}$$

而

$$\boldsymbol{\Psi}_{Pb}=\boldsymbol{\Psi}_{PT}+\boldsymbol{\Psi}_{Tb}$$

其中 P 为实际平台坐标系，T 为理想平台坐标系，显然

$$\boldsymbol{\Psi}_{PT}=-\boldsymbol{\Psi}_{TP}=-\varphi_z$$

所以

$$\delta\boldsymbol{\Psi}=\boldsymbol{\Psi}^C-\boldsymbol{\Psi}=\delta\alpha-\varphi_z \tag{8.4.36}$$

式(8.4.36)说明，游移方位系统中，航向误差由游移方位误差 $\delta\alpha$ 和平台方位误差 φ_z 两部分构成。若在组合导航系统中获得了 $\delta\alpha$ 和 φ_z 的估计值 $\delta\hat{\alpha}$ 和 $\hat{\varphi}_z$，则航向误差的估计值和估计误差分别为

$$\delta\hat{\boldsymbol{\Psi}}=\delta\hat{\alpha}-\hat{\varphi}_z$$

$$\delta\tilde{\boldsymbol{\Psi}}=\delta\boldsymbol{\Psi}-\delta\hat{\boldsymbol{\Psi}}=\delta\tilde{\alpha}-\tilde{\varphi}_z$$

式中 $\delta\tilde{\alpha}=\delta\alpha-\delta\hat{\alpha}$，$\tilde{\varphi}_z=\varphi_z-\hat{\varphi}_z$ 分别为 $\delta\alpha$ 和 φ_z 的估计误差。所以 $\delta\boldsymbol{\Psi}$ 的估计均方误差为

$$P(\delta\tilde{\boldsymbol{\Psi}})=E[(\delta\tilde{\alpha}-\tilde{\varphi}_z)^2]=P(\delta\tilde{\alpha})+P(\tilde{\varphi}_z)-2E[\delta\tilde{\alpha}\cdot\tilde{\varphi}_z] \tag{8.4.37}$$

4. 游移方位系统在地理坐标系 g 内列写的误差方程

(1) 姿态误差方程。由于陀螺漂移 $\boldsymbol{\varepsilon}$ 是小量，在实际平台坐标系 P 内的投影与理想平台坐标系 w 内的投影只差二阶小量，所以式(8.4.26)可写为

$$\begin{aligned}\dot{\boldsymbol{\varphi}}^w&=([\boldsymbol{\varphi}]+\delta\boldsymbol{K}_G)(\boldsymbol{\omega}_{ie}^w+\boldsymbol{\omega}_{ew}^w)+\delta\boldsymbol{\omega}_{ie}^w+\delta\boldsymbol{\omega}_{ew}^w+\boldsymbol{\varepsilon}^w=\\&\boldsymbol{\varphi}^w\times(\boldsymbol{\omega}_{ie}^w+\boldsymbol{\omega}_{ew}^w)+\delta\boldsymbol{K}_G(\boldsymbol{\omega}_{ie}^w+\boldsymbol{\omega}_{ew}^w)+\delta\boldsymbol{\omega}_{ie}^w+\delta\boldsymbol{\omega}_{ew}^w+\boldsymbol{\varepsilon}^w\end{aligned} \tag{8.4.38}$$

根据哥氏定理，有

$$\dot{\boldsymbol{\varphi}}^w\xlongequal{\text{def}}\left.\frac{\mathrm{d}\boldsymbol{\varphi}^w}{\mathrm{d}t}\right|_w=\left.\frac{\mathrm{d}\boldsymbol{\varphi}^w}{\mathrm{d}t}\right|_g+\boldsymbol{\omega}_{wg}^w\times\boldsymbol{\varphi}^w \tag{8.4.39}$$

式中，竖线旁的下标表示求变化率的参照坐标系。

由于

$$\begin{aligned}\delta\boldsymbol{\omega}_{ie}^w+\delta\boldsymbol{\omega}_{ew}^w&=(\boldsymbol{\omega}_{ie}^c+\boldsymbol{\omega}_{ec}^c)-(\boldsymbol{\omega}_{ie}^w+\boldsymbol{\omega}_{ew}^w)=\\&\boldsymbol{C}_w^c(\boldsymbol{\omega}_{ie}^w+\boldsymbol{\omega}_{ew}^w+\boldsymbol{\omega}_{wc}^w)-(\boldsymbol{\omega}_{ie}^w+\boldsymbol{\omega}_{ew}^w)=\end{aligned}$$

$$
\begin{aligned}
&(\boldsymbol{I}-[\boldsymbol{\theta}])\left(\boldsymbol{\omega}_{ie}^{w}+\boldsymbol{\omega}_{ew}^{w}+\left.\frac{\mathrm{d}\boldsymbol{\theta}^{w}}{\mathrm{d}t}\right|_{w}\right)-(\boldsymbol{\omega}_{ie}^{w}+\boldsymbol{\omega}_{ew}^{w})\approx\\
&-\boldsymbol{\theta}^{w}\times(\boldsymbol{\omega}_{ie}^{w}+\boldsymbol{\omega}_{ew}^{w})+\left.\frac{\mathrm{d}\boldsymbol{\theta}^{w}}{\mathrm{d}t}\right|_{g}+\boldsymbol{\omega}_{wg}^{w}\times\boldsymbol{\theta}^{w}=\\
&-\boldsymbol{\theta}^{w}\times(\boldsymbol{\omega}_{ie}^{w}+\boldsymbol{\omega}_{eg}^{w})+\left.\frac{\mathrm{d}\boldsymbol{\theta}^{w}}{\mathrm{d}t}\right|_{g}
\end{aligned}
\tag{8.4.40}
$$

式中，$\boldsymbol{\theta}^{w}$ 为游移方位系统的位置误差向量为

$$
\boldsymbol{\theta}^{w}=\begin{bmatrix}\delta\lambda\cos L\sin\alpha-\delta L\cos\alpha\\ \delta\lambda\cos L\cos\alpha+\delta L\sin\alpha\\ \delta\lambda\sin L+\delta\alpha\end{bmatrix}\tag{8.4.41}
$$

$[\boldsymbol{\theta}]$ 为 $\boldsymbol{\theta}^{w}$ 各分量构造的 3×3 反对称矩阵。

将式(8.4.39)和式(8.4.40)代入式(8.4.38)得

$$
\begin{aligned}
\left.\frac{\mathrm{d}\boldsymbol{\varphi}^{w}}{\mathrm{d}t}\right|_{g}=&\boldsymbol{\varphi}^{w}\times(\boldsymbol{\omega}_{ie}^{w}+\boldsymbol{\omega}_{ew}^{w}+\boldsymbol{\omega}_{wg}^{w})-\boldsymbol{\theta}^{w}\times(\boldsymbol{\omega}_{ie}^{w}+\boldsymbol{\omega}_{ew}^{w}+\boldsymbol{\omega}_{wg}^{w})+\\
&\delta\boldsymbol{K}_{G}(\boldsymbol{\omega}_{ie}^{w}+\boldsymbol{\omega}_{ew}^{w})+\left.\frac{\mathrm{d}\boldsymbol{\theta}^{w}}{\mathrm{d}t}\right|_{g}+\boldsymbol{\varepsilon}^{w}=\\
&\boldsymbol{\varphi}^{w}\times(\boldsymbol{\omega}_{ie}^{w}+\boldsymbol{\omega}_{eg}^{w})-\boldsymbol{\theta}^{w}\times(\boldsymbol{\omega}_{ie}^{w}+\boldsymbol{\omega}_{eg}^{w})+\left.\frac{\mathrm{d}\boldsymbol{\theta}^{w}}{\mathrm{d}t}\right|_{g}+\delta\boldsymbol{K}_{G}\boldsymbol{\omega}_{iw}^{w}+\boldsymbol{\varepsilon}^{w}
\end{aligned}
\tag{8.4.42}
$$

显然 $\boldsymbol{\omega}_{iw}^{w}$ 就是游移方位系统的指令角速度，记该指令为

$$
\boldsymbol{\omega}_{cmd}^{w}=\begin{bmatrix}\omega_{cmdx}^{w}\\ \omega_{cmdy}^{w}\\ \omega_{cmdz}^{w}\end{bmatrix}
$$

式(8.4.42)两边左乘变换矩阵 $\boldsymbol{C}_{w}^{g}$ 得

$$
\dot{\boldsymbol{\varphi}}^{g}=\boldsymbol{\varphi}^{g}\times\boldsymbol{\omega}_{ig}^{g}-\boldsymbol{\theta}^{g}\times(\boldsymbol{\omega}_{ie}^{g}+\boldsymbol{\omega}_{eg}^{g})+\dot{\boldsymbol{\theta}}^{g}+\boldsymbol{C}_{w}^{g}\delta\boldsymbol{K}_{G}\boldsymbol{\omega}_{cmd}^{w}+\boldsymbol{C}_{w}^{g}\boldsymbol{\varepsilon}^{w}\tag{8.4.43}
$$

式中

$$
\dot{\boldsymbol{\theta}}^{g}=\left.\frac{\mathrm{d}\boldsymbol{\theta}^{g}}{\mathrm{d}t}\right|_{g}
$$

由于 w 坐标系相对 g 坐标系仅绕铅垂轴 z_g 转过了游移方位角 α，则有

$$
\boldsymbol{C}_{g}^{w}=\begin{bmatrix}\cos\alpha&\sin\alpha&0\\-\sin\alpha&\cos\alpha&0\\0&0&1\end{bmatrix}
$$

并且 g 坐标系相当于 w 坐标系当 $\alpha=0$ 时的情况，因此由式(8.4.41)得指北方位系统的位置误差向量，有

$$
\boldsymbol{\theta}_{g}^{g}=\begin{bmatrix}-\delta L\\ \delta\lambda\cos L\\ \delta\lambda\sin L\end{bmatrix}\tag{8.4.44}
$$

由式(8.4.41)，得

$$
\boldsymbol{\theta}^{g}=\boldsymbol{C}_{w}^{g}\boldsymbol{\theta}^{w}=\begin{bmatrix}\cos\alpha&-\sin\alpha&0\\ \sin\alpha&\cos\alpha&0\\0&0&1\end{bmatrix}\begin{bmatrix}\delta\lambda\cos L\sin\alpha-\delta L\cos\alpha\\ \delta\lambda\cos L\cos\alpha+\delta L\sin\alpha\\ \delta\lambda\sin L+\delta\alpha\end{bmatrix}=\begin{bmatrix}-\delta L\\ \delta\lambda\cos L\\ \delta\lambda\sin L+\delta\alpha\end{bmatrix}\tag{8.4.45}
$$

比较式(8.4.44)和式(8.4.45)得

$$\Delta\boldsymbol{\theta}^g=\boldsymbol{\theta}^g-\boldsymbol{\theta}_g^g=[0\quad 0\quad \delta\alpha]^{\mathrm{T}} \tag{8.4.46}$$

$$\boldsymbol{\theta}^g=\boldsymbol{\theta}_g^g+\Delta\boldsymbol{\theta}^g \tag{8.4.47}$$

$$\dot{\boldsymbol{\theta}}^g=\dot{\boldsymbol{\theta}}_g^g+\Delta\dot{\boldsymbol{\theta}}^g \tag{8.4.48}$$

将式(8.4.47)和式(8.4.48)代入式(8.4.43)得

$$\begin{aligned}\dot{\boldsymbol{\varphi}}^g-\Delta\dot{\boldsymbol{\theta}}^g=&(\boldsymbol{\varphi}^g-\Delta\boldsymbol{\theta}^g)\times(\boldsymbol{\omega}_{ie}^g+\boldsymbol{\omega}_{eg}^g)-\boldsymbol{\theta}_g^g\times(\boldsymbol{\omega}_{ie}^g+\boldsymbol{\omega}_{eg}^g)+\\&\dot{\boldsymbol{\theta}}_g^g+\boldsymbol{C}_w^g[\delta\boldsymbol{K}_G]\boldsymbol{\omega}_{cmd}^w+\boldsymbol{C}_w^g\boldsymbol{\varepsilon}^w\end{aligned} \tag{8.4.49}$$

令

$$\boldsymbol{\Phi}^g=\boldsymbol{\varphi}^g-\Delta\boldsymbol{\theta}^g \tag{8.4.50}$$

则式(8.4.49)可写成

$$\dot{\boldsymbol{\Phi}}^g=(\boldsymbol{\Phi}^g-\boldsymbol{\theta}_g^g)\times(\boldsymbol{\omega}_{ie}^g+\boldsymbol{\omega}_{eg}^g)+\dot{\boldsymbol{\theta}}_g^g+\boldsymbol{C}_w^g[\delta\boldsymbol{K}_G]\boldsymbol{\omega}_{cmd}^w+\boldsymbol{C}_w^g\boldsymbol{\varepsilon}^w \tag{8.4.51}$$

式(8.4.51)中的 $\dot{\boldsymbol{\theta}}_g^g$ 确定如下。由式(8.4.44)、式(8.4.24)和式(8.4.25)得

$$\dot{\boldsymbol{\theta}}_g^g=\begin{bmatrix}-\delta\dot{L}\\ \delta\dot{\lambda}\cos L-\dot{L}\sin L\,\delta\lambda\\ \delta\dot{\lambda}\sin L+\dot{L}\cos L\,\delta\lambda\end{bmatrix}=\begin{bmatrix}-\dfrac{\delta v_{\mathrm{N}}}{R}\\ \dfrac{\delta v_{\mathrm{E}}}{R}+\delta L\,\dfrac{v_{\mathrm{E}}\tan L}{R}-\delta\lambda\,\dfrac{v_{\mathrm{N}}\sin L}{R}\\ \dfrac{\delta v_{\mathrm{E}}}{R}\tan L+\delta L\,\dfrac{v_{\mathrm{E}}}{R}\tan^2L+\delta\lambda\,\dfrac{v_{\mathrm{N}}\cos L}{R}\end{bmatrix} \tag{8.4.52}$$

为简化推导,式(8.4.52)中忽略了高度的影响。将式(8.4.52)、式(8.4.3)和式(8.4.4)代入式(8.4.51)得

$$\begin{aligned}\begin{bmatrix}\dot{\Phi}_{\mathrm{E}}\\ \dot{\Phi}_{\mathrm{N}}\\ \dot{\Phi}_{\mathrm{U}}\end{bmatrix}=&\left(\begin{bmatrix}0&-\Phi_{\mathrm{U}}&\Phi_{\mathrm{N}}\\ \Phi_{\mathrm{U}}&0&-\Phi_{\mathrm{E}}\\ -\Phi_{\mathrm{N}}&\Phi_{\mathrm{E}}&0\end{bmatrix}-\begin{bmatrix}0&-\delta\lambda\sin L&\delta\lambda\cos L\\ \delta\lambda\sin L&0&\delta L\\ -\delta\lambda\cos L&-\delta L&0\end{bmatrix}\right)\cdot\\&\begin{bmatrix}-\dfrac{v_{\mathrm{N}}}{R}\\ \dfrac{v_{\mathrm{E}}}{R}+\omega_{ie}\cos L\\ \dfrac{v_{\mathrm{E}}}{R}\tan L+\omega_{ie}\sin L\end{bmatrix}+\begin{bmatrix}-\dfrac{\delta v_{\mathrm{N}}}{R}\\ \dfrac{\delta v_{\mathrm{E}}}{R}+\delta L\,\dfrac{v_{\mathrm{E}}\tan L}{R}-\delta\lambda\,\dfrac{v_{\mathrm{N}}\sin L}{R}\\ \dfrac{\delta v_{\mathrm{E}}}{R}\tan L+\delta L\,\dfrac{v_{\mathrm{E}}}{R}\tan^2L+\delta\lambda\,\dfrac{v_{\mathrm{N}}\cos L}{R}\end{bmatrix}+\\&\begin{bmatrix}\cos\alpha&-\sin\alpha&0\\ \sin\alpha&\cos\alpha&0\\ 0&0&1\end{bmatrix}\begin{bmatrix}\delta K_{Gx}&0&0\\ 0&\delta K_{Gy}&0\\ 0&0&\delta K_{Gz}\end{bmatrix}\begin{bmatrix}\omega_{cmdx}^w\\ \omega_{cmdy}^w\\ \omega_{cmdz}^w\end{bmatrix}+\\&\begin{bmatrix}\cos\alpha&-\sin\alpha&0\\ \sin\alpha&\cos\alpha&0\\ 0&0&1\end{bmatrix}\begin{bmatrix}\varepsilon_x^w\\ \varepsilon_y^w\\ \varepsilon_z^w\end{bmatrix}\end{aligned}$$

展开上式,得

$$\begin{aligned}\dot{\Phi}_{\mathrm{E}}=&-\Phi_{\mathrm{U}}\left(\frac{v_{\mathrm{E}}}{R}+\omega_{ie}\cos L\right)+\Phi_{\mathrm{N}}\left(\frac{v_{\mathrm{E}}}{R}\tan L+\omega_{ie}\sin L\right)-\\&\frac{\delta v_{\mathrm{N}}}{R}+\delta K_{Gx}\omega_{cmdx}^w\cos\alpha-\delta K_{Gy}\omega_{cmdy}^w\sin\alpha+\varepsilon_x^w\cos\alpha-\varepsilon_y^w\sin\alpha\end{aligned} \tag{8.4.53a}$$

$$\dot{\Phi}_{\mathrm{N}} = -\Phi_{\mathrm{E}}\left(\frac{v_{\mathrm{E}}}{R}\tan L + \omega_{ie}\sin L\right) - \Phi_{\mathrm{U}}\frac{v_{\mathrm{N}}}{R} + \frac{\delta v_{\mathrm{E}}}{R} -$$
$$\delta L\omega_{ie}\sin L + \delta K_{Gx}\omega_{cmdx}^{w}\sin\alpha + \delta K_{Gy}\omega_{cmdy}^{w}\cos\alpha +$$
$$\varepsilon_{x}^{w}\sin\alpha + \varepsilon_{y}^{w}\cos\alpha \tag{8.4.53b}$$

$$\dot{\Phi}_{\mathrm{U}} = \Phi_{\mathrm{E}}\left(\frac{v_{\mathrm{E}}}{R} + \omega_{ie}\cos L\right) + \Phi_{\mathrm{N}}\frac{v_{\mathrm{N}}}{R} + \frac{\delta v_{\mathrm{E}}}{R}\tan L +$$
$$\delta L\left(\frac{v_{\mathrm{E}}}{R}\sec^{2}L + \omega_{ie}\cos L\right) + \delta K_{Gz}\omega_{cmdz}^{w} + \varepsilon_{z}^{w} \tag{8.4.53c}$$

(2) 速度误差方程。设采用 g 坐标系的游移方位系统的速度误差为 $\delta \boldsymbol{v}^{g}$，它是三个计算的速度分量与三个真实的速度分量的差值，所以也称分量差速度误差，这是惯导系统中常用的速度误差，它并不是向量，所以不能通过坐标变换获得。下面从速度计算方程和速度方程的差来导出 $\delta \boldsymbol{v}^{g}$ 的方程。

记速度计算值为 $\boldsymbol{v}_{c}^{gc}$，速度真实值为 $\boldsymbol{v}^{g}$，则根据比力方程式(8.4.1)有

$$\dot{\boldsymbol{v}}_{c}^{gc} = \boldsymbol{f}_{c}^{gc} - (2\boldsymbol{\omega}_{ie}^{gc} + \boldsymbol{\omega}_{egc}^{gc}) \times \boldsymbol{v}_{c}^{gc} + \boldsymbol{g}_{c}^{gc} \tag{8.4.54}$$

$$\dot{\boldsymbol{v}}^{g} = \boldsymbol{f}^{g} - (2\boldsymbol{\omega}_{ie}^{g} + \boldsymbol{\omega}_{eg}^{g}) \times \boldsymbol{v}^{g} + \boldsymbol{g}^{g} \tag{8.4.55}$$

式(8.4.54)减去式(8.4.55)并注意到

$$\boldsymbol{f}_{c}^{gc} = \boldsymbol{C}_{c}^{gc}(\boldsymbol{f}^{P} + \boldsymbol{\nabla}^{P}) \approx$$
$$\boldsymbol{C}_{g}^{gc}\boldsymbol{C}_{w}^{g}\boldsymbol{C}_{c}^{w}\boldsymbol{C}_{w}^{P}\boldsymbol{C}_{g}^{w}\boldsymbol{f}^{g} + \boldsymbol{C}_{w}^{g}\boldsymbol{\nabla}^{w} =$$
$$(\boldsymbol{I} - [\boldsymbol{\theta}_{g}^{g}])\boldsymbol{C}_{w}^{g}(\boldsymbol{I} + [\boldsymbol{\theta}^{w}])(\boldsymbol{I} - [\boldsymbol{\varphi}^{w}])\boldsymbol{C}_{g}^{w}\boldsymbol{f}^{g} + \boldsymbol{C}_{w}^{g}\boldsymbol{\nabla}^{w} \approx$$
$$\{\boldsymbol{I} - ([\boldsymbol{\varphi}^{g}] - [\boldsymbol{\theta}^{g}] + [\boldsymbol{\theta}_{g}^{g}])\}\boldsymbol{f}^{g} + \boldsymbol{C}_{w}^{g}\boldsymbol{\nabla}^{w} =$$
$$\{\boldsymbol{I} - ([\boldsymbol{\varphi}^{g}] - [\Delta\boldsymbol{\theta}^{g}])\}\boldsymbol{f}^{g} + \boldsymbol{C}_{w}^{g}\boldsymbol{\nabla}^{w} =$$
$$(\boldsymbol{I} - [\boldsymbol{\Phi}^{g}])\boldsymbol{f}^{g} + \boldsymbol{C}_{w}^{g}\boldsymbol{\nabla}^{g} \tag{8.4.56}$$

式中，P 为游移方位系统的实际平台坐标系，方括号表示由相应误差向量构造的 3×3 反对称矩阵。则采用 g 坐标系的游移方位系统的速度误差方程为

$$\delta\dot{\boldsymbol{v}}^{g} = -(2\boldsymbol{\omega}_{ie}^{g} + \boldsymbol{\omega}_{eg}^{g}) \times \delta\boldsymbol{v}^{g} - (2\delta\boldsymbol{\omega}_{ie}^{g} + \delta\boldsymbol{\omega}_{eg}^{g}) \times \boldsymbol{v}^{g} -$$
$$[\boldsymbol{\Phi}^{g}]\boldsymbol{f}^{g} + \boldsymbol{C}_{w}^{g}\boldsymbol{\nabla}^{w} + \delta\boldsymbol{g}^{g} \tag{8.4.57}$$

式中

$$\delta\boldsymbol{\omega}_{ie}^{g} = \boldsymbol{\omega}_{ie}^{gc} - \boldsymbol{\omega}_{ie}^{g} \tag{8.4.58a}$$

$$\delta\boldsymbol{\omega}_{eg}^{g} = \boldsymbol{\omega}_{egc}^{gc} - \boldsymbol{\omega}_{eg}^{g} \tag{8.4.58b}$$

$$\delta\boldsymbol{g}^{g} = \boldsymbol{g}_{c}^{gc} - \boldsymbol{g}^{g} \tag{8.4.58c}$$

式中，$\delta\boldsymbol{\omega}_{ie}^{g}$ 和 $\delta\boldsymbol{\omega}_{eg}^{g}$ 与指北方位系统速度误差方程中的相应项相同。展开式(8.4.57)，整理得

$$\delta\dot{v}_{\mathrm{E}} = \left(2\omega_{ie}\sin L + \frac{v_{\mathrm{E}}}{R}\tan L\right)\delta v_{\mathrm{N}} + \frac{1}{R}(v_{\mathrm{N}}\tan L - v_{\mathrm{U}})\delta v_{\mathrm{E}} -$$
$$\left(2\omega_{ie}\cos L + \frac{v_{\mathrm{E}}}{R}\right)\delta v_{\mathrm{U}} + [2\omega_{ie}(v_{\mathrm{N}}\cos L + v_{\mathrm{U}}\sin L) +$$
$$\frac{1}{R}v_{\mathrm{N}}v_{\mathrm{E}}\sec^{2}L]\delta L + \frac{1}{R^{2}}(v_{\mathrm{E}}v_{\mathrm{U}} - v_{\mathrm{N}}v_{\mathrm{E}}\tan L)\delta h +$$
$$f_{\mathrm{N}}\Phi_{\mathrm{U}} - f_{\mathrm{U}}\Phi_{\mathrm{N}} + \nabla_{x}\cos\alpha - \nabla_{y}\sin\alpha \tag{8.4.59a}$$

$$\delta\dot{v}_{\mathrm{N}} = -\frac{v_{\mathrm{U}}}{R}\delta v_{\mathrm{N}} - 2\left(\omega_{ie}\sin L + \frac{v_{\mathrm{E}}}{R}\tan L\right)\delta v_{\mathrm{E}} - \frac{v_{\mathrm{N}}}{R}\delta v_{\mathrm{U}} -$$

$$\left(2\omega_{ie}\cos L+\frac{v_{\mathrm{E}}}{R}\sec^2 L\right)v_{\mathrm{E}}\delta L+\frac{1}{R^2}(v_{\mathrm{N}}v_{\mathrm{U}}+v_{\mathrm{E}}^2\tan L)\delta h+$$
$$f_{\mathrm{U}}\Phi_{\mathrm{E}}-f_{\mathrm{E}}\Phi_{\mathrm{U}}+\nabla_x\sin\alpha+\nabla_y\cos\alpha \tag{8.4.59b}$$

$$\delta\dot{v}_{\mathrm{U}}=\frac{2v_{\mathrm{N}}}{R}\delta v_{\mathrm{N}}+2\left(\omega_{ie}\cos L+\frac{v_{\mathrm{E}}}{R}\right)\delta v_{\mathrm{E}}-2v_{\mathrm{E}}\omega_{ie}\sin L\delta L-$$
$$\frac{v_{\mathrm{E}}^2+v_{\mathrm{N}}^2}{R^2}\delta h+f_{\mathrm{E}}\Phi_{\mathrm{N}}-f_{\mathrm{N}}\Phi_{\mathrm{E}}+\nabla_z \tag{8.4.59c}$$

根据式(8.4.46)和式(8.4.50)，式(8.4.59a)、式(8.4.59b)、式(8.4.59c)，得

$$\Phi_{\mathrm{E}}=\varphi_{\mathrm{E}}$$
$$\Phi_{\mathrm{N}}=\varphi_{\mathrm{N}}$$
$$\Phi_{\mathrm{U}}=\varphi_{\mathrm{U}}-\delta\alpha$$

(3) 位置误差方程和游移方位角误差方程。位置误差 $\delta\lambda$，δL，δh 和游移方位角误差 $\delta\alpha$ 与误差方程坐标系无关，但误差方程式(8.4.34)与误差方程坐标系有关。只要找出式中速度误差 δv_x，δv_y 与采用 g 坐标系的速度误差 δv_{E}，δv_{N} 的关系，就能将式(8.4.34)变换成与 g 坐标系有关。由于

$$\boldsymbol{C}_w^g\delta\boldsymbol{v}^w=\boldsymbol{C}_w^g(\boldsymbol{v}_c^c-\boldsymbol{v}^w) \tag{8.4.60}$$

式中

$$\begin{aligned}\boldsymbol{C}_w^g(\boldsymbol{v}_c^c-\boldsymbol{v}^w)&=\boldsymbol{C}_{g_c}^g\boldsymbol{C}_w^{g_c}\boldsymbol{C}_w^c\boldsymbol{v}_c^w-\boldsymbol{v}^g=\\&(\boldsymbol{I}+[\boldsymbol{\theta}_g^g])\boldsymbol{C}_w^{g_c}(\boldsymbol{I}-[\boldsymbol{\theta}^w])\boldsymbol{v}_c^w-\boldsymbol{v}^g\approx\\&(\boldsymbol{v}_c^{g_c}-\boldsymbol{v}^g)+([\boldsymbol{\theta}_g^g]-[\boldsymbol{\theta}^g])\boldsymbol{v}^g=\\&\delta\boldsymbol{v}^g-[\delta\boldsymbol{\theta}^g]\boldsymbol{v}^g\end{aligned}$$

将上述关系代入式(8.4.60)，并写成分量形式为

$$\begin{bmatrix}\delta v_x\cos\alpha-\delta v_y\sin\alpha\\\delta v_x\sin\alpha+\delta v_y\cos\alpha\\\delta v_z\end{bmatrix}=\begin{bmatrix}\delta v_{\mathrm{E}}+v_{\mathrm{N}}\delta\alpha\\\delta v_{\mathrm{N}}-v_{\mathrm{E}}\delta\alpha\\\delta v_{\mathrm{U}}\end{bmatrix} \tag{8.4.61}$$

式(8.4.61)说明了 δv_x，δv_y 与 δv_{E}，δv_{N} 的关系，即 δv_x，δv_y 变换到东向和北向，还要增加因 $\delta\alpha$ 而导致的误差。

将式(8.4.61)代入式(8.4.34)，可得采用 g 坐标系的游移方位惯导位置误差方程和游移方位角误差方程为

$$\delta\dot{L}=\frac{\delta v_{\mathrm{N}}}{R}-\frac{v_{\mathrm{N}}}{R^2}\delta h \tag{8.4.62a}$$

$$\delta\dot{\lambda}=\frac{1}{R\cos L}\left(\delta v_{\mathrm{E}}+v_{\mathrm{E}}\tan L\delta L-\frac{v_{\mathrm{E}}}{R}\delta h\right) \tag{8.4.62b}$$

$$\delta\dot{h}=\delta v_{\mathrm{U}} \tag{8.4.62c}$$

$$\delta\dot{\alpha}=\frac{1}{R}\tan L\left(-\delta v_{\mathrm{E}}+\frac{v_{\mathrm{E}}}{\cos L\sin L}\delta L+\frac{v_{\mathrm{E}}}{R}\delta h\right) \tag{8.4.62d}$$

(4) 采用 g 坐标系的游移方位惯导基本误差方程的特点。式(8.4.53)、式(8.4.59)和式(8.4.62)构成了采用 g 坐标系的游移方位惯导系统的基本误差方程。从上述诸式可看出：

1) 组合导航系统卡尔曼滤波器若以沿 g 坐标系的速度误差分量和平台误差角分量(δv_{E}，δv_{N}，δv_{U}，Φ_{E}，Φ_{N}，Φ_{U})作为状态，则惯导基本误差状态方程即为上述三组方程。

2）虽然与 w 坐标系误差状态一样，采用 g 坐标系的惯导基本误差状态为10个，但游移方位角误差 $\delta\alpha$ 并不影响其他误差状态。所以，如果组合导航系统不必估计 $\delta\alpha$，则滤波器中惯导基本误差状态可减少为9个。

3）姿态误差方程组中，Φ_E 和 Φ_N 即为平台沿东向和北向的水平倾角 φ_E 和 φ_N，但 Φ_U 并不是平台的方位误差角 φ_U，而是 φ_U 与游移方位误差角 $\delta\alpha$ 的差值。Φ_U 也就是惯导的航向误差角 $\delta\Psi$，从航向信号是惯导输出量这个意义上讲，对 Φ_U 的估计比对 φ_U 的估计更为有意义。

4）采用 g 坐标系的游移方位惯导误差方程与指北方位系统误差方程极为相似，主要差别在于：

a. 方程中惯性器件误差的影响是以等效误差的形式出现的。例如平台误差角 Φ_E 方程中，陀螺的影响为 $\varepsilon_x\cos\alpha-\varepsilon_y\sin\alpha$，这是等效东向陀螺漂移，而指北方位系统中，$\varepsilon_E$ 是实际的东向陀螺漂移。游移方位角 α 在惯导工作过程中随着载体东向速度而变化，虽然变化缓慢，但却使得游移方位惯导在与其他导航系统组合时，增加了惯性器件的可观测性。

b. g 坐标系的游移方位惯导平台误差方程采用广义平台误差角作为误差状态，仅在方位上与平台误差角差 $\delta\alpha$。而指北方位系统中，方位误差角就是平台真实的方位误差角。

5）惯导系统基本误差方程除了用于设计组合导航滤波器外，还是设计和分析惯导系统和包含有惯导系统的组合导航系统性能的基本数学模型。对游移方位惯导系统，若选用上述 g 坐标系误差方程组，则可直接和指北方位惯导系统相比较，便于性能分析。有的文献[91]将采用 g 坐标的各类惯导的基本误差方程统称为惯导统一误差方程，原因就在于此。

以上内容以游移方位惯导系统为例，分别介绍了用 g 坐标系和 w 坐标系列写的基本误差方程的特点。当设计组合导航系统卡尔曼滤波器时，如果惯导是游移方位系统，则可根据其他导航系统的类型、组合导航系统的要求以及这两种基本误差方程的特点等因素，选用其中一种误差方程作为滤波器的基本状态方程。对于其他类型的惯导系统，例如导弹和空间飞行器上常用的解析式惯导系统，也可选用惯性坐标系或轨道水平坐标系甚至地理坐标系等不同坐标系作为其误差方程的坐标系。不同坐标系的误差方程都有其固有的特点，因篇幅有限，此处不再一一讨论了。

5. 捷联惯导系统的误差方程

前已指出，如果导航坐标系取地理坐标系，则捷联惯导系统与指北方位系统等效。但陀螺的刻度系数误差对系统的影响方式不同。在指北方位系统中，此误差通过对平台的指令引入系统，即为式(8.4.22)诸式中的第一项；而在捷联惯导系统中，此误差引起对载体角速度的测量误差，经姿态更新计算引入系统。

设陀螺的刻度系数误差为 $\delta K_{gi}(i=x,\ y,\ z)$，陀螺的随机常值漂移、相关漂移和不相关漂移分别为 ε_{bi}，ε_{ri}，$w_{gi}(i=x,\ y,\ z)$，载体的角速度为 $\boldsymbol{\omega}^b=[\omega_x\quad\omega_y\quad\omega_z]^{\mathrm{T}}$，则陀螺在地理坐标系内的等效漂移为

$$\begin{bmatrix}\varepsilon_E\\ \varepsilon_N\\ \varepsilon_U\end{bmatrix}=\boldsymbol{C}_b^n\begin{bmatrix}\varepsilon_{bx}+\varepsilon_{rx}+\delta K_{gx}\omega_x+w_{gx}\\ \varepsilon_{by}+\varepsilon_{ry}+\delta K_{gy}\omega_y+w_{gy}\\ \varepsilon_{bz}+\varepsilon_{rz}+\delta K_{gz}\omega_z+w_{gz}\end{bmatrix}$$

即

$$\begin{aligned}\varepsilon_E=&C_b^n(1,1)(\varepsilon_{bx}+\varepsilon_{rx}+\delta K_{gx}\omega_x+w_{gx})+\\&C_b^n(1,2)(\varepsilon_{by}+\varepsilon_{ry}+\delta K_{gy}\omega_y+w_{gy})+\\&C_b^n(1,3)(\varepsilon_{bz}+\varepsilon_{rz}+\delta K_{gz}\omega_z+w_{gz})\end{aligned}\tag{8.4.63a}$$

$$\varepsilon_{\mathrm{N}}=C_b^n(2,1)(\varepsilon_{bx}+\varepsilon_{rx}+\delta K_{gx}\omega_x+w_{gx})+C_b^n(2,2)(\varepsilon_{by}+\varepsilon_{ry}+\delta K_{gy}\omega_y+w_{gy})+C_b^n(2,3)(\varepsilon_{bz}+\varepsilon_{rz}+\delta K_{gz}\omega_z+w_{gz}) \tag{8.4.63b}$$

$$\varepsilon_{\mathrm{U}}=C_b^n(3,1)(\varepsilon_{bx}+\varepsilon_{rx}+\delta K_{gx}\omega_x+w_{gx})+C_b^n(3,2)(\varepsilon_{by}+\varepsilon_{ry}+\delta K_{gy}\omega_y+w_{gy})+C_b^n(3,3)(\varepsilon_{bz}+\varepsilon_{rz}+\delta K_{gz}\omega_z+w_{gz}) \tag{8.4.63c}$$

同理可得加速度计的等效偏置量为

$$\nabla_{\mathrm{E}}=C_b^n(1,1)(\nabla_{bx}+\delta K_{ax}f_x+w_{ax})+C_b^n(1,2)(\nabla_{by}+\delta K_{ay}f_y+w_{ay})+C_b^n(1,3)(\nabla_{bz}+\delta K_{az}f_z+w_{az}) \tag{8.4.64a}$$

$$\nabla_{\mathrm{N}}=C_b^n(2,1)(\nabla_{bx}+\delta K_{ax}f_x+w_{ax})+C_b^n(2,2)(\nabla_{by}+\delta K_{ay}f_y+w_{ay})+C_b^n(2,3)(\nabla_{bz}+\delta K_{az}f_z+w_{az}) \tag{8.4.64b}$$

$$\nabla_{\mathrm{U}}=C_b^n(3,1)(\nabla_{bx}+\delta K_{ax}f_x+w_{ax})+C_b^n(3,2)(\nabla_{by}+\delta K_{ay}f_y+w_{ay})+C_b^n(3,3)(\nabla_{bz}+\delta K_{az}f_z+w_{az}) \tag{8.4.64c}$$

式中，$f_i(i=x,y,z)$为载体的理想比力在机体坐标系内的投影，∇_{bi}，δK_{ai}，$w_{ai}(i=x,y,z)$分别为加速度计的偏置量、刻度系数误差及白噪声误差。

只须去掉式(8.4.22)和式(8.4.23)中关于刻度系数误差的项，而陀螺漂移和加速度计的零偏用式(8.4.63)和式(8.4.64)所确定的等效量代替，并考虑到捷联惯导中，陀螺漂移引起的姿态误差变化方向与陀螺漂移方向相反这一特点，即可获得捷联惯导系统的姿态误差方程和速度误差方程。由于篇幅关系，此处不再一一列出。

8.4.3 惯导系统的误差源模型

1. 陀螺误差模型

陀螺是运载体角运动的测量器件，对惯导系统的姿态误差产生直接的影响。陀螺的误差主要体现为漂移和刻度系数误差，这两类误差都是随机误差。

刻度系数误差一般用随机常数描述为

$$\delta \dot{K}_{Gi}=0,\quad i=x,y,z \tag{8.4.65}$$

陀螺的确定性漂移经标定后能够得到较好的补偿，但剩余的随机漂移是无法通过标定确定的。随机漂移是十分复杂的随机过程，大致可概括为三种分量：

(1) 逐次启动漂移。它取决于启动时刻的环境条件和电气参数的随机性等因素，一旦启动完成，这种漂移便保持在某一固定值上，但这一固定值是一个随机变量，所以这种分量可用随机常数描述为

$$\dot{\varepsilon}_{bi}=0\qquad i=x,y,z \tag{8.4.66}$$

(2) 慢变漂移。陀螺在工作过程中，环境条件、电气参数都在作随机改变，所以陀螺漂移在随机常数分量的基础上以较慢的速率变化。由于变化较缓慢，变化过程中前后时刻上的漂移值有一定的关联性，即后一时刻的漂移值程度不等地取决于前一时刻的漂移值，两者的时间点靠得越近，这种依赖关系就越明显。这种漂移分量可用一阶马尔柯夫过程描述为

$$\dot{\varepsilon}_{ri}=-\frac{1}{\tau_G}\varepsilon_{ri}+w_{ri}\qquad i=x,y,z \tag{8.4.67}$$

(3) 快变漂移。表现为在上述两种分量基础上的杂乱无章的高频跳变，不管两时间点靠

得多近，该两时间点上的漂移值依赖关系十分微弱或几乎不存在。这种漂移分量可抽象化为白噪声过程 w_{gi}，即

$$E[w_{gi}(t)w_{gi}(\tau)]=q_{gi}\delta(t-\tau) \qquad i=x,\ y,\ z \tag{8.4.68}$$

式中，$\delta(t-\tau)$ 为狄拉克 δ 函数。

综上所述，陀螺漂移可模型化为

$$\varepsilon_i(t)=\varepsilon_{bi}(t)+\varepsilon_{ri}(t)+w_{gi}(t) \tag{8.4.69}$$

陀螺漂移是反映在陀螺对运载体角速率测量上的误差。液浮单自由度陀螺直接感测角速率，而挠性陀螺的和激光陀螺测量的是角增量，即角速率在某段时间内的积分值。根据 3.1 节关于有色噪声的讨论知，随机游走是白噪声的积分，所以反映在角增量上的随机游走与反映在角速率上的白噪声是等效的。在激光陀螺的性能指标中所给出的游走系数（如 $0.01°/\sqrt{\mathrm{h}}$）实质上就是陀螺漂移白噪声分量 $w_{gi}(t)$ 的方差强度的平方根。

激光陀螺的随机游走系数远比挠性陀螺的游走系数大，相关时间也短得多。激光陀螺的游走系数与随机常值漂移的大小几乎是同一数量级的，相关时间约为 300 s；而挠性陀螺的游走系数比随机常值漂移小 1 ～ 2 个数量级，相关时间约为 1 h。

在卡尔曼滤波器的设计中，白噪声分量并不列为状态，而随机常值分量和相关分量都列入状态。有时为了降低滤波器的维数，常对相关分量作简化处理，简化处理可分别按三种不同情况考虑：

（1）若相关时间很短，则相关漂移可近似视为白噪声。一阶马尔柯夫过程的相关函数和功率谱分别为

$$R(\tau)=R(0)\mathrm{e}^{-\alpha|\tau|} \tag{8.4.70}$$

$$S(\omega)=\frac{2R(0)\alpha}{\omega^2+\alpha^2} \tag{8.4.71}$$

式中，$\alpha=\dfrac{1}{T}$（T 为相关时间），$R(0)$ 为相关漂移的均方值。

由式(8.4.71) 可看出，当 T 很小，即 α 很大时，有

$$S(\omega)\approx 2R(0)T$$

即功率谱在很宽的频带内保持为常值。而惯导平台的修正回路自振频率为休拉频率 ω_s（休拉周期 $T_s=84.4$ min），这实质上是一个低通滤波器，截止频率 ω_c 比 ω_s 稍大。如果 $2\pi\alpha\gg\omega_s$，即 $T\ll\dfrac{2\pi}{\omega_s}$，则 $S(\omega)$ 在$[0,\ \omega_s]$ 内近似为常值，相关漂移在修正回路中的作用与白噪声的作用是等效的（白噪声的功率谱在整个频率轴上保持常值）。所以当相关时间很短时，例如低于数百秒时，一阶马尔柯夫过程可近似视为白噪声过程，白噪声过程的方差强度为

$$q=S(\omega)=2R(0)T$$

（2）当相关时间很长时，则相关漂移可近似看做随机常数或随机游走。由式(8.4.70) 可看出，当 T 特别大，即 α 特别小时，有

$$R(\tau)\approx R(0) \tag{8.4.72}$$

即当惯导的工作时间远小于相关时间时，相关漂移可近似看做随机常值而并入陀螺的逐次启动误差内，有

$$\varepsilon_b'=\varepsilon_b+\varepsilon_r \tag{8.4.73}$$

等效随机常值漂移 ε_b' 的方差为

$$R_b' = R_b + R_r(0) \tag{8.4.74}$$

若将一阶马尔柯夫过程近似为随机游走，即

$$\dot{\varepsilon}_w = \xi_w \tag{8.4.75}$$

则由于随机游走的均方值随时间而增长，所以，不可能根据近似前后两种模型的漂移均方值相等这个条件来求得 ξ_w 的方差强度 q_w，而只能根据经验或通过误差分析来选取。文献[91]提出采用以下方程计算，即

$$q_w = R_r(0)\alpha$$

显然，当 $t = \dfrac{1}{\alpha}$ 时，有

$$E[\varepsilon_w^2(t)] = q_w t = R_r(0)$$

这意味着 q_w 的选择要使 ε_w 在 $t = \dfrac{1}{\alpha}$ 时的均方值与 ε_r 的均方值相等。

将 ε_r 简化为 ε_w 的方法有两个优点：一是将随机游走的估计用来反馈校正陀螺漂移的计算简单；二是可以和偏置合并为一个模型方程，即

$$\varepsilon = \varepsilon_b + \varepsilon_w$$

合并后的漂移模型为

$$\dot{\varepsilon} = \xi_w$$

因

$$E[\varepsilon_w^2(0)] = 0$$

所以滤波器对漂移 ε 的初始估计均方误差 $P_\varepsilon(0)$ 可选取

$$P_\varepsilon(0) = E[\varepsilon^2(0)] = E[\varepsilon_b^2] = R_b$$

(3) 当相关时间很长，且比惯导工作时间长时，随机常值漂移和相关漂移可用等效相关漂移描述为

$$\varepsilon = \varepsilon_b + \varepsilon_r$$

式中 ε 可近似用另一个一阶马尔柯夫过程 ε_e 等效

$$\dot{\varepsilon}_e = -\alpha_e \varepsilon_e + w_e \tag{8.4.76}$$

等效的条件是：ε_e 的均方值与 ε_b 和 ε_r 两个分量的均方值之和相等；ε_e 和 ε_r 的相关函数在 $\tau = 0$ 处的斜率相同，如图 8.4.3 所示。即有

$$R_e(0) = R_b + R_r(0) \tag{8.4.77}$$

$$\alpha_e = \frac{R_r(0)}{R_r(0) + R_b}\alpha_r \tag{8.4.78}$$

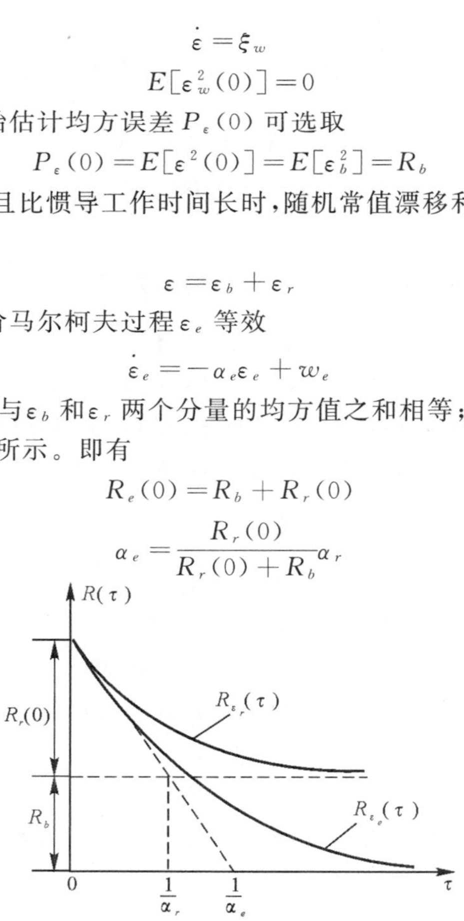

图 8.4.3　相关漂移和随机常值漂移的等效漂移

2. 加速度计误差模型

与陀螺漂移误差模型的分析类似，加速度计误差模型可分为三种分量，但在组合导航设计中，一般只考虑随机常值误差，即偏置误差 $\nabla_i(i=x, y, z)$，而忽略相关误差。这是由于这种分量相对较小，同时也为了使滤波器的维数尽量低些。所以加速度计误差模型一般考虑为

$$\nabla_i=\nabla_{bi}+w_{ai} \qquad i=x, y, z \tag{8.4.79}$$

式中，

$$\dot{\nabla}_{bi}=0 \qquad i=x, y, z \tag{8.4.80}$$

$w_{ai}(i=x, y, z)$ 为白噪声过程。

8.5　卡尔曼滤波理论在惯导系统初始对准中的应用

8.5.1　概述

惯导系统初始对准的目的是在惯导系统进入导航工作状态之前建立起导航坐标系。对平台式惯导系统来说，就是控制平台旋转使之与要求的导航坐标系相重合；对捷联式惯导系统来说，就是计算出机体坐标系 b 到导航坐标系 n 的姿态矩阵 $\boldsymbol{C}_b^n$。初始对准过程中，一般还须要计算出陀螺漂移的偏置量，即测漂。

根据对准过程中使用参考基准信息的不同，初始对准可分为自对准、传递对准和空中对准方法。自对准使用天然基准信息重力加速度和地球自转角速度；传递对准以主惯导为基准，使子惯导建立的导航坐标系重合于主惯导已建立起来的导航坐标系；空中对准从惯导相对其他导航系统提供的导航参数(如速度等)的偏差中估计出惯导系统的失准角并校正之。

有两种完成初始对准的实施方案：采用回路反馈法实现的经典对准方案和采用卡尔曼滤波或递推最小二乘法实现的广义数字信号处理方案。由于后者考虑了惯导工作环境中的随机干扰因素，如阵风等引起的飞机的随机晃动，飞行过程中空气动力的随机改变引起的飞机结构的挠曲变形等，所以无论是改善对准精度还是缩短对准时间，后者都优于前者。关于对前者的讨论读者可参阅文献[87～90]，本节将对后者作详细讨论。

8.5.2　平台式惯导系统自对准卡尔曼滤波器设计

1. 静基座条件下自对准卡尔曼滤波器设计

(1) 系统模型和量测方程。静基座条件下(例如实验室条件)的初始对准是比较简单的情况，此处为便于说明问题，以指北方位系统为例来说明滤波器的设计。

由于在静基座上，速度恒为零，对准地点的经、纬度准确已知，所以根据式(8.4.22)，姿态误差方程为

$$\left.\begin{aligned}\dot{\varphi}_E&=\omega_{ie}\sin L\varphi_N-\omega_{ie}\cos L\varphi_U+\varepsilon_E+w_E\\\dot{\varphi}_N&=-\omega_{ie}\sin L\varphi_E+\varepsilon_N+w_N\\\dot{\varphi}_U&=\omega_{ie}\cos L\varphi_E+\varepsilon_U+w_U\end{aligned}\right\} \tag{8.5.1}$$

从式(8.5.1)可看出，平台误差角的变化与陀螺漂移有关。上节曾指出，陀螺漂移包含三种分量：随机常值漂移；相关漂移(一阶马氏过程)和不相关漂移(白噪声)。对转子结构的陀螺来说，相关漂移的相关时间大于 1 h，所以对于时间 20 min 左右的初始对准来讲，这种相关

漂移可近似视为随机常数，且与随机常值漂移相比，这种漂移小 1 ～ 2 个数量级。所以初始对准中陀螺漂移模型可简化为偏置

$$\left.\begin{aligned}\dot{\varepsilon}_E&=0\\\dot{\varepsilon}_N&=0\\\dot{\varepsilon}_U&=0\end{aligned}\right\}\tag{8.5.2}$$

和白噪声分量 w_E，w_N，w_U。在静基座上，$f_E=f_N=0$，$f_U=g$，略去速度误差间的耦合，则由式(8.4.23) 得速度误差方程为

$$\begin{cases}\delta\dot{v}_E=-g\varphi_N+\nabla_E+V_E\\\delta\dot{v}_N=g\varphi_E+\nabla_N+V_N\end{cases}$$

这也是加速度计的输出，并以此作为量测量，有

$$\left.\begin{aligned}Z_E&=-g\varphi_N+\nabla_E+V_E\\Z_N&=g\varphi_E+\nabla_N+V_N\end{aligned}\right\}\tag{8.5.3}$$

式中，V_E 和 V_N 为东向和北向加速度计误差输出中的白噪声分量；∇_E 和 ∇_N 为偏置分量，满足

$$\left.\begin{aligned}\dot{\nabla}_E&=0\\\dot{\nabla}_N&=0\end{aligned}\right\}\tag{8.5.4}$$

式(8.5.1)，式(8.5.2) 和式(8.5.4) 构成了静基座条件下的系统模型，式(8.5.3) 为量测方程。

(2) 系统可检测性的判别和处理。由惯导系统原理知，惯导系统采用自对准作初始对准时，能达到的水平极限精度为

$$\left.\begin{aligned}\varphi_{Em}&=-\frac{\nabla_N}{g}\\\varphi_{Nm}&=\frac{\nabla_E}{g}\end{aligned}\right\}\tag{8.5.5}$$

方位极限精度为

$$\varphi_{Um}=\frac{\varepsilon_E}{\omega_{ie}\cos L}\tag{8.5.6}$$

上述误差是无法消除的，即使采用卡尔曼滤波方法也是如此。下面按滤波稳定性的观点分析之。先判别系统是否可检测。选取状态向量为

$$\boldsymbol{X}=[\varphi_N\quad\varphi_E\quad\varphi_U\quad\varepsilon_N\quad\varepsilon_U\quad\varepsilon_E\quad\nabla_E\quad\nabla_N]^{\mathrm{T}}$$

则状态方程和量测方程为

$$\dot{\boldsymbol{X}}(t)=\boldsymbol{F}\boldsymbol{X}(t)+\boldsymbol{w}(t)$$

$$\boldsymbol{Z}(t)=\boldsymbol{H}\boldsymbol{X}(t)+\boldsymbol{V}(t)$$

或

$$\begin{bmatrix}\dot{\varphi}_N\\\dot{\varphi}_E\\\dot{\varphi}_U\\\dot{\varepsilon}_N\\\dot{\varepsilon}_U\\\\\dot{\varepsilon}_E\\\dot{\nabla}_E\\\dot{\nabla}_N\end{bmatrix}=\left[\begin{array}{ccccc|ccc}0&-\Omega_U&0&1&0&0&0&0\\\Omega_U&0&-\Omega_N&0&0&1&0&0\\0&\Omega_N&0&0&1&0&0&0\\0&0&0&0&0&0&0&0\\0&0&0&0&0&0&0&0\\\hline 0&0&0&0&0&0&0&0\\0&0&0&0&0&0&0&0\\0&0&0&0&0&0&0&0\end{array}\right]\begin{bmatrix}\varphi_N\\\varphi_E\\\varphi_U\\\varepsilon_N\\\varepsilon_U\\\\\varepsilon_E\\\nabla_E\\\nabla_N\end{bmatrix}+$$

$$\begin{bmatrix}w_N\\w_E\\w_U\\0\\0\\0\\0\\0\end{bmatrix}\xlongequal{\text{def}}\left[\begin{array}{c|ccc}&0&0&0\\&1&0&0\\\boldsymbol{F}_1&0&0&0\\&0&0&0\\&0&0&0\\\hline\boldsymbol{0}&&\boldsymbol{0}&\end{array}\right]\boldsymbol{X}(t)+\begin{bmatrix}\\\\\boldsymbol{w}_1\\\\\\\boldsymbol{0}\end{bmatrix}\tag{8.5.7}$$

式中

$$\Omega_N=\omega_{ie}\cos L\text{，}\Omega_U=\omega_{ie}\sin L$$

$$\begin{bmatrix}Z_E\\Z_N\end{bmatrix}=\left[\begin{array}{ccccc|ccc}-g&0&0&0&0&0&1&0\\0&g&0&0&0&0&0&1\end{array}\right]\boldsymbol{X}(t)+\begin{bmatrix}V_E\\V_N\end{bmatrix}\xlongequal{\text{def}}$$

$$[\boldsymbol{H}_1\quad\boldsymbol{H}_2]\boldsymbol{X}(t)+\boldsymbol{V}(t)\tag{8.5.8}$$

令

$$\boldsymbol{X}(t)=\boldsymbol{T}_o\boldsymbol{X}^o(t)\tag{8.5.9}$$

取

$$\boldsymbol{T}_o=\begin{bmatrix}\boldsymbol{I}_5&\boldsymbol{L}\\\boldsymbol{0}&\boldsymbol{I}_3\end{bmatrix}\tag{8.5.10}$$

式中，$\boldsymbol{I}_5$ 和 $\boldsymbol{I}_3$ 分别为 5 阶和 3 阶单位阵，$\boldsymbol{L}$ 为

$$\boldsymbol{L}=\begin{bmatrix}0&\dfrac{1}{g}&\boldsymbol{0}\\0&0&-\dfrac{1}{g}\\-\dfrac{1}{\Omega_N}&-\dfrac{\Omega_U}{\Omega_N g}&0\\0&0&-\dfrac{\Omega_U}{g}\\0&0&\dfrac{\Omega_N}{g}\end{bmatrix}\tag{8.5.11}$$

由于

$$\begin{bmatrix}\boldsymbol{I}_5&\boldsymbol{L}\\\boldsymbol{0}&\boldsymbol{I}_3\end{bmatrix}\begin{bmatrix}\boldsymbol{I}_5&-\boldsymbol{L}\\\boldsymbol{0}&\boldsymbol{I}_3\end{bmatrix}=\begin{bmatrix}\boldsymbol{I}_5&-\boldsymbol{I}_5\boldsymbol{L}+\boldsymbol{L}\boldsymbol{I}_3\\\boldsymbol{0}&\boldsymbol{I}_3\end{bmatrix}=\boldsymbol{I}_8$$

所以

$$\boldsymbol{T}_o^{-1}=\begin{bmatrix}\boldsymbol{I}_5 & -\boldsymbol{L}\\ \boldsymbol{0} & \boldsymbol{I}_3\end{bmatrix} \tag{8.5.12}$$

$$\boldsymbol{T}_o^{-1}\boldsymbol{w}=\begin{bmatrix}\boldsymbol{I}_5 & -\boldsymbol{L}\\ \boldsymbol{0} & \boldsymbol{I}_3\end{bmatrix}\begin{bmatrix}w_N\\ w_E\\ w_U\\ 0\\ \vdots\\ 0\end{bmatrix}=\begin{bmatrix}w_N\\ w_E\\ w_U\\ 0\\ \vdots\\ 0\end{bmatrix}=\begin{bmatrix}\boldsymbol{w}_1\\ \boldsymbol{0}\end{bmatrix}$$

因此,原系统方程和量测方程经相似变换后成

$$\dot{\boldsymbol{X}}^o(t)=\boldsymbol{F}_o\boldsymbol{X}^o(t)+\boldsymbol{w}(t)$$
$$\boldsymbol{Z}(t)=\boldsymbol{H}_o\boldsymbol{X}^o(t)+\boldsymbol{V}(t)$$

式中

$$\boldsymbol{F}_o=\boldsymbol{T}_o^{-1}\boldsymbol{F}\boldsymbol{T}_o=\begin{bmatrix}\boldsymbol{F}_1 & \boldsymbol{0}\\ \boldsymbol{0} & \boldsymbol{0}\end{bmatrix} \tag{8.5.13}$$

$$\boldsymbol{H}_o=\boldsymbol{H}\boldsymbol{T}_o=[\boldsymbol{H}_1 \quad \boldsymbol{0}] \tag{8.5.14}$$

由式(8.5.9)、式(8.5.11)和式(8.5.12)得

$$\boldsymbol{X}^o(t)=\begin{bmatrix}\boldsymbol{X}_1^o(t)\\ \boldsymbol{X}_2^o(t)\end{bmatrix}=\boldsymbol{T}_o^{-1}\boldsymbol{X}(t)$$

式中

$$\boldsymbol{X}_1^o(t)=\begin{bmatrix}\varphi_N^o\\ \varphi_E^o\\ \varphi_U^o\\ \varepsilon_N^o\\ \varepsilon_U^o\end{bmatrix}=\begin{bmatrix}\varphi_N-\dfrac{\nabla_E}{g}\\ \varphi_E+\dfrac{\nabla_N}{g}\\ \varphi_U+\dfrac{\varepsilon_E}{\Omega_N}+\dfrac{\Omega_U}{\Omega_N g}\nabla_E\\ \varepsilon_N+\dfrac{\Omega_U}{g}\nabla_N\\ \varepsilon_U-\dfrac{\Omega_N}{g}\nabla_N\end{bmatrix} \tag{8.5.15}$$

$$\boldsymbol{X}_2^o(t)=\begin{bmatrix}\varepsilon_E^o\\ \nabla_E^o\\ \nabla_N^o\end{bmatrix}=\begin{bmatrix}\varepsilon_E\\ \nabla_E\\ \nabla_N\end{bmatrix} \tag{8.5.16}$$

由上述分析知,满秩变换将原系统变换成两个子系统。子系统 1 的状态为 $\boldsymbol{X}_1^o(t)$,状态方程和量测方程为

$$\left.\begin{aligned}\boldsymbol{X}_1^o(t)&=\boldsymbol{F}_1\boldsymbol{X}_1^o(t)+\boldsymbol{w}_1(t)\\ \boldsymbol{Z}(t)&=\boldsymbol{H}_1\boldsymbol{X}_1^o(t)+\boldsymbol{V}(t)\end{aligned}\right\} \tag{8.5.17}$$

子系统 2 的状态为 $\boldsymbol{X}_2^o(t)$,状态方程为

$$\dot{\boldsymbol{X}}_2^o(t)=\boldsymbol{0} \tag{8.5.18}$$

子系统 2 由状态 ε_E、∇_E 和 ∇_N 组成，它们都是偏置量，在整个时间过程中不变。因此子系统 2 本身是稳定的，但不是渐近稳定的。系统的量测 $\boldsymbol{Z}$ 与 $\boldsymbol{X}_2^o(t)$ 无关，所以 $\boldsymbol{X}_2^o(t)$ 是不可观测的。

根据式(4.2.17)，子系统 1 可观测判别式为

$$[\boldsymbol{H}_1^{\mathrm{T}} \quad \boldsymbol{F}_1^{\mathrm{T}}\boldsymbol{H}_1^{\mathrm{T}} \quad (\boldsymbol{F}_1^2)^{\mathrm{T}}\boldsymbol{H}_1^{\mathrm{T}}] = \begin{bmatrix} -1 & 0 & 0 & \Omega_U & \Omega_U^2 & 0 \\ 0 & 1 & \Omega_U & 0 & 0 & -\omega_{ie}^2 \\ 0 & 0 & 0 & -\Omega_N & -\Omega_U\Omega_N & 0 \\ 0 & 0 & -1 & 0 & 0 & \Omega_U \\ 0 & 0 & 0 & 0 & 0 & -\Omega_N \end{bmatrix}$$

将其中第 1，2，3，4，6 列组成 5 阶行列式，并按拉普拉斯展开，得

$$\begin{vmatrix} -1 & 0 & 0 & \Omega_U & 0 \\ 0 & 1 & \Omega_U & 0 & -\omega_{ie}^2 \\ 0 & 0 & 0 & -\Omega_N & 0 \\ 0 & 0 & -1 & 0 & \Omega_U \\ 0 & 0 & 0 & 0 & -\Omega_N \end{vmatrix} = -\Omega_N^2$$

这说明，只要 $\Omega_N \neq 0$，即 $L \neq \pm 90°$，子系统 1 是完全可观测的。如果 $\Omega_N = 0$，则从式(8.5.7)可看出，方位回路与南北回路解耦，无法根据罗经方法作方位对准。这时，方位误差角和方位陀螺偏置是不可观测的，这与罗经法方位对准不能在高纬度地区进行的结论是一致的。

综上所述，变换后的系统可分为可观测和不可观测的两个子系统。不可观测的子系统本身不是渐近稳定的，因此，整个系统是不可检测的，满足不了滤波稳定的要求。但是从式(8.5.17)和式(8.5.18)可看出，两个子系统互相独立，$\boldsymbol{X}_2^o(t)$ 不但本身稳定，而且也不受 $\boldsymbol{X}_1^o(t)$ 的影响，始终保持常值，它也不影响 $\boldsymbol{X}_1^o(t)$。因此，可以将 $\boldsymbol{X}_2^o(t)$ 去掉，仅用子系统 1 和量测组成滤波器，估计出 $\boldsymbol{X}_1^o(t)$。当然，$\boldsymbol{X}_1^o(t)$ 是变换后的状态向量，φ_N^o，φ_E^o，φ_U^o，ε_N^o 和 ε_U^o 都不是原来的状态，而需经过一定的变换关系求出原来的状态。以 φ_N 为例，根据式(8.5.15)，有

$$\varphi_N = \varphi_N^o - \frac{\nabla_E}{g}$$

如果 φ_N^o 的估计完全正确，则平台按 $\hat{\varphi}_N^o$ 校正后的残余失准角为

$$\varphi_N = \frac{\nabla_E}{g}$$

这与式(8.5.5)所示经典对准方案的结论是一样的。这说明初始对准中平台水平失准角受加速度计偏置影响，以及方位失准角受东向陀螺偏置影响的原因是由于这些影响因素是不可观测的。

因为变换后的子系统 1 的系统阵和量测阵是原系统的 $\boldsymbol{F}_1$ 和 $\boldsymbol{H}_1$，所以，针对滤波器列写系统状态方程和量测方程时，完全可以按原系统列写，状态就是 $\boldsymbol{X}_0^1(t)$，而不必再作变换，即

$$\begin{bmatrix} \dot{\varphi}_N^o \\ \dot{\varphi}_E^o \\ \dot{\varphi}_U^o \\ \dot{\varepsilon}_N^o \\ \dot{\varepsilon}_U^o \end{bmatrix} = \begin{bmatrix} 0 & -\Omega_U & 0 & 1 & 0 \\ \Omega_U & 0 & -\Omega_N & 0 & 0 \\ 0 & \Omega_N & 0 & 0 & 1 \\ 0 & 0 & 0 & 0 & 0 \\ 0 & 0 & 0 & 0 & 0 \end{bmatrix} \begin{bmatrix} \varphi_N^o \\ \varphi_E^o \\ \varphi_U^o \\ \varepsilon_N^o \\ \varepsilon_U^o \end{bmatrix} + \begin{bmatrix} w_N \\ w_E \\ w_U \\ 0 \\ 0 \end{bmatrix} \tag{8.5.19}$$

$$\begin{bmatrix} Z_E \\ Z_N \end{bmatrix} = \begin{bmatrix} -g & 0 & 0 & 0 & 0 \\ 0 & g & 0 & 0 & 0 \end{bmatrix} \boldsymbol{X}_1^{\circ}(t) + \begin{bmatrix} V_E \\ V_N \end{bmatrix} \tag{8.5.20}$$

有的文献称这种带圆圈符号的状态为伪状态，意思是说它与真正需要估计的状态尚有差别。也有文献先设$\varepsilon_E=\nabla_E=\nabla_N=0$，用$\varphi_N$等状态列写出系统模型方程和量测方程，作滤波估计，然后再考虑这些偏置的影响。

(2) 量测值的选择。在实际惯导系统中，加速度计一般都是积分型的，即其输出是加速度的积分量。为了能用作计算机的输入量，它必须经过量化处理。即先将输出量转化为电流脉冲形式，每个脉冲代表一定数量的速度增量Δv，然后用计数器累计，得到速度量。这样，加速度计输出的形式是整量化的速度增量或速度量。但是量化处理会引入量化误差，这是一种随机量，在量测方程中必须考虑到。下面讨论用速度作量测值的静基座初始对准状态方程和量测方程。

如果不考虑加速度计偏置，则由式(8.5.3)，加速度计的积分输出为

$$\left.\begin{aligned} Z_E &= \int_0^t (-g\varphi_N + V_E)\,dt + V_{qE} \\ Z_N &= \int_0^t (g\varphi_E + V_N)\,dt + V_{qN} \end{aligned}\right\} \tag{8.5.21}$$

式中，V_{qE}和V_{qN}为分别为东向和北向加速度计的量化误差。

令

$$\begin{cases} I_E = -\int_0^t g\varphi_N\,dt \\ I_N = \int_0^t g\varphi_E\,dt \end{cases}$$

则

$$\left.\begin{aligned} \dot{I}_E &= -g\varphi_N \\ \dot{I}_N &= g\varphi_E \end{aligned}\right\} \tag{8.5.22}$$

因为I_E和I_N是量测值中的一部分，式(8.5.22)又说明了它与状态φ_N和φ_E的关系，所以尚须扩充I_E和I_N为状态。

令

$$M_E = \int_0^t V_E\,dt$$

$$M_N = \int_0^t V_N\,dt$$

它们分别是东向和北向加速度计输出中的白噪声分量的积分，则

$$\left.\begin{aligned} \dot{M}_E &= V_E \\ \dot{M}_N &= V_N \end{aligned}\right\} \tag{8.5.23}$$

显然M_E和M_N是随机游走，是有色噪声，应该扩充为状态，但考虑到V_E和V_N是由于加速度计摆锤质量受电子伺服回路干扰而产生的摆动噪声，它的积分量与量化误差相比一般较小，为使问题简化，此处不考虑这种误差。这样量测方程为

$$\left.\begin{aligned} Z_E &= I_E + V_{qE} \\ Z_N &= I_N + V_{qN} \end{aligned}\right\} \tag{8.5.24}$$

综上所述，状态方程为

$$\begin{bmatrix}\dot{I}_E\\ \dot{I}_N\\ \dot{\varphi}_N\\ \dot{\varphi}_E\\ \dot{\varphi}_U\\ \dot{\varepsilon}_N\\ \dot{\varepsilon}_U\end{bmatrix}=\begin{bmatrix}0&0&-g&0&0&0&0\\0&0&0&g&0&0&0\\0&0&0&-\Omega_U&0&1&0\\0&0&\Omega_U&0&-\Omega_N&0&0\\0&0&0&\Omega_N&0&0&1\\0&0&0&0&0&0&0\\0&0&0&0&0&0&0\end{bmatrix}\begin{bmatrix}I_E\\ I_N\\ \varphi_N\\ \varphi_E\\ \varphi_U\\ \varepsilon_N\\ \varepsilon_U\end{bmatrix}+\begin{bmatrix}0\\0\\w_N\\w_E\\w_U\\0\\0\end{bmatrix} \tag{8.5.25}$$

式(8.5.25)和式(8.5.24)组成了静基座条件下，利用速度作为量测值的初始对准系统的模型方程和量测方程。同样可以判别出这些状态都是可观测的。

从上可看出，为了适应实际系统的加速度计类型，并考虑量化噪声这个误差因素，常用速度量作为量测值，使量测方程较真实。但是，这增加了状态，增加了计算量。

与采用速度量类似，还可采用速度增量作为量测值[92]，即量测的采样时间采用两个速度脉冲出现的间隔时间(不是定值)，量测值就是一个速度脉冲。这种方法可以免除量化噪声，改善对准的准确度，但是计算比较复杂，此处不再讨论。

2. 晃动基座条件下系统方程和量测方程的列写

机载惯导作自对准时，飞机停留在停机坪上，发动机不准启动，并尽可能减少人为干扰。但由于阵风、加油等影响，飞机仍会产生晃动。而惯性平台不可能正好安装在飞机的质心上，飞机的晃动使平台受到线加速度的干扰，这种干扰会反映到初始对准的量测方程中。因此，必须在状态方程中增加描述这种干扰的微分方程。

阵风对飞机的干扰是随机性的力干扰，一般可用一阶马尔柯夫过程来描述。而飞机对力干扰的位移响应可用二阶振荡环节来描述，如图 8.5.1 所示。图中：$f(t)$ 为随机力干扰；$n_a(t)$，$n_v(t)$，$n_D(t)$ 分别为加速度、速度、位移响应；$m(t)$ 是零均值的单位强度白噪声；$R_f(0)$ 是力干扰的方差；α 是力干扰的反相关时间，相关时间一般为数秒到数十秒；ζ，ω_r 和 K 分别为平台安装部位线晃动的阻尼系数、固有频率和弹性系数。

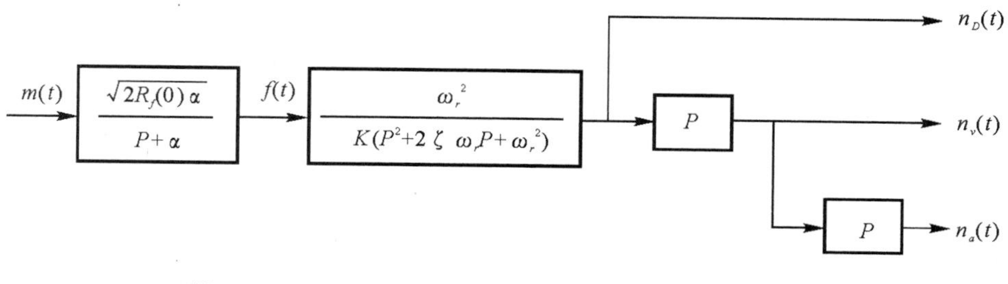

图 8.5.1　飞机对随机力干扰的加速度、速度和位移响应

如果初始对准采用速度作量测，则量测值受摆动基座的影响而增加了速度噪声 $n_v(t)$。在式(8.5.24)和式(8.5.25)基础上考虑晃动的影响，则量测方程为

$$\left.\begin{aligned}Z_E&=I_E+n_{vE}+V_{qE}\\ Z_N&=I_N+n_{vN}+V_{qN}\end{aligned}\right\} \tag{8.5.26}$$

为简化分析，设飞机沿两个方向的晃动是独立的，即 n_{vE} 和 n_{vN} 互不相关。在模型状态方程中，必须增加对 n_{vE} 和 n_{vN} 作描述的微分方程。对 n_{vE}，有

$$\begin{bmatrix} \dot{n}_{DE} \\ \dot{n}_{vE} \\ \dot{n}_{aE} \end{bmatrix} = \begin{bmatrix} 0 & 1 & 0 \\ 0 & 0 & 1 \\ -\alpha\omega_{rE}^2 & -(2\zeta_E\omega_{rE}\alpha + \omega_{rE}^2) & -(\alpha + 2\zeta_E\omega_{rE}) \end{bmatrix} \begin{bmatrix} n_{DE} \\ n_{vE} \\ n_{aE} \end{bmatrix} + \begin{bmatrix} 0 \\ 0 \\ n_{fE} \end{bmatrix} \tag{8.5.27}$$

式中

$$n_{fE} = \frac{\sqrt{2R_f(0)\alpha}\,\omega_{rE}^2 m(t)}{K_E}$$

类似地,可得 n_{vN} 的描述方程。这样,将描述这种噪声的 6 个微分方程扩增到式(8.5.25)中,状态共有 13 个。

从上述分析可看出,在考虑了晃动影响后,系统模型状态的阶数增加较多。虽然能改善对准的准确度,但却大大增加了计算量。

3. 根据估计作校正的具体措施

晃动基座初始对准的滤波器可对 13 个状态作出估计,但是,需要利用的只有 3 个平台误差角和 2 个陀螺偏置。这些估计并不是用作输出,而是用于校正的。此处介绍反馈校正的具体实施。

在晃动基座条件下,状态向量为

$$\boldsymbol{X} = [n_{DE} \quad n_{vE} \quad n_{aE} \quad n_{DN} \quad n_{vN} \quad n_{aN} \quad I_E \quad I_N \quad \varphi_N \quad \varphi_E \quad \varphi_U \quad \varepsilon_N \quad \varepsilon_U]^T$$

设

$$\boldsymbol{K}_k = \begin{bmatrix} K_k^{1,1} & K_k^{1,2} \\ \vdots & \vdots \\ K_k^{13,1} & K_k^{13,2} \end{bmatrix}$$

则按式(5.4.5)和式(5.4.9),估计为

$$\begin{bmatrix} \hat{\varphi}_k^N \\ \hat{\varphi}_k^E \\ \hat{\varphi}_k^U \\ \hat{\varepsilon}_k^N \\ \hat{\varepsilon}_k^U \end{bmatrix} = \begin{bmatrix} K_k^{9,1} & K_k^{9,2} \\ K_k^{10,1} & K_k^{10,2} \\ K_k^{11,1} & K_k^{11,2} \\ K_k^{12,1} & K_k^{12,2} \\ K_k^{13,1} & K_k^{13,2} \end{bmatrix} \begin{bmatrix} Z_k^E \\ Z_k^N \end{bmatrix} \tag{8.5.28}$$

平台误差角的校正量是持续的施矩电流。虽然陀螺偏置的校正量也是持续的施矩电流,但它一经施加给陀螺,就能抵消偏置的作用,其性质与脉冲控制量相似。如果认为 t_k 时刻就能计算得到估计 $\hat{\boldsymbol{X}}_k$,则按式(5.4.3),陀螺偏置的校正量(施矩电流)为

$$u_k^{\varepsilon N} = -\hat{\varepsilon}_k^N$$

$$u_k^{\varepsilon U} = -\hat{\varepsilon}_k^U$$

需要说明的是:陀螺偏置的估计 $\hat{\varepsilon}_k^N$ 和 $\hat{\varepsilon}_k^U$ 是在 $k-1$ 时刻的估计 $\hat{\varepsilon}_{k-1}^N$ 和 $\hat{\varepsilon}_{k-1}^U$ 以及校正量 $u_{k-1}^{\varepsilon N}$ 和 $u_{k-1}^{\varepsilon U}$ 的基础上作出的。因此,前后时刻的校正量应该相加,上式应改写为

$$u_k^{\varepsilon N} = -\hat{\varepsilon}_k^N + u_{k-1}^{\varepsilon N}$$

$$u_k^{\varepsilon U} = -\hat{\varepsilon}_k^U + u_{k-1}^{\varepsilon U}$$

现在计算平台误差角校正量。根据式(5.4.16),平台误差角持续校正量(施矩电流)为

$$\boldsymbol{B}_k \begin{bmatrix} u_k^{\varphi N} \\ u_k^{\varphi E} \\ u_k^{\varphi U} \end{bmatrix} = -\begin{bmatrix} 1 & -\Omega_U T & 0 \\ \Omega_U T & 1 & -\Omega_N T \\ 0 & \Omega_N T & 1 \end{bmatrix} \begin{bmatrix} \hat{\varphi}_k^N \\ \hat{\varphi}_k^E \\ \hat{\varphi}_k^U \end{bmatrix} \tag{8.5.29}$$

式中，一步转移阵只计算到线性项。根据式(5.4.13)，有

$$\boldsymbol{B}_x=\int_{t_k}^{t_{k+1}}\begin{bmatrix}1 & -\Omega_{\mathrm{U}}t & 0\\ \Omega_{\mathrm{U}}t & 1 & -\Omega_{\mathrm{N}}t\\ 0 & \Omega_{\mathrm{N}}t & 1\end{bmatrix}\mathrm{d}t=\begin{bmatrix}T & -\frac{1}{2}\Omega_{\mathrm{U}}T^2 & 0\\ \frac{1}{2}\Omega_{\mathrm{U}}T^2 & T & -\frac{1}{2}\Omega_{\mathrm{N}}T^2\\ 0 & \frac{1}{2}\Omega_{\mathrm{N}}T^2 & T\end{bmatrix}$$

将上式代入式(8.5.29)，得

$$\left.\begin{aligned}u_k^{\varphi\mathrm{N}}&=-\left(\frac{\hat{\varphi}_k^{\mathrm{N}}}{T}-\frac{\Omega_{\mathrm{U}}\hat{\varphi}_k^{\mathrm{E}}}{2}\right)\\ u_k^{\varphi\mathrm{E}}&=-\left(\frac{\hat{\varphi}_k^{\mathrm{E}}}{T}+\frac{\Omega_{\mathrm{U}}\hat{\varphi}_k^{\mathrm{N}}}{2}-\frac{\Omega_{\mathrm{N}}\hat{\varphi}_k^{\mathrm{N}}}{2}\right)\\ u_k^{\varphi\mathrm{U}}&=\left(\frac{\hat{\varphi}_k^{\mathrm{U}}}{T}+\frac{\Omega_{\mathrm{N}}\hat{\varphi}_k^{\mathrm{E}}}{2}\right)\end{aligned}\right\}\tag{8.5.30}$$

式(8.5.29)和式(8.5.30)就是利用滤波估计对平台失准角和陀螺偏置作反馈校正的校正量(控制量)。一般情况下，初始对准的计算周期较短，3个误差角之间的交联影响比失准角本身要小得多。因此有时略去交联影响，各轴各自校正失准角本身，控制量的计算就简单得多。还须说明，$u_k^{\varepsilon\mathrm{N}}$ 和 $u_k^{\varphi\mathrm{N}}$ 都是对平台北向轴的施矩量，应该相加合并，$u_k^{\varepsilon\mathrm{U}}$ 和 $u_k^{\varphi\mathrm{U}}$ 的情况也一样。

图8.5.2所示给出了东向回路用卡尔曼滤波反馈校正进行初始对准的过程。

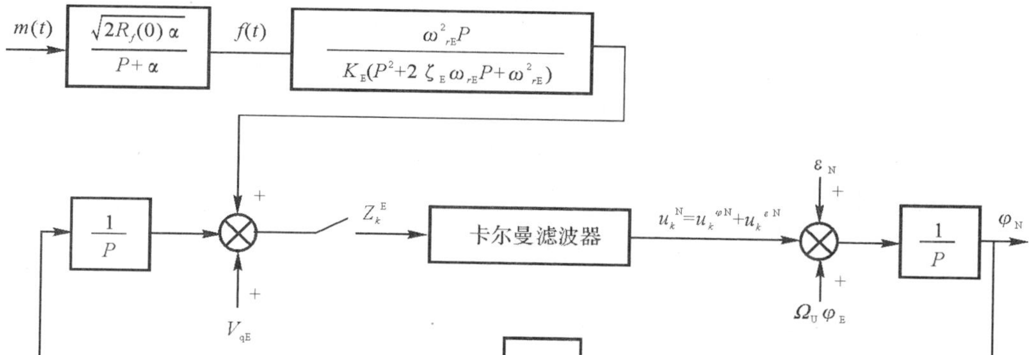

图8.5.2　用反馈校正进行初始对准的平台东向回路方块图

虽然利用卡尔曼滤波器的估计作初始对准是在粗对准完毕的基础上进行的，但是，平台倾角的初始值仍可达1°左右。而量测值直接与平台倾角有关，这使倾角估计在开始几步递推计算中就能很快接近真值。因此，在每步时间 T 内要完全校正掉估计量，施矩电流必然很大，这对没有大施矩电流的惯导系统就无法实现，但可由以下办法补救：

(1) 初始对准只作估计，对准结束后再加施矩电流一次校正；

(2) 估计开始几秒钟停止估计，先用施矩电流一次校正，然后重新启动滤波器再次估计。当再次估计时，因为平台倾角已经很小，状态间相互耦合量更小，所以更便于采用次优滤波方法。

例8-1　文献[93]介绍了地-地导弹惯导系统采用卡尔曼滤波进行初始对准的情况，地

理坐标系以天、南、东为正，系统模型状态方程为

$$\dot{\boldsymbol{X}} = \boldsymbol{F}\boldsymbol{X} + \boldsymbol{w}$$

式中

$$\boldsymbol{X} = [I_S \quad I_E \quad n_{vS} \quad n_{vE} \quad n_{aS} \quad n_{DS} \quad n_{aE} \quad n_{DE} \quad \varphi_U \quad \varphi_S \quad \varphi_E \quad \varepsilon_U \quad \varepsilon_S]^T$$

$$\begin{aligned}
&F_{1,11} = -g && F_{2,10} = g \\
&F_{3,5} = 1 && F_{4,7} = 1 \\
&F_{5,3} = -(2\zeta\omega_r\alpha + \omega_r^2) && F_{5,5} = -(\alpha + 2\zeta\omega_r) \\
&F_{5,6} = -\alpha\omega_r^2 && F_{6,3} = 1 \\
&F_{7,4} = -(2\zeta\omega_r\alpha + \omega_r^2) && F_{7,7} = -(\alpha + 2\zeta\omega_r) \\
&F_{7,8} = -\alpha\omega_r^2 && F_{8,4} = 1 \\
&F_{9,11} = \omega_{ie}\cos L && F_{9,12} = 1 \\
&F_{10,11} = \omega_{ie}\sin L && F_{10,13} = 1 \\
&F_{11,9} = -\omega_{ie}\cos L && F_{11,10} = -\omega_{ie}\sin L \\
&w_5 = n_{fS} && w_7 = n_{fE}
\end{aligned}$$

除上述非零元外，$\boldsymbol{F}_{13\times13}$ 和 $\boldsymbol{w}_{13\times1}$ 的其余元全部为零。此处，$\alpha = 0.1/\text{s}$，$\zeta = 0.1$，$\omega_r = 2.09$ rad/s。因为导弹在发射前垂直放置，所以两个水平方向晃动的有关参数是相同的，即

$$E[n_{fS}^2] = E[n_{fE}^2] = q_f$$

量测方程为

$$\boldsymbol{Z}_k = \boldsymbol{H}\boldsymbol{X}_k + \boldsymbol{V}$$

式中 $\boldsymbol{H}$ 的非零元为

$$H_{1,1} = 1, \quad H_{1,3} = 1, \quad H_{2,2} = 1, \quad H_{2,4} = 1$$

$$E[\boldsymbol{V}\boldsymbol{V}^T] = \text{diag}[r_a \quad r_a]$$

滤波采用开环估计的方法，量测更新周期为 1 s。滤波效果采用计算机仿真的方法求得。仿真中采用的数据为

$$\begin{aligned}
&\varphi_S(0) = \varphi_E(0) = \varphi_U(0) = 1^\circ \\
&\varepsilon_S = \varepsilon_U = 0.15^\circ/\text{h}, \quad \varepsilon_E = 0 \\
&E[\varphi_S^2(0)] = E[\varphi_E^2(0)] = E[\varphi_U^2(0)] = (1^\circ)^2 \\
&E[\varepsilon_S^2] = E[\varepsilon_U^2] = (0.15^\circ/\text{h})^2 \\
&E[n_D^2] = 100\ \text{cm}^2, \quad E[n_v^2] = 440\ (\text{cm/s})^2 \\
&E[n_a^2] = 1\,900\ (\text{cm/s}^2)^2
\end{aligned}$$

设初始状态的均值都为零，则以上各均方值就是 $\boldsymbol{P}(0)$ 阵中的对角线元素。除了以上 5 类初始估计均方误差值外，$\boldsymbol{P}(0)$ 阵的其他项都为零，初始状态估计为零。

仿真结果表明：两个水平倾角的估计误差在滤波开始后数秒钟即可降得很低，方位估计误差和两个陀螺偏置的估计误差分别如图 8.5.3 ～ 图 8.5.5 所示。这些诸图中给出了全阶滤波器和次优滤波器的仿真结果。从这些图中可看出，方位估计误差、方位陀螺偏置和南向陀螺偏置的估计误差达到最小的时间各约为 15 min，40 min，10 min。这与用校正环节的经典初始对准方案的结果也是一致的，即水平对准时间最短，方位对准和南向陀螺测漂次之，方位陀螺测漂时间最长。如图 8.5.6 还示出了南向加速度计输出 Z_S 对 φ_U 和 I_S 估计的增益变化曲线。模拟计算表明，交叉影响的增益始终是很小的(例如 Z_S 对 φ_S，I_E 和 ε_S 等状态估计的增益)。

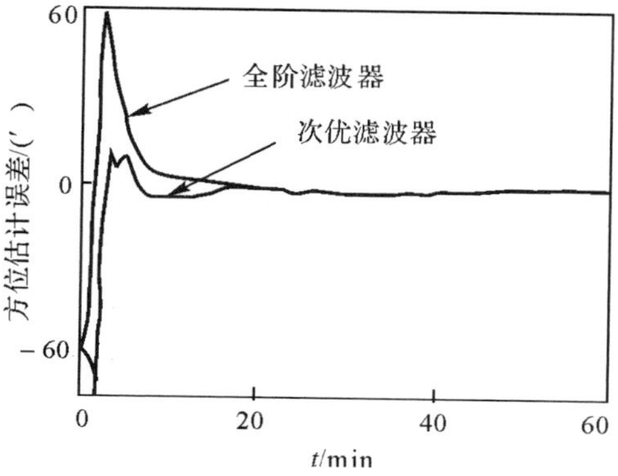

图 8.5.3　方位估计误差曲线

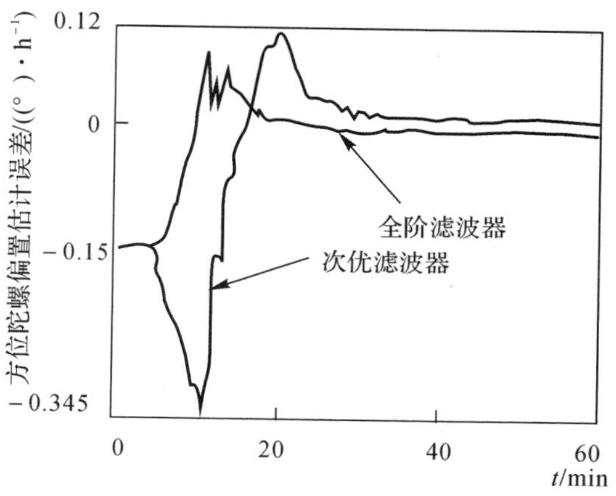

图 8.5.4　方位陀螺偏置估计误差曲线

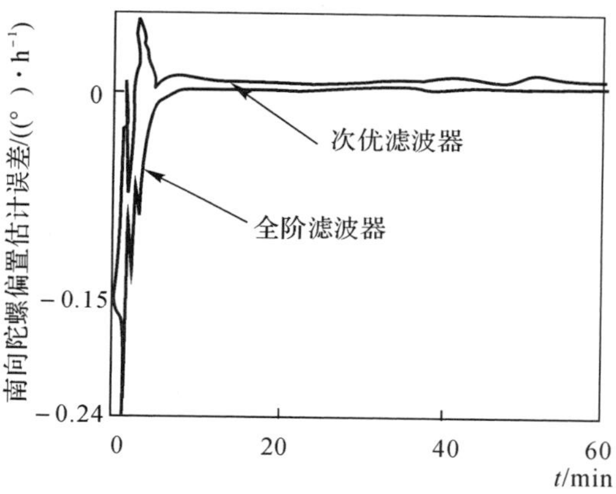

图 8.5.5　南向陀螺偏置估计误差曲线

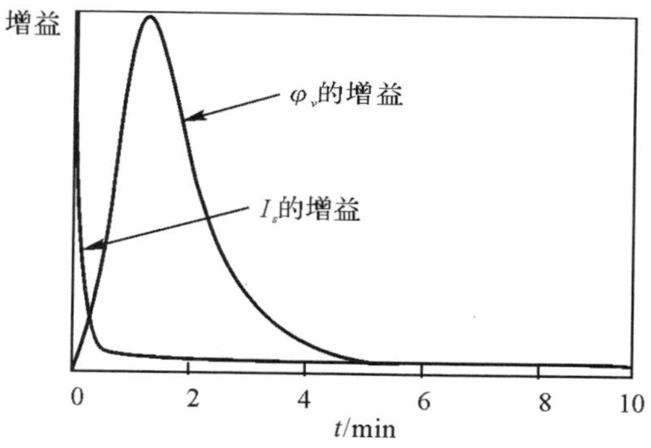

图 8.5.6　滤波增益曲线

须要指出的是：晃动干扰 n_a 的估计不太准确。这是因为量测的采样周期为 1 s，而导弹的晃动周期为 3 s，虽然满足香农采样定理，但余量过小，采样仍有一定的失真。若缩短采样周期，则能改善估计效果。

4. 次优滤波器设计

初始对准采用的滤波器与组合导航的滤波器有相似之处，两者都使用误差量作为状态。初始对准时飞机停放在停机坪上，速度为零，惯导输出就是误差量。组合导航系统中，两个非相似导航系统相应导航参数（如速度）之差仅包含误差量。因此，有可能将两种滤波器的计算程序统一，稍作修改就能使用。在这种情况下，初始对准滤波器常采用两个加速度计回路相互交联在一起的系统模型状态方程，阶数较高。一般大型飞机导航设备齐全，有组合导航功能，常采用这种方案。对小型飞机，如果仅在初始对准时使用滤波器，或即使在飞行过程中采用组合导航系统，也只是采用简化的方案，则初始对准的滤波器常采用次优方案。次优方案很多，下面介绍常见的几种。

（1）回路间解耦。上小节曾指出，两个加速度计回路交叉耦合对增益的影响较小。由式(8.5.25)可看出，这种耦合是由地球自转角速度的天向分量 Ω_U 在平台的两个水平轴上的投影分量引起的。如果略去这两个投影分量，则两个回路就完全解耦，可设计成两个独立的滤

波器，各自状态向量为

$$[I_S \quad n_{vS} \quad n_{aS} \quad n_{DS} \quad \varphi_U \quad \varphi_E \quad \varepsilon_U]^T$$
$$[I_E \quad n_{vE} \quad n_{aE} \quad n_{DE} \quad \varphi_S \quad \varepsilon_S]^T$$

量测值各为 Z_S 和 Z_E。这样，计算量可大为减少。实际上，利用校正环节的经典对准方案常将系统解耦成两个独立回路。

(2) 增益分段典型化。卡尔曼滤波计算增益阵时须作矩阵求逆，计算量较大。因此，可事先将增益曲线分段与典型曲线拟合，并将拟合曲线参数存储在计算机中。这样，初始对准就可直接利用存储数据而不必对增益作实时计算。

对例 8-1 所述系统，如果采用解耦和增益分段典型化的方法组成次优滤波器，则具体的典型曲线见表 8.5.1。这种次优滤波器的估计误差分别见图 8.5.4 ～ 图 8.5.6 中的次优滤波曲线。可以看出，与全阶滤波器的结果是比较接近的。在一定条件和要求下，这种方法是可以采用的。

表 8.5.1　典型曲线

状　　态	近似增益的曲线形式
I_S，I_E	指数曲线
n_{vS}，n_{vE}	直线(增益为常值)
n_{aS}，n_{aE}	直线(增益为常值)
n_{DS}，n_{DE}	直线(增益为常值)
φ_U	直线
φ_E，φ_S	指数曲线
ε_U，ε_S	直线

(3) 方位陀螺测漂的取舍。从图 8.5.4 看出，方位陀螺测漂时间很长，这是由于该状态在量测值 Z_S 中的信息比例很小。因此，不但估计时间长，而且估计精度受模型统计参数不准确的影响也较大。图中次优滤波器的估计误差就明显地增加。对飞机初始对准，一般都要求在 10 ～ 15 min 以内甚至更短时间内完成。而在短时间内要对 ε_U 进行估计是很困难的。因此在对准时间受限的条件下，常略去状态 ε_U 和对它的估计。只要 ε_U 的数值在 1 ～ 2 meru(地球自转角速度的千分之一) 以下，忽略 ε_U 引起的对其他状态估计的影响是较小的。

(4) 基座运动干扰的简化。为了描述基座运动的规律，在模型中增加了 6 个状态，即 2 个线加速度干扰，2 个速度干扰和 2 个位置干扰，这些干扰都是随机的。在次优条件下可以考虑简化这些随机干扰。最简单的方法就是将两个线加速度干扰简化为白噪声。根据量测是加速度还是速度，可以全部忽略这 6 个状态或其中的大部分。对初始对准精度要求不甚高的系统常采用这种方案。

8.5.3　捷联惯导系统的自对准滤波器设计

使用最优估计理论实现惯导系统的初始对准，都是估计出惯导系统的失准角。在平台式惯导系统中，估计出的失准角被用来控制平台旋转，使平台的各轴(惯性器件的敏感轴) 与要求的导航坐标系重合；而在捷联惯导系统中，失准角的估计量用来修正姿态矩阵，事实上是一种信号处理方法。捷联惯导初始对准的方法有很多种，此处介绍在晃动基座上采用最优估计算法实现的参数辨识法对准[104]。

1. 数学平台及其对基座晃动的动力学隔离作用

设 b 为机体坐标系(右、前、上),导航坐标系 n 取地理坐标系(东、北、天),则姿态阵满足

$$\dot{\boldsymbol{C}}_b^n = \boldsymbol{C}_b^n \boldsymbol{\Omega}_{nb}^b \tag{8.5.31}$$

式中,$\boldsymbol{\Omega}_{nb}^b$ 是由 $\boldsymbol{\omega}_{nb}^b$ 构造的反对称阵。显然,由于对准时飞机不作移动,$\boldsymbol{\omega}_{en} = \boldsymbol{0}$,$\boldsymbol{\omega}_{nb}$ 就是载体的晃动角速度 $\boldsymbol{\omega}_d$,则有

$$\boldsymbol{\omega}_{ib} = \boldsymbol{\omega}_{ie} + \boldsymbol{\omega}_d$$

式中,$\boldsymbol{\omega}_{ib}$ 可由捷联陀螺测量,$\boldsymbol{\omega}_{ie}^n$ 准确已知,可得

$$\boldsymbol{\omega}_d^b = \boldsymbol{\omega}_{ib}^b - \boldsymbol{C}_n^b \boldsymbol{\omega}_{ie}^n \tag{8.5.32}$$

则式(8.5.31)成

$$\dot{\boldsymbol{C}}_b^n = \boldsymbol{C}_b^n \boldsymbol{\Omega}_d^b \tag{8.5.33}$$

由于捷联陀螺具有测量误差,$\boldsymbol{C}_n^b$ 由计算获得,带有一定的误差,记为 $\boldsymbol{C}_{n'}^b$,其中 n' 相对 n 具有姿态误差角,所以式(8.5.32)应为

$$\hat{\boldsymbol{\omega}}_d^b = \tilde{\boldsymbol{\omega}}_{ib}^b - \boldsymbol{C}_{n'}^b \boldsymbol{\omega}_{ie}^n \tag{8.5.34}$$

式中,$\tilde{\boldsymbol{\omega}}_{ib}^b$ 为捷联陀螺的输出,则

$$\boldsymbol{\omega}_{ie}^n = [0 \quad \omega_{ie}\cos L \quad \omega_{ie}\sin L]^{\mathrm{T}} \tag{8.5.35}$$

L 为对准地纬度,是已知值。

这样式(8.5.31)成

$$\dot{\boldsymbol{C}}_b^{n'} = \boldsymbol{C}_b^{n'} \hat{\boldsymbol{\Omega}}_d^b \tag{8.5.36}$$

式中,$\boldsymbol{C}_b^{n'}$ 是比式(8.5.34)中的 $\boldsymbol{C}_{n'}^b$ 更新了一步的姿态阵,$\hat{\boldsymbol{\Omega}}_d^b$ 是 $\hat{\boldsymbol{\omega}}_d^b$ 构造的反对称阵。

设 n' 坐标系相对 n 坐标系的失准角为 φ_{E},φ_{N},φ_{U},经粗对准后它们都是小角,则有

$$\boldsymbol{C}_n^{n'} = \boldsymbol{I} - \boldsymbol{E} \tag{8.5.37}$$

式中

$$\boldsymbol{E} = \begin{bmatrix} 0 & -\varphi_{\mathrm{U}} & \varphi_{\mathrm{N}} \\ \varphi_{\mathrm{U}} & 0 & -\varphi_{\mathrm{E}} \\ -\varphi_{\mathrm{N}} & \varphi_{\mathrm{E}} & 0 \end{bmatrix} \tag{8.5.38}$$

如果能求得 φ_{E},φ_{N},φ_{U},则按下式修正获得

$$\boldsymbol{C}_b^n = \boldsymbol{C}_{n'}^n \boldsymbol{C}_b^{n'} = (\boldsymbol{I} + \boldsymbol{E})\boldsymbol{C}_b^{n'} \tag{8.5.39}$$

式中,$\boldsymbol{C}_b^{n'}$ 按式(8.5.36)确定。因此对准问题成为如何确定出 φ_{E},φ_{N} 和 φ_{U}。

可以证明,姿态误差角满足如下方程[104]:

$$\begin{bmatrix} \dot{\varphi}_{\mathrm{E}} \\ \dot{\varphi}_{\mathrm{N}} \\ \dot{\varphi}_{\mathrm{U}} \end{bmatrix} = \begin{bmatrix} 0 & \omega_{ie}\sin L & -\omega_{ie}\cos L \\ -\omega_{ie}\sin L & 0 & 0 \\ \omega_{ie}\cos L & 0 & 0 \end{bmatrix} \begin{bmatrix} \varphi_{\mathrm{E}} \\ \varphi_{\mathrm{N}} \\ \varphi_{\mathrm{U}} \end{bmatrix} - \begin{bmatrix} \varepsilon_{\mathrm{E}} \\ \varepsilon_{\mathrm{N}} \\ \varepsilon_{\mathrm{U}} \end{bmatrix} - \begin{bmatrix} W_{\mathrm{E}} \\ W_{\mathrm{N}} \\ W_{\mathrm{U}} \end{bmatrix} \tag{8.5.40}$$

式中,$[\varepsilon_{\mathrm{E}} \quad \varepsilon_{\mathrm{N}} \quad \varepsilon_{\mathrm{U}}]^{\mathrm{T}}$ 为捷联陀螺的等效随机常值漂移,$[W_{\mathrm{E}} \quad W_{\mathrm{N}} \quad W_{\mathrm{U}}]^{\mathrm{T}}$ 为等效时变漂移,它是由陀螺的安装误差和刻度系数误差引起的对晃动角速度的测量误差。

文献[104]证明得如下结论:

当飞机接近水平,陀螺的安装误差为 10″,刻度系数误差为 50×10^{-6} 时,由陀螺的时变漂

移引起姿态误差角不超过 0.04″ 的常值偏置量和 5×10^{-6} °/h 的漂移量，这些影响是可以忽略的，所以式(8.5.40) 的解为

$$\left.\begin{aligned}\varphi_E&=\varphi_{E0}+u_E t+\frac{t^2}{2}\omega_{ie}(u_N\sin L-u_U\cos L)\\\varphi_N&=\varphi_{N0}+u_N t-\frac{t^2}{2}u_E\omega_{ie}\sin L\\\varphi_U&=\varphi_{U0}+u_U t+\frac{t^2}{2}u_E\omega_{ie}\sin L\end{aligned}\right\}\tag{8.5.41}$$

式中，φ_{E0}，φ_{N0}，φ_{U0} 分别为 φ_E，φ_N，φ_U 的初值，有

$$\left.\begin{aligned}u_E&=\varphi_{N0}\omega_{ie}\sin L-\varphi_{U0}\omega_{ie}\cos L-\varepsilon_E\\u_N&=-\varphi_{E0}\omega_{ie}\sin L-\varepsilon_N\\u_U&=\varphi_{E0}\omega_{ie}\cos L-\varepsilon_U\end{aligned}\right\}\tag{8.5.42}$$

式(8.5.41) 说明：

(1) 姿态误差角与晃动干扰无关，这是由于式(8.5.36) 对飞机晃动的跟踪计算有效地隔离了晃动干扰，建立起了数学平台。

(2) 确定姿态误差问题转化为确定其初值和等效常值漂移，初始对准问题转化为参数辨识问题。

2. 由参数辨识法确定姿态误差角

在晃动基座上，加速度计感测两种成分：重力加速度和晃动干扰加速度。设加速度计具有安装误差 δA_x，δA_y，δA_z，刻度系数误差 δK_{Ax}，δK_{Ay}，δK_{Az} 及偏置量 ∇_x，∇_y，∇_z，则加速度计的输出为

$$\begin{aligned}\tilde{\boldsymbol{f}}^b&=(\boldsymbol{I}+\delta\boldsymbol{K}_A)(\boldsymbol{I}+\delta\boldsymbol{A})(-\boldsymbol{g}^b+\boldsymbol{f}_d^b)+\boldsymbol{\nabla}^b=\\&-\boldsymbol{g}^b+\boldsymbol{f}_d^b+(\delta\boldsymbol{K}_A+\delta\boldsymbol{A})(-\boldsymbol{g}^b+\boldsymbol{f}_d^b)+\boldsymbol{\nabla}^b\end{aligned}\tag{8.5.43}$$

式中

$$\delta\boldsymbol{K}_A=\mathrm{diag}[\delta K_{Ax}\quad\delta K_{Ay}\quad\delta K_{Az}]$$

$$\delta\boldsymbol{A}=\begin{bmatrix}0&\delta A_y&-\delta A_z\\-\delta A_y&0&\delta A_x\\\delta A_z&-\delta A_x&0\end{bmatrix}$$

$$\boldsymbol{\nabla}^b=[\nabla_x\quad\nabla_y\quad\nabla_z]^{\mathrm T}$$

$\tilde{\boldsymbol{f}}^b$ 在由式(8.5.36) 建立的导航坐标系 n' 内的分量为

$$\begin{aligned}\tilde{\boldsymbol{f}}^{n'}&=\boldsymbol{C}_b^{n'}\tilde{\boldsymbol{f}}^b=\boldsymbol{C}_n^{n'}\boldsymbol{C}_b^n\tilde{\boldsymbol{f}}^b=\\&\boldsymbol{C}_n^{n'}\{-\boldsymbol{g}^n+\boldsymbol{f}_d^n+\boldsymbol{\nabla}^n+\boldsymbol{C}_b^n(\delta\boldsymbol{K}_A+\delta\boldsymbol{A})(-\boldsymbol{g}^b+\boldsymbol{f}_d^b)\}=\\&\begin{bmatrix}-g\varphi_N+f_{dE}+\nabla_E+\delta f_E\\g\varphi_E+f_{dN}+\nabla_N+\delta f_N\\g+f_{dU}+\nabla_U+\delta f_U\end{bmatrix}\end{aligned}\tag{8.5.44}$$

式中

$$[\delta f_E\quad\delta f_N\quad\delta f_U]^{\mathrm T}=\boldsymbol{C}_b^n(\delta\boldsymbol{K}_A+\delta\boldsymbol{A})\boldsymbol{f}_d^b$$

为干扰加速度测量误差，而

$$[\nabla_E\quad\nabla_N\quad\nabla_U]^{\mathrm T}=\boldsymbol{C}_b^n\{\boldsymbol{\nabla}^b+(\delta\boldsymbol{K}_A+\delta\boldsymbol{A})(-\boldsymbol{g}^b)\}$$

为等效加速度计偏置。

为方便起见，定义

$$[f_{DE}\quad f_{DN}\quad f_{DU}]^{\mathrm{T}}=[f_{dE}\quad f_{dN}\quad f_{dU}]^{\mathrm{T}}+[\delta f_{E}\quad \delta f_{N}\quad \delta f_{U}]^{\mathrm{T}}$$

为加速度计输出中的干扰加速度部分，显然，它与 $\boldsymbol{f}_d^b$ 同频率且作简谐波动。

由式(8.5.45)得 $\tilde{\boldsymbol{f}}^{n'}$ 的水平分量为

$$\begin{cases}f_{E'}=-g\varphi_N+f_{DE}+\nabla_E\\ f_{N'}=g\varphi_E+f_{DN}+\nabla_N\end{cases}$$

将式(8.5.41)中的 φ_E 和 φ_N 代入上式，并在[0, t]内积分，得速度增量：

$$v_E(t)=(\nabla_E-g\varphi_{N0})t-\frac{t^2}{2}gu_N+\frac{t^3}{6}g\omega_{ie}u_E\sin L+V_{DE}\tag{8.5.45a}$$

$$v_N(t)=(\nabla_N+g\varphi_{E0})t+\frac{t^2}{2}gu_E+\frac{t^3}{6}g\omega_{ie}(u_N\sin L-u_U\cos L)+V_{DN}\tag{8.5.45b}$$

从式(8.5.45a)和式(8.5.45b)可看出：

(1) 在[0, t]内的速度误差增量中，水平姿态误差初值构成时间的一次方项，包含陀螺等效北向漂移信息的 u_N 及包含方位误差角初值信息的 u_E 构成时间的二次方项，而包含陀螺等效方位漂移信息的 u_U 构成时间的三次方项。由于三次曲线在时间较短时只呈现线性特性，因此，辨识等效北向漂移和方位误差初值所需时间远比辨识水平误差初值的时间长，辨识等效方位陀螺漂移的时间更长。这说明对准时间同测漂和对准精度不能同时兼顾，更不可能无限缩短对准时间。

(2) V_{DE} 和 V_{DN} 是由作简谐波动的等效干扰加速度积分获得的，没有随时间增长的趋势，而速度增量 v_E 和 v_N 是时间 t 的三次函数，所以信噪比随对准时间的增加而加速提高，这对抑制晃动干扰提高辨识精度是有益的。

将式(8.5.45)改写成

$$v_E(k)=a_{1E}kT_S+a_{2E}(kT_S)^2+a_{3E}(kT_S)^3+V_{DE}\tag{8.5.46a}$$

$$v_N(k)=a_{1N}kT_S+a_{2N}(kT_S)^2+a_{3N}(kT_S)^3+V_{DN}\tag{8.5.46b}$$

式中，T_S 为采样周期，有

$$\left.\begin{aligned}a_{1E}&=\nabla_E-g\varphi_{N0}\\ a_{2E}&=-\frac{1}{2}gu_N\\ a_{3E}&=\frac{1}{6}g\omega_{ie}u_E\sin L\end{aligned}\right\}\tag{8.5.47}$$

$$\left.\begin{aligned}a_{1N}&=\nabla_N+g\varphi_{E0}\\ a_{2N}&=\frac{1}{2}gu_E\\ a_{3N}&=\frac{1}{6}g\omega_{ie}(u_N\sin L-u_U\cos L)\end{aligned}\right\}\tag{8.5.48}$$

它们都是常值参数。根据上述关系式，可采用辨识技术从量测值 $v_E(k)$ 和 $v_N(k)$ 中提取出这些参数。

定义：

$$\boldsymbol{\Theta}_{\mathrm{E}}=\begin{bmatrix}a_{1\mathrm{E}}\\a_{2\mathrm{E}}\\a_{3\mathrm{E}}\end{bmatrix},\qquad \boldsymbol{\Theta}_{\mathrm{N}}=\begin{bmatrix}a_{1\mathrm{N}}\\a_{2\mathrm{N}}\\a_{3\mathrm{N}}\end{bmatrix}$$

则由 $\boldsymbol{\Theta}_{\mathrm{E}}$ 和 $\boldsymbol{\Theta}_{\mathrm{N}}$ 构成的系统方程和量测方程为

$$\left.\begin{aligned}&\boldsymbol{\Theta}_{\mathrm{E}}(k+1)=\boldsymbol{\Theta}_{\mathrm{E}}(k)\\&v_{\mathrm{E}}(k)=\boldsymbol{H}(k)\boldsymbol{\Theta}_{\mathrm{E}}(k)+V_{D\mathrm{E}}(k)\end{aligned}\right\}\tag{8.5.49}$$

$$\left.\begin{aligned}&\boldsymbol{\Theta}_{\mathrm{N}}(k+1)=\boldsymbol{\Theta}_{\mathrm{N}}(k)\\&v_{\mathrm{N}}(k)=\boldsymbol{H}(k)\boldsymbol{\Theta}_{\mathrm{N}}(k)+V_{D\mathrm{N}}(k)\end{aligned}\right\}\tag{8.5.50}$$

式中

$$\boldsymbol{H}(k)=[kT_{\mathrm{S}}\quad (kT_{\mathrm{S}})^2\quad (kT_{\mathrm{S}})^3]$$

若 k 时刻参数估计为 $\hat{\boldsymbol{\Theta}}(k)$，估计误差的方差阵为 $\boldsymbol{P}(k)$，$k+1$ 时刻的量测值为 $v(k+1)$，则 $\hat{\boldsymbol{\Theta}}$ 的递推最小二乘算法为

$$\left.\begin{aligned}&\hat{\boldsymbol{\Theta}}(k+1)=\hat{\boldsymbol{\Theta}}(k)+\boldsymbol{P}(k+1)\boldsymbol{H}^{\mathrm{T}}(k+1)[v(k+1)-\boldsymbol{H}(k+1)\hat{\boldsymbol{\Theta}}(k)]\\&\boldsymbol{P}(k+1)=\boldsymbol{P}(k)-\boldsymbol{\Gamma}(k+1)\boldsymbol{P}(k)\boldsymbol{H}^{\mathrm{T}}(k+1)\boldsymbol{H}(k+1)\boldsymbol{P}(k)\\&\boldsymbol{\Gamma}(k+1)=[1+\boldsymbol{H}(k+1)\boldsymbol{P}(k)\boldsymbol{H}^{\mathrm{T}}(k+1)]^{-1}\end{aligned}\right\}\tag{8.5.51}$$

式中，$\hat{\boldsymbol{\Theta}}(0)$ 可任选，一般可选零向量；$\boldsymbol{P}(0)=\boldsymbol{I}\alpha$，$\boldsymbol{I}$ 为单位阵，α 为任选的非常大的正实数。

由递推算法求得的参数估值是逐渐向真实值收敛的，所以在递推计算的开始阶段，参数估计值是不能用的，随着递推步数的增加，参数估值中包含的量测值信息越来越多，可用性逐渐提高。这一特点正好与量测值的三次曲线特性相一致，即在递推的开始阶段，量测值仅反映了三次曲线的线性部分，从量测值中不能提取出所有参数，而这段时间正好是递推算法的启动阶段，所以采用递推算法在时间配合上十分合适。

参数辨识的另一种实用算法是改良卡尔曼滤波法[95]。对应于系统方程和量测方程，有

$$\begin{cases}\boldsymbol{\Theta}(k+1)=\boldsymbol{\Theta}(k)\\\boldsymbol{Z}(k)=\boldsymbol{H}(k)\boldsymbol{\Theta}(k)+\boldsymbol{V}(k)\end{cases}$$

滤波算法如下：

$$\left.\begin{aligned}&\hat{\boldsymbol{\Theta}}(k+1)=\hat{\boldsymbol{\Theta}}(k)+\boldsymbol{K}(k)[\boldsymbol{Z}(k)-\boldsymbol{H}(k)\hat{\boldsymbol{\Theta}}(k)]\\&\hat{\boldsymbol{\Theta}}(0)=\boldsymbol{\Theta}_0\\&\boldsymbol{K}(k)=\boldsymbol{P}(k)\boldsymbol{H}^{\mathrm{T}}(k)[\boldsymbol{H}(k)\boldsymbol{P}(k)\boldsymbol{H}^{\mathrm{T}}(k)+\hat{\boldsymbol{\Lambda}}(k+1)]^{-1}\\&\boldsymbol{P}(k+1)=\boldsymbol{P}(k)-\boldsymbol{K}(k)[\boldsymbol{H}(k)\boldsymbol{P}(k)\boldsymbol{H}^{\mathrm{T}}(k)+\hat{\boldsymbol{\Lambda}}(k+1)]\boldsymbol{K}^{\mathrm{T}}(k)\\&\boldsymbol{P}(0)=\boldsymbol{P}_0\\&\hat{\boldsymbol{\Lambda}}(k+1)=\hat{\boldsymbol{\Lambda}}(k)+\frac{\boldsymbol{e}(k)\boldsymbol{e}^{\mathrm{T}}(k)-\hat{\boldsymbol{\Lambda}}(k)]}{k+1}\\&\hat{\boldsymbol{\Lambda}}(0)=\boldsymbol{\Lambda}_0\\&\boldsymbol{e}(k)=\boldsymbol{Z}(k)-\boldsymbol{H}(k)\hat{\boldsymbol{\Theta}}(k)\end{aligned}\right\}\tag{8.5.52}$$

式中，$\boldsymbol{\Theta}_o$，$\boldsymbol{P}_0$，$\boldsymbol{\Lambda}_0$ 均可任选。

上述算法中，量测噪声并未直接使用，而将它合并到量测的估计误差 $\boldsymbol{e}(k)$ 中。由于 $\boldsymbol{e}(k)$ 每步递推计算中均可求得，所以该法无须知道量测噪声的统计特性，这对简化计算十分有利。另外，滤波器增益利用了状态的估计均方误差和量测值的估计均方误差作自适应加权处理，加速了算法的收敛。

由递推算法辨识得 $a_{ij}(i=1,2,3;\ j=\mathrm{E},\ \mathrm{N})$ 后，根据式(8.5.47)和式(8.5.48)可求得 φ_{E0}，φ_{N0}，u_{E}，u_{N}，u_{U}，并由式(8.5.42)，得

$$\varphi_{\mathrm{U0}}=\varphi_{\mathrm{N0}}\tan L-\frac{u_{\mathrm{E}}+\varepsilon_{\mathrm{E}}}{\omega_{ie}\cos L} \tag{8.5.53}$$

将上述求得的参数代入式(8.5.41)，即可求得姿态误差角。在辨识稳定后，所求得的姿态误差角代入式(8.5.39)，即可完成对准。

3. 双位置对准及测漂计算

由式(8.5.53)知，方位误差与等效东向陀螺漂移有关，该漂移可由双位置对准测出。方法是：将惯性元件安装在可绕机体轴 z_b 转动的圆盘上，相对惯性器件的正常工作位置圆盘转过 90° 作为第Ⅰ位置，由测量轴确定的坐标系记作 b'，在该位置上完成精对准，以求出等效北向漂移；再将圆盘转回到正常工作位置，作为第Ⅱ位置，由测量轴确定的坐标系即为机体坐标系 b，在该位置上完成精对准和所有陀螺的测漂。显然第Ⅱ位置是基准，第Ⅰ位置相对第Ⅱ位置的转角为 $90°+\delta\gamma$，$\delta\gamma$ 为转角误差。且有

$$\boldsymbol{C}_b^{b'}=\begin{bmatrix}-\sin\delta\gamma & \cos\delta\gamma & 0\\ -\cos\delta\gamma & -\sin\delta\gamma & 0\\ 0 & 0 & 1\end{bmatrix} \tag{8.5.54}$$

由于陀螺固定在圆盘上，所以位置Ⅰ和位置Ⅱ上的陀螺漂移在 b' 坐标内和 b 坐标系内的分量相同，即

$$\boldsymbol{\varepsilon}_{\mathrm{I}}^{b'}=\boldsymbol{\varepsilon}_{\mathrm{II}}^{b}=[\varepsilon_x\quad \varepsilon_y\quad \varepsilon_z]^{\mathrm{T}} \tag{8.5.55}$$

在第Ⅰ位置上，陀螺在导航坐标系 n 内的等效漂移为

$$\boldsymbol{\varepsilon}_{\mathrm{I}}^{n}=\boldsymbol{C}_b^n\boldsymbol{C}_{b'}^{b}\boldsymbol{\varepsilon}_{\mathrm{I}}^{b'}=\boldsymbol{C}_b^n\begin{bmatrix}-\sin\delta\gamma & -\cos\delta\gamma & 0\\ \cos\delta\gamma & -\sin\delta\gamma & 0\\ 0 & 0 & 1\end{bmatrix}\begin{bmatrix}\varepsilon_x\\ \varepsilon_y\\ \varepsilon_z\end{bmatrix}$$

考虑到 $\delta\gamma$ 在 1° 左右，$\delta\gamma$ 和 ε_x，ε_y，ε_z 均可看做小量，则有

$$\boldsymbol{\varepsilon}_{\mathrm{I}}^{n}=\boldsymbol{C}_b^n\begin{bmatrix}-\varepsilon_y\\ \varepsilon_x\\ \varepsilon_z\end{bmatrix} \tag{8.5.56}$$

在第Ⅱ位置上，陀螺在导航坐标系 n 内的等效漂移为

$$\boldsymbol{\varepsilon}_{\mathrm{II}}^{n}=\boldsymbol{C}_b^n\boldsymbol{\varepsilon}_{\mathrm{II}}^{b}=\boldsymbol{C}_b^n\begin{bmatrix}\varepsilon_x\\ \varepsilon_y\\ \varepsilon_z\end{bmatrix} \tag{8.5.57}$$

初始对准时飞机停在停机坪上接近水平，则有

$$\boldsymbol{C}_b^n\approx\begin{bmatrix}\cos\Psi & -\sin\Psi & 0\\ \sin\Psi & \cos\Psi & 0\\ 0 & 0 & 1\end{bmatrix} \tag{8.5.58}$$

式中，Ψ 为飞机的航向角。

将式(8.5.58)代入式(8.5.56)和式(8.5.57)得

$$\boldsymbol{\varepsilon}_{\mathrm{I}}^{n}=\begin{bmatrix}-(\varepsilon_x\sin\Psi+\varepsilon_y\cos\Psi)\\ \varepsilon_x\cos\Psi-\varepsilon_y\sin\Psi\\ \varepsilon_z\end{bmatrix} \tag{8.5.59}$$

$$\boldsymbol{\varepsilon}_{\mathrm{II}}^{n}=\begin{bmatrix}\varepsilon_x\cos\Psi-\varepsilon_y\sin\Psi\\ \varepsilon_x\sin\Psi+\varepsilon_y\cos\Psi\\ \varepsilon_z\end{bmatrix} \tag{8.5.60}$$

比较上式(8.5.59) 和式(8.5.60),得

$$\varepsilon_{\mathrm{E}}^{\mathrm{II}}=\varepsilon_{\mathrm{N}}^{\mathrm{I}} \tag{8.5.61}$$

即,第 Ⅱ 位置的等效东向漂移可由第 Ⅰ 位置对准中测得的等效北向漂移求得。

由式(8.5.57),有

$$\begin{bmatrix}\varepsilon_x\\ \varepsilon_y\\ \varepsilon_z\end{bmatrix}=\boldsymbol{C}_n^b\begin{bmatrix}\varepsilon_{\mathrm{E}}^{\mathrm{II}}\\ \varepsilon_{\mathrm{N}}^{\mathrm{II}}\\ \varepsilon_{\mathrm{U}}^{\mathrm{II}}\end{bmatrix}=\boldsymbol{C}_n^b\begin{bmatrix}\varepsilon_{\mathrm{N}}^{\mathrm{I}}\\ \varepsilon_{\mathrm{N}}^{\mathrm{II}}\\ \varepsilon_{\mathrm{U}}^{\mathrm{II}}\end{bmatrix} \tag{8.5.62}$$

由于测漂在对准结束时进行,此时 $\boldsymbol{C}_{n'}^b$ 已达到对准精度,所以测漂计算可按下式进行:

$$\begin{bmatrix}\hat{\varepsilon}_x\\ \hat{\varepsilon}_y\\ \hat{\varepsilon}_z\end{bmatrix}=\boldsymbol{C}_{n'}^b\begin{bmatrix}\varepsilon_{\mathrm{N}}^{\mathrm{I}}\\ \varepsilon_{\mathrm{N}}^{\mathrm{II}}\\ \varepsilon_{\mathrm{U}}^{\mathrm{II}}\end{bmatrix} \tag{8.5.63}$$

使用上式进行测漂的前提是第 Ⅱ 位置对准时间足够长,$\varepsilon_{\mathrm{U}}^{\mathrm{II}}$ 被较精确地测出。如果对准的允许时间较短,$\varepsilon_{\mathrm{U}}^{\mathrm{II}}$ 还来不及测出,则只要飞机接近水平,ε_x 和 ε_y 可按下述方法近似计算出。

当飞机接近水平时,有

$$\boldsymbol{C}_n^b\approx\begin{bmatrix}c_{11}&c_{12}&0\\ c_{21}&c_{22}&0\\ c_{31}&c_{32}&c_{33}\end{bmatrix}$$

所以由式(8.5.63)可得

$$\left.\begin{aligned}\hat{\varepsilon}_x&\approx C_{n'}^b(1,1)\varepsilon_{\mathrm{N}}^{\mathrm{I}}+C_{n'}^b(1,2)\varepsilon_{\mathrm{N}}^{\mathrm{II}}\\ \hat{\varepsilon}_y&\approx C_{n'}^b(2,1)\varepsilon_{\mathrm{N}}^{\mathrm{I}}+C_{n'}^b(2,2)\varepsilon_{\mathrm{N}}^{\mathrm{II}}\end{aligned}\right\} \tag{8.5.64}$$

对辨识对准的有效性作了仿真分析,仿真中环境条件和元器件精度假设如下:

(1) 飞机绕机体轴作简谐晃动,晃动角为

$$\alpha_j=A_j\sin(\omega_{dj}+p_j),\quad j=x,\ y,\ z$$

式中,$A_x=A_y=6'$, $A_z=3'$, $p_x=p_y=0°$, $p_z=60°$, $\omega_{dj}=2\pi$ rad/s

杆臂长 $R_x=R_y=R_z=1.5$ m。

(2) 飞机俯仰角和倾斜角均为 5°,方位角为 15°,纬度为 33°。

(3) 陀螺随机常值漂移 $\varepsilon_x=\varepsilon_y=0.1°/\mathrm{h}$, $\varepsilon_z=0.5°/\mathrm{h}$,刻度系数误差为 10^{-4},加速度计偏置为 5×10^{-4}g,刻度系数误差为 2.5×10^{-4},惯性器件安装误差均为 10″。

模拟中比较计算了 6 种预滤波处理后的对准结果:

(1) 未作预滤波处理;

(2) 阻带为 0.9 ~ 1.1 Hz 的数字带阻;

(3) 阻带为 0.5 ~ 1.5 Hz 的数字带阻;

(4) 阻带为 0.5 ~ 2.5 Hz 的数字带阻;

(5) 截止频率为 0.5 Hz 的数字低通;

(6) 截止频率为 0.25 Hz 的数字低通。

表 8.5.2 列出了各预滤波情况对准和测漂达到稳定所需的时间(在该时刻以后被检查量的相对变化量小于1%)。表 8.5.3 列出了对准结束时的对准误差和测漂结果。表中，Ⅰ 和 Ⅱ 分别表示第 Ⅰ 位置和第 Ⅱ 位置对准。

表 8.5.2　采用不同数字预滤波时对准误差量和测漂量达到99% 相对稳定度所需时间

A \ B \ C		无	数字带阻 /Hz			数字低通 /Hz	
			0.9 ～ 1.1	0.5 ～ 1.5	0.5 ～ 2.5	0.5	0.25
方 位	Ⅰ	600	480	340	420	560	820
	Ⅱ	1 120	700	580	600	760	840
俯 仰	Ⅰ	200	180	140	140	200	360
	Ⅱ	200	180	200	220	240	280
倾 斜	Ⅰ	260	220	180	200	280	1 000
	Ⅱ	300	240	360	360	440	560
$\hat{\varepsilon}_N$	Ⅰ	700	560	460	540	740	> 1 200
$\hat{\varepsilon}_U$	Ⅱ	> 1 200	1 140	800	1 040	1 200	> 1 200
$\hat{\varepsilon}_x$	Ⅱ	1 040	760	720	780	1 000	> 1 200
$\hat{\varepsilon}_y$	Ⅱ	1 060	740	760	820	1 020	> 1 200
$\hat{\varepsilon}_z$	Ⅱ	> 1 200	840	880	940	1 140	> 1 200

注：A—— 对准误差量及测漂值；
B—— 各量分别达到 99% 相对稳定度所需时间(s)；
C—— 数字预滤波器采用情况。

表 8.5.3　对准完成时的对准误差和测漂结果

A \ B \ C		无	数字带阻 /Hz			数字低通 /Hz	
			0.9 ～ 1.1	0.5 ～ 1.5	0.5 ～ 2.5	0.5	0.25
方位 /(′)	Ⅰ	49.875	50.817	51.238	51.414	51.914	56.863
	Ⅱ	− 4.630	− 6.089	− 6.782	− 6.943	− 7.790	− 20.741
俯仰 /(′)	Ⅰ	− 6.433	− 6.418	− 6.412	− 6.410	− 6.404	− 6.151
	Ⅱ	2.064	2.040	2.041	2.042	2.046	2.064
倾斜 /(′)	Ⅰ	3.878	3.847	3.831	3.826	3.806	3.198
	Ⅱ	− 1.428	− 1.411	− 1.432	− 1.442	− 1.473	− 1.656
$\hat{\varepsilon}_N/((°)\cdot h^{-1})$	Ⅰ	− 0.075	− 0.072	− 0.071	− 0.070	− 0.068	− 0.028
$\hat{\varepsilon}_U/((°)\cdot h^{-1})$	Ⅱ	0.661	0.558	0.496	0.475	0.400	− 0.102
$\hat{\varepsilon}_x/((°)\cdot h^{-1})$	Ⅱ	0.096	0.086	0.084	0.084	0.081	0.064
$\hat{\varepsilon}_y/((°)\cdot h^{-1})$	Ⅱ	0.074	0.079	0.079	0.079	0.080	0.052
$\hat{\varepsilon}_z/((°)\cdot h^{-1})$	Ⅱ	0.448	0.530	0.566	0.569	0.616	0.798

注：A，C 说明同表 8.5.2；
B—— 位置 Ⅰ 和位置 Ⅱ 对准结束时的对准误差及测漂结果。

从表 8.5.2 和表 8.5.3 可看出：参数辨识法对准算法本身具有对晃动干扰的滤波作用。

预滤波处理能加速辨识算法的收敛，缩短对准时间，但会损害对准精度，预滤波器的阻带越宽，低端截止频率越低，损害就越严重。由于机体晃动是干扰力短暂作用后机体产生的自由振荡，振荡频率是机体的固有频率，是具体的确定值，所以宜采用带阻滤波器，阻带应包含机体的固有频率，且阻带应窄些。关于预滤波器设计等问题，读者可参阅文献[105]。

8.5.4 捷联惯导系统在运动基座上的传递对准

机载导弹发射前，弹载惯导系统的初始对准一般由传递对准来完成。根据所用量测信息的不同，可得传递对准不同的匹配方案，文献[96]对此作了综述。由于空战形势瞬息万变，稍纵即逝，适用于机载战术导弹的传递对准必须满足两个基本要求：快，准。目前的机载导航系统是由惯导系统和 GPS 为主要子系统构成的组合导航系统，机载主惯导已得到较好校正，如何合理利用主惯导的高精度导航信息是实现既快又准传递对准的关键。

传递对准分两步完成：第一步是装订，也就是将机载主惯导输出的导航信息（姿态阵或四元数，速度及位置）通过火控系统传送给弹载子惯导，使子惯导获得初始值并开始作导航解算；第二步是匹配，即以主惯导的导航输出作为参考信息，构造出量测量，由卡尔曼滤波器估计出子惯导的姿态误差等导航误差，待滤波达到稳态后，用这些误差估计值对子惯导作修正。由于惯导精度的短期稳定性好，GPS 精度的短期稳定性差，而传递对准在短时间内完成，所以在匹配过程中，应该断开 GPS 对主惯导的修正，使主惯导处于纯惯性工作状态，以避免 GPS 噪声对传递对准精度的影响。

传递对准中可资利用的主惯导信息有：位置、速度、姿态、角速度及加速度。由于平台误差须经一定时间后才能反映到位置误差上，所以位置匹配时间很长，不适于快速传递对准；在加速度匹配方案中，杆臂效应难以彻底补偿，残余误差被直接引入量测量中，直接影响对准精度。因此，此处仅对速度、角速度和姿态信息匹配方案作探讨。具体介绍的内容为：主、子惯导误差模型的建立，机翼挠曲角变形模型的建立，各种匹配方案中量测量的获取，各匹配方案的定性分析。

1. 主惯导误差模型

设主惯导为激光陀螺捷联惯导系统，与 GPS 构成组合导航系统。取地理坐标系为导航坐标系。由于 GPS 的长时间稳定性和高精度定位能力，惯导误差受到强烈抑制，但滤波并不彻底，所以导航误差在时间和空间上相关。为了减少传递对准卡尔曼滤波器的维数，忽略空间上的相关，速度误差和姿态误差简化成相互独立的一阶马尔柯夫过程，有

$$\delta\dot{v}_{mi} = -\frac{1}{\tau_{mvi}}\delta v_{mi} + w_{mvi}, \quad i = \mathrm{E}, \mathrm{N}, \mathrm{U} \tag{8.5.65}$$

$$\dot{\varphi}_{mi} = -\frac{1}{\tau_{m\varphi i}}\varphi_{mi} + w_{m\varphi i}, \quad i = \mathrm{E}, \mathrm{N}, \mathrm{U} \tag{8.5.66}$$

2. 子惯导误差模型

设飞机的航向角、俯仰角及横滚角分别为 Ψ、θ 和 γ，则姿态阵为

$$\boldsymbol{C}_b^n = \begin{bmatrix} T_{11} & T_{12} & T_{13} \\ T_{21} & T_{22} & T_{23} \\ T_{31} & T_{32} & T_{33} \end{bmatrix} =$$

$$\begin{bmatrix} \cos\gamma\cos\Psi - \sin\gamma\sin\theta\sin\Psi & -\cos\theta\sin\Psi & \sin\gamma\cos\Psi + \cos\gamma\sin\theta\sin\Psi \\ \cos\gamma\sin\Psi + \sin\gamma\sin\theta\cos\Psi & \cos\theta\cos\Psi & \sin\gamma\sin\Psi - \cos\gamma\sin\theta\cos\Psi \\ -\sin\gamma\cos\theta & \sin\theta & \cos\gamma\cos\theta \end{bmatrix} \tag{8.5.67}$$

式中，n 为导航坐标系（东、北、天），b 为机体坐标系（右、前、上）。

由式(8.5.67)式得

$$\left.\begin{aligned} \tan\Psi &= -\frac{T_{12}}{T_{22}} \\ \tan\gamma &= -\frac{T_{31}}{T_{33}} \\ \sin\theta &= T_{32} \end{aligned}\right\} \tag{8.5.68}$$

设弹体坐标系 b' 沿弹体的右、前、上，子惯导经四元数更新建立的姿态阵为 $\boldsymbol{C}_{b'}^{n'}$，其中 n' 为子惯导数学平台确定的导航坐标系，它相对导航坐标系 n（地理坐标系）存在误差角向量

$$\boldsymbol{\varphi} = [\varphi_E \quad \varphi_N \quad \varphi_U]^T$$

所以

$$\boldsymbol{C}_n^{n'} = \boldsymbol{I} - \boldsymbol{E} \tag{8.5.69}$$

式中，$\boldsymbol{I}$ 为单位阵

$$\boldsymbol{E} = \begin{bmatrix} 0 & -\varphi_U & \varphi_N \\ \varphi_U & 0 & -\varphi_E \\ -\varphi_N & \varphi_E & 0 \end{bmatrix} \tag{8.5.70}$$

如果能求得 $\boldsymbol{\varphi}$，则数学平台确定如下：

$$\boldsymbol{C}_{b'}^{n} = (\boldsymbol{I} + \boldsymbol{E})\boldsymbol{C}_{b'}^{n'} \tag{8.5.71}$$

由式(8.4.22)，$\boldsymbol{\varphi}$ 的变化规律满足

$$\left.\begin{aligned} \dot{\varphi}_E &= \left(\omega_{ie}\sin L + \frac{v_E}{R+h}\tan L\right)\varphi_N - \left(\omega_{ie}\cos L + \frac{v_E}{R+h}\right)\varphi_U - \frac{\delta v_N}{R+h} + \varepsilon_E + w_{\varepsilon E} \\ \dot{\varphi}_N &= -\left(\omega_{ie}\sin L + \frac{v_E}{R+h}\tan L\right)\varphi_E - \frac{v_N}{R+h}\varphi_U + \frac{\delta v_E}{R+h} + \varepsilon_N + w_{\varepsilon N} \\ \dot{\varphi}_U &= \left(\omega_{ie}\cos L + \frac{v_E}{R+h}\right)\varphi_E + \frac{v_N}{R+h}\varphi_N + \frac{\delta v_E}{R+h}\tan L + \varepsilon_U + w_{\varepsilon U} \end{aligned}\right\} \tag{8.5.72}$$

式中，h 和 L 为飞机的飞行高度和纬度，v_E 和 v_N 为飞机的东向和北向速度，这些量均由主惯导提供；ε_i 和 $w_{\varepsilon i}$（i = E, N, U）分别为子惯导陀螺的等效漂移的相关量和不相关量。由于对准时间很短，所以相关量可近似视为随机常数，即

$$\dot{\varepsilon}_i = 0, \quad i = \text{E, N, U} \tag{8.5.73}$$

由于对准中子惯导所用的导航参数（L，h，v_E，v_N 等）来自与GPS组合后的主惯导，误差均可忽略，所以子惯导的速度误差方程为

$$\left.\begin{aligned} \delta\dot{v}_E &= -f_U\varphi_N + f_N\varphi_U + \nabla_E + w_{\nabla E} \\ \delta\dot{v}_N &= f_U\varphi_E - f_E\varphi_U + \nabla_N + w_{\nabla N} \\ \delta\dot{v}_U &= -f_N\varphi_E + f_E\varphi_N + \nabla_U + w_{\nabla u} \end{aligned}\right\} \tag{8.5.74}$$

式中，$w_{\nabla i}$ 为加速度计的白噪声误差，∇_i 为等效偏置，有

$$\dot{\nabla}_i = 0, \quad i = \text{E, N, U} \tag{8.5.75}$$

f_E，f_N，f_U 为比力，由主惯导经运算后提供。

3. 机翼挠曲变形引起的角运动模型

机载导弹常吊挂在机翼下，由于空气动力及振动的作用，机翼相对机体产生相对角运动，而描述这种角运动的模型至少为二阶[96]。为了尽量减少传递对准滤波器的阶数，此处取二阶模型。设挠曲变形引起的弹体坐标系相对机体坐标系沿机体轴方向的角变形为 λ_i，相应角速度为 $\omega_{\lambda i}$，则二阶模型为

$$\left.\begin{aligned}&\dot{\lambda}_i=\omega_{\lambda i}\\&\dot{\omega}_{\lambda i}=-\beta^2\lambda_i-2\beta\omega_{\lambda i}+w_{\lambda i}\quad i=x,\ y,\ z\end{aligned}\right\}\tag{8.5.76}$$

4. 传递对准中的匹配量

传递对准中的匹配量即为卡尔曼滤波器中的量测量。

(1) 速度匹配量。设主惯导的速度输出为 v_{mE}^c，v_{mN}^c，v_{mU}^c，子惯导的速度输出为 v_E^c，v_N^c，v_U^c，则速度匹配量为

$$\left.\begin{aligned}Z_1&=v_E^c-v_{mE}^c=\delta v_E-\delta v_{mE}+V_1\\Z_2&=v_N^c-v_{mN}^c=\delta v_N-\delta v_{mN}+V_2\\Z_3&=v_U^c-v_{mU}^c=\delta v_U-\delta v_{mU}+V_3\end{aligned}\right\}\tag{8.5.77}$$

(2) 角速度匹配量。设飞机的角速度为 $\boldsymbol{\omega}^b=[\omega_x\quad\omega_y\quad\omega_z]^{\mathrm T}$。假设飞机设计中确保 b' 与 b 相一致，由机翼的挠曲变形引起的 b' 相对 b 的角运动向量为

$$\boldsymbol{\lambda}^{b'}=\boldsymbol{\lambda}^b=[\lambda_x\quad\lambda_y\quad\lambda_z]^{\mathrm T}$$

设主惯导陀螺组的角速度测量值为 $\boldsymbol{\omega}_m^b$，假设主惯导陀螺的安装误差、刻度系数误差等都已得到很好校正，并且角速度匹配中飞机须作姿态机动，陀螺漂移在角速度输出中所占的比例完全可以忽略，可得

$$\boldsymbol{\omega}_m^b=\boldsymbol{\omega}^b$$

设子惯导陀螺组的角速度测量值为 $\boldsymbol{\omega}_s^{b'}$，显然

$$\boldsymbol{\omega}_s^{b'}=\boldsymbol{\omega}^{b'}+\boldsymbol{\omega}_\lambda^{b'}+\boldsymbol{\varepsilon}^{b'}$$

量测量是主、子惯导陀螺组的角速度输出量之间的差值，即

$$\boldsymbol{Z}=\boldsymbol{\omega}_s^{b'}-\boldsymbol{\omega}_m^b=C_b^{b'}\boldsymbol{\omega}^b+\boldsymbol{\omega}_\lambda^{b'}+\boldsymbol{\varepsilon}^{b'}-\boldsymbol{\omega}^b=-\boldsymbol{\Lambda}\boldsymbol{\omega}^b+\boldsymbol{\omega}_\lambda^{b'}+\boldsymbol{\varepsilon}^{b'}$$

式中

$$\boldsymbol{\Lambda}=\begin{bmatrix}0&-\lambda_z&\lambda_y\\\lambda_z&0&-\lambda_x\\-\lambda_y&\lambda_x&0\end{bmatrix}\tag{8.5.78}$$

展开式(8.5.78)，得角速度匹配量为

$$\left.\begin{aligned}Z_1&=\omega_y\lambda_z-\omega_z\lambda_y+\omega_{\lambda x}+\varepsilon_x+V_1\\Z_2&=-\omega_x\lambda_z+\omega_z\lambda_x+\omega_{\lambda y}+\varepsilon_y+V_2\\Z_3&=\omega_x\lambda_y-\omega_y\lambda_x+\omega_{\lambda z}+\varepsilon_z+V_3\end{aligned}\right\}\tag{8.5.79}$$

获得 $\hat{\lambda}_x$，$\hat{\lambda}_y$，$\hat{\lambda}_z$ 后，子惯导的姿态阵按下式确定：

$$\boldsymbol{C}_{b'}^n=\boldsymbol{C}_b^n\boldsymbol{C}_{b'}^b=\boldsymbol{C}_b^n(\boldsymbol{I}+\boldsymbol{\Lambda})\tag{8.5.80}$$

(3) 姿态角匹配量。设子惯导和主惯导确定的姿态阵分别为 $\boldsymbol{C}_{b'}^{n'}$ 和 $\boldsymbol{C}_b^n$，记

$$\boldsymbol{C}_{b'}^{n'}=\begin{bmatrix} T_{11}' & T_{12}' & T_{13}' \\ T_{21}' & T_{22}' & T_{23}' \\ T_{31}' & T_{32}' & T_{33}' \end{bmatrix}$$

由子惯导确定的航向、俯仰及横滚角分别为

$$\boldsymbol{\Psi}_s=\boldsymbol{\Psi}+\delta\boldsymbol{\Psi}$$
$$\theta_s=\theta+\delta\theta$$
$$\gamma_s=\gamma+\delta\gamma$$

其中 $\delta\boldsymbol{\Psi}$，$\delta\theta$，$\delta\gamma$ 为相应误差。

而

$$\boldsymbol{C}_{b'}^{n'}=\boldsymbol{C}_n^{n'}\boldsymbol{C}_b^n\boldsymbol{C}_{b'}^b=(\boldsymbol{I}-\boldsymbol{E})\boldsymbol{C}_b^n(\boldsymbol{I}+\boldsymbol{\Lambda})=\boldsymbol{C}_b^n-\boldsymbol{E}\boldsymbol{C}_b^n+\boldsymbol{C}_b^n\boldsymbol{\Lambda}$$

将式(8.5.38)、式(8.5.78)代入上式，得

$$T_{12}'=T_{12}+T_{22}\varphi_U-T_{32}\varphi_N-T_{11}\lambda_z+T_{13}\lambda_x$$
$$T_{22}'=T_{22}-T_{12}\varphi_U+T_{32}\varphi_E-T_{21}\lambda_z+T_{23}\lambda_x$$
$$T_{31}'=T_{31}+T_{11}\varphi_N-T_{21}\varphi_E+T_{32}\lambda_z-T_{33}\lambda_y$$
$$T_{33}'=T_{33}+T_{13}\varphi_N-T_{23}\varphi_E+T_{31}\lambda_y-T_{32}\lambda_x$$
$$T_{32}'=T_{32}+T_{12}\varphi_N-T_{22}\varphi_E-T_{31}\lambda_z+T_{33}\lambda_x$$

$$\tan(\boldsymbol{\Psi}+\delta\boldsymbol{\Psi})=-\frac{T_{12}'}{T_{22}'}=-\frac{T_{12}+T_{22}\varphi_U-T_{32}\varphi_N-T_{11}\lambda_z+T_{13}\lambda_x}{T_{22}-T_{12}\varphi_U+T_{32}\varphi_E-T_{21}\lambda_Z+T_{23}\lambda_x} \tag{8.5.81}$$

$$\tan(\gamma+\delta\gamma)=-\frac{T_{31}'}{T_{33}'}=-\frac{T_{31}+T_{11}\varphi_N-T_{21}\varphi_E+T_{32}\lambda_z-T_{33}\lambda_y}{T_{33}+T_{13}\varphi_N-T_{23}\varphi_E+T_{31}\lambda_y-T_{32}\lambda_x} \tag{8.5.82}$$

$$\sin(\theta+\delta\theta)=T_{32}'=T_{32}+T_{12}\varphi_N-T_{22}\varphi_E-T_{31}\lambda_z+T_{33}\lambda_x \tag{8.5.83}$$

先讨论式(8.5.81)右边项。按泰勒级数展开，有

$$(T_{22}-T_{12}\varphi_U+T_{32}\varphi_E-T_{21}\lambda_z+T_{23}\lambda_x)^{-1}=$$
$$\frac{1}{T_{22}}-\frac{1}{T_{22}^2}(T_{32}\varphi_E-T_{12}\varphi_U-T_{21}\lambda_z+T_{23}\lambda_x)+\cdots$$

将上式代入式(8.5.81)，并取关于姿态误差角和挠曲变形角的一次项，得

$$\tan\boldsymbol{\Psi}+(1+\tan^2\boldsymbol{\Psi})\delta\boldsymbol{\Psi}=-\frac{T_{12}}{T_{22}}-\left(1+\frac{T_{12}^2}{T_{22}^2}\right)\varphi_U+\frac{T_{32}}{T_{22}}\varphi_N+\frac{T_{12}T_{32}}{T_{22}^2}\varphi_E-$$
$$\left(\frac{T_{13}}{T_{22}}+\frac{T_{23}T_{12}}{T_{22}^2}\right)\lambda_x+\left(\frac{T_{11}}{T_{22}}+\frac{T_{12}^2}{T_{22}^2}\right)\lambda_z$$

由于

$$\tan\boldsymbol{\Psi}=-\frac{T_{12}}{T_{22}},\quad 1+\tan^2\boldsymbol{\Psi}=\frac{T_{12}^2+T_{22}^2}{T_{22}^2}$$

所以

$$\delta\boldsymbol{\Psi}=-\varphi_U+\frac{T_{32}T_{22}}{T_{12}^2+T_{22}^2}\varphi_N+\frac{T_{12}T_{32}}{T_{12}^2+T_{22}^2}\varphi_E-$$
$$\frac{T_{13}T_{22}+T_{23}T_{12}}{T_{12}^2+T_{22}^2}\lambda_x+\frac{T_{11}T_{22}+T_{12}^2}{T_{12}^2+T_{22}^2}\lambda_z \tag{8.5.84}$$

同理可得

$$\delta\gamma=\frac{T_{21}T_{33}-T_{23}T_{31}}{T_{31}^2+T_{33}^2}\varphi_E+\frac{T_{13}T_{31}-T_{11}T_{33}}{T_{31}^2+T_{33}^2}\varphi_N+$$

$$\frac{T_{32}T_{31}}{T_{31}^2+T_{33}^2}\lambda_x+\lambda_y-\frac{T_{32}T_{33}}{T_{31}^2+T_{33}^2}\lambda_z \tag{8.5.85}$$

$$\delta\theta=\frac{T_{12}}{\sqrt{1-T_{32}^2}}\varphi_N-\frac{T_{22}}{\sqrt{1-T_{32}^2}}\varphi_E-\frac{T_{31}}{\sqrt{1-T_{32}^2}}\lambda_z+\frac{T_{33}}{\sqrt{1-T_{32}^2}}\lambda_x \tag{8.5.86}$$

主惯导给出的航向、横滚和俯仰角误差分别为

$$\delta\Psi_m=-\varphi_{mU}+\frac{T_{32}T_{22}}{T_{22}^2+T_{12}^2}\varphi_{mN}+\frac{T_{12}T_{32}}{T_{22}^2+T_{12}^2}\varphi_{mE} \tag{8.5.87}$$

$$\delta\gamma_m=\frac{T_{21}T_{33}-T_{23}T_{31}}{T_{33}^2+T_{31}^2}\varphi_{mE}+\frac{T_{13}T_{31}-T_{11}T_{33}}{T_{33}^2+T_{31}^2}\varphi_{mN} \tag{8.5.88}$$

$$\delta\theta_m=-\frac{T_{22}}{\sqrt{1-T_{32}^2}}\varphi_{mE}+\frac{T_{12}}{\sqrt{1-T_{32}^2}}\varphi_{mN} \tag{8.5.89}$$

所以量测量为

$$\begin{aligned}Z_1=&\Psi_s-\Psi_m=\delta\Psi-\delta\Psi_m=\\&-\varphi_U+\frac{T_{32}T_{22}}{T_{12}^2+T_{22}^2}\varphi_N+\frac{T_{12}T_{32}}{T_{12}^2+T_{22}^2}\varphi_E-\frac{T_{13}T_{22}+T_{23}T_{12}}{T_{12}^2+T_{22}^2}\lambda_x+\\&\frac{T_{11}T_{22}+T_{12}^2}{T_{12}^2+T_{22}^2}\lambda_z+\varphi_{mU}-\frac{T_{32}T_{22}}{T_{12}^2+T_{22}^2}\varphi_{mN}-\frac{T_{12}T_{32}}{T_{12}^2+T_{22}^2}\varphi_{mE}+V_1\end{aligned} \tag{8.5.90}$$

$$\begin{aligned}Z_2=&\gamma_s-\gamma_m=\delta\gamma-\delta\gamma_m=\\&\frac{T_{21}T_{33}-T_{23}T_{31}}{T_{31}^2+T_{33}^2}\varphi_E+\frac{T_{13}T_{31}-T_{11}T_{33}}{T_{31}^2+T_{33}^2}\varphi_N+\frac{T_{32}T_{31}}{T_{31}^2+T_{33}^2}\lambda_x+\\&\lambda_y-\frac{T_{32}T_{33}}{T_{31}^2+T_{33}^2}\lambda_z-\frac{T_{21}T_{33}-T_{23}T_{31}}{T_{31}^2+T_{33}^2}\varphi_{mE}-\frac{T_{13}T_{31}-T_{11}T_{33}}{T_{31}^2+T_{33}^3}\varphi_{mN}+V_2\end{aligned} \tag{8.5.91}$$

$$\begin{aligned}Z_3=&\theta_s-\theta_m=\delta\theta-\delta\theta_m=\\&\frac{T_{12}}{\sqrt{1-T_{32}^2}}\varphi_N-\frac{T_{22}}{\sqrt{1-T_{32}^2}}\varphi_E-\frac{T_{31}}{\sqrt{1-T_{32}^2}}\lambda_z+\\&\frac{T_{33}}{\sqrt{1-T_{32}^2}}\lambda_x-\frac{T_{12}}{\sqrt{1-T_{32}^2}}\varphi_{mN}+\frac{T_{22}}{\sqrt{1-T_{32}^2}}\varphi_{mE}+V_3\end{aligned} \tag{8.5.92}$$

(4) 姿态阵匹配量。设主、子惯导选用相同的导航坐标系 n，输出的姿态阵分别为 $\hat{\boldsymbol{C}}_{b_m}^n$ 和 $\hat{\boldsymbol{C}}_{b_s}^n$，其中 b_m 为机载主惯导的测量坐标系，b_s 为弹载子惯导的测量坐标系，主、子惯导的设计安装方式为平行安装，b_s 相对 b_m 存在偏差角 $\boldsymbol{\mu}$ 和 $\boldsymbol{\lambda}$，$\boldsymbol{\mu}$ 由导弹相对机体的安装误差和子惯导 IMU 相对弹体的安装误差引起，$\boldsymbol{\lambda}$ 由挠曲变形和高频颤振引起。

构造矩阵

$$\boldsymbol{M}=\hat{\boldsymbol{C}}_{b_m}^n\ (\hat{\boldsymbol{C}}_{b_s}^n)^{\mathrm{T}} \tag{8.5.93}$$

记主、子惯导建立的数学平台分别为 n' 和 n''，姿态误差角分别为 $\boldsymbol{\phi}_m$ 和 $\boldsymbol{\phi}$，则

$$\begin{aligned}\boldsymbol{M}=&\boldsymbol{C}_n^{n'}\boldsymbol{C}_{b_m}^n(\boldsymbol{C}_n^{n''}\boldsymbol{C}_{b_s}^n)^{\mathrm{T}}=\boldsymbol{C}_n^{n'}\boldsymbol{C}_{b_m}^n\boldsymbol{C}_n^{b_s}\boldsymbol{C}_{n''}^n=(\boldsymbol{I}-\boldsymbol{\phi}_m\times)\boldsymbol{C}_{b_m}^n\boldsymbol{C}_{b_m}^{b_s}\boldsymbol{C}_n^{b_m}(\boldsymbol{I}+\boldsymbol{\phi}\times)=\\&[\boldsymbol{I}-(\boldsymbol{\phi}_m)\times]\boldsymbol{C}_{b_m}^n[\boldsymbol{I}-(\boldsymbol{\mu}+\boldsymbol{\lambda})\times]\boldsymbol{C}_n^{b_m}(\boldsymbol{I}+\boldsymbol{\phi}\times)\end{aligned} \tag{8.5.94}$$

式(8.5.94)中，$\boldsymbol{\mu}$ 为子惯导相对主惯导的静态安装误差，$\boldsymbol{\lambda}$ 为机翼的挠曲变形角，与 $\boldsymbol{\phi}_m$，$\boldsymbol{\phi}$ 类似，均为小角，矩阵乘展开过程中，略去了关于这些小角的二阶小量。

对式(8.5.94)右侧第二项做如下化简处理。记

$$\boldsymbol{C}_{bm}^{n}=\begin{bmatrix}C_{11} & C_{12} & C_{13}\\ C_{21} & C_{22} & C_{23}\\ C_{31} & C_{32} & C_{33}\end{bmatrix},\quad \boldsymbol{\mu}+\boldsymbol{\lambda}=\boldsymbol{r}^{b}=\begin{bmatrix}r_x^b\\ r_y^b\\ r_z^b\end{bmatrix}$$

则有

$$\boldsymbol{r}^{n}=\boldsymbol{C}_{bm}^{n}\boldsymbol{r}^{b}$$

即

$$\begin{bmatrix}r_x^n\\ r_y^n\\ r_z^n\end{bmatrix}=\begin{bmatrix}C_{11} & C_{12} & C_{13}\\ C_{21} & C_{22} & C_{23}\\ C_{31} & C_{32} & C_{33}\end{bmatrix}\begin{bmatrix}r_x^b\\ r_y^b\\ r_z^b\end{bmatrix}=\begin{bmatrix}C_{11}r_x^b+C_{12}r_y^b+C_{13}r_z^b\\ C_{21}r_x^b+C_{22}r_y^b+C_{23}r_z^b\\ C_{31}r_x^b+C_{32}r_y^b+C_{33}r_z^b\end{bmatrix}\tag{8.5.95}$$

$$(\boldsymbol{r}^{b}\times)=\boldsymbol{R}-\boldsymbol{R}^{\mathrm{T}}$$

其中

$$\boldsymbol{R}=\begin{bmatrix}0 & 0 & 0\\ r_z^b & 0 & 0\\ -r_y^b & r_x^b & 0\end{bmatrix}$$

$$\boldsymbol{C}_{bm}^{n}(\boldsymbol{r}^{b}\times)\boldsymbol{C}_{n}^{bm}=\boldsymbol{C}_{bm}^{n}\boldsymbol{R}\boldsymbol{C}_{n}^{bm}-\boldsymbol{C}_{bm}^{n}\boldsymbol{R}^{\mathrm{T}}\boldsymbol{C}_{n}^{bm}=\boldsymbol{C}_{bm}^{n}\boldsymbol{R}\boldsymbol{C}_{n}^{bm}-(\boldsymbol{C}_{bm}^{n}\boldsymbol{R}\boldsymbol{C}_{n}^{bm})^{\mathrm{T}}$$

记

$$\boldsymbol{N}=\boldsymbol{C}_{bm}^{n}\boldsymbol{R}\boldsymbol{C}_{n}^{bm}$$

$$\boldsymbol{L}=\boldsymbol{C}_{bm}^{n}(\boldsymbol{r}^{b}\times)\boldsymbol{C}_{n}^{bm}$$

则有

$$\boldsymbol{L}=\boldsymbol{N}-\boldsymbol{N}^{\mathrm{T}}\tag{8.5.96}$$

其中

$$\boldsymbol{N}=\begin{bmatrix}C_{11} & C_{12} & C_{13}\\ C_{21} & C_{22} & C_{23}\\ C_{31} & C_{32} & C_{33}\end{bmatrix}\begin{bmatrix}0 & 0 & 0\\ r_z^b & 0 & 0\\ -r_y^b & r_x^b & 0\end{bmatrix}\begin{bmatrix}C_{11} & C_{21} & C_{31}\\ C_{12} & C_{22} & C_{32}\\ C_{13} & C_{23} & C_{33}\end{bmatrix}=$$

$$\begin{bmatrix}C_{12}r_z^b-C_{13}r_y^b & C_{13}r_x^b & 0\\ C_{22}r_z^b-C_{23}r_y^b & C_{23}r_x^b & 0\\ C_{32}r_z^b-C_{33}r_y^b & C_{33}r_x^b & 0\end{bmatrix}\begin{bmatrix}C_{11} & C_{21} & C_{31}\\ C_{12} & C_{22} & C_{32}\\ C_{13} & C_{23} & C_{33}\end{bmatrix}=$$

$$\begin{bmatrix}C_{11}(C_{12}r_z^b-C_{13}r_y^b)+C_{12}C_{13}r_x^b & C_{21}(C_{12}r_z^b-C_{13}r_y^b)+C_{13}C_{22}r_x^b & C_{31}(C_{12}r_z^b-C_{13}r_y^b)+C_{13}C_{32}r_x^b\\ C_{11}(C_{22}r_z^b-C_{23}r_y^b)+C_{12}C_{23}r_x^b & C_{21}(C_{22}r_z^b-C_{23}r_y^b)+C_{23}C_{22}r_x^b & C_{31}(C_{22}r_z^b-C_{23}r_y^b)+C_{23}C_{32}r_x^b\\ C_{11}(C_{32}r_z^b-C_{33}r_y^b)+C_{12}C_{33}r_x^b & C_{21}(C_{32}r_z^b-C_{33}r_y^b)+C_{33}C_{22}r_x^b & C_{31}(C_{32}r_z^b-C_{33}r_y^b)+C_{33}C_{32}r_x^b\end{bmatrix}\tag{8.5.97}$$

式(8.5.97)代入式(8.5.96),得

$$L(1,1)=0\quad L(2,2)=0\quad L(3,3)=0$$

$$L(2,1)=N(2,1)-N(1,2)=(C_{12}C_{23}-C_{13}C_{22})r_x^b+(C_{21}C_{13}-C_{11}C_{23})r_y^b+(C_{11}C_{22}-C_{21}C_{12})r_z^b\tag{8.5.98a}$$

$$L(3,1)=N(3,1)-N(1,3)=(C_{12}C_{33}-C_{13}C_{32})r_x^b+(C_{31}C_{13}-C_{11}C_{33})r_y^b+$$

$$(C_{11}C_{32}-C_{31}C_{12})r_z^b \tag{8.5.98b}$$

$$L(3,2)=N(3,2)-N(2,3)=(C_{22}C_{33}-C_{23}C_{32})r_x^b+(C_{31}C_{23}-C_{21}C_{33})r_y^b+$$
$$(C_{21}C_{32}-C_{31}C_{22})r_z^b \tag{8.5.98c}$$

$$L(1,2)=N(1,2)-N(2,1)=-L(2,1)$$
$$L(1,3)=N(1,3)-N(3,1)=-L(3,1)$$
$$L(2,3)=N(2,3)-N(3,2)=-L(3,2)$$

由于姿态阵 $\boldsymbol{C}_{bm}^n$ 为单位正交阵，有

$$(\boldsymbol{C}_{bm}^n)^{-1}=(\boldsymbol{C}_{bm}^n)^{\mathrm{T}}$$

即

$$\left(\begin{bmatrix} C_{11} & C_{12} & C_{13} \\ C_{21} & C_{22} & C_{23} \\ C_{31} & C_{32} & C_{33} \end{bmatrix}\right)^{-1}=\begin{bmatrix} C_{11} & C_{21} & C_{31} \\ C_{12} & C_{22} & C_{32} \\ C_{13} & C_{23} & C_{33} \end{bmatrix}$$

所以

$$C_{11}=C_{22}C_{33}-C_{23}C_{32}\quad C_{12}=C_{23}C_{31}-C_{21}C_{33}\quad C_{13}=C_{21}C_{32}-C_{22}C_{31}$$
$$C_{21}=C_{13}C_{32}-C_{12}C_{33}\quad C_{22}=C_{11}C_{33}-C_{13}C_{31}\quad C_{23}=C_{12}C_{31}-C_{11}C_{32}$$
$$C_{31}=C_{12}C_{23}-C_{13}C_{22}\quad C_{32}=C_{13}C_{21}-C_{11}C_{23}\quad C_{33}=C_{11}C_{22}-C_{12}C_{21}$$

上述关系式代入式(8.5.98)，并根据式(8.5.95)，得

$$L(2,1)=C_{31}r_x^b+C_{32}r_y^b+C_{33}r_z^b=r_z^n$$
$$L(3,1)=-(C_{21}r_x^b+C_{22}r_y^b+C_{23}r_z^b)=-r_y^n$$
$$L(3,2)=C_{11}r_x^b+C_{12}r_y^b+C_{13}r_z^b=r_x^n$$

所以

$$\boldsymbol{L}=\begin{bmatrix} 0 & -r_z^n & r_y^n \\ r_z^n & 0 & -r_x^n \\ -r_y^n & r_x^n & 0 \end{bmatrix}=(\boldsymbol{r}^n\times)=[(\boldsymbol{C}_{bm}^n\boldsymbol{r}^b)\times]$$

即

$$\boldsymbol{C}_{bm}^n[(\boldsymbol{\mu}+\boldsymbol{\lambda})\times]\boldsymbol{C}_n^{bm}=\{[\boldsymbol{C}_{bm}^n(\boldsymbol{\mu}+\boldsymbol{\lambda})]\times\} \tag{8.5.99}$$

式(8.5.99)代入式(8.5.94)，得

$$\boldsymbol{M}=\boldsymbol{I}+\{[\boldsymbol{\phi}-\boldsymbol{C}_{bm}^n(\boldsymbol{\mu}+\boldsymbol{\lambda})-\boldsymbol{\phi}_m]\times\} \tag{8.5.100}$$

可见，$\boldsymbol{M}$ 是反对称矩阵，可写成如下形式

$$\boldsymbol{M}=\begin{bmatrix} 1 & -Z_z & Z_y \\ Z_z & 1 & -Z_x \\ -Z_y & Z_x & 1 \end{bmatrix} \tag{8.5.101}$$

取 $\boldsymbol{Z}_{DCM}=[Z_x \quad Z_y \quad Z_z]^{\mathrm{T}}$ 作为量测量，则有

$$Z_z=M(2,1),\quad Z_y=M(1,3),\quad Z_x=M(3,2)$$
$$-Z_z=M(1,2),\quad -Z_y=M(3,1),\quad -Z_x=M(2,3)$$

由此得

$$Z_x=\frac{1}{2}[M(3,2)-M(2,3)] \tag{8.5.102a}$$

$$Z_y=\frac{1}{2}[M(1,3)-M(3,1)] \tag{8.5.102b}$$

$$Z_z = \frac{1}{2}[M(2,1) - M(1,2)] \tag{8.5.102c}$$

比较式(8.5.101)和式(8.5.100)，可得量测量 $\boldsymbol{Z}_{DCM}$ 与误差量之间的函数关系式

$$\boldsymbol{Z}_{DCM} = \boldsymbol{\phi} - \boldsymbol{C}_{b_m}^n(\boldsymbol{\mu} + \boldsymbol{\lambda}) - \boldsymbol{\phi}_m \tag{8.5.103}$$

式(8.5.103)即为姿态阵匹配量测方程，其中量测量 $\boldsymbol{Z}_{DCM}$ 按式(8.5.102)确定，矩阵 $\boldsymbol{M}$ 按式(8.5.93)确定。

(5) 姿态四元数匹配量。设主、子惯导选用相同的导航坐标系 n，输出的姿态四元数分别为 $\hat{\boldsymbol{Q}}_m$ 和 $\hat{\boldsymbol{Q}}_s$。b_m 和 b_s 坐标系的定义和 $\boldsymbol{\mu}$、$\boldsymbol{\lambda}$ 等物理量的定义同前所述。根据姿态阵与姿态四元数间的等价关系，与 $\hat{\boldsymbol{C}}_{b_m}^n = \boldsymbol{C}_{b_m}^{n'} = \boldsymbol{C}_n^{n'}\boldsymbol{C}_{b_m}^n$ 对应的四元数为

$$\hat{\boldsymbol{Q}}_m = \hat{\boldsymbol{Q}}_n^{b_m} = \boldsymbol{Q}_{n'}^n \otimes \boldsymbol{Q}_n^{b_m}$$

与 $\hat{\boldsymbol{C}}_{b_s}^n = \boldsymbol{C}_{b_s}^{n''} = \boldsymbol{C}_n^{n''}\boldsymbol{C}_{b_s}^n$ 对应的四元数为

$$\hat{\boldsymbol{Q}}_m = \hat{\boldsymbol{Q}}_n^{b_s} = \boldsymbol{Q}_{n''}^n \otimes \boldsymbol{Q}_n^{b_s}$$

其中 n' 和 n'' 分别为主、子惯导建立的数学平台。四元数 $\boldsymbol{Q}_n^{b_m}$ 描述了坐标系 n 至坐标系 b_m 的等效旋转，其余用上下标表示的四元数说明与之类似。

用 $\hat{\boldsymbol{Q}}_m$ 和 $\hat{\boldsymbol{Q}}_s$ 构建四元数，有

$$\boldsymbol{Q} = \hat{\boldsymbol{Q}}_s^* \otimes \hat{\boldsymbol{Q}}_m \tag{8.5.104}$$

则

$$\boldsymbol{Q} = [(\boldsymbol{Q}_n^{b_s})^* \otimes (\boldsymbol{Q}_{n''}^n)^*] \otimes (\boldsymbol{Q}_{n'}^n \otimes \boldsymbol{Q}_n^{b_m}) = \boldsymbol{Q}_{b_s}^n \otimes \begin{bmatrix} 1 \\ \dfrac{\boldsymbol{\phi}}{2} \end{bmatrix} \otimes \begin{bmatrix} 1 \\ -\dfrac{\boldsymbol{\phi}_m}{2} \end{bmatrix} \otimes \boldsymbol{Q}_n^{b_m}$$

式中，$\boldsymbol{\phi}$ 和 $\boldsymbol{\phi}_m$ 分别为子惯导和主惯导的姿态误差角，是在导航坐标系内的数学向量。并且

$$\begin{bmatrix} 1 \\ \dfrac{\boldsymbol{\phi}}{2} \end{bmatrix} \otimes \begin{bmatrix} 1 \\ -\dfrac{\boldsymbol{\phi}_m}{2} \end{bmatrix} = \left(1 + \frac{\boldsymbol{\phi}}{2}\right) \otimes \left(1 - \frac{\boldsymbol{\phi}_m}{2}\right) = 1 + \frac{\boldsymbol{\phi}}{2} - \frac{\boldsymbol{\phi}_m}{2} = \begin{bmatrix} 1 \\ \dfrac{\boldsymbol{\phi} - \boldsymbol{\phi}_m}{2} \end{bmatrix}$$

上式中，略去了向量叉乘引起的二阶小量。则有

$$\boldsymbol{Q} = \boldsymbol{Q}_{b_s}^{b_m} \otimes \boldsymbol{Q}_{b_m}^n \otimes \begin{bmatrix} 1 \\ \dfrac{\boldsymbol{\phi} - \boldsymbol{\phi}_m}{2} \end{bmatrix} \otimes \boldsymbol{Q}_n^{b_m} = \begin{bmatrix} 1 \\ -\dfrac{\boldsymbol{\mu} + \boldsymbol{\lambda}}{2} \end{bmatrix} \otimes \begin{bmatrix} 1 \\ \boldsymbol{Q}_{b_m}^n \otimes \dfrac{\boldsymbol{\phi} - \boldsymbol{\phi}_m}{2} \otimes \boldsymbol{Q}_n^{b_m} \end{bmatrix} =$$

$$\begin{bmatrix} 1 \\ -\dfrac{\boldsymbol{\mu} + \boldsymbol{\lambda}}{2} \end{bmatrix} \otimes \begin{bmatrix} 1 \\ \boldsymbol{C}_n^{b_m} \dfrac{\boldsymbol{\phi} - \boldsymbol{\phi}_m}{2} \end{bmatrix}$$

略去向量叉乘引起的二阶小量，有

$$\boldsymbol{Q} = \begin{bmatrix} 1 \\ -\dfrac{\boldsymbol{\mu} + \boldsymbol{\lambda}}{2} + \boldsymbol{C}_n^{b_m} \dfrac{\boldsymbol{\phi} - \boldsymbol{\phi}_m}{2} \end{bmatrix}$$

记 $\boldsymbol{Q} = \begin{bmatrix} 1 \\ Q_1 \\ Q_2 \\ Q_3 \end{bmatrix}$，并取量测量

$$\boldsymbol{Z}_Q=\begin{bmatrix}2Q_1\\2Q_2\\2Q_3\end{bmatrix} \tag{8.5.105}$$

则量测量与误差量间的函数关系为

$$\boldsymbol{Z}_Q=\boldsymbol{C}_n^{b_m}\boldsymbol{\phi}-\boldsymbol{C}_n^{b_m}\boldsymbol{\phi}_m-\boldsymbol{\mu}-\boldsymbol{\lambda}_f-\boldsymbol{\lambda}_\nu \tag{8.5.106}$$

由于主惯导的姿态误差远小于子惯导的姿态误差，为简化传递对准算法，将主惯导的姿态误差近似视为白噪声，与高频颤振归并入量测噪声，有

$$\boldsymbol{V}_Q=-\boldsymbol{C}_n^{b_m}\boldsymbol{\phi}_m-\boldsymbol{\lambda}_\nu \tag{8.5.107}$$

所以由四元数构造的匹配量可写成

$$\boldsymbol{Z}_Q=\boldsymbol{C}_n^{b_m}\boldsymbol{\phi}-\boldsymbol{\mu}-\boldsymbol{\lambda}_f+\boldsymbol{V}_Q \tag{8.5.108}$$

其中

$$\boldsymbol{R}_Q=E[\boldsymbol{V}_Q\boldsymbol{V}_Q^{\mathrm{T}}]=\boldsymbol{C}_n^{b_m}\boldsymbol{R}_{\phi m}\boldsymbol{C}_{b_m}^n+\boldsymbol{R}_{\lambda\nu} \tag{8.5.109}$$

$\boldsymbol{R}_{\phi m}$ 为主惯导姿态误差的方差阵，$\boldsymbol{R}_{\lambda\nu}$ 为高频颤振的方差阵。

匹配量的选取与主、子惯导的类型有关。由于成本和重量、体积的关系，子惯导一般都采用捷联惯导，而主惯导有可能是平台式惯导，也可能是捷联式惯导。如果主惯导是平台式的，由于平台式惯导不能给出姿态角速度信息，且测量平台环架角的同步器误差过大使姿态角精度很低，所以当主惯导为平台式惯导时，一般采用速度匹配，也可采用速度和方位同时匹配[99]。如果主惯导也是捷联式惯导系统，则以上所介绍的匹配方案都可采用。

各种匹配方案的特点见表 8.5.4。对于空-空弹，载机捕获目标后必须紧紧跟踪并锁定目标，与此同时必须完成对弹载子惯导的传递对准，所以载机应尽量避免机动，特别是盘旋和俯仰运动，以防止雷达丢失目标。因此同时采用姿态角和速度作为匹配量的方案是较合适的传递对准方案。

表 8.5.4　各种匹配方案的特点

匹配方案	辅助机动	滤波计算量	速度估计效果	方位、姿态估计收敛速度
速　度	盘旋或直线加速	小	好	慢
角速度	摇　摆	小	差	快
姿态角	不需要	小	差	快
姿态阵	不需要	大	差	快
姿态角和速度	不需要	较大	好	快

8.6　应用基本滤波理论设计组合导航系统

8.6.1　列写系统方程和量测方程的原则

导航系统一般都是非线性系统，描述系统的方程都很复杂。导航系统的误差方程本身也都是非线性方程，但由于具有一定精度的导航系统的误差量都可看做小量，非线性方程中关于误差量的高阶项都可看做高阶小量而略去不计，所以误差方程可描述为线性方程。为了使量

测方程也具有线性形式，即量测量也是误差量的线性函数，量测量必须是两种非相似导航系统对同一导航参数输出量的差值。在这种差值中，真实导航参数已经互相对消掉，剩下的只是这两种导航系统的相应误差量。因此，用误差量作为状态的系统方程和量测方程都是线性方程，这就可以采用基本方程来设计卡尔曼滤波器，避免了采用广义卡尔曼滤波所造成的不必要的麻烦。滤波器的输出是对误差量的估计值，误差被估计出来后，可用来校正相应的导航系统，以提高导航系统的精度。

以上是选择状态变量和量测量，列写状态方程和量测方程的一般原则。除此之外，还应注意以下几点：

(1) 在满足估计精度的前提下，尽可能地减少状态，以减少滤波器的复杂性。但是一般总要包括速度误差、位置误差和平台误差角等状态。在速度组合或位置组合中，这些状态的估计效果一般都是比较明显的。

(2) 除了速度误差、位置误差和平台误差角之外，尚需要考虑的状态还有惯性器件的误差量。在这些误差量中，加速度计偏置和平台倾角之间的不可分辨性仍然存在。因此，一般在状态方程中不考虑加速度计偏置。其次，从速度误差和位置误差的近似解中看出，方位陀螺漂移在速度误差量测值或位置误差量测值中的信息非常小，所以，它的估计效果一般不会很好(除非它的值很大，或两次量测之间的时间间隔很长，或量测噪声小)。因此，在连续工作时间不太长的组合导航系统中，常略去对它的估计，也就是仅仅将方位陀螺的漂移考虑为白噪声，在平台方位误差方程中成为模型噪声。至于两个水平陀螺漂移，它们在量测值中的信息也是比较小的，因此，也存在与方位陀螺漂移类似的情况，即要求两次量测量之间的时间间隔长些。如果漂移值不大或量测噪声大，以致使估计效果不好，则同样可以考虑不作估计。

(3) 由惯性导航理论知，惯导系统的纯惯性高度通道是不稳定的，要克服这一问题，必须向惯导高度通道引入其余导航系统提供的高度信息，从外部引入阻尼。

8.6.2　由集中滤波器实现的组合导航系统设计例举

假设构成组合导航系统的子系统有：激光陀螺捷联惯导系统(INS)、C/A 码 GPS 接收机(GPS)、多普勒雷达(DVS)、大气数据计算机(ADS)、垂直陀螺(VG)和磁航向仪(MG)。采用一个卡尔曼滤波器，即集中滤波器实现系统间的组合。激光捷联惯导与其余子系统形成的量测量全部作为该集中滤波器的量测量。下面介绍该滤波器的设计，并给出在设定飞行轨迹条件下，滤波效果的部分仿真计算结果。

1. 状态变量的选取和系统方程的建立

(1) 激光陀螺捷联惯导系统。选择惯导系统的状态向量为

$$\boldsymbol{X}_{\mathrm{INS}}=[\delta L \quad \delta\lambda \quad \delta h \quad \delta v_{\mathrm{E}} \quad \delta v_{\mathrm{N}} \quad \delta v_{\mathrm{U}} \quad \varphi_{\mathrm{E}} \quad \varphi_{\mathrm{N}} \quad \varphi_{\mathrm{U}} \quad \varepsilon_{bx} \quad \varepsilon_{by} \quad \varepsilon_{bz} \quad \varepsilon_{rx} \quad \varepsilon_{ry} \quad \varepsilon_{rz} \quad \nabla_x \quad \nabla_y \quad \nabla_z \quad \delta K_{gx} \quad \delta K_{gy} \quad \delta K_{gz} \quad \delta K_{ax} \quad \delta K_{ay} \quad \delta K_{az}]^{\mathrm{T}} \tag{8.6.1}$$

状态向量共 24 维。根据 8.4 节中关于捷联惯导误差方程的介绍，状态方程为

$$\dot{\boldsymbol{X}}_{\mathrm{INS}}=\boldsymbol{F}_{\mathrm{INS}}\boldsymbol{X}_{\mathrm{INS}}+\boldsymbol{G}_{\mathrm{INS}}\boldsymbol{w}_{\mathrm{INS}} \tag{8.6.2}$$

式中，系统噪声为

$$\boldsymbol{w}_{\mathrm{INS}}=[w_{gx} \quad w_{gy} \quad w_{gz} \quad w_{rx} \quad w_{ry} \quad w_{rz} \quad w_{ax} \quad w_{ay} \quad w_{az}]^{\mathrm{T}} \tag{8.6.3}$$

系统噪声分配阵为

$$\boldsymbol{G}_{\text{INS}}=\begin{bmatrix}\boldsymbol{0}_{6\times3} & \boldsymbol{0}_{6\times3} & \boldsymbol{0}_{6\times3}\\ \boldsymbol{C}_b^n & \boldsymbol{0}_{3\times3} & \boldsymbol{0}_{3\times3}\\ \boldsymbol{0}_{3\times3} & \boldsymbol{0}_{3\times3} & \boldsymbol{0}_{3\times3}\\ \boldsymbol{0}_{3\times3} & \boldsymbol{I}_{3\times3} & \boldsymbol{0}_{3\times3}\\ \boldsymbol{0}_{3\times3} & \boldsymbol{0}_{3\times3} & \boldsymbol{I}_{3\times3}\\ \boldsymbol{0}_{6\times3} & \boldsymbol{0}_{6\times3} & \boldsymbol{0}_{6\times3}\end{bmatrix} \tag{8.6.4}$$

$\boldsymbol{F}_{\text{INS}}$ 的非零元为

$$F_{1,3}=-\frac{v_{\text{N}}}{(R+h)^2} \qquad F_{1,5}=\frac{1}{R+h}$$

$$F_{2,1}=\frac{v_{\text{E}}}{R+h}\sec L\tan L \qquad F_{2,3}=-\frac{v_{\text{E}}}{(R+h)^2}\sec L$$

$$F_{2,4}=\frac{\sec L}{R+h} \qquad F_{3,6}=1$$

$$F_{4,1}=2\omega_{ie}\cos L v_{\text{N}}+\frac{v_{\text{E}}v_{\text{N}}}{R+h}\sec^2 L+2\omega_{ie}\sin L v_{\text{U}} \qquad F_{4,3}=\frac{v_{\text{E}}v_{\text{U}}-v_{\text{E}}v_{\text{N}}\tan L}{(R+h)^2}$$

$$F_{4,4}=\frac{v_{\text{N}}}{R+h}\tan L-\frac{v_{\text{U}}}{R+h} \qquad F_{4,5}=2\omega_{ie}\sin L+\frac{v_{\text{E}}}{R+h}\tan L$$

$$F_{4,6}=-\left(2\omega_{ie}\cos L+\frac{v_{\text{E}}}{R+h}\right) \qquad F_{4,8}=-f_{\text{U}}$$

$$F_{4,9}=f_{\text{N}} \qquad F_{4,16}=C_b^n(1,1)$$

$$F_{4,17}=C_b^n(1,2) \qquad F_{4,18}=C_b^n(1,3)$$

$$F_{4,22}=C_b^n(1,1)f_x \qquad F_{4,23}=C_b^n(1,2)f_y$$

$$F_{4,24}=C_b^n(1,3)f_z \qquad F_{5,1}=-\left(2\omega_{ie}\cos L v_{\text{E}}+\frac{v_{\text{E}}^2\sec^2 L}{R+h}\right)$$

$$F_{5,3}=\frac{v_{\text{E}}^2\tan L+v_{\text{N}}v_{\text{U}}}{(R+h)^2} \qquad F_{5,4}=-2\left(\omega_{ie}\sin L+\frac{v_{\text{E}}}{R+h}\tan L\right)$$

$$F_{5,5}=-\frac{v_{\text{U}}}{R+h} \qquad F_{5,6}=-\frac{v_{\text{N}}}{R+h}$$

$$F_{5,7}=f_{\text{U}} \qquad F_{5,9}=-f_{\text{E}}$$

$$F_{5,16}=C_b^n(2,1) \qquad F_{5,17}=C_b^n(2,2)$$

$$F_{5,18}=C_b^n(2,3) \qquad F_{5,22}=C_b^n(2,1)f_x$$

$$F_{5,23}=C_b^n(2,2)f_y \qquad F_{5,24}=C_b^n(2,3)f_z$$

$$F_{6,1}=-2\omega_{ie}v_{\text{E}}\sin L \qquad F_{6,3}=-\frac{v_{\text{E}}^2+v_{\text{N}}^2}{(R+h)^2}$$

$$F_{6,4}=2\left(\omega_{ie}\cos L+\frac{v_{\text{E}}}{R+h}\right) \qquad F_{6,5}=\frac{2v_{\text{N}}}{R+h}$$

$$F_{6,7}=-f_{\text{N}} \qquad F_{6,8}=f_{\text{E}}$$

$$F_{6,16}=C_b^n(3,1) \qquad F_{6,17}=C_b^n(3,2)$$

$$F_{6,18}=C_b^n(3,3) \qquad F_{6,22}=C_b^n(3,1)f_x$$

$$F_{6,23}=C_b^n(3,2)f_y \qquad F_{6,24}=C_b^n(3,3)f_z$$

$$F_{7,3}=\frac{v_N}{(R+h)^2} \qquad F_{7,5}=-\frac{1}{R+h}$$

$$F_{7,8}=\omega_{ie}\sin L+\frac{v_E}{R+h}\tan L \qquad F_{7,9}=-\left(\omega_{ie}\cos L+\frac{v_E}{R+h}\right)$$

$$F_{7,10}=C_b^n(1,1) \qquad F_{7,11}=C_b^n(1,2)$$

$$F_{7,12}=C_b^n(1,3) \qquad F_{7,13}=C_b^n(1,1)$$

$$F_{7,14}=C_b^n(1,2) \qquad F_{7,15}=C_b^n(1,3)$$

$$F_{7,19}=C_b^n(1,1)\omega_x \qquad F_{7,20}=C_b^n(1,2)\omega_y$$

$$F_{7,21}=C_b^n(1,3)\omega_z \qquad F_{8,1}=-\omega_{ie}\sin L$$

$$F_{8,3}=-\frac{v_E}{(R+h)^2} \qquad F_{8,4}=\frac{1}{R+h}$$

$$F_{8,7}=-\left(\omega_{ie}\sin L+\frac{v_E}{R+h}\tan L\right) \qquad F_{8,9}=-\frac{v_N}{R+h}$$

$$F_{8,10}=C_b^n(2,1) \qquad F_{8,11}=C_b^n(2,2)$$

$$F_{8,12}=C_b^n(2,3) \qquad F_{8,13}=C_b^n(2,1)$$

$$F_{8,14}=C_b^n(2,2) \qquad F_{8,15}=C_b^n(2,3)$$

$$F_{8,19}=C_b^n(2,1)\omega_x \qquad F_{8,20}=C_b^n(2,2)\omega_y$$

$$F_{8,21}=C_b^n(2,3)\omega_z \qquad F_{9,1}=\omega_{ie}\cos L+\frac{v_E}{R+h}\sec^2 L$$

$$F_{9,3}=-\frac{v_E\tan L}{(R+h)^2} \qquad F_{9,4}=\frac{\tan L}{R+h}$$

$$F_{9,7}=\omega_{ie}\cos L+\frac{v_E}{R+h} \qquad F_{9,8}=\frac{v_N}{R+h}$$

$$F_{9,10}=C_b^n(3,1) \qquad F_{9,11}=C_b^n(3,2)$$

$$F_{9,12}=C_b^n(3,3) \qquad F_{9,13}=C_b^n(3,1)$$

$$F_{9,14}=C_b^n(3,2) \qquad F_{9,15}=C_b^n(3,3)$$

$$F_{9,19}=C_b^n(3,1)\omega_x \qquad F_{9,20}=C_b^n(3,2)\omega_y$$

$$F_{9,21}=C_b^n(3,3)\omega_z \qquad F_{13,13}=-\frac{1}{\tau_G}$$

$$F_{14,14}=-\frac{1}{\tau_G} \qquad F_{15,15}=-\frac{1}{\tau_G}$$

（2）C/A 码 GPS 接收机。选择 C/A 码 GPS 接收机的状态为

$$\boldsymbol{X}_{\mathrm{GPS}}=[\delta L_{\mathrm{SA}} \quad \delta\lambda_{\mathrm{SA}} \quad \delta h_{\mathrm{SA}} \quad \delta v_{\mathrm{ESA}} \quad \delta v_{\mathrm{NSA}} \quad \delta v_{\mathrm{USA}}]^{\mathrm{T}} \tag{8.6.5}$$

根据 8.3.1 小节中关于使用 C/A 码的 GPS 导航仪的介绍，得 GPS 子系统的状态方程为

$$\dot{\boldsymbol{X}}_{\mathrm{GPS}}=\boldsymbol{F}_{\mathrm{GPS}}\boldsymbol{X}_{\mathrm{GPS}}+\boldsymbol{w}_{\mathrm{GPS}} \tag{8.6.6}$$

式中

$$\boldsymbol{F}_{\mathrm{GPS}}=\mathrm{diag}\left[-\frac{1}{\tau_{\mathrm{SA}L}} \quad -\frac{1}{\tau_{\mathrm{SA}\lambda}} \quad -\frac{1}{\tau_{\mathrm{SA}h}} \quad -\frac{1}{\tau_{\mathrm{SA}v\mathrm{E}}} \quad -\frac{1}{\tau_{\mathrm{SA}v\mathrm{N}}} \quad -\frac{1}{\tau_{\mathrm{SA}v\mathrm{U}}}\right] \tag{8.6.7}$$

$$\boldsymbol{w}_{\mathrm{GPS}}=[w_{\mathrm{SA}L} \quad w_{\mathrm{SA}\lambda} \quad w_{\mathrm{SA}h} \quad w_{\mathrm{SA}v\mathrm{E}} \quad w_{\mathrm{SA}v\mathrm{N}} \quad w_{\mathrm{SA}v\mathrm{U}}]^{\mathrm{T}} \tag{8.6.8}$$

（3）多普勒雷达测速仪。选择多普勒雷达的的测速误差状态为

$$\boldsymbol{X}_{\mathrm{DVS}}=[\delta v_{dx} \quad \delta v_{dy} \quad \delta v_{dz} \quad \delta K_{dx} \quad \delta K_{dy} \quad \delta K_{dz}]^{\mathrm{T}} \tag{8.6.9}$$

式中，$\delta K_{di}(i=x,\ y,\ z)$ 为多普勒雷达测速的刻度系数误差，根据 8.3.2 节中分析，它们为随机常数，如式(8.3.27) 所示。$\delta v_{di}(i=x,\ y,\ z)$ 为由地形变化引起的测速误差。由于地形变化很少有突变，所以可用一阶马尔柯夫过程近似描述之。因此，状态方程为

$$\dot{\boldsymbol{X}}_{\mathrm{DVS}}=\boldsymbol{F}_{\mathrm{DVS}}\boldsymbol{X}_{\mathrm{DVS}}+\boldsymbol{G}_{\mathrm{DVS}}\boldsymbol{w}_{\mathrm{DVS}} \tag{8.6.10}$$

式中

$$\boldsymbol{F}_{\mathrm{DVS}}=\mathrm{diag}\begin{bmatrix}-\dfrac{1}{\tau_{dx}} & -\dfrac{1}{\tau_{dy}} & -\dfrac{1}{\tau_{dz}} & 0 & 0 & 0\end{bmatrix} \tag{8.6.11}$$

$$\boldsymbol{w}_{\mathrm{DVS}}=\begin{bmatrix}w_{dx} & w_{dy} & w_{dz}\end{bmatrix}^{\mathrm{T}} \tag{8.6.12}$$

$$\boldsymbol{G}_{\mathrm{DVS}}=\begin{bmatrix}\boldsymbol{I}_{3\times3}\\ \boldsymbol{0}_{3\times3}\end{bmatrix} \tag{8.6.13}$$

(4) 大气数据计算机。取大气数据计算机的状态为

$$\boldsymbol{X}_{\mathrm{ADS}}=\begin{bmatrix}v_{wb\mathrm{E}} & v_{wb\mathrm{N}} & v_{wb\mathrm{U}} & v_{wr\mathrm{E}} & v_{wr\mathrm{N}} & v_{wr\mathrm{U}} & \delta K_{\mathrm{ADS}} & \delta h_b\end{bmatrix}^{\mathrm{T}} \tag{8.6.14}$$

式中，$v_{wbi}(i=\mathrm{E},\ \mathrm{N},\ \mathrm{U})$ 为随机常值风，它表示大气中的平稳气流，主要由地球的东西向环流引起；$v_{wri}(i=\mathrm{E},\ \mathrm{N},\ \mathrm{U})$ 为相关风，它表示变化较为缓慢的低频风；δK_{ADS} 为空速测量中的刻度系数误差；δh_b 为气压高度的测量误差，由于飞行过程中飞经各地的气压是不同的，所以假设它在时间上相关，相关时间为 τ_b。这样，状态方程为

$$\dot{\boldsymbol{X}}_{\mathrm{ADS}}=\boldsymbol{F}_{\mathrm{ADS}}\boldsymbol{X}_{\mathrm{ADS}}+\boldsymbol{G}_{\mathrm{ADS}}\boldsymbol{w}_{\mathrm{ADS}} \tag{8.6.15}$$

式中

$$\boldsymbol{F}_{\mathrm{ADS}}=\mathrm{diag}\begin{bmatrix}0 & 0 & 0 & -\dfrac{1}{\tau_{w\mathrm{E}}} & -\dfrac{1}{\tau_{w\mathrm{N}}} & -\dfrac{1}{\tau_{w\mathrm{U}}} & 0 & -\dfrac{1}{\tau_b}\end{bmatrix} \tag{8.6.16}$$

$$\boldsymbol{w}_{\mathrm{ADS}}=\begin{bmatrix}w_{w\mathrm{E}} & w_{w\mathrm{N}} & w_{w\mathrm{U}} & w_{hb}\end{bmatrix}^{\mathrm{T}} \tag{8.6.17}$$

$$\boldsymbol{G}_{\mathrm{ADS}}=\begin{bmatrix}\multicolumn{2}{c}{\boldsymbol{0}_{3\times4}}\\ \boldsymbol{I}_{3\times3} & \boldsymbol{0}_{3\times1}\\ \boldsymbol{0}_{1\times3} & 1\end{bmatrix} \tag{8.6.18}$$

(5) 垂直陀螺。取垂直陀螺的状态为

$$\boldsymbol{X}_{\mathrm{VG}}=\begin{bmatrix}\varphi_{\mathrm{VG}x} & \varphi_{\mathrm{VG}y} & \varepsilon_{\mathrm{VG}x} & \varepsilon_{\mathrm{VG}y}\end{bmatrix}^{\mathrm{T}} \tag{8.6.19}$$

式中，$\varphi_{\mathrm{VG}x}$ 和 $\varphi_{\mathrm{VG}y}$ 是沿俯仰轴和横滚轴的水平姿态测量误差；$\varepsilon_{\mathrm{VG}x}$ 和 $\varepsilon_{\mathrm{VG}y}$ 为垂直陀螺的漂移，用一阶马尔柯夫过程描述之。则垂直陀螺的状态方程为

$$\dot{\boldsymbol{X}}_{\mathrm{VG}}=\boldsymbol{F}_{\mathrm{VG}}\boldsymbol{X}_{\mathrm{VG}}+\boldsymbol{G}_{\mathrm{VG}}\boldsymbol{w}_{\mathrm{VG}} \tag{8.6.20}$$

式中

$$\boldsymbol{F}_{\mathrm{VG}}=\begin{bmatrix} & 1 & 0\\ & 0 & 1\\ \boldsymbol{0}_{4\times2} & -\dfrac{1}{\tau_{\mathrm{VG}x}} & 0\\ & 0 & -\dfrac{1}{\tau_{\mathrm{VG}y}}\end{bmatrix} \tag{8.6.21}$$

$$\boldsymbol{G}_{\mathrm{VG}}=\begin{bmatrix}\boldsymbol{0}_{2\times2}\\ \boldsymbol{I}_{2\times2}\end{bmatrix} \tag{8.6.22}$$

$$\boldsymbol{w}_{\mathrm{VG}}=\begin{bmatrix}w_{\mathrm{VG}x} & w_{\mathrm{VG}y}\end{bmatrix}^{\mathrm{T}} \tag{8.6.23}$$

(6) 磁航向仪。磁航向仪只取一个状态

$$X_{MG} = \delta \Psi_{MG} \tag{8.6.24}$$

由飞行引起的沿途各地的磁航向误差用一阶马尔柯夫过程描述之

$$\dot{X}_{MG} = -\frac{1}{\tau_{MG}} X_{MG} + w_{MG} \tag{8.6.25}$$

2. 量测方程的建立

将捷联惯导分别与其余子系统形成的所有量测量作为集中滤波器的量测量。这样做的目的是:充分利用高精度导航子系统的信息来校正惯导,同时又使惯导对精度较低的子系统作标定和校正,为一旦惯导失效而只能使用其余导航系统时的应急导航方案作准备。

(1) 惯导与 GPS 形成的量测量。将 GPS 导航仪输出的位置和速度信息与惯导的相应输出信息相减得量测方程为

$$\boldsymbol{Z}_{GPS} = \begin{bmatrix} L_{INS} - L_{GPS} \\ \lambda_{INS} - \lambda_{GPS} \\ h_{INS} - h_{GPS} \\ v_{EINS} - v_{EGPS} \\ v_{NINS} - v_{NGPS} \\ v_{UINS} - v_{UGPS} \end{bmatrix} = \begin{bmatrix} \delta L - \delta L_{SA} + V_1 \\ \delta \lambda - \delta \lambda_{SA} + V_2 \\ \delta h - \delta h_{SA} + V_3 \\ \delta v_E - \delta v_{ESA} + V_4 \\ \delta v_N - \delta v_{NSA} + V_5 \\ \delta v_U - \delta v_{USA} + V_6 \end{bmatrix} \tag{8.6.26}$$

即

$$\boldsymbol{Z}_{GPS} = [\boldsymbol{H}_1 \quad \boldsymbol{H}_{GPS}] \begin{bmatrix} \boldsymbol{X}_{INS} \\ \boldsymbol{X}_{GPS} \end{bmatrix} + \boldsymbol{V}_{GPS} \tag{8.6.27}$$

式中

$$\boldsymbol{H}_1 = [\boldsymbol{I}_{6\times6} \quad \boldsymbol{0}_{6\times18}] \tag{8.6.28}$$

$$\boldsymbol{H}_{GPS} = [-\boldsymbol{I}_{6\times6}] \tag{8.6.29}$$

(2) 惯导与多普勒雷达测速仪(DVS)形成的量测量。四波束多普勒雷达可测得地速在机体坐标系内的分量,要使其输出的速度与惯导的输出速度形成量测量,必须将 DVS 的输出速度变换到导航坐标系中(此处导航坐标系取地理坐标系)。假设变换中所用的姿态矩阵 $C_b^{n'}$ 由惯导提供,则

$$\boldsymbol{v}_{DVS}^{n'} = \boldsymbol{C}_n^{n'} \boldsymbol{C}_b^n (\boldsymbol{v}^b + \delta \boldsymbol{v}_{DVS}^b) =$$

$$\boldsymbol{C}_n^{n'} \boldsymbol{v}^n + \boldsymbol{C}_n^{n'} \boldsymbol{C}_b^n \begin{bmatrix} \delta v_{dx} + \delta K_{dx} v_x \\ \delta v_{dy} + \delta K_{dy} v_y \\ \delta v_{dz} + \delta K_{dz} v_z \end{bmatrix}$$

式中

$$\boldsymbol{C}_n^{n'} = \begin{bmatrix} 1 & \varphi_U & -\varphi_N \\ -\varphi_U & 1 & \varphi_E \\ \varphi_N & -\varphi_E & 1 \end{bmatrix}, \quad \boldsymbol{v}^b = \begin{bmatrix} v_x \\ v_y \\ v_z \end{bmatrix}$$

略去由误差量构成的二阶小量,得多普勒测速仪输出的地速在地理坐标系内的分量为

$$v_{EDVS} \approx v_E + \varphi_U v_N - \varphi_N v_U + C_b^n(1,1)\delta v_{dx} + c_b^n(1,2)\delta v_{dy} + C_b^n(1,3)\delta v_{dz} + C_b^n(1,1)\delta K_{dx} v_x + C_b^n(1,2)\delta K_{dy} v_y + C_b^n(1,3)\delta K_{dz} v_z \tag{8.6.30a}$$

$$v_{NDVS} \approx v_N - \varphi_U v_E + \varphi_E v_U + C_b^n(2,1)\delta v_{dx} + C_b^n(2,2)\delta v_{dy} + C_b^n(2,3)\delta v_{dz} + C_b^n(2,1)\delta K_{dx} v_x + C_b^n(2,2)\delta K_{dy} v_y +$$

$$C_b^n(2,3)\delta K_{dz}v_z \tag{8.6.30b}$$

$$\begin{aligned}v_{\text{UDVS}} \approx{}& v_{\text{U}}+\varphi_{\text{N}}v_{\text{E}}-\varphi_{\text{E}}v_{\text{N}}+C_b^n(3,1)\delta v_{dx}+C_b^n(3,2)\delta v_{dy}+\\&C_b^n(3,3)\delta v_{dz}+C_b^n(3,1)\delta K_{dx}v_x+C_b^n(3,2)\delta K_{dy}v_y+\\&C_b^n(3,3)\delta K_{dz}v_z\end{aligned} \tag{8.6.30c}$$

由多普勒雷达和惯导形成的量测量为

$$\boldsymbol{Z}_{\text{DVS}}=\begin{bmatrix}Z_{\text{DVS1}}\\Z_{\text{DVS2}}\\Z_{\text{DVS3}}\end{bmatrix}=\begin{bmatrix}v_{\text{EINS}}-v_{\text{EDVS}}\\v_{\text{NINS}}-v_{\text{NDVS}}\\v_{\text{UINS}}-v_{\text{UDVS}}\end{bmatrix}$$

将式(8.6.30)代入得

$$\begin{aligned}Z_{\text{DVS1}}={}&\delta v_{\text{E}}-\varphi_{\text{U}}v_{\text{N}}+\varphi_{\text{N}}v_{\text{U}}-C_b^n(1,1)\delta v_{dx}-C_b^n(1,2)\delta v_{dy}-\\&C_b^n(1,3)\delta v_{dz}-C_b^n(1,1)\delta K_{dx}v_x-C_b^n(1,2)\delta K_{dy}v_y-\\&C_b^n(1,3)\delta K_{dz}v_z+V_7\\Z_{\text{DVS2}}={}&\delta v_{\text{N}}+\varphi_{\text{U}}v_{\text{E}}-\varphi_{\text{E}}v_{\text{U}}-C_b^n(2,1)\delta v_{dx}-C_b^n(2,2)\delta v_{dy}-\\&C_b^n(2,3)\delta v_{dz}-C_b^n(2,1)\delta K_{dx}v_x-C_b^n(2,2)\delta K_{dy}v_y-\\&C_b^n(2,3)\delta K_{dz}v_z+V_8\\Z_{\text{DVS3}}={}&\delta v_{\text{U}}-\varphi_{\text{N}}v_{\text{E}}+\varphi_{\text{E}}v_{\text{N}}-C_b^n(3,1)\delta v_{dx}-C_b^n(3,2)\delta v_{dy}-\\&C_b^n(3,3)\delta v_{dz}-C_b^n(3,1)\delta K_{dx}v_x-C_b^n(3,2)\delta K_{dy}v_y-\\&C_b^n(3,3)\delta K_{dz}v_z+V_9\end{aligned}$$

所以量测方程为

$$\boldsymbol{Z}_{\text{DVS}}=[\boldsymbol{H}_2\quad \boldsymbol{H}_{\text{DVS}}]\begin{bmatrix}\boldsymbol{X}_{\text{INS}}\\\boldsymbol{X}_{\text{DVS}}\end{bmatrix}+\boldsymbol{V}_{\text{DVS}} \tag{8.6.31}$$

式中

$$\boldsymbol{H}_2=\begin{bmatrix}\boldsymbol{0}_{3\times3} & \boldsymbol{I}_{3\times3} & \begin{matrix}0 & v_{\text{U}} & -v_{\text{N}}\\-v_{\text{U}} & 0 & v_{\text{E}}\\v_{\text{N}} & -v_{\text{E}} & 0\end{matrix} & \boldsymbol{0}_{3\times15}\end{bmatrix} \tag{8.6.32}$$

$$\boldsymbol{H}_{\text{DVS}}=\begin{bmatrix}-\boldsymbol{C}_b^n & \begin{matrix}-C_b^n(1,1)v_x & -C_b^n(1,2)v_y & -C_b^n(1,3)v_z\\-C_b^n(2,1)v_x & -C_b^n(2,2)v_y & -C_b^n(2,3)v_z\\-C_b^n(3,1)v_x & -C_b^n(3,2)v_y & -C_b^n(3,3)v_z\end{matrix}\end{bmatrix} \tag{8.6.33}$$

(3) 惯导与大气数据系统(ADS)形成的量测量。大气数据系统输出飞机沿机体纵轴的空速,空速与地速相差风速 $\boldsymbol{v}_w$。

设测量空速时的刻度系数误差为 δK_{ADS},由机体坐标系到地理坐标系的姿态矩阵由惯导提供,则大气数据系统的输出在地理坐标系内的分量为

$$\boldsymbol{v}_{\text{ADS}}^{n'}=\boldsymbol{C}_b^{n'}(1+\delta K_{\text{ADS}})(\boldsymbol{v}^b+\boldsymbol{v}_w^b)=\boldsymbol{C}_n^{n'}(1+\delta K_{\text{ADS}})(\boldsymbol{v}^n+\boldsymbol{v}_w^n)=$$

$$\begin{bmatrix}1 & \varphi_{\text{U}} & -\varphi_{\text{N}}\\-\varphi_{\text{U}} & 1 & \varphi_{\text{E}}\\\varphi_{\text{N}} & -\varphi_{\text{E}} & 1\end{bmatrix}(1+\delta K_{\text{ADS}})\begin{bmatrix}v_{\text{E}}+v_{wb\text{E}}+v_{wr\text{E}}\\v_{\text{N}}+v_{wb\text{N}}+v_{wr\text{N}}\\v_{\text{U}}+v_{wb\text{U}}+v_{wr\text{U}}\end{bmatrix}$$

略去姿态误差与刻度系数误差间形成的二阶小量,并且,为避免非线性滤波,略去风速与姿态误差角及刻度系数误差间的乘积项得

$$\begin{aligned}v_{\text{EADS}}&\approx v_{\text{E}}+\delta K_{\text{ADS}}v_{\text{E}}+v_{wb\text{E}}+v_{wr\text{E}}+\varphi_{\text{U}}v_{\text{N}}-\varphi_{\text{N}}v_{\text{U}}\\v_{\text{NADS}}&\approx v_{\text{N}}+\delta K_{\text{ADS}}v_{\text{N}}+v_{wb\text{N}}+v_{wr\text{N}}-\varphi_{\text{U}}v_{\text{E}}+\varphi_{\text{E}}v_{\text{U}}\\v_{\text{UADS}}&\approx v_{\text{U}}+\delta K_{\text{ADS}}v_{\text{U}}+v_{wb\text{U}}+v_{wr\text{U}}+\varphi_{\text{N}}v_{\text{E}}-\varphi_{\text{E}}v_{\text{N}}\end{aligned}$$

由惯导和大气数据系统形成的量测量为

$$\boldsymbol{Z}_{\mathrm{ADS}}=\begin{bmatrix} v_{\mathrm{EINS}}-v_{\mathrm{EADS}} \\ v_{\mathrm{NINS}}-v_{\mathrm{NADS}} \\ v_{\mathrm{UINS}}-v_{\mathrm{UADS}} \\ h_{\mathrm{INS}}-h_{\mathrm{ADS}} \end{bmatrix}=$$

$$\begin{bmatrix} \delta v_{\mathrm{E}}-\delta K_{\mathrm{ADS}}v_{\mathrm{E}}-v_{wb\mathrm{E}}-v_{wr\mathrm{E}}-\varphi_{\mathrm{U}}v_{\mathrm{N}}+\varphi_{\mathrm{N}}v_{\mathrm{U}}+V_{10} \\ \delta v_{\mathrm{N}}-\delta K_{\mathrm{ADS}}v_{\mathrm{N}}-v_{wb\mathrm{N}}-v_{wr\mathrm{N}}+\varphi_{\mathrm{U}}v_{\mathrm{E}}-\varphi_{\mathrm{E}}v_{\mathrm{U}}+V_{11} \\ \delta v_{\mathrm{U}}-\delta K_{\mathrm{ADS}}v_{\mathrm{U}}-v_{wb\mathrm{U}}-v_{wr\mathrm{U}}-\varphi_{\mathrm{N}}v_{\mathrm{E}}+\varphi_{\mathrm{E}}v_{\mathrm{N}}+V_{12} \\ \delta h-\delta h_b+V_{13} \end{bmatrix} \tag{8.6.34}$$

所以量测方程为

$$\boldsymbol{Z}_{\mathrm{ADS}}=[\boldsymbol{H}_3 \quad \boldsymbol{H}_{\mathrm{ADS}}]\begin{bmatrix} \boldsymbol{X}_{\mathrm{INS}} \\ \boldsymbol{X}_{\mathrm{ADS}} \end{bmatrix}+\boldsymbol{V}_{\mathrm{ADS}} \tag{8.6.35}$$

式中

$$\boldsymbol{H}_3=\left[\begin{array}{ccc:ccc:ccc:c} & \boldsymbol{0}_{3\times3} & & & \boldsymbol{I}_{3\times3} & & 0 & v_{\mathrm{U}} & -v_{\mathrm{N}} & \\ & & & & & & -v_{\mathrm{U}} & 0 & v_{\mathrm{E}} & \boldsymbol{0}_{4\times5} \\ \hdashline 0 & 0 & 1 & 0 & 0 & 0 & v_{\mathrm{N}} & -v_{\mathrm{E}} & 0 & \end{array}\right] \tag{8.6.36}$$

$$\boldsymbol{H}_{\mathrm{ADS}}=\left[\begin{array}{c:c:cc} \boldsymbol{I}_{3\times3} & \boldsymbol{I}_{3\times3} & -v_{\mathrm{E}} & 0 \\ & & -v_{\mathrm{N}} & 0 \\ & & -v_{\mathrm{U}} & 0 \\ \hdashline & \boldsymbol{0}_{1\times6} & 0 & -1 \end{array}\right] \tag{8.6.37}$$

（4）惯导与垂直陀螺形成的量测量。设惯导给出的载体俯仰角和横滚角分别为 θ_{INS} 和 γ_{INS}，垂直陀螺给出的载体俯仰角和横滚角分别为 θ_{VG} 和 γ_{VG}，其中

$$\begin{bmatrix} \theta_{\mathrm{VG}} \\ \gamma_{\mathrm{VG}} \end{bmatrix}=\begin{bmatrix} \theta \\ \gamma \end{bmatrix}+\begin{bmatrix} \varphi_{\mathrm{VG}x} \\ \varphi_{\mathrm{VG}y} \end{bmatrix}$$

$$\begin{bmatrix} \theta_{\mathrm{INS}} \\ \gamma_{\mathrm{INS}} \end{bmatrix}=\begin{bmatrix} \theta \\ \gamma \end{bmatrix}+\begin{bmatrix} \cos\Psi & -\sin\Psi \\ \sin\Psi & \cos\Psi \end{bmatrix}\begin{bmatrix} \varphi_{\mathrm{E}} \\ \varphi_{\mathrm{N}} \end{bmatrix}$$

诸式中，θ 和 γ 为载体俯仰角和横滚的真实值；$\varphi_{\mathrm{VG}x}$ 和 $\varphi_{\mathrm{VG}y}$ 为垂直陀螺的测量误差；Ψ 为载体的航向角；φ_{E} 和 φ_{N} 为捷联惯导数学平台沿东向和北向的水平倾角。则量测量为

$$\boldsymbol{Z}_{\mathrm{VG}}=\begin{bmatrix} \theta_{\mathrm{INS}}-\theta_{\mathrm{VG}} \\ \gamma_{\mathrm{INS}}-\gamma_{\mathrm{VG}} \end{bmatrix}=\begin{bmatrix} \cos\Psi\varphi_{\mathrm{E}}-\sin\Psi\varphi_{\mathrm{N}}-\varphi_{\mathrm{VG}x}+V_{14} \\ \sin\Psi\varphi_{\mathrm{E}}+\cos\Psi\varphi_{\mathrm{N}}-\varphi_{\mathrm{VG}y}+V_{15} \end{bmatrix} \tag{8.6.38}$$

所以量测方程为

$$\boldsymbol{Z}_{\mathrm{VG}}=[\boldsymbol{H}_4 \quad \boldsymbol{H}_{\mathrm{VG}}]\begin{bmatrix} \boldsymbol{X}_{\mathrm{INS}} \\ \boldsymbol{X}_{\mathrm{VG}} \end{bmatrix}+\boldsymbol{V}_{\mathrm{VG}} \tag{8.6.39}$$

式中

$$\boldsymbol{H}_4=\left[\begin{array}{c:cc:c} \boldsymbol{0}_{2\times6} & \cos\Psi & -\sin\Psi & \boldsymbol{0}_{2\times16} \\ & \sin\Psi & \cos\Psi & \end{array}\right] \tag{8.6.40}$$

$$\boldsymbol{H}_{\mathrm{VG}}=[-\boldsymbol{I}_{2\times2} \quad \boldsymbol{0}_{2\times2}] \tag{8.6.41}$$

(5) 惯导与磁航向仪形成的量测量。由惯导输出的航向信息 Ψ_{INS} 与磁航向仪输出的航向信息 Ψ_{MG} 形成的量测量为

$$Z_{\mathrm{MG}}=\Psi_{\mathrm{INS}}-\Psi_{\mathrm{MG}}=\varphi_{\mathrm{U}}-\delta\Psi_{\mathrm{MG}}+V_{16} \tag{8.6.42}$$

所以量测方程为

$$Z_{\mathrm{MG}}=\begin{bmatrix}\boldsymbol{H}_5 & H_{\mathrm{MG}}\end{bmatrix}\begin{bmatrix}\boldsymbol{X}_{\mathrm{INS}}\\ X_{\mathrm{MG}}\end{bmatrix}+V_{\mathrm{MG}} \tag{8.6.43}$$

式中

$$\boldsymbol{H}_5=\begin{bmatrix}\boldsymbol{0}_{1\times 8} & 1 & \boldsymbol{0}_{1\times 15}\end{bmatrix} \tag{8.6.44}$$

$$H_{\mathrm{MG}}=-1 \tag{8.6.45}$$

3. 集中滤波器的设计

取状态向量为

$$\boldsymbol{X}=\begin{bmatrix}\boldsymbol{X}_{\mathrm{INS}}^{\mathrm{T}} & \boldsymbol{X}_{\mathrm{GPS}}^{\mathrm{T}} & \boldsymbol{X}_{\mathrm{DVS}}^{\mathrm{T}} & \boldsymbol{X}_{\mathrm{ADS}}^{\mathrm{T}} & \boldsymbol{X}_{\mathrm{VG}}^{\mathrm{T}} & X_{\mathrm{MG}}\end{bmatrix}^{\mathrm{T}} \tag{8.6.46}$$

共 49 维。则状态方程为

$$\dot{\boldsymbol{X}}(t)=\boldsymbol{F}(t)\boldsymbol{X}(t)+\boldsymbol{G}(t)\boldsymbol{w}(t) \tag{8.6.47}$$

式中

$$\boldsymbol{F}(t)=\begin{bmatrix}\boldsymbol{F}_{\mathrm{INS}} & & & & & \boldsymbol{0}\\ & \boldsymbol{F}_{\mathrm{GPS}} & & & & \\ & & \boldsymbol{F}_{\mathrm{DVS}} & & & \\ & & & \boldsymbol{F}_{\mathrm{ADS}} & & \\ & & & & \boldsymbol{F}_{\mathrm{VG}} & \\ \boldsymbol{0} & & & & & F_{\mathrm{MG}}\end{bmatrix} \tag{8.6.48}$$

$$\boldsymbol{G}(t)=\begin{bmatrix}\boldsymbol{G}_{\mathrm{INS}} & & & & & \boldsymbol{0}\\ & \boldsymbol{I}_{6\times 6} & & & & \\ & & \boldsymbol{G}_{\mathrm{DVS}} & & & \\ & & & \boldsymbol{G}_{\mathrm{ADS}} & & \\ & & & & \boldsymbol{G}_{\mathrm{VG}} & \\ \boldsymbol{0} & & & & & 1\end{bmatrix} \tag{8.6.49}$$

$$\boldsymbol{w}(t)=\begin{bmatrix}\boldsymbol{w}_{\mathrm{INS}}^{\mathrm{T}} & \boldsymbol{w}_{\mathrm{GPS}}^{\mathrm{T}} & \boldsymbol{w}_{\mathrm{DVS}}^{\mathrm{T}} & \boldsymbol{w}_{\mathrm{ADS}}^{\mathrm{T}} & \boldsymbol{w}_{\mathrm{VG}}^{\mathrm{T}} & w_{\mathrm{MG}}\end{bmatrix}^{\mathrm{T}} \tag{8.6.50}$$

量测方程为

$$\boldsymbol{Z}=\boldsymbol{H}\boldsymbol{X}+\boldsymbol{V} \tag{8.6.51}$$

式中

$$\boldsymbol{Z}=\begin{bmatrix}\boldsymbol{Z}_{\mathrm{GPS}}\\ \boldsymbol{Z}_{\mathrm{DVS}}\\ \boldsymbol{Z}_{\mathrm{ADS}}\\ \boldsymbol{Z}_{\mathrm{VG}}\\ Z_{\mathrm{MG}}\end{bmatrix} \tag{8.6.52}$$

$$\boldsymbol{V}=\begin{bmatrix}\boldsymbol{V}_{\mathrm{GPS}}\\ \boldsymbol{V}_{\mathrm{DVS}}\\ \boldsymbol{V}_{\mathrm{ADS}}\\ \boldsymbol{V}_{\mathrm{VG}}\\ V_{\mathrm{MG}}\end{bmatrix} \tag{8.6.53}$$

$$\boldsymbol{H}=\begin{bmatrix}\boldsymbol{H}_1 & \boldsymbol{H}_{\mathrm{GPS}} & & & & \\ \boldsymbol{H}_2 & & \boldsymbol{H}_{\mathrm{DVS}} & & \boldsymbol{0} & \\ \boldsymbol{H}_3 & & & \boldsymbol{H}_{\mathrm{ADS}} & & \\ \boldsymbol{H}_4 & & \boldsymbol{0} & & \boldsymbol{H}_{\mathrm{VG}} & \\ \boldsymbol{H}_5 & & & & & H_{\mathrm{MG}}\end{bmatrix} \tag{8.6.54}$$

$$\boldsymbol{R}_{\mathrm{GPS}}=\mathrm{diag}[(0.001')^2\quad(0.001')^2\quad(10\mathrm{m})^2\quad(0.04\ \mathrm{m/s})^2\quad(0.04\ \mathrm{m/s})^2\quad(0.04\ \mathrm{m/s})^2] \tag{8.6.55}$$

$$\boldsymbol{R}_{\mathrm{DVS}}=\mathrm{diag}[(0.05\ \mathrm{m/s})^2\quad(0.05\ \mathrm{m/s})^2\quad(0.05\ \mathrm{m/s})^2] \tag{8.6.56}$$

$$\boldsymbol{R}_{\mathrm{ADS}}=\mathrm{diag}[(0.1\ \mathrm{m/s})^2\quad(0.1\ \mathrm{m/s})^2(0.1\ \mathrm{m/s})^2\quad(10\mathrm{m})^2] \tag{8.6.57}$$

$$\boldsymbol{R}_{\mathrm{VG}}=\mathrm{diag}[(2')^2\quad(2')^2] \tag{8.6.58}$$

$$\boldsymbol{R}_{\mathrm{MG}}=(1')^2 \tag{8.6.59}$$

各子系统驱动白噪声的方差强度阵取值如下。

(1) 激光陀螺捷联惯导系统：

$$\boldsymbol{q}_{\mathrm{INS}}=\mathrm{diag}[q_{gx}\quad q_{gy}\quad q_{gz}\quad q_{rx}\quad q_{ry}\quad q_{rz}\quad q_{ax}\quad q_{ay}\quad q_{az}] \tag{8.6.60}$$

式中

$$q_{ri}=\frac{2R_{ri}}{\tau_{Gi}} \tag{8.6.61}$$

对于激光陀螺，$\tau_{Gi}=300$ s，$R_{ri}=(0.1\ ^{\circ}/\mathrm{h})^2$；随机游走系数 $q_{gi}=(0.1^{\circ}/\sqrt{\mathrm{h}})^2$。

$$q_{ai}=\frac{2R_{ai}}{\tau_{Ai}} \tag{8.6.62}$$

对于摆式加速度计 $\tau_{Ai}=2\sim3$ h，$R_{ai}=(10^{-4}\mathrm{g})^2$。上述诸式中，$i=x, y, z$。

(2) C/A 码 GPS 接收机：

$$\boldsymbol{q}_{\mathrm{GPS}}=\mathrm{diag}[q_{\mathrm{SA}L}\quad q_{\mathrm{SA}\lambda}\quad q_{\mathrm{SA}h}\quad q_{\mathrm{SA}v\mathrm{E}}\quad q_{\mathrm{SA}v\mathrm{N}}\quad q_{\mathrm{SA}v\mathrm{U}}] \tag{8.6.63}$$

式中

$$q_i=\frac{2R_i}{\tau_i} \tag{8.6.64}$$

$$\tau_i=100\sim200\ \mathrm{s},\qquad R_{\mathrm{SA}h}=(50\ \mathrm{m})^2$$

$$R_{\mathrm{SA}L}=R_{\mathrm{SA}\lambda}=(0.02')^2$$

$$R_{\mathrm{SA}v\mathrm{E}}=R_{\mathrm{SA}v\mathrm{N}}=R_{\mathrm{SA}v\mathrm{U}}=(0.25\ \mathrm{m/s})^2$$

上述诸式中，$i=\mathrm{SA}L, \mathrm{SA}\lambda, \mathrm{SA}h, \mathrm{SA}v\mathrm{E}, \mathrm{SA}v\mathrm{N}, \mathrm{SA}v\mathrm{U}$。

(3) 多普勒雷达：

$$\boldsymbol{q}_{\mathrm{DVS}}=\mathrm{diag}[q_{dx}\quad q_{dy}\quad q_{dz}] \tag{8.6.65}$$

式中

$$q_{di}=\frac{2R_{di}}{\tau_{di}} \tag{8.6.66}$$

取 $\tau_{di}=300\ \text{s}$，$R_{di}=(0.1\ \text{m/s})^2$。上述诸式中，$i=x, y, z$。

（4）大气数据系统：

$$\boldsymbol{q}_{\text{DVS}}=\text{diag}[q_{wx}\quad q_{wy}\quad q_{wz}\quad q_{hb}] \tag{8.6.67}$$

式中

$$q_i=\frac{2R_i}{\tau_i}\qquad (i=w\text{E}, w\text{N}, w\text{U}, hb) \tag{8.6.68}$$

取

$$\tau_{w\text{E}}=\tau_{w\text{N}}=\tau_{w\text{U}}=30\ \text{s}$$
$$R_{w\text{E}}=(5\ \text{m/s})^2,\quad R_{w\text{N}}=(3\ \text{m/s})^2,\quad R_{w\text{U}}=(1\ \text{m/s})^2$$
$$\tau_{hb}=1\ 000\ \text{s},\quad R_{hb}=(50\ \text{m})^2。$$

（5）垂直陀螺仪：

$$\boldsymbol{q}_{\text{VG}}=\text{diag}[q_{\text{VG}x}\quad q_{\text{VG}y}] \tag{8.6.69}$$

式中

$$q_{\text{VG}i}=\frac{2R_{\text{VG}i}}{\tau_{\text{VG}i}} \tag{8.6.70}$$

取

$$\tau_{\text{VG}i}=1\ 000\ \text{s},\quad R_{\text{VG}i}=(10°/\text{h})^2$$

上述诸式中，$i=x, y$。

（6）磁航向仪：

$$q_{\text{MG}}=\frac{2R_{\text{MG}}}{\tau_{\text{MG}}} \tag{8.6.71}$$

取 $\tau_{\text{MG}}=30\ \text{s}$，$R_{\text{MG}}=(30')^2$。

卡尔曼滤波器按照基本方程式(2.2.4)设计。49个状态的初始估值都取零。估计的均方误差阵初值 $\boldsymbol{P}_0$ 取值如下。

假设捷联惯导系统采用自对准，并且对准时间充分，对准能达到极限精度，有

$$\begin{cases}\varphi_{\text{E min}}=-\dfrac{\nabla_{\text{N}}}{g}\\ \varphi_{\text{N min}}=\dfrac{\nabla_{\text{E}}}{g}\\ \varphi_{\text{U min}}=\dfrac{\varepsilon_{\text{E}}}{\omega_{ie}\cos L}\end{cases}$$

式中，∇_{E} 和 ∇_{N} 分别为等效东向和北向加速度计误差，ε_{E} 为等效东向陀螺漂移。

根据上述3式及其余各子系统的特性，可得 $\boldsymbol{P}_0$ 取值

$$P_0(1, 1)=E[\delta L^2]=(1')^2$$
$$P_0(2, 2)=E[\delta\lambda^2]=(1')^2$$
$$P_0(3, 3)=E[\delta h^2]=(100\ \text{m})^2$$
$$P_0(4, 4)=E[\delta v_{\text{E}}^2]=0$$
$$P_0(5, 5)=E[\delta v_{\text{N}}^2]=0$$
$$P_0(6, 6)=E[\delta v_{\text{U}}^2]=0$$
$$P_0(7, 7)=E[\varphi_{\text{E}}^2]=\frac{1}{g^2}\{[C_b^n(2, 1)]^2E[\nabla_x^2]+$$

$$[C_b^n(2,2)]^2E[\nabla_y^2]+[C_b^n(2,3)]^2E[\nabla_z^2]\}$$

$$P_0(8,8)=E[\varphi_N^2]=\frac{1}{g^2}\{[C_b^n(1,1)]^2E[\nabla_x^2]+$$
$$[C_b^n(1,2)]^2E[\nabla_y^2]+[C_b^n(1,3)]^2E[\nabla_z^2]\}$$

$$P_0(9,9)=E[\varphi_U^2]=\frac{1}{(\omega_{ie}\cos L)^2}\{[C_b^n(1,1)]^2(E[\varepsilon_{bx}^2]+E[\varepsilon_{rx}^2])+$$
$$[C_b^n(1,2)]^2(E[\varepsilon_{by}^2]+E[\varepsilon_{ry}^2])+[C_b^n(1,3)]^2(E[\varepsilon_{bz}^2]+E[\varepsilon_{rz}^2])\}$$

$P_0(10,10)=E[\varepsilon_{bx}^2]=(0.1°/\mathrm{h})^2$

$P_0(11,11)=E[\varepsilon_{by}^2]=(0.1°/\mathrm{h})^2$

$P_0(12,12)=E[\varepsilon_{bz}^2]=(0.1°/\mathrm{h})^2$

$P_0(13,13)=E[\varepsilon_{rx}^2]=(0.1°/\mathrm{h})^2$

$P_0(14,14)=E[\varepsilon_{ry}^2]=(0.1°/\mathrm{h})^2$

$P_0(15,15)=E[\varepsilon_{rz}^2]=(0.1°/\mathrm{h})^2$

$P_0(16,16)=E[\nabla_{rx}^2]=(0.0001\,g)^2$

$P_0(17,17)=E[\nabla_{ry}^2]=(0.0001\,g)^2$

$P_0(18,18)=E[\nabla_{rz}^2]=(0.0001\,g)^2$

$P_0(19,19)=E[\delta K_{gx}^2]=(0.001)^2$

$P_0(20,20)=E[\delta K_{gy}^2]=(0.001)^2$

$P_0(21,21)=E[\delta K_{gz}^2]=(0.001)^2$

$P_0(22,22)=E[\delta K_{ax}^2]=(0.001)^2$

$P_0(23,23)=E[\delta K_{ay}^2]=(0.001)^2$

$P_0(24,24)=E[\delta K_{az}^2]=(0.001)^2$

$P_0(7,16)=P_0(16,7)=E[\varphi_E\cdot\nabla_{rx}]=-C_b^n(2,1)E[\nabla_{rx}^2]/g$

$P_0(7,17)=P_0(17,7)=E[\varphi_E\cdot\nabla_{ry}]=-C_b^n(2,2)E[\nabla_{ry}^2]/g$

$P_0(7,18)=P_0(18,7)=E[\varphi_E\cdot\nabla_{rz}]=-C_b^n(2,3)E[\nabla_{rz}^2]/g$

$P_0(8,16)=P_0(16,8)=E[\varphi_N\cdot\nabla_{rx}]=C_b^n(1,1)E[\nabla_{rx}^2]/g$

$P_0(8,17)=P_0(17,8)=E[\varphi_N\cdot\nabla_{ry}]=C_b^n(1,2)E[\nabla_{ry}^2]/g$

$P_0(8,18)=P_0(18,8)=E[\varphi_N\cdot\nabla_{rz}]=C_b^n(1,3)E[\nabla_{rz}^2]/g$

$P_0(9,10)=P_0(10,9)=E[\varphi_U\cdot\varepsilon_{bx}]=C_b^n(1,1)E[\varepsilon_{bx}^2]/(\omega_{ie}\cos L)$

$P_0(9,11)=P_0(11,9)=E[\varphi_U\cdot\varepsilon_{by}]=C_b^n(1,2)E[\varepsilon_{by}^2]/(\omega_{ie}\cos L)$

$P_0(9,12)=P_0(12,9)=E[\varphi_U\cdot\varepsilon_{bz}]=C_b^n(1,3)E[\varepsilon_{bz}^2]/(\omega_{ie}\cos L)$

$P_0(9,13)=P_0(13,9)=E[\varphi_U\cdot\varepsilon_{rx}]=C_b^n(1,1)E[\varepsilon_{rx}^2]/(\omega_{ie}\cos L)$

$P_0(9,14)=P_0(14,9)=E[\varphi_U\cdot\varepsilon_{ry}]=C_b^n(1,2)E[\varepsilon_{ry}^2]/(\omega_{ie}\cos L)$

$P_0(9,15)=P_0(15,9)=E[\varphi_U\cdot\varepsilon_{rz}]=C_b^n(1,3)E[\varepsilon_{rz}^2]/(\omega_{ie}\cos L)$

$P_0(25,25)=E[\delta L_{\mathrm{SA}}^2]=(0.02')^2$

$P_0(26,26)=E[\delta\lambda_{\mathrm{SA}}^2]=(0.02')^2$

$P_0(27,27)=E[\delta h_{\mathrm{SA}}^2]=(50\ \mathrm{m})^2$

$P_0(28,28)=E[\delta v_{\mathrm{ESA}}^2]=(0.25\ \mathrm{m/s})^2$

$P_0(29,29)=E[\delta v_{\mathrm{NSA}}^2]=(0.25\ \mathrm{m/s})^2$

$P_0(30, 30) = E[\delta v_{\mathrm{USA}}^2] = (0.25\ \mathrm{m/s})^2$

$P_0(31, 31) = E[\delta v_{dx}^2] = (0.1\ \mathrm{m/s})^2$

$P_0(32, 32) = E[\delta v_{dy}^2] = (0.1\ \mathrm{m/s})^2$

$P_0(33, 33) = E[\delta v_{dz}^2] = (0.1\ \mathrm{m/s})^2$

$P_0(34, 34) = E[\delta K_{dx}^2] = (0.01)^2$

$P_0(35, 35) = E[\delta K_{dy}^2] = (0.002)^2$

$P_0(36, 36) = E[\delta K_{dz}^2] = (0.005)^2$

$P_0(37, 37) = E[v_{wb\mathrm{E}}^2] = (5\ \mathrm{m/s})^2$

$P_0(38, 38) = E[v_{wb\mathrm{N}}^2] = (3\ \mathrm{m/s})^2$

$P_0(39, 39) = E[v_{wb\mathrm{U}}^2] = (1\ \mathrm{m/s})^2$

$P_0(40, 40) = E[v_{wr\mathrm{E}}^2] = (5\ \mathrm{m/s})^2$

$P_0(41, 41) = E[v_{wr\mathrm{N}}^2] = (3\ \mathrm{m/s})^2$

$P_0(42, 42) = E[v_{wr\mathrm{U}}^2] = (1\ \mathrm{m/s})^2$

$P_0(43, 43) = E[\delta K_{\mathrm{ADS}}^2] = (0.003)^2$

$P_0(44, 44) = E[\delta h_b^2] = (50\ \mathrm{m})^2$

$P_0(45, 45) = E[\varphi_{\mathrm{VG}x}^2] = (1°)^2$

$P_0(46, 46) = E[\varphi_{\mathrm{VG}y}^2] = (1°)^2$

$P_0(47, 47) = E[\varepsilon_{\mathrm{VG}x}^2] = (10°/\mathrm{h})^2$

$P_0(48, 48) = E[\varepsilon_{\mathrm{VG}y}^2] = (10°/\mathrm{h})^2$

$P_0(49, 49) = E[\delta \Psi_{\mathrm{MG}}^2] = (30')^2$

仿真计算中所采用的飞行轨迹见表 8.6.1。该表描述了对地攻击机从起飞、巡航、低空突防接近战区、对地攻击、返航的全过程。如图 8.6.1 ～ 图 8.6.3 所示，其实线分别为集中滤波器对惯导的经度、纬度及高度误差作估计时估计误差的均方根，这些均方根经蒙特-卡洛仿真获得，其中样本数为10，滤波周期为1 s。图 8.6.1 和图 8.6.2 中套叠在上部的曲线是舍弃原曲线前 10 s 数据后所绘出的，这样做的目的是能更清楚地描述滤波误差达到基本稳定后的变化细节。由诸曲线可看出，惯导的定位误差在滤波开始后的数秒内即可得到很好估计，并且随着滤波的推进，估计效果还会改善。这是由于滤波器对这些被估计量作直接测量，GPS 的精度又很高的缘故。惯导的其余误差和参与组合的其余子系统也都得到较好估计，由于篇幅有限，这些曲线不再一一列出。

表 8.6.1　飞行轨迹参数表

飞行阶段	飞行动作	起始时刻 s	持续时间 s	加速度	航向 Ψ		倾斜角		俯仰角		速度 m/s	高度 m
				a_y^t m/s²	$\dot{\Psi}$ (°)/s	Ψ (°)	$\dot{\gamma}$ (°)/s	γ (°)	$\dot{\theta}$ (°)/s	θ (°)		
1	滑跑起飞	0	20	2.5	0	135	0	0	0	0	0	0
2	进入爬升	20	2	0	0	135	0	0	15	0	50	0
3	爬升	22	114	0	0	135	0	0	0	30	50	25.6
4	改平	136	2	0	0	135	0	0	－15	30	50	2 875.6

续 表

飞行阶段	飞行动作	起始时刻 s	持续时间 s	加速度	航向 Ψ		倾斜角		俯仰角		速度 m/s	高度 m
				$\frac{a_y^t}{m/s^2}$	$\frac{\dot{\Psi}}{(°)/s}$	$\frac{\Psi}{(°)}$	$\frac{\dot{\gamma}}{(°)/s}$	$\frac{\gamma}{(°)}$	$\frac{\dot{\theta}}{(°)/s}$	$\frac{\theta}{(°)}$		
5	匀速平飞	138	100	0	0	135	0	0	0	0	50	2 901.2
6	加速平飞	238	25	1	0	135	0	0	0	0	50	2 901.2
7	匀速平飞	263	300	0	0	135	0	0	0	0	75	2 901.2
8	向右倾斜	563	1	0	0	135	15	0	0	0	75	2 901.2
9	右盘旋	564	23	0	2	136	0	15	0	0	75	2 901.2
10	退出盘旋	587	1	0	2	182.2	−15	15	0	0	75	2 901.2
11	匀速平飞	588	200	0	0	183.2	0	0	0	0	75	2 901.2
12	向左倾斜	788	1	0	0	183.2	−15	0	0	0	75	2 901.2
13	左盘旋	789	23	0	−2	182.2	0	−15	0	0	75	2 901.2
14	退出盘肇	812	1	0	−2	136	15	−15	0	0	75	2 901.2
15	匀速平飞	813	320	0	0	135	0	0	0	0	75	2 901.2
16	向右倾斜	1 133	1	0	0	135	15	0	0	0	75	2 901.2
17	右盘旋	1 134	180	0	2	136	0	15	0	0	75	2 901.2
18	退出盘旋	1 314	1	0	2	137.5	−15	15	0	0	75	2 901.2
19	匀速平飞	1 315	150	0	0	138.5	0	0	0	0	75	2 901.2
20	进入俯冲	1 465	2	0	0	138.5	0	0	−15	0	75	2 901.2
21	俯冲	1 467	40	0	0	138.5	0	0	0	−30	75	2 862.8
22	改平	1 507	2	0	0	138.5	0	0	15	−30	75	1 362.8
23	匀速平飞	1 509	400	0	0	138.5	0	0	0	0	75	1 324.4
24	向左倾斜	1 909	1	0	0	138.5	−15	0	0	0	75	1 324.4
25	左盘旋	1 910	202	0	−2	137.5	0	−15	0	0	75	1 324.4
26	退出盘旋	2 112	1	0	−2	91.8	15	−15	0	0	75	1 324.4
27	匀速平飞	2 113	960	0	0	90.8	0	0	0	0	75	1 324.4
28	向右倾斜	3 073	1	0	0	90.8	15	0	0	0	75	1 324.4
29	右盘旋	3 074	112	0	2	91.8	0	15	0	0	75	1 324.4
30	退出盘旋	3 186	1	0	2	316.7	−15	15	0	0	75	1 324.4
31	匀速平飞	3 187	400	0	0	317.7	0	0	0	0	75	1 324.4
32	加速平飞	3 587	15	1	0	317.7	0	0	0	0	75	1 324.4
33	匀速平飞	3 602	80	0	0	317.7	0	0	0	0	90	1 324.4

续 表

飞行阶段	飞行动作	起始时刻 s	持续时间 s	加速度 a_y^t m/s²	航向 Ψ $\dot{\Psi}$ (°)/s	Ψ (°)	倾斜角 $\dot{\gamma}$ (°)/s	γ (°)	俯仰角 $\dot{\theta}$ (°)/s	θ (°)	速度 m/s	高度 m
34	进入俯冲	3 682	2	0	0	317.7	0	0	−15	0	90	1 324.4
35	俯冲	3 684	25	0	0	317.7	0	0	0	−30	90	1 278.4
36	改平	3 709	2	0	0	317.7	0	0	15	−30	90	153.4
37	匀速平飞	3 711	120	0	0	317.7	0	0	0	0	90	107.3
38	向右倾斜	3 831	2	0	0	317.7	15	0	0	0	90	107.3
39	右盘旋	3 833	100	0	3.6	321.1	0	30	0	0	90	107.3
40	退出盘旋	3 933	2	0	3.6	321.7	−15	30	0	0	90	107.3
41	匀速平飞	3 935	150	0	0	325.15	0	0	0	0	90	107.3
42	进入爬升	4 085	2	0	0	325.15	0	0	15	0	90	107.3
43	爬升	4 087	60	0	0	325.15	0	0	0	30	90	153.4
44	退出爬升	4 147	2	0	0	325.15	0	0	−15	30	90	2 853.4
45	匀速平飞	4 149	300	0	0	325.15	0	0	0	0	90	2 899.4
46	减速	4 449	15	−1	0	325.15	0	0	0	0	90	2 899.4
47	匀速平飞	4 464	450	0	0	325.15	0	0	0	0	75	2 899.4
48	向左倾斜	4 914	2	0	0	325.15	−15	0	0	0	75	2 899.4
49	左盘旋	4 916	10	0	−4.33	321	0	−30	0	0	75	2 899.4
50	退出盘旋	4 926	2	0	−4.33	277.8	15	−30	0	0	75	2 899.4
51	返航	4 928	200	0	0	273.6	0	0	0	0	75	2 899.4

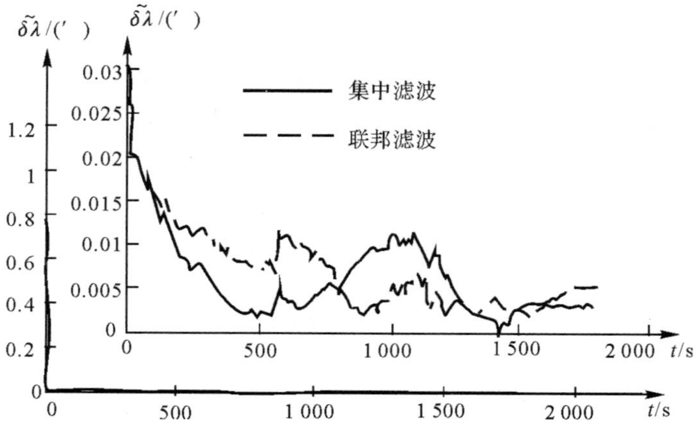

图 8.6.1　集中滤波器和联邦滤波器对惯导经度的估计误差

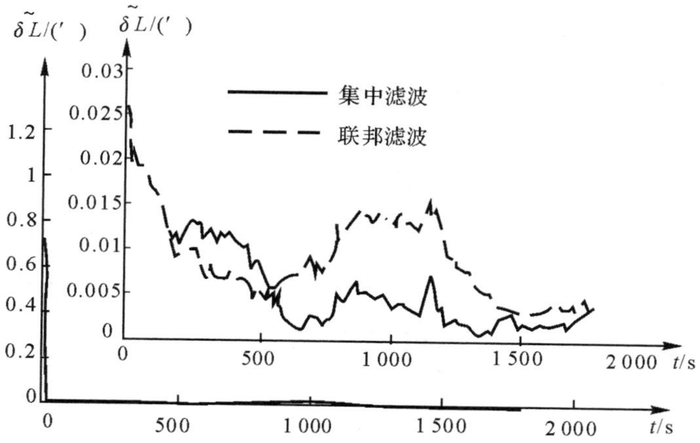

图 8.6.2　集中滤波器和联邦滤波器对惯导纬度的估计误差

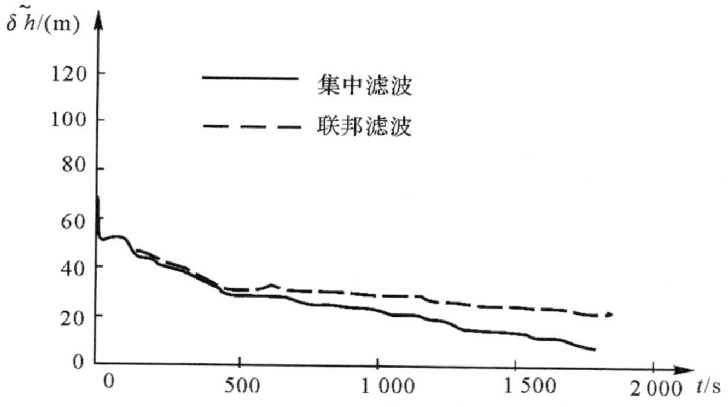

图 8.6.3　集中滤波器和联邦滤波器对惯导高度的估计误差

8.7　应用联邦滤波理论设计容错组合导航系统

8.7.1　联邦滤波器设计及性能仿真

假设机载导航子系统配备情况与 8.6 节介绍集中滤波器设计时假设的配备情况相同，即非相似导航子系统有：激光陀螺捷联惯导系统（RLG SINS），C/A 码 GPS 接收机（GPS），多普勒雷达（DVS），大气数据系统（ADS），垂直陀螺（VG），磁航向仪（MG）。选择惯导为公共参考系统，与其余子系统分别组合，构成 5 个卡尔曼子滤波器，则联邦滤波器结构如图 8.7.1 所示。其中子滤波器 i（$i=1,2,\cdots,5$）给出惯导及相应子系统状态的最优估计。由于子滤波器 i 作量测更新时只利用了与之相应的量测 $\boldsymbol{Z}_i$（$i=1,2,\cdots,5$），所以获得的关于惯导状态的估计只是局部最优的。主滤波器的作用是将各子滤波器给出的关于惯导状态的局部最优估计按融合算法合成得关于惯导状态的全局最优估计，即根据所有量测 $\boldsymbol{Z}_1,\boldsymbol{Z}_2,\cdots,\boldsymbol{Z}_5$ 确定的关于惯导状态的最优估计。为了确保组合导航系统具有高容错性能，联邦滤波器采用无复位结构。

各子滤波器的状态及量测维数见表 8.7.1。

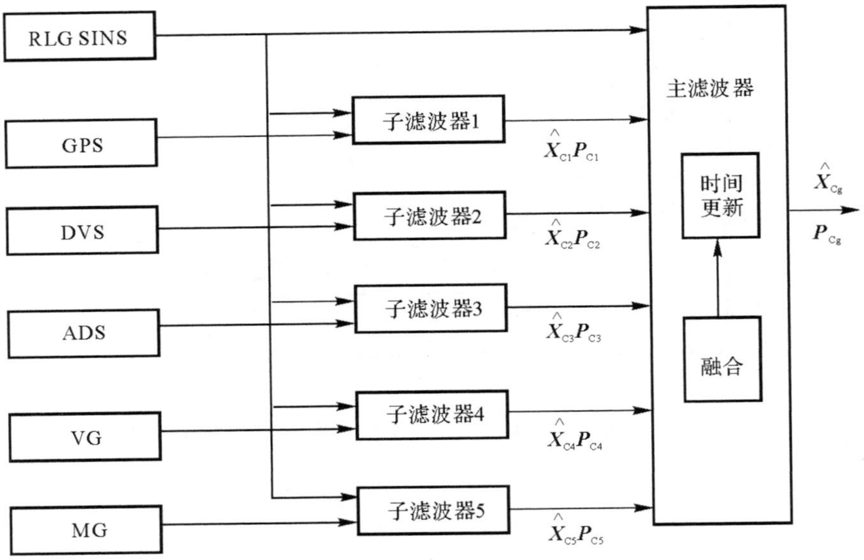

图 8.7.1　由 RLG SINS, GPS, DVS, ADS, VG 及 MG 构成的联邦滤波器

各子滤波器的状态方程和量测方程具体列写为

子滤波器 1：

$$\begin{bmatrix}\dot{\boldsymbol{X}}_{\text{INS}}\\ \dot{\boldsymbol{X}}_{\text{GPS}}\end{bmatrix}=\begin{bmatrix}\boldsymbol{F}_{\text{INS}} & \boldsymbol{0}\\ \boldsymbol{0} & \boldsymbol{F}_{\text{GPS}}\end{bmatrix}\begin{bmatrix}\boldsymbol{X}_{\text{INS}}\\ \boldsymbol{X}_{\text{GPS}}\end{bmatrix}+\begin{bmatrix}\boldsymbol{G}_{\text{INS}} & \boldsymbol{0}\\ \boldsymbol{0} & \boldsymbol{I}\end{bmatrix}\begin{bmatrix}\boldsymbol{w}_{\text{INS}}\\ \boldsymbol{w}_{\text{GPS}}\end{bmatrix} \tag{8.7.1}$$

$$\boldsymbol{Z}_{\text{GPS}}=\begin{bmatrix}\boldsymbol{H}_1 & \boldsymbol{H}_{\text{GPS}}\end{bmatrix}\begin{bmatrix}\boldsymbol{X}_{\text{INS}}\\ \boldsymbol{X}_{\text{GPS}}\end{bmatrix}+\boldsymbol{V}_{\text{GPS}}$$

式中，$\boldsymbol{X}_{\text{GPS}}$，$\boldsymbol{F}_{\text{GPS}}$，$\boldsymbol{w}_{\text{GPS}}$ 分别见式(8.6.5)、式(8.6.7) 和式(8.6.8)。

表 8.7.1　各子滤波器的状态和量测维数

子滤波器	量测维数	状态维数	子系统		公共参考系统	
			名　称	维　数	名　称	维　数
1	6	30	GPS	6	RLG SINS	24
2	3	30	DVS	6		
3	4	32	ADS	8		
4	2	28	VG	4		
5	1	25	MG	1		

子滤波器 2：

$$\begin{bmatrix}\dot{\boldsymbol{X}}_{\text{INS}}\\ \dot{\boldsymbol{X}}_{\text{DVS}}\end{bmatrix}=\begin{bmatrix}\boldsymbol{F}_{\text{INS}} & \boldsymbol{0}\\ \boldsymbol{0} & \boldsymbol{F}_{\text{DVS}}\end{bmatrix}\begin{bmatrix}\boldsymbol{X}_{\text{INS}}\\ \boldsymbol{X}_{\text{DVS}}\end{bmatrix}+\begin{bmatrix}\boldsymbol{G}_{\text{INS}} & \boldsymbol{0}\\ \boldsymbol{0} & \boldsymbol{G}_{\text{DVS}}\end{bmatrix}\begin{bmatrix}\boldsymbol{w}_{\text{INS}}\\ \boldsymbol{w}_{\text{DVS}}\end{bmatrix} \tag{8.7.2}$$

$$\boldsymbol{Z}_{\mathrm{DVS}}=[\boldsymbol{H}_2 \quad \boldsymbol{H}_{\mathrm{DVS}}]\begin{bmatrix}\boldsymbol{X}_{\mathrm{INS}}\\ \boldsymbol{X}_{\mathrm{DVS}}\end{bmatrix}+\boldsymbol{V}_{\mathrm{DVS}}$$

式中，$\boldsymbol{X}_{\mathrm{DVS}}$，$\boldsymbol{F}_{\mathrm{DVS}}$，$\boldsymbol{w}_{\mathrm{DVS}}$ 和 $\boldsymbol{G}_{\mathrm{DVS}}$ 分别见式(8.6.9)，式(8.6.11) ～ 式(8.6.13)。

子滤波器 3：

$$\begin{bmatrix}\dot{\boldsymbol{X}}_{\mathrm{INS}}\\ \dot{\boldsymbol{X}}_{\mathrm{ADS}}\end{bmatrix}=\begin{bmatrix}\boldsymbol{F}_{\mathrm{INS}} & \boldsymbol{0}\\ \boldsymbol{0} & \boldsymbol{F}_{\mathrm{ADS}}\end{bmatrix}\begin{bmatrix}\boldsymbol{X}_{\mathrm{INS}}\\ \boldsymbol{X}_{\mathrm{ADS}}\end{bmatrix}+\begin{bmatrix}\boldsymbol{G}_{\mathrm{INS}} & \boldsymbol{0}\\ \boldsymbol{0} & \boldsymbol{G}_{\mathrm{ADS}}\end{bmatrix}\begin{bmatrix}\boldsymbol{w}_{\mathrm{INS}}\\ \boldsymbol{w}_{\mathrm{ADS}}\end{bmatrix} \tag{8.7.3}$$

$$\boldsymbol{Z}_{\mathrm{ADS}}=[\boldsymbol{H}_3 \quad \boldsymbol{H}_{\mathrm{ADS}}]\begin{bmatrix}\boldsymbol{X}_{\mathrm{INS}}\\ \boldsymbol{X}_{\mathrm{ADS}}\end{bmatrix}+\boldsymbol{V}_{\mathrm{ADS}}$$

式中，$\boldsymbol{X}_{\mathrm{ADS}}$，$\boldsymbol{F}_{\mathrm{ADS}}$，$\boldsymbol{w}_{\mathrm{ADS}}$ 及 $\boldsymbol{G}_{\mathrm{ADS}}$ 分别见式(8.6.14)，式(8.6.16) ～ 式(8.6.18)。

子滤波器 4：

$$\begin{bmatrix}\dot{\boldsymbol{X}}_{\mathrm{INS}}\\ \dot{\boldsymbol{X}}_{\mathrm{VG}}\end{bmatrix}=\begin{bmatrix}\boldsymbol{F}_{\mathrm{INS}} & \boldsymbol{0}\\ \boldsymbol{0} & \boldsymbol{F}_{\mathrm{VG}}\end{bmatrix}\begin{bmatrix}\boldsymbol{X}_{\mathrm{INS}}\\ \boldsymbol{X}_{\mathrm{VG}}\end{bmatrix}+\begin{bmatrix}\boldsymbol{G}_{\mathrm{INS}} & \boldsymbol{0}\\ \boldsymbol{0} & \boldsymbol{G}_{\mathrm{VG}}\end{bmatrix}\begin{bmatrix}\boldsymbol{w}_{\mathrm{INS}}\\ \boldsymbol{w}_{\mathrm{VG}}\end{bmatrix} \tag{8.7.4}$$

$$\boldsymbol{Z}_{\mathrm{VG}}=[\boldsymbol{H}_4 \quad \boldsymbol{H}_{\mathrm{VG}}]\begin{bmatrix}\boldsymbol{X}_{\mathrm{INS}}\\ \boldsymbol{X}_{\mathrm{VG}}\end{bmatrix}+\boldsymbol{V}_{\mathrm{VG}}$$

式中，$\boldsymbol{X}_{\mathrm{VG}}$，$\boldsymbol{F}_{\mathrm{VG}}$，$\boldsymbol{w}_{\mathrm{VG}}$ 及 $\boldsymbol{G}_{\mathrm{VG}}$ 分别见式(8.6.19)、式(8.6.21) ～ 式(8.6.23)。

子滤波器 5：

$$\begin{bmatrix}\dot{\boldsymbol{X}}_{\mathrm{INS}}\\ \dot{X}_{\mathrm{MG}}\end{bmatrix}=\begin{bmatrix}\boldsymbol{F}_{\mathrm{INS}} & \boldsymbol{0}\\ \boldsymbol{0} & -\dfrac{1}{\tau_{\mathrm{MG}}}\end{bmatrix}\begin{bmatrix}\boldsymbol{X}_{\mathrm{INS}}\\ X_{\mathrm{MG}}\end{bmatrix}+\begin{bmatrix}\boldsymbol{G}_{\mathrm{INS}} & \boldsymbol{0}\\ \boldsymbol{0} & 1\end{bmatrix}\begin{bmatrix}\boldsymbol{w}_{\mathrm{INS}}\\ w_{\mathrm{MG}}\end{bmatrix} \tag{8.7.5}$$

$$Z_{\mathrm{MG}}=[\boldsymbol{H}_5 \quad H_{\mathrm{MG}}]\begin{bmatrix}\boldsymbol{X}_{\mathrm{INS}}\\ X_{\mathrm{MG}}\end{bmatrix}+V_{\mathrm{MG}}$$

式中

$$X_{\mathrm{MG}}=\delta\boldsymbol{\Psi}_{\mathrm{MG}}$$

以上诸式中，$\boldsymbol{X}_{\mathrm{INS}}$，$\boldsymbol{w}_{\mathrm{INS}}$ 及 $\boldsymbol{G}_{\mathrm{INS}}$ 分别见式(8.6.1)，式(8.6.3) 及式(8.6.4)，$\boldsymbol{F}_{\mathrm{INS}}$ 见 8.6.2 小节中关于 $\boldsymbol{F}_{\mathrm{INS}}$ 非零元的定义。

设计各子滤波器时，所选参数与 8.6.2 小节中所选参数相同。仿真计算时，飞行轨迹的假定与 8.6.2 小节中所假设的也一样。各子滤波器的滤波周期为 1 s，且假定各子滤波器保持同步滤波，主滤波器的融合周期为 10 s。惯导作为公共参考系统，假设在滤波过程中无任何故障发生，其信息只在滤波器启动时进行平均分配。显然联邦滤波结果是全局次优的。图 8.6.1 ～ 图 8.6.3 所示其虚线分别为联邦滤波器对惯导的经度、纬度及高度误差作估计时，估计误差的均方根。与集中滤波器情况一样，均方根也经蒙特-卡洛仿真获得，其中样本数也为 10。

从图 8.6.1 ～ 图 8.6.3 所示可看出，虽然在所假设条件下获得的估计结果是全局次优的，但其估计精度与由集中滤波器获得的全局最优估计精度十分接近。由于联邦滤波采用了各子滤波器的并行分散滤波和主滤波器的合成融合算法，且融合周期远比滤波周期长，所以计算量远比集中滤波器小。因此，联邦滤波器特别适用于由众多非相似导航子系统构成的组合导航系统的设计。

8.7.2 联邦滤波器设计中的信息分配和信息同步处理

在实际系统的设计中，参与滤波的各子系统的导航精度高低不一，惯导作为公共参考系统，其信息由各子滤波器共同分享，如何合理分配惯导信息，使惯导的融合精度和其余各子系统的估计精度都达到满意的程度，这是必须解决的实际问题之一。另外，参与组合的各子系统的输出率千差万别，一般是不同步的。在各子滤波器以各自的滤波周期进行滤波的条件下，如何既不影响各子滤波器的正常工作，又能在融合时间点上获得各子滤波器的同步输出，这是必须解决的第二个实际问题。

1. 公共参考信息的分配原则

设参与组合的导航子系统除激光陀螺捷联惯导外，还有 N 个非相似导航子系统。由于惯导是公共参考系统，它参与了由该 N 个子系统和惯导构成的 N 个子滤波器的滤波，所以惯导的信息应在这 N 个子滤波器之间进行分配，根据信息守恒原理，分配系数应满足

$$\sum_{i=1}^{N}\beta_i=1$$

式中，β_i 为第 i 个子滤波器获得信息的分配系数。

设 $\boldsymbol{X}$ 的估计误差的均方误差阵为 $\boldsymbol{P}$，则 $\boldsymbol{P}$ 描述了对 $\boldsymbol{X}$ 的估计质量，由 2.2.4 小节和 3.4 节知，$\boldsymbol{P}^{-1}$ 为信息矩阵。所以，$\boldsymbol{P}$ 越大，$\boldsymbol{X}$ 的估计质量就越差，此时，信息矩阵 $\boldsymbol{P}^{-1}$ 就越小；反之，$\boldsymbol{P}$ 越小，$\boldsymbol{X}$ 的估计质量就越好，信息矩阵就越大。因此，对惯导系统的信息作分配，实质上就是将参与第 i 个子滤波器滤波的惯导的估计均方误差阵 $\boldsymbol{P}_C$ 扩大 $\dfrac{1}{\beta_i}$ 倍。从中可看出，β_i 越小，则 $\boldsymbol{P}_C$ 扩大的倍数就越大。由于卡尔曼滤波器能自动根据信息质量的优劣作权重不同的利用，所以 β_i 越小，对惯导信息的利用权重就越低，该子滤波器的滤波精度主要取决于子系统 i 的信息质量，而惯导系统的输出信息所起的作用相对降低；反之亦然。

从上述分析可得出惯导信息分配的一般原则：在子滤波器 i 中，子系统 i 的精度越差，则惯导信息的分配系数 β_i 就应该越大；子系统 i 的精度越高，子滤波器 i 的滤波精度受 β_i 的影响就越小，在这种情况下，β_i 应适当取得小些，以便使总量有限的惯导信息在较低精度子系统所在的子滤波器中能充分发挥作用。

仿真结果证实了上述结论，如图 8.7.2 和图 8.7.3 所示。其中图 8.7.2 为惯导的纬度估计误差，GPS 所在子滤波器的惯导信息分配系数为 $\beta_1=0.1$，其余子滤波器的分配系数约为 0.225，虚线曲线为从联邦滤波器获得的结果，实线曲线为从集中滤波器获得的结果，$\beta_1=0.9$，$\beta_i=0.025(i=2,\ 3,\ 4,\ 5)$ 的结果与此结果几乎重合，所以末画出。为了表达清当估计误差已降得很低时的细微变化，专门画出了从 10 s 开始绘出的曲线，即图中套叠在上部的曲线。图 8.7.3 为垂直陀螺所在子滤波器的分配系数取不同值时，垂直陀螺沿飞机纵轴的水平姿态估计误差，其中实线和虚线对应的分配系数分别为 0.9 和 0.025。

2. 各子滤波器输出信息的同步处理

设惯导的输出周期为 T_{INS}，联邦滤波器的融合周期为 T，子滤波器 i 的滤波周期为 $T_i=N_iT_{\mathrm{INS}}$，在第 j 个融合时间点上，子滤波器 i 的时标差为 $\Delta\tau_i(j)$，相对第 $j+1$ 个融合时间点，子滤波器 i 的融合同步时间差为 $\Delta t_i(j)$，在时间段$[jT,\ (j+1)T)$ 内子滤波器 i 共输出 $K_i(j)$

次，如图 8.7.4 所示。

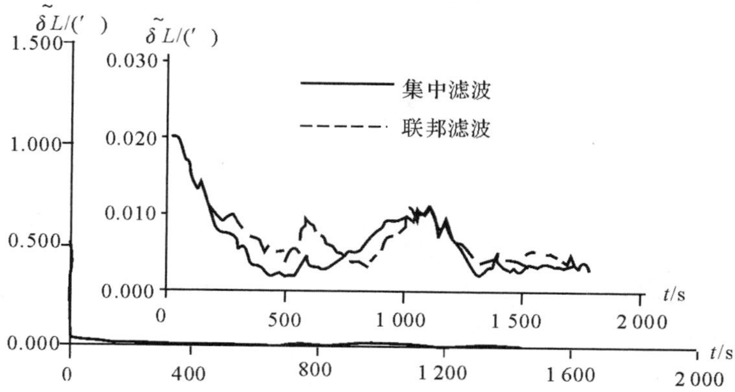

图 8.7.2　$\beta_1 = 0.1$ 时主滤波器对惯导纬度的估计误差

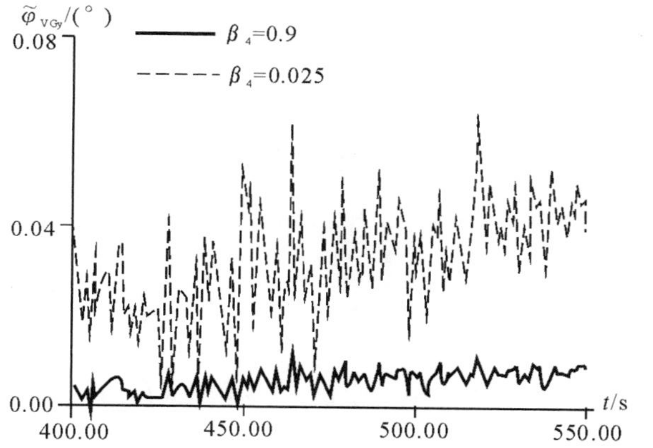

图 8.7.3　$\beta_4 = 0.9$ 和 $\beta_4 = 0.025$ 时垂直陀螺沿飞机纵轴的水平姿态估计误差

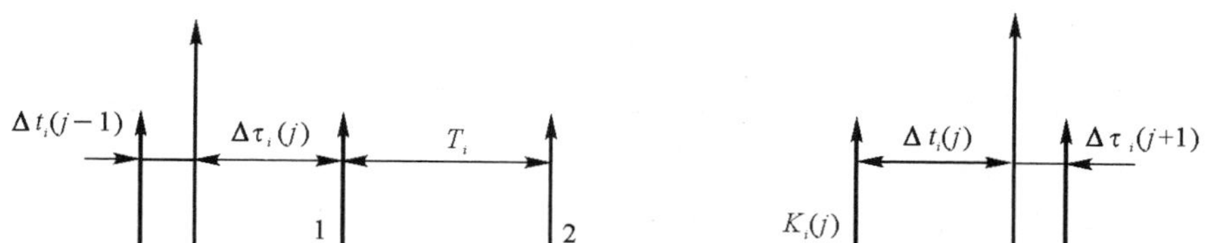

图 8.7.4　子滤波器 i 的输出时间与融合时间的关系

由图 8.7.4 得

$$\Delta\tau_i(j) + [K_i(j) - 1]T_i + \Delta t_i(j) = T \tag{8.7.6}$$

即

$$\Delta t_i(j) = T - [K_i(j) - 1]T_i - \Delta\tau_i(j) \tag{8.7.7}$$

$$\Delta\tau_i(j+1) = K_i(j)T_i + \Delta\tau_i(j) - T \tag{8.7.8}$$

式中，$K_i(j)$ 为正整数。

由式(8.7.6)得

$$K_i(j)=\frac{T-\Delta\tau_i(j)}{T_i}-\frac{\Delta t_i(j)}{T_i}+1$$

由于 $0\leqslant\Delta t_i(j)<T_i$，即 $0\leqslant\frac{\Delta t_i(j)}{T_i}<1$，可得

$$K_i(j)=\left[\left[\frac{T-\Delta\tau_i(j)}{T_i}\right]\right]+1 \tag{8.7.9}$$

上述诸式中，$i=1,2,\cdots,N$，$j=0,1,2,\cdots$，$\Delta\tau_i(0)$ 为开始滤波时子滤波器 i 的输出滞后，双写方括号表示对括号内的数取整。

由于子滤波器 i 在 $(j+1)T$ 时刻无量测值，所以在该融合时间点上子滤波器 i 参与融合的滤波值只能由时间更新确定：

$$\hat{\boldsymbol{X}}_{Ci}[(j+1)T]=\boldsymbol{\Phi}[(j+1)T,\ t_i(j)]\hat{\boldsymbol{X}}_{Ci}[t_i(j)] \tag{8.7.10}$$

$$\boldsymbol{P}_i[(j+1)T]=\boldsymbol{\Phi}[(j+1)T,\ t_i(j)]\boldsymbol{P}_i[t_i(j)]\boldsymbol{\Phi}^{\mathrm{T}}[(j+1)T,\ t_i(j)]+\bar{\boldsymbol{Q}}_i(j) \tag{8.7.11}$$

式中

$$t_i(j)=jT+\Delta\tau_i(j)+[K_i(j)-1]T_i$$

$$\boldsymbol{\Phi}[(j+1)T,\ t_i(j)]=\sum_{n=0}^{\infty}\frac{[\boldsymbol{F}_{Cj}\Delta t_i(j)]^n}{n!} \tag{8.7.12}$$

$$\bar{\boldsymbol{Q}}_i(j)=\boldsymbol{q}\Delta t_i(j)+[\boldsymbol{F}_{Cj}\boldsymbol{q}+(\boldsymbol{F}_{Cj}\boldsymbol{q})^{\mathrm{T}}]\frac{\Delta t_i^2(j)}{2!}+$$
$$\{\boldsymbol{F}_{Cj}[\boldsymbol{F}_{Cj}\boldsymbol{q}+(\boldsymbol{F}_{Cj}\boldsymbol{q})^{\mathrm{T}}]+[\boldsymbol{F}_{Cj}(\boldsymbol{F}_{Cj}\boldsymbol{q}+(\boldsymbol{F}_{Cj}\boldsymbol{q})^{\mathrm{T}})]^{\mathrm{T}}\}\frac{\Delta t_i^3(j)}{3!}+\cdots \tag{8.7.13}$$

式中，$\Delta t_i(j)$ 为同步差；$\boldsymbol{F}_{Cj}$ 为 $t=t_i(j)$ 时刻惯导的系统阵；$\boldsymbol{q}$ 为惯导的激励白噪声的噪声方差强度阵。

综上所述，可得对子滤波器 i 作同步处理的一般步骤：

(1) 按式(8.7.9)计算 $[jT,\ (j+1)T]$ 时间段内子滤波器 i 的输出次数 $K_i(j)$；

(2) 按式(8.7.7)计算在 $(j+1)T$ 融合时间点上的同步时间差 $\Delta t_i(j)$；

(3) 按式(8.7.8)计算下一个融合周期内的时标差 $\Delta\tau_i(j+1)$；

(4) 对子滤波器 i 的输出从 $t=jT$ 起进行计数，当计数值达到 $K_i(j)$ 时，按式(8.7.10)计算子滤波器 i 在融合时间点 $t=(j+1)T$ 上的输出。

顺序执行上述过程，即可计算出各融合时间点上各子滤波器的同步输出。

在对信息的同步处理中，各子滤波器在融合时间点上只作时间更新而无量测更新，这必然会影响融合精度。图 8.7.5 为惯导的纬度经融合后的估计误差曲线，其中实线曲线为各子滤波器保持同步时的结果，虚线曲线为滤波不同步而经信息同步处理后的结果。融合周期为 10 s，各子系统输出周期见表 8.7.2。

表 8.7.2　各子系统的输出周期　　单位：s

子系统名	同步	不同步
激光陀螺捷联惯导	0.02	0.02
C/A 码 GPS 接收机	1.0	1.0
多普勒雷达	1.0	0.3
大气数据计算机	1.0	0.6
垂直陀螺	1.0	1.0
磁航向仪	1.0	0.12

从图 8.7.5 可看出，与各子滤波器完全保持同步时的融合精度相比较，经同步处理后，融合精度的下降是很微小的。

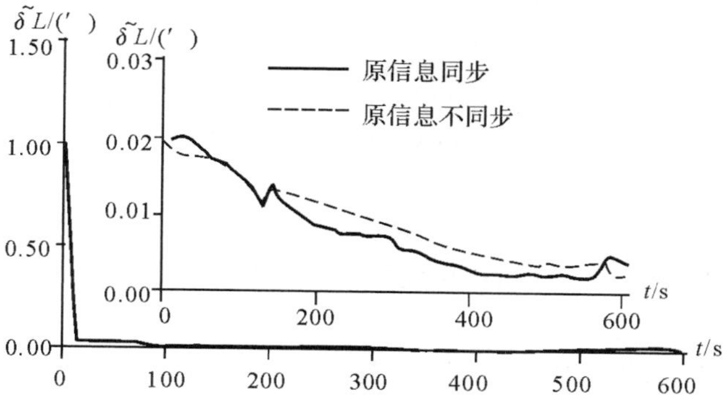

图 8.7.5　惯导纬度融合估计误差

8.7.3　容错组合导航系统设计和容错性能分析

1. 捷联惯导余度斜置陀螺的容错全姿态测量

组合导航系统要维持联邦滤波结构，以便使导航系统具有高容错性，作为公共参考系统的惯导必须绝对可靠地工作。但是，任何惯性器件都无法确保绝对不出故障，所以，采用余度斜置技术和容错测量技术是获取运载体全姿态信息以确保惯导可靠工作的关键。对于由惯性器件失效而引起的硬故障，采用奇偶方程校验就可将失效器件隔离出来。对于由惯性器件性能发生变化而引起的软故障，极大似然法是进行故障隔离的有效办法。显然软故障的检测和隔离远比硬故障困难。此处以陀螺为例说明软故障的检测和隔离。

设运载体的角速度为

$$\boldsymbol{\omega} = [\omega_x \quad \omega_y \quad \omega_z]^{\mathrm{T}}$$

捷联陀螺测量组采用图 7.4.5 所介绍的 6 陀螺斜置配置，并假设各陀螺的随机常值漂移已得到补偿。则当所有陀螺都正常工作时的测量方程为

$$\boldsymbol{Z} = \boldsymbol{H}\boldsymbol{\omega} + \boldsymbol{\varepsilon} \tag{8.7.14}$$

式中

$$\boldsymbol{Z}=[Z_1 \quad Z_2 \quad \cdots \quad Z_6]^{\mathrm{T}}$$
$$\boldsymbol{\varepsilon}=[\varepsilon_1 \quad \varepsilon_2 \quad \cdots \quad \varepsilon_6]^{\mathrm{T}}$$
$$\varepsilon_i \sim N(0,\sigma^2) \qquad i=1,2,\cdots,6$$
$$\boldsymbol{H}=\begin{bmatrix} \sin\alpha & -\sin\alpha & \cos\alpha & \cos\alpha & 0 & 0 \\ 0 & 0 & \sin\alpha & -\sin\alpha & \cos\alpha & \cos\alpha \\ \cos\alpha & \cos\alpha & 0 & 0 & \sin\alpha & -\sin\alpha \end{bmatrix}^{\mathrm{T}} \tag{7.4.5}$$
$$2\alpha=63°26'5.8''$$

构造奇偶向量：

$$\boldsymbol{P}=\boldsymbol{VZ} \tag{8.7.15}$$

式中，$\boldsymbol{V}$ 为 3×6 矩阵，且满足

$$\begin{cases}\boldsymbol{VH}=\boldsymbol{0}\\ \boldsymbol{VV}^{\mathrm{T}}=\boldsymbol{I}\end{cases} \tag{8.7.16}$$

根据 7.4.3 节中所介绍的方法求解上述方程得

$$\boldsymbol{V}=\begin{bmatrix} 0.707\ 11 & -0.316\ 23 & -0.316\ 23 & -0.316\ 23 & -0.316\ 23 & 0.316\ 23 \\ 0 & 0.632\ 46 & 0.195\ 44 & 0.195\ 44 & -0.511\ 67 & 0.511\ 67 \\ 0 & 0 & 0.601\ 50 & -0.601\ 50 & -0.371\ 75 & -0.371\ 75 \end{bmatrix}$$

显然

$$\boldsymbol{P}=\boldsymbol{V\varepsilon} \tag{8.7.17}$$

这说明，当陀螺测量组都工作正常时，$\boldsymbol{P}$ 也服从高斯分布，且

$$E[P_i]=0$$
$$E[P_iP_j]=\sigma^2\delta_{ij} \qquad i,j=1,2,3$$

即 $\boldsymbol{P}$ 的各分量 $P_i(i=1,2,3)$ 相互独立，且满足

$$P_i \sim N(0,\sigma^2) \qquad (i=1,2,3)$$

所以用 $\boldsymbol{P}$ 构造的统计量

$$D=\left(\frac{P_1}{\sigma}\right)^2+\left(\frac{P_2}{\sigma}\right)^2+\left(\frac{P_3}{\sigma}\right)^2 \tag{8.7.18}$$

服从自由度为 3 的 χ^2 分布。

设 D 的密度函数为 $K(D)$，T_D 为某一阈值，在无故障条件下（用 H_0 表示）D 超越 T_D 的概率为 α，即

$$P_r[(D>T_D)/H_0]=\alpha$$

如果所取 α 很小，则在无故障条件下 D 超越 T_D 是小概率事件。而小概率事件在一次实现中几乎是不可能出现的，所以 D 一旦超越了 T_D，就可以有把握地断定这决不可能是在无故障条件下发生的，而只可能是在有故障条件下发生的。因此故障判决准则为：

若 $D>T_D$，则判定测量组中至少有一个陀螺出故障；

若 $D\leqslant T_D$，则判定测量组中所有陀螺工作都正常。

若已检测出陀螺测量组有故障，并设故障向量为 $\boldsymbol{b}_f$，则式(8.7.14)为

$$\boldsymbol{Z}=\boldsymbol{H\omega}+\boldsymbol{\varepsilon}+\boldsymbol{b}_f$$

若只有第 j 个陀螺出故障，并记该事件为 H_j，则

$$\boldsymbol{b}_f=\boldsymbol{e}_jf \tag{8.7.19}$$

式中，$\boldsymbol{e}_j$ 表示与 $\boldsymbol{Z}$ 同维的向量，它的第 j 个分量为1，而其余分量全为零，f 表示故障的大小，是确定性标量。

根据式(7.4.32)，在 H_j 情况下的故障隔离判决函数为

$$D_j=\frac{[\boldsymbol{P}^{\mathrm{T}}\boldsymbol{V}_j]^2}{\|\boldsymbol{V}_j\|} \tag{8.7.20}$$

式中，$\boldsymbol{V}_j$ 为矩阵 $\boldsymbol{V}$ 的第 j 列，$\|\boldsymbol{V}_j\|=\boldsymbol{V}_j^{\mathrm{T}}\boldsymbol{V}_j$ 为 $\boldsymbol{V}_j$ 的范数。

按式(8.7.20)分别计算 $D_1, D_2, \cdots, D_6$，若 D_k(k 为1，2，…，6中的某一确定值)为最大，则判定第 k 个陀螺有故障。

根据式(7.4.29)，故障量 f 的极大似然估计为

$$\hat{f}=\frac{\boldsymbol{P}^{\mathrm{T}}\boldsymbol{V}_j}{\|\boldsymbol{V}_j\|} \tag{8.7.21}$$

在计算机仿直分析中，环境条件假设如下：捷联惯导包含6个单轴激光陀螺，各陀螺敏感轴分别沿正12面体的法线，如图7.4.5所示；各陀螺的随机常值漂移已得到补偿，无故障时的量测误差为零均值白噪声，均方根为 σ_m；在各时间段内，仅有一个陀螺发生软故障，故障情况见表8.7.3。故障量分别为0.05°/h，0.06°/h，0.07°/h，0.08°/h，0.09°/h和0.1°/h。表8.7.4和表8.7.5列出了量测噪声分别为0.01°/h和0.001°/h时的仿真计算结果，其中漏检率为有故障时间段内未报警时间所占的比例，误警率为无故障时间段内错误报警时间所占的比例，故障估值 $\hat{f}$ 为按式(8.7.21)计算得的估计值在故障时间段内的算术平均值。

表8.7.3　捷联陀螺发生软故障的时间段

陀螺号	1	2	3	4	5	6
故障时间段 /s	20 ~ 50	100 ~ 150	200 ~ 225	300 ~ 330	400 ~ 460	550 ~ 630

表8.7.4　量测噪声均方根 $\sigma_m=0.01$°/h 时故障诊断结果

故障量 $f/((°)\cdot h^{-1})$	0.05	0.06	0.07	0.08	0.09	0.10
漏检率 /(%)	4.37	1.13	0.14	0	0	0
误警率 /(%)	8.73	8.73	8.73	8.73	8.73	8.73
故障定位准确率 /(%)	96.90	97.89	99.44	99.86	100	100
故障量估计值 $\hat{f}/((°)\cdot h^{-1})$	0.051 5	0.056 5	0.069 8	0.096 6	0.092 2	0.105
$\hat{f}$ 的相对误差 /(%)	2.97	5.83	0.33	15.23	2.43	5.00

表8.7.5　量测噪声均方根 $\sigma_m=0.001$°/h 时故障诊断结果

故障量 $f/((°)\cdot h^{-1})$	0.05	0.06	0.07	0.08	0.09	0.10
漏检率 /(%)	0	0	0	0	0	0
误警率 /(%)	4.08	4.08	4.08	4.08	4.08	4.08
故障定位准确率 /(%)	100	100	100	100	100	100
故障量估计值 $\hat{f}/((°)\cdot h^{-1})$	0.051 2	0.059 5	0.069 5	0.082 0	0.089 0	0.100 2
$\hat{f}$ 的相对误差 /(%)	2.33	0.76	0.66	2.45	1.18	0.20

2. 具有联邦滤波结构的组合导航系统的容错性能分析

采用联邦滤波结构设计组合导航系统的目的有两个：一是分散和减少卡尔曼滤波计算量，以便在有很多非相似导航子系统参与组合的情况下，仍能保证组合导航系统实时工作；二是能在滤波过程中，很方便地对各导航子系统作故障检测、诊断和隔离，并能方便地对组合导航系统进行重构，以确保组合导航系统可靠地工作。现根据 7.3 节中所介绍的系统级故障检测与隔离理论，对 8.7.1 节所讨论的组合导航系统作容错性能分析。

假设捷联惯导采用惯性器件的余度配置技术后能可靠地获得载体的全姿态信息；在计算机设计等方面也采用容错设计技术。并假设采用这些容错设计后，惯导系统能可靠地工作。

组合导航系统按照 8.7.1 节中所介绍的方法设计，即：联邦滤波器采用无复位结构，公共参考系统为激光陀螺捷联惯导系统，其余非相似导航子系统分别为 GPS C/A 码接收机、多普勒雷达、大气数据计算机、垂直陀螺、磁航向仪，惯导信息只在初始时刻作分配，分配系数均等，即 $\beta_i = \dfrac{1}{5}(i=1,2,\cdots,5)$。所设置的各子系统的故障分两类：一类是突变形，即系统的误差在原来基础上以突跳形式增加到某一值；另一类是慢变形，即系统误差自某一时刻起在原来基础上以直线或抛物线增长关系逐渐增长。

故障检测算法采用 7.3 节中所介绍的状态 χ^2 检验法和残差 χ^2 检验法。这些算法可确定出各子滤波器工作是否正常。由于联邦滤波结构中，子滤波器 i 仅由惯导和导航子系统 $i(i=1,2,\cdots,5)$ 构成，而经过惯导本身的容错设计，其可靠性已得到保证，所以一旦子滤波器 i 出故障，即可断定导航子系统 i 出故障。

如果检测出某子滤波器有故障，则按 7.2 节中所介绍的融合算法中，主滤波器拒绝接纳该子滤波器的输出，而仅对无故障子滤波器的输出作融合计算，即可实现对故障子系统的有效隔离，这实际上也就是对组合导航系统作了重构。

表 8.7.6 列出了各导航子系统出现故障的时间段和故障的具体形式，以及采用状态 χ^2 检验法和残差 χ^2 检验法时的告警情况。其中告警时间一栏中，带 * 号者表示告警时间段内存在漏检，即告警是间歇性的。

从表 8.7.6 可看出，残差 χ^2 检验法与状态 χ^2 检验法相比较，前者对故障的响应比后者灵敏，即告警延迟量小，而且后者算法中，除用到卡尔曼滤波器的自然输出量外，还须计算仅由时间更新确定的卡尔曼滤波值(见式(7.3.2)和式(7.3.3))，这无疑增加了额外的计算量；而前者算法中，所用到的残差是卡尔曼滤波过程中自然存在的量，不必另行计算。但前者存在漏检的缺陷。为了克服这一问题，可对残差 χ^2 检验法作安全观察处理，即在停止告警后的某一段时间内仍拒绝接纳该子滤波器的输出，直到这一安全观察期满而未出现过告警才开始接收。图 8.7.6 和图 8.7.7 为表 8.7.6 所示故障环境下，故障隔离后融合获得的纬度估计误差和高度估计误差。图 8.7.6 中，虚线为同时采用残差 χ^2 检验法和状态 χ^2 检验法隔离故障后的结果，实线为采用残差 χ^2 检验法并经 90 s安全观察隔离故障后的结果；图 8.7.7 中，虚线为仅采用残差 χ^2 检验法隔离故障后的结果，实线为除采用残差 χ^2 检验法还经 90 s 安全观察隔离故障后的结果。

由图 8.7.6 和图 8.7.7 诸曲线可看出，采用残差 χ^2 检验法并经一定时间的安全观察能有效克服残差 χ^2 检验法漏检引起的故障渗透，融合精度接近彻底清除故障影响时的精度。并且，由于残差 χ^2 检验法所用数据来自滤波计算，不必另行计算，所以此法是有效隔离故障子系统较为合适的方法。

表 8.7.6　各子系统的故障设置和两种检测法的检测结果

子系统	故障变量	故障时间段 s	故障类型及大小	状态检测告警时间 /s	残差检测告警时间 /s
GPS	$\lambda/(')$	20 ~ 50	突变 0.3	20 ~ 50	20 ~ 52*
	$L/(')$	100 ~ 140	慢变 $0.000\ 8(t-100)^2$	115 ~ 171	109 ~ 142
	$v_E/(m\cdot s^{-1})$	300 ~ 330	突变 3.0	300 ~ 335	300 ~ 333*
	h/m	600 ~ 650	突变 640	601 ~ 650	600 ~ 653*
	$v_N/(m\cdot s^{-1})$	1 000 ~ 1 060	慢变 $0.15(t-1\ 000)$	1 021 ~ 1 036	1 001 ~ 1 064
DVS	$v_d/(m\cdot s^{-1})$	500 ~ 540	突变 2.0	505 ~ 540	500 ~ 550*
ADS	$v_{wbE}/(m\cdot s^{-1})$	900 ~ 930	突变 2.8	919 ~ 982	900 ~ 930*
	$v_{wbN}/(m\cdot s^{-1})$	360 ~ 385	慢变 $0.001\ 8(t-360)^2$	374 ~ 402	360 ~ 388*
	h_b/m	1 200 ~ 1 240	慢变 $1.2(t-1\ 200)^2$	1 200 ~ 1 301	1 200 ~ 1 254
MG	$\Psi/(')$	70 ~ 80	突变 0.3	70 ~ 96	70 ~ 81
VG	$\varphi_{VGx}/(°)$	200 ~ 215	慢变 $0.000\ 1(t-200)^2$	204 ~ 227	201 ~ 237
	$\varphi_{VGy}/(°)$	800 ~ 825	突变 0.005	800 ~ 877	800 ~ 835

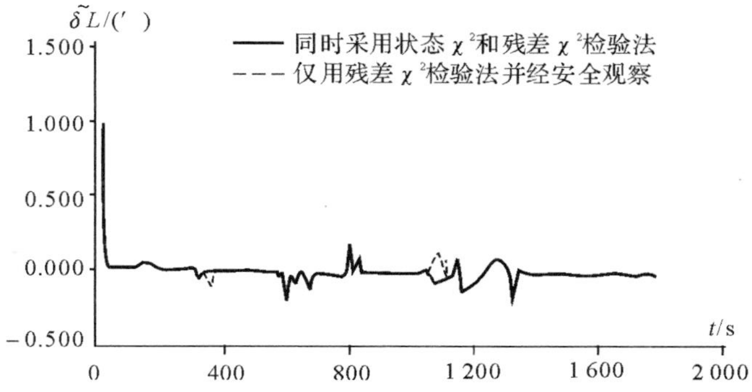

图 8.7.6　故障隔离后经融合获得的纬度估计误差

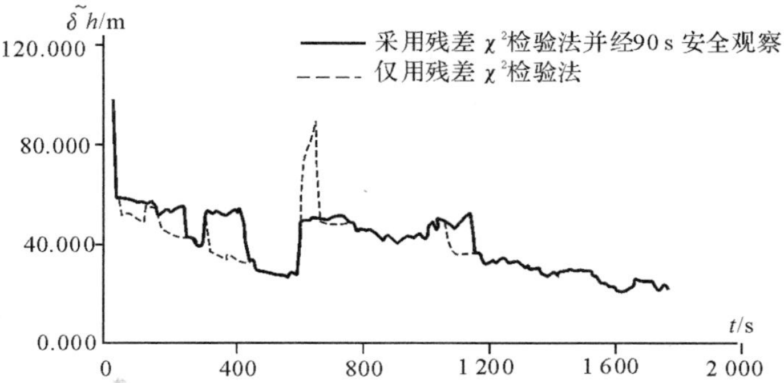

图 8.7.7　故障隔离后经融合获得的高度估计误差

附　　录

附录 A　最小二乘估计和加权最小二乘估计的推导

A1. 矩阵与矩阵间的微分关系

设有矩阵 $\boldsymbol{C}_{s\times r}$，$\boldsymbol{B}_{p\times q}$，则

$$\frac{\mathrm{d}\boldsymbol{C}}{\mathrm{d}\boldsymbol{B}}=\begin{bmatrix}\dfrac{\partial \boldsymbol{C}}{\partial b_{11}} & \dfrac{\partial \boldsymbol{C}}{\partial b_{12}} & \cdots & \dfrac{\partial \boldsymbol{C}}{\partial b_{1q}}\\ \dfrac{\partial \boldsymbol{C}}{\partial b_{21}} & \dfrac{\partial \boldsymbol{C}}{\partial b_{22}} & \cdots & \dfrac{\partial \boldsymbol{C}}{\partial b_{2q}}\\ \vdots & \vdots & & \vdots\\ \dfrac{\partial \boldsymbol{C}}{\partial b_{p1}} & \dfrac{\partial \boldsymbol{C}}{\partial b_{p2}} & \cdots & \dfrac{\partial \boldsymbol{C}}{\partial b_{pq}}\end{bmatrix} \tag{A-1}$$

式中，$b_{ij}(i=1, 2, \cdots, p;\quad j=1, 2, \cdots, q)$ 为 $\boldsymbol{B}$ 的元。

设 $\boldsymbol{X}=[x_1 \quad x_2 \quad \cdots \quad x_n]^{\mathrm{T}}$

（1）若 $\boldsymbol{C}=\boldsymbol{X}$，$\boldsymbol{B}=\boldsymbol{X}^{\mathrm{T}}$，则

$$\frac{\mathrm{d}\boldsymbol{X}}{\mathrm{d}\boldsymbol{X}^{\mathrm{T}}}=\begin{bmatrix}\dfrac{\partial \boldsymbol{X}}{\partial x_1} & \dfrac{\partial \boldsymbol{X}}{\partial x_2} & \cdots & \dfrac{\partial \boldsymbol{X}}{\partial x_n}\end{bmatrix}=[\boldsymbol{e}_1 \quad \boldsymbol{e}_2 \quad \cdots \quad \boldsymbol{e}_n]=\boldsymbol{I}_n \tag{A-2}$$

式中，$\boldsymbol{e}_i(i=1,2,\cdots, n)$ 是仅第 i 个元为 1 而其余元全为零的列向量。

（2）若 $\boldsymbol{C}=\boldsymbol{X}^{\mathrm{T}}$，$\boldsymbol{B}=\boldsymbol{X}$，则

$$\frac{\mathrm{d}\boldsymbol{X}^{\mathrm{T}}}{\mathrm{d}\boldsymbol{X}}=\begin{bmatrix}\dfrac{\partial \boldsymbol{X}^{\mathrm{T}}}{\partial x_1}\\ \dfrac{\partial \boldsymbol{X}^{\mathrm{T}}}{\partial x_2}\\ \vdots\\ \dfrac{\partial \boldsymbol{X}^{\mathrm{T}}}{\partial x_n}\end{bmatrix}=\begin{bmatrix}\boldsymbol{e}_1^{\mathrm{T}}\\ \boldsymbol{e}_2^{\mathrm{T}}\\ \vdots\\ \boldsymbol{e}_n^{\mathrm{T}}\end{bmatrix}=\boldsymbol{I}_n \tag{A-3}$$

（3）若 $\boldsymbol{C}=\boldsymbol{X}$，$\boldsymbol{B}=\boldsymbol{X}$，则

$$\frac{\mathrm{d}\boldsymbol{X}}{\mathrm{d}\boldsymbol{X}}=\begin{bmatrix}\dfrac{\partial \boldsymbol{X}}{\partial x_1}\\ \dfrac{\partial \boldsymbol{X}}{\partial x_2}\\ \vdots\\ \dfrac{\partial \boldsymbol{X}}{\partial x_n}\end{bmatrix}=\begin{bmatrix}\boldsymbol{e}_1\\ \boldsymbol{e}_2\\ \vdots\\ \boldsymbol{e}_n\end{bmatrix}=\mathrm{cs}(\boldsymbol{I}_n) \tag{A-4}$$

式中，$\mathrm{cs}(\boldsymbol{I}_n)$ 表示由 $\boldsymbol{I}_n$ 的各列顺序串接成的列向量。

（4）若 $\boldsymbol{C}=\boldsymbol{X}^{\mathrm{T}}$，$\boldsymbol{B}=\boldsymbol{X}^{\mathrm{T}}$，则

$$\frac{\mathrm{d}\boldsymbol{X}^{\mathrm{T}}}{\mathrm{d}\boldsymbol{X}^{\mathrm{T}}}=\begin{bmatrix}\dfrac{\partial \boldsymbol{X}^{\mathrm{T}}}{\partial x_1} & \dfrac{\partial \boldsymbol{X}^{\mathrm{T}}}{\partial x_2} & \cdots & \dfrac{\partial \boldsymbol{X}^{\mathrm{T}}}{\partial x_n}\end{bmatrix}=[\boldsymbol{e}_1^{\mathrm{T}} \quad \boldsymbol{e}_2^{\mathrm{T}} \quad \cdots \quad \boldsymbol{e}_n^{\mathrm{T}}]=\mathrm{rs}(\boldsymbol{I}_n) \tag{A-5}$$

式中，$\mathrm{rs}(\boldsymbol{I}_n)$ 表示由 $\boldsymbol{I}_n$ 的各行顺序串接成的行向量。

A2. 矩阵积与矩阵间的微分关系

（1）克朗尼克积。设有矩阵 $\boldsymbol{C}_{m\times n}$，$\boldsymbol{D}_{p\times q}$，则 $\boldsymbol{C}$ 对 $\boldsymbol{D}$ 的克朗尼克积为

$$\boldsymbol{C}\otimes\boldsymbol{D}=\begin{bmatrix}C_{11}\boldsymbol{D} & C_{12}\boldsymbol{D} & \cdots & C_{1n}\boldsymbol{D}\\ C_{21}\boldsymbol{D} & C_{22}\boldsymbol{D} & \cdots & C_{2n}\boldsymbol{D}\\ \vdots & \vdots & & \vdots\\ C_{m1}\boldsymbol{D} & C_{m2}\boldsymbol{D} & \cdots & C_{mn}\boldsymbol{D}\end{bmatrix} \tag{A-6}$$

式中，$C_{ij}(i=1,2,\cdots,m,\quad j=1,2,\cdots,n)$ 为 $\boldsymbol{C}$ 的元。

（2）积的微分。设有矩阵 $\boldsymbol{C}_{n\times r}$，$\boldsymbol{D}_{r\times m}$，$\boldsymbol{B}_{p\times q}$，$\boldsymbol{A}=\boldsymbol{C}\boldsymbol{D}$，则

$$\frac{\mathrm{d}\boldsymbol{A}}{\mathrm{d}\boldsymbol{B}}=\frac{\mathrm{d}(\boldsymbol{C}\boldsymbol{D})}{\mathrm{d}\boldsymbol{B}}=\begin{bmatrix}\dfrac{\partial \boldsymbol{C}}{\partial b_{11}} & \cdots & \dfrac{\partial \boldsymbol{C}}{\partial b_{1q}}\\ \vdots & & \vdots\\ \dfrac{\partial \boldsymbol{C}}{\partial b_{p1}} & \cdots & \dfrac{\partial \boldsymbol{C}}{\partial b_{pq}}\end{bmatrix}\begin{bmatrix}\boldsymbol{D} & & & \boldsymbol{0}\\ & \boldsymbol{D} & & \\ & & \ddots & \\ \boldsymbol{0} & & & \boldsymbol{D}\end{bmatrix}+$$

$$\begin{bmatrix}\boldsymbol{C} & & & \boldsymbol{0}\\ & \boldsymbol{C} & & \\ & & \ddots & \\ \boldsymbol{0} & & & \boldsymbol{C}\end{bmatrix}\begin{bmatrix}\dfrac{\partial \boldsymbol{D}}{\partial b_{11}} & \cdots & \dfrac{\partial \boldsymbol{D}}{\partial b_{1q}}\\ \vdots & & \vdots\\ \dfrac{\partial \boldsymbol{D}}{\partial b_{p1}} & \cdots & \dfrac{\partial \boldsymbol{D}}{\partial b_{pq}}\end{bmatrix}=$$

$$\frac{\mathrm{d}\boldsymbol{C}}{\mathrm{d}\boldsymbol{B}}(\boldsymbol{I}_q\otimes\boldsymbol{D})+(\boldsymbol{I}_p\otimes\boldsymbol{C})\frac{\mathrm{d}\boldsymbol{D}}{\mathrm{d}\boldsymbol{B}} \tag{A-7}$$

式中，$b_{ij}(i=1,2,\cdots,p;\ j=1,2,\cdots,q)$ 为 $\boldsymbol{B}$ 的元。

A3. 最小二乘估计和加权最小二乘估计的推导

对于加权最小二乘估计，指标函数最优的条件为

$$J(\hat{\boldsymbol{X}})=(\boldsymbol{Z}-\boldsymbol{H}\hat{\boldsymbol{X}})^{\mathrm{T}}\boldsymbol{W}(\boldsymbol{Z}-\boldsymbol{H}\hat{\boldsymbol{X}})=\min$$

要使上式成立，$\hat{\boldsymbol{X}}$ 应满足

$$\left.\frac{\partial J(\boldsymbol{X})}{\partial \boldsymbol{X}}\right|_{\boldsymbol{X}=\hat{\boldsymbol{X}}}=\boldsymbol{0}$$

取

$$\boldsymbol{C}=(\boldsymbol{Z}-\boldsymbol{H}\boldsymbol{X})^{\mathrm{T}}\boldsymbol{W}$$
$$\boldsymbol{D}=\boldsymbol{Z}-\boldsymbol{H}\boldsymbol{X}$$

则 $J(\boldsymbol{X})=\boldsymbol{CD}$，根据式(A-7)，有

$$\frac{\mathrm{d}J(\boldsymbol{X})}{\mathrm{d}\boldsymbol{X}}=\frac{\mathrm{d}[(\boldsymbol{Z}-\boldsymbol{HX})^{\mathrm{T}}\boldsymbol{W}]}{\mathrm{d}\boldsymbol{X}}[\boldsymbol{I}_1\otimes(\boldsymbol{Z}-\boldsymbol{HX})]+$$

$$[\boldsymbol{I}_n\otimes(\boldsymbol{Z}-\boldsymbol{HX})^{\mathrm{T}}\boldsymbol{W}]\frac{\mathrm{d}(\boldsymbol{Z}-\boldsymbol{HX})}{\mathrm{d}\boldsymbol{X}}=-\frac{\mathrm{d}\boldsymbol{X}^{\mathrm{T}}}{\mathrm{d}\boldsymbol{X}}\boldsymbol{H}^{\mathrm{T}}\boldsymbol{W}(\boldsymbol{Z}-\boldsymbol{HX})+$$

$$\begin{bmatrix}(\boldsymbol{Z}-\boldsymbol{HX})^{\mathrm{T}}\boldsymbol{W} & \boldsymbol{0} & \cdots & \boldsymbol{0}\\ \boldsymbol{0} & (\boldsymbol{Z}-\boldsymbol{HX})^{\mathrm{T}}\boldsymbol{W} & \cdots & \boldsymbol{0}\\ \vdots & \vdots & & \vdots\\ \boldsymbol{0} & \boldsymbol{0} & \cdots & (\boldsymbol{Z}-\boldsymbol{HX})^{\mathrm{T}}\boldsymbol{W}\end{bmatrix}\left[-\frac{\mathrm{d}(\boldsymbol{HX})}{\mathrm{d}\boldsymbol{X}}\right]$$

根据式(A-7)，有

$$\frac{\mathrm{d}(\boldsymbol{HX})}{\mathrm{d}\boldsymbol{X}}=\boldsymbol{0}+(\boldsymbol{I}_n\otimes\boldsymbol{H})\mathrm{cs}(\boldsymbol{I}_n)=\begin{bmatrix}\boldsymbol{H} & & \boldsymbol{0}\\ & \boldsymbol{H} & \\ & & \ddots & \\ \boldsymbol{0} & & & \boldsymbol{H}\end{bmatrix}\begin{bmatrix}\boldsymbol{e}_1\\ \boldsymbol{e}_2\\ \vdots\\ \boldsymbol{e}_n\end{bmatrix}$$

可得

$$\frac{\mathrm{d}J(\boldsymbol{X})}{\mathrm{d}\boldsymbol{X}}=-\boldsymbol{H}^{\mathrm{T}}\boldsymbol{W}(\boldsymbol{Z}-\boldsymbol{HX})-\begin{bmatrix}(\boldsymbol{Z}-\boldsymbol{HX})^{\mathrm{T}}\boldsymbol{W} & \boldsymbol{0} & \cdots & \boldsymbol{0}\\ \boldsymbol{0} & ((\boldsymbol{Z}-\boldsymbol{HX})^{\mathrm{T}}\boldsymbol{W} & \cdots & \boldsymbol{0}\\ \vdots & \vdots & & \vdots\\ \boldsymbol{0} & \boldsymbol{0} & \cdots & (\boldsymbol{Z}-\boldsymbol{HX})^{\mathrm{T}}\boldsymbol{W}\end{bmatrix}$$

$$\begin{bmatrix}\boldsymbol{H} & & \boldsymbol{0}\\ & \boldsymbol{H} & \\ & & \ddots & \\ \boldsymbol{0} & & & \boldsymbol{H}\end{bmatrix}\begin{bmatrix}\boldsymbol{e}_1\\ \boldsymbol{e}_2\\ \vdots\\ \boldsymbol{e}_n\end{bmatrix}=$$

$$-\boldsymbol{H}^{\mathrm{T}}\boldsymbol{W}(\boldsymbol{Z}-\boldsymbol{HX})-\begin{bmatrix}(\boldsymbol{Z}-\boldsymbol{HX})^{\mathrm{T}}\boldsymbol{WHe}_1\\ (\boldsymbol{Z}-\boldsymbol{HX})^{\mathrm{T}}\boldsymbol{WHe}_2\\ \vdots\\ (\boldsymbol{Z}-\boldsymbol{HX})^{\mathrm{T}}\boldsymbol{WHe}_n\end{bmatrix}$$

由于 $\boldsymbol{Z}\in\boldsymbol{R}^m$，$\boldsymbol{W}_{m\times m}$，$\boldsymbol{H}_{m\times n}$，$\boldsymbol{e}_i\in\boldsymbol{R}^n(i=1,2,\cdots,n)$，所以 $(\boldsymbol{Z}-\boldsymbol{HX})^{\mathrm{T}}\boldsymbol{WHe}_i(i=1,2,\cdots,n)$ 为标量，转置后值不变，即有

$$(\boldsymbol{Z}-\boldsymbol{HX})^{\mathrm{T}}\boldsymbol{WHe}_i=\boldsymbol{e}_i^{\mathrm{T}}\boldsymbol{H}^{\mathrm{T}}\boldsymbol{W}^{\mathrm{T}}(\boldsymbol{Z}-\boldsymbol{HX})$$

因此

$$\frac{\mathrm{d}J(\boldsymbol{X})}{\mathrm{d}\boldsymbol{X}}=-\boldsymbol{H}^{\mathrm{T}}\boldsymbol{W}(\boldsymbol{Z}-\boldsymbol{HX})-\begin{bmatrix}\boldsymbol{e}_1^{\mathrm{T}}\\ \boldsymbol{e}_2^{\mathrm{T}}\\ \vdots\\ \boldsymbol{e}_n^{\mathrm{T}}\end{bmatrix}\boldsymbol{H}^{\mathrm{T}}\boldsymbol{W}^{\mathrm{T}}(\boldsymbol{Z}-\boldsymbol{HX})=-\boldsymbol{H}^{\mathrm{T}}(\boldsymbol{W}+\boldsymbol{W}^{\mathrm{T}})(\boldsymbol{Z}-\boldsymbol{HX})=\boldsymbol{0}$$

从中解得

$$\hat{\boldsymbol{X}}=[\boldsymbol{H}^{\mathrm{T}}(\boldsymbol{W}+\boldsymbol{W}^{\mathrm{T}})\boldsymbol{H}]^{-1}\boldsymbol{H}^{\mathrm{T}}(\boldsymbol{W}+\boldsymbol{W}^{\mathrm{T}})\boldsymbol{Z} \tag{A-8}$$

若加权阵取成对称阵，即 $\boldsymbol{W}^{\mathrm{T}}=\boldsymbol{W}$，则

$$\hat{\boldsymbol{X}}=(\boldsymbol{H}^{\mathrm{T}}\boldsymbol{WH})^{-1}\boldsymbol{H}^{\mathrm{T}}\boldsymbol{WZ} \tag{A-9}$$

若加权阵为单位阵，即 $\boldsymbol{W}=\boldsymbol{I}$，则

$$\hat{\boldsymbol{X}}=(\boldsymbol{H}^{\mathrm{T}}\boldsymbol{H})^{-1}\boldsymbol{H}^{\mathrm{T}}\boldsymbol{Z} \tag{A-10}$$

这就是一般最小二乘估计。

附录B　矩阵反演公式的推导

B1.分块三角矩阵的求逆

设有分块三角矩阵 $\boldsymbol{A}=\begin{bmatrix}\boldsymbol{A}_{11}^{m\times m} & \boldsymbol{A}_{12}^{m\times n}\\ \boldsymbol{0}^{n\times m} & \boldsymbol{A}_{22}^{n\times n}\end{bmatrix}$. 由于

$$\boldsymbol{A}\boldsymbol{A}^{-1}=\begin{bmatrix}\boldsymbol{A}_{11} & \boldsymbol{A}_{12}\\ \boldsymbol{0} & \boldsymbol{A}_{22}\end{bmatrix}\begin{bmatrix}\boldsymbol{A}_{11}^{-1} & -\boldsymbol{A}_{11}^{-1}\boldsymbol{A}_{12}\boldsymbol{A}_{22}^{-1}\\ \boldsymbol{0} & \boldsymbol{A}_{22}^{-1}\end{bmatrix}=\begin{bmatrix}\boldsymbol{I}_{m\times m} & \boldsymbol{0}_{m\times n}\\ \boldsymbol{0}_{n\times m} & \boldsymbol{I}_{n\times n}\end{bmatrix}=\boldsymbol{I}_{(m+n)\times(m+n)}$$

所以

$$\begin{bmatrix}\boldsymbol{A}_{11} & \boldsymbol{A}_{12}\\ \boldsymbol{0} & \boldsymbol{A}_{22}\end{bmatrix}^{-1}=\begin{bmatrix}\boldsymbol{A}_{11}^{-1} & -\boldsymbol{A}_{11}^{-1}\boldsymbol{A}_{12}\boldsymbol{A}_{22}^{-1}\\ \boldsymbol{0} & \boldsymbol{A}_{22}^{-1}\end{bmatrix} \tag{B-1}$$

若分块三角矩阵为 $\boldsymbol{A}=\begin{bmatrix}\boldsymbol{A}_{11}^{m\times m} & \boldsymbol{0}^{m\times n}\\ \boldsymbol{A}_{21}^{n\times m} & \boldsymbol{A}_{22}^{n\times n}\end{bmatrix}$. 由于

$$\boldsymbol{A}\boldsymbol{A}^{-1}=\begin{bmatrix}\boldsymbol{A}_{11} & \boldsymbol{0}\\ \boldsymbol{A}_{21} & \boldsymbol{A}_{22}\end{bmatrix}\begin{bmatrix}\boldsymbol{A}_{11}^{-1} & \boldsymbol{0}\\ -\boldsymbol{A}_{22}^{-1}\boldsymbol{A}_{21}\boldsymbol{A}_{11}^{-1} & \boldsymbol{A}_{22}^{-1}\end{bmatrix}=\begin{bmatrix}\boldsymbol{I}_{m\times m} & \boldsymbol{0}_{m\times n}\\ \boldsymbol{0}_{n\times m} & \boldsymbol{I}_{n\times n}\end{bmatrix}=\boldsymbol{I}_{(m+n)\times(m+n)}$$

可得

$$\begin{bmatrix}\boldsymbol{A}_{11} & \boldsymbol{0}\\ \boldsymbol{A}_{21} & \boldsymbol{A}_{22}\end{bmatrix}^{-1}=\begin{bmatrix}\boldsymbol{A}_{11}^{-1} & \boldsymbol{0}\\ -\boldsymbol{A}_{22}^{-1}\boldsymbol{A}_{21}\boldsymbol{A}_{11}^{-1} & \boldsymbol{A}_{22}^{-1}\end{bmatrix} \tag{B-2}$$

B2.一般矩阵的分块三角阵分解

设

$$\boldsymbol{A}=\begin{bmatrix}\boldsymbol{A}_{11}^{m\times m} & \boldsymbol{A}_{12}^{m\times n}\\ \boldsymbol{A}_{21}^{n\times m} & \boldsymbol{A}_{22}^{n\times n}\end{bmatrix}_{(m+n)\times(m+n)}$$

式中，$\boldsymbol{A}_{11}^{-1}$ 和 $\boldsymbol{A}_{22}^{-1}$ 存在，则 $\boldsymbol{A}$ 可分解成

$$\boldsymbol{A}=\begin{bmatrix}\boldsymbol{I}_{m\times m} & \boldsymbol{0}\\ \boldsymbol{A}_{21}\boldsymbol{A}_{11}^{-1} & \boldsymbol{I}_{n\times n}\end{bmatrix}\begin{bmatrix}\boldsymbol{A}_{11} & \boldsymbol{A}_{12}\\ \boldsymbol{0} & \boldsymbol{A}_{22}-\boldsymbol{A}_{21}\boldsymbol{A}_{11}^{-1}\boldsymbol{A}_{12}\end{bmatrix} \tag{B-3}$$

或

$$\boldsymbol{A}=\begin{bmatrix}\boldsymbol{I}_{m\times m} & \boldsymbol{A}_{12}\boldsymbol{A}_{22}^{-1}\\ \boldsymbol{0} & \boldsymbol{I}_{n\times n}\end{bmatrix}\begin{bmatrix}\boldsymbol{A}_{11}-\boldsymbol{A}_{12}\boldsymbol{A}_{22}^{-1}\boldsymbol{A}_{21} & \boldsymbol{0}\\ \boldsymbol{A}_{21} & \boldsymbol{A}_{22}\end{bmatrix} \tag{B-4}$$

B3.矩阵反演公式

根据式(B-3)，有

$$\boldsymbol{A}^{-1}=\begin{bmatrix}\boldsymbol{A}_{11} & \boldsymbol{A}_{12}\\ \boldsymbol{0} & \boldsymbol{A}_{22}-\boldsymbol{A}_{21}\boldsymbol{A}_{11}^{-1}\boldsymbol{A}_{12}\end{bmatrix}^{-1}\begin{bmatrix}\boldsymbol{I}_{m\times m} & \boldsymbol{0}\\ \boldsymbol{A}_{21}\boldsymbol{A}_{11}^{-1} & \boldsymbol{I}_{n\times n}\end{bmatrix}^{-1}$$

上式右侧求逆分别应用式(B-1)和式(B-2)，有

$$\boldsymbol{A}^{-1}=\begin{bmatrix}\boldsymbol{A}_{11}^{-1} & -\boldsymbol{A}_{11}^{-1}\boldsymbol{A}_{12}(\boldsymbol{A}_{22}-\boldsymbol{A}_{21}\boldsymbol{A}_{11}^{-1}\boldsymbol{A}_{12})^{-1}\\ \boldsymbol{0} & (\boldsymbol{A}_{22}-\boldsymbol{A}_{21}\boldsymbol{A}_{11}^{-1}\boldsymbol{A}_{12})^{-1}\end{bmatrix}\begin{bmatrix}\boldsymbol{I}_{m\times m} & \boldsymbol{0}\\ -\boldsymbol{A}_{21}\boldsymbol{A}_{11}^{-1} & \boldsymbol{I}_{n\times n}\end{bmatrix}=$$

$$\begin{bmatrix} A_{11}^{-1}+A_{11}^{-1}A_{12}(A_{22}-A_{21}A_{11}^{-1}A_{12})^{-1}A_{21}A_{11}^{-1} & -A_{11}^{-1}A_{12}(A_{22}-A_{21}A_{11}^{-1}A_{12})^{-1} \\ -(A_{22}-A_{21}A_{11}^{-1}A_{12})^{-1}A_{21}A_{11}^{-1} & (A_{22}-A_{21}A_{11}^{-1}A_{12})^{-1} \end{bmatrix} \tag{B-5}$$

根据式(B-4)

$$A^{-1}=\begin{bmatrix} A_{11}-A_{12}A_{22}^{-1}A_{21} & 0 \\ A_{21} & A_{22} \end{bmatrix}^{-1}\begin{bmatrix} I_{m\times m} & A_{12}A_{22}^{-1} \\ 0 & I_{n\times n} \end{bmatrix}^{-1}$$

上式右侧求逆分别应用式(B-2)和式(B-1)，

$$A^{-1}=\begin{bmatrix} (A_{11}-A_{12}A_{22}^{-1}A_{21})^{-1} & 0 \\ -A_{22}^{-1}A_{21}(A_{11}-A_{12}A_{22}^{-1}A_{21})^{-1} & A_{22}^{-1} \end{bmatrix}\begin{bmatrix} I_{m\times m} & -A_{12}A_{22}^{-1} \\ 0 & I_{n\times n} \end{bmatrix}=$$

$$\begin{bmatrix} (A_{11}-A_{12}A_{22}^{-1}A_{21})^{-1} & -(A_{11}-A_{12}A_{22}^{-1}A_{21})^{-1}A_{12}A_{22}^{-1} \\ -A_{22}^{-1}A_{21}(A_{11}-A_{12}A_{22}^{-1}A_{21})^{-1} & A_{22}^{-1}A_{21}(A_{11}-A_{12}A_{22}^{-1}A_{21})^{-1}A_{12}A_{22}^{-1}+A_{22}^{-1} \end{bmatrix} \tag{B-6}$$

比较式(B-5)和式(B-6)左上角分块，得

$$(A_{11}-A_{12}A_{22}^{-1}A_{21})^{-1}=A_{11}^{-1}+A_{11}^{-1}A_{12}(A_{22}-A_{21}A_{11}^{-1}A_{12})^{-1}A_{21}A_{11}^{-1}$$

此即矩阵求逆反演公式(2.1.23)式。

附录C 卡尔曼和卡尔曼滤波简介

卡尔曼(Rudolf Emil Kalman)1930年5月9日出生于匈牙利布达佩斯，1944年为躲避第二次世界大战时的欧洲战火，全家经土耳其逃往北非，最终到达美国俄亥俄州尤斯敦。卡尔曼在尤斯敦学院就读3年后进入麻省理工学院(MIT)，1953年获得电气工程专业学士学位，次年获得硕士学位，硕士论文题目是《二阶微分方程解的性能分析》。对二阶微分方程和二阶微分方程的描述函数具有某些相似性提出了质疑，发现这些解与微分方程解并不完全相同，而呈现出混沌特性。1955年秋，在经过一年努力为杜邦公司搭建一套大型模拟控制系统后，获得在哥伦比亚大学担任讲师并读研的机会，1957年获得科学博士学位。1958年进入IBM公司实验室工作，之后进入巴尔的摩RIAS(the Research Institute for Advanced Studies)，与巴斯(Robert W Bass)成为同事。为了充实数学研究分部，RIAS引进了普林斯顿大学教授莱夫舒茨(Solomon Lefschetz, 1884—1972年)。莱夫舒茨是巴斯在普林斯顿大学做博士后时的导师。卡尔曼推荐布西(Richard S Bucy)进入RIAS，组成研究团队，研究方向是控制和估计。1958年这一团队获得美国空军科研部(AFOSR)的资助。同年11月，卡尔曼访问了普林斯顿大学，在坐火车返回巴尔的摩途中，火车在巴尔的摩站外临时停车一小时，已经晚上11点了，卡尔曼感到很累，头又疼，正在心烦意乱时，突然出现一个想法：为什么不把状态变量引入维纳-戈尔莫格洛夫滤波问题中呢？实在太累了，无法再深入思考，但这正是伟大实践的起点，剩下的仅仅是时间问题。

卡尔曼滤波是动力学过程建模研究上的一大进步，也是前人最优估计研究的积累结果。

前人已在控制和估计理论研究上获得了不少成就，但有一定局限性。如维纳-戈尔莫格洛夫采用功率谱密度(PSD)在频域内描述动力学过程的随机动态性质，根据PSD在频域内设计滤波器，PSD可根据系统的输出值估计出，前提是系统是定常的。在控制研究中常用状态空间法描述系统模型，其中模型是一组关于状态变量的线性微分方程组，系统激励源为白噪声，

各项系数可以是时变的。但当时状态空间法仅用于控制。

卡尔曼是想到将状态空间法用于估计的第一人。布西受此启发，认识到：只要状态空间的维数是有限的，则用于维纳-戈尔莫格洛夫滤波器的维纳-霍普方程等价于非线性矩阵微分方程，此微分方程实质上就是黎卡蒂方程。黎卡蒂方程在两个世纪前由黎卡蒂(Jacopo Francesco Riccati，1676 — 1754 年)提出。卡尔曼和布西的研究使人们明白了积分方程和微分方程间关系的一般属性，更显著的成就是他们证明了即使动力学系统本身不稳定，只要系统是可控和可观的，黎卡蒂方程照样可以具有稳定的稳态解。在系统维数有限的假设下，卡尔曼推导了维纳-戈尔莫格洛夫滤波器，这就是后来称谓的卡尔曼滤波器。引入状态空间概念后，用于推演的数学背景非常简单，证明过程甚至很多本科生都能完成。

类似的结果丹麦天文学家 Thorvald Nicolai Thiele(1838 — 1910 年)也曾得到过，但只是标量型滤波器。此外，Peter Swerling (1929 — 2001 年)在 1959 年发表的论文中，Ruslan Leontevich Stratonovich (1930 — 1997 年)在 1960 年发表的论文中也有过体现。

卡尔曼的观点遇到了部分同行的质疑，为了避开麻烦，卡尔曼选择在机械工程学术刊物 ASME，而不是电气工程刊物上发表论文(见本书参考文献[8])。他解释原因时说："如果你有兴趣挖壕沟，而又不想通过下面有空洞的地面，最好的办法是绕过去。"卡尔曼的第二篇论文论述了连续型滤波问题，是与布西合写的。不幸的是论文被退稿，原因是有一位审稿人认为，在论文证明过程中有一步不对。其实是对的，卡尔曼竭力阐明这种滤波器，与此同时，学术界普遍接受他的理论，很多大学将其次立为研究主题，在随后的几十年间成为千百份博士论文的选题。

1960 年，受施密特(Stanley F Schmidt)邀请，卡尔曼访问了位于加州 Mountain View 的 NASA Ames 研究中心。施密特是 Ames 动力学系统分析设计分部的负责人，负责阿波罗控制系统的设计，曾在一次技术交流会上认识了卡尔曼，他深信其滤波理论。通过这次讲学，施密特进一步认识到卡尔曼的滤波理论在阿波罗轨道估计和控制中有潜在应用价值，他马上安排团队进行研究，很快发现了广义滤波(EKF)，解决非线性系统的估计问题。1961 年施密特将他的研究结果介绍给 MIT 的贝汀(Richard H Battin)，贝汀在 MIT 仪器仪表实验室工作，此实验室后来命名为德雷帕(Charles Stark Draper)实验室，贝汀早就采用状态空间法设计航天器控制系统，卡尔曼滤波器的引入进一步完善了他的设计理论，阿波罗制导系统正是由该实验室设计和研制完成的。1960 年中期，通过施密特的影响，卡尔曼滤波成功应用于瑙斯罗帕(Northrup)C－5A 飞机的多模式组合导航系统的设计，C－5A 是一种巨型运输机，由洛克希德．马丁公司设计。之后，所有机载航迹估计和控制系统的设计都采用卡尔曼滤波器。

卡尔曼的贡献还在系统建模方面。他认为，动力学系统的可观和可控具有对偶性，通过对系统作适当变换，可观性可转换成可控性，反之亦然。在实践方面也起到了先驱作用，他根据观察到的系统输入/输出来建立系统的数学模型。由于将数学理论成功应用于工程的诸多贡献，1974 年卡尔曼获得 IEEE 荣誉奖，1984 年获得 IEEE 百年奖，1987 年获得美国数学学会 Steele 奖，1997 年获得美国自动控制界 Bellman 奖。1985 年，Inamori 基金会首次颁发京都奖，卡尔曼在先进技术方面获得此奖。在去日本领奖的过程中，他想起了 1962 年曾在科罗拉多温泉酒店见到的警句：小人寻摸他人，庸人捉摸事件，君子琢磨思考。(Little people discuss other people. Average people discuss events. Big people discuss ideas.)他感到，根据已做的工作，自己关心的是思考。

卡尔曼是美国国家技术委员会成员，美国国家工程学术委员会成员，美国科学和技术委员会成员，法国、匈牙利、俄罗斯科学学术委员会外籍成员。

1990年正当他60岁生日时，为表彰他在“数学系统理论”方面的先驱贡献，专门召开了一次特殊的国际研讨会，随后出版了题为《数学系统理论》的会议论文集。2008年2月19日，在华盛顿的一次庆祝晚会上，美国国家工程学术委员会给卡尔曼颁发了Draper奖，这是美国在工程领域界最有权威的奖。2009年10月7日，在白宫的一次庆祝会上，美国总统奥巴马(Barak Obama)向卡尔曼颁发了国家科学奖。

卡尔曼滤波是20世纪在估计理论上最伟大的成就，如果没有这一理论，很多重大科学技术就不可能实现，例如太阳系宇宙飞船的精确高效导航。目前几乎所有运载器(如飞机、火箭、舰船、潜艇、精确制导武器等)的跟踪、导航、控制系统设计都离不开卡尔曼滤波器。原因是其不可替代的优点：

(1)维纳-戈尔莫格洛夫滤波器在频域内设计，用模拟电子技术实现，而卡尔曼滤波器在时域内设计，用计算机实现，设计简单，运行效率高。

(2)设计维纳-戈尔莫格洛夫滤波器必须知道有用信号和干扰信号的功率谱，只有当这两种信号均为零均值一维平稳随机过程，且功率谱均为有理分式时，才可采用伯特-香农设计法求得滤波器的传递函数。而设计卡尔曼滤波器时，只须列出系统的状态方程和量测方程，给定系统噪声和量测噪声的方差，既适用于平稳随机过程，也适用于非平稳随机过程，只要状态变量的维数是有限的都可适用。

(3)维纳-戈尔莫格洛夫滤波器的推导深奥繁复，而卡尔曼滤波器的推导简单明了，很容易理解和接受。

20世纪50年代初就有人研究用状态空间法替代维纳滤波中的协方差描述，算法与卡尔曼滤波非常相似，如1956年霍普金斯大学曾用此法解决导弹跟踪问题，但此工作并未公开发表。斯韦林也提出过类似算法，用于解决卫星轨道估计，并于1959年在美国宇航科学杂志上发表。关于冠名权问题，斯韦林曾以其论文发表先于卡尔曼为由，给AIAA写信提出异议，但并未被采纳。

卡尔曼行事低调，他提出的滤波算法最终被广泛接受并以其名字冠名，原因是：

(1)滤波算法并不针对某一特殊应用，对一般情况普遍适用。

(2)卡尔曼同时考虑了估计和最优控制，解决了滤波稳定性问题。

(3)计算机的普及使用使其离散递推算法得到广泛认可，成为引领主流。

(4)正当NASA苦苦思索如何解决阿波罗精确导航问题时，卡尔曼提出了合适算法，被NASA及时发现，并得到施密特的力推，应用在当时影响最大的项目中，登月成功往返更使人们认识到该滤波算法功能的强大和重要。

参考文献

[1] 俞济祥.卡尔曼滤波及其在惯性导航中的应用[Z].北京:航空专业教材编审组,1984.

[2] Wiener N. The extrapolation, Interpolation and smoothing of stationary time series[J]. OSRD370, Report to the Services 19, Research Project DIC—6037, MIT, 1942.

[3] Kalmogorov A N. Interpolation and extrapolation von stationaren zufalligen folgen[J]. Bull Acad. Sci. USSR, Ser. Math. 1941,5:3-14.

[4] Bode H W, Shannon C E. A simplified derivation of linear least square smoothing and predication theory [J]. Proc. IRE, 1950, 38:417-425.

[5] Zadeh L A, Ragazzini J R. An extension of Wiener's theory of prediction[J]. Journal of Appli. Phys, 1950, 21: 645-655.

[6] Shinbrot M. Optimization of time-varying linear systems with nonstationary inputs[J]. Trans. ASME, 1958, 80: 457-462.

[7] Swerling P. First order error propagation in a stagewise smoothing procedure for satellite observations [J]. Journal of Astronautical Science, 1959, 6 :46-52.

[8] Rudolf Emil Kalman. A new approach to linear filtering and prediction problems[J]. Journal of Basic Eng (ASME), 1960,82D: 35-46.

[9] Rudolf Emil Kalman, Bucy R S. New results in linear filtering and prediction theory[J]. Journal of Basic Eng(ASME), 1961,83D: 95-108.

[10] Blum M. A stagewise parameter estimation procedure for correlated data[J]. Numer. Math, 1961, 3: 202-208.

[11] Battin R H. A statistical optimizing navigation procedure for space flight[J]. ARS Journal, 1962, 32: 1681-1696.

[12] Rudolf Emil Kalman. New methods in Wiener filtering theory[M]. New York: John Wiley &Sons Inc, 1963.

[13] Schmidt S F. The Kalman filter: Its recognition and development for aerospace application[J]. Journal of Guidance and Control, 1981, 4 (1).

[14] Schmidt S F, Lukesh J S. Application of Kalman filtering for the C—5 guidance and control system[J]. AD—704306,1970.

[15] Bierman G J. Sequential square root filtering and smoothing of discrete linear systems[J]. Automation, 1974, 10: 147-158.

[16] Carlson N A. Fast triangular factorization of the square root filter[J]. AIAA Journal, 1973, 11(9): 1259-1265.

[17] Kaminski P G, Bryson A E, Schmidt S F. Discrete square root filtering: a survey of current techniques [J]. IEEE Trans. on Automatic Control , 1971, AC—16 (6): 727-735.

[18] Andrews A. A square root formulation of the Kalman covariance equations[J]. AIAA Journal, 1968, 6: 1165-1166.

[19] Schmidt S F. Computational techniques in Kalman filtering, in theory and applications of Kalman filtering[J]. NATO Advisory Group for Aerospace Research and Development, AGARDOGRAPH 139, 1970.

[20] Dyer P, McReynolds S. Extension of square root filtering to include process noise[J]. Journal of Optimize Theory Appli, 1969, 3 (6): 444 - 459.

[21] Bierman G J. Measurement updating using U - D factorization[J]. Proc. IEEE Conf. on Decision and Control, Houston, TX, 1975: 337 - 346.

[22] Thornton C L, Bierman G J, Schmidt G. Algorithms for covariance propagation[J]. Proc. IEEE Conf. on Decision and Control, Houston, TX, 1975,489 - 498.

[23] Leonds C T. Control and dynamic systems[J]. New York: Academic press Inc, 1980, 16: 177 - 247.

[24] Sorenson H W, Stubberud A R. Nonlinear filtering by approximation of the aposteriori density[J]. Int. Journal of Control, 1968, 18:33 - 51.

[25] Phaneuf R J. Approximate nonlinear estimation[J]. [Ph.D. Thesis]. MIT: 1968.

[26] Sunahara Y. An approximate method of state estimation for nonlinear dynamical systems[J]. Joint Automatic Control Conf, Univ. of Colorado, 1969.

[27] Wishner R P, Tabaezynski J A, Athans M.A comparison of three nonlinear filters[J]. Automatica, 1969, 5: 457 - 496.

[28] Leondes C T, Peller J B, Stear E B. Nonlinear smoothing theory. IEEE Trans[J]. Systems Science and Cybernetics, 1970, SSC6(1).

[29] Bucy R S, Renne K D. Digital synthesis of nonlinear filters[J]. Automatica, 1971, 7(3): 287 - 289.

[30] Figucircdo R J D, Jan Y G. Spline filters. Proc. 2nd Symp[J]. on Nonlinear Estimation Theory and Its Applications, San Diego,1971, 127 - 141.

[31] Gelb A, Warren R S. Direct statistical analysis of nonlinear systems[J]. Proc. AIAA Guidance And Control Conf, Palo Alto, 1972.

[32] Bizwas K K, Mahatanabis A K. Suboptimal algorithms for nonlinear smoothing[J]. IEEE Trans. on Aerospace and Electronic Systems, 1973, AES—9(4): 529 - 534.

[33] Mehra R K. On - line identification of linear dynamic systems with applications to Kalman filtering[J]. IEEE Trans. on Automatic Control, 1971, AC—16(1): 12 - 21.

[34] Speyer J L. Computation and transmission requirements for a decentralized linear - quadratic - Gaussian control problem[J]. IEEE Trans. on Automatic Control, 1979, AC—24 (2): 266 - 269.

[35] Chang T S. Comments on computation and transmission requirements for a decentralized linear - quadratic - Gaussian control[J]. IEEE Trans. on Automatic Control, 1980, AC—25(3).

[36] Willsky A S, Bello M G, Castanon D A, Levy B C, Verghese G C. Combining and updating of local estimates and regional maps along sets of one - dimensional tracks[J]. IEEE Trans. on Automatic Control, 1982, AC—27(4): 799 - 813.

[37] Levy B C, Castanon D A, Verghese G C, Willsky A S. A scattering framework for decentralized estimation problems[J]. Automatica, 1983, 49(4).

[38] Castanon D A, Teneketzis D. Distributed estimation algorithms for nonlinear systems[J]. IEEE Trans. on Automatic Control,1985, AC—30.

[39] Kerr T H. Decentralized filtering and redundancy management for multisensor navigation[J]. IEEE Trans. on Aerospace and Electronic Systems, 1987, AES—23(1): 83 - 119.

[40] Bierman G J, Belzer M R. A decentralized square root information filter/smoother[J]. Proc. of 24th IEEE Conf. on Decsion and Control, Ft. Lauderdate,FL,1985.

[41] Carlson N A. Federated square root filter for decentralized parallel processes[J]. Proc. NAECON, Dayton, OH, 1987.1448 - 1456.

[42] Carlson N A. Federated filter for fault - tolerant integrated navigation systems[J]. Proc. of IEEE

PLANS'88, Orlando, FL 1988, 110－119.

[43] Loomis P V W, Carlson N A, Berarducci M P. Common Kalman filter: fault－tolerant navigation for next generation aircraft[J]. Proc. of the Inst. of Navigation Conf, Santa Barbara, CA, 1988. 38－45.

[44] Covino J M, Griffiths B E. A new estimation architecture for multisensor data fusion[J]. Proc. of the International Symposium and Exhibition on Optical Engineering and Photonics, Orlando, FL, 1991.

[45] Carlson N A. Federated filter for fault－tolerant integrated navigation[Z]. AGARDOGRAPH, Aerospace Navigation Systems, 1993.

[46] Carlson N A, Berarducci M P. Federated Kalman filter simulation results[J]. Navigation Journal of ION, 1994, 41(3): 297－321.

[47] Chin P P. Real time Kalman filtering of Apollo LM/AGS rendezvous radar data[R]. AIAA Guidance and Control and Flight Mechanics Conference, Santa Barbara, CA, 1970.

[48] Schmidt S F, Weinberg J D, Lukesh J S. Case study of Kalman filtering in the C—5 aircraft navigation system. Case Studies in System Control[J]. Univ. of Michigan, 1968, 57－109.

[49] Schmidt S F, Lukesh J S. Application of Kalman filtering of the C—5 guidance and control system[G]. AD—704306, 1970, 289－334.

[50] Schmidt G T, Brock L D. General questions on Kalman filtering in navigation systems[G]. AD—704306, 1970, 205－230.

[51] Huddle J R. Application of Kalman filtering theory to augmented inertial navigation systems[G]. AD—704306, 1970, 231－268.

[52] Barham P M, Manville P. Application of Kalman filtering to baro/inerital height systems[G]. AD—704306, 1970, 269－287.

[53] Stein K J. Self－contained avionics broaden scope of C—5 missions[J]. Proc. Aviation Week and Space Technology, 1967, 87(21): 192－202.

[54] Smith G L. Application of statistical filter theory to the optimal estimation of position and velocity on board a circumlunar vehicle[G]. NASA Technical Report R—135, Washington DC, 1962.

[55] Lukesh J S. Simulation of the nortronics Kalman filter－augmented C—5 inertial Doppler navigator[J]. Proc. NAECON, Dayton, OH, 1968, 171－180.

[56] Brown R G, Friest D T. Optimization of a hybrid inertial solar－tracker navigation system[J]. IEEE International Convention Record, 1964, 12(7): 121－135.

[57] Bona B E, Smay Q J. Optimum reset of ship's inertial navigation system[J]. IEEE Trans. on Aerospace and Electronic Systems, 1966, AES—2(4): 409－414.

[58] Dworetzky L H, Edwards A. Principles of Doppler－inertial guidance[J]. American Rocket Society Journal, 1959, 967－972.

[59] Wilford J N. We reach the moon[M]. New York: W W Norton & Co. Inc, 1972.

[60] 郑政谋.最佳线性滤波[Z].北京：航空专业教材编审组，1983.

[61] 秦永元，俞济祥.直升机海面悬停时精确高度的维纳滤波提取法[J]. 航空学报，1994，15(11)：1341－1347.

[62] Bendat J S. Principles and applications of random noise theory[M]. New York: John Wiley and Sons Inc, 1968.

[63] Sweeting D. Some design aspects of the WG13 rigid rotor helicopter[G]. AGARD—CP—86—71.

[64] Bierman G J. Factorization methods for discrete sequential estimation[M]. New York: Academic

Press, 1977.

[65] Grewal M S, Miyasako R S, Smith J M. Application of fixed point smoothing to the calibration, alignment and navigation data of inertial navigation systems[J]. Proc. of IEEE PLANS'88, Orlando, FL, 1988, 476 - 479.

[66] Watanabe K. New computationally efficient formula for backward-pass fixed-interval smoother and its UD factorisation algorithm[J]. IEE Proc, 1989, 136Pt.D(2): 73 - 78.

[67] Deyst J J, Price C F. Conditions for asymptotic stability of the discrete minimum variance linear estimations[G]. IEEE Trans. on Automatic Control, 1968, AC—13: 702 - 705.

[68] Jazwinski A H. Stochastic processes and filtering theory[M]. New York, Academic Press, 1970.

[69] 中科院数学所概率组. 离散时间系统滤波的数学方法[M]. 北京：国防工业出版社，1975.

[70] Anderson B D O. Stability properties of Kalman - Buccy filters[J]. Journal of Franklin Inst, 1971, 291 (2).

[71] 张仲俊，杨翠莲. 陀螺角速度漂移数学模型识别[Z]. 上海：上海交通大学科技资料，1977.

[72] Sinha N K, Kuszta B. Modeling and identification of dynamic systems[M]. New York: Van Nostrand, 1985.

[73] Reddy P B. On stationary and nonstationary models of long term random errors of gyroscopes and accelerometers in an inertial navigation system[J]. Proc. of Conf. on Decision and Control, and 16th Symposium on Adaptive Processes, and Special Symposium on Fuzzy Set Theory and Applications, 1977, 1.

[74] Reddy P B. On identification of nonstationary random noise models[M]. Proc. of 8th Modeling and Simulation Conf., Univ. of Pittsburgh, 1977.

[75] Mehra R K. Approaches to adaptive filtering[G]. IEEE Trans. on Automatic Control, 1972, AC—17 (5): 693 - 698.

[76] Ashjaee J M, Bourn D R, Helkey R J etc. Ashtech XII GPS receiver, the ALL - IN - ONE ALL - IN - VIEW[J]. Proc. of IEEE PLANS'88, Orlando, FL, 1988, 426 - 433.

[77] TSO—C129, Airborne supplemental navigation equipment using the global positioning system (GPS) [Z]. Washington DC: Department of Transportation, Federal Aviation Administration, Aircraft Certification Service, 1992.

[78] Conley R. GPS Performance: What is normal? [J] Navigation, 1993, 30(3): 261 - 281.

[79] 郑建平，宋光普，等. GPS 导航仪的反 SA 方法研究[J]. 导航，1994，30 (1): 23 - 32.

[80] 秦永元. SA 建模的功率谱分析法[J]. 西北工业大学学报，1996，14(3): 454 - 457.

[81] Schneider A M, Maida J L. A Kalman filter for an integrated Doppler/GPS navigation system[J]. Proc. of IEEE PLANS'88, Orlando, FL, 1988, 408 - 415.

[82] West - Vukovich G, Zywiel J, Scherzinger B. The Honeywell/DND helicopter integrated navigation system (HINS)[J]. Proc. of IEEE PLANS'88, Orlando, FL, 1988. 416 - 425.

[83] Huddle J R. Application of Kalman filtering theory to augmented inertial navigation systems[G]. AD—704306, 1970, 231 - 268.

[84] 魏光顺，郑玉篁，张欲敏. 无线电导航原理[M]. 南京：东南大学出版社，1987.

[85] Whitcomb L A. Using low cost magnetic sensors on magnetically hostile land vehicles[J]. Proc. of IEEE PLANS'88, Orlando, FL, 1988, 34 - 38.

[86] Roberts B A, Vallot L C. Vision aided inertial navigation[J]. Proc. of IEEE PLANS'90, Las Vegas, NV, 1990, 347 - 352.

[87] Britting K R. Inertial navigation systems analysis[J]. New York: Wiley - Interscience, 1971.

[88] 以光衢,等. 惯性导航原理[M]. 北京：航空工业出版社,1987.

[89] 崔中兴. 惯性导航系统[M]. 北京：国防工业出版社,1982.

[90] 郭富强,于波,汪叔华. 陀螺稳定装置及其应用[M]. 西安:西北工业大学出版社,1995.

[91] Waner J C. Practical considerations in implementing Kalman filters[J]. AD—A024377, 1976.

[92] Vanallen R L, Brown R G. An incremental velocity measurement algorithm for use in inertial navigation alignment[G]. AD—738025, 1972.

[93] Brock L D, Schmidt G T. General questions on Kalman filtering in navigation systems[G]. AD—704306, 1970.

[94] 夏天长. 系统辨识(最小二乘法)[M]. 北京：清华大学出版社,1983.

[95] Panuska V. A new from of the extended Kalman filter for parameter estimation in linear systems with correlated noise[J]. IEEE Trans. on Automatic Control, 1980, AC—25(2): 229-235.

[96] 俞济祥. 惯性导航系统各种传递对准方法讨论[J]. 航空学报, 1988, 9(5) :A211-A217.

[97] Ross C C, Elbert T F. A Transfer alignment algorithm study based on actual light test data from a tactical air-to-ground weapon launch[J]. Proc. of IEEE PLANS'94, Las Vegas, NV, 1994, 431-438.

[98] Rogers R M. Weapon IMU transfer alignment using aircraft position from actual tests[J]. Proc. of IEEE PLANS'96, Atlanta, GA, 1996, 328-335.

[99] Hepburn J S A, Deyle C P. Motion compensation for ASTOR long range SAR[J]. Proc. of IEEE PLANS'90, Las Vegas, NV, 1990, 205-211.

[100] Spalding K. An efficient rapid transfer alignment filter. Proc. of AIAA Guidance[J]、Navigation and Control Conf, 1992, 1276-1286.

[101] Reiner J. In-flight-transfer-alignment using aircraft-to-wing stiff-angle estimation[J]、Proc. of 36th Israel Annual Conf. on Aerospace Sciences, 1996, A96—22520: 01-05.

[102] Graham W, Shortelle K. Advanced transfer alignment for inertial navigation(A-TRAIN)[J]. Proc. of ION National Technical Meeting. Anaheim, CA, 1995, 113-124.

[103] Kain J E, Cloutier J R. Rapid transfer alignment for tactical weapon applications[J]. AIAA Guidance, Navigation and Control Conf. 1989, 290-300.

[104] 秦永元. 捷联惯导系统初始对准的参数辨识法[J]. 中国惯性技术学报,1990(2):1-16.

[105] 秦永元. 捷联惯导系统参数辨识法对准中的预滤波处理[J]. 西北工业大学学报,1991, 9(4):501-508.

[106] 秦永元,牛惠芳. 余度斜置捷联惯导单个陀螺软故障的诊断和修复[J]. 导航, 1997, 33(1):78-82.

[107] Pearson J D. Dynamic decomposition techniques in optimization methods for large-scale system[Z]. McGraw-Hill, 1971.

[108] Wei M, Schwarz K P. Testing a decentralized filter for GPS/INS integration[J]. Proc of IEEE PLANS'90, Las Vegas, NV, 1990, 429-439.

[109] Gao Y etc. Comparison of centralized and federated filters[J]. Navigation, 1992, 40(1): 69-86.

[110] 袁信,俞济祥,陈哲. 导航系统[M]. 北京：航空工业出版社,1992.

[111] Ren Da. Failure detection of dynamic systems with the state chi-square test[J]. Journal of Guidance, Control and Dynamics, 1994, 17(2): 271-277.

[112] Zhang H G, Zhang H Y. Fault tolerant scheme for multi-sensor navigation systems[J]. Proc. of 18th Congress of the International Council of the Aeronautical Sciences, Beijing, 1992, 669-678.

[113] 袁信，郑鄂. 捷联式惯性导航系统[Z]. 北京：航空专业教材编审组,1985.

[114] Hamrrison J V, Gai E G. Evaluation sensor orientations for navigation performance and failure detec-

tion[J]. IEEE Trans. on Aerospace and Electronic Systems, 1977, AES—13(6):631-643.

[115] Sweetman B. Military navigation: the forth generation[J]. Inetravia Aerospace Review, 1990, 767-775.

[116] Potter J E, Suman M C. Thresholdless redundancy management with arrays of skewed instrument[J]. AGARDOGR APH224, 1977, 15—1-15—25.

[117] Hall S R et al. In-flight parity vector compensation for FDI[J]. IEEE Trans. on Aerospace and Electronic Systems, 1983, AES-19(5): 668-675.

[118] Rauch H E, Tung T & Striebel C T. Maximum Likelihood Estimates of Linear Dynamic Systems[J]、AIAA' Journal , 1965, 3(8): 1445-1450.

[119] Dan Simon . Optimal State Estimation—Kalman, H_∞ and Nonlinear Approaches[M]. John Wiley & Sons, 2006.

[120] 秦永元. 惯性导航[M]. 北京:科学出版社,2014.

[121] Simon Haykim. Kalman Filtering and Neural Networks[M]. John Wiley & Sons, 2001.

[122] Doucet A, de Freitas N, Gordon N. Sequential Monte Carlo Methods in practice[M]. Springer-Verlay, New York, 2001.

[123] Gray J, Murray W. A derivation of an analytical expression for the tracking index for the alpha-beta-gamma filtering[J]. IEEE Trans. on Aerospace and Electronic Systems, 1993,29(3):1064-1065.

[124] Isaard M, Blake A. Contour tracking by stochastic propagation of conditional density[J]. Europen Conference on Computer Vision, 1996, 343-356.

[125] MacCormick J, Blake A. A probabilistic exclusion principle for tracking multiple objects[J]. International Conference on Computer Vision,1999, 572-578.

[126] Moral P. Measure valued processes and interacting particle systems: Application to non-linear filtering problems[J]. Annals of Applied Probability, 1998,8(2):438-495.

[127] Kitagawa G. Monte Carlo filter and smoother for non-Gaussian nonlinear state space models[J]. Journal of Computational and Graphical Statistics, 1996,5(1): 1-25.

[128] Andrieu C, Doucet A, Singh S, Tadic V. Particle methods for change detection, system identification and control[J]. Proceedings of the IEEE, 2004,92(3):428-438.

[129] Crisan D,Doucet A. A survey of convergence results on particle filtering methods for practitioners[J]. IEEE Trans. on Signal processing, 2002, 50(3):736-746.

[130] Wiener N. I Am a Mathematician[M]. MIT Press, Cambridge, Massachusetts, 1956.

[131] Poor V, Looze D. Minimax state estimation for linear stochastic systems with noise uncertainty[J]. IEEE Trans. on Automatic Control, 1981,AC—26(4): 902-906.

[132] Darragh J, Looze D. Noncausal minimax linear state estimation for Systems with uncertain second—order statistics[J]. IEEE Trans. on Automatic Control, 1984,AC—29(6):555-557.

[133] Verdu S, Poor H. Minimax liner observers and regulators for Stochastic Systems with uncertain Second-order Statistics[J]. IEEE Trans. on Automatic Control, 1984,AC—29(6):499-511.

[134] Grimble M. H_∞ design of optimal linear filters, in Linear Circuits, Systems and Signal Processing: Theory and Applications, C. Byrnes, C. Matin and R[J]. Sacks (Eds.) North-Holland, Amsterdam, the Netherlands,1998:533-540.

[135] Grimble M., El Sayed A. Solution of the H_∞ optimal linear filtering problem for discrete-time systems[J]. IEEE Trans. on Acoustics, Speech and Signal Processing, 1990, 38(7):1092-1104.

[136] Hassibi B, Kailath T. H_∞ adaptive filtering[J]. IEEE International Conference on Acoustics, Speech

and Signal Processing, 1995:949 - 952.

[137] Simon D, El - Sherief H. Hybrid Kalman/minimax filtering in phase - locked loops[J]. Control Engineering Practice, 1996,4:615 - 623.

[138] Kailath T, Sayed A, Hassibi B. Linear Estimation. Prentice - Hall[M]、Upper Saddle River, New Jersey,2000.

[139] Athans M, Wisher R, Bertolini A. Suboptimal state estimation algorithm for continuous - time nonlinear systems from discrete measurements[J]. IEEE Transactions on Automatic Control,1968,AC—13(5):504 - 515.

[140] Efron B. The Bootstrap Jacknife and other Resampling Plans[M]. Philadelphia:SIAM,1982.

[141] Rubin D B. Using the SIR algorithm to simulate posterior distributions[J]. Bayesian Statistics 3, Oxford University Press,1998, 395 - 402.

[142] Smith A F M, Gelfand A E. Bayesian Statics without tears: a sampling - resampling perspective[J]. American Statistician, 1992,46:84 - 88.

[143] MacKay D. A practical Bayesian framework for back - propagation networks[J]. Neural Computation, 1992,4:448 - 472.

[144] Higuchi T. Monte Carlo filter using the genetic algorithm operators[J]. Journal of Statistical Computation and Simulation,1997,59:1 - 23.